Erfolgsfaktoren von Internationalen Construction Joint Ventures in Südostasien

Christian Brockmann

Institut für Bauplanung und Baubetrieb ETH Zürich

Bereich Bauprozess- und Bauunternehmensmanagement

Prof. Dr.-Ing. Gerhard Girmscheid

Dissertation 17252, Eidgenössische Technische Hochschule Zürich, Zürich 2007

Herausgeber

Prof. Dr.-Ing. Gerhard Girmscheid

Institut für Bauplanung und Baubetrieb

ETH Zürich

Professur für Bauprozess- und

Bauunternehmensmanagement

Autor

Dr. sc. techn. Christian Brockmann

Institut für Bauplanung und Baubetrieb

ETH Zürich

Die Deutschen Bibliothek – CIP-Einheitsaufnahme

Brockmann, Christian:
Erfolgsfaktoren von Internationalen Construction Joint Ventures in Südostasien / Christian Brockmann
IBB – Institut für Bauplanung und Baubetrieb.
Zürich: Eigenverlag des IBB an der ETH, 2007
ISBN 978-3-906800-09-7

Eigenverlag des IBB an der ETH Zürich
ISBN 978-3-906800-09-7

Diese Arbeit widme ich meinen Eltern, Hans und Anni Brockmann.

Meine Mutter wird mir immer ein Vorbild sein durch ihren Wissensdurst,
mein Vater durch seine Ausdauer und seinen Fleiß.
Ich lerne noch heute von ihnen.

Geleitwort

Im Rahmen der Globalisierung der wirtschaftlichen Aktivitäten werden Grossprojekte heute meist von Internationalen Construction Joint Ventures realisiert. An ihnen gewinnen alle Probleme eine andere Bedeutung als bei normalen Projekten, weil sie über vielfältige Multiplikatoren ein deutlich grösseres Risikopotenzial darstellen. Diese Erkenntnisse, die an Grossprojekten gewonnen werden, haben ebenfalls Bedeutung für andere Bauprojekte. Da bei Grossprojekten im Allgemeinen Angehörige verschiedener Nationalitäten im Management und in der Bauproduktion beschäftigt sind, ist deren Koordination ein weiterer bedeutender Gesichtspunkt. Bisher gibt es keine systematischen und umfassenden Erkenntnisse über die Problematik des Projektmanagements, die internationalen Grossprojekten in der Bauwirtschaft eigen ist. Mit dieser Arbeit verbessert sich das systematische, kodifizierte Wissen auf dem Gebiet der Erfolgsfaktoren für Internationale Construction Joint Ventures unter Berücksichtigung kultureller Spezifitäten erheblich.

Die Professur für Bauprozess- und Bauunternehmensmanagement an der ETH Zürich orientiert alle Forschung an dem Leitbild „Systemanbieter Bau – Sysbau", dessen Fokus die Verbesserung von Bauprozessen durch eine lebenszyklusorientierte Integration von Planung, Ausführung und Betrieb darstellt. Alle Dissertationen untersuchen spezifische Teilaspekte dieses Leitbildes. Die vorliegende Arbeit analysiert die Prozesse des Ausführungsmanagements unter Berücksichtigung internationaler Beteiligungen im asiatischen Kulturkreis.

In dieser Arbeit werden die wirtschaftlichen Erfolgsfaktoren in Internationalen Construction Joint Ventures im asiatischen Raum mittels Grounded Theory erforscht. Konsequenterweise werden die kognitiven Landkarten der Erfolgsfaktoren in der Arbeit als Module abgebildet und zu einem Gesamtmodell zusammengefügt. Damit leistet die Arbeit insgesamt einen Beitrag in der baubetriebswirtschaftliche Forschung zur Beschreibung und Modellierung von Erfolgsfaktoren in Internationalen Construction Joint Ventures im asiatischen Kulturkreis mit europäischen Partnern. Dies ist in herausragender Weise gelungen. Ich wünsche den Erkenntnissen der Arbeit deshalb Verbreitung sowohl in der Wissenschaft als auch in der Praxis.

Zürich, im Mai 2007 Prof. Dr.-Ing. Gerhard Girmscheid

Vorwort

Kultur beschäftigt mich seit einem Schuljahr in den USA vor 35 Jahren. Als Bauingenieure bin ich im Laufe meiner Karriere mit zunehmend komplexeren Aufgaben betraut worden, zuletzt mit der Gesamtverantwortung für die längste Brücke der Welt in Bangkok. Schon davor habe ich an anderen Großprojekten mitgearbeitet: der Kongresshalle in Berlin, der Dame Point Bridge in den USA, dem Tunnel unter dem Großen Belt in Dänemark und den Baugruben am Potsdamer Platz, wiederum in Berlin. Etliche dieser Bauten sind von Internationalen Construction Joint Ventures erstellt worden, die in den meisten Fällen gegründet werden, um Großprojekte zu verwirklichen.

Somit befasst sich eine Arbeit über Internationale Construction Joint Ventures auf einer sehr abstrakten Ebene mit genau diesen beiden Aspekten: Komplexität und Kultur. Besonders die Komplexität von Großprojekten ist nicht zu beschreiben, indem man einige wesentliche Punkte aufzählt und es dabei belässt. Sie wird nur verständlich und man kann sie bestenfalls erahnen durch eine gründliche Beschreibung und Analyse. Das Erlebnis dieser Komplexität ist in einem viel höheren Maße beeindruckend als der Umfang der vorliegenden Arbeit. Ich hätte gerne eine kürzere geschrieben, bin aber der Meinung, dass man damit dem Thema in keiner Weise gerecht werden könnte.

Durch den Umfang ist das Vorhaben auch für meinen Doktorvater Professor Dr.-Ing. Gerhard Girmscheid und den Korreferenten Professor Dr.-Ing. Christoph Motzko eine erhebliche Belastung gewesen. Beide haben Erfahrungen mit internationalen Großprojekten und konnten mir dadurch entscheidende Hilfe geben. Mein Dank kommt aus tiefem Herzen.

Herr Professor Girmscheid hat mich durchgehend begleitet. Seine wissenschaftliche Strenge hat der Arbeit sehr genützt und seine menschliche Wärme hat mir geholfen. Dadurch waren der Denk- und Schreibprozess ein Vergnügen.

Nun, wo die gewonnenen Erkenntnisse vorliegen, gehen meine Gedanken auch wieder zu den Ingenieuren und Betriebswirten zurück, die mir freizügig ihre Zeit zur Verfügung gestellt und offen auf meine Fragen geantwortet haben. Ich habe versucht ihnen sehr genau zuzuhören.

Rastede, im Mai 2007 Christian Brockmann

Inhaltsverzeichnis

Bildverzeichnis

Register of Illustrations

Tabellenverzeichnis

Register of Tables

Abkürzungsverzeichnis

AGIL	Adaptation, Goal Attainment, Integration, Latent Pattern Maintenance
ARGE	Arbeitsgemeinschaft
AVOR	Arbeitsvorbereitung
BAS	Bau-Arbeitsschlüssel
BGB	Bürgerliches Gesetzbuch
BOT	Build-Operate-Transfer
BSP	Bruttosozialprodukt
CAD	Computer-aided Design
CAR	Contractor's All Risk (Insurance)
C/D	Confirmation / Disconfirmation (Paradigma)
CICE	Contractor's Independent Checking Engineer
CJV	Contractual Joint Venture
CPM	Critical Path Method
DIN	Deutsche Industrie-Norm
DoH	Department of Highways
EFF	Erfolgsfaktorenforschung
EJV	Equity Joint Venture
E&M	Electrical and Mechanical
ENR	Engineering News Record
ETA	Expressway and Rapid Transit Authority
FEM	Finite-Elemente-Methode
FIDIC	Fédération Internationale des Ingénieurs-Conseils
F&E	Forschung und Entwicklung
GDP	Gross Domestic Product
HGB	Handelsgesetzbuch
HOAI	Honorarordnung für Architekten und Ingenieure
Hrsg.	Herausgeber
IBB	Institut für Bauplanung und Baubetrieb
ICJV	Internationales Construction Joint Venture
ICONDA	International Construction Database
IDV	Individualismusindex
IFRS	International Financial Reporting Standards
IJV	Internationales Joint Venture

ILO	Index der langfristigen Orientierung
Int'l	International
ISO	International Organization for Standardization
JV	Joint Venture
LSE	Large-scale Engineering
MAS	Maskulinitätsindex
MDI	Machtsdistanzindex
MOE	Multi-Organization Enterprises
MPM	Metra-Potential-Methode
MRTA	Mass Rapid Transit Authority
OPEC	Organization for Petroleum Exporting Countries
o.J.	ohne Jahr
o.V.	ohne Verfasser
p.a.	per anno (pro Jahr)
PERT	Programm Evaluation Technique
PIMS	Profit Impact of Market Strategies
PPP	Public Private Partnership
QM	Qualitätsmanagement
REFA	Reichsausschuss für Arbeitszeitermittlung
ROI	Return on Investment
SWOT	Strengths, Weaknesses, Opportunities, Threads
SysBau	Systemanbieter Bau in the social world
TCN	Third Country Nationals
T + B-Bau	Tochter- und Beteiligungsgesellschaften im Bauwesen
THSR	Taiwan Highspeed Railway
THSRC	Taiwan Highspeed Railway Corporation
TU	Totalunternehmer
UVI	Unsicherheitsvermeidungsindex
VOB	Verdingungsordnung für Bauleistungen

Kurzfassung

Die Globalisierung der Weltwirtschaft stellt die Bauindustrie vor neue Aufgaben, weil sie die notwendige Infrastruktur bereit stellen muss. Viele Großprojekten befinden sich in der Planung, noch mehr sind bereits verwirklicht worden. Für Großprojekte reichen oft die Ressourcen eines Unternehmens nicht aus, manches Mal sind sie auch nicht durch eine Gruppe von Unternehmen eines Landes aufzubringen. In solchen Fällen werden Internationale Construction Joint Ventures (ICJVs) gegründet, um das weltweit verfügbare Know-how zu aktivieren.

ICJVs sind somit durch die Komplexität von Großprojekten und interkulturelle Zusammenarbeit geprägt. Das Ausführungsmanagement muss sich auf dies Randbedingungen einstellen. Dabei stellt sich die Frage, welche Faktoren auf welche Weise zu gestalten sind, um das gesetzte Ziel zu erreichen. Erfolgsfaktoren können in einer menschlich gestalteten Umwelt nicht die Form von (Natur-) Gesetzen annehmen. Alle Aussagen sind von den konkreten Randbedingungen und der zeitlichen Entwicklung abhängig. Deshalb müssen sinnstiftende Erfolgsfaktoren (hermeneutische Erfolgsfaktoren) gesucht werden. Diese basieren auf den kognitiven Landkarten (Vorstellungen), mit denen die Mitarbeiter von ICJVs operieren.

Um die kognitiven Landkarten der Mitarbeiter von ICJVs erkennen zu können, wurden 35 Interviews geführt und mit Hilfe der Grounded Theory ausgewertet. Diese setzt allerdings ein bestimmtes Vorgehen bei der Datengewinnung voraus und legt ein bestimmte Darstellungsform nahe. Die Interviews waren nur teilweise strukturiert und boten viel Raum für die Gedanken der Befragten (rich text). Auch in der Ergebnisdarstellung werden die Befragten ausgiebig zitiert, um die kognitiven Landkarten zu rekonstruieren. Bei der Suche nach Erfolgsfaktoren war das Vorgehen ganz überwiegend induktiv.

Neben „weichen" Erfolgsfaktoren gibt es bei ICJVs auch „härtere" Praktiken, also Abläufe die als „Best Practice" gelten können. Die Gliederung der „Best Practices" wurden streng denklogisch mit Hilfe der Systemtheorie vorgenommen. Dabei wurden Projekthandbücher neben der allgemeine Literatur herangezogen. Das Ergebnis ist ein theoriegeleitete Darstellung der Arbeitsabläufe in ICJVs.

Der Unterschied zwischen den Erfolgsfaktoren und den „Best Practices" ist, dass die ersteren bisher nur unverbunden in den Köpfen der Mitarbeiter von ICJVs gespeichert, die letzteren schon in Form von unveröffentlichten Projekthandbücher festgelegt waren. In dieser Arbeit werden beide, Erfolgsfaktoren und „Best Practices" von ICJVs, analysiert, systematisiert und der Öffentlichkeit zugänglich gemacht.

Abstract

The globalization of the world economy entails new demands for the construction industry, that has to provide the necessary infrastructure. A multitude of large-scale engineering projects are being planned, others have been constructed. The resources of a single construction company are seldom sufficient for large-scale engineering projects, often the combined resources in a country are inadequate. In such cases international construction joint ventures (ICJVs) are formed to activate the global construction know-how.

ICJVs are molded by the complexity of large-scale engineering projects and intercultural cooperation. Construction management needs to take these boundary conditions into account. The question arises which factors need to be designed in what way to achieve the goals. In the social world, such success factors cannot have the form of natural laws. All statements are dependent on specific conditions and they evolve over time. Therefore the search is for hermeneutical success factors that are based on the cognitive maps with which the members of ICJVs operate.

35 Interviews were conducted to discover the cognitive maps of the members of ICJVs and they were evaluated using grounded theory. This asks for special procedures when gathering data and implies a specific style of presentation. The interviews were partly structured and allowed the interviewees to express their own thoughts (rich text). When presenting the results, the interviewees are cited at length in order to reconstruct their cognitive maps. Primarily the research for success factors was inductive.

Besides “soft” success factors there are in ICJVs “harder” practices, procedures that can be considered “best practice”. The structure of the “best practices” was reached by deductive reasoning with the aid of Luhmannian systems theory. Besides general literature on the topic, project manuals were evaluated. The result is a theory-oriented presentation of work practices in ICJVs.

The difference between success factors and “best practices” is that the first ones are stored solely in the minds of members of ICJVs, the latter ones also in form of unpublished manuals. Through this dissertation both, success factors and “best practices” of ICJVs, are analyzed, categorized and presented to the public.

TEIL A: GRUNDLAGEN UND BEGRENZUNG DER AUFGABE

1 Grundlagen

1.1 Akteure, Aufgaben, Sinn und Struktur

„Ich glaube es ist sehr wichtig, dass man sich in einer Joint Venture mit einem oder mehreren Partnern – bei uns sind es vier Partner – nach einiger Zeit vertraut, und ich glaube dies war unser Erfolg. Wir hatten Konflikte, aber ich möchte behaupten, es herrschte absolutes Vertrauen...“

Diese Aussage stammt aus einem Interview mit einem deutschen Projektmanager, der auf ein gerade beendetes Großprojekt zurückblickt, den Bau einer U-Bahn in Bangkok. Für dieses Projekt hatten sich vier Unternehmen zu einem Internationalen Joint Venture der Bauindustrie zusammengeschlossen, jeweils eins aus Thailand und Deutschland, zwei aus Japan. Das Auftragsvolumen für die Bauarbeiten belief sich auf 700 Millionen Euro und die Bauzeit dauerte von 1997 bis 2002.[1] Die Bauabwicklung lief entsprechend dem geschlossenen Vertrag und das Joint Venture erfüllte seine Ertragsziele. Beides – Vertragserfüllung und Gewinnerwirtschaftung – nannte der gleiche Projektmanager als die Ziele des Joint Ventures.

Menschen machen sich ein Bild von ihrer Umwelt und versuchen sich in ihr zu orientieren indem sie Sinn konstruieren. Eine sinnvoll strukturierte Umwelt ist die Grundlage für ein Ordnungsgerüst, das Auskunft über Anordnung und Zusammenhänge von Einzelheiten gibt und deshalb das Handeln bestimmt. Das Zitat zeigt, wie der Projektmanager sich zu erklären versucht, weshalb in seinem Internationalen Joint Venture die gesetzten Ziele erreicht wurden. Eine der Erklärungen ist das aufgebaute große Vertrauen zwischen den Partnern. Inwieweit dies verallgemeinert werden kann, ist eine Frage, die später zu klären ist. Fest steht, dass dieser Projektmanager sich seine Welt genau so erklärt und sinnvoll findet. Er definiert Vertrauen als einen Erfolgsfaktor für das beendete Großprojekt. In diesem Beispiel ist ein Erfolgsfaktor eine sozial konstruierte Ziel-Mittel-Beziehung. Es stellt sich dann sofort die Frage, ob es neben den sozial konstruierten, „weichen“ Erfolgsfaktoren auch „harte“ gibt. Die Mehrzahl aller Studien der Erfolgsfaktorenforschung in der Betriebswirtschaftslehre liefert hierfür Beispiele. Ein sehr bekanntes ist die PIMS-Studie (Profit Impact of Market Strategies). Diese Studie geht davon aus, dass es bestimmte Marktgesetze gibt, die empirisch ermittelt werden können. Ein hoher Marktanteil z.B. bietet demnach relativ gute Gewähr für einen hohen Gewinn.[2] Beide Fälle zeigen, wie unterschiedlich das Verständnis von Erfolgsfaktoren sein kann.

---

1 Vgl. WEBER (Bilfinger Tunnel 2002), S. 15

2 Vgl. BUZZELL / GALE (PIMS 1989)

Erfolgsfaktoren können für unterschiedliche Untersuchungsobjekte ermittelt werden, es müssen nicht zwangsläufig Marktgesetze für eine strategische Geschäftsplanung sein. So stellte sich bei der angesprochenen U-Bahn zu Beginn ganz konkret die Frage, was zu tun und zu lassen ist, um die Projektziele zu erreichen. In diesem Fall handelt es sich viel eher um eine Frage nach Managementprozessen als nach Marktgesetzen. Dabei hat der deutsche Projektmanager bei diesem internationalen Großprojekt sicherlich andere Überlegungen angestellt als er es beim Bau eines Bürogebäudes in Deutschland getan hätte. Erfolgsfaktoren sind die Untersuchungselemente dieser Arbeit (vgl. Kapitel 1.6)

Der zitierte Projektmanager hat seine Aussage zum gegenseitigen Vertrauen ausdrücklich auf das Internationale Joint Venture (IJV) bezogen, das für den Bau der U-Bahn gegründet wurde. IJVs sind sowohl in der Bauindustrie wie auch in der stationären Industrie verbreitet. In der Bauindustrie werden sie gegründet, um hochgradig komplexe Bauvorhaben zu verwirklichen, die meist nicht nur die Ressourcen eines einzelnen Unternehmens, sondern sogar die einer Gruppe heimischer Unternehmen überfordern. Die Kooperation von Firmen unterschiedlicher nationaler Herkunft und das Leben für einen Teil der Beschäftigten in einem fremden Land sind dabei grundlegende Merkmale. Die Tätigkeiten werden durch inter-nationale und inter-organisationale Schnittstellen bestimmt, deren Gestaltung zusätzliche Anforderungen an das Management stellt. IJVs sind das Untersuchungsobjekt (vgl. Kapitel 1.5).

Alle Großprojekte zeichnen sich durch hohe technologische und logistische Anforderungen, multidisziplinäre Zusammenarbeit vieler Organisationen, lange Bauzeit und ein großes Investitionsvolumen aus.[3] In der Regel - aber nicht ausschließlich - handelt es sich dabei um Bauten zur Verbesserung der Infrastruktur. Es gibt dafür eine Reihe von Beispielen mit deutscher Beteiligung aus jüngster Zeit:

- Kanaltunnel zwischen Frankreich und Großbritannien
- Øresund-Verbindung zwischen Dänemark und Schweden
- Verbindung über den Großen Belt in Dänemark
- Hochstraßen-Projekte in Thailand (Bangkok)
- Schnellgeschwindigkeitsstrecke in Taiwan
- Three Gorges Dam in China
- Lehrter Bahnhof in Berlin
- Soldatensiedlungen in Russland (Hochbau)

In gewisser Weise ist die Bedeutung der Begriffe „Großprojekt" und „Internationale Joint Venture" in der Bauindustrie deckungsgleich, da alle der genannten Projekte von Internationalen Joint Ventures ausgeführt worden sind. Allerdings können Großprojekte auch von einem einzelnen Unternehmen bewältigt werden. Ein Beispiel ist das Sony-Center in Berlin mit einem Bauvolumen von ungefähr 300 Mill. Euro,

3 Vgl. HASSAN et al. (LSE Projects 1999), S. 21

das von der Firma Hochtief AG als Generalunternehmer gebaut wurde. Darüber hinaus betonen die Begriffe unterschiedliche Aspekte: Da Großprojekte komplex sind, wird eine bestimmte Organisationsform gewählt (ein Internationales Joint Venture), um diese Komplexität zu bewältigen. Großprojekte sind typisch für Bauvorhaben auf internationaler Ebene. Deshalb bilden sie den Untersuchungsrahmen für diese Arbeit (vgl. Kapitel 1.4).

Die Bauindustrie ist durch eine Anzahl von Produktionsbedingungen geprägt, zu denen insbesondere die Auftragsfertigung, die Einzelfertigung und die Baustellenfertigung gehören.[4] Daraus ergeben sich der Projektcharakter der Bauproduktion und die Begründung dieser Projekte durch Verträge zwischen zwei Parteien, den Bauherren und den Bauunternehmen. Erfahrungen und Untersuchungen aus der stationären Industrie sind aus diesen Gründen auf Internationale Joint Ventures der Bauindustrie nicht ohne Weiteres zu übertragen (vgl. auch Abschnitt 1.3.1). Die Sonderstellung der Produktionsbedingungen in der Bauindustrie im Vergleich zu einer Vielzahl anderer Zweige des produzierenden Gewerbes muss ausdrücklich berücksichtigt werden.[5] Für diese Arbeit ist die multinationale Bauindustrie das Untersuchungsgebiet (vgl. Kapitel 1.3).

Es ergeben sich somit vier Ebenen und eine Vielzahl von Abhängigkeiten bei der angestrebten Untersuchung von Erfolgsfaktoren (vgl. Bild 1).

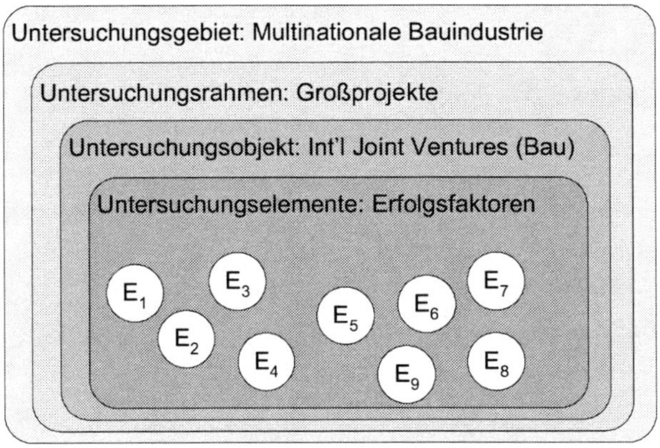

Bild 1: Untersuchungsebenen für Internationale Bau-Joint Ventures
Fig. 1: Research Levels for International Construction Joint Ventures

Die Erfolgsfaktoren sind in ein Geflecht hoher Komplexität und kultureller Abhängigkeiten eingebettet. Ohne jeden Zweifel gelten die induktiv gewonnenen Ergebnisse nur unter den angegebenen Randbedingungen. Inwieweit sie auf andere Fälle übertragbar sind, muss der Leser abschätzen, der einem solchen Fall gegenüber

4 Vgl. FISSENEWERT (Merkmale 2001), S. 52 ff.

5 Vgl. MANTSCHEFF (Baubetriebslehre I 1998) S. 1

steht. Darüber hinaus sind die Randbedingungen dynamisch, sie verändern sich mit der Zeit, auch dies muss bei der Anwendung der Ergebnisse im Einzelfall abgeschätzt werden. Auf wissenschaftlicher Ebene werden diese Einschränkungen in Kapitel 9.3 (hermeneutische Erfolgsfaktorenforschung) begründet.

Eine Hauptkomponente der Randbedingungen ist sicherlich der geografische Rahmen, in dem die Erkenntnisse gewonnen wurden. Interviews wurden in Thailand und Taiwan geführt mit Managern, die auch Projekte in anderen Ländern Südostasiens betreut haben (Indonesien, Laos, Malaysia, Philippinen, Singapur, Vietnam). Aus diesem Grund lautet der Titel der Arbeit: „Erfolgsfaktoren von Internationalen Construction Joint Ventures in Südostasien“.

1.2 Aufbau der Arbeit

Die Arbeit ist in fünf Teile untergliedert. In Teil A werden das Untersuchungsgebiet (multinationale Bauindustrie) und der Untersuchungsrahmen (Großprojekte) bearbeitet. Darauf folgt im Teil B die Beschreibung der wissenschaftlichen Vorgehensweise. Teil C befasst sich ausführlich mit Internationalen Joint Ventures der Bauindustrie als Untersuchungsobjekte. Die Erfolgsfaktoren als Untersuchungselemente werden wiederum in Teil D im Einzelnen erörtert und zu einem komplexen Modell verknüpft. Der Teil E bildet den Abschluss der Arbeit und fasst die wichtigsten Ergebnisse zusammen.

Teil A (Grundlagen und Begrenzung der Aufgabe) erläutert die zugrundeliegende Problematik und Relevanz des Themas, das angestrebte Ziel wird dargelegt und die Methodik wird skizziert, mit der das Forschungsproblem einer Lösung zugeführt werden soll. Das Thema „Erfolgsfaktoren von Internationalen Construction Joint Ventures“ ist nicht willkürlich gewählt. Nach dem Aufbau der Grundlagen in den Kapiteln 1.3 bis 1.6 erfolgt in Kapitel 2 eine Untersuchung zum Stand der Praxis, der in Kapitel 3 eine Übersicht zum Stand der Forschung folgt. Durch eine Gegenüberstellung wird die Forschungslücke ersichtlich, die diese Arbeit ausfüllen will (Kapitel 4). An dieser Stelle wird deutlich, dass die Untersuchung von Internationalen Joint Ventures der Bauindustrie von hoher Relevanz ist. In Kapitel 5 folgt schließlich eine erste kurze Darstellung zum gewählten methodischen Vorgehen.

1.3 Untersuchungsgebiet: die multinationale Bauindustrie

Dieses Kapitel ist grundlegend für die weitere Argumentation. Es beschreibt das Umfeld, in dem Internationale Joint Ventures der Bauindustrie ihre Bedeutung entwickeln. Damit dient es dem tieferen Verständnis der IJVs.

Diese Arbeit beschränkt sich auf die multinationale Tätigkeit der Bauindustrie. Die getroffene Auswahl bedarf einer Begründung, die in diesem Kapitel erarbeitet wird.

Zunächst folgt in dem Abschnitt 1.3.1 eine knappe Beschreibung der Besonderheiten der Bauindustrie. Hierdurch wird begründet, dass bestimmte Alleinstellungsmerkmale der Bauindustrie eine gesonderte Betrachtung erfordern. Daran schließt sich eine Untersuchung der unterschiedlichen Märkte der Bauindustrie an. Dabei wird sich zeigen, dass ein Teil der zur Zeit aktiven Bauunternehmen und deren Märkte als multinational beschrieben werden können (Abschnitt 1.3.2). Diese Merkmale der multinationalen Bauindustrie werden dann in Abschnitt 1.3.3 detailliert untersucht. In Abschnitt 1.3.4 erfolgt eine Zusammenfassung der Ausführungen zum Untersuchungsgebiet.

1.3.1 Besonderheiten der Bauindustrie

Die Bauindustrie errichtet Bauwerke nach make-or-buy Entscheidungen, d.h. durch Eigenleistung und Koordination von Nachunternehmern unterschiedlicher Gewerke. Es kann sich um Investitions- oder langfristige Konsumgüter handeln, die als Kontraktgüter auf dem Abschluss eines Vertrages und dem Leistungspotenzial der Unternehmen basieren und auf beiden Seiten opportunistisches Verhalten ermöglichen. Die Bauindustrie kann auch in Geschäftsbeziehungen eintreten, die aus einer planmäßigen Folge von Transaktionen in Form von Kontraktgütern abläuft. Die Güter (Bauwerke) weisen eine hohe Individualität auf, sie sind bei Vertragsabschluss hochgradig immateriell und sie werden in einem stark interaktiven Bauprozess errichtet.[6, 7]

Die Unternehmen der Bauindustrie sind stark fragmentiert und sehr heterogen bezüglich der Betriebsgröße. Auf allen Märkten (Wohnungs-, Wirtschafts- und Öffentlicher Bau) gibt es sowohl viele Anbieter als auch Nachfrager. Als Märkte stehen der Bauindustrie regionale, nationale und internationale Märkte offen (vgl. Abschnitt 1.3.2).

Die Besonderheiten eines Sektors kann man nur durch eine vergleichende Betrachtung herausarbeiten. In der Tabelle 1 werden deshalb die Ausprägungen dieser Merkmale für die Bauindustrie und die Tabakindustrie gegenübergestellt. Die Tabakindustrie steht dabei für die Gruppe der Wirtschaftssektoren, die Austauschgüter (Massengüter) produziert. Die Bauindustrie steht für die Gruppe der Sektoren, die Kontraktgüter (individuelle Güter) in Auftragsfertigung erstellt. Ein anderes Beispiel dieser Gruppe ist der Anlagenbau.

---

6 Vgl. SCHULTE (B2B Marketing 2001), S. 96 ff.

7 Vgl. GIRMSCHEID (Bauunternehmensmanagement 2006), S. 188 ff.

Tabelle 1: Vergleich zwischen der Bau- und der Tabakindustrie
Table 1: Comparison between Construction and Tobacco Industry

Merkmal	Bauindustrie	Tabakindustrie
Anzahl der Anbieter	Viele	Wenige
Nachfrager	Viele	Viele
Transaktion	Kontraktgut	Austauschgut
Nutzung (überwiegend)	Investitionsgut	Konsumgut
Fertigungsort	Baustelle	Fabrik
Individualität des Produktes	Hoch	Gering
Materialität des Produktes zu Beginn der Transaktion	Immateriell	Materiell

Zwischen den beiden Typen von Industrien zeigen sich erhebliche Unterschiede. Die Übertragbarkeit von Erkenntnissen des einen auf den anderen Typ ist deshalb ohne weitergehende Untersuchungen mit Skepsis zu betrachten. Diese Aussage bedeutet nicht, dass in der Bauindustrie grundsätzlich alles anders ist, es gibt Gemeinsamkeiten von Unternehmen unterschiedlicher Sektoren über alle Sektorengrenzen hinaus und es gibt Sektoren, die der Bauindustrie sehr viel näher stehen als die Tabakindustrie (z.B. Anlagenbau). WÖHE teilt beispielsweise die Betriebswirtschaftslehre in eine betriebswirtschaftliche Verfahrenstechnik (Verrechnungs- und Organisationslehre), eine allgemeine Betriebswirtschaftslehre und unterschiedliche Wirtschaftszweiglehren.[8] Die dargestellten Unterschiede rechtfertigen einen eigenen Ansatz für eine Baubetriebslehre im Sinne einer Wirtschaftszweiglehre.[9] Dies gilt insbesondere in Abgrenzung zu vorhandenen Monographien über die Industriebetriebslehre, die stets solche Betriebe als typisch darstellen, die Massengüter produzieren (z.B. Tabakindustrie).[10] Zusammenfassend schreibt HILLEBRANDT: „*The construction industry has characteristics which, separately, are shared by other industries, but in combination appear in construction alone, making it worthy of separate treatment.*"[11]

1.3.2 Die Märkte der Bauindustrie

Unternehmen können grundsätzlich sechs geografische Märkte für die Ausrichtung ihrer Marketingaktivitäten in Betracht ziehen: regionale, nationale, übernationale und

8 Vgl. WÖHE / DÖRING (Betriebswirtschaftslehre 2002), S. 18 ff.
9 Vgl. SEYMOUR (Multinational Construction 1987), S. 79
10 Vgl. HEINEN (Industriebetriebslehre 1985)
11 S. HILLEBRANDT (Construction Industry 1985), S. 7

multinationale Märkte, einen weltumspannenden globalen Markt oder einen ebenso weltumspannenden transnationalen Markt, auf dem im Gegensatz zum globalen differenzierte Güter angeboten werden. Die unterschiedlichen Ausrichtungen der Marketingaktivitäten werden im Folgenden beschrieben.

1.3.2.1 Regionale und nationale Marktwahlstrategien

Regionale Märkte sind meist durch zwei Faktoren charakterisiert: die große Anzahl von Unternehmen in einem nationalen Markt und die geringe Betriebsgröße der meisten Unternehmen.

RUSSIG et al. beschreiben den Baumarkt als besonders regional ausgeprägten Markt, ohne dafür weitere Zahlen als Beleg anzuführen.[12] Einige Untersuchungen zum regionalen Einzugsgebiet von Bauunternehmen in Großbritannien und Australien weisen an der Untergrenze Radien von ungefähr 100 km aus. Auch diese kleinen regionalen Märkte werden als Märkte beschrieben, auf denen vollständige Konkurrenz herrscht .[13]

Regionale Märkte bilden sich um Gebiete mit erhöhter Baudichte. Da die Produkte der Bauindustrie Immobilien sind und da die Bauherren in der Regel das Grundstück zur Verfügung stellen, müssen die Nachfrager regional – vor Ort – tätig sein. Da die Bauindustrie die Immobilien auf diesen Grundstücken errichtet, ist auch sie zwangsläufig regional tätig. Da Baumaterialien oft Massengüter sind, ist es von Vorteil, die Transportstrecken kurz zu halten. Da während der Bauausführung häufig Abstimmungen zwischen Bauherren, Planern und ausführenden Unternehmen notwendig sind, ist es auch günstig, wenn alle am Bau Beteiligten vor Ort vertreten sind. Jede Baustelle ist der Mittelpunkt eines spezifischen Netzwerkes, das Informationen und Produktionsfaktoren bereitstellt.

Nationale Märkte sind zunächst im Sinne des Begriffs durch staatliche Grenzen festgelegt. Sie finden für die Bauindustrie besonders durch eine Vielzahl an Gesetzen, Normen, Vorschriften und Empfehlungen Ausdruck, die innerhalb nationaler Grenzen gültig sind. Diese Regulierungsdichte wird auf den hohen gesellschaftlichen Wert der Bauwerke zurückgeführt.[14]

Der nationale Markt setzt sich aus den unterschiedlichen regionalen Märkten zusammen. Es gibt Nachfrager und Anbieter, die nur auf regionalen Märkten tätig sind. Es gibt dagegen keine Nachfrager und Anbieter, die nur auf dem nationalen Markt tätig sind. Wegen des Charakters der Bauwerke als Immobilie treffen sich Nachfrager und Anbieter auch immer „vor Ort“. Der nationale Markt ist durch Teilnehmer gekenn-

---

12 Vgl. RUSSIG / DEUTSCH / SPILLNER (Branchenbild 1996), S. 13 f.

13 Vgl. RUNESON (Building Economics 2000), S. 140 ff.

14 Vgl. HARTMANN (Innovationsmanagement 2004), S. 129 und RUSSIG / DEUTSCH / SPILLNER (Branchenbild 1996), S. 16

zeichnet, die auf vielen oder allen regionalen Märkten innerhalb nationaler Grenzen tätig sind (vgl. Bild 2) .

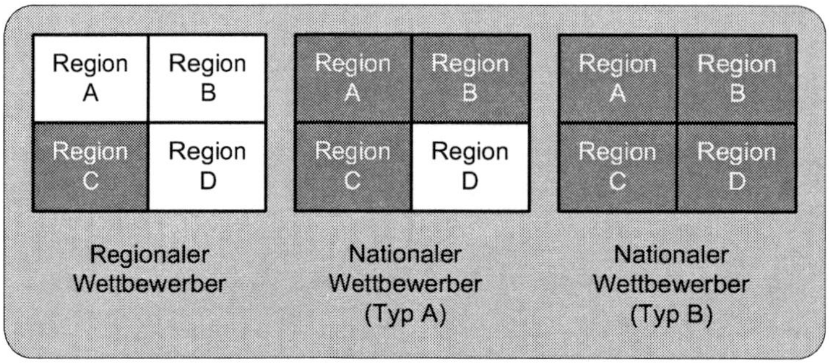

Bild 2: Regionale und nationale Marktwahlstrategien
Fig. 2: Strategic Choices of Regional or National Markets

In Bild 2 wird zwischen zwei Typen von nationalen Wettbewerbern unterschieden. Einige sind auf vielen regionalen Märkten tätig (Typ A), andere auf allen regionalen Märkten (Typ B).

1.3.2.2 Internationale Marktwahlstrategien

Es gibt vier Möglichkeiten, eine internationale Marktwahlstrategie zur verwirklichen: von einer übernationalen weiter zu einer multinationalen hin zu einer globalen oder gar transnationalen Strategie. Diese Strategien bieten unterschiedliche Differenzierungs- und Integrationsvorteile. Durch die Möglichkeit der Integration (Kennzeichen: hoher Weltmarktanteil) können Kostenersparnisse erzielt werden. Die Differenzierung dagegen erlaubt die Ausbildung von Alleinstellungsmerkmalen (vgl. Bild 3).

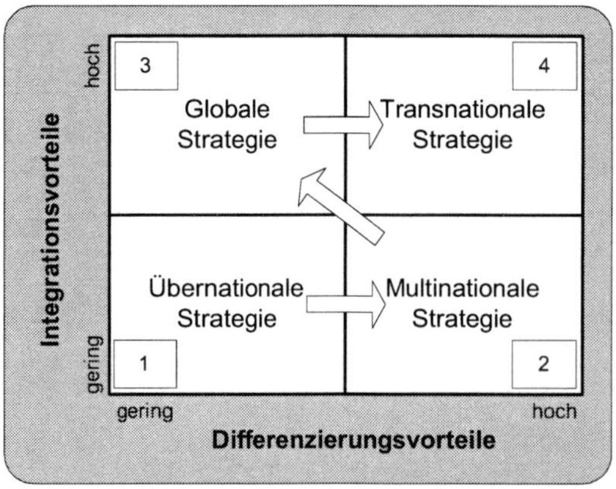

Bild 3: Typen von Internationalisierungsstrategien[15]
Fig. 3: Types of Strategies for Internationalization

---

15 Vgl. MEFFERT/BOLZ (Int'l Marketing 1998), S. 27

Die Merkmale der vier Strategien sind in Tabelle 2 zusammengefasst. Eine übernationale Strategie wird vom Heimatland aus verfolgt. Dazu werden unmittelbar von der Unternehmenszentrale aus über eine Auslandsabteilung Aufträge akquiriert und betreut (traditioneller Auslandsbau, Bauexport).[16]

Tabelle 2: Merkmale unterschiedlicher internationaler Marktwahlstrategien

Table 2: Characteristics of Different Strategies for International Market Choices

Merkmal	Übernationale Strategie	Multinationale Strategie	Globale Strategie	Transnationale Strategie
Ausrichtung des Angebots	Ausrichtung am Heimatmarkt und Export	Ausrichtung an den jeweiligen nationalen Märkte	Ausrichtung am Weltmarkt	Ausrichtung am Weltmarkt und an den nationalen Märkten
Bearbeitung	Wenige Länder und Segmente	Viele Länder und Segmente; differenziert	Viele Länder; standardisiert	Viele Länder; differenziert
Internationalisierungsform	Direkter Export, Vertriebsgesellschaften	Internationale Filialen, Tochtergesellschaften	Internationale Filialen, Tochtergesellschaften, Franchising	Internationale Filialen, Tochtergesellschaften, Netzwerke/ Partnerschaften
Wettbewerbsorientierung	Am Wettbewerb im Heimatmarkt	Am national stärksten Wettbewerber	Am weltweit stärksten Wettbewerber	Am weltweit stärksten Wettbewerber und den national stärksten Wett-Bewerbern
Organisation	Auslandsabteilung	Gebietsorganisation	Produktorganisation	Matrix-/ Netzwerksorganisation
Kulturelle Orientierung	Ethnozentrisch	Polyzentrisch	Geozentrisch	Geo- und ethnozentrisch

Auf übernationalen Märkten stehen in- und ausländische Unternehmen miteinander im Wettbewerb. Die ausländischen Unternehmen engagieren sich als internationale Unternehmen nur auf einigen lukrativen Märkten. Ziel ist die Sicherung des inländischen Unternehmensbestandes durch chancenreiche Auslandsgeschäfte. Die Fähigkeit auf länderspezifischen Eigenheiten einzugehen (internationale Kompetenz) ist begrenzt, die Orientierung des Unternehmens ethnozentrisch.[17] Auf Baumärkten

[16] Vgl. KULICK (Auslandsbau 2003), S. 5 f.

[17] Vgl. MEFFERT (Weltweiter Wettbewerb 1986), S. 690

ist der Hauptgesichtspunkt bei einem Engagement in fremden Ländern die Fähigkeit eines Unternehmens, an Ort und Stelle die notwendigen Netzwerke für die jeweiligen Projekte aufzubauen und erfolgreich zu managen. BOLLINGER versteht diese Marktstrategie als Normalfall für mittelständische Unternehmen.[18] Es gibt keine Festlegung, was „einige" Märkte sind. Für diese Arbeit soll als operationale Definition der Schwellenwert bei zehn Ländern liegen.

Ein Unternehmen kann von einer übernationalen in eine multinationale Präsenz hineinwachsen (vgl. Bild 3). Auch auf multinationalen Baumärkten stehen in- und ausländische Unternehmen der Bauindustrie im Wettbewerb. Allerdings sind die ausländischen Marktteilnehmer auf vielen ausländischen Märkten (> 10) tätig. Ziel ist die Sicherung des internationalen Unternehmenserfolges. Hauptträger des Auslandsgeschäftes sind Tochter- und Beteiligungsgesellschaften (T+B-Bau), die über einen großen Entscheidungsspielraum verfügen. Dadurch ist es möglich, den Marktauftritt weitgehend den Besonderheiten des jeweiligen Auslandsmarktes anzupassen: Die Orientierung eines multinationalen Unternehmens ist polyzentrisch.[19]

Der nächste Schritt des Wachstum ist der Übergang vom multinationalen zum globalen Unternehmen. Ziel der globalen Marktausrichtung ist die Stärkung der multinationalen Erfolge durch eine konsequente Ausnutzung von Betriebsgrößenersparnissen. Dafür werden die Unternehmensaktivitäten in ein Gesamtsystem integriert, die Tochter- und Beteiligungsgesellschaften verlieren ihre Selbstständigkeit und müssen Teilaufgaben des Gesamtunternehmens verrichten. Die Produktpalette wird auf eine standardisierte Massenproduktion umgestellt, nationale Besonderheiten finden wenig Berücksichtigung. Die Orientierung ist geozentrisch.[20] Konkurrenten sind andere globale Unternehmen. Beispiele für globale Branchen sind die Flugzeug-, Auto- und Ölindustrie.[21] Für die Bauindustrie ist ein globales Marketing wegen der Uneinheitlichkeit der Produkte (Unikatsfertigung) nicht möglich.

Noch eine Stufe später können Unternehmen eine transnationale Strategie wählen. Dabei werden die Vorteile der weltweiten Beschaffung und Produktion und die daraus resultierenden Betriebsgrößenersparnisse beibehalten. Gleichzeitig wird jedoch versucht, die Nachteile der Produktstandardisierung durch eine Differenzierung auszugleichen. D.h., die Produkte werden wieder auf die nationalen Märkte ausgerichtet. Die Ausrichtung ist geo- und ethnozentrisch. Da Bauunternehmen keine Möglichkeit haben mit standardisierten Produkten globale Betriebsgrößenersparnisse zu erzielen, fällt die eine Stütze der transnationalen Marktwahlstrategie und damit die Strategie insgesamt fort.

---

18 Vgl. BOLLINGER (Auslandsbau 1996), S. 574
19 Vgl. MEFFERT (Weltweiter Wettbewerb 1985), S. 690
20 Vgl. MEFFERT (Weltweiter Wettbewerb 1985), S. 690
21 Vgl. KOTLER / ARMSTRONG (Marketing 1989), S. 569 f.

Zusammenfassend kann festgehalten werden: Die Anordnung der Märkte ist hierarchisch. Für Bauunternehmen sind wegen der Eigenschaften der produzierten Güter vier Stufen denkbar (regional, national, übernational und multinational). Die Einordnung des Tätigkeitsfeldes einer Unternehmung erfolgt nach der höchsten Stufe ihres Marktes. Ein multinationales Bauunternehmen ist folglich auf vier Märkten tätig: regional, national, übernational, multinational.

1.3.3 Merkmale der multinationalen Bauindustrie

Die weltweite Entwicklung der Märkte für Bauwerke wird bestimmt durch die Öffnung neuer Märkte seit etwa 1990 (Ostblock, China, ASEAN-Länder), Entstehung von Großwirtschaftsregionen (EU), finanzielle Deregulierung und expandierende Kapitalmärkte sowie die Entwicklung der Kommunikationsmöglichkeiten.[22, 23] Die Frage ist allerdings, ob es überhaupt so etwas wie einen Weltmarkt gibt.

„*Den internationalen Baumarkt gibt es ebenso wenig wie den vielbeschworenen europäischen Baumarkt. Zu heterogen sind die Märkte in Industrie-, Entwicklungs- und Schwellenländer, zu unterschiedlich sind die Rahmenbedingungen. So sind immer wieder Schwergewichtsverlagerungen festzustellen. Verlässliche Statistiken über den Umfang der international wirksamen Baunachfrage gibt es ebenfalls nicht. Will man die Märkte beobachten und seine eigenen unternehmerischen Chancen beurteilen, so ist man auf Schätzungen angewiesen.*“[24] Mit diesen Worten macht BOLLINGER nicht gerade Mut für eine Analyse, aber es ergeben sich doch einige Konsequenzen. Zum einen sind unterschiedliche Märkte zu untersuchen und zum anderen ist offensichtlich eine der Kernkompetenzen von multinationalen Unternehmen der Bauindustrie, sich auf wechselnde Randbedingungen einzustellen.[25] Da es den internationalen Markt nicht gibt, wird in der Folge von einer Mehrzahl internationaler Märkte gesprochen, auf denen Unternehmen entsprechend der entwickelten Terminologie eine übernationale oder eine multinationale Marketingstrategie verfolgen können.

Die multinationale Bauindustrie ist in dem jeweiligen nationalen Heimatmarkt verwurzelt und sucht von dort aus weitere Chancen auf zusätzlichen Märkten. So stellt sich zunächst die Frage nach der Motivation für die Auslandstätigkeit (Abschnitt 1.3.3.1) und danach die Frage nach den Märkten (Abschnitt 1.3.3.2). Ausgehend von den Marktstrukturen und -erfordernissen (Abschnitt 1.3.3.3) lassen sich die Chancen für einzelne Leistungsgruppen oder Produkte (1.3.3.4) bestimmen. Schließlich sind noch die Konkurrenten zu untersuchen (Abschnitt 1.3.3.5).

---

[22] Vgl. MALE / MITROVIC (LSE Industry 1999), S. 7 ff.
[23] Vgl. HASSAN et al. (LSE Projects 1999), S. 21
[24] S. BOLLINGER (Auslandsbau 1996), S. 569
[25] Vgl. BOLLINGER (Auslandsbau 1996), S. 583

1.3.3.1 Motivation zur Auslandstätigkeit

Hauptmerkmale von nationalen Baumärkten sind die starke Konjunkturabhängigkeit und daraus resultierend zyklische Schwankungen der Bauinvestitionen. In dem Zeitraum von 1980 – 1994 entwickelten sich in Deutschland die Bauinvestitionen in etwa parallel zum Bruttosozialprodukt, allerdings mit deutlich größeren Abweichungen nach unten.[26] Unabhängig von diesen zyklischen Schwankungen fällt der Anteil der Bauinvestitionen am Bruttosozialprodukt tendenziell in allen Industrieländern. Das Verhältnis von Bauinvestitionen zum Bruttosozialprodukt wird Bauanteil genannt.

RUSSIG et al. beschreiben die historische Entwicklung des Bauanteils und sagen, dass man dabei mit aller Vorsicht von einer ökonomische Gesetzmäßigkeit reden könne. Sie gehen von einer entwicklungstheoretischen Folge der Entstehung neuer Sektoren in einer Volkswirtschaft aus. Auf der ersten Stufe stützen sich Länder auf Land-, Forstwirtschaft und Fischerei (primärer Sektor). Auf der zweiten Stufe industrialisiert sich das Land (sekundärer Sektor) und auf der dritten Stufe gewinnen Handel und Dienstleistungen immer mehr Gewicht (tertiärer Sektor).[27]

- In den ärmsten Ländern, in denen hauptsächlich der primäre Sektor entwickelt ist, wird kaum in aufwändigere Bauwerke investiert.
- Mit zunehmender Industrialisierung steigen die Bauinvestitionen zunächst allmählich und schließlich überproportional im Vergleich zum Wachstum des Bruttosozialproduktes.
- Wenn der für den sekundären Sektor aufgebaute Kapitalstock an Bauwerken (Anlagen, Fabriken und Infrastruktur) ausreicht für die Produktion, dann flacht das Wachstum der Bauinvestitionen ab.
- Beim Übergang in die Dienstleistungsgesellschaft schließlich werden relativ immer weniger Bauwerke benötigt und die Bauinvestitionen gehen weiter zurück.

Zahlen für die Entwicklung des Bauanteils in ausgewählten Industrieländern sind in Tabelle 4 dargestellt. Das Bruttosozialprodukt (BSP) ist ein Maßstab für die innerhalb eines Landes erbrachten wirtschaftlichen Leistungen in einer Periode. Der englische Ausdruck dafür ist Gross Domestic Product (GDP).

Die Abnahme des Bauanteils bedeutet, dass Unternehmen der Bauindustrie in Industrieländern wie Deutschland neben zyklischen Schwankungen mit einem schrumpfenden Markt kämpfen. Die zyklischen Schwankungen können zu Liquiditätsproblemen führen, die schrumpfenden Märkte zu hohem Wettbewerb und niedrigen Gewinnen. Für beides kann ein multinationales Unternehmen auf ausländischen Märkten einen Ausgleich finden.

---

26 Vgl. RUSSIG / DEUTSCH / SPILLNER (Branchenbild 1996), S. 38

27 Vgl. RUSSIG / DEUTSCH / SPILLNER (Branchenbild 1996), S. 39 f.

Es wurde bereits bei der Diskussion der unterschiedlichen Marketingstrategien zwischen zwei Ausprägungen des Auslandsbaus unterschieden: Exportbau und Tochter- und Beteiligungsgesellschaften. BOLLINGER schreibt, dass „...*die Gewinnmargen im Auslandsbau deutlich höher sind als im Inland.*“[28] Allerdings sind auch die Risiken deutlich höher und dies gilt besonders für den Exportbau (übernationale Marktwahlstrategie) in Entwicklungs- und Schwellenländern.[29] Bei straffem Management von Projekten des Exportbaus ist es jedoch möglich, für das Problem der niedrigen Gewinnmargen auf dem Heimatmarkt einen Ausgleich zu schaffen.

Tabelle 3: Bauanteil in ausgewählten Industrieländern[30, 31]
Table 3: Construction Investment as Share of GDP

Land	Bauanteil 1970	Bauanteil 1994
Frankreich	14,0 %	11,0 %
Großbritannien	9,5 %	8,0 %
Japan	20,0 %	18,5 %
Schweden	9,5 %	8,0 %
USA	10,5 %	8,5 %
Westdeutschland	15,5 %	12,0 %

Der Ausgleich der konjunkturellen Schwankungen ist am besten möglich über Tochter- und Beteiligungsgesellschaften in Industrieländern (multinationale Marktwahlstrategie). Einerseits ist das Risiko geringer als in Entwicklungs- und Schwellenländern und die unterschiedlichen nationalen Baumärkte sind weitestgehend entkoppelt, so dass es zu einem Zeitpunkt Länder mit Rezessionen und Länder mit Baubooms gibt (vgl. Tabelle 5). Ein entsprechendes Marktportfolio an Tochter- und Beteiligungsgesellschaften ermöglicht somit einen konjunkturellen Ausgleich bei geringerem Risiko als dies mit dem Exportbau möglich ist. Wegen des höheren Risikos im Bereich des Auslandsbaus insgesamt ist neben dem Ziel des Umsatzausgleichs und der Gewinnoptimierung in einem Marktportfolio auch notwendigerweise für einen Risikoausgleich zu sorgen.

28 S. BOLLINGER (Auslandsbau 1996), S. 582
29 Vgl. SEYMOUR (Multinational Construction 1987), S. 79 ff.
30 Vgl. RUSSIG / DEUTSCH / SPILLNER (Branchenbild 1996), S. 39
31 Ähnliche Daten können für die Schweiz aus Erfassungsgründen nicht angegeben werden. 1970 wurde der Bauanteil statistisch noch nicht ermittelt. Telefongespräch mit Frau Henggi vom Schweizer Bundesamt für Statistik (0041-32-7136012)

Tabelle 4: Wachstum der Bauinvestitionen in Industrieländern 2002 - 03[32]

Table 4: Growth in Construction Spending in Industrialized States 2002 – 03

Land	Wachstum der Bauinvestitionen 2002 – 03
Australien	4,8 [%]
Deutschland	-0,7 [%]
Frankreich	1,9 [%]
Großbritannien	3,4 [%]
Italien	0,9 [%]
Japan	-1,3 [%]
Kanada	7,6 [%]
Schweiz	2,0 [%]
Spanien	3,5 [%]
USA	1,6 [%]

1.3.3.2 Einteilung der Auslandsmärkte

Bei den Märkten wird oft nach Regionen getrennt: Naher und Mittlerer Osten, Asien, Afrika, Nord- und Lateinamerika, Europa. In Tabelle 6 sind die Werte für die Marktgröße und das Wachstum in diesen Regionen für den Zeitraum 1996 – 1998 zusammengefasst.

Tabelle 5: Wachstum der Baumärkte in verschiedenen Regionen der Welt[33]

Table 5: Growth of Construction Markets in Different World Regions

Region	Bauinvestitionen (1998, Mio. US$)	Bauanteil 1996-98	Wachstum der Bauinvestitionen 96-98	Wachstum BSP 96-98
Afrika	59.433	11,6	8,2	4,3
Asien	1.125.942	14,5	-2,0	-2,0
Europa	994.324	10,5	-4,0	-1,8
Mittlerer Osten	76.775	11,3	5,4	3,7
Nordamerika	723.570	8,3	4,6	4,2
Lateinamerika	244.440	12,1	11,0	5,8

32 Vgl. ENGINEERING NEWS RECORD (Global Spending 2003), S. 47 ff.

33 Vgl. CROSTHWAITE (Global Construction 2000), S. 623 f.

Die Daten zeigen bedeutende Unterschiede in der Marktgröße und im Wachstum. Der Bauanteil ist auf den Industriekontinenten Europa und Nordamerika am geringsten, in Lateinamerika und Asien mit vielen Schwellenländern am größten. In allen Regionen übertrifft das Wachstum der Bauinvestitionen das Wachstum des BSP entweder in positiver oder in negativer Richtung, es reagiert also stärker. Asien ist die einzige Ausnahme, dort sind beide Werte gleich. Allerdings fällt der Untersuchungszeitraum auch mit der Asienkrise 1997/98 zusammen und somit sind die Daten nicht repräsentativ.

Über keinen dieser Märkte lässt sich eine mittelfristige Aussage treffen, weil die jeweiligen Rahmenbedingungen sich zu schnell ändern.[34] So führte in Asien eben die Wirtschaftskrise zu einem deutlichen und schnellen Einbruch der Wachstumsraten. Analysen von Ländern und Kontinenten sind für diese Arbeit aber auch nicht von großer Bedeutung, da die späteren Aussagen zu den Erfolgsfaktoren von der jeweiligen Region unabhängig sind. Interessanter für längerfristige Analysen ist – wie oben schon angesprochen – die Einteilung nach dem Entwicklungsstatus des jeweiligen Landes.

Die Trennung in Industrie-, Schwellen- und Entwicklungsländer ist sehr ergiebig. Die Weltbank teilt die Länder nach dem Pro-Kopf-Bruttosozialprodukt (BSP) ein und CROSTHWAITE hat auf dieser Grundlage den Anteil der Bauinvestitionen am Bruttosozialprodukt für diese Gruppen auf Grundlage von Daten für 150 Länder errechnet (vgl. Tabelle 7).

Tabelle 6: Bauinvestitionen als Anteil am BSP[35]
Table 6: Construction Spending as Share of GDP

Länderstatus	Pro-Kopf-BSP (1999)	Bauanteil				Wachstum des BSP 96-98
		1996	1997	1998	Mittel 1996-98	
Entwicklungsland	BSP < 785 US$	11,7	12,0	11,9	11,9	6,2
Schwellenland	785 < BSP < 9.655 US$	13,2	13,4	13,7	13,4	5,8
Industrieland	BSP > 9.655 US$	10,8	10,1	10,5	10,5	-2,1

Entwicklungsländer haben einen gleichbleibend hohen Bauanteil am BSP, das allerdings dynamisch wächst. Das Wachstum von BSP und Bauinvestitionen bezieht sich dabei auf eine niedrige Anfangsbasis. Schwellenländer verfügen über den größten Bauanteil gekoppelt mit einem immer noch starken Wachstum beim BSP. In Industrieländern ist der Bauanteil am niedrigsten bei einem sehr hohen BSP, das aber im

34 Vgl. MAWHINNEY (Int'l Construction 2001), S. 97

35 Vgl. CROSTHWAITE (Global Construction 2000), S. 621 f.

Wachstum niedrig bzw. negativ ist. Insgesamt werden die Aussagen von RUSSIG et al. bestätigt. Allerdings entspricht ein relatives Wachstum des BSP von einem Prozent in einem Industrieland in absoluten Zahlen einer weitaus höheren Summe als dies bei Entwicklungsländern der Fall ist, weil ja sich ja die BSPs als Berechnungsbasis mindestens um einen Faktor von (9.655 / 785 =) 12,3 unterscheiden.

In Bild 4 ist der Trend des Entwicklungsverlaufs eines Landes in Bezug auf seinen Bauanteil grafisch dargestellt.

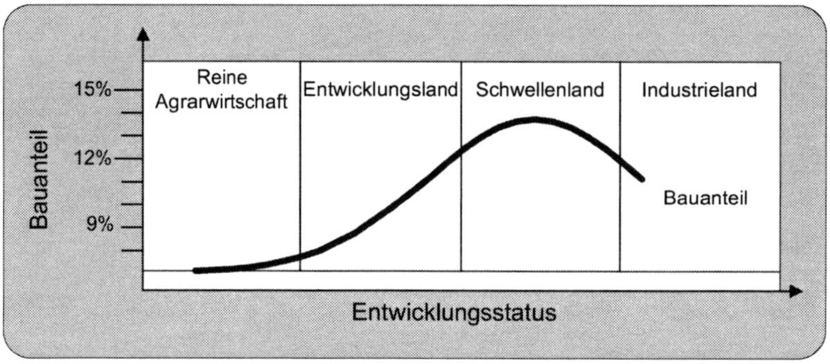

Bild 4: Entwicklung des Bauanteils
Fig. 4: Development of Construction Spending as Share of GDP

Es ist eine zusätzliche Entwicklungsphase „reine Agrarwirtschaft" eingeführt worden, um zu zeigen das ein Teil des BSP immer für Bautätigkeiten aufgewendet wird. Davon werden in dieser Phase Wohngebäude und eine einfache Infrastruktur gebaut. Wegen der Markteigenschaften sind Entwicklungs- und Schwellenländer besonders attraktiv für eine Auslandstätigkeit für einzelne Großprojekte, die von der lokalen Bauindustrie nicht durchgeführt werden können (Technisches und Management Know-how, Gerätevorhaltung, Finanzkapazität).

1.3.3.3 Strukturen der Auslandsmärkte

Ein Großteil aller Bautätigkeit wird vor Ort von regionalen oder nationalen Unternehmen ausgeführt. Dies ergibt sich aus den in Abschnitt 1.3.1 dargestellten Merkmalen der Bauindustrie. Diese Aussage ist mit Einschränkungen auch weltweit gültig. Das Volumen des internationalen Baumarktes wurde für das Jahr 2000 auf 3.400 Milliarden US-Dollar geschätzt. Davon haben die umsatzstärksten 225 Betriebe insgesamt 117 Milliarden US-Dollar auf ausländischen Märkten erwirtschaftet, das entspricht einem Anteil von 3,4%.[36] Dies ist ein deutlicher Hinweis auf die obige Feststellung, dass ein Großteil des Marktvolumens von heimischen Betrieben erwirtschaftet wird. „Global Players" im Sinne der Tabakindustrie gibt es nicht.

---

36 Vgl. REINA / TULACZ (Top 225 2003), S. 28 ff.

Allerdings sind die Märkte in Entwicklungs- Schwellen- und Industrieländern unterschiedlich. Unterscheidungsmerkmale sind insbesondere der vom Entwicklungsstand abhängige Baubedarf, die Leistungsfähigkeit der lokalen Bauwirtschaft und die verfügbaren Finanzmittel.

Eine idealisierte Darstellung der Finanzierungsmöglichkeiten hat MAWHINNEY entwickelt, bei der keine Konjunkturschwankungen und keine Regierungsinterventionen berücksichtigt sind (vgl. Bild 5).

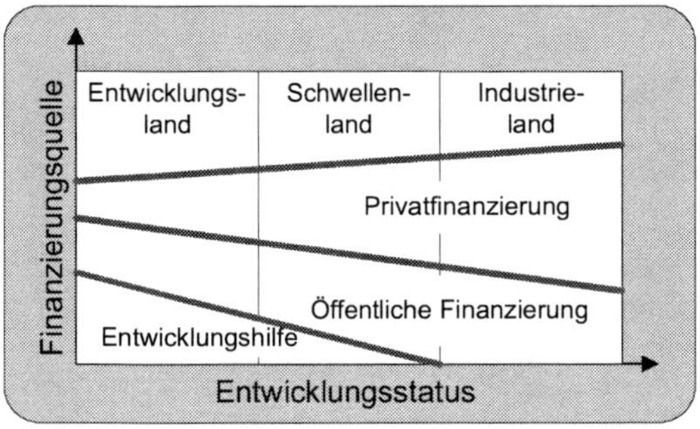

Bild 5: Finanzierungsmöglichkeiten entsprechend dem Entwicklungsstatus eines Landes[37]

Fig. 5: Sources of Financing according to Development Status of a Country

Aus der historischen Entwicklung des Baubedarfs und den Finanzierungsquellen kann auf folgende Marktstrukturen geschlossen werden:

- Reine Agrarwirtschaft: Es haben weder eine Industrialisierung noch eine Urbanisierung begonnen. Verstreuter Wohnungsbau niedriger Qualität, Landwirtschaftsbau, Infrastruktur zur Aufrechterhaltung kleiner Märkte. Bautätigkeit in Nachbarschaftshilfe oder durch kleine lokale Unternehmen. Entwicklungshilfe meist für kleine dezentrale Projekte. Sehr vereinzelt größere Projekte aus Mitteln der Entwicklungshilfe.

  ⇒ Chancen für Auslandstätigkeit: Bei wenigen großen Infrastrukturprojekten aus Mitteln der Entwicklungshilfe, da die heimische Industrie nicht leistungsfähig ist. Übernationale Marktwahlstrategie durch Exportbau.

- Entwicklungsländer: Einsetzende Industrialisierung, Wanderungsbewegung zu den Zentren der Wirtschaftstätigkeit. Erhöhter Bedarf an einfachem und vereinzelt Bedarf an hochwertigem Wohnraum, verstärkter Wirtschaftsbau, große Anstrengungen um den Aufbau einer Infrastruktur durch Entwicklungshilfe. Die heimische Bauindustrie ist noch wenig leistungsfähig.[38]

37 Vgl. MAWHINNEY (Int'l Construction 2001), S. 103

38 Vgl. KULICK (Auslandsbau 2003), S. 11

⇒ Chancen für Auslandstätigkeit: Bei einigen Wirtschaftsbauten, wenn die Investoren aus dem Ausland stammen und verstärkt bei großen Infrastrukturprojekten. Übernationale Marktwahlstrategie durch Exportbau.

- Schwellenländer: Starke Industrialisierung, sehr schnelle Urbanisierung mit der Entwicklung von Megastädten. Starker Bedarf an einfachem und erhöhter Bedarf an hochwertigem Wohnraum, stark expandierender Wirtschaftsbau, große Anstrengungen um den Aufbau einer Infrastruktur auch mit Entwicklungshilfe. Die heimische Industrie ist mit den Aufgaben gewachsen, kann aber noch keine Großprojekte durchführen.[39]

  ⇒ Chancen für Auslandstätigkeit: Bei etlichen Wirtschaftsbauten, insbesondere bei Großprojekten durch Investoren aus dem Ausland und bei großen Infrastrukturprojekten, für welche die heimische Industrie noch nicht leistungsfähig genug ist. Multinationale Marktwahlstrategie durch Export- und T+B-Bau.

- Industrieländer: Entwickelte Wohn-, Wirtschafts- und Infrastruktur. Vorsichtige Verbesserung dieses Kapitalstocks, Ersatz und Erneuerungen. Heimische Infrastruktur ist in vollem Umfang leistungsfähig. Entwicklungshilfe entfällt als Finanzierungsform.

  ⇒ Chancen für Auslandstätigkeit: Multinationale Marktwahlstrategie insbesondere durch T+B-Bau.

In Tabelle 8 sind die obigen Erörterungen zusammengefasst.

Tabelle 7: Chancen auf Auslandsmärkten
Table 7: Chances in Overseas Markets

	Entwicklungsländer	**Schwellenländer**	**Industrieländer**
Wohnungsbau			
Projekttypen			Großprojekte
Strategie			T+B-Bau
Wirtschaftsbau			
Projekttypen		Einige Investitionsprojekte	Großprojekte
Strategie		Export- oder T+B-Bau	T+B-Bau
Öffentlicher Bau			
Projekttypen	Großprojekte	Großprojekte	Großprojekte
Strategie	Exportbau	Export- oder T+B-Bau	T+B-Bau

[39] Vgl. KULICK (Auslandsbau 2003), S. 11

Als wichtigste allgemeine Eigenschaft für den Auslandsbau ist bereits die Flexibilität der Bauunternehmen beschrieben worden, Chancen auf ständig neuen Märkten zu suchen und wahrzunehmen. Wegen des Charakters des Bauwerks als Immobile ist ebenfalls beschrieben worden, wie sich um jedes einzelne Projekt ein lokales Netzwerk ausbildet.[40, 41] Die Fähigkeit diese Netzwerke aufzubauen, zu managen und zu pflegen, ist demnach eine der Kernkompetenzen im Auslandsbau.

Diese lokalen und internationalen Netzwerke bestehen aus Bauunternehmen, Consultants, Lieferanten, Geräteherstellern, lokalen Agenten und Kollaborationspartnern[42] sowie zusätzlich aus Bauherren und Banken (vgl. Bild 6). Das Netz wird noch durch Behörden und Versorgungsunternehmen vergrößert. Aus all diesen Beteiligten entsteht ein lokales Netz an Beziehungen in das die Baustelle eingebunden ist. Entfernung und lokale Netzwerke sind daher Markteintrittsbarrieren, die ein ausländisches Unternehmen überwinden muss.

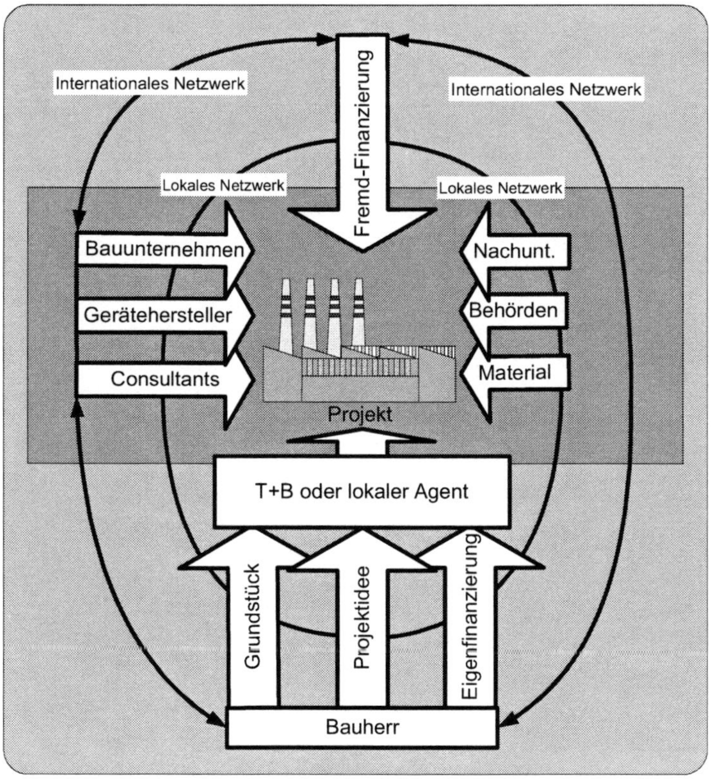

Bild 6: Netzwerk und Teilsysteme des Baumarktes
Fig. 6: Networks and Partial Systems of the Construction Market

40 Vgl. BURCHARD (Globale Baumärkte 2002), S. 11
41 Vgl. MILLER / LESSARD (LSE Management 2000), S. 27
42 Vgl. MAWHINNEY (Int'l Construction 2001), S. 10 f.

1.3.3.4 Produkte auf Auslandsmärkten

Für die jährlich veröffentlichte Übersicht über die 225 größten internationalen Bauunternehmen stellt ENGINEERING NEWS RECORD (ENR) auch eine Liste über die Größe der unterschiedlichen Bauwerks-Produktmärkte auf. Die Ergebnisse sind in dem Bild 7 dargestellt.

Die drei Hauptgruppen sind demnach Gebäude, Verkehrsbauten und Bauten für die Ölindustrie. Der Wohnungsbau ist nicht bedeutend genug, um als eigene Gruppe aufgeführt zu werden. Leider sind diese Zahlen nicht weiter untergliedert, so dass eine Abschätzung der Märkte nach dem Entwicklungsstatus nicht möglich ist. Zu beachten ist allerdings, dass diese Statistik sowohl für internationale Projekte als auch für das Geschäft der Tochter- und Beteiligungsgesellschaften gilt. Wenn man die Angaben des Bildes 7 zu zwei Hauptgruppen zusammenfasst, dann haben Wirtschaftsbauten einen Anteil von 64,8 % und Infrastrukturbauten 30,8 % (4,4 % für andere Bauwerke bleiben unberücksichtigt). Interessant ist auch der Markt der Bauwerke für die Ölindustrie, weil hier auf der Nachfrageseite eine hohe Konzentration auf wenige Ölfirmen vorliegt.

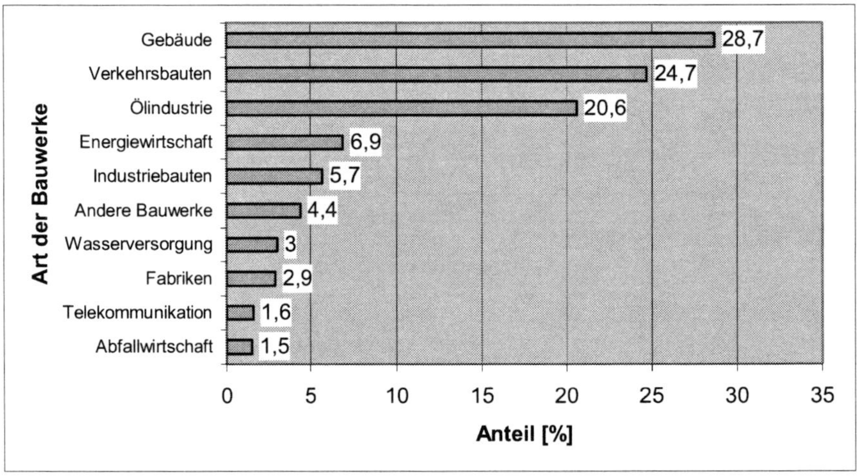

Bild 7: Anteil unterschiedlicher Bauwerksarten am gesamten Auslandsmarkt 2002[43]

Fig. 7: Percentage of Different Types of Structures of the Total Overseas Market 2002

Im Jahr 2000 hat ENR eine Liste mit Projekten des Weltmarktes veröffentlicht, wobei die Redakteure diese in der Aufstellung als repräsentativ einstufen. Insgesamt enthält die Liste 147 Projekte mit Angaben zur Projektgröße. Daraus kann man die durchschnittliche Projektgröße mit einem Wert von 401 Mio. US-Dollar errechnen: Internationale Projekte zeichnen sich also durch eine beträchtliche finanzielle Auftrags-

[43] Vgl. REINA / TULACZ (Top 225 2003), S. 28 ff.

größe aus. Das Bild ändert sich etwas, wenn man die zehn größten Projekte nicht berücksichtigt, dann liegt der Schnitt allerdings immer noch bei 226 Mio. US-Dollar. Gut zwei Drittel der Projekte sind aber kleiner als der abgeminderte Durchschnitt von 226 Mio. US-Dollar (s. Bild 8). Kernaussage bleibt trotzdem: Projekte des Auslandsbaus im Rahmen der überregionalen und multinationalen Marktwahlstrategie sind groß (finanzielle Auftragsgröße).

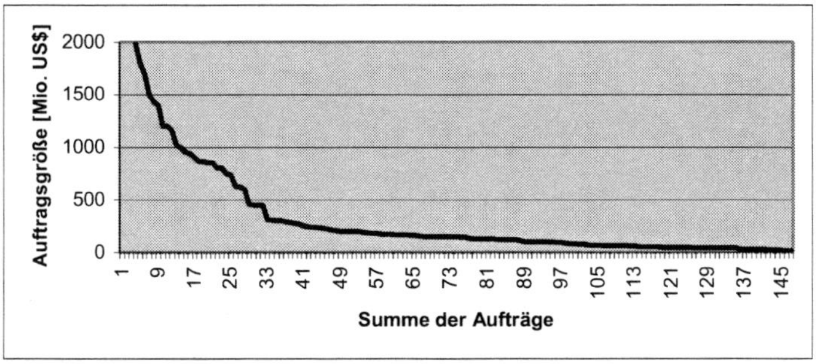

Bild 8: Häufigkeitsverteilung der Auftragsgrößen internationaler Projekte 2000[44]
Fig. 8: Histogram of Project Volumes of International Projects 2000

1.3.3.5 Wettbewerbssituation auf Auslandsmärkten

Es folgt zunächst eine genauere Beschreibung der Aktivitäten deutscher Unternehmen im Auslandsbau mit einem kurzen Portrait des größten deutschen Unternehmens (Hochtief) und daran schließt sich eine Betrachtung der großen Konkurrenten auf den Märkten dieser Welt an.

Der Wettbewerb auf den Auslandsmärkten ist unterschiedlich stark. BOLLINGER berichtet von 20 bis 30 Teilnehmern nach einer Präqualifikation für Projekte, die von der Weltbank ausgeschrieben wurden. Wegen der geringen Erfolgsaussichten nehmen deshalb manche Unternehmen nicht an international finanzierten Projekten teil, sondern sie konzentrieren sich auf Vorhaben mit einer überschaubaren Anzahl von Bietern.[45] Ein anderes Beispiel ist der Bang Na Expressway in Thailand mit einem Auftragsvolumen von 850 Mio. Euro, an dessen Ausschreibung nur zwei Bietergruppen teilgenommen haben.[46]

Der stark gegliederte internationale Baumarkt prägt das Bild, dennoch ist auch für die Bauindustrie ein transnationaler Markt erkennbar: der Markt für Großprojekte (Large Scale Engineering Projekte). Großprojekte können sowohl in der Form des traditionellen Auslandsbaus als auch durch Tochter- und Beteiligungsfirmen ausgeführt

[44] Vgl. ENGINEERING NEWS RECORD (Project List 2000), S. 45 ff.
[45] Vgl. BOLLINGER (Auslandsbau 1996), S. 572
[46] Vgl. BROCKMANN (Bang Na 1997), S. 332 ff.

werden. Im ersten Fall ist es mittlerweile sehr selten, dass das ausländische Unternehmen das Bauvorhaben ohne lokalen Partner ausführt. Gründe sind sowohl die Abhängigkeit vom lokalen Markt, nicht nur mit Bezug auf Lieferanten und Nachunternehmer, sondern auch bezüglich der erforderlichen Arbeitskräfte und des erforderlichen lokalen Beziehungsnetzwerkes sowie eine Reihe von rechtlichen, wirtschaftlichen und politischen Erwägungen des Gastlandes.[47] Für Großprojekte ist ein besonderes Know-how ebenso erforderlich wie eine entsprechende Unternehmensgröße.[48]

➢ Der deutsche Auslandsbau

In Deutschland gibt es etwa 80.000 Unternehmen des Baugewerbes. Davon sind ungefähr 250 im Auslandsbau tätig, mithin gut 0,3 %. Als Nachunternehmer, Spezialbaufirmen oder im sogenannten „Nahen Grenzverkehr" sind die meisten davon jedoch nur in eingeschränktem Maße tatsächlich auf internationalen Märkten tätig. Sie führen hauptsächlich kleinere Projekte in naher Entfernung zum eigenen Unternehmenssitz aus. Denn rund 35 Unternehmen decken allein 90 % des Gesamtvolumens ab.[49]

Allerdings ist der Umsatz noch konzentrierter als diese Zahlen es belegen. Das Volumen des Auslandsbaus setzt sich aus dem Exportbau und dem T+B-Bau zusammen, insgesamt waren das 17,3 Mrd. Euro im Jahr 2002. Den größten Teil davon haben gerade zwei Unternehmen erwirtschaftet, Hochtief mit 10 Mrd. Euro und Bilfinger Berger mit 3 Mrd. Euro, dies sind 75% des Gesamtumsatzes. In Tabelle 9 sind die deutschen Unternehmen aufgeführt, die sich unter den größten 225 internationalen Unternehmen weltweit platzieren konnten. Der Rang bestimmt sich durch den internationalen Umsatz.

Tabelle 8: Auslandsumsatz deutscher Bauunternehmen 2002[50]
Table 8: International Turnover of German Contractors 2002

Rank international	Unternehmen	Umsatz international
2	Hochtief	10.001 Mio. Euro
10	Bilfinger Berger	2.991 Mio. Euro
73	Züblin	250 Mio. Euro
82	SKE Group	194 Mio. Euro
90	Bauer Spezialtiefbau	164 Mio. Euro
140	Wiemer & Trachte	44 Mio. Euro

47 Vgl. BURCHARD (Globale Baumärkte 2002), S. 11 f.
48 Vgl. ROTH / KAFSACK (Bau 2002), S. 15
49 Vgl. RUSSIG / DEUTSCH / SPILLNER (Branchenbild 1996), S. 243 f.
50 Vgl. REINA / TULACZ (Top 225 2003), S. 28 ff.

Die Struktur zeigt, dass zwei Unternehmen das deutsche Auslandsgeschäft bestimmen, eine weitere Gruppe von vier Unternehmen mittlere Umsätze im Ausland tätigt und eine große Gruppe kleine Umsätze, dies hauptsächlich im „Nahen Grenzverkehr“.

Auf die unterschiedlichen Kontinente verteilen sich die Umsätze für das Jahr 2002 entsprechend Bild 9. Es ist eine große Konzentration mit einem Umsatzanteil von 90,9 % auf Industrieländer (Amerika, Europa, Australien) festzustellen, auch wenn dabei noch der Anteil von Lateinamerika herausgerechnet werden muss.

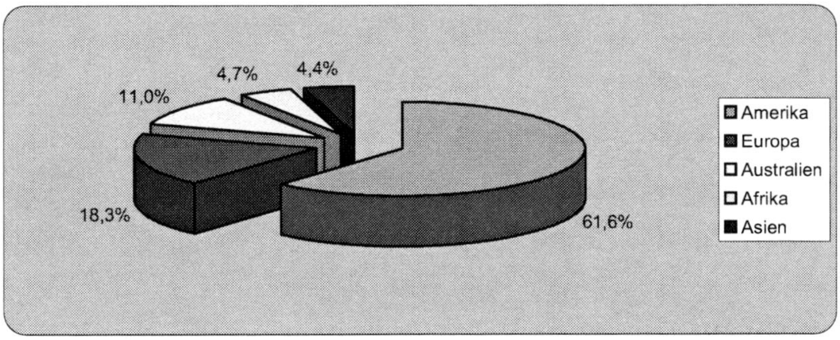

Bild 9: Regionale Umsatzanteile deutscher Bauunternehmer[51]
Fig. 9: Percentage of Regional Turnovers of German Contractors

Die Entwicklung der Auslandsumsätze und ihre Verteilung zwischen Exportbau und T+B-Bau ist in Bild 18 dargestellt. Es wird die gewachsene überragende Bedeutung des T+B-Baus ersichtlich. Der Einbruch im Jahr 2002 ist teilweise durch den Konkurs des Unternehmens Ph. Holzmann zu erklären.

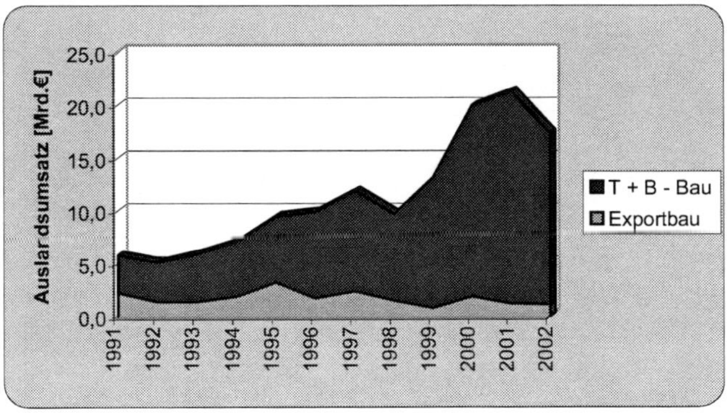

Bild 10: Auslandsumsatz deutscher Bauunternehmen[52]
Fig. 10: International Turnover of German Contractors

---

[51] Vgl. HAUPTVERBAND DER DEUTSCHEN BAUINDUSTRIE (Zahlenbild 2003), S. 28
[52] Vgl. HAUPTVERBAND DER DEUTSCHEN BAUINDUSTRIE (Zahlenbild 2003), S. 28

Hochtief war im Jahr 2002 das größte deutsche Bauunternehmen gemessen am Gesamtumsatz und das zweitgrößte Bauunternehmen weltweit gemessen am internationalen Umsatz. Der Anteil des internationalen Umsatzes am Gesamtumsatz (Auslandsanteil) betrug 73 %. Das Unternehmen ist auf vielen Märkten der Welt präsent, es agiert mit einer multinationalen Marktwahlstrategie. In der folgenden Tabelle 10 sind Beteiligungsgesellschaften und Niederlassungen regional geordnet.

Tabelle 9: Beteiligungsgesellschaften der Hochtief AG[53]
Table 9: Affiliated Companies of Hochtief AG

Hochtief AG: ein multinationales Bauunternehmen		
Region	**Unternehmen/Beteiligung**	**Land**
Afrika	Concor Limited	Südafrika
Amerika	Hochtief Argentina S.A	Argentinien
	Hochtief do Brasil S.A.	Brasilien
	Aecon Group	Kanada
	The Turner Corporation, Kitchell Corporation	USA
Asien	Leighton Asia Ltd.	Hongkong
Australien	Leighton Holdings	Australien
Europa	Hochtief AG	Deutschland
	Hochtief (UK) Construction Ltd.	Großbritannien
	Hochtief Luxembourg S.A.	Luxemburg
	Hochtief Polska Sp.z o.o.	Polen
	Hochtief Russia	Russland
	VSB a.s.	Tschechien

➢ **Die internationalen Wettbewerber**

Die zehn Unternehmen mit den größten Auslandsumsätzen im Jahr 2002 sind in Tabelle 11 zusammengefasst. Diese zehn Unternehmen erwirtschaften im Ausland einen Umsatz von 56 Mrd. US$, mithin einen Anteil von 48 % am internationalen Gesamtumsatz (117 Mrd. US$) der 225 umsatzstärksten Unternehmen. Den Schwellenwert von 1 Mrd. US$ als internationalen Umsatz überschreiten insgesamt 29 Unternehmen. Das Auslandsgeschäft ist also vergleichsweise stark konzentriert. Am

53 Vgl. HOCHTIEF (Geschäftsbericht 2003)

Gesamtbaumarkt haben die 10 größten internationalen Bauunternehmen jedoch einen verschwindend geringen Umsatzanteil (1,4 %).

Tabelle 10: Die zehn Bauunternehmen mit den größten Auslandsumsätzen 2002[54]
Table 10: The Ten Contractors with the Largest International Turnover 2002

Nr.	Firma	Land	Auslandsumsatz (in Mrd. US$)	Gesamtumsatz (in Mrd. US$)
1	Skanska	Schweden	$11.520	$13.951
2	Hochtief	Deutschland	$10.010	$11.959
3	VINCI	Frankreich	$6.841	$16.595
4	Bouygues	Frankreich	$6.449	$15.169
5	TECHNIP-COFLEXIP	Frankreich	$4.619	$4.654
6	Kellog, Brown & Root	USA	$3.888	$5.144
7	Bovis Lend Lease	Großbritannien	$3.625	$4.658
8	Bau Holding Strabag	Österreich	$3.544	$5.032
9	AMEC	Großbritannien	$3.017	$5.184
10	Bilfinger Berger	Deutschland	$2.991	$4.293

1.3.4 Zusammenfassende Betrachtungen zum Untersuchungsgebiet

Gerade die Diskussion über die multinationale Bauindustrie hat gezeigt, dass es richtig ist, auf nationalem Gebiet die Bauindustrie als Grundgesamtheit zu sehen, aus der übernationale und multinationale Unternehmen erwachsen. Auf diesen Märkten sind Unternehmen gefordert, die über eine Flexibilität im Aufbau von neuen Netzwerken verfügen und die in der Lage sind diese Netzwerke zu managen. Dafür müssen grundlegende Erfahrungen auf dem Heimatmarkt gesammelt werden. Im Rahmen der Bauwirtschaft haben nur die Unternehmen der Bauindustrie dazu die Möglichkeit. Das soll nicht heißen, dass es nicht handwerkliche Betriebe geben kann, deren Spezialwissen auch international gefragt ist. So waren z.B. am Wiederaufbau des Berliner Doms polnische Mosaikleger beteiligt. Es sind aber nicht solche handwerklichen Unternehmen, die das Geschehen auf internationalen Märkten von der Anbieterseite gestalten.

Es erscheint gerechtfertigt, eine gesonderte Untersuchungen über Internationale Joint Ventures der Bauindustrie durchzuführen, da die Produkte und Strukturen der Bauindustrie besondere Merkmale aufweisen. Einzelne dieser Eigenschaften finden sich auch in anderen Wirtschaftssektoren wieder, ganz und gar eigen ist jedoch die Mischung dieser Faktoren.

54 Vgl. REINA / TULACZ (Top 225 2003), S. 28 ff.

Auf Grund der großen Vielzahl von Unternehmen herrschen auf den Märkten der Bauindustrie annähernd die Bedingungen eines vollkommenen Marktes. Dies führt zu einem hohen Wettbewerbsdruck und grundsätzlich niedrigen Gewinnen. In Zeiten einer Rezession verschärft sich der Wettbewerbsdruck. So sind in Deutschland die Bauinvestitionen seit 1994 in jedem Jahr in realen Preisen zurückgegangen, mit 1999 als einziger Ausnahme. 2002 lag das Niveau bei 81 % des Jahres 1994. Der Jahresüberschuss (nach § 275 HGB das Ergebnis der unternehmensinternen Gewinn- und Verlustrechnung) im Bauhauptgewerbe lag 2000 insgesamt bei -0,1 %. Davon ist bei Personalgesellschaften noch ein Unternehmerlohn abzuziehen sowie bei Personen- und Kapitalgesellschaften eine Verzinsung des Eigenkapitals. Bei Großunternehmen mit mehr als 1.000 Beschäftigten lag der Jahresüberschuss bei -8,4 %.[55] Die Lage auf dem deutschen Markt bietet allen Anlass nach anderen Märkten zu suchen.

Dabei rücken für die Bauindustrie übernationale und multinationale Märkte ins Blickfeld. Eine historische Entwicklung bei den Marktführern entfaltete sich von vereinzelten Auslandsprojekten in unterschiedlichen Ländern zu einer gezielteren Marktbearbeitung einiger Länder im Exportbau (OPEC-Länder besonders in den achtziger Jahren des letzten Jahrhunderts) und weiter zu dem Aufbau von einem weltweiten Netz an Tochter- und Beteiligungsgesellschaften. Dadurch gelang der Schritt von der übernationalen zur multinationalen Marktbearbeitung. Natürlich bewegt sich auch die Baukonjunktur zyklisch. Die übernationale und multinationale Marktpräsenz wird in schwachen Konjunkturphasen verstärkt aufgebaut und auch in Aufschwüngen beibehalten, solange im Ausland vernünftige Gewinne erwirtschaftet werden.

Für den Exportbau sind insbesondere Entwicklungs- und Schwellenländer interessant, die bei genügendem Bauvolumen große Wachstumsraten aufweisen. Zusätzlich ist in diesen Ländern die lokale Bauindustrie noch nicht in vollem Umfang in der Lage, komplexe bzw. Großprojekte im Lande selbstständig zu errichten. Auf diesen Märkten lassen sich überdurchschnittliche Renditen erzielen. Der Erwerb von Tochter- und Beteiligungsgesellschaften in Schwellenländern öffnet die wachstumsstärksten Märkte für Großprojekte sowie in Industrieländern Märkte mit einer vom Heimatmarkt abgekoppelten Nachfrage. Dies ermöglicht einen Ausgleich der konjunkturellen Schwankungen auf den unterschiedlichen regionalen Märkten im In- und Ausland. Globale Märkte wie z. B. der Ölindustrie gibt es für die Bauindustrie aufgrund der Individualität der nachgefragten Produkte in den einzelnen lokalen Märkten nicht, auf denen über- oder multinationalen Unternehmen tätig sind.

Die Kernkompetenz multinationaler Unternehmen der Bauindustrie besteht u.a. darin, immer wieder neue Netzwerke aufzubauen, um Projekte zu managen. Diese Anforderungen sind insbesondere bei Großprojekten so speziell, dass nur eine kleine Gruppe von Bauunternehmen dazu in der Lage ist. Zehn Unternehmen teilen fast

[55] Vgl. HAUPTVERBAND DER DEUTSCHEN BAUINDUSTRIE (Zahlenbild 2003), S. 6 und 31

50% des international getätigten Umsatzes untereinander auf. Ein transnationaler Markt für die Bauindustrie besteht am ehesten bei Großprojekten.

1.4 Untersuchungsrahmen: Großprojekte

Fünf der sieben Weltwunder der Antike sind Bauwerke: die hängenden Gärten der Semiramis in Babylon, die Pyramiden von Giseh, das Mausoleum in Halikarnassos, das Artemision von Ephesos und der Leuchtturm auf der Insel Pharos bei Alexandria.[56] Sie alle sind ein Beleg dafür, dass Großprojekte im Baugewerbe eine sehr lange Tradition haben (vgl. Bild 11).

Bild 11: Chephrenpyramide in Giseh[57]
Fig. 11: Pyramid of Chephren in Giza

Wie jedes Projekt heute war auch der Bau der Chephrenpyramide gekennzeichnet durch die Einmaligkeit der folgenden Bedingungen in ihrer Gesamtheit: (a) Zielvorgaben, (b) zeitliche, finanzielle, personelle oder andere Begrenzungen, (c) Abgrenzung gegenüber anderen Vorhaben, (d) projektspezifische Organisation.[58]

Was ein Großprojekt ist, kann nicht definitiv beschrieben werden, weil der Begriff der Größe komparativ ist. Groß ist eine Sache immer nur in Bezug auf etwas anderes. Da sich Großprojekte somit einer genauen Definition entziehen, bietet es sich an, sie beschreibend zu charakterisieren. Eine Trennlinie zwischen Großprojekten und anderen Projekten der Bauindustrie z.B. über die Investitionskosten ist auch gar nicht wünschenswert, weil dann möglicherweise zwei Projekte jeweils unterschiedlichen Kategorien zugeordnet werden müssten, die sich in der Größe um einen Euro unterscheiden.

---

56 Vgl. EKSCHMITT (Weltwunder 1996)
57 Vgl. BROCKHAUS (Enzyklopädie 1998), Bd. 17, S. 639
58 Vgl. KOCHENDÖRFER / LIEBCHEN (Bau-Projekt-Management 2001), S. 3

1.4.1 Charakteristika von Großprojekten

Für Großprojekte der Bauindustrie sind heute drei Begriffe im englischen Sprachraum gebräuchlich. Einmal werden sie als Large Scale Engineering Projekte (LSE-Projekte) bezeichnet, dann als Multi-Organization Enterprises (MOEs) und schließlich als Megaprojekte. Der erste Begriff betont die Größe, der zweite die Komplexität der Projekte und der letzte wird oft in Verbindung mit Risiken gesehen.

1.4.1.1 Large Scale Engineering Projekte

Nach HASSAN et al. sind LSE-Projekte aus Kundensicht gekennzeichnet durch[59]:

- „Hohe“ Investitionskosten
- „Lange“ Bauzeit bei dringlichem Bedarf
- „Hohe“ technologische und logistische Anforderungen
- Multidisziplinärer Input „vieler“ Organisationen
- Entstehen eines Unternehmens für die Projektausführung

MILLER / LESSARD haben in ihrer Untersuchung von insgesamt 60 LSE-Projekten durchschnittliche Projektkosten von 985 Millionen US-Dollar mit einer Spannweite von einigen hundert Millionen bis zu 3 Milliarden US-Dollar ermittelt (vgl. auch Bild 8). Die durchschnittliche Projektdauer umfasst sechseinhalb Jahre einschließlich einer Bauzeit von vier Jahren.[60] Diese Werte können als Maßstäbe für „hohe Investitionskosten“ und „lange Bauzeit“ genommen werden. Viele Großprojekte sind auf sehr spezielle Kundenbedürfnisse ausgerichtet, in der obigen Studie betrifft dies konkret 71 % der untersuchten Projekte. Da die Projekte in der Mehrzahl sehr spezielle Kundenbedürfnisse befriedigen sollen, müssen die Lösungen auch maßgeschneidert sein. Zusammen mit den hohen Investitionskosten und dem dringlichen Bedarf – also hohem Zeitdruck – ergeben sich daraus hohe technologische und logistische Anforderungen. Über das in Abschnitt 1.4.2 vorgestellte Großprojekt (Taiwan High Speed Railway) wird z.B. der Projektmanager eines deutschen Unternehmens mit folgenden Worten zitiert: „*One of the biggest challenges is the logistics.*“[61]

Der multidisziplinäre Input vieler Organisationen wird in Bild 12 dargestellt. Bei dem Unternehmen zur Projektausführung ist vorrangig an die Organisationsstruktur des Bauherrn für das Gesamtprojekt zu denken (governance arrangement).[62] Dabei kann man zwischen Projekten der öffentlichen Hand und Privatprojekten unterscheiden.

---

[59] Vgl. HASSAN et al. (LSE Projects 1999), S. 21
[60] Vgl. MILLER / LESSARD (LSE Management 2000), S. 9
[61] Vgl. WEBER (Bilfinger THSR 2002), S. 9
[62] Vgl. MILLER / FLORICEL (Arrangements 2000). S. 51 ff.

Die Projekte der öffentlichen Hand werden allerdings zunehmend mit stärkerer Einbindung privater Unternehmen und Investoren organisiert. Hierzu gehören im Rahmen von Public Private Partnerships Outsourcing-Modelle (Dienstleistungs-, Management-, Werkverträge), Strategische Kooperationsmodelle (Beteiligungs- und Kooperationsmodelle, Partnership Investments) und Kontraktmodelle (z.B. Konzessionen, Leasing und Betreibermodelle wie Build, Operate and Transfer-Modelle).[63] Im engeren Sinn kann man auch die beauftragten Bauunternehmen als die Unternehmer des Großprojektes ansehen. Diese organisieren sich oft in der Form eines IJVs.

1.4.1.2 Multi-Organization Enterprises

Viele Großprojekte haben die Form von Multi-Organization Enterprises (MOEs) und sie stellen die größten Herausforderungen von allen Projektorganisationen. Sie werden ins Leben gerufen, um Projekte wie den Panamakanal, die erste Mondlandung, die Concorde oder den Transrapid zu verwirklichen. Sie beschränken sich nicht auf Bauwerke, obwohl diese eine herausragende Bedeutung für MOEs besitzen. So untersucht GRÜN in seiner Monographie über MOEs ausschließlich Baumaßnahmen.[64]

Merkmale von MOEs sind nach GRÜN:

- Einzigartigkeit
- Komplexität
- Mix des Zielsystems (technisch, zeitlich, finanziell)
- Natur und Anzahl der Bauherren

Die Singularität von MOEs zeigt sich entweder darin, dass sie einzigartig sind in Bezug auf ihre Ziele (Mondlandung) oder ihre Dimensionen (längste Brücke), oder darin, dass sie unter den vorliegenden Bedingungen wie etwa Zeitdruck oder Budgetbeschränkungen einmalig sind. Die Komplexität bezieht sich nach GRÜN auf die Anzahl der Aktivitäten und die Anzahl der Projektbeteiligten, die zu koordinieren sind. Das Zielsystem ist für jedes MOE anders und besteht aus technischen (Qualität und Größe des Projektes), zeitlichen und finanziellen Vorgaben. Darüber hinaus ist zwischen einer kurzfristigen Orientierung (Optimierung der Investitionskosten) und einer langfristigen (Life-cycle Konzept) zu unterscheiden. Oft stehen die Ziele in einem konkurrierenden Verhältnis zueinander. Die Bauherren können zum privaten Sektor oder zur öffentlichen Hand gehören. Typisch für MOEs ist, dass sich mehrere Bauherren die Verantwortung teilen, bei den Olympischen Spielen in München waren es z.B. die Bundesrepublik Deutschland, der Freistaat Bayern und die Stadt München.

Ein Beispiel für ein MOE ist der Bang Na Expressway in Bangkok (Thailand), der eines der Projekte ist, das im Rahmen dieser Arbeit untersucht wurde. Oberster Bauherr war der thailändische Staat, vertreten durch das Innenministerium. Dem Innen-

63 Vgl. GIRMSCHEID (PPP 2005), S. 222
64 Vgl. GRÜN (Giant Projects 2004), S. V ff.

ministerium untersteht die Expressway and Rapid Transit Authority (ETA), der das Finanzministerium einen Kredit zur Verwirklichung zur Verfügung stellte. Davon sollte innerhalb von dreieinhalb Jahren eine 55 Kilometer lange Hochstrasse gebaut werden. Dieses ist die längste Brücke der Welt. Anschließend soll der Kredit aus Mauteinnahmen zurückgezahlt werden. Der Auftrag für den Entwurf, den Bau und eine Zwischenfinanzierung wurde von der ETA an ein ICJV bestehend aus einem thailändischen (Ch. Karnchang) und zwei deutschen Partnern (Bilfinger Berger AG und Dywidag) zu einem Preis von 850 Millionen Euro vergeben. Die Hochstraße wurde im Mittelstreifen einer bestehenden Nationalstraße gebaut, die im Verfügungsbereich einer weiteren Behörde, des Departments of Highways (DoH), liegt. Das DoH untersteht dem Verkehrsministerium. Somit musste sich die ETA zur Benutzung des Baugeländes mit dem DoH einigen. Das DoH wurde damit mittelbar zu einem zusätzlichen Bauherrn. Die Rechte weiterer Behörden wurden durch den Bau ebenfalls beeinträchtigt: Strom-, Telefon-, Gas- und Wasserleitungen mussten teilweise verlegt werden. Da der Bang Na Expressway über dem laufenden Verkehr auf der darunter liegenden Nationalstraße gebaut wurde, beaufsichtigte die Polizei die Arbeiten genau und die Öffentlichkeit (Presse und Nutzer) diskutierte den Baufortschritt und die Sicherheit der Strecke.

Das ICJV schloss einerseits mit einem Konsortium von vier thailändischen Banken einen Finanzierungsvertrag, da die ETA erst nach Fertigstellung und Übergabe eines Abschnitts der Hochstraße diesen bezahlte. Die Brücke war in acht Abschnitte aufgeteilt. Andererseits beauftragte das ICJV eine JV zweier Ingenieurbüros (eines aus den USA, das andere aus Thailand) mit der Entwurfs- und Ausführungsplanung. Weitere Ingenieurbüros wurden für die Planung der Beleuchtung, des Mautsystems, der Sicherheitsausrüstung (Kameras, Telefone) und des Verkehrsleitsystems eingeschaltet. Geräte und Material wurden aus Deutschland, Japan und Thailand geordert. Zwei der Partner gründeten je ein Equity Joint Venture zur Herstellung von Gründungspfählen und Bestandteilen des Vorspannsystems (vgl. Bild 12).

Es ist leicht einzusehen, dass das Potenzial für Konflikte in dem dargestellten Netzwerk sehr hoch ist. Die unterschiedlichen Zielsysteme aller Projektbeteiligten müssen koordiniert werden. Das Ergebnis dieses MOEs war niederschmetternd. Während der Bauzeit konnten die ETA und DoH ihr Vorgehen nicht koordinieren. Es kam zu einem Bauverzug von 11 Monaten, da die DoH das Baugrundstück nur nach langem Zögern frei gab. Daraus resultierte ein Nachtrag von 130 Millionen Euro, der vom Schiedsgericht als letzter vertraglich vereinbarter Instanz dem ICJV zugesprochen wurde. Allerdings weigert der thailändische Staat sich diese Forderung zu begleichen. Es wurden Strafverfahren gegen 19 Beamte, hauptsächlich von der ETA, eingeleitet.[65]

---

65 Vgl. WANCHAROEN (Claim 2001)

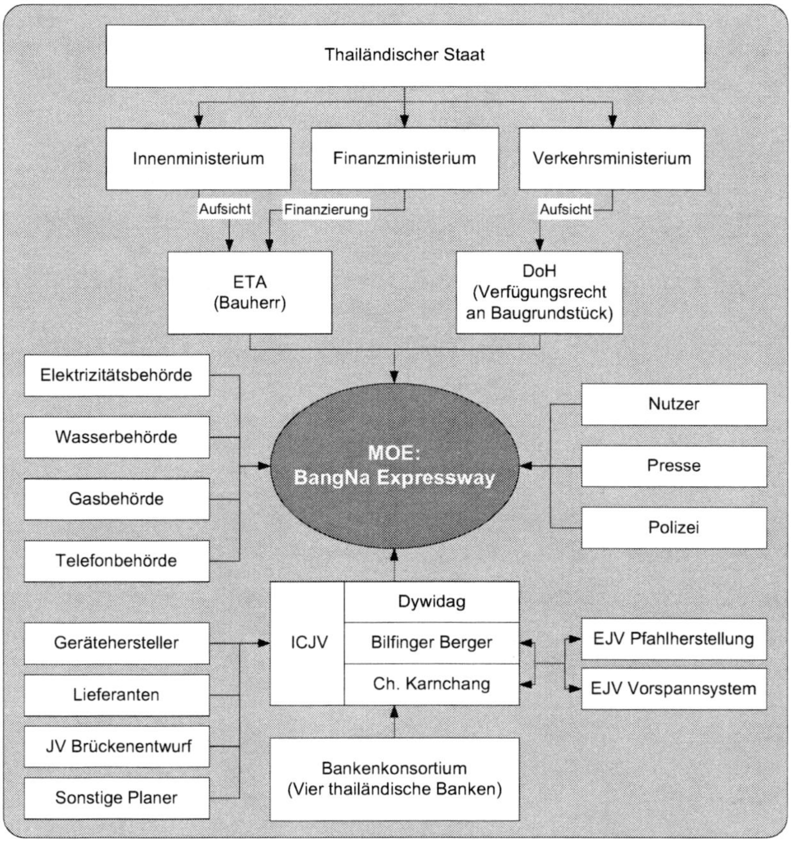

Bild 12: Organisationsstruktur für das MOE Bang Na Expressway
Fig. 12: Governance Structure for the MOE Bang Na Expressway

Der Expressway wurde noch während der Asienkrise 1998 teilweise dem Verkehr übergeben. Lange Zeit konnte die ETA aus den Mauteinnahmen nicht einmal die Betriebskosten decken, an Zins- und Tilgungszahlungen war überhaupt nicht zu denken. Ein Partner (Dywidag) reduzierte seinen Anteil am ICJV vor Baubeginn auf nahezu null Prozent. Bilfinger Berger wies 1998 wegen Rückstellungen von insgesamt 154 Millionen Euro für den Bang Na Expressway zum ersten Mal seit 1945 einen Jahresfehlbetrag aus.[66]

1.4.1.3 Megaprojekte und Risiko

Der Begriff „Megaprojekt" bezieht sich wieder wie „LSE" auf die Größe der Projekte. Wiederum gibt es keine klare Abgrenzung zwischen Projekten und Megaprojekten.

66 Vgl. O.V. (Bangkok 1999)

Meistens wird der Begriff an Hand von Beispielen erläutert. Megaprojekte werden oft unter dem besonderen Aspekt des Risikos betrachtet.[67, 68]

Neben technischen bestehen zeitliche und finanzielle Risiken für den Bauherrn. Die technischen Risiken liegen nach Vertragsabschluss meist bei den Bauunternehmen. Auch wenn es Beispiele für Megaprojekte gibt, die aus technischen Gründen aufgegeben wurden (z.B. der erste Versuch zum Bau des Panamakanals unter DE LESSEPS, oder auch jüngere Beispiele wie ein Staudammprojekt in Indien), so ist dies eher selten. Zeitliche und finanzielle Probleme sind dagegen bei Megaprojekten weit verbreitet. In der Stichprobe von MILLER / LESSARD gab es bei 18 % aller Projekte deutliche Kostenüberschreitungen und bei 27 % lange Zeitverzüge. Ihr Schluss ist, dass Megaprojekte von Unsicherheit bestimmt sind und dass ihr Management ungeordnet („untidy") ist.[69]

Die Hauptrisiken aus finanzieller Sicht sind:

- Erhöhung der Baukosten verursacht durch die Regierung, den Bauherrn, das Projektmanagement des Bauherrn oder durch Unfälle.
- Erhöhung der Finanzierungskosten auf Grund von Zinserhöhungen, Wechselkursschwankungen oder Zeitverzügen.
- Verringerte Einnahmen, im Fall von Verkehrswegen durch geringeres Verkehrsvolumen oder niedrigere Nutzerpreise.

Tabelle 11: Kostenüberschreitungen bei Megaprojekten[70]
Table 11: Cost Overruns in Megaprojects

Projekt	Kostenüberschreitung [%]
Suez Kanal	1.900
Opernhaus in Sydney	1.400
Flugzeug „Concorde"	1.100
Panamakanal	200
Boston Artery/Tunnel	196
Great Belt Rail Tunnel	110
Shinkansen Joetsu Line	100
Channel Tunnel	80
Great Belt Link	54

---

67 Vgl. FLYVBJERG et al. (Megaprojects 2003)
68 Vgl. KUMARASWAMY (Megaproject Risks 1997), S. 51 ff.
69 Vgl. MILLER / LESSARD (LSE Management 2000), S. 14
70 Vgl. FLYVBJERG et al. (Megaprojects 2003), S. 14 ff.

Eine Liste mit Angaben zu Kostenüberschreitungen (vgl. Tabelle 12) liest sich wie das „Who is Who“ der Megaprojekte.

Aus den Werten kann auf die Größe der finanziellen Risiken für andere Megaprojekte geschlossen werden. Ein besonders umsichtiger Umgang mit Megaprojekten erscheint angebracht.

1.4.2 Beispiel für ein Großprojekt: Taiwan High Speed Railway

Das Beispiel wurde deshalb gewählt, weil ein Großteil der dieser Arbeit zu Grunde liegenden Daten bei diesem Projekt gesammelt wurde.[71]

Der Taiwan High Speed Railway ist eine 345 km lange Eisenbahnneubaustrecke die Taipei im Norden von Taiwan mit Kaoshiung im Süden verbindet. Die Strecke wurde für eine Geschwindigkeit von 350 km/h entworfen. 247 km bestehen aus Brückenbauwerken, 50 km aus Tunneln, 33 km aus Dämmen und Einschnitten und 15 km aus weiteren Tunneln im Bereich von Taipei.

Der Auftrag wurde an die Taiwan High Speed Railway Corporation (THSRC) vergeben und zwar in Form eines BOT-Vertrages (Build, Operate, Transfer). THSRC ist ein Konsortium von beinahe 30 regionalen Firmen. Auftraggeber ist der taiwanische Staat, der in einem Konzessionsvertrag der THSRC das Recht zugestanden hat, die Strecke zu bauen und über 35 Jahre zu betreiben. Abschreibung und Verzinsung der Projektkosten sowie einen Gewinn muss die THSRC während dieser Betriebsphase erwirtschaften. Zusätzlich wurde der THSRC das Recht eingeräumt, im Bereich der Bahnhöfe liegende Grundstücke für Projektentwicklungen über 50 Jahre zu nutzen. Das Investitionsvolumen der THSRC beträgt 14 Milliarden US-Dollar, bei einer Projektlaufzeit von sieben Jahren und einer darin eingeschlossenen Bauzeit von fünfeinhalb Jahren. Es handelt sich um das erste BOT-Projekt in Taiwan. Das Projekt ist notwendig geworden, weil ein Anstieg der Passagierzahlen von 3,2 Millionen im Jahre 1997 auf 5,4 Millionen im Jahr 2013 erwartet wird. Darüber hinaus verkürzt sich die Reisedauer auf der Gesamtstrecke von fünf auf eineinhalb Stunden.

Die THSRC hat 12 Hauptverträge für den Bau der Strecke an verschiedene ICJVs vergeben, die jeweils den Auftrag für den detaillierten Entwurf und die Bauausführung umfassen. Dazu kommen Verträge für die Gleisarbeiten, den Streckenausbau und die Züge. Die Überwachung der Bauarbeiten hat THSRC an ein Ingenieurkonsortium (IREG) übertragen. Ein weiteres, angeführt von Lloyds Register, prüfte die Verkehrssicherheit der Züge.

Diese Beschreibung des Projektes weist alle genannten Merkmale von LSEs auf: hohe Investitionskosten, lange Bauzeit bei dringlichem Bedarf, hohe technologische und logistische Anforderungen, multidisziplinärer Input vieler Organisationen und

---

[71] Vgl. O.V. (Economic Lifeline 2002), S.14

Schaffung eines eigenen Unternehmens für die Projektausführung (THSRC). Auch die Merkmale von MOEs werden erfüllt: Einzigartigkeit, Komplexität, Mix des Zielsystems sowie Art und Anzahl der Bauherren.

Zwei der zwölf Bauverträge wurden an ein ICJV aus der Bilfinger Berger AG und der Continental Engineering Corp. vergeben. Dieses ICJV musste in viereinhalb Jahren insgesamt knapp 80 km der Strecke entwerfen und bauen. Im Einzelnen umfasst der Auftrag den Bau von 66 km Brücken und 7 km Tunneln. Der Rest besteht aus einer einfachen Eisenbahnstrecke. Die Projektumwelt ist wegen der genannten Merkmale komplex. Für die Bauausführung wurde ein völlig neues Bauverfahren entwickelt und entsprechende Verlegegeräte für den Brückenüberbau wurden eigens für diese Aufgabe konzipiert. 80 km einer Eisenbahnstrecke in viereinhalb Jahren zu bauen ist für dieses ICJV eine große Herausforderung gewesen.[72] Dies gilt, obwohl die Bilfinger Berger AG auf dem Gebiet des Baus von Infrastrukturmaßnahmen 2002 international den achtgrößten Umsatz getätigt hat und über entsprechende Erfahrung verfügt.

1.4.3 Zusammenfassende Betrachtungen zum Untersuchungsrahmen

Large Scale Engineering Projects, Multi-organizational Enterprises oder Megaprojekte, diese Begriffe bezeichnen alle Projekte besonderer Größe. Sie alle weisen die Merkmale der Einzigartigkeit, sehr hoher Komplexität, eine besondere Zusammensetzung des technischen, zeitlichen und finanziellen Zielsystems und einer bestimmten Anzahl von Akteuren auf. Sie werden als die größte Herausforderung von allen Projektkategorien angesehen.[73]

1.5 Untersuchungsobjekt: Internationale Construction Joint Ventures

Aus Sicht der Transaktionskostentheorie sind Joint Ventures eine Form der Kooperation von Unternehmen, die zwischen den Randpunkten von Koordination durch den Preismechanismus auf Märkten und der hierarchischen Weisungsbefugnis in Unternehmen liegt.[74] Damit gehören Joint Ventures (JVs) in den größeren Bezugsrahmen der Unternehmenskooperationen und sie werden als hybride Organisationsform bezeichnet.[75] Bei der Produktfaktorallokation über Märkte ist ein Unternehmen an die Vor- und Nachteile des Handels mit Dritten gebunden, die Aktivitäten sind externalisiert. Im entgegengesetzten Fall eines großen integrierten Unternehmens herrscht

---

[72] Vgl. WEBER (Bilfinger THSR 2002), S. 6 ff.
[73] Vgl. GRÜN (Giant Projects 2004), S. III
[74] Vgl. WILLIAMSON (Institutions 1985), S. 16
[75] Vgl. BACKHAUS / MEYER (Allianzen 1993), S. 331

durch eine Internalisierung eine weitgehende Autarkie vor. Zwischen diesen Polen von relativer Abhängigkeit und relativer Unabhängigkeit spannt sich der Gestaltungsraum für Unternehmenskooperationen (Bild 13). Damit ergeben sich für Unternehmen zwei Strategien: die Internalisierung (Integration) und die Externalisierung (Outsourcing). Auf dem Weg von dem einen zum anderen Endpunkt liegen eine Vielzahl kooperativer Arrangements. Für Joint Ventures steht die partnerschaftlich gemeinsame Einigung auf Ziele, Strukturen, Führung und Kultur im Vordergrund der kooperativen Anstrengungen.[76]

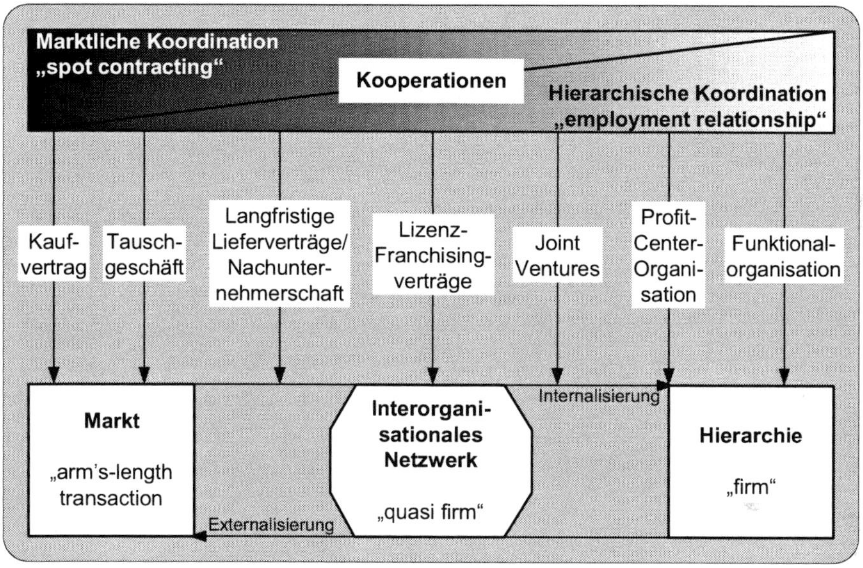

Bild 13: Kooperationsformen zwischen Markt und Hierarchie[77]
Fig. 13: Forms of Cooperation between Market and Hierarchy

In diesem Kapitel werden nacheinander die Merkmale von Joint Ventures (Abschnitt 1.5.1), internationalen Joint Ventures (Abschnitt 1.5.2) und internationalen Construction Joint Ventures (Abschnitt 1.5.3) herausgearbeitet. Ein Internationales Construction Joint Venture ist die Organisationsform, die für die Bauindustrie von Bedeutung ist. Sie werden deshalb etwas näher beschrieben, um eine Abgrenzung gegen die anderen beiden Formen deutlich hervorzuheben. Allerdings bleibt diese Beschreibung auf konzeptioneller Ebene. Wegen der zentralen Bedeutung sind detaillierte Ausführungen zum Management von internationalen Construction Joint Ventures einem eigenen Teil dieser Arbeit vorbehalten (Teil C).

---

[76] Vgl. BÜCHEL et al. (JV-Management 2002), S. 11
[77] Vgl. SYDOW (Netzwerke 1999) , S. 104

1.5.1 Merkmale von Joint Ventures (JVs)

Seit Beginn der achtziger Jahre des letzten Jahrhunderts sind JVs zu einem der Hauptthemen der Organisations- und Managementliteratur geworden.[78] Dies liegt an der steigenden Verbreitung dieser Art von Kooperation: Joint Ventures sind heute eine sehr geläufige Organisationsform. So hatten im Jahr 1996 in der Pharma- und chemischen Industrie von allen eingegangenen Partnerschaften 40% die Form von JVs, 40 % waren Akquisitionen und die verbleibenden 20% Fusionen.[79] Im Jahr 1980 gab es im gesamten Ostblock 43 JVs, im Jahr 1993 waren es allein in Ungarn über 50.000. Dazwischen lag die Zeit der wirtschaftlichen Öffnung des Ostblocks, dies wird besonders bei den Zahlen für die ehemalige UdSSR offensichtlich: 1990 gab es 1.200 JVs, 1993 waren es bereits 25.000. In China wuchs die Zahl von 188 (1979) auf 30.000 (1993).[80] Diese Zahlen belegen die gewachsene Bedeutung von JVs. Bei den aufgeführten JVs gab es einige auf nationaler, andere auf internationaler Ebene. Deshalb muss zunächst begriffliche Klarheit über die unterschiedlichen Formen von JVs gewonnen werden.

Joint Venture ist der Oberbegriff für eine spezifische Kooperationsform, er kann für alle Branchen verwendet werden Zudem kann zwischen nationalen und internationalen Joint Ventures (IJV) unterschieden werden. Das Unterscheidungskriterium ist, ob die Unternehmenssitze der Partner in einem oder in verschiedenen Ländern liegen. Speziell für die Bauindustrie hat sich eine zusätzliche Terminologie entwickelt. Im deutschsprachigen Raum wird im nationalen Rahmen von einer Arbeitsgemeinschaft (ARGE) gesprochen. Für den internationalen Rahmen ist der Begriff „Internationales Construction Joint Venture“ (ICJV) verbreitet (vgl. Bild 14).

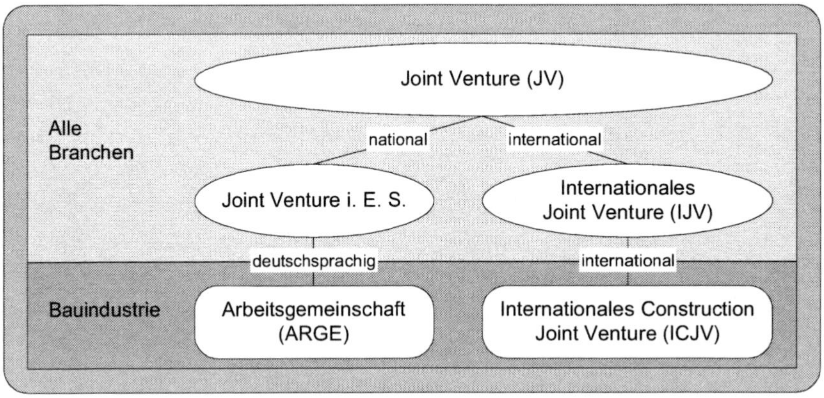

Bild 14: Sprachdefinition für Joint Ventures
Fig. 14: Definition for Joint Ventures

---

[78] Vgl. PROBST / RÜLING (Joint Ventures 1999), S. 7
[79] Vgl. TRÄM /MÜLLERS-PATEL (Unternehmensstrategie 1999), S. 36
[80] Vgl. RAFFEE / EISELE (Joint Ventures1994), S. 17

1.5.1.1 Der Begriff des Joint Ventures

Nach WEDER ist ein JV bestimmt durch den Zusammenschluss von mindestens zwei voneinander unabhängigen Partnern, die gemeinsam ein Vorhaben durchführen wollen und sich dabei die Verantwortung für die Führung und die Übernahme des Risikos teilen.[81] Stephan ist noch weniger präzise, wenn er ein JV als eine gemeinsame Betätigung mehrerer Unternehmen beschreibt, die ein bestimmtes unternehmerisches Ziel verfolgen.[82] Beide Definitionen umfassen zusammen folgende Bestandteile:

- mehrere unabhängige Unternehmen
- gemeinsame Betätigung
- Teilung von Verantwortung und Risiko
- Verfolgung eines unternehmerischen Zieles

In Anlehnung an HERMANN können verschiedene Dimensionen von JVs mit jeweils unterschiedlichen Ausprägungen bestimmt werden. Es ist zunächst zu klären, in welchem Kooperationsverhältnis die unabhängigen Unternehmen zueinander stehen und darüber hinaus die Frage nach ihrem Stammsitz (Internationalität). Die gemeinsame Betätigung kann auf verschiedenen Stufen der Wertschöpfungskette erfolgen. Verantwortung und Risiko können in beliebigem Verhältnis aufgeteilt sein und es können auch mehrere unternehmerische Ziele verfolgt werden. Tabelle 13 gibt eine Vorstellung der vielfältigen Gestaltungsmöglichkeiten für JVs.

Tabelle 12: Dimensionen von JVs[83]
Table 12: Dimensions of JVs

Dimension	Ausprägung
Kooperationsverhältnis der Partner	Horizontales JV – vertikales JV – diagonales JV
Internationalität	Nationales JV – internationales JV
Position in der Wertschöpfungskette	F&E-JV – Beschaffungs-JV – Produktions-JV – Vertriebs-JV
Beteiligungsverhältnis	Paritätisches JV – Ungleichgewichtiges JV
Unternehmerische Ziele	Technologie- und Know-how-Transfer – Skaleneffekte – Marktzugang – Risikostreuung - Kapazitätsausgleich

Das Kooperationsverhältnis der Partner bezieht sich auf ihre Position bezüglich der Wertschöpfungsstufen außerhalb des JV. Stehen die Partner gewöhnlich (also wenn

81 Vgl. WEDER (Joint Venture 1989), S. 33
82 Vgl. STEPHAN (Vertragsgestaltung 1999), S. 99
83 Vgl. HERMANN (JV-Management 1988)

sie gerade nicht kooperieren) in einem Konkurrenzverhältnis zueinander, so nennt man dies in Bezug auf das JV ein horizontales Verhältnis. Wenn sie auf unterschiedlichen Wertschöpfungsstufen des gleichen Marktes tätig sind, so handelt es sich um ein vertikales Kooperationsverhältnis. Ein diagonales liegt vor, solange der Schwerpunkt der Aktivitäten der Partner auf unterschiedlichen Märkten liegt.[84]

Die Gliederung nach der Nationalität des JV bietet zunächst die Möglichkeit, dass alle Partner aus einem Land stammen. Dann spricht man von einem nationalen JV i.e.S. Bei Beteiligung von mindestens zwei Partnern aus unterschiedlichen Herkunftsländern handelt es sich um ein internationales Joint Venture (IJV).

Entsprechend der Position der Hauptaktivitäten des JVs in der Wertschöpfungskette sind vier Haupttypen denkbar. F&E-JVs werden gegründet, um gemeinsam die Forschung und Entwicklung (F&E) auf einem Gebiet voranzutreiben. Bei einem Beschaffungs-JV werden Teile der benötigten Inputs für die Produktion gemeinsam am Markt nachgefragt. Umgekehrt werden bei einem Vertriebs-JV die Absatzbemühungen gegenüber dem Nachfragemarkt gebündelt. Bei Produktions-JVs werden die gemeinsamen Ressourcen für die Herstellung von Produkten und für die Leistungserbringung zusammengeführt. Viele der IJVs verfolgen mehrere der Hauptaktivitäten gleichzeitig, wenn sie beispielsweise gemeinsam einkaufen, produzieren und das Produkt bzw. die Leistung vermarkten. Die Bezeichnung richtet sich dann nach dem hauptsächlichen Zweck des JV.

Das unternehmerische Ziel kann auch jeweils einen oder mehrere der folgenden genannten Aspekte umfassen: Technologie- und Know-how-Transfer, Skaleneffekte, Marktzugang, Risikostreuung oder Kapazitätsausgleich. Dabei kommt es häufig vor, dass die unternehmerischen Ziele der Partner unterschiedlich sind.

1.5.1.2 Rechtsformen von Joint Ventures

Ein oft zu findender Bestandteil von JV-Definitionen ist, dass die gemeinsame Betätigung zur Gründung einer selbstständigen Einheit führt.[85, 86] Der Grad der rechtlichen Selbstständigkeit ist von zentraler Bedeutung bei der Unterscheidung zweier Arten von JVs: Contractual Joint Ventures (CJVs) und Equity Joint Ventures (EJVs).[87]

➢ **Contractual Joint Ventures**

Bei Contractual Joint Ventures (CJVs) bestehen rein schuldrechtliche Absprachen zwischen den Partnern. Die rechtliche Ausgestaltung dieser Absprachen ist durch nationales Rechts geregelt und somit von Land zu Land unterschiedlich. Deshalb

---

84 Vgl. GIRMSCHEID (Wettbewerbsvorteile 2003), S. 75 f.
85 Vgl. HERMANN (JV-Management 1988), S. 2
86 Vgl. MEAD (Int'l Management 1994), S. 330
87 Vgl. BÜCHEL et al. (JV-Management 2002), S. 13

kann eine Beschreibung nur an einem Beispiel erfolgen und hierfür wird die deutsche Rechtsordnung herangezogen In Deutschland wird durch das CJV eine BGB-Gesellschaft begründet.[88] BGB-Gesellschaften haben keine eigene Rechtspersönlichkeit und sie sind somit nur eingeschränkt rechtlich selbstständig. Bei BGB-Gesellschaften, die auch als Gesellschaften bürgerlichen Rechts bezeichnet werden, wird zwischen dem Innenverhältnis und dem Außenverhältnis unterschieden. Die Partner in solchen BGB-Gesellschaften werden als Gesellschafter bezeichnet.

Im Innenverhältnis sind die Gesellschafter prinzipiell gleichberechtigt und sie verpflichten sich die erforderlichen Beiträge zu leisten um das unternehmerische Ziel zu erreichen (§§ 706, 707 BGB). Wenn die Gesellschafter Geld in die Gesellschaft einschießen oder diese selbst Vermögen erwirbt, so gehört dieses Gesellschaftsvermögen nicht der BGB-Gesellschaft, da diese ja keine eigene juristische Person ist. Dieses steht als „Vermögen zur gesamten Hand" gemeinschaftlich allen Partnern zu (§§ 718, 719 BGB). Die Partner können nur einvernehmlich darüber entscheiden.[89]

Für das Außenverhältnis sind insbesondere die Geschäftsführung der Gesellschaft und die Haftung gegenüber Dritten von Bedeutung. Auch für die Geschäftsführung sind alle Partner gleichberechtigt. Üblich ist es bei CJVs, einem Partner die Alleingeschäftsführung zu überlassen. Dabei haben die anderen Partner allerdings Kontrollrechte (§ 716 BGB). Die Vertretungsmacht gegenüber Dritten beschränkt sich auf Geschäfte, die mit dem unternehmerischen Ziel der BGB-Gesellschaft im Einklang stehen (§ 714 BGB). Bei Forderungen Dritter an die BGB-Gesellschaft haften die Gesellschafter gesamtschuldnerisch, d.h. jeder Gesellschafter muss notfalls für die Verbindlichkeiten unmittelbar und in voller Höhe mit seinem gesamten Vermögen einstehen.[90] Die meisten Regelungen der BGB-Gesellschaft gehören zum dispositiven Recht und deshalb ist es möglich für das CJV eine eigene vertragliche Grundlage in Form eines Joint Venture-Vertrages zu schaffen. Dabei sind folgende Aspekte zu berücksichtigen: Umfang des CJV, Verantwortlichkeit der Parteien, Laufzeit, Struktur, Leitung und Entscheidungskompetenzen, Finanzierung, Haftung, Streitbeilegung.[91]

Contractual Joint Ventures eignen sich besonders für einmalige Projekte, die dem Umfang nach genau beschrieben sind.[92] Als Beispiele für CJVs nennt STEPHAN Projekte der Bauindustrie und des Anlagenbaus („*Bau und Betrieb einer Erdölraffinerie...*" und „*Teilnahme an der Ausschreibung und Entwicklung von... und gemeinsame Durchführung des Auftrags im Fall des Zuschlags*").[93] Damit sind CJVs zeitlich

88 Vgl. STEPHAN (Vertragsgestaltung 1999), S. 99 und S. 121
89 Vgl. BÄHR (Grundzüge 1991), S. 292 f.
90 Vgl. BÄHR (Grundzüge 1991), S. 293 f.
91 Vgl. PICOT (Mergers 2000), S. 164 f.
92 Vgl. PICOT (Mergers 2000), S. 158
93 S. STEPHAN (Vertragsgestaltung 1999), S. 99

von begrenzter Dauer. CJVs der Bauindustrie werden in Deutschland als ARGEn bezeichnet (Abschnitt 1.5.1)

Ein weiteres wichtiges Merkmal von CJVs sind zusätzlich projektbezogene Verträge. Weil CJVs i.A. gegründet werden, um einmalige Projekte durchzuführen, gehören zu diesem Typ Verträge, die mit Dritten abgeschlossen werden und die das Projekt hinreichend genau beschreiben.[94] Der projektbezogene Vertrag muss mit dem Joint Venture-Vertrag in Übereinstimmung gebracht werden.

CJVs unterscheiden sich von Konsortien in der Form des Innenverhältnisses. Bei Konsortien gibt es intern keine gemeinsame Verantwortung für die Chancen und Risiken des Projektes. Jeder Konsorte ist nur für den ihm übertragenen Teil des Projektes verantwortlich. Es ist möglich, dass die Konsortialpartner unterschiedlich hohe Gewinne erwirtschaften. Bei CJVs wird der Gewinn anteilig ausgeschüttet.[95]

In der US-amerikanischen Rechtssprechung ist ein Joint Venture eine für einen speziellen Zweck gegründete Gesellschaft (special-purpose partnership).[96] Die Regelungen für Partnerships entsprechen denen für eine BGB-Gesellschaft. Dies gilt insbesondere für die Rechte im Innenverhältnis und die Pflichten im Außenverhältnis (joint and several liability) sowie für die weitgehend dispositive Ausgestaltung des Gesellschaftsvertrages. Zusammenfassend schreibt KULICK: *„Die rechtlichen und organisatorischen Strukturen britisch-angloamerikanischer und internationaler Arbeitsgemeinschaften und Konsortien gleichen weitgehend denen in Deutschland"*.[97]

- **Equity Joint Ventures**

Equity Joint Ventures (EJVs) sind durch eine größere rechtliche Selbstständigkeit gekennzeichnet. Die EJV-Gesellschaft verfügt über eigene Statuten und eine eigene Geschäftsführung. Das unternehmerische Ziel besteht nicht in der Durchführung eines genau umrissenen Projektes, sondern in der Bewältigung eines abstrakt umschriebenen Tätigkeitsgebiets von meist ungegrenzter Dauer.[98]

Die Rechtsform der EJV-Gesellschaft ist an erster Stelle von steuerlichen Erwägungen abhängig. Dabei kann man zwischen den unterschiedlichen Formen der Personen- oder Kapitalgesellschaften wählen. In Deutschland ist die Form der GmbH & Co. KG üblich.[99] Natürlich ist die Rechtsform auch von länderspezifischen Rechtsnormen abhängig. Im angelsächsischen Rechtsraum werden oft Private Limited Companies gebildet.[100]

---

94 Vgl. STEPHAN (Vertragsgestaltung 1999), S. 103 und S. 109
95 Vgl. STEPHAN (Vertragsgestaltung 1999), S. 100
96 Vgl. HINZE (Construction Contracts 1993), S. 60 f. und S. 55 ff.
97 S. KULICK (Auslandsbau 2003), S. 103
98 Vgl. STEPHAN (Vertragsgestaltung 1999), S. 99
99 Vgl. PICOT (Mergers 2000), S. 159 f.
100 Vgl. STEPHAN (Vertragsgestaltung 1999), S. 105

Es gibt also auch bei EJVs zwei Rechtbeziehungen, allerdings wirken beide nach innen. Grundlegend ist meist der Joint Venture-Vertrag, nachgeordnet der Gesellschaftsvertrag.[101] Es gibt in aller Regel keinen nach außen wirksamen Vertrag mit Dritten wie das bei CJVs mit dem projektbezogenen Vertrag der Fall ist.

Bei dem Joint Venture-Vertrag für EJVs besteht größerer Regelungsbedarf als bei CJVs. So ist zunächst das Tätigkeitsgebiet der EJV zu beschreiben, dann ist es finanziell mit Eigenkapital (Equity) auszustatten und es sind Regelungen über die Laufzeit zu treffen.[102]

Der bei weitem größte Teil der Literatur bezieht sich unmittelbar oder implizit auf Equity Joint Ventures. So gehört bei der Definition von MEAD als ein Bestandteil zur Beschreibung von JVs (ganz allgemein!), dass mit der Gründung eine eigene Rechtspersönlichkeit geschaffen werden muss oder PERLITZ erwähnt zwar CJVs, verzichtet dann aber auf weitere Ausführungen, weil er EJVs als Normalfall betrachtet.[103]

Das Beziehungsgefüge zwischen den Partnern und einem EJV in Form einer GmbH & Co. KG ist in Bild 15 dargestellt. Man spricht dabei von dem Joint Venture-System. Im Gegensatz dazu wird die neue Einheit als JV bezeichnet.

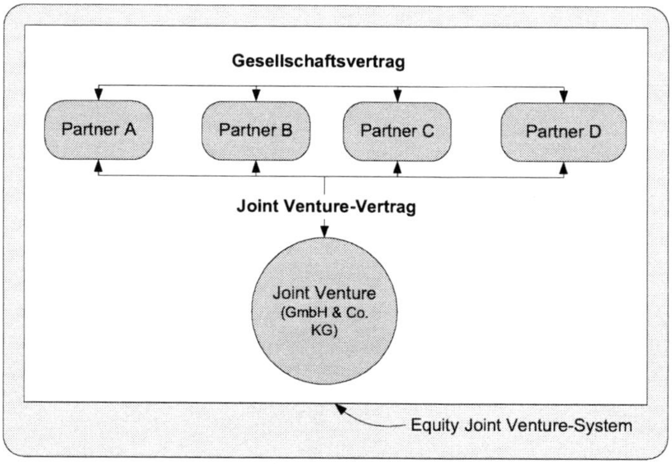

Bild 15: Equity Joint Venture-System[104]
Fig. 15: System of an Equity Joint Venture

[101] Vgl. STEPHAN (Vertragsgestaltung 1999), S. 108
[102] Vgl. PICOT (Mergers 2000), S. 159 f
[103] Vgl. PERLITZ (Internationalisierungsformen 1997), S. 454 f.
[104] Vgl. PROBST / RÜLING (Joint Ventures 1999), S. 6 f.

1.5.1.3 Motive

Die rechtliche Struktur eines Joint Venture ist eindeutig bestimmt. Die Umsetzung der rechtlichen Vorgaben während der Lebensdauer eines JVs ist jedoch kompliziert. Es gibt zwei offene Konfliktpunkte, an denen es immer wieder zu Reibungen kommen kann: zunächst zwischen den Partnern (Kooperation oder Wettbewerb?) und dann zwischen den Partnern und dem JV (Autonomie oder Kontrolle).[105] Diese Konflikte führen sehr oft zum Scheitern von JVs. So ergab z.B. eine empirische Untersuchung von 895 (Equity) Joint Ventures eine Erfolgsquote von nur 45,3 %.[106] Eine Kooperation in Form eines JVs ist also risikoreich.

Contractor und Lorange identifizieren sieben unterschiedliche Motive für die Gründung eines JV, die sich allerdings mehr oder weniger überschneiden können. Deshalb kann ein Unternehmen auch mehrere Motive gleichzeitig hegen. Diese Motive beziehen sich nicht auf eine bestimmte Branche. [107]

- Verringerung des unternehmerischen Risikos: Dies kann bei Großprojekten erfolgen, indem mehrere Partner sich das Risiko teilen. Es kann auch durch eine Diversifikation des Marktportfolios erreicht werden: Joint Ventures ermöglichen einen schnellen Markteintritt.
- Betriebsgrößenersparnisse in Niedriglohnländern: Durch JVs ist die Verlagerung der Produktion in Niedriglohnländer möglich bei gleichzeitiger Steigerung der produzierten Menge. Dadurch sinken die Stückkosten zunächst über die niedrigen Faktorkosten und anschließend über die sinkenden Stückkosten bei Ausweitung der Produktion.
- Austausch von ergänzenden Technologien: Wenn zwei Unternehmen ein JV gründen, die über unterschiedliche Technologien verfügen, können sie in dem JV die Technologien zu beiderseitigem Nutzen zusammenführen.
- Verringerung des Wettbewerbs: Wenn in einer Branche mit starker Konzentration zwei Unternehmen ein JV gründen, kann dies zu einer deutlichen Verringerung der Wettbewerbsintensität führen. Allerdings sind dabei kartellrechtliche Auflagen zu berücksichtigen. Hierbei handelt es sich um eine horizontale Integration.
- Vertikale Integration: Bei einem JV zwischen Unternehmen, die auf unterschiedlichen Stufen der Wertschöpfungskette arbeiten, kann dies zu einer größeren Kontrolle der Wertschöpfung in dieser Kette führen.
- Erleichterung einer Internationalisierungsstrategie: JVs bieten die Möglichkeit zu einer schnellen Internationalisierung, die über eine reine Exportstrategie hinaus geht, ohne den hohen Kapitaleinsatz für eine Unternehmensübernahme zu erfordern.

---

[105] Vgl. Probst / Rüling (Joint Ventures 1999), S. 15 ff.
[106] Vgl. Harrigan (Strategic Alliances 2002), S. 207

- Umgehung von Handelsbarrieren: Viele Ländern fordern bei Investitionen, dass ein Teil der Kontrolle in heimischen Händen bleibt. Die Größe dieses Anteils nennt man Local Content. JVs mit heimischen Unternehmen sind dann die einzig mögliche Form der aktiven Marktpräsenz.

1.5.2 Merkmale von internationalen Joint Ventures (IJVs)

Internationale Joint Ventures unterscheiden sich von nationalen nur darin, dass mindestens ein Partner seinen Unternehmenssitz nicht in dem Land hat, in dem der Sitz des IJV ist. Daraus ergibt sich bei Berücksichtigung der vorherigen Ausführungen eine juristisch geprägte Definition von IJVs: [108]

- Ein IJV wird durch Vertragsabschluss zwischen und Investition von mindestens zwei Mutterfirmen gegründet.
- Ein IJV ist eine rechtlich zumindest teilweise unabhängige Organisation (sei es als BGB-Gesellschaft (oder partnership), als Personen- oder Kapitalgesellschaft) und jede der beteiligten Mutterfirmen hält einen Anteil am Vermögen des IJV, der größer als null Prozent ist.
- Die Kontrolle über die IJV teilen sich alle Mutterfirmen.
- Die Mutterfirmen sind rechtlich und wirtschaftlich unabhängig voneinander.
- Der Hauptsitz mindestens einer der Mutterfirmen liegt nicht in dem Land, in dem das IJV seinen Sitz hat.

In der Fachliteratur wird oft von JVs gesprochen, wenn in der Tat IJVs gemeint sind. Offensichtlich sind in etlichen Branchen wie z.B. der Autoindustrie IJVs der Normalfall. Alles bisher über JVs Gesagte trifft auch auf IJVs zu. Allerdings gewinnt ein wesentlicher Aspekt erst in IJVs an Bedeutung: das Aufeinanderprallen von unterschiedlichen Werten, Normen und Gesetzen. Verschiedene Länder haben im Laufe ihrer Geschichte unterschiedliche Institutionen herausgebildet, die maßgeblich für alle Tätigkeiten sind, also auch für wirtschaftliche.[109] NORTH versteht unter Institutionen die Spielregeln einer bestimmten Gesellschaft.[110] SCOTT beschreibt den institutionellen Rahmen für Organisationen (und damit auch für JVs) breiter. Er geht davon aus, dass Institutionen auf drei Säulen ruhen: der regulativen, der normativen und der kulturellen Stütze.[111]

Die regulative Säule besteht aus Regeln, Gesetzen und Sanktionen, denen sich JVs auf Grund von Zwang fügen müssen. Aus der geltenden Moral erwachsen Normen, die eine weitere Rahmenbedingung für das Handeln vorgeben. Die normative

---

107 Vgl. CONTRACTOR / LORANGE (Strategy 2002), S. 9 ff.
108 Vgl. MEAD (Int'l Management 1994), S. 330
109 Vgl. GREIF (Economic Institutions 1993), S. 525 ff.
110 Vgl. NORTH (Institutions 1990), S. 3
111 Vgl. SCOTT (Organizations 2001), S. 51 ff.

Ordnung stützt sich auf bindende Erwartungen. Kultur umfasst alle allgemein geteilten Werte und Praktiken. PROBST / RÜLING formulieren: *„Joint Ventures sind vielschichtige, komplexe soziale, ökonomische und juristische Gebilde...“*[112] Die Mannigfaltigkeit der juristischen Erscheinungsformen ist bereits diskutiert worden. Die Vielschichtigkeit in sozialer und ökonomischer Sicht beruht darauf, dass JVs immer den (teilweise divergierenden) Ansprüchen von mindestens zwei Partner genügen müssen und im Falle von IJVs müssen sie dies unter Berücksichtigung unterschiedlicher institutioneller Rahmenbedingungen.

IJVs (und JVs) durchlaufen bestimmte Phasen von ihrer Gründung bis zu ihrer Auflösung. Ein einfaches Modell stammt von BÜCHEL et al., das aus drei Phasen besteht: Formierung, Anpassung, Evaluation. In einer Formierungsphase werden Ziele, Eigentumsstruktur und die strategische Ausrichtung festgelegt. In einer Anpassungsphase entwickelt sich das Verhältnis der IJV zu den Partnern und der Umwelt und in einer Evaluationsphase werden Konflikte gelöst und Erfolge gemessen. Das Modell ist zyklisch angelegt, d.h. ein IJV durchläuft diese Phasen mehrfach. Es legt somit besonderen Wert auf die Lernperspektive, weil in jedem Durchlauf neue Erfahrungen gemacht werden, die in dem gleichen IJV genutzt werden können. Dies Modell beschreibt Phasen in erfolgreichen, langlebigen Equity Joint Ventures.[113] Da Contractual Joint Ventures von Anfang an die Verwirklichung eines konkreten Projektes in kürzester Zeit anstreben, besteht keine Möglichkeit zu häufigen Evaluationen. Das Umsetzen des neu Gelernten erfolgt bei Contractual Joint Ventures eher von Projekt zu Projekt.

Ein Modell, das nicht von zyklischen Lernphasen ausgeht, hat EISELE entwickelt. Dieses unterscheidet fünf Phasen: Initialisierung, Verhandlung, Implementierung, Betrieb/Anpassung und Terminierung/Auflösung. Das Modell ist in Bild 16 dargestellt.

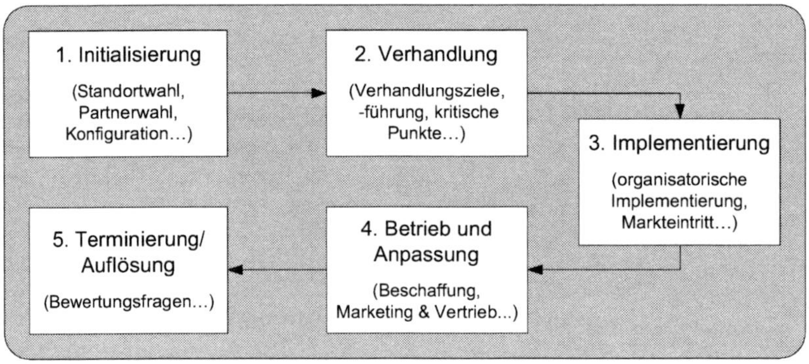

Bild 16: Ablaufphasen für IJVs[114]
Fig. 16: Successive Phases of IJVs

[112] S. PROBST / RÜLING (Joint Ventures 1999), S. 4
[113] Vgl. BÜCHEL et al. (JV-Management 2002), S. 46
[114] Vgl. EISELE (Erfolgsfaktoren 1995), S. 54 f.

Auch dieses Modell ist für Equity Joint Ventures gedacht, man erkennt dies z.B. an der Betriebsphase, in der Vertrieb und Marketing stattfinden. Bei Contractual Joint Ventures gehören sowohl das Marketing als auch der Vertrieb zur Initialisierungsphase, weil ja gerade auch ein projektbezogener Vertrag mit dem Kunden als dritter Partei abgeschlossen wird. Dennoch soll das Fünf-Phasen-Modell als Ausgangspunkt für die weiteren Überlegungen dienen, weil es ein Ablaufmodell ist, bei dem Phasen nacheinander durchlaufen werden. Allerdings gibt es eine strikte Phasentrennung in der Praxis nie. Entscheidend ist, ob die Zyklen oder der Ablauf maßgebend sind.

1.5.3 Merkmale von internationalen Construction Joint Ventures (ICJVs)

In der Bauindustrie sind JVs weit verbreitet.[115, 116, 117] Vom Hauptverband der Deutschen Bauindustrie und vom Zentralverband des Deutschen Baugewerbes wurde deshalb ein Mustervertrag für Arbeitsgemeinschaften (ARGEn) entwickelt.[118] Darüber hinaus werden sie auch in der Verdingungsordnung für Bauleistungen (VOB, Teil A, § 25 Nr. 6) behandelt.[119] Auch die Fédération Internationale des Ingénieurs-Conseils (FIDIC) hat einen internationalen Mustervertrag veröffentlicht.[120] Diese Verträge dienen der Standardisierung eines sich häufig wiederholenden Vorgangs, nämlich der Gründung einer ARGE oder eines ICJV.

ARGEn sind in der deutschen Bauindustrie weit verbreitet. So hat beispielsweise die Bilfinger Berger AG im Jahr 2004 insgesamt 2190 Baustellen intern bilanziert. Davon waren 1820 eigene Baustellen und 370 Arbeitsgemeinschaften. Da die Baustellen der ARGEn meist größere Baustellen sind, wird etwa die Hälfte der Bauleistung im Inland in ARGEn erwirtschaftet.[123] Im Ausland werden bei den Unternehmen Bilfinger Berger AG und Hochtief AG nach Einschätzungen aus der Praxis mehr als 80% des Umsatzes in Form von ICJVs abgewickelt.[124]

---

115 Vgl. GIRMSCHEID (Wettbewerbsvorteile 2003), S. 79

116 Vgl. HINZE (Construction Contracts 1993), S. 60 f.

117 Vgl. LEIMBÖCK (Bauwirtschaft 2000), S. 163

118 Vgl. HAUPTVERBAND DER DEUTSCHEN BAUINDUSTRIE/ ZENTRALVERBAND DES DEUTSCHEN BAUGEWERBES (Arge 2000)

119 Vgl. DEUTSCHES INSTITUT FÜR NORMUNG (VOB 2002)

120 Vgl. FIDIC (JV Agreement 1992)

123 E-mail und Telefongespräch mit ELING am 04.08.2005, Leiter des Controllings bei Bilfinger Berger (Tel.: 0621-459 2267)

124 Telefongespräch mit ELING (Bilfinger Berger, Tel.: 0621-459 2267) und BALTHAUS (Hochtief AG, Tel.: 0201- 8242530)

Die große Bedeutung von ARGEn und ICJVs wird in der Literatur zur JV-Forschung nicht immer erkannt. So untersucht eine Studie von HERGERT / MORRIS die Häufigkeit der JV-Bildung getrennt nach Industriesektoren.[125] Dabei wird die Bauwirtschaft nicht einmal erwähnt. Die Daten sind durch Auswertung der beiden Zeitschriften „Economist" and „Financial Times" für den Zeitraum 1975-1986 ermittelt worden.

Das Ergebnis verwundert nicht, da die meisten Arbeitsgemeinschaften im Inland relativ geringe Auftragsvolumen umsetzen und da internationale Construction Joint Ventures nicht als solche gemeldet werden, sondern allein der entsprechende Auftragseingang bei den Partnern. Allerdings sind die Konsequenzen einschneidend: Aus Sicht der Betriebswirtschaftslehre werden ICJVs nur in geringem Maß bei der Forschung berücksichtigt (vgl. Abschnitt 3.2.1 und 3.2.2) .

1.5.3.1 Strukturen

Die Bauindustrie stellt im Gegensatz zu den meisten anderen Sektoren des Produzierenden Gewerbes Kontraktgüter her. Dabei handelt es sich meist um Bauwerke, die in Einzelfertigung auf der Baustelle hergestellt werden. Deshalb wird in aller Regel die Form eines Contractual Joint Venture als kooperative Organisationsform gewählt.

Ein ICJV entsteht nicht allein durch Beschluss der Partnerfirmen. Wichtigstes konstituierendes Merkmal ist der Abschluss eines Bauvertrages zwischen den Partnern und dem Bauherrn, dies ist der projektbezogene Vertrag der CJVs. Der Bauvertrag regelt weitgehend die Aufgaben, die das Joint Venture zu erfüllen hat. Die Ziele sind qualitativ und quantitativ genauso vorgegeben wie der zeitliche Rahmen und der Vertragspreis (Budget). Der ICJV-Vertrag regelt hingegen die projektspezifische Organisation. Nach Erfüllung des Bauvertrages wird das ICJV aufgelöst.

Die Abhängigkeit des JV-Agreements vom Bauvertrag wird durch einen Abschnitt aus einem JV-Mustervertrag der Bilfinger Berger AG deutlich: „ *Whereas (a) the XY ...has invited companies to participate through international tender in the submission of a bid with respect to the...; (b) by signature of this Joint Venture Agreement....The Parties agree to submit under the leadership of BB their joint bid and in case of award of the contract upon such bid ... to be jointly and severally liable for the performance of the same;...*"[126]

Ausgangspunkt ist die internationale Ausschreibung eines Projektes (tender). Im JV-Vertrag verpflichten sich die Partner zur gemeinsamen Ausarbeitung eines Angebots (submit their joint bid) und nur im Falle der Annahme des Angebots durch den Bauherrn zur gesamtschuldnerischen Ausführung des Auftrages (jointly and severally liable for the performance). Die sich aus diesen Beziehungen ergebenden Strukturen

---

[125] Vgl. HERGERT / MORRIS (Trends 2002), S. 99 ff.

[126] S. O.V. (JV-Mustervertrag o.J.), S. 1

eines ICJV-Systems sind in Bild 17 für den beliebigen Fall eines ICJV mit vier Partnern aus drei unterschiedlichen Ländern dargestellt.

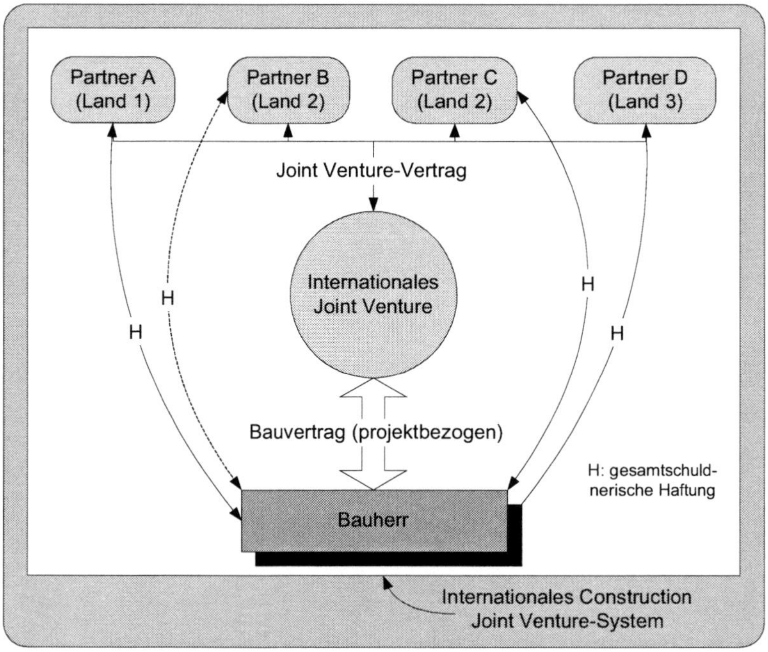

Bild 17: Internationales Construction Joint Venture-System
Fig. 17: International Construction Joint Venture System

Mit Bezug auf die in Tabelle 13 aufgeführten Dimensionen von JVs kann für ICJVs folgendes festgehalten werden: ICJVs sind in aller Regel dadurch gekennzeichnet, dass Partner aus mindestens zwei Ländern in einem horizontalen Kooperationsverhältnis zueinander stehen, da sich Bauunternehmen z.B. zur Erstellung einer baulichen Anlage zusammenschließen[127]. Hauptzweck ist es einen Bauauftrag zu erfüllen, somit handelt es sich um Produktions- bzw. Leistungs-JVs. Die Ziele der Beteiligten sowie deren Beteiligungsverhältnisse können sehr unterschiedlich sein.

Die Phasenabläufe in ICJVs setzen sich aus IJV-Phasen und Projektphasen zusammen. In Bild 18 sind die Ablaufphasen eines IJVs den Projektphasen eines ICJVs gegenübergestellt.

---

[127] Vgl. HINZE (Construction Contracts 1993), S. 60

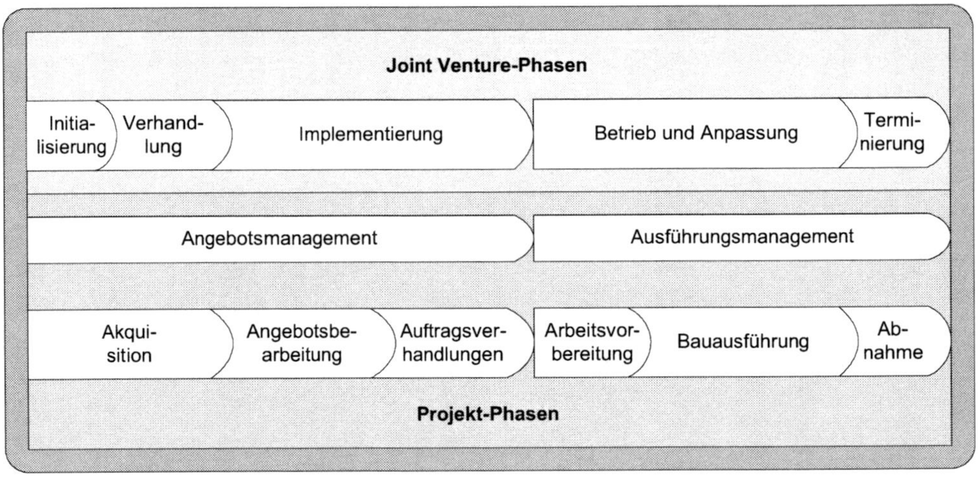

Bild 18: Joint Venture- und Projektphasen
Fig. 18: Joint Venture and Project Phases

1.5.3.2 ICJV-Ziele

ICJVs haben die Ziele von drei Hierarchieebenen zu erfüllen:

- Ziele des Gesamtunternehmens bzw. der Unternehmensleitung (Ebene 1)
- Ziele der strategischen Geschäftseinheit/Abteilung bzw. der Geschäftsleitung des Bereichs (Ebene 2)
- Ziele des Projektes (Ebene 3)

Die Ebene 1 wird in großen multinationalen Bauunternehmen durch den Vorstand vertreten, die Ebene 2 durch die Geschäftsführung des Auslandsbereichs oder der Tochter- und Beteiligungsgesellschaft und die Ebene 3 durch das ICJV. [129] Zwischen den Ebenen können Verständigungs- und Kontrollproblem auftreten. Im ersten Fall ist sich die untergeordnete Ebene nicht über vorgegebenen Ziele im Klaren, im zweiten weiß die übergeordnete Ebene nicht, welche Ziele die untergeordnete Ebene verfolgt bzw. erreicht hat. Hierbei handelt es sich um einen typischen Fall eines Prinzipal-Agenten-Problems.

Selbstverständlich müssen diese Schnittstellen kontrolliert werden. Die jeweils höhere Ebene gibt der untergeordneten Ebene Oberziele vor, es entsteht eine Zielhierarchie (vgl. Bild 19). Dabei sind die Unterziele stärker gegliedert und operationaler definiert.[131]

---

[129] Vgl. THOMMEN (Betriebswirtschaftslehre 1999), S. 104 f.
[131] Vgl. THOMMEN (Betriebswirtschaftslehre 1999), S. 106

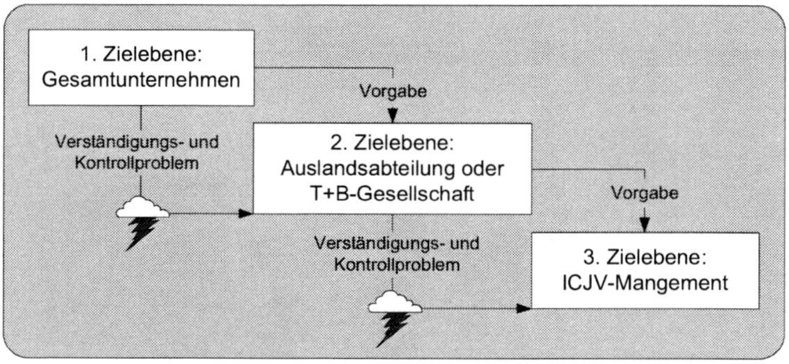

Bild 19: Zielhierarchie von ICJVs
Fig. 19: Hierarchy of Goals for ICJVs

➢ Zielebene 1: Unternehmen

In einer empirischen Untersuchung hat DIEDERICHS einen Katalog von Unternehmenszielen und eine Gewichtung dieser Ziele untereinander ermittelt. Dabei haben sich fünf Teilziele mit bis zu zehn Unterzielen ergeben. Die Teilziele sind Ziele im Wettbewerb untereinander, am Markt, mit Bezug zum Ertrag, zur Leistung und zur Umwelt. Die eindeutig wichtigste Gruppe an Zielen sind die Ertragsziele und dabei besonders der Gewinn. Dieses Teilziel ist fast doppelt so wichtig wie das nächstfolgende (Wettbewerb). Relativ unwichtig sind Umweltziele (vgl. Tabelle 14).

Bei den Antworten ist auffällig, wie viele Gewichtungen zwischen 3 und 5 gewählt wurden (insgesamt 65%). Dies legt die Vermutung nahe, dass es sich um einen Response-Set handelt. Unter Response-Sets versteht man eine bestimmte Fehlerquelle bei Fragebogen-Interviews. Dabei handelt es sich um systematische Antwortmuster, die unabhängig vom Inhalt der Fragen zu Stande kommen. Typisches Beispiel ist die Wahl der Mittelkategorie bei Fünf-Punkte-Skalen.[132] Sollte hier die Vermutung stimmen, dass die Befragten immer wenigstens mit einem niedrigen Wert antworten wollten, dann wäre die richtige Interpretation der Ergebnisse: Die Umwelt ist unwichtig, Wettbewerbs-, Markt- und Leistungsziele sind selbstverständliche Größen ohne besonderes Gewicht und den Ertragszielen kommt herausragende Bedeutung zu.

Diese Ziele stellen ein Zielsystem dar, bei dem drei unterschiedliche Beziehungen zwischen den Einzelzielen auftreten können. Sie können komplementär, konkurrierend oder neutral zueinander sein. Bei komplementären Zielen wird die Zielerreichung eines Zieles durch das Streben nach Erfüllung eines anderen Zieles positiv beeinflusst. Konkurrierende Ziele sind zueinander umgekehrt proportional: Je größer

[132] Vgl. DIEKMANN (Sozialforschung 2002), S. 386 f.

die Erfüllung eines Zieles, umso geringer wird die Zielerfüllung des anderen sein. Neutrale Ziele haben keinen gegenseitigen Einfluss.[133]

Tabelle 13: Ziele von Unternehmens[134]
Table 13: Goals of the Company

Teilziel	Unterziele	Gewichtung (%)	
Wettbewerb	Insgesamt:	19	
	- Kundenzufriedenheit		6
	- Wettbewerbsfähigkeit durch Bauverfahren/Bauprodukte		4
	- Wettbewerbsfähigkeit durch Mitarbeiter		5
	- Wettbewerbsfähigkeit durch Preis-/Leistungsverhältnis		4
Markt	Insgesamt:	18	
	- Bauleistung p.a.		5
	- Marktanteile		5
	- Bewahrung der Unabhängigkeit		4
	- Ansehen in der Öffentlichkeit		4
Ertrag	Insgesamt:	39	
	- Gewinn		15
	- Cash-flow		10
	- Rendite		9
	- Liquidität		5
Leistung	Insgesamt:	15	
	- Leistungsangebot und -breite		4
	- Leistungstiefe		4
	- Förderung der Mitarbeiter / Sicherung der Arbeitsplätze		4
	- Leistungsqualität und -spezialität		3
Umwelt	Insgesamt:	9	
	- Bauwerke für den Umweltschutz		3
	- Umweltfreundliche Baustoffe		2
	- Umweltfreundliche Bauweisen		2
	- Bau- und Reststoffrecycling		2

[133] Vgl. THOMMEN (Betriebswirtschaftslehre 1999), S. 106
[134] Vgl. DIEDERICHS (Unternehmensziele 1996), S. 10 ff.

Welche konkrete Beziehungen zwischen den Einzelzielen der Tabelle 14 bestehen hängt von den Randbedingungen ab. Wenn z. B. die Leistungstiefe eines Unternehmens in der augenblicklichen Situation in Deutschland groß ist, dann führt es den größten Teil der Aufträge mit eigenen Arbeitskräften aus. Da jedoch ausländische Arbeitskräfte günstiger sind, schmälert dies den Gewinn, es handelt sich also um konkurrierende Ziele. Sollte sich das Kostengefälle ausgleichen, dann bilden eigene Arbeitskräfte wegen der größeren Kontrollmöglichkeiten einen Wettbewerbsvorteil, der den Gewinn erhöht (komplementäre Ziele). Die Begriffe komplementär, konkurrierend und neutral werden in dieser Arbeit zur Kennzeichnung von Zielen eines Unternehmens verwendet.

➢ **Zielebene 2: Auslandsabteilung und T+B-Gesellschaft**

Unternehmen der Bauindustrie sind projektorientiert und der Umsatz teilt sich auf eine relative kleine Anzahl von Projekten auf. Ein einzelnes Projekt bindet oft einen erheblichen Anteil der Leistungs- bzw. Produktionskapazität eines Unternehmens. Dieses Charakteristikum hat für die Bauindustrie (und z.B. auch für den Schiffbau) weltweit Gültigkeit. Die Ziele der Unternehmen werden mit Hilfe der Projektziele operationalisiert.[135, 136]

BORNER unterscheidet drei Projektziele. Zunächst die Kundenakquisition und das Gewinnen von Aufträgen, dann das Erreichen der Kundenzufriedenheit und schließlich das Erzielen eines Gewinns.[137] Diese drei Ziele als Ziele für ein ICJV stimmen mit der Vermutung überein, dass Ertragszielen eine überragende Bedeutung zukommt. Nur wenn man Aufträge hat, kann man Erträge erzielen. Wenn die Kunden zufrieden sind, kann man durch Stammkunden oder durch eine hervorragende Reputation zusätzliche Aufträge akquirieren. Insofern sind die ersten beiden Ziele (Akquisition und Kundenzufriedenheit) Mittel zum Erreichen der Ertragsziele. Der Erfolg einer Auslandsabteilung oder einer T+B-Gesellschaft wird an dem Erreichen dieser Ziele für den jeweiligen Verantwortungsbereich gemessen. Deshalb gelten diese Ziel für die Ebenen 1 und 2 in gleicher Weise.

Zu diesen übergeordneten Zielen gewinnen bei ICJVs noch besondere Ziele Bedeutung. Bei einer Organisation in Form von Profit-Centern handelt es sich dann um Ziele auf der Ebene 2, die von der Auslandsabteilung oder T+B-Gesellschaften vertreten werden. Im Allgemeinen wurden die Motive zur Bildung von JVs bereits in Abschnitt 1.5.1.3 diskutiert. Die genannten Motive sind jedoch nicht durchgängig auf ICJVs zu übertragen. Bei einer Untersuchung in der Bauindustrie der USA wurden Unternehmen nach den Zielen und Vorteilen von ICJVs befragt. Die Aussagen spiegeln den Standpunkt der US-Firmen wider, die Frage betraf die Ziele der eigenen

[135] Vgl. RUNESON (Building Economics 2000), 148 f.
[136] Vgl. IVE / GRUNEBERG (Modern Construction Sector 2000), S. 171 f.
[137] Vgl. BORNER (Wissensmanagement 2005), S. 22 ff.

Auslandsabteilung oder T+B-Gesellschaft bei der Gründung eines ICJV (Zielebene 2). Dabei ergaben sich die in Tabelle 15 aufgelisteten Resultate.

Tabelle 14: Ziele von Bauunternehmen für ICJVs[138]
Table 14: Goals of Construction Companies for ICJVs

Ziel	Gewicht
Technologietransfer	20 %
Marktzugang	15 %
Ausweitung der Finanzkraft	15 %
Risikostreuung	15 %
Verringerung der Wettbewerbsintensität	10 %
Betreuung von Hauptkunden	10 %
Local Content	8 %
Zugang zu inländischen Ressourcen	7 %

IJVs werden gegründet, um vorgegebene Ziele zu erreichen. Allerdings werden die Ziele nicht nur von einer Stelle vorgegeben, sondern von mindestens zwei Partnern. Diese Partner entstammen zwei unterschiedlichen Ländern und sind somit unterschiedlichen Rahmenbedingungen ausgesetzt. Unter diesen Voraussetzungen wäre es verwunderlich, wenn sie auf der Zielebene 2 die gleichen Ziele verfolgen würden. Beziehungen zwischen Einzelzielen innerhalb eines Zielsystems entstehen bei ICJVs also in zwei Bereichen: einmal innerhalb des Zielsystems eines jeden Partners, dann im gemeinsamen Zielsystem für das ICJV. Für das Zielsystem eines jeden Partners wurden die Zielbeziehungen als komplementär, konkurrierend und neutral gekennzeichnet (vgl. Zielebene 1: Unternehmen). Zwischen den Partnern können gleiche Ziele verfolgt werden, die dann zur Unterscheidung als beidseitige Ziele bezeichnet werden oder es können unterschiedliche Ziele verfolgt werden, dann handelt es sich um einseitige Ziele.

Diese Zusammenhänge sind in Bild 20 dargestellt. Komplementär, konkurrierend oder neutral können nur Einzelziele sein. Wenn man Zielbündel und gleichzeitig deren Entscheidungsträger betrachtet, dann kommen die Kategorien beidseitige oder einseitige Ziele zum tragen. Innerhalb der Zielbündel eines Unternehmens können wiederum alle Zielbeziehungen der Einzelziele auftreten.

---

138 Vgl. BADGER / MULLIGAN (Rationale 1995), S. 101 f.

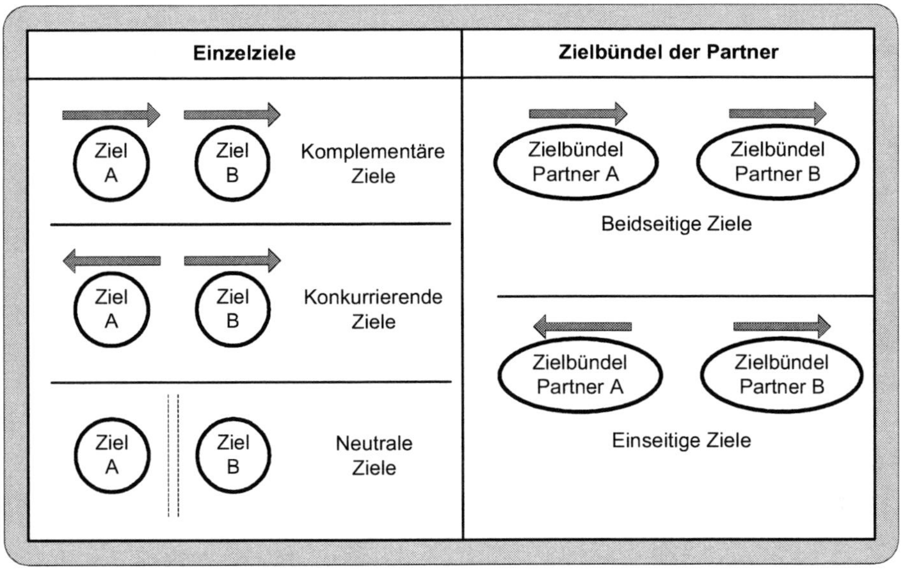

Bild 20: Zielbeziehungen in ICJVs
Fig. 20: Interrelatedness of Goals in ICJVs

Insbesondere treten systematische Unterschiede zwischen Zielsystemen der ausländischen und inländischen Partner auf. Eine erweiterte Liste der Ziele für ICJVs mit einer Unterscheidung zwischen ein- und beidseitigen Zielen umfasst die in Tabelle 16 aufgeführten Punkte:[139, 140]

139 Vgl. MEAD (Int. Management 1994), S. 333 f.
140 Vgl. BÜCHEL et al. (JV-Management 2002), S. 16 ff.

Tabelle 15: Ein- und beidseitige Ziele in ICJVs
Table 15: Singular and Bilateral Goals in ICJVs

Ziel	Vorteil	Nachteil
	Beidseitige Ziele	
Skaleneffekte	Beide Partner	Keiner
Risikostreuung	Beide Partner	Keiner
Verringerung der Wettbewerbsintensität	Beide Partner	Keiner
Ausweitung der Finanzkraft	Beide Partner	Keiner
	Einseitige Ziele	
Marktzugang	Ausländischer Partner	Inländischer Partner
Zugang zu inländischen Ressourcen	Ausländischer Partner	Inländischer Partner
Betreuung eines Hauptkunden	Ausländischer Partner	Inländischer Partner
Local Content (zwingende Einbindung heimischer Unternehmen	Ausländischer und inländischer Partner	Keiner
Technologietransfer	Inländischer Partner	Ausländischer Partner
Know-how-Transfer und Ausbildung	Inländischer Partner	Ausländischer Partner
Erzielen von Gewinnen in harter Währung	Ausländischer Partner	Keiner

➢ **Zielebene 3: ICJV**

Es liegen keine Untersuchungen zu den Zielen von ICJVs vor. Ersatzweise können allerdings die Ziele für Bauprojekte im Allgemeinen herangezogen werden. So beschreibt RITZ als vorrangiges Ziel von Bauunternehmen „*...to finish projects as specified, on schedule and within budget.*“[141] In einer erweiterten Fassung werden daraus sechs Ziele:

- Erzielen eines Gewinnes bei jedem einzelnen Bauvorhaben
- Einhaltung der Zeitvorgabe
- Einhaltung des Budgets
- Gewährleistung der geforderten Qualität
- hohe Arbeitssicherheit
- Stärkung der Reputation des eigenen Unternehmens.[142]

---

[141] S. RITZ (Construction Project Management 1994), S. 13
[142] Vgl. RITZ (Construction Project Management 1994), S. 17

Diese Ziel werden in der baubetrieblichen Literatur als Standard postuliert.[143] GIRMSCHEID hat diesen Zielkatalog erweitert um die Einbindung des Bauherrn während des Bauprozesses und ein faires Konfliktmanagement.[144, 145]

1.5.4 Zusammenfassende Betrachtungen zum Untersuchungsobjekt (ICJVs)

Internationale Construction Joint Ventures sind eine besondere Form der Kooperation zwischen Unternehmen der Bauindustrie. Sowohl auf nationaler als auch auf internationaler Ebene erfreuen sie sich großer Beliebtheit. Sie liegen in einem Spannungsfeld zwischen den Polen der marktlichen und der hierarchischen Organisationsmechanismen. Sie sind nicht nur in die Hierarchie eines Unternehmens eingebunden, sondern in die Hierarchie von mindestens zwei Unternehmen aus unterschiedlichen Herkunftsländern mit jeweils unterschiedlicher kultureller Prägung. Der Auslandspartner muss sich an die „anderen“ institutionelle Rahmenbedingungen in dem Gastland anpassen.

Zwei Rechtsformen sind bei internationalen Joint Ventures gebräuchlich: Contractual und Equity Joint Ventures. Zur Abwicklung von Bauvorhaben wird in der Regel die Rechtsform einer Contractual Joint Venture für Internationale Construction Joint Ventures (ICJVs) gewählt. Die Joint Venture ist eine BGB-Gesellschaft (oder ein partnership) und hat damit keine eigene Rechtspersönlichkeit. Dies begründet eine größere Abhängigkeit von den Partnerunternehmen. Die Gründung eines Contractual Joint Ventures erfolgt mit Hilfe von zwei Verträgen. Zunächst schließen die Partner untereinander einen Joint Venture-Vertrag ab, der bei erfolgreicher Angebotsbearbeitung auch für die Ausführungsphase Gültigkeit behält. Dieser begründet ein Innenverhältnis zwischen den Partnern. Dazu kommt der Bauvertrag, der ein Außenverhältnis zwischen den Partnern und dem Bauherrn beschreibt.

Die Partnerunternehmen in Internationalen Construction Joint Ventures sind Bauunternehmen und sie stehen damit in einem horizontalen Kooperationsverhältnis. Es sind Leistungserstellungs- bzw. Produktions-Joint Ventures, bei denen unterschiedliche Beteiligungsverhältnisse (paritätisch und ungleichgewichtig) denkbar sind.

Neben dem Oberziel, einen Gewinn zu erwirtschaften, gibt es weitere spezielle Ziele für die Wahl einer internationalen Construction Joint Venture als Organisationsform. Diese sind:

---

[143] Vgl. KOCHENDÖRFER / LIEBCHEN (Bau-Projekt-Management 2001), S. 8; GOSSOW (Baubetriebspraxis 1998), S. 116; BARRIE / PAULSON (Construction Management 1992), S. 5

[144] Vgl. GIRMSCHEID (Angebots- und Ausführungsmanagement 2005), S.84

[145] Vgl. GIRMSCHEID / BRINER / GLÄTTLI (Nachtragsmanagement 2003), S. 53

- Technologie- und Know-how-Transfer
- Marktzugang
- Ausweitung der Finanzkraft
- Risikostreuung
- Verringerung der Wettbewerbsintensität
- Betreuung von Hauptkunden
- Local Content-Regelungen
- Zugang zu inländischen Ressourcen
- Kapazitätsauslastung

Die Hauptunterschiede zwischen Joint Ventures des Produzierenden Gewerbes, das Austauschgüter produziert, und dem Baugewerbe, das Kontraktgüter produziert, sind in Tabelle 17 zusammengefasst.

Tabelle 16: Vergleich zwischen ICJVs und IJVs
Table 16: Comparison between ICJVs and IJVs

Kriterium	IJVs (Produzierendes Gew.)	ICJVs (Baugewerbe)
Art der Güter	Austauschgüter	Kontraktgüter
Joint Venture-Form	Equity Joint Venture	Contractual Joint Venture
Vertragsverhältnisse	Joint Venture und Gesellschaftsvertrag	Joint Venture und Bauvertrag
Kooperationsverhält-nis der Partner	Horizontal, vertikal, diagonal	Horizontal
Position in der Wertschöpfungskette	F&E, Beschaffung, Produktion, Vertrieb	Leistungserstellung bzw. Pro-duktion
Dauer	Entwickelt sich während des Betriebs	Durch Bauvertrag vorgegeben
Aufgabenstellung	Zu Beginn vage	Im Bauvertrag klar beschrieben
Budget	Zu Beginn vage	Im Bauvertrag festgelegt

Auffallend ist, dass ICJVs durch den Abschluss des Bauvertrages geprägt sind. Dadurch weichen sie grundsätzlich von IJVs ab. Bezüglich des Kooperationsverhältnisses und der Position in der Wertschöpfungskette sind sie einseitiger (fast ausschließlich horizontales Verhältnis zu Leistungserstellungszwecken). Ansonsten ist ihnen durch den Bauvertrag ein klarer Rahmen vorgegeben (Dauer, Aufgabe, Budget).

1.6 Untersuchungselemente: Erfolgsfaktoren

Obwohl Großprojekte bereits vor Jahrtausenden verwirklicht worden sind (vgl. Kapitel 1.4), ist die wissenschaftliche Fundierung des Projektmanagements eine Entwicklung der vergangenen Jahrzehnte. Die Wurzeln der Managementforschung liegen am Anfang des letzten Jahrhunderts bei TAYLOR (Principles of scientific management, 1911) und FAYOL („Administration industrielle et générale", 1916) und aus diesen Ursprüngen erwuchs seit Mitte des letzten Jahrhunderts die wissenschaftliche Erforschung des Projektmanagements.[146] Die Entwicklung der Forschungsansätze des Projektmanagements ist in Tabelle 18 dargestellt.

Tabelle 17: Forschungsansätze des Projektmanagements[147]
Table 17: Research Approaches to Project Management

Ansatz	1951 - 60	1961 - 70	1971 - 80	Seit 1981
Planung und Kontrolle				
Strukturen und Prozeduren				
Verhaltenswissenschaft				
Management des sozio-politischen Umfeldes				
Erfolgsfaktorenforschung				

Beim Planungsansatz wurden insbesondere die Netzplantechniken (CPM, MPM, PERT) und computergestützte Informationssysteme entwickelt. Während der Phase der Struktur- und Prozeduruntersuchungen wurde besonderer Wert auf die effiziente Gestaltung des Projektmanagements und auf Kontingenzfaktoren gelegt. Daran schlossen sich Phasen an, in denen die verhaltenswissenschaftlichen Aspekte (z.B. Führung und Motivation) und das Management des sozio-politischen Umfeldes an Bedeutung gewannen. Der letztgenannte Ansatz spielt immer noch eine Rolle in der aktuellen Forschung. Der jüngste ist die Erfolgsfaktorenforschung (EFF) und auch dieser befindet sich noch in der Entwicklung.

Der Grundgedanke der Erfolgsfaktorenforschung besteht darin, dass eine begrenzte Anzahl von Variablen den Erfolg beeinflussen.[148] Diese Idee wurde zunächst 1961 in der Praxis durch DANIEL, einen Berater bei McKinsey, entwickelt.[149] ROCKARDT nahm dieses Konzept fast zwanzig Jahre später (1979) in der Forschung auf und sprach dann von „kritischen Erfolgsfaktoren".[150] LEIDECKER / BRUNO führten schließlich als

[146] Vgl. STEINMANN / SCHREYÖGG (Management 2005), S. 44 ff.
[147] Vgl. GRÜN (Giant Projects 2004), S. 9 f.
[148] Vgl. HAENEKE (Erfolgsfaktorenforschung 2002), S. 166
[149] Vgl. DANIEL (Information Crisis 1961), S. 111 ff.
[150] Vgl. ROCKARDT (Data Needs 1979), S. 81 ff.

Erste aus, dass trotz der Mehrkausalität des langfristigen Unternehmenserfolges einige grundlegende Einflussgrößen den Erfolg maßgeblich beeinflussen.[151]

Kritische Erfolgsfaktoren als Forschungsmethodik sind jedoch auch in einem größeren Zusammenhang zu sehen: Auf einer für die Managementforschung richtungsweisenden Konferenz in Pittsburgh 1977 definierten SCHENDEL / HOFER als Ziel, Gesetzmäßigkeiten für den Unternehmenserfolg zu entdecken. Als Modell hierfür dienten die Naturwissenschaften, insbesondere die Physik.[152] Danach geht die EFF von einer Ursache-Wirkungsbeziehung aus. Die Wirkung wird an abhängigen Variablen gemessen, den Erfolgsindikatoren (I) wie z.B. Return on Investment (ROI). Diese werden von den unabhängigen Variablen, den Erfolgfaktoren (E), „verursacht". Somit kann man in mathematischer Schreibweise formulieren:

$$I = f(E)$$

Dies verdeutlicht die geforderte gesetzesmäßige Beziehung. Es kann festgehalten werden, dass etwa seit 1980 die Erfolgsfaktorenforschung meist unter Beachtung des Kausalitätsgesetzes betrieben wurde. Die damit verbundenen Schwierigkeiten werden im folgenden Teil B (Methodik) eingehend erörtert.

Bei der Erfolgsfaktorenforschung sind zwei Arten der Datenerhebung verbreitet, quantitative und qualitative Methoden. Ein bekanntes Beispiel für eine qualitative Datenerhebung ist die in Kapitel 1.1 erwähnte PIMS-Studie (seit 1972). Sie gilt sogar als eine der Keimzellen der EFF.[153] Bei dieser Studie wird mit Hilfe einer multiplen linearen Regression der Einfluss unterschiedlicher unabhängiger Variablen (Erfolgsfaktoren) auf die abhängige Variable (Erfolgsindikator), den ROI, ermittelt. Die PIMS-Studie gehört mittlerweile zu den Standardmethoden der Unternehmensanalyse wie auch der Produktlebenszyklus, die Erfahrungskurve und Portfolio-Techniken.[154] Ergebnis der PIMS-Studie ist, dass 37 unabhängige Erfolgsfaktoren zu 80 % die Varianz des abhängigen Erfolgsindikators (ROI) bestimmen. Hervorragend unter diesen Faktoren sind die Investitionsintensität, die Produktivität, die Marktposition, das Marktwachstum, die Qualität von Produkten und Dienstleistungen, Innovation und vertikale Integration.[155]

Weit verbreitet als Beispiel der qualitativen Datenerhebung ist auch die Studie von PETERS / WATERMAN (1984) zu unternehmerischen Spitzenleistungen. Insbesondere mit Hilfe von Interviews ermittelten sie acht „Grundtugenden" des unternehmerischen Handelns:

---

151 Vgl. LEIDECKER / BRUNO (Critical Success Factors 1984), S. 23 ff.
152 Vgl. SCHENDEL / HOFER (Strategic Management 1979)
153 Vgl. HAENEKE (Erfolgsfaktorenforschung 2002), S. 166
154 Vgl. STAEHLE (Management 1991), S. 692 ff., STEINMANN / SCHREYÖGG (Management 2005), S. 236 ff.

- Primat des Handelns
- Nähe zum Kunden
- Freiraum für Unternehmertum
- Produktivität durch Menschen
- sichtbar gelebtes Wertsystem
- Bindung an das Stammgeschäft
- einfacher und flexibler Aufbau
- straff-lockere Führung.[156]

Einen unmittelbareren Bezug zu ICJVs hat die Untersuchung von GRÜN über Großprojekte. Er nennt vier Erfolgsfaktoren:

- Zielformulierung und Änderung der Ziele
- Hauptmerkmale des Bauentwurfs
- Sozio-politische Umgebung
- Organisation und Management-Kapazität.[157]

Diese Beispiele zeigen schon, dass eine einfache Aufzählung der Ergebnisse unbefriedigend ist, wenn nicht auch gleich der Begründungszusammenhang erläutert wird.

[155] Vgl. BUZZEL / GALE (PIMS 1987)
[156] Vgl. PETERS / WATERMAN (Spitzenleistungen 1984)
[157] Vgl. GRÜN (Giant Projects 2004), S. 68 ff.

2 Stand und Fragen der Praxis

Im Jahr 1995 saß der Autor im Flugzeug auf dem Weg von Frankfurt am Main nach Bangkok in Thailand. Dort sollte er im Rahmen eines ICJV die Verantwortung für die Planung und den Bau des in Abschnitt 1.4.1.2 beschriebenen Großprojektes Bang Na Expressway als Projektmanager übernehmen.[158] Die Suche nach Literatur zur Vorbereitung dieser Aufgabe war damals erfolglos. Nachfragen bei Kollegen ergaben Antworten, denen die Struktur fehlte. Tipps und Hinweise hatten eher anekdotischen Charakter. Die eigenen Fragen auf diesem Flug waren gestaltlos und kreisten um die Projektgröße (850 Mio. Euro), die Komplexität der Projektumwelt und der Projektaufgabe sowie um den thailändischen Kulturraum. Die bohrendste Frage war eigentlich: Was ist der Unterschied zwischen dem Management einer ARGE in Deutschland mit einer Bausumme von 25 Millionen Euro und einem ICJV in Thailand mit dem mehr als dreißigfachen Volumen? Einige Jahre zuvor befand sich einer der Referenten dieser Arbeit in einer ganz ähnlichen Situation.[159] Heute ist der Stand immer noch so, dass es keine Veröffentlichung gibt, in der systematisch Fragen nach dem Management von ICJVs beantwortet werden. Diese Aussage wird durch die im folgenden Kapitel 3 beschriebene Literaturrecherche untermauert.

2.1 Stand der Praxis

Stand der Praxis ist erstens, dass ICJVs weit verbreitet sind (vgl. Abschnitt 1.5.3). Der Bedarf an Großprojekten wird hoch eingeschätzt und folglich ist zu erwarten, dass ICJVs auch in der Zukunft eine bedeutende Rolle spielen werden.[160, 161]

Stand der Praxis ist zweitens, dass es keine einzige Monographie zu ICJVs gibt und nur wenige Zeitschriftenbeiträge.[162] Das Wissen um das Management von ICJVs ist also nicht in schriftlicher Form offen zugänglich kodifiziert, sondern in den betroffenen Unternehmen und in den Köpfen der Beteiligten. So liegt z.B. bei den beiden größten deutschen Unternehmen im Auslandsbau (Hochtief und Bilfinger Berger) dieses Wissen auch heute noch nicht gebündelt vor, etwa in Form eines umfassenden Handbuches.[163]

Die Arbeit des ICJV-Projektmanagers fängt nach der Unterschrift unter den Bauvertrag an. Zu diesem Zeitpunkt wird ihm die Verantwortung von dem Angebotsprojektmanager übertragen. Diese Zäsur bestimmt die zwei Phasen des ICJV-Manage-

---

[158] Vgl. BROCKMANN (Bang Na 1997), S. 332 ff.
[159] Vgl. GIRMSCHEID (Bangkok 1993), S. 161 ff.
[160] Vgl. FLYVBJERG et al. (Megaprojects 2003), S. 2 f.
[161] Vgl. MILLER / LESSARD (LSE Management 2000), S. XVII
[162] Vgl. z.B. GIRMSCHEID (Fast Track 1997), S. 471 ff.
[163] Telefonische Nachfrage am 04.08.2005 bei ROGMANN (Bilfinger Berger AG, Tel.: 0611-70801) und BALTHAUS (Hochtief AG, Tel. : 0201- 8242530)

ments, nämlich das Angebotsmanagement und nach Vertragsunterschrift das Auftragsmanagement (vgl. Bild 18).

Für die Anlage einer Untersuchung über ICJVs ergeben sich dadurch drei Möglichkeiten:

- Beschreibung des ICJV-Managements sowohl während der Angebots- als auch während der Auftragsphase
- Beschreibung des ICJV-Managements allein während der Angebotsphase
- Beschreibung des ICJV-Managements allein während der Auftragsphase

EISELE hat eine Arbeit zu den Erfolgsfaktoren des IJV-Managements (also ohne Berücksichtigung der Besonderheiten der Bauindustrie) während der ersten Phase vorgelegt.[164] Diese Arbeit lässt erkennen, dass eine Bearbeitung beider Phasen für eine Promotion zu umfangreich ist. Deshalb ist eine Entscheidung für eine der beiden Phasen notwendig. Als Kriterium soll hierfür die Anzahl der vorliegenden wissenschaftlichen Beiträge für die jeweilige Phase dienen. Es erscheint sinnvoll, die Anstrengungen auf diejenige Phase zu konzentrieren, über die bisher weniger bekannt ist. Auf Grund der Arbeit von EISELE ist zu vermuten, dass dies die Phase des Ausführungsmanagements ist. Diese Vermutung wird in Kapitel 3 von erhärtet.

Fragen der Praxis können sowohl aus der Literatur abgeleitet werden als auch aus dem Umfeld der ICJVs unmittelbar. Da wenige Quellen zum Ausführungsmanagement von ICJVs vorliegen, entfällt jedoch die erste Möglichkeit.

2.2 Fragen der Praxis

Um die Fragen der Praxis zu gliedern, bedarf es eines Untersuchungsschemas. EISELE hat ein solches für die Erfolgsfaktoren des IJV-Managements vorgeschlagen. Dabei unterscheidet er vier Ebenen:

- Partner
- Umwelt I (kulturelle, politisch-rechtliche, technologische, ökonomische und physische Dimensionen)
- Umwelt II (Abnehmer, Wettbewerber, Lieferanten, sonstige Partner)
- JV-Management.

Das JV-Management untergliedert EISELE weiter in fünf Phasen, nämlich Initialisierung, Verhandlung, Implementierung, Betrieb und Anpassung, Auflösung. Seine Arbeit beschränkt sich auf die Untersuchung der ersten drei Phasen, dadurch finden Betrieb und Anpassung sowie Auflösung bei ihm keine Berücksichtigung (vgl. auch Bild 16).

---

164 Vgl. EISELE (Erfolgsfaktoren 1995)

Diese Struktur ist nicht ohne weiteres auf ICJVs zu übertragen. Als Besonderheit von ICJVs wurde in Abschnitt 1.5.3.1 ausdrücklich die Begründung eines Außenverhältnisses zwischen dem ICJV und dem Bauherrn durch den Abschluss eines Bauvertrages herausgestellt, der wiederum Leistungsumfang und Produkt, Budget sowie Zeitrahmen vorgibt. Dadurch ergeben sich beim JV-Management wie bei jedem anderen Bauprojekt auch die erwähnten zwei deutlich voneinander getrennten Phasen (vgl. Bild 18). Im Vergleich zu der Struktur von EISELE liegt die Schnittstelle in der Implementierungsphase. Initialisierung, Verhandlung und ein Teil der Implementierung (Markteintritt) gehören zum Angebotsmanagement, der zweite Teil der Implementierung (Organisation), Betrieb und Anpassung sowie Auflösung gehören zum Auftragsmanagement. Daraus ergeben sich fünf Ebenen (vgl. Tabelle 19).

Tabelle 18: Ebenen des IJV-Managements[165]
Table 18: Levels of IJV-Management

Ebene	Ausprägung / Phase
Partnerunternehmen	Partner A, B,...N
Umwelt I (Projektebene)	Abnehmer, Wettbewerber, Lieferanten, sonstige Interaktionspartner und weitere Dimensionen des Projektes
Umwelt II (Landesebene)	Kulturelle, politisch-rechtliche, allgemeine technologische, ökonomische, natürliche (Standort, Bodenschätze etc.) Dimensionen des Gastlandes
JV-Management I: (Angebotsmanagement)	Initialisierung (Standort, Partnerwahl, Konfiguration...), Verhandlung zwischen den Partnern, Implementierung (Markteintritt...) (Diese Phasen entsprechen in etwa dem Angebotsmanagement in ICJVs, vgl. Bild 18)
JV-Management II: (Auftragsmanagement)	Implementierung (Organisation...), Betrieb und Anpassung (Beschaffung, Marketing, Vertrieb...), Auflösung (Bewertungsfragen...) (Diese Phasen entsprechen in etwa dem Ausführungsmanagement in ICJVs, vgl. Bild 18)

Dieses Schema mit fünf Ebenen soll zur Gliederung der Fragen der Praxis benützt werden. Etwas gewöhnungsbedürftig ist die Nummerierung der Umwelten bei EISELE, er beginnt mit dem direkten Umfeld (Umwelt 1) und geht dann zum allgemeinen Umfeld (Umwelt 2) über. Normalerweise ist die Reihenfolge anders.

In Kapitel 1.4.2 wurde bereits als Beispiel für ein Großprojekt der Taiwan High Speed Railway beschrieben. Die Bauverträge wurden in 12 Losen vergeben, wobei die jeweiligen Anforderungen durch diese Verträge klar bestimmt wurden. Insgesamt neun

165 Vgl. EISELE (Erfolgsfaktoren 1995), S. 50 ff.

unterschiedliche ICJVs haben ein oder zwei Lose übernommen. In jedem dieser ICJVs haben sich mindestens ein ausländischer und ein taiwanesischer Partner vertraglich gemeinsam zur Ausführung verpflichtet. Insgesamt sind an der Bauausführung 14 Unternehmen beteiligt, die ihren Unternehmenssitz in sieben verschiedenen Ländern haben. Die Mutterunternehmen haben für jede der neun unterschiedlichen ICJVs individuelle Ziele als Erfolgsmaßstab vorgegeben und erwarten unterschiedliche Grade der Zielerreichung. Das jeweilige Joint Venture Management ist somit aufgefordert, individuelle Joint Venture Ziele unter jeweils besonderen Rahmenbedingungen zu erreichen.

Auf der Projektebene (Umwelt I) sind ebenfalls unterschiedliche Rahmenbedingungen festzustellen. Die technischen Anforderungen unterscheiden sich für jedes der ICJVs ebenso wie die jeweils einzeln ausgehandelten Vertragsbedingungen. Dies trifft insbesondere auf die vereinbarten Preise zu. In den ICJVs treffen unterschiedliche Unternehmens- und nationale Kulturen aufeinander. Zudem hat jeder einzelne Partner in einem ICJV – wie erwähnt – unterschiedliche Ziele und auch die gemeinsam für jedes ICJV vereinbarten Ziele unterscheiden sich. Gleich für alle ICJVs sind auf der Projektebene der Bauherr und die allgemeinen Vertragsbedingungen.

Die Rahmenbedingungen sind auf der Landesebene (Umwelt II) für alle ICJVs gleich. Zu dieser gehören die volkswirtschaftliche Situation in Taiwan mit der entsprechenden Lage auf dem Arbeits-, Güter-, Geld- und Wertpapiermarkt. Darüber hinaus gilt dies auch für die rechtlichen Rahmenbedingungen des Landes, die baurechtlichen Bestimmungen und Normen.

Aus dieser höchst unterschiedlichen Menge an Anforderungen erwachsen folgende Fragen der Praxis für das Auftragsmanagement.

Phase I: Implementierung:

- Welche Ziele gelten für das ICJV?
- Welche Planung ist auf der operativen Ebene notwendig, um die Ziele zu operationalisieren?
- Welche organisatorische Struktur und welche Projektprozesse sind am besten für die Zielerreichung geeignet?
- Welche Ressourcenausstattung ist notwendig (Know-how, Personal, Geräte, Finanzen?

Phase II: Betrieb und Anpassung

- Wie sind diese Struktur und diese Prozesse im Zeitablauf dynamisch zu verändern?
- Welche Steuerungssysteme sind aufzubauen?
- Wie sind die Anforderungen an die Führungspositionen und wie verändern sich diese mit der Zeit?
- Welches Führungssystem ist am besten geeignet?

- Wie müssen die tangiblen und intangiblen Ressourcen mit der Zeit angepasst werden?
- Welche Möglichkeiten zur Motivation sind am erfolgreichsten?
- Wie können in kürzester Zeit ein Zusammengehörigkeitsgefühl erreicht und eine Sinngebung vermittelt werden?
- Wie kann ein möglichst großes Commitment für die ICJV erreicht werden?
- Welche Auswirkungen haben die unterschiedlichen kulturellen Prägungen der Mitglieder?
- Wie ist mit kulturellen Schwierigkeiten am besten umzugehen?
- Wie sind die Lernprozesse zu gestalten?
- Was führt zur Entwicklung von gegenseitigem Vertrauen?
- Wie kann man die durch verschiedene Unternehmenskulturen geprägten Mitarbeiter auf ein gemeinsames zielorientiertes Handeln ausrichten?
- Wie kann man aus der Zusammenarbeit von Mitarbeitern aus unterschiedlichen Unternehmens- und nationalen Kulturen Lernprozesse aktivieren?
- Welche Voraussetzungen müssen Mitarbeiter mitbringen, die in ICJVs erfolgreich arbeiten wollen?

Phase III: Auflösung

- Wann ist mit dem Abbau des Personals zu beginnen?
- Wie ist der Verkauf der tangiblen Ressourcen zu organisieren?
- Wie ist die Erfassung und Wiederverwendung der intangiblen Ressourcen zu sichern?
- Zu welchem Zeitpunkt soll der ICJV-Vertrag gelöst werden?

Die Liste dieser Fragen ist sicherlich willkürlich und sie muss es auch sein, weil es ja gerade keine systematisch aufbereiteten Erkenntnisse aus der Praxis gibt. Dennoch zeigen die Fragen, dass eine Menge interessanter Aspekte bisher unbeantwortet ist.

3 Stand der Forschung

Um den Stand der Forschung zu ermitteln, wird eine breit angelegte Literaturrecherche vorgenommen. Dies geschieht einmal für den Untersuchungsrahmen „Großprojekte" und dann für das Untersuchungsobjekt „Internationale Construction Joint Ventures". Bei den ICJVs ist es zwingend notwendig die gesamte JV-Literatur und möglicherweise sogar übergeordnet die Literatur zu strategischen Allianzen zu berücksichtigen. Dabei bietet es sich an, diese Literatur nach drei großen Blöcken einzuteilen, nämlich nach JV-, IJV- und ICJV-Forschung. Die Literatur zu den Großprojekten wird in Kapitel 3.1 und die zu den JVs in Kapitel 3.2 beschrieben. In Kapitel 3.3 wird die Arbeit in die Forschung am Institut für Bauplanung und Baubetrieb (IBB) an der ETH Zürich eingeordnet.

3.1 Literatur zu Großprojekten der Bauindustrie

Die Literatur zu Großprojekten der Bauindustrie ist überschaubar. Ganze fünf Monographien sind erhältlich. Alle kamen in den vergangenen zehn Jahren auf den Markt. Die älteste – „Rescuing Prometheus" – beschreibt vier Großprojekte, davon eines aus der Bauindustrie.[166] Der Autor, HUGHES, ist Historiker für Technikgeschichte und deshalb ist seine Sichtweise für das Management von Großprojekten wenig ergiebig. ALTSHULER / LUBEROFF beschäftigen sich hauptsächlich mit Fragen der Einflussnahme der Regierungsbehörde in Washington, USA, auf lokaler Ebene mit Hilfe von Infrastrukturprojekten.[167] Auch dies ist nicht hilfreich für das gewählte Untersuchungsobjekt.

Maßgebend sind dagegen die drei weiteren Studien. Zunächst erschien diejenige von MILLER / LESSARD im Jahr 2000. Sie stützt sich auf eine Untersuchung von 60 Großprojekten. Die Erkenntnisse der Studie wurden aus Aussagen von Top-Managern gewonnen. Die zehn Beiträge von verschiedenen Autoren fokussieren sich auf die Strukturen, die erfolgreiche Projekte ermöglichen. Der Vorsitzende des Forschungsprogramms RICH schreibt: „*I particularly recommend this book to CEOs and senior managers who have to make decisions that may gamble with their corporations' future.*"[168] Diese Studie ist von der IMEC-Forschungsgruppe in Kanada mit Hilfe internationaler Forscher und einiger Großunternehmen in den Jahren 1995-2000 durchgeführt worden. Ziel war das Benchmarking von 60 Großprojekten, um Best Practices zu identifizieren. Die Arbeit wurde von fünf Gruppen mit unterschiedlichen Aufgaben durchgeführt. Dies waren: (1) Benchmarking, (2) Institutionen und Strategie, (3) Ingenieurwesen, Beschaffung und Bau, (4) eine getrennte Gruppe für Japan sowie (5) Datenanalyse.

---

166 Vgl. HUGHES (Prometheus 1998)
167 Vgl. ALTSHULER / LUBEROFF (Urban Public Investment 2003)
168 S. MILLER / LESSARD (LSE Management 2000), S. XVIII

Danach folgte die Studie von FLYVBJERG et al. im Jahr 2003. FLYVBJERG ist Professor an der Universität Aalborg in Dänemark und stützt sich insbesondere auf Erkenntnisse, die bei der Untersuchung des Kanaltunnels sowie der Querung des Großen Belts und des Øresunds gewonnen wurden. Das Datenmaterial entstammt Archiven und Interviews. Der Schwerpunkt der Auswertung liegt dabei auf der Gestaltung der Projektstrukturen durch den Bauherrn. Besonderes Gewicht hat die Gestaltung des institutionellen Rahmens, in den das Projekt eingebettet wird. FLYVBJERG charakterisiert das Ziel folgendermaßen: „*Thus we replace the conventional decisionistic approach to megaproject development with a more current institutionalistic one centred on the practices and rules that comprise risk and accountability.*“[169] Zuletzt veröffentlichte GRÜN (Professur an der Universität Wien) im Jahr 2004 eine Untersuchung, in der besonders Bauten für Olympische Spiele und Universitätskrankenhäuser berücksichtigt werden. Es wurden also Fallstudien durchgeführt und zwar nach Abschluss der Projekte. Die Daten wurden bevorzugt aus Archiven gewonnen. Ziel ist es Erfolgsfaktoren in allen Projektphasen zu ermitteln. Zur Zielgruppe schreibt GRÜN: „*The project owners of MOEs are still facing enormous technical, financial, and schedule risks. They are therefore the primary addressees of the book.*”[170] Die gesuchten Erfolgsfaktoren sollen also den Bauherren beim Management von Großprojekten helfen. In einem Abschnitt präsentiert GRÜN Daten zu fünf Großprojekten. Solche Daten sind ansonsten nicht zugänglich.

Wenn man die gewonnen Erkenntnisse über Großprojekte in einer Matrix anordnet, deren eine Achse die Projektphasen und die andere die maßgeblichen Projektbeteiligten abbildet, gewinnt man einen Überblick über den Stand der Forschung auf diesem Gebiet. Die Projektphasen sind: Projektentwicklung, Planung, Bau, Nutzung.

Die maßgeblichen Projektbeteiligten setzen sich zusammen aus dem Staat, dem oder den Bauherren, den Planern, den bauausführenden Unternehmen und Dritten wie z.B. Nachbarn. Der Staat vertritt dabei die Interessen der Öffentlichkeit durch Vorgabe eines institutionellen Rahmens und oft auch die Interessen der Nutzer, wenn er an der Finanzierung beteiligt ist. Der Bauherr gestaltet den gegebenen institutionellen Rahmen um die speziellen Ausführungsbedingungen für ein Projekt festzulegen. Dabei entscheidet er z. B. mit welcher Projektabwicklungsform und mit welchen Leistungsanbietern er das Projekt ausführen will.[171] Von dieser Entscheidung ist wiederum die Einbindung der Planer abhängig. Wählt der Bauherr Einzelleistungsträger, ist er im vollen Umfang für die Planer selbst zuständig, wählt er jedoch einen Totalunternehmer, so erbringt dieser den Großteil der Planungsleistungen. Auch wenn die Planer eine wichtige Gruppe bei Großprojekten sind, sollen sie im Hinblick auf das Untersuchungsobjekt – ICJVs – nicht getrennt berücksichtigt

---

169 S. FLYVBJERG et al. (Megaprojects 2003), S. 7
170 S. GRÜN (Giant Projects 2004), S. VII
171 Vgl. GIRMSCHEID (Projektabwicklung 2004)

werden. Sie zählen entweder zur Gruppe, die direkt mit dem Bauherrn in einem Vertragsverhältnis stehen, oder zur Gruppe, die direkt mit den ausführenden Unternehmen in einem Verhältnis stehen im Rahmen von Design/Build (TU)-Projektabwicklungsformen. Mit diesen Vorbemerkungen ergibt sich für eine Auswertung der Literatur zu Großprojekten der Bauwirtschaft die Matrix der Tabelle 20.

Für die Phase der Projektentwicklung liegen etliche Ergebnisse aus der Forschung zu Großprojekten vor, auch für die Belange der Bauunternehmen, wenn sie in dieser Phase tätig werden. Entscheidend ist jedoch, dass die Zellen im Schnittpunkt von Bauunternehmen/Planung und Bauunternehmen/Bau unbesetzt sind. An dieser Stelle ist das Thema der vorliegenden Arbeit angesiedelt, nämlich das Ausführungsmanagement von ICJVs der Bauindustrie. Auch die wenigen veröffentlichten Zeitschriftenbeiträge zu Großprojekten füllen diese Lücke nicht.[172, 173, 174, 175]

Tabelle 19: Forschungsbereiche für Großprojekte
Table 19 Research Areas for Megaprojects

Beteiligte Gruppe	Projektentwicklung	Planung	Bau	Nutzung
Staat	Flyvbjerg	Flyvbjerg		
Bauherr	Grün Flyvbjerg Miller /Lessard	Grün Flyvbjerg	Grün	Grün
Bauunternehmen	Miller /Lessard	???	???	

Die für diese Arbeit vorgesehenen Aufgabengebiete (Planung und Bau, siehe Fragezeichen in Tabelle 20) von Großprojekten mit Hilfe von ICJVs ist bisher nicht bearbeitet worden.

3.2 Literatur zu strategischen Allianzen und Kooperationen

Die Erforschung strategischer Allianzen (insbesondere SYDOW[176]) und mit ihr die Erforschung der Joint Ventures als spezielle Form einer Allianz ist recht jungen Datums. Nach BÜCHEL gab es vor fünfzehn Jahren erst eine kleine Anzahl von Veröffentlichungen zu dem Thema während im Jahr 2003 bereits deutlich mehr als eintausend zur Verfügung standen.[177] Eine Suche in der Datenbank des Gemeinsamen Bibliotheken Verbunds GBV der sieben norddeutschen Bundesländer, die sowohl Monographien als auch Zeitschriftenartikel umfasst, ergab für „Allianzen" 436 und für

---

172 Vgl. GRÜN (Großprojekte 2004)
173 Vgl. HASSAN et al (LSE-Projects 1999)
174 Vgl. KUMARASWAMY (Megaproject Risks 1997)
175 Vgl. MALE/MITROVIC (LSE Industry 1999)
176 Vgl. SYDOW (Netzwerke 1999)
177 Vgl. BÜCHEL (Kooperationsbeziehungen 2003), S. 163

„Kooperationen" 877 Treffer. Da jedoch auch für Joint Ventures viele Veröffentlichungen vorliegen, wird im Folgenden nur die unmittelbare JV-Literatur berücksichtigt,

Forschungsschwerpunkt war zunächst die Bedeutung der Partnerbeziehung (Motive zur Gründung eines JV, Partnerselektion, Kontrollmöglichkeiten, JV-Stabilität). Mittlerweile hat sich eine Verschiebung der Blickrichtung ergeben: es werden immer häufiger die ökonomischen Resultate von Kooperationen und damit ihr Erfolg erforscht. [178]

3.2.1 Literatur zu Joint Ventures

Inzwischen gibt es auf dem Gebiet der JV-Forschung eine schwer überschaubare Vielzahl von Publikationen. In Tabelle 21 sind die Treffer für die Suchbegriffe in drei Datenbanken angegeben. Dies ist zum einen die kommerzielle Datenbank des Internetbuchhändlers Amazon.com, dann eine Literaturrecherche, und schließlich die Datenbank ICONDA (International Construction Database) des Fraunhofer Information Centre for Regional Planning and Building Construction. ICONDA ist nach eigenen Angaben die umfassendste Datenbank der Bauwirtschaft.

Tabelle 20: Suchergebnisse für JV-Literatur
Table 20: Search Results for JV Literature

Quelle	JV	IJV	ICJV
Amazon.com[179]	5627	322	135
GBV[180]	785	93	0
ICONDA[181]	468	7	0

Die Suchergebnisse bei Amazon.com für ICJVs betreffen 134 Treffer Ausschreibungs- oder Projektunterlagen für weltweite Projekte, also Beschreibungen ohne Bezug zum Thema dieser Arbeit. Die verbleibende Quelle befasst sich mit dem Aufbau (construction) von Verträgen für IJVs. Ergebnis ist also, dass es viel Literatur über JVs, einige über IJVs, aber keine über ICJVs gibt. Natürlich sind alle diese Datenbanken nicht vollständig. Die wichtigsten Monographien und Zeitschriftenbeiträge auch aus Quellen, die in diesen Datenbanken nicht berücksichtigt werden, werden in den folgenden Abschnitten erörtert.

Trotz der vielen Beiträge zur JV-Forschung werden die Ergebnisse bemängelt. PARKHE ordnet die JV-Forschung einer pre-paradigmatischen Phase zu und beklagt

---

[178] Vgl. PARKHE („Messy" Research 1993), S. 229 f.
[179] Vgl. http://www.amazon.com, Suchergebnisse in den Titeln von Büchern vom 06.08.2005
[180] Vgl. http://gso.gbv.de, Suchergebnisse im Gemeinsamen Verbundkatalog (GVK) vom 06.08.2005
[181] Vgl. http://www.irbdirect.de/iconda, allgemeine Suchergebnisse vom 06.08.2005

die mangelnde theoretische Fundierung der vorgelegten Beiträge.[182] Dabei spielt er mit dem Begriff der „pre-paradigmatischen Phase“ auf das Wissenschaftsverständnis von KUHN an, der darin eine frühe Vorstufe zu einer voll ausgeprägten Normalwissenschaft sieht. Diese ist insbesondere durch das Vorherrschen eines Paradigmas gekennzeichnet. Dabei besteht ein Paradigma aus einer Anzahl von theoretischen Annahmen, Gesetzen und Techniken, die eine bestimmte wissenschaftliche Gemeinschaft teilt.[183] KUHN schreibt: „*Vor allem die einem Paradigma vorausgehende Periode ist regelmäßig durch häufige und tiefgehende Diskussionen über gültige Methoden, Probleme und Lösungsgrundsätze gekennzeichnet, obwohl diese eher dazu dienen, Schulen zu definieren als Übereinstimmung herbeizuführen.*“[184] Auch ROBSON et al. beklagen die sich oft widersprechenden Ergebnisse der JV-Forschung.[185]

Eine Auswertung der JV-Literatur durch Verknüpfung mit zusätzlichen Suchbegriffen ergibt keine verwertbaren Hinweise mit Hinblick auf die vorliegende Arbeit. 11 englischsprachige Publikationen beschäftigen sich mit „Success“ und sieben deutschsprachige mit „Erfolg“ in JVs, keine davon hat Bezug zu dieser Arbeit. 87 Publikationen verbinden „Management“ und JVs, keine davon mit Bezug zu dieser Arbeit (Kriterien: Großprojekte, Internationale Construction Joint Ventures, Planung, Bau). Eine Kombination der obigen drei Begriffe mit „Arbeitsgemeinschaft“ erzielt überhaupt keine Treffer. Die meisten Beiträge zu JVs beschäftigen sich mit Einzelaspekten.

Aus dieser Vielzahl der Veröffentlichungen zur JV-Forschung sind jedoch zwei maßgebliche neuere Monographien hervorzuheben:

- BÜCHEL / PRANGE / PROBST (2002): Joint Venture Management[186]
- HARRIGAN (2003) :Joint Ventures, Alliances, and Corporate Strategy[187]

Beide Bücher liegen in einer zweiten Auflage vor. Während das von HARRIGAN in den USA erschienen ist, ist das deutschsprachige von BÜCHEL et al. auch in einer englischen Version bei Wiley veröffentlicht. HARRIGAN nähert sich den Joint Ventures ausschließlich aus Sicht der Partnerunternehmen (corporate strategy) und befasst sich darüber hinaus mit unterschiedlichen Industrien, allerdings nicht mit der Bauindustrie. BÜCHEL et al. bieten einen guten Gesamtüberblick über die Probleme des Managements von Equity Joint Ventures, Contractual Joint Ventures spielen auch hier keine Rolle.

⇒ Ergebnis: Veröffentlichungen zu Joint Ventures sind sehr zahlreich, die meisten Beiträge sind Sonderproblemen gewidmet, insbesondere den ersten zwei Pha-

182 Vgl. PARKHE („Messy“ Research 1993), S. 229 f.
183 Vgl. KUHN (Wissenschaftliche Revolutionen 2003), S. 25 ff.
184 S. KUHN (Wissenschaftliche Revolutionen 2003), S. 62
185 Vgl. ROBSON et al. (IJV Performance 2002), S. 386 f.
186 Vgl. BÜCHEL et al. (JV-Management 2002)
187 Vgl. HARRIGAN (Alliances 2003)

sen des Modells nach Bild 16 (Initialisierung, Verhandlungen). Dies entspricht aus Sicht der Bauindustrie dem Angebotsmanagement. Ausführlicher wird das Ausführungsmanagement nur bei BÜCHEL et al. allerdings für Equity Joint Ventures dargestellt.

3.2.2 Literatur zu internationalen Joint Ventures

Die JV-Literatur umschließt selbstverständlich auch die Literatur zu IJVs und ICJVs, die jeweils speziellere Gruppe ist also immer bei den Suchergebnissen der allgemeineren enthalten. Damit ist die Grenzziehung zwischen JV- und IJV-Forschung eher willkürlich und richtet sich nach den Titeln der Publikationen. Dies liegt daran, dass nicht immer zwischen JVs und JVs im engeren Sinn von nationalen JVs unterschieden wird (vgl. Bild 14). BÜCHEL et al. erwähnen in ihrem Buch beispielsweise in der Mehrzahl IJVs. In großem Umfang gelten somit die folgenden Ausführungen auch für JVs.

Drei Publikationen können als die Keimzelle der IJV-Forschung angesehen werden. Zunächst beschrieben FRIEDMAN / KALMANOFF die zunehmende Verbreitung von IJVs nach dem Zweiten Weltkrieg in Entwicklungsländern. Sie berücksichtigten dabei die unterschiedlichen Motive der Partner und daraus entstehende Konflikte sowie die besonderen Strukturen und Managementanforderungen.[188] Danach beschrieb TOMLINSON 1970 britische IJVs in Entwicklungsländern unter den Motiven der Risikoverteilung und des Zugangs zu lokalen Märkten.[189] FRANKO erläuterte schließlich 1971 die Tendenz zu IJVs bei diversifizierenden Unternehmen.[190] Nach diesen frühen Veröffentlichungen folgte im Jahr 1986 eine Konferenz an der Rutgers University, New Jersey, auf der zum ersten Mal die Ergebnisse der IJV-Forschung zusammengetragen wurden. Die Beiträge wurden in einem Buch veröffentlicht, das auch heute noch das Standardwerk zu diesem Thema ist. Es ist im Jahr 2002 in einer zweiten Auflage erschienen.

- CONTRACTOR / LORANGE (Hrsg.) (2002): Cooperative Strategies in International Business[191]

Die darauf folgende IJV-Forschung kann wegen des starken Anwachsens nur noch summarisch eingeordnet werden. Dafür haben ROBSON et al. eine Metaanalyse vorgelegt.[192] Sie enthält Daten von 90 empirischen Untersuchungen zu den Erfolgsfaktoren von IJVs, wobei Veröffentlichungen bis Ende 2000 aus 36 maßgeblichen Zeitschriften berücksichtigt wurden. Obwohl die Autoren es nicht ausdrücklich erwähnen, muss davon ausgegangen werden, dass ausschließlich Veröffentlichungen in

---

188 Vgl. FRIEDMAN / KALMANOFF (Business Ventures 1961)

189 Vgl. TOMLINSON (Joint Venture Process 1970)

190 Vgl. FRANKO (Joint Venture Survival 1971)

191 Vgl. CONTRACTOR / LORANGE (Strategy 2002)

englischer Sprache untersucht wurden. Etliche Beiträge befassen sich besonders mit dem Aspekt des Aufeinandertreffens unterschiedlicher nationaler Kulturen. Deshalb wird Kultur als zusätzliche Ebene zu denen der Tabelle 19 eingeführt. Die Ergebnisse sind in Tabelle 22 dargestellt. Da die einzelnen Studien meist mehrere Erfolgsfaktoren benennen, ergibt sich insgesamt eine Anzahl von 396 Erfolgsfaktoren.

Tabelle 21: Erfolgsfaktoren der IJV-Forschung bis 2000[193]
Table 21: Success Factors of IJV Research until 2000

IJV-Forschung (Erfolgsfaktoren)	
Bereich	**Anzahl**
Partnerunternehmen	66
Umwelt I	24
Umwelt II	16
JV-Management bis zur Vertragsunterschrift	234
JV-Management ab Vertragsunterschrift	9
Kultur	47

Im Rahmen dieser Arbeit sind die Erfolgsfaktoren für das JV-Management nach Vertragsunterschrift von besonderer Bedeutung. Neun werden in der entsprechenden Zeile von Tabelle 22 aufgezählt, keiner davon hat eine besondere Bedeutung für diese Arbeit. Es handelt sich im Einzelnen um Managementfähigkeiten (Kenntnis, zwischenmenschliche Beziehungen, Anpassungsfähigkeit, Eigenschaften der Manager) und um das Personalmanagement (Anreize, Stress, kulturelle Anpassungsfähigkeit, Managementfluktuation, Verhältnis der ausländischen zu den einheimischen Managern). Darüber hinaus weisen die unterschiedlichen Publikationen oft widersprüchliche Ergebnisse auf. So wird als häufigster Erfolgsfaktor die soziokulturelle Distanz zwischen den Partnern genannt. Vier Studien sehen hierin einen positiven, elf Studien einen neutralen und neun Studien eine negativen Einfluss.

Eine weitere Metaanalyse stammt von Reus / Ritchie.[194] In ihr werden Daten von 194 Beiträgen aus zehn maßgebenden Zeitschriften für das Management von 1988 bis einschließlich 2002 ausgewertet. Während Robson et al. Erfolgsfaktoren untersuchen, ordnen Reus / Ritchie ihre Ergebnisse nach der Orientierung der jeweiligen Forschung. Beide Analysen nennen als ergiebigste Quellen das Journal of International Business Studies und den Management International Review und beide geben die Quellen nicht vollständig wieder. Weil somit Doppelzählungen nicht ausge-

192 Vgl. Robson et al. (IJV Performance 2002)
193 Vgl. Robson et al. (IJV Performance 2002), S. 398 f.
194 Vgl. Reus / Ritchie (IJV Research 2004)

schlossen, sondern wahrscheinlich sind, werden die Ergebnisse von REUS / RITCHIE eigens in Tabelle 23 abgebildet.

Tabelle 22: Bereich der IJV-Forschung bis 2002[195]
Table 22: Area of IJV Research until 2002

IJV-Forschung	
Bereich	**Anzahl**
Partnerunternehmen	198
Umwelt I	0
Umwelt II	65
JV-Management bis zur Vertragsunterschrift	40
JV-Management ab Vertragsunterschrift	0
Kultur	0

REUS / RITCHIE identifizieren somit überhaupt keine Publikationen zum JV-Management nach Vertragsunterschrift.

Besondere Bedeutung für diese Arbeit hat natürlich wegen der thematischen Nähe die Dissertation von EISELE („Erfolgsfaktoren des Joint Venture Managements"). Er beschränkt sich auf die ersten drei Phasen eines JV: Initiierung, Verhandlung, Implementierung (unter Ausschluss des operativen Geschäfts). Die Begründung für diese Einschränkung liefern LEVINE / BYRNE, die ermittelt haben, dass das Top-Management 50% seiner Zeit allein für Vorentscheidungen und die Partnerwahl aufwendet. Während der Betriebsphase ist es gar nicht mehr in das JV involviert.[196] EISELE konzentriert sich darüber hinaus auf Equity Joint Ventures. Mit Hilfe eines Kausalmodells ermittelt er folgende Erfolgsfaktoren, die als Beispiel für die bisherige Forschung auf dem Gebiet der IJVs dienen können. Allerdings liefern Kausalmodelle quantitative Ergebnisse. Weil diese jedoch in einem größeren Zusammenhang dargestellt werden müssen, sind die Ergebnisse in der folgenden Tabelle 24 vereinfachend qualitativ dargestellt. Die Angaben in dieser Tabelle sind keine Hilfe für die Untersuchung von Contractual Joint Ventures während des Ausführungsmanagements.

---

[195] Vgl. REUS / RITCHIE (IJV Research 2004), S. 373
[196] Vgl. LEVINE / BYRNE (Corporate 1986)

Tabelle 23: Erfolgsfaktoren von IJVs nach EISELE[197]
Table 23: Success Factors of IJVs According to EISELE

Phase	Erfolgsfaktor	Wirkung
Initiierungsphase	Sorgfältige Partneranalyse	+
	Ähnlichkeit der Partnerunternehmen	+
	Geringe psychische Distanz zum Sitz der IJV	+
Verhandlungsphase	Dominanzstreben	-
	Streben nach detaillierten Verträgen	-
	Vertrauensverhältnis	+
Implementierungsphase	Operative Autonomie der IJV	+
	Konsens auf Partnerebene	+
	Professionell angelegte Kooperationsstrategie	+
	Markteintritt in einer frühen Marktphase	+
	Differenzierungsstrategie	+
	Kostenstrategie	-

In den Tabellen 22 und 23 wurde eine getrennte Kategorie „Kultur“ eingeführt. Der Begriff wird in den Managementwissenschaften in unterschiedlicher Form gebraucht. Zunächst ist die Diskussion um Unternehmenskultur weit verbreitet.[198] Auf der nächsten Stufe kann man von einer Branchenkultur z.B. für die Bauwirtschaft sprechen.[199] Übergeordnet sind dann natürlich nationale Kulturen zu sehen. Besonders zu den Themen Unternehmens- und nationale Kultur gibt es wiederum eine Vielzahl von Veröffentlichungen. Das gleiche gilt nicht für Branchenkultur, die aber für die vorliegende Arbeit keine Bedeutung hat, weil alle Unternehmen aus der Baubranche stammen. Unterschiedliche Unternehmenskulturen prallen in jeder Form von JVs aufeinander, da ja gerade mehrere Unternehmen miteinander kooperieren. Dagegen haben kulturelle Unterschiede auf Grund verschiedener Nationalität in IJVs und ICJVs große Bedeutung. Die Ergebnisse sind unabhängig von einer bestimmten Branche und sie können deshalb für alle IJVs herangezogen werden. Einen zentralen Platz nimmt hierbei die Monographie von HOFSTEDE ein, von etwas geringerer Bedeutung ist die von TROMPENAARS / HAMPDEN-TURNER:

- HOFSTEDE (1997): Lokales denken, globales Handeln[200]
- TROMPENAARS / HAMPDEN-TURNER (1998): Riding the Waves of Culture[201]

⇒ Ergebnis: Veröffentlichungen zu Internationalen Joint Ventures sind ebenfalls sehr zahlreich. Die meisten Beiträge beschäftigen sich mit Equity Joint Ven-

197 Vgl. EISELE (Erfolgsfaktoren 1995), S. 85 ff.
198 Vgl. STEINMANN / SCHREYÖGG (Management 2005), S. 707 ff.
199 Vgl. RILEY / CLARE-BROWN (Culture in Construction 2001)
200 Vgl. HOFSTEDE (Globales Handeln 1997)
201 Vgl. TROMPENAARS / HAMPDEN-TURNER (Culture 1998)

tures. Besonders häufig werden Probleme der Partnerunternehmen, der Umwelt I und II sowie das JV-Management bis zur Vertragsunterschrift behandelt. Auch kulturelle Aspekte finden auch gebührend Beachtung. Auf Contractual Joint Ventures und das JV-Management nach Vertragsunterschrift wird kein Gewicht gelegt.

3.2.3 Literatur zu internationalen Construction Joint Ventures

Literatur zu ICJVs ist wiederum eine Untergruppe der Literatur zu JVs und IJVs. Da jedoch die Recherchen in Datenbanken und Katalogen keine Ergebnisse für ICJVs erbracht haben, muss die Suche mit einer andern Strategie fortgesetzt werden. Hierfür werden Zeitschriften systematisch ausgewertet, die Beiträge zur Bauindustrie veröffentlichen. Eine solche Suche entdeckt 64 Referenzen. Die Verteilung der Schwerpunkte der jeweiligen Beiträge ist in Tabelle 25 zusammengefasst.

Tabelle 24: Bereich der ICJV-Forschung
Table 24: Area of ICJV Research

ICJV-Forschung	
Bereich	**Anzahl**
Partnerunternehmen	17
Umwelt I	1
Umwelt II	1
JV-Management bis zur Vertragsunterschrift	20
JV-Management ab Vertragsunterschrift	3
Kultur	22

Die Auswertung weist nur eine geringe Anzahl von relevanten Veröffentlichungen zu dem gewählten Problembereich des Auftragsmanagements der ICJVs auf. Zwei der relevanten drei Beiträge beschäftigen sich mit sehr speziellen Aspekten (Technologietransfer, psychologische Prozesse).

In dem verbleibenden Beitrag entwickelt MOHAMED ein Kausalmodell der Erfolgsfaktoren von ICJVs (vgl. Bild 21). Die Daten stammen aus 44 Fragebögen, die von großen internationalen Bauunternehmen ausgefüllt wurden. Die angegebenen Koeffizienten des Pfadmodells können als partielle Korrelationskoeffizienten gedeutet werden und als solche erklären sie die Stärke des Einflusses zwischen zwei Variablen. Das Modell ist relativ einfach und verwendet sechs Konstrukte, die den Erfolg von ICJVs erklären. Bei dem Konstrukt „Partner" ist insbesondere ihre gegenseitige Komplementarität modelliert, bei „Aufgabe" die benötigten Ressourcen. Das Konstrukt „Formierung" spiegelt die Aufgaben- und Risikoverteilung zwischen den

Partnern wider und es entspricht grob dem Angebotsmanagement. „Regierung“ fasst alle Bedrohungen des ICJVs durch den institutionellen Rahmen (in etwa Umwelt II) zusammen und „Projekt“ alle unmittelbaren Bedrohungen aus dem Projektumfeld (in etwa Umwelt I). Das letzte Konstrukt „Bauphase“ beschreibt das Ausführungsmanagement und umfasst Faktoren wie Vertrauen, Commitment, Offenheit, Kulturunterschied, Managementstile und Konfliktresolution. Die Werte an den Pfeilen geben die Richtung des Kausaleinflusses und die Stärke an. Die Stärke ist normiert auf Werte zwischen –1 und +1.

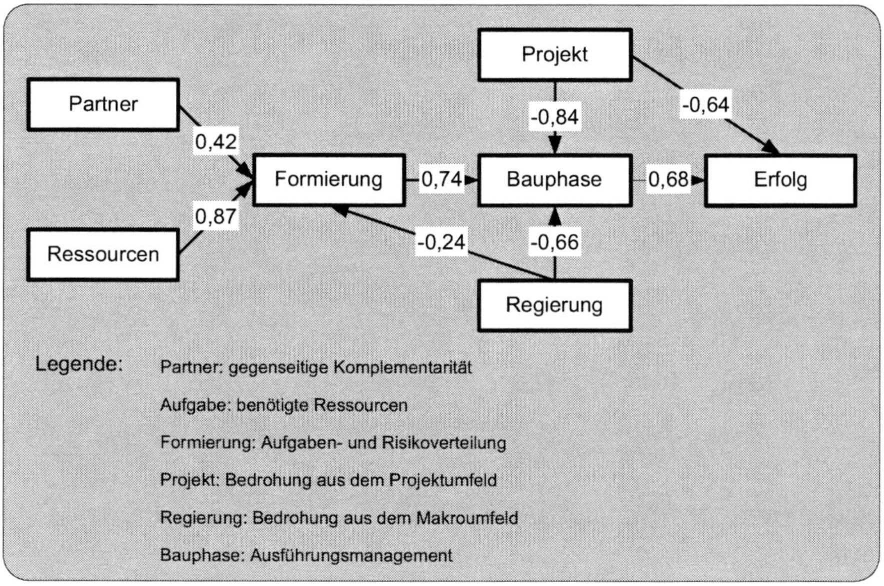

Bild 21: Kausalmodel des ICJV-Erfolges[202]
Fig. 21: Path Model of ICJV Success

Sicherlich sollte man dieses Modell wegen der geringen Datengrundlage nicht überbewerten und dennoch löst es Zweifel an den bisher präsentierten Ergebnissen wie z.B. bei EISELE aus. Die Ressourcen (Aufgabe) spielen bei EISELE keine Rolle und in dem Modell von MOHAMED haben sie einen deutlichen größeren Einfluss als die Faktoren der Partner. Der Einfluss der Umwelt I (Projekt) wirkt unmittelbar und stark auf die Bauphase und nicht auf die Formierungsphase. Die Umwelt II (Regierung) beeinflusst schwach die Formierungs- und deutlich stärker die Bauphase. Die Formierungsphase beeinflusst wiederum nicht unmittelbar den Erfolg, sondern mittelbar über die Bauphase. Das wichtigste Ergebnis des Models von MOHAMED ist, dass die Bauphase eine zentrale Stellung im Einfluss auf den Erfolg hat. Das Ausführungsmanagement bei Contractual Joint Ventures hat demnach einen wesentlichen Ein-

202 Vgl. MOHAMED (ICJV Performance 2003), S. 623

fluss auf das ICJV-Ergebnis. Der Zeitaufwand des Top-Managements als Kriterium dafür, welche Phasen untersucht werden sollen, scheint ungeeignet.

Neben Zeitschriften könnten auch Monographien aus dem Bereich des strategischen Managements oder des internationalen Bauens Aufschluss über ICJVs geben. Dies ist allerdings nicht der Fall. Es gibt vier maßgebliche Veröffentlichungen aus diesem Bereich und in keiner überschreiten die Ausführungen über JVs einen Umfang von zwei Seiten:

- HOWES / TAH (2003): Strategic Management Applied to International Construction, zwei Seiten[203]
- KULICK (2003): Auslandsbau, eine Seite[204]
- LANGFORD / MALE (2001): Strategic Management in Construction, eine Seite[205]
- MAWHINNEY (2001): International Construction, keine Erwähnung[206]

⇒ Ergebnis: Es gibt nicht viele Veröffentlichungen zu Internationalen Construction Joint Ventures und diese sind nicht in gängigen Datenbanken und Katalogen zu finden. Von den Beiträgen über ICJVs beschäftigt sich ein einziger Zeitschriftenbeitrag in einem umfassenderen Sinn mit dem Ausführungsmanagement. Viele Autoren beschreiben, dass die Anzahl von ICJVs in den vergangenen Jahren stark angestiegen ist und dass dieser Trend wahrscheinlich anhalten wird.[207] Konsequenz ist ein Anwachsen der Anzahl von Ingenieuren, die ICJVs managen, deren Fragen bisher allerdings noch nicht von der Literatur aufgegriffen worden sind.

In der Tabelle 26 sind die Ergebnisse zum Stand der Forschung für alle Arten von JVs zusammengetragen. Angegeben ist qualitativ die Zahl der Veröffentlichungen in einem Bereich.

Tabelle 25: Anzahl der Veröffentlichungen nach Art des Joint Ventures
Table 25: Number of Publications according to Joint Venture Type

Beteiligte Gruppe	**JV**	**IJV**	**ICJV**
Equity Joint Venture	viele	viele	
Contractual Joint Venture: Angebotsmanagement			einige
Contractual Joint Venture: Ausführungsmanagement			sehr wenige

203 Vgl. HOWES / TAH (Strategic Management 2003), S. 75 f.
204 Vgl. KULICK (Auslandsbau 2003), S. 99
205 Vgl. LANGFORD / MALE (Construction 2001), S. 161
206 Vgl. MAWHINNEY (Int'l Construction 2001)
207 Vgl. z.B. BADGER / MULLIGAN (Rationale 1995), S. 100

3.3 Einordnung des Themas

Diese Arbeit ist Teil des übergeordneten Forschungsansatzes SysBau®, der am Institut für Bauplanung und Baubetrieb (IBB) an der ETH Zürich von GIRMSCHEID entwickelt wurde.[208] Merkmale des Ansatzes sind Innovation, kontinuierliche Verbesserungsprozesse und eine umfassende Optimierung im Rahmen des Lebenszyklus eines Bauwerks. Systemanbieter Bau (SysBau®) bieten Lebenszyklus-orientierte Gesamtlösungen an, die ganz auf die Bedürfnisse der Kunden zugeschnitten sind. Dazu entwickeln sie ein in funktionaler, gestalterischer und technischer Hinsicht optimiertes Systemkonzept, in dem sie ihre Kernkompetenzen zur Entfaltung bringen können. Die Kernkompetenzen werden in einem Entwicklungsprozess fortwährend projektübergreifend weiterentwickelt.

Kernkompetenzen sind intangible Ressourcen, die nur schwer von Konkurrenten nachzuahmen und darüber hinaus selten, wertvoll und organisiert sind.[209] Sie werden innerhalb der Wertkette als Ressourcen benötigt, um Wettbewerbsvorteile zu erzielen.[210] Dabei kann man analog zu dem von PORTER entwickelten Modell einer Wertschöpfungskette zwischen Querschnitts- und Längsschnittskompetenzen unterscheiden.[211] Dieses Modell wurde anschließend von GIRMSCHEID weiterentwickelt und den Rahmenbedingungen der Bauindustrie angepasst (vgl. Bild 22).

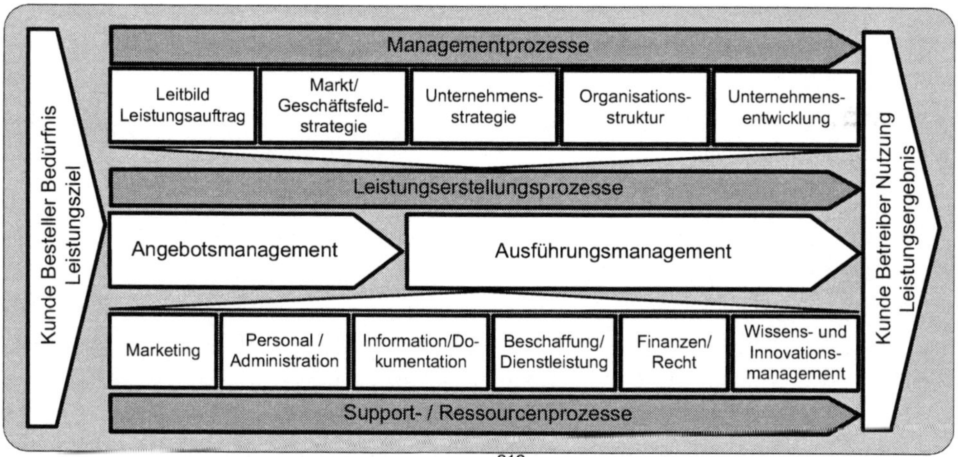

Bild 22: Wertschöpfungskette der Bauindustrie[212]
Fig. 22: Value Chain of the Construction Industry

[208] Vgl. GIRMSCHEID (SysBau 2000)
[209] Vgl. PRAHALAD / HAMEL (Core Competence 1990), S. 79 ff.
[210] Vgl. GIRMSCHEID (Wettbewerbsvorteile 2003), S. 44
[211] Vgl. PORTER (Wettbewerbsvorteile 1996), S. 62 ff.
[212] Vgl. GIRMSCHEID (Angebots- und Ausführungsmanagement 2005) S. 1

In der Wertschöpfungskette treten neben die primären Aktivitäten der Leistungserstellungsprozesse unterstützende Aktivitäten wie Management- und Supportprozesse. Der Vorteil der Analyse von Wertschöpfungsketten gegenüber der Analyse der reinen monetären Wertschöpfung liegt gerade in der Berücksichtigung sowohl von tangiblen und damit monetär bewertbaren als auch intangiblen Ressourcen, die nicht unmittelbar monetär zu beziffern sind. Die fortwährende Ausgestaltung der Kernkompetenzen in beiden Bereichen ermöglicht es einem Systemanbieter Wettbewerbsvorteile zu erzielen.

Kernkompetenzen als intangible Ressourcen können nun entweder den Leistungserstellungsprozessen oder den unterstützenden Aktivitäten (Management-, Support-, Ressourcenprozesse) zugeordnet werden. Im ersten Fall handelt es sich um Querschnitt-, im zweiten um Längsschnittkompetenzen.

Bisherige Arbeiten am IBB haben sich vorrangig mit Längsschnittkompetenzen (Marketing, Kooperation, Geschäftsmodelle, Innovations-, Wissens- und Risikomanagement) beschäftigt. Zwei weitere Arbeiten konzentrieren sich jedoch auch auf eine Querschnittkompetenz (Bauverfahren im Rahmen des Ausführungsmanagements). Die vorliegende Arbeit kombiniert Querschnitt- und Längsschnittkompetenzen. Sie bezieht sich vorrangig auf eine Querschnittkompetenz, das Ausführungsmanagement von Großprojekten in der Organisationsform von ICJVs, die allerdings von Längsschnittkompetenzen unterstützt wird. Die Querschnittkompetenz besteht in dem Wissen um eine Optimierung der einzelnen Ausführungsphasen (Arbeitsvorbereitung, Baustelleneinrichtung, Bauausführung und Übergabe).

Mit Blick auf Bild 22 ist ein ICJV natürlich in die Unternehmens-, Markt-, und Geschäftsfeldstrategie der Partnerunternehmen eingeordnet. Ebenso selbstverständlich nimmt es die Support- und Ressourcenprozesse der Partnerunternehmen in Anspruch. Darüber hinaus bildet es jedoch auch eigene Organisationsstrukturen aus, die ständig weiterentwickelt werden. Es muss alle Aspekte des Marketings, des Personalwesen und der Verwaltung, des Aufbaus von Informations- und Dokumentationssystemen, der Beschaffung und der Erbringung von Dienstleistungen, der Finanzierung und der Vertragsinterpretation sowie ein Wissen- und Informationsmanagement integrieren. Es darf an dieser Stelle nicht vergessen werden, dass der Jahresumsatz von ICJVs bei der Durchführung von Großprojekten meist den Jahresumsatz vom mittelständischen Unternehmen übersteigt. Dabei handelt es sich um Längsschnittkompetenzen, die bei ICJVs Teil eines umfassenden Systemwissens der Partnerunternehmen sind. So fordert GIRMSCHEID: Es *„...muss beim Systemführer nicht nur eine Problemlösungsmethodik vorhanden sein, die eine Gesamtoptimierung der miteinander verbundenen Entscheidungen im Planungs- und Bauprozess* *ermöglicht, sondern ebenfalls spezifisches Systemwissen über die gegenseitigen Abhängigkeiten der gesamten Entscheidungsfelder.*"[213]

Dabei ist unter einer Längsschnittkompetenz eine Kompetenz zu verstehen, welche die Planungs- und Leistungserstellungs- bzw. Produktionsprozesse phasenübergreifend begleitet. Querschnittskompetenzen werden dagegen zu konkreten Zeitpunkten bzw. in bestimmten Phasen benötigt und eingesetzt.

---

213 S. GIRMSCHEID (Wettbewerbsvorteile 2003), S. 54

4 Darstellung der Forschungslücke

Eine Forschungslücke entsteht, wenn die Fragen der Praxis nicht durch ein entsprechendes theoretisches Gerüst aus der Forschung abgesichert ist. Dieser Missstand kann entweder von Seiten der Bauindustrie oder von Forschungsinstitutionen festgestellt werden.

Wenn, wie in dem vorliegenden Fall von ICJVs, die Initiative nicht von Seiten der Betroffenen ausgeht, muss insbesondere die Relevanz des Forschungsthemas für die Praxis begründet werden. Eine Forschungslücke kann bei anwendungsorientierter Forschung nicht allein in dem Forschungsinteresse eines Wissenschaftlers bestehen.[214]

In den folgenden beiden Kapiteln werden zunächst die bereits erläuterten Fragen der Praxis zusammengefasst (Kapitel 4.1) und dann dem Stand der Wissenschaft gegenübergestellt, um dann die Forschungslücke zu identifizieren (Kapitel 4.2).

4.1 Forschungslücke aus Sicht der Praxis

Bis auf eine einzige Veröffentlichung[215] wird unseres Wissens das Ausführungsmanagement von ICJVs nicht in der Literatur aufgegriffen. Deshalb besteht ein Mangel an Kenntnissen zu dem Thema „Erfolgsfaktoren von internationalen Construction Joint Ventures“ und deshalb war es nicht möglich, Fragen der Praxis aus der vorliegenden Literatur zu generieren. Die aufgezählten Fragen der Praxis (2.2) entstammen der eigenen Erfahrung und sie spiegeln kein systematisches Gerüst wider. Sie können und wollen also auch nichts anderes, als den Nachweis zu liefern, dass es bedeutungsvolle Fragen gibt.

Internationale Construction Joint Ventures haben eine herausragende Bedeutung für das internationale Baugeschäft (vgl. Abschnitt 1.5.3). Auch für die Zukunft wird ein Wachsen des Bedarfs an Großprojekten und damit an ICJVs prognostiziert. So schreibt RICH im Jahr 2000: *„I believe we are at the threshold of an explosion in large projects – in numbers, size, and diversity.“*[216]

Die Relevanz des Themas für die Praxis ist somit genauso wenig zu bestreiten wie das Fehlen einer entsprechenden wissenschaftlichen Literatur, die zu den potenziellen Fragen der Praxis Auskunft gibt. Auch in nicht öffentlich zugänglichen Dokumentationen der Bauindustrie ist das Wissen um ICJVs nicht umfassend niedergelegt (vgl. Fußnote 163). So verblüfft es, warum nicht Betroffene aus der Bauindustrie Forschungsvorhaben zu ICJVs anstoßen. Als Erklärung kann dienen, dass die Bauin-

---

[214] Vgl. GIRMSCHEID (Forschungsmethodik 2004), S. 45
[215] Vgl. MOHAMED (ICJV Performance 2003)
[216] S. MILLER / LESSARD (LSE Management 2000), S. XVII

dustrie zwar seit Jahrtausenden Großprojekte verwirklicht, viele davon auch in den vergangenen einhundert Jahren in Form von ICJVs und dass dennoch das Projektmanagement von Seiten der Beratungsbüros (Consultants), der Wissenschaft und anderen Branchen (z.B. Rüstungsindustrie) entwickelt wurde.[217] Die Forschungsergebnisse wurden dann allerdings von der Bauindustrie aufgenommen und haben weite Verbreitung gefunden, dies ist besonders bei der Netzplantechnik deutlich.

Den Zustand, dass die Bauindustrie erfolgreich ICJVs und Großprojekte ohne ein vorhandenes theoretisches Gerüst ausführt, haben auch MILLER / OLEROS festgestellt. Sie schreiben zu der Situation: „*In fact, as is often the case with cutting-edge practice, sponsors have been successful at creating value through the creation and exercise of sequential options without explicitly framing the process in option terms. Academics have simply codified this practice in the form of a new conceptual framework. The fact that the development of the framework follows rather than leads practice, however, does not imply that it is of little value. Rather, it helps identify elements of practice that are truly important to success and provides a high-powered framework for adapting practice to new situations.*“[218]

4.2 Forschungslücke aus Sicht der Forschung

Die Ausführungen zu Großprojekten (Tabelle 20) und zu ICJVs (Tabelle 26) haben gezeigt, dass maßgebliche wissenschaftliche Untersuchungen zum Ausführungsmanagement von ICJVs mit der Ausnahme von dem erwähnten Beitrag von MOHAMED nicht vorliegen. Deshalb stellt sich die Frage, ob in nahen Forschungsbereichen Erkenntnisse vorliegen, die Aufschluss über das Thema geben können. Dabei ist insbesondere an die JV- und IJV-Literatur zu denken. Allerdings wurde bei der intensiven Literaturrecherche festgestellt, dass auch auf diesem Gebiet keine unmittelbar zutreffenden Arbeiten veröffentlicht worden sind.

Das gleiche Bild ergibt sich, wenn man sich dem Thema von der anderen Seite nähert. Die vorhandene Literatur zu Großprojekten nimmt sich entweder nicht der spezifischen Charakteristik der Bauindustrie an oder sie berücksichtigt nicht das Ausführungsmanagement. Die Begründung für die Konzentration auf die frühen Phasen von JVs und Großprojekten ist dabei immer die gleiche: Am Anfang werden die entscheidenden Weichenstellungen getroffen.

Das Modell von MOHAMED hat auf diese Argumentation ein neues Licht geworfen, da er feststellt, dass die Umwelt II (Einfluss von institutionellen Gegebenheiten) einen viel größeren Einfluss auf die Bauphase als auf die Formierungsphase hat und dass

---

[217] Vgl. SEIBERT (Technisches Management 1998), S. 277

[218] Vgl. MILLER / OLEROS (Project Shaping 2000), S. 109 f.

die Formierungsphase einer Joint Venture sich nicht unmittelbar auf den Erfolg auswirkt.

Ein zweites Argument wird durch einen typischen, weit verbreiteten Graphen aufgeworfen, in dem Risiko und die Kosten während des Projektlebenszyklus einander gegenübergestellt werden. Dieser ist in Bild 23 dargestellt. Das Risiko nimmt mit der Zeit ab, die Kosten steigen an. Da alle vier Phasen auf der Zeitachse gleich lang gehalten sind, ist die Darstellung verzerrt. Die Verläufe sind also nur als qualitative Angaben zu verstehen. Die Darstellung wird von MILLER / OLEROS benutzt, um den Risikoeinfluss zu verdeutlichen, und sie betonen deshalb die Bedeutung der frühen Phasen. Mit gleichem Recht kann man natürlich auch auf die Kostenentwicklung blicken, dann verschiebt sich der Schwerpunkt auf die späten Phasen im Projektlebenszyklus. Dieses Argument wird oft vorgebracht, um die Wichtigkeit der Nutzungsphase in Form eines Facility Managements herauszuheben.[219] Es gilt natürlich in ähnlicher Weise für die Ausführungsphase.

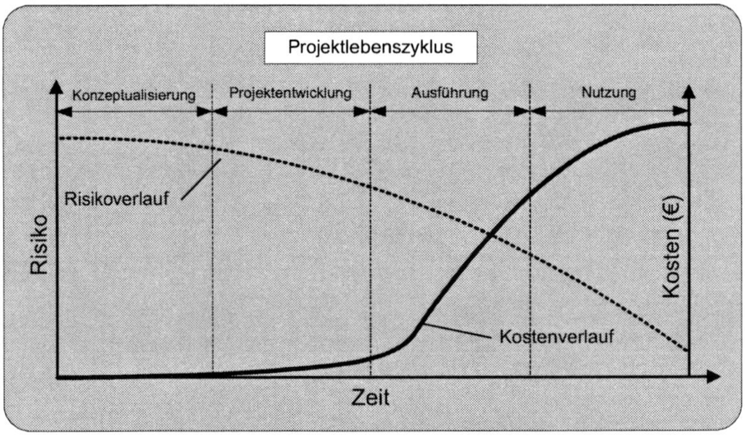

Bild 23: Risiko und Kosten während des Projektlebenszyklus[220]
Fig. 23: Risk and Cost during the Project Life Cycle

Ein drittes und letztes Argument bezieht sich auf die Betroffenen. In der Anfangsphase sind relative wenige Mitarbeiter (wenn auch wichtige wie das Topmanagement der Partnerunternehmen) involviert, in der Ausführungsphase sind es viele. Alle drei Argumente liefern eine theoretische Begründung, weshalb eine Arbeit über das Ausführungsmanagement von ICJVs von hoher Bedeutung ist.

Für internationale Großprojekte wird von Bauherren oft als Vertragsform ein Design/ Build-Vertrag gewählt, weil dadurch eine Verkürzung der Bauzeit erreicht werden

---

[219] Vgl. DIETRICH (Immobilien 2005), S. 67 f.
[220] Vgl. MILLER / OLEROS (Project Shaping 2000), S. 95

kann.[221, 222] Die als Beispiele angeführten Projekte Bang Na Expressway und Taiwan High Speed Railway wurden ebenfalls als Design/Build-Vertrag ausgeführt. Bei diesen Verträgen ist die Risikoübernahme der ICJVs beträchtlich, die Leistung entspricht derjenigen von Totalunternehmern im deutschen Sprachraum. TUs engagieren sich bereits in der in Bild 23 als „Projektentwicklung" bezeichneten Phase.

Während die Ergebnisse aus der Forschung zu Großprojekten unmittelbar genutzt werden können, soweit sie denn relevant sind, so ist bei den Ergebnissen der JV- und IJV-Forschung jedoch Vorsicht geboten. In Abschnitt 1.3.1 sind die Besonderheiten der Bauindustrie herausgearbeitet und der Schluss gezogen worden, dass für die Bauwirtschaft eine eigene Wirtschaftszweiglehre benötigt wird. Dabei erwies sich die Unterscheidung zwischen Kontrakt- und Austauschgütern als sehr aussagekräftig. Bei den JVs wurde zwischen Equity und Contractual Joint Ventures unterschieden. Die ersten sind bei der Produktion von Austauschgütern, die zweiten für Kontraktgüter üblich. Ein Beispiel für die sich ergebenden Probleme bei einer unmittelbaren Übertragung der Ergebnisse aus der IJV-Forschung ist die Dauer von IJVs als Erfolgsmaßstab. So wird bei IJVs im Bereich der Produktion von Austauschgütern (z.B. Automobile) immer wieder die Dauer der Kooperation als Erfolgsfaktor angeführt. Der Gedanke ist dabei einfach: Solange ein IJV erfolgreich ist, wird weiter produziert. Bei ICJVs sind jedoch gerade diejenigen erfolgreich, die alle Arbeiten innerhalb der vertraglich vereinbarten Bauzeit abschließen. Bauprojekte haben eine Projektorganisation, Austauschgüterproduktion ist durch eine kontinuierlich betriebene Prozessorganisation gekennzeichnet.

Zusammenfassend kann die Forschungslücke durch folgende Merkmale beschrieben werden:

- Es gibt keine Gesamtdarstellung des Managements von ICJVs und sehr wenige Beiträge zu Teilaspekten.
- Ergebnisse aus anderen Forschungsbereichen (Großprojekt- sowie JV- und IJV-Forschung) sind wenig relevant oder nicht unmittelbar übertragbar. Darüber hinaus gibt es keine Beiträge über Contractual Joint Ventures.
- ICJVs haben im Auslandgeschäft der Bauindustrie eine überragende Bedeutung.
- Die Untersuchung des Ausführungsmanagements betont die Aspekte des ICJV-Erfolges, der Kosten und betrifft relative viele Mitarbeiter.

  ⇒ Ergebnis: Eine Arbeit zu dem Thema „Erfolgsfaktoren von internationalen Construction Joint Ventures" besonders unter Berücksichtigung von Design/ Build-Verträgen schließt eine Forschungslücke und ist für die Bauindustrie von praktischem Interesse.

---

221 Vgl. GIRMSCHEID / HARTMANN (Fast Track 1999), S. 335 f.

222 Vgl. MILLER / OLEROS (Project Shaping 2000), S. 93

Aus dem Gesagten können zwei Leitfragen für diese Arbeit abgeleitet werden:

1. Ist es möglich die Komplexität von ICJVs, die Großprojekte ausführen, übersichtlich und unter den besonderen Bedingungen der Bauindustrie darzustellen?

2. Welche Bestandteile und welche Verknüpfungen weist ein Modell eines solchen komplexen ICJV für die Phase des Ausführungsmanagements auf?

5 Einführung in die Forschungsmethodik

In diesem Kapitel soll die Forschungsmethodik nur skizziert werden, um einen Lösungsweg zum Schließen der Forschungslücke aufzeigen. Die Forschungsmethodik ist von zentraler Bedeutung für diese Arbeit. Deshalb wird ihr der folgende Teil B gewidmet.

Grundsätzlich gibt es zwei Methoden zur Gewinnung von Ergebnissen: denklogisches oder empirisches Vorgehen. Beim denklogischen Vorgehen werden aus nicht überprüfbaren Annahmen (Axiomen) Hypothesen gebildet, die dann einer logischen Konsistenzprüfung unterzogen werden. Daraus können Schlüsse gezogen werden, aus denen fallweise auch Handlungsempfehlungen für die Praxis abgeleitet werden können. Das Vorgehen ist deduktiv. Beim empirischen Vorgehen werden Daten über das Forschungsobjekt gesammelt und anschließend ausgewertet. Das Vorgehen ist induktiv.[223]

Auf einer zweiten Ebene können beim empirische Vorgehen zwei Möglichkeiten der Datenerhebung unterschieden werden: quantitative und qualitative Datensätze. Quantitative Datensätze können mit Hilfe der Statistik ausgewertet werden, qualitative mit Hilfe hermeneutischer Verfahren. Für quantitative Daten müssen immer Vorkenntnisse zu der Forschungsproblematik (Beobachtung) vorhanden sein, aus denen sich begründete Hypothesen ableiten lassen. Die Variablen in den Hypothesen müssen bestimmt (Konzeptualisierung) und messbar ausgestaltet werden (Operationalisierung). Es müssen beim Vorliegen von Hypothesen nicht immer quantitative Daten erhoben werden, es können auch qualitative Daten sein. Allerdings ist das Erheben quantitativer Daten ohne vorangehende Beobachtung nicht sinnvoll. Die Zusammenhänge sind in Bild 24 dargestellt.

THOMMEN hält einen denklogischen Ansatz für geeignet, wenn nicht hinreichend Daten zu dem Forschungsproblem gesammelt werden können.[224] Dies ist bei ICJVs nicht der Fall, sie sind ja gerade weit verbreitet. Daten zum Ausführungsmanagement können gesammelt werden, das ist bisher nur nicht erfolgt. Somit scheidet der denklogische Ansatz für das gewählte Untersuchungsobjekt aus und es verbleiben die empirischen Ansätze.

Da für das ausgewählte Gebiet des ICJV-Managements nur sehr unzureichende Forschungsergebnisse vorliegen, können keine Hypothesen aus der bestehenden Forschung (Beobachtung) abgeleitet werden, die man nach einer gezielten Datenerhebung einer quantitativen Analyse unterziehen könnte. Eine gezielte Datenerhebung, z.B. mit Hilfe einer schriftlichen Befragung, konzentriert sich immer auf einen Teil der Realität und schließt damit andere Bereiche aus. Dafür bedarf es vorhergehender Erkenntnisse über der relevanten Teil der Realität, die ja gerade nicht vor-

---

[223] Vgl. THOMMEN (Betriebswirtschaftslehre 1999), S. 164 ff.

liegen. Der Mangel an vorhandenen Erkenntnissen verschließt einem quantitativen Forschungsansatz die Tür.

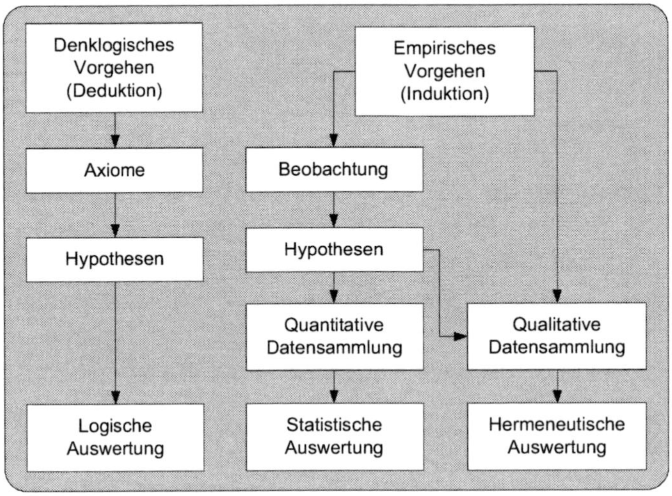

Bild 24: Ausgangslage zur Forschungsmethodik[225]
Fig. 24: Basic Scheme of Research Methodology

Somit verbleibt bei der bestehenden Lage des Untersuchungsobjektes ein empirisch qualitatives Vorgehen. Für die qualitative Forschung formuliert MAYRING fünf Postulate:[226]

- Die von dem Forschungsvorhaben betroffenen Menschen (Subjekte) müssen Ausgangspunkt und Ziel der Untersuchung sein.
- Die Analyse muss mit einer exakten Beschreibung des Untersuchungsgegenstandes beginnen.
- Der Untersuchungsgegenstand muss immer durch Interpretation (hermeneutisch) erschlossen werden.
- Die Subjekte müssen in ihrem natürlichen, alltäglichen Umfeld untersucht werden.
- Die Verallgemeinerbarkeit der Ergebnisse muss in jedem einzelnen Fall schrittweise begründet werden.

Diesen Postulaten entsprechend werden die Daten für diese Untersuchung durch Interviews mit Beteiligten von ICJVs vor Ort gesammelt. Die Verallgemeinerbarkeit der Ergebnisse wird im Teil B (Forschungsmethodik) konkret für den Fall von ICJVs erläutert. Im Teil C (Internationale Construction Joint Ventures) wird der Untersuchungsgegenstand genau beschrieben. Die Daten werden durch eine bestimmte

[224] Vgl. THOMMEN (Betriebswirtschaftslehre 1999), S. 170
[225] Vgl. SEIFFERT (Wissenschaftstheorie I 1996), S. 127 ff.
[226] Vgl. MAYRING (Sozialforschung 2002), S. 19 ff.

Form der hermeneutischen Interpretation ausgewertet, es handelt sich dabei um die gegenstandsbezogene Theoriebildung (Grounded Theory).

Die Entscheidung für die gegenstandsbezogene Forschung beruht auf der ausgeprägten Möglichkeit dieses Auswertungsverfahrens zur Theoriebildung. Eine Übersicht über qualitative Auswertungsverfahren bietet Tabelle 27.

Tabelle 26: Qualitative Auswertungsverfahren[227]
Table 26: Methods of Qualitative Data Analysis

Auswertungsverfahren	Stärken
Gegenstandsbezogene Forschung	Theoriebildung bei explorativen Untersuchungen
Phänomenologische Analyse	Deskriptive Analyse einzelner Phänomene
Sozialwissenschaftlich-hermeneutische Paraphrase	Gewinnung der subjektiven Perspektive der Untersuchungssubjekte
Qualitative Inhaltsanalyse	Theoriegeleitete Textanalyse
Objektive Hermeneutik	Entdeckung objektiver Sinnstrukturen in subjektiven Aussagen
Psychoanalytische Textinterpretation	Entdecken verdrängter Sinngehalte
Typologische Analyse	Interpretation mit Hilfe zuvor festgelegter Typen

Bei ICJVs handelt es sich um soziale Gebilde des Wirtschaftslebens, deshalb befriedigt eine Konzentration auf die subjektive Perspektive von Einzelnen nicht. Somit können die sozialwissenschaftlich-hermeneutische Paraphrase und die psychoanalytische Textinterpretation nicht angewendet werden. Unmittelbar auswertbare Theorien über ICJVs gibt es nicht und damit ist auch eine Typologisierung nicht möglich. Diese beiden Gründe führen zum Ausschluss der qualitativen Inhaltsanalyse und der typologischen Analyse aus der Reihe der möglichen Auswertungsverfahren. Die phänomenologische Analyse ist ungeeignet, weil sie nur zu deskriptiven Ergebnissen führt. Letztlich führt auch die objektive Hermeneutik nicht zum Ziel, da sie nicht mit einer Theoriebildung gekoppelt ist.

Ein ähnliches Ergebnis bei der Entscheidung für ein geeignetes Untersuchungsverfahren ist in der Tabelle 28 dargestellt. YIN unterscheidet zwischen fünf verschiedenen Untersuchungsverfahren, die er als Untersuchungsstrategien bezeichnet: Experiment, Befragung, Archivanalyse, historische Analyse und Fallanalyse. Die Eignung eines Verfahrens für eine bestimmte Aufgabenstellung ist danach abhängig von (1) dem Fragetypus, (2) der Möglichkeit zur Einflussnahme auf die Untersuchung und (3) der Unterscheidung, ob der Untersuchungsgegenstand ein aktueller oder histori-

[227] Vgl. MAYRING (Sozialforschung 2002), S. 103 ff.

scher ist. Darüber hinaus bewertet er noch implizit, (4) ob der Untersuchungsgegenstand kontextgebunden ist oder nicht. Aus den Überlegungen kann folgende Tabelle abgeleitet werden (schraffiert hinterlegte Felder kennzeichnen Ausprägungen der vorliegenden Untersuchung):

Tabelle 27: Untersuchungsstrategien[228]
Table 27: Research Strategies

Verfahren	Vorherrschender Fragetyp	Kontrolle möglich?	Aktueller Untersuchungsgegenstand?	Kontextbindung
Experiment	Wie, warum?	Ja	Ja	Nein
Standardisierte Befragung	Wer, was, wo, wie viel?	Nein	Ja	Nein
Archivanalyse	Wer, was, wo, wie viel?	Nein	Ja und Nein	Nein
Historische Analyse	Wie, warum?	Nein	Nein	Ja
Fallanalyse	Wie, warum?	Nein	Ja	Ja

Die Fragen der Praxis können jeweils zur Hälfte einem der beiden Fragetypen zugeordnet werden. Es wird nach Faktoren (was?) und Verknüpfungen (wie?) gefragt. Die Was-Fragen sind exploratorischer Art, die Wie-Fragen explikativer Art. Über den Fragetyp kann somit kein Verfahren endgültig ausgeschlossen werden, auch wenn den Wie-Fragen größere Bedeutung zugemessen werden kann. Sie stellen den vorherrschenden Fragetyp dar.

Es bestehen keinerlei Kontrollmöglichkeiten oder Gelegenheiten auf den Untersuchungsgegenstand (ICJVs) Einfluss zu nehmen, dadurch scheiden experimentelle Verfahren aus. Zusätzlich handelt es sich um einen aktuellen Untersuchungsgegenstand, was zum Ausschluss der historischen Analyse führt. Die bisherigen Ausführungen zeigen die hohe Kontextgebundenheit von ICJVs auf und diese kann nur in Fallanalysen berücksichtigt werden. Standardisierte Fragebögen kommen auch deshalb nicht in Frage, weil nicht genug über den Untersuchungsgegenstand bekannt ist. Archivanalyse entfallen, da die Partnerunternehmen der ICJVs Privatunternehmen sind, die keinen Einblick in ihre Archive gewähren.

Die Fallanalyse wird als Untersuchungsverfahren gewählt, weil dadurch die Erforschung der Kontextbindung möglich ist, es sich um einen aktuellen Untersuchungsgegenstand handelt, keine Kontrollmöglichkeit besteht und Wie-Fragen den vorherrschenden Fragetyp darstellen. Sie ermöglicht eine quantitative Datenerhebung und damit eine Datenauswertung mit Hilfe der gegenstandsbezogenen Theoriebil-

[228] Vgl. YIN (Case Study 2003), S. 1 ff.

dung. Das Zusammenwirken von Fallanalyse und gegenstandsbezogener Theoriebildung beschreibt EISENHARDT.[229]

Die Auswahl von Fallanalyse und gegenstandsbezogener Theoriebildung erfolgte bisher auf Grund negativer Auslese: Diese Untersuchungsstrategie und dieses Auswertungsverfahren versprechen die beste Lösung für das Forschungsproblem. Eine positive Begründung folgt in Teil B.

---

229 Vgl. EISENHARDT (Building Theories 1989), S. 548

TEIL B: FORSCHUNGSMETHODIK, FORSCHUNGSPRAXIS UND AUSWAHL DER LEITENDEN THEORIEN

6 Einführung

Die Beschreibung der Forschungsmethodik ist ein zentraler Bestandteil des gewählten Themas. ICJVs sind keine statischen Gebilde. Sie entwickeln sich mit der Zeit aufgrund ständiger projektinterner und projektübergreifender Lernprozesse. Diese betreffen sowohl die Organisation und das Management als auch die eingesetzte Technologie. Ein bekannter Antrieb für die Weiterentwicklung ist der Wettbewerb auf den internationalen Märkten. Durch die Dynamik und Turbulenzen der Umwelt entstehen weitere externe Anpassungszwänge.

Grundsätzlich sind ICJVs raumzeitlich nicht stabil. Einmal gewonnenen Erkenntnisse laufen Gefahr obsolet zu werden. Allerdings sind die Zeiträume, in denen sich die Änderungen ergeben nicht so kurz, dass Untersuchungen immer dem aktuellen Stand hinterherlaufen.

Auf jeden Fall ist die Methodik, wie Erkenntnisse über ICJVs gewonnen werden können, weniger veränderlich als die resultierenden Ergebnisse. Dadurch wird sie zu einer relativen Konstante bei der wissenschaftlichen Untersuchung von ICJVs. Während die Methodik mit Einschränkungen immer wieder verwendet werden kann, sind die Ergebnisse von Zeit zu Zeit und von Fall zu Fall zu überprüfen. Dieses Verhältnis erfordert nicht nur eine sorgfältige Begründung der Ergebnisse (angestrebtes Ziel), sondern auch eine umfassende Beschreibung der Methodik (gewählter Weg).

Die Ausführungen zur Forschungsmethodik in Kapitel 5 basieren auf einem denklogischen Ausschlussverfahren.

- Ausgehend von dem seit der Aufklärung bestehenden Gegensatz zwischen Rationalismus (Deduktion) und Empirismus (Induktion) wird der Untersuchungsgegenstand als hermeneutisches Problem bestimmt.
- Ausgehend von bekannten qualitativen Auswertungsverfahren wird unter Beachtung der Randbedingungen die gegenstandsbezogene Theoriebildung als geeignetes Verfahren herausgestellt.
- Ausgehend von verschiedenen Untersuchungsstrategien wird unter Beachtung der Randbedingungen die Fallanalyse als adäquate Vorgehensweise festgelegt.

Bei dieser Betrachtung fehlt die positive Begründung der Forschungsmethodik. Nur weil es die beste unter den betrachteten Möglichkeiten ist, muss sie noch lange nicht geeignet und dem Untersuchungsgegenstand angemessen sein.

Kapitel 7 dient zunächst der Ermittlung der Grundlagen, die bei der Gestaltung der Forschungsmethodik zu berücksichtigen sind. Dabei wird beachtet, dass ICJVs soziale Gebilde sind und die Grundlagen werden genau hierfür herausgearbeitet. Kapitel

8 beschäftigt sich mit der theoretischen Ausgestaltung der Forschungsmethodik für den speziellen Fall von ICJVs als einer besonderen Form eines sozialen Gebildes.

Die Erfolgsfaktorenforschung unterliegt erheblicher Kritik. Diese wird in Kapitel 9 beschrieben und die Forschungsmethodik wird anschließend auch unter Berücksichtigung dieser Kritik einer Eignungsprüfung unterzogen. Als Ergebnis wird eine positive Begründung der Forschungsmethodik geliefert. Aus dieser wird sich ableiten lassen, dass ICJVs tatsächlich dynamische Gebilde sind und dass die Forschungsmethodik eine vergleichsweise größere Stabilität aufweist. Diese beiden Punkte sind bisher schlicht behauptet worden. Allein ihre Plausibilität ist als Begründung jedoch nicht ausreichend.

Diese Untersuchung von ICJVs wird von zwei Theorien geleitet. Als Makrotheorie dient die funktional-strukturelle Systemtheorie in der Ausformung durch LUHMANN.[230] Die theoretische Mittelebene (Mesotheorie) sichert der sozial-konstruktivistische Ansatz der Organisationstheorie nach BERGER und LUCKMANN ab.[231] Diese Theorien werden mit ihrer Bedeutung für die Arbeit in Kapitel 10 vorgestellt. Weitere Mikrotheorien werden später im Einzelfall in den jeweiligen Kapiteln zur Erläuterung herangezogen.

Natürlich sind die forschungsleitenden Theorien eng mit der Forschungsmethodik verknüpft. Diesen Zusammenhängen und einer Zusammenfassung ist das Kapitel 11 gewidmet.

---

[230] Vgl. LUHMANN (Systemtheorie 2004)

[231] Vgl. BERGER /LUCKMANN (Social Construction 1996)

7 Theoretische Grundlagen der Forschungsmethodik

ICJVs sind soziale Gebilde. Aus diesem Grund wird zunächst untersucht, wie Menschen ihre Welt verstehen und interpretieren. Dieses wird aus wissenschaftstheoretischer Sicht von der Hermeneutik geleistet. Die Hermeneutik ist ein Teilgebiet der Philosophie und wird in Kapitel 7.1 beschrieben. Dabei wird die Hermeneutik einmal als Methodenlehre gesehen (Abschnitt 7.1.1) und dann auch als Zugang zu einem Weltverständnis überhaupt (Abschnitt 7.1.2).

Auch die Soziologie beschäftigt sich mit der Konstruktion der Mitwelt. Die entsprechenden theoretischen Grundlagen werden in Kapitel 7.2 aufgearbeitet. Der unmittelbaren Frage, wie wir unsere soziale Welt gestalten, wird in Abschnitt 7.2.1 dargestellt. Darauf folgen Betrachtungen zu der Bedeutung und Wirkung von Kultur (Abschnitt 7.2.2) sowie der Sprache (Abschnitt 7.2.3).

7.1 Hermeneutik

Um miteinander leben und arbeiten zu können, müssen wir Menschen uns verstehen. Verstehen im Sinne von „Verstehen müssen“ ist somit ein ganz selbstverständlicher Bestandteil unseres Lebens. Da wir uns jedoch nicht immer verstehen, sondern im Gegenteil oft missverstehen, ist ein „Verstehen können“ kein sicheres Unterfangen. Aus dieser Differenz erwächst die Notwendigkeit der Hermeneutik.

Zu dem Verständnis dieses Begriffs ist seine historische Entwicklungsgeschichte sehr hilfreich. Ihren Ursprung findet die Hermeneutik in der Auslegung von wichtigen schriftlichen Quellen, insbesondere der Bibel. Dabei ist die Hermeneutik eine Methodenlehre. Diese weitete DILTHEY zu einer philosophischen Hermeneutik aus, bei der das Verstehen als eine besondere Art des Weltzugangs im Mittelpunkt steht. Er begründete schließlich auch eine hermeneutische Philosophie, indem er philosophische Fragen mit hermeneutischen Techniken zu lösen suchte.[232] Im Rahmen dieser Arbeit spielt die hermeneutische Philosophie keine Rolle, da es ja nicht um philosophische Grundfragen geht. Von großer Bedeutung sind jedoch die hermeneutische Methodenlehre und die Erforschung des verstehenden Weltzugangs.

7.1.1 Hermeneutik als Methodenlehre

Der Begriff der Hermeneutik hat eine sehr lange Geschichte und lässt sich bis in die griechische Mythologie zurückverfolgen. Die Aufgabe des Götterboten Hermes war es, den Menschen den Willen der Götter verständlich zu machen und ihm werden zu diesem Zweck auch die Erfindung von Sprache und Schrift zugeschrieben. In der Folge wird die Hermeneutik bis zur Neuzeit als Kunst der Auslegung schriftlicher

---

[232] Vgl. JUNG (Hermeneutik 2001), S. 72

Texte verstanden (der Götterbote hatte sich zur Ruhe gesetzt und die Bibel übernahm die Vermittlung zwischen Gott und den Menschen). Bereits in der Stoa wird bei der Deutung der Dichtungen HOMERS und HESIODS zwischen dem wortwörtlichen (literalen) und dem übertragenen (allegorischen) Sinn unterschieden.

Die allegorische Auslegung der Bibel war vor der Reformation zielgeleitet. Der (katholischen) Kirche war eine Auslegung zur Ehre Gottes vorbehalten. LUTHER setzte gegen diese Dogmatik das Schriftprinzip durch, wonach sich die Bibel selbst auslegt und damit bereitete er die hermeneutische Wende der Neuzeit ein. Die Textauslegung wurde grundsätzlich auf die gesamte profane Literatur (Hermeneutica Generalis[233]) ausgeweitet und Leitidee war nicht ein Dogma sondern die Vernunft. CHLADENIUS lenkt die Aufmerksamkeit auf den Sehe-Punkt: „*Wir wollen nur dieses behaupten, daß, wenn verschiedene Personen, auch nach ihrer richtigen Erkenntnis, eine Geschichte erzählen, in ihren wahren Erzählungen sich dennoch ein Unterschied befinden könne*".[234] MEIER führt das Prinzip der hermeneutischen Billigkeit ein. Grundsätzlich ist es möglich, dass ein Interpret die hermeneutische Wahrheit eines Textes herausarbeitet, diese allerdings sachlich in ihrem Weltbezug falsch ist und dann handelt es sich bei der Aussage niemals um Wissen. Das Prinzip der hermeneutischen Billigkeit besteht nun in der Annahme, dass hermeneutische Wahrheit und sachliche Bedeutung übereinstimmen. Dies gilt allerdings nur bis zum Beweis des Gegenteils.[235]

Im frühen 19. Jahrhundert vollzieht sich in der Hermeneutik eine wichtige Wende von der Textauslegung zum allgemeinen Verstehen.[236] Dies ermöglicht später die Ausbildung einer philosophischen Hermeneutik. Schließlich hat SCHLEIERMACHER die Hermeneutik auf allgemeine Lebensäußerungen ausgedehnt und einen wichtigen Doppelaspekt des Sinnverstehens herausgearbeitet. Die Sprache ist das bedeutendste Zeichensysteme der Menschen zur Vermittlung von Sinn. Einerseits ist jede Sprache für alle, die sie nutzen, durch die lexikalischen und grammatischen Bestimmungen verbindlich und andererseits nutzen alle diese Sprache, um subjektive Situationen zu verdeutlichen.[237] Diesen Begriffen wurden später von DE SAUSSURE die Bezeichnungen „Langue" (allgemeines Sprachsystem) und „Parole" (individueller Sprechakt) zugewiesen.[238] PEIRCE hat schon davor eine ähnliche Unterscheidung zwischen „Type" und „Token" vorgenommen.[239] Für das Verstehen von Lebensäußerungen kommt es nun offensichtlich auf die richtige Zuordnung von dem gehörten individuellen Token zu dem entsprechenden strukturbildenden Type an. Damit rückte

[233] Vgl. JUNG (Hermeneutik 2001), S. 45 f.
[234] S. CHLADENIUS (Richtige Auslegung 1742), S. 72
[235] Vgl. MEIER (Auslegungskunst 1757), S. 37
[236] Vgl. SZONDI (Literarische Hermeneutik 1975), S. 143
[237] Vgl. SCHLEIERMACHER (Hermeneutik 1974), S. 76 f.
[238] Vgl. DE SAUSSURE (Linguistique Générale 1916)
[239] Vgl. JUNG (Hermeneutik 2001), S. 62 f.

SCHLEIERMACHER auch die Bedeutung des hermeneutischen Zirkels in den Blickpunkt. Jedes Verstehen einer Äußerung (Type) benötigt ein Vorverständnis der jeweiligen Strukturen (Token) und diese Struktur wird wiederum von der Äußerung beeinflusst. So steigt das Verständnis auf der hermeneutischen Spirale nach oben durch Vergleich und gegenseitige Angleichung von Type und Token. In den Worten SCHLEIERMACHERS: *„... dieses Geschäft des Verstehens und Auslegens ist ein ständiges sich allmählig entwikkelndes Ganze, in dessen weiterem Verlauf wir uns immer mehr gegenseitig unterstützen."*[240]

Ausgehend vom Vorverständnis V führen wir eine Untersuchung U durch, die zu einem Gegenstandsverständnis G_1 führt. Aus diesem Gegenstandsverständnis entwickelt sich ein verändertes Vorverständnis V_1, dass Grundlage für eine weitere Untersuchung U_1 sein kann und damit zu einem neuen Gegenstandsverständnis G_2 führt. Dieser Prozess kann abgebrochen werden, wenn ein befriedigendes Gegenstandsverständnis erreicht worden ist. Der Erkenntnisgewinn wird natürlich mit jedem Zyklus geringer, nach einer bestimmten Anzahl ist er saturiert (vgl. Bild 25).

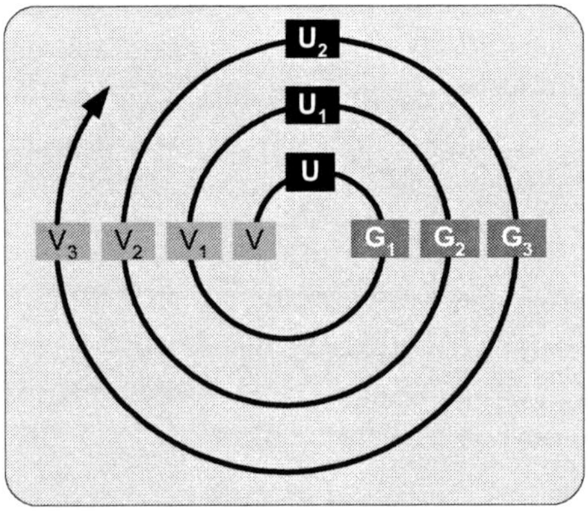

Bild 25: Hermeneutischer Zirkel
Fig. 25: Hermeneutical Circle

GADAMER sieht das Vorverständnis in einen Horizont eingebettet, der niemals vollständig erschlossen werden kann. Darüber hinaus ordnet er die Menschen als Subjekte in hohem Maße der Tradition, also dem Horizont unter: *„In Wahrheit gehört die Geschichte nicht uns, sondern wir gehören ihr. Lange bevor wir uns in der Rückbesinnung selber verstehen, verstehen wir uns auf selbstverständliche Weise in Familie, Gesellschaft und Staat, in denen wir leben. Der Fokus der Subjektivität ist ein Zerrspiegel. Die Selbstbestimmung des Individuums ist nur ein Flackern im geschlossenen Stromkreis des geschichtlichen Lebens. Darum sind die Vorurteile*

[240] S. SCHLEIERMACHER (Hermeneutik 1974), S. 140

des einzelnen weit mehr als seine Urteile die geschichtliche Wirklichkeit seines Seins."[241]

Radikal ist GADAMER nicht nur hinsichtlich seiner geschichtlichen Einbindung des Individuums, sondern auch bezüglich der Bedeutung der Sprache. Er sagt, dass die Sprache „*...die Mitte ist, in der sich Ich und Welt zusammenschließen..., in ihrer ursprünglichen Zusammengehörigkeit darstellen.*"[242] Damit sichert er der Hermeneutik ein Primat des Weltzugangs. Pointiert weist GADAMER der Sprache die Bedeutung der „*Seinsverfassung des Verstandenen*" zu. Sein, das verstandenen werden kann, ist Sprache.[243] Ein solcher Vorrang wird der Hermeneutik nicht immer eingeräumt. Die Wissenschaftsgeschichte weist eher einen Wettstreit zwischen einem natur- und einem kulturwissenschaftlichen Weltzugang auf, zwischen Hermeneutik und Naturalismus. Diesen Dualismus nimmt SEIFFERT auf, wenn dem Ablauf von Beobachten – Hypothesenbildung – Beobachten den hermeneutischen Zirkel aus Vorverständnis – Verstehen – Gegenstandsverständnis – (erweitertes) Vorverständnis gegenüberstellt. Daraus entsteht natürlich die Forderung den Untersuchungsgegenstand in seine historische Situation einzuordnen (zeitlich, räumlich und sozial) und diese Situation zunächst genau zu bestimmen. Daraus erwachsen dann Auslegungen, die von jeder kenntnisreichen Person nachvollzogen werden können. Ein Verhaften am Material (literaler Sinn) kann nicht das Ziel sein, Schlussfolgerungen (allegorischer Sinn) sind meist unvermeidlich.[244]

Alle angesprochenen Erläuterungen zur Hermeneutik haben auch noch heute (eine teilweise geänderte) Gültigkeit und beeinflussen das Vorgehen. Gegner der Hermeneutik werden eine Willkür des Verstehens betonen und gar eine dogmatische Auslegung unterstellen (Werturteilsproblematik). Eine solche Kritik geht am Wesentlichen vorbei: Forschung im Bereich sozialer Gebilde muss sich damit auseinandersetzen, dass Menschen über eine begrenzte Handlungsfreiheit verfügen, dass ihr Tun nicht ausschließlich Kausalgesetzen folgt. Diese Offenheit zwingt zur Interpretation und damit zur Hermeneutik bei der Begründung, weshalb eine bestimmte Alternative verfolgt wurde .[245]

CORETH hat die wichtigsten Punkte hermeneutischen Vorgehens folgendermaßen zusammengefasst:[246]

- Berücksichtigung des Horizontes bei der Auslegung
- Erkenntnisgewinn im hermeneutischen Zirkel
- Verstehen als Dialog zwischen Urheber und Interpret

---

241 S. GADAMER (Wahrheit 1960), S. 261
242 S. GADAMER (Wahrheit 1960), S. 449
243 Vgl. HOFMEISTER (Denken 1997), S. 278
244 Vgl. SEIFFERT (Wissenschaftstheorie II 1996), Bd. II, S. 123, 130 und 147
245 Vgl. FAY / MOON (Social Science 1977), S. 23
246 Vgl. CORETH (Hermeneutik 1969)

- Vermittlungsstruktur zwischen Subjekt (Urheber) und Untersuchungsobjekt auf der Grundlage der Prinzips der hermeneutischen Billigkeit.

Daran anschließend hat MAYRING drei Grundsätze fürs hermeneutische Vorgehen präzisiert:[247]

- Am Anfang muss eine genaue Quellenkunde stehen.
- Der Verstehensprozess ist beeinflusst vom Vorverständnis des Forschers. Dieses Vorverständnis muss explizit dargelegt werden.
- Die Analyse muss den wortwörtlichen und den übertragenen Sinn erschließen.

Die Fragen der Güteprüfung des hermeneutischen Vorgehens wird in Abschnitt 8.5.2 des Kapitels 8 über die praktische Ausgestaltung der Forschungsmethodik erörtert.

7.1.2 Philosophische Hermeneutik

Die philosophische Hermeneutik beschäftigt sich mit dem Erforschen eines verstehenden Weltzugangs und sie verdankt wesentliche Impulse DILTHEY und HEIDEGGER.

Die Akzente des Verstehens hat DILTHEY – ausgehend von der ersten Person Singular (ich) – im Laufe der Zeit auf die erste Person Plural (wir) verlagert. Eine Erkenntnistheorie aus der Perspektive der dritten Person (man) erschien ihm für einen Zugang der sozialen Realität ungeeignet. Dies lässt natürlich eine solche Perspektive für die physische Welt zu.[248] Dass diese unterschiedlichen Perspektiven sich nicht gegenseitig ausschließen, erläutert DILTHEY am Beispiel einer Schlacht. Die Motivationslage des Feldherrn muss hermeneutisch verstanden werden, die Ballistik, das Klima und die Geographie sind von der Natur her kausal bedingt. Nur beide Perspektiven zusammen ermöglichen ein umfassendes Verständnis.[249]

Diese Akzentverschiebung begünstigt eine Aufwertung des reproduktiven gegenüber einem produktiven Verstehen in einer gemeinsamen Mitwelt von Urheber und Interpret. Die Sinngebilde der kulturellen Tradition stellen Muster für die Deutung aktueller Handlungszusammenhänge dar. Die Tradition wird überprüft durch einen Gegenwartstest. Dieses pragmatische Denken erweitert dann auch die Suche nach einem Verstehen von Texten (knowing that) auf praktizierte Handlungsmuster (knowing how).[250]

Auch HEIDEGGER sieht die Möglichkeit (im Sinne von Willensfreiheit) als anthropologische Grundlage, er spricht davon, dass Menschen „Seiendes in der Möglichkeit der Existenz" sind.[251] Wir müssen immer zwischen Alternativen wählen.

---

[247] Vgl. MAYRING (Inhaltsanalyse 2003), S. 29
[248] Vgl. JUNG (Hermeneutik 2001), S. 73 f.
[249] Vgl. JUNG (Hermeneutik 2001), S. 70
[250] Vgl. JUNG (Hermeneutik 2001), S. 82
[251] Vgl. HEIDEGGER (Sein 1927), S. 37

Die Strukturen der menschlichen Existenz bezeichnet HEIDEGGER als „Existenzialien“ und er geht von zwei Existenzialien aus:

- Befindlichkeit: Niemand ist im alltäglichen Leben neutraler Beobachter, wir sind immer affektiv in das Leben gebunden
- Verstehen: Die Möglichkeit zu existieren

Wie GADAMER geht also HEIDEGGER von einem Primat des Verstehens als Weltzugang aus. Zur Erläuterung verwendet er das bekannte Schema x als y. Alles in dieser Welt hat einen Sinn und dieser tritt als Ausdruck (als y) vor das bezeichnete Ding (x). Damit die Sichtweise der Dritten Person möglich wird, muss dieses Schema umgedreht werden: y als x. Es wird vom Sinn abstrahiert und nur beobachtet.[252] Dieses ist das Vorgehen in den Naturwissenschaften.

7.2 Soziologische Grundlagen

Wie die Welt des Zusammenlebens durch Menschen gestaltet wird, liegt im Interesse von Soziologen. Für sie ist diese Welt eine solche des menschlichen Miteinanders, ganz konkret eine soziale Mitwelt.

Diese können wir unter fünf verschiedenen Aspekten betrachten. Einzelne Menschen handeln und interagieren dadurch miteinander. Durch die Interaktion entstehen zum einen bestimmte Spielregeln, die eine Struktur bilden (Institutionen), und zum anderen bestimmte Interpretationen, die eine Kultur ausformen. Handeln, Institutionen und kulturelle Interpretationen schaffen für bestimmte soziale Akteure Macht, die sie nutzen können um wiederum das Handeln anderer, die Institutionen und in geringerem Maße die Kultur in ihrem eigenen Sinne zu verändern. Diese Schilderung beginnt zwar mit dem Handeln, allerdings soll dem Handeln keine Vorrangstellung eingeräumt werden. Der fünfte Aspekte ist die funktionale Integration der vier vorherigen Aspekte und um es noch einmal zu wiederholen: alle fünf Aspekte sind grundsätzlich gleich gewichtet (vgl. Bild 26).

Einige der klassischen Theoretiker der Soziologie haben jeweils einen besonderen Aspekt hervorgehoben. WEBER hat sich besonders mit dem sozialen Handeln beschäftigt, DURKHEIM mit den Strukturen, MARX mit der Macht.[253] Der Aspekt der Kultur kann verschiedenen Autoren zugeordnet werden, hier werden BERGER / LUCKMANN als Repräsentanten ausgewählt. Ihr Buch mit dem Titel „The Social Construction of Reality“ aus dem Jahr 1966 wurde von der „International Sociological Association“ im Jahr 1998 zu den zehn einflussreichsten soziologischen Büchern des 20. Jahrhunderts gezählt.[254]

---

252 Vgl. HEIDEGGER (Sein 1927), S. 149
253 Vgl. KORTE (Geschichte 2004), S. 43 ff.
254 Vgl. KORTE (Geschichte 2004), S. 218

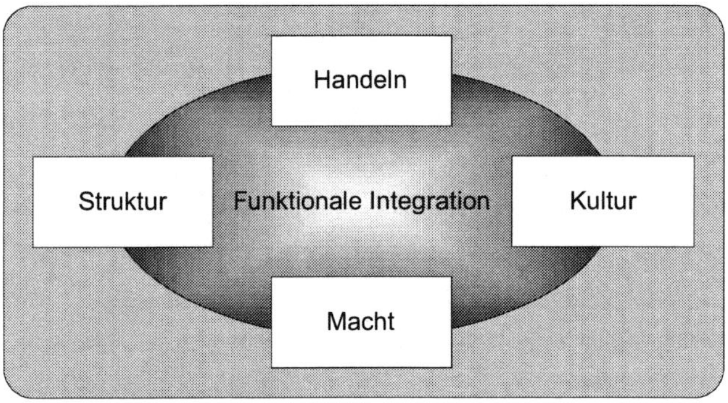

Bild 26: Aspekte der sozialen Welt[255]
Fig. 26: Aspects of the Social World

Andere Wissenschaftler haben sich um bestimmte Aspekte der funktionalen Integration bemüht. GIDDENS untersucht mit seiner Strukturationstheorie das Wechselspiel zwischen Handeln und Struktur,[256] GREIF die Wechselwirkung zwischen Kultur und Struktur.[257]

Wenn man die Aspekte der sozialen Welt auf ICJVs überträgt, dann stellt sich folgende Frage: Was sind die Spannungslinien, die ICJVs in einem solchen Gefüge auszeichnen? Sicherlich ist die Struktur ein ganz bedeutender Punkt. Einmal im Hinblick auf die komplexe Umwelt als Abgrenzungsproblem und dann mit dem Blick nach innen als Organisationsproblem. In den Ausführungen im Teil C zu den ICJVs wird deutlich werden, wie die Komplexität von Umwelt und Projekt zu einer Differenzierung der Aufgaben und einer Verteilung der Arbeit auf viele Schultern zwingt. Dies rückt das soziale Miteinander in den Vordergrund. Sicherlich haben auch die Handlungen von Personen in Machtpositionen Bedeutung, doch die Macht kann sich um so weniger entfalten, je mehr nur eine kollektive Leistung die Bewältigung der Aufgabe ermöglicht. SIMON spricht mit Bezug auf Organisationen von der prinzipiell begrenzten Reichweite von Herrschaft[258] und ihrer *„relativen Machtlosigkeit“*.[259] Aus diesem Grund konzentriert sich diese Arbeit auf die drei Aspekte des Handelns, der Kultur und der Struktur sowie auf die gegenseitigen Beziehungen - die funktionale Integration - zwischen ihnen.

---

255 Vgl. JOAS (Soziologie 2001), S. 16 ff.
256 Vgl. GIDDENS (Constitution 1986)
257 Vgl. GREIF (Economic Institutions 1993)
258 Vgl. SIMON (Behavior 1976), S. 227
259 S. SIMON (Organizations 1976), S. 33 ff.

7.2.1 Die soziale Konstruktion der Mitwelt

DURKHEIM hat als grundlegende Forderung für die Soziologie betont, soziale Tatsachen als Dinge zu betrachten.[260] Damit betont er die Darstellungsfunktion der sozialen Tatsachen.

WEBER hingegen schreibt: *„Soziologie (im hier verstandenen Sinn dieses sehr vieldeutig gebrauchten Wortes) soll heißen: eine Wissenschaft, welche soziales Handeln deutend verstehen und dadurch in seinem Ablauf und seinen Wirkungen ursächlich erklären will. 'Handeln' soll dabei ein menschliches Verhalten (einerlei ob äußerliches oder inneres Tun, Unterlassen oder Dulden) heißen, wenn und insofern als der oder die Handelnden mit ihm einen subjektiven* Sinn *verbinden. 'Soziales' Handeln aber soll ein solches Handeln heißen, welches seinem von dem oder den Handelnden gemeinten Sinn nach auf das Verhalten* anderer *und daran in seinem Ablauf orientiert ist.“*[261] WEBER betont also die Ausdrucksfunktion des Handelns, des sozialen Handelns und damit der sozialen Tatsachen.

Beide Forderungen scheinen auf einen tiefen Abgrund zwischen objektiven Tatsachen und subjektivem Sinn hinzuweisen. Dies ist allerdings nicht so, es gibt eine Verbindung zwischen diesen beiden Gesichtspunkten, über HEIDEGGERS symbolische Formel „x als y“ benannt hat. Danach sehen wir immer ein Ding (x) als etwas (y). Das x als unabhängige Variable ist etwas Gegebenes, z. B. eine Konstruktion aus Beton, Stahl und Asphalt, das y als abhängige Variable wird durch Sinngebung aus dem x erschlossen. In dem vorgestellten Fall kann es sich bei der durch Sinngebung erschlossenen abhängigen Variablen um eine Brücke handeln. Dabei findet durch das soziale Handeln eine Akzentverschiebung zur abhängigen Variablen statt. Die Brücke als sinnbehafteter Begriff wird durch Übereinstimmung in einer sozialen Gruppe zu einem Ding. Nur der Ingenieur sieht die Brücke noch als Summe ihrer Bestandteile[262] Einige Brücken werden von Menschen noch mit zusätzlichem Sinn versehen, so dass etwa die Golden Gate Bridge zum Sinnbild des Lebensstils von San Francisco wird.

Nicht nur die Sprache des Alltagslebens, sondern ganz besonders Fachsprachen, objektivieren wie in dem obigen Beispiel die subjektive Meinungszuweisung. Die jeweils verwendete Sprache bietet eine objektivierte Ordnung der Welt an und mit dem Spracherwerb gewinnen Menschen gleichzeitig die der Sprache eigene Sinnzuweisung. Jemand, der noch nie eine Brücke gesehen hat, wird diese auch nicht so bezeichnen. Allerdings werden ihm Andere schnell die Bedeutung des Haufens aus Beton, Stahl und Asphalt erklären und in aller Regel wird er diesen von nun an mit objektivem Sinn behafteten Begriff übernehmen.

[260] Vgl. DURKHEIM (Règles 1937), S. 3 ff.
[261] Vgl. WEBER (Wirtschaft 1980), S. 1
[262] Vgl. HEIDEGGER (Sein 1927), S. 147

Allerdings sind diese Sinnzuweisungen weder starr noch werden sie von unterschiedlichen Gruppen immer gleich aufgefasst. In San Francisco schlafen viele Obdachlose in Autos. Für diese Menschen hat dann „Auto" eher eine Bedeutung wie „Haus" oder „Schutz".

BERGER / LUCKMANN unterscheiden in der sozialen Mitwelt zwischen der objektiven Realität einer Gesellschaft und der subjektiven Realität eines Individuums. Sie beschreiben in ihrem oben genannten einflussreichen Buch die Objektivierung der subjektiven Sinnzuweisung mit Hilfe eines Gedankenspiels an dem Beispiel eines einsamen Inselbewohners, der am Morgen aufwacht und sich seinen täglichen Aufgaben zuwendet mit den Worten: „*There I go again.*" Er fängt nicht jeden Tag neu an, den Sinn seines Lebens zu erforschen, noch sich zu fragen, was der Sinn (als Zweck) eines bestimmten Steines ist. Er nimmt den Stein und öffnet damit eine Kokosnuss. Sein Verhalten ist habitualisiert.[263] Habitualisierungen bringen Entlastungen für den Aufbau einer subjektiven Realität durch fixierte Sinnzuweisung (dieser Stein ist ein Kokosnussöffner) und durch Automatisierung von Abläufen.[264]

Durch das Hinzutreten einer zweiten Personen entstehen Abstimmungsprobleme aufgrund unterschiedlicher Sinnzuweisung. Diese werden in einem Prozess angeglichen und damit institutionalisiert. Institutionalisierung ist in diesem Fall die gegenseitige Angleichung habitualisierter Handlungen. Bei größeren Gruppen erfolgt neben der Angleichung des Handelns auch noch eine Rollenzuweisung für die Handelnden.[265]

Der dritte Schritt tritt dann ein, wenn neue Akteure dem Gedankenspiel hinzugefügt werden. Sie treffen auf bereits bestehende Institutionen und deren Gehalte werden ihnen in einem Prozess der Sozialisierung vermittelt. Institutionen sind dann in den Worten von NORTH: „*As defined here, they are therefore the framework within which human interaction takes place. They are perfectly analogous to the rules of the game in a competitive team sport. That is, they consist of formal written rules as well as typically unwritten codes of conduct that underlie and supplement formal rules,...*"[266]

Während für die Habitualisierung der Ausruf „*There I go again*" kennzeichnend ist, so ist es bei der Institutionalisierung über den Umweg „*There we go again*" die Aussage „*This is how these things are done*" ausschlaggebend.[267] Somit sind Institutionen Sinneinheiten habitualisierten Handelns und sozialer Interaktion, denen der Sinn durch die jeweilige Kultur zugewiesen ist. Sie finden ihre Rechtfertigung durch eine (relativ) dauerhafte Beachtung, die den Bestand der Gesellschaft sichert und die In-

---

263 Vgl. BERGER / LUCKMANN (Social Construction 1996), S. 53 f.
264 Vgl. GEHLEN (Seele 1960), S. 105
265 Vgl. BERGER / LUCKMANN (Social Construction 1996), S. 54 ff.
266 S. NORTH (Institutions 1990), S. 4
267 Vgl. BERGER / LUCKMANN (Social Construction 1996), S. 59

teraktion vereinfacht.[268] Der Zusammenhang zwischen Institutionen und Kultur wird in dem folgenden Abschnitt 7.2.2 erläutert.

Eine grafische Darstellung der Zusammenhänge liefert Bild 27. Danach entstehen Institutionen durch das Wirken der Gesellschaft und den Einfluss der physischen Welt, die einen Rahmen für die Gestaltung bietet. Durch die Institutionen wird die soziale Mitwelt als geistige Welt gestaltet. Bestehende Institutionen werden den Einzelnen durch den Prozess der Sozialisation vermittelt. Das Individuum ist durch sein Bewusstsein an die soziale Mitwelt und durch seinen Körper an die physische Welt gebunden. Analog zu der Bindung des Einzelnen gibt es auch eine solche zwischen der Gesellschaft und der sozialen Mitwelt bzw. der physischen Welt, in diesem Fall allerdings mit Hilfe der materiellen oder der geistigen Kultur. Natürlich sind Organisationen und damit auch ICJVs eine besondere Form von Institution. Die Wirkungsrichtung läuft von der Gesellschaft über die Institutionen zu den Personen.

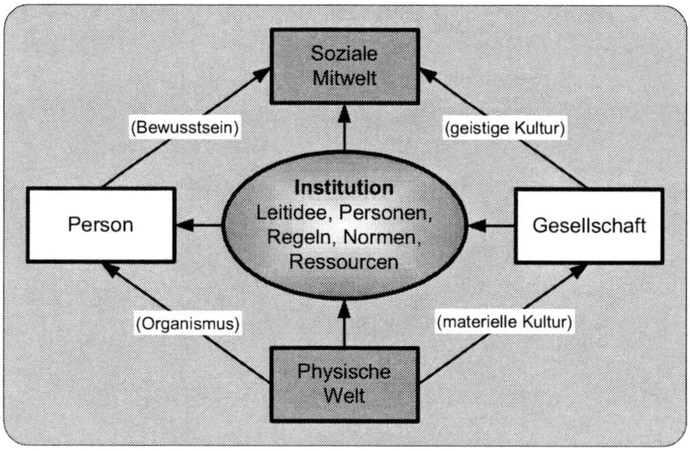

Bild 27: Strukturmodell von Institutionen[269]
Fig. 27: Structural Model of Institutions

Einmal geschaffene Institutionen bedürfen zu ihrer Bestandsicherung der Legitimation, sie müssen von einer großen Mehrheit als relevant empfunden werden. Die Legitimation erfolgt auf vier Ebenen: über die Sprache, über bestimmte Kernaussagen, über Theorien und schließlich über den Aufbau symbolischer Welten.[270] Trotz hinreichender Legitimation müssen Institutionen ständig gegen Veränderungen geschützt werden. Dafür gibt es viele soziale Mechanismen, die Rechtsordnung ist dabei die wichtigste aber nicht die einzige.

---

268 Vgl. GUKENBIEHL (Institution 2002), S. 144
269 Vgl. GUKENBIEHL (Institution 2002), S. 147
270 Vgl. BERGER / LUCKMANN (Social Construction 1996), S. 92 ff

Ein Projektmanager ist im Rahmen von ICJVs wie diese selbst eine Institution. Es gibt eine Leitidee (Chef), die Person selbst, Regeln für seine Befugnis, Normen für sein Verhalten und Ressourcen (Budget). Die Institution wird sprachlich unterschiedlich legitimiert (z.B. Projekt Manager, Project Director usw.) und durch Kernaussagen gestützt (Kapitän des Projektes). Sie wird oft durch die Eigenschaftstheorie der Führung untermauert und durch eine Reihe von Symbolen verdeutlicht (größtes und bestes Büro, Einrichtung, Sekretariat...). Wenn die Legitimation des Projektmanagers angezweifelt wird, kann er die entsprechenden Mitarbeiter bestrafen bis hin zur Entlassung.

Im Gegensatz zu dem Gedankenspiel von BERGER / LUCKMANN, bei dem aus der subjektiven Sinnzuweisung durch Hinzutreten weiterer Personen eine objektive Realität entsteht, werden Menschen in die objektiv bestehende Realität hineingeboren. Zum einen sichert der Sozialisationsprozess insgesamt die Eingliederung von Individuen in die Gesellschaft.[271] Zum anderen erwächst die persönliche, also subjektive Realität, aus einem dialektischen Wechselspiel zwischen dem Individuum und Bezugspersonen im Rahmen der primären Sozialisation. Die sekundäre Sozialisation weist bereits (primär) sozialisierte Menschen in andere Bereiche der Gesellschaft ein. Dazu gehören Schule, Universität und Beruf. Bei der Mitarbeit an ICJVs für Großprojekte erfolgen ebenfalls Lernprozesse, die zur sekundären Sozialisation gehören. Ähnlich wie bei der primären Sozialisation wird dem Individuum eine objektive Realität vermittelt, die es als subjektive Realität verinnerlicht.[272] Jeweils wird eine bestimmte Fachsprache vermittelt und dabei werden durch die Betonung der Dingwahrnehmung bestimmte Konstrukte vergegenständlicht. Normal- und Querkräfte sowie Momente sind für viele Bauingenieure fühlbar, während andere Menschen diese noch nicht einmal theoretisch wahrnehmen. Gleichzeitig erhalten Begriffe spezifische Konnotationen, die teilweise von Gefühlen begleitet werden.[273]

Berger und Luckmann fassen ihre Ausführungen wie folgt zusammen: *„Social order is not part of the "nature of things," and it cannot be derived from the "laws of nature." Social order exists* only *as a product of human activity.*"[274]

7.2.2 Kultur

Kultur ist eine besonders bedeutsame Institution. Dabei hat der Begriff heute zwei unterschiedliche Bedeutungen, im englischen Sprachgebrauch „big C" and „small c". Big C steht für die Hochkultur, die insbesondere in den Künsten (Oper, darstellende

---

271 Vgl. MANN (Sozialpsychologie 1994), S. 21 ff.

272 Vgl. BERGER / LUCKMANN (Social Construction 1996), S. 130 ff.

273 Vgl. BERGER / LUCKMANN (Social Construction 1996), S. 138 ff.

274 S. BERGER / LUCKMANN (Social Construction 1996), S. 52

Künste und Literatur) Ausdruck findet und „small c“ für die anthropologische Sicht der Kultur als Alltagsleben.[275]

Kultur ist eine Gesamtheit von Vorstellungen und Sinnzuweisungen, die übereinstimmend, unterschiedlich, überlappend, widersprüchlich, kontinuierlich oder diskontinuierlich sein können. Diese Gesamtheit kann für eine große Bandbreite sozialer Gruppen und sozialer Praktiken Bedeutung haben. Für die Gegenwartskultur werden diese Vorstellungen und Sinnzuweisungen durch die Verbreitung von Bildern und Informationen in Massenmedien verstärkt.[276]

Die Vorstellungen und Sinnzuweisungen müssen also nicht zwangsläufig von allen Mitgliedern der sozialen Gruppe geteilt, noch müssen die Praktiken von allen vollzogen werden. Wichtig ist eine hinreichend große Schnittmenge, die es ermöglicht von einer Kultur zu sprechen.

Unterschiedliche soziale Gruppen teilen sich eine Kultur und Mitglieder einer sozialen Gruppe können Teilhaber mehrer Kulturen sein. Ein Beispiel für eine Kultur, deren Sinnzuweisungen übereinstimmend, unterschiedlich, überlappend, widersprüchlich, kontinuierlich oder diskontinuierlich sein können, ist eine nationale Kultur. Trotz aller Unterschiede verstehen sich die meisten Menschen als einer nationalen Kultur zugehörig. Weniger auseinanderstrebend sind die Vorstellungen und Sinnzuweisungen bei der Kultur eines Unternehmens. Die Mitglieder sind nicht so zahlreich und der Eintritt in die Organisation wird durch ein Einstellungsgespräch gesteuert.

Wie Habitualisierung einzelne Tätigkeiten durch Automatisierung vereinfacht, so wirkt auch Kultur mit Bezug auf die Interaktion in sozialen Gruppen vereinfachend. Bei geteilten Vorstellungen entfällt eine Abstimmung im Einzelfall. Kultur wird sozial vererbt und von Generation zu Generation weitergegeben. Die nachwachsende Generation durchläuft einen Sozialisationsprozess, bis eine genügend große Übereinstimmung mit den Vorstellungen und Sinnzuweisungen vorliegt.[277]

Eine Kultur manifestiert sich auf verschiedenen Ebenen. Zu einer gemeinsamen Gruppe von Praktiken gehören Symbole, Helden und Rituale. Unterschieden davon werden gemeinsame Werte. Dieses ist in Bild 28 als „Zwiebeldiagramm“ dargestellt. Je dichter am Kern, umso fester ist eine Manifestation verankert.

Werte bilden den Kern einer Kultur, sie sind sehr stabil und werden in den ersten zehn Lebensjahren fest verankert. Somit entziehen sie sich der gewollten Ausbildung einer Organisationskultur. Werte sind gefühlsmäßige Orientierung zu einem der beiden Enden auf dem Kontinuum von Begriffspaaren wie gut/böse, schmutzig/sauber, unnatürlich/natürlich, normal/anormal, paradox/logisch, irrational/rational.[278]

---

[275] Vgl. HARRELL/CHÜN-CHIEH (Cultural Scene 1994), S. 1
[276] Vgl. LEWIS (Cultural Studies 2002) S. 15
[277] Vgl. HOFSTEDE (Globales Handeln 1997) S. 2 ff.
[278] Vgl. HOFSTEDE (Globales Handeln 1997) S. 9 ff.

TROMPENAARS / HAMPDEN-TURNER sehen den Kern noch eine Stufe tiefer bei den Grundannahmen des menschlichen Daseins, wie sie sich in der Auseinandersetzung mit der Natur und der spezifischen Umwelt herausbilden. Ein Bespiel ist der Kampf ums Überleben.[279] Da die Grundannahmen als Bestandteil der Werte gesehen werden können, werden sie in der Folge nicht weiter berücksichtigt.

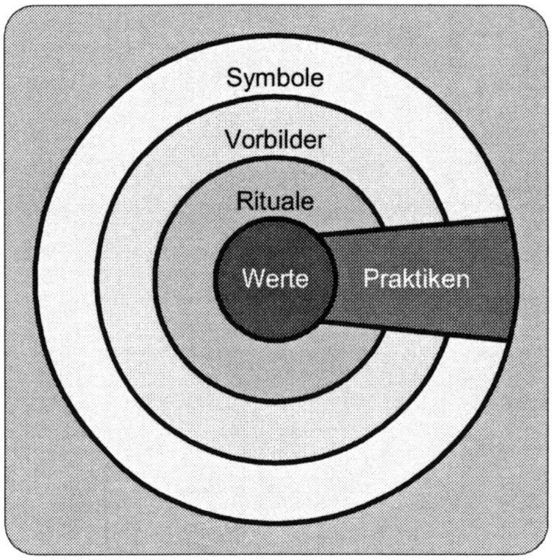

Bild 28: Manifestationen von Kultur[280]
Fig. 28: Manifestations of Culture

Rituale sind Handlungen, die nicht unmittelbar der Zielereichung dienen, sondern die als Teil der Kultur die reibungslose Zusammenarbeit sicherstellen sollen. Vorbilder sind lebende oder tote Personen, die wiederum für eine bestimmte soziale Gruppe beispielhaft die Kultur verkörpern. Symbole sind bei HOFSTEDE bestimmte Gesten, Bilder und Objekte, die in einer Kultur Bedeutung haben. Ein Beispiel ist die Fachsprache einer Berufsgruppe.

Den Aspekt, dass Kultur in einer sozialen Gruppe nicht einförmig verteilt ist, stellen TROMPENAARS / HAMPDEN-TURNER durch die Annahme einer Normalverteilung der Ausprägungen dar. Im Vergleich von Kulturen gibt es dabei Überlappungen. Für zwei nationale Kulturen ist das in Bild 29 dargestellt.

Die Kultur 1 ist sehr viel homogener als die Kultur 2. Typisches Verhalten ist ausgeprägter (der Mittelwert μ_1 ist deutlich größer), abweichendes Verhalten deutlich geringer (die Standardabweichung, hier durch die Spannweite illustriert, ist deutlich geringer). Beide Kulturen weisen große Überlappungen auf, wenn sie jedoch durch das typische Verhalten (μ) charakterisiert werden, sind sie sehr unterschiedlich.

---

[279] Vgl. TROMPENAARS/HAMPDEN-TURNER (Culture 1998), S. 23 f.
[280] Vgl. HOFSTEDE (Globales Handeln 1997) S. 8

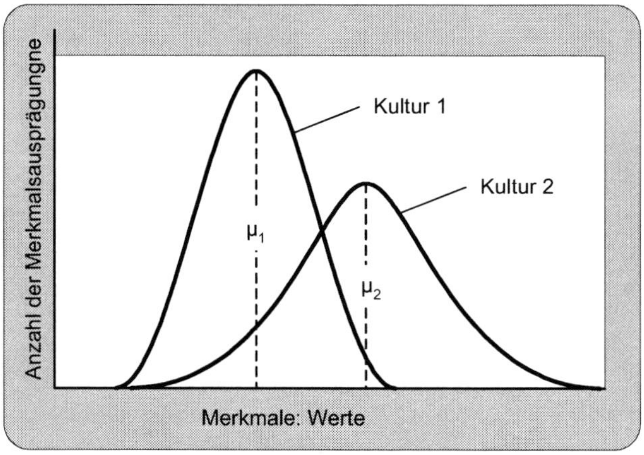

Bild 29: Kultur als Normalverteilung[281]
Fig. 29: Culture as Normal Distribution

Grundlegende Arbeiten auf dem Gebiet der Kultur hat HOFSTEDE geleistet.[282] Bei seinen empirischen Untersuchungen entdeckte er zunächst vier Dimensionen nationaler Kulturen, denen er später eine fünfte hinzufügte. Die Dimensionen sind im einzelnen: Machtdistanz, Individualismus, Maskulinität, Unsicherheitsvermeidung und die fünfte ist die langfristige Orientierung. Für jede dieser Dimensionen hat er die jeweiligen Ausprägungen für eine Vielzahl nationaler Kulturen ermittelt und veröffentlicht.

Der Machtdistanzindex (MDI) beschreibt, inwieweit schwächere Personen in einem Lande ein Ungleichgewicht der Machtverteilung akzeptieren und erwarten. Konzentration von Macht und Autorität, hohe Ungleichheit zwischen den Menschen, autoritäre Führung und Abhängigkeit der Schwächeren sind Kennzeichen einer hohen Machtdistanz.

Der Individualismusindex (IDV) ist gekennzeichnet von einem Gegensatz zwischen Individualität und Kollektivität. In individuellen Gesellschaften sind die Beziehungen zwischen Personen locker, in kollektiven finden sich geschlossene Gruppen, die Loyalität fordern und Unterstützung bieten. Auf der einen Seite herrschen als Werte Freiheit, Zeit für einen selbst und individuelle Herausforderungen vor, auf der anderen die individuelle Weiterentwicklung in Rahmen der Gruppe, die Gruppenatmosphäre und der Einsatz der Kräfte für die Gruppe.

Ein hoher Maskulinitätsindex (MAS) charakterisiert eine Gesellschaft, in der die Geschlechterrollen nach traditionellem Muster streng getrennt sind. Männer sind danach zielorientiert und materialistisch. Sie streben mit Härte nach Herausforderungen, Karriere und Einkommen. Frauen sind dagegen bescheiden, feinfühlig und

281 Vgl. TROMPENAARS/HAMPDEN-TURNER (Culture 1998), S. 25
282 Vgl. HOFSTEDE (Consequences 1980)

schätzen Lebensqualität. Sie streben nach Sicherheit, Harmonie und guten zwischenmenschlichen Beziehungen. Es ist beim MAS wichtig zu berücksichtigen, dass es sich um einen Maßstab handelt und nicht um normative Vorgaben für Geschlechterrollen.

Der Unsicherheitsvermeidungsindex (UVI) misst den Grad zu dem sich eine Gesellschaft durch unsichere Ereignisse bedroht fühlt. Umtriebigkeit, Aggressivität, ein hoher Grad an Angst, Suche nach Eindeutigkeit, alles dieses sind Zeichen eines hohen UVI. Unsicherheitsvermeidung und Risiko dürfen nicht miteinander gleichgesetzt werden. Bei hoher Unsicherheitsvermeidung wird manchmal eine sehr riskante Alternative dem Verharren in einem ungeklärten Zustand vorgezogen.

Der Index der langfristigen Orientierung (ILO) bezeichnet Unterschiede zwischen der Verfolgung kurzfristiger oder langfristiger Ziele. Ausdauer und Respekt vor Hierarchien kennzeichnen einen hohen ILO, persönliche Standfestigkeit (Beharren auf getroffenen Entscheidungen anstatt Flexibilität bezüglich des Endzieles) einen niedrigen ILO und damit eine kurzfristige Orientierung.

In der Tabelle 29 sind Merkmalsausprägungen der fünf Dimensionen für einige ausgewählte Länder zusammengestellt. In seiner ursprünglichen Studie hat HOFSTEDE seine Ergebnisse auf den Wert 100 als Maximum normiert. Später dazu gekommene Länder haben deshalb teilweise Werte über 100. Wichtig sind allein die Unterschiede zwischen nationalen Kulturen, die Werte an sich haben keine Aussage, es handelt sich um eine Intervallskala ohne natürlichen Nullpunkt. Beim ILO sind keine Werte für Frankreich und die Schweiz erhoben worden.

Die Ergebnisse von HOFSTEDE sind teilweise scharf kritisiert worden, z. B. von MCSWEENEY.[283] MEAD führt weitere Kritik an und fasst sie dann zusammen: „*However, these objections are dwarfed by the importance of Hofstede's work... Applied intelligently and not slavishly, it provides the cross-cultural manager with an essential instrument.*“[284]

Eine sehr interessante Anwendungen der kulturellen Dimensionen auf Organisationen ergibt sich, wenn man die Arbeiten von MINTZBERG zu Organisationen mit den Ergebnissen der Tabelle 29 kombiniert, allerdings bei Beschränkung auf zwei Dimensionen (MDI und UVI).

---

[283] Vgl. MCSWEENEY (Triumph of Faith 2002)

[284] S. MEAD (Int'l Management 1994), S. 75 f.

Tabelle 28: Merkmalsausprägungen der Dimension von Kultur nach HOFSTEDE[285]
Table 28: Values for Cultural Dimensions According to HOFSTEDE

Land	MDI	IND	MAS	UVI	ILO
China (Hongkong)	68	25	57	29	96
Deutschland	35	67	66	65	31
Frankreich	68	71	43	86	---
Großbritannien	35	89	66	35	25
Japan	54	46	95	92	80
Korea (Süd)	60	18	39	85	75
Niederlande	38	80	14	53	44
Schweiz	34	68	70	58	---
Taiwan	58	17	45	69	87
Thailand	64	20	34	64	56
USA	40	91	62	46	29

MINTZBERG unterscheidet fünf grundlegende Organisationsformen, die in Tabelle 30 abgebildet sind. Die Organisationsform wird durch eine treffende Beschreibung charakterisiert.

Tabelle 29: Organisationsformen nach MINTZBERG[286]
Table 29: Organizational Structures According to MINTZBERG

Organisationsform	Grundlegender Baustein	Koordinierungsinstrument
Einfache Struktur	Führungsebene	Direkte Kontrolle
Komplette Bürokratie	Expertenstäbe	Standardisierung von Arbeitsprozessen
Professionelle Bürokratie	Belegschaft	Standardisierung der Qualifikation
Divisionalisierte Struktur	Mittleres Management	Standardisierung der Outputs
Adhocratie	Unterstützende Stäbe	Gegenseitige Abstimmung

[285] Vgl. HOFSTEDE (Globales Handeln 1997)
[286] Vgl. MINTZBERG (Structures 1983)

Es werden fünf Ebenen der Organisationsmitglieder unterschieden (Führung, mittleres Management, Expertenstäbe, unterstützende Stäbe und Belegschaft) und als wichtigste Bausteine jeder Organisationsform zugewiesen. Schließlich werden auch die maßgeblichen Koordinierungsinstrumente zugeordnet.

Diese fünf Organisationsformen hat HOFSTEDE in einem Koordinatensystem aus UVI und MDI angeordnet (vgl. Bild 30). Dort sind ihnen auch beispielhaft Länder mit entsprechenden Ausprägungen zugewiesen. Nach diesen Überlegungen ist zu erwarten, dass Unternehmen aus verschiedenen Ländern ganz bestimmte grundlegende Organisationsformen bevorzugen.

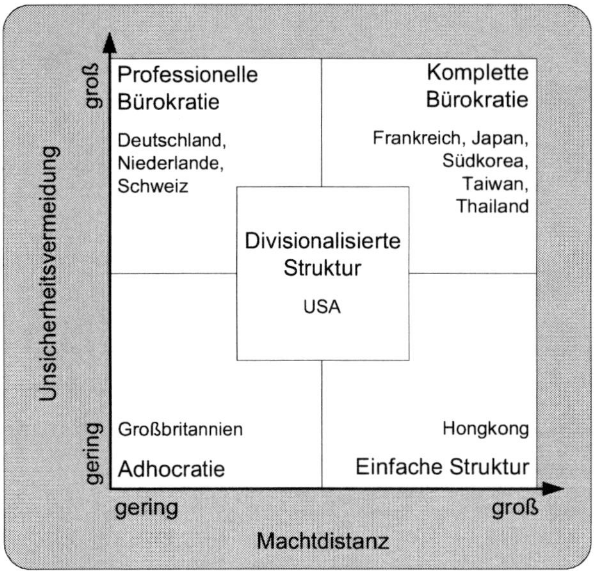

Bild 30: Kultur und Organisationsstruktur[287]
Fig. 30: Culture and Organizational Structure

7.2.3 Sprache

Sprache und Schrift verfügen über zwei Bestandteile, den Wortschatz und die Grammatik. Während der Wortschatz gewissermaßen die Bausteine liefert, enthält die Grammatik die Regeln, mit deren Hilfe die Bausteine verbunden werden können. Da Sprachen neue Bausteine und neue Regeln schaffen können, sind sie unbegrenzt flexibel. Den Ausdrucksmöglichkeiten sind keine Grenzen gesetzt, es sei denn durch einen Mangel an Konzepten beim Denken. Dies ist ein weitere, technische Voraussetzung jeden Gedanken in jeder Sprache ausdrücken zu können.

---

[287] Vgl. HOFSTEDE (Lokales Handeln 1997), S. 213

Die bisherigen Ausführungen haben immer wieder gezeigt, dass wir die soziale Mitwelt als Menschen selbst gestalten, sie ist uns nicht gegeben. Die Gestaltung erfolgt mithilfe unserer Konzepte sowie der Sprache und Schrift, die wir zur Kommunikation und zur gegenseitigen Anpassung der Konzepte nutzen. Da die Sprache ein soziales Phänomen ist, wird sie auch von der sozialen Gruppe geprägt und modifiziert, wobei Änderungen von Individuen ausgehen. Dadurch entsteht eine Wechselwirkung zwischen der sozialen Mitwelt und der Sprache eines Individuums. Ohne Sprache (Zeichensprache eingeschlossen) gibt es keinen Gedankenaustausch zwischen Menschen und somit können Konzepte nur über die Sprache oder Schrift in der sozialen Mitwelt ihre Wirksamkeit entwickeln.

Die Wahrnehmung der physischen Welt geschieht nicht nur mittels der Sprache über die Kommunikation mit Mitmenschen, sondern auch visuell durch individuelle Eindrücke. Die Wirkung für die Ausbildung kognitiver Strukturen (Konzepte) wird allerdings nur durch die Sprache möglich: Die Außenwelt wirkt nur mittelbar über die Sprachfähigkeit auf Konzepte ein. Die geschilderten Beziehungen sind in Bild 31 zusammengefasst. Grundsätzlich sind die Konzepte unterschiedlicher Kulturen durch Kommunikation vermittelbar, d.h. sie sind kommensurabel. In unterschiedlichen Kulturen wirken unterschiedliche physische Umwelten auf die Menschen ein und beeinflussen die Sprache, die allerdings nur von der sozialen Mitwelt gestaltet wird. Über die Sprache werden Konzepte ausgebildet, die in den Köpfen der Menschen verankert sind und in einer Kultur von allen Mitgliedern geteilt werden.

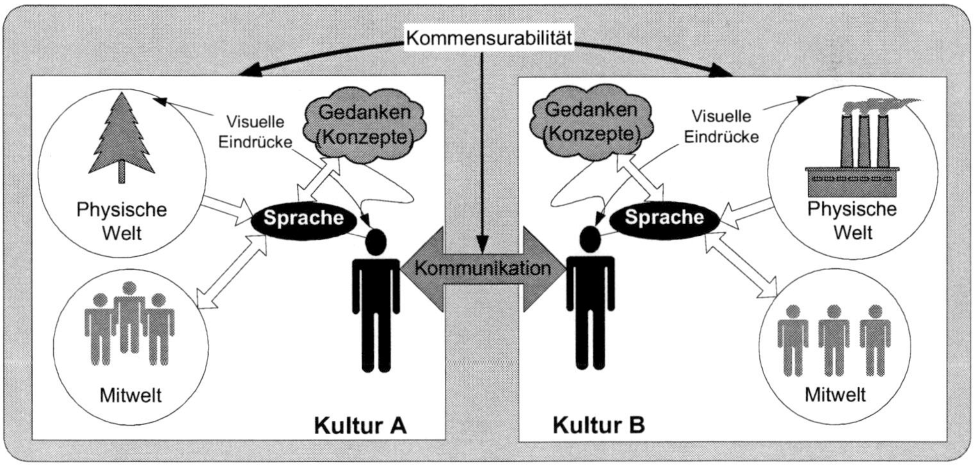

Bild 31: Zusammenhang Welt-Sprache-Konzepte
Fig. 31: Relation Between World-Language-Concepts

Das Bild 31 stellt deutlich die besondere Bedeutung der Sprache bei der Gestaltung der sozialen Mitwelt heraus. Aufgrund linguistischer Universalien, der technischen Flexibilität der Sprache und allgemein der Kommensurabilität von Sprachen ist ein

Austausch zwischen unterschiedlichen sozialen Gruppen und unterschiedlichen Kulturen möglich.

8 Praktische Ausgestaltung der Forschungsmethodik

In dem vorangehenden Kapitel 7 haben wir die Grundlagen für das weitere Vorgehen aufgezeigt. Zu diesen gehörte ein verstehender Weltzugang mithilfe der Hermeneutik, die Objektivierung individueller Sinnzuweisung durch Kultur und die Sprache als Mittel der Gestaltung einer sozialen Mitwelt Das Ziel war eine kohärente Darstellung eines sinnhaften Gesamtzusammenhangs, in den diese Arbeit eingebettet ist.

In den folgenden Kapiteln geht es nun um die konkrete Ausgestaltung der Forschungsmethodik. Dafür wird zunächst in Kapitel 8.2 der Zusammenhang zwischen ICJVs und den Ausführungen des Kapitels 7 aufgezeigt. Daran schließt sich die Wahl einer geeigneten Untersuchungsstrategie an, der eine Methodik zur Datenerhebung (Kapitel 8.3), eine Auswahl geeigneter Fälle für die Untersuchung (Kapitel 8.4) und die Beschreibung eines Vorgehens zur Datenauswertung folgen (Kapitel 8.5).

8.1 Die Ausgangssituation: ICJVs

ICJVs sind soziale Gebilde der Mitwelt, die geschaffen werden, um Bauwerke zu verwirklichen. Die Bauwerke – als Ergebnisse der Arbeit eines ICJVs – sind hauptsächlich Teil der physischen Welt. Natürlich haben herausragende Bauwerke darüber eine große symbolische Bedeutung, sei es die Golden Gate Bridge in San Francisco oder die Oper in Sydney, um nur zwei Beispiele zu nennen. Diese Sinnzuweisungen gehören selbstverständlich wieder zur sozialen Mitwelt. Wie immer sind die Welten miteinander verschränkt.

8.1.1 Wissenschaftstheoretische Einordnung

In der Sichtweise der Betriebswirtschaft werden Bauwerke schlicht als Produkte eines Produktionsprozesses gesehen, bei dem unterschiedliche Produktionsfaktoren zum Einsatz kommen. ICJVs haben nur einen Zweck, diese Produktion zu planen, zu organisieren und auszuführen. Die Produktionsplanung und -organisation betrifft das Produkt, das Produktionsverfahren, die Produktionsfaktoren (Betriebsmittel, Arbeitskräfte, Material) und den Produktionsprozess. Bei der Ausführungen werden die ursprünglichen Planungen umgesetzt, verändert und umgeplant. Als Produktionsfaktoren kommen in diesem Prozess dispositive Faktoren, Elementarfaktoren und Zusatzfaktoren zum Einsatz (vgl. Bild 32).[288]

Unter dispositiven Faktoren versteht man die leitende Tätigkeit, die den Produktionsprozess plant, organisiert und kontrolliert. Dieses sind die Aufgaben des Managements. Die Produktionsfaktoren Arbeit, Betriebsmittel und Materialien leisten als Gebrauchsfaktoren einen Beitrag zur Produktion, wobei Materialien als Verbrauchsfak-

---

[288] Vgl. FANDEL (Produktion 1996), S. 16 ff.

toren meist ein Teil des Produktes werden. Zu den Zusatzfaktoren zählt man Steuern, Abgaben und Zinsen.[289]

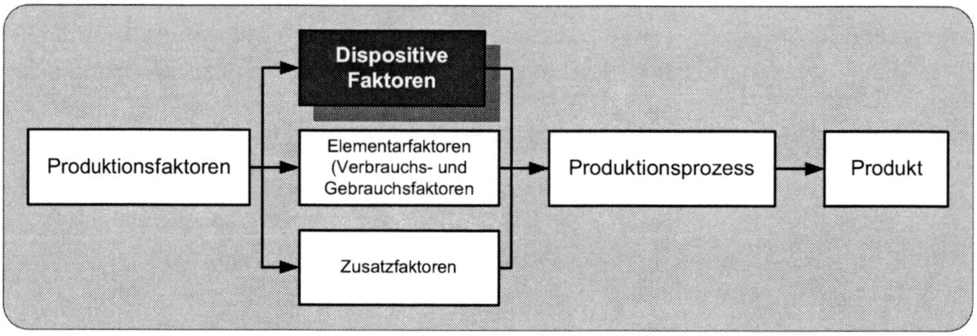

Bild 32: Produktionsprozess[290]
Fig. 32: Production Process

Da in dieser Arbeit nur die dispositiven Faktoren des Produktionsprozesses von ICJVs untersucht werden, kann wiederum die Aussage getroffen werden, dass der Untersuchungsgegenstand zur sozialen Mitwelt gehört. Die Kombination der Produktionsfaktoren im Produktionsprozess wird meist als ein Problem der physischen Welt behandelt und dementsprechend werden die Prozesse durch Produktionsfunktionen (Leontief-Funktion, Cobb-Douglas-Funktion, Ertragsgesetz) abgebildet.[291]

Die Konzentration auf dispositive Faktoren bringt auch eine Vernachlässigung der Produktplanung, also bei Bauwerken des statisch-konstruktiven Entwurfs mit sich. In diesem sind natürlich die Gesetze der Mechanik zur Erfassung der physischen Welt von höchster Bedeutung. Die großen Erfolge bei der Umsetzung der Planung in Bauwerke machen für Bauingenieure eine Ordnung in diesem Bereich durch Naturgesetze fast körperlich spürbar. Es gehört zu den immer wieder verbreiteten Erzählungen unter Bauingenieuren, dass sich hervorragende Ingenieure den Verlauf der Kräfte in einem Bauwerk vorstellen können. Dennoch ist es auch hier wichtig sich klar zu machen, wie sehr Bemessungsformeln in Normen auch von Faktoren abhängen, die zur sozialen Mitwelt gehören: persönliche Eitelkeiten und wirtschaftliche Interessen. Normen werden auf rationaler wissenschaftlicher Basis entwickelt und von Ausschüssen verabschiedet, in denen die unterschiedlichen Interessengruppen vertreten sind. Dazu gehören Forschung, Industrie und Öffentliche Hand.

289 Vgl. FANDEL (Produktion 1996), S. 33 ff.
290 Vgl. FANDEL (Produktion 1996), S. 1
291 Vgl. FEESS / TIBITANZL (Mikroökonomie 1997), S. 37 ff.

Bei der Ausführung von Projekten müssen selbstverständlich auch die Gesetze der Mechanik berücksichtigt werden, darüber hinaus gewinnt aber die soziale Interaktion in der sozialen Mitwelt eine entscheidende Bedeutung. Die Leistung einer Baustelle ist nicht nur die zeitliche Ableitung der Arbeit (L = dA/dt), wie es die Mechanik beschreibt. Die Hawthorne-Studien haben schon Anfang der dreißiger Jahre des 20. Jahrhunderts die Bedeutung von Motivation, Gruppennormen und informalen Organisationsstrukturen auf die Leistung aufgewiesen. Die „faire" Leistung wurde durch eine soziale Sinnzuweisung festgelegt. Mitarbeiter, die weniger leisteten, wurden als Drückeberger ausgegrenzt. Mitarbeiter, die mehr leisteten wurden als Akkordbrecher gekennzeichnet. Durch diese Maßnahmen wurde eine „faire" Tagesleistung Teil der Realität.[292] Je nachdem, ob man von Humanressourcen im Produktionsprozess oder von einer „fairen" Leistung spricht betont man entweder die Sichtweise der physischen Welt oder der sozialen Mitwelt. Beide sind Teil der Realität.

Es gibt eine Reihe von theoretischen Ansätzen für Organisationen im Allgemeinen, die dann natürlich auch für ICJVs Bedeutung haben. KIESER fasst diese in zehn Gruppen zusammen: Bürokratieansatz, Taylorismus, Human Relations-Bewegung, verhaltenswissenschaftliche Entscheidungstheorie, situativer Ansatz, Institutionenökonomik, evolutionstheoretische Ansätze, konstruktivistische Ansätze, institutionalistische Ansätze und Strukturationstheorie.[293] Zwei davon basieren auf einer naturwissenschaftlichen Sichtweise (physische Welt): der Taylorismus (auch scientific management genannt) und die evolutionstheoretischen Ansätze. Die anderen legen mehr oder weniger eine hermeneutische Sicht der Welt zugrunde (soziale Mitwelt). Der Taylorismus hat heute nur noch in Teilbereichen Bedeutung, dazu gehören die Optimierung von Arbeitsvorgängen, die Fließbandproduktion, Eignungsdiagnostik und Arbeitsvorbereitung mithilfe von REFA-Methoden. Die Evolution entzieht sich einem unmittelbaren Eingriff durch Menschen und kann deshalb hauptsächlich zur Beschreibung von Organisation herangezogen werden.[294] Beide scheiden als Erklärungsansätze aus, der Taylorismus wegen seiner thematischen Beschränkung und die evolutionstheoretischen Ansätze, weil mit ICJVs eine Sonderform von Organisationen untersucht wird, bei denen eine Entwicklungsgeschichte keine bedeutende Rolle spielt.

Wenn diese beiden Organisationstheorien ausscheiden, verbleiben nur noch anthropozentrische Theorien, welche die wesentlichen Probleme von Organisation als Teile der sozialen Mitwelt beschreiben. Daraus ergibt sich, dass ICJVs am besten mit Hilfe qualitativer Methoden zu untersuchen sind. Diese Gedanken sind in Bild 33 zusammengefasst.

---

[292] Vgl. ULICH (Arbeitspsychologie 1998), S. 35 ff.

[293] Vgl. KIESER (Organisationstheorien 2002)

[294] Vgl. BEA /GÖBEL (Organisation 2002), S. 54 ff. und S. 148 ff.

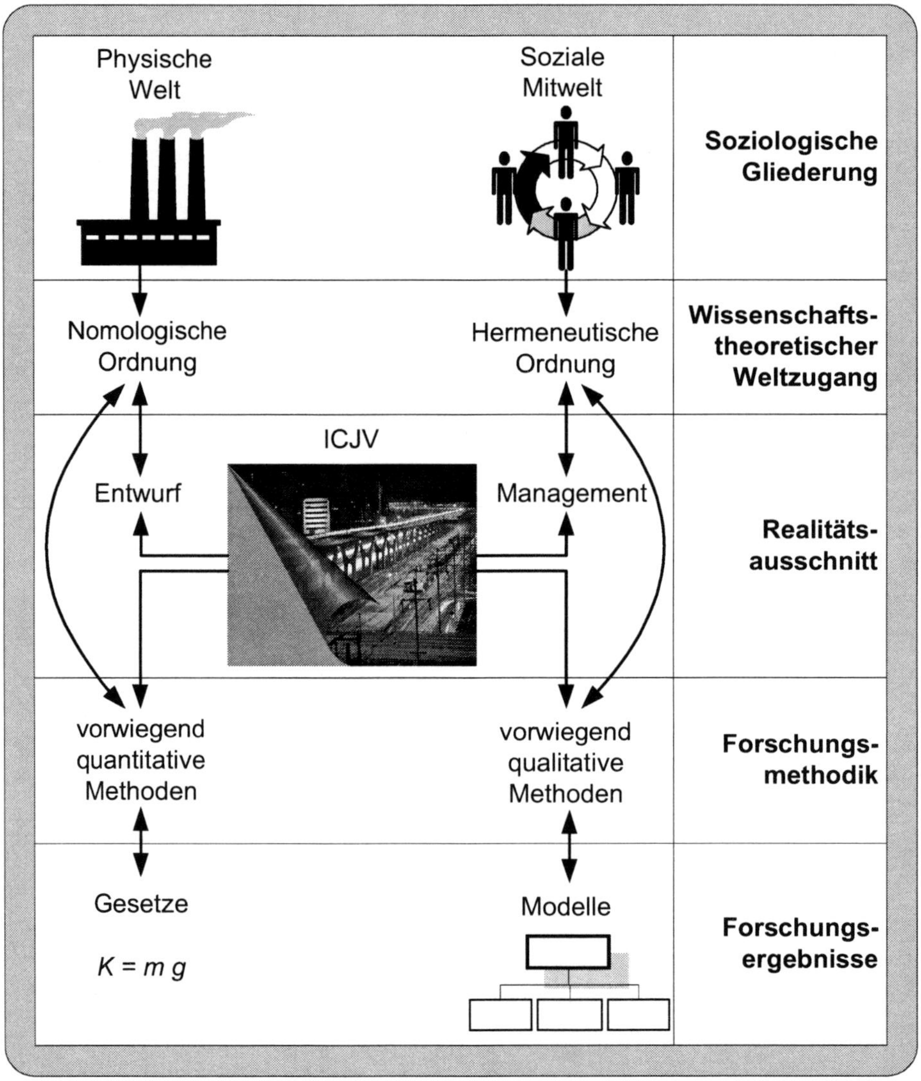

Bild 33: Soziologische, wissenschaftstheoretische Begründung der Forschungsmethodik
Fig. 33: Sociological, Theoretical Foundation of Research Method

Mitglieder in ICJVs planen und verwirklichen Großprojekte. Dafür müssen sie immer wieder zwischen einer Betonung der physischen Welt und einer der sozialen Mitwelt hin- und herwechseln. Die soziale Mitwelt ist wiederum geprägt durch ein Aufeinandertreffen verschiedener nationaler Kulturen und unterschiedlicher Unternehmenskulturen. Somit sind die Mitglieder von ICJVs wahrhaft Wanderer zwischen den Welten und Mittler zwischen den Kulturen.

Bei der Betrachtung der physischen Welt und der sozialen Mitwelt sind zwei unterschiedliche Ordnungsprinzipien bedeutsam, ein nomologisches aufgrund von Naturgesetzen und ein hermeneutisches durch Verstehen von Sinnzuweisungen. Dem ist eine Betrachtung von ICJVs als Ausschnitt der Realität gegenübergestellt worden, wobei eine weitere Einschränkung durch einen Fokus auf das Management (dispositiver Faktor) vorgenommen wurde. Eine Betrachtung dabei ergab, dass das Management ein Problem der sozialen Mitwelt ist, während andere Bereiche von ICJVs wie der Entwurf zur physischen Außenwelt zu rechnen sind. Ergebnis ist eine Festlegung auf einen qualitativen Forschungsansatz, der als Ziel hat, Modelle zu generieren, die einen besseren Erfolg von ICJVs sicherstellen können.

8.1.2 Soziologische Einordnung

Die wichtigste Gruppe für die Planung des Bauwerks und das Management von ICJVs sind Bauingenieure, daneben spielen auch Kaufleute eine bedeutende Rolle. Ein bedeutender Teil der sekundären Sozialisation von Bauingenieuren erfolgt in Hochschulen. Entsprechend dem Fächerkanon bestehend aus überwiegend naturwissenschaftlichen Grundlagenfächern und ingenieurwissenschaftlichen Fächern, die insbesondere die statische und konstruktive Grundlagen vermitteln, wird ihnen ein Weltbild von Gesetzmäßigkeiten nahe gebracht, dass auf der NEWTONSCHEN Mechanik ruht. Auch die Geschichte des Bauingenieurwesens wird verstanden als Fortschritt von einem Ausprobieren über die Weitergabe von Regeln bis zur Anwendung von Rechenformeln.[295, 296] Die physische Welt unterzieht dabei die Bauwerke einem Realitätstest. Dadurch können Fehler im Wissenstand korrigiert werden.

Die Ausbildung von Kaufleuten verläuft fast ohne Bezug zu Naturgesetzen, allerdings nicht ohne Rückgriffe auf die formale Sprache der Mathematik. Insbesondere die Makroökonomie ist eine Wissenschaft der Zahlen. Die Vorhersagen der wirtschaftlichen Entwicklung sind aufgrund von makroökonomischen Modellen recht ungenau, allerdings auch nicht ungenauer als bei den komplexen physikalischen Modellen der Meteorologie. Die Ungenauigkeit wird auf die vielen Modellvariablen, fehlende Konstanten und auf Eingriffe von außen zurückgeführt, die in diese Modelle eingehen.[297] Neben diesen mathematischen Modellen (es wird fast nie von Gesetzen gesprochen!) enthalten die Lehrpläne Inhalte, denen eine hermeneutische Weltsicht zugrunde liegt. Dazu gehören insbesondere die Fächer Marketing und Management. So hat das weit verbreitete Lehrbuch von STAEHLE den Titel: Management: Eine verhaltenswissenschaftliche Perspektive.[298]

Wichtiger noch als die Prägung durch die eher unbewusste primäre Sozialisation und die gezielte sekundäre Sozialisation durch die jeweilige Hochschulausbildung ist jedoch die tertiäre Sozialisation bei Großprojekten in ICJVs. Diese hat als Ziel, einen

---

[295] Vgl. HEINRICH (Brücken 1989)
[296] Vgl. STRAUB (Bauingenieurkunst 1975)
[297] Vgl. MACHLUP (Social Sciences 1961), S. 12 ff.
[298] Vgl. STAEHLE (Management 1991)

Koordinationsmechanismus auszubilden, der von höchster Bedeutung ist. Die tertiäre Sozialisation ist für den Menschen, der sozialisiert wird, weder unbewusst wie in der Familie noch ist sie formalisiert wie die Hochschulausbildung. Sie hat ein klares Ziel und ist doch unkoordiniert, sie wird zu einem guten Teil durch Übernahme impliziten Wissens erworben. Natürlich lernt der Mitarbeiter im Betrieb außerdem eine Vielzahl an expliziten Regeln, die beispielsweise in einem Qualitätsmanagement-Handbuch festgeschrieben sind. Allerdings sind auch die Sanktionsmaßnahmen schärfer, da es nicht im gleichen Maße wie in der Familie einen Bonus der Liebe noch wie in der Schule einen Bonus der Fürsorge gibt.

Der Grad der Sozialisation in ICJVs kann nicht gemessen werden, aber prinzipiell gilt, dass ein Mehr an vermittelten und geteilten Verständnis für die Abläufe eine große Entlastung bringt. Einen sehr hohen Grad von Einheitlichkeit aufgrund einer eindeutigen Sozialisation weist zum Beispiel das Beherrschen einer gemeinsamen Sprache aus. Dabei ist nicht an Nationalsprachen zu denken, sondern an die unterschiedlichsten Fachsprachen, im konkreten Fall die Sprache und die Konzepte in ICJVs.

Unterschiedliche Sinngebung wird mit Hilfe der Sprache durch Kommunikation angeglichen (synchronisiert). Dadurch wird die soziale Mitwelt wiederum gegliedert und gestaltet (vgl. Bild 31). Für die Erfassung der Lebenswirklichkeit der Mitglieder in ICJVs ist somit die Sprache bei Weitem das entscheidendste Mittel und entsprechend muss ein Zugang zu wissenschaftlich verwertbaren Daten über die Sprache erfolgen. Für eine Datenerhebung ist es wichtig, dass der Prozess der tertiären Sozialisation abgeschlossen ist, wenn man vollständige Konzepte in Erfahrung zu bringen versucht. Deshalb ist eine Befragung von erfahrenen Mitgliedern von ICJVs zwingend. Kombiniert mit dem Prinzip der hermeneutischen Billigkeit, bei dem eine Übereinstimmung zwischen Realität und sinnhafter Aussage vorausgesetzt wird, ist nicht nur das Vorhandensein von Wissen, sondern auch die Weitergabe von Wissen gewährleistet. Dies gilt allerdings mit der Einschränkung „bis zum Beweis des Gegenteils“. Deshalb müssen die Aussage eine gewisse Breite haben (Anzahl der Befragten) und durch bereits vorliegende Forschungsergebnisse in guten Teilen gestützt werden.

Zu einem hermeneutischen Vorgehen gehört es auch, das eigene Vorverständnis aufzudecken: Der Autor hat als Deutscher eine sekundäre Sozialisation in deutschen und amerikanischen Schulen und in deutschen, amerikanischen und französischen Universitäten erfahren. Inhalte waren dabei Studien des Bauingenieurwesens und der Betriebs- sowie Volkswirtschaft. Er konnte im Rahmen einer tertiären Sozialisation Erfahrungen bei Großprojekten in unterschiedlichen Ländern sammeln und hat dabei in zwei großen ICJVs mitgearbeitet, bei dem letzten, dem Bang Na Expressway als Projektmanager (vgl. Lebenslauf in der Anlage). Deshalb wird das Vorverständnis als hoch eingeschätzt. Dies birgt die Gefahr eines geschlossenen Bildes von ICJVs. Infolgedessen wird ganz besonderer Wert darauf gelegt, die Befragten selbst zu Wort kommen zu lassen und nur Schlüsse aus dem Datenmaterial abzuleiten. Es ist selbstverständlich, dass die Daten veröffentlicht und jedem Interessierten zu Kontrollzwecken zur Verfügung gestellt werden.

8.2 Wahl der Untersuchungsstrategie

Da ein Realitätsausschnitt (ICJVs) untersucht werden soll und da dabei ein hermeneutischer Weltzugang die Grundlage bildet, ist eine Datensammlung vor Ort unumgänglich. Um eine genügende Breite von Perspektiven zu einem Gesamtbild vereinen zu können, müssen viele Mitglieder von ICJVs befragt werden. Zu dieser Feldforschung gehört auch eine sorgfältige theoriegeleitete Auswahl der Untersuchungsobjekte (ICJVs) für die Fallstudien.

Das hohe Vorverständnis des Autors würde einen unmittelbaren Zugriff auf die Kernprobleme von ICJVs mit Hilfe von vollständig strukturierten Fragebögen erlauben. Allerdings würde damit eine bestimmte Interpretation der Realität a priori vorausgesetzt. Die entgegengesetzte Herangehensweise wären ethnographische Interviews, bei denen zunächst ein Erlernen der Fachsprache einschließlich der grundlegenden Konstrukte im Vordergrund steht.[299] Das wäre eine Vergeudung von Ressourcen. Unter den gegebenen Umständen ist ein halbstrukturierter Fragebogen als Hilfsmittel für ethnographische Interviews eine erfolgversprechende Strategie zur Datenerhebung. Dies erlaubt zu tiefgehenden Erkenntnisse zu gelangen bei weitgehender Berücksichtigung subjektiver Sichtweisen.

Bei der Datenauswertung muss die Bildung von Mustern und möglicherweise Modellen allein aus dem Datenmaterial möglich sein. Dazu ist eine Kombination von Fallstudien und gegenstandsbezogener Forschung (Grounded Theory) in hohem Maße geeignet.[300]

Basierend auf einem hermeneutischen Weltzugang besteht die Forschungsstrategie somit aus einer Feldforschung in Fallstudien unter Einsatz von halbstrukturierten Interviews zur Datenerhebung und der gegenstandsbezogenen Forschung zur Datenauswertung.

Ziel ist der Aufbau von Modellen, die ähnlich wie eine Landkarte keinen Anspruch auf eine vollständige Abbildung der Realität erheben, die aber eine sicheres Zurechtfinden auf dem unübersichtlichen Gelände der ICJVs ermöglichen.

---

[299] Vgl. SPRADLEY (Interviews 1979)

[300] Vgl. EISENHARDT (Building Theories, 1989)

8.3 Methodik zur Datenerhebung

Für die Datenerhebung ist zunächst ein Interviewleitfaden zu entwickeln, der sich auf ein theoretisches Vorverständnis stützt. Daran anschließend sind Überlegungen zur Ausführung der Datenerhebung notwendig. Im folgenden Abschnitt 8.3.1 werden deshalb als die Ziele der ICJV-Forschung behandelt (Abschnitt 8.3.1). Dann wird ein Modell erarbeitet, aus dem der halbstrukturierte der Fragebogen abgeleitet wird (Abschnitt 8.3.2). Im Abschnitt 8.3.3 wird dann die geplante Ausführung der Datenerhebung, also die Durchführung der Interviews beschrieben.

8.3.1 Ziele der ICJV-Forschung

Die Ergebnisse der vorliegenden Untersuchung sollen sich an diejenigen richten, die ICJVs managen. Es handelt sich also ausdrücklich um einen Beitrag zur anwendungsbezogenen Forschung. Diesem Ansatz wird am besten ein funktionelles Management-Verständnis gerecht, da es die Frage „was sollen wir machen?" beantwortet. STEINMANN / SCHREYÖGG[301] beschreiben das funktionale Managementverständnis als einen „*...Komplex von Steuerungsaufgaben, die bei der Leistungserstellung und -sicherung in arbeitsteiligen Systemen erbracht werden müssen.*" Danach wird der Managementprozess in fünf Strukturfaktoren untergliedert: Planung, Organisation, Personaleinsatz, Führung und Kontrolle. Die effiziente Ausgestaltung dieser Steuerungsaufgaben ist das Untersuchungsziel des Forschungsvorhabens. Dabei ist zu berücksichtigen, dass sich jede Steuerung auf bestimmte Ziele ausrichten muss.

Das Management ist allerdings auf eine Reihe von Prozessfunktionen angewiesen. So dient es zunächst in einem systemtheoretischen Verständnis der Reduktion von Komplexität. Um diese Reduktion herbeizuführen sind Entscheidungen zu treffen, die auf dem Kenntnisstand über das Projekt – also auf dem Projektwissen – beruhen. Dabei dient Vertrauen als Hilfsmittel zur Reduzierung der sozialen Komplexität. Eine effizienten Komplexitätsreduktion erfordert einen hohen Einsatz – Commitment – der Manager. Dieses Commitment ist wiederum davon abhängig, ob die Aufgabe aus subjektiver Sicht sinnvoll ist. Somit gehört auch die Sinngebung zu den Faktoren auf die das funktionelle Management angewiesen ist.

Zusätzlich treffen in einem ICJV definitionsgemäß unterschiedliche Kulturen aufeinander. HOFSTEDE beschreibt Kultur als kollektive Programmierung des Geistes, die Gruppen von Menschen voneinander unterscheidet.[302] Dies bedeutet – um im Bild zu bleiben –, dass innerhalb einer ICJV unterschiedliche Programme zu koordinieren sind. Dabei sind insbesondere die Schnittstellen von Bedeutung. HOFSTEDE erfasst

---

[301] Vgl. STEINMANN / SCHREYÖGG (Management 1997), S. 7.

[302] Vgl. HOFSTEDE (Globales Handeln 1997), S. 2ff.

Kultur mit Hilfe von fünf empirisch ermittelten Dimensionen, die bereits in Abschnitt 7.2.2 beschrieben wurden: Machtdistanz, Unsicherheitsvermeidung, Maskulinität, Individualismus und langfristige Orientierung. Diese Definitionen werden für die vorliegende Untersuchung übernommen. Kultur entzieht sich unmittelbaren Eingriffen, deshalb kann man nicht von Kulturfunktionen sprechen.

8.3.2 Untersuchungsmodell

Entsprechend dem Gedanken eines Fortschreiten des Wissens auf einer hermeneutischen Spirale muss für den Forschungsprozess ein Anfangspunkt festgelegt werden. Dies wurde in Bild 25 als Vorverständnis bezeichnet. Das Vorverständnis kann nur auf den Ergebnissen der bisherigen JV-Forschung beruhen. Dabei wird insbesondere die Meta-Studie von ROBSON et al. berücksichtigt, die den Stand der Forschung zusammenfasst. Wenn man die Ergebnisse ordnet, so kann man zwischen (I) äußeren Erfolgsfaktoren, (II) inneren Erfolgsfaktoren der Partner und (III) inneren Erfolgsfaktoren des ICJV unterscheiden. Die folgende Übersicht zeigt, dass gerade die inneren Erfolgsfaktoren von IJV wenig und von ICJVs überhaupt nicht untersucht worden sind.

- Äußere Erfolgsfaktoren:
  - Externe Einflüsse zu denen auch der Bauherr gezählt wird (40)
- Innere Erfolgsfaktoren der Partner:
  - Bedeutung des IJV-Systems, also auch der Einflüsse durch die Partner und die Beziehungen zwischen den Partnern (259)
  - Demografische Faktoren (52)
  - Marketing (19)
  - Humanressourcen (17)
  - Weitere Einwirkungen aus der Unternehmensebene, auch aus dem Bereich der Supportprozesse
- Innere Erfolgsfaktoren des ICJVs:
  - Untersuchung der Managementprozesse innerhalb des ICJV (7)
  - Rückkoppelung der Ziele zur Unternehmensebene (2)
  - Ableitung der Ziele für das ICJV aus der Unternehmensebene (0)
  - Untersuchung eines Gerüstes aus Prozessfaktoren, Managementfunktionen und kulturellen Dimensionen (0)

In Bild 34 ist ein vorläufiges Untersuchungsmodell dargestellt, dass die Prozessfunktionen, die Managementfunktionen und die kulturellen Dimensionen in die Transformationsprozesse von Bauunternehmen einordnet. Dieses Modell fasst die bisherigen theoretischen Überlegungen zu ICJVs zusammen und berücksichtigt die Zielrichtung dieser Arbeit. Wie die Klammerzahlen in den obigen Aufzählungen belegen, sind die nicht berücksichtigten Aspekte vielfach untersucht worden, so dass ein Fortlassen gerechtfertigt erscheint. Insbesondere hat die Ebene des IJV-Systems (Beziehung zwischen den Partnern und zur IJV) eine ausgiebige Beachtung gefunden. Eine Ausnahme ist die Stellung des Bauherrn in einem ICJV, die bisher in keiner Untersuchung berücksichtigt worden ist: Hier besteht weiterer Forschungsbedarf.

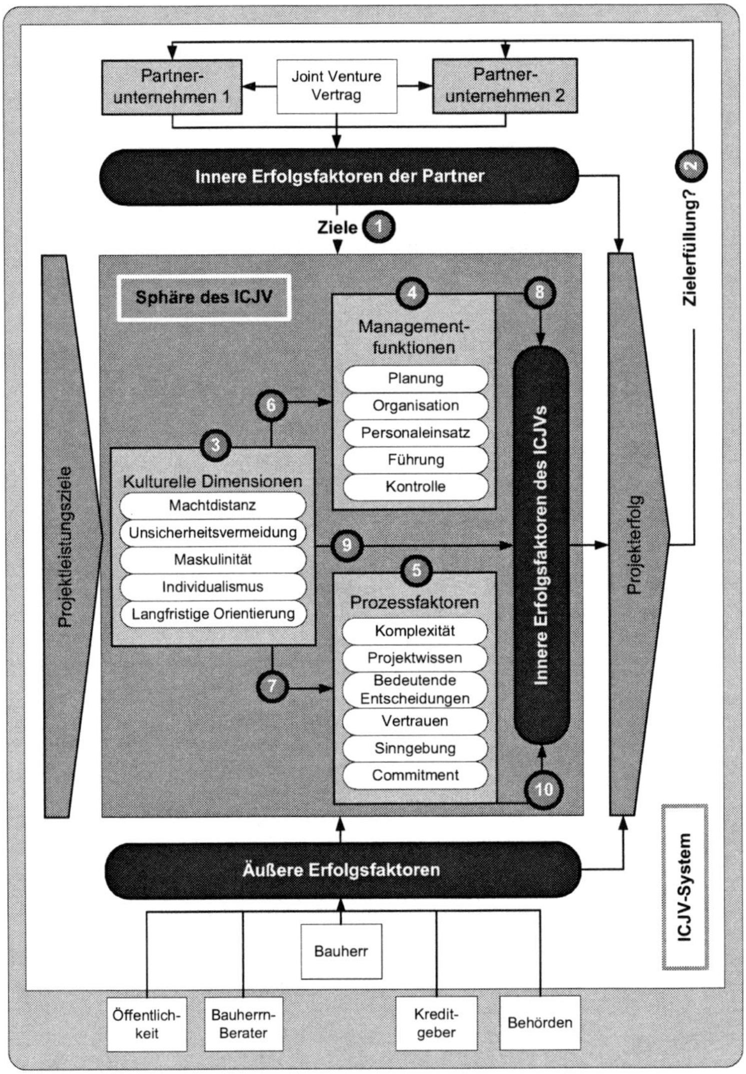

Bild 34: Untersuchungsmodell einer ICJV
Fig. 34: Research Model of ICJVs

Das gewählte Modell beginnt mit der Zielsetzung durch das Top-Management des Unternehmens und einer Rückkoppelung der Ergebnisse an diese Ebene. Diese Vorgänge sind in dem Modell mit (1) und (2) gekennzeichnet. Der ICJV-Erfolg liegt genau in dem Erreichen der durch die Unternehmen vorgegebenen Ziele (1) und die Zielereichung wird durch die Unternehmen festgestellt (2). Für die Datenerhebung sind die kulturellen Dimensionen (3), Managementfunktionen (4) und Prozessfunktionen (5) von besonderer Bedeutung. Ebenfalls bedeutsame sind die Einflüsse der kulturellen Dimensionen auf die Managementfunktionen (6) und die Prozessfunktionen (7). Zuletzt werden die Zusammenhänge zwischen diesen Faktoren und dem ICJV-Erfolg untersucht (8), (9), (10).

Das Modell umfasst fünf Hauptkonstrukte (Unternehmen, ICJV-Erfolg, Kultur, Management, Prozesse) und angenommene Einflussrichtungen. Insgesamt stellt es die Grundannahmen für die vorliegende Untersuchung dar. Allerdings ist aus der bisherigen Diskussion deutlich geworden, dass diese Grundannahmen aus der Theorie und dem Vorverständnis des Autors abgeleitet sind. Es bildet in einem gewissen Sinn den ersten Entwurf einer Landkarte, deren Angaben durch die gesammelten Daten ergänzt und korrigiert werden.

8.3.3 Durchführung der Interviews

Die Bedeutung der Sprache als Königsweg zu den kognitiven Landkarten der Mitglieder eines ICJVs ist bereits ausführlich erläutert worden. Hierüber wird der Zugang zu dem hermeneutischen Verstehen der Beteiligten von ihrer unmittelbaren Mitwelt gesucht. GEERTZ fasst diesen Gedanken noch einmal zusammen: „ *Believing, with Max Weber, that man is an animal suspended in the webs of significance he himself has spun, I take culture to be those webs, and the analysis of it to be therefore not an experimental science in search of law but an interpretive one in search of meaning.*“[303] Dies müssen die Interviews ermöglichen.

Ausgangspunkt für Überlegungen zu den Interviews und der Interviewtechnik sind die Erkenntnisse über ethnographische Interviews. Ethnographische Interviews sind von Anthropologen und Soziologen entwickelt worden im Rahmen der Ethnomethodologie. Diese geht auf GARFINKEL zurück und ihr Kern besteht darin, die Denkkategorien einer bestimmten Gruppe in ihrer ursprünglichen Form zu erfassen.[304] Sie grenzt sich damit gegenüber einem Vorgehen ab, bei dem Fachleute (Anthropologen und Soziologen) ihre Denkstrukturen bei der Befragung vorgeben, indem sie beispielsweise nach dem „Prozess der primären Sozialisation“ fragen. Wichtig ist es den Begriff des „Ethnos“ nicht nach seinem literalen Sinn zu verstehen (gr. Volk) sondern im übertragenen Sinn als Bezeichnung für eine abgegrenzte Gruppe, eine Subkultur mit einer eigenen Konstruktion der Wirklichkeit und einer dazugehörigen Sprache.

Zentrale Erkenntnis bei der Ethnomethodologie ist somit die Tatsache, dass die beiden Partner eines Interviews über verschiedene Fachsprachen und damit zumindest teilweise über unterschiedliche Auffassungen von den realen Gegebenheiten dieser Welt verfügen und dass eine Vermischung dieser Sprachen zu einer Veränderung der Realität führt, die von den Befragten erläutert werden soll. Wird das Interview in

---

[303] S. GEERTZ (Interpretation 1973), S. 5

[304] Vgl. GARFINKEL (Ethnomethodology 1984)

der Fachsprache der Interviewer geführt, dann wird die Übersetzungskompetenz der Befragten angesprochen.[305] Dies ist die Todsünde ethnographischer Interviews. Fragen wie „Warum"? und „Was bedeutet das"? fordern die Übersetzungskompetenz heraus, weil sie dem Befragten mitteilen, dass er sich nicht verständlich gemacht hat.

Bei ethnographischen Interviews wird zwischen deskriptiven, strukturellen und Gegensatzfragen unterschieden. Bei deskriptiven Fragen wird immer die Beschreibung eines Realitätsausschnittes erbeten. In die Beschreibung, die der Befragte abgibt, sind dann die zu Grunde gelegten Konstrukte eingebettet. Diese Fragen erlauben dem Befragten in vollem Umfang seine Sicht der Dinge auszubreiten. Sie führen im Idealfall zu „dichten Beschreibungen", die für Ethnographen eine Goldmine darstellen.[306] Antworten auf strukturelle Fragen erlauben bei der Auswertung eine Ausweitung der in den Beschreibungen angedeuteten Konstrukte und das Erkennen von Verbindungen zwischen den Konstrukten. Gegenstandsfragen ermöglichen es zu überprüfen, ob ein Gegenstand zu einem Konstrukt gehört oder nicht und darüber hinaus wird die Bedeutung von Begriffen erklärt.[307]

Weil Ethnographen kein Vorverständnis für die Denkformen der untersuchten Gruppe haben und sie die Übersetzungskompetenz nicht ansprechen wollen, ist es ständig notwendig dem Interviewpartner die eigene Unkenntnis der Sache zu vermitteln.[308] Im Verlauf der Untersuchung schreitet der Forscher von dem Zustand der Unkenntnis zu einem Zustand der Erkenntnis auf den Stufen der hermeneutischen Spirale empor.[309]

Reine ethnographische Interviews werden zwischen Soziologen und Mitgliedern einer Gruppe (natives!) geführt. Was ändert sich, wenn wie im vorliegenden Fall die Interviews zwischen zwei Mitgliedern der gleichen Gruppe (Sozialisation in ICJVs) geführt werden? Im einfachsten Fall wird an der Konstruktion der Realität gearbeitet. Wenn dann allerdings ein Gesprächspartner ein Forschungsinteresse hat, ändert sich die Situation wiederum. Solch eine Form des Interviews wollen wir hier als Peer-Interview bezeichnen.

Bei Peer-Interviews sprechen die Beteiligten die gleiche Sprache, sie haben eine ähnliche Sozialisation bezüglich des Untersuchungsgegenstandes erfahren. Aus diesem Grund kann das Problem der Übersetzung nicht auftreten und deshalb können auch Fragen wie „Warum"? und „Was bedeutet das"? gestellt werden. Darüber hinaus ist es auch möglich, die Antworten des Interviewten anzuzweifeln und nachzuhaken. Insgesamt ergibt sich die Möglichkeit, schneller und tiefer in die spezifische Welt des Untersuchungsgegenstandes einzudringen. Die Interviews beginnen auf

305 Vgl. SPRADLEY (Interview 1979), S. 19 f.
306 S. GEERTZ (Interpretation 1973), S. 6 ff.
307 Vgl. SPRADLEY (Interview 1979), S. 58 ff.
308 Vgl. SPRADLEY (Interview 1979), S. 28 f.
309 Vgl. MAYRING (Sozialforschung 2002), S. 29 f.

einem hohen Erkenntnisniveau. Dieses Niveau für die vorliegende Arbeit ist in Bild 34 als Modell dargestellt und aus diesem Modell soll mittels der durch Feldforschung erhobenen Daten ein Gesamtmodell für ICJVs entwickelt werden. Den notwendigen Schritt beschreiben STRAUSS / CORBIN: „*...development of an idea into theory still necessitates that an idea can be explored fully and considered from many different angels or perspectives.*“[310]

Ziel der Peer-Interviews ist es diese vielfältigen Perspektiven aufzunehmen und zu verarbeiten. Damit verliert auch das Bild der hermeneutischen Spirale an Kraft. Unterschiedliche Durchläufe, die im Forschungsalltag aus Kostengründen sowieso oft unterbleiben (müssen), und ein Fortschreiten von Vorverständnis über eine Untersuchung zu einem neuen Gegenstandsverständnis und daran anschließend zu einem neuen Vorverständnis haben nicht mehr die gleiche Dringlichkeit. STRAUSS / CORBIN führen auch eine Ausnahme von dem Fortschreiten auf der hermeneutischen Spirale an, nämlich dann, wenn Forscher auf vorhergehende Forschungen aufbauen.[311] Eine gemeinsame und gleichgerichtete Sozialisation hat als Grund für eine solche Ausnahme sehr viel stärkere Bedeutung.

Auch wenn somit von den Grundregeln des ethnographischen Interviews abgewichen wird, ist ein Peer-Interview dennoch eine Sonderform davon. Es wird das gleiche Ziel verfolgt, aus den Daten eine emergente Theorie abzuleiten. Diese Theorie ist nicht mit den „Grand Theories“ zu vergleichen, die oft als Musterbeispiele für Theorien herangezogen werden wie etwa NEWTONS klassische Mechanik. Es handelt sich um Alltagstheorien der sozialen Mitwelt oder anders ausgedrückt um konsolidierte auf Erfahrung und Lernprozessen beruhende Konzepte und Modelle. Die gegenstandsbezogene Forschung wurde von GLASER / STRAUSS ausdrücklich als Gegenstück zu diesen „Grand Theories“ entwickelt.[312] Die Interviews müssen es ermöglich, dass sich bei ihrer Auswertung emergente Strukturen entwickeln können, die dann eine modellhafte Erfassung der Wirklichkeit von ICJVs ermöglichen.

Aus diesem Grund ist es wünschenswert, dass die Interviews sowohl eine Struktur aufgrund des Vorverständnisses aufweisen als auch nach Möglichkeit dichte Beschreibungen hervorrufen. Dazu dienen problemzentrierte Interviews. Dabei erarbeitet sich der Forscher wesentliche Erkenntnisse vor der Interviewphase, während der Interviews herrscht eine Orientierung am Untersuchungsgegenstand vor und bei der Auswertung eine Prozessorientierung, bei der sich Zusammenhang und Beschaffenheit der einzelnen Elemente langsam herausschälen.[313] Problemzentrierte Interviews sind auch im Rahmen der reinen Ethnomethodologie eingesetzt worden.[314]

---

310 S. STRAUSS / CORBIN (Qualitative Research 1998), S. 21 f.
311 Vgl. STRAUSS / CORBIN (Qualitative Research 1998), S. 33
312 Vgl. GLASER / STRAUSS (Grounded Theory 1967), S. 10 ff.
313 Vgl. WITZEL (Problemzentriertes Interview 1982), S. 72
314 Vgl. CICOUREL (Method 1974)

Im Anhang sind die beiden Fragebögen abgedruckt, die bei der Datenerhebung verwendet wurden. Sie enthalten deskriptive, strukturelle und Gegensatzfragen wie es in ethnographische Interviews üblich ist. Geschlossene (Ja/nein) Fragen sind nicht enthalten. Wenn solche Fragen aufkamen, schloss sich daran immer eine offene Folgefrage. Die Interviews selbst zeigen den Umgang mit den Fragebögen. Wenn sich das Gespräch informativ und inhaltsreich entwickelte, hat der Fragebogen manches Mal überhaupt keine Rolle mehr gespielt. Die Interviews enthalten Antworten zu den gleichen Aspekten (Vielfalt der Perspektiven) und dichte Beschreibungen von Einzelaspekten.

Die Einzelschritte bei der Interviewdurchführung folgten dem Vorschlag von MAYRING: Problemanalyse – Leitfadenkonstruktion – Leitfadenerprobung – Interviewdurchführung – Aufzeichnung auf Tonträger.[315]

Eine wichtige Frage ist noch, in welcher Sprache die Interviews durchgeführt werden sollten. Da Personen mit unterschiedlichen Muttersprachen befragt wurden (z.B. Japaner, Chinesen und Koreaner) ist die Verwendung der jeweiligen Muttersprache nicht möglich. Es ist auch nicht notwendig, da alle Mitglieder in ICJVs sich auf Englisch verständigen und ihre gemeinsame Welt in dieser Sprache konstruieren. Wenn im Feld Englisch gesprochen wird, dann ist es auch naheliegend diese Sprache für alle Interviews zu wählen, auch wenn es sich bei den Gesprächspartnern um Deutsche handelt. Die Aufzeichnung und deren Niederschrift erfolgten ebenfalls in englischer Sprache. Der Bruch vollzieht sich dann bei der Datenauswertung, das Ergebnis der Auswertung wird in deutscher Sprache vorgelegt. Bei der Durchführung der Interviews mit Deutschen haben sich daraus keine Irritationen ergeben, sie verliefen vollkommen natürlich.

8.4 Fallauswahl

Nicht nur die Daten aus den Interviews müssen die richtige Qualität haben, sondern auch die befragten Personen müssen über Erfahrungen verfügen, die eine wirklichkeitsnahe Beschreibung der Welt von ICJVs ermöglicht. Diesen Vorgang nennt man theoriegeleitete Fallauswahl (theoretical sampling).[316] Die dazugehörigen Überlegungen werden in den folgenden Abschnitten ausgeführt.

8.4.1 Zielsetzung

Das Forschungsziel ist es, die internen Erfolgsfaktoren eines ICJVs zu finden, um den durch die vorgegebenen Ziele definierten Gesamterfolg zu erreichen. Dazu wer-

---

315 Vgl. MAYRING (Sozialforschung 2002), S. 71 f.

316 Vgl. GLASER / STRAUSS (Grounded Theory 1967), S. 45 ff.

den Interviews auf zwei Ebenen geführt: (1) die Führungsebene von international tätigen Bauunternehmen und (2) ICJVs.

Zum Personenkreis (1) gehören die Mitglieder der Vorstands-/ Geschäftsführungsebene oder der Ebene, die unmittelbar Verantwortung für das Auslandsgeschäft in der Unternehmenszentrale trägt (Auslandsdirektoren, Spartenleiter mit Einschluss der Auslandsverantwortung). Dieser Personenkreis definiert und kontrolliert die Ziele der ICJVs. Die Kenntnis der Ziele ist unabdingbar für die Bewertung des ICJV-Erfolges. Der zu befragende Personenkreis innerhalb des ICJV (2) besteht aus dem Topmanagement eines ICJV (Projektmanager und Funktionsmanager), der Gruppe der Abschnittsbauleiter oder der das Topmanagement unterstützenden Stabsabteilungen. Sie werden zu den internen Problemen befragt und zu den Erfolgsfaktoren, die zu einer Minimierung interner Reibung und zu einer effizienten Gestaltung innerer Prozesse führen, um dadurch den vorgegebenen Gesamterfolg zu erreichen. Als Kriterium für die Dateninterpretation wird eine hinreichende Trennschärfe zwischen der Übereinstimmung der erhobenen Daten mit den formulierten Annahmen und der Nicht-Übereinstimmung mit alternativen Annahmen gewählt.

8.4.2 Fallstudien

Die Forschungsfragen sind explorativ, die Hauptforschungsrichtung ist jedoch die theoriegeleitete Suche nach hermeneutischen Erklärungszusammenhängen. Dafür sind multiple Einzelfallstudien gut geeignet, weil sie Replikationen ermöglichen und damit die Beweiskraft der Ergebnisse verstärken können.

Singuläre Einzelfallstudien werden eher angewandt um (1) eine bestehende Theorie zu überprüfen, (2) bei besonderen Umständen, (3) bei typischen Fällen, (4) bei enthüllenden Fällen oder bei (5) Längsschnittstudien.[317] Um eine Theorie zur erfolgreichen Umsetzung der Ziele eines ICJV aufzubauen sind die Anwendungsfälle (1), (2) und (4) völlig ungeeignet. Längsschnittstudien sind zur Absicherung einer neuen Theorie im Hinblick auf den zeitlichen Verlauf, aber nicht für den Entwurf einer Theorie geeignet. Natürlich wäre es wünschenswert, eine typische Einzelfallstudie durchzuführen um Ressourcen zu sparen. Die Schwierigkeit besteht an dieser Stelle jedoch darin, ein typisches ICJV zu definieren.

Bei der Auswahl von geeigneten Einzelfällen im Hinblick auf die Fragestellungen innerhalb dieser Untersuchung wird versucht, solche typischen Fälle zu finden. Um dies abzusichern, sollen multiple Einzelfallstudien an einem Projekt durchgeführt werden. Wenn bei diesen wiederholt die gleichen Ergebnisse auftreten (tatsächliche Replikationslogik), beweist das weitgehend die generelle Gültigkeit der Ergebnisse. Darüber hinaus soll durch eine Einzelfallstudie an einem anderen Projekt untersucht

[317] Vgl. YIN (Case study 2003), S. 116 ff.

werden, ob die gefundenen Ergebnisse auch unter anderen Umständen ihre Gültigkeit behalten (theoretische Replikation).

Für multiple Einzelfallstudien empfiehlt YIN die Auswahl von sechs bis zehn Einzelfällen, um eine überzeugende Beweisführung zu liefern.[318] Dabei sollen sowohl tatsächliche Replikationen (zwei bis drei Fälle) als auch theoretische Replikationen (vier bis sechs Fälle) möglich sein. EISENHARDT weist darauf hin, dass die Auswahl nicht zufällig sondern gezielt als theoriegeleitete Auswahl erfolgen soll.[319]

Der folgende Abschnitt beschreibt die Auswahl der Einzelfälle zur Untersuchung der Zielvorgaben für die ICJVs. Daran schließt sich die Fallauswahl für die Erfolgsbestimmung der ICJVs an und den Abschluss bildet die Auswahl eines Falles als Probestudie (Pilot Case Study).

8.4.2.1 Fallauswahl 1: Zielsetzung für ICJVs

Es wurde bereits erläutert, dass die Ziele für die ICJVs auf der Unternehmensebene gesetzt werden. Dies bezieht sich auf die Zielformulierung (Punkt (1) in Bild 34) und die Zielüberprüfung (2). Deshalb werden als Einzelfälle Bauunternehmen in Deutschland befragt, die im Auslandsgeschäft tätig sind. Eine entsprechende Liste wird vom Hauptverband der deutschen Bauindustrie bereit gestellt (vgl. Anlage 2). Diese Liste umfasst 17 Unternehmen, die somit 17 Einzelfälle darstellen. In mindestens der Hälfte dieser Bauunternehmen sollen ein bis zwei Personen des Topmanagements befragt werden. Damit ergibt sich für die Bundesrepublik Deutschland ein umfassendes Bild.

Die Annahme ist naheliegend, dass ähnliche Zielsetzungen für Unternehmen aus anderen Ländern ebenfalls Gültigkeit besitzen, gerade weil alle auf einem globalen Markt konkurrieren. Dies führt in der Regel zu einer Anpassung des Verhaltens. Allerdings ist diese Argumentation allein nicht beweiskräftig. Deshalb ist mindestens eine ausländische Person zu befragen.

8.4.2.2 Fallauswahl 2: Innere Erfolgsfaktoren von ICJVs

Die Befragung wurde 2003 durchgeführt und zu dieser Zeit wurde in Taiwan der High Speed Railway gebaut (vgl. Abschnitt 1.4.2). Die Bauzeit für die Ingenieurbauwerke bei diesem Projekt erstreckt sich über den Zeitraum von 2000 bis 2004. Die gesamten Ingenieurarbeiten wurden in 11 Design/Build-Verträge (Contracts) aufgeteilt, die an folgende neun ICJVs vergeben wurden, wobei zusätzlich die Partnerunternehmen des ICVJV und deren Heimatländer genannt sind:

- Contract C 210 und C 215: Obayashi (Japan), Fu Tsu (Taiwan)

[318] Vgl. YIN (Case study 2003), S. 47.
[319] Vgl. EISENHARDT (Building Theories 1989), S. 537

- Contract C 220: Daiho (Japan), Chiu Tai (Taiwan), Kou Kai (Taiwan)
- Contract C 230: Hyundai (Korea), Zen Pacific (Hongkong), Chung Lin (Taiwan)
- Contract C 240: Hyundai (Korea), Chung Lin (Taiwan)
- Contract C 250: Hochtief (Deutschland), Ballast Nedam (Niederlande), Pan Asia (Taiwan)
- Contract C 260 und C 270: Bilfinger Berger (Deutschland), Continental (Taiwan)
- Contract C 280: Samsung (Korea), Hanjung (Korea), International (Taiwan)
- Contract C 291: Evergreen (Taiwan), Shimizu (Japan)
- Contract C 295: Evergreen (Taiwan), Italian Thai (Thailand), Pacific Electric Wire & Cable (Taiwan)

Dieses Projekt bietet bei gleichen externen Bedingungen (politische, soziale, rechtliche und wirtschaftliche Umwelt), bei dem gleichen Bauherrn und bei vergleichbaren Bauaufgaben eine Konzentration auf die gewählte Fragestellung. Durch die Gleichheit eines Großteils der Einflussfaktoren liegen die Bedingungen eines Quasi-Experiments vor. Insgesamt stehen bei dem Projekt neun Einzelfallstudien zur Verfügung. Dies ermöglicht die Untersuchung der Dimension Kultur ((3) im Untersuchungsmodell), Management (4) und Prozesse (5) in allen Einzelfallstudien (within-case Analysis). Gleichzeitig kann in diesen auch der jeweilige Einfluss einer Dimension auf den ICJV-Erfolg ermittelt werden (8), (10). Das in Bild 34 angegebene Untersuchungsmodell postuliert einen Einfluss nationaler Kulturen auf die Managementfunktionen (6), die Prozessfaktoren (7) und den ICJV-Erfolg (9). Dieser Einfluss kann durch Vergleich der Einzelfälle untereinander ermittelt werden (cross-case Analysis), da die ICJVs unterschiedliche nationale Zusammensetzung aufweisen, wobei einer der Partner immer aus Taiwan ist.

Es sind die in Tabelle 31 angegebenen Replikationen möglich, wobei jeweils die geforderte Anzahl der Replikationen erreicht oder deutlich überschritten wird. Dadurch wird es nicht notwendig, alle ICJVs zu befragen. Zusammenfassend kann festgehalten werden, dass das ausgewählte Projekt die Forderungen in hervorragender Weise erfüllt, die an multiple Einzelfallstudien gestellt werden.

Tabelle 30: Replikationsmöglichkeiten
Table 30: Replication Logic

Einzelfall	Punkte im Untersuchungsmodell (Bild 34)	Replikationsart
Contract C 210 / C 215	(3), (4), (5), (8), (10)	Insgesamt neun tatsächliche Replikationen zur Untersuchung der fünf Konstrukte
Contract C 220		
Contract C 230		
Contract C 240		
Contract C 250		
Contract C 260 / 270		
Contract C 280		
Contract C 291		
Contract C 295		
Gruppe 1 (Japan / Taiwan): C 210/215, C 220, C 291	(6), (7)	Insgesamt vier tatsächliche Replikationen zur Untersuchung des Einflusses von Kultur auf Managementfunktionen und Prozessfaktoren
Gruppe 2 (Korea / Taiwan): C 230, C 240, C 280		
Gruppe 3 (Deutschland / Taiwan): C 250, C 260 / 270		
Gruppe 4 (Taiwan / Thailand): C 295		
Gruppenvergleich 1 / 2	(6), (7)	Insgesamt fünf theoretische Replikationen
Gruppenvergleich 1 / 3		
Gruppenvergleich 1 / 4		
Gruppenvergleich 2 / 3		
Gruppenvergleich 3 / 4		

8.4.2.3 Probestudie

Die Probestudie dient dazu, die in diesem Untersuchungsplan dargestellten Methoden und Vorgehensweisen zu überprüfen. Darüber hinaus können neue Erkenntnisse, die sich während der Durchführung der Probestudie ergeben, bei den Felduntersuchungen in Taiwan berücksichtigt werden. Als Hauptkriterium für eine Probeuntersuchung gelten nicht allein theoretische Überlegungen sondern insbesondere die Zugänglichkeit von Personen und Materialien.[320]

Als Probestudie für die vorliegende Untersuchung wird der Bang Na Expressway in Bangkok gewählt. Erstens war der Autor bei diesem ICJV länger als drei Jahre als Projekt-Manager tätig. Zweitens liegen für das Projekt eine Vielzahl von Veröffentlichungen vor und eine Vielzahl von Projektmitgliedern arbeiteten zum Befragungszeitpunkt noch immer in Bangkok. Drittens handelt es sich um eine ähnliche Bauaufgabe wie in Taiwan (Brückenbau). Viertens wurde der Bang Na Expressway in einem andern Land (Thailand) gebaut als der Taiwan High Speed Railway und dies ermöglicht die Abschätzung von einigen externen Faktoren und ihren Einfluss auf den ICJV-Erfolg in einem Einzellfallvergleich (Cross-case Analysis). Fünftens ermöglicht dies die Befragung von Mitgliedern des Topmanagements einer thailändischer Firma (Ch. Karnchang).

8.5 Datenauswertung

Bei der Datenauswertung ist zunächst die gewählte Methodik der gegenstandsbezogene Forschung näher zu beschreiben (8.5.1). Daran schließen sich Überlegungen zu den wissenschaftlichen Gütekriterien dieses Verfahrens an (8.5.2). Schließlich ist noch darzustellen, wie die Daten aufbereitet werden. Dazu sind Transkriptionen der Tonaufzeichnungen notwendig (8.5.3).

8.5.1 Gegenstandsbezogene Forschung

Die gegenstandsbezogene Forschung (Grounded Theory) war eine Antwort auf die „Grand Theories", die in der Sozialforschung bis in die 1960er Jahre vorherrschten. Diese waren verbunden mit einer quantitativen Forschung, bei der wenige Variablen möglichst genau gemessen werden sollten.[321]

Die Pionierleistung wurde von GLASER / STRAUSS mit ihrem Werk „The Discovery of Grounded Theory" erbracht, in dem sie sich auch gegen die „Grand Theories" wenden und dabei nicht an Polemik sparen: „*In the face of this prevalent attitude, we contend, however, that the masters have not provided enough theories to cover all*

[320] Vgl. YIN (Case Study 2003), S. 78 f.

[321] Vgl. CHARMAZ (Constructivist Methods 1994), S. 511

the areas of social life that sociologists have only begun to explore. Further, some theories of our predecessors, because of their lack of grounding in data, do not fit, or do not work, or are not sufficiently understandable to be used and are therefore useless in research, theoretical advance and practical application.“[322] Die geäußerte Kritik ist also dreifach: „Grand Theories“ decken nicht alle interessierenden Bereiche der sozialen Mitwelt ab, sie haben nichts mit der Realität zu tun und sie sind unverständlich. Das Gegenprogramm der gegenstandsbezogenen Forschung will also Theorien entwickeln, die auch weniger bedeutsame Bereiche des sozialen Lebens abdecken, deren Ursprung in der sozialen Mitwelt selbst liegt (induktives vs. deduktives Vorgehen) und die in einer verständlichen Sprache vermittelt werden.

Unter einer Theorie wird im klassischen und allereinfachsten Sinn eine Menge von Propositionen (Aussagesätzen) verstanden, die Prinzipien zur Analyse und Erklärung von Untersuchungsgegenständen beinhalten.[323] Eine andere beschreibende Bestimmung ist von POPPER: „*Die Theorie ist das Netz, das wir auswerfen, um „die Welt“ einzufangen, – sie zu rationalisieren, zu erklären und zu beherrschen. Wir arbeiten daran, die Maschen des Netzes immer enger zu machen.*“[324] In beiden Fällen wird nichts darüber gesagt, wie die Theorien zustande kommen und was ihre Reichweite ist. Natürlich ist bekannt, dass POPPER ein deduktives Vorgehen, Falsifizierbarkeit, hohen empirischen Gehalt und Einfachheit fordert.[325] Dieses Vorgehen bietet sich für Probleme der physischen Welt an und hat sich als erfolgreiches Forschungsprogramm bewährt. POPPERS Beispiele beschränken sich deshalb auch auf naturwissenschaftliche Fragestellungen.

Der Ansatz von GLASER / STRAUSS postuliert nun ein induktives Vorgehen (Ausgang von einer Datenbasis), Anpassungsfähigkeit, niedrigen empirischen Gehalt (da alle interessierenden soziale Bereiche erfasst werden sollen) und Kompliziertheit der Erklärungszusammenhänge bei Wahl einer einfachen Sprache. Gesucht werden anstelle von Makrotheorien („Grand Theories“) solche mittleren bis niedrigen empirischen Gehalts, also Meso- oder Mikrotheorien. In einer sozialen Mitwelt, in der sich die Realität durch sich wechselnde Interpretationen ebenfalls ändert, bietet die gegenstandsbezogene Forschung als Teil eines qualitativen Wissenschaftsprogramms sehr gute Erkenntnismöglichkeiten. Die Ergebnisse sind längerfristig gültig, weil sie Ausnahmen zulassen, sie sind flexibel, weil sie sich sowohl im Entstehungsprozess ändern können als auch danach bei wechselnden Randbedingungen.[326]

Das wichtigste Merkmal der gegenstandsbezogenen Forschung ist der Tatbestand, dass Theorie – in Form einer Mikrotheorie – aus dem Zusammenspiel zwischen For-

---

[322] S. GLASER / STRAUSS (Grounded Theory 1967), S. 11
[323] Vgl. MAUTNER (Philosophy 2000), S. 563
[324] S. POPPER (Logik 1994), S. 31
[325] Vgl. POPPER (Logik 1994), S. 1 ff., 47 ff., 97 ff., 77 (Reihenfolge wie im Text)
[326] Vgl. CHARMAZ (Constructivist Methods 1994), S. 511

scher und denjenigen erwächst, welche die Ergebnisse der Forschung nutzen können. Dies haben GIBBONS et al. als Modus 2 Forschung bezeichnet, die sich gegenüber Wissen abgrenzt, welches von Forschern in bestimmten isolierten Forschungsinstitutionen generiert wird. Es wird bei der gegenstandsbezogenen Forschung nicht nur die Angebotsseite, sondern auch die Nachfrageseite von Forschung mit eingebunden.[327] Da die Untersuchung von ICJVs multidisziplinäres Wissen erfordert, da es sich um eine Untersuchung in der sozialen Mitwelt handelt, bietet sich eine solche Modus 2 Vorgehensweise an. Ergebnisse werden unter Gleichrangigen erarbeitet (Peer-Interviews), es nehmen Ingenieure und Betriebswirte aus unterschiedlichen Kulturen daran teil und das Ziel ist eine operationsanalytische Forschung.

Dabei handelt es sich um ein Forschungsparadigma, das bisher weder im Management noch in der Bauindustrie verbreitet ist. PARTINGTON spricht von wenigen Veröffentlichungen in der Managementforschung, die als erfolgreiche Anwendung eines genau beschriebenen Vorgehens auf der Grundlage der gegenstandsbezogenen Forschung angesehen werden können.[328] In der Bauindustrie gibt es unseres Wissens eine einzige Arbeit von LOOSEMORE.[329]

Obwohl die Geschichte der gegenstandsbezogenen Forschung kurz ist, gibt es keinen Mangel an Streitigkeiten. GLASER ist mehr der ursprünglichen Form treu geblieben, bei welcher der Forscher seine ganze Kreativität einsetzen kann und auf seine Intuition vertraut.[330] STRAUSS hat dagegen mit seiner neuen Co-Autorin CORBIN eine recht detaillierte Vorgehensweise erarbeitet. Diese soll als Hilfestellung bei der Datenauswertung dienen, nicht als Rezept: „*We emphasize strongly that techniques and procedures, however necessary, are only a means to an end. They are not meant to be used rigidly in a step-by-step fashion.*“[331] Der Vorteil, den eine Anlehnung an die Methodik von STRAUSS / CORBIN bietet, ist eine höhere Reliabilität bei der Auswertung und deshalb wird in dieser Arbeit diese Vorgehensweise eingesetzt. Es zeigt sich dann sehr schnell, dass auch ein methodisches Vorgehen viel Spielraum lässt und viele Entscheidungen fordert. Die Methodik ist eine Hilfestellung, aber sie ist (gewollt) nicht stringent als Rezept ausgearbeitet. PARTINGTON schreibt dazu: „*The difficulty of applying universal grounded theory prescriptions is borne out by the experience with doctoral students working in the field of organization and management who attempted to follow the Strauss and Corbin approach but have abandoned it because of its bewildering complexity.*"[332] Nach eigenen Erfahrungen zwingt die

---

327 Vgl. GIBBONS et al. (Knowledge 1994), S. 7
328 Vgl. PARTINGTON (Grounded Theories 2000), S. 95
329 Vgl. LOOSEMORE (Construction Crisis 1999)
330 Vgl. GLASER (Emergence 1992)
331 S. STRAUSS / CORBIN (Qualitative Research 1998), S. 14
332 S. PARTINGTON (Grounded Theories 2000), S. 95

Vorgehensweise weder dazu die Daten zu vergewaltigen noch ist sie zu komplex. Hinter dieser Erkenntnis steht allerdings ein langer Sommer unendlicher Frustration.

Ein zweiter Streitpunkt ist die der gegenstandsbezogenen Forschung zugrunde liegende Art des Weltverständnisses, sei es als nomologische oder als hermeneutische Ordnung. In der englischsprachigen Welt wird dabei von einem Gegenüber von positivistischer und konstruktivistischer Ordnung gesprochen. CHARMAZ weist GLASER eine traditionell positivistische Haltung nach, STRAUSS / CORBIN eine postpositivistische Haltung, und sie selber nimmt eine dezidiert konstruktivistische Position ein. Ihre gute Nachricht ist, dass die gegenstandbezogene Forschung davon nicht abhängt.[333] Nach den bisherigen Ausführungen dieses Teil zur Forschungsmethodik legen wir notwendigerweise (aber ursprünglich freiwillig!) ebenfalls ein konstruktivistisches Weltbild für ICJVs zugrunde.

Doch was ist jetzt die Vorgehensweise der gegenstandsbezogenen Forschung? Ziel ist es aus den Daten eine Theorie für den Untersuchungsgegenstand zu schaffen. Dazu dienen als Grundpfeiler die theoriegeleitete Fallauswahl (theoretical sampling auch in dem Sinne von Auswahl geeigneter Interviewpartner und geeigneter Fragen) und der ständige Abgleich von Daten und Analyse.[334] Da die theoriegeleitete Fallauswahl bereits beschrieben wurde, konzentrieren sich die Erörterungen auf die Interaktion.

Die folgenden Ausführungen beziehen sich alle auf STRAUSS / CORBIN.[335] Ausgehend von Interviewdaten die in Form einer vollständigen Transkription vorliegen, erfolgt zunächst eine Mikroanalyse, bei der jedes Interview Zeile für Zeile auf das untersucht wird, wovon der Befragte spricht. Durch die Methode der offenen Kodierung werden Bruchstücke der Aussage (Satzteile oder Sätze) in einem oder wenigen Worten zusammengefasst. Dieses nennt man einen Kode und diese Form wird als offen bezeichnet, weil sie noch keine Struktur hat. Kodes stehen für Ereignisse, Gegenstände, Handlungen.

Für diese Arbeit wurden 35 Interviews einer Mikroanalyse unterzogen. Da sich dabei im Rahmen der offenen Kodierung eine Vielzahl von Kodes ergibt, haben wir diese nach einer Zeit verdichtet um mit einer kleineren Zahl weiterzuarbeiten. Dieser Prozess wurde mehrfach wiederholt. Die Interviews umfassen etwa 12.000 Zeilen von Aussagen der Befragten und wenn man für jeweils zwei Zeilen einen Kode verwendet, ergäbe dies annähernd 6.000 unterschiedliche, ähnliche oder vergleichbare Kodes. Diese Menge zwingt zu einem „Einkochen“. Daraus entsteht dann eine konsolidierte Liste von Bezeichnungen für den Inhalt der Interviews und sie repräsentieren die Phänomene, aus denen die soziale Mitwelt von ICJVs besteht. Genau anders als bei POPPER, der mit Hilfe der Theorie die Wirklichkeit einfängt, ist die

333 Vgl. CHARMAZ (Constructivist Methods 1994), S. 510
334 Vgl. PARTINGTON (Grounded Theories 2000), S. 93

Wirklichkeit das Netz, aus dem die Fische als Phänomene gesammelt werden, die dann durch eine Kategorisierung zu einer Theorie verdichtet werden können.

An der Erschaffung der sozial konstruierten Mitwelt nehmen Individuen und Gruppen teil und die Mitwelt wirkt zurück auf die Individuen und Gruppen. Sie besteht aus Phänomenen und Konzepten, die Phänomene miteinander in Beziehung setzen. Diese werden durch Interviews gesammelt und zur Auswertung einem Computer zugeführt, wobei der Computer die Daten symbolisiert (vgl. Bild 35).

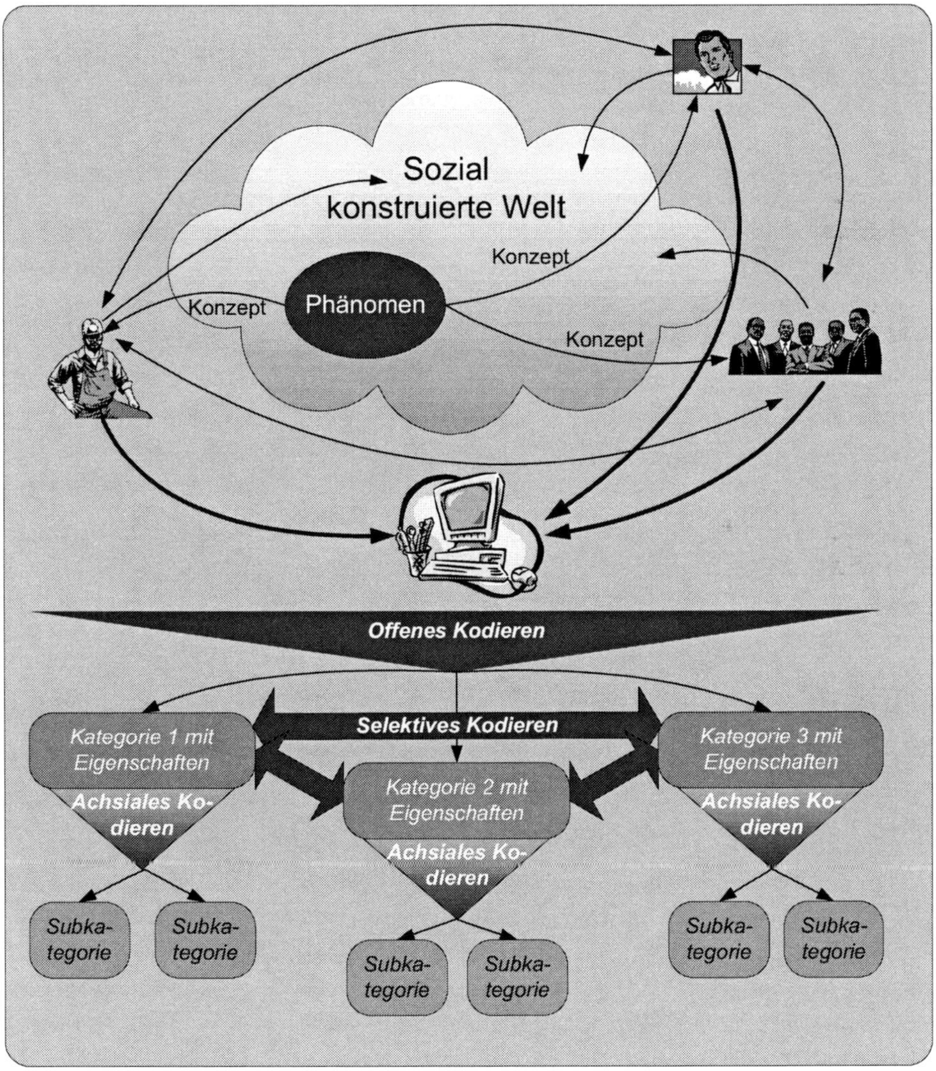

Bild 35: Methodik der gegenstandsbezogenen Forschung
Fig. 35: Methodology of Grounded Theory

[335] Vgl. STRAUSS / CORBIN (Qualitative Research 1998)

Mithilfe der offenen Kodierung sind auch Kategorien zu finden. Dabei handelt es sich um eine Zusammenfassung von zueinander gehörigen Kodes. Kategorien sind Konzepte, die Phänomene der sozialen Mitwelt repräsentieren und welche die Gegenstände, Ereignisse und Handlungen verbinden, die während der offenen Kodierung gefunden wurden. Gleichzeitig werden in Memos erste Gedanken zu Kodes und Kategorien aufgeschrieben.

Wenn Kategorien gebildet sind, werden die Daten nochmals durchsucht um Eigenschaften von Kategorien und deren Ausprägung herauszuarbeiten. Wenn man z. B. eine Kategorie „Zusammenarbeit“ untersucht, kann man sicherlich zwischen einer unmittelbaren Zusammenarbeit in einem Raum und einer mittelbaren per Telefon unterscheiden. Dabei treten dann Ausprägungen wie „eng“, „vertraut“, „häufig“ oder eben deren Gegenteile auf.

Ziel der axialen Kodierung ist eine weitere Verdichtung von Daten, die zunächst bei der offenen Kodierung fragmentiert wurden. Dabei werden Kategorien mit Subkategorien verbunden, so dass eine umfassendere Erklärung des jeweils betrachteten Phänomens entsteht. Subkategorien erfassen Zusatzinformationen, die Antwort auf die Frage geben, wann, wo, warum und wie ein Phänomen auftritt. Kategorien und Subkategorien bilden eine Struktur. Darüber hinaus ergeben sich aus der Frage „wann“? zeitliche Prozesse. Während die offene Kodierung nur Struktur erkennen lässt, so ergeben sich bei der axialen Kodierung auch Einblicke in Prozesse. Die Struktur erläutert, warum etwas geschieht. Prozesse erläutern, wie etwas geschieht.

Neben der offenen und der axialen ist die selektive Kodierung eine drittes Hilfsmittel der Textanalyse. Ziel der selektiven Kodierung ist die Verfeinerung der Kategorien und deren Verknüpfung untereinander. Die Kategorien mit ihren Subkategorien und den Verknüpfungen sind das Beziehungsgeflecht von Mikrotheorien. Arbeitsschritte der selektiven Kodierung sind: (1) Festlegen der zentralen Kategorie, (2) Verknüpfung der zentralen mit den anderen Kategorien, (3) Niederschrift des roten Fadens, (4) Aufsuchen von Ungereimtheiten (ungenügende Erklärungskraft einer Kategorie, überflüssige Details), (5) Validierung der Mikrotheorie durch den Vergleich mit den Daten.

Die Prozesskodierung überlagert die drei anderen Arten. Blickpunkt sind dabei dynamische Entwicklungen, die helfen Prozesse zu beschreiben. Durch sie wird nicht nur der Struktur als Raum, sondern auch der Zeit hinreichende Beachtung geschenkt. Man kann zwischen zwei Prozessarten unterscheiden, nämlich zwischen offenen und geschlossenen Prozessen. Prozesse, die in Phasen ablaufen, sind weitgehend auf ein klar definiertes Ziel ausgerichtet (z.B.: Bauvorhaben). Prozesse, die sich aus dem Wechselspiel von Aktion und Reaktion ergeben, haben ein offenes Ende (z.B.: Managementprozesse).

Neben diesen Kodierungsschritten werden noch besondere Techniken eingesetzt, bei denen der Abgleich von Daten und Analyse als wichtigste schon erwähnt wurde. Dabei werden nicht nur Wissen, Handlungen und Erfahrungen verschiedener Personen miteinander verglichen, sondern auch die Daten einer Person im Zeitablauf, die unterschiedlichen Ereignisse sowie die Daten und Kategorien und die einzelnen Kategorien untereinander.[336] Es handelt sich also in hohem Maße um einen iterativen Vorgang. Dies mag den Eindruck einer „bewildering complexity" verursachen.

Als Hilfsmittel gibt es verschiedene Computerprogramme. Für diese Arbeit wurde ATLAS.ti, Version 5.0 verwendet. Dieses Programm wurde ausdrücklich als ein Programm auf der Suche nach hermeneutischen Verstehen unter Verwendung der gegenstandsbezogenen Forschung geschrieben. Ein warnender und ermunternder Hinweis von STRAUSS ist im Vorwort abgedruckt: „*...the program author makes no claim whatever to having produced a program that will perform miracles for your research – you still have to have the ideas and the gifts to do exceptional research.*"[337]

Auch wenn es Kritik gibt an Computerprogrammen bezüglich deren Eignung für ein konstruktivistisches Weltbild und hinsichtlich der Gefahr blindlings Prozeduren zu durchlaufen,[338] so bilden sie doch eine hervorragende Hilfe bei der Organisation der Daten. Dabei bleibt die eigentliche Arbeit aber eine geistige Tätigkeit.

8.5.2 Gütekriterien

Im allgemeinen wird die Qualität einer wissenschaftlichen Arbeit an den klassischen Gütekriterien der Validität (Gültigkeit) und der Reliabilität (Genauigkeit) gemessen.[339] Im Weiteren kann man bei der Validität zwischen der Konstruktvalidität sowie interner und externer Validität unterscheiden. Zusammengefasst entsteht folgendes Schema:

- Konstruktvalidität ⇒ Eignung der Messinstrumente
- Interne Validität ⇒ Gültigkeit der Erklärungszusammenhänge
- Externe Validität ⇒ Gültigkeit der Generalisierungen
- Reliabilität ⇒ Konsistente Resultate[340]

Daraus hat YIN eine Tabelle mit Maßnahmen zur Qualitätssicherung der Kriterien entwickelt.[341] Diese Angaben sind in der Tabelle 32 zusammengestellt. Bei einer Überprüfung der Durchführung von Datenerhebung und -auswertung kann eine weit-

336 Vgl. CHARMAZ (Constructivist Methods 1994), S. 515
337 S. MUHR (Atlas 2004), S. 2
338 Vgl. CHARMAZ (Constructivist Methods 1994), S. 520
339 Vgl. MAYRING (Sozialforschung 2002), S. 140 ff.
340 Vgl. COOPER / SCHINDLER (Research 2001), S. 211 ff. und 400 ff.
341 Vgl. YIN (Case Study 2003), S. 34.

gehende Verwendung der vorgeschlagenen Taktiken zur Qualitätssicherung festgestellt werden.

Zur Sicherung der Konstruktvalidität werden verschiedene Datenquellen (insgesamt 35 Interviews für die ICJVs) benutzt, die zusammenhängende Beweisführung wird durch theoretischen Annahmen gesichert und das Manuskript wird einigen Beteiligten zur Durchsicht zur Verfügung gestellt. 35 Interviews stellen eine genügend breite Datenbasis dar, wenn man einen mittelstarken Sozialisationsdruck annimmt. Dies ist bei ICJVs gerechtfertigt. Zusätzlich ist noch die semantische Gültigkeit, also die Richtigkeit der Kategoriebildung von Bedeutung.[342] Dieses wird durch das Prinzip des ständigen iterativen Abgleichs von Daten und Analyse gewährleistet.

Die interne Validität wird durch die Verwendung der Techniken des Pattern-matching, dem Aufbau von Erklärungszusammenhängen und der Berücksichtigung alternativer Erklärungen gestützt. Es wird also interne Kohärenz gefordert. Die externe Validität basiert auf einer theoriegeleiteten Untersuchung und der Replikationslogik.

Die Reliabilität wird durch diese Erläuterungen zur Methodik und die Dokumentation der Datensammlung sichergestellt. Darüber hinaus werden die Ergebnis nachträglich in vorliegende Forschungsergebnisse eingebettet. Hierdurch entsteht auch eine Absicherung der Ergebnisse in Form einer Triangulation.

Tabelle 31: Kriterien zur Qualitätssicherung
Table 31: Criteria for Quality Assurance

Gütetest	Taktik	Phase
Konstruktvalidität	Vielfalt an Datenquellen	Datensammlung
	Zusammenhängende Beweisführung	Datensammlung
	Durchsicht des Manuskriptes von Befragten	Verfassen des Berichts
Interne Validität	Pattern-matching	Datenanalyse
	Erklärungszusammenhänge	Datenanalyse
	Alternative Erklärungen	Datenanalyse
	Vergleich mit logisch-deduktiven Modellen	Datenanalyse
Externe Validität	Theoriegeleitet Untersuchung für Einzelfälle	Untersuchungsdesign
	Replikationslogik für multiple Einzelfallanalysen	Untersuchungsdesign
Reliabilität	Forschungsmethodik	Datensammlung
	Datensammlung	Datensammlung

[342] Vgl. MAYRING (Inhaltsanalyse 2003), S. 111

8.5.3 Transkriptionen

Die auf einem Tonträger aufgezeichneten Daten können in dieser Form nicht bearbeitet werden. Für die Kodierung im Rahmen der gegenstandsbezogenen Theoriebildung ist ein Arbeiten am schriftlichen Text notwendig. Deshalb werden die Interviews wörtlich niedergeschrieben (transkribiert).

Die Niederschrift erfolgt aus den oben genannten Gründen in der Originalsprache der Interviews – also in Englisch. Dementsprechend werden die Texte auch auf Englisch kodiert. Eine Umsetzung in die Sprache dieser Arbeit erfolgt erst im Rahmen der Theoriebildung. Dadurch werden Übertragungsfehler grundsätzlich vermieden.

Die Transkription der Interviews ist sehr aufwändig, die Übertragung eines einstündigen Interviews dauert zwischen 12 bis 15 Stunden. Die Arbeitsschritte bestehen aus einem Anhören, Niederschreiben, zweiten Anhören, Korrigieren jedes einzelnen Satzes oder Satzabschnitts. Danach wird einige Zeit später das Ergebnis ein weiteres Mal überprüft. Auch diese dritte Überprüfung führt immer noch zu Änderungen. Natürlich gibt es besonders schwerverständliche Äußerungen, die dann erst nach fünf- oder zehnmaligen Hören abgesichert werden können.

Trotz der geschilderten Sorgfalt ist es unmöglich, eine identische Umformung zu erreichen. Die Tonlage, Lachen oder andere akustische Hinweisen werden nicht mit aufgezeichnet. Deshalb ist es notwendig, bei der Kodierung auch immer neben der schriftlichen Fassung die akustische zu berücksichtigen und beide Versionen miteinander abzustimmen.

Nach der Transkription werden alle Einzelfälle mit ihren wesentlichen Merkmalen zusammengefasst. Dabei werden alle weiteren Quellen berücksichtigt: Dokumente, Archivdaten, Beobachtungen und Gesprächsnotizen. Diese Zusammenfassungen dienen dazu, ein Gefühl für das Material zu gewinnen und erste Erkenntnisse für ein erweitertes Vorverständnis.

9 Vergleich der gewählten Methodik mit der Erfolgsfaktorenforschung

Während ICJVs das Untersuchungsobjekt dieser Arbeit sind, so sind die Erfolgsfaktoren die Untersuchungselemente. Wie bereits geschildert ist die Erfolgsfaktorenforschung (EFF) ein relativ junger und sich noch entwickelnder Zweig der Managementforschung, dessen Anfang in den 1960er Jahren liegt und der seit den 1980er Jahren einen bedeutenden Aufschwung erlebt hat (vgl. Kapitel 1.6).[343] HOMBURG / KROHMER nennen die EFF eine der Basisorientierungen betriebswirtschaftlicher Forschung.[344]

Die Grundannahmen und das Vorgehen der zur Zeit geübten EFF werden in Kapitel 9.1 vorgestellt. Daran schließt sich das Kapitel 9.2 mit einer scharfen und verbreiteten Kritik zu dieser Vorgehensweise an, die in dem Vorwurf der Heuchelei gipfelt.[345] Die dadurch ausgelöste heftige Diskussion zwischen Befürwortern und Zweiflern an der EFF wird kurz zusammengefasst. Nach dieser Diskussion kann die EFF nicht mehr so betrieben werden wie zuvor. Deshalb schließen sich in Kapitel 9.3 Überlegungen an, wie auf den Trümmern des bisherigen Gedankengebäudes eine neue Form der EFF errichtet werden kann. Um das Ergebnis vorwegzunehmen: Uns scheint ein solches Gebäude vielversprechend, doch muss es aus anderen Materialien gebaut werden um belastbar zu sein.

9.1 Die nomologische Erfolgsfaktorenforschung

Erfolgsfaktoren sind einige wenige Größen, die für den Unternehmenserfolg entscheidend sind. Dies gilt trotz der Mehrdimensionalität und Mehrkausalität des Unternehmenserfolges.[346] Diese Erfolgsfaktoren werden manchmal als kritische Erfolgsfaktoren bezeichnet um auszudrücken, dass von der Vielzahl der möglichen Faktoren nur einige wenige einen entscheidenden Einfluss ausüben.[347] Ein andermal werden sie strategische Erfolgsfaktoren genannt, weil sie die langfristige Überlebensfähigkeit des Unternehmens sichern.[348]

Eine maßgebliche Studie im Rahmen der Erfolgsfaktorenforschung ist die schon erwähnte PIMS-Studie. Ziel ist es, *„strategische Gesetzmäßigkeiten aufzudecken und zu dokumentieren“*, dazu werden statistische Analysen und wirtschaftliche Überlegungen angestellt.[349] Ergebnis sind strategische Erfolgsfaktoren, die einen Einfluss

---

343 Vgl. SCHRÖDER (Erfolgsfaktorenforschung 1994), S. 89
344 Vgl. HOMBURG / KROHMER (Fliegenpatsche 2004), S. 630
345 Vgl. NICOLAI / KIESER (Erfolglosigkeit 2002)
346 Vgl. HOFFMANN (Kritische Erfolgsfaktoren 1986), S. 832
347 Vgl. ROCKART (Data Needs 1979), S. 85
348 Vgl. GRÜNIG et al. (Methoden 1996), S. 4
349 Vgl. BUZZELL / GALE (PIMS 1989), S. 4

auf die Gesamtkapitalrentabilität ausüben (Return on Investment – ROI). 1987 umfasste die Datenbank Zahlen von 3000 Geschäftseinheiten von über 450 Unternehmen.[350] Die Auswertung ergab, dass 37 unabhängige erklärende Variable 80 % der Varianz der Gesamtkapitalrentabilität erklären. Der Marktanteil ist mit einer Erklärungswirkung von ungefähr 20% am bedeutendsten.[351]

Grundannahme bei der PIMS-Forschung ist, dass man Fakten feststellen und mit Hilfe eines Funktionsgesetzes dann die Möglichkeiten angeben kann. Ein Unternehmen hat einen kleinen Marktanteil und einen unterdurchschnittlichen ROI (Faktizität). Wenn es ihr gelingt den Marktanteil zu steigern, dann wird auch ihr ROI steigen. Dies hat die Form eines Naturgesetzes, wenn man Unternehmen als Dinge betrachtet und somit liegt der PIMS-Studie eine kausalanalytische nomologische Weltsicht zugrunde.

Die Erfolgsfaktoren werden mit Hilfe einer multiplen linearen Regression ermittelt. Der mathematische Regressionsansatz hat dabei folgende Form, die ein klares Beispiel für ein nomologisches Weltbild ist:[352]

$$\hat{Y} = b_0 + b_1 X_1 + b_2 X_2 + \ldots + b_n X_n$$

Die Erörterung der PIMS-Studie ist wichtig, weil sie beispielhaft für die Erfolgsfaktorenforschung ist, und dies gilt gerade auch für die gewählte Weltsicht. Diese nomologischen Weltsicht, die das Walten von Kausalitätsgesetzen als allgemein gültig voraussetzt, ist die Grundlage aller uns bekannten Untersuchungen zur Erfolgsfaktorenforschung. Unterschiede gibt es allerdings bei der Vorstellung über die Reichweite der Gesetzmäßigkeit. Die PIMS-Studie setzt eine große Reichweite voraus, sie basiert auf einer Multi-Sektorenuntersuchung.[353] Die sich daran anschließende Kritik hat einige Autoren dazu geführt, von einer universalen Theorie abzurücken.[354, 355]

STEINMANN / SCHREYÖGG bezeichnen die Ergebnisse der PIMS-Studie als heftig umstritten und nennen neben widersprechenden Beispielen (z.B. kleiner Marktanteil und hoher ROI) insbesondere: *„Strategische Wirkungszusammenhänge entziehen sich auf Grund ihrer zirkulären Interdependenz einer einfachen Kausallogik mit abhängigen und unabhängigen Variablen“*.[356, 357] Dabei hinterfragen sie mit ihrer Kritik der PIMS-Studie nicht die Kausalität, sondern sie bezweifeln, ob eine einfache Kausallogik zirkulär interdependente Tatbestände erfassen kann. Dies wird ganz deutlich bei

---

350 Vgl. OLBRICH (Marketing 2001), S. 70 f.
351 Vgl. STEINMANN / SCHREYÖGG (Management 2005)
352 Vgl. BACKHAUS et al.(Multivariate Analysemethoden 2000), S. 16 f.
353 Vgl. CHRUBASIK / ZIMMERMANN (Evaluierung 1987), S. 443
354 Vgl. DVIR et al. (Non-universal Approach 1998), S. 916
355 Vgl. HAENECKE (Erfolgsfaktorenforschung 2002), S. 166
356 Vgl. STEINMANN / SCHREYÖGG (Management 1997), S. 206
357 Vgl. STEINMANN / SCHREYÖGG (Management 2005), S. 211

dem Vergleich zwischen der vierten und sechsten Ausgabe ihres Buches. Dazwischen haben sie den im Zitat unterstrichenen Satzteil zum besseren Verständnis eingefügt.

Die Betriebswirte BAUER / SAUER erheben eine nomologische Weltsicht im Allgemeinen und insbesondere mit Bezug auf die faktorenanalytische EFF zum *„gängigen Wissenschaftsparadigma"*, bei dem man sich ständig den wahren Gesetzen annähert.[358] Dies entspricht einer vollständigen Übertragung eines der Kernkonzepte des kritischen Rationalismus, nämlich das der Wahrheitsnähe (Verisimilitude) auf die Betriebswirtschaft. In diesem Kontext darf nicht vergessen werden, dass die ersten Ausgabe POPPERS „Logik der Forschung" den Untertitel „Erkenntnistheorie einer modernen Naturwissenschaft" hatte und er selbst den Anspruch nicht auf die Sozialwissenschaften ausdehnte (allerdings auch nicht ausschloss).

Die PIMS-Studie genauso wie die gesamte EFF soll den Praktikern ermöglichen bessere Ergebnisse zu erzielen, es handelt sich um eine klar rationalanalytische Forschung. WESTERVELD spricht davon, die Hebel zu identifizieren, an denen Manager ziehen müssen, um ein erfolgreiches Ergebnis zu erzielen.[359] Diese unmittelbare Anwendbarkeit (instrumentelle Nutzung) bestreiten allerdings HOMBURG / KROHMER, die von einer konzeptionellen Nutzung der Ergebnisse sprechen. Diese soll Managern helfen, reale Phänomene besser zu verstehen.[360]

Ebenfalls auf dem Boden des Kausalität – und ohne sie zu hinterfragen – unternimmt HAENECKE den Versuch die unterschiedlichen Methoden der EFF zu klassifizieren.[361] Er stützt sich dabei auf eine ältere Untersuchung von GRÜNIG et al.[362] In den beiden Veröffentlichungen werden fünf maßgebliche Methoden beschrieben. Zunächst kann unmittelbar nach Erfolgsfaktoren gefragt werden und dabei kann entweder mit einer methodische Unterstützung (z.B. Kreativitätstechniken oder heuristische Verfahren) oder mit einer methodischen und materiellen Unterstützung (z.B. zusätzliche Checklisten) gearbeitet werden.[363] Neben dieser direkten Ermittlung ist auch eine indirekte denkbar. In dem letzteren Fall werden die Erfolgsfaktoren aus einer vorliegenden Datenmenge herausgefiltert. Die Datenmenge kann wiederum entweder in Form von Texten oder Zahlen vorliegen. Für Texte kommen mit der Ausnahme einer quantitativen Inhaltsanalyse nur qualitative Verfahren in Frage. Bei Zahlen finden sowohl quantitativ-explorative als auch quantitativ-konfirmatorische (faktorenanalytische) Methoden Verwendung. Explorative Studien decken eine Kausalstruktur auf, konfir-

---

[358] S. BAUER / SAUER (Schwarzes Loch 2004), S. 622
[359] Vgl. WESTERVELD (Excellence Model 2003), S. 412
[360] Vgl. HOMBURG / KROHMER (Fliegenpatsche 2004), S. 629
[361] Vgl. HAENECKE (Erfolgsfaktorenforschung 2002)
[362] Vgl. GRÜNIG et al. (Methoden 1996)
[363] Vgl. GRÜNIG et al. (Methoden 1996), S. 6 f.

matorische überprüfen eine solche. Die Möglichkeiten sind in Bild 36 zusammengefasst.

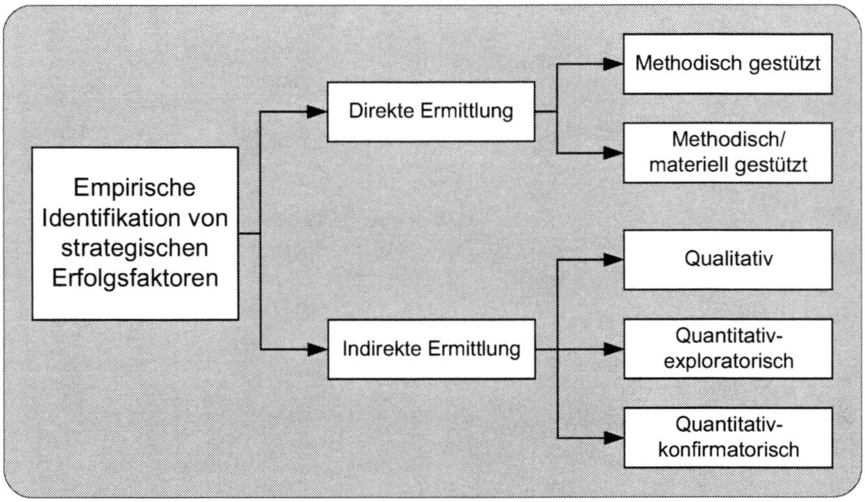

Bild 36: Methoden der Erfolgsfaktorenforschung[364]
Fig. 36: Methods of Success Factor Research

Die Ergebnisse der EFF waren eher bescheiden, so dass schnell Kritik an dem Vorgehen aufkam. So sagte beispielsweise Fritz 1990: *„Die Erfolgsfaktorenforschung stellt sich zur Zeit als eine bunte Mischung von oberflächlicher Geschichtenerzählerei, Folklore, Rezeptverkauf, Jagen und Sammeln sowie einigen wenigen Bemühungen um ernstzunehmende eigenständige Forschung dar.*"[365] Auch 1998 sprechen LECHLER / GEMÜNDEN vom *„Jäger- und Sammlerstadium*".[366] Der Erste fordert deshalb einen klaren theoretischen Leitrahmen, die Letzteren eine stringente kausalanalytische Behandlung.

Dies führte schließlich zu dem Versuch, die möglichen Methode durch einen Vergleich ihrer Stärken und Schwächen zu bewerten und mit der Herausstellung der geeignetesten endlich die gewünschten Ergebnisse zu erzielen: die wichtigen Hebel herauszustellen, an denen die Manager ziehen müssen.

Aus dem Gesagten leitet HAENECKE mit Bezug auf GRÜNIG et al. sechs Kriterien ab, die er zur Bewertung heranzieht:

- Aufdecken der Kausalstruktur
- Berücksichtigung aller Perspektiven
- Berücksichtigung qualitativer und quantitativer Erfolgsfaktoren

[364] Vgl. HAENECKE (Erfolgsfaktorenforschung 2002), S. 168
[365] S. FRITZ (Marketing 1990), S. 103
[366] S. LECHLER / GEMÜNDEN (Kausalanalyse 1998), S. 437

- Überprüfung der zeitlichen Stabilität
- Objektivität
- Reliabilität

Das auch in der Sozialforschung übliche Kriterium der Validität[367] berücksichtigt er nicht, weil dies die Wahl der Erfolgsindikatoren betrifft. Mit dieser Ausgangsstruktur entsteht dann die in Tabelle 33 wiedergegebene Bewertung.

Tabelle 32: Bewertung der Methode zur Erfolgsfaktorenforschung[368]
Table 32: Evaluation of the Methods for Success Factor Research

	Methodisch gestützte Befragung	**Methodisch / Materiell gestützte Befragung**	**Qualitative Untersuchung**	**Quantitativ - explorative Untersuchung**	**Quantitativ-konfirmatorische Untersuchung**
Kausalstruktur aufdeckend	0	++	+	+++	++++
Berücksichtigung aller Perspektiven	+	+	++	++++	++++
Qualitative und quantitative Faktoren	+	++	+	++++	++++
Überprüfung der zeitlichen Stabilität	-	++	++	++++	++++
Objektivität	++	++	++	++++	++++
Reliabilität	++	++	++	++++	++++
Gesamturteil	+	++	++	+++	++++

Ergebnis einer hitzigen Debatte über die Ergebnisse der EFF, an der als Proponenten BAUER / SAUER, FRITZ und HOMBURG / KROHMER und als Opponenten NICOLAI / KIESER teilnahmen, ist die Benennung von fünf einigermaßen konsensfähigen Erfolgsfaktoren: Qualität der Human-Ressourcen, Produkt- und Angebotsqualität, Innovationsfähigkeit, Kundennähe und Marktorientierung.[369] Diese Aufzählung wird

[367] Vgl. JOAS (Soziologie 2001), S. 47
[368] Vgl. HAENECKE (Erfolgsfaktorenforschung 2002), S. 173
[369] Vgl. FRITZ (Misserfolg? 2004), S. 624

sicherlich keinem Praktiker den Atem verschlagen und sie verdeutlicht den konzeptionellen Charakter der Faktoren.

Zusammenfassend beschreiben BAUER / SAUER in Anlehnung an NICOLAI / KIESER den Werdegang der nomologischen EFF:[370]

- Ermittlung von explorativen Erfolgsfaktoren in Einzelfällen der strategischen Managementplanung und Organisationstheorie
- Ausweitung der Gültigkeit auf Unternehmen und Branchen
- Ausweitung der Ursache-Wirkungsbeziehung auf andere betriebswissenschaftliche Disziplinen, etwa Marketing
- Nutzung der multivariaten Analysetechniken
- Variation auf beiden Seiten der Funktionsgleichung bei den abhängigen und unabhängigen Variablen
- Einführung von Moderatorvariablen

Ausgehend von ersten Tastversuchen wurde zunächst das Konzept der Kausalität ausgeweitet und danach wurde die Analysetechnik immer weiter verfeinert. Für die Zukunft sind weitere Verbesserung bei der Technik zu erwarten.

9.2 Kritik an der nomologischen Erfolgsfaktorenforschung

Massive Kritik an der EFF haben zunächst MARCH / SUTTON in den USA und daran anschließend NICOLAI / KIESER in Deutschland geübt. Zusammenfassend und unter Verwendung einer Allegorie äußern MARCH / SUTTON ihre Kritik folgendermaßen: „*Even though almost everyone knows that the emperor has no clothes, few people talk about that fact, and many of the same people who note the emperor's nakedness nevertheless discuss the tailoring of his suits.*“[371] Der gemeinte Kaiser ist die EFF.

Die Kritik setzt an den zählbaren Erfolgen an.[372] Wenn nach 25 Jahren intensiver Forschung in einer der Basisorientierungen der Betriebswissenschaft als Ergebnis eine Einigung auf fünf Erfolgsfaktoren mit dem angegebenen Detaillierungsgrad aufzuweisen ist, dann ist ein Nachdenken über die Ursachen sicherlich angebracht. Dies umso mehr da starke Befürworter wie FRITZ (1990) und LECHLER / GEMÜNDEN (1998) in den angegebenen Jahren noch selbst laute Kritik geübt haben.[373, 374]

Wenn man die Kriterien des Kritischen Rationalismus heranzieht, auf den sich FRITZ ausdrücklich bezieht,[375] dann müsste man nach so vielen Versuchen die nomologi-

[370] Vgl. BAUER / SAUER (Schwarzes Loch 2004), S. 622
[371] S. MARCH / SUTTON (Performance 1997), S. 702
[372] Vgl. NICOLAI / KIESER (Erfolglosigkeit 2002); S. 581 ff.
[373] Vgl. FRITZ (Marketing 1990), S. 103
[374] Vgl. LECHLER / GEMÜNDEN (Kausalanalyse 1998), S. 437
[375] Vgl. FRITZ (Wissenschaftsverständnis 2004), S. 12 ff.

sche EFF als falsifiziert ansehen. Es reicht nicht aus, einem Faktor (Marktorientierung) einen hohen empirischen Bewährungsgrad zuzugestehen.[376] Hier ist den Vertretern des kritischen Rationalismus noch einmal ganz deutlich die strenge Forderung von POPPER vorzuhalten: „*Wann immer wir nämlich glauben, die Lösung eines Problems gefunden zu haben, sollten wir unsere Lösung nicht verteidigen, sondern mit allen Mitteln versuchen, sie selbst umzustoßen.*“[377] Diesem Grundsatz ist in der Diskussion kein Verfechter der nomologischen EFF gefolgt.

NICOLAI / KIESER listen eine ganze Reihe an Kritikpunkten auf. Dazu gehören methodische Schwächen (Key Informant Bias, Endogenität, Simultaneität, unbeobachtete Heterogenität, Regression-to-the-Mean Problem, Survival Bias), praktische Schwächen (bekannte und kopierbare Erfolgsfaktoren entwickeln keine langfristige Wirkung), theoretische Schwächen (mangelnde theoretische Absicherung) und die fehlende Offenlegung von den die Forschung beeinflussenden Grundannahmen.[378]

Unsere eigene Kritik setzt selbstverständlich (und dies ist nach den erkenntnis- und wissenschaftstheoretischen Erläuterungen in diesem Teil begründet) auf einer anderen Ebene an: Es gibt keine Gesetze in der Mitwelt und somit keine Kausalstruktur. Es gibt nur gemeinsame Werte, gemeinsame Normen, gemeinsame Institutionen, übereinstimmende Bilder und Konstrukte.

Die nomologische EFF ist dieser Ansicht praktisch recht nahe, wenn HOMBURG / KROHMER einer konzeptionellen Nutzung das Wort reden. Sie nennen ein instrumentelles Verständnis naiv und behaupten, dass dies nicht dem entspricht, was Erfolgsfaktorenforscher propagieren und nutzen.[379] Zur gleichen Zeit sprechen aber BAUER / SAUER von dem gängigen Wissenschaftsparadigma der Wahrheitsnähe, die zwangsläufig eine Regelmäßigkeit in Form von Naturgesetzen verlangt. Hier liegt das eigentliche Problem der praktizierten EFF, in der theoretischen Unklarheit und in dem Mangel an Begründung für die epistemologische Ausgangsposition. Ein Punkt in der wissenschaftlich praktizierten EFF scheint konsensfähig: Wenn EFF, dann mit den Hilfsmitteln der multivariaten Analyse, am besten mit den Methoden der Kausalanalyse.[380] Jeder Form der multivariaten Analyse liegt ein mathematisches Funktionsgesetz zugrunde. Im Falle der Kausalanalyse hat es folgende Form:

$$y_1 = b_0 + b_{11} * x_1 + b_{12} * x_2 + b_{13} * x_3$$

Über diese sagt WANDSCHNEIDER im Rahmen einer Erörterung der geistesgeschichtlichen Entwicklung von Weltzugängen und konkret für das Wirken von Galilei: „*Das mathematische Funktionsgesetz, in der Wissenschaftssprache auch als* Kausalge-

---

[376] Vgl. FRITZ (Wissenschaftsverständnis 2004), S. 14
[377] Vgl. POPPER (Logik 1994), S. XV.
[378] Vgl. NICOLAI / KIESER (Erfolglosigkeit 2002); S. 584 ff.
[379] Vgl. HOMBURG / KROHMER (Fliegenpatsche 2004), S. 629
[380] Vgl. LECHLER / GEMÜNDEN (Kausalanalyse 1998), S. 435 ff.

setz *bezeichnet, ist damit an die Stelle der ousialen Funktionsganzheit getreten und hat diese* operational verfügbar *gemacht.*“[381]

Wenn man also mit mathematischen Funktionsgesetzen arbeitet und wenn man Größen operational verfügbar machen will, dann ist es unabdingbar, dass man Kausalgesetze voraussetzt. Die Gleichsetzung des mathematischen Funktionsbegriffs mit dem Begriff des Kausalgesetzes zusammen mit der zentralen Stellung des Funktionsbegriffs in der EFF erlaubt es uns auch, unabhängig von weiteren Einschränkungen von einer nomologischen EFF zu reden.

Die Existenz von Kausalgesetzen als Ordnungsprinzip ist eine Frage der Metaphysik. POPPER schiebt zwischen empirisch-wissenschaftliche Probleme auf der einen und Metaphysik auf der anderen Seite die Falsifikation als Abgrenzungskriterium.[382] Die Unterstellung einer kausalgesetzlichen Ordnung in der physischen Welt kann demnach nicht Bestandteil einer Wissenschaft im Sinne des Kritischen Rationalismus sein. Uneingeschränkt müssen kausalgesetzliche Wirkungsketten für die soziale Mitwelt abgelehnt werden, es liegen dafür keine Hinweise vor. Es ist allerdings diskutabel, ob es auch für die physische Welt der Dinge verworfen werden muss. Aufgrund eines induktiven Schließens aus der eigenen Erfahrung der technischen Erfolge von Mechanik und Statik glauben Ingenieure im Allgemeinen an Kausalgesetze als naturgesetzliche Ordnung der physischen Welt. Dies ist ein plausibler Glaube, den wir mit vielen anderen teilen, es ist jedoch kein Wissen. Dafür fehlt eine geeignete Methode des Nachweises.

Ein Ausweg wäre, jeder einzelnen oder zumindest nur einer kleinen Gruppe von Untersuchungsobjekten gleiche Bedingungen und denselben Ausgangszustand zuzugestehen, aber dann wäre man ja wieder beim Sammeln und Jagen. Kein Ausweg ist der Ansatz über die Ergebnisse der EFF, diese liefern ja gerade magere Ergebnisse.

Zusammengefasst: Die Annahme von Kausalgesetzen in der sozialen Mitwelt bedeutet einen Ausflug in die Metaphysik und darüber hinaus müssen die bisherigen mageren Ergebnisse als Falsifikation des bisherigen Vorgehens interpretiert werden.

An den Kausalgesetzen scheitert die nomologische EFF, an dem Kausalprinzip zerbricht ihr Anspruch, durch immer ausgefeiltere multivariate Methoden schließlich doch zum Erfolg zu gelangen. Dies ist allerdings gleichzeitig die Rettung der EFF, allerdings nicht in ihrer nomologischen Form.

Wer immer noch an der nomologischen EFF auf der Basis von Kausalgesetzen hängt und dabei auf den doch vielfach bestätigten Erfolgsfaktor „Marktorientierung“ verweist, dem kann vielleicht ein analoges Beispiel zweier Welten helfen. In einer Marktwirtschaft ist sicherlich ein Erfolgsindikator der Gewinn (Wirkung) und die Marktorientierung ein Erfolgsfaktor (Ursache). In einer Planwirtschaft ist dies nicht so.

---

[381] S. WANDSCHNEIDER (Technikphilosophie 2004), S. 60

Dort ist die Planerfüllung ein möglicher Erfolgsindikator und das Aushandeln niedriger Planzahlen ein denkbarer Erfolgsfaktor: Zwei Kausalitätsgesetze, ein Kausalprinzip.

Die Konsequenz ist radikal: Wenn die EFF aus dem Stadium des Sammelns und Jagens herauskommen will, dann muss sie einem Prinzip folgen, das mehr Kontingenz zulässt.

Ein zweites entscheidendes Problem ist der Verlust der Funktionsgesamtheit durch das Operationalisieren der Konstrukte. Dies kann am besten mit Hilfe eines Beispiels aus der EFF erläutert werden. Dabei sollten Erfolgsindikatoren mit Hilfe einer statistischen Auswertung eines Fragebogens ermittelt werden. Dieses Vorgehen ist natürlich nicht mit einer Kausalanalyse zu vergleichen, das Fehlerprinzip ist jedoch das Gleiche. Die Auswertung der Ergebnisse einer Befragung von 41 europäischen Großunternehmen ist in Tabelle 34 zusammengefasst.

Tabelle 33: Unternehmensziele europäischer Großfirmen der Bauindustrie[383]
Table 33: Goals of Big European Construction Companies

Nr.	Unternehmensziel	Wert
1	Kundenzufriedenheit	4,8
2	Rendite	4,7
3	Mitarbeiterzufriedenheit	4,6
4	Qualitätsoptimierung	4,6
5	Marktanpassung	4,5
6	Mitarbeiterqualifikation	4,5
7	Unabhängigkeit des Unternehmens	4,0
8	Jahresbauvolumen	3,9
9	Imageverbesserung	3,9
10	Kapazitätserweiterung	3,6

Wir haben 16 Jahre in der Bauindustrie meist mit deutschen, aber auch mit anderen europäischen Unternehmen zusammengearbeitet und dabei als Vorgabe immer nur ein Ziel genannt bekommen: Ertrag. Mit dieser Erfahrung war das obige Ergebnis zumindest Anlass zur Verwunderung. Deshalb haben wir bei unseren eigenen Befragungen nach den Unternehmenszielen in Interviews mit Vorständen und Geschäftsführern gefragt, ob sie solche Fragebögen selbst eigenhändig ausfüllen. Die

[382] Vgl. POPPER (Logik 1994), S. 14 f.
[383] Vgl. DIEDERICHS / JAEGER (Unternehmensziele 1997), S . 35 f.

Antworten waren deutlich, obwohl eine klar sozial gewünschte Antwort vorgegeben ist (natürlich unterstützen wir die Wissenschaft!). Neun haben mit einem „Nein“ geantwortet, einer mit einem „Jein“. Alle leiten sie die Fragebögen weiter an Sekretärinnen, Assistenten oder die Marketingabteilung. Dort wird wahrscheinlich aus den Unternehmensgrundsätzen abgeschrieben.

Dieses Beispiel stellt die Probleme des Key Informant Bias weit in den Schatten und es ist entstanden, weil die Autoren die Funktionsgesamtheit aus den Augen verloren haben. Kein Wunder, dass Validität bei der Bewertung von HAENECKE keine Rolle spielt.[384] Das Problem der Validität verschärft sich noch, weil oft die benutzten Begriffe und Konstrukte aus einer Theorie abgeleitet werden, ohne dass die Befragten dazu Stellung nehmen können. Was soll ein Bauingenieur in dem obigen Fragebogen unter Qualitätsoptimierung verstehen in einer Umwelt, in der das Produkt von Architekten gestaltet wird und bei dem das Vergabeverfahren auf einer systematischen Homogenisierung der Prozessqualität beruht, so dass in der überwiegenden Mehrzahl der Fälle der günstigste Anbieter den Zuschlag erhält? Warum – so wird er sich bei Interesse für den Fragebogen fragen – wird nicht nach Kostenführerschaft gefragt?

Ein weiteres Problem der nomologischen EFF ist die Sprache und zwar in zweifacher Hinsicht. Sichtbar an dem Beispiel ist das Problem der Berichtssprache. Sie ist für Praktiker unbrauchbar. Was bedeutet ein Unterschied von 0,3 Punkten zwischen dem wichtigsten und dem sechstwichtigsten Ziel? Eigentlich wohl, dass alle Ziele gleich wichtig sind. Doch wo sind eigentlich die Erklärungen in der Tabelle? – Es gibt keine. Schlimmer wird es noch für den Praktiker, wenn er sich die Ergebnisse von Kausalanalysen mit ihren komplexen Netzen und den Zahlen zwischen 1 und –1 anschaut. Was bedeuten die Zahlen, was die Zusammenhänge? Deutlicher als mit einem Kausalnetz kann man den Verlust der Funktionsgesamtheit kaum illustrieren (vgl. Bild 37). Die Wissenschaftssprache der Kausalanalytik hat dem Praktiker nichts zu sagen, er spricht sie nicht. Und der Wissenschaftler hat auch lange gebraucht, um sie zu beherrschen.

Dies ist allerdings nur das Ende des Sprachproblems, der Anfang liegt in der Befragungssprache. Wenn die Faktoren aus der Theorie abgeleitet werden, gehören sie zur Fachsprache des Interviewers. Wenn sie z.B. durch halbstrukturierte Interviews erhoben werden, ohne dass vor diesen Interviews eine intensive Phase der Enkulturation stattgefunden hat, dann wird von dem Interviewten ständig seine Übersetzungskompetenz von seiner eigenen Fachsprache in die Fachsprache des Interviewers verlangt. Nicht jeder mag, dass in seinem „Heimatland“ der praktischen Sprache Fremde (Wissenschaftler) voraussetzen, dass er fröhlich deren fremde (Wissenschafts-) Sprache benutzt.

---

384 Vgl. HAENECKE (Erfolgsfaktorenforschung 2002), S.

9.3 Eine hermeneutische Erfolgsfaktorenforschung

Das praktische Problem der nomologischen Erfolgsfaktorenforschung scheint die Suche nach etwas zu sein, was es nicht gibt: Kausalgesetze in der sozialen Mitwelt. Es ist so, als ob die nomologische EFF Ostereier zu Weihnachten sucht. Alles Suchen hilft nicht, sie sind nicht vorhanden und sollte man doch welche finden, so sind sie nicht mehr schmackhaft. Bei diesem Problem helfen auch noch so ausgeklügelte Hilfstechniken nicht weiter. Was kann man Weihnachten finden? Weihnachtsgeschenke! Und wie sehen die aus? Das soll dieser Abschnitt klären.

Das Problem für die folgenden Betrachtungen ist die fehlende theoretische Begründung der nomologischen EFF. Sie musste deshalb implizit aus der Forschungspraxis erschlossen werden.

Ausgangspunkt ist das analytische Weltbild, dass wir zugrundelegen. Es besteht für diese Arbeit in einer Trennung zwischen einer physischen Welt und einer sozialen Mitwelt (also einem Dualismus), dem die nomologische EFF ein monistisches Weltbild gegenüberstellt, dass von einem Ordnungsprinzip in dieser Welt ausgeht. Der Dualismus ist grundsätzlich offen für zwei unterschiedliche Ordnungsprinzipien, eines für die physische Welt und eines für die soziale Mitwelt.

Das Ordnungsprinzip des Monismus sind Kausalgesetze, zumindest seit der Neuzeit. Kausalgesetze stellen auch im Dualismus das Ordnungsgefüge dar, in der sozialen Mitwelt werden sie allerdings durch das Kausalprinzip ersetzt. Dadurch wird die soziale Mitwelt im finalen Sinn grundsätzlich offen.

Eine Wirklichkeit, die von Kausalgesetzen bestimmt wird, fordert streng genommen eine deterministische Entwicklung bei Veränderungen. Mangelndes Wissen um die Form der Kausalgesetze oder sonstige Ungenauigkeiten (z.B. bei Experimenten) führen zu einer stochastischen Verteilung bei den Ergebnissen und damit zu einer Streuung. Die Wirklichkeit bei der Annahme des Kausalprinzips bleibt indeterminiert. Veränderungen können genau, ungefähr oder gar nicht bestimmbar sein. Das Kausalprinzip lässt die Möglichkeit des Chaos zu. Jeder Zustand ist zwar verursacht, aber in den Ursachen ist keine Ordnung.

Der betrachtete Weltausschnitt ist jeweils die soziale Mitwelt. Management, Marketing, Organisation oder ICJVs sind alles Einheiten der Mitwelt.[385] Erfolgsfaktoren sind immer Möglichkeiten, die dem Menschen und nur dem Menschen offen stehen. Kausalgesetze bereiten der nomologischen EFF ganz grundsätzliche Schwierigkeiten beim Umgang mit der menschlichen Willensfreiheit und kontingenten Verhältnissen. Es mag eine Minderheit geben, die darin kein Problem sieht. Die Mehrheit auch der nomologischen Erfolgsfaktorenforscher wird wohl beides bejahen, Willensfreiheit und Kontingenz. Hier bleiben sie jedoch eine Antwort schuldig (wenn man sich wei-

[385] Vgl. SCHERER (Organisationstheorien 2002), S. 27

gert stochastische Ergebnisse als Ausdruck der Willensfreiheit zu interpretieren), wie das Dilemma zu lösen ist. Wir sehen auch keine und wählen deshalb den Ausweg in einen neuen Ansatz der EFF, den wir hermeneutische EFF nennen wollen.

Natürlich macht es Sinn, in einer Welt von Kausalgesetzen diese zu suchen. Weil wir keinen unmittelbaren Zugang zu den Gesetzen haben, versuchen wir sie in den Netzen unserer Theorien einzufangen, wie POPPER es beschreibt. Schritt für Schritt nähern wir uns der Wahrheit, wir entdecken sie, auch wenn wir sie nie erreichen mögen. Dieses Vorgehen setzt natürlich eine Ordnung außerhalb der Menschen voraus. Wir vertreten hier die Ansicht, dass die Ordnung der sozialen Mitwelt durch uns Menschen gestaltet wird, nach unserem Willen unter Beachtung der Beschränkungen der physischen Welt. Eine solche Ordnung ist nie vollendet, zu keinem Zeitpunkt. Sie basiert auf Sinnzuweisungen, auf Symbolen. Die Sinnzuweisung an die Symbole ist willkürlich und veränderlich. Hier helfen keine Gesetze, hier hilft nur ein Nachvollziehen im Sinne eines Verstehens. Die Suche nach Gesetzen ist verschwendete Zeit, das Verstehen ist das erreichbare Ziel.

Die Objektivität im Sinne einer Übereinstimmung mit den Tatsachen in einer Welt von Kausalgesetzen ist unbestreitbar, wenn man die Gesetze annähernd versteht. Aufgrund ihrer Bewährung in der Realität entziehen sie sich dem Zweifel einer persönlichen Meinung – bis zur nächsten wissenschaftlichen Revolution. Diesen Prozess hat KUHN hinreichend und kontrovers beschrieben.[386] Ob Evolution oder Revolution ist für unsere Zwecke letztlich bedeutungslos, wichtig ist die historische Tatsache, dass frühere objektive Erkenntnis heute als subjektive Verbohrtheit gesehen wird (z.B. die Phlogistontheorie). Objektivität ist in der Wissenschaft eng mit dem Begriff „Paradigma" verbunden und ein Kennzeichen eines wissenschaftlichen Paradigmas ist die übereinstimmende Annahme desselben durch die Wissenschaftsgemeinschaft. Wenn dem so ist, dann ist die Bewährung eines Gesetzes ein Deutungsvorgang auf der Grundlage des herrschenden Paradigmas. Absolute Objektivität ist uns als Menschen nicht gegeben. Hier hilft vielleicht noch einmal POPPER weiter, wenn auch nur mit einer Übersetzung eines Verses von XENOPHANES:

„Nicht von Beginn an enthüllten die Götter uns Sterblichen alles;
Aber im Laufe der Zeit finden wir, suchend, das Bess're.

Sichere Wahrheit erkannte kein Mensch und wird keiner erkennen
Über die Götter und alle die Dinge, von denen ich spreche.
Selbst wenn es einem einst glückt, die vollkommene Wahrheit zu künden,
Wissen kann er sie nie: es ist alles durchwebt von Vermutung."[387]

Die hermeneutische Objektivität ist intersubjektiv und sie ist relativ. Relativ ist sie, weil es unterschiedliche Symbolsysteme gibt. Intersubjektiv ist sie, weil sie zwischen

[386] Vgl. KUHN (Wissenschaftliche Revolutionen 2003)
[387] Vgl. POPPER (Logik 1994), S.XXVI

Subjekten ausgehandelt und weitergegeben wird. Es gibt unendlich viele Beispiele für funktionierende Symbolsysteme, eines davon sind die Nationalstaaten des 20. Jahrhunderts. Sie weisen überzeugende Koordinierungsleistungen auf trotz ihrer Komplexität und Arbeitsteilung. In Kriegen prallten immer dann unterschiedliche Symbolsysteme aufeinander, wenn kein geteiltes Verständnis über die unterschiedlichen Symbolsysteme mehr möglich war. HABERMAS drückt diesen Gedanken so aus: *„Gesellschaftliche Normen sind durch Sanktionen bekräftigt. Ihr Sinn objektiviert sich in der umgangssprachlichen Kommunikation. Während die Geltung technischer Regeln und Strategien von der Gültigkeit empirisch wahrer oder analytisch richtiger Sätze abhängt, ist die Geltung gesellschaftlicher Normen allein in der Intersubjektivität der Verständigung über Intentionen begründet und durch die allgemeine Anerkennung von Obligationen gesichert.“*[388]

Die Forschungsmethodik der nomologischen EFF ist die quantitative Behandlung der Daten. Eine immer größere Verfeinerung der Quantifizierbarkeit und der Bearbeitungstechniken (multivariate Analyse) wird angestrebt. In diesem Bereich ist die nomologische EFF unangreifbar. Was nützt es ihr jedoch, wenn sie unter hohem technischen Aufwand zu Weihnachten Ostereier sucht? Technik zeigt Wirkung, aber sie generiert keine Wahrheit. Das große Problem ist die externe Validität. In einem grundlegenden wissenschaftlichen Beitrag beschreiben z.B. HOMBURG / GIERING die Bearbeitung komplexer Konstrukte. Dabei listen sie vier Formen der Validität auf und sie erklären für drei davon, wie sie damit in ihrer Studie umgehen. Nur für die Umsetzung der externen Validität (Inhaltsvalidität) geben sie keine Erläuterungen.[389]

Die hermeneutische EFF nutzt qualitative Methoden, in dem vorliegenden Fall die gegenstandsbezogene Forschung, um qualitative Daten zu verarbeiten. Es entfällt das Problem der Operationalisierung und darüber hinaus auch das der Konzeptualisierung. Bestreben ist es, die bereits vorhandenen Leistungen der Konzeptualisierung (Sinngebung) zu nutzen.

Die nomologische EFF arbeitet nicht mit dem Begriff der Kultur. Dies braucht sie auch nicht, da sie ja allgemeingültigen Gesetzen nachspürt. Folglich unterscheidet sie auch nicht zwischen unterschiedlichen Sprachen und Konzepten. Es wird die eigene Sprache genutzt und die Konzeptualisierung wird von den Wissenschaftlern vorgenommen. Da die Konzepte Teile der Kausalgesetze sind, liegen sie außerhalb des Menschen und das Vorgehen ist dadurch legitimiert. Allerdings, wenn die Konzepte nur Teile der sozialen Mitwelt sind, dann ist dieses Vorgehen eine grobe Missachtung der Realität. Die nomologische EFF arbeitet nach dem Prinzip einer Modus 1 Gesellschaft, in der die Wissenschaft auf die Gesellschaft einwirkt. Die hermeneutische EFF verortet sich dagegen in einer Modus 2 Gesellschaft, die eine Interaktion

388 Vgl. HABERMAS (Wissenschaft 1971), S. 63
389 Vgl. HOMBURG / GIERING (Konstrukte 1996), S. 7

zwischen Gesellschaft und Wissenschaft und eine gegenseitige Befruchtung einfordert.

Abgesehen von Beispielen des „Sammelns und Jagens“ generiert die nomologische EFF ausschließlich sehr grundlegende Ergebnisse. Der Faktor „Marktorientierung“ ist ein Beispiel. Es bleiben viel Probleme, Deutungsprobleme (was ist Marktorientierung?), Umsetzungsprobleme (wie erreicht man Marktorientierung?) und Zielprobleme (wie viel Marktorientierung?). Eine hermeneutische EFF will Ergebnisse liefern in der Sprache und mit den Konzeptualisierungen der Betroffenen, die diese sofort nutzen können, es handelt sich um eine operationsanalytische Forschung.

Die Modellierung findet auf der einen Seite mit Hilfe mathematischer oder statistischer Modelle statt, auf der anderen Seite mit Modellen, die wie Landkarten zu lesen sind. Der Sinn mathematischer Modelle muss durch zusätzliche Erklärungen verdeutlicht werden, zum Lesen von Landkarten braucht man nur geringe Spezialkenntnisse. Die Unterschiede der Modelle und der Ergebnisse zwischen den beiden Ansätzen kann am besten mit Hilfe von Beispielen geschehen (vgl. Bild 37 und 38).

Grundsätzlich unterschiedlich ist das Verständnis von Erfolgsfaktoren. Im Sinne der nomologischen EFF können Erfolgsfaktoren durch Konzeptualisierung und Operationalisierung zu Teilen einer mathematischen Funktionsgleichung werden, ohne ihren eigentlichen Sinngehalt zu erschließen. Die anschließende Nutzung kann entweder instrumentell oder konzeptionell sein. Die hermeneutische EFF dagegen sieht in Erfolgsfaktoren menschliche Konstrukte, die in sozialen Prozessen bestimmt und vermittelt werden, sie existieren nur in Köpfen und sind sinnhaft. Sie sind Teil eines Symbolsystems und ihre Wirkung ist koordinierend. Je größer die Übereinstimmung bei der symbolhaften Deutung, umso größer ist der Koordinationseffekt. Selbstverständlich sind die Symbolsysteme nicht beliebig, sie müssen sich in der Realität bewähren. Die Bewährung der unterschiedlichen Systeme wird in ständigen Diskursen erörtert und bei Misserfolg werden die Symbolsysteme umgestaltet. Hieraus ergeben sich Änderungen, Symbolsysteme sind in beschränktem Maß dynamisch. Dies lässt sich sehr gut mit den Landkarten-Modellen auffangen. Bei Landkarten im literalen Sinn sind ja auch Veränderungen der Infrastruktur, der Siedlungsstruktur und damit auch der Natur ständig zu berücksichtigen. Die zu Grunde liegende Dynamik ist allerdings nie so groß, dass Menschen ihre grundsätzliche Orientierungen verlieren würden. Die hermeneutische EFF lehnt die grundlegende Mathematisierung der Konstrukte ab, weil dadurch die Sinnhaftigkeit verloren geht. Das bedeutet allerdings nicht, dass es in ihrem Rahmen keine mathematischen Modelle gibt, allerdings haben diese nur unterstützenden Charakter.

Die Unterschiede zwischen einer nomologischen und einer hermeneutischen EFF sind in Tabelle 35 zusammengefasst.

Tabelle 34: Nomologische und der hermeneutische EFF
Table 34: Nomological and Hermeneutical Success Factor Research

	Nomologische EFF	**Hermeneutische EFF**
Weltbild	Monismus	Dualismus
Kausalität	Kausalgesetze	Kausalprinzip
Wirklichkeit	Determiniert oder stochastisch verteilt	Indeterminiert
Weltausschnitt	Mitwelt	Mitwelt
Weltzugang	Gesetze	Verstehen
Objektivität	Gültigkeit der Gesetze	Sozialisation
Forschungsmethodik	Quantitativ	Qualitativ
Zugehörigkeit der Daten	Wissenschaft	Gesellschaft
Typ der Forschung	Grundlagenforschung	Anwendungsbezogene For.
Ergebnis	Mathematische Modelle	Sinnhafte Modelle
Verständnis von Erfolgsfaktoren	Isolierbare und operationalisierbare Einheiten	Teil einer Funktionsganzheit

Im folgende Bild 37 ist das Modell einer Kausalanalyse in Form eines Pfaddiagramms dargestellt, das Signifikanzniveau liegt bei <1%. Latent endogene Variablen, die im Modelle erklärt werden, werden mit dem griechischen Buchstaben η bezeichnet, während ξ latent exogene Variablen bezeichnet, die im Modell nicht erklärt werden. Die Kausalbeziehungen zwischen zwei latent endogenen Variablen werden durch den Buchstaben β und die zwischen einer latent exogenen ξ-Variablen und einer latent endogenen η-Variablen mit γ gekennzeichnet. Allerdings entsprechen die totalen kausalen Effekte nicht den angegebenen Faktoren, neben den direkten kausalen Effekten sind auch die indirekten Beeinflussungseffekte zu berücksichtigen, die dann allerdings nicht mehr in dem Modell dargestellt werden können. Nach diesen kurzen Erklärungen dürfte deutlich geworden sein, warum Kausalanalysen nicht zur anwendungsbezogenen Forschung gerechnet wurden. Für den Praktiker ist eine Übersetzung in eine bildhafte Sprache unumgänglich.

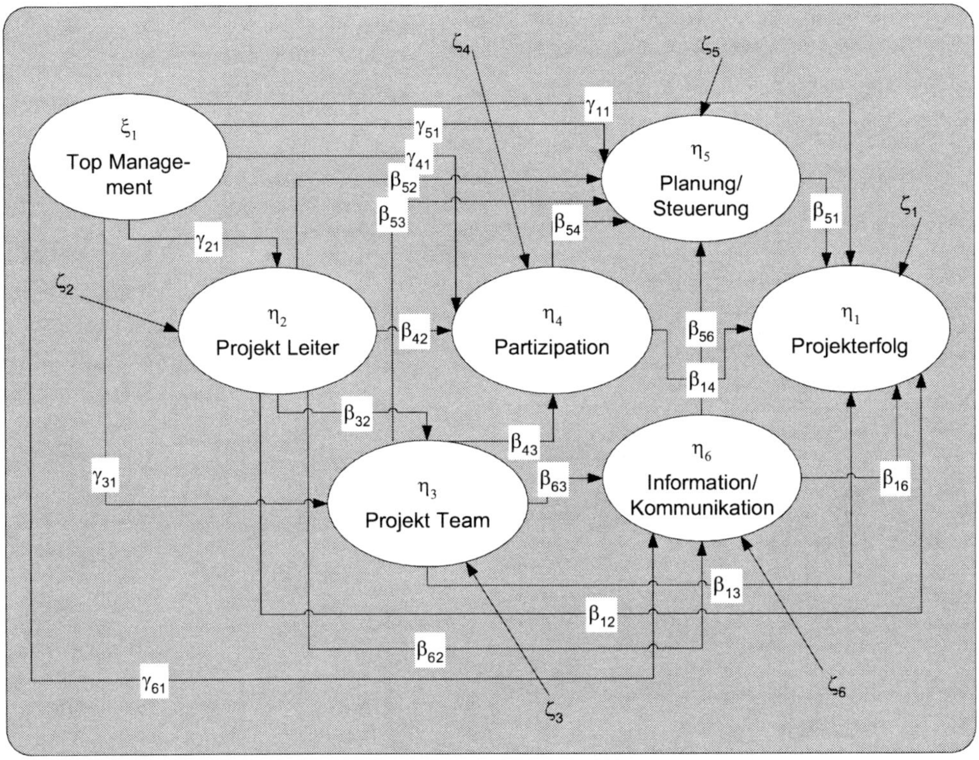

Bild 37: Kausalstruktur der Erfolgsfaktoren des Projektmanagements[390]
Fig. 37: Causal Structure of the Success Factors of Project Management

In dem Bild 38 ist das Ergebnis einer qualitativen Untersuchung eines Teilaspekts von Erfolgsfaktoren in ICJVs dargestellt, der mit Hilfe der gegenstandsbezogenen Forschung ermittelt wurde. In ihm sind Kausalstrukturen angegeben, jedoch ohne Wirkungsstärke. Das Bild enthält die Konzepte der Betroffenen und ist für sie als Teil ihrer ICJV-Welt unmittelbar erkennbar. Bei einem Blick auf dieses Landkarten-Modell werden die Informationen prinzipiell sofort mit Sinn belegt. So wie jeder Autofahrer die grafische Darstellung einer bestimmten Straße sofort als Autobahn erkennt, so versteht jeder ICJV-Manager beispielsweise die Bedeutung von „Team-building".

Beim Vergleich der beiden Modelle sollte ebenfalls klar werden, inwieweit die Operationalisierung und die mathematische Darstellung die Funktionsganzheit zerstören. Dabei ist noch zu berücksichtigen, dass das Kausalmodell ein vollständiges Modell ist, während das hermeneutische Landkarten-Modell nur einen Erfolgsfaktor beschreibt, den aber sehr viel gehaltvoller als es das Kausalmodell vermag. Die benutzte Sprache (in diesem Modell) ist wissentlich und willentlich nicht die Sprache der Praxis, sondern die der Wissenschaft, weil es sich bei dieser Arbeit um eine

[390] Vgl. LECHLER / GEMÜNDEN (Kausalanalyse 1998), S. 440

Dissertation handelt. So ist z.B. Komplexität ein zentraler Begriff in der Wissenschaft, während er in der Praxis von ICJVs am besten mit den Konnotationen „schwierig, viel Arbeit, ungewiss" umschrieben werden kann. Grundsätzlich hätte auch die Sprache der Praktiker für das Landkarten-Modell verwendet werden können.

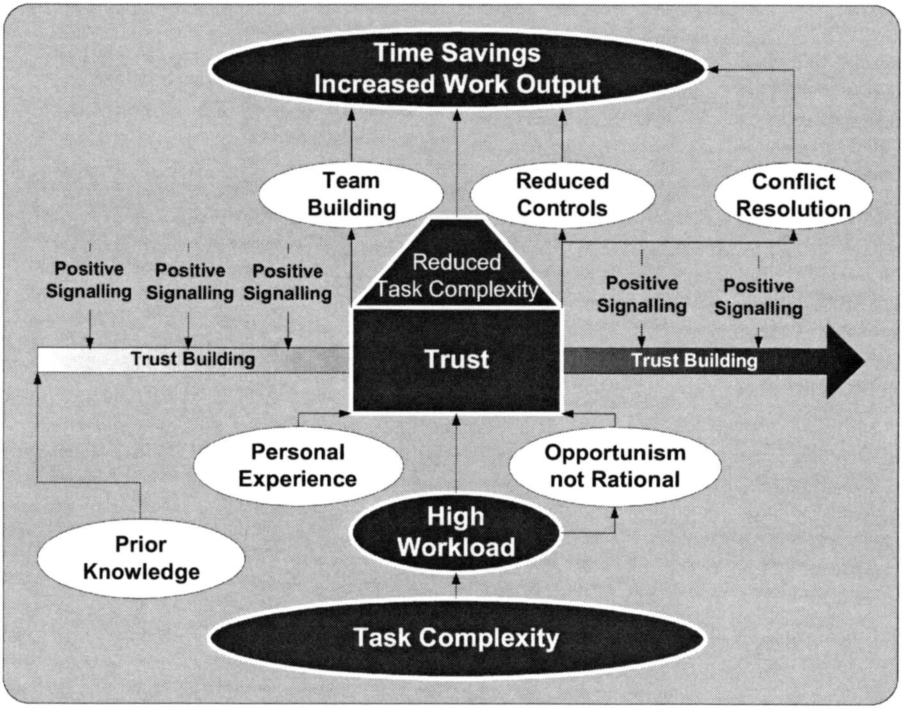

Bild 38: Landkarten-Modell des Erfolgsfaktors „Vertrauen"[391]
Fig. 38: Map-Model of the Success Factor „Trust"

Im Rückblick auf dieses Kapitel kommt der berühmte Satz von KANT in Erinnerung, wonach die Sache einen Preis, die Person jedoch eine Würde habe.[392] Eine Würde ist immer sinnhaft, ein Preis selten. Ein Preis scheint einer Operationalisierung und einer Mathematisierung zu entsprechen. Auf Dinge angewandt, wie es etwa in den Natur- und Ingenieurwissenschaften geschieht, ist dies sehr erfolgreich. Wir sind jedoch der Meinung, dass ein solches Verfahren angewandt auf die soziale Mitwelt, eben einen entscheidenden Aspekt nicht miterfassen kann: die Würde des Menschen, seine inhärente Sinnhaftigkeit. Es steht uns zu, Dingen Sinn zuzuweisen oder auch nicht. Menschen können wir die Würde jedoch niemals wegnehmen. KANT drückt dies aus, wenn er sagt, dass der Mensch immer *„Zweck an sich selbst ist"*[393] Was für den Menschen gilt, muss auch für sein Tun gelten.

---

[391] S. Girmscheid / Brockmann (Trust 2005), S. 78
[392] Vgl. KANT (Metaphysik 1781), S. 434 f.
[393] Vgl. KANT (Metaphysik 1781), S. 428

10 Leitende Theorien

In den bisherigen Kapiteln haben wir eine theoretische Fundierung einer hermeneutischen EFF erarbeitet und dargelegt. Dabei fiel auf, dass die nomologische EFF als bisher einzig gültige Form der Erfolgsfaktorenforschung kein solches Fundament aufweisen kann.

Eine andere Frage ist die nach der theoretischen Einbettung einer konkreten Untersuchung im Rahmen einer hermeneutischen EFF. Dies ist ein umkämpfter Punkt der gegenstandsbezogenen Forschung. Puristen lehnen eine theoriegeleitete Forschung ab und fordern eine Theoriebildung allein aus den gesammelten Daten. Andere bejahen die Einbindung in bestehende Theorien. Der hier begangene Weg sucht eine Balance. Zuerst erfolgt die systematische und durch die Wissenschaftstheorie geleitete Auswahl von Fällen zur Datensammlung, dann die Datensammlung. Die Datenauswertung erfolgt zunächst ohne unmittelbare Einbindung in irgendeine Theorie bis zur Entwicklung von Kategorien und Modellen. Erst danach werden Theorien herangezogen und die bereits erarbeiteten Ergebnisse mit diesen verglichen. Daraus erwächst in einem weiteren Prozess die eigenen Theoriebildung in Auseinandersetzung zwischen Daten und Theorien.

Zwei Theorien dienen als Leittheorien, dies sind die funktional-strukturelle Systemtheorie und der sozial-konstruktivistische Ansatz der Organisationstheorie. Die Systemtheorie wird als übergeordnete Theorie (Makrotheorie) angesehen und bildet den großen Rahmen. Sie wird in Kapitel 10.1 beschrieben. Der sozial-konstruktivistische Ansatz ist als Mesotheorie in die Systemtheorie eingebettet und bildet die Grundlage von Kapitel 10.2. Die leitenden Theorien dienen allerdings einem anderen Zweck als dem, den GRABNER-KRÄUTER postuliert. Sie beklagt, dass die Arbeiten der EFF bestenfalls datengesteuert und keinesfalls theoriegeleitet sind. Diese Arbeit will im besten Fall (wenn sie gelingt) sowohl datengesteuert als auch theoriegeleitet sein. Eine rein deduktive Kategoriebildung sehen wir als realitätsfremd an. Deshalb kommen auch die von GRABNER-KRÄUTER vorgeschlagenen Theorien nicht zur Anwendung.[394]

Die genannten Theorien wurden als Leittheorien bezeichnet, weil im Einzelfall eine Vielzahl von weiteren Mikrotheorien berücksichtigt werden. Dies sind bei dem Beispiel des Erfolgsfaktors „Vertrauen“ in Bild 38 die Transaktionskostentheorie, Spieltheorie, die Ethnographie und die Vertrauensforschung der Psychologie.

---

[394] Vgl. GRABNER-KRÄUTER (Diskussionsansätze 1993), S. 278 ff.

10.1 Makrotheorie: Funktional-strukturelle Systemtheorie

Bei Makrotheorien stehen große soziale Prozesse oder Gebilde im Vordergrund. Bei der Analyse der Gesamtgesellschaft wird dann natürlich auf eine detaillierte Betrachtung einzelner Aspekte kein Wert gelegt.

10.1.1 Überblick

Systeme sind nach dem griechischen Wortsinn aus mehreren Teilen zusammengesetzte Gebilde.[395] Der Systembegriff erfuhr während der Aufklärung weite Verbreitung. LAMBERT (1728 – 1777) entwickelte eine Systematologie, die als Vorläufer der modernen Systemtheorie gilt. Er unterstellt eine Absicht mit der die Teile zusammengesetzt werden, so dass das Ganze genau dieser Absicht entspricht.[396] Systeme lenken somit den Blick auf die Beziehung zwischen konstitutiven Teilen und dem daraus konstituierten Ganzen. Diese Beziehung ist auch das Leitthema einer allgemeinen Systemtheorie.[397]

PARSONS studierte in den USA und England, er promovierte 1927 in Heidelberg und wurde 1931 Professor in Harvard. Beim Kampf um die Etablierung der Soziologie als wissenschaftlicher Disziplin in den USA ging es ihm darum, eine Gesellschaftstheorie zu entwickeln, die ohne Bezug auf eine bestimmte Gesellschaft (also ohne raumzeitlichen Bezug) allgemein gültig ist. In einer solchen Theorie sah er die angestrebte Grundlage einer wissenschaftlichen Soziologie. Im Gegensatz zur damaligen soziologischen Forschung beschäftigte er sich mit der Stabilität von ahistorischen und apersonalen sozialen Systemen. PARSONS untersucht, welche Funktionen einer Gesellschaft zur Erhaltung ihrer Struktur beitragen, seine Theorie wird deshalb als struktur-funktionale Systemtheorie bezeichnet.[398]

Das Interesse PARSONS verlagerte sich mit der Zeit von einer Handlungstheorie zu einer Systemtheorie: *„Soziale Systeme werden gebildet von Zuständen und Prozessen sozialer Interaktion zwischen handelnden Einheiten. Wenn Interaktionseigenschaften sich von den Eigenschaften der handelnden Einheiten ableiten ließen, wären soziale Systeme bloß Begleiterscheinungen, wie es die individualistische Gesellschaftstheorie nicht selten behauptet hat.“*[399] Dieses Zitat beleuchtet den Perspektivenwechsel von der Handlungs- zur Systemtheorie, die Apersonalität der Handlung und allgemein den Bruch mit der vorherrschenden Tradition der Soziologie. Interaktionen sind Teile des Systems, wobei das soziale System als Ganzes mehr ist als die Summe

---

[395] Vgl. GEMOLL (Griechisch 1965), S. 722
[396] Vgl. MITTELSTRAß (Enzyklopädie 2004), Bd. IV, S. 184
[397] Vgl. WILKE Systemtheorie I 2000), S. 132
[398] Vgl. KORTE (Geschichte 2004), S. 172 ff.
[399] S. PARSONS (Gesellschaften 1972), S. 15

der Eigenschaften der handelnden Einheiten. LUHMANN, der bei PARSONS studierte, interpretiert dessen Grundgedanken mit den Worten *„action is system“*.[400]

PARSONS unterscheidet vier Subsysteme menschlichen Handelns: (1) Organismus, (2) personales System, (3) soziales System und (4) kulturelles System. Dazu benennt er vier Funktionen in seinem bekannten AGIL-Schema, denen jeweils eine besondere Bedeutung innerhalb eines Subsystems zukommt. Die Bezeichnung des Schemas setzt sich aus den Anfangsbuchstaben der englischen Begriffe für die Funktionen zusammen: Adaptation – Goal attainment – Integration – Latent pattern maintenance. Die Gegenüberstellung von Subsystem und Primärfunktion ist aus Tabelle 36 ersichtlich.[401]

Tabelle 35: Subsysteme menschlichen Handelns und ihre Hauptfunktionen
Table 35: Subsystems of Human Action and Their Main Functions

Subsystem	Hauptfunktion
Organismus	Anpassung
Personales System	Zielerreichung
Soziales System	Integration
Kulturelles System	Strukturerhaltung

Innerhalb dieses Modells können jetzt die unterschiedlichen Kombinationen untersucht werden. In Kapitel 7.2 haben wir bereits die funktionelle Integration von Struktur (soziales System) und die Kultur (kulturelles System) von ICJVs als maßgeblich herausgestellt. PARSONS Modell erlaubt diese Perspektive ebenfalls. Für ihn hat die Integration von personalem und sozialem System besondere Bedeutung. Eine Mittlerfunktion übernimmt dabei die Rolle. Hierunter versteht man die Verfestigung einer Anzahl von Normen (auch Gesten, Symbole) zu bestimmten Verhaltenskomplexen. Mit Hilfe einer Rolle werden Personen in das soziale System integriert.[402]

Die struktur-funktionale Systemtheorie von PARSONS war die einflussreichste soziologische Theorie bis in die 1960er Jahre. Es ist leicht einzusehen, dass ihr das Interesse an strukturerhaltenden Funktionen seit den Studentenrevolten von 1968 zum Verhängnis wurde. Sie war „out“ und wurde durch eine Marxistische Theorie des Wandels als Leittheorie in der Soziologie ersetzt. Die Kritik an der Systemtheorie war vernichtend und sie betraf Mängel bezüglich ihres Desinteresses an gesellschaftlichem Wandel, ihrer ideologischen Basis (konservativ), ihres Abstraktionsgrades, ihrer mangelnden empirischen Fundierung und ihrer optimistischen teleologischen Annahmen. In den USA wird bei dem Begriff „systems theory“ immer diese Kritik mit-

400 S. LUHMANN (Systemtheorie 2004), S. 18
401 Vgl. KORTE (Geschichte 2004), S. 177 f.
402 Vgl. SCHÄFERS (Soziales Handeln 2002), S. 33

verstanden.[403, 404] Es wird kaum zur Kenntnis genommen, dass die LUHMANNsche funktional-strukturelle Systemtheorie in Deutschland eine herausragende Bedeutung besitzt.[405] Weder in dem einführendem Text zur Soziologie von GOODMAN[406] noch in dem Standardwerk von GIDDENS / TURNER[407] zur soziologischen Theorie wird der funktional-strukturelle Systemtheorie Platz eingeräumt.

Neben der Weiterentwicklung der struktur-funktionalen Systemtheorie durch LUHMANN zur funktional-strukturelle Systemtheorie, gibt es jedoch auch eine Umdeutung der PARSONSschen Theorie zu einer voluntaristischen Handlungstheorie durch MÜNCH.[408] Dabei wird der freie Wille als Grundfunktion von psychischen Systemen angesehen. Diese Möglichkeit der Betonung des freien Willens in der Systemtheorie ist wichtig im Hinblick auf die zentrale Bedeutung, die dieser als Mittler zwischen der physischen Welt und der sozialen Mitwelt einnimmt.

Für LUHMANN ist das wichtigste Kennzeichen moderner Gesellschaften deren sehr hohe Komplexität. Vereinfacht ist darunter die Vielschichtigkeit einer Gesellschaft zu sehen. Wegen dieser übergroßen Komplexität wird die Komplexitätsreduktion zur Hauptaufgabe. Diese zwingt zu einer Einschränkung auf eine begrenzte Anzahl von Möglichkeiten durch Grenzziehung zwischen der Umwelt und dem sich konstituierenden System. Da die Eigenkomplexität des entstandenen Systems immer noch nicht beherrschbar ist, gliedert es sich funktional in Untersysteme. Jedes Untersystem übernimmt eine bestimmte Funktion, wobei die einzelnen Funktionen ineinander greifen.[409]

Durch die Grenzziehung zwischen Umwelt und System erwächst ein neues Verständnis des Systembegriffs: es ist konstituiert sich als Differenz. Statt einer alleinigen Innenperspektive (Teile, Ganzes) ergibt sich dadurch eine zusätzliche Außenperspektive als das Verhältnis zwischen verschiedenen Systemen. Die Umwelt wird dann zum Nicht-System, in dem Sinn, dass es alles umfasst, was nicht zum System gehört.[410] Dadurch wird es möglich, Auswirkungen von den Veränderungen der Umwelt auf das System zu betrachten. Die strukturbewahrende Theorie PARSONS wird dynamisch. Das Wechselspiel zwischen Systemen, begriffen als System-Umwelt-Differenz, rückt in den Blickpunkt.

LUHMANNS Systemtheorie erreicht einen sehr hohen Grad der Abstraktion. Er verlässt nicht nur die Ebene bestimmter Gesellschaften wie PARSONS, sondern er verneint

---

403 Vgl. ABERCROMBIE et al. (Sociology 2000), S. 354 f.
404 V l. LUHMANN (Systemtheorie 2004), S. 12 ff.
405 Vgl. JOAS (Soziologie 2001), S. 35
406 Vgl. GOODMAN (Sociology 1992)
407 Vgl. GIDDENS / TURNER (Social Theory 1996)
408 Vgl. MÜNCH (Parsonian Theory 1996), S. 117
409 Vgl. TREIBEL (Soziologische Theorien 2004), S. 29 ff.
410 Vgl. TREIBEL (Soziologische Theorien 2004), S. 31 f.

darüber hinaus die Bedeutung eines gemeinsamen Wertsystems. Dadurch entfällt das kulturelle System als eines der vier Subsysteme menschlichen Handelns.[411] Hier zeigt sich besonders deutlich, weshalb wir die Systemtheorie als Makrotheorie bezeichnen. Sie wird so abstrakt, dass wir für die konkrete Untersuchung von ICJVs zusätzliche Theorien heranziehen müssen, die im Rahmen der Systemtheorie Wirkung entfalten können. Diese Funktion übernimmt für den Bereich der Kultur der im folgenden Kapitel 10.2 dargestellte sozial-konstruktivistische Ansatz der Organisationstheorie.

Mit dem Begriff „Sinngebung" schließt LUHMANN sowohl an den sozial-konstruktivistische Ansatz als auch allgemein an eine hermeneutische Interpretation von Systemen an. Die Grundannahme ist, dass Sozialsystem auf der Grundlage von Sinn organisiert sind. Symbolische Sinnsysteme schaffen eine Ordnung, es findet eine typisierende Trennung zwischen Dazugehörigem und Nichtdazugehörigem statt und dadurch eine Komplexitätsreduktion.[412] Folglich muss eine Systemanalyse mit einer Sensitivitätsanalyse beginnen, die nach Variablen, Funktionen und Sinngehalten fragt, um diejenigen herauszufinden, die für das System eine kritische Bedeutung haben.[413] Daraus schließt WILKE *„Die Analyse von Phänomenen organisierter Komplexität setzt den Bruch mit dem wissenschaftstheoretischen Ideal einfacher Kausalitäten und Gesetzmäßigkeiten voraus; ...Nicht methodisch perfekte Modellbauerei und Algorithmisierung, die immer exaktere Erfassung von Irrelevantem, ist Gebot der Gegenwart, sondern der transdisziplinäre Aufbau einer Theorie und Analysemethodik komplexer organisierter Systeme."*[414] Somit lässt sich die Systemtheorie in hervorragender Weise mit der im gesamten Teil B aufgebauten wissenschaftlichen Methodik verbinden. Allerdings werden wir die Sinngebung als abhängig von jeweiligen kulturellen Prägungen untersuchen.

Als Menschen gehören die Mitglieder eines sozialen Systems zur Umwelt dieses Systems, weil ihnen in dem System eine Rolle zugewiesen wird, die nicht ihre ganze Person ausmacht.[415] Dies führt zu einer klaren Trennung von psychischen Systemen (Innenwelt) und sozialen Systemen (Mitwelt). LUHMANN wehrt sich gegen den Vorwurf, diese Zuordnung des Menschen enthalte ein abwertendes Moment. Er sieht in der Trennung eher die Möglichkeit eines radikalen Individualismus als psychisches System, wie es innerhalb eines sozialen Systems undenkbar wäre.[416]

Seit 1980 hat LUHMANN einen Perspektivenwechsel vollzogen und stellt von nun an die Geschlossenheit von Systemen gegenüber der erwähnten Differenz zwischen

---

[411] Vgl. LUHMANN (Systemtheorie 2004), S. 223 ff.
[412] Vgl. WILKE (Systemtheorie I 2000), S. 40 ff.
[413] Vgl. SIMON (Architektur 1978), S. 94 ff.
[414] S. WILKE (Systemtheorie I 2000), S. 197 f.
[415] Vgl. TREIBEL (Soziologische Theorien 2004), S. 36
[416] Vgl. LUHMANN (Systemtheorie 2004), S. 256 f.

Umwelt und System heraus. Diese Differenz verschwindet nicht, insbesondere hält er an dem Unterschied zwischen psychischen und sozialen Systemen fest. Allerdings gewinnen die Systeme in Rahmen im weiter gehender Komplexitätsreduktion eine eigene Handlungsfähigkeit in der Form autopoietischer, d.h. sich selbst organisierender Systeme. Diese sind operativ gegenüber der Umwelt autark.[417] Die Autopoiese von Organisationssystemen ist von deren Wirkungsgeschichte abhängig, sie entwickelt sich mit der Zeit. Da jedoch ICJVs als kurzfristige Projektorganisationen weder eine Vergangenheit noch eine Zukunft haben, ist ihnen diese Entwicklungsmöglichkeit versperrt. Grundsätzlich bleiben sie immer unmittelbar von der Umwelt abhängig, auch wenn sie während ihres kurzen Bestandes zunehmend an Autarkie gewinnen.

10.1.2 Komplexität

Komplexität bezeichnet den Grad der Vielschichtigkeit, Vernetzung und Folgelastigkeit eines Entscheidungsfeldes.[418] Mit Bezug auf ICJVs bezeichnet Vielschichtigkeit die innere funktionale Differenzierung und die unterschiedlichen Referenzebenen für das ICJV. Bei den Referenzebenen ist zu unterscheiden zwischen den Personen, funktional differenzierten Abteilungen, dem ICJV, den Partnerunternehmen und dem ICJV-System. Die Vernetzung bezieht sich auf das Gefüge zwischen den Systemteilen und dem Ganzen. Die Folgelastigkeit beschreibt die von einzelnen Entscheidungen in Gang gesetzten Interaktionsketten und die Entscheidungen werden wiederum als Handlungen verstanden, die das System durch Selektion von der Umwelt abgrenzen. Wichtig ist es zu erkennen, dass Entscheidungen immer sinnvoll sein müssen und deshalb auf einer sinnhaften Grundlage gefällt werden. Sinnhaftigkeit kann von dem Begriff der „Entscheidung“ nicht getrennt werden.

Eine einfache quantitative Definition von Komplexität lautet: Es ist die Anzahl der Systemelemente und die durch diese Anzahl möglichen Verbindungen zwischen ihnen. Wenn es n Systemelemente gibt, dann kann man die Anzahl r (Relation) der Verbindungen durch eine Folge berechnen:

$$r = n * (n - 1) / 2$$

Die Komplexität (K) als Summe der Teile und der Verbindungen ist folglich:

$$K = n + r = n + [n * (n - 1) / 2]$$

Die Eleganz der Formel verdeckt den gravierenden Nachteil eines Fehlens von Sinnhaftigkeit nicht. Die quantitative Komplexität ist nur die Spitze des Eisberges.

---

417 Vgl. Treibel (Soziologische Theorien 2004), S. 39 f.
418 Vgl. Wilke (Systemtheorie I 2000), S. 22

Der Begriff „Kompliziertheit“ ist in quantitativer Hinsicht noch einfacher, es ist die Anzahl der unterschiedlichen Element n.[419]

Dass die Komplexität für diese Arbeit (wie allgemein im Rahmen der Systemtheorie) eine zentrale Stellung einnimmt, zeigt sich an Bild 38, es ist die erste gewählte Dimension zur Beschreibung von Vertrauen in ICJVs. Dort ist gleichfalls zu erkennen, dass wir sie im Zusammenhang mit Sinngebung sehen.

Wilke unterscheidet fünf Formen der Komplexität: (1) sachliche Komplexität, (2) soziale Komplexität, (3) zeitliche Komplexität, (4) operative Komplexität und (5) kognitive Komplexität.[420]

Die sachliche Komplexität kennzeichnet die Dichte der Anzahl von Einheiten und ihrer Wirkungen untereinander in einem Raum-Zeit-Abschnitt. Sie ist um so höher, je größer die Dichte pro Abschnitt. Eine hohe sachliche Komplexität in einem ICJV wird durch entsprechend hohe Ressourcen abgefangen.

Die soziale Komplexität setzt sich aus der Anzahl der Mitglieder und der Art der zu bearbeitenden Probleme zusammen. Auf eine hohe soziale Komplexität reagiert ein ICJV mit einer funktionalen Binnendifferenzierung in Form von Abteilungen und durch Rollenbildung. Dadurch können Probleme nebeneinander bearbeitet werden, allerdings auf Kosten größerer Integrationsschwierigkeiten.

Die zeitliche Komplexität fasst die Geschichte der Erfahrungen und insbesondere der entwickelten Sinnhaftigkeit eines sozialen Systems zusammen. Der Vorteil der Geschichtslosigkeit eines ICJV wird durch den Aufeinanderprall der Geschichtlichkeit der Partnerunternehmen ins Gegenteil verkehrt. Ohne eigene Geschichte müssen in einem ICJV unterschiedliche Interpretationen von Erfahrungen integriert werden. In der Geschichtlichkeit bleiben die Mitglieder des ICJVs den Partnerunternehmen verhaftet. ICJVs reagieren auf die zeitliche Komplexität durch Ausbildung von Prozessabläufen.

Die operative Komplexität zeigt sich in dem Grade wie ICJVs in der Lage sind selbstständige Ziele zu formulieren. Durch die Lösung von Vorgaben aus der Umwelt, insbesondere von Seiten der Partnerunternehmen, entwickelt sich einmal das ICJV zu einem abgegrenzten selbstständigen System und andererseits erhöht sich die operative Komplexität. Da einem ICJV von außen nur Oberziele gegeben werden und je nach Lage der eine oder andere Partner die unterschiedlichsten Unterziele durchzusetzen versucht, kommt eine ICJV gar nicht umhin, ein konsistentes Zielsystem unterhalb der Oberziele aufzubauen, in das dann die Sonderwünsche der Partner nach Möglichkeit eingeordnet werden. Das ICJV ist wegen unterschiedlicher Partnerinteresse gezwungen, eine eigene operative Komplexität aufzubauen.

---

[419] Vgl. KLAUS (Kybernetik 1969), S. 307
[420] Vgl. WILKE (Systemtheorie I 2000), S. 81 ff.

Die kognitive Komplexität stellt sich auf zwei Ebenen dar, einmal für psychische und dann für soziale Systeme. Auf der individuellen psychischen Ebene werden wir mit dem Konzept der „bounded rationality“ von SIMON arbeiten[421]. Für das ICJV als soziales System stellt sich die Frage der kollektiven Identität, die auch ein kollektives Handeln ermöglicht. Dafür bedarf es einer Reflexivität, durch welche die eigene Identität als Problem erfasst wird. Daran schließen sich die Bewertung der Identität und das Ableiten von Handlungsmöglichkeiten an. Die Identitätsbildung ist wegen der kurzen Bestandsdauer von ICJVs ein kaum zu bewältigendes Problem. Es zeigt sich jedoch z. B. bei Mannschaften im Sport, in welchem Maße eine gemeinsame Identität als Mannschaft die Leistung zu steigern vermag. Regelmäßig schneiden Kollektive mit schwächeren Einzelspielern und Teamorientierung besser ab als eine Sammlung von hervorragenden Einzelspielern ohne Teamorientierung.

10.1.3 Kontingenz

Die Kontingenz erwächst aus der Umweltoffenheit des Menschen. Diese Umweltoffenheit ist die Grundbedingung einer anderen menschlichen Erfahrung: wir verfügen nicht über die Mittel ein bestimmtes Ereignis zu erzwingen, wir können das Ziel erreichen oder verfehlen. Die Annahme einer Kontingenz in der Mitwelt schließt Kausalgesetze aus und darüber hinaus eine sichere Prognose der Wirkung konkreter Handlungen: Es kann so kommen wie geplant oder auch ganz anders. Der Begriff der Kontingenz taucht in dieser Arbeit unter verschiedenen Namen immer wieder auf: Offenheit (POPPER), multiply realizable (BERGER / LUCKMANN) oder als freier Wille. Dies weist die Kontingenz als zentralen Grundbegriff aus. Ohne eine Kontingenz des Handelns, so meinen wir, gäbe es auch keine wahrnehmbare Komplexität der System-Umwelt Beziehung. Ohne die Möglichkeit und den Zwang zur Wahl ist das Leben einfach. Für die Gesellschaft soll der Begriff des „multiply realizable“ stehen und im Rahmen des Handels soll die Kontingenz ihren Platz finden.

„Während Komplexität immer eine Beziehung zwischen System und Umwelt kennzeichnet, in welcher der Reichtum an Möglichkeiten und Beziehungen problematisch ist, so bezieht sich Kontingenz auf die Handlungsalternativen im System für eine bestimmte Situation.“[422] Diese Gedanken sind in Bild 39 verdeutlicht.

---

[421] Vgl. SIMON (Bounded Rationality 1972)

[422] S. WILKE (Systemtheorie I 2000), S. 28 f.

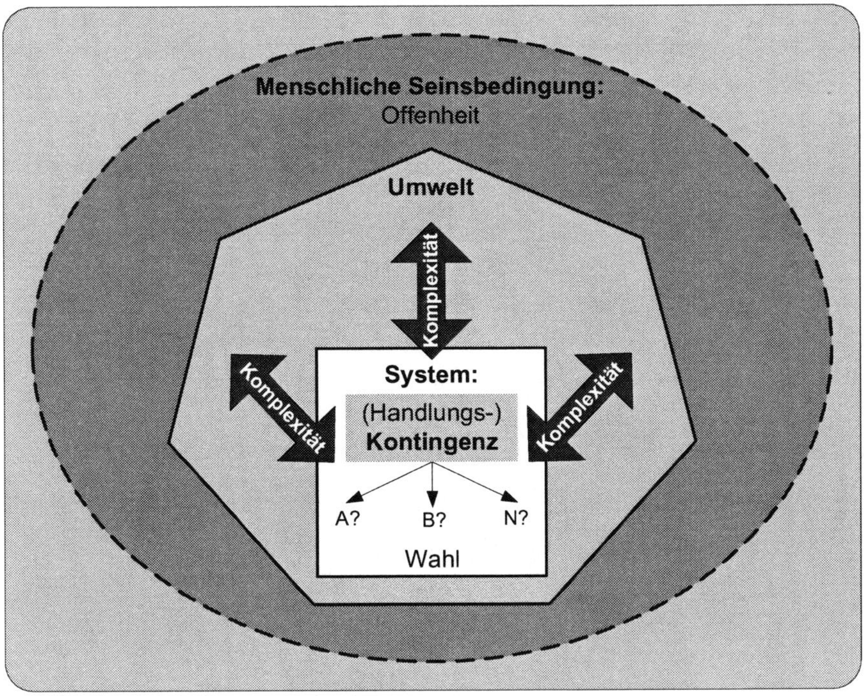

Bild 39: Komplexität und Kontingenz
Fig. 39: Complexity and contingency

10.1.4 Management von Systemen der Wirtschaft

STEINMANN / SCHREYÖGG stellen in ihrem Lehrbuch des Managements zwei Theorieansätze gegenüber: die plandeterminierte Steuerung und die systemtheoretische Steuerung. Die plandeterminierte Steuerung wird einer so heftigen Kritik unterzogen, dass sie keine wirkliche Alternative darstellt.[423] Eine noch deutlichere Kritik hat schon davor MINTZBERG an der plandeterminierten Steuerung geübt.[424, 425] Somit bleibt als Grundlage für eines der am weitesten verbreiteten deutschen Lehrbücher zum Management die systemtheoretische Steuerung als einzige akzeptable Grundlage.

In Bild 40 sind die Hauptgedanken einer systemtheoretischen Steuerung von Wirtschaftsunternehmen zusammengefasst. Aus der komplexen Umwelt wird durch Differenzbildung ein Ausschnitt herausgetrennt. Für diesen Ausschnitt werden Ziele definiert, Aufgaben festgelegt. Durch die Beschränkung auf den gewählten Ausschnitt entsteht ein System, beispielsweise ein ICJV. Das System ICJV ist deutlich weniger komplex als die ungegliederte Umwelt. Durch die Wahl von Zielen und Auf-

[423] Vgl. STEINMANN / SCHREYÖGG (Management 2005), S. 133 ff.
[424] Vgl. MINTZBERG (Planning 1994), S. 211 ff.
[425] Vgl. MINTZBERG et al. (Strategy 1998), S. 63 ff.

gaben entsteht auch ein Bestandsrisiko für das ICJV, weil diese falsch sein können. Dadurch wird eine ständige Überprüfung der Ziele und Aufgaben zur Risikokompensation notwendig. Eine Kontrolle ohne Steuerungsmöglichkeit oder ohne Steuerungswillen ist unsinnig und aus diesem Grund kann das ICJV nicht mit starren Systemgrenzen definiert werden, sondern es muss als kybernetisches systemorientiertes Modell verstanden werden. Es muss die Möglichkeit der Systementwicklung geben. Insgesamt ist bei einem ICJV die Komplexität nach der Systembildung immer noch so groß, dass sie nicht bewältigt werden kann. Deshalb muss die verbleibende Eigenkomplexität zusätzlich durch funktionale Differenzierung im Inneren abgebaut werden.

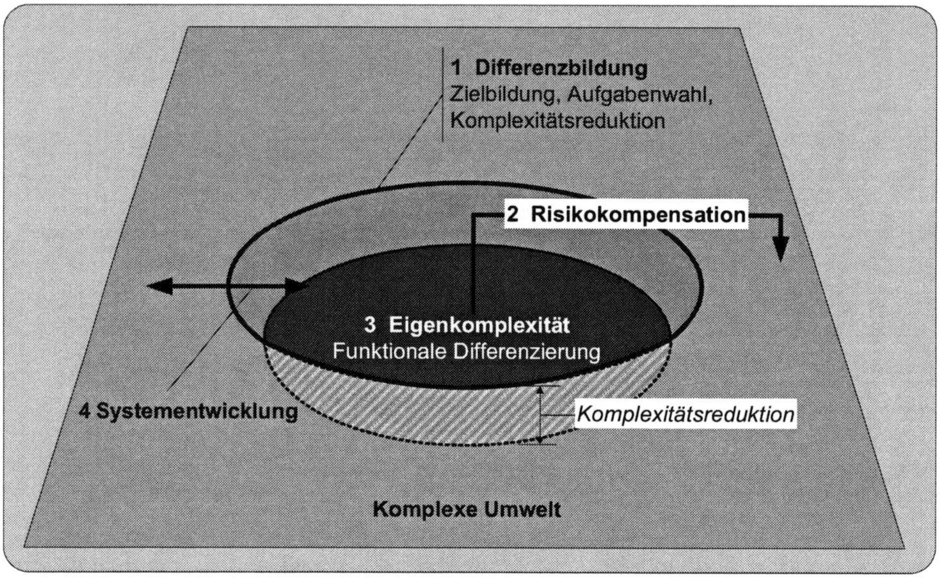

Bild 40: Die vier Eckpfeiler der Systemtheorie für Unternehmen
Fig. 40: The Four Pillars of System Theory for Companies

STEINMANN / SCHREYÖGG formulieren somit vier Eckpfeiler einer systemtheoretischen Steuerung, diese geben auch erste normative Hinweise auf eine Gestaltung von ICJVs, sie reichen allerdings in der Detaillierung bei weitem nicht aus.

ULRICH / HILL fassen die Vorteile der Systemtheorie im Rahmen der Betriebswirtschaft in drei Punkten zusammen: (1) terminologische Funktion, (2) heuristische Funktion und (3) Integrationsfunktion. Die Begriffe der Systemtheorie sind bereits ausgiebig benutzt worden und sie werden auch für die eigentliche Untersuchung Verwendung finden. Unter der heuristischen Funktion verstehen ULRICH / HILL die Strukturmodelle (z.B. AGIL, Gliederung der Komplexität oder Bild 40), welche die Systemtheorie liefert. Durch diese sind Aspekte und Zusammenhänge zu entdecken, die sonst oft vernachlässigt werden. Die Integrationsfunktion besteht in der Berücksichtigung der Perspektiven unterschiedlichster Disziplinen wie etwa psychologische, soziale, ökonomische und technologische Gesichtspunkte.[426]

10.2 Mesotheorie: Sozial-konstruktivistischer Ansatz der Organisationstheorie

Zentral für den sozial-konstruktivistischen Ansatz der Organisationstheorie ist das Werk von BERGER / LUCKMANN. Der Ansatz wurde in dieser Arbeit bereits benutzt, um die Konstruktion der sozialen Mitwelt zu beschreiben (Abschnitt 7.2.1). Der Hauptaspekt für die soziale Mitwelt ist gerade die soziale Perspektive. Der soziale Rahmen bei der Sozialisation ist unausweichlich und die Sozialisation ist ein fortlaufender Angleichungsprozess in der Mitwelt.

Diesen Gedanken greift der sozial-konstruktivistische Ansatz für die Organisationstheorie auf. Dabei wird er unterschiedslos einmal als „interpretativer Ansatz“[427] und ein andermal als „konstruktivistischer Ansatz“[428] bezeichnet. Grundgedanke ist hierbei, dass der bedeutendste Teil der Organisationswirklichkeit durch deren Mitglieder mittels Sinnzuweisung konstruiert und interpretiert wird. Da dieser Aspekt bereits ausführlich im Allgemeinen erläutert wurde, muss nur noch der besondere Bezug zur Organisationstheorie hergestellt werden.

Als Grundzüge eines interpretativen Ansatzes für die Organisationstheorie gibt WOLLNICK folgende Punkte an:[429]

- Soziale Wirklichkeit wird durch Interpretation und Interaktion hergestellt.
- Diese Wirklichkeit ist kontingent.
- Durch die intersubjektive Gemeinsamkeit der Gruppe werden die subjektiven Sichtweisen der Einzelnen objektiviert.
- Es entsteht eine Perspektivenkongruenz

Die als Komplexität wahrgenommenen äußeren Systembeziehungen der Organisation und ihre innere Kontingenz werden durch diese Perspektivenkongruenz auf ein Maß eingeschränkt, das ein Handeln ermöglicht. Dadurch grenzt sich das System immer mehr von der Umwelt ab und konstituiert sich als solches. Hier zeigt sich eine deutliche Verbindung zur Systemtheorie.

„Organisationen "funktionieren“ nicht, weil ihre "Struktur“ zweckmäßig gestaltet ist, sondern weil die Mitglieder "in ihren Köpfen“ bestimmte Vorstellungen darüber haben, wie Organisationen funktionieren sollten. Zum Teil sind diese Vorstellungen in

---

426 Vgl. ULRICH / HILL (Grundlagen BWL 1976), S. 308

427 Vgl. BEA / GÖBEL (Organisation 2002), S. 162 ff.

428 Vgl. KIESER (Organisationstheorien 2002), S. 287 ff.

429 Vgl. WOLLNICK (Interpretative Ansätze 1993), S. 282 ff.

der Kultur enthalten, z.T. müssen sie in Organisationen "vereinbart" bzw. plausibel gemacht werden und in Prozessen von Versuch und Irrtum eingeübt werden."[430] Diesen Zitat von KIESER ermöglicht zweierlei. Zum einen das Heranziehen des sozialkonstruktivistischen Ansatzes der Organisationstheorie für ICJVs bei der Wahl von Institutionen und Kultur als deren Hauptaspekte, zum anderen eine hermeneutische Deutung von Erfolgsfaktoren. Wichtig bei der Leistung der Sinnzuweisung sind ein gemeinsames Verständnis des Skriptes einschließlich der dazugehörigen Rollen für die jeweilige Organisation, geteilte Routinen und verbindende Ansichten über die impliziten Organisationstheorien.[431] Diese werden zusammen als Schemata bezeichnet.[432] Erfolgsfaktoren im hermeneutischen Sinn sind nun nichts anderes als teleologische Schemata. Ihr Ziel ist selbstverständlich der Erfolg und Erfolg ist natürlich auch eine ausgehandelte Größe. Damit wird in keiner Weise einem Vorgesetzten die Möglichkeit abgesprochen, etwas als Erfolg zu definieren und die Erfüllung zu Verlangen. Es wird jedoch behauptet, dass die Zielerfüllung allemal erleichtert wird, wenn über das Ziel Einverständnis besteht (vgl. Management by Objectives[433]).

KIESER unterscheidet drei Formen des Konstruktivismus: neben der beschriebenen sozial-konstruktivistischen, ein kognitive und eine systemtheoretische Ausrichtung.[434] Der kognitive Konstruktivismus ist eher für psychologisch ausgerichtete Studien über Organisationen geeignet, da er sich mit individuellen kognitiven Vorgängen des Gehirns befasst. Eine solche Perspektive liegt dieser Arbeit nicht zugrunde.

Der systemtheoretische Konstruktivismus wird auch als kognitionsbiologischer Konstruktivismus bezeichnet und er beschäftigt sich mit der Frage, wie Menschen Erkenntnisse gewinnen unter Nutzung ihrer neurophysiologischen Möglichkeiten.[435] Hierfür gilt ebenfalls das im letzten Absatz Gesagte. ICJVs sind eben wegen ihrer begrenzten Lebensdauer keine autopoietischen Systeme, deren einziger Sinn die Fortsetzung der Autopoiese ist.[436] Hier trifft HEIDEGGER die entscheidende Trennlinie: Kulturelle Systeme sind geprägt von der Poiesis (mit seinem eigenen Wort: Her-vorbringen), natürliche Systeme von Autopoiese.[437] Somit bleibt allein die sozialkonstruktivistische Variante des Konstruktivismus von Bedeutung.

Aus unserer Sicht ist diese Unterscheidung von besonderer Bedeutung. In der physischen Welt laufen autopoietische Prozesse ab, die von Kausalgesetzen gesteuert werden. In der sozialen Mitwelt wird Wirklichkeit her-vor-gebracht.

---

[430] S. KIESER (Organisationstheorien 2002), S. 288
[431] Vgl. KIESER (Organisationstheorien 2002), S. 304 f.
[432] Vgl. MARCH (Decision Making 1994), S. 57 ff.
[433] Vgl. WÖHE (Betriebswirtschaftslehre 1985), S. 124
[434] Vgl. KIESER (Organisationstheorien 2002), S. 297 ff.
[435] Vgl. KIESER (Organisationstheorien 2002), S. 299
[436] Vgl. BARDMANN (Realitäten 1994), S 82 ff.
[437] Vgl. HEIDEGGER (Technik 2002), S. 10 ff.

Ein Hauptkritikpunkt an dem sozialen Konstruktivismus ist die Feststellung, dass er zwar Zweifel an der nomologischen Forschung aufwirft, aber kein anderes Kriterium der Wahrheit setzt.[438] Um sich mit diesem Vorwurf auseinander zu setzen, muss zunächst der Wahrheitsbegriff definiert werden und das führt zu erheblichen Schwierigkeiten. POPPER behilft sich mit einem Verweis auf KANT[439] und führt an Stelle eines Wahrheitsbegriffes das Prinzip der Falsifikation ein. Ansonsten belegt er noch mit dem gegebenen Zitat von XENOPHANES, dass die Wahrheit dem Menschen nicht zur Verfügung steht. Nach einem Verweis von POPPER definiert KANT die Wahrheit als Übereinstimmung der Erkenntnis mit ihrem Gegenstande. Wir behaupten nun, dass dies einer hermeneutischen EFF besser gelingt als einer nomologischen. Die entsprechenden Argumente haben wir im ganzen Teil B dieser Arbeit dargelegt. Die vermeintliche Schwäche ist in der Tat eine Stärke.

[438] Vgl. GERGEN (Constructionist 1985) S. 13 f.
[439] Vgl. POPPER (Wirklichkeit 1999), S. 13

TEIL C: AUSFÜHRUNGSMANAGEMENT VON INT'L CONSTRUCTION JOINT VENTURES

11 Einführung

Teil A enthält Erläuterungen zur Struktur und zur Motivation von ICJVs. In diesem Teil C wird das Ausführungsmanagement von ICJVs unter dem Gesichtspunkt der Komplexität beschrieben. Somit ist die Gliederung dieses Teils maßgeblich von Gedanken der Systemtheorie bestimmt. Dabei unterscheidet man aus Sicht der Bauunternehmen zwei Hauptphasen bei Bauprojekten: Die Angebotsphase fängt mit den ersten Überlegungen zu dem Projekt an und endet mit dem Vertragsschluss. Danach beginnt das Ausführungsmanagement, das mit dem Ende der Gewährleistungsfrist abschließt.[440]

Diesem Kapitel 11 mit einem Überblick über Teil C schließt sich Kapitel 12 mit Ausführungen zur zeitlichen Gliederung von Großprojekten an. Dadurch gelingt es Großprojekte in getrennte Abschnitte zu teilen, die einzeln beschrieben werden können. Erst am Ende des Kapitels wird sich zeigen, warum eine Gliederung in Angebots- und Ausführungsmanagement sinnvoll ist und welche Leistungsumfänge in der jeweiligen Phase zu erbringen sind. Die zugrunde gelegte zeitliche Gliederung lässt sich aus der Projektstruktur ableiten, wobei dem Vertragsabschluss einschneidende Bedeutung zukommt. Alternativ ist auch eine funktionale Gliederung (Akquisition, Kalkulation, Arbeitsvorbereitung...) denkbar. Die Struktur wird durch die Randbedingungen von Großprojekten vorgegeben und innerhalb dieser Struktur wird eine funktionale Differenzierung zur Reduktion der Eigenkomplexität vorgenommen. Somit ist die strukturelle Gliederung in Phasen der funktionalen in Aktivitäten übergeordnet und sie wird deshalb zuerst behandelt.

Auch wenn sich diese Arbeit auf das Ausführungsmanagement konzentriert, muss das Angebotsmanagement dennoch berücksichtigt werden. In dieser Phase werden die Weichenstellungen für das Projekt bestimmt und diese werden mit dem Vertragsabschluss rechtskräftig. Gleichzeitig werden auch die Ziele für das ICJV verbindlich festgelegt. Das Angebotsmanagement wird in Kapitel 13 beschrieben, allerdings nur als Ergebnisdarstellung, die insbesondere auf einer Auswertung der entsprechenden Literatur fußt. Ein größerer Unterpunkt ist die Zieldefinition für das ICJV in der Angebotsphase. Hierzu wurden eigene Daten in Interviews mit Führungskräften der deutschen Bauindustrie erhoben.

Die Beschreibung des Ausführungsmanagements in Kapitel 14 gliedert sich in die Organisationsplanung, die Entwurfsplanung, die Arbeitsvorbereitung, die Baustelleneinrichtung und die Bauausführung. Durch die Organisationsplanung wird zum einen

[440] Vgl. GIRMSCHEID (Angebots- und Ausführungsmanagement 2005), S. 1 ff.

die funktionale Differenzierung innerhalb des ICJV geplant und vollzogen und zum anderen die Integration der Beiträge aller Abteilungen für das Projekt sichergestellt. Die Organisationsplanung wird erst bei Großprojekten zu einer eigenständigen Aufgabe, für mittlere und kleinere Projekte gibt es in der Bauindustrie Standardlösungen. Großprojekte zwingen wegen ihrer Neuartigkeit zur Weiterentwicklung und Änderung dieser Standardlösungen. Durch die Entwurfsplanung wird das Bauwerk in seiner endgültigen Form festgelegt und mit Hilfe der Arbeitsvorbereitung werden die Bauprozesse bestimmt. Es besteht eine enge Wechselwirkung zwischen Produkt und Prozess. Die Baustelleneinrichtung ist für ein Bauprojekt nichts anderes als es die Fabrik für ein Austauschgut ist. Hier werden die Produktionseinrichtungen zur Durchführung der Bauprozesse bereitgestellt. Auch die Daten für das Ausführungsmanagement stammen zunächst aus der Literatur. Allerdings sind die veröffentlichten Angaben nicht genau genug für eine gründliche Beschreibung der Komplexität in den einzelnen Phasen. Deshalb werden auch vorliegende Baustellenunterlagen von internationalen Großprojekten und die Interviews mit Projektbeteiligten in Thailand und Taiwan berücksichtigt. Die Baustellenunterlagen stammen von zwei Brückenbauwerken, einem Tunnel und einem Flughafen. Diese Unterlagen sind unveröffentlicht.

In Kapitel 5 werden die Ergebnisse von Teil C zusammengefasst.

12 Phasen von Großprojekten

Phasen sind keine natürlichen Gegebenheiten, sondern Ergebnis einer analytischen Gliederung. Dieses kommt durch die ursprüngliche Bedeutung des Begriffs im Griechischen zum Ausdruck: „Erscheinung". Das dazugehörige Verb φαίνειν (phainein) macht noch deutlicher, worum es sich dabei handelt. Es bedeutet wörtlich „ans Licht bringen". Von dem gleichen Stamm leitet sich auch das Wort Phänomen (ebenfalls: „Erscheinung") ab.[441, 442] Das Bilden von Phasen ist somit eine kreative Tätigkeit, die zum Ziel hat, einen Gesamtablauf in überschaubare Abschnitte zu gliedern, das Gerüst des Gesamtablaufs ans Licht zu bringen. Allerdings ist eine Phaseneinteilung auch nicht willkürlich, es gibt Ereignisse, die Phasen begrenzen, wie etwa der Baubeginn, Übergabe von Abschnitten und die Fertigstellung.

Dies ist auch die übliche Vorgehensweise beim Erstellen von Bauablaufplänen. Ausgangspunkt sind nicht etwa Zeitabschnitte sondern Handlungen, „Aktivitäten" oder „Vorgänge" genannt. Diesen wird dann eine Dauer und ein Platz im Prozess- und Zeitablauf zugewiesen. Dabei kann es unterschiedliche Ebenen geben. Die Gliederungstiefe ist von der Kompliziertheit (Anzahl der Aktivitäten) der Aufgabe abhängig. Auf jeder Ebene müssen Aktivitäten gleicher Bedeutung angeordnet werden.[443] Phasen sind die Aktivitäten auf der obersten Ebene.

Um das Bauwerk in einen Gesamtzusammenhang zu stellen, werden zunächst die unterschiedlichen Bauphasen aus Sicht des Bauherrn geschildert. In diese eingebettet sind die für Bauunternehmen wichtigen Phasen.

12.1 Bauphasen aus Sicht des Bauherrn

Bei der Phasenbildung ist zunächst zu klären, ob man sich auf den Standpunkt des Bauherrn oder des Bauunternehmens stellt. In dieser Arbeit ist der Punkt unstrittig, ICJVs gehören in den Bereich der Bauunternehmen. Weil die Einbindung eines Bauunternehmens jedoch immer eine Entscheidung des Bauherrn ist, muss man zunächst seinen Standpunkt berücksichtigen. Typische Phasen aus der Sicht des Bauherrn sind:[444]

- Projektentwicklung mit den Untergruppen Strategieentwicklung (Idee-, Bedarfsformulierung), Projektinitiierung (Beschreibung der Grundzüge des Projektes), Projektkonzept (Machbarkeitsstudie), Projektkonkretisierung (Grundstückssicherung, Finanzierung, Projektsstruktur, Genehmigungsfähigkeit)

---

441 Vgl. KLUGE (Etymologie 1999), S. 628

442 Vgl. GEMOLL (Griechisch 1965), S. 777

443 Vgl. SEELING (Projektsteuerung 1996), S. 37 ff.

444 Vgl. ALDA / HIRSCHNER (Projektentwicklung 2005), S. 5 ff.

- Projektrealisierung (Planung, Ausführung, Management)
- Projektnutzung (Gebäudemanagement)

In der Praxis sind zwei Punkte der Phasenbildung für den Bauherrn von großer Bedeutung, nämlich zeitliche und vertragliche Gesichtspunkte. Bei dem ersten Punkt handelt es sich um die angestrebte Dauer von der Projektidee bis zur ersten Nutzung (Realisierungsdauer) und bei dem zweiten um das gewählte Vergabeverfahren.

Die gewünschte Realisierungsdauer schwankt zwischen den Messpunkten kurz oder sehr kurz. Als typische Beispiele können zwei Projekte des Autors dienen. Für den Brückenstrang Oslebshausen, eine 700 m lange Hochstraße in Bremen mit einer Gradientenhöhe von 12 m und einer Breite von 24 m, wurde eine Bauzeit von zweieinhalb Jahren vom Bauherrn vorgegeben. Die Planung war abgeschlossen bevor die Bauphase begann. Bei einem Bauvolumen von 15 Mio. Euro entspricht dies einer durchschnittlichen Produktionsleistung von 0,5 Mio. Euro pro Monat. Dies ist zeitlich kurz. Zum Bau des BangNa Expressway in Bangkok mit einer Länge von 55.000 m und einer Gradientenhöhe von 18 m bei einer Breite von 27 m standen dreieinhalb Jahre zur Verfügung. Die Planung überlappte sich mit der Bauausführung. Bei einem Bauvolumen von 740 Mio. Euro entspricht dies einer durchschnittlichen Produktionsleistung von 17,6 Mio. Euro pro Monat. Dies ist zeitlich sehr kurz. Die Angaben beziehen sich nur auf die Projektplanung und den Bau, die Phase der Projektentwicklung ist dabei unberücksichtigt. Das erste ist ein Beispiel für eine normale, das zweite für eine Fast-track Projektabwicklung. Beide sind einander in Bild 1 für ein fiktives Projekt gegenübergestellt.

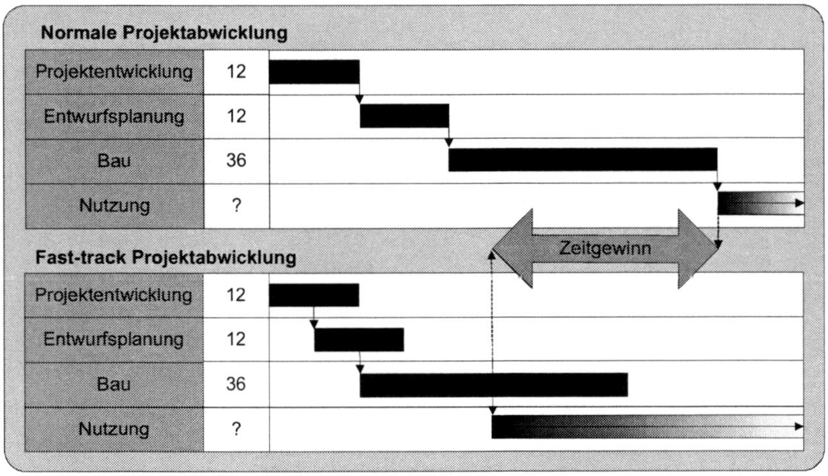

Bild 41: Zeitliche Varianten der Projektabwicklung[445]
Fig. 41: Time Variants of Project Implementation

[445] Vgl. GIRMSCHEID (Angebots- und Ausführungsmanagement 2005), S. 15

Deutlich ist der Zeitgewinn durch die Fast-track Projektabwicklung. Er wird durch eine Überlappung der einzelnen Tätigkeiten erreicht: Bevor endgültige Klarheit über das Projekt an sich besteht, wird mit der Entwurfsplanung begonnen. Bevor die vollständige Entwurfsplanung vorliegt, wird mit dem Bau begonnen. Bevor der Bau fertiggestellt ist, wird das Projekt abschnittsweise in Benutzung genommen.[446, 447, 448]

Legt man die Zahlen von MILLER / LESSARD zugrunde (vgl. Abschnitt 1.4.1.1), dann liegen die Kosten von Großprojekten durchschnittlich bei 985 Mio. US-Dollar. Dies entspricht bei einem Wechselkurs von 1,20 Dollar/Euro einem Wert von 820 Mio. Euro. Bei einer durchschnittlichen Bauzeit von vier Jahren ergibt sich wiederum ein Produktionsvolumen von 17,1 Mio. Euro pro Monat. Auch dies ist zeitlich sehr kurz. Hieraus ergibt sich für Großprojekte ein Zwang zu einer Fast-track-Projektabwicklung. Sie werden deshalb in der Folge als typisch angesehen.

Die Art des Beschaffungsverfahrens ist von entscheidender Bedeutung für die von ICJVs auszuführenden Arbeiten. MASTERMAN unterscheidet zunächst zwischen sequentiellen und integrierten Verfahren. Sequentielle Verfahren setzen einen vollständigen Entwurf mit einem ausführlichen Leistungsverzeichnis vor Beginn der Vergabe voraus. Diese Unterlagen werden Unternehmen zur Verfügung gestellt, die daraufhin einen Preis kalkulieren. Der Bauherr vergibt den Auftrag an das Unternehmen, welches das kostengünstigste (ökonomisches Minimalprinzip) Angebot unterbreitet hat. Nach Auftragsvergabe erfolgt der Baubeginn. Dieses Verfahren wird international als Design/Bid/Build bezeichnet. Zu Beginn der 1960er Jahre lag der Marktanteil dieses Verfahrens in Großbritannien bei 85%, am Ende der 1990er Jahre jedoch nur noch bei 40%.[449] Bei der geschilderten Zeitnot von Großprojekten ist eine sequentielles Beschaffungsverfahren keine geeignete Alternative.

Integrierte Beschaffungsverfahren führen immer zu einem Zeitgewinn wie bei der integrierten Projektabwicklung, allerdings nicht nur dadurch, dass sich die Bearbeitungen einzelner Phasen überlappen, sondern auch dadurch, dass die Aufgaben anders verteilt werden. Die am weitesten verbreitete Form eines integrierten Beschaffungsverfahrens bezeichnet man als Design/Build. Hierbei übernimmt der Bauherr die Verantwortung für die Projektentwicklung. Diese beschließt er mit einem funktionalen Leistungsverzeichnis, das keine Bauteile in Positionen beschreibt, sondern die Gesamt- und Einzelfunktionen des Bauwerks. Auf dieser Grundlage bieten Unternehmen einen eigenen Entwurf mit dazugehörigem Preis an. Der Bauherr wählt wiederum – allerdings nach anderen Kriterien – das beste Angebot aus und vergibt den Auftrag an das entsprechende Unternehmen. Dabei wendet er das ökonomische Maximalprinzip an, wodurch er die beste Leistung innerhalb seines Budgetrahmens

446 Vgl. GIRMSCHEID (Fast Track 1997)
447 Vgl. GIRMSCHEID / HARTMANN (Fast Track Brückenbau 1999), S. 334 ff.
448 Vgl. BARRIE / PAULSON (Construction Management 1992), S. 42 ff.
449 Vgl. MASTERMAN (Procurement 2002), S. 49 ff.

beauftragt. Das Unternehmen muss den Entwurf zur Ausführungsreife bringen und das Bauwerk erstellen. Der Marktanteil in Großbritannien wurde für den Beginn des neuen Jahrtausends auf etwa 50% geschätzt.[450]

GRÜN hat in einer Studie mithilfe einer Regressionsanalyse nachgewiesen, dass eine gemeinsame Verantwortung für den Entwurf und Bau von Großprojekten einen deutlichen Einfluss zur Kostenreduzierung ausübt.[451] Auch dies wird neben der Zeitersparnis ein weiterer bedeutender Grund sein, weshalb dieses Beschaffungsverfahren zunehmend häufiger Anwendung findet.

12.2 Bauphasen aus Sicht der Bauunternehmen

Auf die Entwicklung und Veränderung bei den Beschaffungsverfahren hat natürlich auch die Unternehmensseite reagiert und entsprechende Leistungsangebote für Design/Build-Verträge entwickelt (Totalunter- und -übernehmer). Aufgrund der bisherigen Überlegungen wird im Folgenden ein Phasenmodell für eine integrierte Bauablaufplanung und einen Design/Build-Vertrag für Bauunternehmen entwickelt.

Der Leistungserstellungsprozess zerfällt in zwei Phasen, die durch den Vertragsabschluss getrennt werden. Vor Vertragsabschluss wird das Angebot für den Bauherrn bearbeitet, deshalb heißt diese Phase Angebotsmanagement. Sie beginnt im Falle von ICJVs mit der Entscheidung von mindestens zwei Unternehmen aus unterschiedlichen Ländern für das ausgeschriebene Projekt ein Angebot abzugeben. Dafür sind anfangs im Rahmen einer Akquisitionsphase Kontakte zum Bauherrn aufzunehmen. Häufig erhält man bei internationalen Großprojekten erst nach einer Präqualifikation die Ausschreibungsunterlagen zur Bearbeitung.[452] Bei der folgenden Angebotsbearbeitung wird zunächst der Vorentwurf des Bauherrn bis zu einem Stadium weiterentwickelt, das es erlaubt, das Bauwerk in einzelne Bestandteile (Positionen) zu zerlegen und dafür die Massen zu ermitteln. Daran schließt sich die kalkulatorische Bearbeitung an, die mit der Abgabe eines verbindlichen Angebots an den Bauherrn endet. Wenn das Angebot dem Bauherrn zusagt, wird er mit dem ICJV Vertragsverhandlungen aufnehmen, die im günstigsten Fall mit einem gemeinsamen Vertrag abgeschlossen werden. Häufig wird es nicht gelingen, den Bauherrn von der Vorteilhaftigkeit des eigenen Angebots zu überzeugen, so dass ein anderes ICJV den Zuschlag erhält. Dann ist das Projekt für das betrachtete ICJV beendet und es löst sich wieder auf. Die Kosten des Angebotsmanagements tragen die Partner des ICJV, sie können nicht an den Bauherrn weitergereicht werden.

450 Vgl. MASTERMAN (Procurement 2002), S. 66 ff.
451 Vgl. GRÜN (Giant Projects 2004), S. 50 f.
452 Vgl. MAWHINNEY (Int'l Construction 2001), S. 133

Im Falle eines Vertragsabschlusses wird das ICJV mit der Vertragsausführung beauftragt, deshalb heißt die folgende Phase Ausführungsmanagement. Auch hier können Unterphasen ausgewiesen werden, die zum Teil zeitlich parallel ablaufen. Die Vorplanung des Entwurfs wird weitergeführt in eine Ausführungsplanung. Neben der Produktplanung wird die Prozessplanung vollendet, die man als Arbeitsvorbereitung (AVOR) oder Produktionsplanung bezeichnet. Wenn klar ist, welche Geräte und Hilfsmittel für die Produktion benötigt werden, dann kann die Baustelle eingerichtet werden. Dabei werden zu Beginn der Bauausführung nicht alle Geräte und Hilfsmittel benötigt. Parallel zu diesen Tätigkeiten läuft die Organisationsplanung. In der Bauphase werden die Ressourcen mit Hilfe der Technologie in das Produkt umgewandelt. Zu Beginn werden die Potenzialgüter (Arbeitskräfte, Nachunternehmer, Maschine und Anlagen) beschafft, während der Bauausführung die Verbrauchsgüter (Materialien, Hilfsstoffe). Durch die Abnahme akzeptiert der Bauherr das Bauwerk und es findet der Gefahrübergang von dem ICJV auf den Bauherrn statt. Dadurch beginnt die Gewährleistungsphase, in der das ICJV auftretende Mängel zu beseitigen hat. Sie endet nach Ablauf der vertraglich vereinbarten Zeit (vgl. Bild 42).[453]

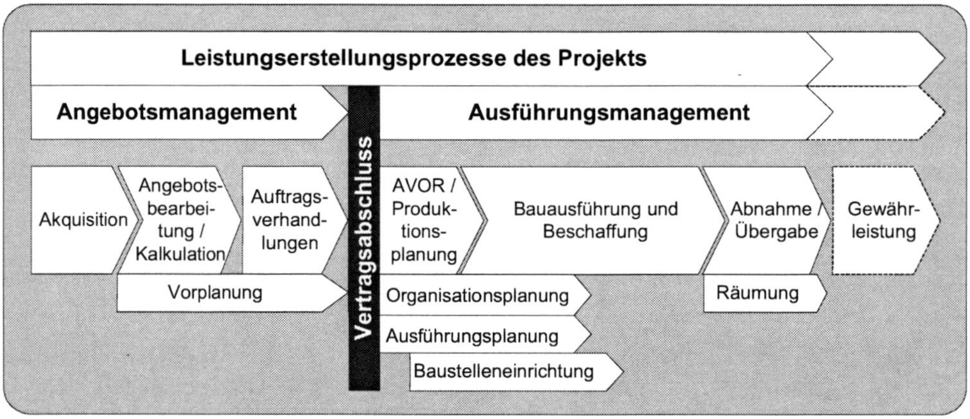

Bild 42: Phasen im Leistungserstellungsprozess[454]
Fig. 42: Phases in the Performance Process

[453] Vgl. GIRMSCHEID (Angebots- und Ausführungsmanagement 2005), S. 3
[454] Vgl. GIRMSCHEID (Angebots- und Ausführungsmanagement 2005), S. 2

13 Angebotsmanagement und Zieldefinition

Die einzelnen Phasen und Tätigkeiten des Angebotsmanagements sind für die vorliegende Untersuchung nicht von Belang, sie können bei GIRMSCHEID nachgelesen werden.[455] Von hoher Bedeutung für das Ausführungsmanagement ist aus finanzieller Sicht allerdings der vertraglich vereinbarte Preis. Die Gründe sind offensichtlich: Der vereinbarte Preis beinhaltet das Budget für das Ausführungsmanagement und einen Gewinnzuschlag. Es gibt keine Möglichkeit einen Preis aufgrund einer mangelhaften Kalkulation nachzubessern, d. h. er muss stimmen. Die Ausführungen zur Preisbestimmung von Großprojekten sind in Kapitel 13.1 zu finden.

Wie bei allen Kontraktgüter muss der Bauherr seinen Beitrag zum Gelingen des Projektes erbringen. Auch dies wird im Vertrag vereinbart. Eine klare Trennung der Verantwortung ist anzustreben, sie wird hingegen nicht immer erreicht. Allerdings reicht dies nicht aus, der Bauherr muss auch in der Lage sein, den Verpflichtungen nachzukommen. Nicht jede Bauherren-Organisation hat das Know-how ein Großprojekt zu managen. Überlegungen zu diesem Punkt sind in Kapitel 13.2 zu finden.

In der betriebswirtschaftlichen Literatur gibt es viele Hinweise zur Zielbildung und Zieldefinition. Diese werden in Kapitel 13.3 ausgewertet und sie bilden die Grundlage für eine empirische Untersuchung zu dieser Frage. Die Literatur bildet auch die Grundlage, um ein Zielschema zu erarbeiten.

Die Interviews mit den Führungskräften wurden als fokussierte Interviews in offener Form gehalten, unter dem Aspekt der Zielbildung und Zieldefinition für ICJVs. Nach einer ersten Diskussion wurden die Befragten gebeten, zu dem erarbeiteten Zielschema Stellung zu nehmen. Beides, die Ergebnisse der offenen und der strukturierten Befragung, ist Inhalt des Kapitels 13.4.

13.1 Preisbestimmung

Die Abgabe eines Angebots beinhaltet immer die Abgabe eines Preises für die geforderte Bauleistung. Bei einem sequentiellen Vergabeverfahren (Design/Bid/-Build) ist der Preis von ausschlaggebender Bedeutung für das Angebot. Der Sinn eines ausführlichen Leistungsverzeichnisses, das vom Bauherrn zur Angebotsbearbeitung zur Verfügung gestellt wird, ist gerade eine möglichst eindeutige Beschreibung des Bauwerks auf der Grundlage der fertig gestellten Bauplanung. Durch dieses Vorgehen wird das Produkt homogenisiert und das Bauunternehmen ist nur noch für die plangerechte Ausführung des Bauwerks zuständig. Wie das Bauwerk entsteht, ist für den Bauherrn von geringem Interesse, solange das Endprodukt genau den Spezifikationen entspricht oder die geforderten Qualitäten (z.B. Betongüte) über-

[455] Vgl. GIRMSCHEID (Angebots- und Ausführungsmanagement 2005), S. 5 ff.

trifft. In dieser Lage ist für den Bauherrn der angebotene Preis von entscheidender Bedeutung.

Bei vorgegebener Bauzeit und genau beschriebener Bauleistung kalkulieren die Unternehmen einen Preis. Unter Annahme konstanter Faktorpreise (Lohn, Material- und Gerätekosten, Nachunternehmerleistungen) für alle Unternehmen ist die verbleibende Variable dann nur noch das Fertigungsverfahren. Das günstigste Fertigungsverfahren führt in diesem Fall zum günstigsten Angebot und die Ausschreibung wird zu einem kreativen Wettbewerb um Innovation.

In Bild 43 sind vier Kostenverläufe A, B, C und D aufgetragen, die alle ihr Kostenminimum zum Zeitpunkt der vom Bauherrn vorgegebenen Bauzeit haben. In Vergleich ist das Bauverfahren B das günstigste und dies müsste bei gleichen Faktorkosten zu dem günstigsten Preis führen.

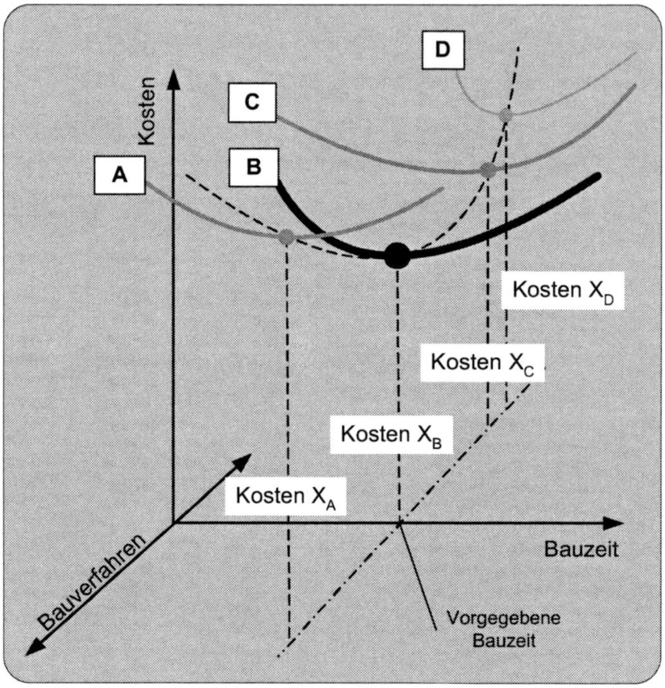

Bild 43: Wahl des kostengünstigsten Bauverfahrens[456]

Fig. 43: Choice of the Most Cost Efficient Construction Technology

Der gekrümmte Kurvenverlauf parallel zur x-Achse (Bauzeit) ergibt sich auf den ersten Blick aufgrund von Zeiteinflüssen. Die Bauverfahren reagieren unterschiedlich auf Bauzeitverkürzungen oder -verlängerungen. Die Kostenverläufe setzen voraus, dass eine optimale Baustelleneinrichtung für die vorgegebene Bauzeit bereitgestellt

456 Vgl. SIMONS / KOLBE (Verfahrenstechnik 1987), S. 14

wird. Wenn also die vorgegebene Bauzeit tatsächlich genutzt werden kann, dann liegt der Beschäftigungsgrad (Auslastung) der Baustelleneinrichtung bei 100%. Bei Bauzeitverlängerung sinkt der Beschäftigungsgrad unter und bei Bauzeitverkürzungen steigt er über 100%. Tatsächlich variieren die Kosten nicht mit der Zeit, sondern wie in der Kostentheorie üblich mit dem Beschäftigungsgrad. Jedes einzelne Verfahren wird typischerweise unterschiedlich auf Verkürzungen und Verlängerungen der Bauzeit reagieren, die Äste links und rechts vom Minimum sind also nicht symmetrisch. Auch untereinander sind die Verfahren unterschiedlich sensibel bezüglich der Änderungen des Beschäftigungsgrads, dies ist in Bild 43 ersichtlich.

Der U-förmige Kostenverlauf ist die Summe zweier Einzelkurven: Die durchschnittlichen Fixkosten sinken mit zunehmender Beschäftigung, die durchschnittlichen variablen Kosten steigen mit zunehmender Beschäftigung. Diese Zusammenhänge sind in Bild 44 zusammengefasst.

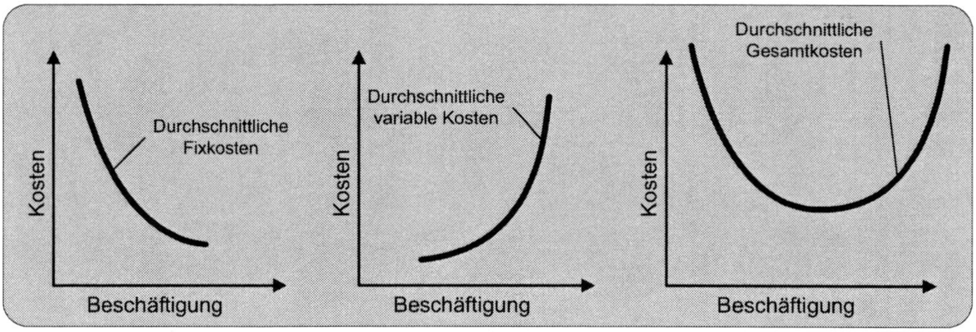

Bild 44: Kostenverläufe[457]
Fig. 44: Cost Curves

Ganz so einfach wie geschildert ist die Lage bei Design/Bid/Build-Verträgen allerdings nur im Idealfall, bei Design/Build-Verträgen niemals. So schreibt FISSENEWERT: *„Im schuldrechtlichen Grenzübergang (Abschluss des Bauvertrages) erfolgt* keine *Wert-Güter-Fixierung, sondern die Vereinbarung eines oder einer Vielzahl von Orientierungswerten.“*[458] Bauverträge erlauben grundsätzlich dem Bauherrn sowohl quantitative als auch qualitative Änderungen an dem Leistungsumfang vorzunehmen. Dies gilt für viele, wenn nicht gar für alle Länder der Welt. GIRMSCHEID et al. sprechen hierbei mit Blick auf das Schweizer Vergaberecht von einer „Bestellungsänderung ohne Vertragsauflösung“.[459] Ähnliche Aussagen treffen HERIG für Deutschland[460] und HINZE für die USA.[461] Typische Gründe für Änderungen liegen in unvorhergesehenen

[457] Vgl. VARIAN (Microeconomics 1999), S. 358 ff.
[458] S. FISSENEWERT (Merkmale 2001), S. 66
[459] Vgl. GIRMSCHEID et al. (Nachtragsmanagement 2003), S. 28
[460] Vgl. HERIG (VOB 2001), S. 336 ff.
[461] Vgl. HINZE (Construction Contracts 1993), S. 147 ff.

Randbedingungen (z.B. Baugrund), fehlerhafter Planung, Umfangsänderungen aufgrund zusätzlicher Informationen, Value Engineering, Force Majeure oder Bauzeitänderungen.[462] Auf einer abstrakteren Ebene nennen GIRMSCHEID et al. Mengenänderungen, Leistungsänderungen, Forderungen nach zusätzlichen Leistungen, Leistungen ohne Auftrag zur Abwendung von Gefahr oder Schaden, Behinderungen und Unterbrechungen, Selbstübernahme von Leistungen durch den Bauherrn oder durch Dritte, die vom Bauherrn beauftragt wurden, sowie Kündigung durch den Bauherrn.[463]

Darüber hinaus sind auch die Faktorkosten nicht für alle Unternehmen gleich. Die Beschaffungspreise hängen hauptsächlich von den Mengen ab, also von dem zu kalkulierenden Bauwerk. Sehr große Unterschiede gibt es allerdings bei der Einschätzung der Produktivität der eingesetzten Arbeitskräfte. Zudem ist die Produktivität eine dynamische Größe. So geben DREES / BAHNER für Deutschland eine Bandbreite von 10–30 h/t[464] für das Verlegen von geschnittenem und gebogenem Baustahl an, und zwei Auflagen später führt der gleiche Hauptautor 10–20 h/t an.[465] PEURIFOY / OBERLENDER bestimmen für die gleiche Tätigkeit in den USA eine Bandbreite von 8–22 h/t (die Werte sind in US-Tonnen angegeben und wurden auf metrische Tonnen umgerechnet).[466]

Eine Untersuchung von SKITMORE et al. über die Spannweite von Submissionsergebnissen hat ergeben, dass diese typischerweise bei ungefähr 30% liegt. D.h. wenn man das niedrigste Angebot auf 100% normiert, dann liegt das höchste Angebot für übliche Bauwerke bei 130%.[467] Diese Spannweite umfasst in Zeiten mit einer starken Baukonjunktur auch Anbieter, die kein ernsthaftes Interesse an einem Zuschlag haben, weil sie schon voll ausgelastet sind. In Hongkong (vor 1997) wurden alle Angebote, die 25% über dem Minimalangebot lagen, als nicht wettbewerbsfähig abgelehnt.[468] Eine akzeptierte oder übliche Spannweite von 25 oder 30% zeigt in jedem Fall, dass eine Bauleistung nicht genau kalkuliert werden kann. Diese Spannweite umfasst sowohl unterschiedliche Bewertungen (insbesondere der Produktivität) als auch Kalkulationsfehler. Die Größenordnung der Fehler beläuft sich nach einer Studie in Großbritannien auf ungefähr 3 – 15%.[469]

Bei einem Vergleich zwischen kalkulierten Kosten und tatsächlich aufgetretenen Kosten ergaben sich bei einer Studie von 157 Projekten Abweichungen von -50 bis

---

462 Vgl. O'BRIEN (Change Orders 1998), S. 22 f.
463 Vgl. GIRMSCHEID et al. (Nachtragsmanagement 2003), S. 39
464 Vgl. DREES / BAHNER (Baupreise 1993), S. 30
465 Vgl. DREES / PAUL (Baupreise 1998), S. 35
466 Vgl. PEURIFOY / OBERLENDER (Estimating 1989), S. 188
467 Vgl. SKITMORE et al. (Bid-spread 1999), S. 49 f.
468 Vgl. SKITMORE / LO (Outliers 2002), S. 91
469 Vgl. LENSSEN (Blindingly 1996), S. 15

+450%. In der Summe ergab sich ein Gewinn von knapp 4%.[470] Dies bedeutet, dass eine Vielzahl von Projekten einen Ausgleich zwischen Ausreißern nach oben und unten schaffen kann. Allerdings sind die Risiken von Fehlkalkulationen für einzelne Projekte erheblich. Insgesamt sind Kalkulationen im Bauwesen ungenau.

Die großen Ungenauigkeiten und Fehlermöglichkeiten können nur zum Teil durch Gewinnzuschläge aufgefangen werden. In Tabelle 37 sind einige veröffentlichte Werte für Gewinnzuschläge als Vergleich zu den Risiken aufgeführt.

Tabelle 36: Gewinnzuschläge
Table 36: Profit Margins

Quelle	Gewinnzuschlag
DREES / PAUL[471]	2 – 3%
FLEISCHMANN / HEMMERICH[472]	2%
HAUPTVERBAND DER DEUTSCHEN BAUINDUSTRIE et al.[473]	5%
KEIL et al.[474]	1 – 6%
NIEBERGALL (LIBYEN)[475]	10%
OSTWALD (USA)[476]	10%
PEURIFOY / OBERLENDER (USA)[477]	3 – 30%
PICK[478]	5%
PLÜMECKE[479]	5%
POGGEL[480]	2 – 4%
PRANGE et al. [481]	4 - 5%

Es fällt auf, dass zweistellige Beträge nur bei den drei ausländischen Quellen genannt werden. Der Schnitt bei den deutschen Veröffentlichungen liegt bei 3,8%.

470 Vgl. OSTWALD (Cost Analysis 2001), S. 323 f.
471 Vgl. DRESS / PAUL (Baupreise 1998), S. 114 und 154
472 Vgl. FLEISCHMANN / HEMMERICH (Richtwerte 2004), S. 140
473 Vgl. HAUPTVERBAND DER DEUTSCHEN BAUINDUSTRIE et al. (KLR Bau 1995), S. 57
474 Vgl. KEIL et al. (Kostenrechnung 2004), S. 84
475 Vgl. NIEBERGALL (Leitfaden o.J.), S. 97
476 Vgl. OSTWALD (Cost Analysis 2001), S. 304
477 Vgl. PEURIFOY / OBERLENDER (Estimating 1989), S.
478 Vgl. PICK (Kalkulation 2002), S. 785
479 Vgl. PLÜMECKE (Preisermittlung 2004), S. 63
480 Vgl. POGGEL (Kosten- und Leistungsrechnung 1999), S. 47
481 Vgl. PRANGE et al. (Baukalkulation 1995), S. 32 und 51

Wenn man berücksichtigt, dass die Bücher für die Bauwirtschaft geschrieben sind (und nicht für Bauherren), dann kann man die Werte als Obergrenze im Idealfall ansehen.

Tatsächlich lagen in 2000, einem schlechten Jahr, die Jahresüberschüsse in Deutschland für Unternehmen mit mehr als 1.000 Beschäftigten bei -8,4%.[482] Dies lässt Rückschlüsse auf die realisierten Gewinne zu. Sie werden unterhalb dieses Wertes gelegen haben, da für Finanzanlagen eher ein positiver Beitrag zum Jahresüberschuss anzunehmen ist. Zusammenfassend kann man feststellen, dass es auf keinen Fall möglich ist, die Risiken der Baukalkulation durch Zuschläge für Wagnis und Gewinn abzudecken.

Selbstverständlich sind die Schwierigkeiten einer genauen Kalkulation für einen Design/Build-Vertrag größer als für einen Design/Bid/Build-Vertrag, weil es gerade keine fertiggestellte Planung und kein Leistungsverzeichnis gibt. Darüber hinaus übernimmt der Anbieter im Falle von Design/Build das Massenrisiko und möglicherweise das Vollständigkeitsrisiko, das auf seinem Entwurf beruht.[483, 484]

Für Großprojekte steigen die Probleme erheblich an. In Abschnitt 1.4.1.3 wurden bereits die Kostenüberschreitungen bei Großprojekten diskutiert. Nach FLYVBJERG et al. sind neun von zehn Infrastrukturprojekten von Seiten des Bauherrn unterkalkuliert, für Eisenbahnprojekte sind die tatsächlichen Kosten 45 % höher, für Tunnel und Großbrücken 34%, für Straßen 20%. Die Daten stammen aus 20 Ländern von fünf Kontinenten: Kostenüberschreitungen für den Bauherrn sind ein globales Problem. Als Ursachen geben die Autoren Fehler, Optimismus und schlichte Lügen an.[485] Als wichtigste Ursache hat sich jedoch in einer Folgestudie der Optimismus erwiesen.[486] GRÜN weist als Hauptursache für fehlerhafte Kalkulationen die Komplexität von Projekten aus. Sie erklärt bis zu 55% Kostenüberschreitungen bei Kalkulationen (ex ante) und bis zu 74% bei den tatsächlichen Kosten (ex post).[487] Eine nicht überschaubare Komplexität begünstigt eine überhöhte Neigung zum Optimismus.

Im Auslandsbau kommen weitere Schwierigkeiten zu den üblichen Problemen der Kalkulation. Diese sind bei Design/Build-Verträgen noch größer und bei Großprojekten besonders groß. Hierbei sind die Währungsrisiken von hervorragender Bedeutung. Einfluss üben auch Fragen bezüglich der Produktivität der Arbeitskräfte, der Lieferbedingungen für Materialien und Geräte, Zölle sowie seitliche Abgaben und Provisionen aus.[488]

---

[482] Vgl. HAUPTVERBAND (Zahlenbild 2003), S. 30 f.
[483] Vgl. HUSE (Turnkey Contracts 1997), S. 17 ff.
[484] Vgl. TURNER (Design and Build 1995), S. 174 f.
[485] Vgl. FLYVBJERG et al. (Underestimating 2002), S. 279 ff.
[486] Vgl. FLYVBJERG / COWI (Optimism Bias 2004)
[487] Vgl. GRÜN (Giant Projects 2004), S. 50
[488] Vgl. NIEBERGALL (Leitfaden o.J.)

Eine genaue ex ante Erfassung der Kosten für Großprojekte im Auslandsbau ist somit ausgesprochen schwierig. Dennoch ist sie die maßgebliche Grundlage für die Festsetzung des Budgets für das ICJV. Die Einhaltung des Budgets ist anschließend eines der vorrangigen Ziele des ICJV. Es dient als Kompass für alle finanziellen Entscheidungen und führt bei einem deutlich zu niedrigen Wert zu falschen Entscheidungen wie z.B. der Wahl ungeeigneter (aber sehr billiger) Lieferanten. Bei einem zu hohen Wert entwickelt sich die Tendenz, mehr Geld auszugeben als notwendig.

Eine Möglichkeit mit diesen Schwierigkeiten umzugehen, liegt für den Bauherrn in der Anwendung des „Reference Class Forecasting". Dabei werden Großprojekte einer Referenzklasse zugeordnet, für die aus abgeschlossenen Projekten die Differenz zwischen kalkulierten und tatsächlichen Kosten bekannt ist. Die durchschnittliche prozentuale Differenz (in der Regel eine Erhöhung!) wird zu den ex ante Projektkosten hinzugerechnet und diese Summe wird den Entscheidungen des Bauherrn zugrunde gelegt.[489]

Eine solches Vorgehen ist für Bauunternehmen viel zu pauschal. Allerdings bietet sich auch hier der Gedanke einer Referenzklasse an, diesmal in Form der Erfahrungskurve. Die Aussagen zur Erfahrungskurve wurde von HENDERSON aufgrund empirischer Untersuchungen formuliert.[490] In einer neueren Formulierung von SEIBERT liegt folgender Tatbestand vor: *„Der* Erfahrungseffekt *besagt, daß sich die auf die Wertschöpfung bezogenen, realen (inflationsbereinigten) Stückkosten mit jeder Verdoppelung der seit Einführung eines Produkts hergestellten kumulierten Menge um einen bestimmten branchen- und produktspezifischen Prozentsatz (i.d.R. 10-30%) senken lassen.*"[491] Im Originaltext werden 20-30% als Kostensenkungspotenzial angegeben. Die Effekte sind Folgen der Nutzung der gesamten Erfahrung und nicht nur wie beim Lerneffekt (vgl. Kapitel 14.5) bezüglich der Fertigungszeiten und der Produktionsmittel-Einsätze.[492]

Die Erfahrungskurve ist eine der Standardstrategien im Industriegütermarketing für Austauschgüter.[493] Bei der Anwendung der Erfahrungskurve in der Bauindustrie ist zunächst ein Umdenken bei den Kosten notwendig. Statt der Projektkosten sind die Stückkosten bedeutsam, d.h. bei Gebäuden die Quadratmeter Bruttogrundfläche, bei Tunneln die Kubikmeter Tunnelausbruch und bei Brücken die Quadratmeter Brückenfläche. Der Begriff „Produkt" ist im Bauwesen durch „Technologie" zu ersetzen. Dies sind z.B. beim Brückenbau der Freivorbau oder die Segmentbauweise. Weiterhin ist wichtig, dass die Stückkosten nicht ohne Anstrengung sinken, sondern nur bei Ausnutzung aller Erfahrungen. Es kommt also auf die Organisation von

489 Vgl. FLYVBJERG (Planning Fallacy), S. 2 ff.
490 Vgl. HENDERSON (Erfahrungskurve 1984)
491 S. SEIBERT (Technisches Management 1998), S. 222
492 Vgl. HENDERSON (Erfahrungskurve 1984), S. 19 f.
493 Vgl. BACKHAUS (Industriegütermarketing 1999), S. 236 ff.

Lernprozessen an. Im Gegensatz zum „Reference Class Forecasting" geht die Erfahrungskurve von fallenden Kosten aus. Diese sinken zunehmend langsamer, da sie jeweils von einer Verdoppelung der kumulierten Menge abhängen.

Bisherige Veröffentlichungen zu Erfahrungseffekten in der Bauindustrie gibt es nicht. Ein erstes Beispiel ist Bild 45 zu entnehmen. Die Daten stammen von vier Brückenprojekten, die in Segmentbauweise in Bangkok in den 1990er Jahren fertiggestellt wurden. Der Bauherr ist immer derselbe und die ökonomischen Bedingungen sind vergleichbar. Inflation und technische Abweichungen sind durch Korrekturen bei den Stückkosten berücksichtigt. Dargestellt sind zwei Kurven, eine Kostenkurve (durchgezogene Linie) und eine Kurve der Vertragspreise (gestrichelt). Der Projektgewinn ist jeweils die vertikale Differenz ober- oder unterhalb des Punktes, der das Projekt kennzeichnet. Bei Projekt A konnten alle Kosten gedeckt werden, bei Projekt B und D fielen erhebliche Gewinne an und bei Projekt C ein deutlicher Verlust.

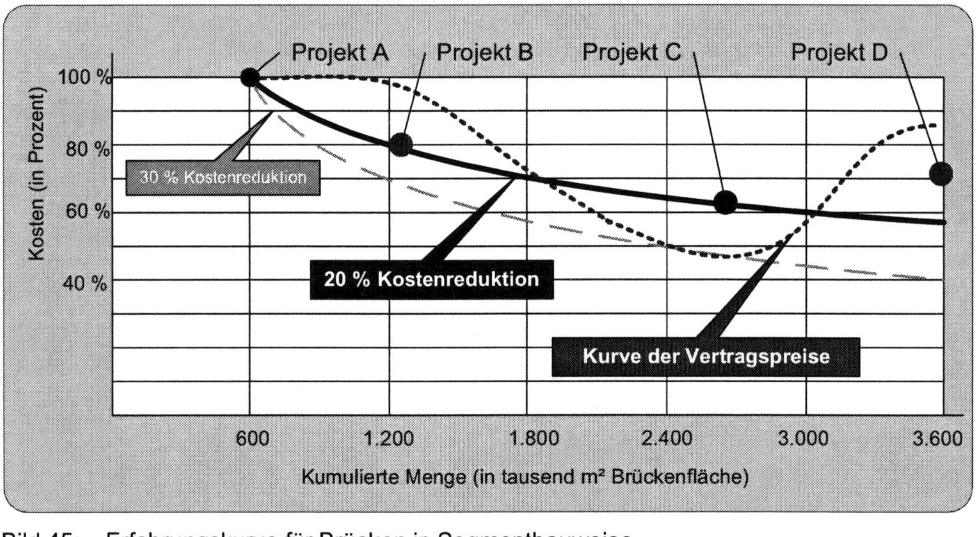

Bild 45: Erfahrungskurve für Brücken in Segmentbauweise
Fig. 45: Experience Curve for Segmental Bridges

Es zeigt sich, dass drei Projekte auf der 20%-Erfahrungskurvenlinie liegen. Dies scheint eine gute Bestätigung der allgemeinen Aussagen zu sein, immerhin basierend auf einer Stückzahl von über drei Millionen Quadratmeter Brückenfläche. Warum liegt aber das Projekt D deutlich über der Kurve? Das Management und ein Großteil der Baustellenbelegschaft von Projekt B ist nach Fertigstellung zu Projekt D übergewechselt. Das Ergebnis gemessen an der Differenz zwischen kalkulierten und tatsächlichen Kosten ist deutlich positiv (Gewinn). In Bild 45 ist dies die Differenz zwischen der Kurve der Vertragspreise und der Kosten von Projekt B. Aufgrund des Gewinns gab es viel Lob für das Management von Projekt B und somit überhaupt keinen Anlass, etwas bei Projekt D zu verändern. Besonders auch deshalb bestand kein Anlass, weil bei Projekt D ebenfalls ein guter Gewinn erzielt wurde. Anders war die Situation bei den Projekten B und C. Die Erfahrungen bei Projekt A waren nicht positiv, es konnte kein Gewinn erzielt werden. Dadurch entstand ein erheblicher Druck bei Projekt B, Veränderungen vorzunehmen. Bei Projekt C lag der Vertragspreis deutlich unterhalb des Niveaus aller anderen Vertragspreise und auch deutlich unter den tatsächlichen Kosten. Der sehr starke Druck wurde in Kostensenkungen umgesetzt.

Die Daten belegen zum einen, dass die Erfahrungskurve auch in der Bauindustrie Bedeutung hat. Im Rahmen der Diskussion von Kalkulationsproblemen zeigt Bild 45 auch, dass die sich die gleiche Kalkulationsgruppe innerhalb weniger Jahre für vergleichbare Projekte berechtigt fühlte, die Preise zu halbieren und dann fast wieder zu verdoppeln. Für die Projektgruppe waren die Projekte nicht vergleichbar und sie hat nicht mit Erfahrungskurven gearbeitet. Auf der Grundlage des Bildes 45 verbietet sich der für Projekt C angebotene Preis und dies bei der Annahme einer Erfahrungskurve ex ante. Ebenfalls ex ante (in einem frühen Ausführungsstadium) hätte erkannt werden können, dass die Kosten bei Projekt D (im Vergleich zu den Kosten bei Projekt C) zu hoch sind. In der Realität gab es allerdings Lob wegen des realisierten Gewinns und keinen Tadel wegen nicht realisierter Kostensenkungspotenziale.

Da es bisher keine weiteren Zahlen zu Erfahrungseffekten vorliegen, ist es in der Bauindustrie nicht üblich in der vorstehenden Weise zu argumentieren. Somit bleibt die Kalkulation eine sehr fehlerträchtige Vorgabe zur Bauausführung mit der Möglichkeit die Verantwortung zwischen Kalkulationsabteilung und Bauausführung hin- und herzuschieben.

13.2 Leistungen des Bauherrn

Kontraktgüter sind immer durch eine hohe Integration von Leistungsanteilen des Bestellers und Anbieters gekennzeichnet. Nach einer Definition von ENGELHARDT et al. ist eine Dienstleistung durch zwei Aspekte bei Vertragsabschluss gekennzeichnet, durch Immaterialität und durch Integrativität des „externen Faktors“. Sie erwähnen ausdrücklich den Bau eines Kraftwerkes als Beispiel für eine Dienstleistung nach dieser Definition.[494] Ob man ihrer Sichtweise folgt oder nicht, ist an dieser Stelle nicht wichtig. Wichtig ist die Erkenntnis, dass die Integrativität einen – relativ gesehen – genauso hohen Grad bei Bauleistungen hat wie bei einem Haarschnitt, einer Taxifahrt oder einer Beratungsleistung. Für die Bauindustrie beschreibt dies GIRMSCHEID: *„Das bedeutet, dass der Bauherr in fast allen Phasen des Bauprozesses seine individuelle Bedürfnisse und Vorstellungen in den Prozess integrieren möchte. Dies ist nur durch eine starke Interaktion möglich.“*[495]

---

[494] Vgl. ENGELHARDT et al. (Leistungsbündel 1993), S. 401 ff.

[495] S. GIRMSCHEID (Angebots- und Ausführungsmanagement 2005), S. 83

Bei der Integrativität wird unterschieden zwischen Eingriffstiefe, Eingriffsintensität, Eingriffsdauer und Eingriffszeitpunkten. Bei der Eingriffstiefe geht es um die Wertschöpfungsstufe, bis zu welcher der Bauherr ein Eingriffsrecht hat. Bei ICJVs betrifft das sowohl den Entwurf als auch die Ausführung. Darüber hinaus behalten sich Bauherren vor, in bestimmten Fällen die Auswechslung von Mitarbeitern des ICJV zu fordern: Die Eingriffstiefe ist hoch. Die Eingriffsintensität betrifft die Häufigkeit, Art und Umfang der Einflussnahme. Bei Großbaustellen sind stets Vertreter des Bauherrn auf der Baustelle, teilweise Tag und Nacht. Sie können fast alles anordnen: Die Eingriffsintensität ist hoch. Die Eingriffsdauer beschreibt die zeitliche Ausdehnung der Eingriffe. Sie erstreckt sich in der Regel von wenigen Sekunden bis zu mehreren Stunden. Wer schon einmal in einer mehrstündigen, nicht enden wollenden Baubesprechung gesessen hat, der weiß: Die Eingriffsdauer ist hoch. Die Eingriffszeitpunkte werden durch Anzahl und zeitliche Dichte der Eingriffe charakterisiert und auch hier gilt: Es gibt viele Eingriffszeitpunkte.[496]

Der Bauherr bringt üblicherweise Personen, Objekte (z. B. Baugrundstück), Rechte (z.B. Baugenehmigung), Nominalgüter (z. B. Bar- oder Buchgeld für Abschlagszahlungen) und Informationen in den Leistungserstellungsprozess ein. Zusammen mit den Leistungen des ICJV entsteht in dem integrierten Leistungserstellungsprozess ein Leistungsbündel. Hiermit soll ausgesagt werden, dass Leistungsanteile des ICJV und des Bauherrn gebündelt werden. Dies ist in Bild 46 aufgezeigt, wobei eine Darstellung von KLEINALTENKAMP den Bedürfnissen von ICJVs angepasst ist.

Die Interaktionen zwischen Nachfrager und Anbieter können mit Hilfe von Blueprints systematisiert werden. Blueprints ordnen die Interaktionen entlang der Abszisse in zeitlicher Reihenfolge und entlang der Ordinate in unterschiedliche Aktivitätsebenen, wobei die X-Achse die Trennlinie zwischen Nachfrager und Anbieter, die „Line of Interaction" ist. Eine weitere Linie ist die „Line of Visibility", bis zu der die Anbieteraktivitäten für den Nachfrager sichtbar sind.[497] Das Blueprinting ist sehr viel detaillierter als hier beschrieben, dennoch bleibt zu bezweifeln, ob es die ausgesprochen vielfältigen Integrationsaktivitäten bei Großprojekten abbilden kann. Eines zeigt dieses Instrument jedoch sehr deutlich: Man kann und muss die Integrativität planen und steuern. Das Planen erfolgt während des Angebotsmanagements und das Steuern während des Ausführungsmanagements.

Ein besonders wichtiger Aspekt während des Angebotsmanagements und zwar ganz konkret in der Phase der Vertragsverhandlungen ist das Schaffen einer Prozessevidenz beim Bauherrn. Darunter versteht man ein hinreichendes Prozessbewusstsein und eine Prozesstransparenz auf der Bauherrenseite.[498] Da auch sehr erfahrene Bauherren nicht jeden Tag ein Großprojekt abwickeln und Bauherren in

---

[496] Vgl. ENGELHARDT / FREILING (Integrativität 1995), S. 40 f.
[497] Vgl. FLIESS (Kundenintegration 2004), S. 531 ff.
[498] Vgl. FLIESS (Prozeßevidenz 1996), S. 92 f.

Schwellen- und Entwicklungsländern oft nicht einmal über hinreichende Erfahrungen verfügen, ist das Entwickeln einer Prozessevidenz während der Verhandlungsphase von hoher Bedeutung. Allerdings belastet dies die meist schon schwierigen Verhandlungen zusätzlich. Man muss sich aber darüber im Klaren sein, dass Versäumnisse in der Verhandlungsphase beim Ausführungsmanagement meist hohe Kosten verursachen.

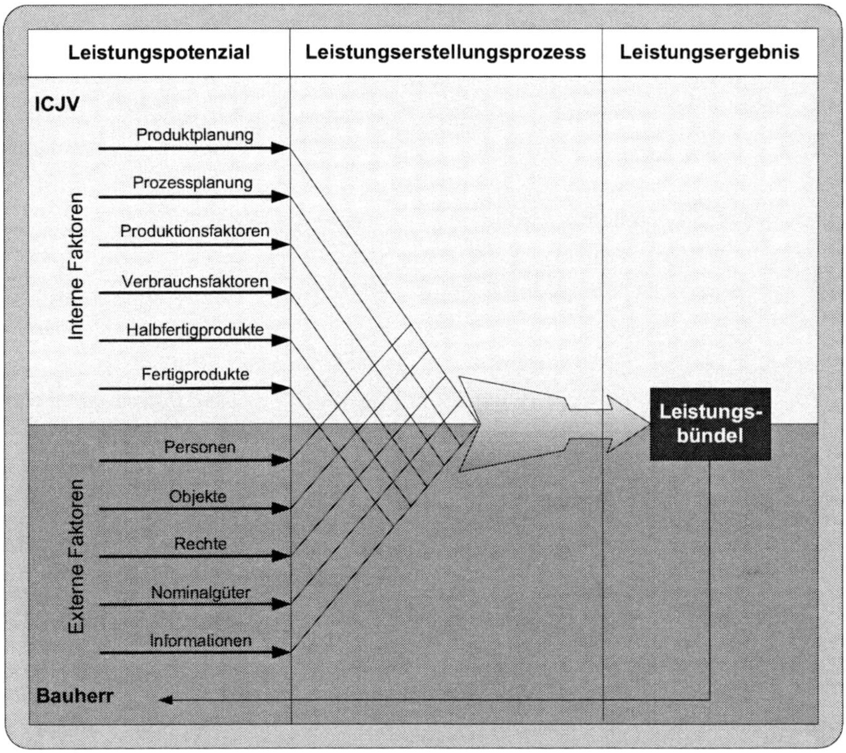

Bild 46: Integrativität des Leistungserstellungsprozesses[499]
Fig. 46: Integrativity of the Performance Process

Manchmal wird bei Verhandlungen über einen Design/Build-Vertrag dieser gewissermaßen als „Rundum-Sorglos-Paket" angepriesen und damit wird gerade das Prozessbewusstsein des Bauherrn von Anfang an untergraben. Dabei ist besonders bei Design/Build-Verträgen die Integration des Bauherrn von entscheidender Bedeutung, weil er sich nicht auf einen Stab von Architekten und Ingenieuren stützen kann, die ihn bei Design/Bid/Build-Verträgen unmittelbar und ohne allzu große Interessenkonflikte beraten.[500]

499 Vgl. KLEINALTENKAMP (Kundenintegration 1997), S. 351
500 Vgl. TURNER (Design and Build 1995), S. 21

Drei Beispiele sollen den wichtigen Punkt der Integrativität beleuchten. Beim Bau des Tunnels unter dem Großen Belt in Dänemark forderte der Bauherr (Storebæltforbindelse AS), dass alle vier Tunnelbohrmaschinen von einem Lieferanten an einem Ort gebaut werden. Somit griff der Bauherr in die Entscheidungsfreiheit des ICJV (MT-Group) bei der Wahl eines Lieferanten ein. Dies ist ein Beispiel für eine sehr hohe Eingriffstiefe. Normalerweise haben Bauherren kein Interesse den Bauprozess mitzubestimmen, in diesem Fall sah aber Storebæltforbindelse AS eine engen Zusammenhang zwischen den Tunnelbohrmaschinen und der Qualität des Tunnels. Bis auf einen Hersteller wiesen alle anderen darauf hin, dass niemand auf der Welt eine genügend große Fertigungskapazität an einem Ort zur gleichzeitigen Herstellung von vier Tunnelbohrmaschinen mit großen Durchmessern hat. Den Auftrag erhielt der eine Hersteller, der zusagte alle Maschinen an einem Ort termingerecht zu fertigen. Die Maschinen kamen mit einer Verzögerung von teilweise mehr als 18 Monaten zur Baustelle und sie waren auch nicht in einem funktionstüchtigen Zustand. Die Konsequenzen des Zeitverzugs und die Folgekosten haben ICJV und Bauherr gemeinsam getragen. Offensichtlich verfügten beide Seiten nicht über eine hinreichende Prozessevidenz und sie versäumten es trotz hinreichender Warnungen, sich diese zu beschaffen. Der Bauherr brachte Informationen in Form einer Forderung ein (alle vier Maschinen gleichzeitig an einem Ort), die zu Mehrkosten von annähernd 50 Mio. Euro führten.

Der BangNa Expressway wurde als Hochstraße im Mittelstreifen zwischen den Richtungsfahrbahnen des Highway 34 in Bangkok gebaut. Die Verfügungsgewalt über den Highway 34 hat das Department of Highways (DoH) während der Bauherr die Expressway and Rapid Transit Authority of Thailand (ETA) war. Da der Bauherr das Baugrundstück (Objekt) und die Nutzungsgenehmigung am Baugrundstück (Recht) dem ICJV zur Verfügung stellen muss, handelt es sich um ein Problem zwischen den beiden Behörden. Während der Verhandlungsphase kam es zu Gesprächen zwischen den Behörden, in die auch das ICJV eingebunden wurde. Die Nutzungsrechte wurden dann aber erst elf Monate nach Baubeginn von der DoH an die ETA übergeben und damit dem ICJV zur Verfügung gestellt. Dies führte zu Nachtragsforderungen von Seiten der ICJV in Höhe von 130 Mio. Euro (vgl. Abschnitt 1.4.1.2). Der Bauherr verfügte über eine mangelnde Prozessevidenz. Obwohl das Problem bekannt war, hat er den Prozess unterschätzt. Das ICJV hat in der Verhandlungsphase nicht auf eine Klärung gedrängt. Die Folge sind ausstehende unbezahlte Rechnungen in Höhe von 130 Mio. Euro.

Beim Taiwan High Speed Railway kam es während der Verhandlungsphase zu einem sehr starken Erdbeben auf Taiwan. Die Klärung des Problems wurde bis in das Ausführungsmanagement verschleppt. Zu diesem Zeitpunkt wurde an alle ICJVs eine Änderung der Spezifikationen verschickt (diese wurde als „Variation Order No. 1“ bekannt). Da die ICJVs noch in der Entwurfsphase waren, konnten sie die zusätzlichen Kosten gegenüber dem Bauherrn beziffern. Diese waren so hoch, dass das

Projekt für die Investoren unwirtschaftlich geworden wäre. Es kam anschließend zu Kompromissen auf allen Ebenen: technisch, wirtschaftlich, zeitlich, das Risiko und die Qualität betreffend. Auch in diesem Fall verfügte der Bauherr nicht über eine genügende Prozessevidenz. In der Folge widerrief er die „Variation Order No. 1“ in großen Teilen.

In den letzten beiden Kapiteln sind zwei Aspekte des Angebotsmanagements beschrieben worden, die entscheidenden Einfluss auf das Ausführungsmanagement von ICJVs nehmen können, wenn sie nicht vor der Vertragsunterschrift gelöst werden. Beide sind eng mit dem Konzept der Projektkomplexität verbunden. Überhöhter Optimismus bezüglich dieser Komplexität belastet immer wieder das Ausführungsmanagement von ICJVs.

13.3 Theoretische Überlegungen zu Zieldefinition

In Abschnitt 1.5.3.2 sind die ICJV-Ziele ausführlich diskutiert worden. Dabei wurden drei Ebenen der Zielbildung unterschieden (vgl. Bild 19):

- Zielebene 1: Gesamtunternehmen bzw. Unternehmensleitung
- Zielebene 2: Strategische Geschäftseinheit/Abteilung bzw. Geschäftsleitung des Bereichs
- Zielebene 3: Projekt (ICJV-Management)

Im Rahmen des Angebotsmanagements ist ein guter Teil der genannten Ziele bereits zeitlich überholt. Hierzu gehören alle die Ziele, die zu einer Gründung des ICJV führten wie z.B. Skaleneffekte, Risikostreuung, Verringerung der Wettbewerbsintensität und Ausweitung der Finanzkraft. Eine vollständigere Aufzählung ist in den Tabellen 15 und 16 zu finden. Diese Ziele sind auf der Zielebene 2 eingeführt worden, also bei den strategischen Geschäftseinheiten. Diesen übergeordnet waren die Ziele des Gesamtunternehmens und bei diesen zeigten sich die Ertragsziele als besonders bedeutsam.

Die Ziele des ICJV-Managements auf der Zielebene 3 gewinnen erst während des Ausführungsmanagements Bedeutung, sie müssen also dort behandelt werden. Gesucht werden in der Phase des Angebotsmanagements die Ziele, die von den Zielebenen 1 und 2 für das ICJV-Management als Richtschnur formuliert werden. Da es hierzu keine Veröffentlichungen gibt, wurden eigene empirische Untersuchung vorgenommen.

Um diese Befragung zu unterstützen, haben wir aus der Literatur die in Bild 47 aufgeführten Ziele zusammengestellt. Die Interviews bestanden aus einem ersten Teil, in dem die wichtigsten Ziele für bestehende ICJVs von den Interviewten selbstständig genannt werden sollten. Erst danach in dem zweiten Teil der Interviews dienten die Punkte in Bild 47 als Checkliste und sie sollten helfen, eventuell nicht berücksichtigte Aspekte nachträglich einzuordnen.

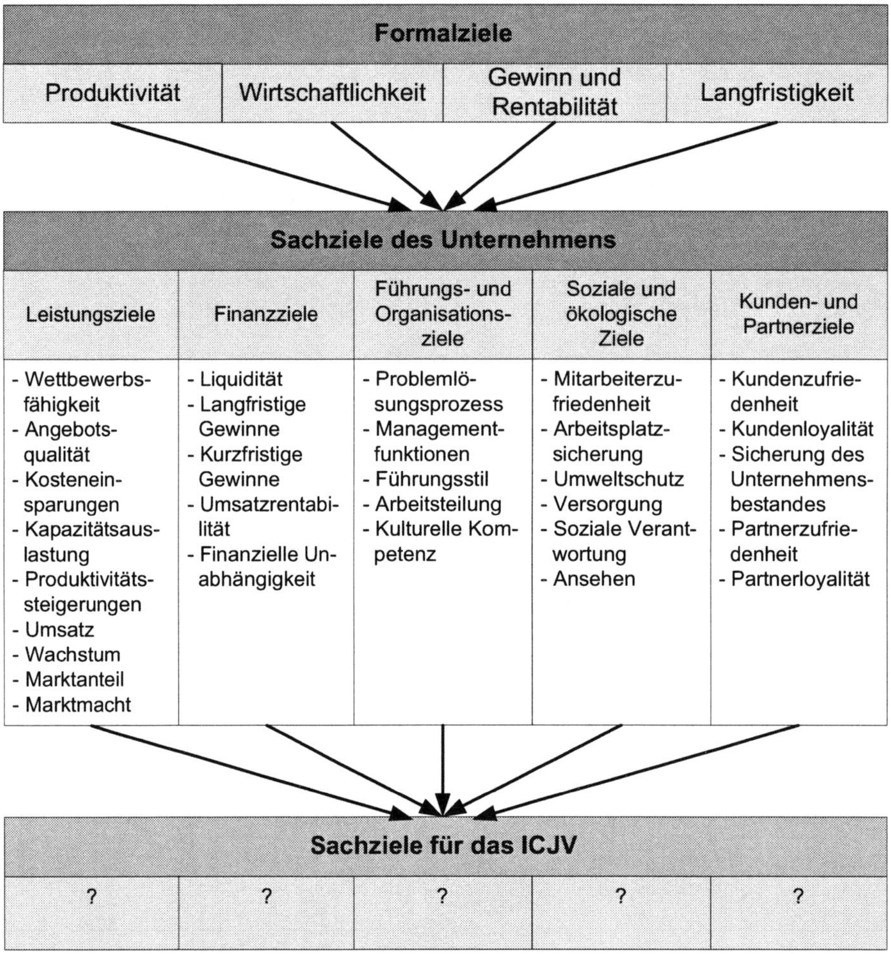

Bild 47: Unternehmensziele und Ziele für ICJVs
Fig. 47: Company Goals and Goals for ICJVs

THOMMEN hat eine ausführliche Erörterung der Ziele von Unternehmen in marktwirtschaftlich organisierten Volkswirtschaften veröffentlicht. Dabei unterscheidet er auf einer ersten Ebene Formalziele, die als übergeordnete Ziele angestrebt werden. Zu diesen gehören Produktivität, Wirtschaftlichkeit, Gewinn und Rentabilität sowie Langfristigkeit. Die ersten drei können unmittelbar aus den Unternehmenszahlen ermittelt werden.

- Produktivität = $\dfrac{\text{Ausbringungsmenge der Faktorkombination}}{\text{Einsatzmenge an Produktionsfaktoren}}$

- Wirtschaftlichkeit = $\frac{\text{Ertrag}}{\text{Aufwand}}$

- Eigenkapitalrentabilität = $\frac{\text{Gewinn}}{\text{Ø Eigenkapital}} \times 100\,\%$

Die Langfristigkeit zeigt sich in der Überlebensfähigkeit des Unternehmens eher mittelbar. Die Formalziele sind entsprechend den Formeln in Unterpunkte gegliedert. Aus diesen kann man eine Vielzahl von operationalisierten Sachzielen für das Unternehmen ableiten.[501]

Ein logisch deduktiver Schluss von den theoretischen Unternehmenssachzielen auf die Sachziele des ICJV ist jedoch nicht möglich. Aus diesem Grund sind die Ziele für die ICJVs im Rahmen dieser Arbeit empirisch zu ermitteln.

13.4 Praxis der Zieldefinition für ICJVs

Der erste Teil der Befragung stützt sich auf die Methode der kritischen Ereignisse (Critical Incident Technique). Sie wurde im Zweiten Weltkrieg von der amerikanischen Luftwaffe entwickelt und anschließend von FLANAGAN weitergeführt. Kernaussage ist, dass in Bezug auf eine bestimmte Situation befragte Menschen zunächst die wirklich wichtigen Dinge erwähnen. Diese fallen uns sofort ein, gerade weil sie Bedeutung haben und deshalb werden sie als kritische Ereignisse bezeichnet. Kritische Ereignisse sind zunächst subjektiv. Aufgrund der sozialen Konstruktion der Mitwelt trifft dies allerdings nur vordergründig zu. Im Rahmen der Methode fragt man immer wieder nach der gleichen Situation und nach einer Weile ergeben die Antworten keine zusätzlichen Kategorien mehr. Die Kategoriebildung ist saturiert. Dies ist der Zeitpunkt an dem die Befragung beendet werden kann.[502]

Eine sehr bekannte Studie, die auf der Anwendung der Methode der kritischen Ereignisse basiert, ist die von HERZBERG entwickelte Zwei-Faktoren-Theorie.[503] Diese Theorie fehlt in kaum einem Managementbuch (vgl. z. B. STAEHLE[504]). Auch bei der Messung von Dienstleistungsqualität ist die Methode vielfach angewendet worden.[505] Bei sogenannten „Augenblicken der Wahrheit" hat sie sich bewährt und sie ergibt besonders aussagekräftige Ergebnisse.[506]

---

[501] Vgl. THOMMEN (Betriebswirtschaftslehre 1999), S. 91ff.
[502] Vgl. FLANAGAN (Critical Incident 1954), S. 327 ff.
[503] Vgl. HERZBERG (Nature of Man 1966)
[504] Vgl. STAEHLE (Management 1991), S. 205 ff.
[505] Vgl. HALLER (Dienstleistungsqualität 1995), S. 115 ff.
[506] Vgl. STAUSS / HENTSCHEL (Verfahren 1990); S. 242 ff.

Die Methode der kritischen Ereignisse basiert psychologisch auf der Grundlage einer episodischen Informationsverarbeitung. Hierbei sind Episoden, also kontextgebundene Ereignisse, die Basiseinheit der Erinnerung. Den Gegensatz bilden semantische Informationen, die kontextungebunden sind.[507] Wie die bisherigen Erläuterungen gezeigt haben, sind Ziele kontextgebunden, wir sind ja gerade auf der Suche nach Zielen im Kontext von ICJVs. Wegen ihrer Bedeutung im Gespräch zwischen den verschiedenen Zielebenen sind sie auch „Augenblicke der Wahrheit“. Dies wird jeder nachvollziehen, der einmal einen Vorstandsbesuch erlebt oder durchgeführt hat.

Wir verstehen also Ziele als kontextgebunden und von hoher Bedeutung, Ziele sind wie die Motivations- und Demotivationsfaktoren bei HERZBERG Ereignisse. Daher ist die Methode der kritischen Ereignisse die geeignete Erhebungsmethode.

Befragt wurden insgesamt 11 Mitarbeiter in 10 Unternehmen (vgl. Tabelle 38). Selbst bei dieser kleinen Stichprobe ergab sich eine genügende Konvergenz der Kategorien. Somit ist die Forderung nach Saturierung bei der Kategoriebildung erfüllt. Außerdem ist sie für Deutschland repräsentativ. Beim Hauptverband der Deutschen Bauindustrie sind 18 Unternehmen als im Ausland aktiv gemeldet. Dies ist in der „Liste der im Ausschuss für Auslandsbau vertretenen bauindustriellen Firmen“ veröffentlicht.[508] In der Liste sind sieben Großunternehmen (39%), zehn mittelständische Unternehmen (56 %) und ein Kleinunternehmen (5%) aufgeführt. In Tabelle 38 sind neben der Anzahl der befragten Unternehmen die Prozentzahlen für die Stichprobe angegeben. Diese repräsentieren die Grundgesamtheit so genau wie es möglich ist.

Tabelle 37: Befragte zu ICJV-Zielen
Table 37: Interviewees for ICJV Goals

Land	Großfirmen	Mittelstand	Kleinfirmen	Summe
Deutschland	4 (40%)	5 (50%)	1 (10%)	10 (100%)
Thailand		1		1
Position	**Großfirmen**	**Mittelstand**	**Kleinfirmen**	**Summe**
Vorstand /Geschäftsführer	3	2	1	6
Leiter SGE	2	3		5

[507] Vgl. HENTSCHEL (Dienstleistungsqualität 1992), S. 158 ff.
[508] Vgl. HAUPTVERBAND (Auslandsbau 2002)

Die Stichprobe konnte im Rahmen dieser Erhebung nicht internationalisiert werden. Es gelang jedoch, einen Geschäftsführer einer strategischen Geschäftseinheit (SGE) eines thailändischen Unternehmens zu befragen. Dessen Antworten stimmen zu einem guten Teil mit den Ergebnissen aus Deutschland überein. Persönliche Erfahrungen des Autors mit französischen, amerikanischen und dänischen Unternehmen gehen in dieselbe Richtung.

Der erste Fragenblock beschäftigte sich mit den Gründen für das Auslandsgeschäft. Thematisch gehört dieses Gebiet zum Abschnitt 1.5.3.2, weil es aber in den Gesamtzusammenhang der eigenen Interviews gestellt ist, werden die Ergebnisse hier vorgestellt. Als wichtigstes Ziel für das Auslandsgeschäft auf Unternehmensebene (Zielebene 1) wurde immer genannt, dass es darum geht, Geld zu verdienen. Dies wurde mit einer Vielzahl von Begriffen umschrieben: Gewinn, Profit, wirtschaftliches Ergebnis, Einhalten der kalkulatorischen Vorgaben.

Ein zweiter wichtiger Punkt war eine erfolgreiche Unternehmenstradition. Es zeigte sich, dass die große Mehrzahl der Unternehmen schon vor dem Zweiten Weltkrieg im Ausland Aufträge bearbeitet hat. Durch diese lange Tradition ist es möglich, auf ein entsprechendes Know-how und verbreitete Netzwerke zurückzugreifen, nämlich auf Kunden, ICJV-Partner, Lieferanten und Finanziers. Es wurde betont, dass ein Auslandsgeschäft nur mit Zeit und großen Anstrengungen aufgebaut werden kann. Mangelnde Ressourcen sind ein Hemmschuh bei der Ausweitung des Auslandsgeschäfts.

Der dritte Hauptpunkt betrifft die Möglichkeit, Technologien zu exportieren und in großem Maßstab anzuwenden, eine Möglichkeit, die in Deutschland nicht in dem gleichen Ausmaß gegeben ist. Das Auslandsgeschäft ermöglicht es somit, eine technologische Marktführerschaft aufzubauen oder zumindest bei der Hochtechnologie konkurrenzfähig zu bleiben.

Für mittelständische und kleine Unternehmen steigert das Auslandsgeschäft die wahrgenommene Kompetenz im Inland. Die weltweite Reputation hat eine positive Signalwirkung für die Vergabe von Aufträgen in Deutschland. Für Großunternehmen gilt dies nicht, weil fast alle im Ausland tätig sind. Es handelt sich dann nicht wie bei kleineren Unternehmen um einen komparativen Konkurrenzvorteil. Eine gute Reputation für alle Unternehmen im Ausland ist auch wichtig, um das Stadium der Präqualifikation für Großprojekte bestehen zu können.

Die Antworten ergeben ein klares Bild: als Oberziel wird Gewinn angestrebt. Dazu bedarf es hinreichender Kenntnisse, das Beherrschen von Hochtechnologie und eine gute Reputation. Dies ist in Tabelle 39 zusammengefasst.

Tabelle 38: Gründe für die Auslandstätigkeit in der Bauindustrie
Table 38: Reasons for Overseas Work in the Construction Industry

Gründe für Auslandtätigkeit			
Oberziel	Gewinn		
Unterziele	Know-how	Hochtechnologie	Reputation

Wenn man diese Tabelle mit den Aussagen in Unterabschnitt 1.5.3.2 vergleicht, dann bestätigt sie eindrucksvoll die herausragende Bedeutung der Ertragsziele.

In einem zweiten Block wurde zunächst nach den Zielen für das ICJV gefragt und anschließend die in Bild 47 abgedruckte Checkliste vorgelegt. Im Überblick zeigte sich, dass die Ziele für ICJVs ohne Checkliste klar und knapp benannt wurden, bei Verwendung der Checkliste waren anschließend fast alle Ziele gleich wichtig. Während die Ergebnisse des freien Interviews trennscharf und konvergent sind, so hat sich bei dem strukturierten Interviewteil ein unscharfes Bild ergeben.

Typisch für die ICJV-Ziele ist folgende Aussage des Vorstandsvorsitzenden einer der großen deutschen Bauunternehmen:

„Ich würde Ihnen ein Ziel geben: Schauen Sie, dass die Baustelle Geld verdient, dass Sie qualitativ und terminlich das Projekt abwickeln, dass Sie versuchen mit dem Kunden sinnvoll zurecht zu kommen, wobei Sie die Interessen des Unternehmens natürlich immer im Vordergrund sehen müssen und dass Sie mit den Partnern – sie haben ja auch ausländische Partner – vernünftig umgehen, dass die weiter gerne an dieser Joint Venture mitmachen und nicht das Joint Venture blockieren, dass Sie auch Kontakt mit dem Mutterhaus halten und dort das Know-how anzapfen, das vorhanden ist, und nicht sich abschotten und den eigenen Stiefel dort machen, um dann uns am Schluss einen Haufen Schaden zu verursachen."

Diese Aussage verdeutlicht sehr schön die Zielstruktur. Gewinn steht an erster Stelle und die anderen Ziele sind Unterziele, die dazu dienen den Gewinn sicherzustellen. Dazu gehört natürlich eine vertragsgemäße Projektabwicklung bezüglich der Qualität und der Termine. Die Kundenzufriedenheit wird den Interessen des eigenen Hauses untergeordnet. Die Partnerzufriedenheit dient ebenfalls der Sicherstellung des Gewinns, sie verhindert Störeinflüsse. Letzten Endes soll das Know-how des gesamten Unternehmens eingebunden werden, auch hier wieder zur Sicherung des Oberziels der Gewinnerzielung.

Insgesamt – und mit einer kleinen Ausnahme zu dem Zitat – konvergieren die Aussagen zu den wichtigen Zielen folgendermaßen: Das Oberziel ist es, Gewinn zu erzielen. Hierbei handelt es sich um eine „Conditio sine qua non", alle anderen Ziele verlieren bei Nichterreichung der Gewinnvorgabe ihre Bedeutung. Ansonsten sind die Zielbeziehungen untereinander relativ. Ein Befragter gab als Austauschwert für die Kundenzufriedenheit ein Plus von zwei Prozent mehr Gewinn an: Vor die Wahl gestellt, zwei Prozent mehr Gewinn zu machen oder den Kunden zufrieden zu stellen, wählte er den zusätzlichen Gewinn. Dies ist ein quantitatives Beispiel für die Relativität der Ziele untereinander und unterstreicht noch einmal die herausragende Bedeutung des Gewinns. Ein anderer Vorstandsvorsitzender nannte das Streben nach Umsatz im Ausland „tödlich", weil es nämlich zu Lasten der Gewinne gehen würde. Immer und immer wieder wurde die Bedeutung des Gewinns herausgestrichen.

Erstes Unterziel zum Erreichen des angestrebten Gewinns ist eine vertragsgemäße Bauausführung, d.h. das Erbringen der geforderten Qualität und das Einhalten der Termine: Beides kann die Gewinne gefährden: Terminüberschreitungen führen zu Konventionalstrafen, Mängel zu teuren Nacharbeiten nach der Abnahme.

Zweites Unterziel ist die Kundenzufriedenheit und diese wird über die vertragsgemäße Abwicklung angestrebt. Zufriedene Kunden zahlen pünktlich, sie benutzen ihre Prozessevidenz zum Gelingen der Baustelle und sind bereit Folgeaufträge zu vergeben, die dann zu weiteren Gewinnen führen.

Drittes Unterziel ist die Partnerzufriedenheit, aber nicht um ihrer selbst willen. Zufriedene Partner streiten nicht, hintergehen die anderen nicht und stehen in der Zukunft wieder als Partner zur Verfügung.

Viertes Unterziel ist die Mitarbeiterzufriedenheit und die Gründe sind wieder ähnlich wie zuvor.

Ziele sind eigentlich normative Vorgaben. Die Aussagen für das Interview kann man jedoch auch als Beschreibung einer erfolgreichen Baustelle verstehen: Wenn es keine Schwierigkeiten gibt, dann ist der finanzielle Erfolg der Baustelle gesichert. Mit abstrakten Worten geht es darum, die internen und externen Transaktionskosten zu beschränken.

Im Vergleich dazu fällt auf, eine wie geringe Erwähnung technische Schwierigkeiten gefunden haben. Es geht nicht so sehr um die Beherrschung der Hochtechnologie (dieses wird vorausgesetzt), sondern um die Beherrschung der Schnittstellen, der Transaktionskosten.

Mit Rückgriff auf das obige Zitat kann man die Ziele in anderen Worten so zusammenfassen: Achtet auf die Schnittstellen im Vertrag, zu dem Kunden, zu den Partnern und zu den Mitarbeitern unter Nutzung allen Know-hows des Unternehmens und ihr werdet die Gewinnziele erreichen.

Tabelle 39: Ziele von ICJVs
Table 39: Goals for ICJVs

Ziele für ICJVs				
Oberziel	Gewinn			
Unterziele	Vertragserfüllung	Kundenzufriedenheit	Partnerzufriedenheit	Mitarbeiterzufried.

Wie schon erwähnt, sind auch fast alle Ziele des Bildes 47 von Bedeutung, allerdings ohne besondere Betonung. Dies unterstreicht, dass die theoretischen Überlegungen der Betriebswirtschaft richtig sind, aber auch, dass sie den eigentlichen Kern nicht treffen.

Die Antworten des ausländischen Befragten weichen nicht entscheidend von den dargelegten Ergebnissen der deutschen Befragten ab, allerdings mit einigen Akzentverschiebungen. Diese können aber auch auf den Einzelfall zurückzuführen sein. Gefordert wird nicht nur Gewinn, sondern auch ein steigender Umsatz. Dies führt zu einer absoluten Gewinnvergrößerung bei positivem Baustellenergebnis. Zusätzlich wurde der langfristige Aspekt des Aufbaus von Reputation betont.

Die gewonnen Erkenntnisse unterstreichen die schon zitierte Aussage von RITZ. Nach ihm ist es das Ziel „*...to finish projects as specified, on schedule and within budget.*“[509] Dies ist und bleibt das Mantra des Projektmanagements auch bei Großprojekten.

---

[509] Vgl. RITZ (Construction Project Management 1994), S. 13

14 Ausführungsmanagement

Das Ausführungsmanagement umfasst bei Großprojekten fünf Phasen: Organisationsplanung, Entwurfsplanung, Arbeitsvorbereitung, Baustelleneinrichtung und Bauausführung. Drei davon sind Planungsphasen, die anderen beiden Ausführungsphasen. Die Planungsphasen liegen zeitlich vor der Ausführung und werden deshalb zuerst beschrieben. Innerhalb der Planungsphasen gibt es keine Rangfolge, kein Primat. Sie sind alle gleichwichtig und gleichzeitig anzufangen. Gerade in dieser Interdependenz liegt ein Teil der Komplexität der Planungsaufgabe. Bei Design/ Build-Verträgen kommt es dazu natürlich noch zu Überlagerungen mit der physischen Baustelleneinrichtung (die Planung der Baustelleneinrichtung gehört zur Arbeitsvorbereitung) und der Bauausführung.

Zunächst (Kapitel 14.1) folgt die Beschreibung der Organisationsplanung, sie bildet den Rahmen für alle anderen Aktivitäten. Um den Punkt noch einmal zu wiederholen: Dies bedeutet nicht, dass man mit den anderen Planungen auf die Ergebnisse der Organisationsplanung warten kann. Entwurfsplanung und Arbeitsvorbereitung finden also zunächst in einem ausgesprochen schwach strukturierten Rahmen statt.

Daran schließen sich in beliebiger Reihenfolge zunächst die Entwurfsplanung (Kapitel 14.2) und die Ausführungsplanung (Kapitel 14.3) an. Den Abschluss bilden dann die Baustelleneinrichtung (Kapitel 14.4) und die Bauausführung (Kapitel 14.5).

Die Beschreibung erfolgt unter dem Gesichtspunkt der Komplexität. Diese wird untergliedert in die fünf Teilkomplexitäten, die in der Systemtheorie üblich sind: sachliche, soziale, zeitliche, operative und kognitive Komplexität.[510] Die Teilkomplexitäten bilden für sich jeweils einzelne Abschnitte.

Systeme unterscheiden sich durch einen unterschiedlich hohen Grad an Komplexität. Dieses ist ein Ergebnis der Grenzziehung, die den ersten Schritt bei der Systembildung darstellt. Dieser Komplexitätsgrad ist somit ein konstitutives Merkmal der Systembildung. Im zeitlichen Ablauf der Genese und Ausbildung des Systems ist dann die Reduktion des individuellen Komplexitätsgrades eines der Hauptziele. Eines der entscheidenden Mittel zum Umgang mit Komplexität ist die Binnendifferenzierung des Systems. Hierdurch entstehen Subsysteme mit einer losgelösten Eigenkomplexität. Für ICJVs wird im Folgenden deutlich werden, dass sich diese Binnendifferenzierung aufgrund der relativ kurzen Lebensdauer des Systems „ICJV" oft nicht vollständig ausbilden kann. In solchen Fällen ist das Problem der Komplexitätsreduktion ungelöst und es bleibt der ursprünglich Komplexitätsgrad nahezu unverändert bestehen. Um diesen Tatbestand nachvollziehen und beschreiben zu können ist es sinnvoll, zwischen einer ex ante Komplexität (konstitutiv) und einer ex post Komplexität (nach Abschluss der Anstrengungen) zu ihrer Reduktion zu unterscheiden.

510 Vgl. WILKE (Systemtheorie I 2000), S. 87 ff.

14.1 Organisationsplanung

Eine einfache Überlegung zeigt die Notwendigkeit der Organisation für Großprojekte, die von der quantitativen Definition der Komplexität ausgeht. Diese wurde in Abschnitt 10.1.2 mit folgender Formel eingeführt: $r = n * (n - 1) / 2$. Hierbei war r die Anzahl aller möglichen Verbindungen zwischen n Elementen. Bezogen auf eine Gruppe sind dies r Interaktionen zwischen n Personen. Wenn man in einer Gruppe von beispielsweise 12 Personen die Notwendigkeit der gemeinsamen gleichzeitigen Interaktion unterstellt, dann ergeben sich 66 einzelne Interaktion. Bei einem Zehnstundentag, sind das neun Minuten pro Interaktion. Dieses Ergebnis entsteht bei einer kleinen Gruppe, auf Großbaustellen mit einigen tausend Mitarbeitern ist eine solche „basisdemokratische Vorgehensweise“ nicht zu bewältigen. Ordnung wird nötig.

14.1.1 Sachliche Komplexität

Die sachliche Komplexität kennzeichnet die Dichte der Anzahl von Tätigkeiten und ihrer Wirkungen untereinander in einem Raum/Zeit-Abschnitt. Für die sachliche Komplexität ist eine Unterscheidung zwischen der ex ante und der ex post Komplexität bei ICJVs nicht erhellend. ICJVs haben eine begrenzte Lebensdauer und am Ende der Vertragsdauer sind alle Aufgaben gelöst, der Raum/Zeit-Abschnitt ist leer. Es ist ja gerade das Ziel von ICJVs die sachliche Komplexität der jeweiligen Bauaufgabe auf Null zu reduzieren. Somit ist der ex post Zustand der sachlichen Komplexität zwangsläufig ebenfalls Null.

Um die sachliche ex ante Komplexität zu beschreiben ist es zunächst notwendig, die einzelnen Tätigkeiten des Raum/Zeit-Abschnittes aufzuzählen und zu erläutern. Dazu dienen bei ICJVs Projektmanagement-Handbücher mit einem Umfang von vielen Seiten. Eine Zusammenfassung, wie sie im Folgenden versucht wird, wird allein deshalb der wahren sachlichen Komplexität nicht gerecht. Hinzu kommt die starke Vereinfachung durch die vorgenommene Trennung in die fünf Planungs- und Bauphasen und die Beschränkung auf die Organisationsplanung in diesem Abschnitt. Dabei werden ja gerade Verbindungen zu anderen Planungen oder zur Ausführung abgeschnitten und die tatsächliche Komplexität zwangsläufig für die Beschreibung verringert. Unter diesen zur Vorsicht mahnenden Bemerkungen ergibt sich folgende Zusammenstellung der wichtigsten Tätigkeiten:

- Organisationsstruktur und Organigramm
- Kompetenzverteilung
- Arbeitsbeschreibungen
- Vertragsmanagement
- Qualitätsmanagement
- Sicherheitsmanagement
- Personalmanagement

- Beschaffungsmanagement
- Kaufmännisches Rechnungswesen
- Kommunikation
- Korrespondenz und Ablage

Diese Punkte werden in den folgenden Unterabschnitten nacheinander behandelt, und zwar vorrangig auf der Grundlage von Projektunterlagen und nicht auf der Grundlage der entsprechenden Literatur. Diese beschäftigt sich mit „normalen" Projekten, das Ausführungsmanagement von Großprojekte findet dort keine Berücksichtigung.

14.1.1.1 Organisationsstruktur und Organigramm

Die Organisation von ICJVs ist zunächst immer eine Projektorganisation mit zeitlicher Begrenzung und dies offensichtlich aus Notwendigkeit.[511] Es handelt sich um eine reine Projektorganisation, bei der das ICJV aus dem Unternehmen ausgegliedert wird und bei dem Mitarbeiter aus den Partnerunternehmen abgestellt werden.[512] Zusätzlich werden neue Mitarbeiter eingestellt, die nur einen Projektvertrag erhalten. Der Aspekt der Projektorganisation als Ausgliederung ist nur teilweise zutreffend. Zutreffender ist der Gedanke, dass es sich bei jedem ICJV um die Neugründung einer Projektorganisation handelt, wofür grundsätzlich eine Vielzahl von Organisationsgliederungen in Betracht kommen. Darüber hinaus handelt es sich bei ICJVs immer um Ein-Produkt-Unternehmen, es wird immer nur ein Bauwerk hergestellt. Welche grundlegenden Möglichkeiten bieten sich für ICJVs an?

Für Projektorganisationen gibt es drei Grundtypen: funktionale Gliederung, divisionale Gliederung und Matrixorganisationen. Die Einstufung erfolgt jeweils nach der Art der zweiten Hierarchiestufe. Bei der funktionalen Gliederung ist die zweite Ebene eingeteilt nach Verrichtungen wie Beschaffung, Produktion, Absatz. Bei divisionaler Gliederung der Projektorganisationen ist die zweite Ebene nach Objekten geordnet. Dies können Produkte, Kunden oder Regionen sein. Bei der Matrixgliederung der Projektorganisationen ergibt sich eine Doppelstruktur durch eine netzartige Überlagerungen von Verrichtungen und Objekten. Hieraus entstehen dann auch doppelte Zuständigkeiten. So kann z. B. die Beschaffung von Material für ein Produkt A eine Koordination der Entscheidungen von dem Verantwortlichen für Beschaffung und dem Verantwortlichen für Produkt A erfordern.[513]

Eine Übersicht über die Vor- und Nachteile der Gliederungstypen von Projektorganisationen ist in Tabelle 41 aufgeführt.

---

511 Vgl. GIRMSCHEID (Bauunternehmensmanagement 2006), S. 388 ff.
512 Vgl. FRESE (Organisation 1993), S. 462
513 Vgl. BEA / GÖBEL (Organisation 2002), S. 319 ff.

Tabelle 40: Vor- und Nachteile der Organisationsgliederung bei Projektorganisationen[514]
Table 40: Advantages / Disadvantages of Organizational Orders for Project Organizations

Organisationstyp	Charakteristische Merkmale	Wesentliche Vor- und Nachteile
Funktionale Gliederung	• Eindimensionale Spezialisierung nach Funktionen • Einliniensystem • Zentralisation	+ Spezialisierungsvorteile + Eindeutige Zuständigkeiten - Mangelnde Gesamtsicht in den Funktionsbereichen - Überlastung der Projektspitze
Divisionale Gliederung	• Eindimensionale Spezialisierung nach Objekten • Mehrliniensystem durch Zentralabteilungen • Dezentralisierung durch Center-Konzepte	+ Marktnähe und Flexibilität + Motivation und unternehmerisches Denken + Entlastung der Projektspitze - Spartenegoismus - Parallelarbeit und Verzicht auf Größenvorteile
Matrix-Gliederung	• Mehrdimensionale Spezialisierung nach Funktionen und Objekten • Mehrliniensystem • Dezentralisation durch Selbstabstimmung	+ Willensbildung durch Gruppen führt zu kreativen und abgestimmten Entscheidungen + Sachkompetenz wird betont - Gefahr destruktiver Konflikte und Machtkämpfe - Unklare Zuständigkeiten führen zur Abschiebung von Verantwortung - Komplexität und hohe Kosten

Wenn man die Organigramme bei den Projektorganisationen von den vorliegenden Projekten auswertet, dann ist es klar, dass es sich um funktionale Organisationen handelt. Das folgende Bild 48 zeigt die Projektorganisation einer U-Bahn-Baustelle.

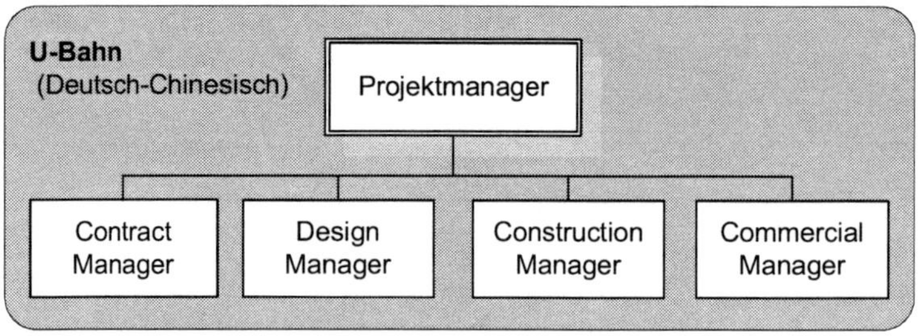

Bild 48: Projektorganisation einer U-Bahn in Asien
Fig. 48: Project Organization of a Subway in Asia

[514] S. BEA / GÖBEL (Organisation 2002), S. 349

Im Bild 49 ist das Organigramm des BangNa Expressway in Bangkok dargestellt. Bei diesem Projekt wurde die Hälfte der Bauleistungen in einem Fertigteilwerk erbracht, das einer eigenen Führung unterstand.

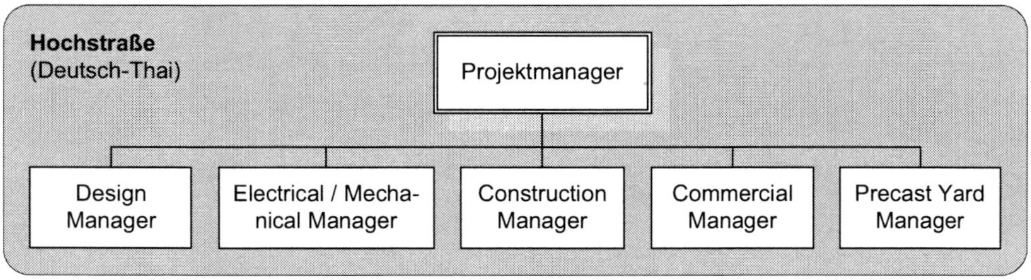

Bild 49: Projektorganisation einer Hochstraße in Bangkok
Fig. 49: Project Organization of an Expressway in Bangkok

In Bild 50 ist wiederum das Organigramm einer Baustelle des Taiwan High Speed Railway zu sehen. Bei diesem Schnellbahnprojekt führt die Trasse durch Tunnel und Einschnitte, über Brücken und Dämme. Deshalb sind für jeden einzelnen Bereich Bauleiter vorgesehen.

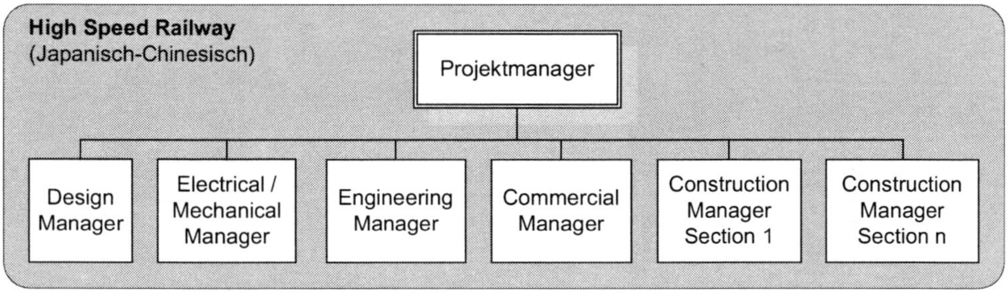

Bild 50: Projektorganisation eines High Speed Railway in Taiwan
Fig. 50: Project Organization of a High Speed Railway in Taiwan

Alle drei Projektorganisationen zeigen auf der zweiten Ebene Verrichtungen: Entwurf, Verwaltung und Leistungserstellung. Bei Ein-Produkt-Unternehmen besteht keine Möglichkeit eine Projektorganisation nach dem Divisionalisierungsprinzip im vorzunehmen. Es gibt ja nur ein Objekt, einen Kunden, eine Region.

Um trotzdem eine hohe Flexibilität zu erreichen und eine Überlastung der Projektspitze zu vermeiden, werden die Abteilungen in ICJVs dezentral geführt. Dadurch muss jede Abteilung in dem Organigramm die Verantwortung für vielseitige Aufgaben übernehmen und nach dem Center-Prinzip geführt werden. Dieses kann am Beispiel des BangNa Expressway erläutert werden. Es ist hilfreich dazu Bild 12 heranzuziehen, in dem die Verpflichtungen des ICJV dargestellt sind.

Der Leiter des technischen Büros (Design Manager) stand dieser Abteilung vor. Dazu musste er zunächst eine interne Organisation aufbauen und die entsprechenden Stellen besetzen (Organisation). Danach wurden Verträge mit zwei Planungsbüros abgeschlossen (Beschaffung). Die Planung wurde in drei Ländern erbracht: Deutschland, Thailand, USA. Die Leistungserstellung des Produktes „Planung" wurde koordiniert (Produktion) und dem Bauherrn zur Genehmigung vorgelegt (Absatz).

Der Leiter des technischen Ausbaus (Electrical/Mechanical Manager) hatte die gleichen Aufgabenbereiche für die gesamte elektrische und mechanische Ausrüstung der Hochstraße. Zusätzliche übernahm er die Verantwortung für die Nachunternehmerkontrolle beim Einbau der Ausrüstung sowie deren Erprobung und die Einweisung des Kunden.

Der Leiter des Fertigteilwerks (Precast Yard Manager) musste zunächst das Fertigteilwerk planen und bauen und anschließend die Fertigteile herstellen und an die Baustelle liefern. Der Oberbauleiter (Construction Manager) hatte die gleiche Aufgabe für den Rohbau der Hochstraße. Der kaufmännische Leiter (Commercial Manager) war für die gesamte Verwaltung zuständig.

Bei genauer Analyse zeigt sich somit deutlich, dass alle ICJVs für die Projektunterlagen vorliegen nach dem Prinzip der funktionalen Projektorganisation mit dezentralisierten Abteilungen aufgebaut waren. Es gab eine eindimensionale Spezialisierung nach Verrichtungen (statische/konstruktive Planung, Ausbau-Planung, Vorfertigung, Bauausführung und Verwaltung), ein Mehrliniensystem mit Projektmanagement und angeschlossenen Stabsabteilungen (in Tabelle 41 als Zentralabteilungen bezeichnet) und eine Dezentralisierung durch Center-Konzepte. Unterschiedlich war sicherlich geregelt, inwieweit die Abteilungen unabhängig von dem Projektmanagement agieren durften.

Der Hang zu einer funktionalen und dezentralisierten Struktur ist auf die überwältigende Komplexität von Großprojekten zurückzuführen. Dies gilt auch, wenn aus kulturellen Gründen eine andere Organisationsform naheliegender ist. Was also sind die Hinweise, welche die Systemtheorie bezüglich des Managements komplexer System gibt? (1) Funktionale Differenzierung zur Reduktion der Gesamtkomplexität bei hoher Eigenkomplexität der ausdifferenzierten Abteilungen; (2) Risikokompensation durch Kontrolle seitens des Obersystems; (3) Systementwicklung mit der Zeit zur Anpassung an wechselnde Bedingungen. Dies alles ist im Rahmen einer funktionalen und dezentralisierten Struktur möglich. Der Differenzierung zur Bearbeitung der Eigenkomplexität entsprechen die Abteilungen. Die Risikokompensation übernimmt das Projektmanagement mit den Stabsabteilungen und Anpassungen werden sowohl von den einzelnen Abteilungen als auch besonders vom Projektmanagement wahrgenommen. Entscheidend ist, dass das Projektmanagement den Abteilungen weitgehend freie Hand lässt, allerdings ohne die Kontrolle und Gesamtsteuerung zu verlieren.

Die in Tabelle 41 genannten Vorteile einer divisionalen Organisation (Flexibilität, Motivation und Entlastung der Projektspitze) sind unverzichtbar für ICJVs. Da aber divisionale Projektorganisationen bei Ein-Produkt-Unternehmen ausscheiden, setzen ICJVs diese Vorteile mit Hilfe einer funktionalen und dezentralisierten Gliederung um. Aufgrund der Integrativität externer und interner Faktoren ist eine ständige Abstimmung mit dem Bauherrn entscheidend für den Erfolg. Dafür bedarf es interner Flexibilität. Die Gleichzeitigkeit einer Vielzahl von Entscheidungen kann nur bewältigt werden, wenn eine ganze Anzahl von Mitarbeitern hochmotiviert und unternehmerisch die Aufgaben anpacken. Ein Warten auf Entscheidungen von Vorgesetzten ist zeitlich nicht möglich. Gleichzeitig erlaubt die Entscheidungsfreiheit, die Spitze des ICJV zu entlasten. Auch oder besonders diese sieht sich einer hohen Dichte an Entscheidungen und Wirkungen in einem eng begrenzten Raum-/Zeit-Abschnitt gegenüber. Das Optimierungsziel in ICJVs ist nicht die Einzelentscheidung, sondern das Gesamtgefüge an Entscheidungen in dem eng begrenzten Raum-/Zeit-Abschnitt. D. h. mit anderen Worten, in ICJVs muss man mit suboptimalen Einzelentscheidungen leben, damit das Gesamtergebnis ein relatives Optimum erreicht. Das Problem des Abteilungsegoismus muss in ICJVs durch das Projektmanagement bearbeitet werden.

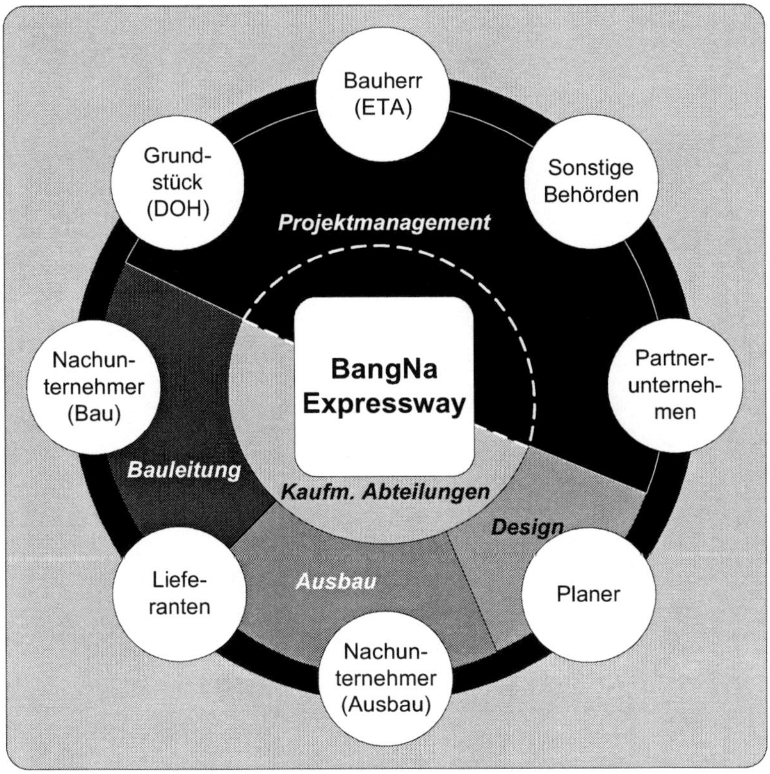

Bild 51: Funktionale und dezentralisierte Gliederung beim BangNa Expressway
Fig. 51: Functional and Decentralized Structure of the BangNa Expressway

In Bild 51 ist abgebildet, welche Gliederung beim BangNa Expressway gewählt wurde und wie die Aufgabenbereiche zugeschnitten wurden. Dargestellt ist zunächst, welche Abteilungen durch eine funktionale Aufgabengliederung (z.B. Design, Ausbau...) gebildet worden sind. Diesen Abteilungen sind dann bestimmte externe Partner zugeordnet und es ist die Aufgabe jeder Abteilung, die entsprechenden Vertragsbeziehungen aufzubauen und zu gestalten. Dabei sind die Abteilungen – dargestellt durch den umfassenden schwarzen Rand – der letztgültigen Entscheidungsbefugnis des Projektmanagements untergeordnet. Die kaufmännischen Abteilungen erbringen nur Leistungen an das ICJV. Bei dem BangNa Expressway war die Finanzierung während der Bauzeit durch einen Kredit eines Bankenkonsortiums sichergestellt. Da es sich hierbei um eine Besonderheit handelt, ist es nicht in Bild 51 berücksichtigt. Für diese externe Beziehung war das Projektmanagement verantwortlich.

Die Darstellung in Form eines Organigramms, das die divisionale Struktur gegenüber der funktionalen Struktur aus Bild 49 betont, ist in Bild 52 zu finden. Besondere Bedeutung hat der Hinweis auf die Eigenkoordination der Abteilungen untereinander. Da die grundsätzliche Wahl der Organisationsstruktur wenig Zweifel aufwirft, ist der Ausgestaltung der divisionalen Struktur größte Aufmerksamkeit zu schenken. Hierbei gehört die Kompetenzverteilung zu den wichtigsten Aspekten. Sie wird im folgenden Unterabschnitt behandelt.

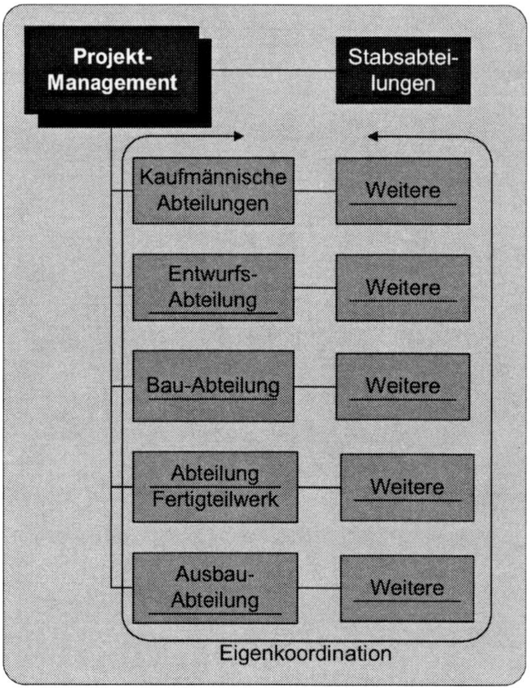

Bild 52: Funktionales und dezentralisiertes Organigramm BangNa
Fig. 52: Functional and Decentralized Organization Chart BangNa

14.1.1.2 Kompetenzverteilung

Das Organigramm legt durch die Anordnungsbeziehungen die Weisungsrechte offen. Unabhängig davon ist die inhaltliche Gestaltungskompetenz für die Aufgabenerfüllung.[515] Unter Kompetenz im organisatorischen Sinne versteht man die einem Stelleninhaber zugeteilten Rechte und Befugnisse.[516]

Man kann verschiedene Kompetenzen unterscheiden. In Bild 53 ist die Regelung der Kompetenzverteilung für den BangNa Expressway dargestellt. Dabei wird zwischen der Grundlagenentscheidung (General Decision), der Aufsicht (Supervision), dem Recht auf Information (Information), der Genehmigung (Approval), der Durchführung (Execution) und der Teilnahme (Participation) unterschieden.

	Projekt-Management	Kaufm. Abt.	Bau-Abt.	Entwurfs-Abt.	Ausbau-Abt.	Qualitäts-M.
Hauptvertrag	G,S,E	G, I, P	I, P	I, P	I, P	I, P
Leistungsmeldung	E	I	I	I	P	
Terminplanung	G,S,E	I	I	I	I	
Personalauswahl	A,E	G,A,E	E	E	E	I, P
Liquidität	I	G,S,E				
Entwurfs-Kontrolle	I			E,S	E,S	I, P
Materialkontrolle	I			E,S	E,S	I, P
Sicherheit	G,S		E		E	I, P
Nachunternehmer	A		G,E		G,E	I, P
Verfahrenstechnik	G,B		G,E		G,E	I, P

G: General decision	S: Supervision	I: Information
A: Approval	E: Execution	P: Participation

Bild 53: Kompetenzverteilung BangNa Expressway
Fig. 53: Distribution of Competencies for the BangNa Expressway

Es wird deutlich, dass das Projektmanagement in weiten Teilbereiche auf entscheidende Rechte verzichtet. Dies gilt z.B. bei der Sicherstellung der Liquidität, der Ent-

[515] Vgl. PICOT (Organisation 1984), S. 122
[516] Vgl. WÖHE (Betriebswirtschaftslehre 1985), S. 160

wurfs- oder Materialkontrolle. Von ganz entscheidender Bedeutung ist auch der Umgang mit den Nachunternehmern, den die Bau- und Ausbau-Abteilungen bestimmen.

14.1.1.3 Arbeitsbeschreibungen

Arbeits- oder Stellenbeschreibungen definieren für eine bestimmte Stelle die Aufgaben, Rechte und Verpflichtungen. Ihr Hauptzweck ist es, eine übersichtliche, vollständige und überschneidungsfreie Zuständigkeitsordnung zu schaffen. Insbesondere bei einem großen Anteil unvorhersehbarer Aufgaben lassen sich deshalb nur generelle Ziele festlegen.[517] Klar festgelegte Stellenbeschreibungen führen zu organisatorischer Inflexibilität.[518] Da ICJVs ja gerade durch Komplexität, Neuartigkeit und Ungewissheit geprägt sind, können Stellenbeschreibungen an dieser Stelle nur generelle Ziele enthalten. KIESER schreibt dann auch: *„Stellenbeschreibungen halten im Wesentlichen praktizierte Regeln fest.“*[519]

Es kann deshalb nicht verwundern, dass nicht alle ICJVs Arbeitsbeschreibungen verwendet haben. Nur in zwei ICJVs, an denen jeweils der gleiche internationale Partner beteiligt war, wurden Stellenbeschreibungen verbindlich. Sie enthalten allgemeine Ziele und sind einander sehr ähnlich. Dies unterstreicht, dass sie hauptsächlich generell praktizierte Regeln enthalten.

Das unternehmerische Denken in Projektorganisationen ist einer ihrer Hauptvorteile. Da Unternehmer sich nicht an Arbeitsbeschreibungen halten, sondern etwas unternehmen, und da nur generelle Ziele festgeschrieben werden, die praktizierte Regeln wiedergeben, ist ihr Nutzen fragwürdig. Im schlimmsten Fall unterbinden sie unternehmerisches Denken und Handeln in den Abteilungen.

14.1.1.4 Vertragsmanagement

In den beiden Stellenbeschreibungen wird die Vertragserfüllung als erste Verpflichtung des Projektmanagements genannt. Alle ICJVs haben ein technisches Projektmanagement, das mindestens aus zwei Personen besteht, dem Projektmanager und seinem Vertreter. Sie repräsentieren immer (in den vorliegenden Fällen) unterschiedliche Partnerunternehmen.[520] Der Vertrag ist das wichtigste Bindeglied zwischen dem ICJV und dem Bauherrn. Deshalb kann nur die oberste Leitungsebene des ICJVs – also die technischen Projektmanager – diese Verantwortung übernehmen.

Der bedeutendste Punkt des Vertragsmanagements ist die genaue Kenntnis des Vertrages. Nur dadurch kann seine Einhaltung gewährleistet werden. In der Regel

---

[517] Vgl. FRESE (Betriebswirtschaft 1989), S. 1038 f.
[518] Vgl. SELLIEN / SELLIEN (Gablers 1992), S. 3112
[519] S. KIESER (Konstruktivismus 2002), S. 305
[520] Vgl. O.V. (Projekthandbuch C 1995)

werden die Projektmanager durch eine Stabsstelle unterstützt. Im internationalen Bereich nehmen meist sogenannte „Quantity Surveyor" die Aufgabe als Vertragsmanager wahr. Quantity Surveyors werden hauptsächlich in Großbritannien ausgebildet, sie haben dort bereits im Jahr 1785 einen eigenen Berufsverband gegründet. Das Studium umfasst Teilgebiete des Bauingenieur- und des Rechtswesens. Dadurch sind sie darauf spezialisiert, komplexe Bauvorhaben gegenüber dem Bauherrn unter Berücksichtigung aller Vertragsklauseln abzurechnen.[521]

Zum Vertragsmanagement gehören sowohl die Einhaltung aller Verpflichtungen aus dem Vertrag und das Geltendmachen aller Ansprüche. Insofern ist es zunächst die Aufgabe des Vertragsmanagers alle Verpflichtungen aufzulisten und auf ihre rechtzeitige Erfüllung zu drängen. Dazu bedarf es eines ausführlichen Schriftverkehrs mit dem Bauherrn. Je nach Sprachbeherrschung initiiert entweder der Projektmanager oder der Vertragsmanager den Schriftverkehr. Bei Europäern ist es eher der Projektmanager, bei Asiaten eher der Vertragsmanager. Da wohl (fast) alle internationalen Verträge in Englisch abgefasst sind, wird die Beherrschung der englischen Sprache zu einem wichtigen Bestandteil des Vertragsmanagements.

Zweitens gehört zu den Aufgaben das Zusammenfassen der im Monat erbrachten Leistungen und die Abrechnung dieser gegenüber dem Bauherrn. Bei der erbrachten Leistung müssen die Meldungen der einzelnen Teil-Baustellen zusammengeführt werden. Dabei kommt es immer wieder zu Abweichungen von dem Vertrag und somit gehört drittens das Nachtragsmanagement zu den Aufgaben des Vertragsmanagers.

Viertens fallen alle Aufgaben aus dem Hauptvertrag auch für alle Verträge mit Nachunternehmern an, allerdings mit vertauschten Rollen. Dazu sind zunächst die Verträge vorzubereiten, die dann – unter Zustimmung des Projektmanagements – von den jeweiligen Abteilungsleitern verhandelt und abgeschlossen werden. Die Leistungserbringung der Nachunternehmer muss kontrolliert werden und die Rechnungen müssen auf formale und rechnerische Richtigkeit überprüft werden. Schließlich sind die Zahlungen zu veranlassen, die allerdings von der kaufmännischen Abteilung vorgenommen werden.

Kein Projektmanager wird sich die Kontrolle des Vertragsmanagements aus der Hand nehmen lassen und viele werden sich aktiv daran beteiligen. Wie dies im Einzelnen aussieht, hängt von den jeweiligen Persönlichkeiten ab.

14.1.1.5 Qualitätsmanagement

Das Qualitätsmanagement (QM) ist ein Hilfsmittel, um administrative Prozesse und Leistungserstellungen fehlerfrei zu gestalten und dadurch die Kundenzufriedenheit sicherstellen zu können. Die Einbindung der Kundenzufriedenheit ist ein Grundge-

[521] Vgl. KULICK (Auslandsbau 2003), S. 44 ff.

danke des Total Quality Management-Konzepts.[522] QM ist somit kein Selbstzweck, sondern dient einem klaren Ziel. Deshalb ist es zunächst notwendig, den Begriff der Qualität zu klären und anschließend den Zusammenhang zwischen Qualität und Kundenzufriedenheit.

Qualität ist ein schillernder Begriff. Sie kann einerseits als endogene (produktbezogene) Eigenschaft eines Produktes verstanden werden, die man physikalisch messen kann. Andererseits kann man Qualität verstehen als exogene (kundenbezogene), von dem Nachfrager subjektiv wahrgenommene Produkteigenschaft.[523] Bei Großprojekten gibt es zwar viele physikalische Kontrollen, wie beispielsweise die Messung der Betonfestigkeit, doch die Gesamtqualität entspricht der Wahrnehmung des Kunden, wenn Ziel des Qualitätsmanagements die Kundenzufriedenheit ist. Da es sich bei dem Kunden nicht um eine Einzelperson sondern um eine größere Gruppe handelt, ist die wahrgenommene Kundenqualität ein Ergebnis sozial konstruierter Wirklichkeit.

Bei der Ähnlichkeit zwischen Bauleistungen und Dienstleistungen kann als Definition für die Qualität auf den zuletzt genannten Bereich zurückgegriffen werden. Danach ist die Qualität eines Großprojektes die Fähigkeit zu gewährleisten, dass die Beschaffenheit der Bauleistung mindestens dem von der Kundenerwartung bestimmten Anforderungsniveau entspricht.[524] PARASURAMAN et al. gehen davon aus, dass es drei Vergleichsniveaus des Bauherrn gibt: die vermutete, die gewünschte und die akzeptable Leistung. Dies ist in Bild 54 dargestellt. Die gewünschte Leistung wird unter der Berücksichtigung der geltenden Rahmenbedingungen aus der Idealleistung abgeleitet. Sie bestimmt die Lage der beiden anderen Niveaus. Diese Niveaus bilden jeweils die Untergrenze bzw. Obergrenze einer Toleranzzone.

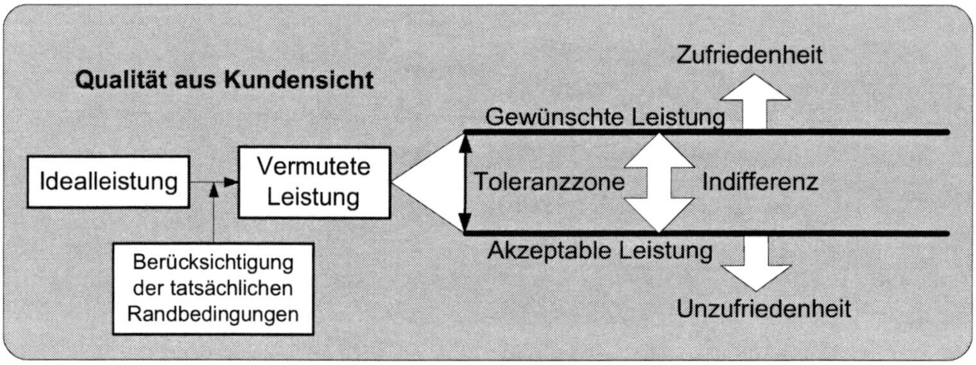

Bild 54: Qualitätsbeurteilung von Bauleistungen aus Kundensicht
Fig. 54: Evaluation of the Quality of Construction Performance by Clients

[522] Vgl. KERZNER (Project Management 1998), S. 1086
[523] Vgl. BRUHN (Kundenorientierung 1999), S. 20 f.
[524] Vgl. MEFFERT / BRUHN (Dienstleistungsmarketing 2000), S. 212

Die gewünschte und die akzeptable Leistung sind Soll-Leistungen, die anschließend mit den wahrgenommenen Ist-Leistungen verglichen werden. Überschreitung der gewünschten Leistung führt zu einer Zufriedenheit mit der Qualität, Überschreitung der akzeptablen Leistung zu Indifferenz und Unterschreitung dieser Grenze zu Unzufriedenheit des Kunden.[525]

STAUSS erweitert dieses Modell auf interkulturelle Leistungserbringung und geht davon aus, dass die Standards des Bauherrn und der Partnerunternehmen jeweils heimatlandorientiert sind. Wenn diese Perspektiven auseinander klaffen, dann kommt es zu Missverständnissen und gegebenenfalls zur Unzufriedenheit des Kunden.[526] Diese Unterschiede sind im jeweiligen Einzelfall unter den vorliegenden Randbedingungen zu berücksichtigen.

Das Modell von PARASURAMAN et al. kann als bipolares Modell angesehen werden, bei dem die Kundenzufriedenheit zwischen den Polen der Zufriedenheit und der Unzufriedenheit linear eingeordnet wird. Es wird häufig auch als C/D-Paradigma (confirmation/disconfirmation) bezeichnet und als Basismodell der Kundenzufriedenheit angesehen.[527]

Ein anderes Modell ist von KANO entwickelt worden und es basiert auf der Zwei-Faktoren-Theorie zur Arbeitszufriedenheit von HERZBERG. Hierbei handelt es sich im Gegensatz zum C/D-Paradigma um einen mehrfaktoriellen Ansatz, bei dem HERZBERG zwischen Motivationsfaktoren und Hygienefaktoren unterscheidet. Die Erfüllung der Motivationsfaktoren führt zu Zufriedenheit, die Erfüllung der Hygienefaktoren verhindert allerdings nur das Entstehen negativer Gefühle.[528]

Beim KANO-Modell wird zwischen drei Anforderungen unterschieden: Basisanforderungen, Leistungsanforderungen und Begeisterungsanforderungen. Dabei sind Basisanforderungen ein Muss-Kriterium, bei dem die Nichterfüllung zu großer Unzufriedenheit, die Erfüllung aber nicht zur Zufriedenheit führt. Leistungsanforderungen können sowohl Zufriedenheit als auch Unzufriedenheit hervorrufen. Die Beziehung zwischen der Erfüllung dieser Anforderungen und der Zufriedenheit ist linear. Dies entspricht der Sichtweise des C/D-Paradigmas. Begeisterungsanforderungen können bei Erfüllung nur Zufriedenheit hervorrufen, Ergebnis der Nichterfüllung ist niemals Unzufriedenheit. Das Anwachsen der Zufriedenheit bzw. Unzufriedenheit ist bei den Begeisterungsanforderungen bzw. den Basisanforderungen exponentiell. Bild 55 verdeutlicht die Zusammenhänge.

BAHR hat in einer Dissertation die Kundenzufriedenheit in der Bauindustrie untersucht und dabei das KANO-Modell zugrunde gelegt. Anstelle einer Kausalanalyse verwen-

525 Vgl. PARASURAMAN et al. (Customer Expectations 1993), S. 42 ff.
526 Vgl. STAUSS (Dienstleistungskontakte 1999), S. 284 ff.
527 Vgl. RUDOLPH (Kundenzufriedenheit 1998), S. 16 f.
528 Vgl. ROSENSTIEL (Organisationspsychologie 1992), S. 74 ff.

det er eine qualitative Inhaltsanalyse zur Auswertung seiner mit Hilfe von Interviews gewonnenen Daten. Sein Ergebnis bestätigt die Validität des KANO-Modells für die Bauindustrie. Zu den Basisanforderungen gehören danach: Vermeidung des Rechtsweges, Kompetenztransfer, respektvoller Umgang, Kommunikationswillen, Leistungsfähigkeit. Leistungsanforderungen sind: Nachtragsstellung, Mängelbeseitigung, Zuverlässigkeit, Flexibilität, Kostenbewusstsein, Bauallgemeinwissen, Engagement, Betreuung, Problembewusstsein, Problemlösungsfähigkeit. Die Begeisterungsanforderungen umfassen schließlich: unaufgeforderte vollständige Informationen, Nachbetreuung, Kulanz, Sondervorschläge.[529]

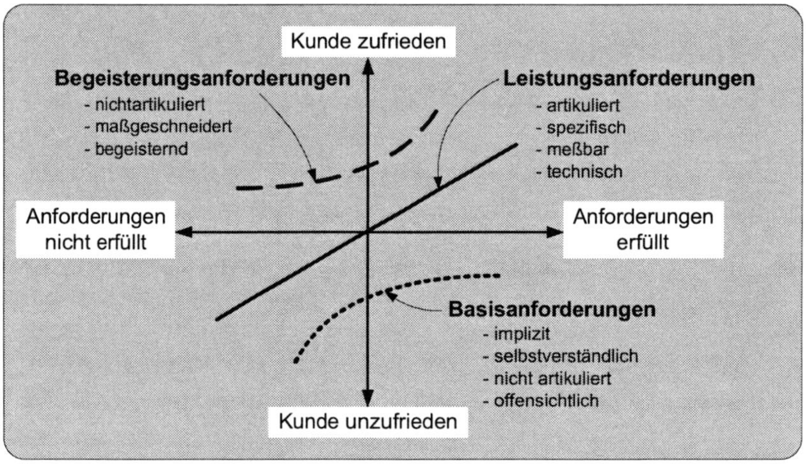

Bild 55: KANO-Modell der Kundenzufriedenheit[530]
Fig. 55: KANO-Model of Customer Satisfaction

Wenn man diese Ergebnisse der Forschung mit dem Qualitätsmanagementhandbuch einer Großbaustelle des Brückenbaus vergleicht, kann man deutliche Unterschiede feststellen. Dort sind folgende Punkte zu finden:[531]

- Managementplan (mit Projektgrundsätzen, organisatorischen Festlegungen, Verfahrensabläufen und Definitionen)
- Abläufe für Korrespondenz und Kommunikation
- Berichterstattung
- Abläufe des Vertragsmanagements
- Abläufe des Entwurfsmanagements
- Abläufe des Baumanagements
- Abläufe der Personalwirtschaft
- Abläufe des Sicherheitsmanagements

---

529 Vgl. BAHR (Kundenzufriedenheit Bau 1999), S. 119 f.
530 Vgl. BAILOM et al. (Kano 1996), S. 117 ff.
531 Vgl. O.V. (Projekthandbuch D 1996)

- Abläufe der Beschaffung
- Qualitätsaudits
- Lenkung von Dokumenten
- Umgang mit Geräten zur Untersuchung von Baustoffen
- Untersuchungs- und Testverfahren für Bewehrung, Beton, Fertigpfähle, Vorspannstahl, Lager
- Untersuchungs- und Testverfahren für Bauteile (Gründung, Fertigteile, Pfähle, Überbau)
- Umgang mit nicht planmäßiger Bauausführung

Es zeigt sich deutlich, dass das Qualitätsmanagement sich hauptsächlich mit den Leistungsanforderungen (spezifisch, messbar, technisch) befasst. Dies verwundert auch nicht, da ja Begeisterungsanforderungen und Basisanforderungen in Bild 55 als nicht artikuliert beschrieben sind. Es ist auch in Übereinstimmung mit der Definition der Qualität in DIN ISO 8042 als "*...Gesamtheit von Merkmalen einer Einheit bezüglich ihrer Eignung, festgelegte und vorausgesetzte Erfordernisse zu erfüllen.*"[532] Die DIN legt Qualität als endogene Eigenschaft fest.

Somit bleibt festzuhalten: Zu dem schriftlich festgelegten Qualitätsmanagement kommen noch eine ganze Reihe nicht ausdrücklich genannter Aufgaben für das Projektmanagement hinzu, welche die sachliche Komplexität weiter erhöhen.

Die im Qualitätsmanagement-Handbuch festgelegten Verfahren werden durch regelmässige Audits überprüft. Nach der Entwicklung des Handbuches gehört dies zu den Hauptaufgaben des Qualitätsmanagers und seiner Mitarbeiter. Ergebnisse dieser Audits werden wiederum in die Verfahrensanweisungen aufgenommen. Es handelt sich hierbei um eine interne Qualitätskontrolle der Abläufe.

Die obige Aufzählung lässt drei übliche Untergliederungen zu. Es kann zwischen der Qualitätskontrolle, welche die eingesetzten Materialien betrifft, der Qualitätssicherung für eine systembezogene Überprüfung von Bauteilen und dem Qualitätsmanagement unterschieden werden. In diesem Zusammenhang umfasst ein Qualitätsmanagementsystem die Organisationsstrukturen, Verfahren, Prozesse und Mittel, die der Erreichung der festgesetzten Qualitätsziele dienen.[533]

14.1.1.6 Sicherheitsmanagement

Beim Sicherheitsmanagement ist zwischen vorbeugenden aktiven und passiven Maßnahmen und Maßnahmen bei einem Unfall zu unterscheiden.

Im Rahmen der vorbeugenden Maßnahmen müssen zunächst ein Sicherheitsbeauftragter und seine Mitarbeiter bestimmt werden, die gleichzeitig in die Organisation

---

[532] Vgl. DIN ISO 8042 (Qualität 1995)

[533] Vgl. FRITZ (Qualitätsmanagement 1997), S. 9 ff.

einzubinden sind. In der Regel sind sie dem Projektmanager unterstellt.[534] Bei der ICJV Obayashi – Fu Tsu sind insgesamt zehn Mitarbeiter im Sicherheitsmanagement ausgewiesen.[535] Es ist die Aufgabe des Sicherheitsbeauftragten alle notwendigen Maßnahmen zur Vermeidung von Unfällen zu ergreifen.

Zu den vorbereitenden passiven Maßnahmen gehört die persönliche Schutzausrüstung für jeden Mitarbeiter. Sie besteht aus Sicherheitsschuhen, Schutzhelm und Regenschutz für alle sowie Schutzbrille, Handschuhe und Hörschutz für bestimmte Arbeiten. Gerade in armen Ländern muss darauf geachtet werden, dass diese Ausrüstung nicht einfach auf dem nächsten Wochenmarkt verkauft wird und die Mitarbeiter danach wieder mit Wollmütze und Gummipantoffeln zur Arbeit erscheinen.

Weiterhin sind für alle Arbeiten Verfahrensanweisungen zu erstellen, die beschreiben, wie die jeweiligen Tätigkeiten unfallfrei durchgeführt werden können. Dafür müssen alle Arbeitsabläufe auf mögliche Unfallgefahren hin durchleuchtet werden. Für festgestellte Gefahren sind aktive Maßnahmen festzulegen, die das Eintreten der Gefahr vermeiden (Änderung des Arbeitsablaufs). Die vorhergehenden Sätze haben einen etwas theoretischen Charakter, weil Baustellen im Allgemeinen und Großbaustellen im Besonderen immer gefährliche Arbeitsplätze bleiben werden. Es kann also letztendlich nicht darum gehen, alle Gefahren auszuschließen, sondern lediglich darum, sie soweit wie möglich einzugrenzen. Dies ist die aufwändigste Arbeit im Rahmen des Sicherheitsmanagements in einem sich raum-zeitlich verändernden System.

Wenn die Verfahrensanweisungen erst einmal erstellt sind, müssen sie durch Schulungsmaßnahmen den Mitarbeitern bekannt gemacht werden. Die Schulungsmaßnahmen werden nicht nur von den Sicherheitsingenieuren durchgeführt, sondern in der täglichen Arbeit von den Vorarbeitern und Polieren übernommen. Nach einer Anfangsphase verschiebt sich dann die Arbeit der Sicherheitsingenieure auf die Überwachung der getroffenen Anweisungen. Für die Maßnahmen bei Unfällen wird ein Ablaufplan festlegt (vgl. Bild 56).

Aus dem Ablaufplan ist ersichtlich, dass zunächst die Ausstattung und Platzierung von Erste-Hilfe-Ausrüstungen zu bestimmen sind. Poliere, Vorarbeiter und Hilfssanitäter müssen im Hinblick auf Erste-Hilfe-Maßnahmen ausgebildet werden. Ärzte und Krankenhäuser sind zu finden, zu benachrichtigen und die entsprechenden Adressen sind überall zu hinterlegen.

Bei einem tatsächlichen Unfall werden die Gründe untersucht und die betroffene Verfahrensanweisung muss anschließend geändert werden, es sei denn, bei dem Unfall handelt es sich um menschliches Versagen. Die Änderungen werden in einer

[534] Vgl. O.V. (Projekthandbuch D 1996)
[535] Vgl. O.V. (Projekthandbuch E 2003)

Besprechung vermittelt und ihre Umsetzung in den Baustellenalltag von den Vorgesetzten überwacht.

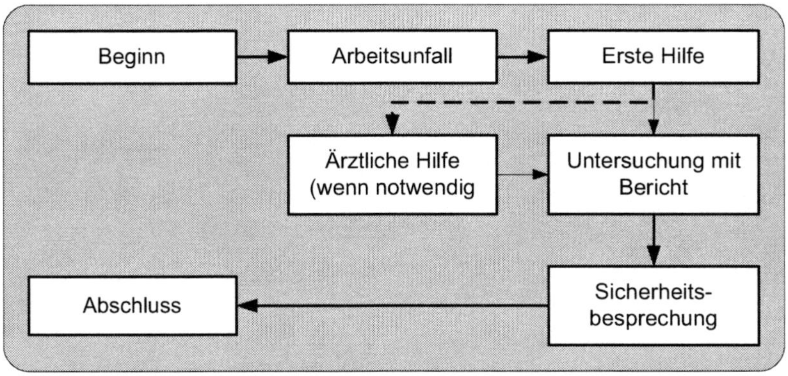

Bild 56: Ablaufplan bei Unfällen[536]
Fig. 56: Flowchart for Accidents

14.1.1.7 Personalmanagement

Das administrative Personalmanagement gehört vorrangig zu den Aufgaben der kaufmännischen Abteilung. Bei dem Personal wird zwischen abgestellten Mitarbeitern der Partner und Mitarbeitern des ICJV unterschieden. Führungskräfte werden in der Regel von den Partnerunternehmen an das ICJV abgestellt. KERZNER sieht in der Wahl des Projektmanagements eine strategische Entscheidung der Partnerunternehmen.[537] Insgesamt ist zu beachten, dass es zu erheblichen Unterschieden in der Bezahlung zwischen einheimischen und ausländischen Führungskräften kommen kann. Dies ist auf die unterschiedlichen Lebenshaltungskosten in den jeweiligen Ländern und einen Bonus für das Arbeiten im Ausland zurückzuführen. Einige Führungskräfte erhalten nur einen Arbeitsvertrag mit dem ICJV, der dann spätestens mit der Auflösung des ICJV erlischt. Solche Arbeitskräfte werden als Freelancer bezeichnet und sie bringen oft sehr spezielles Expertenwissen in das ICJV ein. Meist handelt es sich dabei um sogenannte „Third Country Nationals“ (TCNs), die weder aus dem Land des heimischen Partners noch aus den Heimatländern der ausländischen Partner stammen.

Arbeitskräfte werden auf dem einheimischen Markt gesucht oder in anderen Ländern, die ein niedriges Lohnniveau aufweisen. So haben beispielsweise fast alle ICJVs beim Taiwan High Speed Railway Arbeitskräfte aus Thailand eingestellt.

Bei Großprojekten werden viele Mitarbeiter beschäftigt und entsprechend aufwändig ist das Personalmanagement. Beim BangNa Expressway waren bis zu 500 Ange-

536 Vgl. O.V. (Projekthandbuch D 1996)
537 Vgl. Kerzner (Project Management 1998), S. 162

stellte und 5.000 gewerbliche Mitarbeiter unter Vertrag. Zu den Angestellten gehörten 100 ausländische Führungskräfte, entweder aus Deutschland oder als TCNs. Diese Gruppe wird als „Expats" bezeichnet (Kurzform für das englische Wort „expatriates").

Die Expats verursachen einen großen Aufwand bei der Auswahl, nicht einmal in einer Auslandsabteilung ist jeder Mitarbeiter für eine Entsendung geeignet.[538] Darüber hinaus stellt das ICJV ihnen nicht nur ein Gehalt, sondern auch Krankenversorgung im Ausland, Wohnung, Wohnungsausstattung, Transportmittel und Heimflüge zur Verfügung. Viele bringen ihre Familien mit, so dass ebenfalls für Ehefrauen und Kinder gesorgt werden muss. Da internationale Schulen im Ausland Privatschulen sind, muss das ICJV auch die Schulkosten übernehmen. Mit jedem Expat ist ein Vertrag für seine Abstellung oder die Beschäftigung bei dem ICJV abzuschließen. Ein Sonderproblem ist die Besteuerung der Einkünfte von Expats im Gastland.[539] Daneben sind auch die privaten Probleme der Mitarbeiter und ihrer Familien zu berücksichtigen. So mancher Mitarbeiter hat seinen Vertrag bei ICJVs aus privaten Gründen gekündigt. ADLER widmet den Problemen von Expat-Familien („a portable life") ein Zehntel ihres Buches über organisationales Verhalten im Ausland.[540]

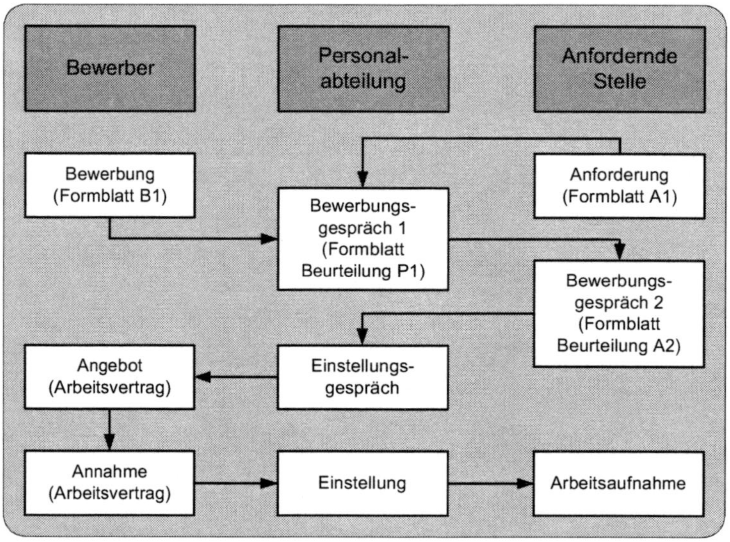

Bild 57: Einstellung von Personal
Fig. 57: Personnel Employment

Die Arbeitsabläufe sind in Bild 57 vereinfachend zusammengefasst. Für alle Schritte sind gesonderte Anweisungen, Formblätter oder Verträge zu erarbeiten.

538 Vgl. OECHSLER (Entsendung 1997), S. 771 ff.
539 Vgl. LANGER (Steuerliche Vergünstigungen 1997), S. 753 ff.
540 Vgl. ADLER (Organizational Behavior 2002), S. 301 ff.

Für die Vielzahl der gewerblichen Mitarbeiter ist zunächst zu klären, wer Personal anfordern darf und wer die Einstellungsgespräche durchführt. Es müssen für alle Gruppen Löhne und Gehälter festgelegt werden, Verträge sind zu entwerfen. Dabei müssen die jeweils gültigen gesetzlichen und tariflichen Bedingungen des Gastlandes berücksichtigt und eingehalten werden. Besondere Regelungen sind im Vertrag für Urlaub, Feiertage, Abmahnungen und Kündigungen zu treffen. Schließlich ist ein Bewertungs- und Beförderungssystem zu entwickeln. Selbstverständlich werden für jeden Vorgang Formblätter geschaffen.[541]

Für die beschäftigten Mitarbeiter muss ein System zur Lohn- und Gehaltsabrechnung aufgebaut werden, dass auch in der Lage sein muss, Daten für ein Baustellen-Controlling bereit zu stellen.

14.1.1.8 Beschaffungsmanagement

Bei Großprojekten werden große Mengen an Materialien und Geräten verbraucht. Zur Verdeutlichung sind in Tabelle 42 die Hauptmassen für den BangNa Expressway aufgeführt.

Tabelle 41: Hauptmassen beim BangNa Expressway[542]
Table 41: Major Quantities BangNa Expressway

Material	Menge
Schleuderbeton-Rammpfähle	830.000 m
Beton	1.700.000 m^3
Bewehrungsstahl	200.000 t
Vorspannstahl	46.000 t
Brückenlager	10.000 St.

Für die Materialbeschaffung wird ein globales Einkaufsnetz aufgebaut. So kamen im obigen Fall Zement, Aggregate und Betonstahl aus Thailand, der Spannstahl aus Japan, Stahlprofile aus Deutschland und Indien, Schalung aus den USA, das Mautsystem aus Frankreich und das Verkehrsleitsystem aus Spanien. Allein für die Beschaffung von Baumaschinen bei einer einzigen Firma in Deutschland wurden mehr als 20 Mio. Euro aufgewendet. Wer die Maßnahmen für die Genehmigung bei einer Investition von 10.000 Euro in einer deutschen Bauunternehmung kennt, kann den Aufwand bei der Menge der zu beschaffenden Materialien ermessen. Für die Investitionsentscheidungen werden aufgrund des Zeitdrucks sehr einfache Verfahren

[541] Vgl. O.V. (Projekthandbuch C 1995)
[542] Vgl. O.V. (Projekthandbuch D 1996)

verwendet. Meist werden nur die Einstandskosten verglichen, eventuell wird die Kostenvergleichsmethode genutzt.[543]

Zu den Hauptaufgaben beim Beschaffungsmanagement gehören:[544]

- Systemkompatibilität / System / Qualität
- Ständige Marktuntersuchung
- Bewertung von Lieferanten und Nachunternehmern
- Preisanfragen
- Preis und Bonitätsprüfung
- Verhandeln der Preis- und Lieferbedingungen
- Vertragsentwurf
- Auftragsvergabe
- Rahmenverträge

Bei der Beschaffung aus dem Ausland sind die Zollbestimmungen des Gastlandes zu berücksichtigen. Die Steuerbestimmungen der einzelnen Länder sind ausgesprochen unterschiedlich.[545]

Alle diese Tätigkeiten müssen zwischen kaufmännischen und technischen Abteilungen koordiniert werden. Während die generellen Abläufe in Bild 58 dargestellt sind, bleiben dort diese gegenseitigen Abhängigkeiten unberücksichtigt.

Die Aussagen zur Materialbeschaffung, um die es bisher hauptsächlich ging, gelten weitgehend auch für die Beschaffung von Nachunternehmerleistungen. Dabei gewinnt allerdings die Bewertung der Leistungsfähigkeit eine höhere Bedeutung, weil eben nicht nur die Materialqualität und die Lieferfähigkeit berücksichtigt werden müssen, sondern auch die Integration der Leistungserbringung durch den Nachunternehmer auf der Baustelle. Nachunternehmer müssen über eine deutlich höhere Prozessevidenz verfügen als die Lieferanten. Selbstverständlich sind auch die Verträge umfangreicher.

---

[543] Vgl. MANZ /DAHMEN (Investition 1999), S. 14 f.
[544] Vgl. KRÄMER (Kaufmann 2001), S. 84
[545] Vgl. MOECKE (Handelsrecht 1997), S. 382 f.

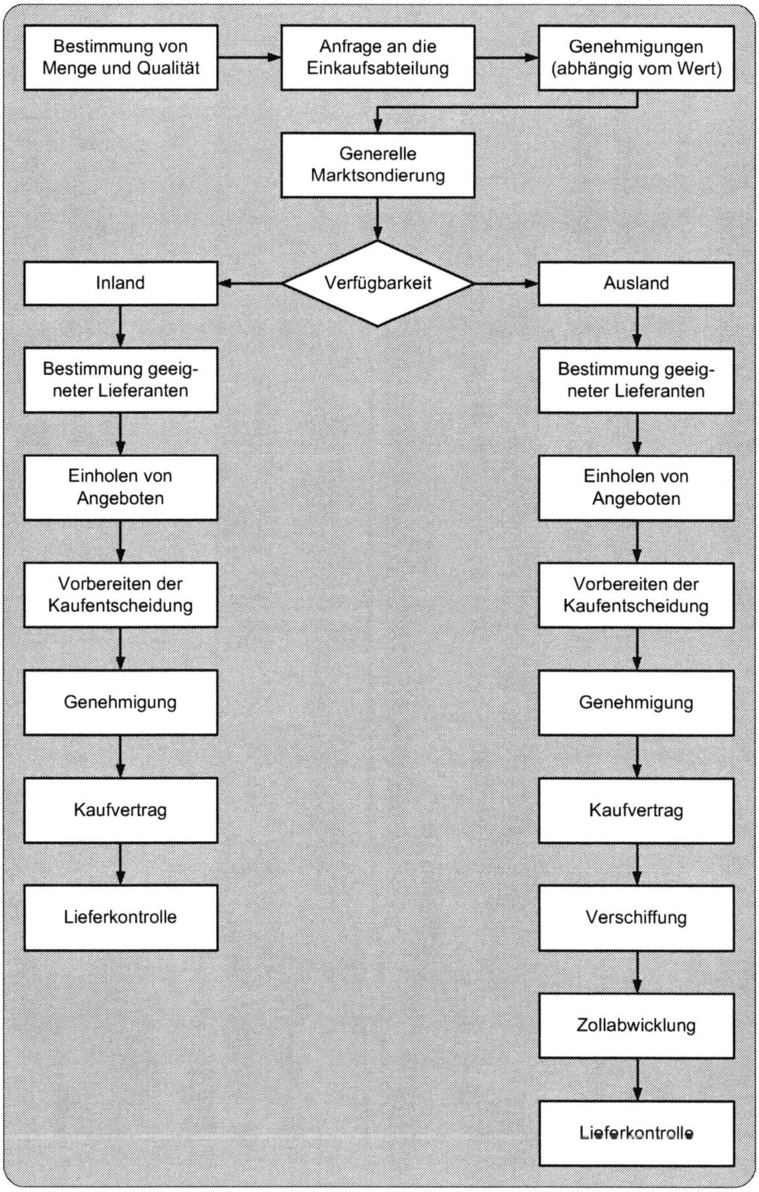

Bild 58: Beschaffungsmanagement in ICJVs[546]
Fig. 58: Procurement in ICJVs

[546] Vgl. O.V. (Projekthandbuch D 1996)

14.1.1.9 Kaufmännisches Rechnungswesen und Versicherungen

Zum kaufmännischen Rechnungswesen gehören insbesondere die Finanzbuchhaltung, die Inventur und Zwischen- bzw. Jahresabschlüsse.[547] Die Buchführungspflicht ist in Deutschland durch § 238 Abs. 1 HGB gesetzlich geregelt.[548] Das HGB regelt auch die Einzelheiten der Buchführung sowohl für Personen- als auch für Kapitalgesellschaften. Für andere Ländern gelten zwar ähnliche Buchführungsprinzipien, insbesondere gilt die doppelte Buchführung in kaufmännischen Betrieben. Die Einzelheiten werden jeweils durch Gesetze geregelt. Zusätzliche Bedeutung haben auch die International Financial Reporting Standards (IFRS).[549]

Für jedes ICJV ist somit eine Finanzbuchhaltung zu entwickeln, die den gesetzlichen Ansprüchen und dem Informationsbedarf aller Partner genügt. Da die Buchhaltungspflicht in den Partnerländern durch die Buchhaltungsabteilungen der Unternehmerzentralen erfüllt wird, muss die Finanzbuchhaltung des ICJV nicht allen diesen Ansprüche genügen. Sie muss lediglich eine möglichst einfache Umarbeitung sicherstellen.

Die Berücksichtigung der Bilanz des ICJV in der Unternehmensbilanz nennt man Konsolidierung. Diese Verpflichtung ist durch § 294 Abs. 1 HGB begründet.[550] Dabei stellen die Vereinheitlichung von Bilanzansatz, Bilanzbewertung und die Umrechnung von ausländischen Währungen in Euro ein besonderes Problem dar.[551]

Da die Jahresbilanz Grundlage der Besteuerung ist, ergeben sich daraus weitere Probleme. Die Besteuerung des ICJV erfolgt in dem Gastland. Zwischen den meisten Ländern bestehen Doppelbesteuerungsabkommen, die eine Besteuerung von Gewinnen in beiden Ländern ausschließen. Da die Steuersätze allerdings oft sehr unterschiedlich sind, kann es zu einer Erstbesteuerung in dem Gastland und einer Nachbesteuerung im Mutterland kommen.[552]

Bei dem BangNa Expressway wurden aus den geschilderten Gründen zwei Buchhaltungen nebeneinander geführt. Alle Rechnungen wurden nach dem in Thailand gültigen Kontenrahmen verbucht und die Jahresbilanz des ICJVs wurde ebenfalls nach den thailändischen Gesetzen vorgenommen. Zu Informationszwecken des Partners in Deutschland wurde jeweils alle drei Monate eine abgeleitete Bilanz erstellt. Dafür wurden alle Konten in den deutschen Baukontenrahmen überführt. Am Jahresende wurde ein Jahresabschluss vorbereitet, der später in Deutschland konsolidiert wurde.

---

547 Vgl. MANZ / TISCHBIEREK (Bilanzierung 1995), S. 3 f.
548 Vgl. HANDELSGESETZBUCH (HGB 1998)
549 Vgl. GIRMSCHEID / MOTZKO (Kalkulation 2007), S. 82 f.
550 Vgl. HANDELSGESETZBUCH (HGB 1998)
551 Vgl. PELLENS / SÜRKEN (Konzernabschlüsse 1997), S. 900 ff.
552 Vgl. SCHAUMBURG (Besteuerung 1999), S. 49 ff.

Das ICJV befasste sich mit den steuerlichen Problemen in Thailand. Die Unternehmenszentrale übernahm diese Aufgabe in Deutschland.[553]

Bei den Versicherungen spielt für den ausländischen Partner eine Exportversicherung eine Sonderrolle. Sie deckt Teile des besonderen Risikos ab, dass durch die Tätigkeit im Ausland entsteht. Dabei handelt es sich um wirtschaftliche und politische Risiken. Diese Versicherung wird in Deutschland von der Hermes Kreditversicherungs-AG angeboten und heißt deshalb auch Hermes-Deckung. Sie kann nur für den Teil der Bauleistung abgeschlossen werden, den ein deutsches Bauunternehmen vertraglich übernimmt.[554] In anderen westlichen Ländern gibt es ähnliche Versicherungsmöglichkeiten. Die Hermes-Versicherung ist nicht billig. Die Versicherungskosten betragen ca. 1% der versicherten Summe. Der Selbstbehalt liegt bei 10% für politische und bei 15% für wirtschaftliche Risiken.[555] Diese Kosten sind allein von den deutschen Partnern zu tragen.

Die Risikoverteilung zwischen Bauherrn und ICJV ist durch den Bauvertrag geregelt. Da die meisten Auslandsverträge auf den Regelungen der FIDIC beruhen, kommt es auch zu anderen Risikoverteilungen als in Deutschland üblich. Es gibt eine ganze Reihe von Risiken, die nach FIDIC (§17: Risk and Responsibility und §19: Force Majeure) vom Bauherrn übernommen werden: Krieg, Revolution, Kontamination durch Radioaktivität, Druckwellen aus Überschall, Aufruhr, Nutzung oder Inbesitznahme des Bauwerkes durch den Bauherrn, Naturgewalten, Force Majeure.[556]

Außerdem verpflichtet die FIDIC zum Abschluss von bestimmten Versicherungen (§18: Insurance). Zu diesen vertraglich von dem ICJV geschuldeten Versicherungen gehören Versicherungen des Entwurfs gegen Fahrlässigkeit (§18.1), des Bauwerks und Geräts gegen Beschädigung und Untergang im Namen des Bauherrn und des ICJV (§18.2), eine Haftpflichtversicherung für Personen- und Sachschäden gegenüber Dritten im Namen des Bauherrn und des ICJV (§18.3) und eine Unfallversicherung für das Baustellenpersonal.[557]

Zu diesem Zweck schließen ICJVs eine Contractor's All Risks-Versicherung (CAR) ab. Diese deckt alle Schäden an der Bauleistung, auch die von Nachunternehmern erbrachten Leistungen, Beschädigungen an der Baustelleneinrichtung, an anderen bestehenden Anlagen und an Baugeräten. Eingeschlossen ist auch eine Haftpflichtversicherung, bei der allerdings Arbeitsunfälle ausgenommen sind. Die Versicherung der Bauleistung, der Baustelleneinrichtung und der Haftpflicht erstreckt sich auch auf

[553] Vgl. Telefongespräch mit DIETZ am 22.02.2006, vormals Commercial Project Manager des Bang-Na Expressway (Tel.: 0066-2-691 9250)

[554] Vgl. BROCKHAUS (Enzyklopädie 1998), Band 9, S. 727

[555] Vgl. BRÜSSEL (A bis Z 2002), S. 190

[556] Vgl. FIDIC (Design-Build 1995), S. 38 f. und 41 f.

[557] Vgl. FIDIC (Design-Build 1995), S. 40 f.

den Bauherrn. Zusätzlich sind noch Unfallversicherungen und Transportversicherungen abzuschließen (vgl. Bild 59).[558]

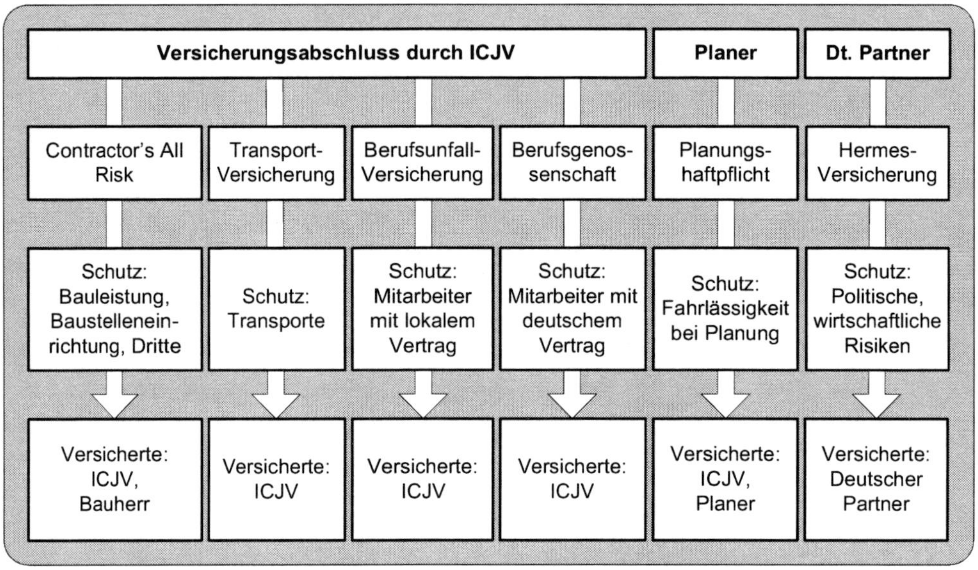

Bild 59: Versicherungsabschlüsse im Auslandsgeschäft
Fig. 59: Insurance for Overseas Construction Projects

14.1.1.10 Kommunikation

Bei der Vielzahl der bereits geschilderten Aufgaben und Prozesse ist die Kommunikation das Hauptmittel zur gegenseitigen Abstimmung. Da in allen Bereichen der Organisation die Strukturen zunächst aufzubauen sind, kommt der Organisation der Kommunikation zu Beginn eines ICJV überragende Bedeutung zu. Dies gilt ganz besonders für die Kommunikation im ICJV-System, also außerhalb des ICJV. Aus diesem Grund sind Informationswege zu bestimmen und es ist festzulegen, wer dort das Kommunikationsrecht hat (vgl. Bild 60).

In Bild 60 sind vier unterschiedliche Bereiche für die Kommunikation festgelegt worden: Vertragsbereich, Finanzbereich, ICJV System-Bereich und Bauwerksbereich. Nach der Darstellung kümmert sich das Projektmanagement um die Kommunikation in den ersten drei Bereichen. Eine Besonderheit ist hierbei der Finanzbereich, weil beim BangNa Expressway ein zusätzlicher Vertrag mit einem Bankenkonsortium zur Finanzierung während der Bauzeit zu erfüllen war.

[558] Vgl. KULICK (Auslandsbau 2003), S. 191 ff.

Der Bauwerksbereich befasst sich mit allen Aufgaben, die zur Erstellung des Bauwerks notwendig sind. Dabei sind auch den vier Abteilungen jeweils Gesprächspartner zugeordnet.

Innerhalb des ICJV werden dann zwischen dem Projektmanagement und den Abteilungen ebenfalls Informationen ausgetauscht. Anders als dargestellt gab es auch innerhalb des ICJVs Kommunikation zwischen den Abteilungen, das ist ja gerade Kennzeichen einer dezentralen Organisation. Allerdings sind die Kommunikationswege nach draußen strikt gehandhabt worden.

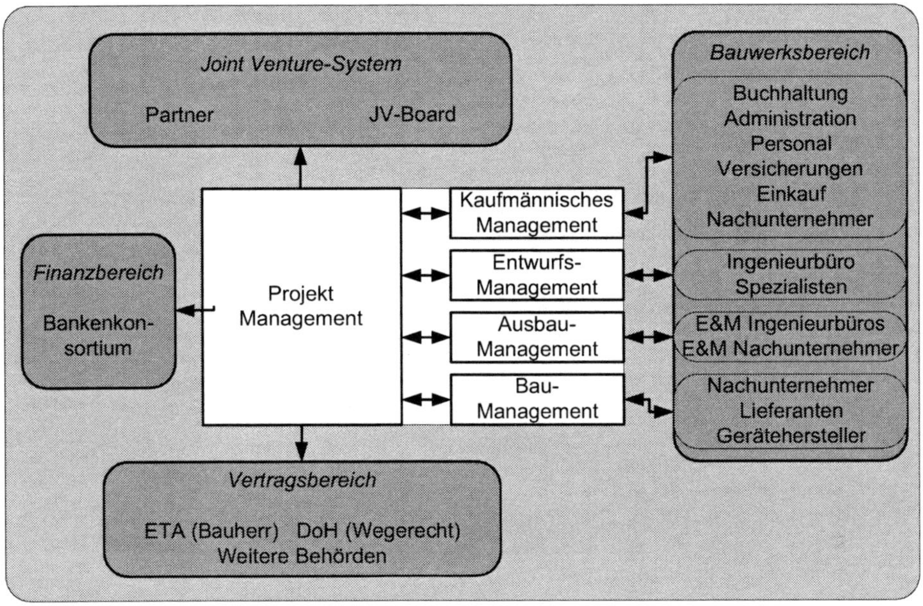

Bild 60: Organigramm Kommunikation
Fig. 60: Organization Chart for Communication

14.1.1.11 Korrespondenz und Ablage

Genau wie für die (mündliche) Kommunikation, so muss auch die (schriftliche) Korrespondenz gebündelt und geregelt werden. Bei der Korrespondenz kommt noch die Ablage der Dokumente hinzu.

Oft wird die gesamte Korrespondenz im Büro des Projektmanagements empfangen, in ein chronologisches Register eingetragen, nach Fachgebieten sortiert und dann an die entsprechenden Verantwortlichen weitergeleitet. Ein Teil der Dokumente wird an mehrere Stellen verschickt, dies ist aus einem Stempelfeld ersichtlich. In jedem Fall muss diejenige Stelle bezeichnet sein, die auf Grund des Eingangs tätig werden soll.

Die ausgehende Korrespondenz unterliegt einer Zeichnungsregelung. Dabei sind üblicherweise zwei Unterschriften notwendig. Einmal die Unterschrift desjenigen, der das Dokument vorbereitet hat und dann die eines Vorgesetzten und dies wird in vielen Fällen das Projektmanagement sein. Insgesamt sind hierfür detaillierte Regelungen erforderlich.[559]

Das geschilderte System basiert auf einer Bringeschuld und einer manuellen Verteilung. Es besteht mittlerweile auch die Möglichkeit ein System nach der Holeschuld zu organisieren. Dies ist auf der Basis des Internets möglich, wenn die Computer auf der Baustelle vernetzt sind. Dann können alle Dokumente eingescannt und auf einem Server bereit gestellt werden. Über verschiedenen Zugangsberechtigungen kann die Information anschließend kanalisiert werden. Beim Taiwan High Speed Rail Projekt hat allerdings noch kein ICJV von dieser Möglichkeit Gebraucht gemacht.

Genauso wichtig wie die Verteilung des eingehenden und die Koordination des ausgehenden Schriftverkehrs ist das Ablagesystem, um einen schnellen Zugriff auf jedes Dokument zu ermöglichen. Dafür gibt es Baustellenaktenpläne. Wegen der Multikulturalität und Multiorganisationalität einer ICJV ist die Einigung auf ein System nicht einfach. Viele Mitarbeiter haben ihre eigenen Gewohnheiten. Entscheidend ist, dass in einer Zentralablage alle Dokumente nach einem klaren Schlüssel hinterlegt sind.

14.1.2 Soziale Komplexität

„Wenn mehrere [Menschen] in einem engen Interaktionszusammenhang stehen, entwickeln sich zwar zur Erleichterung der Kommunikation schnell Gewohnheiten, Regeln, gemeinsame Vorverständnisse und Orientierungen und mithin Ansätze einer Struktur, die diesen Interaktionszusammenhang von anderen abhebt. Dennoch werden die Beziehungen bald unüberschaubar, weil die Mitglieder des Quasi-Systems immer als ganze Personen relevant sind und sich als ganze Personen in der Kommunikation darstellen und einsetzen müssen.“[560]

Von einem sozialen Quasi-System spricht man, wenn sich noch keine festen Strukturen in einem menschlichen Interaktionszusammenhang oder einer Organisation herausgebildet haben. Bei Betrachtung der geschilderten sachlichen Komplexität der Organisationsplanung ist es verständlich, dass die entsprechenden Arbeiten nicht in kürzester Zeit abgeschlossen werden können. Deshalb ist das ICJV zu Beginn relativ ungegliedert und entspricht damit weitgehend einem Quasi-System, allerdings mit einem hohen Druck zur Ausbildung von Strukturen. Zusätzlich ist zu berücksichtigen, dass nicht alle ICJV-Mitglieder von Anfang an auf der Baustelle sind. Das Projekt wird zunächst von einer Kerntruppe aufgebaut, zu der allerdings schnell 30 – 50 Mitarbeiter gehören. Dieser gehören mindestens drei Gruppen an: Partner A, Partner B und TCNs. Das Einzige, was ihnen (eventuell) gemeinsam ist, ist die Erfahrung in Großprojekten. Die soziale Komplexität wird dadurch erhöht, dass sich zu Beginn

---

[559] Vgl. O.V. (Projekthandbuch D 1996)
[560] S. WILKE (Systemtheorie I 2000), S. 85

das ICJV noch kaum von den Partnerunternehmen abgekapselt hat. Das führt zu tiefen Eingriffen von Mitgliedern der Partnerunternehmen in das ICJV.

Die technische Organisationsplanung wurde mit den Ausführungen über die sachliche Komplexität beschrieben. Durch die Hawthorne-Studien aus den Jahren 1924 bis 1932 ist allerdings bekannt, dass neben einer technischen Organisation auch immer eine humane Organisation besteht. Seit dieser Zeit unterscheidet die Organisationstheorie zwischen einer formalen und einer informalen Organisation. Status- und Rollenzuweisungen in der informalen Organisation sind weitgehend unabhängig von der Stellenzuweisung durch ein Organigramm.[561]

Somit ist ein entscheidender Punkt beim Organisationsmanagement zur Reduktion der sozialen Komplexität das Herausbilden von Rollen. Dies geschieht in mehreren Schritten. Von der Stelle in einem Organigramm muss man den sozialen Status unterscheiden. Dabei handelt es sich um eine bestimmte Position in einer Sozialstruktur wie beispielsweise in einer ICJV-Organisation. Zu einem Status gehören immer ein Mindestmaß an Macht und Einfluss, an Rechten und Pflichten und an Interessen. Zusätzlich kann ein Status entweder zugeschrieben oder erworben sein, es handelt sich in jedem Fall um etwas Zusätzliches in Bezug auf die Kompetenzverteilung in Bild 53.[562]

Zugeschrieben ist in einem ICJV z.B. der Status eines Deutschen mit dem dazugehörigen Satz an Vorurteilen (technisch versiert...) oder der Status auf Grund eines höheren Alters, was in Asien immer mit Erfahrung gleichgesetzt wird und Respekt erfordert. Dies wird etwa deutlich in dem Oyabun/Kobun-Schema in Japan. Eine wörtliche Übersetzung lautet: Elternrolle/Kinderrolle und dies betont das Senioritätsprinzip in der Gesellschaft.[563] Erworben ist der Status als Projektmanager, Abschnittsbauleiter oder Vorarbeiter.

Zu jedem Status, einerlei ob zugeschrieben oder erworben, gehört eine bestimmte Rolle, die ein Bündel von Verhaltenserwartungen und Einstellungen, von Pflichten und Privilegien umfasst. Während der Status in einem ICJV eine soziale Position beschreibt, so gibt eine Rolle vor, wie man in der Rolle denken und handeln soll. Eine Rolle lässt den Rolleninhabern immer die Möglichkeit diese in bestimmten Grenzen frei zu gestalten. Sie ist nicht streng fixiert.[564]

BENNE / SHEATS haben eine weitere Unterscheidung bei Rollen vorgeschlagen, nämlich in Aufgaben-, Gruppenprozess- und Individuums-Zentrierung. Für jede Gruppe nennen sie Beispiele. Aufgabenorientierte Rollen sind die des Bewerters, des Koordinators oder des Verfahrenstechnologen, gruppenprozessorientiert sind die des

---

[561] Vgl. BEA / GÖBEL (Organisation 2002), S. 63 ff.
[562] Vgl. JOAS (Soziologie 2001), S. 111
[563] Vgl. WEGGEL (Die Asiaten 1997), S. 69 f.
[564] Vgl. JOAS (Soziologie 2001), S. 112 f.

Ermutigers, des Konflikteharmonisierers und des Kommentators, individuumszentriert sind schließlich die des Aggressiven, des Quertreibers, des Dominierenden, des Von-sich-selbst-Redners und des Unterstützungsbedürftigen.[565] Alle diese Rollen dienen der Bewältigung sozialer Komplexität in ICJVs.

Die soziale Komplexität setzt sich aus der Anzahl und Vielfältigkeit der Mitglieder zusammen sowie aus der Art der zu bearbeitenden Probleme. Der vorhergehende Abschnitt zur sachlichen Komplexität im Rahmen des Organisationsmanagements hat die Komplexität der Probleme herausgearbeitet, so dass sich dieser Abschnitt auf die Organisationsmitglieder beschränken kann. Es wird sich zeigen, dass in einer komplexen Organisationsstruktur komplexe Aufgaben zu lösen sind. Im Folgenden wird unterschieden zwischen der Arbeit in dem ICJV und in dem ICJV-System (Partner).

Die soziale Komplexität ist ex ante bestimmt durch den Grad, zu dem sich die Beteiligten kennen. Partner, die gemeinsam ein drittes ICJV gründen, leben in einer Umwelt geringerer sozialer Komplexität als beim ersten ICJV. Das Gleiche gilt für ein Team, das von einem ICJV zum nächsten versetzt wird. Grundsätzlich bestimmt aber der Tatbestand der Neugründung – im Gegensatz zum kontinuierlichen Betrieb in der stationären Industrie – immer eine relativ hohe soziale Komplexität ex ante.

Die Status- und Rollenzuweisung erfährt während der Lebensdauer eines ICJVs eine deutliche Verfestigung. Allerdings wird nie die Rollensicherheit eines stationären Betriebes erreicht. Somit kann es in ICJVs nur teilweise gelingen, die soziale Komplexität zu verringern. Es verbleibt wegen des Projektcharakters eine deutlich höhere soziale Komplexität ex post.

14.1.2.1 ICJV

Der wichtigste Grund für die soziale Komplexität liegt wie beschrieben in dem Projektcharakter von ICJVs. Es finden sich viele Mitarbeiter zusammen, die vorher nicht oder selten miteinander gearbeitet haben. Eine solche Gruppe durchläuft in aller Regel vier Entwicklungsstadien: Formierungsphase, Sturm-und-Drang-Phase, Normierungsphase und Leistungsphase. Dafür haben sich die englischen Begriffe eingeprägt: forming, storming, norming, performing. In der Formierungsphase lernen sich die Gruppenmitglieder kennen, prüfen Gemeinsamkeiten und Unterschiede, Sympathien und Antipathien. In der Sturm-und-Drang-Phase prüfen die Mitglieder ihre Möglichkeiten und Grenzen und melden Ansprüche an. Dies führt meist zu Streitigkeiten. In der Normierungsphase bilden sich die Rollen heraus und ein Streben nach Harmonie und Konformität tritt in den Vordergrund. In der Leistungsphase haben sich dann

565 Vgl. SADER (Gruppe 1996), S. 80 ff.

die informalen Strukturen herausgebildet und eine Koexistenz mit den formalen Strukturen gefunden. Die Gruppe ist uneingeschränkt arbeitsfähig.[566]

Hierbei handelt es sich um keine Besonderheit von ICJVs, diese Phasen treten bei fast allen Gruppenbildungen auf. Es zeigt allerdings, dass ein Projekt immer eine höhere sachliche Komplexität aufweist als ein Unternehmen mit langfristigem Bestand. Die Besonderheiten bei ICJVs lassen sich mit drei weiteren Begriffen umschreiben: Dynamik, Vernetztheit und mangelnde Transparenz. Unter Dynamik werden nicht nur die geschilderten Prozesse verstanden, sondern auch in wie hohem Maße Entscheidungen unter Zeitdruck zu treffen sind. Die Sachentscheidungen sind stark untereinander vernetzt und damit natürlich auf einer anderen Ebene die Entscheidungsträger. Die Transparenz hat auch zwei Aspekte: Einmal handelt es sich um die Klarheit über die sachlichen Probleme und dann Klarheit über die Einstellungen und Qualifikationen der ICJV-Mitglieder.[568] In beiden Fällen ist die Transparenz nicht hoch, sowohl wegen der Neuartigkeit der Aufgabe bei Großprojekten als auch wegen der Neuartigkeit der Gruppenzusammensetzung.

Die zweite Ursache sozialer Komplexität liegt in der unterschiedlichen sozialen Prägung der Mitglieder aus verschiedenen nationalen Kulturen. So waren z.B. beim BangNa Expressway Mitarbeiter aus 22 Nationen tätig. Die nationale Kultur ist ein Problem der sozialen Komplexität, weil sie während der primären Sozialisation vermittelt wird und somit nicht reflexiven Prozessen bei der Vermittlung unterliegt.[569] Aus dem gleichen Grund werden alle kulturellen Einflüsse während der sekundären und tertiären Sozialisation der zeitlichen Komplexität (Abschnitt 14.1.3) zugerechnet. Erwachsene Menschen setzten sich mit ihrer Branchen- und Unternehmenskultur auseinander, es handelt sich nicht um eine „Prägung".[570]

Das Phänomen der Kultur ist bereits im Abschnitt 7.2.2 beschrieben worden. Es gibt eine Vielzahl von internationalen Managementbüchern, die sich hauptsächlich mit dem Problem nationaler Kulturen beschäftigen (z.B. MEAD: International Management[571]). Die diskutierten Probleme sind so zahlreich, dass man schlichtweg jegliche Hoffnung für eine effiziente Zusammenarbeit in ICJVs verliert. Die empirische Untersuchung der betrachteten ICJVs bietet jedoch ein anderes Bild.

In Bild 30 wurden bestimmte Organisationsformen mit bestimmten Ländern in Beziehung gesetzt. Diesen Erkenntnissen zum Trotz wiesen alle ICJVs beim Taiwan High Speed Railway eine funktionale und dezentralisierte Projektorganisation auf (eine Ausnahme). Bei den Interviews wurden mit Hinblick auf kulturelle Probleme

566 Vgl. TUCKMAN (Development 1965), S. 384 ff.
568 Vgl. SADER (Gruppe 1996), S. 114 ff.
569 Vgl. HOFSTEDE (Globales Handeln 1997), S. 2 ff.
570 Vgl. HOFSTEDE (Globales Handeln 1997), S. 23
571 Vgl. MEAD (Int'l Management 1994)

mindestens genauso oft positive Effekte erwähnt wie negative. Zu den positiven gehört eine Rollenverteilung entsprechend dem Charakter der zu lösenden Aufgaben. Mit den Worten eines thailändischen Managers klingt dies folgendermaßen:

„I trust the Germany for the technical, but I trust Thai people for they solve the problems with the authority.“[572]

Ähnliche Aussagen tauchen immer wieder auf. Insgesamt konnten keine großen Schwierigkeiten in den Interviews festgestellt werden, die von den Befragten auf unterschiedliche nationale Prägungen zurück geführt wurden. Stets wurde den „Anderen“ ein Spielraum für kulturelles Fehlverhalten eingeräumt. Kultur stellt einen Störfaktor in ICJVs dar, es handelt sich um eine Moderatorvariable, die das Handeln beeinflusst.[573] Es ist aber im Alltag kein unüberwindbares Problem.

Allerdings ist es ja nicht so, dass ein Verhalten klar als kulturell geprägt erkannt werden kann. Die Grenzen zwischen einem persönliche Charakter und einem nationalen Charakter sind im Alltag nicht leicht zu unterscheiden. Eine genauere Untersuchung des Konstrukts „Kultur“ in ICJVs erfolgt noch in Teil D.

14.1.2.2 Partner

Die soziale Komplexität im Rahmen des Organisationsmanagements spielt sich zwischen den Polen der Bindung und der Lösung von dem Mutterunternehmen ab, wobei eine Loslösung das Bilden einer sozialen Eigenkomplexität fördert und damit systemtheoretisch die Gesamtkomplexität reduziert wird.

Die führenden Mitglieder eines ICJVs haben einerseits immer einen Vertrag mit einem der Mutterunternehmen (und nicht nur einen ICJV-Vertrag). Dadurch wissen sie auch, dass sie nach der Beendigung des ICJV wieder in das Mutterunternehmen zurückkehren werden. Sie sind hin- und hergerissen zwischen zwei Loyalitäten. Die Grundaussage ist immer wieder, dass JVs versuchen sollen, das eigene Ergebnis zu optimieren und nicht das der Mutterhäuser.[574] Allerdings sieht die Realität oft anders aus. Dies Problem wird in Teil D unter dem Konstrukt „Commitment“ vertieft.

Ein ICJV ist niemals von den Mutterhäusern unabhängig, die Art der Zusammenarbeit ist jedoch von Fall zu Fall verschieden. Dennoch hält ANDERSON JVs für besonders verletzlich im Politikspiel der Partner.[575] Der Ausgleich unterschiedlicher „politischer“ Interessen innerhalb des eigenen Mutterhauses oder zwischen den Partnern muss immer durch Kommunikation in dem ICJV ausgetragen werden.

---

[572] S. Interview BT2, S. 7
[573] Vgl. STÜDLEIN (Kulturelle Perspektive 1997), S. 143 ff.
[574] Vgl. ANDERSON (Joint Ventures 1990), S. 23
[575] Vgl. ANDERSON (Joint Ventures 1990), S. 20

Eine Lösung des ICJV vom Mutterhaus wird dort immer auch mit Misstrauen betrachtet. Das Zitat eines deutschen Vorstandsvorsitzenden in Kapitel 13.4 betont, wie schädliche eine „Abschottung“ des ICJVs aus seiner Sicht ist. Besonders die räumliche Entfernung des ausländischen Partners führt zu einem Misstrauen gegenüber dem Geschehen auf der Baustelle. Misstrauen gegenüber den Partnern entsteht oft in turbulenten Phasen und dann, wenn das Ergebnis der Baustelle unbekannt ist, also zu Beginn eines ICJV. Entsprechend ist auch die Kontrolle von allen Partnern zu Beginn stark ausgeprägt.[576] Wenn man berücksichtigt, dass eine der wirksamsten Kontrollen über ein Human Resource Management möglich ist,[577] dann wird klar, wie die Partner/ICJV-Problematik die soziale Komplexität erhöht.

Die abgestellten Führungskräfte bleiben immer auch Mitglieder ihres Mutterhauses und als solche in die politischen Prozesse eingebunden. Aufgrund ihrer räumlichen Entfernung können sie diese Einbindung allerdings oft nicht mitgestalten, sie bleiben aber von den Ergebnissen betroffen. In Einzelfällen führt dies dazu, dass sie einen guten Teil ihrer Zeit und Arbeitskraft für Telefongespräche mit dem Mutterhaus aufwenden, entweder um selbst Politik zu betreiben oder um Brandherde zu löschen.

Um die Punkte zusammenzufassen: Die Diskussion um alle Facetten der Beziehung zwischen den Partnern und dem ICJV wird zwischen Personen ausgetragen und beeinflusst damit die soziale Komplexität.

14.1.3 Zeitliche Komplexität

In ICJVs findet sich zu Beginn Menschen unterschiedlichster Herkunft ein, die alle ihre eigenen Ausbildungen, Erfahrungen und Geschichten mit in das gemeinsame Projekt einbringen. Diese Gruppe wurde im vorherigen Abschnitt als Quasi-System bezeichnet, in dem eine gemeinsame Interaktion aufgebaut wird. *„Diese an Aktualität gebundene Interaktionsgeschichte gewinnt erst an zeitlicher Tiefe, wenn soziale Äquivalente zum psychischen Gedächtnis sich entwickeln: wenn aus abgelagerten Erfahrungen und routinisierten Erwartungen Symbole, Konzepte, Schematas und schließlich systeminterne Modelle der Außenwelt entstehen, die es ermöglichen, das System auch in der Zeitdimension von seiner Umwelt abzukoppeln.“*[578] Unter sozialen Äquivalenten zum psychischen Gedächtnis sind gemeinsam geteilte, übereinstimmende Sichtweisen der Außen- und Innenwelt des ICJV zu verstehen, die sich abheben von den individuellen psychischen Sichtweisen der Mitglieder des ICJV. In Teil D wird dieser Aspekt als Konstrukt „Sinngebung“ genauer in seiner Wirkung untersucht. In diesem Abschnitt reicht eine Aufzählung und Beschreibung der unterschiedlichen Erfahrungsbereiche der Mitglieder von ICJVs.

---

[576] Vgl. FRYXELL et al. (Control 2002), S. 868 ff.

[577] Vgl. GEHRINGER / FRAYNE (Human 1990), S. 107 ff.

[578] S. WILKE (Systemtheorie I 2000), S. 87

Wir haben bereits geschildert, weshalb wir für die nationale Kultur den Standpunkt einnehmen, dass es sich nicht um individuelle Erfahrungen handelt. Kultur wird sozial vererbt.[579] Als soziales Phänomen haben wir deshalb die nationale Kultur zur sozialen Komplexität gerechnet. Da auch alle anderen menschlichen Erfahrungen in einem sozialen Raum gewonnen werden, gibt es keine klare Trennlinie zwischen sozialer und zeitlicher Komplexität. Für diese Arbeit soll eine solche Trennlinie in dem Tatbestand bestehen, ob ein Individuum die Chance hat, sich mit angebotenen Erfahrungen intellektuell auseinander zu setzen oder nicht. In Analogie zum Status sehen wir die nationale Kultur als zugeschriebene Erfahrung und wir unterscheiden sie von aktiv erworbenen Erfahrungen.

Zu den aktiv erworbenen Erfahrungen zählt zunächst die Branchenkultur. Diese wird durch die Ausbildung in Lehre und an Universitäten sowie im Berufsalltag erworben. Dabei ist der Normierungsdruck besonders in Deutschland, Österreich und der Schweiz aufgrund vorherrschender kultureller Praktiken und Werte sehr stark. HOFSTEDE beschreibt die typische deutsche, österreichische und schweizerische Form der Organisation als basierend auf einer Standardisierung der Qualifikation.[580]

Als nächstes ist dann die Unternehmenskultur zu beachten. Gemäss der „Kulturschule" der Organisationsforschung sind herausragende Unternehmen gekennzeichnet von besonderen Ausprägungen bestimmter Werte wie z.B. Serviceorientierung, Qualität oder Innovation. Diese müssen von den Mitarbeitern verinnerlicht werden, damit ein komparativer Konkurrenzvorteil entsteht.[581]

Dann ist an die gewonnene Erfahrung bei anderen Großprojekten als Bestimmungsgröße für das Handeln in ICJVs zu denken. Der Begriff „Großprojektkultur" ist nicht gebräuchlich, soll aber hier als in Analogie zu den bereits genannten eingeführt werden. Der Wortteil „-kultur" weist dabei immer auf die soziale Dimension des Erfahrungserwerbs hin.

Als letzter Punkt ist an die zwischenmenschlichen Erfahrungen zu denken, die in ein ICJV eingebracht werden. Diese beruhen zum einen auf unmittelbaren Kontakten bei früheren Projekten oder aber auch auf Erzählungen über eine bestimmte Person von der sich dann derjenige, an den die Erzählung gerichtet ist, ein Bild formt.

HOFSTEDE unterscheidet bei Kulturen zwischen der nationalen, beruflichen und organisatorischen Ebene. Dies entspricht in etwa den hier verwendeten Begriffen nationale Kultur, Branchenkultur, Großprojektkultur, Unternehmenskultur. Branchenkultur und Großprojektkultur liegen zwischen der beruflichen und organisatorischen Ebene. Die organisatorische Ebene entspricht dann der ICJV-Ebene. Unter Berücksichtigung

---

579 Vgl. KLEIN (Kultur 2002), S. 244 f.

580 Vgl. HOFSTEDE (Globales Handeln 1997), S. 214

581 Vgl. MINTZBERG et al. (Strategy 1998), S. 271

dieser Überlegungen ergibt sich das in Bild 61 dargestellte und von HOFSTEDE abgeleitete Ergebnis.[582]

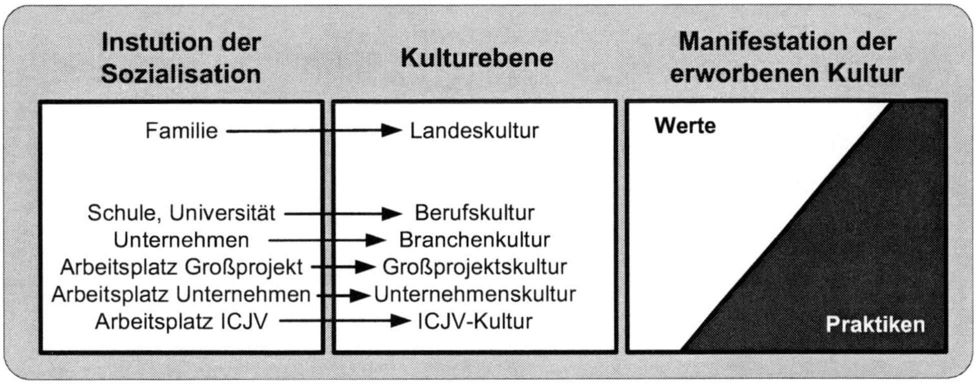

Bild 61: Ebenen von Kultur
Fig. 61: Levels of Culture

Die Landeskultur umfasst vergleichsweise viele Werte, die ICJV-Kultur vergleichsweise viele Praktiken. Die Verschiebungen zwischen Werten und Praktiken liegen nicht an den inneren Bestimmungsgrößen der jeweiligen Ebene, sondern daran, was auf diesen Ebenen hauptsächlich den Umgang bestimmt: Diskurs oder Handlungen. Dies kann nicht anders sein, wenn man sich den Zusammenhang zwischen Werten und Praktiken ansieht, sie bedingen sich gegenseitig (vgl. Bild 62).

Aus den Ausführungen HOFSTEDES ist zu schließen, dass sich Branchen-, Großprojekt-, Unternehmens- und ICJV-Kultur hauptsächlich in den Praktiken unterscheiden. Dies gilt ganz besonders für die ICJVs.

In ICJVs wirken sich alle Kulturebenen gleichzeitig aus. RILEY/CLARE-BROWN weisen allerdings nach, dass die Bauindustrie eine sehr schwache Kulturprägung aufweist.[583] Deshalb wird die Branchenkultur im Folgenden vernachlässigt.

---

[582] Vgl. HOFSTEDE (Globales Handeln 1997), S. 250 ff.
[583] Vgl. RILEY / CLARE-BROWN (Culture in Construction 2001), S. 156 ff.

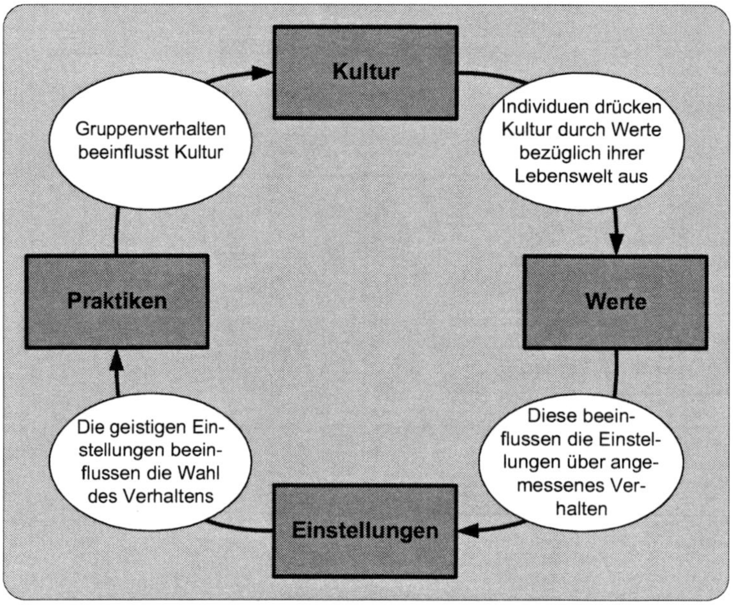

Bild 62: Einfluss von Werten auf das Verhalten[584]
Fig. 62: Influence of Values on Behavior

14.1.3.1 Großprojektkultur

Das Thema der Großprojektkultur wurde bisher in der Literatur noch nicht aufgearbeitet. Wenn es sie gibt, so wird sie an Arbeitsplätzen in Großprojekten herausgebildet. Maßgeblich dafür sind das Vorliegen von spezifischen Bedingungsfaktoren. Bei der hier beschriebenen Komplexität von Großprojekten erscheint dies wahrscheinlich.

Ein erstes Kennzeichen ist bereits mehrfach erwähnt worden: das Organisationsverhalten von ICJVs. Es wurde bereits berichtet, dass die hohe Komplexität entgegen der Prägung durch die unterschiedlichen nationalen Kulturen einen vereinheitlichenden Druck auf die Ausbildung dezentraler Strukturen ausübt.

Ebenso ist davon auszugehen, dass ein ständiger Umgang mit anderen nationalen Kulturen, wie es bei Großprojekten üblich ist, bei den eigenen national vorgeprägten Werten zu Verschiebungen führt. Dies entspricht auf nationaler Ebene dem Übergang von einer weitgehend monokulturellen zu einer multikulturellen Gesellschaft. Die dabei ablaufenden Vorgänge sind in Bild 62 dargestellt: der Kreislauf zwischen Kultur – Werten – Einstellungen - Verhalten und schließlich wieder der Kultur. Es ist

---

[584] Vgl. STÜDLEIN (Kulturelle Perspektive 1997), S. 25 ff.
[587] S. ULRICH (Kulturentwicklung 1984), S. 312

aber fraglich, ob sich in einem ICJV eine eigene Kultur entwickeln kann oder ob es wegen der kurzen Lebensdauer von ICJVs nur zu einem kulturellen Nebeneinander kommt.

Auch dieses Thema wird in Teil D erneut aufgegriffen. Wenn eine Großprojektkultur nachzuweisen ist, dann mildert ihr Einfluss die Komplexität durch eine Verringerung der (national-)kulturellen Distanzen.

14.1.3.2 Unternehmenskultur

Deutlich wird die Wirkung der Unternehmenskultur in der Definition von ULRICH: *„Unternehmenskultur ist die Gesamtheit der im Unternehmen kultivierten, symbolisch oder sprachlich tradierten Wissensvorräte und Hintergrundüberzeugungen, Denkmuster und Weltinterpretationen, Wertvorstellungen und Verhaltensnormen, die im Laufe der erfahrungsreichen Bewältigung der Anforderungen der unternehmerischen Erfolgssicherung nach außen und der sozialen Integration nach innen entwickelt worden sind und im Denken, Sprechen und Handeln der Unternehmensangehörigen regelmäßig zum Ausdruck kommen.“*[587]

Zusammen mit den Erkenntnissen in Bild 61 sind dann insbesondere Sprechakte und Handlungen als Praktiken kulturellen Handelns und in einem geringeren Maße auch unterschiedliche Denkmuster von Einfluss. Da sich in ICJVs immer unterschiedliche Unternehmen zusammen finden, erhöhen unterschiedliche Unternehmenskulturen die zeitliche Komplexität. Abmildernd wirkt die schwache Kulturprägung in Unternehmen der Bauindustrie. Unternehmenskultur wird in sehr starkem Maße als intraorganisationales Problem verstanden und untersucht.[588] Interorganisationale Veröffentlichungen sind uns auch aus der ICJV-Literatur nicht bekannt.

14.1.3.3 Zwischenmenschliche Erfahrung

Wenn in einer ICJV Mitarbeiter aufeinander treffen, die sich bisher noch nicht kennen, dann liegt eine hohe zeitliche Komplexität vor, weil sie keine Möglichkeit hatten, unterschiedliches Verhalten aneinander anzupassen oder fremdes Verhalten verstehen zu lernen.

Im Eingangszitat zu diesem Abschnitt war von „zeitlicher Tiefe“ die Rede, die sich in einem ICJV erst entwickeln muss. Ein anderer Ausgangspunkt liegt vor, wenn bereits eine gemeinsame Vergangenheit besteht. Gegenseitige persönliche Kenntnis verringert die Komplexität. Weil diese allerdings sehr viel seltener ist als in stationären Unternehmen, sind ICJVs in Hinsicht auf die zwischenmenschlichen Erfahrungen hochgradig komplex.

---

[588] Vgl. MINTZBERG et al. (Strategy 1998), S. 267 f.

14.1.4 Operative Komplexität

Die operative Komplexität eines ICJVs ist ex ante umso größer, je stärker es von den Partnerunternehmen bei der Wahl seiner Handlungen abhängt. Um volle operative Gestaltungsfreiheit zu erlangen muss sich das ICJV von den Partnerunternehmen lösen.[589] Dann kann es durch Ausbildung von Eigenkomplexität die anfängliche Komplexität abbauen.

Die operative Komplexität zeigt sich in dem Grade, in dem ein ICJV selbstständig Zwischenziele formulieren kann auf dem Weg zur Vertragserfüllung und zur Gewinnerzielung. Auch dabei durchläuft ein ICJV eine Phase von einem Quasi-System zu einem teilweise ausgereiften System. Zunächst ist ein ICJV sicherlich zeitlich gar nicht in der Lage und auch gar nicht daran interessiert, selbstständig Zwischenziele zu setzen, zumal es klare Zielvorgaben hat.[590] Erst mit der Zeit gelingt es dem ICJV die Zwischenziele zu formulieren, die den vorgegebenen Weg erleichtern. Im Rahmen der Strukturbildung und Routinisierung gewinnt das ICJV Zeit und Kapazität, der Außenwelt aktiv gegenüber zu treten. Wenn der Zwang zur Anpassung wahrgenommen wird, der zur Entwicklung von neuen Zwischenzielen führt, dann besteht ex post eine hohe operative Komplexität in dem ICJV.

14.1.5 Kognitive Komplexität

Die kognitive Komplexität stellt sich auf zwei Ebenen dar, einmal für psychische und dann für soziale Systeme. Auf der individuellen psychischen Ebene werden wir mit dem Konzept der „bounded rationality“ von SIMON arbeiten. Für das ICJV als soziales System stellt sich die Frage der kollektiven Identität, die auch ein kollektives Handeln ermöglicht.

WILKE beschreibt, dass für entwickelte, hochkomplexe Sozialsysteme die Fähigkeit sich selbst zu reflektieren immer mehr in den Vordergrund tritt. Die Reflexion führt zum Aufbau kognitiver Komplexität.[591]

Die Frage nach der kognitiven Komplexität auf individueller Ebene gehört in den Bereich der Persönlichkeitspsychologie und wird nicht weiter berücksichtigt. Besonderheiten im Rahmen eines ICJV sind auch nicht erkennbar.

ICJVs sind keine entwickelten Systeme. Sie durchlaufen das Stadium von der Neugründung über ein Quasi-System zu einem teilweise ausgebildeten System. Ihr kurzer Bestand verhindert eine Weiterentwicklung. Bei Gründung ist die kognitive Komplexität ex ante sehr niedrig, weil die kollektive Identität in keiner Weise aus-

---

589 Vgl. WILKE (Systemtheorie I 2000), S. 91

590 Vgl. KATZENBACH / SMITH (Teams 1994), S. 85 ff.

591 Vgl. WILKE (Systemtheorie I 2000), S. 115

gebildet ist. Auch ex post ist ein reflektiertes Wir-Gefühl, das die Gemeinsamkeiten benennen kann, nicht vorhanden.

14.1.6 Zusammenfassung zur Komplexität der Organisationsplanung

Die Erörterungen in diesem Unterkapitel 14.1 zur Organisationsplanung sind in der Tabelle 43 zusammengefasst.

Tabelle 42: Komplexität der Organisationsplanung
Table 42: Complexity of Organizational Planning

Art der Komplexität	Dimension	Ausprägung
Sachliche Komplexität in dem ICJV ex ante	Organisationsstruktur	Hoch
	Kompetenzverteilung	Hoch
	Arbeitsbeschreibungen	Hoch
	Vertragsmanagement	Hoch
	Qualitätsmanagement	Hoch
	Sicherheitsmanagement	Hoch
	Personalmanagement	Hoch
	Beschaffungsmanagement	Hoch
	Kaufmännisches Rechnungswesen	Hoch
	Kommunikation	Hoch
	Korrespondenz	Hoch
Ex post	Leerer Raum/Zeit-Abschnitt	Null
Soziale Komplexität in dem ICJV ex ante	ICJV	Hoch
	Partner	Hoch
Ex post		Verringert
Zeitliche Komplexität in dem ICJV ex ante	Branchenkultur	Gering
	Großprojektkultur	Abmildernd
	Unternehmenskultur	Hoch
	Zwischenmenschliche Beziehungen	Hoch
Ex post		Verringert
Operative Komplexität in der ICJV	Zielbildung	Hoch
Ex post		Verringert
Kognitive Komplexität in dem ICJV ex ante	Individuelle Ebene	Durchschnittlich
	Soziale Ebene	Niedrig
Ex post		Wenig erhöht

14.2 Entwurfsplanung

Bei Design/Build-Verträgen stellt der Bauherr Dokumente zusammen, die – theoretisch – nur die geforderte Leistung beschreiben. Ein englischer Begriff dafür ist „performance based design" und dies trifft den Kern. Die Ausschreibung muss hinreichend präzise sein, um vergleichbare Angebote zu erhalten.[593] Aus diesem Grund enthält sie auch Pläne in Form einer Grundlagenplanung.

Während der Angebotsphase erweitern die interessierten ICJVs diese Planung bis zu einem Stadium, das ihnen erlaubt, ein Angebot abzugeben. Diese Grenze hängt natürlich von der Risikobereitschaft der Anbieter ab.[594] Beim BangNa Expressway beinhalteten die Angebotszeichnungen vier unterschiedliche Querschnitte des Überbaus: als ein-, zwei-, drei- und vierzelliger Hohlkastenquerschnitt. Der Entwurf war noch nicht ausgereift, er befand sich in einem Konzeptstadium. Entsprechend unterschiedlich ist der Ausgangspunkt für die Entwurfsbearbeitung innerhalb der ICJVs. Je unklarer der Entwurf bei der Angebotsabgabe, umso komplexer ist im Allgemeinen die Entwurfsplanung.

14.2.1 Sachliche Komplexität

Bei der sachlichen Komplexität der Entwurfsplanung sind hauptsächlich die folgenden Punkte zu beachten:

- Outsourcing und Planungskoordination
- Genehmigungsverfahren
- Zeitplanung
- Bestandpläne aufgrund abweichender Bauausführung

Auch hier gilt wieder, dass die reale Komplexität deutlich höher ist, als es durch eine gegliederte Darstellung erscheint.

14.2.1.1 Outsourcing und Planungskoordination

Alle untersuchten ICJVs haben fremde Ingenieurbüros für den Ausführungsentwurf beschäftigt. Da viele internationale Unternehmen (insbesondere kontinentaleuropäische) über eigene technische Büros verfügen, stellt sich die Frage des Outsourcings. Die grundsätzliche Frage wird von den ICJV-Partnern entschieden, der Umgang mit dem daraus erwachsenden Vertragsgeflecht liegt dann in den Händen des ICJV.

Beim BangNa Expressway wurde ein Ingenieur-JV mit dem Brückenentwurf beauftragt. Dieses bestand aus einem amerikanischen Ingenieurbüro – Jean Muller Inter-

---

593 Vgl. MASTERMAN (Procurement 2002), S. 70 f.

594 Vgl. TURNER (Design and Build 1995), S. 102

national (JMI) – mit Sitz in San Diego und mit Niederlassungen in Chicago und Tallahassee. JMI bearbeitete den Unter- und Überbau der Brücke sowie einen Belastungsversuch an einem Versuchsfeld in Originalgröße an den drei genannten Orten. Die Niederlassung in Bangkok koordinierte die Arbeiten, ohne allerdings Einfluss auf den Entwurf zu nehmen. Der zweite Partner in dem JV war ein thailändisches Ingenieurbüro – Asian Engineering Consultants (AEC) –, das den Entwurf der Gründung übernahm. AEC hat seinen Sitz in Bangkok. Das statische System der Brücke wurde in der Hauptverwaltung von Bilfinger Berger in Mannheim mit Hilfe einer FEM-Analyse überprüft. Gleichzeitig halfen sie beim Versuchsaufbau und der Auswertung des Versuchsfeldes.

Ein Teil der Bauhilfsmaßnahmen wurde von JMI/AEC übernommen. Weitere Teile wurden in der Auslandsabteilung von Bilfinger Berger in Wiesbaden berechnet. Zusätzlich kümmerte sich auch das ICJV um den Entwurf von Bauhilfsmassnahmen. Das ICJV befasste sich ebenfalls intensiv mit dem Versuchsfeld. Als Experten wurde hierbei auch die TU Karlsruhe eingeschaltet.

Für den elektrischen/mechanischen Ausbau der Brücke wurden weitere Ingenieurbüros beauftragt. Das Mautsystem wurde in Grenoble geplant und gebaut. Das Verkehrsleitsystem kam aus Madrid. Die Beleuchtung entwarf ein thailändisches Büro und die elektrische Ausstattung aller Gebäude ein weiteres.

In dem ICJV wurde der Brückenentwurf von dem technischen Büro, die Ausstattung von der Ausbau-Abteilung geprüft. Die Koordination oblag dem technischen Büro. Übergeordnet nahm das Projektmanagement Einfluss. Diese Struktur ist in Bild 63 verdeutlicht.

Die stark verästelte Struktur für den Entwurf ist auf die große Komplexität der Aufgabe zurückzuführen.. Deutlich sichtbar ist das Vorgehen entsprechend der Systemtheorie. Es wurden viele Untereinheiten gebildet, denen eigene Kompetenzen zugeteilt wurden. Dadurch wurde die Eigenkomplexität der Untereinheiten auf ein bearbeitbares Maß reduziert. Die Kehrseite ist ein erhöhter Integrationsaufwand. Dieser zeigt sich als erhöhte soziale Komplexität (vgl. Abschnitt 14.2.2).

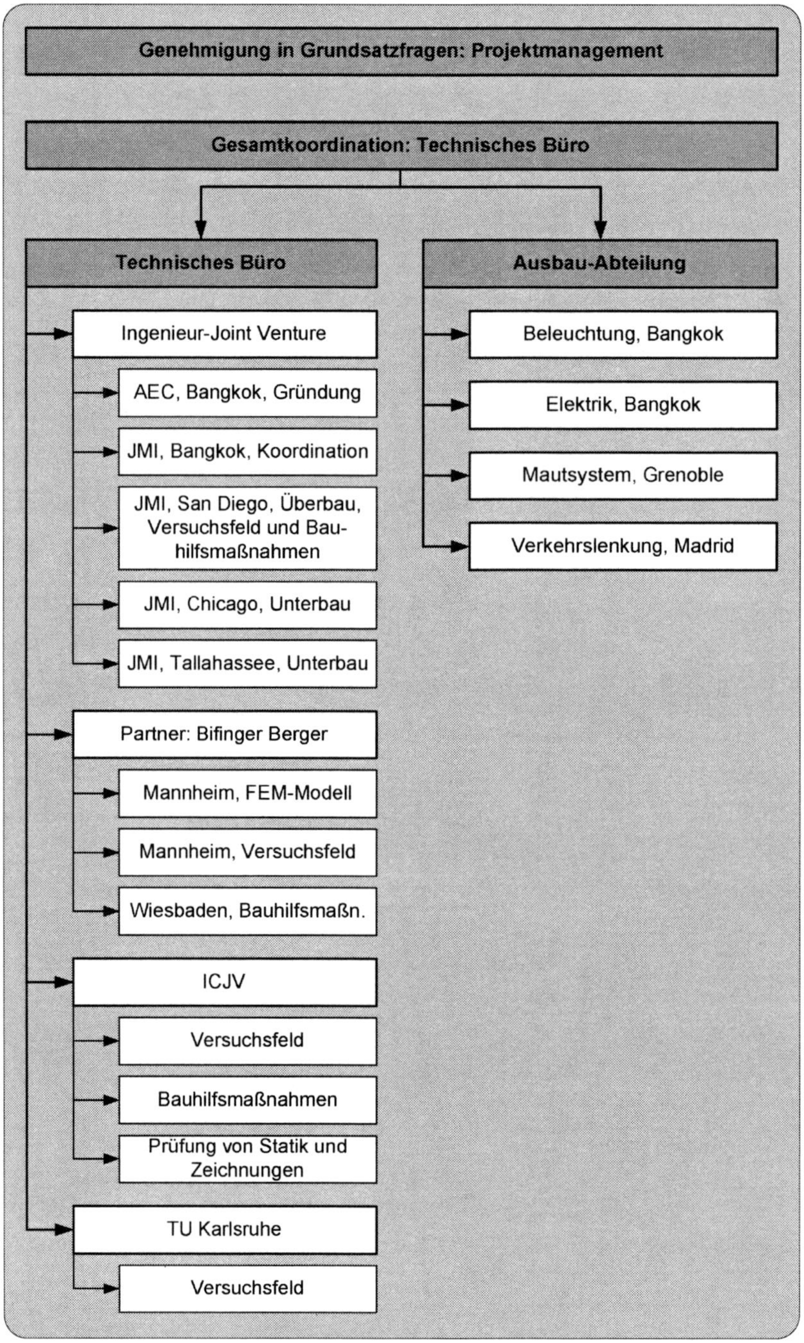

Bild 63: Organigramm Entwurfsplanung

Fig. 63: Organization Chart Design

14.2.1.2 Genehmigungsverfahren

Die erste Frage, die hierbei geregelt werden muss, ist, wer die Prüfung in dem offiziellen Genehmigungsverfahren übernehmen soll. Es gibt grundsätzlich vier Möglichkeit, wer als Prüfer Verantwortung übernimmt: (1) der Bauherr selbst (2) ein Ingenieurbüro, das nicht zum ICJV gehört aber von diesem beauftragt wird; (3) Ein Ingenieurbüro, das vom Bauherrn beauftragt wird; (4) ein Ingenieurbüro, das vom Bauherrn beauftragt und vom ICJV bezahlt wird.[595]

Beim BangNa Expressway wurde die Lösung (4) gewählt und das Ingenieurbüro sollte nach Vertrag die Rolle eines „Independent Checking Engineers“ einnehmen. Beim Taiwan High Speed Railway waren die ICJVs zur Lösung (2) verpflichtet, wobei das Ingenieurbüro ebenfalls die Funktion als Independent Checking Engineers übernahm. Der Bauherr beauftragte weitere Ingenieurfirmen, um die Entwürfe des ICJV einer zweiten Prüfung zu unterziehen und zwar zur Wahrung seiner eigenen Interessen. Hier wurden also Lösung (2) und (3) kombiniert, wodurch sich die Komplexität erhöht.

Der Entwurf durchläuft mehrere Phasen. Gemäß HOAI sind es in Deutschland fünf Phasen und zwar Grundlagenermittlung, Vorplanung, Entwurfsplanung, Genehmigungsplanung und Ausführungsplanung.[596] Diese fünf Phasen wurden hauptsächlich mit Blick auf den architektonischen Entwurf von Gebäuden entwickelt (§ 15 HOAI) und die Tragwerksplanung wurde diesen Phasen angepasst (§ 64 HOAI). International ist es üblich, die Grundlagenermittlung als „Conceptual Design“ zu bezeichnen und Vorentwurf / Entwurf zum „Preliminary Design“ sowie Genehmigungs- und Ausführungsplanung zum „Detailed Design“ zusammenzufassen.[597] Mit diesen Erläuterungen läuft ein Genehmigungsverfahren etwa so ab, wie es in Bild 64 dargestellt ist.

---

[595] Vgl. Turner (Design and Build 1995), S. 32 ff.

[596] Vgl. Architekten- und Ingenieurkammer (HOAI 1996), § 15 und § 64

[597] Vgl. Barrie / Paulson (Construction Management 1992), S. 16 ff.

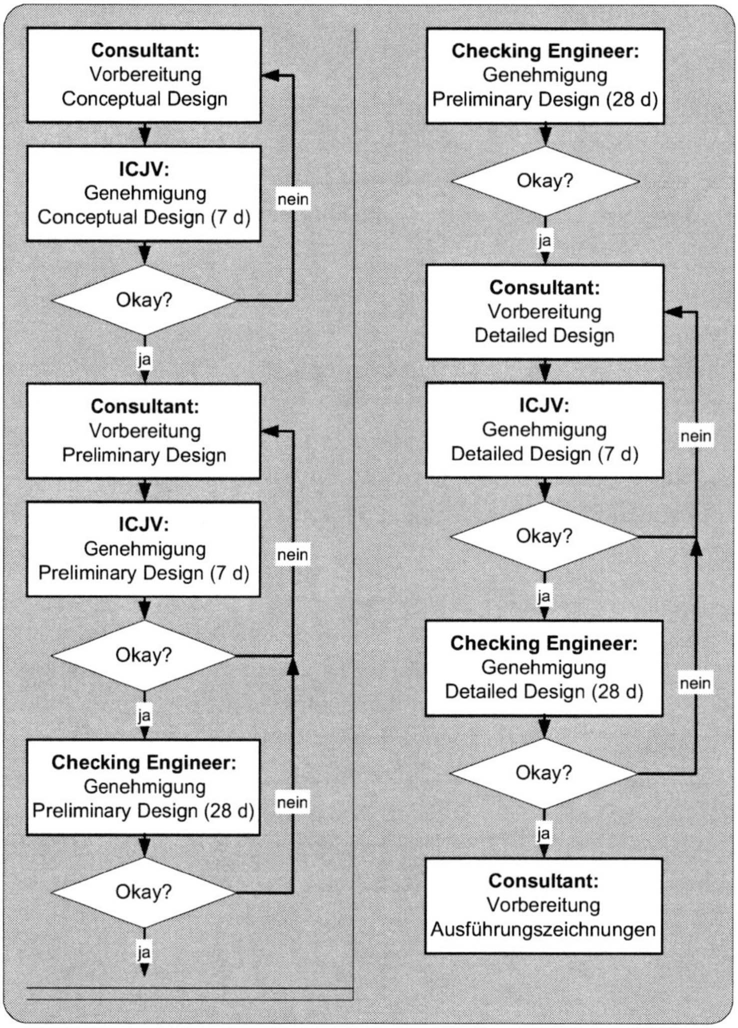

Bild 64: Genehmigungsverfahren Entwurf[598]

Fig. 64: Approval Procedure Design

In dem Ablauf werden drei Parteien dargestellt, ein externes Ingenieurbüro (Consultant), das ICJV und ein Independent Checking Engineer. Es ist unbedingt notwendig die Bearbeitungszeiten vertraglich festzulegen. Dies ist für die Genehmigungszeiten in Bild 64 jeweils in Klammern angegeben, die Bearbeitungszeiten durch den Consultant sind in einem Entwurfsterminplan zu bestimmen. Wenn es zu Rückweisungen eines Arbeitsschrittes kommt, dann wird aus dem bestimmten Ablauf ein unbestimmter. Zwar kann man auch für die Wiederbearbeitung und wiederholte Prüfungen Zeiten vereinbaren, aber die Anzahl der Durchläufe ist nicht planbar.

598 Vgl. O.V. (Projekthandbuch D 1996)

Bei einem Genehmigungsverfahren wie in Taiwan mit einer zusätzlichen Instanz wird der Ablauf natürlich noch langwieriger und komplexer.

14.2.1.3 Zeitplanung

Bei der Vielzahl der Pläne (auf jeder Baustelle waren es über 10.000 DIN A0 Pläne) ist eine Zeitplanung ein wichtiges Werkzeug zur Steuerung der zeitlichen Abläufe.[599] Im Falle einer statischen Umwelt kann mit Hilfe der Zeitplanung die Zukunft geplant werden. Die Umwelt von Großprojekten ist allerdings in hohem Maße turbulent. Diese Turbulenzen können aus dem rechtlichen Genehmigungsverfahren, aus den Entwurfsannahmen, aus vom Bauherrn beizusteuernden Rechten (z.B. Wegerecht) oder aus dem Schnittstellenmanagement auf Seiten des ICJV erwachsen.

Beim Taiwan High Speed Railway wurden die größten Turbulenzen durch die Variation Order No. 1 verursacht, durch die nach einem starken Erdbeben die Erdbebenlasten deutlich erhöht wurden. Dadurch wurde der Design-Prozess bei allen ICJVs durcheinander gewirbelt und es ergab sich eine Bauzeitverzögerung von einem halben Jahr.[600] Beim BangNa Expressway ergab sich eine insgesamt 11-monatige Bauzeitverzögerung wegen verspätetem Zugang zum Wegerecht. Außerdem wurde das Wegerecht zunächst an anderen Stellen eingeräumt als geplant. Dadurch war der Entwurf für unzugängliche Stellen fertig, für die zugänglichen jedoch nicht. Fast jedes Großprojekt leidet unter solchen Turbulenzen.

Bei Turbulenzen ist die Zeitplanung nicht nur Planungsinstrument, sondern sie wird zu einem Steuerungsinstrument. Selbstverständlich bleibt die Zeitplanung an den geplanten Bauablauf gekoppelt. Bei allen Bauprojekten ergeben sich Anfangstermine aus den vertraglich vereinbarten Meilensteinen, d.h. sie werden im Prinzip von hinten nach vorne auf der Zeitachse entwickelt. In der Praxis geschieht es allerdings wie folgt: Ein Terminplan wird solange von vorne nach hinten und dann von hinten nach vorne variiert, bis alle Meilensteine eingehalten werden.

Das Prinzip „von hinten nach vorn“ gilt auch für die Zeitplanung des Entwurfs: Sie basiert auf dem Terminplan der Bauausführung. In Bild 65 ist ein Beispiel für die Zeitplanung der Brückenpfeiler des BangNa Expressway zu finden.

Die Zeitplanung für den Entwurf zeigt deutlich, wie diese Tätigkeit ein Bindeglied zwischen der Arbeit des externen Ingenieurbüros und des Independent Checking Engineers (ICE) auf der einen Seite sowie dem ICJV auf der anderen Seite ist. Die Vorbereitung des Preliminary Designs (PD), des Detailed Designs (DD) und der Ausführungspläne ist Aufgabe des Ingenieurbüros. Bestimmt wird nur der Abgabetermin. Das Detailed Design und die Ausführungspläne müssen jeweils 14 Tage nach der Genehmigung der Vorstufe bei dem ICJV eingereicht werden. Hieraus wird deutlich,

---

[599] Vgl. GIRMSCHEID (Fast Track 1997), S. 471 ff.

[600] Vgl. Interview TG11, S. 13

dass das Ingenieurbüro zur Steuerung der eigenen Arbeiten einen weitern Terminplan benötigt.

Das Ingenieurbüro muss in der Regel vier Wochen vor Beginn der Bauleistungen von einem Monat (dies entspricht einer bestimmten Anzahl von Pfeilern) die Ausführungspläne abliefern. Die vier Wochen bis zum Baubeginn bleiben für eine letzte Prüfung durch das ICJV, die Verteilung der Pläne und eine Vorbereitung der Baustellenarbeiten zur Verfügung.

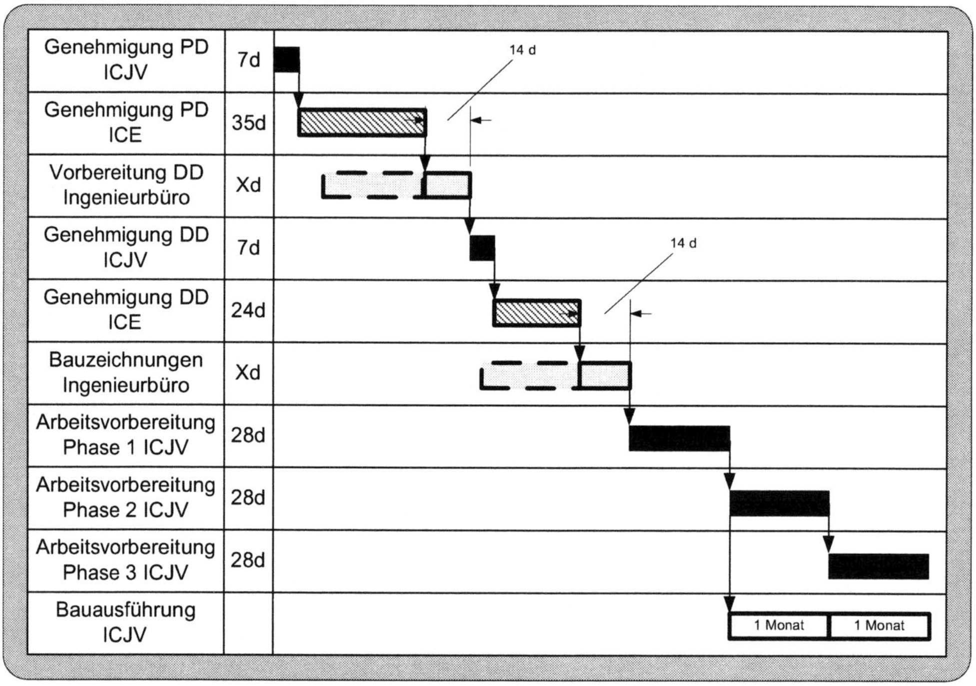

Bild 65: Zeitplanung Entwurf von Brückenpfeilern[601]
Fig. 65: Design Scheduling Bridge Piers

Es ist leicht vorstellbar, wie eine Störung auf diesen Ablauf wirkt. Nimmt man an, dass der Bauherr den Beginn der Arbeiten kurzfristig für einen anderen Ort festlegt, dann ergibt sich folgendes Szenario: Wenn man eine Arbeitszeit des Ingenieurbüros von 3 Wochen vor dem Einreichen des Preliminary Designs annimmt, dann vergehen 22 Wochen (fünf Monate!) bevor auf der Baustelle an einer anderen Stelle die Arbeiten beginnen können. Da – wie schon beschrieben – Änderungen im Bauablauf eher üblich sind, erwächst hieraus eine hohe sachliche Komplexität.

[601] Vgl. O.V. (Projekthandbuch D 1996)

14.2.1.4 Bestandpläne aufgrund abweichender Bauausführung

Für die Änderung des Bauablaufs war bei den untersuchten Projekten stets der Bauherr verantwortlich. Dies ist jedoch nicht immer der Fall, da auch Mobilisierungs- und Planungsfehler bei ICJVs auftreten können. Für eine abweichende Bauausführung trifft die Schuld das ICJV, unabhängig davon, ob eine menschliche Schuld vorliegt. Das ICJV hat sich zu einer vertragskonformen Ausführung verpflichtet.

Zwei Gründe führen immer häufig zu abweichenden Bauausführungen: Fehlverhalten und äußere Umstände. Das menschliche Fehlverhalten ist im Rahmen von Personalauswahl, Schulung, Anleitung und Kontrolle zu beeinflussen, abzustellen ist es jedoch nicht. Es entzieht sich oft einer Systematik und damit Ansätzen zur Verbesserung aufgrund der kurzen Zusammenarbeitszeit in ICJVs.

Anders ist es bei äußeren Umständen, so wie sie typischerweise durch die anstehenden Bodenverhältnisse bestimmt werden. Davon sind dann alle Arbeiten im Boden betroffen, seien es Pfahlgründungen, Dämme oder Tunnel. Ein Beispiel für solche Probleme hat sich bei dem ICJV Obayashi – Fu Tsu (C 215) in Taiwan ergeben. Die Ortsbrust des Fukou-Tunnels stürzte ein.[602] Daraus ergaben sich nicht nur die geschilderten Konsequenzen im Hinblick auf die Bauablauf, sondern auch Planungsänderungen.

Alle Planungsänderungen werden in Bestandplänen festgehalten, die den tatsächlichen Zustand des Bauwerks dokumentieren.

14.2.2 Soziale Komplexität

Die Anzahl und Vielfältigkeit der an der Planung Beteiligten wird in Bild 63 deutlich. Die Vielfältigkeit zeigt sich insbesondere bei den unterschiedlichen kulturellen Prägungen und zwar auf multinationaler Ebene genauso wie bei den Unternehmen. Soziale Dynamik, Vernetztheit und mangelnde Transparenz sind Begriffe, die schon bei der Organisationsplanung zur Beschreibung der sozialen Komplexität benutzt wurden. Wie steht es damit bei der Entwurfsplanung?

Die beschriebenen Turbulenzen an der Schnittstelle zwischen Bauherrn und ICJV wirken sich für die Entwurfsabtellung als Dynamik aus. Häufig ändert sich das Umfeld, an das sich die Planung anpassen muss. Die Auswirkungen werden bei der Zeitplanung deutlich. Die Umweltdynamik führt zu einer überdurchschnittlichen Erhöhung der sachlichen Komplexität. Da die Arbeit von Ingenieuren erledigt wird, schlägt die sachliche Komplexität auf die soziale durch. Die Ingenieure leiden unter der Unsicherheit und den Änderungen.

Weder das ICJV noch die Ingenieurbüros verstehen die Gründe, die zu der Dynamik führen. Sie machen das Management des Bauherrn verantwortlich. Die Konsequenzen müssen sie jedoch selbst tragen. Halbfertige Arbeiten, überstürztes Aufnehmen neuer Arbeiten, Doppelarbeit, Überstunden sind die Folge mit gegenseitigen Schuldzuweisungen. Das liegt auch an einem inkonsequenten oder fehlenden generische, axiomatischen Anforderungsmanagement.[603]

Die Beschreibung der Zeitplanung hat ebenfalls die Vernetzung der unterschiedlichen Gruppen herausgestellt. Die Dynamisierung des Umfeldes ist nicht zu isolieren, sie betrifft alle Beteiligten.

Je dynamischer die Umwelt, umso geringer wird auch die Transparenz. Wenn man einmal aus dem Planungsablauf ausschert, ist es schwer wieder eine Ordnung in den Vorgang zu bringen. Ähnliche Schwierigkeiten ergeben sich auch, wenn zu Beginn die grundlegenden Parameter des Entwurfs festgelegt werden müssen. Dies führt zu Emotionen bei allen Beteiligten. Beim Taiwan High Speed Railway kam es zu Streitigkeiten über die Entwurfsparameter unter zwei Ingenieurbüros, die beide von ein und demselben ICJV beauftragt waren. Ausgangspunkt war die Variation Order No. 1 zu den Erdbebenkräften. Weil die Probleme sich nicht auf der Sachebene, sondern auf der emotionalen Ebene abspielten, gelang es dem ICJV auch nicht, sie schnell zu beseitigen. Die Folge war ein mehrmonatiger Verzug bei der Planung.[604]

Dynamik, Vernetztheit und mangelnde Transparenz führen zu einer deutlichen Erhöhung der sozialen Komplexität, verschärfend wirkt der erhebliche Zeitdruck. Sie ist nicht nur ex ante hoch, sondern sie steigt manchmal zum Ende hin noch an. Dies war beim Bang Na Expressway der Fall. Die Zeitplanung geriet gleich zu Beginn der Planung in Unordnung und danach verschärften sich die Probleme auf sozialer Ebene. Die Aussagen zu den untersuchten Großprojekten bestätigen diese Beobachtung. Ex post ist die soziale Komplexität bei der Entwurfsplanung auf einem ähnlichen Niveau wie ex ante.

14.2.3 Zeitliche Komplexität

Die Organisationsform von Bauunternehmen und deshalb auch Ingenieurbüros in Kontinentaleuropa und den angelsächsischen Ländern ist grundsätzlich verschieden. In Kontinentaleuropa (insbesondere Frankreich und Deutschland) verfügen die großen Bauunternehmen traditionell über eigene Ingenieurbüros. So waren z.B. Anfang der 1980er Jahre in der Hauptniederlassung Hamburg der damals viertgrößten deutschen Bauunternehmung 75 Ingenieure in dem technischen Büro beschäftigt. Dies ist die typische Tradition fast aller großen kontinentaleuropäischen Bauunternehmen. Sie traten dadurch zu den Ingenieurbüros in Konkurrenz und verfügten über

[602] Vgl. Interview TT5, S. 13
[603] Vgl. GIRMSCHEID (Bauunternehmensmanagement 2006)
[604] Vgl. Interview TJ4, S. 2 ff.

eine entsprechende technische Kompetenz. Allerdings wurden diese Kapazitäten in den vergangenen Jahren sehr stark abgebaut.

Angelsächsische Bauunternehmen haben weitaus seltener eigene Ingenieurbüros eingegliedert. Sie arbeiten meist mit Ingenieurfirmen zusammen. Dies wird bei der Beschreibung der Bearbeitung von Sondervorschlägen durch BARRIE / PAULSON deutlich: „*Proposed alternates, either volunteered or requested, should always be reviewed jointly with the designer, and ideally, a joint recommendation should be made to the owner.*“[605] In kontinentaleuropäischen Unternehmen stammen die Sondervorschläge meist aus dem eigenen Haus einschließlich Entwurf und Massenermittlung.

Ein Unternehmen wie die Bilfinger Berger AG oder die Hochtief AG hat immer das Selbstverständnis, mit jedem Ingenieurbüro der Welt auf gleicher Augenhöhe diskutieren zu können. Angelsächsische Unternehmen haben diesen Anspruch nicht. Entsprechend ist das Verständnis von kontinentaleuropäischen und angelsächsischen Ingenieurbüros bezüglich der Eigenständigkeit ihrer Planung unterschiedlich.

Es entsteht eine hohe zeitliche Komplexität, wenn es durch Interaktion von Beteiligten mit unterschiedlich über die Zeit entwickeltem Selbstverständnis zu Kompetenzüberlappungen kommt. Dies war beim BangNa Expressway der Fall. Das amerikanische Ingenieurbüro empfand Forderungen des ICJV als Einmischung, das ICJV sah darin eine Möglichkeit den Entwurf zu verbessern. Das ICJV sah in der Abwehrreaktion des Ingenieurbüros eine Kündigung der Zusammenarbeit, und umgekehrt war das Ingenieurbüro überzeugt, den besten Entwurf allein erarbeiten zu können.

Diese zeitliche Komplexität schlug auf die Ebene der sozialen durch. Es entstand Misstrauen zwischen den Beteiligten, das zu einem deutlichen Mehraufwand auf beiden Seiten führte.

Aus der amerikanischen Tradition heraus versuchte das Ingenieurbüro einen möglichst ökonomischen Entwurf anzufertigen. Qualität und Ökonomie führen in angelsächsischen Ländern zu Aufträgen, da es keine Honorarordnung wie in Deutschland gibt. Anders war die Tradition des thailändischen Ingenieurbüros. Hauptauftraggeber war der Staat. In diesem Zusammenhang gewann die Dauerhaftigkeit und Haltbarkeit des Entwurfs entscheidende Bedeutung. Massenminimierung war kein Ziel. Die Kombination mit einem technisch kenntnisreichen Unternehmen wie Bilfinger Berger wird immer zu Beschwerden über eine zu wenig ökonomische Bemessung führen. Folge der unterschiedlichen Erfahrungen war ein Gesichtsverlust auf Seiten des thailändischen Ingenieurbüros mit den entsprechenden negativen Folgen für die Zusammenarbeit.

---

[605] S. BARRIE / PAULSON (Construction Management 1992), S. 107

Auf dem internationalen Markt treffen bei der Entwurfsplanung die unterschiedlichsten Traditionen aufeinander. Dies führt zu einer hohen zeitlichen Komplexität bei allen Interaktionen ex ante. Da die Zusammenarbeit ohne räumliche Nähe verläuft, ist es auch nicht möglich, sich durch eine gemeinsame Sinngebung im Rahmen der Zusammenarbeit gedanklich abzustimmen. Somit bleibt die zeitliche Komplexität während der Lebensdauer des ICJVs auf der gleichen Stufe wie zu Beginn der Zusammenarbeit. Sie ist auch ex post hoch.

14.2.4 Operative Komplexität

Ziel einer dezentralen Organisation ist die Aufteilung der Arbeit auf eigenständige Einheiten, um die Komplexität des Gesamtsystems zu verringern. Das führt zu einer Umlagerung und zur Möglichkeit einer Eigenkomplexität der Subsysteme. Somit ist die operative Komplexität der Entwurfsplanung ein Ziel dezentraler Organisationen wie es ein ICJV ist. Der Zwang zur Bildung eigener Zwischenziele im Rahmen des Entwurfs ist konstitutiv. Diese Zielbildung ist in den üblichen dynamischen Planungsumwelten nicht einfach, sie ist komplex. Letztendlich bleibt das technische Büro im Schnittpunkt vieler Interessen. Sie stehen bezüglich des Entwurfs im Einflussbereich der Partner, des Projektmanagements, der Bauabteilung, des Bauherrn und der Planer. Die operative Komplexität ist ex ante und ex post hoch.

14.2.5 Kognitive Komplexität

Für die kognitive Komplexität gelten die Aussagen in Abschnitt 14.1.5 gleichermaßen, sie ist auf sozialer Ebene ex ante niedrig. Das technische Büro hat allerdings gegenüber dem gesamten ICJV oder der Bauabteilung den Vorteil, ein relativ kleines Team zu bilden, deren Mitglieder in Büros arbeite, die dicht beieinander liegen. HOMAN hat als Gesetzmäßigkeit formuliert, dass sich Sympathie proportional zur Anzahl der Kontakte entwickelt.[606] Nirgendwo sind die Kontakte bei ICJVs größer als in dem technischen Büro bei gleichzeitiger Konzentration auf eine gemeinsame Aufgabe.

Dies führt oft zu einem Aufbau eines Wir-Gefühls, allerdings nur auf die Abteilungen beschränkt. Für das technische Büro erhöht sich die kognitive Komplexität über die Lebensdauer des ICJVs. Für das gesamte Netzwerk bleibt die kognitive Komplexität auch ex post niedrig.

14.2.6 Zusammenfassung zur Komplexität der Entwurfsplanung

Die Erörterungen in diesem Unterkapitel 14.2 zur Entwurfsplanung sind in der Tabelle 44 zusammengefasst.

---

[606] Vgl. ROSENSTIEL (Organisationspsychologie 1992), S. 264

Tabelle 43: Komplexität der Entwurfsplanung
Table 43: Complexity of Design Planning

Art der Komplexität	Dimension	Ausprägung
Sachliche Komplexität in dem ICJV ex ante	Outsourcing und Planungskoordination Genehmigungsverfahren Zeitplanung Bestandspläne	Hoch Hoch Hoch Mittel
Ex post		Null
Soziale Komplexität in dem ICJV ex ante	Dynamik, Vernetztheit, mangelnde Transparenz	Hoch
Ex post		Hoch
Zeitliche Komplexität in dem ICJV ex ante	Branchenkultur Großprojektkultur Unternehmenskultur Zwischenmenschliche Beziehungen	Hoch Abmildernd Hoch Hoch
Ex post		Hoch
Operative Komplexität in dem ICJV ex ante	Zielbildung	Hoch
Ex post		Hoch
Kognitive Komplexität in dem ICJV ex ante	Individuelle Ebene Soziale Ebene	Durchschnittlich Niedrig
Ex post		Wenig erhöht

14.3 Arbeitsvorbereitung

GIRMSCHEID bezeichnet die Arbeitsvorbereitung als Planung der Ausführung.[607] Als solche schließt sie sich an die vorhergehenden Kapitel an: Planung der Organisation (14.1), Planung des Entwurfs (14.2) und Planung der Ausführung (14.3). Wie auch schon in den vorhergehenden Erläuterungen wird auch bei der Arbeitsvorbereitung (AVOR) deutlich werden, dass es sich nicht nur um eine Planung handelt. Als solche gibt sie einen Maßstab vor (Soll). Während der Ausführung wird dann immer der aktuelle Stand ermittelt (Ist). Der Vergleich – die Soll/Ist-Analyse – ermöglicht eine Bewertung der erbrachten Leistung. Abweichungen führen zu Analysen, die Ergebnisse der Analysen sind dann wiederum Grundlage von Steuerungsmaßnahmen.

Es ist wichtig, sich klarzumachen, dass es sich hierbei um einen unvollständigen kybernetischen Regelkreis handelt. Unter Kybernetik versteht man die Selbststeuerung von Systemen ohne äußere Eingriffe. Ein Beispiel ist ein Thermometer mit an-

[607] Vgl. GIRMSCHEID (Angebots- und Ausführungsmanagement 2005), S. 95

geschlossener Steuerung zur Temperaturregulierung.[608] Planung und Kontrolle bei ICJVs werden durch aktive Eingriffe der Mitglieder gesteuert.

STEINMANN / SCHREYÖGG bezeichnen diese Art von Planung und Kontrolle als Durchführungskontrolle. Damit rückt ein weiterer Gesichtspunkt ins Blickfeld: Die Durchführungskontrolle muss immer mit einer Prämissenkontrolle verbunden werden. Dabei wird hinterfragt, ob die Planungsgrundlagen noch Bestand haben. Beide Kontrollen zusammen bilden die Kompensationsfunktion der Systemtheorie.[609]

Ein vollständiger kybernetischer Regelkreis umfasst die Rückkoppelung auf den Vollzug und die Planung (vgl. Bild 66). Eine ähnliche Darstellung findet sich bei GIRMSCHEID.[610]

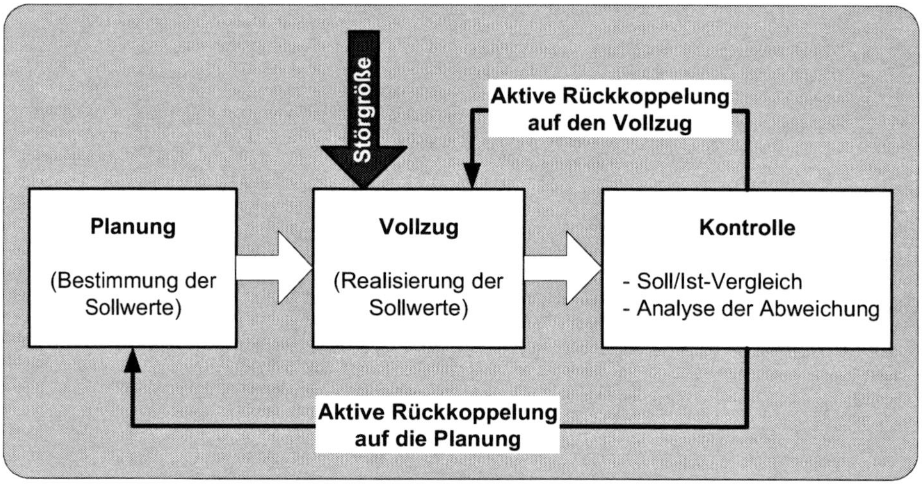

Bild 66: Kybernetischer Regelkreis der Planung[611]
Fig. 66: Cybernetic Loop of Planning

14.3.1 Sachliche Komplexität

Zu den Aufgaben im Rahmen der Arbeitsvorbereitung zählen:

- Arbeitskalkulation und Controlling
- Fertigungstiefenplanung
- Herstellungsplanung
- Arbeitsablaufplanung
- Bereitstellungsplanung
- Baustelleneinrichtungsplanung

[608] Vgl. SEIFFERT (Wissenschaftstheorie IV 1997), S.111 f.
[609] Vgl. STEINMANN / SCHREYÖGG (Management 2005), S. 279 ff.
[610] Vgl. GIRMSCHEID (Angebots- und Ausführungsmanagement 2005), S. 103 ff.

- Logistikplanung

Die Arbeitskalkulation liefert die monetär bewerteten Sollzahlen für die Bauausführung. Sie beantwortet die Frage: wie teuer? Darüber hinaus liefert das Controlling die Möglichkeit entlang einer Zeitachse die Kostensteuerung im Sinne eines aktiven kybernetischen Regelkreises zu gewährleisten.

Die Herstellungsplanung bestimmt die eingesetzten Bauverfahren und fragt somit nach dem Wie. Die Arbeitsablaufplanung gliedert die Gesamtaufgabe in Vorgänge und setzt diese zueinander in Beziehung. Hieraus ergibt sich eine zeitliche Struktur, so dass die Frage nach dem Wann beantwortet werden kann. Die Bereitstellungsplanung ermittelt die benötigten Ressourcen (Menschen, Materialien, Geräte und Anlagen) und antwortet auf die Frage: was? Die Baustelleneinrichtungsplanung weist den Anlagen und bestimmten Geräten bestimmte Orte auf der Baustelle und in ihrem Umfeld zu. Sie legt das Wo fest. Die Logistikplanung verbindet Ressourcen (was?), Zeiten (wann?) und Orte (wo?).

Sinn dieser kurzen Beschreibung der Aufgaben der Arbeitsvorbereitung ist es, die Zusammenhänge zwischen den einzelnen Planungen herauszustreichen. Dies ist die Interdependenz der Teilplanungen. Die Optimierung der Teilpläne kann nur durch iterative Planungsdurchläufe angenähert werden. Eine Optimierung wird wegen der hohen Komplexität einerseits und der beschränkten Rationalität andererseits meist gar nicht angestrebt. Gesucht wird eine befriedigende Lösung. Dieses Verhalten nennt man nach MARCH / SIMON „Satisficing“[612]

[611] Vgl. STEINMANN / SCHREYÖGG (Management 2005), S. 404
[612] Vgl. MARCH (Decisions 1988), S. 173

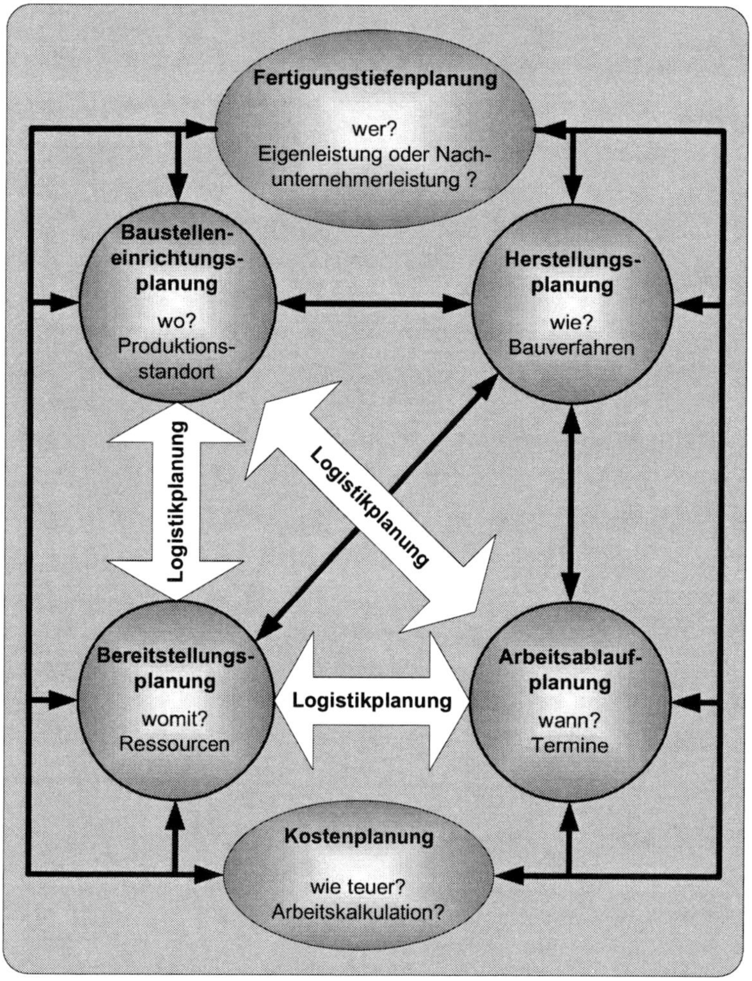

Bild 67: Planung des Ausführungsprozesses[613]
Fig. 67: Planning of the Production Process

14.3.1.1 Arbeitskalkulation und Controlling

Arbeitskalkulation und Controlling beschäftigen sich beide mit der monetär bewerteten Leistung der ICJVs und sind deshalb in einem Abschnitt zusammengefasst. In beiden Zahlenwerken handelt es sich um Planzahlen, die ex-ante ermittelt sind. Allerdings unterscheiden sie sich in ihrer inneren Struktur. Die Arbeitskalkulation ist wie jede andere Kalkulation nach Positionen gegliedert. Die Struktur eines Controlling-Systems ist der Bauarbeitsschlüssel. Darüber hinaus verarbeitet die Arbeitskalkulation zwar zeitliche Gesichtspunkte (wie lange steht der Kran auf der Bau-

[613] Vgl. GIRMSCHEID (Angebots- und Ausführungsmanagement 2005), S. 109

stelle?), sie fasst diese dann aber in einem Geldwert zusammen. Dadurch hat die Kalkulation in ihrer Aussage keine Zeitdimension. Dies ist aber beim Controlling ein Hauptgesichtspunkt. Entscheidend ist hier die Frage, welche Leistung (Arbeit pro Zeiteinheit) erbracht wurde.

➢ Arbeitskalkulation

Die Vertragssummen bei Design/Build-Verträgen sind in aller Regel pauschaliert.[614] Allerdings gibt es zwei unterschiedliche Formen der Pauschalierung: den Detail-Pauschalvertrag und den Global-Pauschalvertrag. Ein Detail-Pauschalvertrag unterscheidet sich von einem Einheitspreisvertrag nur dadurch, dass die Endsumme pauschaliert wird und dass damit das Mengenrisiko auf das ICJV übertragen wird.[615] Da die Massenermittlung beim Design/Build-Vertrag von dem ICJV angefertigt wird, macht ein Einheitspreisvertrag für den Bauherrn keinen Sinn, weil er ja dann das Mengenrisiko tragen müsste. Beim Global-Pauschalvertrag sind eine Strukturierung in Positionen und entsprechende Einheitspreise nicht notwendig.[616]

Diese Unterscheidung hat für die Kalkulation entscheidende Bedeutung. Bei der Ermittlung von Einheitspreisen werden die Gemeinkosten auf die Positionen umgelegt und damit unsichtbar. Die Strukturierung nach Positionen lässt keinen Platz für Gemeinkosten. Anders ist die Struktur bei Global-Pauschalverträgen. Hier wird auch den Gemeinkosten eine Position zugeordnet. Die Bedeutung dieser Ausführungen wird bei der Erörterung des Controllings deutlich werden. Dort müssen nämlich die Strukturen der Kalkulation umgeordnet werden, die Kostengliederungen müssen angepasst werden.[617]

Die Arbeitskalkulation ist einer von fünf Kalkulationsschritten.[618] Die Angebotskalkulation und die Auftragskalkulation werden im Rahmen des Angebotsmanagements erstellt. Zum Submissionstermin wird die Offerte auf der Grundlage der Angebotskalkulation dem Bauherrn übermittelt. Wenn dieses Angebot sein Interesse weckt, wird er mit der anbietenden ICJV in Vertragverhandlungen eintreten. Die Verhandlungsergebnisse werden in der Auftragskalkulation festgehalten.

Nach der Auftragserteilung beginnt das ICJV mit einer vertieften Arbeitsvorbereitung. Die Wahl der Fertigungstiefenplanung, der Herstellungsplanung, der Arbeitsablauf planung, der Bereitstellungsplanung, der Baustelleneinrichtungsplanung und der Logistikplanung verändern wiederum die Kalkulation. Nach einer Festlegung auf alle Teilpläne werden die Kosten in der Arbeitskalkulation zusammengefasst. Die Gegen-

---

614 Vgl. FIDIC (Design-Build 1995), S. 28
615 Vgl. GRALLA (Maximalpreis 2001), S. 63
616 Vgl. GRALLA (Maximalpreis 2001), S. 65
617 Vgl. SPRANZ (Controllingsystem 1998), S. 20 ff.
618 Vgl. GIRMSCHEID (Kostenkalkulation 2004), S. 77 ff.

überstellung mit dem Vertragspreis aus der Auftragskalkulation bestimmt den Gewinn.[619]

Zu Beginn der Bauausführung haben sich die Grundlagen der Planung bei Großprojekten meist in hohem Maß gegenüber dem Angebotsstadium verändert. Ein Verzicht auf eine Arbeitskalkulation vernachlässigt dann die Prämissenkontrolle und die folgende operative Kontrolle ist völlig wertlos. Beim BangNa Expressway gab es keine Arbeitskalkulation. Dies lag nicht an dem Projektmanagement, das eine Arbeitskalkulation angefordert hatte, sondern an den Führungsebenen der Partnerunternehmen. Es stellte sich bald nach Vertragabschluss heraus, dass die Auftragskalkulation in keiner Weise die entstehenden Kosten decken würde. Bei einem Projekt mit einem Bauvolumen von 850 Mio. Euro hat das große Konsequenzen für die Partnerunternehmen. Die Strategie der Wahl war – wie bei FLYVBJERG beschrieben – eine Flucht in einen Planungsoptimismus und strategische Falschdarstellung. Er bezeichnet das Erste als Selbstbetrug, das Zweite als Lügen.[620] Ein solches Verhalten wird in der Managementlehre im Rahmen der Diskussionen zur Mikropolitik erörtert.

Hierzu schreiben SCHREYÖGG / HARTMANN: *„Das politische Prozess-Paradigma interpretiert Entscheidungen nicht als das Ergebnis einer rationalen Wahl und auch nicht primär als Output eines Organisationsprozesses, sondern als Resultat äußerst verwickelter, auf mehreren Ebenen ausgetragener politischer Prozesse, an denen einflussreiche Personen und Gruppen aus der gesamten Hierarchie wie auch aus dem Umsystem beteiligt sind. Häufig lassen die Verhandlungen ein Ergebnis entstehen, das von keinem der Beteiligten als solches angestrebt worden war...“*[621]

Politische Prozesse folgen nicht einem rationalen Verhalten (auch nicht im Sinne begrenzter Rationalität), sondern sie sind irrationale Spiele in Verbindung mit Wunschzielen. Besonders häufig treten sie bei Budgetierungsprozessen auf.[622] Konkrete Beispiele von Fehlern in der Ausführungskalkulation beim BangNa Expressway waren eine Differenz zwischen angenommenen und tatsächlichen Massen von 15%, unterkalkulierte Positionen (von der Position Büroausstattung mit Computern, Möbeln u.a konnte noch nicht einmal das Papier bezahlt werden) und vergessene Positionen.

Dies Beispiel zeigt, dass nicht nur politische Prozesse auf die Arbeitskalkulation wirken, sondern auch dass die Kalkulation eines Großprojektes aufgrund der Komplexität der Aufgabe und des Zeitdrucks (Dynamik) ein hohes Potenzial an Unsicherheit mit sich bringt.

---

[619] Vgl. KEIL et al. Kostenrechnung 2004), S. 17 f.
[620] Vgl. FLYVBJERG (Planning Fallacy 2005), S. 5
[621] S. SCHREYÖGG / HARTMANN (Planungsprozesse 1998), S. 60
[622] Vgl. STEINMANN / SCHREYÖGG (Management 2005), S. 404

Was einem ohne sorgfältig erstellte Arbeitskalkulation fehlt, wird klar, wenn man sich die positiven Möglichkeiten vergegenwärtigt. Sie gibt nicht nur Sollzahlen für die Bauausführung vor, sondern sie ermöglicht auch eine Aufteilung des Budgets auf Abteilungen und damit eine Reduzierung der Gesamtkomplexität der ICJV. GIRMSCHEID schreibt über die Arbeitskalkulation zusammenfassend: „*Sie ist somit Arbeitsgrundlage für eine zielorientierte Prognose und Steuerungsinstrument für:*

- *die Leistungsvorgaben einzelner Arbeitsabläufe der gewählten Bauverfahren*
- *die Kostenvorgaben der einzelnen Leistungs- und Bauhilfspositionen in Bezug auf Lohnstunden und Lohnkosten, Material- und Hilfsmaterialkosten, Gerätestunden und Gerätekosten sowie Fremdkosten*
- *die Kosten und Zeitvorgabe für Art und Umfang der Baustelleneinrichtung*
- *die Vergabegrenzwerte für die Beauftragung von Subunternehmern für bestimmte Leistungspositionen.*"[623]

> **Controllingsystem**

Das Controllingsystem einer Baustelle ist vergleichbar mit dem Navigationssystem eines Schiffes. Dabei sind folgende Schritte auszuführen: Kursplanung, laufende Positionsbestimmung, Feststellen von Kursabweichungen, Ursachenanalyse, Gegensteuern. In der Sprache der Baustelle geht es um eine Bestimmung von jeweils dem Ist- und Soll-Zustand zu einem bestimmten Zeitpunkt, dem Soll/Ist-Vergleich, der Abweichungsanalyse und dem Ermitteln von Gegenmaßnahmen.[624]

Unabdingbare Voraussetzung ist eine aktuelle Arbeitskalkulation und eine Arbeitsablaufplanung. Die Arbeitskalkulation liefert das Mengen- und Kostengerüst, die Arbeitsablaufplanung das Vorgangs- und Zeitgerüst.[625]

Es ist zwischen dem Controlling der Leistungserbringung und der Terminkontrolle zu unterscheiden. Meist werden diese Aktivitäten voneinander getrennt ausgeführt. Dies muss allerdings nicht so sein, da moderne Netzplanprogramme die Möglichkeit bieten, die Vorgänge mit Ressourcen zu verknüpfen. Dies können Personal, Materialien, Geräte oder Kosten sein. Auch moderne Management-Informationssysteme bieten die Möglichkeit einer ganzheitlichen Kontrolle. Die weitere Schilderung geht allerdings von einem getrennten Leistungs- und Zeitcontrolling aus.

Der erste Schritt ist die Umstrukturierung der Daten aus der Arbeitskalkulation. Die gewünschte Struktur ist eine Kodierungsliste, die es ermöglicht Arbeiten nach Tätigkeit und Ort aufzugliedern. Diese Liste nennt man Bauarbeitsschlüssel (BAS).[626] Alle Daten auf der Baustelle werden getrennt nach Stunden, Materialien, Geräten und

---

623 S. GIRMSCHEID (Angebots- und Ausführungsmanagement 2005), S. 99

624 Vgl. BRECHELER et al. (Kosten 1998), S. 141 ff.

625 Vgl. MÖNCH (Baustellen-Controlling 1998), S. 38

626 Vgl. GIRMSCHEID (Angebots- und Ausführungsmanagement 2005), S. 234 f.

Nachunternehmerleistungen entsprechend dem BAS kodiert. Das Gleiche gilt für Gemeinkosten. Die Kodierungsstruktur muss so tief sein, dass bei Problemen die Ursachen isoliert werden können.

Ein Beispiel für die Umstrukturierung ist in Tabelle 45 gezeigt. Mit den dargestellten Schritten ist die Umstellung allerdings noch nicht abgeschlossen. Die 15.000 m³ sind die Summe des Betons von 100 Pfahlkopfplatten (6,00m * 10,00m * 2,50m). Diese werden sicherlich nicht in dem üblichen Berichtszeitraum von einem Monat erstellt, deshalb ist eine weitere Gliederung in Abschnitte von je einem Monat (entspricht x Pfahlkopfplatten) notwendig. Damit wird der Ort bestimmt. Dann ist schließlich noch das Bauteil zu kodieren.

Auch der Einheitspreis ist zu überarbeiten. In ihm stecken die Gemeinkosten und Wagnis und Gewinn. Dies ist bereits bei den Angaben in der Tabelle 45 berücksichtigt. Anschließend müssen die Gemeinkosten aufgeschlüsselt werden.

Tabelle 44: Umstrukturierung Auftragskalkulation – Bauarbeitsschlüssel[627]
Table 44: Restructuring of the Work Estimate to Controlling Codes

Gliederung	Menge	Kurztext	EP
LV-Pos.: 25	15.000 m³	Beton für Pfahlkopfplatten einschl. Schalung und Bewehrung	230,79 €/m³
BAS-Nr.: 241	80.000 m²	Schalung herrichten: 0,6 h/m² - schalen 5,20 €/m² - Schalmaterial	
BAS-Nr.: 423	15.000 m³	Beton liefern und einbringen: 0,5 h/m³ - betonieren 75,30 €/m³ - Beton	
BAS-Nr.: 635	1.200 t	Stahl liefen und einbauen: 20 h/t - bewehren 600 €/t - Betonstahl	

Als Beispiel soll die Position „Zollkosten“ dienen, die über alle Einheitspreise verteilt ist und in der Summe 100.000 € beträgt. Auch diese sind zeitlich zu verteilen. Wenn es sich nur im Importe handelt und geschätzt wird, dass die Kosten in zehn Monaten anfallen, dann könnte eine Sollverteilung aussehen wie in Tabelle 46 dargestellt.

Es wird besonders bei der Verteilung der Gemeinkosten deutlich, dass selbst bei größten Anstrengungen keine exakten Sollkosten vorgegeben werden können. Bei einer Fehleranalyse auf Grund von Abweichungen zwischen Soll und Ist (Durchfüh-

627 Vgl. MÖNCH (Baustellen-Controlling 1998), S.41

rungskontrolle) müssen dann auch immer die Sollkosten geprüft werden (Prämissenkontrolle).

An Hand dieser Beispiele können der Aufwand und die Schwierigkeiten der Sollkosten-Bestimmung ermessen werden. Zusammenfassend muss die Struktur folgende Kriterien berücksichtigen:

- Tätigkeit mit Aufwandswerten
- Bauteil
- Ort
- Zeit

Bei Großprojekten besteht die Gefahr, durch die Vielzahl der Einzelinformationen den Überblick zu verlieren. Abhilfe kann dabei das Verfahren der „Job Control" schaffen. Hierbei werden mehrere BAS-Positionen zu einem Job zusammengefasst. Zusammen mit dem Arbeitsablaufplan ergibt sich dann eine Bestimmung für Kosten und Zeit eines Jobs.[628]

Tabelle 45: Zeitliche Verteilung der Zollkosten
Table 45: Temporal Distribution of Customs Costs

Zollkosten		
Monat	**Prozent**	**Betrag**
1	5%	5.000 €
2	10%	10.000 €
3	10%	10.000 €
4	15%	15.000 €
5	15%	15.000 €
6	20%	20.000 €
7	10%	10.000 €
8	5%	5.000 €
9	5%	5.000 €
10	5%	5.000 €
Summe	100 %	100.000 €

628 Vgl. GIRMSCHEID (Angebots- und Ausführungsmanagement 2005), S. 235 f.

Auf der Baustelle müssen die erforderlichen Daten gesammelt werden. Dies geschieht unmittelbar vor Ort durch Poliere oder Vorarbeiter mit Hilfe von Formblättern.[629] Die Daten werden dann in einer besonderen Stabsabteilung des ICJVs zusammengefasst. Dadurch können die auf einen Stichtag bezogenen Ist-Werte ermittelt werden. Von großem Interesse ist natürlich auch die zukünftige Entwicklung bis zum Bauende. Dafür werden Trendanalysen benutzt. Bezüglich der Kosten spricht man dann von einer Kosten-Trendanalyse.[630]

In regelmäßigen Abständen (monatlich, quartalsweise oder auch häufiger) werden die Daten zu einer Leistungsmeldung verdichtet. Die Leistungsmeldung fasst den Wert der eigenen und der Nachunternehmerleistung sowie die Lagerbestände zusammen. Zusätzlich wird über Leistungsminderungen und -erhöhungen berichtet.[631] Dies sind die Sollzahlen für eine kaufmännische Baubetriebsrechnung. Die Ist-Kosten werden von der kaufmännischen Abteilung an Hand der Rechnungen ermittelt. Die Differenz ist das Baustellenergebnis zum Stichtag.[632]

14.3.1.2 Fertigungstiefenplanung

Im Rahmen der Fertigungstiefenplanung von ICJVs mit Design/Build-Verträgen sind der Totalunternehmer und der Totalübernehmer von Bedeutung. Totalunternehmer sind für Planung und Ausführung verantwortlich, wobei sie einen nicht unerheblichen Teil der Arbeit mit eigenen Arbeitskräften ausführen. Totalübernehmer lassen alle Arbeiten von Nachunternehmern durchführen.

Bei den untersuchten ICJVs gab es beide Varianten. Die ICJVs mit deutscher Beteiligung neigten zum Totalunternehmermodell, die mit asiatischer Beteiligung zum Totalübernehmermodell.[633] Die Wahlmöglichkeit zwischen den beiden Modellen hängt von strategischen Entscheidungen der Partner als eigenständige Unternehmen ab. Nur wenn ein Unternehmen über spezifisches technisches Know-how, entsprechende Kernkompetenzen und genügend qualifizierte Poliere verfügt, kann es auch eigene Leistungen im Ausland ausführen.

Für inländische Unternehmen erstreckt sich diese Aussage auch auf Vorarbeiter und Arbeiter. Wenn dies nicht zutrifft, muss mindestens ein genügend großes Potenzial an Arbeitskräften – ob gelernt oder ungelernt – auf dem Arbeitsmarkt zur Verfügung stehen. Wenn auch das wie in Taiwan nicht der Fall ist, muss es wenigstens möglich sein, Arbeitskräfte aus anderen Ländern anwerben zu können. Dies waren in Taiwan thailändische Arbeitskräfte.

---

629 Vgl. BIERMANN (Bauleiter 1997), S. 160
630 Vgl. GIRMSCHEID (Angebots- und Ausführungsmanagement 2005), S. 243 ff.
631 Vgl. BIERMANN (Bauleiter 1997), S. 154 ff.
632 Vgl. BRECHELER et al. (Kosten 1998), S. 179
633 Vgl. Interview TC3, S. 4 ff

Andererseits stellt sich beim dem Totalübernehmermodell die Frage, ob genügend qualifizierte Nachunternehmer am Markt zur Verfügung stehen. In beiden Fällen, bei der Anwerbung von einheimischen oder ausländischen Arbeitskräften wie bei der Nachunternehmervergabe, erfüllen die heimischen Partner eines ICJVs eine wichtige Aufgabe: Sie verfügen über große Marktkenntnisse.

Die Vor- und Nachteile des Nachunternehmereinsatzes sind vergleichbar mit denen beim Contract-Manufacturing bei der Fertigung von Austauschgütern. Diese hat HÜNERBERG zusammengefasst (vgl. Tabelle 47).

Tabelle 46: Vor- und Nachteile des Contract-Manufacturing[634]
Table 46: Advantages and Disadvantages of Contract Manufacturing

Vorteile	Nachteile
• Nutzung von Kostenvorteilen • u.U. Nutzung staatlicher Förderung • Kein Investitionsrisiko • u.U. Nutzung von spezifischem Produktions- und Branchen-Know-how heimischer Hersteller • Nutzung von Image-Vorteilen eines heimischen Herstellers und/oder eines Country-of origin-Effektes	• Qualitätsrisiken • Konkurrenzrisiko durch Know-how-Abfluss • Abhängigkeit von Lieferzuverlässigkeit und -pünktlichkeit • Eventuell hohe Transaktionskosten bei Partnerwechsel / Bindung an Partner • Wechselkursrisiko und sonstige Auslandsrisiken

Zusammenfassend kann man für ICJVs als Vorteile von Nachunternehmerleistungen unmittelbare Kosteneinsparungen, geringere Investitionen und Nutzung von Ortskenntnissen nennen. Nachteile sind eine höhere Abhängigkeit und indirekte Kosten durch Überwachung und Unterstützung.

Somit hängt die Entscheidung über die Fertigungstiefe von der strategischen Ausgangsposition, den Randbedingungen im Einzelfall, der Risikoeinstellung und möglicherweise kulturellen Prägungen ab.

14.3.1.3 Herstellungsplanung

Die Herstellungsplanung wird oft auch als Verfahrenstechnik bezeichnet und hierbei handelt es sich um das ureigene Feld der Bauunternehmen. Was bedeutet das? Im Falle einer sequentiellen Ausschreibung, bei der das Bauprojekt durch einen Entwurf des Bauherrn bereits festgelegt ist, handelt es sich bei der Herstellungsplanung um das einzige technische Gebiet, das die Bauunternehmen für Innovation nutzen können. Bei Design/Build-Verträgen können ICJVs nicht nur den Entwurf optimieren

[634] Vgl. HÜNERBERG (Internationales Marketing 1994), S. 128

oder die Herstellungstechnik, sondern es ist möglich, beides optimal aufeinander abzustimmen. In beiden Fällen gilt: Die Herstellungsplanung ermöglicht Innovation. Die Ergebnisse der Innovation in der Bauindustrie bei Großprojekten sind immer wieder überraschend und widerlegen die These, dass die Bauindustrie innovationsträge und konservativ sei.

Ein Beispiel für innovative Verfahrenstechnik ist in Bild 68 zu sehen, das den BangNa Expressway darstellt.

Bild 68: Verfahrenstechnik beim BangNa Expressway
Fig. 68: Construction Technology BangNa Expressway

Auf dem Bild ist das Bauwerk dargestellt mit seinen beiden sichtbaren Hauptbestandteilen, dem Unter- und dem Überbau der Brücke. Zusätzlich ist die Herstelltechnik für den Überbau zu erkennen, das unter dem Überbau liegende Verschiebegerüst. Ein genauere Beschreibung liefern BROCKMANN / ROGENHOFER.[635] Was an dem Bild hinsichtlich der Innovation wichtig ist, liegt auf den drei geschilderten Ebenen: Bauwerk, Verfahrenstechnik und deren gegenseitige Wechselwirkung.

Weder die Unterbauten noch der Überbau sind in dieser Form jemals zuvor realisiert worden. Bei dem Unterbau sind der Verzicht auf einen Lagerbalken am oberen Ende der Brückenpfeiler und die schräg eingebauten Elastomerlager neuartig.[636] Beim Überbau handelt es sich um den Querschnitt der Fertigteile und die Vorspannung.[637, 638] In der Verfahrenstechnik ist das untenliegende vorgespannte Vorschubgerüst eine Innovation.[639] Die Form der Brückenpfeiler und der Überbau sind im Detail abgestimmt auf das Vorschubgerüst. Ergebnis waren Massenersparnisse und eine Verdoppelung der Baugeschwindigkeit.[640]

Ähnlich Ausführungen sind über den Taiwan High Speed Railway möglich (vgl. Bild 69).

Bild 69: Verfahrenstechnik bei Taiwan High Speed Railway (C 260/270)
Fig. 69: Construction Technology Taiwan High Speed Railway (C260/270)

[635] Vgl. BROCKMANN / ROGENHOFER (BangNa 2000)
[636] Vgl. KRILL / EIBL (Lager 1999)
[637] Vgl. ABENDEH et al. (Brückensegmente 2005)
[638] Vgl. BROCKMANN / SPRINGER (Vorspannung 2000)
[639] Vgl. PRADE / SURBECK (Verlegegeräte1998)
[640] Vgl. BROCKMANN (Bang Na 1997), S. 335 f.

Auch bei dieser Verfahrenstechnik waren Bauwerk und Geräte genau aufeinander abgestimmt. Die Brückensegmente haben eine Länge von 30 oder 35 m. Die hohen Transportgewichte erfordern eine Produktion unmittelbar neben der Brückenstrecke, so dass sie auf diese gehoben und dann auf der bereits fertig gestellten Brücke transportiert werden können. D.h. das ICJV muss ein genügend großes Gelände finden, dass sie zur Produktion nutzen können.[641]

Großbaustellen erlauben den Einsatz ganz spezifisch konstruierter Geräte und eine hohe Mechanisierung. Dies wird bei der Betrachtung der Bilder 68 und 69 deutlich. Gleichzeitig zeigen sie den hohen Grad der Vorfertigung im Brückenüberbau. Die Vorfertigung wiederum ist in hohem Maße mechanisiert. Es ist möglich im Fertigteilwerk industrielle Produktionsmöglichkeiten zu schaffen. Die Folge der Spezialisierung von Verfahren und Geräten bei Großprojekten ist ihre gegenseitige Abhängigkeit. Sie stehen in einem fest Verhältnis zueinander. Die wird durch Bild 70 verdeutlicht, das als Beispiel den BangNa Expressway zu Grunde legt.

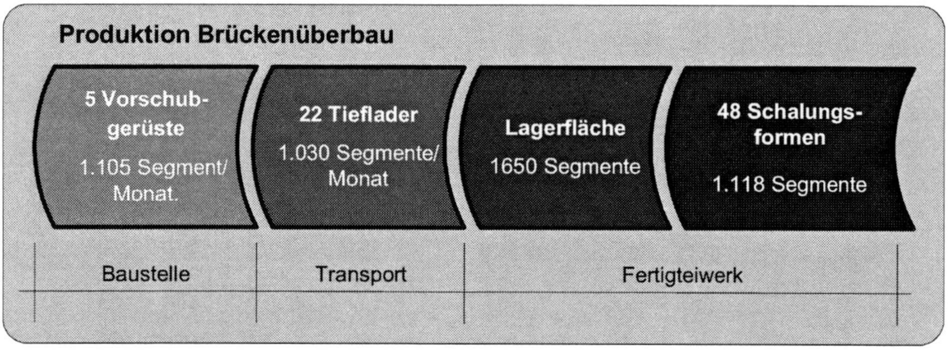

Bild 70: Produktionsprozess bei vorgefertigten Brückenteilen
Fig. 70: Production Process for Precast Bridge Segments

In Bild 68 ist eines der Vorschubgerüste des BangNa Expressway zu sehen, unter der Brücke einer der Tieflader. Es ist zu erkennen, dass beide für ihren spezifischen Einsatzzweck und nur dafür entworfen und gebaut worden sind. Die Lagerfläche und die Schalungsformen für die Brückensegmente befinden sich im Fertigteilwerk. In Bild 70 ist das Einsatzverhältnis der vier Bestandteile abzulesen. Einzig die Lagerfläche bietet einen Puffer, damit sich nicht ein Fehler im Fertigteilwerk sofort auf die Montageleistung auswirkt. Diese beträgt 1.030 Segmente pro Monat, wobei der Transport den Engpass bildet. Eine genaue (kontinuierliche) Abstimmung der Produktionsfaktoren wird nicht gelingen, weil die Kapazität in diskreten Schritten steigt.

Um die Baugeschwindigkeit zu erhöhen, müssen mindestens ein Vorschubgerüst, fünf Tieflader, und zehn Schalungsformen angeschafft werden. Für die Beschaffung des hochwertigen Stahls für die Gerüste aus Deutschland beträgt die Lieferzeit drei

[641] Vgl. O.V. (Projekt C260/270 o.J.)

Monate, die Fertigung dauert sechs Monate, insgesamt beträgt die Vorlaufzeit also neun Monate, da Tieflader und Schalungsformen schneller zu beziehen sind.

Das feste Verhältnis der eingesetzten Geräte untereinander ist in der Bauindustrie eine Besonderheit von Großbaustellen (oder Fertigteilwerken). Sie führt zu einer deutlich höheren Vernetzung und damit zu höherer Komplexität.

14.3.1.4 Arbeitsablaufplanung

Für die Arbeitsablaufplanung stehen Programme zur Verfügung, die auf der Netzplantechnik beruhen. Für die Erarbeitung eines Netzplanes sind verschieden Arbeitsschritte notwendig, die CALLAHAN et al. folgendermaßen gliedern:[642]

- Einarbeitung in das Projekt
  - Zeitvorgaben (Meilensteine)
  - Vertragsbedingungen
  - Entwurf
  - Baubeschreibung
- Erarbeitung eines Grundverständnisses
  - Diskussion mit der Kalkulationsabteilung
  - Diskussion mit dem Projektmanager
  - Diskussion mit dem Design Manager
  - Diskussion mit dem Construction Manager
  - Diskussion mit dem Bauherrn
- Erstellen des Terminplanes
  - Aufteilung in Teilnetze
  - Schaffung eines Kodierplanes
  - Differenzierung der Teilnetze (Bilden von Vorgängen, Bestimmen der Vorgangsdauern, Festlegen der Verknüpfungen
  - Erstellen der Planungslogik (Vernetzung)
  - Kodieren der Vorgänge
  - Verbinden der Teilnetze

Der Hauptunterschied zwischen Groß- und normalen Projekten liegt bei der Arbeitsablaufplanung in der Vielzahl der zu berücksichtigenden Interessen, in der sehr großen Anzahl der Vorgänge des Gesamtnetzes und in der schon beschriebenen Dynamik der Großprojekte, die ständig zu Änderungen und Anpassungen zwingt. Gleichzeitig legt es die Interdependenz der Teilpläne nahe, die Möglichkeiten modernen Netzplanprogramme zu nutzen. Dazu gehört die integrierte Planung von Terminen, Vorgängen und Ressourcen.

[642] Vgl. CALLAHAN et al. (Scheduling 1992), S. 124 ff.

Um den Überblick nicht zu verlieren, ist eine Aufteilung des Terminplanes nach Schärfegraden hilfreich. GREINER et al. sehen bei größeren Projekten eine Anzahl von 500 – 1.000 Vorgängen. Dies liegt weit unter der Realität bei Großprojekten (etwa 10.000 Vorgänge). Sie schlagen deshalb unterschiedlich detailliert Pläne vor und zwar: Rahmenterminplan, Generalterminplan, Grobterminplan, Detailterminplan.[643]

Ein solches Vorgehen erlaubt eine Abstufung nach den entsprechenden Systemeinheiten und damit die Delegation von Aufgaben und die Verringerung der Komplexität des Gesamtsystems. Der Rahmenterminplan kann als Grundlage von Gesprächen mit dem Bauherrn und den Partnern dienen. Der Generalterminplan erlaubt die Steuerung der Baustelle. Beide liegen damit in der Verantwortung des Projektmanagements. Grobterminpläne dienen zur Steuerung von Subsystemen wie technisches Büro, Ausbau, Fertigteilwerk und Baustelle und sie werden dann von den jeweiligen Managern verantwortet. Die Detailterminpläne dienen zur operativen Steuerung vor Ort auf dem Niveau der Poliere. Diese Vorgehensweise einer Dezentralisierung der Terminsteuerung dient insbesondere der Komplexitätsreduktion.

14.3.1.5 Bereitstellungsplanung

Die Bereitstellungsplanung befasst sich mit den benötigten Ressourcen. Darunter werden in der Betriebswirtschaft die Inputs im Produktionsprozess verstanden, die mit Hilfe der Technologie verknüpft werden, um den Output hervorzubringen.

Eine generelle Trennung wird zwischen Elementarfaktoren und dispositiven Faktoren vorgenommen. Zum dispositiven Faktor gehört das Management des ICJVs. Zusätzlich ist noch an die Bereitstellung von Kapital zu denken, um die Liquidität des ICJVs zu sichern. Im Folgenden konzentrieren sich die Ausführungen auf die Elementarfaktoren und damit eine Bereitstellungsplanung im engeren Sinn. Eine Gliederung ist Tabelle 48 zu entnehmen.

Verbrauchs- oder Repetierfaktoren gehen bei ihrem Einsatz in der Produktion als Bestandteil des Produktes auf. Potenzial- oder Bestandsfaktoren können mehrfach im Produktionsprozess eingesetzt werden. Sie werden nicht körperlich Teil des Produkts.[644]

Werkstoffe sind bei Großbaustellen nicht nur in großen Mengen, sondern auch in großer Vielfalt notwendig. Die großen Mengen können bereits Auswirkungen auf den Markt haben und Engpässe hervorrufen. So entspricht die benötigte Menge von 46.000 t an Vorspannstahl und Vorspanntechnik beim BangNa Expressway dem mengenmäßigen Gesamtumsatzes eines Jahres für das zweitgrößte Spezialunternehmen weltweit. Nicht anders war es bei den Schleuderbeton-Rammpfählen.

---

[643] Vgl. GREINER (Projektmanagement 2002), S. 120 f.
[644] Vgl. KLOOCK (Produktion 1989), S. 256 f.

In beiden Fällen entschlossen sich die Partner zur Fertigung eigenständige Unternehmen zu gründen. Die große Vielfalt der benötigten Werkstoffe zwingt zur globalen Beschaffung.

Tabelle 47: Elementarfaktoren des Produktionsprozesses[645]
Table 47: Elementary factors of Production Processes

Verbrauchsfaktoren (Repetierfaktoren)	**Potenzialfaktoren** (Bestandsfaktoren)		
Werkstoffe wie: Rohstoffe, Bauteile, Hilfsstoffe, Betriebsstoffe	Arbeitskräfte einschließlich ihres Wissens- und Erfahrungspotenzials	Betriebsmittel wie: Anlagen (Maschinen, Geräte, Computer), Gebäude, Grundstücke	Rechte

Es werden innerhalb kurzer Zeit sehr viele Arbeitskräfte benötigt, beim BangNa Expressway waren es fast 5.000. Diese werden schlagartig vom Arbeitsmarkt geholt und anschließend in der Gesamtheit an ihn zurückgegeben. Der erste Schritt ist problematisch für ICJVs. Es ist undenkbar fast gleichzeitig die große Anzahl an qualifizierten Arbeitskräften zu finden. Deshalb werden ungelernte Arbeitskräfte eingestellt. Dies muss sowohl bei der Herstellungsplanung (möglichst standardisierte Arbeitsabläufe) als auch bei der Bauausführung (Aufsicht, Einarbeitung, Schulung) berücksichtigt werden. Während in Thailand genügend ungelernte Arbeitskräfte zu finden waren, mussten diese in Taiwan aus anderen Ländern (meist Thailand) angeworben werden.

Die Betriebsmittel werden teilweise global beschafft (Maschinen, Geräte) teilweise vor Ort (Grundstücke). Gebäude werden meist angemietet. Bei der Grundstücksbeschaffung für die Fertigungseinrichtungen ist es oft unmöglich, ein optimal passendes Grundstück nach Lage und Form zu finden. Dann muss die Einrichtung der Form des Grundstücks und die Logistik seiner Lage angepasst werden.

Rechte wie Patente und Lizenzen rufen in der Regel keine Schwierigkeiten hervor, dies ist jedoch von den jeweiligen Landesgesetzen abhängig.

14.3.1.6 Baustelleneinrichtungsplanung

Auf Grund der Baustellenfertigung erbringt ein ICJV seine Leistung in einer temporären Produktionsstätte.[646] Deshalb muss und kann für jede Baustelle eine eigene Bereitstellungsplanung erfolgen. Während man in der stationären Industrie einmal

---

645 Vgl. KLOOCK (Produktion 1989), S. 256
646 Vgl. BAUER (Baubetrieb 1995), S. 54

vollzogene Fehler bei der Planung nicht ohne Schwierigkeiten und hohe Kosten beseitigen kann, beginnt jede Baustelle von Neuem. Die Erfahrungen der letzten Bereitstellungsplanung können immer wieder radikal umgesetzt werden. Dies gilt besonders für Großbaustellen, wo die großen Stückzahlen (Quadratmeter Brückenfläche, Kubikmeter Tunnelausbruch...) die Umlage relativ hoher Fixkosten erlauben. Hieraus entsteht zwischen den Baustellen für das Unternehmen eine große Dynamik und daraus erwächst eine breite Kenntnis des Grundlagenwissens. Andererseits erhöht der Zwang zur ständigen Neuplanung die Komplexität. Die Bereitstellungsplanung ist in der stationären Industrie ein Höhepunkt der Arbeit für spezialisierte Abteilungen, in der Bauindustrie das Alltagsgeschäft vieler Ingenieure.

Neben die Dynamik der Planung tritt die Vielfalt der Produktionsstätten für eine Großbaustelle. Da diese unter hohem Zeitdruck stehen, ist eine Vorfertigung erheblicher Teile des Bauwerks in einem Fertigteilwerk eine Standardlösung. Diese konnte bei allen betrachteten Baustellen beobachtet werden. Im Brückenbau werden die Überbauten vorgefertigt, im Tunnelbau die Segmente der Tunnelringe. Somit gibt es eine oder zwei zentrale Produktionsstätten mit allen notwendigen Sozialeinrichtungen. Ein Großteil der Arbeiten muss dennoch vor Ort erbracht werden. Dann wird jeder einzelne Brückenpfeiler, jedes Überbaufeld zu einer kleinen Produktionsstätte. Nach Fertigstellung müssen die Produktionsmittel weiter zur nächsten verschoben werden. Dies sind die „wandernden Fabriken“, von denen in der Bauindustrie gesprochen wird. Die Sozialeinrichtungen für diese kleinen Produktionsstätten werden dann wieder konzentriert in Baulagern. Somit wird eine Großbaustelle im Brückenbau aus ungefähr einhundert Produktionsstätten bestehen, zu denen dann noch die Büros hinzukommen.

Als Beispiel kann wieder der BangNa Expressway dienen. Die Hauptbestandteile der Produktionsstätten waren ein ICJV-Büro, ein Fertigteilwerk, drei Baulager und eine Vielzahl wandernder Produktions-(Bau-)stellen. Auf der Baustelle (also nicht im Fertigteilwerk oder den Baulagern) waren 2.500 eigene Arbeitskräfte im Einsatz. Bei Annahme einer Mannschaftsgröße von 25 Mann ergibt dies 100 Kleinbaustellen. Diese Annahme ist sicherlich vorsichtig. Dazu kommen dann noch die Mannschaften der Nachunternehmer.

Die Einrichtungen waren wie folgt:

- ICJV-Büro
  - Büros für etwa 200 Mitarbeiter. Projekt Management, Technisches Büro, Oberbauleitung, kaufmännische Abteilungen
- Fertigteilwerk (650.000 m²)
  - Büros
  - Wohnlager
  - Kantine
  - Sunset-Bar

  - Labore
  - Zimmerei
  - Schlosserei
  - Eisenbiegerei für 200.000 t Baustahl
  - Fertigung und Lagerung von Spanngliedern (50.000 t)
  - Produktionseinrichtungen zur Fertigung der Vorspanntechnik
  - Zentralwerkstatt
  - Materiallager
  - Stellplätze und Werkstatt für 40 Tieflader
  - Betonmischanlagen für 900.000 m³ Beton
  - Produktionsstätten für die Überbausegmente
  - Lagerflächen für die Überbausegmente

- Drei Baulager
  - Büros
  - Wohnlager
  - Kantine
  - Werkstatt
  - Materiallager

- Baustellen für den Unterbau
  - Container
  - Pfahlrammen
  - Bagger mit Vibrationsrammen
  - Verbau
  - Schalung
  - Bewehrung
  - Betonpumpen
  - Hebegeräte
  - Fahrmischer
  - Radlader
  - Energieversorgung
  - Verkehrseinrichtungen
  - Lagerflächen
  - Kleingeräte

- Baustellen für den Überbau
  - Container
  - Vorschubgerüste
  - Containerkrane zum Zwischentransport der Segmente
  - Kleinlader (Mafis)
  - Lagerflächen

Die gewählten Einrichtungen im Rahmen der Bereitstellungsplanung werden aus den vertraglichen Bedingungen (Kosten- Arbeitsablaufplanung) abgeleitet und sind natürlich besonders eng mit der Herstellungsplanung verflochten.

14.3.1.7 Logistikplanung

Diese verbindet die Bereitstellungsplanung (Menschen, Geräte, Materialien) mit der Baustelleneinrichtungsplanung (Ort) und der Arbeitsablaufplanung (Termin): Die Ressourcen müssen rechtzeitig am richtigen Ort zur Verfügung stehen.

GIRMSCHEID unterscheidet zwischen:[647]

- Transportlogistik
- Anliefer-, Lager- und Umschlagslogistik
- Lagerflächen und Lagerflächenmanagement
- Entsorgungslogistik

Natürlich ist bei Großbaustellen auf jedem dieser Gebiete ein größeres Volumen abzuwickeln. Daraus ergeben sich zusätzlich Verknüpfungen und Beeinflussungen, die einzelnen Transport- und Lagerketten werden störanfällig.

Beim BangNa Expressway wurden beispielsweise die Transporte der Segmente auf die Minute genau geplant, weil sie nur während eines Zeitfensters von sechs Stunden in der Nacht durchgeführt werden durften. Die ganze Transportkette hing davon ab, dass jedes Fahrzeug innerhalb dieser Zeit zwei Segmente zu den immer neuen Einbauorten lieferte. Ein Verzug von 15 Minuten konnte den ganzen zweiten Transport unmöglich machen. Damit hätte sich die Baugeschwindigkeit halbiert.

Beim Taiwan High Speed Railway war es unabdingbar, dass sich zwischen dem Fertigteilwerk, wo die Überbausegment gefertigt wurden, und dem Einbauort kein Hindernis befand. Die sehr speziellen Transportgeräte mussten auf dem fertigen Überbau fahren. Dieser Überbau wurde immer wieder durch Sonderbauwerke unterbrochen. Jeder Verzug bei diesen hätte sich auf das Hauptbauwerk ausgewirkt. Aus diesen Ausführungen wird die Bedeutung von Lagern ersichtlich. Wie in Bild 70 dargestellt bilden sie den einzigen Puffer.

In allen Punkten ist die sachliche Komplexität ex ante hoch. Zum Bauende ist sie wie bei der Organisations- und Entwurfsplanung auf Null reduziert.

14.3.2 Soziale Komplexität

An der Arbeitvorbereitung sind viele Gruppen beteiligt. Dies verwundert nicht, wenn man die Verflechtungen der einzelnen Planungen betrachtet, die Bedeutung des technischen Know-hows für die Herstellungsplanung und die Auswirkungen auf das

[647] Vgl. GIRMSCHEID (Angebots- und Ausführungsmanagement 2005), S. 136 ff.

Bauwerk, die globale Beschaffung bei der Bereitstellungsplanung sowie die Kosten für die Infrastrukturmaßnahmen einer Großbaustelle.

Wegen der hohen Kosten werden die Partner des ICJV immer an den Planungen beteiligt sein. Das gleiche gilt natürlich auch für den Transfer des technischen Know-hows von den Unternehmenszentralen zu dem ICJV. Dies geschieht nicht nur durch Abstellung geeigneten Personals, sondern auch durch Zusammenarbeit.

Prozess und Produkt beeinflussen sich gegenseitig. Deshalb ist die Arbeitsvorbereitung ganz eng mit dem Entwurf abzustimmen. Immer wenn das Bauwerk als Produkt betroffen ist, ist natürlich auch der Bauherr einzubinden.

In dem ICJV müssen viele Planungsschritte bei der Arbeitsvorbereitung gleichzeitig ausgeführt werden. Dies bindet alle Abteilungen ein: Projektmanagement, kaufmännische Abteilung, technisches Büro, Bauabteilung. Auch wenn es eine eigene Abteilung Arbeitsvorbereitung gibt, so ist die Arbeit doch auch auf alle anderen Abteilungen verteilt.

Die Lage der Arbeitsvorbereitung im Schnittpunkt all dieser Interessen, Ressourcen, Kenntnisse und Verantwortlichkeiten bedingt eine sehr hohe soziale Komplexität ex ante. Bei den untersuchten Baustellen klappte die Umsetzung der Planung in die Realität der Baustelle. Dieser Erfolg baute gegenseitiges Vertrauen auf, insbesondere zwischen den ausländischen Partnern, die für die Arbeitsvorbereitung verantwortlich waren, und den heimischen Partnern. Dadurch wurde die soziale Komplexität ex post erheblich vermindert.

14.3.3 Zeitliche Komplexität

Der wichtigste Aspekt in Südostasien ist hierbei das Technologiegefälle zwischen den großen internationalen Bauunternehmen und ihren lokalen Partnern. Während alle Partner durch den Vertrag die Verpflichtung zur mangelfreien Errichtung des Bauwerks tragen, verfügt zumindest der lokale Partner nicht über eine der Kernressourcen: die Technologie.

Dies führte in allen Fällen ex ante zu großem Misstrauen der lokalen Partner gegenüber dem ICJV und erschwerte dort die Arbeit erheblich durch Kontrollen. In den meisten Fällen löste sich dieses Misstrauen, sobald das ICJV die Technologie einsetzte und die vertraglich geforderte Bauleistung pro Monat erbrachte. Es handelt sich um den gleichen Vorgang wie bei der sozialen Komplexität. In einem Fall schied jedoch der lokale Partner aus dem ICJV aus, das damit als Kooperation scheiterte.

Im Erfolgsfall ist die zeitliche Komplexität ex post deutlich geringer als ex ante.

14.3.4 Operative Komplexität

Die operative Eigenkomplexität der Arbeitsvorbereitung ist gering. Alle Planungen der Arbeitsvorbereitung unterstützen andere Tätigkeiten wie Entwurf, Beschaffung, physische Baustelleneinrichtung und insbesondere Bauausführung. Als Stabsabteilung besitzt die Arbeitsvorbereitung auch keine Kompetenzen eigene Ziele vorzugeben oder Beschlüsse zu fassen. Die Entscheidungen werden jeweils in den Linienpositionen getroffen.

Dadurch ist die operative Komplexität ex ante wie ex post hoch.

14.3.5 Kognitive Komplexität

Für die kognitive Komplexität gelten die Aussagen in Abschnitt 14.1.6 gleichermaßen, sie ist auf sozialer Ebene hoch.

14.3.6 Zusammenfassung zur Komplexität der Arbeitsvorbereitung

Tabelle 48: Komplexität der Arbeitsvorbereitung
Table 48: Complexity of Work Preparation

Art der Komplexität	Dimension	Ausprägung
Sachliche Komplexität in dem ICJV ex ante	Arbeitskalkulation Controllingsystem Fertigungstiefenplanung Herstellungsplanung Arbeitsablaufplanung Bereitstellungsplanung Baustelleneinrichtungsplanung Logistikplanung	Hoch Hoch Hoch Hoch Hoch Hoch Hoch Hoch
Ex post		Null
Soziale Komplexität in dem ICJV ex ante	Vernetzung	Hoch
Ex post		Verringert
Zeitliche Komplexität in dem ICJV ex ante	Technologiegefälle	Hoch
Ex post		Verringert
Operative Komplexität in dem ICJV ex ante	Stabsabteilung	Hoch
Ex post		Hoch
Kognitive Komplexität in dem ICJV ex ante	Individuelle Ebene Soziale Ebene	Durchschnittlich Niedrig
Ex post		Wenig erhöht

Die Erörterungen in diesem Kapitel 14.3 zur Arbeitsvorbereitung sind in der Tabelle 49 zusammengefasst.

14.4 Baustelleneinrichtung

Unter der Baustelleneinrichtung ist die physische Umsetzung der Baustelleneinrichtungsplanung zu verstehen. Hierbei ergeben sich vielfältige Verbindungen zu Privatpersonen und den verschiedenen Behörden. Dafür sind besonders die Sprach- und Ortskenntnisse sowie die wirtschaftlichen und politischen Netzwerke des lokalen Partners von Bedeutung.

14.4.1 Sachliche Komplexität

Es sind folgende wichtige Punkte zu berücksichtigen:

- Bereitstellung von Land
- Kauf von Geräten und Maschinen
- Versorgungsleitungen
- Büro- und Sozialeinrichtungen
- Abfallentsorgung

14.4.1.1 Bereitstellung von Land

Hierbei ist zu unterscheiden zwischen der Bereitstellung des Grundstücks oder des Nutzungsrechts für die Baustelle auf der einen Seite und der Beschaffung von Grundstücken für die Baustelleneinrichtung auf der anderen Seite. Im ersten Fall handelt es sich um Objekte (Grundstück) oder Rechte (Nutzungsrecht, Right of Way), die der Bauherr in den Leistungserstellungsprozess einbringt (vgl. Bild 46). Im zweiten Fall handelt es sich um eine Aufgabe des ICJV. In sehr seltenen Fällen stellt der Bauherr auch das Land für die Baustelleneinrichtung.

Die benötigten Grundstücke haben eine erhebliche Größe. Im Falle BangNa Expressway waren es allein für das Fertigteilwerk 650.000 m². Die Grundstücke gehören meist verschiedenen Eigentümern, so dass deren unterschiedliche Einzelinteressen koordiniert werden müssen.

Da bei einem Design/Build-Vertrag dem Bauherrn der Ausführungsentwurf bei Vertragsunterschrift nicht vorliegt, kann er auch keine Klärung der Einzelheiten herbeiführen, die aus diesem Entwurf erwachsen. Diese Aufgabe fällt dann dem ICJV zu. Beispiele sind beim Taiwan High Speed Railway und beim BangNa Expressway Brückenpfeiler in Flüssen. In Taiwan ergab sich daraus eine – lokal begrenzte –

Bauzeitverzögerung von einem Jahr.[648] Bei jedem Großprojekt ergibt sich eine Vielzahl ähnlicher Probleme, allerdings nicht mit den gleichen terminlichen Folgen.

14.4.1.2 Kauf von Geräten und Maschinen

Wegen der Projektgröße können sehr spezifische, auf einen engen Anwendungsbereich begrenzte Geräte und Maschinen angeschafft werden. Dieses wird bereits in der Bereitstellungsplanung berücksichtigt. Spezifizität erhöht einerseits die Leistung, andererseits auch die Abhängigkeit von den Randbedingungen.

Dies zeigte sich beispielsweise bei den Pfahlrammen des BangNa Expressway. In bestimmten Bereichen waren die Bodenverhältnisse deutlich anders als in den Planungen zugrunde gelegt. Unter den tatsächlichen Verhältnissen war ihre Rammleistung nicht ausreichend. Andere Geräte waren auf dem thailändischen Markt nur unter größten Schwierigkeiten zu beschaffen.

Viele Geräte und Maschinen sind aus dem Ausland einzuführen. Von entsprechender Bedeutung sind damit lange Vorlaufzeiten und eine effiziente Abwicklung der Einfuhr.

14.4.1.3 Versorgungsleitungen

Eine Großbaustelle braucht eine Vielzahl von Versorgungsleitungen und sie greift auf vielfältige Weise in das bestehende Netz von Versorgungsleitungen ein. Eine Baustelle benötigt Strom, Telefon, Gas, Wasser und fossile Brennstoffe.[649] Die besondere Schwierigkeit bei Großbaustellen ist die Vielzahl dezentraler Produktionsstätten. Hier muss die Versorgung über Generatoren und Tankwagen (auch für Wasser) sichergestellt werden.

Gleichzeitig wird während der Baustelleneinrichtung und besonders bei der Bauausführung vielfach in die bestehenden Netze eingegriffen. Hier ist eine enge Koordination mit den Strom-, Gas-, Wasser-, Telefon-, Straßen- und Flussbehörden von höchster Bedeutung. Dafür ist zunächst eine rechtzeitige Bestandsaufnahme notwendig, damit Konfliktpunkte zwischen den bestehenden Leitungen und dem geplanten Bauwerk erkannt werden können. Daran schließt sich eine Kontaktaufnahmen mit den jeweiligen Behörden an. Diese betreuen ausschließlich ihre eigenen Netze, so dass jegliche Koordination mit anderen Behörden langwierig ist. So muss z.B. in Deutschland ein Jahr vor einem Eingriff in das Streckennetz einschließlich der Oberleitungen die Genehmigung der Deutschen Bahn AG vorliegen, damit dies in den Fahrplänen berücksichtigt werden kann. Auch wenn die Vorplanungsphase in Schwellen- und Entwicklungsländern oft deutlich kürzer ist, so sind doch die mannig-

[648] Vgl. Interview TT3, S. 7
[649] Vgl. BÖTTCHER / NEUENHAGEN (Baustelleneinrichtung 1997), S. 146

faltigen Abhängigkeiten zu beachten. Dies gilt insbesondere wenn die Baustelle (und dies ist der Regelfall) in stark besiedelten Gebieten liegt und eine Linienbaustelle ist. Linienbaustellen durchschneiden immer eine Vielzahl von Versorgungsleitungen. Wenn einmal die Planung mit allen betroffenen Behörden koordiniert und abgeschlossen ist, dann ist die Bauausführung vergleichsweise problemlos. Diese Arbeit wurde bei allen untersuchten Projekten von lokalen Ingenieuren ausgeführt.

14.4.1.4 Büro- und Sozialeinrichtungen

Quantität und Qualität von Büro und besonders von Sozialeinrichtungen wird jeweils durch die Landesgesetze geregelt. In Deutschland handelt es sich z.B. um die Arbeitsstättenverordnung und die Arbeitsstättenrichtlinien.

Eine Besonderheit von Großbaustellen sind die Wohnlager für Arbeitskräfte und eventuell Camps für die ausländischen Führungskräfte (einschließlich Poliere und Familien). Weder in Taiwan noch in Thailand waren Camps notwendig, auf dem lokalen Wohnungsmarkt konnten die Bedürfnisse abgedeckt werden. Anders ist es mit den Wohnlagern für Arbeitskräfte. Diese wurden aus dem Umland oder aus dem Ausland auf der Baustelle zusammengezogen. Die Wohnlager beherbergen um 1.000 Arbeitskräfte, teilweise mit Familien. Es handelt sich somit um ganze Dörfer mit einer entsprechenden Infrastruktur.

14.4.1.5 Abfallentsorgung

Wie alles andere bei Großprojekten, so stellt auch die Abfallentsorgung auf Grund der Mengen ein besonderes Problem dar. Entsprechende Vorbereitungen sind zu treffen und Verträge müssen abgeschlossen werden. Außer den Mengen ergeben sich jedoch keine Änderungen gegenüber anderen Baustellen.

14.4.2 Soziale Komplexität

Die soziale Komplexität bei der Baustelleneinrichtung ergibt sich aus dem Einwirken auf die bestehenden Strukturen durch das ICJV. Betroffen sind Privatpersonen und Behörden des Gastlandes. Die Vernetzung kann nicht gemindert werden, sie kann nur entsprechend gemanagt werden. Dabei spielt der lokale Partner eine überragende Rolle.

Die soziale Komplexität ist somit ex ante hoch. Wie sie sich im Verlaufe der Bauzeit entwickelt, hängt von dem öffentlichen Interesse ab. Viele Großprojekte stehen hier im Mittelpunkt und es wird oft über sie in den Medien berichtet. Wenn dies der Fall ist, dann bleibt die soziale Komplexität auch ex post hoch.

14.4.3 Zeitliche Komplexität

Natürlich treffen die Vorstellungswelten von Unternehmen, Behörden und Privatpersonen (z.B. Bauern) aufeinander. Dies geschieht aber auf vielfältige Weise im gesamten Wirtschaftsleben und stellt keine Besonderheit dar. Schwierigkeiten entstehen aber, wenn ausländische Mitarbeiter mit den Behörden und Privatpersonen des Gastlandes verhandeln müssen.

Bei dem Grundstückserwerb kann es zwischen den Partnern wegen unterschiedlicher Grundeinstellungen zu erheblichen Problemen kommen. Der Grundstückskauf ist oft die einzige Lösung, wenn das Land nicht gepachtet werden kann. Diese Investition ist aus Sicht des ausländischen Partners meist nicht in dem gleichen Maße wünschenswert wie für den heimischen. Bei Bauende kann es über die Veräußerung oder Weiterverwendung zu erheblichen Problemen kommen. Dies gilt besonders, wenn sich die wirtschaftlichen Interessen des ausländischen Partners auf das Bauprojekt beschränken.

Die zeitliche Komplexität spielt auch bei der Interaktion zwischen dem ICJV und den Versorgungsbehörden eine wichtige Rolle. Gerade um diese Problematik gering zu halten, werden dafür nur lokale Ingenieure eingesetzt.

14.4.4 Operative Komplexität

Die operative Komplexität ist ex ante hoch, weil die Baustelleneinrichtungsplanung immer vielen Ansprüchen gerecht werden muss. Eine Eigenkomplexität wie bei der Arbeitsvorbereitung kann sich nicht entwickeln und damit auch nicht zum Abbau der Gesamtkomplexität beitragen. Eigene Zielsetzung im Rahmen der Baustelleneinrichtung sind allerdings weder theoretisch wünschenswert noch praktisch vorstellbar. Aus diesem Grunde ist die operative Komplexität auch ex post auf einem unverändert hohen Niveau.

14.4.5 Kognitive Komplexität

Für die kognitive Komplexität gelten die Aussagen in Abschnitt 14.1.5 gleichermaßen, sie ist auf sozialer Ebene hoch.

14.4.6 Zusammenfassung zur Komplexität der Baustelleneinrichtung

Die Erörterungen in diesem Unterkapitel 14.4 zur Baustelleneinrichtung sind in der Tabelle 14 zusammengefasst.

Tabelle 49: Komplexität der Baustelleneinrichtung
Table 49: Complexity of Site Installations

Art der Komplexität	Dimension	Ausprägung
Sachliche Komplexität in dem ICJV ex ante	Bereitstellung von Land Kauf von Geräten und Maschinen Versorgungsleitungen Büro- und Sozialeinrichtungen Abfallentsorgung	Hoch Hoch Hoch Hoch Hoch
Ex post		Null
Soziale Komplexität in dem ICJV ex ante	Vernetzung	Hoch
Ex post		Hoch
Zeitliche Komplexität in dem ICJV ex ante	Wirtschaftliche Interessen	Normal
Ex post		Hoch
Operative Komplexität in dem ICJV ex ante	Umsetzung der Planung	Hoch
Ex post		Hoch
Kognitive Komplexität in dem ICJV ex ante	Individuelle Ebene Soziale Ebene	Durchschnittlich Niedrig
Ex post		erhöht

14.5 Bauausführung

In der Regel werden bei der Bauausführung keine weiteren Phasen unterschieden.[650] Großprojekte sind auch in dieser Hinsicht detaillierter zu betrachten, weil das Bauverfahren neuartig ist und die eingesetzten Geräte oft spezifisch für die Bauaufgabe entworfen und hergestellt sind. Natürlich ist auch die Bauzeit im Ganzen länger als bei Standardprojekten. Wenn Bauverfahren- und Baugeräte zum ersten Mal eingesetzt werden, dann fällt eine Lernphase an, bei der sich die Arbeitskräfte mit diesen Mitteln vertraut machen (Anlaufphase). Dies ist als Lernkurve bekannt.[651] Bei einfachen Schalungen ist beispielsweise der Lerneffekt nach fünf Einsätzen erschöpft, bei Systemschalungen werden die Nullzeiten nach etwa zehn Einsätzen erreicht. Dabei wird unterstellt, dass nach einer bestimmten Anzahl von Wiederholungen keine weiteren Produktivitätssteigerungen eintreten, dies soll durch den Begriff „Nullzeit" ausgedrückt werden (vgl. Bild 71).[652]

---

[650] Vgl. GIRMSCHEID (Angebots- und Ausführungsmanagement 2005), S. 87
[651] Vgl. BARRIE / PAULSON (Construction Management 1992), S. 224
[652] Vgl. HIRSCHBERGER (Baubetrieb 1996), S. 90 f.

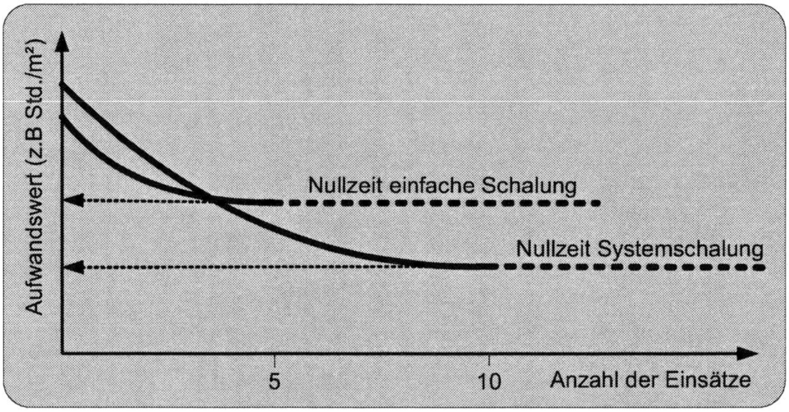

Bild 71: Lernkurve bei Einsatz unterschiedlicher Schalsysteme
Fig. 71: Learning Curve for Different Formwork Systems

Die Lernkurve nach Bild 31 definiert eine Lernzeit über die Anzahl der Einsätze der beiden unterschiedlichen Schalsysteme. Die Lernzeit bei der komplizierteren Systemschalung ist länger und die Verringerung des Aufwandswertes ist größer. Die Lernkurve ist ein Faktor, der zu den Kosteneinsparungen bei der Erfahrungskurve führt (vgl. Kapitel 13.1). SEIBERT beschreibt die Wirkung als *„Bessere Geschicklichkeit und rationellere Bewegungs- und Denkabläufe bei wiederholter Ausübung der gleichen Tätigkeit."*[653]

Lerneffekte im Sinne der Lernkurve wurden auch bei den untersuchten Großprojekten angetroffen. So wurde z. B. die Montagezeit für den Überbau eines Brückenfeldes beim BangNa Expressway innerhalb von sechs Einsätzen von sechs Wochen auf zwei Tage verringert. Zwei Tage lagen als Montagezeit der Arbeitsablaufplanung zu Grunde. Die gesamte Lernzeit betrug ungefähr drei Monate. Diese Phase wird im Folgenden als Anlaufphase (anstelle von Lernphase) bezeichnet, um zu verdeutlichen, dass das Lernen im Sinne der Erfahrungskurve bis zum Ende des Projektes und darüber hinaus anhält. In der Anlaufphase werden Bauverfahren und -geräte zum ersten Mal erprobt, die Stärken und Schwächen analysiert und Änderungsvorschläge erarbeitet, es handelt sich ja oft um Prototypen.

Die Änderungsvorschläge werden in der zweiten Phase, der Einarbeitungsphase, umgesetzt, erprobt und eingeübt. Am Ende der Einarbeitungsphase ist die Nullzeit dauerhaft erreicht, Abweichungen hiervon treten nur noch ganz selten unter besonderen Umständen auf. Die Anpassungen und Änderungen kosten Zeit und Geld, dieses muss bei den möglichen Einsparungen berücksichtigt werden. Da Großprojekte im Infrastrukturbereich eine hohe Gleichförmigkeit aufweisen, ist es möglich, die Vorteile solcher Investitionen durch kontinuierliche Verbesserungsprozesse zu

[653] S. SEIBERT (Technisches Management 1998), S. 223

nutzen. Dies galt sowohl für den BangNa Expressway mit über 1.200 ähnlichen Brückenfeldern genauso wie für die deutlich stärker gegliederten Teilprojekte des Taiwan High Speed Railways. Das Einführen von Änderungen und Anpassungen bildet eine Schnittstelle zwischen den beiden Phasen. Es schließt die Anlaufphase ab und eröffnet die Einarbeitungsphase.

Die Einarbeitungsphase leitet über in die Routinephase. Dieses ist bei gut geplanten und organisierten Projekten die längste Phase, in der die Produktion ohne Unterbrechung auf höchstem Niveau läuft.

Diese Aussagen sind in Tabelle 51 zusammengefasst:

Tabelle 50: Unterphasen der Bauausführung
Table 50: Construction Subphases

	Anlaufphase	**Einarbeitungsphase**	**Routinephase**
Beschreibung	Erstes Hantieren mit Bauverfahren und -gerät Erhöhung der Produktivität Stärken- und Schwächenanalyse Umfangreiche Verbesserungsvorschläge	Einführen der Verbesserungen Stabilisierung der Produktivität Kleinere Verbesserungen	Ständige Wiederholung der Arbeitsabläufe Gleichbleibende Produktivität
Dauer	Etwa drei Monate	Etwa zwei Monate	Restbauzeit
Hauptaugenmerk	Erprobung und Verbesserung	Umsetzung der endgültigen Technik	Erreichen gleichbleibender Qualität und Produktivität
Kennzeichnung	Kreative Tüftlerphase	Industrielle Produktionsabstimmung	Ständige Anstrengung zur Einhaltung der Qualität

In Bild 72 sind die Ausführungsphasen von Großprojekten im Gesamtzusammenhang dargestellt. Die Form lehnt sich an die Ausführungen von GIRMSCHEID an.[654]

Die Baustelleneinrichtung überlappt sich mit der Anlaufphase, gegebenenfalls sogar mit der Einarbeitungsphase (nicht dargestellt). Die Routinephase beendet die Bauausführung, es folgt die Übergabe des Bauwerks an den Bauherrn. Damit beginnt dann auch die Gewährleistungsphase für das ICJV.

[654] Vgl. GIRMSCHEID (Angebots- und Ausführungsmanagement 2005), S. 87

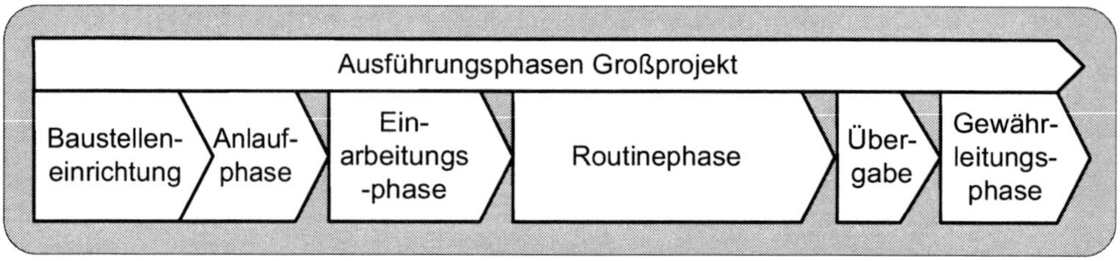

Bild 72: Detaillierte Darstellung der Ausführungsphasen von Großprojekten
Fig. 72: Detailed Figure of Construction Subphases in Megaprojects

Natürlich ist der Ablauf in Bild 72 idealisiert. So war der BangNa Expressway in acht Abschnitte eingeteilt, die jeweils zu unterschiedlichen Zeitpunkten an den Bauherrn zu übergeben waren. Es wurden fünf Vorschubgerüste für die Hauptstrecke eingesetzt und sechs weitere für die Auffahrts- und Abfahrtsrampen. Die Baustelleneinrichtung, Anlauf-, Einarbeitungs- und Routinephase bezogen sich auf die Baustelle. Bei jeder Mannschaft und jedem Vorschubgerüst kam es jedoch immer wieder zu Lernkurven, allerdings wurden bei den späteren Gerüsten keine neuen Änderungen eingeführt. Lediglich die Übergabe war streng auf die Bauabschnitte bezogen. Insgesamt überlagerten sich also Effekte der beschriebenen Phasen, Geräte und vertraglichen Abschnitte.

14.5.1 Sachliche Komplexität

Nach einer auf Baustellen bekannten Aussage müssen dort *„...zum vorgegebenen Zeitpunkt fachkompetente Mitarbeiter mit klaren Aufgaben dem richtigen Werkzeug und geeigneten Maschinen und dem richtigen Material in ausreichender Menge am richtigen Ort...“*[655] zusammengeführt werden. Diese sehr allgemein gehaltene Beschreibung ist für die unmittelbare Bauausführung nicht hinreichend und deshalb müssen die wichtigen Punkte im Einzelnen erörtert werden.

Jeder dieser Punkte wird in der Arbeitsvorbereitung geplant und auf der Baustelle dann umgesetzt. Das obige Zitat bezieht sich im Original auch ausdrücklich auf die Aufgaben der Arbeitsvorbereitung. Auch die Baustelleneinrichtung bereitet die Bauausführung vor, indem die entsprechenden physischen Potenzialfaktoren bereit stellt.

Die Bauausführung muss als letzter und kostenintensivster Schritt das Erreichen der Projektziele sicherstellen. Bei idealer Ausführung verläuft die Übergabe ohne Probleme und in der Gewährleistungsphase sind keine weiteren Aktivitäten des ICJVs notwendig. Kern der Ausführungsphasen ist der Produktionsprozess, bei dem wie in jeder anderen Industrie die Inputfaktoren in Abhängigkeit von Prozesseinflussgrößen miteinander kombiniert werden. Die übliche Gliederung in Beschaffung, Produktion und Absatz wird allerdings bei Kontraktgütern abgeändert. Der Absatz an den

655 S. NAGEL (Baustellen-Management 1998), S. 107, im Original mit Spiegelstrichen

Kunden ist von vornherein vertraglich bestimmt und an seine Stelle tritt die Übergabe (vgl. Bild 73).

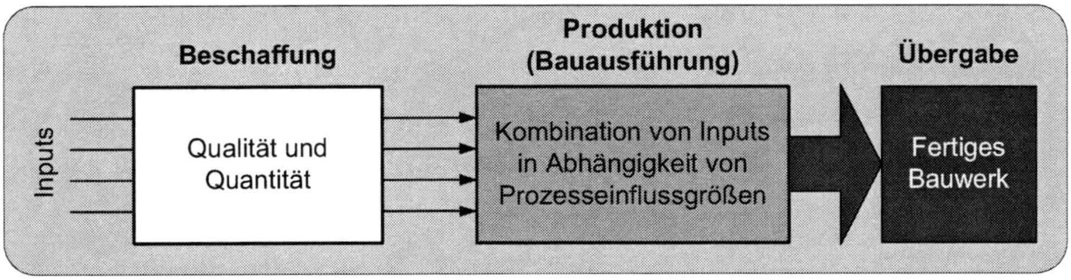

Bild 73: Beziehung zwischen Beschaffung, Produktion und Übergabe[656]
Fig. 73: Relation Procurement – Production – Hand-over

Ausgehend von Bild 73 lassen sich bei einer genauen Betrachtung folgende Punkte im Rahmen der Bauausführung unterscheiden, die in der Folge erläutert werden:

- Produktionsprozess
- Mengen- und Qualitätskontrolle der Werkstoffe
- Mengen- und Qualitätskontrolle der Nachunternehmerleistungen
- Maschineneinsatz und Geräteeinsatz
- Arbeitskräfteeinsatz
- Abweichende Bauausführung
- Übergabe
- Gewährleistung

Zu Beginn sind die Bedeutung der Prozesseinflussgrößen für den konkreten Produktionsprozess zu bestimmen. Kontrollen der Werkstoffe stehen am Anfang der Produktion, die Kontrollen der Nachunternehmerleistungen erfolgen vor und während der Produktion, weil es zum einen extern bezogene Faktoren sind, sie jedoch zum anderen ihre Wirkung intern im Produktionsprozess entfalten. Maschinen, Geräte und Arbeitskräfte sind die entscheidenden Potenzialfaktoren der Produktion. Übergabe und Gewährleistung sind schließlich zwei weitere Ausführungsphasen neben der Bauausführung.

14.5.1.1 Produktionsprozess

In Bild 74 sind drei verschiedene Typen von Produktionen in einer Profildarstellung einander gegenüber gestellt. Es handelt sich dabei um die Herstellung von Kraftfahrzeugen, Schiffen und das Bauwerken. Durch den Vergleich werden die Besonderheiten der Bauproduktion deutlich.

---

[656] Vgl. KLOOCK (Produktion 1989), S. 255

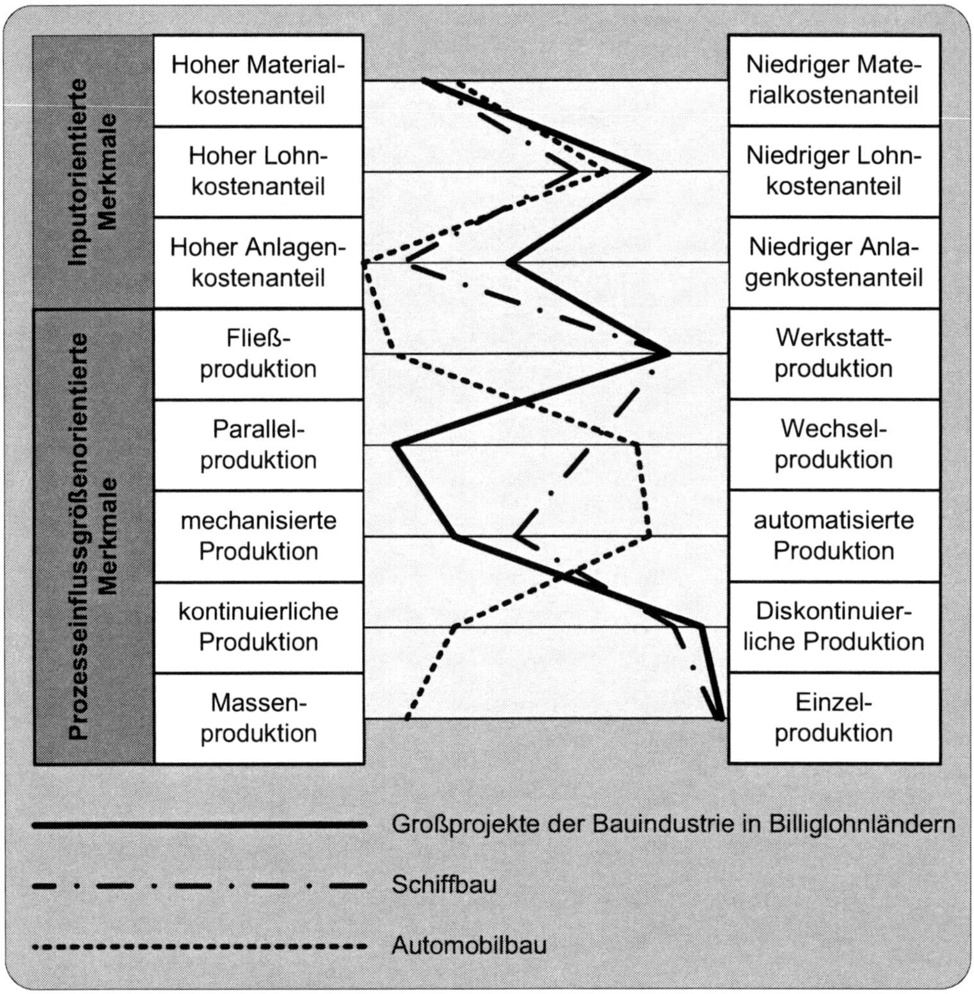

Bild 74: Typologie von Produktionen in Profildarstellung
Fig. 74: Typology of Productions as Profiles

Bild 74 ist von KLOOCK übernommen und um das Baugewerbe erweitert.[657] Von dem gleichen Autor stammen auch die folgenden Erläuterungen zu den unterschiedlichen Merkmalen, die in Inputs und Prozesseinflussgrößen gegliedert sind. Die Ausprägungen der Merkmale stellen natürlich nur Größenordnungen dar.

Bei den Inputs zeigen sich zwischen den Branchen deutliche Unterschiede bei der Material-, Lohn- und Anlagenintensität. Bei den Prozesseinflussgrößen sind immer Differenzen zwischen dem Fahrzeugbau und Großprojekten festzustellen. Schiffbau und Baugewerbe weisen in Teilen ähnliche Produktionsbedingungen auf. Im Folgen-

[657] Vgl. KLOOCK (Produktion 1989), S. 263

den werden zunächst die inputorientierten und dann die prozesseinflussgrößenorientierten Merkmale diskutiert.

➢ Inputs des Produktionsprozesses

• Materialintensität

Kraftfahrzeuge, Schiffe und Bauwerke bestehen zu einem erheblichen Teil aus Materialien. Dies ist auf den ersten Blick ersichtlich, schwieriger ist es jedoch, das Ausmaß der Materialintensität festzulegen. Diese ist definiert als Anteil der Materialkosten an den Gesamtkosten.[658] Zu den Materialkosten gehören Roh-, Hilfs- und Betriebsstoffe.[659]

Der prozentuale Anteil der Materialkosten ist beim Kfz-Bau mit 67,1 % am höchsten, im Schiffbau nicht deutlich geringer (57,1 %) und im Baugewerbe vergleichsweise gering (26,1 %). Auffällig ist auch der hohe Anteil an Handelsware im Kfz-Bau. Insgesamt folgt die Aussage, dass die Produktion im Baugewerbe eine relativ geringe Materialintensität aufweist (vgl. Tabelle 52).

Tabelle 51: Anteile der Kostenarten von Produkten im Jahr 2000 in der BRD[660, 661]
Table 51: Percentage of Direct Costs of Products in 2000 in the FRG

Kostenart	Baugewerbe	Kfz-Bau	Schiffbau
Personalkosten insgesamt	58,4 %	19,2 %	33,2 %
davon eigene	33,0 %	18,0 %	20,7 %
davon fremde	25,4 %	1,2 %	12,5 %
Materialkosten insgesamt	26,1 %	67,1 %	57,1 %
davon Material, Energie	26,9 %	50,8 %	56,8 %
davon Handelsware	0,8 %	16,8 %	0,3 %
Abschreibungen	2,0 %	3,9 %	1,6 %
Sonstige Kosten	12,7 %	9,8 %	8,1 %

• Lohnintensität

Deutliche Unterschiede treten zwischen den Branchen auch bei der Lohnintensität (Lohnsumme / Gesamtkosten) auf.

---

658 Vgl. SELLIEN / SELLIEN (Gablers 1992), S. 2227
659 Vgl. WÖHE (Betriebswirtschaftslehre 1985), S. 1144
660 Vgl. STATISTISCHES BUNDESAMT (DSTATIS 2004), S. 393
661 Vgl. STATISTISCHES BUNDESAMT (Fachserie 4 2005), o. S., Tabelle 8

In Tabelle 52 sind allerdings nicht die Lohn-, sondern die Personalkosten angegeben, die auch die Gehälter mit einbeziehen.[662] Bei einer Fertigung in Deutschland sind die Personalkosten im Baugewerbe mit 58,4 % deutlich höher als im Fahrzeug- oder Schiffbau (19,2 % bzw. 33,2 %). Die Produktion in dem Baugewerbe ist lohnintensiv.

- **Anlagenintensität**

Anlagen sind nach § 247 Abs. 2 HGB Güter, die dauerhaft dem Geschäftsbetrieb dienen.[663] Dazu gehören Grund und Boden, Gebäude, Maschinen, maschinelle Anlagen, Büroeinrichtungen und Kraftfahrzeuge.[664]

Der Wertverlust von Anlagegütern wird sowohl steuerlich als auch kalkulatorisch durch Abschreibungen berücksichtigt. Diese bewerten das Potenzial, das die Anlagengüter in den Produktionsprozess pro Jahr einbringen. Die Höhe der Abschreibungen hängt einmal von dem Wert der Anlagen und dann von der Abschreibungsdauer ab. Da die Abschreibungsdauern zur Berechnung der Steuern verbindlich vorgegeben sind, können sie bei Branchenvergleichen vernachlässigt werden. In diesem Fall spiegeln die Abschreibungen die Anlagenintensität einer Branche wider.

Mit dem Blick auf die Tabelle 16 kann man feststellen, dass die Herstellung von Kraftfahrzeugen mit 3,9 % doppelt so anlagenintensiv ist wie die Herstellung von Schiffen (1,6 %) oder die Produktion im Baugewerbe (2,0%). Im Schiffbau sind die Anlagen an einen Ort gebunden, im Baugewerbe wird ein großer Teil auf verschiedenen Baustellen eingesetzt.

- **Besonderheiten der Inputs bei Großprojekten in Niedriglohnländern**

Zwischen normalen Projekten in den westlichen Hochlohnländern und Großprojekten in Niedriglohnländern gibt es aus zwei Gründen Verschiebungen bei den Inputs. Dies ist zum einen das unterschiedliche Lohnniveau und zum anderen die unterschiedliche Anlagenintensität.

Da Kosten als monetär bewerteter Güterverbrauch definiert sind, müssen bei der Ermittlung der Lohnintensität zwei Komponenten berücksichtigt werden: eine Mengen- und eine Preiskomponente. Die Mengenkomponente kann durch die Summe der Lohnstunden, die Preiskomponente durch den Mittellohn erfasst werden.

Darüber hinaus ist die Summe der Lohnstunden von der Arbeitsproduktivität (Output/ Arbeitskräfte) und damit auch von der Höhe der eingesetzten Betriebsmittel abhängig. Während bei Großprojekten der Anteil der Betriebsmittel im Vergleich zu normalen Projekten relativ hoch ist, ist die Leistung der Arbeitskräfte in Niedrig-

---

662 Vgl. WÖHE (Betriebswirtschaftslehre 1985), S. 1144

663 Vgl. HANDELSGESETZBUCH (HGB 1998), § 247

664 Vgl. SCHNEELOCH (Besteuerung 1994), S. 175

lohnländern schwächer. Auch bei einem höheren Anteil an Betriebsmitteln bleibt die Arbeitsproduktivität in der Summe geringer. Viel entscheidender ist jedoch die Höhe des Mittellohns. Dieser lag beim BangNa Expressway (1996 – 2000) knapp über zwei DM pro Stunde. Zur gleichen Zeit (1998) weisen DREES / PAUL einen Kalkulationslohn von 52,69 DM pro Stunde aus.[665] Bei diesen Verhältnissen ist leicht verständlich, dass in der Summe aller Einflüsse der Anteil der Kostenart Lohn an den Gesamtkosten beim BangNa Expressway mit ungefähr 10 % niedrig war. Der allgemeine Schluss daraus ist: Großprojekte in Niedriglohnländern sind nicht lohnintensiv. Diese Aussage ist allerdings wegen des Übergewichts der Preiskomponente irreführend. Wegen der geringeren Leistung werden deutlich mehr Arbeitskräfte benötigt als bei normalen Projekten in westlichen Hochlohnländern.

Die Anlagenintensität ist in der Bauindustrie in der Regel niedrig, sie ist in der Tabelle 52 durch die Abschreibungen charakterisiert (2,0 %). Dies trifft für Großprojekte nicht im gleichen Umfang zu. Wegen der größeren Stückzahlen (z.B. Quadratmeter Brückenfläche), die an einem Ort hergestellt werden, sind höhere Investitionen möglich und wirtschaftlich vorteilhaft. Der Zusammenhang ist schematisch in Bild 75 dargestellt. Allerdings gibt es noch einen zweiten Aspekt, der hohe Anfangsinvestitionen bei Großprojekten erzwingt: die kurze Projektdauer.

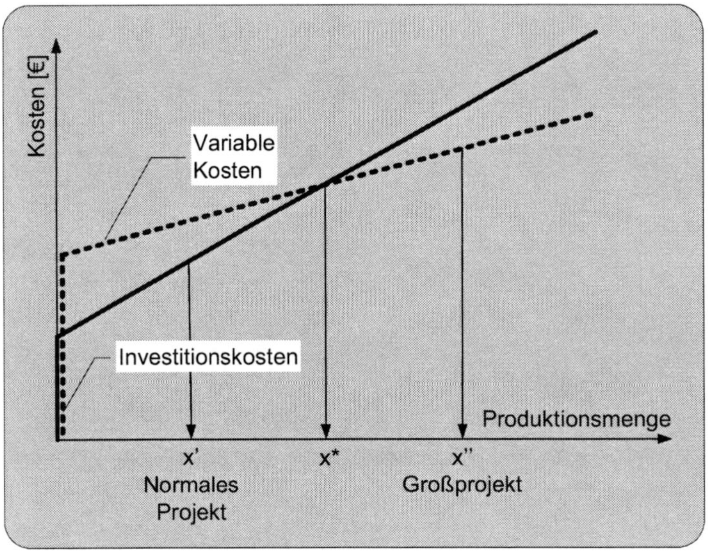

Bild 75: Möglichkeiten der Anfangsinvestitionen in Abhängigkeit von der Projektart

Fig. 75: Possible Initial Investments Dependent on Project Type

Eine hohe Anfangsinvestition als konstanter Fixkostenblock zahlt sich nur aus, wenn die variablen Kosten dadurch geringer ausfallen. Unter dieser Annahme ergibt sich beim Vergleich zweier Kostenverläufe immer ein Break-even Punkt, der in Bild 75 als

---

[665] Vgl. DREES / PAUL (Baupreise 1998), S. 50

x* gekennzeichnet ist. Bei Großprojekten besteht für jede beliebige Kombination von Anfangsinvestition und variablen Kosten eine größere Möglichkeit rechts vom Break-even Punkt zu produzieren (x''). Großprojekte erlauben und fordern größere Anfangsinvestitionen. Deshalb ist die Anlagenintensität deutlich höher als bei normalen Projekten.

Bild 76 erhellt auch die gegenseitige Abhängigkeit von Anlagen- und Lohnintensität. Je größer die Ausstattung mit Anlagen, umso höher ist die Produktivität und umso geringer ist die Lohnintensität. Ein Vergleich bezüglich der Inputs zwischen normalen Projekten des Baugewerbes in Hochlohnländern und Großprojekten in Niedriglohnländern zeigt sehr unterschiedliche Verläufe.

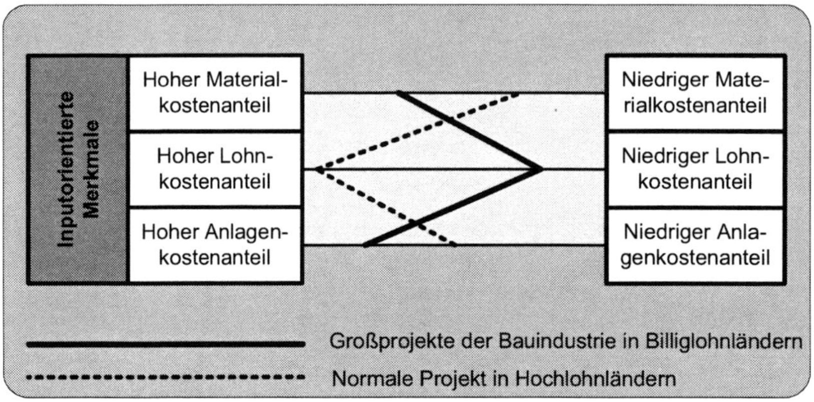

Bild 76: Vergleich der Inputs zwischen normalen und Großprojekten der Bauindustrie
Fig. 76: Comparison of Inputs for Normal and Mega-projects in Construction

Da Großprojekte in Niedriglohnländern nicht lohnintensiv sind (wohl aber arbeitsintensiv), ist der Materialanteil – relativ gesehen – hoch. Die Anlagenintensität ist auch deutlich höher als bei normalen Projekten, zum einen wegen der kurzen Projektdauer und zum anderen wegen der höheren Stückzahlen. Allgemeine Zahlen liegen hierfür nicht vor, das Beispiel BangNa liefert aber einen deutlichen Hinweis, genauso wie die theoretischen Überlegungen zu den Anlagen. Der Kurvenverlauf für Großprojekte in Niedriglohnländern in Bild 76 ähnelt dem der Herstellung von Kraftwagen in Bild 74. Allerdings ist die jeweilige Begründung der Verläufe sehr unterschiedlich. Nicht berücksichtigt bei diesen drei Kategorien ist der dispositive Faktor. Die niedrige Löhne sind auch gekoppelt an eine schlechten Ausbildung der Bauarbeiter, es sind in der Mehrheit ungelernte Arbeitskräfte. Dies erhöht den Überwachungsaufwand überproportional.

Großprojekte in Niedriglohnländern sind relativ material- und anlagenintensiv. Die Lohnintensität ist gering, dies aber nur wegen eines überstrahlenden Einflusses des niedrigen Mittellohns.

➢ Zusammenfassung zur Wirkung inputorientierter Merkmale

Die getroffenen Aussage zu den Inputs sind jetzt bezüglich ihrer Wirkung auf die Komplexität zu bewerten. Gering materialintensive Produktionsprozesse (Forschung und Entwicklung, Beratung) sind bei gleicher Größenordnung komplexer als materialintensive Produktionsprozesse. Dies liegt daran, dass eine Entscheidung für einen Werkstoff oft als Einzelfaktor einen relativ hohen Anteil an den Gesamtkosten ausmacht. Ein typisches Beispiel sind A-Güter bei einer ABC-Analyse. Solche A-Güter sind bei Betonbauwerken Beton und Bewehrungsstahl. Ähnlich große Einheiten gibt es bei gering materialintensiven Prozessen nicht.

Eine hohe Lohnintensität ist nicht allein ein Kennzeichen hoher Komplexität, weil sich handwerkliche Arbeitsabläufe nicht so genau steuern lassen wie maschinelle. Mitarbeiter müssen motiviert sein, Maschinen nicht. Das gleiche gilt auch, wenn die Lohnintensität nur aufgrund der Wertkomponente gering ausfällt. Deshalb ist bei Großprojekten in Niedriglohnländern die Leistung der Arbeitskräfte ein geeigneterer Maßstab. Da die Leistungsfähigkeit der ungelernten Arbeiter in quantitativer und qualitativer Hinsicht gering ist, ist auch die Leistung als Arbeit pro Zeiteinheit niedrig. Eine geringe Leistungsfähigkeit erhöht die Anzahl der benötigten Arbeitskräfte und den Überwachungsaufwand und damit die Komplexität.

Entsprechend sorgt eine hohe Anlagenintensität für eine Verringerung der Komplexität, allein wegen der Möglichkeit diese im Produktionsprozess vorzuprogrammieren. Aus diesen Aussagen ergibt sich die Übersicht der Tabelle 53 mit den Ausprägungen für Großprojekte in Niedriglohnländern.

Tabelle 52: Wirkung der Inputs des Produktionsprozesses auf die Komplexität
Table 52: Effects of Production Inputs on Complexity

Input	Wirkung auf die Komplexität
Hohe Materialintensität	Verringernd
Geringe Leistungsfähigkeit	Erhöhend
Hohe Anlagenintensität	Verringernd

Insgesamt verursacht die Kombination der Inputs des Produktionsprozesses bei Großprojekten in Niedriglohnländern eine tendenziell niedrigere Komplexität als bei Standardprojekten.

➢ **Prozesseinflussgrößen des Produktionsprozesses**

- **Fließ- oder Werkstattproduktion**

Werkstattfertigung mit dem Sonderfall der Baustellenfertigung basiert auf dem Verrichtungsprinzip. Dabei werden an einem Ort eine bestimmte Gruppe von Tätigkeiten ausgeführt und danach wird das „Werkstück“ weitertransportiert. Dies ist die typische Vorgehensweise in einem Fertigteilwerk. Bei der Baustellenfertigung werden alle wesentlichen Arbeiten an einem Ort ausgeführt, auch wenn in diesem Prozess Halbfertigprodukte Eingang finden. Großprojekte sind oft durch ähnlich große Anteile an Werkstatt und Baustellenfertigung geprägt.

Die Fließfertigung folgt dem Prozessfolgeprinzip. Sie ist gekennzeichnet durch das ständige Bewegen des Werkstücks auf einem Fließband. Durch das Fließband sind viele Arbeitsabläufe bis ins Detail organisiert, dies führt zu einer geringen Komplexität in der Produktion.

- **Parallel- oder Wechselproduktion**

Bei einer Parallelproduktion werden an einer Produktionsstelle immer die gleichen Prozesse durchgeführt. Bei der Wechselproduktion wechseln sich unterschiedliche Prozesse an einer Stelle ab. Dadurch kommt es ständig zu Umrüstungen der Anlagen.

Großprojekte weisen in hohem Maße sowohl die Kennzeichen der Parallelproduktion (Fertigteilwerk) als auch der Wechselproduktion auf. Musterbeispiel hierfür ist im Betonbau der Wechsel von Einschalen, Bewehren, Betonieren und Ausschalen an jeweils einem Bauteil. FISSENEWERT beschreibt die Wechselproduktion in der Bauindustrie als heterogene und aperiodische Produktionsprozesse.[666] Generell erhöht die Wechselproduktion die Komplexität. Ein Zusammenwirken der beiden Produktionsformen ist ebenfalls komplexitätserhöhend.

- **Mechanisierte oder automatisierte Produktion**

Die mechanisierte Produktion wird durch Anlagen gestützt, die automatisierte von Anlagen getragen. Eine hohe Anlagenintensität führt auch zu einer in hohem Maße mechanisierten oder automatisierten Produktion. Die Herstellung von Kraftwagen ist aufgrund der Fließproduktion durch eine hohe Automatisierung geprägt, normale Baustellen durch eine Mechanisierung. Bei Großbaustellen werden an einigen Stellen die Arbeitsabläufe automatisiert, insgesamt jedoch deutlich geringer als beim Schiff- oder Kraftwagenbau.

Die Automatisierung bedarf einer weitgehenden realitätsnahen Planung der (Produktions-) Zukunft und sie wirkt damit komplexitätsmindernd im Produktionsprozess.

---

[666] Vgl. FISSENEWERT (Merkmale 2001) S. 55

- **Kontinuierliche und diskontinuierliche Produktion**

Hierdurch wird die Kontinuität des Güterflusses beschrieben. Ein Beispiel eines kontinuierlichen Prozess ist die Herstellung von Profilstahl. Von Beginn bis Ende des Prozesses wird ein Gut in unterschiedlich Aggregatszuständen und Formen bearbeitet. Die Güterflüsse sind bei Kraftwagen, Schiffen und Großprojekten in hohem Maße diskontinuierlich.

Diskontinuierlich Prozesse sind aufgrund der Wechsel beim Güterfluss komplexer als kontinuierliche. Insbesondere sind bei der stark dezentralisierten Werkstattfertigung der Großprojekte die Güterströme an die unterschiedlichsten Orte zu lenken. Diese Vorgänge sind hochkomplex.

- **Massen- oder Einzelproduktion**

Die Auflagenhöhe der Outputs bestimmt, ob eine Massen- oder Einzelfertigung vorliegt. Schiffe und Großprojekten sind Musterbeispiele von Einzelprodukten.

Die Massenfertigung erlaubt den Bau von Prototypen und kontinuierlichen Verbesserungen am Produkt. Bei der Einzelfertigung sind nur Verbesserungen bei den Prozessen denkbar. Der Zwang, im ersten Anlauf ein übergabefähiges Produkt herzustellen, erhöht die Komplexität.

- **Zusammenfassung zur Wirkung prozesseinflussgrößenorientierter Merkmale**

Die Wirkung der prozesseinflussgrößenorientierter Merkmale auf die Komplexität ist bereits an den jeweiligen Stellen diskutiert worden. Ein Übersicht für Großprojekte ist in Tabelle 54 dargestellt.

Tabelle 53: Wirkung der Prozesseinflussgrößen des Produktionsprozesses auf die Komplexität

Table 53: Effects on Complexity of Production Factors Influencing Processes

Prozesseinflussgröße	Wirkung auf die Komplexität
Werkstattproduktion	Erhöhend
Parallel-, Wechselproduktion	Erhöhend
Mechanisierte Produktion	Erhöhend
Diskontinuierliche Produktion	Erhöhend
Einzelproduktion	Erhöhend

Insgesamt verursachen die Prozesseinflussgrößen bei der Produktion von Großprojekten eine erhebliche Komplexität.

14.5.1.2 Mengen- und Qualitätskontrolle der Werkstoffe

Der Produktionsprozess bei Großprojekten ist hochgradig synthetisch. Dies bedeutet, dass eine sehr große Anzahl von einzelnen Werkstoffen miteinander verbunden werden.

Alle Werkstoffe müssen rechtzeitig an dem benötigten Einsatzort zur Verfügung stehen. Dafür muss ein Beschaffungssystem eingerichtet und gepflegt werden, dass die jeweiligen Produktions- und Lieferzeiten einplant. Bei normalen Projekten bedarf es hierfür keiner besonderen Organisation. Der Aspekt findet in der einschlägigen Literatur keine Erwähnung (z.B. NAGEL, BIERMANN oder CIVITELLO).[667, 668, 669]

Die Abrufe von Werkstoffen werden rechtzeitig von der Baustelle bekannt gegeben und von der Einkaufsverwaltung vollzogen. Bei Lieferung kontrolliert die Baustelle die Mengen und Qualitäten. Soweit es möglich ist, werden Werkstoffe an ein Werkstofflager geliefert, beim dem Ein- und Ausgang kontrolliert werden können. In aller Regel ist dies im Fertigteilwerk organisiert. Schwieriger sind die Lieferungen zu organisieren, die unmittelbar zum Einbauort gebracht werden müssen. Aus diesem Grund werden so viele Werkstoffe wie nur irgend denkbar zentral verwaltet und von dort verteilt. Bei einigen Werkstoffen wie z.B. Transportbeton ist dies jedoch nicht möglich. Diese Aussagen für Großprojekte im Ausland widersprechen den Ausführungen von GIRMSCHEID, der für normale Projekte eine Just-in-time Lieferung propagiert.[670]

Für die Qualitätskontrollen werden detaillierte Verfahrensanweisungen erstellt. Bei den untersuchten Projekten trifft dies insbesondere auf Bewehrungsstahl, Beton, Fertigpfähle, Vorspannstahl und Lager zu. Ein Beispiel für notwendige Untersuchungen sind beim Vorspannstahl die Identifizierung der Coils, Entnahme von drei Probestücken pro Fertigungscharge und Untersuchung dieser Probestücke bei einem externen Prüfinstitut auf Zug- und Bruchfestigkeit sowie Dehnverhalten.[671]

Natürlich muss auch eine Lagerung entsprechend den Anforderungen des Werkstoffes sicher gestellt sein. Eine hohe Vorhaltungsrate an Material bedeutet gleichzeitig eine hohe Kapitalbindung einhergehend mit relative hohen Zinskosten, dies ist allerdings auf Auslandsbaustellen kaum vermeidbar aufgrund der Transportzeiten sowie der Unwägbarkeiten der Verzollung oder der rechtzeitigen Lieferung. Bei Material aus dem Gastland gelten just-in-time-Regeln, wenn die Liefersicherheit gegeben ist.

---

667 Vgl. NAGEL (Baustellen-Management 1998)

668 Vgl. BIERMANN (Bauleiter 1997)

669 Vgl. CIVITELLO (Construction Operations 1994)

670 Vgl. GIRMSCHEID (Angebots- und Ausführungsmanagement 2005), S. 217

671 Vgl. O.V. (Projekthandbuch D 1996)

Die Bereitstellung von Werkstoffen, Maschinen und Geräte sowie Arbeitskräften ist sowohl zeit-, als auch orts- und mengenabhängig. Die Koordination der Tätigkeiten sind in Tabelle 5 zusammengestellt.

Tabelle 54: Organisation und Verantwortlichkeiten für Ressourceneinsatz[672]
Table 54: Organization and Responsibilities for Resource Allocation

Tätigkeit	Verantwortung
Grobterminplan für die Baustelle	Projektmanager
Ressourcenbestimmung	Projektmanager
Drei-Monats-Plan	Controlling
Ein-/ Zwei-Wochen-Pläne	Baustelle
Wöchentlicher Produktionsbericht	Baustelle
Detaillierte Ressourcenbestimmung	Baustelle
Ressourcenabruf	Einkauf / Baustelle
Wöchentliche Leistungsmeldung	Controlling
Kontrollgrößen (Key Performance Indicators)	Controlling
Monatliche Pflege des Grobterminplans	Controlling

Die Controlling-Abteilung ist eine Stabsabteilung des technischen Projektmanagements. Der Einkauf untersteht dem kaufmännischen Projektmanagement.

14.5.1.3 Mengen- und Qualitätskontrolle der Nachunternehmerleistungen

Die Aussagen für Werkstoffe gelten auch für Nachunternehmerleistung, allerdings tritt neben die Eingangskontrolle der Werkstoffe als Inputs auch eine Kontrolle der Prozesse und Outputs. Diese wird gemeinsam von der Baustelle und der zugeordneten Abteilung Qualitätskontrolle / Qualitätssicherung durchgeführt. Der Abruf der benötigten Werkstoffe, Betriebsmittel und Arbeitskräfte sowie deren Anleitung erfolgen jedoch durch den Nachunternehmer.

14.5.1.4 Maschineneinsatz und Geräteeinsatz

Die Bereitstellung von Maschinen und Geräten verläuft grundsätzlich ähnlich wie bei den Werkstoffen. Während es sich bei den Werkstoffen um Verbrauchsfaktoren handelt, sind Geräte und Maschinen Potenzialfaktoren, bei denen die Einsatzbe-

---

[672] Vgl. O.V. (Projekthandbuch D 1996)

reitschaft sicher gestellt sein muss. Dies führt zu einer Entscheidung über die Größe des Ersatzteillagers.

Ersatzteillager auf Baustellen sind in Deutschland nicht üblich. Da jedoch bei Großprojekten viele Geräte und Maschinen eingeführt werden, müssen vor Ort Ersatzteile bereit gehalten werden, wenn man wochenlangen Stillstand einzelner Geräte vermeiden will. Natürlich ist es schwierig im Vorhinein zu bestimmen, welche Teile benötigt werden. Entscheidende Kriterien sind der Verschleiß, dem sie unterworfen sind, und ihre Größe und Gewicht. Kleinere Teile kann man auch einigermaßen schnell und kostengünstig per Luftfracht beziehen.

Für Großprojekte stehen selten ausgebildete Arbeitskräfte in genügender Anzahl zur Verfügung. Deshalb haben Schulungsmaßnahmen eine große Bedeutung, besonders weil auf Großbaustellen die leistungsfähigsten (und damit auch kompliziertesten) Geräte beschafft werden, die es auf dem Markt gibt.

14.5.1.5 Arbeitskräfteeinsatz

Beim Arbeitskräfteeinsatz ist neben ihrer Anzahl zu berücksichtigen, dass sie wie erwähnt selten ausgebildet sind und dass sie nicht in genügender Zahl vor Ort eingestellt werden können. Deshalb können die meisten nicht abends nach Hause fahren.

Die notwendigen Wohnlager sind nicht nur bereit zu stellen, sondern auch zu bewirtschaften. Dies gilt für eine Anzahl von mehreren Tausend Arbeitskräften und teilweise für ihre Familien. Hierbei handelt es sich um ein besonderes Kennzeichen von Großbaustellen.

14.5.1.6 Logistik

Bei einem Großprojekt werden durch den synthetischen Produktionsprozess sehr viele unterschiedliche Werkstoffe miteinander kombiniert. Wegen der dezentralen Werkstattfertigung sind diese an sehr viele Produktionsstellen zu leiten und wegen der diskontinuierlichen Fertigung werden sie zu unterschiedlichen Zeitpunkten benötigt.

Um diesen Forderungen gerecht zu werden, muss ein entsprechendes Logistiksystem aufgebaut werden. Dies besteht aus einer entsprechenden Planung und dazugehörigen Mitteln wie Fahrzeugen. Für die Großbaustelle im Ausland ist eine just-in-time Logistik nicht praktikabel. Für die Belieferung der einzelnen Einbauorte kann sie wegen der deutlich geringeren Anzahl von Sorten und wegen der kleineren Mengen jedoch von dem Zentrallager aus organisiert werden. Die Vorteile liegen in der Verringerung der Umschlagszahlen.

14.5.1.7 Abweichende Bauausführung

Da es sich bei Großbaustellen um eine Einzelfertigung handelt, muss immer wieder überprüft werden, ob die hergestellte Qualität der vertraglich geforderten entspricht. Diese Kontrollen werden auf der Baustelle von der Abteilung Qualitätskontrolle / Qualitätssicherung vorgenommen und dokumentiert. Das Vorgehen entspricht dem Bild 77. Bei der Vielzahl der unterschiedlichen Fertigungsstellen (Werkstätten) sind Fehler nicht selten. Sie treten besonders häufig auf, wenn der Bauprozess nicht vollständig kontrolliert werden kann. Ein typisches Beispiel sind alle Bauteile, deren Qualität maßgeblich vom Baugrund beeinflusst wird.

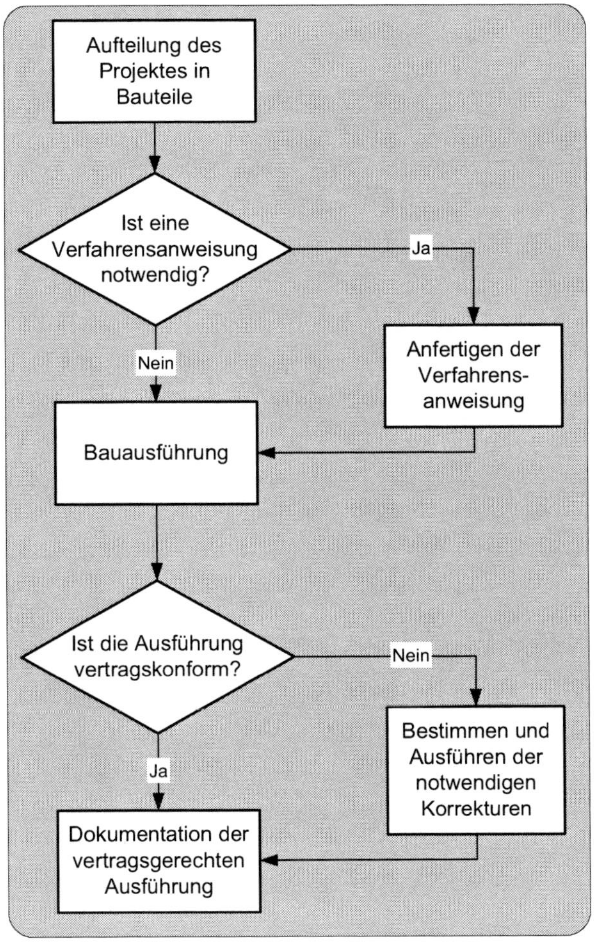

Bild 77: Bauablauf mit möglicher Korrekturmaßnahme
Fig. 77: Construction Process and Possible Correction of Non-Conformities

Während der Arbeitsvorbereitung wird das gesamte Bauwerk in Bauteile gegliedert und für den Bau von schwierigeren Bauteile werden anschließend Verfahrensanweisungen erstellt. Diese können relative knapp sein oder fast Buchformat erreichen.

Für die in den Bildern 68 und 69 dargestellten Vorschubgerüste sind alle Einzelschritte beim Verschieben des Gerüstes und beim Einbau der Brückenteile zu dokumentieren. Dazu gehören auch Zeichnung, die jeden Handgriff beim Verschieben darstellen.

Die Verfahrensanweisung werden auf der Baustelle unter der Verantwortung des Oberbauleiters erstellt und dem Projektmanagement zur Kenntnis gegeben. Wenn die Bauausführung nicht vertragskonform ist, muss natürlich die Konformität hergestellt werden. Zusätzlich kann es notwendig sein, die Verfahrensanweisung zu korrigieren.

14.5.1.8 Technische Systeme und Inbetriebnahme

Design/Build-Verträge sind oft auch gleichzeitig solche, die eine schlüsselfertige Übergabe des Bauwerks erfordern. Dies war der Fall bei den Hochstraßen und der U-Bahn in Bangkok. Beim Taiwan High Speed Railway wurden allerdings für den Streckenausbau getrennte Verträge vergeben.

Beispiele für die technische Systeme sind: Verkehrslenkung, Verkehrsüberwachung, Beleuchtung, Fahrkarten und Maut sowie ganze Kontrollzentren, in denen alle Informationen zusammen laufen. GIRMSCHEID bezeichnet solche Systeme als technisch sehr komplex.[673]

In den meisten Fällen verfügen die Partner von ICJVs nicht über ein entsprechendes Know-how und vergeben den Entwurf, die Herstellung, den Einbau und die Inbetriebnahme der technischen Systeme an Nachunternehmer. Wenn die technische Systeme einen ganz wesentlichen Anteil an der Gesamtleistung haben wie z.B. beim Flughafenbau werden oft Arbeitsgemeinschaften oder Konsortien gebildet, deren Partner nicht alle Bauunternehmen sind. In Yaounde bestand das Konsortium zum Bau des Flughafens aus Dywidag, Siemens und SEL Electronics. Beim Flughafen Athen waren Hochtief und ABB beteiligt. In solchen Fällen wird allerdings der Rahmen dieser Arbeit verlassen, die sich mit Joint Ventures der Bauindustrie befasst.

Der typische Umgang von ICJVs mit den vertraglich geschuldeten technischen Systemen ist die Vergabe der Leistung an Nachunternehmer. Der gewählt Weg entspricht genau den Vorschlägen der Systemtheorie beim Umgang mit Komplexität: Bildung von Subsystemen mit einer Eigenkomplexität und Einrichtung einer Kompensationsfunktion. Die Kompensationsfunktion wird in erster Linie von der Abteilung Technischer Ausbau (Electrical / Mechanical Manager in den Bildern 49 und 50) übernommen. Übergeordnet ist auch das Projektmanagement hierfür verantwortlich.

---

[673] Vgl. GIRMSCHEID (Angebots- und Ausführungsmanagement 2005), S. 256

Bei der Inbetriebnahme werden alle Systeme getestet. Hierbei kann man unter den Funktionstests vor der Übergabe und den Betriebstests danach unterscheiden.[674] Die Funktionstests sind besonders kritisch. Zum einen stehen sie am Ende des Produktionsprozesses und damit in aller Regel unter erheblichem Zeitdruck. Zum anderen sind die technischen Systeme von besonderer Bedeutung für die Kundenzufriedenheit. Die Mängelfreiheit des gesamten Bauwerks schuldet das ICJV vertraglich und somit gehört sie zu den Basisanforderungen in dem Kano-Modell nach Bild 55. Über den Betrieb der technischen Systeme erfassen der Bauherr und sein Personal das Bauwerk (wörtlich !) mit den eigenen Händen. Jede gute Lösung gehört hier zu den Begeisterungsanforderungen.

In noch stärkerem Maß gehören die Betriebstests zu den Begeisterungsanforderungen. Dieses sind mit den Worten des Marketing-Managements die „Augenblicke der Wahrheit“[675], weil hier die Leistung des gesamten Vorhabens für den Bauherrn sichtbar wird. Dies ist für ihn der Wechsel vom immateriellen Plan zum nutzbaren, funktionalen und materiellen Bauwerk

In der FIDIC wird ebenfalls zwischen zwei Testphasen unterschieden. Die „Test on Completion” werden in § 9, die „Tests after Completion“ in § 11 behandelt. Dazwischen sind die Bestimmungen für die Übergabe in § 10 festgelegt.[676]

14.5.2 Soziale Komplexität

Während der Bauausführung treffen bei internationalen Großprojekten auf verschiedenen Ebenen unterschiedliche Kulturen aufeinander. Diese Ebenen sind darüber hinaus miteinander verflochten. Hieraus erwächst eine sehr hohe Komplexität.

Auf der obersten Ebene arbeiten die Bauleiter aus unterschiedlichen Ländern und daher mit unterschiedlichen nationalkulturellen Werten miteinander. Auf Grund ihrer Zugehörigkeit zu den jeweiligen Partnerunternehmen vertreten sie auch unterschiedliche unternehmenskulturelle Werte. Obwohl sie auf einer Hierarchiestufe stehen werden die ausländischen Bauleiter für ihre Leistungen sehr viel höher entlohnt als die einheimischen. Dies ist in den betrachteten Niedriglohnländern besonders gravierend.

Auf einer mittleren Ebene arbeiten ausländische und inländische Poliere nebeneinander. Gegenüber den Bauleitern fehlt den meisten Polieren jeglicher theoretische Zugang zu dem Problem Kultur. Die ausländischen Poliere verfügen ausschließlich über praktische Erfahrungen im Umgang mit fremden Kulturen, die inländischen vielleicht nur über Erfahrungen im Umgang mit Ausländern in ihrem Land. In der Diskussion über die Vorbereitung für das Arbeiten in fremden Ländern werden zwei

674 Vgl. GIRMSCHEID (Angebots- und Ausführungsmanagement 2005), S. 257
675 Vgl. STAUSS (Augenblicke 2000)
676 Vgl. FIDIC (Design-Build 1995), S. 23 ff.

Konzepte unterschieden: culture specific vs. culture general. Dabei handelt es sich um zwei unterschiedliche Formen interkultureller Handlungskompetenz. Eine allgemeine interkulturelle Handlungskompetenz wird durch die Beschäftigung mit dem Phänomen „Kultur“ erweckt, eine spezifische durch die Auseinandersetzung mit einer bestimmten nationalen Kultur.[677]

In der Bauindustrie ist eine kulturelle Vorbereitung auf einen Einsatz im Ausland bis heute ganz und gar unüblich und dies ist sicher ein Mangel. Dabei handelt es sich um ein weiteres Abgrenzungskriterium zwischen internationalen Bauunternehmen und globalen Großfirmen wie etwa Siemens. Die Vorbereitung wird grundsätzlich dem einzelnen Mitarbeiter überlassen und dabei gibt es keine Unterschiede zwischen Bauingenieuren, Kaufleuten und Polieren. Die Unterschiede ergeben sich primär durch das abstrakte Denkvermögen der jeweiligen Person. Als Gruppe sind dabei Personen mit einer Hochschulausbildung im Vorteil, weil gerade dort ihr abstraktes Denken geschult wird.

Am schwierigsten haben es die Arbeiter, die entweder in ihrem eigenen Land arbeiten und in der Mehrzahl dieses noch nie verlassen haben oder die als Gastarbeiter in einem fremden Land beschäftigt sind. Die Arbeitskräfte beim BangNa Expressway gehörten in großer Mehrheit zur ersten Gruppe. Beim Taiwan High Speed Railway trafen die beiden Gruppen aufeinander: einheimische taiwanesische Arbeitskräfte und ausländische thailändische.

Die thailändischen Arbeitskräfte beim BangNa Expressway hatten zunächst mit den Unterschieden eines Landlebens und dem Trubel der Arbeit in einer Großstadt (Bangkok) zu kämpfen. Hinzu kam, dass von ihnen bei der Arbeit eine Qualität gefordert wurde, die sie aus ihrem eigenen Lebenskreis überhaupt nicht kannten. Die thailändischen Arbeitskräfte in Taiwan mussten sich in einer fremden Kultur behaupten und mit einem kargen Leben in Wohnlager arrangieren.

Im Arbeitsleben auf Großbaustellen überlagern sich die verschiedenen Ebenen und dies führt zu einer weiteren Erhöhung der sozialen Komplexität. *„Systeme lösen das Problem sozialer Komplexität mit funktionaler Binnendifferenzierung...“*[678] Diese theoretische und sehr abstrakte Betrachtung aus der Systemtheorie kann man bei ICJVs vor Ort beobachten. Es bilden sich nationale Ketten, die über einige wenige Verbindungsgliedern miteinander verbunden werden. Die Arbeit der ausländischen Bauingenieure wird durch Anweisungen an ausländische Poliere oder einige inländische Ingenieure weitergegeben. Die ausländischen Poliere nutzen wenige Vorarbeiter als Sprachrohre, um die Arbeitskolonnen anzuleiten. Jeweils stehen zwischen den unterschiedlichen kulturellen Gruppe diese besonderen Verbindungsglieder und diese sind Kennzeichen einer funktionalen Binnendifferenzierung. Eine andere Kette

677 Vgl. SCHENK (Culture 1994)

678 S. WILKE (Systemtheorie I 2000), S. 84

läuft durch ausschließlich einheimische Stränge, so dass eine Verbindung erst auf der Ebene der Ingenieure geschaffen wird.

Die Beschreibung des obigen Arbeitsablaufs ist die Beschreibung einer emergenten Organisationsform. In der Organisationstheorie wird diese Form eines Teamwork-Managements als System überlappender Gruppen bezeichnet. Ein solches System wurde von LIKERT erarbeitet, er bezeichnet die Verbindungsglieder als „Linking Pins“. Vertikale Linking Pins verbinden die Gruppen zwischen den Hierarchieebenen und horizontale Linking Pins verbinden Gruppen auf der gleichen Ebene. Eine Darstellung des Organisationsprinzips ist in Bild 78 zu finden. Wie erwähnt bilden sich in ICJVs diese überlappenden Gruppen nicht durch eine geplante organisatorische Ordnung heraus, sondern durch die Zwänge der sozialen Komplexität. Allerdings ermöglicht die förmliche Organisationsplanung mit der Berücksichtigung von Arbeitskolonnen diese Entwicklung.

Letztlich steht hinter diesen Überlegungen die Beobachtung, dass bei ICJVs neben die formale Organisationsstruktur und neben die informale Organisationsstruktur als Ausdruck der vorliegenden Sozialstruktur (Human-Relations-Ansatz[679]) eine weitere Organisationsstruktur tritt, die kulturelle Struktur. Diese ist ebenfalls informal und damit getrennt von der Diskussion zur formalen Organisationsstruktur von ICJVs zu betrachten (vgl. Abschnitt 14.1.1.1). Eine genauere Kenntnis dieser informalen kulturellen Organisationsstruktur erlaubt eine bewusste Gestaltung der Verbindungsglieder (Linking Pins).

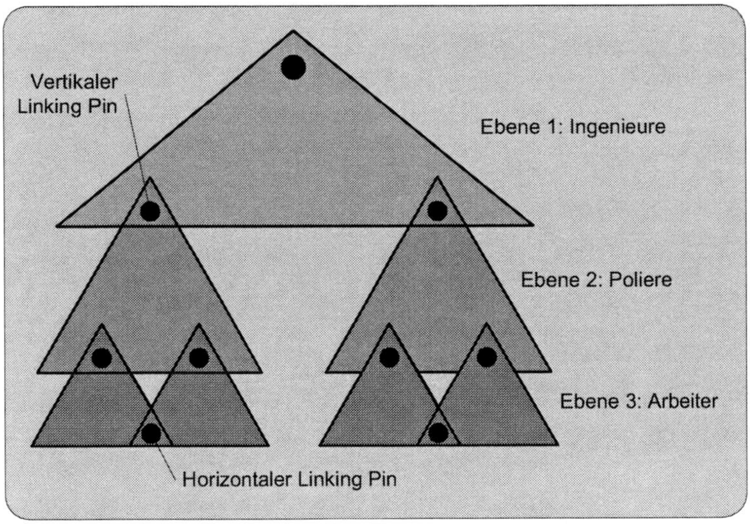

Bild 78: System überlappender Gruppen nach LIKERT[680]
Fig. 78: System of Overlapping Groups According to LIKERT

[679] Vgl. BEA / GÖBEL (Organisation 2002), S. 63 ff.
[680] Vgl. LIKERT (Organizations 1967)

Die soziale Komplexität auf der Baustelle ist ex ante sehr hoch. Sie wird allerdings während der Bauzeit durch die kulturell geprägte informale Organisation verringert.

14.5.3 Zeitliche Komplexität

Die zeitliche Komplexität, d.h. das Aufeinandertreffen von vielen unterschiedlichen mit der Zeit erworbenen Erfahrungen und eingeübten Handlungsweisen, gewinnt bei der Bauausführung eine hohe Relevanz. Hier treffen Manager aus dem Ausland auf solche aus dem Inland. Lokale Arbeitskräfte werden mit den Führungsansprüchen und dem Führungsverhalten der ausländischen Manager konfrontiert. Die zeitliche Komplexität tritt immer in Interaktionszusammenhängen auf und diese sind bei der Bauausführung durch Führungssituationen geprägt.

In Management-Büchern nimmt die Diskussion über Führungsstile einen breiten Raum ein. STEINMANN / SCHREYÖGG unterscheiden zwischen der Eigenschaftstheorie, den Führungsstil- und Situationstheorien sowie der Interaktionstheorie. Diese sehen sie wegen der Mängel der anderen Konzepte als besonders vielversprechend an.[681]

Entsprechend der Interaktionstheorie ist die Interaktion zwischen Führungskraft und den geführten von ausschlaggebender Bedeutung. Dabei bestimmen vier Grundvariablen den Erfolg: (1) Persönlichkeit der Führungskraft, (2) Persönlichkeit der Einflussadressaten, (3) Merkmale des sozialen Systems und (4) Randbedingungen der äußeren Situation.

Der Vorteil der Interaktionstheorie bei der Untersuchung von ICJVs liegt in der breiten Fächerung der Einflussfaktoren. So können die unterschiedlichen kulturell geprägten Persönlichkeitsmerkmale von z.B. deutschen Führungskräften und thailändischen Arbeitskräften genauso berücksichtigt werden wie die kulturell bestimmte soziale Situation.

Eine weltumfassende Studie (Project Globe) unter Beteiligung von Wissenschaftlern aus 62 Kulturkreisen versucht seit Mitte der 1990er Jahre die kulturellen Einflüsse auf die obigen vier Grundvariablen zu ermitteln.[682] Es ist leicht einzusehen, welche Komplexität das Phänomen „Führung" in diesem Zusammenhang gewinnt.

Als Lösung schlägt WEIBLER als einer der beteiligten Wissenschaftler die Ausbildung einer Masterkompetenz vor. Dazu gehört das Beherrschen der interkulturell gültigen Anforderungen an Führungskräfte und kulturspezifisches Verhalten. Als interkulturell gültig haben sich in der Globe-Forschung vier Formen der Führung herausgeschält: Führung muss wertorientiert, teamorientiert, partizipativ und menschlich sein. Diese vier Orientierungen nennt WEIBLER auch Führungsideale und er beschreibt den Gesamtzusammenhang folgendermaßen: *„Die praktische Relevanz der Führungs-*

---

681 Vgl. STEINMANN / SCHREYÖGG (Management 2005), S. 683 f.
682 Vgl. HOUSE et al. (Globe 1999), S. 171 ff.

ideale erschließt sich aber vollständig nur dann, wenn diese kulturspezifisch mit Leben gefüllt werden könne[n]. Anders formuliert: Wir wissen nun, dass beispielsweise von einer Führungskraft weltweit erwartet wird, Mitarbeiter zu begeistern oder sie an Entscheidungen zu beteiligen. Offen ist jedoch, wie diese Anforderung in einer bestimmten Landeskultur ausgeformt und umgesetzt werden soll. Die Fähigkeit, fremde Kulturen systematisch zu durchdringen und *gleichzeitig einzelne Führungsideale kulturspezifisch auszufüllen, d.h. in die Führungspraxis eines anderen Landes umsetzen zu können, bezeichnen wir als Master Competence.*"[683]

Aus dieser Aussage wird die Komplexität der Führungsaufgabe in ICJVs sehr deutlich. Der Aufbau einer eigenen Identität und damit der Abbau der zeitlichen Komplexität, durch die sich das ICJV von der Außenwelt abgrenzen könnte, setzt die Bildung eines von allen geteilten ICJV-internen Modells der Außenwelt voraus. Dies ist bei den unterschiedlichen Anfangsvoraussetzungen und der relativ kurzen Lebensdauer von ICJVs nicht denkbar. Somit ist die zeitliche Komplexität auf der Baustelle ex ante und ex post unverändert hoch.

14.5.4 Operative Komplexität

Die operative Komplexität ist ex ante ausgesprochen hoch, da ja eine unüberschaubare Anzahl von Operationen zu einem erfolgreichen Abschluss zu bringen sind. Diese sind hochgradig untereinander und mit der Planung vernetzt.

Die Bauleitung, die für die Bauausführung verantwortlich ist, verfügt unmittelbar über die bei weitem größten Ressourcen des ICJV. Im soziologischen Diskurs werden Ressourcen als eine Machtquelle angesehen.[684] Die Ausübung von Macht setzt natürlich eine bestimmte Zielrichtung voraus und das Setzen eigener neuer Ziele ist Kennzeichen einer operativen Eigenkomplexität.

Das Projektmanagement sieht als Hauptziel meist, einen Gewinn zu erarbeiten. Der Bauleitung wird dabei eine Teilaufgabe zugewiesen, die in der vertragsgemäßen und termingerechten Erstellung des Bauwerks liegt. Aus der Interdependenz dieser drei Ziel und der organisatorischen Aufteilung zur Zielerreichung erwächst die Möglichkeit von Zielkonflikten.

Streben nach Macht und das Verfügen über Ressourcen bilden den eigentlichen Spaltkeil, der den Zielbildungsprozess des ICJV mit den unterschiedlichen Teilprozessen verschärfen kann. Die widersprüchlichen Ziele erhöhen die Komplexität der Bauausführung dauerhaft, so dass es zu keinem Abbau kommt.

---

683 S. WEIBLER (Master Competence 2001), S. 34
684 Vgl. IMBUSCH (Macht 2002), S. 167

14.5.5 Kognitive Komplexität

Bei den unterschiedlichen Gruppen, die in ICJVs zusammenarbeiten, ist es schlichtweg nicht vorstellbar, dass sich eine kognitive Eigenkomplexität entwickelt. Wie sollen thailändische Arbeiter, ausländische und thailändische Poliere und Ingenieure durch gemeinsame Reflexion zu dieser kognitiven Komplexität während der kurzen Lebensdauer von ICJVs gelangen? Dafür sind die Ausgangsposition zu weit auseinander. Dadurch, dass dieser Prozess nicht stattfindet bleibt das Ausgangsproblem einer hohen kognitiven Komplexität ungelöst.

14.5.5.1 Übergabe

Die Übergabe des Bauwerks an den Bauherrn ist vertraglich geregelt (FIDIC § 10, VOB/B § 12) und sie hat auch vorrangig vertragliche Konsequenzen. Die Abnahme des Bauwerks im Rahmen der Übergabe gehört zu den Hauptpflichten des Bauherrn und hierdurch geht die Leistungsgefahr von dem ICJV auf den Bauherrn über, der damit die volle Verantwortung für das Bauwerk übernimmt.[685]

Zu den vertraglichen Regelungen gehören Bestimmungen zu Schlusszahlungen, Beginn der Gewährleistungsfristen und die Umkehr der Beweislast bei Mängeln.[686] Die Regelungen sind im Einzelnen vom zugrunde liegenden Vertragswerk abhängig, dies hat jedoch nur bedingt Einfluss auf die Komplexität. Bei der Übergabe stellt der Bauherr zusammen mit dem ICJV eine Liste der festgestellten Mängel auf. Diese sind vom ICJV zu beseitigen. Natürlich ist ein Großprojekt größer als normale Projekte und deshalb ist auch die Wahrscheinlichkeit größer, dass die Mängelliste länger wird. Somit wird die Übergabe komplizierter, aber eben nicht komplexer. Die Punkte auf der Liste können nacheinander erledigt werden, es fehlen eine Vernetzung und eine Vielschichtigkeit der einzelnen Punkte untereinander.

Die Übergabe ist gegenüber den anderen Phase kein Vorgang, sondern hat den Charakter eines Ereignisses mit kurzer Dauer (nach strenger Definition sind Ereignisse Vorgänge mit der Dauer 0[687]). Sie wird oft an einem Tag abgewickelt. Auch deshalb ist eine nähere und gegliederte Untersuchung wie bei den anderen Phasen nicht notwendig.

14.5.5.2 Gewährleistung

Das ICJV *„übernimmt die Gewähr, dass seine Leistung zur Zeit der Abnahme die vertragliche zugesicherten Eigenschaften hat, den anerkannten Regeln der Technik entspricht und nicht mit Fehlern behaftet ist, die den Wert oder die Tauglichkeit zu*

---

685 Vgl. STERNER (Abnahme 2002), S. 346 und S. 355

686 Vgl. GOSSOW (Baubetriebspraxis 1998), S. 67

687 Vgl. SEELING (Projektsteuerung 1996), S. 39 f.

dem gewöhnlichen oder dem nach dem Vertrag vorausgesetzten Gebrauch aufheben oder mindern.“[688] Die Gewährleistung ist befristet, eine eventuelle Gewährleistungsbürgschaft ist vom Bauherrn nach Ablauf der Frist zurückzugeben.

Wiederum gelten die Aussagen, die bei der Übergabe getroffen wurden. Die Gewährleistungsphase ist bei Großprojekten komplizierter, nicht komplexer. Auch für die Gewährleistungsphase ist eine genauere Untersuchung nicht notwendig, da eventuelle Tätigkeiten nur punktuell und ohne größeren Kontext anfallen.

14.5.6 Zusammenfassung zur Komplexität der Bauausführung

Die Erörterungen in diesem Kapitel 14.5 zur Bauausführung sind in der Tabelle 56 zusammengefasst.

Tabelle 55: Komplexität der Bauausführung
Table 55: Complexity of the Construction Process

Art der Komplexität	Dimension	Ausprägung
Sachliche Komplexität in dem ICJV ex ante	Produktionsprozess	Hoch
	Kontrolle Werkstoffe	Hoch
	Kontrolle Nachunternehmer	Hoch
	Maschinen und Geräte	Hoch
	Arbeitskräfte	Hoch
	Logistik	Hoch
	Abweichende Bauausführung	Hoch
	Technische System / Inbetriebnahme	Hoch
Ex post		Null
Soziale Komplexität in dem ICJV ex ante	Kulturelle Organisation	Hoch
Ex post		Verringert
Zeitliche Komplexität in dem ICJV ex ante	Führungsstil	Hoch
Ex post		Hoch
Operative Komplexität in dem ICJV ex ante	Macht	Hoch
Ex post		Hoch
Kognitive Komplexität in dem ICJV ex ante	Individuelle Ebene	Normal
	Soziale Ebene	Hoch
Ex post		Hoch
Übergabe	Insgesamt	Niedrig
Gewährleistung	Insgesamt	Niedrig

688 S. SCHLIEMANN (Gewährleistung 2002), S. 379

15 Zusammenfassung

In diesem Kapitel haben wir ICJVs aus dem Blickwinkel der Systemtheorie beschrieben, wobei die verschiedenen Arten der Komplexität das Gliederungsgerüst geliefert haben.

Die Überlegungen sind in der Tabelle 57 zusammengefasst, wobei einige Aspekte der Diskussion als Hilfsmittel zur Reduktion von Komplexität herausgestellt sind. Diese werden im folgenden Teil D genauer als Konstrukte und in ihrer Wirkung untersucht.

Tabelle 56: Arten der Komplexität und Hilfsmittel zur Reduktion
Table 56: Types of Complexity and Means of Reduction

Art der Komplexität	Beschreibung	Hilfsmittel
Komplexität	Grad der Vielschichtigkeit, Vernetzung und Folgelastigkeit eines Entscheidungsfeldes	Differenzbildung, Risikokompensation, Eigenkomplexität, Systementwicklung
Sachliche Komplexität	Dichte von Tätigkeiten in einem Raum/Zeit-Abschnitt	Dezentralisierung
Soziale Komplexität	Anzahl und Vielfältigkeit der Mitglieder	Vertrauen, Commitment
Zeitliche Komplexität	Differenziertheit der systeminternen Modelle der Außenwelt	Sinngebung
Operative Komplexität	Fähigkeit eigene Ziele zu setzen	Erfolg
Kognitive Komplexität	Ausbildung eines gemeinsamen Bewusstsein im System	Reflexion und Sinngebung

ICJVs sind nach der vorliegenden Analyse hochkomplexe Systeme und die Hauptaufgabe solcher Systeme besteht in der Reduktion von Komplexität.[689] Die Diskussion von Komplexität geht oft von dauerhaften Systemen aus. ICJVs sind grundsätzlich keine dauerhaften Systeme, sie sind auf Zeit angelegt. Deshalb wurde es notwendig, zwischen der Anfangskomplexität (ex ante) und der Endkomplexität (ex post) unterscheiden.

Eine Gesamtübersicht über die Komplexitätszustände (als Bestandsaufnahme) ist in Tabelle 58 zu finden.

689 Vgl. TREIBEL (Soziologische Theorien 2004), S. 29

Tabelle 57: Komplexität der Phasen des Ausführungsmanagements
Table 57: Complexity in the Phases of Construction Management

Phase	Bewertung	
	Ex ante	Ex post
Organisationsplanung		
Sachliche Komplexität	Hoch	Null
Soziale Komplexität	Hoch	Verringert
Zeitliche Komplexität	Hoch	Verringert
Operative Komplexität	Hoch	Verringert
Kognitive Komplexität	Hoch	Hoch
Entwurfsplanung		
Sachliche Komplexität	Hoch	Null
Soziale Komplexität	Hoch	Hoch
Zeitliche Komplexität	Hoch	Hoch
Operative Komplexität	Hoch	Hoch
Kognitive Komplexität	Hoch	Hoch
Arbeitsvorbereitung		
Sachliche Komplexität	Hoch	Null
Soziale Komplexität	Hoch	Verringert
Zeitliche Komplexität	Hoch	Verringert
Operative Komplexität	Hoch	Hoch
Kognitive Komplexität	Hoch	Hoch
Baustelleneinrichtung		
Sachliche Komplexität	Hoch	Null
Soziale Komplexität	Hoch	Hoch
Zeitliche Komplexität	Normal	Hoch
Operative Komplexität	Hoch	Hoch
Kognitive Komplexität	Hoch	Hoch
Bauausführung		
Sachliche Komplexität	Hoch	Null
Soziale Komplexität	Hoch	Verringert
Zeitliche Komplexität	Hoch	Hoch
Operative Komplexität	Hoch	Hoch
Kognitive Komplexität	Hoch	Hoch

Es zeigt sich, dass die sachliche Komplexität ex post auf Null abgebaut wird. Das heißt mit anderen Worte, dass das Bauwerk vertragsmäßig fertiggestellt wird. Währenddessen sind und verharren die anderen Teilkomplexitäten (sozial, zeitlich, operativ, kognitiv) meist auf hohem Niveau. Dadurch gewinnt die Behauptung von WILKE Kontur, dass das Organisationsprinzip hochkomplexer Systeme nicht Ordnung, sondern die Kombination von Unordnungen ist.[690] Gerade in den kurzlebigen ICJVs ist es nicht möglich, eine durchgehende Ordnung zu schaffen.

Unberührt von der durchgängig hohen Komplexität von ICJVs ist in der Diskussion nicht grundsätzlich die Frage erörtert worden, wie sie mit ihren Handlungsspielräumen umgehen. Dies wird durch die Kontingenz nach innen beschrieben. Am Ende dieses Kapitels haben wir einige zentrale Konzepte herausgearbeitet, zu denen dezentrale Organisation, Vertrauen, Commitment, Sinngebung, Erfolg und Reflexion gehören.

In Analogie zu den Aussagen von WEIBLER zur internationalen Führungsstilen können wir eine Master Competence zum Management von ICJVs bei Großprojekten fordern. Dabei fehlt den zentralen Konzepten zunächst einmal noch die Tiefe in der Beschreibung, wichtig ist aber auch, wie die Ausgestaltung im Einzelfall aussieht. Die zentralen Konzepte sind auf einer übergeordneten Ebene Erfolgsfaktoren des ICJV-Managements.

Die Fähigkeit, Großprojekte systematisch zu durchdringen (Umgang mit Komplexität) und gleichzeitig einzelne Erfolgsfaktoren spezifisch auszufüllen, d.h. in die Managementpraxis eines Großprojektes umsetzen zu können (Umgang mit Kontingenz), bezeichnen wir als Master Competence des ICJV-Managements (vgl. die Analogie zu WEIBLER, Abschnitt 14.5.3).

Der Ausgestaltung dieser Master Competence steht im Zentrum der Betrachtungen des folgenden Kapitels (Teil D).

---

[690] Vgl. WILKE (Systemtheorie I 2000), S. 15

TEIL D: ERFOLGSFAKTOREN: KONSTRUKTE UND MODELLE

16 Grundlagen

In Teil B wurde das Verständnis von Erfolgsfaktoren herausgearbeitet, welches für diese Arbeit gilt und dieses wurde als hermeneutische Erfolgsfaktorenforschung bezeichnet. Dabei sind Erfolgsfaktoren menschliche Konstrukte, die in sozialen Prozessen bestimmt und vermittelt werden. Durch ihre Sinnhaftigkeit wirken sie koordinierend bei der Lösung von Aufgaben (vgl. Kapitel 9.3).

Auf diese Art wirken sie als Mechanismen, die für eine Reduktion der Gesamtkomplexität sorgen. Sie haben sich weniger in bewussten Prozessen der Reflexion herausgebildet, sondern sind vielmehr durch den Umgang mit Problemen und mit Hilfe der Trial-and-error-Methode entstanden. Sie sind also emergent und Teil der sozialen Mitwelt.

In dem konkreten Umfeld von Großprojekten, die von ICJVs verwirklicht werden, sind sie ein Teil der Großprojektkultur. Ein Teil deshalb, weil sie nur die Praktiken von ICJVs beschreiben, in den Worten HOFSTEDES also die Symbole, Helden und Rituale dieser Kultur umfassen. Sie ruhen auf dem Fundament der Werte, schließen dieses aber nicht mit ein (vgl. Abschnitt 7.2.2). HALL hat darauf hingewiesen, dass ein großer Teil einer Kultur impliziter Natur sei.[691] Dies ist in den 35 geführten Interviews sehr deutlich geworden. Einige der Befragten konnten recht klar in abstrakter Weise ihre Konstrukte und Konzepte erklären, andere konnten es überhaupt nicht. Alle haben sie jedoch wichtige Bausteine zu einem Verständnis von ICJVs und Großprojekten geliefert, sei es in abstrakten Worten oder in konkreten Beispielen.

Diese Bausteine ordnen sich bei sorgfältiger Analyse zu einer Struktur. Hauptaufgabe dieses Teiles D ist es, die Struktur entsprechend der Vorgehensweise der Grounded Theory aus dem vorliegenden Datenmaterial herauszuarbeiten. Dabei kommen die Befragten ausgiebig zu Wort. Deswegen ist die Struktur nachvollziehbar, die Darstellung lebendig und es wird eine große Breite an Expertenwissen geboten. Die Erfolgsfaktoren als Knotenpunkte der Struktur werden am Ende eines jeden Abschnitts zusammenfassend mit Hilfe einer Grafik dargestellt.

In Teil B sind zwei Theorien als Leittheorien für die Untersuchung vorgestellt worden: die Systemtheorie und der sozial-konstruktivistische Ansatz der Organisationstheorie. Im Teil C hat sich gezeigt, dass die Systemtheorie in hervorragender Weise zur Analyse des Ausführungsmanagements von ICJVs geeignet ist. Sie bildet einen

[691] Vgl. HALL (Silent Language 1990), S. 61 f.

Rahmen, in dem sich die Tätigkeiten, Gegebenheiten und Beziehungen sehr kohärent darstellen lassen.

Somit steht der Fortgang der Analyse zwischen zwei stark anziehenden Polen: eine Analyse aus Sicht der Daten oder eine Analyse aus Sicht der Theorie? Im Folgenden wird beides versucht, mit einem eindeutigen Primat der Daten. In zeitlicher Reihenfolge wurden zunächst die Daten analysiert und danach die jeweilige Theorie. Die Daten sollten nicht im Vorhinein in eine Theorie hineingedacht werden. Es soll gerade nicht das bekannte Motto am Bau gelten, wonach das passend gemacht wird, was nicht passt. Die gebotenen Darstellung dreht jedoch die Reihenfolge um. Für jeden Erfolgsfaktor wird zunächst die Theorie beschrieben, danach folgt die empirische Datenauswertung und schließlich wird beides zusammengeführt. Die Begründung ist einfach: Weil die Theorie aus wissenschaftlichen Arbeiten bekannt ist, steht sie am Anfang. Sie bildet in einem streng dialektischen Prozess die These, der die Daten als Antithese gegenübergestellt werden. Aus beiden wird die Synthese als grafische Darstellung einer kognitiven Landkarte entwickelt.

Ausgehend von der Gliederung in Zielbildung und Erfolg, Prozessfaktoren, Managementfunktionen und kulturelle Dimensionen werden die Daten analysiert und beschrieben (vgl. Bild 34). Diese Gliederung spiegelt das offengelegte Vorverständnis des Autors wider und wird bei Bedarf entsprechend der Forschungserkenntnis verändert. Es hat sich gezeigt, dass eine Überarbeitung bei den Prozessfaktoren und Managementfunktionen notwendig ist.

Aus diesen Überlegungen ergeben sich die folgenden Kapitel. Kapitel 17 beschäftigt sich mit der Zielbildung und dem Erfolg in ICJVs. Bereits in den Kapiteln 13.3 und 13.4 sind die Ziele für ICJVs aus Sicht der Partner formuliert worden. Jetzt wird die Sicht des Topmanagements von ICJVs geschildert und die Aussagen werden auf eine Zielkongruenz zwischen den beiden Ebenen überprüft.

Kapitel 18 bietet ein neues Gliederungsmodell, wie es sich nach der Datenanalyse ergibt. Dieses trennt in Managementfunktionen, projektspezifische Basisfunktionen, Meta-Managementfunktionen und kulturelle Dimensionen. Dabei ist unter „Funktionen“ jeweils eine Tätigkeit von Managern zu verstehen und somit sind in einem weiteren Sinn auch die Basisfunktionen Managementfunktionen.

In Kapitel 19 werden zunächst die Managementfunktionen im engeren Sinne mit ihrem Bezug zur Komplexität dargestellt. Dieses sind fünf immer wiederkehrenden Tätigkeiten von Managern. Hierzu zählen Planung, Organisation, Personaleinsatz, Führung und Controlling.

Kapitel 20 ist den projektspezifischen Basisfunktionen gewidmet. Diese umfassen die Entwicklung von Projektwissen, Vertrauen, Sinngebung und Commitment. Bei diesem Informationserwerb, Vertrauensaufbau, Deutung von Situationen und dem Einsatz für das ICJV wird auch gehandelt, allerdings fortwährend und eher implizit.

Meta-Managementfunktionen fallen ebenfalls fortlaufend an. Zu ihnen gehören die Entscheidungsfindung, die Kommunikation, die Koordination und das Lernen. So wird beispielsweise die Planung als Managementfunktion i.e.S. ständig von Entscheidungen unterstützt. Die herausragende Bedeutung der genannten vier Tätigkeiten wird dadurch unterstrichen, dass sie gesondert auf einer getrennten Ebene (einer Metaebene) diskutiert werden. Kapitel 21 befasst sich mit den Meta-Managementfunktionen.

Kulturelle Dimensionen beschreibt HOFSTEDE als Machtdistanz, Unsicherheitsvermeidung, Maskulinität, Individualismus und langfristige Orientierung. Diese entfalten ihre Wirkung in ICJVs an vielen Stellen und entziehen sich weitestgehend dem Eingriff des Managements. Aber es muss mit den Konsequenzen umgehen. Deshalb kann man auch nicht von Kulturfunktionen im Sinne einer Tätigkeit sprechen. Die Auswirkung einzelner Dimensionen wird bei den jeweiligen Tätigkeiten berücksichtigt. In Kapitel 22 werden dann nur noch übergeordnete Einflüsse von Kultur auf ICJVs erörtert.

In Kapitel 23 werden die gesamten Überlegungen zu einem übergeordneten Modell verdichtet. Diesem kommt dann die Funktion einer Landkarte zu, mit deren Hilfe man sich in dem Dickicht von ICJVs besser zurecht finden kann. In den vorhergehenden Kapiteln zu den Managementfunktionen i.e.S., den Basis-, Meta-Managementfunktionen und kulturellen Dimensionen sind zusätzliche Modelle enthalten, die gewissermaßen als Detailkarten Verwendung finden können.

17 Zielbildung und Erfolg in ICJVs

Positive Erfolgsfaktoren führen zum Erfolg und dieser ist im Allgemeinen (nicht betriebswirtschaftlich) als das positive Ergebnis einer Bemühung, das Eintreten einer erstrebten Wirkung definiert.[692] Wenn man unter der erstrebten Wirkung im Rahmen von ICJVs das Erreichen der gesetzten Ziele versteht, dann ist der Zusammenhang zwischen den Zielen und Erfolg deutlich.

In dem Kapitel 17.1 wird das theoretische Fundament zur Erörterung von Zielen und Erfolg weiter als bisher ausgeführt. Das Kapitel 17.2 wertet die Daten der Interviews zu den Zielen und dem Erfolg aus.

17.1 Theoretisches Fundament zur Zielfindung und Erfolgsmessung

In Abschnitt 1.5.3.2 wurden drei Zielebenen definiert: Ziele des Gesamtunternehmens bzw. der Unternehmensleitung (Ebene 1), Ziele der strategischen Geschäftseinheit/Abteilung bzw. der Geschäftsleitung des Bereichs (Ebene2) und Ziele des Projektes bzw. des ICJV-Managements (Ebene 3). In Kapitel 13.4 wurden die Ziele der Ebenen 1 und 2 konzeptualisiert. Danach ist das Oberziel die Gewinnerzielung mit den Unterzielen der Vertragserfüllung, der Kunden-, Partner- und Mitarbeiterzufriedenheit (vgl. Tabelle 40). Die Verantwortlichen der Partnerunternehmen haben in marktwirtschaftlichen Betrieben das Recht und die Pflicht, solche Ziele dem ICJV vorzugeben. Dadurch werden die Ziele verbindlich (vgl. Bild 79).

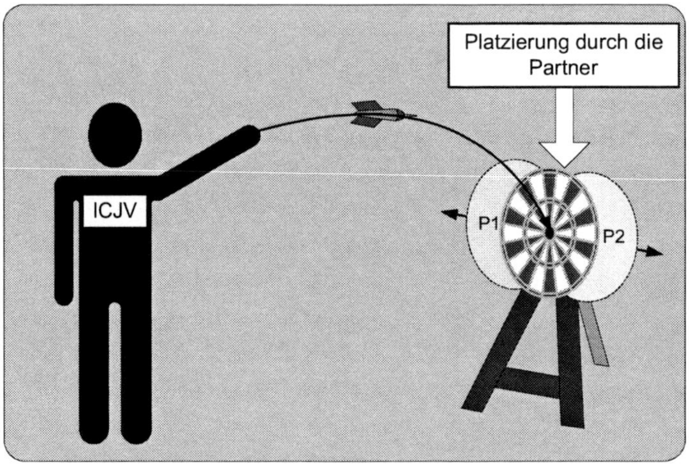

Bild 79: Zielbildung und Zielerreichung
Fig. 79: Goal Formulation and Goal Attainment

692 Vgl. BROCKHAUS (Enzyklopädie 1998), Bd. 6, S. 520

Ausgehend von Bild 79 lassen sich folgende Fragen formulieren:

- Welche Gestalt haben die Ziele (Zielform)?
- Strebt das ICJV die gleichen Ziele an wie die Partner (Zielkongruenz)?
- Wie wird das Bemühen des ICJV die Ziele zu erreichen beurteilt (Zielerfüllung)?

Es lässt sich an der Zielscheibe noch ein weiterer Punkt ablesen: Die Partner (P1 und P2) können jeweils versteckte Ziele anstreben, die dem ICJV unbekannt sind. In einem solchen Fall muss sich das ICJV jedoch mit den entsprechenden politischen Manövern des jeweiligen Partners auseinandersetzen.

17.1.1 Zielform

ANDERSON unterscheidet bei gesetzten Zielen zwischen Inputs und Outputs.[693] Inputorientierte Ziele richten sich auf das ICJV. Hierzu gehören die Partner- und Mitarbeiterzufriedenheit. Outputorientierte Ziele messen die Ergebnisse des ICJV nach außen und zu diesen gehören Gewinn, Vertragserfüllung und Kundenzufriedenheit. Die Einordnung der genannten Ziele von ICJVs zeigt, dass es sich um einen Mix an in- und outputorientierten Zielen handelt. Zu beachten ist dabei allerdings, dass die Betonung des Gewinns als Oberziel eindeutig outputorientiert ist.

Aus diesem Kontinuum hat ANDERSON theoretische Empfehlungen zur Erfolgsbestimmung von JVs entwickelt. Sie gliedert JVs nach zwei Kriterien. Erstens stellt sich bei JVs die Frage, ob der Output im Vorhinein zu bestimmen ist. Dies kann für ICJVs eindeutig bejaht werden. Zweitens ist zu klären, ob bei JVs Klarheit über den Produktionsprozess besteht. Bei einer innovativen Einproduktfertigung, wie sie bei Großprojekten üblich ist, muss dies eher verneint werden. Während der Produktionsprozess einerseits sorgfältig durchdacht und geplant ist, so ist andererseits die Umsetzung unerprobt und es bestehen Unsicherheiten bezüglich der angenommenen Leistungsansätze. Bei klar definiertem Output und Unsicherheiten im Produktionsprozess lautet die theoretische Empfehlung outputorientierte Ziele vorzugeben.

Dies stimmt mit den empirisch ermittelten Werten für die Ebenen 1 und 2 (Unternehmens- und Bereichsleitung) überein. Dort wurde ja der Gewinn als Hauptziel angesehen. Deutlich weniger Bedeutung wurde den beiden weiteren Outputzielen beigemessen, nämlich Vertragserfüllung und Kundenzufriedenheit. Auch die beiden Inputziele, Partner- und Mitarbeiterzufriedenheit, wurden ebenfalls schwach gewichtet. Theoretisch abgesichert steht die „Zielscheibe“ in Bild 79 am richtigen Ort.

17.1.2 Zielkongruenz

Ebenfalls aus theoretischer Sicht muss natürlich eine Zielkongruenz gefordert werden. Es macht im Regelfall keinen Sinn, wenn das ICJV andere Ziele anstrebt als sie von den Partnern vorgegeben werden. Das kann im Einzelfall auch einmal anders sein, wenn das ICJV aufgrund von örtlichen Informationen eine schnelle Zielanpassung vornehmen muss. Dann ist die Zielkongruenz allerdings schnell wieder durch Kommunikation mit den Partnern herzustellen.

Fehlende Zielkongruenz kann nur ein praktisches Problem sein, das entweder durch mangelhafte Kommunikation oder politische Spiele verursacht wird. Ob Zielkongruenz vorliegt oder nicht wird im Abschnitt 17.2.2.4 erörtert.

Allerdings muss hierbei zwischen zwei Begriffen unterschieden werden, nämlich zwischen Effizienz und Effektivität. Sowohl bei der Bewertung der Zielkongruenz als auch bei der Zielerreichung wird meist ein Effektivitätskriterium zugrunde gelegt. Davon unterscheidet man Effizienzkriterien, die in der Organisationstheorie als Unterkriterium der Effektivität erfasst werden.[694] Unter Effizienz versteht man allgemein einen schonenden Umgang mit Ressourcen. Entsprechend der Definition schließt Effizienz Verschwendung in jeglicher Form aus, es gibt nur vollständige Wertschöpfung. Bei gegebener Technologie kann ein effizientes ICJV den Output nicht erhöhen, ohne gleichzeitig den Input zu erhöhen. Ein Hilfsmaßstab zur Messung der Effizienz ist somit der Gewinn (wegen der damit verbundenen Probleme vgl. wiederum Unterkapitel 13.1). Effektivität bezeichnet dann das Anstreben und Erreichen aller gesetzten Ziele. Diese Zusammenhänge sind in Bild 82 dargestellt, wobei Effizienz als ein gegebenes Zwischenziel unterstellt ist.

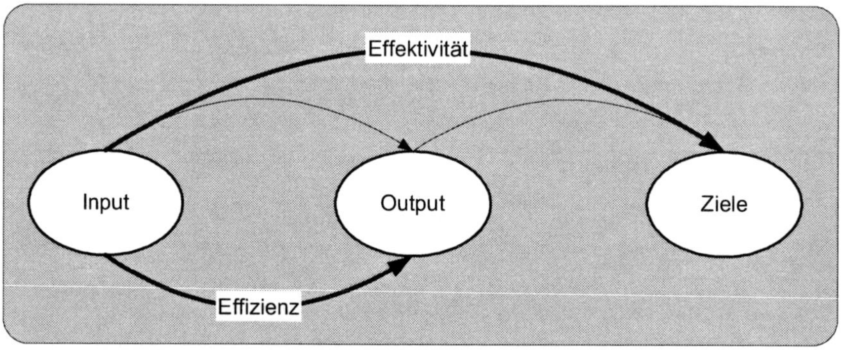

Bild 80: Effizienz und Effektivität
Fig. 80: Efficiency and Effectiveness

Um von Zielkongruenz sprechen zu können, müssen ICJVs die von den Partnern vorgegebenen Effizienz- und die Effektivitätsziele anstreben.

[693] Vgl. ANDERSON (Joint Venture 1999), S. 22
[694] Vgl. BEA / GÖBEL (Organisation 2002), S. 14 ff.

17.1.3 Zielerfüllung

Die Zielerfüllung kann entweder quantitativ oder qualitativ gemessen werden. Eine quantitative Messung des Erfolgs geschieht in drei Stufen. Zunächst müssen die Ziele formuliert werden, dabei spricht man von der Konzeptualisierung. Der theoretisch notwendige nächste Schritt ist die Operationalisierung dieser Messkonzepte, also die Frage nach der Messung der entsprechenden Variablen.[695]

EISELE hat für eine Kausalanalyse den Erfolg von Joint Ventures als Index in folgender Form konzeptualisiert:

$$I_{GJVEj} = \frac{\sum_{i=1}^{21} B_{ij} \cdot Ai_j}{k_{ij}}$$

Dabei bedeuten:

I_{GJVEj}: Index des gesamten Joint Venture-Erfolgs für Unternehmen j

B_{ij} : Bedeutung des Ziels i für Unternehmen j

A_{ij} : Ausmaß der Erreichung des Ziels i für das Unternehmen j

k_{ij} : Anzahl k der Ziele i des Unternehmens j für $B_{ij} \neq 0$ gilt

In diese Formel sind 21 Ziele (i = 21) eingeflossen, die mit Hilfe von Literaturrecherchen und Expertengesprächen ermittelt wurden. Die Ziele wurden entsprechend ihrer Bedeutung von den Befragten gewichtet (B_{ij}) und der Zielerreichungsgrad bestimmt (A_{ij}). Zur Datenermittlung diente ein Fragebogen.[696]

Bei der Indexbildung werden verschiedene Grundannahmen vorausgesetzt, nämlich die Multiplikations-, Additivitäts-, Linearitäts-, Kompensations- und Plausibilitätsprämisse. Diese sind in der Forschungspraxis im Allgemeinen nicht einzuhalten.[697] Als Lösung dieses Problems erbringt EISELE den Nachweis der Übereinstimmungsvalidität, indem er die Korrelation des Index mit üblichen Erfolgskriterien von Joint Ventures überprüft. Da eine relativ hohe Korrelation besteht, sieht er auch den Index bestätigt. Allerdings fügt er den Hinweis hinzu, dass die externen Erfolgskriterien wiederum einer Validierung bedürften. Insgesamt ist die Kausalanalyse intern schlüssig, allerdings ist ihre Anbindung an die Realität schwach.

Wie steht es mit der Erfolgsmessung in der Bauindustrie? Es gibt hier ein klares Konzept für das Ziel Gewinn mit der Operationalisierung als: Ergebnis = Leistung – Kosten. Hierbei ist die Leistung durch die Arbeitskalkulation als Soll vorgegeben.[698] Einige der damit verbundenen Fragen wurden in Unterkapitel 13.1 erörtert. Die Vertragserfüllung als Unterziel wird mit der Abnahme bestätigt und durch den Ablauf al-

---

[695] Vgl. DIEKMANN (Sozialforschung 2002), S. 182 ff.

[696] Vgl. EISELE (Erfolgsfaktoren 1995), S. 91 ff. und 343 ff.

[697] Vgl. FRITZ (Unternehmenserfolg 1992), S. 225 f.

ler Gewährleistungsverpflichtungen endgültig erreicht. Für die Zufriedenheitsziele gibt es in der Bauindustrie keine verbindlichen Konzepte und deshalb auch keine handhabbare Operationalisierung. Diese Themen werden zum Teil in Dissertationen behandelt (z.B. BAHR[699], MALKWITZ[700]), aber sie sind noch nicht von der Standardliteratur aufgegriffen worden. Weder bei DIEDERICHS[701] noch bei BREYER[702] werden sie erörtert. Ganz deutlich wird die mangelnde Operationalisierung von Zielen in einem Beitrag von MAYER, der für die Ph. Holzmann AG eine ganze Reihe von Zielen definiert, davon aber keines operationalisiert.[703]

Weder die mit den Vorständen oder Geschäftsführern noch die mit dem Topmanagement von ICJVs geführten Interviews geben irgendeinen Hinweis auf die Operationalisierung von Zielen für ICJVs, mit der Ausnahme von Gewinn und Vertragserfüllung.

So schreibt auch STAEHLE, dass die von der normativen Entscheidungstheorie gesetzten Anforderungen an Ziele wie Quantifizierbarkeit, Operationalität, Konsistenz und Kompatibilität in der Realität nicht erfüllt werden können.[704]

Als Zwischenergebnis kann somit festgehalten werden: In der Baupraxis ist die Operationalisierung von Zielen nur in Teilbereichen üblich. Diese Teilbereiche sind der Gewinn, die Bauzeit und die Vertragserfüllung. Wo dies nicht zutrifft, muss zumindest eine Zielkongruenz zwischen den Zielen bestehen, die einerseits dem ICJV vorgegeben sind und die andererseits von dem ICJV aufgegriffen werden. Wenn diese Zielkongruenz besteht, dann ist sichergestellt, dass die Anstrengungen des ICJVs in die Richtung wirken, wie sie von den Partnern gewünscht wird.

Zielkongruenz ist auch der Minimalstandard für eine Erfolgsbewertung. Wenn man nicht die gleichen Ziele verfolgt, dann kann es keinen Erfolg geben. Liegt Zielkongruenz vor, dann ist ein Soll/Ist-Vergleich der Zielerreichung grundsätzlich möglich. Ohne Quantifizierung ist die Bewertung der Zielerreichung allerdings wiederum ein sozialer Prozess, an dem eine Mehr- oder Vielzahl von Personen teilnimmt. Auch der Vorstandsvorsitzende, der sich durch häufige Besuche des Großprojekts ein eigenes Bild verschafft, muss sich dabei mit den Schwierigkeiten der Baustelle auseinander setzen. Er muss sich auf Berichte und Vorträge von Mitarbeitern stützen und selbst die vorliegenden Daten für die Gewinnermittlung sind nur vordergründig objektiv. Es bleibt immer die Frage nach der Qualität der Arbeitskalkulation, die den Sollmaßstab vorgibt.

---

698 Vgl. GIRMSCHEID (Kostenkalkulation 2004), S. 82 f.
699 Vgl. BAHR (Kundenzufriedenheit Bau 1999)
700 Vgl. MALKWITZ (Ergebnissteuerung 1994)
701 Vgl. DIEDERICHS (Handbuch1996)
702 Vgl. BREYER (Unternehmerhandbuch Bau 2005)
703 Vgl. MAYER (Ziele 1996), S. 26 ff.
704 Vgl. STAEHLE (Management 1991), S. 408

Für diese Arbeit soll somit als Erfolg eines ICJV das gelten, was in sozialen Prozessen als solcher ex post bestimmt wird. Dies ist in Übereinstimmung mit dem sozialkonstruktivistischem Ansatz der Organisation (vgl. Kapitel 10.2) und dem begründeten Verständnis von Erfolgsfaktoren im Rahmen einer hermeneutischen Erfolgsfaktorenforschung (vgl. Kapitel 9.3).

17.2 Praktische Zielbestimmung in ICJVs

Hierzu werden die mit dem Topmanagement der ICJVs geführten Interviews ausgewertet. Die diesbezüglichen Fragen wurden in vier Bereiche aufgeteilt: (1) Fragen nach den von den Partnern vorgegebenen Zielen für das ICJV, (2) Fragen nach den Zielen des ICJV-Managements (3) Bewertung einer Liste von Zielen und (4) Fragen nach den Mitteln zur Zielerreichung.

17.2.1 Quantitative Datenauswertung

In den folgenden Tabellen sind die genannten Ziele und Mittel zur Zielerreichung zusammenfassend dargestellt. Da offene Interviews geführt wurden, konnten beliebig viele Antworten von jedem Befragten angegeben werden. Bei dieser Frage werden sogenannte Top-of-Mind-Associations abgerufen, es handelt sich um automatisch aktivierte Antworten.[705] Sie werden als relevanter eingestuft als Antworten mit internen Suchprozessen.[706] Diese Aussagen decken sich mit den Erkenntnissen der Critical Incident Technique (vgl. Kapitel 13.4).

Insgesamt wurde 25 Personen die Frage gestellt, welche Ziele sie von ihren Vorgesetzten als Ziele für das ICJV gesetzt bekommen haben (s. Tabelle 59). Die Anzahl der Antworten ist in der Rubrik „Nennungen" zu finden. Diese Nennungen sind in den beiden weiteren Spalten aufgeteilt nach einem westlichen („Nicht-Asiaten") und einem östlichen Kulturkreis („Asiaten").

Als Erstes fällt die hohe Kohärenz der Antworten auf. Bei völliger Freiheit in der Beantwortung der Frage wurden gerade neun Ziele genannt, wobei nur vier von diesen fast 80 % aller Nennungen auf sich vereinen (80 Nennungen insgesamt, davon 63 für die ersten vier Ziele).

Als Zweites tritt hervor, dass fast alle Befragten das Erzielen eines Gewinns als Ziel nannten. Die beiden, die Gewinn nicht als Ziel nannten, arbeiteten in einem ICJV, das keinen Gewinn erzielen konnte (BangNa Expressway).

Als Drittes zeigt sich kein bedeutsamer Unterschied zwischen dem östlichen und westlichen Kulturkreis bei den Antworten. Einzige Ausnahme ist vielleicht das Lernen

[705] Vgl. THELEN et al. (Messung 1999), S. 7
[706] Vgl. FAZIO et al. (Accessibility 1989), S. 280 ff.

als Ziel, das nur von Asiaten genannt wurde. Allerdings ist die Anzahl der Nennungen viel zu gering, um damit ein Argument zu begründen. Der Punkt fällt auf, weil HOFSTEDE sowohl für Thailand als auch Taiwan eine langfristige Orientierung ermittelt hat. Im solchem Rahmen gewinnt das Lernen besondere Bedeutung.[707]

Tabelle 58: Von Partnern vorgegebene Ziele für das ICJV
Table 58: Goals for the ICJV as Given by Partners

	Befragt	Nennungen	Nicht-Asiaten (13)	Asiaten (12)
Erzielen eines Gewinns	25	23	13	10
Einhalten der Bauzeit	25	15	8	7
Vertragserfüllung	25	14	8	6
Erzielen guter Qualität	25	11	7	4
Aufbau von Reputation	25	6	3	3
Hohe Arbeitssicherheit	25	4	3	1
Lernprozesse	25	4	0	4
Partnerloyalität	25	2	1	1
Professioneller Stolz	25	1	0	1

Bei der Frage nach den eigenen Zielen des ICJV-Managements für das ICJV ergab sich fast eine vollständige Deckung mit den (nach eigener Wahrnehmung) vorgegebenen Zielen der Partner (vgl. Tabelle 60). Eine Zählung kann bei diesen Antworten nicht vorgenommen werden, weil oft pauschal auf die erste Frage Bezug genommen wurde. Nur zwei zusätzliche Ziele wurden hier jeweils zweimal erwähnt: Arbeitsplatzsicherung und Kundenzufriedenheit.

Tabelle 59: Eigene Ziel für ICJVs
Table 59: Own Goals for ICJVs

	Befragt	Nennungen	Nicht-Asiaten (13)	Asiaten (12)
Ziele aus Tabelle 1	Sehr ähnlich			
Arbeitsplatzsicherung	25	2	1	1
Kundenzufriedenheit	25	2	2	6

707 Vgl. HOFSTEDE (Globales Handeln 1997), S. 234

Nachdem die Fragen nach den vorgegebenen und eigenen Zielen beantwortet waren, wurde insgesamt 17 Befragten eine vorbereitete Liste von Zielen vorgelegt. Die Liste umfasste: Gewinnerzielung, Kundenzufriedenheit, Vertragserfüllung, Partnerloyalität, organisationales Lernen und Kostenreduzierung. Die Antworten sind in Tabelle 61 wiedergegeben. Da Gewinnerzielung schon bei den vorgegebenen und eigenen Zielen fast von allen genannt wurde, wurden sie nicht wieder für die Auswertung aufgenommen.

Diese Punkte wurden aus verschiedenen Gründen von den Befragten nicht als ursprüngliche Ziele formuliert. Die meisten berichteten, dass die Zusammenarbeit in dem laufenden ICJV gut klappte und dass somit die Partnerloyalität eine Selbstverständlichkeit ist. Die Kundenzufriedenheit wurde grundsätzlich als nicht bedeutsam für die befragten ICJVs gesehen. Vertragserfüllung und Kostenreduktion wurden im Zusammenhang mit anderen Zielen schon vorher berücksichtigt. Die Lernperspektive scheint insgesamt keine große Bedeutung zu haben. Alle Punkte werden noch einer eingehenden Betrachtung im folgenden Unterabschnitt zur qualitativen Datenauswertung unterzogen (vgl. 17.2.2).

Tabelle 60: Einschätzungen zu einer vorgelegten Liste mit Zielen
Table 60: Evaluation of Goals Given as a Prepared List

	Befragt	**Nennungen**	**Nicht-Asiaten** (9)	**Asiaten** (7)
Partnerloyalität	16	12	8	4
Kundenzufriedenheit	16	10	7	3
Vertragserfüllung	16	8	3	5
Organisationales Lernen	16	6	3	3
Kostenreduktion	16	4	2	2

Bei einer vorgelegten Liste mit Zielen ist eigentlich eine hohen Zustimmung zu erwarten. Wenn unter diesen Umständen nur 75 % der Befragten sich für die Partnerloyalität und gar nur 63 % für die Kundenzufriedenheit entscheiden, dann weisen die fehlenden Prozente auf eine erhebliche Ablehnung hin. Dies ist auf den ersten Blick nicht zu erwarten, da es sich um Ziele handelt, die vielfach in der Literatur behandelt und die sozial anerkannt werden.

Bei den Mitteln, die zur Zielereichung eingesetzt werden, ist keine gleichermaßen kohärente Sichtweise zu erkennen wie bei den Zielen. Es werden insgesamt elf Mittel genannt bei 44 Nennungen. Wenn die Dichte der Nennungen (Anzahl Nennungen / Anzahl Ziele oder Mittel) bei den Zielen 8,89 (80/9) beträgt, so sinkt sie bei den Mitteln auf 4 herab (44/11) und ist damit nicht einmal halb so groß. Außerdem ist bei der Auswertung zu berücksichtigen, dass die Gruppenbildung bei den Mittelwerten in sich sehr viel weniger homogen ist als bei den Zielen. Als Beispiel mag der Begriff Teambildung/Kultur gelten. Darunter wird einmal die Ausrichtung des Teams auf gemeinsame Ziele verstanden, ein andermal eine harmonische Zusammenarbeit in dem ICJV und schließlich ein vertrauensvolles Verhältnis zwischen ICJV und Bauherrn. Es wäre auch möglich gewesen, daraus drei Gruppen zu formen.

Am häufigsten wird als Mittel zur Zielerreichung eine Kostenkontrolle genannt und hierbei ist die interne Bandbreite für das Begriffsverständnis schmal. Anders ist es bei dem zweithäufigsten Mittel, der Organisation. Manchmal wird von der Struktur, manchmal von der Funktion des Organisierens gesprochen. Das gleiche gilt auch für die Humanressourcen, worunter meist verstanden wird, die richtigen Leute an den richtigen Platz zu stellen. Unter dieses Mittel fällt auch die Erfahrung. Schon diese Diskussion einiger Punkte zeigt, dass bei wenig homogenen Begriffen ein quantitative Auswertung nicht den Kern des Gemeinten trifft. Dies ist eine Verdeutlichung der Aussage HEIDEGGERS im Rahmen der Hermeneutik: *„Dagegen müssen alle Geisteswissenschaften, sogar alle Wissenschaften vom Lebendigen, gerade um streng zu bleiben, notwendig unexakt sein. Man kann zwar auch das Lebendige als raumzeitliche Bewegungsgrößen auffassen, aber man faßt dann nicht mehr das Lebendige.“*[708] Die Werte der Tabelle 4 sind mit diesen Einschränkungen zu interpretieren.

Tabelle 61: Mittel zur Erreichung der Ziel von ICJVs
Table 61: Means to Goal Attainment of ICJVs

	Nennungen
Kostenkontrolle	8
Organisation	7
Humanressourcen	6
Teambildung / Kultur	5
Management	4
Planung	4
Ablaufplanung	4
Kommunikation	3
Koordination	2
Einkauf	1
Dokumentation	1

[708] S. HEIDEGGER (Weltbild 1938), S. 79

17.2.2 Qualitative Datenauswertung

Im Gegensatz zur quantitativen Datenauswertung erfolgt die qualitative kontextgebunden. Zunächst werden in dem Abschnitt 17.2.2.1 Aussagen zu den genannten Zielen im Einzelnen analysiert. Aus diesen Bausteinen wird dann ein Zielmodell konstruiert (vgl. Abschnitt 17.2.2.2). In Abschnitt 17.2.2.3 werden die Aussagen zu den Mitteln ausgewertet. Diese Diskussion greift zum guten Teil auf die Erörterung der Basis- und Meta-Managementfunktionen in Kapitel 3 vor und legt hierfür die Grundlagen. In Unterabschnitt 17.2.2.4 werden die gewonnenen Erkenntnisse mit den Zielsetzungen der Partner verglichen und mit Bezug auf die Literatur zu dem Thema abschließend bewertet.

17.2.2.1 Qualitative Datenauswertung zu den ICJV-Zielen

Von den genannten Zielen werden folgende in absteigender Reihenfolge der Anzahl der Nennungen untersucht: Gewinnerzielung, Vertragserfüllung, Einhalten der Bauzeit, Partnerloyalität, Erzielen guter Qualität, Kundenzufriedenheit, Lernen, Aufbau von Reputation, Arbeitssicherheit, Kostenreduktion, professioneller Stolz.

- Gewinnerzielung

Das Erzielen eines Gewinns ist nicht nur von der Anzahl der Nennungen her absolutes Oberziel, sondern auch von seiner Bewertung. Ein kaufmännischer Projektleiter drückte dies so aus: *„I think the big goal of the organization [is for] everybody [to] know that we have to get a profit on that project..."*[709] Auf die Frage nach weiteren Ziel gab er die Antwort: *„The profit will be enough.“*[710]
Die Aussage eines anderen kaufmännischen Projektleiters ist nicht viel anders: *„Okay, maybe from a commercial point of view there is one major goal, this is to make money, definitely the most important one.“*[711] Eine dritte Aussage ist wiederum ähnlich: *„There is not much difference to the goals normally they set for joint ventures in their home country, actually, maximum profit, as simple as that.“*[712]

Die Aussagen von technischen Projektleitern aus Deutschland bestätigen die Aussagen der Kaufleute: *„Without being too clinical the goal of the project is to make money, to make a return to the shareholders, to maximize that return and to retain the reputation of the parent company.“*[713] Nicht anders klingt es bei einem koreanischen Projektleiter: *„The goal is of course, the goal is timely completion and making profit. Those are all.“*[714]

---

[709] S. Interview BT5, S. 1
[710] S. Interview BT5, S. 1
[711] S. Interview TG8, S. 1
[712] S. Interview BG2, S. 1
[713] S. Interview TG2, S. 1
[714] S. Interview TK3, S. 7

Es ist nicht zu erkennen, dass es irgendwelche Unterschiede aufgrund nationaler Prägung bei dem Ziel Gewinn gibt. Die obigen Aussagen waren von zwei deutschen, einem australischen, einem thailändischen und einem koreanischen Manager. Es ist nicht untypisch, wenn technische Projektleiter im Gegensatz zu den kaufmännischen häufig den Gewinn mit anderen Zielen koppeln. In den Zitaten handelt es sich um Reputation und das Einhalten der Bauzeit.

Die einzigen beiden Manager, die Gewinn nicht als Ziel angaben äußern sich folgendermaßen bei der Frage nach weiteren Zielen: *„I think only customer satisfaction. Profit no have, customer satisfaction, I think, finish on time the works.“*[715] Der Gewinn als Ziel entfällt, weil in dem betreffenden ICJV kein Gewinn erwirtschaftet wird.

Ohne jeden Zweifel ist das Erzielen eines Gewinns das klarste und wichtigste Ziel eines ICJV und es ist unabhängig von der Nationalkultur oder einer Prägung durch die Ausbildung (Bauingenieur oder Kaufmann).

- Vertragserfüllung

Bei der Vertragserfüllung handelt es sich eigentlich nicht um ein Ziel, sondern um eine rechtliche Verpflichtung. Wenn dieser Punkt dennoch häufig als Ziel bezeichnet wird, ist dies zunächst einmal ein Hinweis darauf, dass die Vertragserfüllung für die Verantwortlichen keine leichte Aufgabe ist. Es ist schwierig und am Anfang nicht selbstverständlich, deshalb verstehen es die Beteiligten als Ziel, das man erreichen kann oder eben auch nicht. *„The first we try to finish the project in time. Because in the beginning I don't believe we can finish. In only four years we must finish almost forty kilometers, really hard tough work. So in the beginning we don't know the details of the project. Okay we just say how to finish this project in time.“*[716]

Zwei andere Aussagen lauten: *„For the joint venture there is a clear target, it is to deliver the project in accordance with the contract. To deliver the project also as best as we have planned it, with the quality, the standards of the company...“*[717] und: *„The goal of the joint venture is the project completion.“*[718]

Die Vertragserfüllung ist eine „conditio sine qua non“. Auch wenn das ICJV keinen Gewinn erzielen kann, muss es dennoch den Vertrag erfüllen.

- Einhalten der Bauzeit

Das Einhalten der Bauzeit ist ein Unterpunkt der Vertragserfüllung. Bei Verträgen für Kontraktgütern besteht über den Vertragsinhalt in bestimmten Situationen Unsicherheit. Über die Bauzeit besteht diese Unsicherheit grundsätzlich nicht, Meilensteine und ein Endtermin sind zweifelsfrei und einfach festzulegen. Probleme gibt es nur,

---

[715] S. Interview BT3, S. 1
[716] S. Interview TT3, S. 2
[717] S. Interview TG7, S. 1
[718] S. Interview BT2, S. 2

wenn der Bauherr seinen Vertragsverpflichtungen nicht nachkommt und damit Verzögerungen verursacht.

Wenn sich ein ICJV das Einhalten der Bauzeit zum Ziel setzt, dann wieder aus den schon genannten Gründen: Es ist gar nicht so einfach, die sehr engen vertraglichen Zeitvorgaben einzuhalten. In dem ersten Zitat unter dem Punkt Vertragserfüllung gab der Befragte an, dass er zunächst nicht glaubte, das ICJV könne die Bauzeit einhalten.

Es handelt sich um eines von mehreren internen Zielen des ICJV: *„I think from the project itself, especially for those engineers of course we tell them that you must meet the quality, you must meet the schedules, you must reduce the cost.“*[719] Es ist häufig der Fall, dass wie in diesem Interview das Einhalten der Bauzeit in Zusammenhang mit anderen Zielen wie Qualität oder Kostenreduktion gesehen wird. Qualität und Zeitvorgaben gehören als Unterpunkte zur Vertragserfüllung. Eine Kostenreduktion erhöht den Gewinn.

- Partnerloyalität

Partnerloyalität ist eines der „nachgefragten“ Ziele. Selbstständig wurde es nur zweimal genannt, auf Nachfrage erhielt es jedoch die meisten Nennungen (12). Dies liegt daran, dass die Befragung bei beendeten und bei kurz vor dem Abschluss stehenden ICJVs durchgeführt wurden. Zu diesem Zeitpunkt war von den vier Phasen der Gruppenbildung (forming, storming, norming, performing) die vierte Phase eines reibungslosen Ablaufs erreicht.

Eigentlich ist Partnerloyalität eine Selbstverständlichkeit: *„Partner loyalty. I think this is basic principle for each partner of the joint venture.“*[720] Allerdings handelt es sich dabei um einen Prozess, bei dem es um gemeinsame Zielfindung geht: *„No, partner loyalty I think is very important. In a joint venture the partner loyalty is very important. Because, you know, for example now on the Taiwan High Speed Rail with the local partner it was very important that we found the same basis, how to achieve this goal.“*[721]

Manchmal verlässt ein Partner ein ICJV, weil er die Gemeinsamkeiten zwischen den Partnern nicht für tragfähig hält. Das geschah beim BangNa Expressway und bei einem ICJV des Taiwan High Speed Railway. Ein Befragter gab ein weiteres Beispiel an: *„Partner loyalty is important in a joint venture but it cannot always be achieved. I mean, I have a personal experience where a partner went out of a joint venture. This was not a good one...“*[722]

Dies sind also die Alternativen: Da Partnerloyalität für ein reibungslos arbeitendes ICJV eine Grundvoraussetzung ist, arbeiten die Parteien auf dieses Ziel hin. Kann es

---

[719] S. Interview TT5, S. 2
[720] S. Interview TT4, S. 2
[721] S. Interview TG3, S. 1

nicht erreicht werden, dann verlässt häufig ein Partner das ICJV. Dabei wird meist der geschäftliche Anteil intern auf Null reduziert und nach außen werden keine Änderungen vorgenommen, weil sich ansonsten die Vertragsgrundlage zwischen dem Bauherrn und dem ICJV ändern würde. Allerdings bleibt der ausgeschiedene Partner durch die gemeinsame und getrennte Haftung im Risiko. Wenn der Normalzustand der loyalen Zusammenarbeit im Alltag erreicht ist, verschwindet dieser Punkt aus dem Gedächtnis der Beteiligten.

- Erzielen guter Qualität

Auch die Qualität ist ein Unterpunkt der Vertragserfüllung. Allerdings ist die Gesamtqualität eines Bauwerks nur schwer zu definieren. Es ist ja hier nicht nur an die Materialqualitäten zu denken, die einfach als Untergrenze festgelegt werden können, sondern an die Gesamtqualität, die sich aus allen Bestandteilen zusammensetzt.

Die Aussagen zur Qualität befassen sich nicht mit solchen Überlegungen, sie sind knapp und bündig. Ein Befragter spricht sehr distanziert von „a quality", nur ein anderer von „high quality". Weiter wird Bezug genommen auf „quality" (zweimal), „good quality" (dreimal), „expected quality" (dreimal), und „the quality" (fünfmal).

Keiner präzisiert den Begriff näher, keiner spricht von Problemen. Trotz aller Ungenauigkeiten scheint der Umgang mit Qualität wenig Kopfzerbrechen zu verursachen.

- Kundenzufriedenheit

Die Kundenzufriedenheit ist eindeutig ein Ziel, an das die Befragten nicht automatisch denken, es handelt sich nicht um eine Top-of-Mind-Association. Ganz im Gegenteil wurde es nur auf Nachfragen als Ziel erwähnt. Die Gründe dafür wurden aber auch umgehend genannt: *„Customer satisfaction, maybe in our industry it's somehow different. Because, you know, that we are talking about a client which we are only going to work for once, most likely, yeah? Unless, maybe there will be some more kilometers build in, I don't know, in ten years time. And otherwise it is not very likely that you have the same customers. So this is maybe one reason why you don't focus on this really."*[723] Diese Aussage eines Deutschen klingt mit den Worten eines Japaners nicht anders: *„Customer satisfaction, it's important, I think, but for international projects and also the competitive bidding situations sometimes I'm not so sure about the customer satisfaction..."*[724] Kundenzufriedenheit wird grundsätzlich als wichtig betrachtet. Da die Kunden jedoch als Einmalbauherren eingestuft werden, ist die Beziehung zwischen Bauherrn und ICJV ohne Zukunft. Damit wird der Zusammenhang zwischen Kundenzufriedenheit und Kundenbindung zerschnitten.

[722] S. Interview BG3, S. 2
[723] S. Interview TG8, S. 2
[724] S. Interview TJ2, S. 4

Auch bei ICJVs wird dieser Zusammenhang grundsätzlich gesehen: „*The customer satisfaction, of course, this is a top goal. Because customers satisfaction is always very important because also for the future of the company because if a customer is always satisfied he will always come back to the joint venture or the contractors within a joint venture to do other jobs.*"[725] Neben diese grundsätzlichen Überlegungen treten dann die Gedanken für das konkrete ICJV-System und wenn es sich darin um eine Beziehung zum Kunden handelt, die von Einmaligkeit geprägt ist, dann wird die Kundenzufriedenheit nicht als wichtiges Ziel wahrgenommen.

Kundenzufriedenheit soll das Ergebnis eines komplexen Vergleichsprozesses sein.[726] So sehen es die Befragten nicht. Nach ihren Aussagen erwächst die Kundenzufriedenheit aus einem ordentlichem Ausführungsmanagement gewissermaßen von selbst: „*The customer satisfaction I would see even like this is coming automatically if we finish the project according to the contract, so this means on time, with the requested quality in a safe manner.*"[727]

Wenn es bei der Zusammenarbeit mit dem Bauherrn keine Zukunft gibt, dann gehört es zu einem rationalen Verhalten den Gewinn bei dem laufenden Projekt zu optimieren und dazu gehört auch eine harte Auseinandersetzung mit dem Bauherrn: „*They, I think complain that we are too contract minded, I would say, they do this legal approach, definitely, but, alright, so we end up anyway in discussions about claims and variation orders and we see at the end what is coming out there.*"[728]

Kundenzufriedenheit hat bei ICJVs eine eher untergeordnete praktische Bedeutung. In konkreten Fällen wird ein finanzieller Erfolg auch mit juristischen Mitteln angestrebt. Kunden sind aus Sicht der Befragten einfach zufrieden zu stellen. Es reicht die Erfüllung des Vertrages.

- Lernen

SCHMIDLE unterscheidet zwischen Wissenserwerb (Einkaufen externer Fähigkeiten), Wissensentwicklung (gezielte Entwicklung von Wissen) und Wissensverteilung (Aufteilung des Wissens auf die Mitarbeiter).[729] Dabei handelt es sich um die drei Bausteine eines Modells von PROBST et al., die aktive Lernprozesse bezeichnen.[730] Lernträger können in ICJVs Individuen, das ICJV und die Partner sein. Deshalb kann auch zwischen individuellem und organisationalem Lernen unterschieden werden. Nach BÜCHEL et al. versteht man unter organisationalem Lernen eine Veränderung

[725] S. Interview BG3, S. 1 f.
[726] Vgl. MEFFERT / BRUHN (Dienstleistungsmarketing 2000), S. 156
[727] S. Interview TG6, S. 1
[728] S. Interview TG8, S. 2
[729] Vgl. SCHMIDLE (Wissensmanagement 2004), S. 109 f.
[730] Vgl. PROBST et al. (Wissen 1999), S. 58

von Wissen durch Fakten und Beziehungen und das Entstehen eines kollektiven Problemlösungspotenzials.[731]

Lernen wird bei den ICJVs ganz überwiegend als organisationales Lernen verstanden und zwar in dem Sinn von Wissensentwicklung und Wissensverteilung. „*I would think it's even a goal of the parent companies but I think there is a need for the joint venture or any major project for the parent companies is at the same time to develop staff, so you want to use the project to be able to get some future benefit out for the parent companies.*“[732] Oder: „*From my point of view another goal would be to train the people, the staff.*“[733]

Der Hauptaspekt beim Lernen ist die Personalentwicklung.

- Aufbau von Reputation

Reputation gewinnt im Rahmen der Prinzipal-Agenten-Theorie Bedeutung als ein Mittel, opportunistisches Verhalten zu verhindern. Reputation wird als ein Vertrauensvorschuss verstanden. Dieser wird auf das Reputationskapital (Gegenwartswert der ökonomischen Vorteile einer Reputation) gewährt. Derjenige, der diesen Vertrauensvorschuss einräumt, kann bei opportunistischem Verhalten das Reputationskapital zerstören und somit wirksam Gegenmaßnahmen androhen. Aus dieser Sicht setzt Reputation wiederholte Transaktionen voraus.[734]

Wiederholte Transaktionen sind bei internationalen Großprojekten eher die Ausnahme. Dadurch gewinnt Reputation eine andere Bedeutung. Sie ermöglicht es, eine Präqualifikation für die Teilnahme an einer Ausschreibung zu bestehen. Am Ende der Präqualifikation steht nach der FIDIC eine Liste von bis zu sieben Unternehmen (ICJVs).[735]

„*The, let's say, other goal is of course or another important item is that the, look at from a deep point of view, you have of course achieved a project, you have finished a project, finished in time and by achieving this, this is something for a future projects, future reverences, this is also one important matter. Show to, let's say, potential customers that you are able to do this kind of work, this kind of structure.*“[736] Hiernach wird die Reputation durch das Endergebnis, das Bauwerk gesichert. Der Bauprozess wird von keinem der Befragten erwähnt. Die obige Aussage ist aus einem ICJV, dass nach eigenen Aussagen die eigenen finanziellen Interessen gegenüber dem Bauherrn sehr nachdrücklich vertritt und dies somit nicht als Schädigung der Reputation ansieht.

In der Sicht der Befragten schrumpft das Reputationskapital auf eine Referenzliste möglichst imposanter Bauten zusammen. Opportunistisches Verhalten während der

---

731 Vgl. BÜCHEL et al (JV-Management 2002), S. 226 f.
732 S. Interview TG2, S. 1
733 S. Interview TT4, S. 1
734 Vgl. ERLEI et al. (Institutionenökonomik 1999), S. 229 f.
735 Vgl. KULICK (Auslandsbau 2003), S. 78
736 S. Interview TG8, S. 1

Vertragsabwicklung wird dadurch nicht unterbunden. Dies liegt an der Ausgangslage, der einmaligen Transaktion.

- Arbeitssicherheit

BARRIE / PAULSON sehen die Arbeitsplätze in der Bauindustrie als wahrhaft gefährlich an und sie erwähnen fünf Gründe diesen Umstand zu verbessern: menschliches Mitgefühl, wirtschaftliche Interessen, gesetzliche Bestimmungen, Haftung und das Image (Teil der Reputation) des Unternehmens.[737]

Zwei dieser Gründe wurden von den Befragten aufgenommen. Die Sicherheitsbestimmungen müssen eingehalten werden: „*And of course with the safety regulations we have here, but with or without the regulations we want to finish this job with as less accidents if possible none.*“[738] Außerdem kann ein Unternehmen versuchen, seine Reputation durch Unternehmensrichtlinien zu sichern. „*We have a company policy: Safety and the cost and progress, they request us everything, all. So we have to maintain the construction period and we shouldn't have any fatal serious accidents. And still we have earn money in this project.*“[739]

Viel Enthusiasmus (menschliches Mitgefühl) ist in diesen Aussagen nicht zu finden. Hierfür spricht auch die geringe Anzahl der Nennungen.

- Kostenreduktion

Das Ergebnis ist bekanntlich die Differenz zwischen Leistung und Kosten. Diese Differenz ist definiert als die Summe der mit Absatzmarktpreisen bewerteten Outputmengen abzüglich der mit Beschaffungsmarktpreisen bewerteten, für diesen Output verbrauchten Produktionsfaktoren während des Produktionsprozesses.[740] Die Leistung wird durch den Vertrag bestimmt und auch mit den Angebotspreisen bewertet. Darauf hat ein ICJV keinen Einfluss. Die Bestimmungsgröße, die in der Hand von ICJVs liegt, ist der Verbrauch an Produktionsfaktoren. Es gilt das ökonomische Minimalprinzip zum Erreichen eines vertraglich definierten Wertes. An dieser Stelle können gegenüber der Planung im Angebot Kostenreduzierungen vorgenommen werden.[741]

Während der Gewinn als Ziel ein sehr hohes Gewicht hat, gilt dies für Kostenreduzierungen nur sehr eingeschränkt für die Befragten. Damit erkennt das Topmanagement für die Bewertung der eigenen Leistung den maßgeblichen Einfluss eines externen Faktors an. Wenn es bei allen ICJVs gelingt, den prognostizierten Gewinn zu verwirklichen, dann würde dieses Ergebnis nicht überraschen. Allerdings war unter

---

737 Vgl. BARRIE / PAULSON (Construction Management 1992), S. 395 ff.
738 S. Interview TG6, S. 1
739 S. Interview TJ5, S. 1
740 Vgl. KLOOCK (Produktion 1989), S. 264
741 Vgl. GIRMSCHEID (Bauproduktionsprozess 2006), S. 49 ff.

den befragten ICJVs nur ein einziges mit einem deutlichen Gewinn. Die anderen mussten Verluste rechtfertigen.

Auch wenn ein Befragter zu Kostenreduzierungen Stellung nimmt, klingt das ein bisschen unsicher und zeigt deutlich ein Unklarheit bei den betriebswirtschaftlichen Grundlagen: „*...you should go in both directions. If you cannot lower the cost, you should find a way to increase the profit and if there is no other.., well, first of all you should try to lower the cost, lower the cost as low as possible and then increase anyway the profit as much as possible.*"[742] In dieser typischen Aussage wird die Verbindung zwischen Gewinn und Kosten nicht gesehen. Eine Baustelle kann nur über eine Senkung der Kosten den Gewinn beeinflussen, da der Absatzpreis ja bereits vertraglich festgelegt ist. Die Möglichkeit für ICJVs auf die Absatzmarktpreise Einfluss zu nehmen besteht nur in dem Umgang mit Nachträgen.

- professioneller Stolz

Stolz auf die Mitarbeit an Großprojekten ist weit verbreitet. Allerdings wurde dieser nur selten als Ziel (und dann als privates Ziel) genannt. Dies lautet von außen beobachtet so: „*Yeah, let's say, I believe that in a way the engineers, especially the engineers out in the field, they have also some personal goals. Yeah they would say: Look, this is what I have done, this is what I have built.*"[743] Als eigenes Ziel ist es dann wie folgt formuliert: „*It is the biggest, the biggest my project. So, I'm really proud to join with on that project.*"[744]

Bei dem professionellen Stolz handelt es sich eher um ein Motiv, sich für ein Großprojekt zu engagieren als um ein Ziel.

17.2.2.2 Zielmodell für ICJVs

Es ist sehr deutlich, dass das Oberziel für ICJVs die Gewinnerzielung ist (vgl. Bild 81). Wichtigstes Zwischenziel zu dessen Realisierung ist die Erfüllung des Vertrags. Zur Vertragserfüllung gehören wiederum eine gute Qualität und das Einhalten der Bauzeit. Wenn die Bauzeit nicht eingehalten wird, werden in der Regel Vertragsstrafen fällig. Wenn die Qualität nicht akzeptabel ist werden Nacharbeiten notwendig. Vertragsstrafen und Nacharbeiten erhöhen die Kosten und verringern damit den Gewinn.

Die Partnerloyalität ist eine andere interne Voraussetzung für eine reibungslose Vertragsabwicklung. Besonders Zweifel an der Fähigkeit, den Vertrag zu erfüllen oder den geplanten Gewinn zu verwirklichen, führen zu ernsthaften Störungen zwischen den Partnern.[745] Wird dabei eine Toleranzgrenze überschritten, kann es zum

---

[742] S. Interview BG2, S. 2
[743] S. Interview TG8, S. 1
[744] S. Interview BT2, S. 1
[745] Vgl. ONKVISIT / SHAW (Int'l Marketing 1997), S. 336

Ausscheiden eines Partners kommen. Andererseits kann eine gute Zusammenarbeit zwischen den Partnern zur zügigen Vertragserfüllung führen.

Kostensenkungen erhöhen den Gewinn unmittelbar. Sie werden aber nicht oft von den Befragten als vom Gewinn getrenntes Ziel definiert. Eine hohe Arbeitssicherheit sichert mittelbar den Gewinn, weil bei vielen Unfällen Kosten anfallen. Unfälle auf Baustellen können auch einen Einfluss auf die Bauzeit ausüben und umgekehrt kann ein zu hoher Zeitdruck Unfälle verursachen. Ein Beispiel für den Einfluss der Arbeitssicherheit auf die Bauzeit liefert die Maumee River Bridge in den USA. Es handelt sich um eine Segmentbrücke, bei der das obenliegende Vorschubgerüst umstürzte. Die Folge war eine halbjährige Bauunterbrechung.

Ein externer Faktor, der den Gewinn beeinflusst ist die Kundenzufriedenheit. Ein zufriedener Kunde hilft dem ICJV seine Aufgaben zu erfüllen, ein unzufriedener Kunde hat viele Fragen und wird dementsprechend den Ablauf behindern. Wegen der hohen Integrativität beim Leistungserstellungsprozess ist die Mitarbeit und Eingliederung des Kunden eine Grundvoraussetzung für den Erfolg. Die Kundenzufriedenheit wird über die Vertragserfüllung sichergestellt

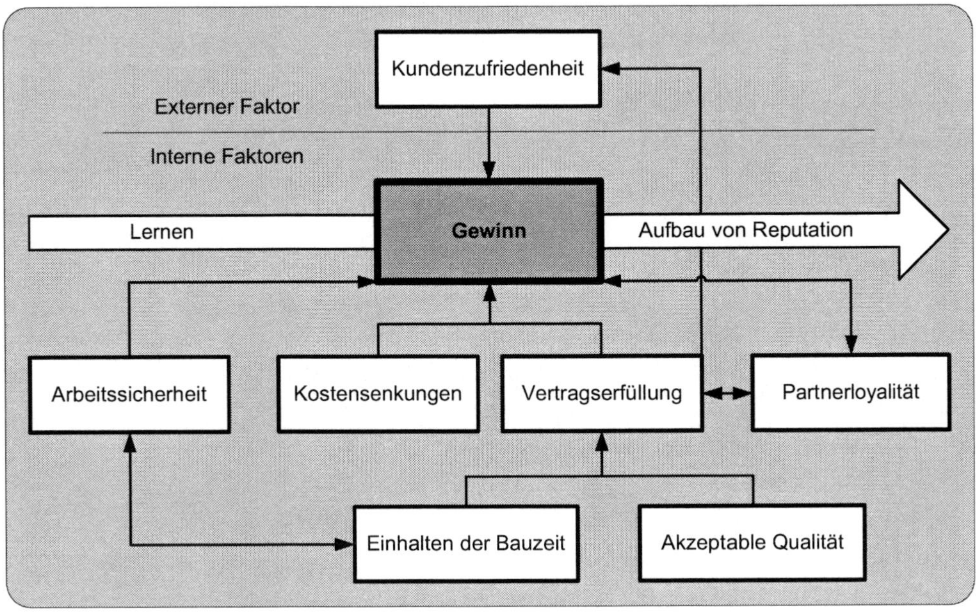

Bild 81: Zielmodell für ICJVs
Fig. 81: Model of ICJV Goals

Lernen ermöglicht es, während des Projektes Verbesserungen umzusetzen, indem sich das Wissen der Mitarbeiter erhöht. Gleichzeitig kann das Wissen von Projekt zu Projekt transferiert werden und hilft somit auch in der Zukunft, die Ziele zu erreichen. Noch stärker wirkt der Aufbau von Reputation in die Zukunft. Reputation hilft das auf einer anderen Ebene liegende Ziels der Auftragsgewinnung zu verwirklichen. In Bild

81 ist nicht dargestellt, dass die Vertragserfüllung und die Arbeitssicherheit einen Einfluss auf den Aufbau von Reputation haben. Die Kundenzufriedenheit wird nur dann eine Wirkung auf die Reputation haben, wenn die vielen Einmalkunden untereinander kommunizieren. Dies ist aber eher die Ausnahme.

17.2.2.3 Qualitative Datenauswertung zu den Mitteln zur Zielerreichung

Die genannten Mittel zur Zielerreichung sind spontane Antworten der Befragten und somit Top-of-Mind-Associations. Deshalb besitzen sie hohe Bedeutung für die kognitiven Struktur der ICJV-Mitglieder und entsprechend für diese Arbeit. Sie erlauben eine Überprüfung der gewählten Gliederungsstruktur für diesen Teil D. Besonders viele der Mittel können den Managementfunktion i.e.S. zugeordnet werden, die in Kapitel 19 ausführlich beschrieben werden. Zu dieser Gruppe gehören von den in Tabelle 62 genannten Mitteln zur Zielerreichung: Management, Planung einschließlich Ablaufplanung, Organisation, Humanressourcen, Kostenkontrolle. Die Betonung der Managementfunktionen als Mittel ist theoretisch einsichtig, weil hierdurch mehr unmittelbarer Einfluss genommen werden kann als durch die Basisfunktionen, die Meta-Managementfunktionen oder die kulturellen Dimensionen. Ein Befragter erklärt deutlich den entsprechenden Hintergrund: *„No, these projects are not controlled by technical expertise. You need people in the organization that have technical expertise. But the success of the project comes out the skill to be able to manage on a day to day basis, the management of logistics. You know, these large projects, the major task is a logistical management task. Being able to manage staff, being able to manage people or your labor, being able to manage materials. Your biggest enemy is time. Using your example of chaos, most of the chaos comes out of a time relationship. If you got lots of time to do something your chaos is minimized. As soon as you compress the time your chaos increases. And to reduce that chaos comes out of the skill or the experience of your management to be able to handle the decisions that come in that time in an effective manner.“*[746] Zeit und Chaos sind in dieser Sicht externe Faktoren, die auf die Managementfunktionen als eigentlicher Aufgabe in ICJVs für das Topmanagement einwirken. Zeit und Chaos werden in dieser Arbeit als Teil der Komplexität behandelt.

- Kostenkontrolle

Die Kostenkontrolle ist bereits in Kapitel in Abschnitt 14.3.1.1 beschrieben worden. Der Begriff wird in den Interviews nicht problematisiert. Es gibt die unterschiedlichsten Möglichkeiten eine Kostenkontrolle durchzuführen (z.B. kann sie stichtagbezogen oder mit Blick zum Bauende Auskunft geben). Dies spielt auf der Ebene des Interviews aber noch für keinen der Befragten eine Rolle. Dort wird die Aufgabe eher allgemein beschrieben: *„Okay, tools. You have, of course, your cost control management and basically you are recording the costs that you have and you try to do this as early as possible in order to have also a kind of leverage to be able to still do something about it. If*

[746] S. Interview TG2, S. 2

you see that the costs are running out of the budget you would like to be in a position to maybe adjust the situation, in order to stop the costs running out of the budget. So that's basically your cost control system which you apply on every project like this."[747]

- Organisation

Alle Befragten schildern Organisation als eine Struktur oder das Schaffen einer Struktur. Sie verstehen es nicht als alltägliche Tätigkeit, um dieses zu gestalten oder jenes zu ordnen. „*The joint venture, actually the basic build up, because we are three, in this joint venture we are three different nationalities, we are a German company, we are a Dutch company and we have a Taiwanese partner. The goal there is to find at the beginning first thing the partnership and as well the work, so called work distribution. So the goals for the leader like [name of German company], they have to, let's say, take the guidance for the other two partner and to develop, let's say, a company structure for this specific project. Considering also the experience of the partners, like [name of Dutch company] which is very experienced in track works and bridge structures as well and prefab structures and [name of Taiwanese company] is the local partner to fulfill, let's say, the local requirements. They had the major task with..., to deal with local authorities, keep the relationship beside the project related issues, which is also sometimes a very difficult task. This combination, this must work. This is the goal.*"[748]

Bei der Strukturbildung werden die Stärken der jeweiligen Partner berücksichtigt. Die Struktur erlaubt es, die Arbeit auf viele Schultern zu verteilen.

- Humanressourcen

Bei der Diskussion um die Humanressourcen geht es darum, die richtigen Leute zu finden. „*Okay, I mean, one most important tool is that you have the right people at the right moment at the right place.*"[749] Die richtigen Leute sind solche mit Erfahrung. „*They must be experienced, they must have the knowledge to do such work,...*"

Da in der Realität immer wieder Ingenieure und Arbeiter angelernt werden müssen, ist der Wunsch nach qualifiziertem Personal nicht nur verständlich, sondern unabdingbar. Es muss eine hinreichende Zahl erfahrener Mitarbeiter auf der Baustelle sein.

- Teambildung/Kultur

Eines der großen Probleme von ICJVs ist die Tatsache, dass die Mitarbeiter aus aller Herren Länder zusammenkommen, ohne sich von Vorher zu kennen: „*So all the people, the personal experience bring into this project was all a base where we could all come together and, of course, on this project there was a huge amount of people which have never worked before together and it was at the beginning a hard fight to get everybody to a*

[747] S. Interview TG8, S. 3
[748] S. Interview TG9, S. 1
[749] S. Interview BG3, S. 2

team and this was probably the difficulty for the top management to have a team created, which then fight every day about the little things here and there, coming together to a positive outcome."[750]

Durch das Herausbilden einer eigenen Projektkultur kann es gelingen ein Zusammengehörigkeitsgefühl zu entwickeln. Diese Projektkultur kann keine zeitliche Tiefe gewinnen, aber es ist doch möglich bestimmte Rituale, Symbole und Helden in den Vordergrund zu stellen: „*We have regular social events with families, for example we have the usual things like Christmas and all this sort of holidays. But also from time to time you pull in people for a beer, a dinner, one or the other element, you organize something for the families, the kids. One time we took all the expatriate kids, put them in a bus and showed them the site with the wives and all that sort of things we have done. And it also comes down that the families amongst themselves are very active because you end up still in a sort of a expatriate environment, where you help each other out in case of problems, let's say family, someone is sick or there is a problem here or there. You have bachelors, you have bachelors who are actually married at home, people are here with their wives, some people have problems adjusting, getting along, the chemistry. All of these require close attention.*"[751]

Diese Kultur umfasst in bestimmter Weise die Expats, aber sie gilt nicht nur für sie allein. Wichtig ist letzten Endes, das sich alle in einem ICJV als Gemeinschaft fühlen: „*Okay, my thinking is, that to work with a joint venture is not only I think to go in all aspect to be good understanding not only the work. After work and so we have to have a good understanding, good relation, good atmosphere. So we can fix all problem without any hesitate to wait for to convince each other.*"[752]

- Management

Jedes Projekt muss gemanagt werden, wobei die Probleme bei Großprojekten von besonderen Randbedingungen gekennzeichnet sind (vgl. Kapitel 14). Bei den Antworten fällt auf, dass die Befragten keine klare Definition von dem Begriff Management benutzen. So lautete eine Antwort: „*What is the skill of the management? Experience.*"[753] Wie man managt, gehört anscheinend zum impliziten Wissen, denn die Befragten äußern in klaren Worten, was sie unternehmen, allerdings ohne es unmittelbar mit dem Begriff „Management" in Verbindung zu setzen: „*I would focus on these, well, I would identify where the process does not run smoothly, where are problems and set the priorities how and how to solve them. Then I would then transfer, provide and communicate these problems to the people and assign people to solve these problems.*"[754]

Eine detaillierte Antwort zu der Tätigkeit des Top-Management eines ICJV ist folgender Antwort zu entnehmen: „*And then, of course, there is the second role, I would say*

[750] S. Interview TG6, S. 2
[751] S. Interview TG7, S. 3
[752] S. Interview BT1, S. 3
[753] S. Interview TG2, S. 2
[754] S. Interview TG11, S. 1

where the day-to-day work has a certain decision processes which they come to you and they want you for either advice or input and then you can be very selective, but that is in my position dangerous sometimes that you end in too much detail and start taking other peoples' jobs away. So you don't want this redundancy, you actually try to create with this exceptional position, or let's say organization we have, which I described to you, that you create a team work, split the jobs to be more effective and you look for more of the outside elements, which need more care and attention. A project of this magnitude, this complexity, the size particular, takes moments where you just have to take a step back, and be patient and say: Okay, what's going on, what do we need to do, how can we adjust this or that. Troubleshooting and it's the whole purpose of a, let's say, a supervisor entity of any joint venture. There is normally construction management and project management, they are completely entrenched in the day-to-day business. And they need this backup, this support. But they also need this valve, this pressure valve where they can come and say: Look, this is not going right, what to do. And there is a lot of moral support also all the way down to the lowest level in the hierarchy, where people look for a voice, a microphone for their personal problems, for their career problems, for their own personal development, for... we are all human beings. And I would say eighty percent of our work is working with people, so you play this role as well. So it goes many ways particularly in expat live, with families, all that. When people are not motivated the targets we described cannot be met either, so you have to cover all the bases, but you focus on the business, and you are only zooming in on this.“[755]

- Planung

Genauso wie der Begriff „Management“, so wird auch der Begriff der Planung eher implizit verwendet. Die Planung wird sehr sorgfältig betrieben und immer wieder überarbeitet: *„Okay we just say how to finish this project in time. Also this is the question, is always raised between the project manager and construction manager, even they don't believe we can finish in time. So we have different proposal: if we cannot achieve, how we can do. Maybe two or three times planning how to achieve this project.“*[756]

In einer anderen Antwort wird der Planungsprozess im Einzelnen beschrieben. Wichtige Punkte sind die Arbeitsablaufplanung, Bereitstellungsplanung, Risikoanalyse, Kostenplanung, Entwurfsplanung, Baustelleneinrichtungsplanung, Fertigungstiefenplanung, Qualitätsplanung: *„Yeah, we have a time schedule which is imposed by the client, we will do our own time schedule, based on let's say our own equipment available, resources available and therefore we say what we can do better, in order to gain, to create a certain buffer just in case something goes wrong. We do a time and risk analysis and then we say: Okay, we invest a little more in advance, in front in order not to be at risk at the end. Because at the end it is always difficult, people may leave and they have other problems unforeseen, so it's better to start early. And this is discussed together with the construction management and the planning department and also the cost control because you have to see that we are not running too fast or too slow. So we have to find a compromise and then*

---

[755] S. Interview TG7, S. 1 f.

[756] S. Interview TT3, S. 2

there are other aspects which they can step in, maybe the availability of design, drawings, construction drawings, availability of the land if there is an expropriation of the land, availability of resources. Sometimes you won't find people, like it was the case here in Taiwan. And all material, all the right subcontractors, all the right supplier. So you go in a new environment, in a new country, you are a foreigner, here okay you have a local partner and you have to integrate with him. He has his own organization and his ways of doing and thinking and he says: follow me because I'm the expert here, but then you realize that the standard and the quality and the progress is not what we as [name of German company] *we are used to. And therefore we may loose our reputation, this we don't want, so we have to bring up the standard. We are here and we are here just to give the plus. Now also the local partner will recognize maybe as Tony always says that he will not like us because we are a pain in the ass, but if they looked what they did is because we proposed a method statement, looked about the safety, looked about the quality, quality means not only if golden bridge, but not to demolish, not to spend money in finishing, which is more expensive. The finishing it can be done with the same people who did the fabrication, the production, few of them are at the same period you don't notice in the budget. But if you have to keep an army three month later when the job is finished, I have to bring another team back and do the repairs, and do the finishing, this is not budgeted for. And the results is not the same because you know when you do the repairs at the same day that you shatter something you have uniform result."*[757]

- Ablaufplanung

Die Bedeutung der Ablaufplanung wurde schon im vorherigen Zitat angesprochen. Neben der Kostenkontrolle ist die Terminkontrolle eines der gängigsten Mittel, die auf Baustellen eingesetzt werden. Die Inhalt gehören in das Curriculum jeder Hochschulausbildung für Bauingenieure[758, 759]

Der Umgang mit der Terminplanung ist selbstverständlich: *„This is part of the controlling tool. Part of a controlling tool is scheduling, cost control, contract administration. These are basically the tools. Scheduling is very important."*[760]

- Kommunikation

Es hat sich bei den Interviews gezeigt, dass Kommunikation ein ganz entscheidender Punkt des Projektmanagements von Großprojekten ist. Deshalb wird die Kommunikation auch als zusätzlicher Aspekt bei den Meta-Managementfunktionen berücksichtigt. An dieser Stelle geht es jedoch nur um die Top-of-Mind-Associations der Befragten. Diese sehen die Adressaten für Kommunikation sehr differenziert: *„There are different, let's say forums to communicate. You can do it one by one, when people have very sensitive issues to discuss and look for a trustworthy person if possible, comes down to*

---

757 S. Interview TG10, S. 2 f.

758 Vgl. FACHAUSSCHUSS BAUBETRIEB (Empfehlungen 2005)

759 Vgl. BERNER / HAHR (Hochschullehrer-Memorandum 2006)

760 S. Interview BG1, S. 2

the characters and personalities, there is also interest. I have certain people for the development. So that's one level. The other level is amongst project management, another level is the supervisor board and then there are where we pull in groups of people, more senior staff, total staff..."[761]

Andererseits wird über Kommunikation als Teil der Führung gesprochen. Durch beide Zitate wird ihre explizite und implizite Bedeutung klar: „*No, I don't think so. I mean leadership is one of the soft factors, controlling instruments is pretty cut and dry, pretty black and white. Leadership is important and it starts from the top and it goes down, everybody has to understand the goals, everybody has to understand what we want to accomplish to do and if we make sure that everybody understands, than also everybody has to follow. If people are not following they are, they cannot be part of it. It's very important that everybody understands what we want to do.*"[762]

- Koordination, Beschaffung und Dokumentation

Diese Aspekte wurden jeweils einmal erwähnt. Die Koordination ist natürlich ein Hauptgesichtspunkt des Managements von Großprojekten. Die Notwendigkeit entsteht insbesondere bei dezentralen Organisationen wie den untersuchten ICJVs. Wenn die Arbeit zunächst aufgeteilt ist, dann ist auch die Zusammenführung der Einzelergebnisse von hoher Bedeutung. Dies entspricht dem strukturbildenden Organisationsansatz von KOSIOL, der die Lösung der Organisationsaufgabe in drei Schritten vorsieht: Analyse, Synthese und Aufgabenverteilung.[763]

Die Beschaffung hat natürlich hohe Bedeutung als Teil des Aufgabengebietes der Kaufleute in ICJVs und sie hat den gleichen Rang wie in anderen Produktionsunternehmen.[764] Die Materialkosten haben immerhin einen Anteil von fast 27% der Gesamtkosten von normalen Projekten (vgl. Tabelle 52).

Eine durchgängige Dokumentation ist nicht nur innerhalb eines ICJVs notwendig, um Entscheidungen nachvollziehen zu können, sondern insbesondere bezüglich der Korrespondenz mit dem Bauherrn.

17.2.2.4 Bewertung des Zielmodells

Ein Modell der Ziele aus Sicht des ICJV ist in Bild 81 dargestellt. Demgegenüber ist das Modell aus Sicht der Partner in Bild 82 zu finden. Es basiert auf den Überlegungen in Kapitel 13.4. Wenn man das Zielmodell der Partner mit dem der ICJVs vergleicht, fallen die Ähnlichkeiten sehr deutlich auf. In den wesentlichen Punkten sind die beiden Modelle deckungsgleich. Es besteht also zwischen den Partnern und den ICJVs Zielkongruenz. ICJVs wissen genau, was von ihnen verlangt wird. Dabei

---

[761] S. Interview TG7, S. 3
[762] S. Interview BG1, S. 2
[763] Vgl. KOSIOL (Organisation 1962), S. 43 ff.
[764] Vgl. KÜPPER (Beschaffung 1989), S. 196

zeigen sich keine kulturellen Unterschiede zwischen den verschiedenen ICJVs, die Ziele werden höchstens in Randbereichen von der Nationalkultur bestimmt. Sie sind für die untersuchten Großprojekte allgemein gültig.

Es ist auch nicht notwendig, die Ziele ausdrücklich zu vereinbaren, das Zielverständnis gehört zur Großprojektkultur. Ein Befragter, der keine Schwierigkeiten hatte die Ziele zusammenzufassen, beschreibt dies so: „*Honestly speaking, I didn't get a very clear message from the joint venture, in that regard.*“[765]

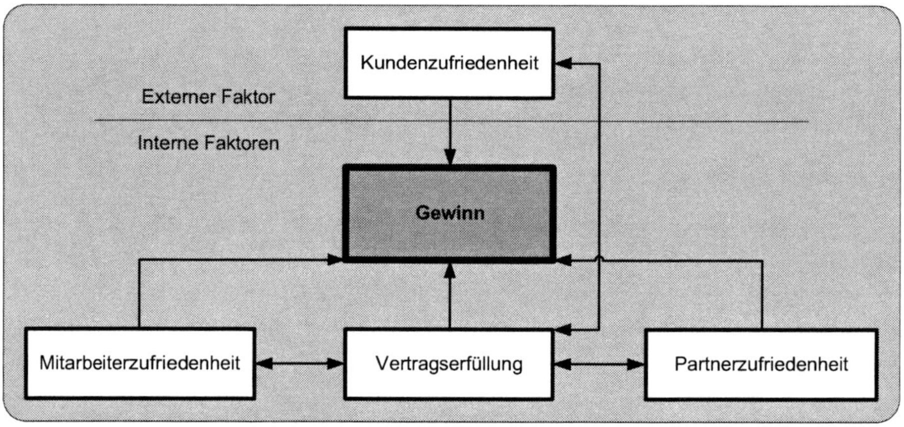

Bild 82: Zielvorgaben der Partner für ICJVs
Fig. 82: Goals for ICJVs As Set By Partners

Das Zielmodell der ICJVs ist umfassender. Ein Topmanager in einem ICJV beschreibt diesen Vorgang: „*I think you zoom in, you have those overall goals and you have an absolute mandate from your mother company to fulfill these targets in accordance what I roughly described. But then you enter into detail. And then in my role, not being directly involved with the construction, with the daily day-to-day work, you have to have always a broader perspective of the situation. So you look far ahead, you do your forecast, both in terms of how you create this environment I just referred to, how you create a proper relationship within the joint venture, how you create the relationship with the client. So you need all these elements, these parameters which create the proper environment to reach the targets we just mentioned.*"[766] Der Gedanke des „Zooming in“ ist sehr überzeugend und wird dem Unterschied zwischen den beiden Modellen gerecht. Partner geben Gewinn vor, ICJVs streben nach diesem und nach Kostensenkungen. Partner fordern Vertragserfüllung, ICJVs suchen die geforderte Qualität und Bauzeit einzuhalten sowie Arbeitsunfälle zu vermeiden.

Der Aufbau von Reputation ist in ICJVs wichtig, Partner sehen die Reputation durch Auslandstätigkeit gestärkt, sie setzen also bereits ein Gelingen der Projekte voraus.

[765] S. Interview TJ2, S. 3
[766] S. Interview TG7, S. 1

Lernen als Erweiterung des Wissens der Partner spielte bei diesen keine Rolle, bei den ICJVs jedoch wohl. Umgekehrt fand die Mitarbeiterzufriedenheit in den ICJVs keine Erwähnung, wohl aber bei den Partnern. Allerdings beschrieben die Befragten in ICJVs sehr wohl, was sie für die Mitarbeiterzufriedenheit leisten (vgl. Abschnitt 17.2.2.3 Teambildung / Kultur). In Tabelle 63 sind die Ziele unmittelbar einander gegenübergestellt.

Tabelle 62: Ziele der Partner und des ICJVs
Table 62: Goals of Partners and the ICJV

Ziele	Partner	ICJV
Gewinn (Hauptziel)	sehr wichtig	sehr wichtig
Vertragserfüllung	wichtig	wichtig
Kundenzufriedenheit	wichtig	Unterpunkt der Vertragserfüll.
Partnerzufriedenheit	wichtig	weniger wichtig
Mitarbeiterzufriedenheit	wichtig	Selbst betroffen
Einhalten der Bauzeit	Unterpunkt der Vertragserfüllung	wichtig
Erzielen guter Qualität	Unterpunkt der Vertragserfüllung	wichtig
Aufbau von Reputation	Unterpunkt der Vertragserfüllung	weniger wichtig
Hohe Arbeitssicherheit	nicht erwähnt	weniger wichtig
Lernprozesse	nicht erwähnt	weniger wichtig

Zusammenfassend kann festgehalten werden: Die Ziele des Gesamtunternehmens (Ebene1) und der strategischen Geschäftseinheit (Ebene 2) fallen zusammen und die Ziele des ICJV (Ebene 3) sind in guter Übereinstimmung mit den vorgegebenen Zielen.

Auffällig bei den Konzepten ist die geringe Tiefe im Vergleich zu den theoretischen Modellen der Fachliteratur. So ist bei der Kundenzufriedenheit mit der Vertragserfüllung nur eine Leistungsanforderung beschrieben, Diskussionen über Basis- und Begeisterungsanforderungen sind nicht zu finden. Das Gleiche gilt für Begriff wie „Lernen", „Reputation", „Partnerloyalität" und das Verhältnis Gewinn/Kostensenkung. Dies alles sind Hinweise auf einen sehr geringen Anteil an expliziter Konzeptualisierung.

Als Ergebnis kann insgesamt festgehalten werden, dass die Zielkongruenz zwischen den Partnern und dem ICJV die Grundlage für den ICJV-Erfolg bildet. Die Sollkomponente des Erfolgs ist damit bestimmt. In den folgenden Kapiteln werden die wichtigsten Faktoren erörtert, die das Erreichen der Ziel beeinflussen können. Dies sind die Erfolgsfaktoren. Am Ende eines Projektes kann dann bestimmt werden, ob die gesetzten Ziele erreicht sind. Hierbei handelt es sich um eine Soll-/Istanalyse. Wenn keine Abweichungen zwischen den Zielen und dem Endzustand besteht, dann liegt Erfolg vor. Ziele werden ex ante bestimmt, Erfolg wird ex post festgelegt.

18 Gliederungsmodell von ICJVs und Managementrahmen

Das Ergebnis der Auswertung von den geführten Interviews ist zunächst ein Gliederungsmodell für ICJVs. Dieses beschreibt die wichtigen Bestandteile des ICJV-Managements. Es vernachlässigt Beziehungen zwischen den einzelnen Punkten. In den weiteren Erörterungen in diesem Teil werden die einzelnen Bestandteile des Gliederungsmodells beschrieben und die wichtigsten Beziehungen zwischen ihnen herausgearbeitet. Die Struktur des Gliederungsmodells ist teilweise durch die Literatur vorgegeben (vgl. Kapitel 8.3 und besonders Abschnitt 8.3.2: Untersuchungsmodell), teilweise ist sie durch die Forschungsergebnisse abgeändert oder neu erwachsen.

In dem folgenden Abschnitt wird das Gliederungsmodell vorgestellt (Kapitel 18.1). Daran schließen sich Überlegungen an, wie grundsätzlich eine komplexe Umwelt zu managen ist (Kapitel 18.2).

18.1 Gliederungsmodell

Das Gliederungsmodell ist in Bild 84 dargestellt, sein Zustandekommen wird allerdings erst in dem nachfolgenden Text beschrieben. Zu diesem Zeitpunkt dient es keinem anderen Zweck als den Ausführungen eine kohärente Form zu geben.

Für die folgenden Ausführungen ist es sehr wichtig zwischen drei unterschiedlichen Formen der Verwendung von Begriffen zu trennen. Ein Begriff wie „Arbeitsvorbereitung" kann entweder institutionell, instrumental oder funktional zu verstehen sein. Erstens kann es sich bei der Arbeitsvorbereitung um eine Abteilung eines Unternehmens oder eines ICJV handeln, dann liegt ein institutionelles Verständnis vor. Man kann z.B. Chef der Arbeitsvorbereitung sein. Zweitens ist die Arbeitsvorbereitung ein Hilfsmittel um eine Baustelle abzuwickeln. Dazu gehören einzelne Aspekte wie die Ablaufplanung oder Baustelleneinrichtungsplanung. Dies ist das instrumentale Verständnis. Man kann z.B. als Bauleiter auf Teile der Arbeitsvorbereitung zurückgreifen. Drittens kann die Arbeitsvorbereitung eine Tätigkeit sein. Dann handelt es sich um ein funktionales Verständnis. Ein Mitarbeiter der Arbeitsvorbereitung (institutionell) kann z.B. im Rahmen der Arbeitsvorbereitung (instrumental) die Terminplanung erarbeiten um dadurch die Arbeit für eine Baustelle vorzubereiten. Im Folgenden ist immer zwischen diesen drei Verständnissen zu trennen.

ICJVs und ihre komplexe Umwelt sind in Teil A beschrieben worden, die Gedanken sind hauptsächlich institutionell ausgerichtet. Teil C enthält Ausführungen zu der Komplexität der einzelnen Aufgabengebiete (Organisations-, Entwurfsplanung, Arbeitsvorbereitung, Baustelleneinrichtung, Bauausführung) im Sinne eines instrumentalen Verständnisses.

Auf der Grundlage eines funktionalen Managementverständnisses werden im Kapitel 19 die fünf Managementfunktionen i.e.S. erörtert. In jedem einzelnen instrumentellen Aufgabengebiet muss geplant, organisiert, geführt und kontrolliert sowie Personal eingesetzt werden. Somit ergibt sich eine 5 x 5 Matrix bei der 25 Einzelpunkte Bedeutung haben. An der Schnittstelle zwischen Kontrolle und Entwurf ergibt sich beispielsweise die Frage nach der Tiefe und dem Umfang der Kontrolle von Statik und Konstruktion sowohl durch den Entwurfsverfasser als auch durch das ICJV und den Bauherrn.

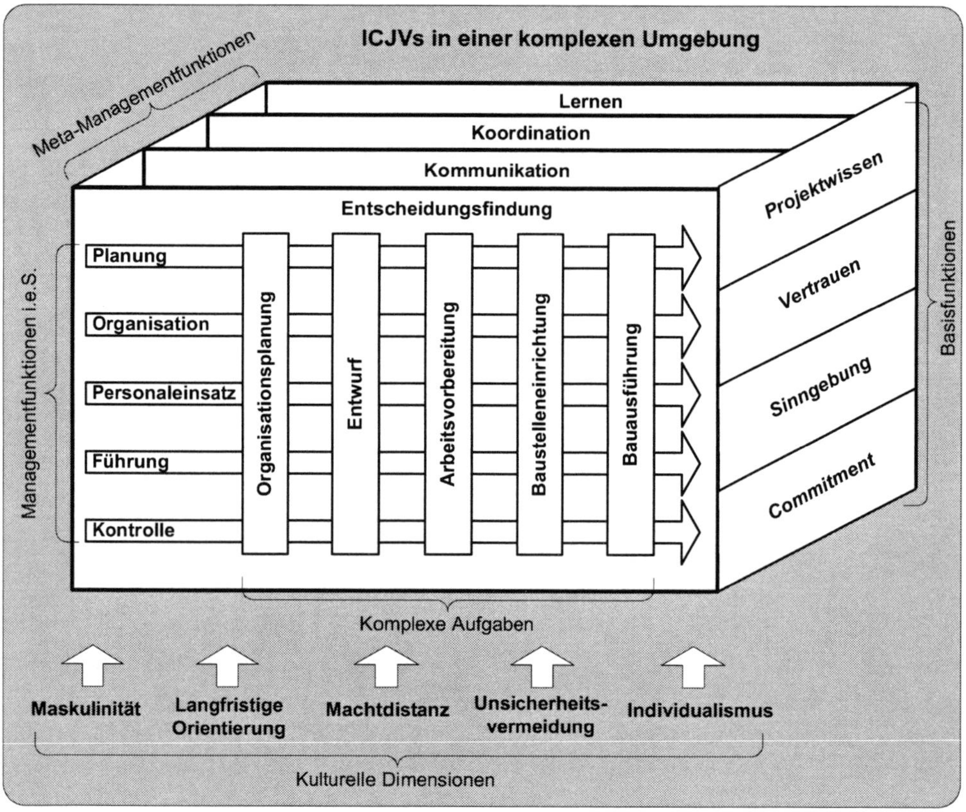

Bild 83: Gliederungsmodell
Fig. 83: Structure Model

Außer den fünf Managementfunktionen i.e.S. gibt es weitere Tätigkeiten, die jeder Manager täglich ausübt. Dazu gehört das Fällen von Entscheidungen, die Kommunikation, die Koordination und mit einem zeitlichen Bezug das Lernen. Alle diese Tätigkeiten sind nicht auf das ICJV beschränkt, besonders deutlich wird dieses beim Lernen. Das Gleiche gilt auch für die fünf Managementfunktionen, auch bei ihnen handelt es sich um projektübergreifende Fähigkeiten. Allerdings besteht ein entscheidender Unterschied darin, dass bei jeder der Managementfunktionen sehr viele Entscheidungen zu fällen sind, sehr viel kommuniziert, koordiniert und gelernt wird. Somit liegen diese vier Tätigkeiten auf einer anderen Ebene als die Managementfunktionen i.e.S. Sie werden als Meta-Managementfunktionen bezeichnet und in Kapitel 5 behandelt. Durch die Meta-Managementfunktionen erhöht sich die Komplexität des Gliederungsmodells. Die Anzahl der beschreibbaren Knoten liegt bei 5 x 5 x 4 = 100.

Neben den allgemeinen Managementfunktionen gibt es noch weitere, die aber projektspezifisch sind. Dazu gehören das Wissen über das Projekt, das gegenseitige Vertrauen der handelnden Personen, die gemeinsamen Deutungen und Identitäten und der Einsatz für das Projekt (Commitment). Diese Funktionen durchweben das Geflecht aus Aufgaben, Management- und Meta-Managementfunktionen auf vielfältige und grundlegende Art und Weise. Sie werden deshalb als Basisfunktionen bezeichnet und in Kapitel 6 beschrieben. Durch das Berücksichtigen der Basisfunktionen ergeben sich mittlerweile 5 x 5 x 4 x 4 = 400 Knoten, die beschrieben werden können.

Planung, Arbeitsvorbereitung, Koordination und Vertrauen – um vier willkürliche Aufgaben und Tätigkeiten auszuwählen und damit nur einen Knotenpunkt zu beschreiben – werden alle durch die jeweiligen nationalen Kulturen vorbestimmt und gesteuert. Die bekannten fünf Kulturdimensionen von HOFSTEDE erlauben diese Einflüsse analytisch zu verfolgen. Dies erfolgt grundsätzlich immer an den Stellen, wo dies zu sichtbaren Problemen führt. In Kapitel 7 werden diese Gedanken noch einmal zusammengefasst und dabei erweitert sich das Gliederungsmodell auf 5 x 5 x 4 x 4 x 5 = 2000 Knoten. Eine Beschreibung eines jeden einzelnen Knotens würde den Umfang einer jeden Monographie bei weitem sprengen. Aus diesem Grund wird dieser Weg nicht verfolgt und es werden nur ausgewählte Punkte in den genannten Kapiteln beschrieben.

18.2 Bewältigung von Komplexität

Die Bewältigung von Komplexität ist der Ansatzpunkt für systemtheoretisches Denken. Die Systemtheorie bietet zunächst einen Gliederungsrahmen und von diesem Ordnungsgedanken ist in Teil C ausführlich Gebrauch gemacht worden. Darüber hinaus ist Systemdenken ganzheitlich, prozessorientiert, interdisziplinär, sowohl analytisch als auch synthetisch und pragmatisch.[767] Alle diese Gesichtspunkte werden in den nachfolgenden Zitaten deutlich.

Die folgenden Abschnitte bilden einen Rahmen die einzelnen Systemelemente des Gliederungsmodells (vgl. Bild 84). Dabei wird in Abschnitt 18.2.1 die Anfangsphase eines ICJVs mit Bezug auf die Komplexität analysiert und daran schließen sich die mittlere Phase (Abschnitt 18.2.2) und die Endphase an (Abschnitt 18.2.3). Übergreifend erfolgt in Abschnitt 18.2.4 eine Bewertung der Arbeitsbelastung des Topma-

[767] Vgl. ULRICH (Management-Modell 2001), S. 16 f.

nagements während des Bestands des ICJVs. In Abschnitt 18.2.5 werden die Ergebnisse zusammengefasst. Die Phasen, wie sie hier für die Erörterung von Komplexität und Arbeitsbelastung verwendet werden haben nur einen sehr allgemeinen Charakter. Sie sind nicht mit den genauer definierten Projektphasen zu verwechseln.

18.2.1 Komplexität in der Anfangsphase von ICJVs

Die hohe Komplexität ist von keinem Befragten als solche bezeichnet worden. Häufig werden Begriffe wie Unordnung (mess) oder Chaos als Beschreibung gewählt: „*What I know is: It was a mess here.*"[768] Die Komplexität eines ICJVs wird gerade dadurch gelöst, dass die gewünschte Ordnung hergestellt wird. Diese besteht letztendlich in der Errichtung des Bauwerks. Es wird erwartet, dass alle Mitarbeiter reibungslos miteinander arbeiten, alle weiteren Ressourcen rechtzeitig bereit stehen, Termine und Budget eingehalten werden.

Die Aufgabe ist nicht einfach: „*But what happens at the beginning of a project in most joint ventures is, a joint venture has won a project , where we'll limit this to a large project. They have won a large project which will have a turnover and a staff that will be equivalent to most medium sized companies. Medium sized companies develop in most cases from small companies, their procedures develop as the company develops, their staff develops as the company develops and so it's a long process that is controlled. What happens in the start of these projects is that you suddenly have to throw a medium to large company together with no procedures, no processes, no understanding, no trust and you throw it into being an operational organization on day one. And so you have a situation where nobody really knows what the other person is doing, why they are doing it, how they are doing it and even if they should be doing it. And that is the big difficulty in managing these joint ventures because you are suddenly creating a large company on day one and expecting it to operate with the efficiencies of a large company without having any of the benefits of the development time. You can't even, or very rarely are you in a position where you can say, we will adopt the procedures and the policies of one of the joint venture partners and run the joint venture on that because the other partner won't accept that. They believe that their procedures and their processes are what's needed. So you have to blend this organization out of the beliefs of the two parent companies, into something that they are both happy with and that is also efficient.*"[769] Aus den Randbedingungen von ICJVs (Schaffung eines mittelständisches Unternehmen) entsteht zunächst ein Durcheinander. Dieses Durcheinander ist auch durch die unterschiedlichen Organisationskulturen der Partner bedingt. Die Folge ist, dass man Zeit benötigt, um die gewünschte Ordnung herzustellen.

Die Probleme erwachsen nicht nur aus der Komplexität der Aufgabe, sondern auch aus den kulturellen Barrieren, die ein internationales ICJV zu überwinden hat: „*Well, the beginning of the project, I have reviewed, I have also understood and it was partially still*

[768] S. Interview TT4, S. 13
[769] S. Interview TG2, S. 7

going on when I came. Setting up this project is competitive in many ways, when you go into another country and set something up. It comes down first of all to get acquainted with all the local rules and habits and customs of the country. That is manifold. It starts with the fact that you are setting up a limited company, a company of a limited duration which is set up overnight, has to function overnight, with a bunch of people thrown together, sometimes not knowing each other. The latest status here: we have twenty-eight nationalities here, to give an example how it is grown. And then it is liquidated after the period of the contract, four years, five years, whatever. In order to make this set-up successful quickly you need a strong local partner, you need people with long term experience abroad how to do these things and basically bring experience with them to say: Okay, I need this, I need that. For example here in Taiwan you need a lot of problems to overcome with local rules and regulations to hire staff, to import equipment, the procurement processes, the local business culture. How to deal with suppliers, with contractors, with local authorities, with employers, employees. All these things come into the picture where you need a proper blend, a melting pot of your own experienced people, who have done this in one to five countries, mixed with strong local people, you either hire or you obtain through your local partner. And this blend then allows for a start up. Here we had some very peculiar problems, we needed land to set up our site installations, which required for the two pre-cast yards, I was explaining to you, I think in one of them they had to speak to one hundred different owners of little rice patties and they all had, you know, being negotiated with in order to obtain ten square meters here, fifty there, to rent and lease their land and then to allow the set up you need technically. It didn't work so they had to change the technical aspect or layouts in accordance with what was available."[770]

Von erheblicher Bedeutung für die Startphase ist die Frage, ob die Mannschaft des ICJVs sich schon von früheren Projekten kennt. Dies wird in dem folgenden Zitat zusammen mit der Komplexität diskutiert: „*First between the partners, yes, and then also to have more or less a team then, where everybody knows first what he has to do and also what is the overall status of the project. To give them a feeling they belong to this team and not that you are only responsible for this one, don't care for anything else. I think it is important to form a team out of these people you have on a construction site. The difficulty is if you look to a project this size: we start with zero, we built a new company, with people who do not necessarily know each other and we have to achieve then a monthly turnover of twenty million Euro which is for a midsize company in Germany very much. So, this one is with people from zero within three or four month you have to form a team. The advantage is if you have, like our project in 260 they know each other over years, this has not been the case at 270. I think at the end now we are a good team, but it was not always at the beginning. They don't know each other these people, they don't know how everybody works, what his style is and so on. Difficult, it is not so difficult with the supervisors, they have the same level, but it is more difficult with the area managers. First, some have never done such a big project, they have to get used to the size of it, that each decision they make is how they do things is then for forty-two kilometers. So naturally a few mistakes happened. Then, okay, you can correct it if it doesn't cost too much money or you have to go this way through. A lot*

[770] S. Interview TG7, S. 4

of decisions have been made before I came, some we could reverse, some not. Then I said okay, then we have to live with it."[771]

Neben der Komplexität der Aufgabe und der Kultur, entsteht auch aus der Überwachung durch die Partner ein erheblicher Druck: „*Beside these points, of course, the pressure or the…, how should I say that, the internal…, or let me say from the headquarters of the companies there is a bigger focus at the beginning, normally* [than] *at the end. Because they want to now, now we got the contract, we signed the contract, we know the conditions, we know our estimate and how are we doing with our estimate, can we make the margin or can get more profit or do we have a problem here and there. Especially when you are in the design phase, I think they want to know. I think they watch it much more carefully - at least from our part - than at the end, if it's a normal positive project.*"[772] Das Problem des Misstrauens von Seiten der Partner und zwischen den Partnern muss auch von dem ICJV gelöst werden: „*At the very start the difficult part is that we always believe that we have to do everything and organize everything and in the beginning you don't have the patience to involve the partner in the process of considering things and this always leads then to fights in the beginning. So that means that this trust building, well, it takes a while in the beginning.*"[773] Allerdings gelingt es manchmal nur teilweise eine Vertrauensbasis zwischen den Partnern aufzubauen, die es dem ICJV ermöglicht, ungestört zu arbeiten: „*I think, maybe, I feel that we are asking more about the trust but in the beginning we had more trouble because in the beginning is the major decision have to be made. I think that the German side is not so trustful the Chinese, they feel that we didn't concentrate technology-wise, not good enough. And on the other hand the Chinese also not trust* [name of German company] *is that maybe they don't care the cost. That we still have even today, I think the* [name of German company] *people and us we are a little bit different, even today.*"[774]

Die besonderen Anstrengungen eines ICJVs bei dem Zusammenführen der unterschiedlichen Gesichtspunkte der Partner wird hier beschrieben: „*The first, I think in the beginning we really have some problem about communication from* [name of Taiwanese company] *and the both. The problem is each company that insist setting the principle,* [name of Taiwanese company] *insist and also* [name of German company] *insist to have their principle. The second problem is that each company they think that they have the right, so no one want to give up their decision. That is the problem in the beginning. So the project director learned this problem, so he invites all the area managers, locals and the expatriates together. We sit together for what is the problem, what is your idea, what is your impression about the local, what is my impression about the expatriates. This is an open discussion. This meeting will still have some argument. But finally we learned something we called the compromise. Everybody just sit and open discussion and we learned something to respect each other. I think after six or seven month okay, is set up.*"[775]

---

771 S. Interview TG5, S. 8
772 S. Interview BG1, S. 7
773 S. Interview TG4, S. 2
774 S. Interview TT1, S. 13
775 S. Interview TT3, S. 5 f.

Der emotionale Druck ist in der Anfangsphase groß: *„In the beginning all piece work, all the permissions, all the complaining or proclaiming things, it took about, I think, five month after that then it became normal. But of course the headache never reduced. The same thing or even more, so I think I was busy all the time until June this year. And from that time a bit better. Actually we had a big problem in the tunnel so I spend a lot of time in the tunnel. So that was construction problem, so we had all the time a lot of headache and, how can I say, when we can solve this problem.“*[776] Die Dauer der Anfangsphase wird hier mit fünf Monaten beziffert, allerdings führen zusätzliche unerwartete Probleme zu einem erneuten Ansteigen des Drucks, der aber doch nach einiger Zeit geringer wird. Der Umgang mit dem Druck verläuft über die Anpassungsfähigkeit des Menschen: *„Headaches, yeah, all the troubles we should resolve. In the beginning we had that kind of headache and it never disappeared actually. We were changed, we were ready to accept the headache.“*[777]

Die Dauer der Anfangsphase wird unterschiedlich eingeschätzt: *„In the beginning you have a lot of improvisation, which comes after three or four month it will be more methodological.“*[778] Zuvor wurden fünf und sechs bis sieben Monate genannt als Anfangsphase genannt.

Natürlich beginnt kein Projekt bei einem Nullpunkt. Es ist bereits eine Menge Vorarbeit geleistet worden, die ihren Höhepunkt in der Vertragsunterschrift findet. Der nächste Schritt ist üblicherweise ein Kickoff-Meeting. Allerdings kann die Vorbereitung eines ICJVs unterschiedliche Qualität haben. Eine ideale Übergangsphase wird hier beschrieben: *„I mean, of course, first of all, before a project comes, yes, you have the estimation phase. In the estimation phase you also make all the work preparation work, you think about how this one should build and this one should build and this one should build. And I believe, that after the contract is awarded, all these people should sit together and discussing, what they have estimated and why they have estimated, why they have done this and why they have planned that one. And then, I personally think, the key people on site, which are going on site, they have an understanding. And then they can work on that one and can say, okay, maybe we do this different way, it will not cost us more money, or maybe we do it this way, it will cost us more money, but the benefit will be that we may save here some time. It has to be worked out. I tell you from my experience normally it's not like that."*[779] Meist entspricht der Start aber nicht dem Ideal: *„Yeah, it's…it's improvised. I give you one example. I did a large hospital in Saudi Arabia, turnkey, with all equipment, medical equipment, everything. And the estimate for that one was four or five pages, because they estimate everything in square meters and percentage and so on and so on, but I could not use it. I had to make a detailed BoQ* [bill of quantities] *before I could even start the work on site, physical work."*[780]

---

[776] S. Interview TK3, S. 21
[777] S. Interview TK3, S. 21
[778] S. Interview BG3, S. 8
[779] S. Interview BG3, S. 6
[780] S. Interview BG3, S. 7

Betont wird die Bedeutung nicht-technischer Probleme zu Beginn eines ICJVs: *„Yes, that is true, and I think when you start, the most difficult thing is to get an organization together. To first agree on an organization and then get the people and then get a team together and work together, that's the most important and most challenging thing in my opinion and, of course, it helps if you have some of the staff, who worked together already. That helps, of course...Yeah, of course. The first, I think, the first part is the most difficult, of course, because it is not only technical, it is also to get a team together, to get a relationship to the client, to make decisions in regards to subcontractor and supplier and so on, to take care of the designs. It is not only the workload, I think, also the pressure is very high and at the end, if it is a positive project the workload is not very high. Of course, if it is a bad project, then the pressure probably is higher at the end, but normally it should be the way that at the last 25 %, it should be just smooth ride."* [781] Hier wird auch wieder die schon diskutierte Abnahme des Drucks im Verlauf eines ICJVs angesprochen. Der gesamte Projektablauf wird auch in der folgenden Aussage erläutert: *„The workload is different and the type of work is different. The workload at the start of a project is very intense, and it's fair to say on most of these joint ventures you are understaffed at the start of a project in senior people, because there is so much, you are basically building a company instantly and there is a lot of work associated with that. Towards the end of the project you are using totally different skills. You are then trying to wrap a project up. You are not creating procedures and how an organization will run, you are trying to shut an organization down."*[782] Die Belastung ist natürlich die Kehrseite der aus der Komplexität erwachsenden Herausforderungen. Dieser Punkt wird weiter unten noch genauer untersucht, an dieser Stelle ist die Verbindung zwischen Belastung, Komplexität und Ablaufphasen von Interesse.

Das Vorgehen in der Anfangsphase entspricht dem Systemdenken. Nichts wird sequentiell abgearbeitet, alles ist gleichzeitig ein Problem. Die Lösung eines Punktes kann wiederum Schwierigkeiten an anderer Stelle verursachen: *„You do it in parallel. You do it in parallel. There is nothing which you can say, first I do this and then I do that, it's going in parallel."*[783] Eine ganze Menge von Arbeiten, die parallel nebeneinander bearbeitet werden müssen werden hier aufgezählt: *„It was mixed, it was an iteration. I say, I need this much space for my factory, now I go out, I want it there, because this is what our program and our money requires. So I go there and you look at the place, you have done it already during tender stage and we want to the nitty-gritty, basically executing it and they have done it, I remember in three month. Our local partner was very active and spoke to every little village chief and it goes in the local language where you need to have the necessary trust that your partners have the same goal, targets technically, financially. Our partner did an excellent job there, if that wouldn't have been fixed that quickly we would have had enormous delays in the setting up of our project. In parallel of course we established our offices, we started the whole procurement process, fast track mobilization we were awarded very late, in fact our award date was, our starting date was backdated before the award date. That's the situation, we already had two weeks delay when we were awarded, the moment*

[781] S. Interview BG1, S. 7
[782] S. Interview TG2, S. 8
[783] S. Interview TG4, S. 3

we signed. Alright, but it shows how urgent the situation was. And this required strong, disciplined management from our home office and immediately upfront, where very flexible and experienced guys just as a team do the mobilization. And that's what happened with the partners and then blending your organization together.. Alright, parallel to that, of course, we had to set up, since this is a design/built contract, the moment we were awarded to pick up what we had left of at tender stage and then set up our whole design organization. That was not possible locally because we were still looking for offices and setting up computer systems and the things I just described, however, in the main offices the designers were organizing themselves with the documents and the contracts and immediately started a world wide global network. We have planners in affiliated companies, or as part of design joint ventures, we had different planners in Taipei, in London, in Austria, in India, in Germany. You know, you have that sort of network which works with an alarm system and on-line global alarm system, where the drawings can be followed in internal network and then here everything is coordinated, produced and then forwarded to the client as part of the contractual process we have. So this was necessary, because the lead time of the design is always very critical for the construction... Well, you screen your contract at tender stage and there has been always a long period of negotiations with the client where the contract is picked apart and you have to agree on certain conditions you have set or adjustments you have made to the contract, basically you know your contract quite well. But you need to look at it from both aspects, there are the very pure contractual aspects and then the more technical aspects. And then you enter into developing the planning, the design, the method statements in more detail. So you need a strong design engineering team and overnight also a strong contract administration team to both guide the design process, but also the whole construction because you want your milestones to be paid, you want to have the necessary guidance to the daily works, you can imagine, you have a lot of interface duties. The client offered you or is contractual bound to the right of way of eighteen meters. Everything left or right is not his, but also within the right of way they couldn't enforce everything either, so you have your problems there. You need to tackle those locally with the client, with third parties, because we are part of the BOT, meaning at the end a train has to run here. You have other contractors who have their conditions, or let's say their demands. If it is a civil contractor there are interfaces with the neighboring lots where we have to make matters compatible and a lot of elements like that. So the interface department was created which is not typical for a project, a pure interface department and then of course design-engineering and a contract administration. But they are all quite linked."[784] Dieses recht lange Zitat beschreibt vielleicht etwas intensiver und emotionaler die Aufgaben eines ICJVs zu Beginn der Bauzeit. Es werden erwähnt: Einrichtung des Fertigteilwerks, Grundstückskauf, administrative und baulicher Aufbau des Büros, Materialeinkauf, Teamaufbau, Entwurf mit Konstrukteuren in Taipei, London, Österreich, Indien und Deutschland, Vertragsdurchsicht, Arbeitsvorbereitung, Zugang zum Baugrundstück, Aufbau eines äußeren Netzwerkes... und alles ist eng miteinander verflochten.

Die besonderen Probleme der Bauausführung zu Beginn eines ICJVs werden im Folgenden angesprochen: „*Yeah, we have a time schedule which is imposed by the client,*

[784] S. Interview TG7, S. 4 ff.

we will do our own time schedule, based on let's say our own equipment available, resources available and therefore we say what we can do better, in order to gain, to create a certain buffer just in case something goes wrong. We do a time and risk analysis and then we say: Okay, we invest a little more in advance, in front in order not to be at risk at the end. Because at the end it is always difficult, people may leave and they have other problems unforeseen, so it's better to start early. And this is discussed together with the construction management and the planning department and also the cost control because you have to see that we are not running too fast or too slow. So we have to find a compromise and then there are other aspects which they can step in, maybe the availability of design, drawings, construction drawings, availability of the land if there is an expropriation of the land, availability of resources. Sometimes you won't find people, like it was the case is here in Taiwan. And all material, all the right subcontractors, all the right supplier. So you go in a new environment, in a new country, you are a foreigner, here okay you have a local partner and you have to integrate with him. He has his own organization and his ways of doing and thinking and he says: follow me because I'm the expert here, but then you realize that the standard and the quality and the progress is not what we as [name] we are used to. And therefore we may lose our reputation, this we don't want, so we have to bring up the standard. We are here and we are here just to give the plus. Now also the local partner will recognize maybe as [name] *always says that he will not like us because we are a pain in the ass, but if they looked what they did is because we proposed a method statement, looked about the safety, looked about the quality, quality means not only if golden bridge, but not to demolish, not to spend money in finishing, which is more expensive. The finishing it can be done with the same people who did the fabrication, the production, few of them are at the same period you don't notice in the budget. But if you have to keep an army three month later when the job is finished, I have to bring another team back and do the repairs, and do the finishing, this is not budgeted for. And the results is not the same because you know when you do the repairs at the same day that you shatter something you have uniform result.*"[785]

Die Projektgröße macht einen bedeutenden Unterschied aus, auch mit Bezug auf die Arbeitskräfte: „*A huge difference. Because from my experience before, I worked on projects which are not bigger or the volume was not bigger than forty million Euro, I worked then in a branch in Germany, the yearly turnover was a hundred million around, so I came here and then the dimensions was completely different. So I heard about two-thousand Thai workers working here, hundred* [name of German company] *people send here, in total we had staff around four hundred people. I was not working in such an organization before and this in a new area, it was a major change.*“[786]

Asiatische Unternehmen haben ebenfalls besondere Schwierigkeiten mit dem Aufbau der Mannschaft, hinzu kommen große Sprachprobleme: „*I clearly remember the big headache. When I came here most of the people cannot speak, cannot understand English. So first I have to keep some staff, train this staff to do anything. I decide organization, I cannot decide, I propose to my boss this is the organization for this project. To set up this organization we need some manpower,* [name of Taiwanese company] *provide*

[785] S. Interview TG 10, S. 2 f.

[786] S. Interview TG6, S. 6

only twenty or something proper staff, but [name of Japanese company] *also provide only twenty staff. We needed three hundred staff, we have to employ for this project. I did more than two hundred people interview, every day five or ten.*"[787]

Es besteht ein Unterschied an Komplexität zwischen unterschiedlichen Projekten, je nachdem ob ein Projekt ohne größere Änderungen verläuft oder mit entscheidenden Einschnitten. Solche Einschnitte sind typischerweise Leistungsänderungen, die vom Bauherrn während der Bauzeit gefordert werden. Bei dem Taiwan High Speed Railway handelte es sich bei der Variation Order No. 1 (Änderung der Erdbebenlasten) um eine entscheidende Leistungsänderung. Die Folge war eine plötzliche Erhöhung der Komplexität, die als Chaos wahrgenommen wird. „*Beginning of the project, beginning of the project this was turnkey so we all busy for the design and then we had the variation order and the system was in chaos really and because of that kind of thing design was delayed and we mobilized the people, the construction people early, but they didn't have so much to do. A lot of headache.*“[788]

Nicht nur von Projekt zu Projekt ist der Komplexitätsverlauf unterschiedlich, sondern auch von Abteilung zu Abteilung. Ein Vergleich zwischen der Bauausführung und der kaufmännische Abteilung ergibt solche Unterschiede: „*I think like the beginning at the ending of the project the workload is alike for our part, for commercial part. For construction is different, but commercial part, because if you have a project, you have the S-curve right? But for us is different, we have the U-curve. U-curve, it mean that start of the project you have to get everything, you have to get all the facilities, support the project management and at the end of the project, we have to clear everything.*“[789] Die Idee der S-Kurve für die Bauausführung entspricht der üblichen Leistungserstellung, wenn man die Kosten als Summenkurve darstellt. GIRMSCHEID hat etliche solcher Kurvenverläufe für eines der betrachteten Großprojekte erstellt. Dabei handelt es sich nicht nur um theoretische Verläufe, sondern um empirische Daten.[790] Allerdings wird durch die S-Kurve hauptsächlich die umgesetzte Bauleistung abgebildet, nicht die vorhergehende Planungsphase. Tatsächlich wird Komplexität aber insbesondere durch Planung verringert. Es verbleibt im Sinne der Systemtheorie aber eine nicht unbedeutende Eigenkomplexität der Ausführung. Die kaufmännischen Abteilungen müssen insbesondere zu Beginn und zum Ende Aufgaben lösen, die voneinander unabhängig sind.

Die Aufgaben zu Beginn sind zahlreich und miteinander verflochten: „*Accounting as well, you have to check on how do you have to register companies, taxation principles and of course again joint venture, you need to agree on certain structural elements. Let's say, who does the cost controlling, which system, which software supply, all this needs to be considered in the beginning. Insurances, you have to make sure or you have to procure the*

[787] S. Interview TJ5, S. 10
[788] S. Interview TK3, S. 20
[789] S. Interview BT5, S. 6
[790] Vgl. GIRMSCHEID (Angebots- und Ausführungsmanagement 2005), S. 250 ff.

insurance policies, then procurement you have to start looking to the market, decisions need to be made, do you do it yourself, pre-cast factories for example or do you have a subcontractor doing this? You need to look out for subcontractors, you need to see where there is suppliers for certain construction materials. Okay, so that means personnel accounting, cost control, procurement."[791] Diese Aufgaben sind nicht einfach zu lösen, weil die Bedeutung oder Folgelastigkeit auf Grund mangelnden Wissens nicht ohne Weiteres zu erkennen ist: „*Let's say, there is a huge information, looking at it a bit more from the commercial side, there is a huge information of course coming in the beginning. You need to know how is the taxation system working, how are the workers regulations in this country, what sort of social norms you might have to consider and all this. So in the beginning this you all have to acquire, this knowledge which you need to set up a system and to set certain guidelines, rules.*"[792] Das notwendige Projektwissen ist natürlich mit der Komplexität verknüpft. Zum einen erhöht Nichtwissen die Komplexität, zum anderen führt ein Komplexitätsabbau immer zu einem steigenden Wissen. Weitere Ausführung zum Projektwissen sind in dem entsprechenden Kapitel (20.1) zu finden. Wenn man Projektwissen als Indikator für den Komplexitätsabbau nimmt, dann dauert die Bewältigung des ersten „Komplexitätsbuckels" zu Beginn des Projektes ungefähr ein halbes Jahr: „*I would say at least half a year, but it's not that you will acquire one-hundred percent of information over something later which you only find out. We have, for example, going through the regulations here you have to build up a welfare fund, employees welfare fund. So, the employees as well as the employers contributing a little money, let's say, out of this fund certain items are being paid for, like a party for the Chinese New Year event, if somebody, let's say, marries and there is a present being paid for by the company and these sort of social welfare items. We have done it all, we have paid it, but we have nor created a fund, where the employees can also have a say, can have a word how to spend the money. This we only really found out maybe a year ago.*"[793]

Beim Entwurf ist trotz aller Vorarbeit während der Angebotsphase zu Beginn einer Großbaustelle immer noch Vieles ungeklärt. Der Status wird gesehen: „*...As not complete, so there were still major things outstanding, open, open points to discuss with CICE* [contractor's independent checking engineer], *with the client and so it was not really clear how we end up with our design.*"[794] Wiederum wird der Begriff des Chaos zur Beschreibung des Entwurfs benutzt: „*Yeah chaotic, there were different places where we struggled and it was not really, really streamlined what to do.*"[795] Der Komplexitätsabbau erfolgt nicht nur durch die Entwurfsplanung innerhalb des ICJV, sondern insbesondere durch Koordination der beteiligten Parteien. Das sind nicht nur externe Ingenieurbüros, sondern zunächst der Bauherr und weitere betroffene Behörden. Die Abstimmung erfolgt durch Kommunikation: „*As we discussed before I think the most*

[791] S. Interview TG8, S. 11
[792] S. Interview TG8, S. 13
[793] S. Interview TG8, S.13
[794] S. Interview TG11, S. 3
[795] S. Interview TG11, S. 3

important thing is to communicate, communication between the different parties who are involved in the design.“[796]

Eine analytische Denkweise betont gerade zu Beginn eines Projektes die Aufgabenteilung als Hauptaufgabe des Organisationsprozesses im Sinne der Gestaltungslehre KOSIOLS.[797] Dagegen legt ein Systemdenken besonderes Gewicht auf die Integration, sie folgt den Schritten der Analyse, Dekomposition, Synthese und Rekomposition. Dieses Systemdenken wird zum einen als Blickpunkt für diese Arbeit gewählt, er ist aber auch immer wieder in den Aussagen der Befragten zu finden: „*I think it's the coordination, the discussions will be the only tools that we can have to solve this kind of argument. We had in the very beginning a weekly meetings for all the managers, get together in this office and discuss all the technical issues and if we do have some dispute I think* [name of Taiwanese company] *staff will go directly to my boss and* [name of Japanese company] *staff will go directly to* [Japanese name] *and then for both of them whether they can discuss each other or not. If not then just stop, this kind of complain just stop there, but this kind of uncomfortableness in fact exist in his mind. So it is not a good mechanism to sort all this kind of uncomfortableness but in fact is the fact. Now, I think when the progress going on and so, now the situation is we may have the people on site to solve by themselves because now they are set up, now they know all the mechanism. They are already set up in fact I would say they have already trust between themselves. They should solve by themselves. If this kind of conflict cannot be solved by site then it should be a very big one in fact and even bigger then the head office cannot solve it. Fortunately we don't have this kind of conflict.*“[798]

Ingesamt kann festgestellt werden, dass in der Anfangsphase alle funktionalen Bereiche mit einer sehr hohen Komplexität umzugehen haben.

18.2.2 Komplexität in der Mittelphase von ICJVs

In der Mittelphase werden zwar komplexe Bauverfahren umgesetzt, dennoch ist das Arbeiten im Gegensatz zur chaotischen Anfangsphase bereits durch eine gewisse Routine gekennzeichnet: „*No, just because it's complex it doesn't mean there is a lack of routine. You maybe mixing it with standardization. There is a routine, there is a routine in this whole launching girder, they have exceeded all expectancies by any imagination. They have doubled performances, which enabled this program. There is an excellent repetition there which is extraordinary because we were able to train new people, upgrade people and promote people. There is a routine in repeating certain structures, there is a routine in opening a new front, there is a routine in getting a contractor going. So there is plenty of routines but it doesn't mean that there are also things which cannot be routined because every time is a new one.*“[799] Bei der Definition von Komplexität ging es immer um die Komplexität von Entscheidungen. Routine bedarf andererseits keiner Entscheidun-

---

[796] S. Interview TG11, S. 15
[797] Vgl. Kosiol (Organisation 1962), S. 43
[798] S. Interview TT5, S. 11

gen, allerdings gibt es auch immer wieder neu auftretende Probleme, die Merkmal einer dauerhaften (allerdings niedrigen) Komplexität sind.

Der Gedanke wiederkehrender Abläufe tritt auch in folgendem Zitat wieder auf: „*And during the construction time you have to control your productivity, your outcome, your monthly performance, and so on, this is different. And at the end, at the end you normally have the problems with your claim and maybe with extension of time, or maybe even to complete it in time.*“[800] Die Vorschau auf das Ende kündigt eine wieder steigende Komplexität an. Diese beiden Zitate wurden von Projektmanagern abgegeben und betreffen das ICJV als Ganzes.

Aus kaufmännischer Sicht wird der Gedanke der U-Kurve weiter ausgeführt (hohe Komplexität zu Beginn und am Ende, niedrige Komplexität in der Mittelphase). In der Mittelphase können auch Arbeiten nachgeholt werden, für die in der betriebsamen Anfangsphase keine Zeit blieb: „*Still the same, but the U-curve is, okay maybe, it doesn't mean like a very big U, maybe like this because start of the project we try to get all the facility. In the middle of the project we try to improve the efficiency, how we reduce the cost, how we...that a good timing, because at the starting point we cannot do it, let's say to reduce the cost, to minimize the loss, but in the middle of the project we have to do something. At the end of the project we have to clear everything.*“[801]

Der oben geäußerte Gedanke einer ständigen (Rest-)Komplexität während der Ausführung wird im Folgenden erhärtet: „*I think during the construction time, construction work. As you know the construction work is different from the construction product or the construction work is different from the factory. The factory product some materials, some product by machine but on site, construction site it always depend on the workmanship. So as you know there are a lot of problems, a lot of defects on site.*“[802]

Die Mittelphase ist in jedem funktionalen Bereich durch eine deutlich verringerte Komplexität gegenüber der Anfangsphase gekennzeichnet.

18.2.3 Komplexität in der Endphase von ICJVs

Der grundsätzliche Unterschied zwischen der Anfangs- und der Endphase liegt in der hauptsächlichen Blickrichtung: „*Well, in the beginning you concentrate, of course, more on the organizational side, the internal organizational side, on employing people, also deploying people and so there is a lot of internal challenges to manage, whereas in the end you concentrate much more on the client and trying to settle the various issues.*“[803] Das bedeutet nicht, dass die Außenperspektive am Anfang oder die Innenperspektive am Ende bedeutungslos sind, ihr Gewicht ist allerdings jeweils geringer. So wurde ja

[799] S. Interview TG7, S. 12
[800] S. Interview BG3, S. 7
[801] S. Interview BT5, S. 6
[802] S. Interview TK2, S. 4
[803] S. Interview TG4, S. 3

gerade in einer anderen Aussage zur Anfangsphase auch herausgestellt, dass eine Beziehung zum Bauherrn aufgebaut werden muss. Klar und deutlich wird ein Übergang von der Mittel- zur Endphase auch hier: „*At the end of the project we will have many problems again.*“[804]

Wenn es keine Leistungsänderungen seitens des Bauherrn und keine Mängel zum Bauende hin gibt, dann klingt die Bautätigkeit ohne große Aufregung aus: „*The problem for the construction become less. If you look to the design or the as-build or the other documentation. But since this project should have more problem, if compare to the other nature of the project. Because we have done the good work, so less defect, less deficiency so the work is finished and then with a nice shape. So the problem for the... cannot get the acceptance is no, not existing.*“[805]

Für die kaufmännischen Belange wird auch von einem weiteren Befragten die hohe Komplexität zu Beginn und zum Ende eines Projektes erläutert: „*Well, I would say there is a wave, yeah, a wave. Where the peak is not in the middle, at the end it comes back to a peak and then like we have two waves. When you start, okay, the orientation is important to set up the first things, you have to set up, usually we had to set up here the personal department with the whole system of the Thai workers, the payrolls, then you have to set up the accounting system, to establish the first contracts, in which form you like them, the cost control system and all these systems you had to set up. Financial situation, bank accounts, all this, so at the beginning after a smooth start where you can do, if you have done a good set-up it makes it easier, but then there is coming for sure a peak which is then, let's say for the last quarter of the project, it starts to go down a little bit, until the period in which we are now. Everything, it's almost finished, people are going back, equipment need to be sold, the result need to be fixed, secured, the final negotiations with the client again. At the beginning you get the contract and then normally for half of the time, for a long time it's a smooth running project with the client as well and then suddenly you experience some differences. You have claims, variation orders and so on and they get through and in the end you have to fix it all and this is not only for the commercial, I think for the project manager even more, at the end there is a peak coming again. For the commercial it is a little bit longer, the project manager will leave once the physical work is finished and the claims outstanding issues are solved and the commercial will stay and then there is still a high workload which is then coming later to an end.*“[806]

In der Entwurfsabteilung beginnt das Ende früher als in den anderen Abteilungen. Dies ist eine Selbstverständlichkeit, wenn man den Planungsvorlauf bedenkt. Allerdings sind auch hier bis zum Ende Bestandspläne fertig zu stellen: „*Yeah, of course. Actually if you look at the history of the different departments then you can clearly see that the design department is one of the departments that released the staff quite early, starting*

[804] S. Interview TT4, S. 13
[805] S. Interview BT1, S. 9
[806] S. Interview TG6, S. 7 f.

from March, April this year. We had a major cut in June or July and now we are running on a basic number of people.“[807]

Das Ende bringt einerseits eine Befriedigung über das erstellte Werk, die erfüllte Aufgabe mit sich, andererseits auch eine Traurigkeit: „*Well, of course the part where something has been created, the construction site was running. I think that's the reason why we have started perhaps studying engineering, civil construction: That we create something. This process is fascinating if you look outside what we have done there, it's unbelievable for this project. But now I think the works have been done and now we are dismantling all this huge equipment that have done the work. It's a pity somehow. It's a process of the work and you have to accept that, but that's in the nature of this project, that you create something for a certain period of time and then you scrap it.*“[808]

Die Art und der Inhalt der Arbeit ändern sich. Gerade in der Entwurfsabteilung, die zu Beginn einen neuartigen Entwurf erstellt, ist die Umstellung auf eher administrative Tätigkeiten nicht einfach: „*Perhaps not, no. To be honest, I think that here now this end is more administrative work which is not as sexy or interesting as in the beginning. There you had really problems, there was something going on and you had to solve the problems in a certain period of time. It's what drives you then in this period. On the other hand I think that I have set my goal now in getting this experience of also finalizing a project, getting this experience. I think this experience is quite helpful for perhaps the next project. You see how all the small bits and pieces, look like that you have to assemble in the end, perhaps it helps you in finding perhaps a better set up or documentation or whatever, for the next project, that would simplify then perhaps the administrative work for a project like this.*”[809] Diese Umstellung führt zu Problemen der Motivation: „*Yeah. I think it's, that's the case I think. I think that you have to actually, all people in your department you have to have some kind of motivation for them, keep them motivated also for the rest of the time which is perhaps not as interesting as perhaps in the beginning.*”[810]

Dabei ist nicht zu vergessen, dass auch die Übergabe bei Großprojekten mit einem Einmalbauherren wie beim Taiwan High Speed Railway unbekanntes Terrain darstellen kann: „*When we start the project everything new so I gather many things as a weapon to fight with this project. We have to cut because the end. Of course you have to understand what we had this one year. Hand-over as-built I have no experience, nobody has the experience. Of course I have to foresee what we need, what we need to do and then I have to say: this people here we possibly need so now I'm thinking that point, no conclusion about that point.*“[811]

Die angeführten Zitate beziehen sich alle auf ein normal abgewickeltes Projekt. Bei der Diskussion der anderen Phasen wiesen die Befragten bereits darauf hin, dass bei Leistungsänderungen oder anderen Vertragsproblemen neue „Komplexitäts-

---

807 S. Interview TG11, S. 15
808 S. Interview TG11, S. 16
809 S. Interview TG11, S. 16
810 S. Interview TG11, S. 16

buckel" entstehen. Bei dem BangNa Expressway ist noch heute, also mehr als fünf Jahre nach der Übergabe, das Projekt nicht abgeschlossen. Ein Rechtsstreit ist immer noch nicht von dem Obersten Gerichtshof in Thailand entschieden. Das ICJV besteht weiter.

18.2.4 Arbeitsbelastung des Top-Managements von ICJVs

Die Arbeitsbelastung muss eigentlich parallel zur Komplexität verlaufen, etwa nach der Gleichung hohe Komplexität = hohe Arbeitsbelastung. Schließlich ist Arbeit ein Konstrukt, dem man den Komplexitätsabbau zuschreiben kann. Die Aussagen der Befragten sind allerdings zunächst anders (ein deutscher Projektmanager): „*For the top management the workload is always the same.*"[812] Sehr ähnlich ist folgendes Zitat eines japanischen Top-Managers in einem ICJV: „*Workload is the same.*"[813] Beide Aussagen beziehen sich auf die Quantität der Arbeit wie in der folgenden Aussagen deutlich wird: „*The contents is different.*"[814] Wenn man die hohen Kosten von Top-Managern – und insbesondere von Expatriates – bedenkt, dann ist klar, dass nur so viele in dem ICJV arbeiten wie es notwendig ist. Wenn die Arbeitsmenge geringer wird, wird Personal abgebaut. Eine Ausnahme kann die Anfangsphase sein. In einem vorhergehenden Zitat beklagte sich ein Projektmanager darüber, dass zu dieser Zeit zu wenig qualifizierte Arbeitskräfte mobilisiert werden. Von dieser Ausnahme abgesehen ist es natürlich das Ziel, gerade soviel Personal bereit zu stellen wie nötig, um eine gleichbleibend hohe Arbeitsbelastung zu gewährleisten.

Unterschiedlich ist also nicht die Quantität sondern die Qualität der Arbeit: „*I think there is a peak to get things set up, I would not necessarily say that the workload is more or less at either stage, it's different. To set something up it means is not running yet. Take your cost control, you had a system, but you have no proper expenses. You don't know yet, you don't have a feeling how your controlling is running, how costs are coming in because of the time delays between your monitoring and control again the expenses. So you always need half a year before all these things fall into place. But the workload is not different. It is not more or less, it is only different.*"[815]

Die unterschiedliche Qualität der Arbeit wird jedoch auch als eine Verminderung des Drucks wahrgenommen: „*In quality, in quantity it's somehow strange that you still have a lot of things to do even though the design is more or less finished. The priorities change, that's also one of the experiences here in the project that you have to change your tasks somehow with the project. So the workload is not less, the quality, let me say the pressure somehow decreases or decreased of course. So it's more, what is the word "lockerer.*"[816]

---

[811] S. Interview TJ4, S. 11
[812] S. Interview BG3, S. 7
[813] S. Interview TJ5, S. 10
[814] S. Interview TG4, S. 3
[815] S. Interview TG7, S. 6
[816] S. Interview TG11, S. 15

Dies entspricht auch der obigen Aussage, wonach bei einem reibungslosen Projektablauf, das letzte Viertel der Bauzeit als „smooth ride“ bezeichnet wird.

18.2.5 Zusammenfassung zum Management von Komplexität in ICJVs

18.2.5.1 Wahrnehmung von Komplexität

Komplexität ist ein wissenschaftliches Konstrukt, das bei den Befragungen nie als solches erwähnt oder erkannt wurde. Andererseits ist natürlich das Wort „komplex“ zur Zeit ein Allerweltswort: unsere Welt wird immer komplexer. In dem Alltagsgebrauch hat der Begriff keine Schärfe und der Bedeutungsgehalt unterscheidet sich deutlich von der Definition im Rahmen der Systemtheorie. Aus diesem Grunde ist es natürlich, dass von den Befragten andere Ausdrücke zur Beschreibung der Komplexität benutzt werden. Dies sind: Chaos, Unordnung, „Kopfschmerzen“ und Probleme (vgl. Bild 84). Alles sind Erscheinungsformen einer hohen Komplexität, weil entweder noch keine Entscheidungen formuliert oder getroffen worden sind. Zur Formulierung von Entscheidungen bedarf es natürlich zunächst hinreichender Informationen. Deutlich wurde in der ersten Aussage des Abschnitts 18.2.1, dass zu Beginn eines ICJVs noch nicht einmal ein Überblick über das Entscheidungsfeld besteht.

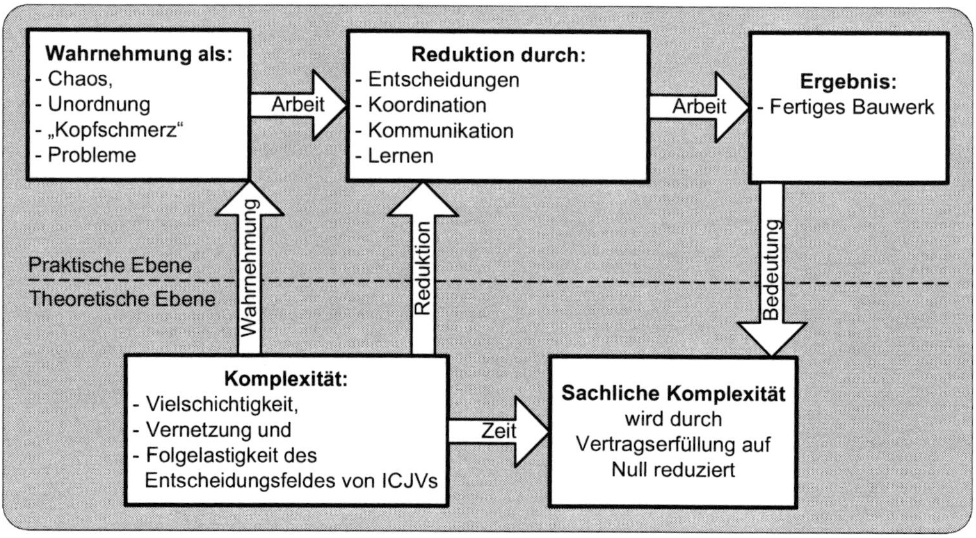

Bild 84: Komplexität als praktisches Problem in ICJVs
Fig. 84: Complexity as Practical Problem in ICJVs

Komplexität wird abgearbeitet. Dies geschieht durch eine Vielzahl von Tätigkeiten. An dieser Stelle wurde in den Aussagen insbesondere Bezug genommen auf die Meta-Managementfunktionen Entscheidungen, Koordination, Kommunikation und Lernen. Als Ergebnis steht ein fertiges Bauwerk an seinem Platz und das ICJV wird beendet. Zu diesem Zeitpunkt ist der Bauvertrag erfüllt und die sachliche Komplexität für das ICJV ist Null, da es ja nur durch den Bauvertrag entsteht und mit seiner Erfüllung erlischt.

18.2.5.2 Komplexitätsverläufe

Die vorangegangene Diskussion hat gezeigt, dass vier Kurvenverläufe notwendig sind, um die Sachverhalte zu verstehen. Neben dem Komplexitätsverlauf aus Sicht des Projektmanagements sind ebensolche für die Bauausführung, den Entwurf und die kaufmännischen Belange zu entwickeln.

In Bild 85 sind drei Verläufe für das Gesamtprojekt aus Sicht des Projektmanagements dargestellt. Dabei ist zunächst der Fall eines vertragsgemäß abgewickelten Projektes verdeutlicht. Daran schließt sich ein Projekt mit einer bedeutenden Leistungsänderung in der Mittelphase an, die aber während des Projektes abgearbeitet wird. Zuletzt ist ein Fall abgebildet, bei dem ebenfalls in der Mittelphase eine bedeutende Leistungsänderung gefordert wurde, die Auswirkungen über das Bauende hinaus hat. Nach der physischen Vertragsabwicklung besteht noch eine erhebliche Anzahl von offenen Fragen zwischen dem Bauherrn und dem ICJV. Dadurch ist das Projekt vertraglich noch nicht abgeschlossen und es verbleibt eine Restkomplexität.

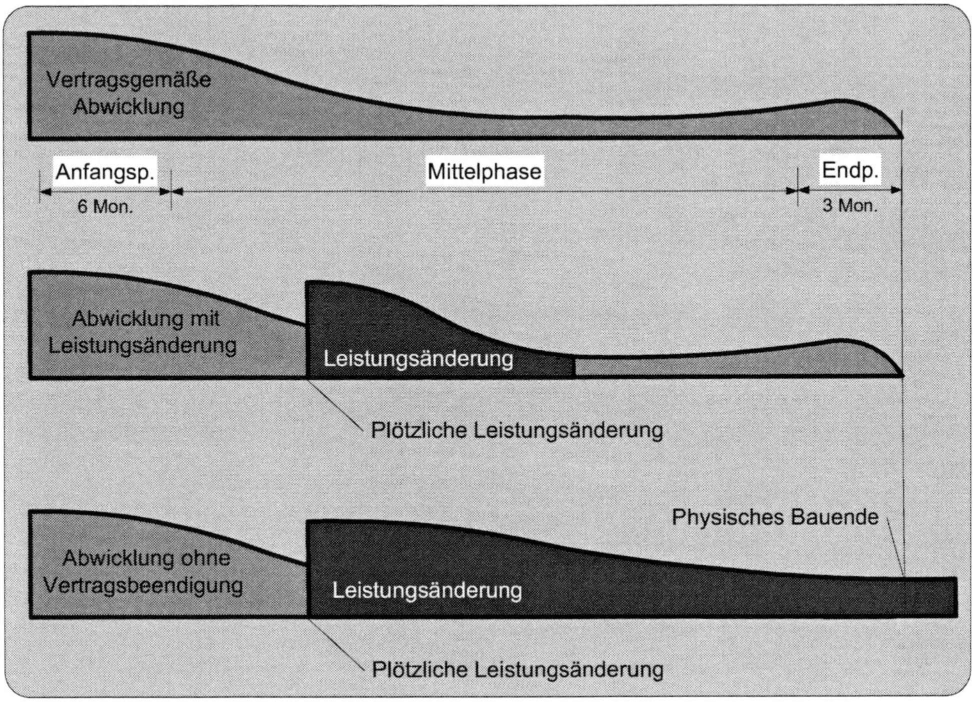

Bild 85: Komplexitätsverlauf aus Sicht des technischen Projektmanagements
Fig. 85: Complexity Curve from the Point of View of the Technical Project Management

Der Komplexitätsabbau ist zunächst langsam und pendelt sich während der Mittelphase auf ein niedriges Niveau ein. Zum Bauende entstehen neue Probleme aus neuen Aufgabenstellungen. Leistungsänderungen treten plötzlich auf und sie werden meist während der Bauzeit auf das Normalmaß zurückgeführt. Wenn dies nicht gelingt, dann überschreitet das Vertragsverhältnis das physische Bauende und die Komplexität bleibt durchgehend höher.

Bild 86 zeigt den Verlauf der Komplexität für die kaufmännischen Abteilungen. Es ist kein Vergleich zwischen den einzelnen Abbildungen möglich, was die Größe der Komplexität angeht. Eine Bestimmung der Komplexität als Zahl ist schlichtweg nicht möglich. Die Ordinate gibt lediglich eine Größe von 100 Prozent für den jeweiligen Fall an. Für die kaufmännischen Abteilungen ist der U-förmige Verlauf deutlicher ausgeprägt.

Der „Komplexitätsbuckel" zum Ende setzt früher ein im Vergleich zur Sicht des Projektmanagements und erreicht fast die Höhe der Anfangskomplexität.

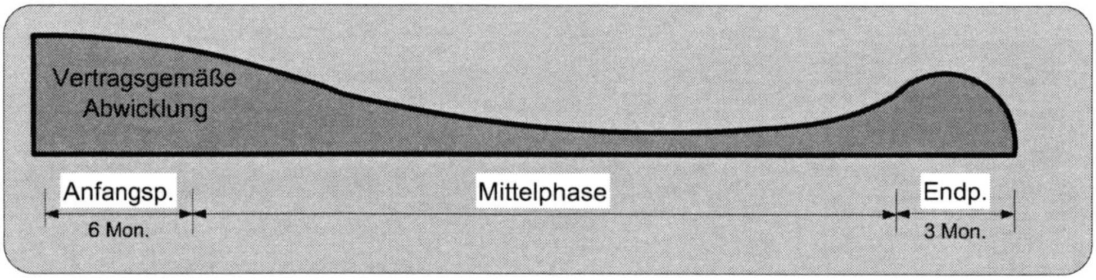

Bild 86: Komplexitätsverlauf aus Sicht der kaufmännischen Abteilungen
Fig. 86: Complexity Curve from the Point of View of Administration

Der Verlauf für den Entwurf ist kürzer, weil die Planung deutlich vor dem Bauende fertig gestellt sein muss. Allerdings bleibt eine recht niedrige Komplexität bis zum Ende, die durch unplanmäßige Bauausführung entsteht (s. Bild 87).

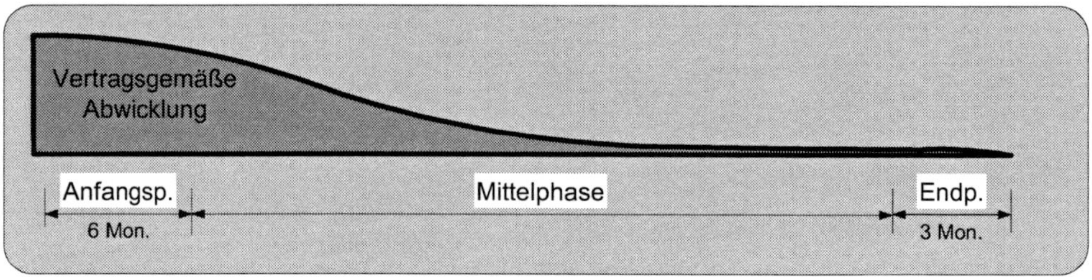

Bild 87: Komplexitätsverlauf aus Sicht der Entwurfsabteilung
Fig. 87: Complexity Curve from the Point of View of Design

Der Verlauf für die Arbeitsvorbereitung ist ähnlich wie für die Entwurfsabteilung.

Die Komplexität auf der Baustelle besteht darin, die richtigen Ressourcen zur richtigen Zeit am richtigen Platz bereit zu stellen. Bei den großen Massen, den vielen Arbeitskräften und den unterschiedlichen Geräten ist das keine einfache Aufgabe. Daraus ergibt sich dann für den Komplexitätsverlauf der Bauausführung ein angenähertes Trapez. Der Verlauf steigt zunächst während der Mobilisierungsphase bis zum maximalen Leistungsniveau an. Während der Routinephase (als Teil der Mittelphase) schwächt sich die Komplexität gerade durch das Ausbilden der Routine ab. Bei den üblichen kurzen Bauzeiten von Großprojekten muss die Demobilisierung in kurzer Zeit stattfinden. Wie der Komplexitätsabbau während der Mittelphase tatsächlich abläuft, ist unbekannt und im Wesentlichen auch unwichtig. Deshalb wird einfach eine Gerade unterstellt. Von Bedeutung ist insbesondere die Abnahme von einer Spitze aus (s. Bild 88).

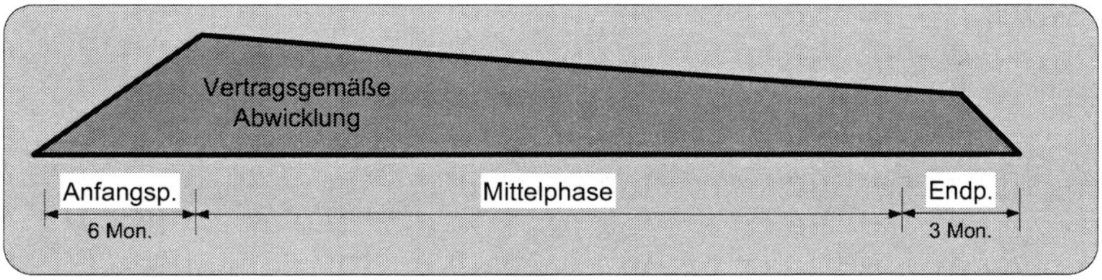

Bild 88: Komplexitätsverlauf aus Sicht der Bauausführung
Fig. 88: Complexity Curve from the Vantage Point of Construction

18.2.5.3 Verläufe der Arbeitsbelastung

Die Arbeitsbelastung ist gekoppelt an die Komplexitätsverläufe. Wenn Komplexität abgearbeitet werden muss, dann zu dem Zeitpunkt, zu dem diese vorhanden ist: Die Kurven laufen weitestgehend parallel. D.h. auch, dass die Belastungen in den verschiedenen Abteilungen zu unterschiedlichen Zeitpunkten anfallen. Zu Beginn sind das Projektmanagement, Entwurf und Arbeitsvorbereitung sowie die kaufmännischen Abteilungen gefordert. Wenn die Belastung für die Bauausführung am größten ist, dann haben die anderen Abteilungen bereits einen Teil ihrer Komplexität abgearbeitet. Es ist allerdings im Auge zu behalten, dass das Projektmanagement mit der Gesamtkomplexität konfrontiert ist, während den Abteilungen nur eine Eigenkomplexität zugewiesen wird, die insgesamt niedriger ist als die des Projektmanagements.

Ein wichtiger Punkt ist bei der Darstellung in Bild 89 zu beachten. Dort ist für das Projektmanagement die Arbeitsbelastung zunächst quantitativ, dann qualitativ für den Fall einer vertragsgemäßen Abwicklung ausgewiesen. Die Quantität wird durch den variierenden Personaleinsatz etwa konstant gehalten, es werden durchgehend viele Stunden am Arbeitsplatz abgeleistet. Die einzige Ausnahme ist die Anfangsphase mit einer begrenzt erhöhten Belastung. Die Qualität der Arbeitsbelastung spiegelt die Intensität der Arbeit und den empfundenen Druck wider.

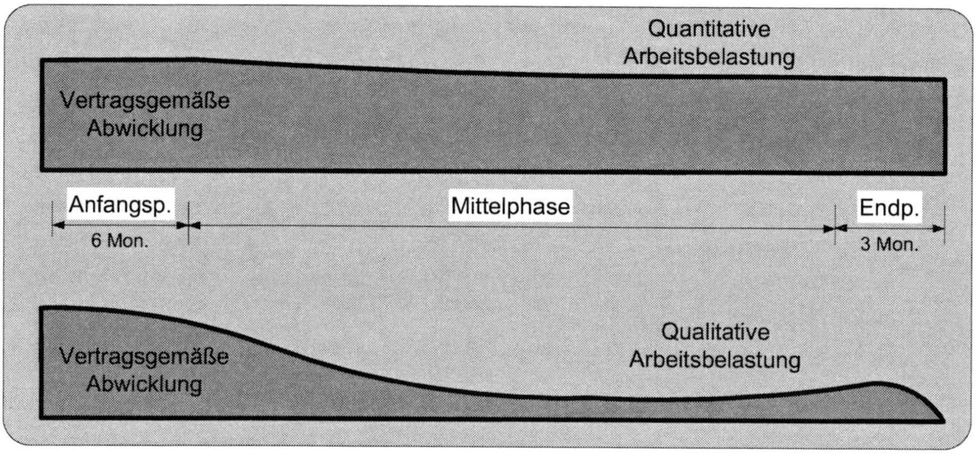

Bild 89: Arbeitsbelastung des Projektmanagements in ICJVs
Fig. 89: Workload of the Project Management in ICJVs

19 Managementfunktionen i.e.S.

Wenn man Management als eine Tätigkeit versteht, die man grundsätzlich erlernen kann, dann stellt sich die Frage, was den Kern dieser Tätigkeit ausmacht. Dieses nennt man die funktionale Interpretation des Managements. Sie steht im Gegensatz zu einer institutionalen Interpretation, die sich an den Personen orientiert, die Managementaufgaben wahrnehmen.[817]

19.1 Das funktionale Management-Verständnis

Eine erste Aufzählung von Managementfunktionen stammt von FAYOL (1929) und umfasst: prévoir, organiser, commander, coordonner, contrôler.[818] Alle diese Begriffe wurden auch in den geführten Interviews bei der Beschreibung von Tätigkeiten benutzt. Alle diese Aufzählungen haben KOONTZ/O´DONNELL[819] zu einem Kanon verdichtet, der noch heute als Standard gilt. Danach gehören zu den Managementfunktionen:[820]

- Planung
- Organisation
- Personaleinsatz
- Führung
- Kontrolle

Seht irritierend ist in der Managementliteratur die Verbreitung von kurzlebigen Empfehlungen (business fads), die sich in schneller Folge abwechseln und jeweils ein anderes Vokabular mit sich bringen.[821] In solchen Fällen ist es hilfreich, sich an Standards zu orientieren und deshalb werden dieser Arbeit die klassischen Managementfunktionen zu Grunde gelegt.

Eine Durchsicht der Literatur zeigt, dass das funktionale Verständnis des Managements sehr weit verbreitet ist: Es ist die grundlegende Darstellungsform. In Tabelle 64 sind die beschriebenen Funktionen aus einigen Standardwerken aufgeführt. Eine Beschreibung des Managements erfolgt typischerweise mit Hilfe bestimmter Tätigkeiten, wobei es geringe Unterschiede bei den Funktionen gibt. Insbesondere ist eine Trennung zwischen Managementfunktionen und Meta-Managementfunktionen nicht durchgängig zu finden. Es liegt keine einzige Monographie vor, die das Management aus institutioneller Sicht beschreibt.

---

[817] Vgl. STAEHLE (Management 1991), S. 65
[818] Vgl. FAYOL (Verwaltung 1929)
[819] Vgl. KOONTZ / O'Donnell (Management 1955)
[820] Vgl. STEINMANN / SCHREYÖGG (Management 2005), S. 8 ff.
[821] Vgl. STAEHLE (Management 1991), S. 73

Tabelle 63: Managementfunktionen in der Fachliteratur
Table 63: Management Functions in the Literature

Quelle	Managementfunktionen
BATEMAN / SNELL[822]	Planung, Organisation, Führung, Kontrolle
CARLISLE[823]	Planung, Organisation, Personaleinsatz, Führung, Kontrolle
MASSIE / DOUGLAS[824]	Entscheidungsfindung, Planung, Organisation, Personaleinsatz, Führung, Kommunikation, Kontrolle
SCHERMERHORN[825]	Entscheidungsfindung, Planung, Kontrolle, Organisation, Personaleinsatz, Führung
STAEHLE[826]	Unternehmensstrategie, Unternehmensorganisation, Personalmanagement (Motivation, Führung, Entwicklung)
STEINMANN / SCHREYÖGG[827]	Planung, Organisation, Personaleinsatz, Führung, Kontrolle
TOSI / CARROLL[828]	Entscheidungsfindung, Planung, Organisation, Personaleinsatz, Führung, Kontrolle, Koordination

Die Abfolge der Managementfunktionen impliziert ein Primat der Planung als Ausgangspunkt jeder Managementtätigkeit. Danach wird ein Organisationsgerüst zur Umsetzung der Planung geschaffen, die Stellen werden mit Mitarbeitern besetzt und diese werden im Bedarfsfall angeleitet und geführt. Das Arbeitsergebnis wird wiederum kontrolliert. Dieser Ablauf stellt einen in der Praxis nicht zu realisierenden Idealfall dar.

Es ist wichtig, bei der Beschreibung aller Knoten in dem Gliederungsmodell nie den Gedanken der Zielorientierung aus dem Auge zu verlieren. Dies ist in Bild 91 verdeutlicht. Jede Managementtätigkeit dient letztendlich der Bearbeitung bestimmter Aufgaben, für die Ressourcen benötigt werden. Dies sind Menschen, Materialen, Maschinen, Methoden, Know-how und Kapital. Diese werden im Hinblick auf das Ziel durch die Managementfunktionen i.e.S. gesteuert. Dabei besteht für die konkrete Umsetzung jeder Funktion eine Wahlfreiheit. Der Beschreibung einer erfolgverspre-

---

822 Vgl. BATEMAN / SNELL (Management 2002)
823 Vgl. CARLISLE (Management Essentials 1979)
824 Vgl. MASSIE / DOUGLAS (Managing 1985)
825 Vgl. SCHERMERHORN (Management 2005)
826 Vgl. STAEHLE (Management 1991)
827 Vgl. STEINMANN / SCHREYÖGG (Management 2005)

chenden Wahl ist dieses Kapitel gewidmet. In dieser Darstellung, die TERRY / FRANKLIN nachempfunden ist, können die Managementfunktionen als Erfolgsfaktoren verstanden werden.

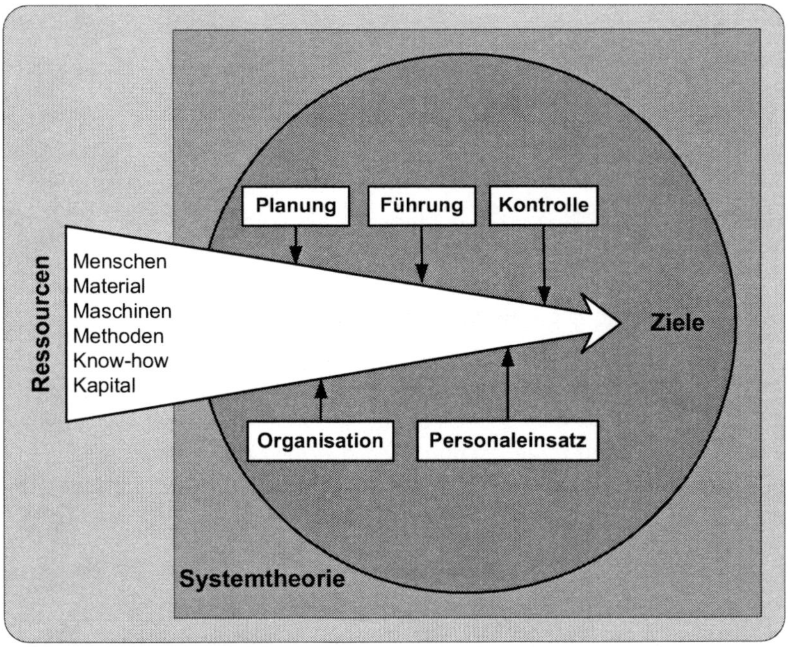

Bild 90: Erfolgswirkung von Managementfunktionen[829]
Fig. 90: Effect on Success of Management Functions

19.2 Planung

Planung und Kontrolle sind eigentlich Zwillingsfunktionen. Durch die Planung wird eine Sollgröße vorgegeben und durch die Kontrolle wird die Zielerreichung der Sollgröße überprüft. Jede dieser beiden Tätigkeiten ist durch die jeweils andere zu ergänzen. Wenn beide trotzdem getrennt erörtert werden, dient das allein der Klarheit der Darstellung. Allerdings werden etliche Hinweise die Verschränkung immer wieder unterstreichen.

Für den Begriff der Planung wird folgende Definition gewählt:

- Planung = (def.) Planung ist ein von Personen getragener, rationaler, informationsverarbeitender Prozess zum Erstellen eines Entwurfs (Sollgröße), durch

[828] Vgl. TOSI / CARROLL Management 1982)
[829] Vgl. TERRY / FRANKLIN (Principles 1982), S. 38

den die Personen Maßnahmen für das Erreichen von Zielen vorausschauend festlegen.[830]

Auch bei ICJVs erfolgt die Planung auf zwei Ebenen. Zu Beginn des ICJVs werden entscheidende Überlegungen angestellt, wie die Aufgabe insgesamt erfüllt werden soll. Dieses sind Entscheidung von großer Tragweite. Hierbei handelt es sich um die Planung des ICJVs und nicht für das ICJV. D.h. es ist nicht die Planung der Partner, sondern die Planung im ICJV.

Zu den Entscheidungen von großer Tragweite gehören die grundlegende Organisationsstruktur, die Finanzierung, die Entscheidung für einen statisch-konstruktiven Entwurf, die Entscheidung über das Fertigungsverfahren, die Planung der Fertigungstiefe, Einkauf der wichtigsten Materialien. Alles dies sind Entscheidungen, die einmal getroffen kaum rückgängig gemacht werden können, sie sind irreversibel. Dies drückt ein Projektmanager folgendermaßen aus: *„If you have a five year project, if you want to change something after three years it is nearly impossible. In regards to organization, impossible. If you set up something, nobody knows if you get a team together in a very short time of two hundred or three hundred staff and then you tell them this is the way we want to go, it takes them probably another two month to understand but then they just go, automatically. And then to change later, nearly impossible."*[831]

Die Unterscheidung zwischen Entscheidungen von großer und von geringer Tragweite liegt somit in deren Reversibilität. Weitestgehend irreversible Entscheidungen gehören zur Planung von großer Tragweite, weitestgehend reversible zur Planung von geringer Tragweite.

Die Bedeutung einer Planung von großer Tragweite ist bei den ICJVs bekannt, allerdings ohne dass auch nur ein Befragter diesen Begriff benutzt hätte. Ein Bauingenieur beschreibt die Aufgaben der Planung von großer Tragweite knapp und bündig: *„Design, engineering, procurement."*[832] Ein Projektmanager drückt die Wichtigkeit der Planung so aus: *„Very important, the planning. I think, the planning for the work, that is the key to success and if we don't have the proper planning we cannot, absolutely we cannot carry on the work. So the planning we will start even before the tender, that what we going to do, if we want to get this project. We have to do the very precise planning. Let me, I always give referent to BangNa that we know that the time is very short. The volume of work is much more. So we have the very I mean serious accurate and expect to our planning that we have to do every step very strict, otherwise we cannot finish. We are lucky that we have a really good partner and to have a good understanding that if we do, we do together, not to pull the leg. So you can see that, you can recall that in our BangNa, we even plan to invest for the design planning with JMI much earlier than the contract to be executed. We dare to do that, we also want to have the design in hand to know the nature of work and to know the complication of the work and how possible to finish the work, and we also know that the*

---

[830] Vgl. SCHWEITZER (Planung 2005), S. 18
[831] S. Interview BG1, S. 8 f.
[832] S. Interview TG9, S. 2

critical is the yard. Without a yard to be ready to operate at the certain day of the project, we cannot finish the project, so we have to start the yard, filling, buying the land, prepare everything ready. Next the planning for the human resource. We also do a very effective planning because our able to finish, not to get the project and claim to the client. Our aim is to finish early we plan everything ready, we mobilize the people, mobilize equipment, buy equipment book on the project site. So it proof that our position is very, very right, very strong. We have everything ready, in the first day drawing submit. So that one keep us very strong, very firm position for BangNa. And very right decision to think about that, what we have done. It is a risk, but the risk is worth, to have that risk to finish the BangNa project."[833]
In diesem Zitat werden einige Punkte der Planung von großer Tragweite angesprochen, Ausführungsplanung (und dazugehörig die Produktionsplanung), Beginn der Arbeiten am Fertigteilwerk, Einkauf, Mitarbeiter. Alle diese Punkte wurden vor Vertragsunterschrift in Angriff genommen mit dem Bewusstsein des damit verbundenen Risikos. Ein zusätzlicher wichtiger Punkt betrifft das notwendige Vertrauen zwischen den Partnern.

Ganz deutlich wird die Bedeutung des Bauverfahrens in diesem Zitat: *„So once you have the people, then your work preparation comes, and that's your planning. And it covers your design planning, in our case and your German word "Arbeitsvorbereitung". That's where the key to success is. To take your time patiently and say: This is how we are going to do it. The mistakes you make there you suffer throughout the project, because you choose resources and so on."*[834]

Ein kaufmännischer Projektleiter fügt als weiteren Aspekt den Gesichtspunkt der Finanzierung hinzu: *„For commercial aspects I think major plan is the cash-flow forecast."*[835]

19.2.1 Planung von großer Tragweite

Der Planungsprozess gliedert sich in die vier Schritte von Analyse (unterteilt in Umwelt- und ICJV-Analyse), Optionen, Wahl und Umsetzungsprogramm. Dieses ist in Bild 92 verdeutlicht. Durch den Einbezug der Umwelt in die Analyse wird das ICJV systemtheoretisch mit der Umwelt verknüpft. Zum einen entstehen ICJVs durch Differenzierung aus der Umwelt, zum anderen ist die Zweckmäßigkeit einer einmal gewählten Differenzierung immer wieder zu prüfen. Bei diesen beiden Vorgängen handelt es sich um die ersten beiden Pfeiler eines systemtheoretischen Verständnisses: Differenzierung und Kompensation.

---

833 S. Interview BT1, S. 4
834 S. Interview TG7, S. 8
835 S. Interview TT4, S. 5

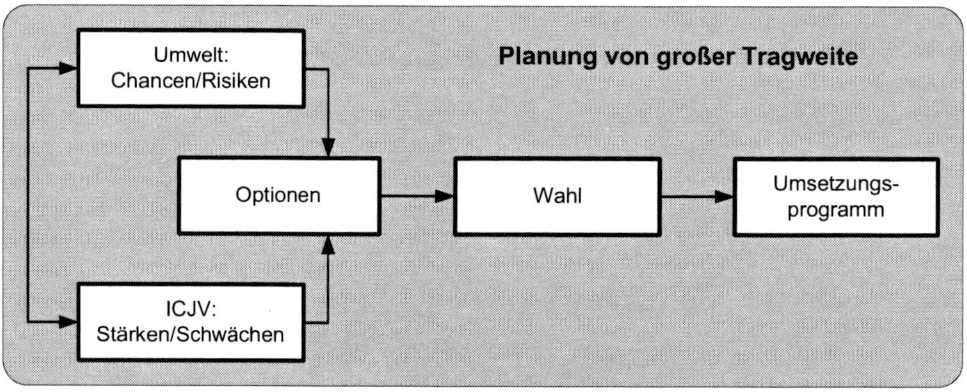

Bild 91: Schritte des Planungsprozesses für Entscheidungen von großer Tragweite[836, 837]
Fig. 91: Steps of the Planning Process for decisions of great importance

19.2.1.1 Umweltanalyse

Am Anfang steht für das ICJV im ganzen und dann auch wieder für jede einzelne Teilplanung eine Umweltanalyse. Dieser Planungsschritt wird in der Managementliteratur als erster Teil einer SWOT-Analyse (strengths, weaknesses, opportunities, threats) beschrieben. Der zweite Teil ist die Analyse des ICJVs. In Umkehrung der Buchstabenfolge in dem Akronym geht es bei der Umwelt um Chancen und Risiken, bei dem ICJV um Stärken und Schwächen.[838] Die Umwelt wird dabei unterteilt in eine globale und eine Wettbewerbsumwelt. Bei einer Übertragung auf ICJVs bleibt die Analyse der globalen Umwelt in den typischen Kategorien der soziokulturellen, politisch-rechtlichen, makroökonomischen, technologischen und natürlichen Umwelt relevant.[839] Aus der Wettbewerbsumwelt wird allerdings das ICJV-Umfeld. Diese Analysen gehören bei ICJVs zu einem Risikomanagement, das somit für alle Planungen eine Informationsbasis schafft.

- Globale Umwelt

Die globale Umwelt übt vielfältige Einflüsse auf ein ICJV aus. Zur Erläuterung kann der BangNa Expressway dienen. Hierbei waren im soziokulturellen Bereich insbesondere alle Probleme zu analysieren, die aus der interkulturellen Zusammenarbeit zwischen dem ICJV und der Öffentlichkeit erwachsen, wie etwa Auswirkungen des Projekts insgesamt, Verkehrsstörungen, Unfälle aber auch Probleme der Korruption. Alle diese Punkte wurden eingehend in der Presse erörtert und haben auch zu Arbeitsunterbrechungen (allerdings von kurzer Dauer) geführt. Die soziokulturelle Um-

[836] Vgl. STEINMANN / SCHREYÖGG (Management 2005), S. 173 ff.
[837] Vgl. MINTZBERG (Planning 1994), S. 37
[838] Vgl. BATEMAN / SNELL (Management 2002), S. 124 ff.
[839] Vgl. STEINMANN / SCHREYÖGG (Management 2005), 176 ff.

welt spielte aber auch in dem ICJV eine Rolle und zwar an der Schnittstelle zwischen den Arbeitskräften und dem ICJV. Die meisten Arbeitskräfte waren Ackerbauern aus allen Gegenden Thailands, die in ihren Dörfern einen sehr einfachen Lebensstil mit wenig Luxus gewöhnt waren. Es bedurfte einer großen Anstrengung, ihnen die geforderte Produktqualität nahe zu bringen, da diese ihre eigene Lebenserfahrung deutlich überstieg.

Politisch-rechtliche Einflüsse sind ebenfalls mannigfaltig. Von besonders großer Bedeutung ist natürlich das Arbeitsrecht des Gastlandes. Weitere wichtige Bereiche sind das Wirtschaftsrecht, das Steuerrecht und das Zollrecht. Auch die politischen Einflüsse sind bei Großprojekten bedeutend. Der Vertrag zum Bau des BangNa Expressway wurde zwei Stunden vor Rücktritt der amtierenden thailändischen Regierung als eine der letzten Amtshandlungen vollzogen. Die nächste Regierung hätte den Vertrag nicht unterzeichnet.

Makroökonomische Einflüsse wurden in der Folge der Asien-Krise 1997 besonders spürbar. Diese zog eine Abwertung der thailändischen Währung und Lieferprobleme nach sich. Die Antwort auf das erste Problem war ein Ringen um zeitige Sicherungsgeschäfte (Hedging). Dazu äusserte sich ein thailändischer Manager folgendermaßen, wobei er auch soziokulturelle Probleme anspricht: „*Let's say the big important, let's say, the big gap would be the exchange rate as you remember at that time we, for our side, let's say for the Thai partner we learn and we get the feeling from the environment that the exchange rate might be some change, let's say, what we can feel, let's say that we learn from others, from many that they do something to protect themselves, but on the other hand we try to convince our partner that it would be safe if we do something. But some decisions cannot be made in, let's say, in project management, because some have to get the green light from above the board. ...at that time we decide, ... because we learn from our affiliate company they did already the hedging and we try to convince another partner, let's say, to do something in similar and what we have done, what we did is very little because they always say that the point, the point of view from German is different from Thai. Let's say for currency, at that time they see that, oh, Thai Baht is based on, let's say fifteen percent for Yen and eighty-five percent or maybe eighty percent on US Dollar, but from our point of view that because at that time economics went to the bad stage and we got some rumor and some, let's say, the predictor said something that they have to change or that they have to do something in order to, let's say, to solve the problem at that stage, for the whole economy.*“[840] Diese Überlegungen treten oft auch schon zu Beginn eines ICJVs in den Vordergrund: „*...we are only paid here in Taiwan Dollar, in the local currency, we decided to have a hedging for the expenses we have in foreign currency, non local, non Taiwanese currency. If looking at the Taiwan Dollar at the beginning, start of the project, it was roughly about thirty Taiwan Dollar to one Euro, now it's roughly forty Taiwan Dollar to one Euro. We would have made a huge loss just on the currency fluctuation, if we hadn't done this one. So you can, there even, if you look at the numbers, let's say, my engineers, my engineering colleagues they would never have been able to do such a good job in order*

[840] S. Interview BT5, S. 2

to recover these potential losses. This is certainly one decision we made in the beginning which was very important."[841]

Die technologische Umwelt hat einen ganz entscheidenden Einfluss auf die Arbeitsvorbereitung und das dabei ausgearbeitete Bauverfahren. Dieses muss sowohl in technologischer Hinsicht als auch in soziokultureller und politisch-rechtlicher durchsetzbar sein. So musste beim BangNa Expressway die Fertigung der fünf untenliegenden Segmentverlegegeräte (vgl. Bild 68) einem beauftragten Stahlbauunternehmen entzogen und in Eigenarbeit hergestellt werden. Der Grund lag darin, dass kein thailändisches Unternehmen die Arbeit in hoher Qualität zu einem akzeptablen Preis auszuführen bereit war. Der Auftragsentzug führte bis zur Bedrohung des Lebens von einigen Mitarbeitern des ICJV.

Die natürliche Umwelt hat zur Zeit sowohl in Thailand als auch Taiwan einen deutlich geringeren Stellenwert als in westlichen Ländern, so dass dieser Aspekt weitgehend vernachlässigt werden kann.

Das Ergebnis der Umweltanalyse sind oft nicht nur verdichtete Darstellungen, sondern insbesondere verschiedene Szenarien. Hierbei werden die Grundannahmen variiert und die sich daraus ergebenden Resultate werden mit Hilfe einer Sensitivitätsanalyse überprüft.[842]

- Projektumwelt

Die Analyse der Beziehung zum Bauherrn (und damit des Vertrags), der Lieferantenbeziehungen und der maßgebenden Institutionen gehört zu der Risikoanalyse eines ICJVs. Die geführten Interviews geben nur wenige Hinweise darauf, ob solche Analysen durchgeführt wurden. Ein Hinweis auf die Bedeutung der strategischen Planung ist folgendem Zitat zu entnehmen: „*Project planning especially in the early stages is the most important phase of the project. If you can't identify what you have to do in the time that you have to do it, then the project will be a failure. You have to be able to understand where the risks in time are, and what needs to be done to overcome those risks and that's what the planning is about. To look through the project, see where your risks are, and to put the planning in place, to take those risks out of the equation.*"[843]

Eine Risikoanalyse beim BangNa Expressway wurde von den Partnern nicht akzeptiert, gerade weil diese Analyse zu Beginn des Projektes Risiken beschrieb, die nicht zu dem „Prinzip Hoffnung" passten. Dieses Prinzip ist oft zu Projektbeginn weit verbreitet. Die Risikoanalyse wurde tabuisiert.

Wenn die Interviews auch Teile einer Umweltanalyse aufzeigen, so ist ein systematisches Vorgehen – wie zuvor theoretisch beschrieben – nicht aufzufinden gewesen. Das tatsächliche Vorgehen wird so geschildert: „*Okay, there were all the normal*

841 S. Interview TG8, S. 13

842 Vgl. WÖHE / DÖRING (Betriebswirtschaftslehre 2002), S. 643 f.

843 S. Interview TG2, S. 3

planning if you start a business somewhere there is ..., yes from my side okay, there is financial planning, a planning for the workforce, an organization chart, a planning the investments, probably from the technical part, the time schedule, investments we said already."[844] Was in dieser und allen anderen Beschreibungen fehlt, ist die der Planung vorangehende Analyse.

19.2.1.2 ICJV-Analyse

Eine Umweltanalyse (Umfeldeinflüsse auf das ICJV) ohne eine Analyse der Stärken und Schwächen des ICJV ist ziemlich sinnlos, da sich ja die Optionen aus der Gegenüberstellung von Umwelt und ICJV ergeben. Bei diesem Schritt wird zwischen einer ressourcenorientierten Innen-/Außenperspektive und einer kundenzentrierten Außen-/Innenperspektive unterschieden.[845] Die Letztere ist bei Bauprojekten bereits durch den Bauvertrag festgelegt, so dass sich nur eine Betrachtung der ressourcenorientierten Analyse anbietet.

STEINMANN / SCHREYÖGG teilen die Ressourcen in drei Ebenen ein: Ressourcen im engeren Sinn, Wertschöpfungsprozesse und übergreifende Kompetenzen. Diesen drei Ebenen können die in den Interviews auftauchenden Stärken bzw. Schwächen auch zugeordnet werden. Als wichtigste werden die „richtigen Leute“ angesehen: „*I would say the key decision is the right people. It starts with the staff. Staff forms part or is an iteration of your start of organization, that is the key to success.*"[846] Danach werden viele Gedanken im Rahmen der Arbeitsvorbereitung auf die Gestaltung des Wertschöpfungsprozesses verwendet (vgl. Kapitel 14.3). Bei den übergreifenden Kompetenzen besteht Klarheit bei den ICJV-Partnern der untersuchten Projekte: der ausländische Partner ist für die Technologie und der inländische für die institutionelle Einbettung zuständig.

19.2.1.3 Optionen

Das Vorgehen kann als ein Vorwärtstasten auf Grund vorangegangener Erfahrungen beschrieben werden (s. Bild 92). Ausgehend von vorliegenden Erfahrungen werden die bekannten Lösungen variiert, woraus dann neue entstehen. Es kommt auch in seltenen Einzelfällen vor, dass plötzlich eine ganz neue Lösung entsteht. Bei diesem Schritt ist das Schaffen von Optionen beendet. Die weiteren dargestellten Schritte gehören schon zur Auswahl der geeigneten Lösung und sie werden im Abschnitt 19.2.1.4 beschrieben.

[844] S. Interview BG2, S. 12
[845] Vgl. STEINMANN / SCHREYÖGG (Management 2005), S. 204 ff.
[846] S. Interview TG7, S. 7

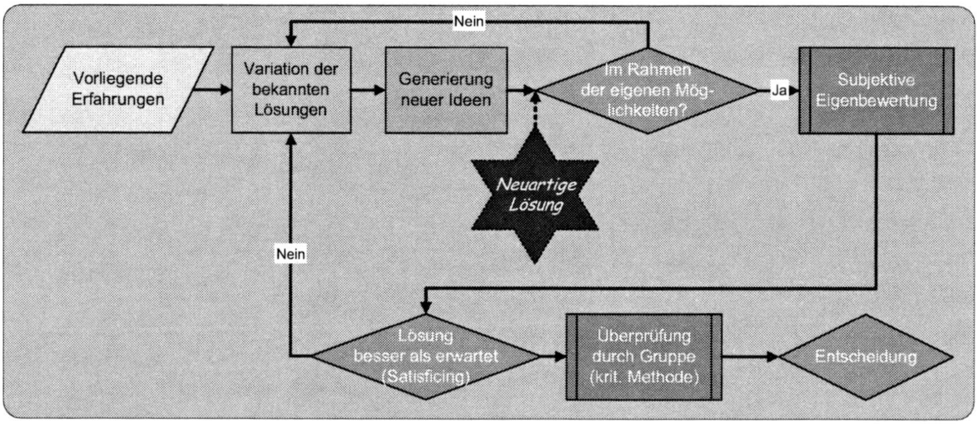

Bild 92: Generierung von Optionen in ICJVs[847]
Fig. 92: Generating Options in ICJVs

Die Verfahrenstechnik bei dem Taiwan High Speed Railway auf den Baustellen mit Beteiligung von Bilfinger Berger ist eine Entwicklung aus den zuvor gemachten Erfahrungen im Segmentbrückenbau in Thailand. Die Grundschritte sind ähnlich: Vorfertigung der Brückenelement in einem Werk, landgebundener Transport, Einbau vor Ort mit Verlegegeräten. Bereits beim BangNa Expressway wurde die Alternative untersucht, vom Fertigteilwerk ausgehend in zwei Richtungen den Oberbau zu verlegen. Dabei ist man auf die Geschwindigkeit der zwei Verlegegeräte angewiesen. Trotz zentraler Lage des Fertigteilwerks war dies nicht möglich, da zwei Verlegegeräte nicht die erforderliche Leistung erbracht hätten. In BangNa wurden fünf für die Hauptstrecke benötigt. Die längere Bauzeit in Taiwan ermöglichte die Verwirklichung dieses Gedankens. Die unterschiedlichen Querschnitte zwischen einer sechsspurigen Autobahn und einer zweispurigen Bahnstrecke ermöglichten in Taiwan die Herstellung eines Überbaufeldes in einem Stück, in BangNa waren es 18 Segmente. Das deutlich höhere Gewicht eines Überbaufeldes konnte in Taiwan transportiert werden, weil der Transport auf der bereits fertiggestellten Brücke ohne Benutzung des Straßennetzes ausgeführt werden konnte. Auf ähnliche Weise wurden auch bereits in Bangkok neue Bauverfahren im Rahmen der strategischen Projektplanung entwickelt.

19.2.1.4 Wahl (Entscheidung)

Die Auswahl der erfolgversprechenden Option erfolgt nach dem Prinzip des „Satisficing“. Der Begriff wurde von SIMON geprägt und man versteht hierunter eine Suche nach Alternativen, die eingestellt wird, wenn eine akzeptable Lösung gefunden ist.[848]

---

847 Vgl. BROCKMANN (Construction Methods 2002), S. 77
848 Vgl. SIMON (Rational Choice 1955)

Dies zeigt noch einmal die Verschränkung von Generierung von Optionen und der Auswahl. Das Kriterium zur Auswahl einer Alternative folgt der kritischen Methode. Diese erklärt POPPER: *„Die Methode der Wissenschaft ist also die des tentativen Lösungsversuchs (oder Einfalls), der von der schärfsten Kritik kontrolliert wird. Es ist eine Methode des Versuchs und Irrtums („trial and error").“*[849]

Das Vorgehen bei der Wahl folgt also genau dem von POPPER beschriebenen wissenschaftlichen Vorgehen. Sicherlich ist dies ein Gedanke, der den Praktikern auf der Baustelle völlig fremd ist. Die „schärfste Kritik“ erfolgt einmal als Eigenkritik, denn die Suche nach einer Lösung wird ja erst abgebrochen, wenn ein überzeugender vorläufiger Lösungsversuch durch Vorantasten oder durch den seltenen genialen Einfall erreicht ist. Keine Entscheidung von großer Tragweite bei Großprojekten ist eine Einzelentscheidung, deshalb muss sich eine einmal gefundene Lösung der kritischen Überprüfung durch Kollegen aussetzten. Erst nach dieser Überprüfung erfolgt die Wahl.

19.2.2 Zusammenfassung zur Planung von großer Tragweite

Ein systematisches Vorgehen bei der Planung von großer Tragweite konnte empirisch nicht nachgewiesen werden. Dennoch sind Ansätze zu einem solchen Vorgehen erkennbar.

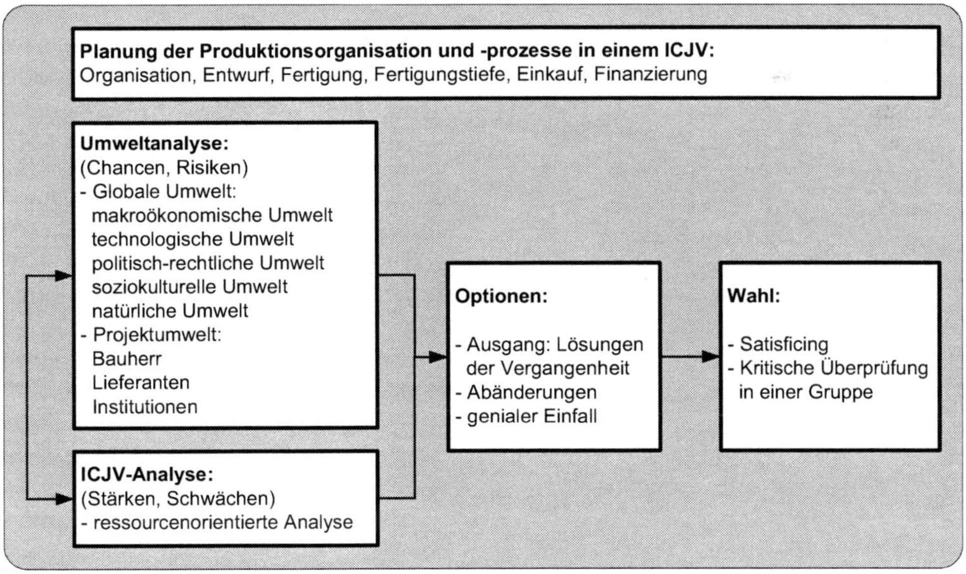

Bild 93: Schritte der Organisations- und Produktionsprozessplanung ICJVs
Fig. 93: Steps of Organizational and Production Process Planning for ICJVs

---

849 S. POPPER (Sozialwissenschaften 1962), S. 235

Weil keine klare Vorstellung von den Möglichkeiten einer strategischen Planung festgestellt wurde, wird in Bild 94 ein Vorschlag zur strategischen Planung vorgestellt. Dieser lehnt sich an die Erkenntnisse der Management-Forschung an, ist jedoch den Belangen eines Großprojektes der Bauindustrie angepasst.

19.2.3 Planung von geringer Tragweite

Bei der Planung von geringer Tragweite steht die Vollzugsfunktion im Vordergrund. Im Rahmen einer systemtheoretischen Betrachtung ist das Bilden von Subsystemen mit bedeutender Eigenkomplexität der wichtigste Gesichtspunkt. Für die Subsysteme sind dann wiederum Pläne zu entwickeln. Pläne von geringer Tragweite unterliegen somit weitestgehend der Autonomie der Subsysteme (Entwurf, Ausbau, Bauausführung, Fertigteilwerk). Durch dieses Prinzip trägt die Planung von geringer Tragweite zum Abbau der Gesamtkomplexität bei. Es wird unterschieden zwischen Teilplänen des Realgüterprozesses (Einkauf, Produktion, Absatz) und des Wertumlaufprozesses (kurzfristige Finanzplanung, Planbilanzierung, Betriebsergebnisplanung). Wichtigstes Mittel zur Umsetzung der Planung von geringer Tragweite sind Budgets, ein wesentlicher Gesichtspunkt die Interdependenz aller dieser Teilpläne. [850] Eine Übertragung dieser Gedanken, die für Austauschgüter definiert worden sind, auf ICJVs ist bereits in Teil C bei der Beschreibung der komplexen Teilaufgaben für Kontraktgüter der Bauindustrie erarbeitet worden.

Die Schnittstelle zwischen der Planung von großer und geringer Tragweite ist flexibel und wird von der Planungstiefe der vorangehenden Planung von großer Tragweite bestimmt. Eine hundertprozentige Planung von großer Tragweite entspricht dem Gedanken der plandeterminierten Unternehmensführung. Dies widerspricht somit den Gedanken der Systemtheorie, gerade weil es kein Eigensteuerungspotenzial der Subsysteme zulässt. Wie viel von diesem Potenzial im Einzelfall in einem ICJV den Subsystemen eingeräumt wird ist eine Entscheidung vor Ort. Das Prinzip der Dezentralisierung der Organisation und der Delegation von Entscheidungen und Befugnissen ist jedoch bei allen ICJVs festgestellt worden (mit Ausnahme eines koreanischen Unternehmens). Diese Schnittstelle wird so beschrieben: *„Like each project starts with a main plan and then you have to break it down into more detailed plans."*[851]

Die folgenden Beschreibungen der Planung von geringer Tragweite unterstützen die entsprechenden Ausführungen in Teil C. Hauptziel ist dabei die Minimierung der Kosten: *„Definitely the planning is required. It's one of the tools as I said earlier also when it comes to the costs, if you do a proper planning, work preparation and all this you will have a better result at the end, financially..."*[852] Der Planung wird eine Vorrangstellung unter den Managementfunktionen bezüglich der Bedeutung eingeräumt: *„Is very important.*

[850] Vgl. STEINMANN / SCHREYÖGG (Management 2005), S. 299 ff.
[851] S. Interview TG6, S. 3

For such a size of a project, planning is one of the top tasks."[853] Ein wenig genauer führt dies ein anderer der Befragten aus: „*Project planning is the, let me say, the red ribbon, where you have to follow, where you have to fit in your work into. So it's always such that you have to be aware of these schedules and this project planning and we come back to this service idea, then you have to take care that it is not endangered this project because of the design coming late or whatever. So I think that's of course one of the major input parameters to your work.*"[854]

Die folgenden drei Zitate listen einige der Teilpläne auf (1): „*I think, the planning and the work preparation is so important for a job, I have several examples where we should have done more in the beginning. It is that in the beginning always our technical office is understaffed. Partly because our partner doesn't see that you need work preparation. The usual way is that they get a drawing, give it to the site engineer and he gives it to a subcontractor and that is it. But then you have to plan the work. To prepare everything, this is not yet recognized fully by them. So, if you have a good scheduler on hand and a good work preparation. On this bridge there are always some problems on bridge construction, these are the bearings, these are in addition the shear keys for the earthquake, this should have been done far earlier. We had the usual problem again that the bearings were ordered too late, they came too late, delays in deliveries and, and, and. So we did some temporary measures because we didn't have shear keys here and so on. But partly, or mostly it is because there have not been enough people in the beginning of the job to take care of this work.*"[855] (2): „*Material supply, it is very important that you get all the approvals well ahead, that you can order material ahead, but this is, I call it then work planning.*"[856] (3): „*Well, it is hard to say which is the most important, because like I mentioned just a few, but there is for human resources the personal planning, the equipment, when to buy, how to buy, used, new one, import or local, the material, do it by yourself? It depends on how many times. So there is a lot of detailed plans and it is hard to say which one is the most important. They all need to be done to finish the whole thing.*"[857] Aufgezählt als Teilpläne wurden Arbeitsvorbereitung, Ablaufplanung, Fertigungstiefenplanung, Einkauf, Ressourcenplanung und dabei insbesondere die Personal- und Geräteplanung.

Die Planungen betreffen alle, die an der Ausführung beteiligt sind und deshalb wird auch eine Planung gefordert in die alle Beteiligten eingebunden sind: „*I think of the project plan should have not only one people to prepare, to have the committee to prepare, not only heard from only one people or one position. Maybe you have to prepare by many people make a conclusion in one-way and have, should have the flexible, not only go like this and have go like this.*"[858] Hierbei wird auch deutlich, was die Vorteile einer breiten Planungsbasis sind, nämlich die Berücksichtigung der Vernetzung vieler Aspekte

[852] S. Interview TG8, S. 4
[853] S. Interview TG9, S. 2
[854] S. Interview TG11, S. 5
[855] S. Interview TG5, S. 3 f.
[856] S. Interview TG5, S. 15
[857] S. Interview TG6, S. 4
[858] S. Interview BT3, S. 3

durch systemisches Denken. Zusätzlich wird noch der Gedanke der Kompensationsfunktion in der Systemtheorie klar herausgearbeitet durch die Forderung nach flexibler Planung. Diese soll sich immer der Realität anpassen.

Man kann Planung auch übertreiben. Dies Problem entsteht insbesondere bei großen Planungsabteilungen, wenn keine eigentlichen Aufgaben mehr zu erledigen sind. Dann kommt es zu einem grotesken Übermaß an Planung. Dies ist auf jeden Fall zu unterbinden. „*We are making a plan for the plan. It doesn't make any sense.*"[859]

Neben einer Vielfalt von Gedanken, Ideen und Praktiken ist den Interviews auch zu entnehmen, dass es kein kohärentes Planungskonzept gibt. Wohlbekannt sind die Anforderungen und Schwierigkeiten bei allen Teilplänen, auch deren Interdependenz wird in den Aussagen deutlich. Was in einem positiven Sinn fehlt, ist der Plan für die Planung. Nicht nur in den Interviews, auch in den Projekthandbüchern gibt es einen solchen Plan nicht. Dieser Plan für die Planung von geringer Tragweite muss für jeden Einzelfall entwickelt werden. Deshalb ist es unsinnig, jetzt einen solchen Plan anzufügen. Als Checkliste für die einzelnen Teilpläne kann jedoch der Teil C herangezogen werden. Damit wird es möglich, die Bedeutung der Teilpläne zu bestimmen, Prioritäten festzulegen und die entsprechenden Ressourcen rechtzeitig bereit zu stellen.

19.3 Controlling

Nach der Planung wird das Controlling beschrieben, weil beide eng miteinander verknüpft sind. Zunächst wird das Controlling aus einer theoretischen Perspektiven betrachtet (19.3.1). Daran schließen sich Kapitel über die das Controlling bei Planung von großer Tragweite (19.3.2) und von geringer Tragweite (19.3.3) an. Das Controlling bei Planung von großer Tragweite ist bei ICJVs eher schwach ausgeprägt, die das Controlling bei Planung von geringer Tragweite wird dagegen sehr stark genutzt. Dabei ist zwischen der Leistungskontrolle mit Hilfe von Computer-gestützten Managementsystemen (19.3.3.1) und der Verhaltenskontrolle im Einzelfall (19.3.3.2) zu unterscheiden. Die Ergebnisse werden zuletzt mit Hilfe einer Grafik im Zusammenhang dargestellt (19.3.4).

Für den Begriff des Controllings wird folgende bekannte Definition von HORVÁTH gewählt:

- Controlling = (def.) ist – funktional gesehen – ein Subsystem des Managements, das Planung und Kontrolle sowie Informationsversorgung systembildend und systemkoppelnd koordiniert und so die Adaption und Koordination des Gesamtsystems unterstützt.[860]

---

[859] S. Interview TJ5, S. 6

[860] Vgl. HORVÁTH (Controlling 1996), S. 141

19.3.1 Theorie des Controllings

Wenn man Controlling, wie bisher geschehen, als die „andere Seite der Medaille" der Planung versteht, dann geht man von einem bestimmten theoretischen Modell aus: dem kybernetischen. Controlling liefert das Feedback in dem kybernetischen Regelkreis.[861] Durch die Planung werden Soll-Vorgaben für die Leistung festgeschrieben und dementsprechend werden Ressourcen zugeteilt. Durch das Controlling wird dann die Zweckmäßigkeit der Ressourcenverteilung überprüft. In erster Linie gilt das Controlling dem Ergebnis, erst in zweiter Linie dem Verhalten der Verantwortlichen. Natürlich ist es denkbar, dass die Störung im Regelkreis dem Verhalten einer Person zugeschrieben und entsprechend diese Person zur Verantwortung gezogen wird. In diesem Sinn besteht Controlling aus vier Schritten: (1) Soll-Vorgabe, (2) Festlegen der Messgrößen, also Operationalisierung, (3) Vergleich, (4) Steuerungsmaßnahmen. Neben den beiden geschilderten Möglichkeiten bei der Steuerung (Ressourcen, Methoden, Leistungen, Verhalten) sind natürlich auch immer wieder die Ziele auf ihre Richtigkeit zu überprüfen sowie die Angemessenheit der Operationalisierung (im Falle von Kostenvorgaben handelt es sich bei ICJVs hierbei um die Arbeitskalkulation).[862]

Üblich ist für ICJVs – und das wird in den Zitaten deutlich werden – insbesondere ein Controlling mit Hilfe von Informationssystemen. Allerdings handelt es sich bei dem Controlling als Managementtätigkeit in einem ICJV zunächst nicht um die Ebene der Erfolgsbetrachtung des ICJVs (das ist ja die Ebene zwischen ICJV und Partnern), sondern um die verschiedensten Maßnahmen im ICJV. Kultur als Ansatzpunkt, der ein Controlling überflüssig macht, ist ebenfalls eine übergeordnete Sicht, die auch Berücksichtigung finden wird. Sie liegt dieser Arbeit und ihrem Verständnis von Erfolgsfaktoren sogar zu Grunde. Allerdings bleibt bei der Beschreibung des Controllings an dieser Stelle die kybernetische Perspektive von größter Bedeutung. Bei einer Erörterung der Erfolgsfaktoren aus anderer Perspektive, nämlich der Sinnfindung, tritt der kulturelle Ansatz in den Vordergrund.

19.3.2 Controlling für Planung großer Tragweite

Das Controlling für Planung großer Tragweite beginnt kurz nach der Planung und teilt sich in eine übergeordnete Überwachung, ein Prämissen- und eine Durchführungscontrolling. Der erste Schritt im systemischen Denken für die Bildung von ICJVs ist die Differenzierung von der Umwelt. Dies geschieht nicht nur durch den Bauvertrag, sondern auch durch das Situationsverständnis der Beteiligten im ICJV und im ICJV-System. Bei der Konzeptualisierung dieser Grenzziehung werden bestimmte Planungsprämissen zu Grunde gelegt, die vom Einzelfall abhängen. Der zweite wichtige

---

[861] Vgl. GIRMSCHEID (Angebots- und Ausführungsmanagement 2005), S. 105

[862] Vgl. MASSIE / DOUGLAS (Managing 1985), S. 231 ff.

Schritt des systemischen Denkens ist die Kompensationsfunktion und diese entspricht ganz besonders der übergeordneten Überwachung und dem Prämissencontrolling. Kernpunkt ist immer die Frage nach der Richtigkeit des zielgesteuerten Handelns. Somit sind sowohl die übergeordnete Überwachung und abgeschwächt das Prämissencontrolling nach außen auf die Beziehung zwischen Umwelt und ICJV gerichtet.

Das Durchführungscontrolling richtet sein Augenmerk auf die inneren Abläufe eines ICJV mit der Konzentration auf die Richtigkeit der Ausführung einmal beschlossenen Handelns. Das Controllingobjekt sind gesetzte Zwischenziele. Für das Durchführungscontrolling ist das Bild des kybernetischen Regelkreises angemessen, weil das gesamte Handeln dem Gestaltungswillen des Managements unterliegt. Dies trifft nicht für die übergeordnete Überwachung und das Prämissencontrolling zu, da sich die Umwelt weitestgehend dem Einfluss des ICJV entzieht. Übergeordnete Überwachung und Prämissencontrolling erfolgen über eine Informationsaufnahme durch eine Radarschirmfunktion und anschließende Analyse und Entscheidung über Maßnahmen. Diese beiden Kontrollen setzten unmittelbar nach Planungsbeginn ein, die Durchführungskontrolle beginnt mit der Implementation der Planung von großer Tragweite.

Die übergeordnete Überwachung richtet sich noch stärker nach außen als das Prämissencontrolling. Sie soll jede Gefahr aus der Umwelt aufnehmen und damit einer Lösung zuführen. Die Controllingobjekte sind die Anforderungen aus der Umwelt und die Angemessenheit der eigenen Ressourcen. Die Blickrichtung bei der übergeordneten Überwachung hat keinen Fokus, bei dem Prämissencontrolling ist die Fokussierung mittel, bei dem Durchführungscontrolling stark. Diese Zusammenhänge sind in Bild 95 zusammengefasst.

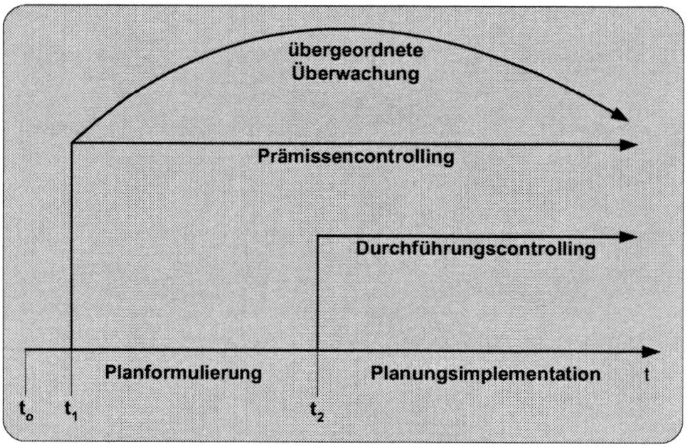

Bild 94: Controlling in ICJVs[863]
Fig. 94: Controlling in ICJVs

[863] Vgl. STEINMANN / SCHREYÖGG (Management 2005), S. 277 ff.

Hilfsmittel des Controlling für Planung großer und geringer Tragweite sind (1) Qualitätskontrollen vor Ort, die durch Verfahren (Quality Management Procedures) und Inspektion sicher gestellt werden, (2) Terminplanung mit Hilfe der Netzplantechnik sowie (3) Kosten- und Leistungskontrolle. Zeit, Qualität und Kosten sind voneinander abhängig. Da sowohl die Bauzeit als auch die geforderte Qualität eingehalten werden müssen, kommt den Kosten die Funktion eines Steuerungsventils zu. Da Gewinn das oberste Ziel ist, hat das Kostencontrolling auch das größte Gewicht. Wenn die Qualität nicht stimmt, dann wird nachgebessert. Man setzt sich zusammen und findet eine Lösung: *„Yes, especially quality of work or workmanship. In order to improve the workmanship I need, not only foremen but also the workers, I need to put them together and to try to find what the cause of the problem is and how to improve."*[864] Nachbesserungen bei der Qualität erhöhen den Aufwand, genauso wie Terminprobleme hauptsächlich durch den Einsatz zusätzlicher Ressourcen gelöst werden können. Beide Bereiche werden somit auch durch ein Kostencontrolling erfasst. Aus diesen Gründen konzentrieren sich die folgenden Ausführungen exemplarisch auf das Kostencontrolling.

In den Interviews werden Unterscheidung zwischen Controlling für Planung großer und geringer Tragweite deutlich, allerdings nicht unter Verwendung dieser Begriffe. Der folgend zitierte Projektdirektor spricht z. B zwischen dem Unterschied von Tagesgeschäft und einer erweiterten Perspektive und beschreibt damit faktisch den Unterschied zwischen verschiedenen Controllingebenen. Dabei erläutert er auch das Vorgehen einer übergeordneten Überwachung und Prämissencontrolling: *„And then in my role, not being directly involved with the construction, with the daily day-to-day work, you have to have always a broader perspective of the situation. So you look far ahead, you do your forecast, both in terms of how you create this environment I just referred to, how you create a proper relationship within the joint venture, how you create the relationship with the client. So you need all these elements, these parameters which create the proper environment to reach the targets we just mentioned. And then, of course, there is the second role, I would say where the day-to-day work has a certain decision processes which they come to you and they want you for either advice or input and then you can be very selective, but that is in my position dangerous sometimes that you end in too much detail and start taking other peoples' jobs away. So you don't want this redundancy, you actually try to create with this exceptional position, or let's say organization we have, which I described to you, that you create a team work, split the jobs to be more effective and you look for more of the outside elements, which need more care and attention. A project of this magnitude, this complexity, the size particular, takes moments where you just have to take a step back, and be patient and say: Okay, what's going on, what do we need to do, how can we adjust this or that. Trouble shooting and it's the whole purpose of a, let's say, a supervisor entity of any joint venture."*[865] „Taking a step back and saying 'what is going on" beschreibt recht genau die Radarfunktion. Diese Passage wurde bereits einmal in einem anderen Zusammenhang zitiert.

[864] S. Interview TJ2, S. 21 f.
[865] S. Interview TG7, S 1 f.

19.3.3 Controlling für Planung geringer Tragweite

Auch bei dem Controlling für Planung geringer Tragweite kann grundsätzlich zwischen übergeordneter Überwachung, Prämissen- und Durchführungscontrolling unterschieden werden. Das Hauptgewicht hat jedoch das Durchführungscontrolling. Dabei sind zwei Möglichkeiten zu unterscheiden. Die Erste ist das Feedback-Controlling, bei der zu einem Stichtag eine Übereinstimmung von Soll und Ist überprüft wird. Das Zweite ist ein Feedforward-Controlling (adaptives Controlling), bei der das Projektende an Stelle des Stichtags den Betrachtungspunkt liefert.[866] Mit Bezug auf die Arbeitskalkulation bei Bauprojekten wird zwischen der Soll-Auftrags-Arbeitskalkulation als stichtagsbezogenem Controlling mit gleichbleibenden Vorgaben und der Ist-Prognose-Arbeitskalkulation als endpunktbezogenem Controlling mit angepassten Vorgaben unterschieden.[867]

Die Bedeutung eines Durchführungscontrolling für Planung geringer Tragweite wird so gesehen, wobei eine adaptive Kontrolle beschrieben wird: „*On projects like this one, big projects, it's very important that you know monthly where you stay. You have to have it. Budget, how you call it, work estimate or whatever, and then you have to know exactly where you are. The project, which we have, is twenty Billion NT Dollars or roughly five hundred Million Euro. There are ten Million € easily gone with that you don't realize it after half a year. So we have here a cost to complete forecast monthly, which was very helpful for the project. What I would have liked more is, if you give it to a subcontractor to know exactly what is our budget, in the beginning when I came here, it was not so clear, later on we have known it very well, what is our budget, what money is left for the subcontractor. What hours left, what can we do. I mean, budget is always, if it is too high, people tend to tell me, oh, we have enough money. I said, we don't have enough money. Budget doesn't mean that we have to spend it. We can spend it, but not necessarily we have to spend it.*"[868] Neben dem übergeordneten Kostencontrolling wird in dieser Aussage auch ein Kostenbewusstsein gefordert. In späteren Zitaten wird dies auch als Eigenverantwortung beschrieben. Damit werden die beiden Aspekte des kybernetischen Regelkreises, Leistungs- und Verhaltenscontrolling, angesprochen.

Die operative Nutzung eines Kostencontrolling wird besonders im folgenden Zitat deutlich: „*Okay, you know, the cost control department is, let's say, what you call it? You know, when we get, for example we have negotiations with subcontractors. We talked this into the cost control department and tell them, look, what is the budget? We get the budget figures and we are negotiating according to the budget. And so we know from the cost control department, we know very well if we are within the budget or without the budget. And the same applies for the area, for the different departments. When the cost for the manpower or the equipment are too high we have to think about how to reduce these costs. And, but as I said, for the substructure, this site is not, okay, it's not so heavy from the equipment side*

[866] Vgl. STEINMANN / SCHREYÖGG (Management 2005), S. 402 ff.

[867] Vgl. GIRMSCHEID (Angebots- und Ausführungsmanagement 2005), S. 101

[868] S. Interview TG5, S. 7

besides the launcher and the carrier, which are very expensive. But other equipment like excavators, or rollers or some trucks or so we don't have. We have some, we have few, we have mobile cranes, okay we have mobile cranes, but we don't have such a big number of equipment that we can run out of costs very easily. They are all related to subcontractors. The subcontractors we, again we control with the budget."[869]

Eines der großen Probleme ist die Ungenauigkeit der Planungsgrundlage für ein Kostencontrolling, also bei der Arbeitskalkulation: „*Yes, I think the cost control it is always the problem for a construction project. At tender stage nobody knows the details, we just, maybe a rough estimation about the cost. And when we start work, we find lose many items, many items. So each month we need to revise and put some new items and I think every three month we come and sit together and talk about the qualities the new items. So it's always change.*"[870] Änderungen in einzelnen Positionen sind allerdings in beide Richtungen möglich: „*Some are overprized and also we changed some construction methods, we save some money and also the quantities much different from our estimation.*"[871]

Es fehlen nicht nur Bestandteile in der Kalkulation, sondern viele Preise sind auf Grund des Wettbewerbs niedrig: „*This is another thing because we have, let me say, one step further we got the job there was a tender phase and there was a calculation, an estimation. The estimation is a very good tool for us but most of the time to get the job the estimation must go a little bit on the limit. So of course here the estimation was also on the limit. So the prefabrication was completely underestimated, so the actual cost was extremely more than they expected.*"[872]

Insgesamt wird eine verlässliche Auskunft ohne großen Aufwand und zu viel Details gefordert. Wenn auch in einigen Zitaten eine andere Sicht geäußert wird, so fasst dieser Kommentar jedoch in der Summe die Ansichten zusammen: „*If you don't have a control system, you cannot foresee where this project will go, you have to check at each state. Now we are here and then we are here and you can project in the future which direction will go. Control system is quite important. It should not be so accurate with so many data, we don't need so many data. But at least we have to see the direction. We are going this way now, so how to adjust, how to rectify, we have to know.*"[873]

Die Organisation des Kostencontrolling ist immer zentralisiert, die Einbindung der Abschnittsbauleiter wird allerdings unterschiedlich gehandhabt. Verbreitet ist die Meinung, sie müssten in das Kostencontrolling mit einfachen Mitteln eingebunden werden: „*Cost control is centralized here ... Each senior project manager, there are five site offices, project manager has his own like Excel spread sheet or some type of this, his version of the cost control system, which is primitive. Then he check that either over budget or running budget or under budget to take own system and every at least not three month, at*

869 S. Interview TG3, S. 8 f.
870 S. Interview TT3, S. 12
871 S. Interview TT3, S. 12
872 S. Interview TG10, S. 3 f.

least six month, by the end of September or end of March. Not like regular basis, we don't have a unified system on site."[874]

19.3.3.1 Computer-gestützte Managementsysteme

Wie das Controlling für Planung großer Tragweite, so kann sich auch das Controlling für Planung geringer Tragweite auf Qualität, Termine, Leistung und Kosten beziehen. Für jeden dieser Punkte gibt es Hilfe durch Computer-gestützte Informationssysteme. Bei der fortlaufenden Qualitätskontrolle handelt es sich dabei um Datenbanken, bei dem Termincontrolling um Netzplanprogramme und bei dem Kosten- und Leistungscontrolling um Spezialprogramme (z.B. Profittool) oder erweiterte Kalkulationsprogramme (z.B. Candy).

Neben diesem Leistungscontrolling muss aber auch weiterhin das Verhaltenscontrolling als Teil einer Personalführung beachtet werden.

Die Bedeutung von solchen Controllingsystemen wird recht unterschiedlich von den Befragten eingeschätzt. Die Bewertung reicht von ausgesprochen wichtig bis zu uninteressant. Eine Aussage, welche die Wichtigkeit des Kostencontrolling mit Informationssystem herausstreicht, lautet folgendermaßen: „*For example cost control system, I think you need a cost control system on a project. You need it at the very beginning and, I think, I personally insist on that and we also as a company agree on that. But other companies see that a little bit different way.*"[875] Kritischer ist die folgende Aussage: „*Everybody is trying to invent the perfect cost control system. Every construction computer, software writer is always developing a new system that will solve all the problems of cost control. The MRTA* [U-Bahn in Bangkok] *use Profit-tool we used Candy. To me it is all a bit theoretical. The fundamentals are exactly the same. The fundamentals are, how much money do you have to do something, how much money is it costing you to do it and then using that information to project out to the end. Now, we are making, we are making some things extremely complicated and very labor intensive to produce the same results as we always produced.*"[876] Nebenbei wird in dieser Aussage zum dritten Mal ein adaptives Controlling gefordert, einem reinen Feedback-Controlling hat kein Befragter das Wort gesprochen.

Zweifel an dem Nutzen von Managementsystemen werden auch im folgenden Beitrag laut, wobei eine Forderung nach einem Prämissencontrolling für das Controllingsystem geäußert wird: „*Control system and success. I mean, of course, control systems are important, but the best control you have you have in the estimate. If your estimate is wrong then maybe you can do something because, with higher productivity or something like this. Or maybe you can buy your material cheaper or something like this one, but if you have a real underestimated site like we had one here in Thailand, you can control many things but*

---

[873] S. Interview TJ4, S. 8
[874] S. Interview TJ2, S. 17
[875] S. Interview BG1, S. 9

the outcome will not be better. On the contrary, my experience is, if some site manager make a profit, say of 10 million dollar or something like that and if they come home they will be the heroes of the site and so on. And everybody shake hands with him, give him a clap and say, well done. If he could have made fifteen or twenty, most of the time nobody will ask. This is the point, I mean, I don't know, if you can do this by controlling, this I don't know."[877]

Die Managementsysteme sind nicht immer praxisgerecht: „*I mean, I have seen a lot of control systems here, I have seen also the control system of MRTA* [U-Bahn in Bangkok]. *I am not so happy with that what they have at MRTA done. I think they spend a lot of money on it. But I do not know...if it was worth it. Because I do not think that out of this control system is coming any figure which you can use in future in any estimation. Hopeless! What I have seen, you cannot use it. In BangNa, of course, we have some figures and, I mean, you have seen these figures, which were established by* [Name] *and also by* [Name]. *I think you can use it... as a good indication, because it is much easier than the system which they have at MRTA. At MRTA you need some people who must explain it to you.*"[878]

Die Einordnung der Möglichkeiten eines Computer-gestützten Hilfssystems lautet folgendermaßen: „*It's not such a tricky question, control systems are more for external reporting as such. Internally a lot of the control systems you have identify a problem too late for you to stop it when it should be stopped. And it's the skill of the management to be able to identify that problem and deal with it before the control system identifies it. What the control system does is, when you have a large site, it allows the upper management on the site to be able to see that the line management is not dealing with the problem. So you are able to identify a problem later than it should be identified and still control it at some stage.*"[879] Hier werden die Grenzen eines Regelkreis-orientierten Controllings ganz klar. Es reicht nicht aus, um alle Probleme rechtzeitig zu erfassen, dafür bedarf es des Radarschirms („skill of the management") . Die Computersysteme können bei dem Controlling helfen, sie können sie aber nicht übernehmen: „*Now that's definitely not what I am saying. But, there is a limit, there is a limit and what I am concerned about is the systems that are being developed which become, they are taking the responsibility away from where I believe the responsibility should lie and that's with the line managers that are actually doing the work and by putting these labor intensive, very computerized systems in place, people have a tendency to step back from it and say, well, it's not my problem anymore, it's the cost controls department's problem. And so you are producing wonderful reports with a lot of information that the people that are doing the work don't have ownership of. And I believe the systems should put responsibility back where it belongs and that is to the line managers that are actually doing the work.*[880] Zum wiederholten Mal ist hier auch die Verantwortung eines jeden Verantwortlichen für das Controlling erwähnt. Dies entspricht genau einem systemischen Denken bei dezentral organisierten ICJVs.

---

876 S. Interview TG2, S. 4
877 S. Interview BG3, S. 5
878 S. Interview BG3, S. 12
879 S. Interview TG2, S. 4
880 S. Interview, TG2, S. 5

Auch ein thailändischer Manager grenzt die Möglichkeiten des Durchführungscontrolling ein, wobei wiederum Bezug auf unzulängliche Prämissen genommen wird: „*I think the cost control system is to, just to give the execution team to know the status of the project. How far that you have spent your expenses and what is your position? You are going to save some cost or you overspent in some location and compare to the estimate or compare to our budget. So that can help, but if we know in advance that our project is no way to make profit then we have to save cost by any mean to, we can even ignore the cost control because you cannot control to have the under budget anyhow, you are over the budget anyhow, but to minimize the over budget, that is to become less important how to make fast in time and cost. Finish earlier due to less expense, this is the problem, I don't pay more attention on the cost control, unless, if we want to control, not to have some leakage or some, not, what you call, wrong allocation of the money. So, that one may be, depend on the financial people to control.*[881]

Controllingsysteme haben neben der Berichtsfunktion auch eine Steuerungsfunktion: „*Well, let's say, in every controlling system there is the reporting aspect, which is certainly one big one. That should not necessarily be the most important one. Of course you have to report, you need to know why you have increases in cost or why you are doing better than the forecast. But important is, of course, what we say in the German language: the Steuerungsfunktion. What you need to do is, you need to have, let's say, the possibility to have an influence on the process in order to have an influence on the costing. If you get the information late, when the job is done, it's too late. You can only report and explain, which I feel still, we do too much. Or it's still working more like a reporting system rather than a tool to have an influence on the processes. But especially also on this project it's very much design related. At a very early stage where, or at least I feel, I don't have a control over it, certain decisions, decisions are taken with certain cost impact. Later there are only minor, innovate minor possibilities to still have an influence on the result.*[882]

19.3.3.2 Verhaltenssteuerung

Der Umgang mit Controlling ist auch durch die Nationalkultur bedingt. Ein unmittelbares Verhaltenscontrolling ist bei einer großen Machtdistanz akzeptabler als bei geringer. Bei einer kollektivistischen Grundeinstellung kommt zu diesem Controlling ein fürsorglicher Aspekt hinzu. Das Controlling wird nicht als unberechtigte Einschränkung der Persönlichkeit empfunden, sondern als die willkommene Übernahme einer Mitverantwortung durch den Vorgesetzten.[883] Auffallend bei den im Folgenden angeführten Zitaten ist, dass das Verhaltenscontrolling überwiegend von Asiaten (hohe Machtdistanz, kollektivistisch) beschrieben wird, während die Zitate zum Leistungscontrolling hauptsächlich von Ingenieuren aus westlichen Ländern abgegeben wurden.

---

[881] S. Interview, BT1, S. 7

[882] S. Interview TG8, S. 6 f.

[883] Vgl. HOFSTEDE (Globales Denken 1997), S. 214

Das Verhaltenscontrolling ist unmittelbar: *„No, not always, we just have a look, inspection, have a look, maybe two or three times a week. And all the way look, look and comment, comment, comment."*[884] Es ist auch nicht klar zielgerichtet, sondern umfassend: *„Yeah, control system: I don't have a meeting, I don't have a regular report. I give them some memorandum or some drawings or things, then I check their progress from time to time and if the progress not enough then I support them. Sometimes I say: I will handle this one, then you do another one. But no regular system I have."*[885]

Das Controlling hängt sowohl von der Aufgabe als auch von dem Vertrauensverhältnis ab: *„Sometimes I check, depend on the job. If small job, I check every day. He may need one week to complete the job, I will maybe after I asked him, three days later I will check the progress. I have to see...For example I ask you to complete this manual, I expect you to complete it within ten days. Maybe three days later I ask you: What are you doing now? Please show me. If you finished index, I'm happy. Even index you haven't finished, I'm worried that you cannot do that."*[886] *„In the beginning more control, yes, until they know what I want, and then occasionally go with them over their site and discussing things, we should do this one this way, or I propose to do it the other way or whatever."*[887]

Manchmal dient das Controlling nur zur Informationsaufnahme und Vorbereitung von Entscheidungen, manchmal unmittelbar zur Steuerung: *„I think necessary, but in my style during I walk around the job. I will not make so much comment. Sometime no comment, but everything I saw, keep in mind, in my idea. I think we can learn that, which one which work he should do. If this one not qualify for that work, we have to change. But in Thai culture to change the position of the people is very important for him, not for me. I have to calm down him to explain him about the reason to change. Everything we had to keep his way, not do anything to loss his face."*[888] *„I will talk personally to them. We will visit together the site, will see the problem, what is the problem, why is there a problem and we will try to solve the problem. But in a joint discussion or joint approach to the problem."*[889]

Wichtigstes Hilfsmittel bei des Verhaltenscontrolling ist die Kommunikation. Diese Meta-Managementfunktion wird in dem Kapitel 21.2 beschrieben.

19.3.4 Zusammenfassung Controlling

In Bild 96 sind die Ausführung zum Controlling zusammengefasst. Ausgangspunkt ist der kybernetische Regelkreis.

Das Qualitäts- und Termincontrolling hat auch Auswirkungen auf das Kostencontrolling. Dieses bündelt die monetären Auswirkungen aller Einflüsse. Das Kosten-

[884] S. Interview BT3, S. 11
[885] S. Interview TK3, S. 18
[886] S. Interview TJ5, S. 8
[887] S. Interview TG5, S. 14
[888] S. Interview BT2, S. 11
[889] S. Interview TG3, S. 14

kontrolle bei Entscheidungen großer Tragweite bedient sich der Radarschirmfunktion, um nicht spezifische Gefahren zu orten und zu bearbeiten.

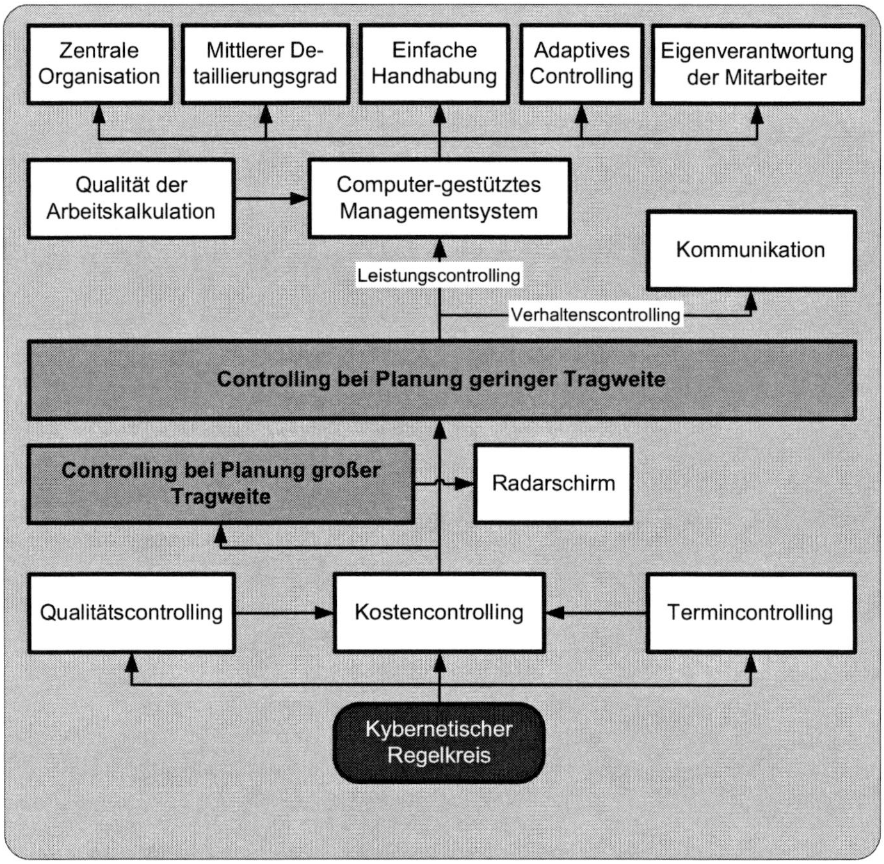

Bild 95: Managementfunktion Kontrolle
Fig. 95: Management Function Control

Das Controlling bei Planung geringer Tragweite teilt sich in das Verhaltenscontrolling mit der Kommunikation als hauptsächlichem Hilfsmittel und das Leistungscontrolling. Wegen der Komplexität eines Großprojektes kann das Leistungscontrolling nur durch ein Computer-gestütztes Managementsystem gewährleistet werden. Dieses muss die Möglichkeit zu einem endbezogenen, d.h. einem adaptiven Controlling ermöglichen. Die Organisation erfolgt zentral, d.h. durch eine Stabsabteilung des Projektmanagements.[890] Dennoch ist die Einbindung der Nutzer (Kostenverursacher) von entscheidender Bedeutung. Der Detaillierungsgrad des Managementsystems soll im mittleren Bereich liegen und die Handhabung soll einfach sein.

[890] Vgl. O.V. (Projekthandbuch D 1996)

19.4 Organisation

Das instrumentelle Verständnis von Organisation mit Bezug auf ICJVs ist bereits in Kapitel 14. 1 aufgezeigt worden. Im Folgenden geht es um das funktionelle Verständnis des Organisierens, als Teilbereich der Managementfunktionen i.e.S. Organisation im Rahmen dieser Arbeit ist der Vorgang zu verstehen, durch den ICJVs (einigermaßen) dauerhafte Regeln für alle Arbeitsvorgänge erhalten.

Für den Begriff der Organisation wird folgender Begriff gewählt:

- Organisation = (def) Organisation ist die vorgezogene (präsituative) Strukturregelung von Entscheidungsfeldern. [891]

Durch diese Definition wird zum einen deutlich, dass das Organisieren zu einem guten Teil als Vorbereitung der Meta-Managementfunktion Entscheidung dient. Zum anderen wird dadurch die Grenze zur Führung aufgezeigt, bei der es sich um eine gleichzeitige (situative) Strukturregelung handelt (vgl. Kapitel 19.6). Wenn man nicht den zeitlichen Aspekt betrachtet, dann kann man auch sagen, dass Regelungen grundsätzlich fallweise oder generell getroffen werden können. Nur bei generellen (dauerhaften) Regelungen spricht man von Organisation. Fallweise Regelungen gehören in den Bereich der Führung. Somit sind Führung und Organisation zwei Endpunkte eines Kontinuums von Lösungen, die ausschließlich im Einzelfall gelten, auf der einen Seite und ausschließlich dauerhaften Regelungen auf der anderen. Es ist leicht einzusehen, dass beide Extreme zu unbefriedigenden Lösungen führen müssen. Eine ständige Führung ist zu aufwändig, sie muss durch Regelungen entlastet werden. Eine vollständige Regulierung nimmt jede Möglichkeit auf Änderungen der Umwelt schnell zu reagieren. GUTENBERG bestimmt den Erfolg organisatorischer Regelungen (E_{max}) theoretisch als ein mittleres Ausmaß an generellen Regelungen R_{opt}. Dieser Gedanke wird als das Substitutionsprinzip der Organisation bezeichnet (s. Bild 96).

Die dauerhaften Regelungen der Organisation können unterschiedliche Formen annehmen: formal oder informal, strukturell oder kulturell, Fremd- oder Selbstregelung, hierarchische oder marktliche Regelungen.[892]

Es wird zwischen der Aufbauorganisation, die eine Struktur schafft, und der Ablauforganisation unterschieden, welche die Prozesse regelt. Üblich ist die Darstellung der Aufbauorganisation in Form von Organigrammen.[893] In diesem Kapitel wird nur die Aufbauorganisation behandelt, die Ablauforganisation hat bereits in Abschnitt 14.3.1.4 hinreichend Aufmerksamkeit gefunden.

---

[891] Vgl. KRÜGER (Organisation 2005), S. 144

[892] Vgl. KRÜGER (Organisation 2005), S. 146 ff.

[893] Vgl. SCHULTZ (Betriebswirtschaft 2006), S. 44

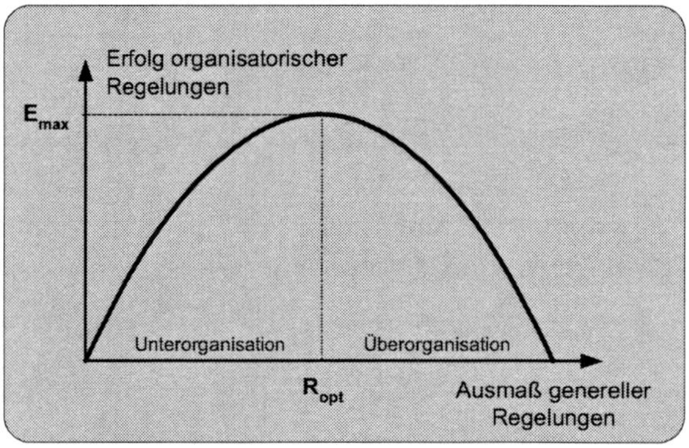

Bild 96: Substitutionsprinzip der Organisation[894]
Fig. 96: Organizational Principle of Substitution

Die Aufbauorganisation kann in zwei Bereiche eingeteilt werden, nämlich organisatorische Differenzierung und organisatorische Integration.[895] Während der Gedanke einer plandeterminierten Unternehmensführung insbesondere die Differenzierung betont, ist die Systemtheorie in der Lage beide Aspekte gleichgewichtig zu behandeln. Dabei beschäftigt sich die externe Systemabgrenzung mit Fragen der Fertigungstiefe und die externe Systemkoppelung mit der Interaktion zwischen ICJV und Umwelt. Die Subsystembildung befasst sich mit der inneren Aufteilung der Arbeit innerhalb eines ICJVs, die Subsystemintegration mit der Zusammenführung der jeweiligen Arbeitsergebnisse. Auf noch einer anderen Ebene geht es um die Arbeitsteilung und Koordination in den einzelnen Subsystemen.[896] Wichtig ist immer die gleichberechtigte Behandlung von Differenzierung und Integration.

19.4.1 Einflüsse der Partner und der Bauherren

Die grundlegende Struktur eines ICJVs wird von den Partnern bestimmt. Dazu gehört auch die Besetzung der Top Management-Positionen.

Der Idealfall für ein ICJV in einem fremden Land ist eine bestehende Markteinbindung. In dem folgenden Zitat unterstellt ein Projektmanager eine solche Strategie für japanische Unternehmen in Taiwan, nicht für das eigene koreanische. Das Bedauern darüber ist deutlich: *„It is our big mistake. In Japanese, for example* [name of Japanese company] *or* [name of Japanese company], *after finishing of some project they won't stop the working to the local company to learn what the Chinese and then Taiwan culture. But the Samsung and the other Korean companies did not like that. It's our mistake. We know that. So our head office and then our branch office together another project in Taiwan it is a bit*

---

894 Vgl. GUTENBERG (Betriebswirtschaftslehre 1983), S. 239 ff.
895 Vgl. STEINMANN / SCHREYÖGG (Management 2005), S. 443 ff.
896 Vgl. KRÜGER (Organisation 2005), S. 143

difficult."[897] Der Gedanke ist leicht nachvollziehbar: Ein ICJV lebt von und in dem es umgebenden Netzwerk. Wenn keine eigenes Netzwerk besteht auf, das der ausländische Partner zurückgreifen kann, dann muss er sich seinem lokalen Partner anvertrauen. Die dabei entstehenden Schwierigkeiten (z.B. Unkenntnis der Marktpreise) verursachen Kosten. Für den Projektmanager hat eine bestehende Marktpräsenz ausschließlich Vorteile. Dies trifft so nicht so für das Partnerunternehmen zu, das ja gerade die Kosten der Marktpräsenz trägt.

Ein Gedanke der für die grundsätzliche Struktur von Bedeutung ist, befasst sich mit dem Umfang an Arbeit – oder Komplexität –, der von einem ICJV bewältigt werden kann. In Bangkok war eines der Brückenprojekte in drei getrennte ICJVs aufgeteilt: Projekt- und Bau-Management, Ausführung, Fertigteilwerk.[898] Dabei waren auch die Beteiligungen zwischen den Partnern unterschiedlich. Die drei Budgets wurden aus der Arbeitskalkulation ermittelt. Ein weiteres doppelt so großes Projekt wurde unter einer Gesamtleitung strukturiert.[899] Dies war auch bei fast allen anderen betrachteten Projekten (eine Ausnahme) der Fall. Eine solche Problematik wird unter dem Begriff der Leitungsspanne diskutiert. Diese gibt an, wie viele Stellen einer gemeinsamen Leitungsinstanz unterstellt werden sollen. Die Leitungsspanne ist abhängig von Art und Inhalt der Aufgaben und von den Kommunikations- und Kontrollmöglichkeiten.[900]

Vor diesem Hintergrund ist folgender Beitrag zu verstehen: „*I don't know this organization, the organization in before I have been there. I have internal discussion with somebody in* [name of company]. *The organization what we thought that would be similar to our previous project, like the* [name of project], *let's say, we separate. We separate the whole cake, the whole project. The whole project to three or four office... because we think that the span of control is too big for us but, I don't know eventually they came up with, with okay the whole organization and separate, but still the span of control is too big for, let's say, the group of management... To split it up, because the span of control, you know. If the construction manager have to control and the responsibility not under each, let's say, division manager. You can compare with the* [name of project]. *Because that we separate and we try to optimize the profit by have a different percentage of participation of the partner, maybe something that, okay, each office have to maximize their performance and also the profit. If you put everything in a whole, then nobody will responsible for the bottom line of each one.*"[901] Diese Beurteilung durch einen Kaufmann ist sicherlich auch durch die Tatsache beeinflusst, dass es seinem Partnerunternehmen gelang, die weniger risikoreichen Arbeiten zu übernehmen und dadurch einen überdurchschnittlichen Gewinn zu verwirklichen. Der deutsche Partner sah diesen Punkt grundsätzlich anders.

---

897 S. Interview TK1, S. 20

898 Vgl. O.V. (Projekthandbuch C 1995)

899 Vgl. O.V. (Projekthandbuch D 1996)

900 Vgl. WÖHE / DÖHRING (Betriebswirtschaftslehre 2002), S. 150

901 S. Interview BT5, S. 3 f.

Die Aufteilung eines ICJVs in drei Teile mit unterschiedlichen Beteiligungsverhältnissen ist einer erster Schritt von einem horizontalen zu einem vertikalen ICJV. Von allen Projekten war ein einziges als vertikales ICJV gestaltet. Das Ergebnis war für die Beteiligten nicht ermutigend: „*In this stage they in my opinion, in this stage our joint venture has made some mistakes because they decided to divide it in three lot, lot one* [name of Korean company], *lot two* [name of company], *the Taiwanese company and lot three* [name of company], *the other Korean company. Lot one and lot three the progress is ninety-eight percent, but lot two, Taiwanese company, the progress is around, let's say seventy-five percent. But our client said to us the delay of the progress the whole contract is responsibility for that delay. So the* [name of Korean company] *and* [name of Korean company] *now fully support to the* [name of Taiwanese company]. *The* [name of Taiwanese company] *want some Thai workers, okay we sent Thai workers immediately to catch up with their schedule. But the day before we had the special safety meeting, JV meeting. Anyway, what in my opinion our joint venture is a mistake…Horizontal joint venture is better.*"[902]

Auch der Bauherr beeinflusst durch seine Vorgaben die Struktur eines ICJVs: „*I mean, I mean, we have since a few years back, I don't know from where it's coming, from the United States or somewhere else, I don't know exactly, but we have a change in that one. Today, but normally it's also coming from the client, what they want see. They want to see a strong scheduling, a strong cost controlling and a strong quality management. Ten years ago you didn't have this, you had only the people of the construction on site and the site manager was in charge for cost controlling and also for the scheduling. But scheduling today is done in a much more sophisticated way and it depends also what you have in the specification, what the clients wants. Yes.*"[903] In diesem erläuterten Fall fordert der Bauherr eine Verstärkung der Stabsabteilungen in einem ICJV, welche die unterschiedlichen Aufgaben wie Ablaufplanung, Kostenverfolgung und Qualitätsmanagement bearbeiten.

Die Besetzung der Topmanagement Positionen ist in der Regel ein Streitpunkt zwischen den Partnern, weil über sie unmittelbarer Einfluss auf das Geschäftsgebaren des ICJV genommen werden kann. Meist werden die Toppositionen entsprechend der Anzahl der Partner mehrfach besetzt. Im Fall eines koreanisch-taiwanischen ICJVs: „*Yes, we employ one Taiwanese engineer to each Korean engineer.*"[904] Dieses Vorgehen ist der Regelfall. So waren auch in BangNa alle Toppositionen – mit Ausnahme des Ausbauleiters – doppelt besetzt. Eine solche Doppelbesetzung wird auch in der Literatur vorgeschlagen und zwar weil dadurch der Zwang zur ständigen Auseinandersetzung mit den Interessen beider Partner institutionalisiert wird.[905] Dieses Vorgehen ist nicht durch den Arbeitsaufwand gerechtfertigt, sondern durch den Vertretungsanspruch der Partner und durch die daraus erwachsende Kontrollmöglichkeit. Großprojekte bieten auch die Möglichkeit zu einer Doppelbesetzung: „*Of course, I think on many other levels because we are a joint venture with a fifty-fifty*

---

[902] S. Interview TK1, S. 12 f.
[903] S. Interview BG3, S. 4
[904] S. Interview TK1, S. 3
[905] Vgl. YOSHINO / RANGAN (Strategic Alliances 1995)

percentage for each partner, on many other levels there was also, what helps maybe, for the other, we discussed for trust, for developing trust, there is the request of having a manager and a deputy-manager and then from the partner side. And the project in these dimensions like in a huge project, allows to have on certain levels, to have this double function. So we had this on different levels."[906]

Für ein ICJV mit vier Partnern entstand folgender Konflikt: „*Who would be in charge and what was the role of the four co-project manager. That was a major discussion and it was really a fight. But this was the only, only time where the joint venture board..., well almost only where they had really a fight...Not that, I mean the major discussion was, it was very clear that officially the local partner was the representative from the joint venture but the major discussion was, who was the second man then. Although the four were all equal, everybody had 25%, but it was also clear, I mean, you know that also, that the local partner was , it was not a fulltime job for him. But in order to run a project like that you need somebody have a fulltime job and that was the discussion. Who would that be? And the next discussion was after we structured the organization to fill the people, to fill the boxes with the people. At least on site management levels. So what we did, we interviewed all proposed seconded site manager or site management level. We interviewed all and some we didn't accept.*"[907]

19.4.2 Formale, informale und landeskulturelle Regelungen

Für die formale Struktur wird immer noch eine Einheit der Leitung gefordert, ein Gedanke der fast 80 Jahre alt ist und bekanntlich auf FAYOL zurück geht.[908] Ein thailändischer Manager drückt dies klar und einfach aus: „*It should be one master.*" [909] Die Befolgung des hierarchischen Wegs wird immer gefordert (FAYOL spricht von der skalaren Kette): „*No, they don't come to me but they go to their superior in the system.*"[910]

Die Beschreibung der formalen Struktur für ein japanisch-taiwanisches ICJV durch einen japanischen Manager lautet: „*In the, we have the hierarchy, the project manager, then construction manager, then the site engineer, the joint venture site engineer, then they supervise the subcontractor. He communicates with the foreman, or the subcontractor has a superintendant. If we don't have the chain of command, which is part of the controlling system it doesn't work... So we need the chain of command.*"[911]

Aber der gleiche japanische Manager geht dann doch weit über die Gedanken von FAYOL hinaus zu den Erkenntnissen der verhaltenswissenschaftlichen Schule des Managements, wenn er auf die informale Struktur und ihre Bedeutung für sein ICJV hinweist: „*Yes, the organizational structure is really difficult to draw, write on the paper,*

[906] S. Interview TG6, S. 15
[907] S. Interview BG1, S. 14 f.
[908] Vgl. FAYOL (Verwaltung 1929)
[909] S. Interview BT3, S. 7
[910] S. Interview TT1, S. 21
[911] S. Interview TJ2, S. 11

usually we have some hierarchical structure. However the real in my understanding, the real condition even small condition would not work with that chain of command. We have many, like unofficial line of communication, so in that regard very difficult to the organizational structure as you show the path that on the booklet, that brochure? This is the concept, general idea, but in the real way how the whole organization works is depending on the people. A certain person doesn't have the capability probably in that tacit way somebody will take over the part of the scope of his work."[912] Der Gedanke bei Versagen einer Person in der „skalaren Kette" die Arbeit still schweigend zu übernehmen findet sich nur bei asiatischen Gesprächspartnern. Bei europäischen und besonders bei nordamerikanischen werden solche Mitarbeiter schnellstmöglich ausgetauscht.

Auch das Befolgen der hierarchischen Ordnung ist kulturell gebunden. Während Taiwaner eine solche Regelung häufiger nicht befolgen, wurde dies von den anderen Nationen nicht berichtet. Für Taiwan formuliert ein Manager das Problem: „*In some of the Taiwanese management sometimes even the lower position people come to see them, sometimes they just jump some, who is direct boss. I think it's no good.*"[913] Gern gesehen wird dies nicht, es sei denn zwei, drei Anläufe bei dem Vorgesetzten führen nicht zum Erfolg: „*Not jump two, but one by one. I'm always try at least two or three times, I wouldn't just, I wouldn't go to talk to him and eventually push and then I jump directly. No, one, two, three times.*" [914]

Neben den kulturellen Eigenarten bezüglich bestimmter Einzelaspekte hat die Datenauswertung eine neue Erkenntnis hervorgebracht: Es gibt in ICJVs neben der formalen und informalen Organisationsstruktur eine dritte Form, eine landeskulturelle Struktur. Vereinfacht lässt sich dies so beschreiben, dass Mitglieder einer bestimmten Nationalkultur und damit auch einer bestimmten Sprache ganz bevorzugt eine Hierarchie wählen, bei der sie auf jeder Stufe hauptsächlich Landsleute ansprechen. Dieses ist dem Autor (gewissermaßen als teilnehmendem Beobachter) bei dem eigenen Projekt in BangNa aufgefallen. Es gab vielfache Verbindungen zwischen den thailändischen und europäischen Managern und trotzdem führten die Wege meist entweder in das Zimmer des thailändischen Co-Projektmanagers oder in das danebenliegende des deutschen Projektmanagers.

Ein solches Vorgehen wird natürlich durch eine Doppelbesetzung aller Führungspositionen sehr erleichtert, es hängt aber nicht davon ab: „*You always in these situations get a difference in that because under the Asian and it doesn't matter if its Taiwanese, Chinese, Thai or whatever, the, an Asian manager never delegates as much responsibility as a Western manager will delegate. They are, the line managers have to report to them, let's say, in more of a continuous fashion than I would expect line managers to report to me. Now, that when I immediately say that, should identify a problem and that is that in this joint venture there are not separate reporting structures, There are not separate*

[912] S. Interview TJ2, S. 7
[913] S. Interview TJ4, S. 17
[914] S. Interview TJ4, S. 17

partner positions in each organization so you don't have [name of Taiwanese company] *staff reporting to* [name of Taiwanese company] *managers,* [name of German company] *staff reporting to* [name of German company] *managers, but it happens. You know, it doesn't matter if you are the project manager, the local staff will be more dependent on the local senior manager of whatever position he is and he'll be more inclined to report to him then he will be to report to the Western manager. And the information that they are expected to provide is different. And they won't be, even if the joint venture delegates them a little of responsibility, the local organization won't allow them to assume that responsibility.*"[915]

Dieser Punkt wird auch im folgenden Gespräch mit einem deutschen Projektmanager in Taiwan sehr deutlich:

Frage: „*Can you say that in your joint venture maybe you have something like two different organizations? One organization which is as you described hierarchical and a line of command and then you have an organization which is Chinese and not visible clearly and so that yo have, well, a traditional Chinese way of reporting and then the official joint venture way of reporting? Can you say that in your joint venture maybe you have something like two different organizations? One organization which is as you described hierarchical and a line of command and then you have an organization which is Chinese and not visible clearly and so that you have, well, a traditional Chinese way of reporting and then the official joint venture way of reporting?*"

Antwort: „*Yes.*"[916]

Eine ähnliche Erkenntnis ist aus dem Beitrag eines taiwanischen Projektmanagers zu gewinnen:

Frage: „*Would you think that the Taiwanese always try to go to the Taiwanese side and the Germans always try to go to the German?*"

Antwort: „*You can't avoid it.*"

Frage: „*So, this is what happens?*"

Antwort: „*Yeah.*"

Frage: „*Basically, even if you have a organization chart putting everything together you still would have like two sides of the organization chart?*"

Antwort: „*Yeah, you can't avoid it. This depend on the degree, how much. They like, okay, I always like the plant manager, he is Chinese, but I said you have to report to* [name of German superior] *first, because* [name of German superior], *he is in charge of this part of the plant, he is related. The other side,* [name of Taiwanese superior] *is more related to piling, substructure.*"

Frage: „*Then the plant manager would have a tendency still to get to* [name of Taiwanese superior]?"

Antwort: „*Yeah. This is the nature. You know, like some of the Germans did not feel that correct, he is come to* [name of German superior]." [917]

[915] S. Interview TG2, S. 14
[916] S. Interview TG5, S. 6
[917] S. Interview TT1, S. 27 f.

Obwohl es eine klare Zuordnung in dem Organigramm für den taiwanischen Leiter des Fertigteilwerks gibt, wendet er sich mit Problemen eher an den Landsmann, der für den Spezialtiefbau zuständig ist. Diese beiden landeskulturellen Ketten, die bei zwei Partnern das ICJV über alle technischen Zuordnungen durchziehen, werden erst an der Spitze bei Bedarf zusammengeführt. Das folgende Zitat eines taiwanischen Oberbauleiters beschreibt neben einer deutschen Schiene eine taiwanische und die gemeinsame Koordination durch die doppelbesetzte Spitze der zwei Oberbauleiter: „*The same but we tried to find some easy way here. This is responsible for the German people, they always come to* [name of German construction manager], *because of communication is easy to communicate. And this is Taiwanese, the engineers also and managers.* [Name of German construction manager], *is always comes to me* [Taiwanese construction manager].“[918]

Während der Gedanke alt ist, dass eine formale Organisation von einer informalen überlagert ist, gilt dies nicht für die gefundenen landeskulturelle Struktur. Dieses Konzept muss noch weiter durch spezialisierte Forschung herausgearbeitet werden. Dafür bietet sich eine Netzwerkanalyse an, um die Stärke der Kommunikation zwischen einzelnen Mitglieder von ICJVs entlang der nationalen Gemeinsamkeiten quantifizieren zu können.[919]

19.4.3 Strukturelle und kulturelle Regelungen

Besonders der Blick in die Projekthandbücher macht klar, dass strukturelle Regelungen in ICJVs weit verbreitet sind. Alle ICJVs haben einen Qualitätsmanager, der für das Zusammenfassen der Regelungen verantwortlich ist. Tendenziell besteht damit bei hinreichender Zeit ein Hang zur Überorganisation. Der Autor konnte als Projektmanager seinen Qualitätsmanager in seinem Regelungsbestreben letztendlich nur durch Kündigung stoppen.

Kulturelle Regelungen sind weit schwieriger zu entdecken als die strukturellen. Kulturelle Regelungen zeichnen sich ja gerade dadurch aus, dass sie nicht niedergeschrieben, sondern stillschweigend (durch Sozialisierung) vereinbart sind. Es wurde bereits diskutiert, dass die kulturellen Regelungen sich nicht in einem ICJV entwickeln können, weil dieses eine recht kurze Lebensdauer hat. Auch die landeskulturellen Praktiken und Werte sind unterschiedlich, dies ist ja gerade ein Bestimmungsmerkmal von ICJVs. Allerdings gibt es deutliche Hinweise, dass sich unter dem Druck der sehr hohen Komplexität und weiterer Randbedingungen wie der kurzen Bauzeit, der multiorganisationalen Projektstruktur und der Multinationalität eine Großprojektkultur herausschält, die dazu führt, dass Manager unterschiedlichster Nationalität vergleichbare Lösungswege als richtig anerkennen. Ein Beleg sind die trotz großer Aufmerksamkeit bei der Datenauswertung seltenen Abweichungen in

[918] S. Interview TT3, S. 23

den Praktiken der unterschiedlichen ICJVs mit Partner aus sehr verschiedenen Ländern. Ein bestimmter Grundstock an gemeinsamen Überzeugungen ermöglicht erst den Erfolg von ICJVs, die ja immer wieder durch Unternehmen aus unterschiedlichen Ländern gebildet werden und sofort funktionieren müssen.

19.4.4 Fremd- oder Selbstregelung

ICJVs müssen unmittelbar nach ihrer Gründung effektiv arbeiten, obwohl sie Menschen als Kollegen zusammenführen, die sich zum guten Teil noch nicht kennen. Eine Fremdregulierung durch eine Hierarchie ist deshalb unumgänglich, um eine erste Ordnung in das Chaos zu bringen. Da alle Regelungen immer wieder neu in dem ICJV etabliert werden müssen, ist eine Selbstregelung der natürliche Ausgangspunkt. Die ersten Regelungen entstehen aus einer spontanen Selbstabstimmung und es bleibt auch später immer noch ein weiter Raum für spontane und organisatorische Selbstabstimmung sowie dynamische Netzwerke.[920]

Kennzeichen von Baustellen in den Industrieländern ist die begrenzte Freiheit der Arbeitskolonnen, ihre tägliche Arbeit selbst zu gestalten.[921] Diese übertrifft bei weitem Anstrengungen in andern Branchen bei der Einrichtung teilautonomer Arbeitsgruppen.[922]

Die Antwort der ICJVs auf diese Problematik ist die Kombination von einer klaren Hierarchie und dazugehöriger Abteilungsbildung mit Eigenverantwortung. Dies entspricht genau systemtheoretischen Denken, wobei der Hierarchie die Aufgabe der Integration zufällt und den Subsystemen (Abteilungen) die Aufgabe der Bearbeitung ihrer Eigenkomplexität. Bei einigen ICJVs ist für die Integration zwischen dem System und der Umwelt (lokal und Bauherr) noch eine Schnittstellen-Abteilung eingerichtet: „*The organization, okay, the structure itself is in such a project that we have the design structure, construction, commercial part and then interface part, local and contract interface. These are the main parts.*"[923] Was bei dieser Aussage fehlt ist, das Projektmanagement zu erwähnen.

Hierarchie, Selbstbestimmung, landeskulturelle Struktur, alles dies wird im zwanglosen Zusammenhang gesehen: „*For example, we want to complete the job in a certain time. And then he should leave it to the people to do this one until he realizes they cannot do it, they are not able to do it. But, and this was in* [name of project] *and here is the same more or less, no interference in the construction job because the role of a project manager is different and this is also something here: we have sometimes problems, that the Chinese tradition is that they just go to a foreman and tell him something. And the foreman reports*

---

919 Vgl. SCOTT (Networks 2000)

920 Vgl. STEINMANN / SCHREYÖGG (Management 2005), S. 464 ff.

921 Vgl. STROINK (Bauproduktion 1992), S. 85 f.

922 Vgl. SCHULDT (Gruppenarbeit 1994), S. 830 ff.

923 S. Interview TG9, S. 3

sometimes direct to the project manager, because it's the same language, they cannot talk with us. So this, in my view, it's maybe old fashioned, but there is a clear structure like in the military. And also a general would not talk with a soldier, he will use, follow the ranks. And this is important here that on a construction site of this size, that everybody keeps the role, I do not talk to the supervisors, yes I talk with them, but not about direct what work they have to do. This is their department manager or area manager, with him I talk about the work what I want to have being done. We talked about cultural differences, this is sometimes what the Chinese do not realize."[924]

Den Subsystemen wird die Möglichkeit gegeben, das zu verwirklichen, was die Systemtheorie fordert: Übernahme von Verantwortung zum Abbau der Eigenkomplexität bei gleichzeitiger Einbindung in einen größeren Rahmen: „*Yeah, okay, certainly the way you set up, you can set up different options, you can set up a company, for example again coming a little bit to the costing side, you can, let's say, organize yourself, but here, because it's a huge job, forty kilometers different structures, steel bridges, MSS, I-beams, you can have somebody, kind of little project manager for just this part, which we have in a way, but you can call them instead of site engineer, a project managers by themselves, give them more responsibility, for example costing responsibility, they have their own budget and based on this they can make their own decisions and it's only then later report it to a kind of, I don't know, management board or so, within the joint venture organization, within the site organization. Or like here, it's more you have this project management, Sergio and myself in this case and basically reporting responsibility is, they have to report of course or let's say the costing responsibility is more with us, with one central department like cost control. But you could have a project manager basically for every part of the work and then he has one kind of cost controller.*"[925]

Die geschilderte Sichtweise wird nicht nur von europäischen Managern ausgedrückt, sondern auch von asiatischen: „*As I mentioned for this project, in fact the site, in fact they are managing by themselves the most of the works only when this kind of works related to others organizations and cannot use the site as the representative then the head office will take over this kind of effort but as for this kind of mentioning the control. The project in fact is controlled totally by this head office. So one way is we control the budget, the other way all the procurement in fact shall be supported by the head office. So even they already decide which subcontractor they would like to use they still have to get through it at head office and the prices also. So sometimes when we are discussing we may discuss about capabilities of these subcontractors, the budget, the price for the subcontractors. That's one way. The other way is we have a quality control system, quality control department here and if we have daily work THSRC also has one quality control assurance department in this head office. They are counterpart for each site. The site office cannot handle this big issue. In fact the quality control was handled by site, but quality assurance in fact was controlled by the head office. Then the other important one is the contractual issues. Of course for this kind of project we do have a lot contractual issues, with the subcontractors, with our client and I don't think that our site office can handle all these things because really the importance of these kind of*

[924] S. Interview TG5, S. 6
[925] S. Interview TG8, S. 4

issues is not so easy to solve. So we have a big contractual department here and they are handling the contractual issues. I think that is some of the key point we control our site office."[926]

Manchmal gewinnt die Eigenkomplexität eines Subsystems große Unabhängigkeit vom Supersystem wie ein Beitrag zu einer Ausbauabteilung verdeutlicht: „*I think for BCKT is the nearly same. Yeah, although that I think from my feeling, I think, a little bit difficult for E&M because in the construction company civil work is the main part of the construction and E&M is a little bit and at first when E&M not coming, not much people understand it. Right? And they are thinking based on the civil works first when we request something maybe this is very difficult at first. Similar, as you know for, seem like a schedule if civil delayed but the target still fixed. I think it is very difficult and, you know, seem like sometimes no one wants to make it and serious about this matter. And in some time when we discuss and get support for the E&M work maybe is neat to have the one who understand it, especially the higher position, the leader to understand. Just okay, all is important.*"[927]

Kein einziger der Befragten hat Bezug auf die Systemtheorie genommen und es auch zu bezweifeln, ob irgendeiner mit ihren Grundzügen vertraut ist. Dennoch handeln und organisieren die Mitglieder der ICJVs entsprechend der Gedankenwelt von FAYOL, der verhaltenswissenschaftlichen Schule und der Systemtheorie. Der Gedanke der Subsystembildung ist so bedeutend, dass er noch einmal in einem getrennten Abschnitt als Dezentralisation aufgenommen wird.

19.4.5 Hierarchische oder marktliche Regelungen

Am Anfang eines ICJVs steht auch die Frage, wie viele der Aufgaben in Eigenregie übernommen und wie viele an Nachunternehmer vergeben werden soll. Die Eigenarbeit wird hierarchisch gesteuert, für die Nachunternehmer gilt die marktliche Regelung über Verträge.

Die Antwort auf diese Frage und die Wahl eines passenden Vorgehens ist kulturell geprägt: Deutsche Unternehmen bevorzugen mit ihren Partnern einen hohen Anteil an eigener Arbeit und verfügen über die notwendige personelle Struktur und das technologische Know-how. Japanische und koreanische Unternehmen setzen deutlich stärker auf marktliche Regelungen durch den Einsatz von Nachunternehmern.

Ein Vertreter des Bauherrn hält dies Vorgehen typisch für japanische Unternehmen.

Frage: „*And if you look now at the Japanese companies, there are also, I think, two contracts with Japanese companies,* [name of Japanese company] *and* [name of Japanese company] *and* [name of Japanese company], *so three. What would be typical for them?*"

---

926 S. Interview TT5, S. 5 f.

927 S. Interview BT4, S. 4

Antwort: *„It seems, they make use of a lot of subcontracting and the standard, there are some queries on the standards."*[928]

19.4.6 Strukturelle Differenzierung

Die strukturelle Differenzierung und ihre Darstellung in Form eines Organigramms werden oft beschrieben. Der wichtigste Schritt bei der Schaffung der Aufbauorganisation ist die Bildung von Stellen, Abteilungen und Hauptabteilungen. Dieses wird als Aufgabensynthese bezeichnet. Die Daten ergeben jedoch keine Hinweise für eine vorangehende Aufgabenanalyse, wie sie in der Literatur beschrieben wird.[929]

Die Bedeutung einer Organisationsstruktur wird klar erkannt, hierbei handelt es sich um einen wichtigen Baustein des Erfolges. Dies wird allerdings oft im Zusammenhang mit der richtigen Stellenbesetzung gesehen: *„The structure determines how effectively the organization works. If you have a structure in place where no responsibility is dissipated through the organization on a large project, it can't work because there is so many decisions that must be made by the top of the pyramid that nothing ever gets done. Everything runs through a hole. So the structure must be put in place where you have people with the sufficient skills and experience at the levels to make the decisions that are necessary at those levels and that they understand their responsibilities and when they don't have the management skills to make that they pass it up to the person who does."*[930] Oder: *„This* [organization] *is one of, it's very important I would say. Organization to have a clear structure with responsibilities, and also to make clear between the two partners the responsibilities between two partners as well in the project, what do you call it, on the organization chart. If there are mistakes or misunderstandings or even if it is just not clear, on a huge project like this, you have difficulties."*[931]

Die Aussagen schwanken, ob der Struktur oder dem Personaleinsatz größere Bedeutung zukommt: *„I think it's both of them; but the structure maybe more important than the people itself. People can be changed but the structure once it is decide, I don't think we can survive if there is any big change."*[932] Genauso wie Organisation und Führung miteinander verkoppelt sind, gilt dies auch für Organisation und Personaleinsatz: *„Yes, without the right organization…, Yes, it is very important that you have the right organization in my opinion. It's important and of course, you have to have the right people in the organization. You have to have an organization structure, which is working, that everybody understands what he has to do, that it is very clear who is responsible for what. And you can, in my opinion, only do that with an organization structure."*[933]

---

[928] S. Interview TC2, S. 2
[929] Vgl. WÖHE / DÖHRING (Betriebswirtschaftslehre 2002), S. 146 ff.
[930] S. Interview TG2, S. 3
[931] S. Interview TG6, S. 4
[932] S. Interview TT5, S. 4
[933] S. Interview BG1, S. 4

Wie erwähnt, erfolgt der Aufbau eher von der Spitze nach unten ohne Berücksichtigung der Aufgabenanalyse: „*Well, that is correct. We changed the, for Germans at least, typical organization and also in the future the typical organization is you have a project manager or project director, what ever you want to call him, and then you have construction manager, engineering manager, commercial manager, we added project control manager and under the project control manager we had cost control, contract administration, scheduling, and estimating. So, and with this project control organization we basically control the project.*"[934]

Zum einen wird die grundlegende Organisationsstruktur frühzeitig festgelegt und mit Sorgfalt ausgearbeitet, zum anderen wird sie jedoch immer wieder überprüft und abgeändert. Überlegungen während der Angebotsphase sind ähnlich wie diese: „*We are not like, okay, if we are forty-two kilometers, the people thinking about: Oh, wow, long distance. Okay, six sections, every section manager, everybody responsible for that one. No, this is, actually the organization chart, I don't know, I think at least I have made that one and* [name] *agree, we have no difference about idea. Here the organization is not by section, not by area, is by the, what's that, the specialty.*"[935] Die notwendige Sorgfalt bei der Bearbeitung wird anerkannt: „*There is a structure for the joint venture and ok, there is an organization chart where everybody has his task in this organization, but it should be..., the organization chart already should be drafted carefully, because in this organization chart...this is where, where you make it possible...*"[936] Wenn trotz der Sorgfalt Änderungen an der Struktur vorgenommen werden, kann dies nicht verwundern. Ein ICJV durchläuft wie jedes Unternehmen unterschiedliche Phasen in seinem Lebenszyklus, allerdings sind diese wegen der kurzen Lebensdauer teilweise sehr kurz: „*Okay, you know, when you get the first organization chart, let's say, you think about how can the outcome be. And what we saw in the beginning was, that the, for example, the superstructure was a little bit, was too weak, because we knew there is not only the production in the precast yard there is also coming up the deck erection which belongs to the superstructure and the finishing works which will take a lot of time or, let's say, a lot of time and a lot of focus… We employed also a precast manager and okay for the girder, for the launching girder we get a truss operator, this was planed before, but we did one step, this was a little bit like, you know, the precast manager we knew that at one day, the precast yard, it will run like a bakery. We produced at the peak thirteen spans per week, and it was, you know, we had two supervisors in the precast yard and we knew, okay it's a ongoing production, so we said okay, he will also look after the finishing work, to give him more responsibility. This was well done by* [name], *we got him from Germany, he did it very well but he has left.*"[937]

---

[934] S. Interview BG1, S. 4
[935] S. Interview TT1, S. 10
[936] S. Interview BG2, S. 3
[937] S. Interview TG3, S. 4

Die zu wählende Organisationsstruktur hängt auch von den Randbedingungen des Projektes ab, In der Literatur wird hierbei von der Technologie gesprochen.[938] Ein Projektmanager beschreibt die Auswirkung auf zwei unterschiedliche ICJVs (C 210 und 215 beim Taiwan High Speed Railway), die aber aus den gleichen Partnerunternehmen bestehen: *„First I would like to emphasize the different characteristics of the project itself: in 210 the total length is around 11.25 km, most of the project in fact is a tunneling work, so they have 2.5 km of tunneling and then 6.5 km of tunnel. So in fact they concentrated most of their efforts in the tunnel work. And in tunnel work, as you may know, we may have only two or three, the maximum is six, we can phase. So they just control the working phase and they don't mean to think about others. So it's more important, more easy to control the whole...So for this project, 215, a little bit different. The total length is about forty kilometers and within these total forty kilometers we have three kilometers of cut-and-cover tunnels and then we have long tunnels around 4.2 kilometers, independent site office then we have three short tunnels, total length is around 2.1 kilometers, it was all assigned as one construction site, then we have the North part of ten kilometers, one job site. And in the middle we have twenty kilometers of viaduct sections and we also assigned as one jobsite. You will see that we can't have as many as possible the working phase for these forty kilometers. In this case, if we want everything under control by this head office also is a little bit difficult. That's why to share the responsibilities, and the working load for the project managers the organization was arranged in such a way."*[939]

Einige der geschaffenen Stelle hängen möglicherweise auch von der Landes- oder der Unternehmenskultur ab. Ein koreanischer Manager berichtet von der Stelle eines Chief Engineers und den Veränderungen, die diese während der Lebenszeit des ICJVs erfährt: *„The different position, I think project managers position would be the same, European companies, Japanese companies and Korean companies. Our system, the difference is we have a so called planning manager, my position actually was planning manager. My position is mixed now. So the function is a bit mixed. Planning manager I don't think European companies have, planning manager is a planning engineering person...In our organization we have this construction manager and the planning manager are supposed to be on the same length, but practically planning manager has, power is not the proper word, more involvement...I was project manager in previous projects myself and I was working with project managers, different project managers in all the projects and I was just beside the project manager's side for the overseas projects for a long time. They are all different. Some project managers think they are like a president of a country. He should handle only big things only. Some project managers thinks he need to be more in details, very complicated, technical theoretical things should be done by the planning manager, some people think like that. Some people think a planning manager should do everything, he just do the political things outside."*[940]

Die Organisation muss nicht nur das ICJV einbeziehen, sondern die gesamte Netzwerkstruktur, z.B. die Planer, die auf unterschiedlichen Kontinenten ihre Arbeit

---

[938] Vgl. STEINMANN / SCHREYÖGG (Management 2005), S. 478 ff.
[939] S. Interview TT5, S. 5

verrichten: „*I made an experience when I first start to work in this business. I was send to Nigeria and our company was building a highway, one hundred and fifty kilometers and we were because the Nigerian government didn't want to know about design everything, at that time there was no turn key project yet, we are talking about mid-seventies. They said the job is that you, construction company, you have to join, you have to choose a design partner, international both because it was a big project, so we merged with the* [name of American design firm], *it was an American company from Seattle, and our joint venture won the job, got the job. And we on the construction site with our site office here and opposite, let's say fifty meters away, but always linked with a corridor, we had the design office. The Americans they brought the designer, we added the construction. Whenever there was a request there was a different engineer, so I was going at that time there was a box girder let's say, so I was going to see the engineer from the box girder. If there was a design change, because you know, in the project we have to change continuously. The client maybe is asking like now in this project there was a continuous request, and a difference of opinion on the design even though it was design and build. You must have the possibility to have the designer here, not in Germany, not in India, not in England, here. And this is what we have to do, it's the only way.* [Name] *must be able,* [name] *and his engineers must be able to every time there is a problem to talk with the engineer. Instead what happened here and what happened in the other project? I had to call Germany to support the weak design manager because the design manager should have done what I was doing, was using let's say my position to make pressure in Germany, call video conference about the least of the drawings, when I get these drawings, almost every day. Almost every day.*"[941]

Besonders bei der Erstellung und Prüfung des Entwurfs gibt es viele Schnittstellen, die es zu bearbeiten gilt. Dabei ist zunächst die Aufgabenverteilung zu bestimmen und danach sind beim ICJV die entsprechenden Stellen einzurichten. Allerdings muss dabei immer die Verbindung zu den entwerfenden Ingenieurbüros als auch zum Bauherrn im Blickpunkt bleiben. Dies erläutert der Manager einer Entwurfsabteilung (design department): „*Yeah. But it's special here because here we have the separation between design department and technical department. And a major part of drawing checking has been done by the technical department. The technical department gets the drawings from the design department, they then really go into detail. They are checking bar bending schedules and so on, and so on. With at least for the design department there are three or two checking parties, CICE* [contractor's independent checking engineer] *and THSRC, there is a third checking party which was the technical department at that time. You always get comments back from there and: here is an error, this bar is too long, this is wrong and there is some information missing, is not consistent. So there was some really detailed checking in this department...It would have been a possibility* [not to check the drawings in the design department as well], *then we would have been the post office here and we send these packages around. I think that the task of the design department is a bit more then a post office. I think that if you take this task serious then you have to understand, perhaps not the very detail, but the principles of the design you get. So there comes the experience of the*

[940] S. Interview TK3, S. 5 f. und 11
[941] S. Interview TG10, S. 7 f.

people into the game and from this then you do some kind of, perhaps some value engineering. We had an additional value engineering by a French consultant but I think but that's something separate. I think that the principle is that we have a responsibility to give the construction site a really optimized design and the, everybody is acceptable to errors, so the more checking steps you have, the more reliable might be the design. So I think it's not really that we were not able to check it in detail, but to monitor that the quality, the results are what we wanted them to be. You could put it like this.[942] Das Ergebnis dieser organisatorischen Maßnahme war ein höchst komplizierter Planlauf. Die Pläne wurden von verschiedenen Ingenieurbüros auf verschiedenen Kontinenten erstellt, von der Entwurfsabteilung des ICJVs vor Ort geprüft, an die technische Abteilung des ICJVs weitergeleitet, dem CICE überstellt und von diesem an den Bauherrn (THSRC) zu einer letzten Prüfung weitergeleitet. Hieran zeigt sich exemplarisch bis zu welchem Detaillierungsgrad die Organisationsstruktur aufzubauen ist.

19.4.7 Strukturelle Integration

Ausgehend von der Aufgabenteilung wird die Bedeutung der Aufgabensynthese gesehen: „*Yes, you have to have a clear structure, responsibilities clear defined, who is responsible for what, so that the construction manager has only a coordinating figure, but responsibilities lie here with the area manager or what ever you call this department manager or what. And you have to see that the interfaces between the departments are coordinated.*"[943]

Allerdings spielt neben der strukturellen Integration innerhalb des ICJVs auch der Einfluss und die Zielabstimmung der Partner eine bedeutende Rolle: „*I think it is very important to have an organization structure which can..., which works together. All the parts of the organization working together in one direction, otherwise... . Of course parts of the organization would be under the influence of one joint venture partner, one part under the influence of the other. And if they may have then a little bit different goals, it will affect the results.*"[944]

Die Integration wird manchmal als unnötiger Zusatzaufwand von denjenigen verstanden, die für die Ausführung einer bestimmten Arbeit tätig sind. Nach der Lösung eines Problems sind die Ergebnisse in der Hierarchie zu sammeln und zu koordinieren. Ein Teil der Koordination ist das Berichtssystem: „*Let's say, certainly on the one or the other site days, my goodness, you have so much to do and then you have to do all this paperwork. Why is all this required? It might also depend a little bit on my person that I maybe value the proper paperwork highly. But it has also something to do with, this is also always the arguments I give, they audit us coming at some stage or they came to the project and of course I need to explain. Explain why we have additional costs. How can I explain if nobody tells me. I could say maybe by oral communications you get the arguments as well,*

[942] S. Interview TG11, S. 10 f.
[943] S. Interview TG5, S. 5
[944] S. Interview BG2, S. 3

then I have to write it down. But if I write it down, I spend a lot of my time just doing basically what I feel is the responsibility of those engineers. Some people, they have no problem with writing this down quickly and explain in short terms and it's easy to understood. But some find it very difficult. Basically it's a question of reporting, you need to report. First of all you need to have it audited, paperwork needs to be okay, secondly you have to report your higher management, supervisory board, management of headquarters. This is where you say: okay, sorry, but we have to adjust the result, it got worse. We have additional cost of whatever million Taiwan Dollar. It's because of these and these reasons. And well, basically the questions I ask, they will ask me; so I need to have this information."[945]

Die Koordination verläuft über die Hierarchie und auf jeder Stufe muss ein Integrationsbeitrag geleistet werden, keiner kann sich davon ausschließen: „*It was that the project manager, actually that our, my idea is that the construction manager, he is the construction coordination and the control person, but not independent in power. This means he cannot decide by himself buy this one, buy that one. The buying this and that, that come from the cost control. The cost control is raised here you can buy this one, you can subcontract that one. See the construction manager is a control and general coordination but not an independent power. But here, because of the, okay,* [name] *is gentleman, is very, very strong in the beginning and also* [name] *is warning me, the projects to make too big, you cannot play to the construction by yourself and then leave, come back here is already there. So the only things different is I feel the construction manager is the deputy of the project manager to coordination all these contraction activities but not is independent power. I don't like that one.*"[946]

Häufig wird die Bauausführung als Endpunkt aller Planung betrachtet, auf den diese dann zugeschnitten sein müssen. Dann wird die Bauausführung zum Kristallisationspunkt aller strukturellen Integration: „*For me I have a very philosophy: We have a construction company, so is the king, it's like in the football team, he has to score. If he is not scoring, even if we are playing very well, we are loosing. So he has to score and the others have to run behind him. So I said design engineering, quality control, quality assurance, cost control, everybody they have to serve him. So if he calls and is complaining I have always to support him unless he is unreasonable. Let's say if he is doing something that is not necessary then I will tell him but when he calls he has a reason and sometimes even too patient, sometimes the service is not running the way it should then my task is to look into the other department if they are understaffed or what happened and there sometimes you see the best from the leadership. It's very difficult to find an experienced design manager. An experienced design manager for me should be above fifty that he has a good background as a designer but he also worked in the condition like this, not somebody that is too theoretical, that for a small rebar that he stop the drawings. No, I give the drawings and then I'll go with him behind this and look put this bar here, but at least is not stopped. And this what I am always asking: guys, you have to give then, even if it is a sketch and give them the chance not to be stopped.*"[947]

[945] S. Interview TG8, S. 6
[946] S. Interview TT1, S. 24
[947] S. Interview TG10, S. 6

Bei Großprojekten müssen die einzelnen Abschnitte terminlich aufeinander abgestimmt werden. Diese Abstimmung wird durch die Einhaltung der Ablaufplanung erreicht. Im Gegensatz zu kleineren Projekten ist der Standardisierungsgrad der Arbeiten bei Megaprojekten im Rahmen der Möglichkeiten der Bauindustrie verhältnismäßig hoch. Dadurch können die Vorteile einer Abstimmung durch Programme genutzt werden.[948] Ein taiwanischer Projektmanager fasst dies zusammen: „*But in this project not. It is very clear, we are, every section have to follow the same speed. If they have a problem we have to adjust the resources to just make that happen. Otherwise all the other parts will be affected.*"[949]

Konflikte können durch eine Organisationsstruktur herbeigeführt werden, beispielsweise durch Trennung von Verantwortlichkeiten für bestimmte Aufgaben. Diese Konflikte zwingen zu einer rechtzeitigen Lösung während der Planungsphase und wirken somit integrierend, spätestens bei Entscheidung einer hierarchisch übergeordneten Stelle: „*Well, conflicts is good in the organization structure, therefore I clearly would separate construction management end engineering management. And not like some people suggest to have the engineering management under the construction management. Of course, then you have less conflict. But conflicts in that regard are good, because there always will be a conflict in the execution of the work and design and I would encourage that conflict. But their should be somebody, of course, who then later makes the decision.*"[950]

Fraglich ist dabei nur, wo die Stelle der Entscheidung liegt. In folgendem Beitrag fordert ein Projektmanager, dass dieses nicht immer das Projektmanagement sein muss: „*Yes, but this would be very often a conflict, where then the project manager has to interfere in the construction business. I think it is more convenient if yard and construction are one organization. Because a lot of things have to be clarified with the yard directly. So if it goes via the project manager down, I don't think it is so good.*"[951]

19.4.8 Organisatorische Entwicklung

Es wurde bereits aus einigen Zitaten klar, dass sich die Organisation eines ICJVs mit der Zeit entwickelt. Innerhalb von dreizehn Monaten eines Brückenprojektes in Bangkok gab es im Fertigteilwerk die vierte Revision des Organigramms.[952] Nicht alle Änderungen betreffen die Organisationsstruktur, manches Mal ergeben sich auch Änderungen bei den Stellenbesetzungen. Allerdings wird kaum jemand ein Organigramm abändern wegen einiger Kleinigkeiten. Jede Änderung sorgt für eine Menge Diskussionsstoff, der von einer Vielzahl der Mitarbeiter interpretiert wird. Wer gewinnt und wer verliert an Macht? Dies sind häufig gestellte Fragen.

---

[948] Vgl. STEINMANN / SCHREYÖGG (Management 2005), S. 462 ff.
[949] S. Interview TT1, S. 17
[950] S. Interview BG1, S. 42 f.
[951] S. Interview TG5, S. 12
[952] Vgl. O.V. (Projekthandbuch C 1995)

Ein Beispiel für Änderungen der Struktur im Projektablauf liefert dieser Beitrag: *„Organization change? Construction organization was changed. For a while we had one construction team for the whole section. Then we found one construction manager cannot cover the whole length. So we divided into three parts, tunnel, viaduct and earthwork: So three construction managers we had in the middle. Then in the middle of the project I took over that design tunnel construction managers work and I did that work by myself. And then we maintained the earthwork construction manager and viaduct construction manager quite some time. Then, five, six month ago we found combining would be better because of the interfaces between earthwork and viaduct. So we combined it into one. And then we have now only one construction manager for earthwork and viaduct, tunnel still I'm handling. And up to combining we could see less interface between earthwork and the viaduct and going a lot more smoothly."*[953]

Es gibt allerdings auch eine hohe Flexibilität bei dem Verständnis der Organisationsstruktur und diese ermöglicht es auf Änderungen der Umwelt unmittelbar zu reagieren, ohne auf eine Änderung der formalen Struktur zu warten: *„The organization is quite important, but not very important, because the Thai, that's when, worry much the position in the organization. We look at the policy, how to support to each other regardless you are in what position, even you are under someone but you have to work, you have to fill up your obligation and to push forward for the project to finish. So this is our, for the organization we just put according to what we have to know the line of command and the scope of work of each cut, of each section..."*[954]

Besonderen Einfluss auf die Organisationsstruktur hat natürlich auch der Bedarf an Ingenieuren und Arbeitern in den unterschiedlichen Projektphasen. Dies wird in Kapitel 19.5 mit Blick auf den Personaleinsatz diskutiert.

19.4.9 Struktur und Mensch

Es wurde bereits festgestellt, dass es einen offenen Meinungsstreit gibt, ob die Struktur oder die geeigneten Mitarbeiter wichtiger für den Erfolg eines ICJVs sind. Wie die folgenden Zitate belegen, neigt sich die Waage eher zur Seite des Personals. Dies ist verständlich, wenn man bedenkt, dass eine Organisationsstruktur völlig frei von den Verantwortlichen gestaltet werden kann. Zwänge entstehen nur aus gegensätzlichen Vorstellungen. Bei dem Personal muss auf die verfügbaren Mitarbeiter in den Partnerunternehmen und auf dem internationalen Arbeitsmarkt zurückgegriffen werden, die Einschränkungen sind deutlich größer und damit wird das Personal zum Engpass. Beispielsweise wurde in Bangkok ein Nachfolger für einen ausscheidenden Projektmanager über zehn Monate letztendlich vergeblich mit Hilfe von Vermittlern auf internationaler Ebene gesucht. Mit dem Ausscheiden dieses Projektmanagers übernahm dann ein Mitarbeiter eines der Partner die Position. Menschen haben bei ICJVs eine herausragende Bedeutung: *„Construction is..., one of the big variables in*

[953] S. Interview TK3, S. 15

construction is people. Your concrete is concrete, steel is steel, formwork is formwork. What determines your outcome is how the people manage those, those items. You can never take out of the equation in profitability the fixed costs. If somebody gets wrong in an estimating phase the cost of concrete or the cost of steel or so forth then that directly effects your profitability at the end and the organization and there is not a lot what you can do about that. But how you manage each of those items throughout the project and how effectively you do the work is the skill of your organization and that effects your profitability."[955]

Die folgenden beiden Zitate betonen nochmals die Bedeutung der Menschen gegenüber der Struktur: „*I think it's* [organization structure] *quite important, but I think most important is the filling of this organization chart with people that are responsible to their work and do their work without monitoring them too much. It's a skeleton that should be there, everybody knows where you are in this chart, but it's only a first step I think.*"[956] Dann wird die Bedeutung der Struktur angesprochen, aber...: „*It depends on that one, but for me personal, much more important are the people on site. Who are doing the physical work, this is for me much more, and the commercial part of it. And commercial part, I mean, is purchasing, is the personnel management, is labor management, is the store management and maybe also the camp management, if you have a labor camp. This is very important for me.*"[957]

Der klassische Gesichtspunkt, der auch der Gliederung in dieser Arbeit zu Grunde gelegt ist, betont einen linearen Ablauf: erst die Organisation, dann der Personaleinsatz: „*First we think about organizational structure, after that we plan it what kind of people is suitable for these positions, how many people they need. That we were planning and then we employ the suitable persons. We have two stages.*"[958]

Weiter oben wurde erläutert, dass sich mit der Zeit die Struktur ändert. Dies gilt natürlich auch für das Personal. Es ist wichtig eine Übereinstimmung zwischen der verfügbaren Qualifikation und den Aufgaben zu finden. Bei dieser Balance sind beides, Struktur und Personal, von einander abhängige Variablen: „*The structure was set up before, which is quite normal, it has then changed a little bit. But the original was that we had one project management, two construction sites, construction managers, commercial managers and down department managers. Yes, the structure was easily agreed. What was the big difficulty on the beginning, which company takes positions. In the beginning it was so that our partner almost wanted to put on each position in the upper level a Taiwanese, and they said not necessary an expatriate. It is through all, all the jobs I have done in Asia, it was always the problem what costs an expatriate, to justify the higher costs. And in the beginning the Taiwanese said, we have people, they can do it. At the end, after many changes are only one left, who is now a department manager, that's our design, after our expatriate design manager has left. All other had to be taken over by expatriates because the ability of the*

[954] S. Interview BT1, S. 4
[955] S. Interview TG2, S. 3
[956] S. Interview TG11, S. 5
[957] S. Interview BG3, S. 4
[958] S. Interview TJ5, S. 4

Taiwanese did not fit for this project, in self performance, the size of the project, the speed of it, they were not used to do this one. We had some disappointments in the staff, I have to say, yes."[959]

Auch die Frage, welcher Partner welche Position besetzt, hat Rückkopplungen auf die Struktur. Dieses Problem taucht immer bei zwei sehr ungleich starken Partner im ICJV auf, dann nämlich, wenn der schwächere Partner kein geeignetes Personal zur Verfügung hat: „*Yes, in the organization we had some construction section, right, top level all Japanese, of course we have problems. We provide them with very big authority. You can decide subcontractor, you can procure material by yourself, but Fu Tsu has different idea. I will decide this for this project, he said no, I need to check. We spend some time and we explained and repeated to him: this is Obayashi style, once we assign top man for this section he has to take responsibility, he can decide everything. At that point we had some conflict."*[960]

Ein solch kleiner Partner beim Taiwan High Speed Railway hat sich aus vielerlei Gründen aus einem ICJV zurückgezogen, Hauptursache war jedoch die mangelnde Kontrolle der Struktur durch geeignetes Personal. Die Konsequenzen eines fehlgeschlagenen Großprojektes ist für ein kleines Unternehmen der Konkurs: „*When we were preparing for the tender proposal we were working so hard in their office, so I think they were moved by our hard working and they might think: This kind of people make everything a success. They talked like that later. So they agreed with us very easily the proposed amount, but for the next six month, we also had a different kind of people from the head office, some of this, some of that, maybe they were different, they looked different from the people who were preparing the tender submission, they were a bit disappointed I think to our construction team. Construction team normally is sixty, seventy boys, bidding team is only four or five. Bidding team normally are the best ones in companies, so it can be different. And then they started learning about the project, the construction work, they could find more gray areas and they worried about profit matter. Their company was very small, if we lose money, if we lose money here, that loss swallow their company, the whole thing. So I think they found in the middle, why we run this risk. Making money, the possibility is not very high, if we fail then our company will disappear."*[961]

19.4.10 Dezentralisation

Bei der Dezentralisation gibt es zwei deutlich unterschiedliche Erklärungsansätze. Zunächst kann man von kulturbedingten Organisationsstrukturen ausgehen (structure follows culture) oder dann von einem situationstheoretischem Ansatz, bei dem sowohl eine Abhängigkeit von der Umwelt als auch von der Technologie angenommen werden kann. Von dem Leitsatz CHANDLERS nachdem sich die Struktur nach der Planung richtet (structure follows strategy), sind wir durch den systemtheoretischen

[959] S. Interview TG5, S. 14 f.
[960] S. Interview TJ5, S. 15
[961] S. Interview TK3, S. 31 f.

Ansatz abgerückt. Dieser Leitsatz basiert auf einer plandeterminierten Unternehmensführung.[962] Genau so wenig haben sich Hinweise auf eine Bestimmung der Struktur durch Menschen ergeben. Hierbei ist an das Mülleimer-Modell von MARCH zu denken. Dieses setzt wiederum einen großen Zeithorizont voraus, der bei ICJVs einfach nicht gegeben ist.[963]

In dem folgenden Abschnitt wird untersucht, ob der Gedanke der kulturbedingten Organisationsstrukturen für ICJVs zu belegen ist. Es wird sich zeigen, dass dies nicht zutrifft. Danach wird der situationsbedingte Ansatz überprüft.

19.4.10.1 Kulturbedingte Organisationsstrukturen

HOFSTEDE fordert, dass bei der Koordination von multinationalen Unternehmen die Struktur der Kultur folgen sollte. Dabei verbindet er bestimmtes organisationales Verhalten mit bestimmten Ausprägungen seiner Kulturdimensionen (s. Tabelle 6).

Tabelle 64: Kulturdimensionen und organisationales Verhalten[964]
Table 64: Cultural Dimensions and Organizational Behavior

Kulturdimension	Organisationales Verhalten
Kleine Machtdistanz	Übernahme von Verantwortung
Große Machtdistanz	Disziplin
Schwache Unsicherheitsvermeidung	Grundlegende Innovationen
Starke Unsicherheitsvermeidung	Präzision
Kollektivismus	Commitment
Individualismus	Management Mobilität
Femininität	Unikate, Sorgfalt
Maskulinität	Massenproduktion, Effizienz
Kurzzeitige Orientierung	Schnelle Anpassung
Langzeitige Orientierung	Entwicklung neuer Märkte

Wenn man diese Liste mit den Anforderungen in einem ICJV vergleicht, dann sind folgende Begriffe bedeutsamer als ihre Gegenstücke: Übernahme von Verantwortung, Präzision, Commitment, Massenproduktion und Effizienz sowie schnelle Anpassung. Somit sind die entsprechenden günstigen kulturellen Ausprägungen:

962 Vgl. CHANDLER (Strategy 1962)
963 Vgl. MARCH (Decision Making 1994)
964 Vgl. Hofstede / Hofstede (Organizations 2005), S. 344 ff.

geringe Machtdistanz, starke Unsicherheitsvermeidung, Kollektivismus, Maskulinität und kurzfristige Orientierung.

Besonders erfolgreich gemessen an dem projizierten Gewinn zum Bauende war ein deutsch-taiwanisches ICJV, besonders erfolglos ein koreanisches ICJV. Kann man dies mit den kulturellen Ausprägungen erklären und damit die These von „structure follows culture"? In Tabelle 7 sind die geforderten und die tatsächlichen Ausprägungen der Kulturdimensionen für die beiden Fälle einander gegenüber gestellt. Die Werte stammen aus der bekannten Untersuchung von HOFSTEDE.[965] Sie selbst haben keine konkrete Bedeutung, wohl aber hat die Größe der Differenz zwischen zwei Werten ein Aussagekraft über die Unterschiedlichkeit (oder Gleichheit) zweier Kulturen.

Tabelle 65: Adäquate Ausprägungen Kultureller Dimensionen für ICJVs
Table 65: Adequate Cultural Values for ICJVs

Gefordert Ausprägung	Deutschland	Taiwan	Korea
Geringe Machtdistanz	35 (+)	58 (-)	60 (-)
Starke Unsicherheitsvermeidung	65 (-)	69 (-)	85 (+)
Kollektivismus	67 (-)	17 (+)	18 (+)
Maskulinität	66 (+)	45 (-)	39 (-)
Kurzfristige Orientierung	31 (+)	87 (-)	75 (-)

Es ist nun sicher nicht vernünftig, die kulturellen Ausprägungen zu addieren, da die taiwanischen Unternehmen kleiner sind und damit die Kultur des ICJVs weniger beeinflussen. Wenn man jedoch eine Gewichtung von 3 : 1 vornimmt, dann ergeben sich deutliche Vorteile für ein deutsch-taiwanisches ICJV bei den Punkten Übernahme von Verantwortung, Massenproduktion und Effizienz sowie schnelle Anpassung. Nachteile bestehen bei Präzision und Commitment. Es ist schwer aus dieser Aussage das Ergebnis abzuleiten, dass deutsch-taiwanische Unternehmen immer auf Grund der Ausprägung ihrer nationalen Kultur einen Vorteil gegenüber koreanisch-taiwanischen haben werden.

Sehr viel deutlicher ist die Aussage, die man aus den tatsächlichen Organisationsstrukturen ableiten kann. Entgegen aller Vorhersage der Verfechter einer (landes-) kulturgeprägten Organisationsstruktur haben mit einer Ausnahme alle ICJVs eine dezentrale Struktur unter dem Druck der Komplexität von Großprojekten gewählt.

[965] Vgl. HOFSTEDE (Consequences 1980)

19.4.10.2 Situationsbedingte Organisationsstrukturen

Die Organisationsbedingungen von ICJVs sind grundsätzlich verschieden von denen eines Unternehmens. In der Bauindustrie mit der großen Vielzahl von Projekten muss immer wieder neu organisiert werden. Wichtigster Gesichtspunkt ist dabei einerseits, mit der gestellten Aufgabe fertig zu werden, d.h. die Situation zu bewältigen, andererseits sind nur einige wenige Leute befugt eine entsprechende Organisationsstruktur zu schaffen. Somit erwächst die Struktur aus dem Zusammenspiel von Situation und deren Wahrnehmung durch die Entscheider. Dies entspricht einem situativem Ansatz unter Einbezug der Entscheider.[966]

Vor der Erörterung der Daten ist es noch wichtig den Zusammenhang zwischen Hierarchie und Dezentralisation zu klären. „*Hierarchie ist ein universelles Ordnungsmuster komplexer Systeme, das dadurch gekennzeichnet ist, dass eine Gesamtheit von Elementen durch Überordnungs- und Unterordnungsbeziehungen miteinander verbunden ist.*“[967] Die Hierarchie ist also ein Mechanismus zur Integration von Subsystemen. Sie ist gekennzeichnet durch ihre (1) Konfiguration (Leitungsspanne, Anzahl der Hierarchiestufen und die Weisungsbeziehungen) und (2) inhaltliche Ausgestaltung (Entscheidungszentralisation, Delegation und Partizipation). Durch Entscheidungsdezentralisation wird unteren Hierarchieebenen generell und dauerhaft eine Entscheidungskompetenz und -verantwortung zugewiesen, bei der Delegation handelt es sich um eine enger gefasste Beziehung zwischen lediglich zwei unmittelbar nachgeordneten Ebenen. Dezentralisation verwirklicht ein Prinzip, Delegation eine Ausnahme.[968] Es ist zu Bezweifeln, dass dieser theoretische Unterschied den befragten Praktikern bewusst ist. Deshalb muss bei der Interpretation der Zitate der jeweilige Kontext einbezogen werden.

Der Hauptpunkt der Organisationsstruktur ist: „*It's a delegation because of the size of the project you have no chance to follow up each and every detail. So you have to delegate certain issues and also tasks. This is very important and of course the implementation has to be followed up.*“[969] Diese Aussage beschreibt sehr knapp den Gedankengang der Systemtheorie: hohe Komplexität – Schaffung von Subsystemen mit Eigenkomplexität – Integration durch Controlling (Subsystembildung und Subsystemintegration[970]). Gleichzeitig beschreibt sie das Zusammenspiel von Hierarchie und Dezentralisation. Die situative Bedingung einer dezentralen Entscheidungsfindung verdeutlicht auch dieser koreanische Projektmanager: „*You can't survive and you can't do your work. You don't have the time, you don't have the energy to do* [everything by yourself].“[971] Mit ganz deutlichem Bezug auf das eigene Projekt beschreibt dieser japanische Manager das

---

966 Vgl. KIESER (Situativer Ansatz 2002), S. 191 ff.
967 S. KRÜGER (Organisation 2005), S. 158
968 Vgl. KRÜGER (Organisation 2005), S. 157 ff.
969 S. Interview TG9, S. 12
970 Vgl. KRÜGER (Organisation 2005), S. 143

Problem von ICJVs: „*In this specific to C215 project, we set up site offices, which is, I think it's five site offices, each working as a independent, more, larger independence comparing to the C250, C240, C230. Then each assistant or deputy project manager or I hold senior construction manager, actually acting as a project manager, this is the C215 system. And what they, this office control the budget cost, of course, not normally they hire, each site office hires the employees like themselves, so in my perspective the C215* [Japanese company – Taiwanese company] *joint venture system is somehow particularly, the far areas, they separate. You know, to make the very large project size into a manageable size.*"[972]

Die Möglichkeit der Delegation und die Beschreibung ihrer Umsetzung liefert ein kaufmännischer Manager: „*Yeah, okay, certainly the way you set up, you can set up different options, you can set up a company, for example again coming a little bit to the costing side, you can, let's say, organize yourself, but here, because it's a huge job, forty kilometers different structures, steel bridges, MSS, I-beams, you can have somebody, kind of little project manager for just this part, which we have in a way, but you can call them instead of site engineer, a project managers by themselves, give them more responsibility, for example costing responsibility, they have their own budget and based on this they can make their own decisions and it's only then later report it to a kind of, I don't know, management board or so, within the joint venture organization, within the site organization. Or like here, it's more you have this project management,* [name] *and myself in this case and basically reporting responsibility is, they have to report of course or let's say the costing responsibility is more with us, with one central department like cost control. But you could have a project manager basically for every part of the work and then he has one kind of cost controller.*"[973]

Deutlicher wird das Vorgehen bei der Umsetzung im folgenden Zitat: „*It's different here. I think* [name] *give us a scope about our work and a target we need to achieve in which time and they give us and they never interrupt the details. They say: The details is your work. So we focus on the details we try to achieve and achieve their target.*"[974]

Allerdings stößt auch die Delegation genau wie die sonstige Organisationsstruktur bei der Umsetzung auf Schwierigkeiten, wenn das Personal nicht entsprechend ausgebildet ist: „*No, we have it, let's say certain costs and have a cost center for, let's say the erection activities, MSS, the erection activities for I-beams, we have a cost center for* [name of Taiwanese company], *the substructure, cost center for site one pre-cast, site two. So overall this has been done but it's still not yet in, let's say, the hands of the people that they really say: Okay, give me my budget and that it is and now I make my decisions. But of course in many, sort of small, items you come to, I don't know, some money for parties or something, it's still with us the project management to decide that or cars, who is getting what kind of car? This needs to be more given to people, this authority, this power. We need to delegate a little bit more. Some of them will be able to do this perfectly, they are already little project managers, that's you can say, they can take over then the next project, maybe not of that size but, anyway. They would be able to do that, and some others, they are good*

---

[971] S. Interview TK3, S. 13
[972] S. Interview TJ2, S. 12
[973] S. Interview TG8, S. 4

in the technical aspect, they can run the site but they find it difficult to put anything on paper. So they are not yet there or they will never be there. But there is still something to be done in order to give more responsibility, in such a huge organization of course."[975] Der Punkt der Umsetzung durch gut ausgebildetes Personal wird auch durch folgende Aussage verstärkt, wobei bei nicht hinreichend ausgebildetem Personal die Gefahr besteht, dass die überwiesene Verantwortung einfach wieder zurückgegeben wird: „*Well, you have to have the right people in the right place. You can't do all the things by yourself. So, one of the main tasks is, to have the right people really in the right positions to make sure that they work on their goals... This depends really on the role, I mean, if you have the design manager, then you really have to look for a design manager, who can be trusted that he really organizes his field and is not, how do you say that, trying to re-delegate the authority."*[976]

Neben den systemtheoretischen Aspekten werden auch die arbeitspsychologischen Vorteile einer Delegation hervorgehoben. Natürlich handelt es sich auch um Delegation, wenn für bestimmte Aufgaben Nachunternehmer eingeschaltet werden. Dabei wird die Dezentralisation eindeutig von einer Zentralisation (line of command) abgegrenzt: „*Okay, trust is a very important point. It is not only between us, both of us, it is also to the area managers, because in some way they are independent also. You know not independent, but you have to give them their own space, where they can decide. And I think this is also important before you restrict them, you know, and tell them, look, you take this shutter and that shutter and this square-meter and that square-meter, I think this is not the right way. So we gave them space to decide for their own and we told them even if they asked, we tell them, look, this decision you will make for your own, it's no problem also from the money, this responsibility can, the responsibility is with you, but all above is with us. And, but they are also, okay, it came sometimes a little bit to discussions but mainly we were on the same, with the same opinion. Also there, the non-standard bridges we have totally subcontracted. Non-standard bridges, we have twenty-one of standard bridges, which were all subcontracted and no one was produced by our own. No, I think the delegation will motivate the people more than the strict line of command. Somehow they have to follow and I want to be informed. You know, about the bigger decisions, not about the internal small decisions, as I tried to explain. But I would not prefer the line of command."*[977] Wiederum drückt ein asiatischer Manager den gleichen Gesichtspunkt aus: „*Motivation. It's very important, they are keen about because they made decision, they take the responsibility, they know this is my baby. So he has to take care, he has to respond, he has to make decisions."*[978]

Die bisherigen Aussagen stammten von europäischen Managern. Da sich Managementtrends mittlerweile sich global verbreiten, ist das Beibehalten von nationalen

---

974 S. Interview TT3, S. 12
975 S. Interview TG8, S. 5
976 S. Interview TG4, S. 4
977 S. Interview TG3, S. 6 und 10
978 S. Interview TT1, S. 19

Praktiken nicht mehr selbstverständlich. Am Beispiel des Lean Management erläutert dies ein japanischer Manager: „*I haven't read those textbooks for ten years in Japanese, however, just observing the trend, the current trend and also* [name of Japanese company] *management system, we try to make the big pyramid shape organization to flat, flatten. And we try to eliminate the middle class management, this is a world wide trend, I think. And instead of making some manager, using the title manager, we can call it leader, group leader. And under one group leader, the several like team members agree to one group leader. Usually there used to be in the middle, we have one general, the higher manager, two or three middle class manager, then underneath two or three staff members. We try to flatten the system.*"[979]

Deshalb kann es nicht verwundern, wenn asiatische Manager diesen Punkt genau so beschreiben und zwar kurz und knapp: „*I delegate authority.*"[980] Manchmal klingt es auch ein bisschen vorsichtiger: „*I would prefer to say yes, we should delegate some authority to the site.*"[981]

Die Bereitschaft zur Delegation bei ICJVs ist nur erstaunlich, wenn man eine traditionelle asiatische Organisationsstruktur betrachtet: „*Is not Taiwanese way. You know, the Taiwanese like I say, the head office always make decision, the engineer and the manager they don't want to make any decision, they just raise the problem to head office. But here we don't have time so we solve all the problems in the site.*"[982] Die kulturellen Praktiken bereiten bei der Umsetzung der Dezentralisierung Schwierigkeiten, die allerdings überwunden werden können: „*I think they* [the Taiwanese] *know how this line of command, from the other projects. But I think they have learned a little bit that it can also work the other way. Besides, let's say, in the earthwork department it's a little bit different. The reporting is very tough. More or less a line of command. This is still the system. I think there's a little bit this difference in leadership. But just for this department, the other departments are not so much. But that department start from the beginning a line of command.*"[983]

Auch wenn von asiatischer Seite für ein ICJV eine dezentrale Organisation befürwortet wird, findet das nicht unbedingt Unterstützung durch das Mutterunternehmen, das sich einer anderen Situation ausgesetzt sieht: „*From my view, this is the big problem from* [name of Taiwanese company], *that people don't make decisions, that is the big problem. I feel that we should have enough communication to understand and then decide, the people should make their own decisions, follow our principle. So if you don't follow our principle then it is not correct. But if you don't, they always ask the decision, that is totally wrong from my view.*"[984]

[979] S. Interview TJ2, S. 18
[980] S. Interview TT3, S. 14
[981] S. Interview TT1, S. 19
[982] S. Interview TT3, S. 15
[983] S. Interview TG3, S. 11
[984] S. Interview TT1, S. 19

Die Bedeutung dezentraler Entscheidungsfindung wird von allen Seiten anerkannt. Die Schwierigkeiten mit den ungewohnten Freiheiten auf Seiten von Asiaten stehen Schwierigkeiten mit den einhergehenden Pflichten auf Seiten der Europäer gegenüber: „*Yeah, definitely important. To me important is that they, again goes a bit in the same direction, they take their responsibility and make their own decisions and sell it and report. But I see quite often, just to give an example, you have a requisition and from my point of view what I always need to know with the requisition, let's say the requisition for a subcontractor for a variation order. So I want to know, okay, what's the cause and the effect. The effect it's basically the description of the requisition, we have that normally, but quite often you start with the cause. They don't give you the cause, why did it happen, why is that required, and of cause you need to know items like: who's liability is it? Is this something you can claim to the client? Is it something, maybe the subcontractor should pay for, we need to back charge or something. And quite often, I mean they are getting better, also partly due to certain forms being attached additional forms which they use, so it's sort of a punch list. They look I have to write something down there. There I noticed that they are not yet there or a lot of people. Instead of for example, they say then it is the liability of contract administration, main contract administration to define or to clarify. But I want somebody to say, if I am there, the engineer, I would expect them to be, they, I would expect them to want to know what is the whole story, not just the fact that this is required. They should also be in a situation where they should have read the main contract as well as the subcontract and they should be able to give a statement on the liability, maybe to be confirmed later or if they are not quite sure, the contract is not quite speaking clear, where you need really a specialist, the contract administrator, but this is often not done.*"[985]

Die Delegation erfolgt bereits bei der Übergabe der Verantwortung von dem Mutterunternehmen zum ICJV: „*Here add some goals. As I told you, two main things, I wouldn't add so much: You can say Korean companies, I don't know very well Samsung companies, the company is giving us very simple goals: You have to make profit and you have to complete the work timely, minimize the problems, something like that. And they give us almost hundred percent power, we can decide whatever and we can change the people, we can buy things, we can, how can I say, employ some method, whatever we like, so very independent from the company. So they believe, in the top positions they know your purpose, the company knows about you and you make the profit and complete the project timely, all others are yours.*"[986]

Auch im Zusammenarbeit mit Nachunternehmern ist eine Integration und eine Vermittlung auf Grund dieser spezifischen Form der Dezentralisierung erforderlich: „*Well, we had our regular meetings, and you delegate certain tasks to them* [subcontractors]. *We had this coordination issue with our subcontractors, with the designers. So we have to formulate our goals or our proposals how to solve certain issues to the designer, so he can support us with some technical background information which we could not provide by*

[985] S. Interview TG8, S. 5 f.
[986] S. Interview TK3, S. 7 f.

ourselves and then communicate this further on to our checkers and try to solve these issues."[987]

Ein einziges koreanisch-taiwanisches ICJV setzte nicht auf dezentrale Strukturen. Stattdessen wurde ein vertikales ICJV gegründet, um dadurch die Komplexität zu reduzieren. In einer bereits zitierten Aussage sah der zuständige Projektmanager diese Entscheidung als falsch an und zwar wegen der mangelhaften Möglichkeit der Koordination zwischen den Partnern in dem ICJV. Trotzdem beharrte der Manager auf einer zentralen Organisation wie in einer Armee, wo er sich als General sah. Einen Grund hierfür sah ein anderer koreanischer Manager in der Geschichte des Mutterunternehmens, das hauptsächlich Erfahrung mit Massenprodukten gesammelt hat und erst seit zwanzig Jahren im Bausektor tätig ist. Hierbei handelt es sich um den Einfluss der Technologie. Eine weitere Bedingung wird in dem Projekt gesehen: „*But* [name of Korean company] *has very simple structure, so he can know everything, all the details will be reported to him and he will think about all the details, but our site, no way. But their system wouldn't work if they have a very complicated project.*"[988] In dem gleichen Zusammenhang wird aber auch die Abhängigkeit von entsprechendem Personal erwähnt, das dem betrachteten koreanischen Unternehmen nicht zur Verfügung steht: „*I think we have more experienced people and we have more people who can handle his job alone. So as you see here now we have very complicated structures. So if project manager does not empower people for each section fully, he can't handle the work and he should depend on the seniors who will handle his work successfully. Otherwise the overall manager over him will fail, I think so. We have more seniors, more experienced people than they have. They are specialist people for each section, so in most cases they know more and more details and better than the project manager knows about the details. So they should be left independent.*"[989]

Neben dem Aufdecken nationaler Strukturen in der Hierarchie, die sich ungeplant aber ganz selbstverständlich entwickeln, ist auch die verbreitete inhaltliche Ausrichtung der Hierarchie in Form einer dezentralen Entscheidungsfindung über alle kulturellen Grenzen hinweg eine bedeutende Erkenntnis. Dabei zeigt sich wieder, dass einfache, eindimensionale Erklärungsmuster ohne Aussagekraft bleiben. Um es auf Englisch auszudrücken: structure follows anything, it just depends on many things.

19.4.11 Zusammenfassung Organisation

In Bild 97 sind die Ergebnisse zur Organisation zusammengetragen. Die Organisation trennt sich in Aufbau- und Ablauforganisation, letztere wird in der Arbeitsvorbereitung mit Hilfe der Netzwerkstechnik bearbeitet. Die Aufbauorganisation wird durch die Organisationsstruktur abgebildet. Sie wird innerhalb des ICJVs ausgeformt, aber

[987] S. Interview TG11, S. 4
[988] S. Interview TK3, S. 13
[989] S. Interview TK3, S. 13

auch von den Partnern und in geringerem Maß von dem Bauherrn beeinflusst. Dabei handelt es sich um eine Organisation, die der Planung entspricht (structure follows strategy), wobei „strategy" bei ICJVs als Planung übersetzt werden muss. Weitere Einflüsse gehen von der Technologie (structure follows technology) und der Kultur (structure follows culture) auf die Struktur aus.

Neben die formale Struktur tritt die informale und in ICJVs zusätzlich eine landeskulturelle Struktur. Das organisatorische Mittel der Wahl ist bei ICJVs die Dezentralisation der Entscheidungsfindung. Dies wird insbesondere durch die Merkmale von Großprojekten herbeigeführt.

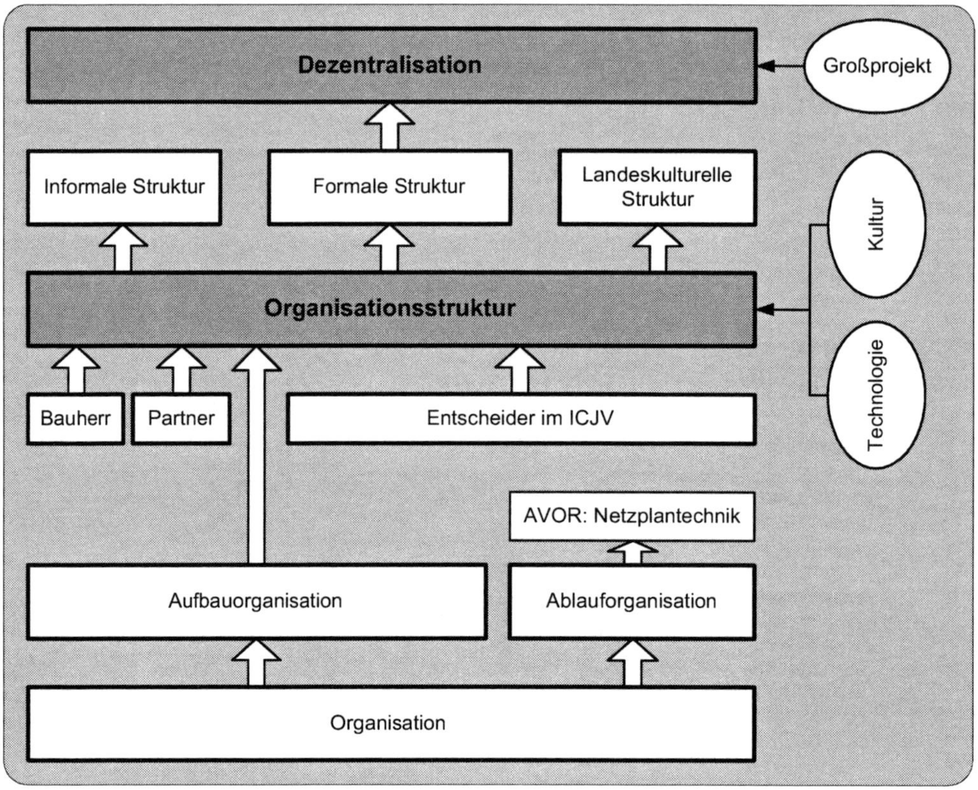

Bild 97: Managementfunktion Organisation
Fig. 97: Management Function Organization

19.5 Personaleinsatz

Die Stellen, die durch eine Organisationsstruktur geschaffen werden, müssen auch durch geeignete Mitarbeiter besetzt werden. Dies ist die Aufgabe des Personaleinsatzes oder der Personalwirtschaft. Zu deren Teilaufgaben zählen Personalbedarfsplanung, Personalbeschaffung und -freisetzung sowie die Personalentwicklung.[990] Bei Großprojekten nimmt der Personaleinsatz einen erheblichen Umfang an. So wurden beim BangNa Expressway 5.000 Arbeitskräfte, 400 inländische Angestellte und 100 Mitarbeiter aus dem Ausland (expatriates oder expats) beschäftigt. Bei ICJVs sind dabei noch die besonderen Bedingungen der Expats zu berücksichtigen: Vorbereitung des Auslandseinsatzes, Ausreise, Eingewöhnung und Kulturschock sowie Wiedereingliederung. Viele der Expats kommen mit ihrer Familie auf die Baustelle und auch dafür muss das ICJV die Rahmenbedingungen organisieren.[991] Darüber hinaus gehört auch der Bereich der Personalmotivation und -honorierung zum Personaleinsatz.[992] Ausschließlich von den kaufmännischen Abteilungen werden dann die Aufgaben der Personalverwaltung und der Personalrechnung durchgeführt.[993]

Die Bedeutung der einzelnen Aufgabengebiete ist bei Großprojekten im Vergleich zu Unternehmen der Massengüterproduktion oder den Zentralen der Bauunternehmen deutlich anders. Fast schlagartig wird eine große Menge an Arbeitskräften benötigt und genauso schlagartig wird sie wieder frei gesetzt. Die Bedarfsplanung ist im Vergleich kurzfristig und die Personalentwicklung liegt nicht unbedingt im Eigeninteresse der ICJVs, wohl aber der Mutterunternehmen. Somit liegt die Verantwortung der Personalentwicklung eher bei der Karriereplanung, die dann vom Stammhaus durchgeführt wird. Auch bei Personalmotivation und -honorierung handelt es sich bei ICJVs eher um einmalige Entscheidung, die danach nur bedingt weiter entwickelt werden. Um so aufwändiger ist jedoch die Betreuung der Expats. Außerdem muss ein ICJV mit dem Konflikt auskommen, der auf Grund der sehr unterschiedlichen Bezahlung lokaler und ausländischer Arbeitskräfte entsteht. Die Zusammenhänge sind in Bild 98 dargestellt.

---

990 Vgl. STEVEN (BWL für Ingenieure 2006), S. 297 ff.
991 Vgl. ADLER (Organizational Behavior 2002), S. 257 ff.
992 Vgl. THOMMEN / ACHLEITNER (Allgemeine BWL 2005), S. 691 ff.
993 Vgl. DOMSCH (Personal 1989), S. 505

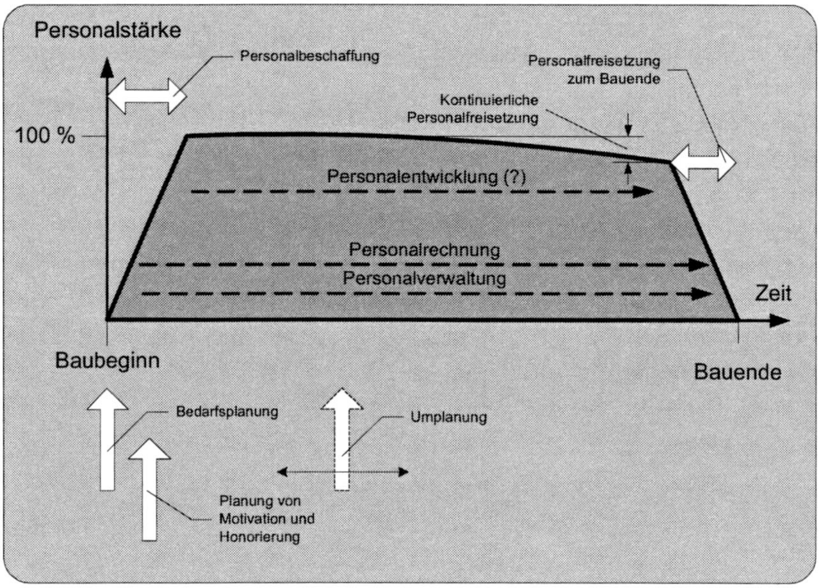

Bild 98: Personaleinsatz in ICJVs
Fig. 98: Personnel Management in ICJVs

Das besondere Problem bei ICJVs ist die Herkunft der Menschen, die sich ganz plötzlich als Kollegen verstehen sollen. Sie kommen für die Managementpositionen aus den Partnerunternehmen (Expatriates oder Locals), vom freien inländischen oder globalen Markt. Im letzten Fall spricht man von Third Country Nationals (TCNs) . Die Arbeitskräfte werden fast nie von den ausländischen Partnern abgestellt, wenige von dem inländischen Partner, sondern die große Mehrheit wird auf dem heimischen Markt gesucht. Wenn dort nicht genügend Arbeitskräfte gefunden werden oder diese zu teuer sind (beides war in Taiwan der Fall, nicht aber in Thailand), dann werden auch die Arbeitskräfte auf dem globalen Markt angeworben. Die Zusammenhänge sind in Bild 99 dargestellt, das auf Gedanken von ZEIRA / SHENKAR basiert.[994]

[994] Vgl. ZEIRA /SHENKAR (1990), S. 18

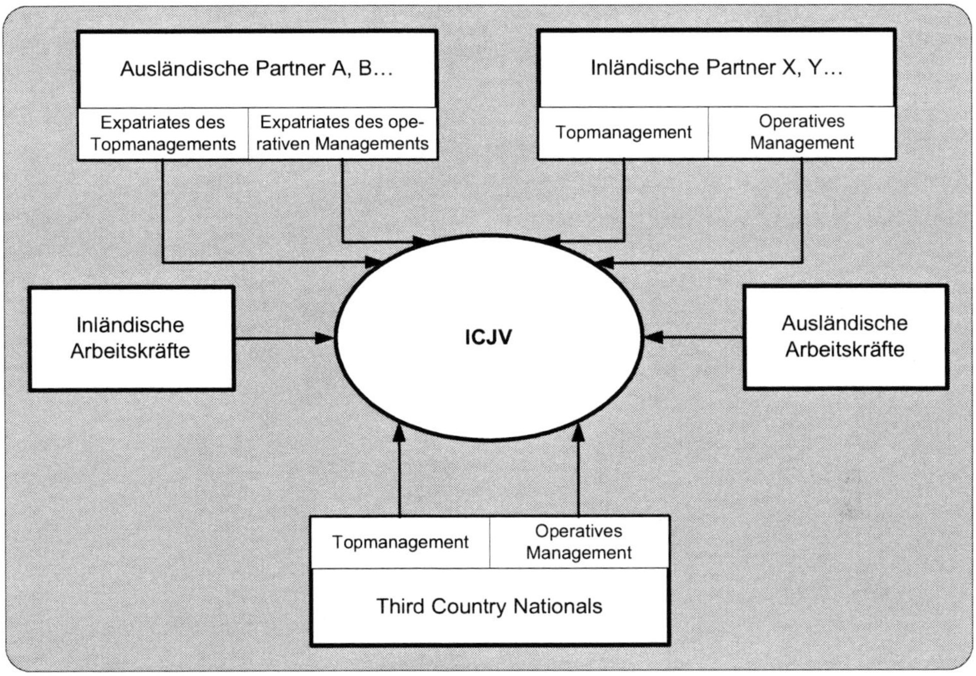

Bild 99: Herkunft des Personals bei ICJVs
Fig. 99: Origin of Personnel in ICJVs

19.5.1 Personalbedarfsplanung

Die Personalbedarfsplanung ist ein überwiegend technisches Problem. Personal wird als wichtigste Ressource bei der Planung und Produktion benötigt. Einen ersten Anhaltspunkt gibt die Arbeitskalkulation, in der die Summe der Lohnstunden und die Anzahl von Angestellten und Expats ausgewiesen ist. Der Bedarf wird dann im Einzelnen in einem Zuge mit der Organisationsplanung (Aufbau- und Ablauforganisation) ermittelt.

Besonders schwierig ist es bei ICJVs, die richtige Anzahl (zum jeweiligen Zeitpunkt) an geeigneten Führungskräften zur Verfügung zu haben und ein vernünftiges Verhältnis zwischen heimischen Managern, Expats und Third Country Nationals zu finden.

Ein ICJV muss neu gegründet werden. Dafür müssen Strukturen geschaffen werden und das können nur Menschen. Aus diesem Grund sind die „richtigen Leute" von entscheidender Bedeutung. Dabei dürfen aber weitere wichtige Aspekte nicht aus den Augen verloren werden: *„I would say the key decision is the right people. It starts with the staff. Staff forms part or is an iteration of your start of organization, that is the key to success. That's just at the top of my head, spontaneously. Because the contract is there the technology will develop or is there as well, your systems are there otherwise you are a* *beginner, you shouldn't be here in the first place. The systems are also done by people, so I come to the people. First the people, people and the systems. You can make a mistake also in the system that you adjust, not adjust but if you choose the wrong, let's say, controlling or monitoring system which is not adequate for this size of the project, same goes for organization. So, people, organization, system."*[995] Dieses wird auch von einem japanischen Manager genauso gesehen: *„It's very important in this field, construction field, people is all, not machinery, people is our resource; as you said right person in the right place."*[996]

Von herausragender Bedeutung sind dabei die Schlüsselpositionen: *„The importance is the, within this organization chart it is important to have key persons in place. The key persons are the important, let's say, figures or elements for the success."*[997] Bei den Schlüsselpositionen handelt es sich um die folgende: *„Yeah, organization, I mean, on each site you need a very good top man, of course, and you need construction manager and you need good foremen. This is y opinion to it. And you need also a very good commercial manager on each site."*[998]

Grundvoraussetzung ist die Eignung der Führungskräfte: *„What you have to do, is to look at what you have to do and then the people that you need to do that. In general you are going to try and use people that have done similar things before and are able to bring a level of expertise into the organization, without having to start from square one. You can't put together an organization of the size of these with all green people and have one person with knowledge and trying to dissipate that knowledge down. You have to have a level of knowledge at each of the areas and I don't know how to describe it, how the knowledge develops. You have people that have skills, they are able to identify what needs to be done and grow with it."*[999] Dabei spielen die Kosten nicht die wichtigste Rolle: *„We try to employ the good one, even a little bit expensive, but if we believe that is the good one and we try to control the cost in the line what we want to be."*[1000]

Die Frage nach der richtigen Anzahl von Expats stellt sich hauptsächlich in ICJVs mit starken lokalen Partnern. Andernfalls bleibt dem internationalen Partner nur der Einsatz eigener Kräfte und dies sind Expats. Dies war der Fall bei mehreren ICJVs in Taiwan: *„Yes, I believe so. I would say here on this project we have with one or two exceptions all the major positions, the higher positions are filled in by expatriates. The interface manager, the project assistant is a representative from* [name of Taiwanese company]*, maybe the one or the other I have now neglected but overall independent of their share, let's say, the major portion of the overall responsibility is put on shoulders, expat shoulders. And I am aware of our local partner saying that we should have more confidence in the, let's say qualifications of some local staff. Now looking from the commercial side, we*

[995] S. Interview TG7, S. 7
[996] S. Interview TJ5, S. 6
[997] S. Interview TG9, S. 3
[998] S. Interview BG3, S. 3
[999] S. Interview TG2, S. 8
[1000] S. Interview BT5, S. 2

have like [name], *we have* [name], *they are in the commercial side we actually have quite a number of, even though confidentiality and all this, but we do have some good Taiwanese people, staff and doing a good job, where I say: Yeah, you can find qualified people here. Look at the engineering side, all the positions, there is non local engineer. It's in the next level basically. This is something which was criticized by our local partner. Nothing has changed really in this respect but it was criticized. In a way I have some sort of understanding for this. I cannot believe that it's impossible to find somebody, some local engineer being qualified enough and being able to survive and do this responsibility there. But again maybe it's right but they, I always feel you need to do as an expat, if you come here, you set up, you do for a while but you need to train somebody who could then take over that you could take the next job yourself and there, if somebody had to leave he was always replaced by an expat. Either you are really in a country where they cannot do it, but look around, they built a lot of things."*[1001]

Bei gleich starken Partnern setzt gleich zu Beginn eine Diskussion um die Expats an. Dabei gibt es mindestens zwei Gesichtspunkte aus Sicht der Partner (Macht/Einfluss und Kosten) sowie einen weiteren aus Sicht des Projektmanagements (Eignung): *„To a degree. You also, you know when you say staff different positions, there is always debate, I won't go as far as to say conflict but it can develop into conflict about the senior staff provided by the partners and what positions they take in your organization chart. And that is always a heavily debated item at the start of the project in the setting of the organization chart and of course the level of the experience and expertise of the people that you put into a position also determine the structure of your organization chart to some extent so, yes, there is debate over who goes into what position."*[1002] Ein anderes Zitat zum gleichen Thema lautet: *„Well, you know what they do in the beginning, you know, what always our partner wanted. The most expensive people were always the Europeans and he tried to save Europeans and we always had to convince him that it is necessary to have these people there. Of course, this is a struggle from the beginning, but when you have established the organization chart, I think they go with it."*[1003]

Es ist nicht untypisch, wenn ein Kaufmann auch im ICJV eher den Kostenaspekt betont: *„I would always to reduce the cost, I would employ as much local as possible."*[1004] Ein thailändischer Projektmanager setzt die Akzente anders: *„In fact, the backup of this is the more German and more expat. This one is not the policy to have that one because our policy is how to first achieve the project, second is how to minimize the cost. So, if we want to minimize the cost mean we have to put the local resource as much as possible but if we lack of the local resource we have to use the expat, to aim for the completion, aim for the execution. That one we had no choice, to wait until we have the local position so we use more expats to fulfill. Not to satisfy our partner but we have to sacrifice to bear more, to finish the project as the aim. So this one no way to do."*[1005]

[1001] S. Interview TG8, S. 22
[1002] S. Interview TG2, S. 13 f.
[1003] S. Interview BG3, S. 12
[1004] S. Interview BG2, S. 9
[1005] S. Interview BT1, S. 5

Natürlich haben Expats auch andere Eigenschaften als die lokalen Ingenieure oder Kaufleute: „*Okay, it's really a hard question. About the, for my side I would say I need more expatriates. For me it's easy to communicate and also I don't need to spend so many time to push them, to follow up what they are doing. I just told them just do it and they fulfill our requirement. But the Taiwanese they are, okay, maybe they just achieve eighty percent, there you always spend a lot of time to push them to achieve another twenty percent. For my side I would say: Yes, I need more expatriates.*"[1006] Manchmal fehlen aber auch gerade den Expats gewünschte Eigenschaften: „*Because some position don't know the condition of works in Thailand, for instance, earth work, if you are expat, it mean, they did not know the condition of soil in Thailand, maybe we spend a lot of money or equipment to work for that, that portion, not for girder, you see, okay, have to use the expatriate.*"[1007]

Auch wenn die Anzahl der Expats nicht hoch ist, so sehen viele es doch als wünschenswert an, die Zahl weiter zu verringern. Allerdings sehen sie dabei eine Untergrenze. Auch der Bauherr fordert an bestimmten Stellen eine internationale Qualifikation: „*No we have rather fewer expatriates here. The rate is not so high. For example in the substructure we have two and they have around 150 Thai workers and the groups are around eighty to one-hundred Thai workers per supervisor and we have, the number of supervisors is really, just two in the precast yard, we had, okay one on the launching girder, and in the superstructure we have one and at the non-standard bridges we had in the beginning none. But this we saw, we had an area manager, an expatriate and he had only, this Taiwanese subcontractors and from the point of safety it was very important that we got expatriate supervisors, that we got two, one for the north and one for the south. And when you see we have 36 kilometers of project for two supervisors, 21 bridges in different locations on this 36 kilometers, with a mountain area, this is not just a flat project. With a different access it takes a lot of time, so one supervisor can't do it, in the manner of safety and quality,* you know, they have to attend the casting and... but it started with the rebar, with the reinforcement *and rebar works, so they had to pay much attention to the subcontractors. And we decided minimum we should have two. THRC always tried to force us to take one for each bridge but this we never did, because, you know, this would have blown up the cost immense, and we couldn't manage it. You know, at least we have the engineers, the Taiwanese engineers, but from the point of safety and quality they had to go through a, let's say, through a learning curve.*"[1008]

19.5.2 Eigenschaften des Personals

Neben der grundsätzlichen Fähigkeit in einer dezentralen Organisation Entscheidungen treffen zu können gehört auch die Einsicht in die eigenen Grenzen zu den geforderten allgemeinen Fähigkeiten: „*So the structure must be put in place where you have people with the sufficient skills and experience at the levels to make the decisions that are necessary at those levels and that they understand their responsibilities and when they don't*

[1006] S. Interview TT3, S. 20
[1007] S. Interview BT3, S. 3 f.
[1008] S. Interview TG3, S. 12 f.

have the management skills to make that they pass it up to the person who does."[1009] Andere allgemeine Forderungen betreffen auch die Charaktereigenschaften: „*To, actually my position is to put the right person in right position and each time I think about it quite some time, this guy's character is proper like that. But to me the most important thing is his desire to make things right...So, be persistent, keep going.*"[1010]

Außer dieser allgemeinen Aussage werden ausschließlich Vorstellungen von asiatischen Managern geäußert, was sie von ihren Landsleuten fordern, um in ICJVs erfolgreich zu arbeiten: „*Should be strong also, because the Thai culture normally they are quiet, compromise and when they talk too much, they say, okay, okay. Something like that; cannot be like that.*"[1011] Oder: „*Yeah, yeah. I don't mean only high-tech, because in Thailand several people can , I think, can do also the girder erection, but, the culture sometime they are weak, they just want to push the work, then they lazy for the safety something like that. But if expatriate, some expatriate for the supervisor, they try to follow the rule.*"[1012] Oder: „*I think that the basic, I think firstly people have to be strong enough to be respected by the foreign partner. This is the basic. This is what I think I can do it. But not all people, you know, the Chinese have a little bit different to the, okay, if you talk to people if they don't say no, they are not meaning yes. They did not understand because they just don't react. Sometimes they don't understand. Sometimes they understand because they are polite they don't say no. So that don't assume when they don't say no, they say yes.*"[1013]

Besonderen Wert legen asiatische Manager auch auf Erfahrung: „*You need experience. And another thing is, you need some skills about dealing, about discussion with your partner or with subcontractor or residents.*"[1014] Was ist Erfahrung: „*My project manager I think worked twenty-seven years, I worked twenty-three years.*"[1015] Wenn die Erfahrung vorhanden ist, dann muss man nicht unmittelbar über bestimmte technische Fähigkeiten verfügen, das kann man lernen: „*Okay they have the experience, they learn. The right people is they can do the job. Good for us, they have the loyalty to the firm, they have the experience, they know how to improve their performance of the joint venture.*"[1016]

Wenn bestimmte Fähigkeiten bei Nachunternehmern fehlen, dann hilft nur Unterstützung: „*Because the local are not used to do work preparations and we should have had more supervision in piling for instance. Because piling is always very difficult and the most quality problems we had with the piling works.*"[1017]

1009 S. Interview TG2, S. 3
1010 S. Interview TK3, S. 16
1011 S. Interview BT3, S. 4
1012 S. Interview BT3, S. 10
1013 S. Interview TT1, S. 11 f.
1014 S. Interview TT3, S. 8
1015 S. Interview TK3, S. 8
1016 S. Interview BT5, S. 4
1017 S. Interview TG5, S. 13

19.5.3 Personalbeschaffung

Die Personalbeschaffung bei ICJVs wird zeitlich von zwei Faktoren beeinflusst. Zum einen stellen die Vorplanung und Mobilisierung bei einem Großprojekt ganz andere Anforderungen als es bei normalen Projekten der Fall ist. Beides ist zeitaufwändig. Zum anderen ist die Bauzeit kurz und deshalb muss die Personalbeschaffung nach Abschluss aller Vorbereitungen sehr schnell erfolgen. Dennoch zahlt sich eine ordentliche Planung mit genügend Personal aus: „*The first thing I would do is a functioning technical department, work preparation. In the meantime the yard can be done and so on, but more people who actually look in this project, go through all the drawings, what difficulties can come, what we have to think about and, and, and. There are several things which could have been done better, I agree, on this job. Like for instance, realizing that we have to put a drainage in. Our designer didn't design any drainage, we had then to do it by ourselves and then ordering material and then everything was already too late. Such things have to happen from day one of placing of spans. We could have done the, not the complete drainage, but half of it we could have in the yard already. We could have installed all the gullies already in the yard, so they were not ordered and then no design, material. And it needed three, four month before we got the material and then we started to cast them in the yard, all others had to be cast on top. And everything what you have to do on top of the bridge is more cost than to do it in the yard. But with some people before who made the design for the drainage and, and....we would have saved some money. The problem is that the company doesn't realize this one. I am in favor to put more people in the beginning on the job and if everything is running well you can reduce. If you don't do this one, then you hurry up, up to have more people than you have planed.*"[1018]

Nach den Vorbereitungen zählt zunächst jede Hand: „*That depends on how quickly you have to mobilize, this really comes from the task, if you have to mobilize at various sites already, well, then you need people to execute the job. The challenge in the beginning is that you, of course, don't get the perfect people for all the jobs. So, that means that you have to survive some times even knowing that this person is not the right one. And try to focus maybe on the most important ones and taking the risk that you have to exchange the people, you know?*"[1019]

Es ist auch kein seltener Fall, dass die Partnerunternehmen weder bezüglich der Anzahl noch bezüglich der Qualifikation über hinreichend Personal verfügen: „*Yes, but you know,* [name of Taiwanese company] *also has his own projects ongoing. So we cannot rely all the staff come from* [name of Taiwanese company]. *We had to recruit some new staff from the market and that in fact will be recruited as the progress going on. So it may not from the very beginning, it may come in the middle, even now we still have to recruit some people because we are now starting the track works.*"[1020] Es ist nicht leicht einen Auslandseinsatz abzulehnen. Allerdings scheint dies in Asien noch schwieriger als in Europa zu sein: „*That depends on our company. If company assign someone to the project, also the*

[1018] S. Interview TG5, S. 4 f.
[1019] S. Interview TG4, S. 4

individual mind is very important but generally if the company assign somebody and then he comes to the site."[1021]

Auch wenn ein asiatischer Manager meint, europäische Unternehmen könnten auf unbeschränkte Ressourcen zugreifen und nur koreanische hätte Schwierigkeiten die richtigen Leute zu finden, so handelt es sich eher um ein globales Problem: „*European system and Korean system, the biggest thing I think is the right person right places. European can have quite a big resource, you can recruit people from any place and you can find the best boy for the best position, but in our case we have already a big fixed resource to resource pool, so we have limited choice for the seniors. So in the beginning this new method, new project, new structures, we lacked proper people, experienced people. We had that problem.*"[1022] Es kann allerdings sein, dass in koreanischen Unternehmen nur langjährige Mitarbeiter für Spitzenpositionen in ICJVs in Frage kommen. Dies ist bei europäischen Unternehmen nicht der Fall: „*Yeah, we have some limited resources as I mentioned, we are not recruiting from very big market. Senior once we are selecting from our people, so we tried to find the best people for positions. We put them to the positions, of course they were not the best of the best. So in the beginning we tried, then if this guy didn't have the character we expect, then we tried to replace. And that tunnel matter, I couldn't find any other proper people, so I decided to put myself there.*"[1023]

19.5.4 Personaleinsatz i. e. S.

Für die Anforderungen in einem Großprojekt gibt es nicht genügend ausgebildete Führungskräfte. Dies gilt ganz besonders für die kleineren lokalen Partner, die noch nie in ihrer Unternehmensgeschichte an einem Großprojekt beteiligt waren und die zum guten Teil auch kaum Erfahrung im Ingenieurbau haben. Das betrifft die meisten ICJVs beim Taiwan High Speed Railway. Dann wird das Erlernen des notwendigen Handwerks nicht eine Frage der langfristigen Personalentwicklung, sondern des kurzfristigen Personaleinsatzes i. e. S.: „*Yes, actually, because in the beginning actually that* [name of German company] *and* [name of Taiwanese company] *we already have said the key positions like area manager, technical manager, okay these will be supplied by the parent company, so this means that some of the positions is supplied by* [name of Taiwanese company] *and some of the positions is by* [name of German company]. *And then from our side of course, I have found out about the qualified person to take the position. Okay, in* [name of Taiwanese company]*a little bit difficult, because they don't train, so I had to kind get it from outside. Okay to take that position, then when they start to run we, of course, start people have a different way. Because in here every manager the scope of work, the slices is more like our project manager, because we have the people, project manager, they are in charge of two to three billion NT, they are independent project manager. These people can only be here as a area manager but if they are area manager they are used to a different*

[1020] S. Interview TT5, S. 13
[1021] S. Interview TK2, S. 2
[1022] S. Interview TK3, S. 20
[1023] S. Interview TK3, S. 25

way to work, because maybe as a project manager you only give the order but in here you have to perform by yourself. So they are different, you know, type of work. They are scared."[1024]

Probleme, geeignetes Personal zu finden, gibt es aber auch bei europäischen Unternehmen. In der Folge müssen andere Manager, im folgenden Fall der Projektmanager, die Aufgaben mit betreuen und darüber ihre eigenen vernachlässigen: *„Mainly the design in the beginning and then this project here, let me say, is a project in the project, it's a difficult piece. They put a young man there, which did not have the experience. It was actually a mistake of us that we gave a young man this kind of job. But there was no old and experienced man available... So actually what I miss here, was another* [name] *here in the design. If I would have had a design manager efficient, experienced then I would have done what the first auditor sent by Essen told me: you need to do this and that and that because you need time to play golf with the client. I never got time to play golf with the client because I was chasing drawings, because that was the weak point."*[1025] Letzten Endes wurde das Problem mit dem Leiter der Entwurfsabteilung so groß, dass er ausgewechselt wurde, sobald eine erfahrenere Person zur Verfügung stand. Dies ist keine Einzelfall: *„If the decisions are not being made at the relevant level then you have to address the organization at that level. If the person doesn't have the skill you have to replace him."*[1026]

Wenn man geeignetes Personal hat, dann muss man ihnen nur alle Steine aus dem Weg räumen. Wie das zu bewerkstelligen ist, kann nicht allgemein erläutert werden: *„My policy so, we collect good staff and let them work efficiently, that's all... Main part. And how to make them so efficient every day just trial and error. I cannot see a clear direction."*[1027]

In Taiwan gab es für den High Speed Railway im ganzen Land nicht genügend Arbeitskräfte. Deshalb wurden mit Genehmigung des zuständigen Ministeriums thailändische Arbeitskräfte angeworben. Diese Arbeitskräfte waren nicht nur billiger sondern auch williger als die heimischen. Außerdem verfügen sie über Erfahrung bei Großprojekten des Ingenieurbaus: *„I think, Okay, for this project I can say, you know, we had the big advantage that, you know, the advantage are the Thai laborers from the point of costs, but also from the way how they like to work, the working hours are... Limitless, yes. Besides the Taiwanese they have a much higher income, they don't like to work all Sundays, or let's say, not even on Saturdays and Thai workers are really timeless. And this is the big advantage we knew already many times from Bangkok, so they came with us. Even I myself, when I came here many people, many Thai workers I knew, from, but it's six years ago, but I know them and they knew me. They recognized me faster than I recognized them. And I think this was a big advantage because the good thing is, Thai workers like to take over responsibility, so you need supervision, okay, you need supervision, but you can stuck back*

[1024] S. Interview TT1, S. 24 ff.

[1025] S. Interview TG10, S. 11 f.

[1026] S. Interview TG2, S. 3

a little bit because they like to take over responsibility. When we casted the first box girder here in the yard we had a little problem and okay we changed the system. We said okay, we took the Thai crew which we knew very well, they casted the next box girder, we gave them responsibility and it worked much better. Okay, we had to increase a little bit the foreign supervision also. But the second box girder came out much better than the first one. The first one could be repaired, but the second one was much better."[1028]

Auch auf den Großbaustellen führt der Einsatz von ausländischen Arbeitskräften zu Schwierigkeiten: „*Yes. Because also did we disagree often with the treatment of the Thai workers, which is sometimes very harsh, for instance they are not allowed to leave the camp so easily, very much controlled and for instance, even if they are foreman, on a higher level employed, the first three month, they get the salary of a worker. When we discovered this one, there were hard discussions. That we don't want this one, this man is employed as a foreman, he gets the salary as a foreman. So, in the beginning were really not a team, the whole yard. The Taiwanese they wanted it to do their way, and the Germans and the Thais, because they have done and mostly the Thais we have here have worked in Bangkok for us, they know how to do it and how we want to have things. But this changed then later on, that the Taiwanese were more and more integrated in it.*"[1029]

19.5.5 Personalentwicklung

Es wurde bereits ausgeführt, dass die Personalentwicklung keine originäre Aufgabe von ICJVs ist. Dazu ist der Zeithorizont selbst bei Großprojekten zu gering: Commitment to the ICJV is „*...for our* [people] *more or less easily solved, it's hard to understand for our local staff to achieve this one. It is also that most of the local staff in a joint venture are employed for these two and a half years. So for them this is a job for two and a half years. It's different with the expatriates which are, especially the Germans, working long time with the company. For them, for most of them, after this job is another job for the company usually, so they are more company related than the joint venture employees and in our case it was so, that CEC had not people they hired. There is, I think, none anymore in this job who comes originally from CEC. They were all hired for this job.*"[1030]

Daher besteht der verständliche Wunsch eine dauerhafte Präsenz vor Ort zu entwickeln, um über einen Stamm an lokalen Personal zu verfügen, der entsprechend den Anforderungen geschult werden kann: „*But in reality since we have a construction period under lots of pressure like quality then is one of the easy way to bring our staff members from Japan. But we happen is the same here, this is the easiest way but in order to be successful on the long, like from now on to the future, we need to hire more local people and we need to make our system more international. This is what I'm thinking about.*"[1031]

[1027] S. Interview, TJ5, S. 3
[1028] S. Interview TG3, S. 2 f.
[1029] S. Interview TG5, S. 17
[1030] S. Interview TG5, S. 12 f.
[1031] S. Interview TJ2, S. 20

Oft ist der einzige Ausweg, bereits bei der Einstellung nicht nur die Fähigkeiten zu betrachten, sondern auch das Lernpotenzial der Mitarbeiter. Je lernbereiter sie sind, um so schneller können sie sich den Bedingungen des ICJVs anpassen. Damit gehört auch diese Eigenschaft zu denen, die unter dem Begriff „richtige Leute" zusammengefasst werden: „*As I told, for the Thai, they don't care much. The organization, whether in one position that make you feel good or not good. But every position, before we fix, we consider the grow or the task or the capability of the person to do that one. We are not going to put just for face, just for appropriate, put the right man on the right job, that's more important to fulfill that one.*"[1032]

Auch eine teilweise hohe Fluktuation zwingt immer wieder dazu, neue Mitarbeiter einzuarbeiten. Über diese Einarbeitung kommt es natürlich auch zu einer Personalentwicklung: „*Okay, I think this is always change, we change I don't know six or seven times, we change project management, this is always change.*"[1033]

19.5.6 Personalfreisetzung

Bei der Personalfreisetzung sind drei Fälle zu unterscheiden: Kündigung wegen mangelnder Eignung für die Aufgabe, Kündigungen während der Bauzeit durch Fertigstellung bestimmter Bauteil (z.B. Gründungsarbeiten) und Beendigung von bestimmten Verrichtungen (z.B. Aufbau des QM-Handbuches) und die Kündigung zum Bauende.

Zur Personalfreisetzung zum Bauende finden sich keine Kommentare. Es scheint sich nicht um ein Problem zu handeln und dies ist auch verständlich, weil die Mitarbeiter entweder von Vornherein einen zeitlich befristeten Anstellungsvertrag mit dem ICJV abschließen oder zu den Mutterunternehmen zurückkehren. Dies ist die Sichtweise des ICJVs. Aus Sicht der Gekündigten wird dies oft zu Schwierigkeiten führen, weil nicht sofort wieder eine adäquate Arbeit gefunden werden kann. Die bei Großprojekten erworbenen Fähigkeiten werden nicht regelmäßig nachgefragt.

Auch die kontinuierliche Personalfreisetzung während der Bauzeit bereitet keine Probleme, sie kann eingeplant werden. Schwieriger ist es mit Kündigungen auf Grund mangelnder Eignung. In den asiatischen Kulturen sind Kündigungen oft nur das letzte Mittel, während sie in europäischen oder der nordamerikanischen üblich sind. Deshalb sind dann meist Expats von diesen Kündigungen betroffen und mit ihnen oft ihre mitgereisten Familien einschließlich der Kinder. Andererseits kann sich ein ICJV auch keine ungeeigneten Führungskräfte leisten. Es gibt kein Abwägen zwischen den Belangen des ICJVs und dem persönlichen Schicksal. Ein ICJV kann nur versuchen den Betroffenen die Rückführung so einfach wie möglich zu gestalten.

[1032] S. Interview BT1, S. 15
[1033] S. Interview TT3, S. 7

19.5.7 Personalmotivation und -honorierung

Im Rahmen der Motivation wird in der Literatur immer zwischen der intrinsischen (von innen kommenden) und der extrinsischen (von außen kommenden) Motivation unterschieden.[1034] Kurzfristig steht einem ICJV nur der Weg über die extrinsische Motivation offen.

Nach dem Grundmodell der Motivation (vgl. Bild 100) ist jede Person durch eine eigene Kombination von Motiven/Bedürfnissen und Zuständen/Zielen gekennzeichnet. Aus dieser Kombination erwächst die Motivation der Person. Unter diesem Konstrukt werden alle inneren aktivierenden und richtunggebenden Vorgänge verstanden, die für die Auswahl und Stärke von Verhaltenstendenzen maßgebend sind.[1035] Zu unterscheiden sind davon die Motive, die Beweggründe für ein Verhalten sind. Motivation ist das Bündel des Umgangs mit Motiven, Bedürfnissen, Zuständen und Zielen. Motivation wirkt unmittelbar handlungsleitend.

Die Motivation von Mitarbeitern ist deshalb so wichtig, weil sie sich unmittelbar auf die Leistung auswirkt. Nach SCHANZ gilt Leistung = f (Fähigkeit x Motivation).[1036] Im Rahmen der extrinsischen Motivation ist es nun möglich, über die Ausgestaltung der Situation Anreize zu schaffen, welche die Motive, Bedürfnisse, Zustände und Ziele der Mitarbeiter so ansprechen, dass daraus eine Motivation erwächst, die das erwünschte Verhalten fördert.

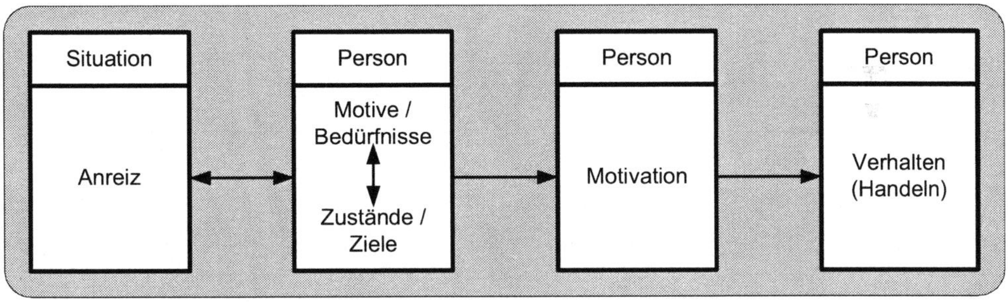

Bild 100: Grundmodell der Motivation[1037]
Fig. 100: Basic Model of Motivation

Bei der Personalmotivation wird besondere Beachtung dem Arbeitsentgelt, dem Arbeitsinhalt und der Arbeitszeit geschenkt.[1038] Arbeitszeit spielt bei ICJVs eine andere Rolle als im Inland. Für Expats werden regelmäßig und freiwillig deutlich längere Arbeitszeiten vereinbart (ungefähr 60 Stunden an sechs Wochentagen). Zumindest

[1034] Vgl. SCHÖNPFLUG / SCHÖNPFLUG (Psychologie 1997), S. 322 ff.
[1035] Vgl. DORSCH (Psychologisches Wörterbuch 1994), S. 490 f.
[1036] Vgl. SCHANZ (Verhalten 1978), S. 82 ff.
[1037] Vgl. WEIBLER (Personalführung II 2002), S. 33
[1038] Vgl. STAEHLE (Management 1991), S. 751

in Asien haben auch die Diskussion um kürzere Arbeitszeiten weniger Gewicht. Dadurch kommt der Entlohnung eine noch größere Bedeutung zu.

Fast wie ein Glaubenssatz wird dies wiederholt: „*Money as an incentive is always important.*"[1039]

Auch über die Arbeitsinhalte wird nachgedacht. Zum einen können Vorgesetzte oder Mitarbeiter motivieren, aber auch eine größere Eigenständigkeit: „*No, it's a developing job anyway. And then this is another task, but again, as I said before, if you have the right people in the right positions then they are the motivators. If you have the wrong people there, they can destroy the motivation of people you have known from before that they were great, but they really lose interest.*"[1040] Oder: „*I think, if you have the right staff you could organize as you said differently. Let's say the idea is that you give them more costing responsibility, but you need of course also staff, engineers who are very much looking into this and this is, I feel with the staff we have here, this is not yet or would not yet work out. This is maybe a goal one could have for future projects.*"[1041]

19.5.8 Personalverwaltung und -rechnung

Diese beiden Punkte wurden bereits in Abschnitt 14.1.1.7 behandelt. Besonders der ausländische Partner muss sich in das Arbeitsrecht des jeweiligen Landes einarbeiten. Ebenfalls wichtig ist es sich auf ein Abrechnungssystem zu einigen. Dies wurde bereits in einem früheren Zitat angesprochen.

19.5.9 Expats

Die Effektivität des Auslandseinsatzes von Mitarbeitern ist eines der Lieblingsthema der Literatur. So behandelt ADLER beispielsweise die folgenden Punkte auf über 40 Seiten (mehr als zehn Prozent ihres Buches über internationales organisationales Verhalten): Entering a new culture – managing expatriates effectively – reentering one's own culture – professional reentry underutilized global managers – coaching women.[1042] Andere Quellen sind DANIELS / RADEBAUGH (International management development)[1043], MEAD (Training for an expatriate assignment)[1044], OECHSLER (Auswahl, Vorbereitung und Entsendung)[1045] und STÜDLEIN (Integration und Zusammenarbeit)[1046]. Mit Hilfe einer intensiven Literaturrecherche könnte diese Liste deutlich verlängert werden.

[1039] S. Interview BG3, S. 11
[1040] S. Interview TG4, S. 7
[1041] S. Interview TG8, S. 4
[1042] Vgl. ADLER (Organizational Behavior 2002), S. 257 ff.
[1043] Vgl. DANIELS / RADEBAUGH (Int'l Business 1995), S. 745 ff.
[1044] Vgl. MEAD (Int'l Management 1994), S. 407 ff.
[1045] Vgl. OECHSLER (Entsendung 1997), S. 769 ff.
[1046] Vgl. STÜDLEIN (Kulturelle Perspektive 1997), S. 317 ff.

Die gängige Praxis in der deutschen Bauindustrie ist anders als in der Literatur beschrieben und dies kann am besten mit einer Anekdote beschrieben werden: Als der Autor als Projektleiter für den BangNa Expressway nach Thailand geschickt wurde, verfügte er zwar über Auslandserfahrung jedoch war er noch nie (auch nicht im Urlaub) in Asien. Er meldete beim Direktor der Auslandsabteilung eines der zehn größten internationalen Bauunternehmen Bedenken an. Die Antwort bestand in dem Tipp am ersten Wochenende einen der wunderschönen Tempel in Bangkok zu besuchen und damit hätte man es geschafft. Die anderen Tempel seien alle ähnlich. Es ist nicht so, dass der Direktor nicht gewusst hätte, wovon er redete. Er hatte selbst ein Jahr in Bangkok verbracht. Kultur ist für die meisten Bauunternehmen kein drängendes Problem. Ob jemand im Ausland Erfolg hat oder nicht ist eine Frage der Persönlichkeit.

Auftretende Probleme werden als Einzelfälle betrachtet und als solche behandelt. Dabei sind die Probleme nicht immer gering. Der Autor hat einen Mord und weitere Morddrohungen auf Grund eines nicht adäquaten kulturellen Verhaltens in seinem Umkreis miterlebt. Dazu kommt eine große Vielzahl kleinerer Schwierigkeiten. Jeder, der im Ausland gearbeitet hat, kann selbst etliche Geschichten beitragen. Auf der Ebene des Stammhauses ändert dies nichts. Es gibt keine Vorbereitung, keine Eingliederungshilfe und keine Rückkehrhilfe.

19.5.10 Zusammenfassung Personaleinsatz

Die wichtigste Erkenntnis ist der enge Zusammenhang zwischen Organisation und Personaleinsatz. Die Organisationsstruktur kann nur durch die „richtigen Leute“ den gewünschten Erfolg herbeiführen (vgl. Bild 101).

„Richtige Leute“ verfügen über Erfahrung, die für ihre jeweilige Stelle notwendigen Fähigkeiten und entsprechende Charaktereigenschaften. Diese hängen von der Kultur ab, so müssen Thais z.B. entgegen ihrer Sozialisation durchsetzungswillig sein.

Die Qualität und Quantität des Personals wird in der Bedarfsplanung festgelegt und dabei wird zwischen Expats, Locals und Third Country Nationals unterschieden. Nach der Planung folgt die Beschaffung und zum Ende die Freisetzung. Während des Beschäftigungsverhältnisses wird das Personal (in bescheidenem Maße) entwickelt. Große Bedeutung hat die Personalmotivation und die damit verbundene Honorierung. Bei dem letzten Begriff ist an seine unmittelbare Bedeutung anzuknüpfen (Anerkennung, Würdigung, Abgeltung). Zu den Mitteln zählen deshalb neben dem Gehalt sowohl Gespräche als auch Verantwortung.

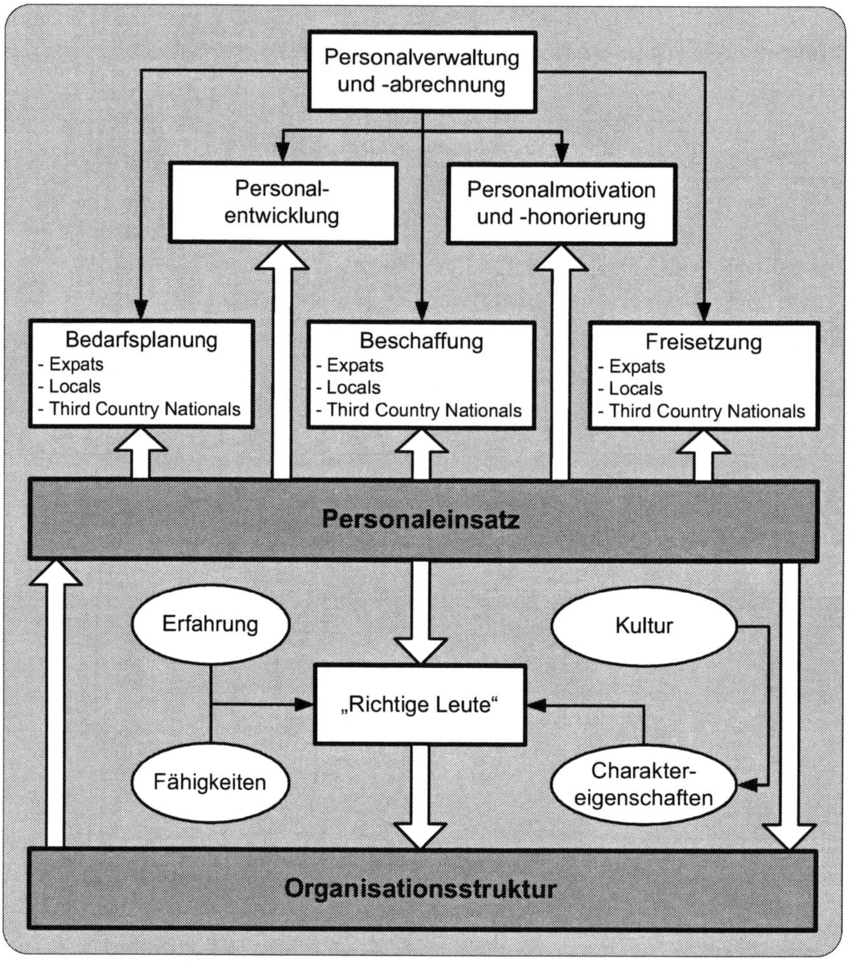

Bild 101: Managementfunktion Personaleinsatz
Fig. 101: Management Function Personnel

19.6 Führung

Zunächst ist die Bedeutung des Begriffs „Führung" für diese Arbeit zu klären. An vielen Stellen werden die Begriffe „Führung" und „Management" als Synonyme verwendet.[1047] Dementsprechend wird das Fach „Management" oft mit der Unternehmensführung gleichgesetzt.[1048] Viele andere Autoren von Managementbüchern sehen den Begriff eher auf operationaler Ebene als das Einwirken auf Personen und

[1047] Vgl. THOMMEN / ACHLEITNER (Allgemeine BWL 2005), S. 833
[1048] Vgl. SCHULTZ (Betriebswirtschaft 2006), S. 29 ff.

Gruppen (ADLER[1049]; BATEMAN / SNELL[1050]; KERZNER[1051]; SCHERMERHORN / HUNT / OSBORN[1052]; STEINMANN / SCHREYÖGG[1053]). STAEHLE und BEA / FRIEDL / SCHWEITZER unterscheiden allerdings mit vielen anderen zwischen den beiden Verwendungsformen und benutzen sie nebeneinander. Danach ist Führung einmal die zielorientierte Gestaltung von Unternehmen (betriebsbezogen und betriebswissenschaftlich) und dann die zielorientierte Beeinflussung von Personen (verhaltenswissenschaftlich).[1054, 1055] Es ist klar, dass für diese Arbeit Führung als Beeinflussung von Personen gesehen wird, sonst könnte es keine Funktion des Managements sein. Diesem Verständnis von Führung entsprechen die englischen Begriffe „Leadership" und „Directing". In der unmittelbaren Literatur zum Thema „Führung" wird die gewählte Definition ausschließlich benutzt.[1056, 1057, 1058, 1059, 1060]

Für den Begriff der Führung wird folgende Definition gewählt:

- Führung = (def.) Führung ist die zielorientierte Beeinflussung von Mitarbeitern.[1061]

Im Folgenden werden zunächst das Konstrukt der Führung und verschiedene Führungsstile beschrieben (Abschnitt 19.6.1), danach werden einige relevante Führungstheorien knapp skizziert (Abschnitt 19.6.2). Anschließend wird das Führungsmodell für ICJVs aus den Beiträgen den Befragten und im Abgleich mit der Literatur aufgebaut.

19.6.1 Führung, Führungseigenschaften und Führungsstile

Führung besteht im internationalen Kontext aus mindestens sechs Variablen: Führender, Geführte, soziale Interaktion, Führungssituation, Landeskultur und dem Führungserfolg (s. Bild 102).

[1049] Vgl. ADLER (Organizational Behavior 2002), S. 165
[1050] Vgl. BATEMAN / SNELL (Management 2002), S. 378
[1051] Vgl. KERZNER (Project Management 1998), S. 227 ff.
[1052] Vgl. SCHERMERHORN / HUNT / OSBORN (Organizational Behavior 2000), S. 285 ff.
[1053] Vgl. STEINMANN / SCHREYÖGG (Management 2005), S.645 ff.
[1054] Vgl. STAEHLE (Management 1991), S. 66
[1055] Vgl. BEA / FRIEDL / SCHWEITZER (Betriebswirtschaftslehre 2005), S. 1
[1056] Vgl. WUNDERER / GRUNWALD (Führungslehre 1980), S. 62
[1057] Vgl. KOSSBIEL (Personalführung1990), S. 1140
[1058] Vgl. BAUMGARTEN (Führungsstile 1977), S. 9
[1059] Vgl. BLEICHER / MEYER (Führung 1976), S. 38
[1060] Vgl. STEINLE (Führung 1978), S. 27
[1061] Vgl. BEA (Führung 2005), S. 1

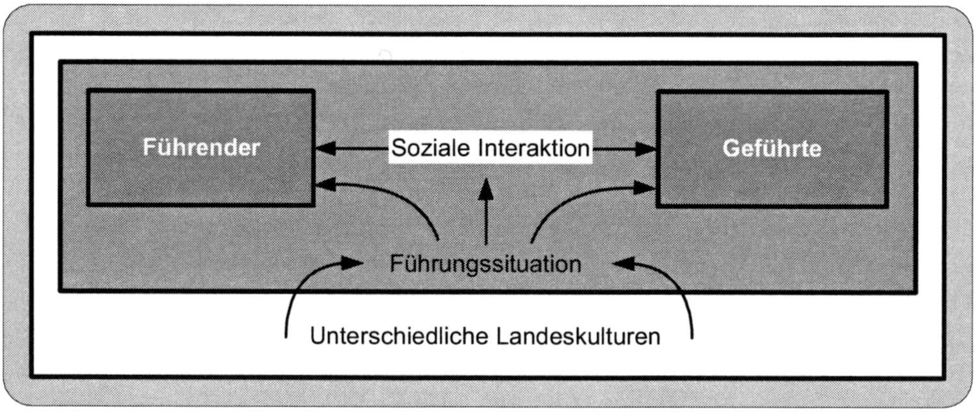

Bild 102: Grundmodell einer Führungsbeziehung
Fig. 102: Basic Model of Leadership Relations

Ohne eine Person, die Anspruch auf Führung erhebt, gibt es diese nicht. Dies klingt banal im Zusammenhang mit ICJVs, weil ja die Organisationsstruktur einigen Personen die Aufgabe der Führung zuweist und sie mit entsprechenden Kompetenzen ausstattet. Hierdurch wird der Führungsanspruch legitimiert. Neben der Legitimation gibt es weitere Machtbasen, etwa Belohnungsmacht, Bestrafungsmacht, Expertentum und Vorbildsfunktion des Führenden.[1062] Ohne Mitarbeiter, die sich führen lassen, gibt es ebenfalls keine Führung. Dies ist weit weniger banal als der umgekehrte Fall, auch wenn wiederum die Struktur das Verhältnis grundsätzlich regelt. Mitarbeiter können sich der Führung z.B. durch innere Kündigung entziehen. Besonders bei den Geführten muss eine hinreichende Motivation vorliegen. Als dritte Kernvariable der Führung bedarf es zwangsläufig eines Austausches, einer Interaktion zwischen Führendem und Geführten. Diese vollzieht weitgehend durch Kommunikation und Sinngebung. Die soziale Interaktion ist wechselseitig, aber asymmetrisch hin zum Führenden verschoben. Diese Triade aus Führendem, Geführten und ihrer Interaktion unterliegt externen Moderatorvariablen, die als Führungssituation zusammengefasst werden können. Dazu zählt insbesondere die Organisation (ICJV) und die Aufgabe (Großprojekt). Im internationalen Rahmen wird das Gesamtverständnis der Führung durch die unterschiedlichen Landeskulturen beeinflusst.[1063]

Die einfachste Erklärung für Führung findet sich in der Vorstellung, dass es „geborene“ Führer gibt. Dieses ist die Grundannahme des Eigenschaftsansatzes der Führung. Allerdings gibt es keine empirisch nachgewiesenen Belege für diesen Ansatz. MANN hat in einer Meta-Studie, bei der er alle verfügbaren Ergebnisse von 1900 bis 1957 (also in der Hochzeit des Eigenschaftsansatzes) auswertete, 500 unter-

[1062] Vgl. FRENCH /RAVEN (Social Power 1959)
[1063] Vgl. WEIBLER (Personalführung I 2002), S. 47 ff.

schiedliche Eigenschaften präsentiert. Dabei sind die Ergebnisse der Studien widersprüchlich. Ein etwas vereinfachtes Ergebnis ist, dass Intelligenz nicht schadet.[1064] Ergebnis einer weiteren Meta-Studie von STODGILL ist eine festgestellte Kovariation der Eigenschaften des Führenden und der Führungssituation. Dies deutet auf einen situativen und nicht auf einen Eigenschaftsansatz hin.[1065]

Eine Typologie verschiedener Führungsstile haben TANNENBAUM / SCHMIDT geliefert. Sie unterscheiden entlang eines Kontinuums mit den Endpunkten autoritärer und kooperativer Führungsstil folgende sechs Ausprägungen: autoritär, patriarchalisch, beratend, konsultativ, partizipativ und delegativ (mit zwei Unterausprägungen). Diese sind in Bild 103 zusammengefasst.

Einfache Modelle der Führung untersuchen zwei der Variablen aus dem Grundmodell der Führungsbeziehungen (vgl. Bild 102). VROOM / YETTON leiten einen effizienten Führungsstil aus der Situation ab. Ihr Modell ist normativ.[1066] FLEISHMAN / QUAINTANCE entwickeln die beiden voneinander unabhängigen Dimensionen Mitarbeiter- und Aufgabenorientierung. Hierbei handelt es sich um eine deskriptive mehrdimensionale Betrachtung der Führung.[1067] Ebenfalls deskriptiv ist das Verhaltensgitter von BLAKE / MOUTON. Es handelt sich um eine Weiterentwicklung des zweidimensionalen Rasters, das wiederum mit den beiden Dimensionen Mitarbeiter- und Aufgabenorientierung arbeitet.[1068] Die beiden deskriptiven Modelle erlauben natürlich, auch nach einer Analyse des eigenen Verhaltens, dieses in bestimmten Situationen in eine andere Richtung zu entwickeln. Beide Modelle zeigen dazu Tendenzen auf.

[1064] Vgl. MANN (Leadership 1959), S. 241 ff.
[1065] Vgl. STODGILL (Leadership 1974)
[1066] Vgl. VROOM / YETTON (Leadership 1973)
[1067] Vgl. FLEISHMAN / QUAINTANCE (Human Performance 1984)
[1068] Vgl. BLAKE / MOUTON (Managerial Grid 1964)

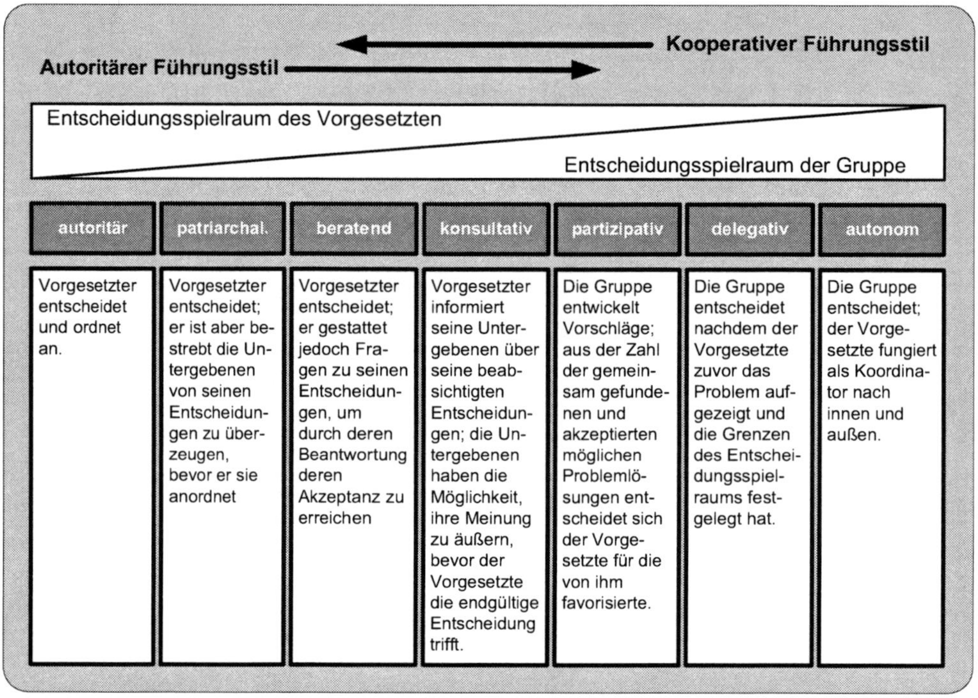

Bild 103: Typologie der Führungsstile[1069]
Fig. 103: Typology of Leadership Styles

Ein letztes sehr bekanntes Modell ist das Reifegrad-Modell von HERSEY / BLANCHARD. Diese setzt den effizienten Führungsstil in Abhängigkeit von Eignung und Motivation der Mitarbeiter. Konsequenz dieses Modells ist, dass bei unterschiedlichen Mitarbeitergruppen auch unterschiedliche Führungsstile Erfolg versprechen. Gerade bei ICJVs treffen oft sehr unterschiedliche Gruppen aufeinander. Auf der einen Seite hervorragend ausgebildete Mitarbeiter aus dem Ausland und ebensolche unter den Ingenieuren und Kaufleuten des Inlandes und auf der anderen Seite angelernte Arbeitskräfte für die Bauausführung. Das Reifegrad-Modell empfiehlt dann auch einen delegativen/partizipativen Stil einerseits und einen patriarchalischen/autoritären andererseits (s. Bild 104).

[1069] Vgl. TANNENBAUM / SCHMIDT (Leadership Pattern 1958), S. 96

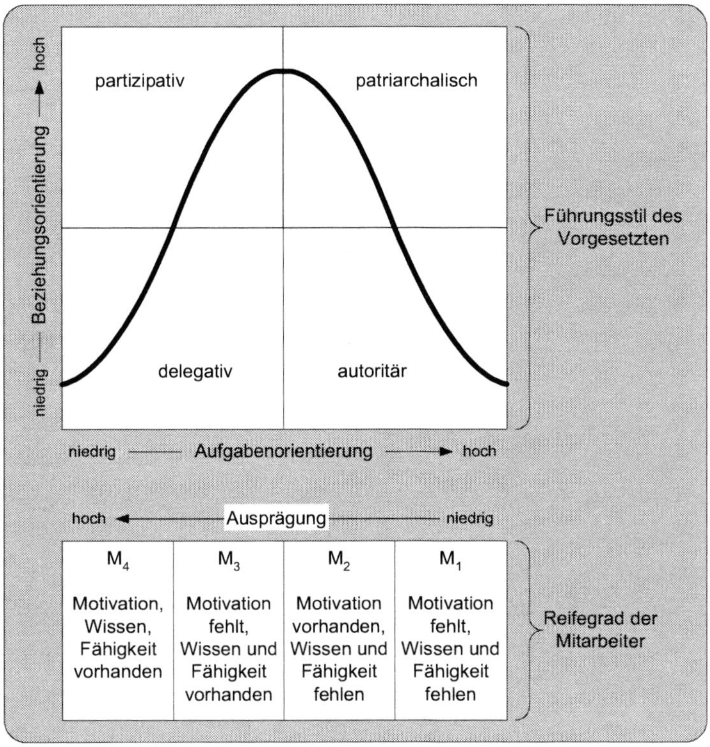

Bild 104: Reifegrad-Modell der Führung[1070]
Fig. 104: Maturity Grid of Leadership

19.6.2 Führungstheorien

Hinter den beschriebenen Eigenschaften und Stilen der Führung stehen bestimmt Theorien, wie etwa die Eigenschaftstheorie oder Situationstheorien. Hiernach hängt der Führungserfolg nicht von den Eigenschaften des Führenden, sondern von dem situativen Kontext der Führung ab.[1071] Während die Eigenschaftstheorie gar keinen Ansatz für eine interkulturelle Führung bietet (ein Führender hat ja nur in seiner Kultur die geforderten Eigenschaften), vernachlässigen die Situationstheorien diesen Zusammenhang.

Interaktionstheorien basieren auf gruppendynamischen und rollentheoretischen Ansätzen und betonen besonders die Interaktion innerhalb des Konstrukts Führung. HOFSTÄTTER hat dazu ein Modell entwickelt, dass die Eigenschaften, Erwartungen, Erfahrungen und die Situation von Führendem und Geführten in Beziehung setzt. Dies ermöglicht bereits die Einbeziehung eines kulturellen Kontextes, da z.B. zwi-

[1070] Vgl. HERSEY / BLANCHARD (Management 1982), S. 152
[1071] Vgl. KUNCZIK (Führung 1972), S. 279

schen den Erfahrungen des Führenden und der Geführten unterschieden wird (vgl. Bild 105).

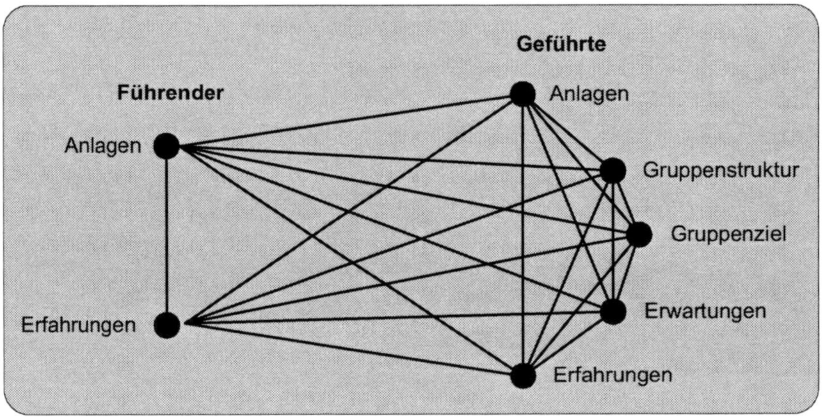

Bild 105: Interaktionsmodell der Führung[1072]
Fig. 105: Interaction Model of Leadership

Erwartungstheorien stellen die Erwartungen der Geführten in den Mittelpunkt, die sie an den Führenden richten. Der Führende soll ihnen helfen und das erreichen der gesetzten Ziele ermöglichen. Dabei bekommt die Motivation eine besondere Bedeutung. Darüber hinaus wird noch die Aufgabenstrukturiertheit als Gesichtspunkt berücksichtigt. Je unstrukturierter eine Aufgabe, um so mehr Hilfe wird erwartet.[1073]

Austauschtheorien erklären Führung auf der Basis von Aufwand und Ertrag und zwar aus der Sichte der Geführten. So bietet in dem Führungsmodell von HOLLANDER der Führende Kompetenz und Einsatz und erhält dafür von den Geführten Unterstützung, Gehorsam und Anerkennung, allerdings nur solange der Austausch als gerecht empfunden wird.[1074]

Attributionstheorien erklären Führung als eine Suche nach Sinnfindung in einer Führungssituation. Somit wird Führung von der Wahrnehmung der Geführten abhängig.[1075] Grundlage ist das Kovariationsprinzip, wonach aus einer Anzahl von Möglichkeiten die Wirkung derjenigen zugeschrieben wird, die über die Zeit hinweg mit ihr gemeinsam auftritt. Grundsätzliche Attributionsobjekte sind Aufgaben, Situationen und Personen. Wenn also Erfolg im Zusammenhang mit dem Handeln einer Person auftritt, dann wird ihm in einer Führungssituation eine Führungseigenschaft zugeschrieben.[1076] Diese Beobachtungen werden mit der Zeit generalisiert. Am Ende

---

[1072] Vgl. HOFSTÄTTER (Sozialpsychologie 1973), S. 349
[1073] Vgl. STAEHLE (Management 1991), S. 331 ff.
[1074] Vgl. HOLLANDER (Status 1958), S. 117 ff.
[1075] Vgl. CALDER (Attribution 1977), S. 202
[1076] Vgl. WEIBLER (Personalführung I 2002), S. 95 ff.

des Attributionsprozesses steht eine kulturabhängige Vorstellung von einem Prototyp eines Führenden.[1077]

Von der erläuterten Theorien sind grundsätzlich Interaktionstheorien, Austauschtheorien und Attributionstheorien geeignet, Führung als ein interkulturelles Problem zu erfassen.

19.6.3 Interkulturelle Führung

Alle bisher vorgestellten Modelle haben eines gemeinsam, es sind westliche und damit von der Genese her kulturspezifische Modelle. Es ist fraglich, ob diese Modelle in alle Welt und auf alle ICJVS übertragen werden können. TOLLGERDT-ANDERSON hat in einer empirischen Studie festgestellt, dass beispielsweise die Führungseigenschaft Kooperationsfähigkeit abhängig ist von der Ausprägung kultureller Dimensionen. Sie wird in nordischen Ländern Europas deutlich mehr von einer Führungsperson gefordert als in den südlichen. Dies korreliert besonders mit einer schwachen Unsicherheitsvermeidung und nachrangig mit einer geringen Maskulinität.[1078] Für viele andere Führungseigenschaften und eine effizienten Führungsstil ist natürlich auch die Machtdistanz von ausschlaggebender Bedeutung. Einen Erklärungsrahmen bietet hier die Attributionstheorie.

Bei diesen Schwierigkeiten setzt die Globe-Studie an, die das globale Führungsverhalten untersucht. Es handelt sich um einen Verbund von Forschern aus 62 unterschiedlichen Ländern. Die Grundlage der Untersuchung ist ein theoretischer Bezugsrahmen, der als Grundannahme voraussetzt, dass die Landeskultur einen Einfluss auf die erwarteten Charakteristika und Verhaltensweisen von Führenden hat (vgl. Bild 106).

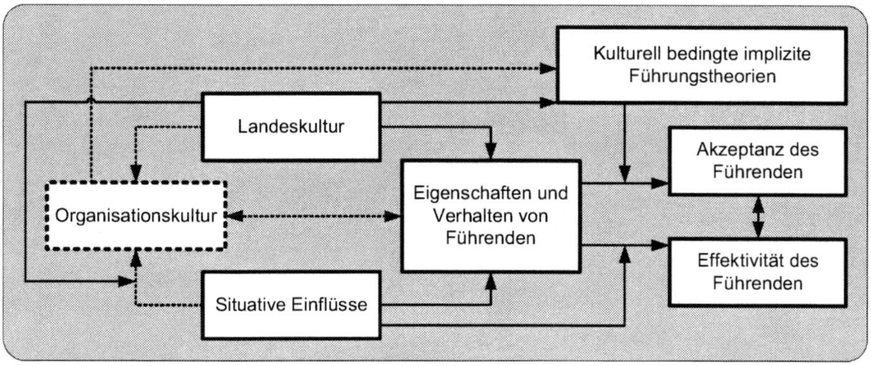

Bild 106: Theoretischer Bezugsrahmen der Globe-Studie[1079]
Fig. 106: The Globe Theoretical Model

[1077] Vgl. STAEHLE (Management 1991), S. 345
[1078] Vgl. TOLLGERDT-ANDERSON (Attitudes 1996), S. 166 ff.
[1079] Vgl. WEIBLER (Personalführung V 2002), S. 48 ff.

Wenn man bedenkt, dass die Organisationskultur in einem ICJV wegen der kurzen Lebensdauer schwach ausgeprägt ist, dann vereinfacht sich der Bezugsrahmen beträchtlich. Aus diesem Grund ist auch das entsprechende Kästchen in Bild 106 gestrichelt. In dem Modell sind dann Elemente einer Situationstheorie, einer Attributionstheorie und einer kulturellen Führungstheorie vereint.

Dieses Modell kann auch für die Zwecke eines ICJVs besser als Bezugsrahmen dienen als jede der vorgestellten einzelnen Theorien. Allerdings wird sich zeigen, dass in den Befragungen immer wieder auf andere Theorien zurück gegriffen wird. Dabei zeigen sich die impliziten Führungstheorien. Die besonderen Einflüsse von Großprojekten werden unter dem Begriff der situativen Einflüsse subsumiert.

19.6.4 Bedeutung von Führung in ICJVs

Zunächst ist zu klären, ob Führung in ICJVs eine hohe Bedeutung zugemessen wird oder ob es sich bei diesem Konstrukt um eine Schimäre handelt. Besondere Bedeutung wird der Führung zugewiesen als dem Instrument, durch das die generelle Richtung und Koordination im Einzelvollzug sicher gestellt wird: „*Very important, the leadership have to point out how to the contract go, how everyone within the joint venture have to do. I think, very important.*"[1080] Dies sieht der eben zitierte thailändische Manager ähnlich wie der folgende deutsche. Allerdings betont dieser eher den Gesichtspunkt einer delegativen Führung: „*I think to a certain extent leadership is important, so you have to guide the people in a certain direction. It's not in that sense that you have to tell them to do this but you have to sell your ideas and make them aware of what we are in principle after and then let them do their work. So not to interfere too much with their work. It's such a project so many things come up every day you cannot do this, so you have to have these people that understand the basics of the work and then do it then by themselves.*"[1081] Neben der Richtung und der delegativen Führung ist auch die Teambildung ein wichtiger Aspekt der Führung: „*Not comment in particular, but in the whole. The leadership I compare with other joint venture that I have the experience. Even the new one BBCT or whatever, the leadership of the project management is very important. Because each one in organization like a football team, everybody have their role to play at best. And one may have the effect to others, that why the project management have to be the good leadership to say, okay your role is like this, okay that will be enough and this we have to go ahead, something like this. Because they to balancing of the organization in order to achieve the big goal of the firm.*"[1082] Die Bildung eines Teams erlaubt es dann auch, Mitarbeiter mit einzelnen Schwächen zu integrieren: „*Okay, again important just to form this team and to make like for me, for example, I came here, I had no international experience, so personal leadership was very helpful for me to get integrated in this team, not to stand outside and to be left outside. This is what management leadership is very helpful,*

[1080] S. Interview BT2, S. 5
[1081] S. Interview TG11, S. 8
[1082] S. Interview BT5, S. 4

important for a team."[1083] Hierbei wird auch deutlich, dass es zwei unterschiedliche Führungssituationen gibt: eine dyadische zwischen dem Führenden und dem Geführten und eine weiter zwischen dem Führenden und einer Gruppe (Team).

Führung wird auf allen Ebenen gefordert. Dies gilt für das Topmanagement (Projektmanager und Abteilungsleiter), für den mittleren Führungskreis (z.B. Abschnittsbauleiter) und für die Ausführungsebene (Poliere). Ein besonderer Einfluss wird dabei der Spitze zugemessen: *„It starts with one person and if the top is not leading then you will hardly find the level below who are then the leaders."*[1084]

Aufgaben der Führung für das Topmanagement ist es, einen (relative) weiten Planungshorizont auszufüllen: *„My point of view the leadership should be, think ahead, that they know what will happen and they plan before the problem is occur. Let's say, they have to organize everything. And they have to get the best competence of each other. To share to the project. It doesn't mean that okay this problem is your and you have to solve it. But they have to think ahead how they get the best ability of each other. Put in the project management."*[1085] Dabei ist es wichtig, künftige Probleme und organisatorische Schwächen vorauszusehen und Maßnahmen zu ihrer Beseitigung zu treffen: *„Of course there is an influence. If you have a weak person at the top, the organization is weak. If you have a strong person at the top, it helps the organization. With a strong person, somebody providing good leadership, can't overcome the problems of a weak organization, they will help but if you are left with the weak organization, your profitability won't change very dramatically, but what should be the effect of strong leadership or strong management is, that they can identify where the weaknesses are then fix those weaknesses, which improves your profitability. So in terms of how much effect the leadership has on the final profitability of the project is more on his ability to identify where the weaknesses are and to fix those weaknesses."*[1086]

Zum Topmanagement gehört nicht nur Führung von Seiten des Projektmanagers. Führung wird von vielen Stellen erwartet: *„This one you anyway have to do within the construction department. But a joint venture is not only, or such a project is not only the construction, there is the design, we have in both projects here and in BangNa were design and built, which is independent from the construction management. There is the cost control and all this one, they need also somebody. Also the construction manager needs somebody who says, this is the way we want to go."*[1087] Ganz ähnlich sieht das auch ein taiwanischer Manager: *„The leadership is also very important, especially, not only the site managers, but also in this head office as we did compare, in C210 and in C215 in fact it should be very different style for this two contracts from what I heard. I think in 210 they have a more effective way control by head office. But in this project okay because of the style of the managers, in fact he already assigned most of his right to the site managers. So each*

[1083] S. Interview TG6, S. 4
[1084] S. Interview TG5, S. 5
[1085] S. Interview BT5, S. 5
[1086] S. Interview TG2, S. 3
[1087] S. Interview TG5, S. 5

site manager in fact control the progress, the quality and even the profit for that site."[1088] Er beschreibt hierbei ein japanisches Modell, dem er selbst skeptisch gegenüber steht.

Die Führungsverantwortung der Abschnittsbauleiter wird an einer späteren Stelle beschrieben, die für die Vorarbeiter und Poliere im folgenden Zitat eines japanischen Managers, der dabei auch die Bedeutung von bereits bestehenden Führungsstrukturen und die gemeinsame Sprache betont. Der letzte Aspekt bezieht sich hier nur auf den wörtlichen Sinn, aber man kann es sich auch in einem übertragenen Sinn vorstellen. „*Leadership important, yes. Leadership is also important, for instance, we have like foremen, most of the Taiwanese, most of them Taiwanese the foreman, if he doesn't know how to handle his own workers, or sometimes the foreman comes from the same village than the workers. This is maybe the strongest team because they know each other and the workers know what the foreman is thinking about. But in some case we just hire foreman and assign one like to control one team of twenty people. But today sometimes they don't, even in Taiwan a couple of different dialects. If the foreman in some cases doesn't speak Taiwanese, the dialect, it is a little bit difficult to communicate with them.*"[1089]

Es gibt auch Gedanken über die unterschiedliche Motivation entsprechend der hierarchischen Einstufung. Dabei klingen ein wenig die Ideen der Motivationspyramide von MASLOW an.[1090] Auf der einen Seite steht die Befriedigung von Defizitbedürfnissen, die mit Geld befriedigt werden können, auf der anderen Seite sind es Wachstumsbedürfnisse auf der Suche nach Wertschätzung und Selbstverwirklichung: „*Okay, main, it depends on what level. Let's say the lower level of the workforce the main motivation actually is the money, is the income. It's for sure. Also strong motivation if you go high up, what there might be also other things important. Okay? Everything which in the end comes what may boost a little bit, their are ego: having the chance to go high up in the hierarchy of your mother company or even simply, very important for many people and I think it's a good thing, having success. Saying something, yeah, I was a part of this. We have done this, we have achieved this. I think from, yeah, it is one of the very important motivations. And people should be able to feel this.*"[1091]

19.6.5 Eigenschaften und Verhalten von Führenden

Entsprechend dem gewählten theoretischen Rahmen ist anzunehmen, dass asiatische und europäische Manager unterschiedliche Attributionen vornehmen, die durch die jeweilige Landeskultur beeinflusst wird. Dies wird sich auch in den folgenden Beiträgen zeigen. Nicht überraschend ist, dass beispielsweise Japaner und Taiwanesen unterschiedliche Vorstellungen vertreten. Schließlich gibt es keine asiatische Landeskultur! Das soll auch nicht durch die beiden folgenden Gliederungs-

---

[1088] S. Interview TT5, S. 4
[1089] S. Interview TJ2, S. 10
[1090] Vgl. STEINMANN / SCHREYÖGG (Management 2005), S. 550 ff.
[1091] S. Interview BG2, S. 10

punkte angedeutet werden. Bei dem Umfang des Datenmaterials reicht eine solche Gliederungstiefe aus, sie ist praktisch.

Zunächst wird – beliebig – die europäische Sichtweise geschildert. Dabei werden auch Fremdbeobachtungen am Ende erwähnt. Im zweiten Unterabschnitt gehört den asiatischen Managern das Wort. Die Gliederung ist in beiden Fällen gleich: Eigenschaften, Verhalten, Fremdsicht.

19.6.5.1 Europäische Sichtweise

Viele Manager sind ziemlich unbarmherzig und verlangen von einem Führenden sehr viel. Er muss besser sein als seine Mitarbeiter. Da nicht angegeben wird, worin er besser sein soll, muss man annehmen, diese Forderung gelte in jeder Hinsicht. Er darf keine Schwäche haben: *„Leadership is very important. You see, I always say that the people who are, let's say a site manager, for me there was always three types of site manager. The best type is, when he is better than his people. A good type is, if he is as good as his people and the worst type is if he is worse than his people. And always, I mean with the first two, you can work but ideal is if he is better than his people... In every aspect, he must be a leader. He must know if a situation comes up what to do and how to handle it. And he should show no weakness ."*[1092] Außerdem soll er Respekt erheischen: *„I think just to a greater extent the people need somebody whom they respect as a leader of the project and follow him, yes."*[1093]

Allerdings hat sich das Anforderungsprofil an Projektmanager geändert. Das frühere Gebaren als „kleiner Diktator“ ist bei den heutigen Großprojekten nicht mehr der Aufgabe angemessen, wie die folgende Frage und deren Beantwortung zeigen.

Frage: *„From your experience, if you now take the time now and then, did the project managers in the old days, were they more authoritative and now you said you want to have more a team player?"*

Antwort: „Yeah"

Antwort: *„Dictators, yeah"*

Antwort: *„Yeah, it's correct, the change is completely different because the role of these project managers is more and more political thinking and keeping, let's say, the team working and building up actually a strong figure against the client."*[1094]

Ein Manager muss intuitiv die Schwierigkeiten auffassen und sie beseitigen. Die Planung ist dabei nur ein Hilfsmittel, die Intuition eine geforderte Eigenschaft: *„Anybody, I can see that in construction, that anybody that has real construction expertise can walk into an area where there are problems and identify them straightaway. It's a feel that you have, it's not difficult to see that something is not working as it should. I expect those sort of skills or I try to staff a project where the people in the key area have those skills, that they don't*

[1092] S. Interview BG3, S. 5

[1093] S. Interview TG5, S. 5

[1094] S. Interview TG9, S. 3 f.

need to sit down and look at a graph to know that it's not working. If they have done their planning they know what they got to achieve, they should know very quickly if they are achieving it or not. The senior management, the one should also know what's got to be achieved and should have the systems in place to be able to quickly look at everything and see what is being achieved. He should have the cost control systems in place and the scheduling in place to control the money and the time."[1095]

Führende müssen auch bereit sein, selbst das zu leisten, was sie von anderen verlangen: *„Yes, I think, if you want to achieve something and you want to do something on a construction site, you order something you must be willing to do it yourself. And not say, we have to increase our production and if somebody asks you how, you say I don't know that's your business. That's wrong."*[1096] Diese Aussage stammt von dem ältesten der Befragten und durch sie wird ein Konflikt deutlich. Einerseits wird immer wieder die Delegation von Aufgaben gefordert, andererseits soll in dem obigen Zitat ein Führender alle Aufgaben selbst ausführen können. Diese Aussage steht gewissermaßen an der Schnittstelle zwischen der alten und der neuen Zeit. Sie ist geprägt vom Bild des allwissenden Diktators. In anderen Aussagen gab der Befragte jedoch zu erkennen, dass auch er den weiter oben beschriebenen Rollenwechsel für die Führung sieht. Diese andere Rolle des Projektmanagers wird im Folgenden beschrieben. Dabei wird auch deutlich, dass die Hierarchie eine Dezentralisation durchaus unterstützen kann: *„But, and this was in BangNa and here is the same more or less, no interference in the construction job because the role of a project manager is different and this is also something here: we have sometimes problems, that the Chinese tradition is that they just go to a foreman and tell him something. And the foreman reports sometimes direct to the project manager, because it's the same language, they cannot talk with us. So this, in my view, it's maybe old fashioned, but there is a clear structure like in the military. And also a general would not talk with a soldier, he will use, follow the ranks. And this is important here that on a construction site of this size, that everybody keeps the role, I do not talk to the supervisors, yes I talk with them, but not about direct what work they have to do. This is their department manager or area manager, with him I talk about the work what I want to have being done. We talked about cultural differences, this is sometimes what the Chinese do not realize."*[1097]

Eine der ganz wichtigen Aufgaben im Rahmen der Führung ist die Motivation der Mitarbeiter: *„Always, motivation is always very important. The question is: What is the motivation?"*[1098] Motivation läuft auch über eine Beteiligung der Mitarbeiter an Entscheidungen und das Schaffen „kleiner Reiche", in denen sie selbst bestimmen können: *„To give them the feeling that this their own work what they are doing, that they are responsible and to make them responsible for their work, and in a lot of personal talks about decision making. I call them and say, look, we have to take care for this one, how we can*

[1095] S. Interview TG2, S. 4
[1096] S. Interview BG3, S. 5
[1097] S. Interview TG5, S. 6
[1098] S. Interview BG2, S. 10

solve together this problem, listen to the people also of their proposals. Far as possible, take their proposal, that they get the feeling, yes, that is my field, that is mine what I construct."[1099]

Selbst auf der Ebene der Poliere besteht ganz selbstverständlich die Vorstellung ein Recht auf eigene Entscheidungen zu besitzen: „*Yes, I will do so. The launching truss, the launching crew, the launcher and, you know, also this truss drivers, they have their own personality and the relationship with the construction management was very good. But, you know, there was some, this independent, there was, let's say, the launching girder belongs to the superstructure. But it belongs also to the mechanical department. So sometimes there were some conflicts about execution of the work because the truss operator had his own ideas and the mechanical department, so and so there came this personality bill which is very much and sometimes I thought it could have been done easier. Sometimes I even thought with your line of command but I think it will create only problems. The line of command, if you do it with people who are very much experienced, and you tell them, you will not get the progress and profit out of this line of command, that's my personal opinion. Because, you have to be a diplomat, which is sometimes very difficult, but you have to be diplomatic and it can be very difficult and sometimes you think, would it be not easier to say, that's it. And this is the longing to follow, but you can't. Because what we experienced here was, that the progress was well done because the people were motivated. You have to be careful that you don't get a frustration when the conflict between these personalities becomes too big, then you have to watch it very careful. But the progress showed us that, I think, we tried to find this way. Everybody was at least happy, besides some people wanted to leave, you know, and then they say, we buy a ticket and leave, but at least they stood.*"[1100]

Allerdings gehört zu einem „eigenen Reich" nicht nur eine Menge an Rechten, sondern genau so viele Verpflichtungen. Wie bei den Rechten so gibt es auch bei den Verpflichtungen Streitigkeiten über den jeweiligen Umfang: „*Yeah, definitely important. To me important is that they, again goes a bit in the same direction, they take their responsibility and make their own decisions and sell it and report. But I see quite often, just to give an example, you have a requisition and from my point of view what I always need to know with the requisition, let's say the requisition for a subcontractor for a variation order. So I want to know, okay, what's the cause and the effect. The effect it's basically the description of the requisition, we have that normally, but quite often you start with the cause. They don't give you the cause, why did it happen, why is that required, and of course you need to know items like: who's liability is it? Is this something you can claim to the client? Is it something, maybe the subcontractor should pay for, we need to back charge or something. And quite often, I mean they are getting better, also partly due to certain forms being attached additional forms which they use, so it's sort of a punch list. They look I have to write something down there. There I noticed that they are not yet there or a lot of people. Instead of for example, they say then it is the liability of contract administration, main contract administration to define or to clarify. But I want somebody to say, if I am there, the engineer, I would expect them to be, they, I would expect them to want to know what is the whole story,*

[1099] S. Interview TG5, S. 14
[1100] S. Interview TG3, S. 11

not just the fact that this is required. They should also be in a situation where they should have read the main contract as well as the subcontract and they should be able to give a statement on the liability, maybe to be confirmed later or if they are not quite sure, the contract is not quite speaking clear, where you need really a specialist, the contract administrator, but this is often not done."[1101]

Wenn die Mitarbeiter durch die Führung nicht in das Projekt eingebunden werden, indem sie selbst dezentrale Entscheidungen fällen können, wird ihr Einsatz sinken: *„Otherwise he is not so interested in his work, if everything has to be approved, all small things by the construction management. You have to give them, and that is something you have to know, how much you can let him do alone. There maybe some minor decisions which I do not agree with, but I say okay, let him do it his way otherwise they loose the interest in this."*[1102]

Neben den eigenen Entscheidungsspielräumen ist auch eine vernünftige Beziehung für die Motivation wichtig: *„But, you know, if I have a good relationship and my personal style of leadership is to keep a good relationship also to the supervisors, because then, sometimes when I have a very tough situation I can accept more when I talk to them and say, look, we have to achieve this target at the end of the month, they will follow. Instead of telling, management, they are flying only in the clouds, they don't care, they never come to the site, they don't see us, so why we should do more progress now. So I personally, and this is from the beginning I tried to do this, tried to keep a good relationship to the supervisors also. This is also be done, I think, there is coming, we are coming then to the point when they say, what I mentioned before, when the leadership of, for example, of area managers, is difficult, he is doing a professional job but the relationship is bad, the area manager will have more a hard time in the Taiwanese system than in our system. I had tried to sort it out because when I see he is progressing, but he is difficult, I try to find a good way. And we had this personalities. Which was not easy, but they did a good job and so you can't do it in our culture, that you say, or you don't do it because you see also is the progress and you have to value this, his work."*[1103] Während in den anderen Aussagen vor allem Anklänge an die Eigenschaftstheorie zu finden sind, so ist in dem obigen Zitat ein deutlicher Hinweis auf eine Austauschtheorie zu hören.

Aus asiatischer Sicht ist ein hervorstechender Gesichtspunkt europäischer Führung das große Vertrauen, das einzelnen Mitarbeitern geschenkt wird: *„Expatriates leadership, I think they, I think they are based on the trust. If they trust you, they also let you do everything, you can make all the decisions, but in Taiwanese they, it's very difficult to get trust from the head office there, they always keep some question mark for you for all your decisions. I think this is the difference."*[1104]

[1101] S. Interview TG8, S. 5 f.
[1102] S. Interview TG5, S. 10
[1103] S. Interview TG3, S. 16
[1104] S. Interview TT3, S. 26

19.6.5.2 Asiatische Sichtweise

Zu Beginn steht eine insgesamt untypische Sichtweise, die auch von asiatischer Seite für ICJVs kritisiert wird: „*The construction site is the same as the army, leader is only one. And then the other organization addition is no problem but my opinion is only one. So they must control all their staff. The best way.*"[1105] Hierbei werden die Anforderungen an den „General" noch höher geschraubt als aus europäischer Sicht: „*My opinion is: leader must be strong and he must know everything, everything. In Korea ten years ago the leader is what drink the whisky with the client but now it is impossible to control the site and then start.*"[1106] Interessant ist dass dieser koreanische Manager hierin die Umkehr eines Trends sieht: Früher schwebte der Projektmanager über den Dingen, heute muss er sich selbst einmischen. Hierbei könnte es sich um eine eigene landeskulturelle Entwicklungslinie handeln. Es beginnt mit der Aufgabe der Kundenbetreuung (also äußere Kontrolle), danach kommt die Phase der Einmischung in das ICJV (innere Kontrolle) und schließlich die Verbindung von beidem durch Dezentralisation. Diese Ansicht wird weiter unten von einem anderen koreanischen Manager unterstützt. Allerdings kümmert sich der zitierte koreanische Manager auch jetzt schon um beide Seiten. Einmal führt dies zu täglichen Gesprächen mit dem Bauherrenvertreter: „*Yes. And I talk him* [the client's representative] *what the condition you know and then, okay, he said to me:* [Name] *this is wrong, this is good. And then I get information from him and then I back to my office and checking to my staff. Sometimes his judgment is wrong but sometimes his judgment is right. So I give the order to my staff: next time please do like that. With the client it is better a good cooperation and good relationship through conversation, you know.*" [1107] Dann werden aber auch die Mitarbeiter um ihre Meinung gebeten, die Entscheidung verbleibt jedoch bei der Spitze: „*Yes. I already explained to you we lost a time and a lot of money but the client they don't really extend the construction period. So I said to my staff: Okay, please study. I will study and you must too, study continuously. I said to my staff: You are in a better position than me, I'm working in the office but you are working the site with the workers and subcontractors. You can meet them anytime and then you can talking with them anytime anywhere. So please get what their opinion. Because their opinion is reasonable, please discuss with me. I will judge.*"[1108] Ein Mangel bei einer nicht dezentralisierten Führung wird in der mangelnden Flexibilität gesehen: „*Some project manager he holds full responsibility or authority in his hands so in such a case every staff cannot work so flexible.*[1109]

Auch taiwanische Manager verschreiben sich der Delegation von Aufgaben, allerdings bei strenger Kontrolle: „*Okay, from my view I would like, my view is that I would like to have a distribute, delegate the power but close monitoring system, this is my personal style... I think from one side that from Germans I feel that's they leave too many to the*

[1105] S. Interview TK1, S. 24
[1106] S. Interview TK1, S. 21
[1107] S. Interview TK1, S. 21
[1108] S. Interview TK1, S. 14

subordinate manager."[1110] Als Antwort darauf gleich die bestätigende Sichtweise von einem deutschen Manager: *„I think Taiwanese managers tend to do things, try to keep the control more, very tight, person related. Having certain figures in the organization which they trust and which they try to use as much as possible and keeping the others a little bit distant. Whereas here it was more that the people were more involved. Here it is more the team approach, that you get together, you talk about it and you try to solve it. There it was, somebody has or the manager has an idea and now he looks for these guys who can support this the best."*[1111]

Auch ein japanischer Manager weist auf die Unterschiede bei der Delegationsbereitschaft zwischen seinen eigenen Vorstellungen und seinen Erfahrungen in Taiwan hin: *„Some small examples. Procurement: we have some rule, up to 800,000 ND, Taiwan Dollar, our site manager can decide, they can do anything without any another approval. But the* [name of Taiwanese company], *they cannot decide. Even for thirty thousand ND procurement they need a big boss job. It's wastes time. They go from the site to the main office, they are waiting for people's approval, they got the job, and ten days later they are allowed to buy only 30,000 ND. So I think that's cost consuming. And the other thing, one more example, I wanted to employ CAD operator, her salary thirty-five thousand ND per month, I needed the design, I did interview, and I said: okay, I employ you. And I passed this order-sheet to* [name of Taiwanese company], [name of Taiwanese company] *passed that order-sheet to the head office chairman, after chairman approved, I can employ this CAD operator. They needed twenty days. Only one CAD operator. At the beginning we had hired a lot, why I needed your chairman approval only for one CAD operator."*[1112]

Taiwanische Manager stehen ähnlichen Gedanken wie denen des zitierten koreanischen Managers zumindest nahe: *„I think the first the most at the top is really that sometimes you just make decisions, your courage and just do it and the second, you must open mind then you can place the different ideas from different peoples and the, how to say that, also you must more patient, more patient for the different people."*[1113] Die Kritik der japanischen Partner ist schon bekannt und das Argument stützt sich auf die Landeskultur: *„I think so, different. Taiwanese, this is just my opinion, Taiwanese management style, they have only one big boss, he will decide everything, he will not give any responsibility or authority to other staff. He will control everything, that's why he can't manage big organization, because one person can work only twenty-four hours. So if he cannot understand something, this thing just went."*[1114] Eine allgemeine Aussage war, dass wenige taiwanische Ingenieure über Großprojekterfahrung verfügen. Einer, der

[1109] S. Interview TJ5, S. 8
[1110] S. Interview TT1, S. 26
[1111] S. Interview TG1, S. 1
[1112] S. Interview TJ5, S. 18
[1113] S. Interview TT3, S. 9
[1114] S. Interview TJ5, S. 7

solche Erfahrung vorweisen kann, spricht sich dann auch wieder für eine eher delegative Führung aus: „*Cooperative, yeah...*“[1115]

Eine weitere häufiger gefallene Bemerkung bezüglich taiwanesischer Führung ist die mangelnde Bereitschaft die Beendigung der Arbeiten bis zum letzten Detail herbeizuführen: „*They don't care too much about the detail, I think. Still they could achieve the same goal, I think. The way of achieving of course different but I cannot come up with a good idea. Management style, Japanese try to make it happen, Japanese leader, make it happen what he imagines. The Taiwanese leader, I'm not so sure about they not too much concerned about the small issues. Not the overall, if eighty percent completed its okay.*"[1116]

Auch ein anderer koreanischer Manager führt die angesprochene autoritäre Führung eher auf eine bestimmte Unternehmenskultur zurück: „*I think* [name of Korean company] *case would not be so common in Korea nowadays. I know the project manager of* [name of Korean company] *and he is a quite senior in the head office even. So he will act like that, I think so, but other projects I don't think so, nowadays the project manager's function is changing, I think. I think project managers in Korean companies in the future should be, he should be able to handle the details also, he should be political and, how can I say, he by himself what he is doing should be sample to his men. He should be working hard, then his team will follow. No need to say: You come to the office at seven o'clock, you work until nine o'clock...It never works anymore. The time is now, the boss come early in the office, then everybody will come to the office early. Work hard, then people will follow. And he should be able to handle all the technical things, all the admin matters, he should be able to and he should tackle, he should put his hand into the mud, he should. I think it will happen and time is changing.*"[1117]

Wiederum ein koreanischer Manager zieht eindeutig die persönliche Führung den formalen Besprechungen vor: „*Yeah, we have just one meeting a week and for certain things that's the project manager meeting and no more....I have several seniors working under me, I don't have any meeting at all. Whenever I need to talk, I go and talk to him. I ask to tell me some special subject, but I don't call everybody to one place for a meeting. I think that is nonsense.*"[1118]

Führung in den Augen von Thais sieht wiederum anders aus. So werden z. B. Kenntnis, Entscheidungsfreude und Rücksichtnahme gefordert: „*I think should be, you know, first of all, the action, the action should be okay, not be okay when you say it when you go to him and talk to him something, ask him a question, you say okay leave it tomorrow, something like that. Should be quick to respond. And the second is should be, you know, give some guide, some guideline to ask that, okay. So if you get a problem, which way that we should go. We should go and then about the, I would like to have the one who I coordinate with, should be not so..., you know, how can I say, so strong in speaking or to do*

[1115] S. Interview TT1, S. 10
[1116] S. Interview TJ2, S. 25
[1117] S. Interview TK3, S. 12
[1118] S. Interview TK3, S. 3

something, should be, you know, maybe soft little bit should be okay."[1119] Ein weiterer thailändischer Manager betont neben dem Wissen auch die Erfahrung: „*Leadership? If work with… in joint venture, I think the technical, the knowledge of technical is first, otherwise you cannot ask anybody to do the job. And experience.*"[1120]

Führenden ist nach thailändischem Verständnis solange Respekt zu erweisen, bis sie eine Linie überschreiten. Dies ist die untere Grenze einer Toleranzzone: „*And the leadership, the leader should take decision in the way that we accept, even sometime we don't accept in the grey area, but we have follow, we are not going to use that reason to argue, because its not worth to argue. Leadership it mean you have respect to go ahead. You have to support to each other.*"[1121]

19.6.6 Situative Einflüsse

Einen Einfluss üben die Partner auf das Führungsverhalten aus, besonders der heimische Partner, weil sich das Geschehen in seiner Nähe abspielt: „*Okay, you have to have your own and this is what I said okay, it maybe situations when you have a joint venture and none of the partners is present in this country, then this is a very important part. A very important part. If the partner is present otherwise if you do not have strong leadership or you are not allowed to have a strong leadership. It will be always strongly influenced whatever happens from your present partner.*"[1122] Bei den Partner wirkt auch eine unterschiedliche Unternehmensgeschichte und -kultur bis in die Führung des ICJVs hinein: „*Maybe the experience also but a factor is the system.* [Name of Taiwanese company] *chairman established the company by himself, the typical owner. But the* [name of Japanese company] *is different, we have ten thousand staff in Tokyo. So our chairman cannot control everything, he has to give some job to his inferior, this guy has to give some job to further inferiors, we have such kind of pyramid organization, we are very familiar, we are very comfortable to that organization. But* [name of Taiwanese company] *maybe different, they are not so comfortable, they don't want to decide by themselves. They always ask superior, this guy asks top guy, and then they come back to this guy.*"[1123]

Auch die Form der Projektabwicklung spielt eine Rolle für ein adäquates Führungsverhalten: „*Yeah. In the former days, let's say, the difference was also that the main power itself, was provided by the contractor and now-a-days you have to deal more with subcontractors, partners and so on. The actual position of the project manager has completely changed. Because the structure is conglomerate of different companies. So in former days you had the so called strong armada of supervisors, which you don't have anymore. You have the so called site engineers or site superintendents which have also developed in both ways, they have also what is still important the technical knowledge and as well a contract related task. Because they have more and more to guide subcontractors*

[1119] S. Interview BT4, S. 3
[1120] S. Interview BT3, S. 4
[1121] S. Interview BT1, S. 6
[1122] S. Interview BG2, S. 10

than their own personal."[1124] Aus diesem Grund ist eine autoritäre Führung nicht mehr durchsetzbar: „*It would not work because you would have first the problem with your partners, they would block which goes then to the board of directors, which is another instrument, to remove such a dictator. And as well you will have a problem on the site because you have a massive, let's say, local lobby which will as well destroy you, this kind of leadership.*"[1125]

Aus den Zitaten in diesem Abschnitt ist auch insgesamt deutlich geworden, dass Großprojekte mit ihrer sehr hohen Komplexität einen entscheidenden Einfluss auf ein erfolgreiches Führungsverhalten ausüben: Sie lassen nur eine delegative Führung zu.

19.6.7 Implizite Führungstheorien

In den Beiträgen waren viele Hinweise auf die Eigenschaftstheorie zu finden, auf welche die Befragten zurückgreifen, wenn sie sich mit dem Problem der Führung auseinander setzen.

Zweimal wurden Gedanken geäußert die den Austauschtheorien nahe stehen. Die unmittelbar herangezogene Theorie ist das transaktionale Führungsmodell nach HOLLANDER. Danach erwirbt sich der Führende durch gruppenkonformes Verhalten (in dem einen Zitat war dies der Aufbau guter Beziehungen) einen Idiosynkrasiekredit (also die Akzeptanz eigener Vorstellungen des Führenden durch die Gruppe), den er in schwierigen Zeiten gegen erhöhte Forderungen an die Gruppe eintauschen kann (zusätzliche Arbeit).[1126]

Allgegenwärtig sind die Attributionen vorgenommen worden und diese sind doch deutlich unterschiedlich entlang der Trennlinie der Landeskulturen.

Wenn man bedenkt, dass die Befragten mit vielleicht ein oder zwei Ausnahmen von diesen Führungstheorien nie etwas gehört haben, so zeigt sich doch schon bei dieser kleinen Auswahl an Interviews, dass es sich bei diesen um keine Artefakte handelt und dass gleichzeitig auf mehrere zurückgegriffen wird.

19.6.8 Zusammenfassung Führung

Die Führung in ICJVs wird von drei Theorien getragen. Besondere Bedeutung kommt dabei der Eigenschaftstheorie zu. Die Austauschtheorie spielt eine geringere Rolle. Wichtiger ist wiederum die Attributionstheorie. Hieraus erwachsen Schwierigkeiten, weil die Attributionsvorgänge kulturell beeinflusst werden.

[1123] S. Interview TJ5, S. 18
[1124] S. Interview TG9, S. 4
[1125] S. Interview TG9, S. 5
[1126] Vgl. HOLLANDER (Status 1958), S. 117 ff.

Die Führungssituation entsteht aus den Eigenschaften und dem Verhalten des Führenden in der Interaktion mit den Geführten und durch deren Akzeptanz des Führungsanspruchs. Die Interaktion verläuft über die Kommunikation und sie wird durch die Landeskultur der Beteiligten sowie durch die Randbedingungen von Großprojekten beeinflusst (vgl. Bild 107).

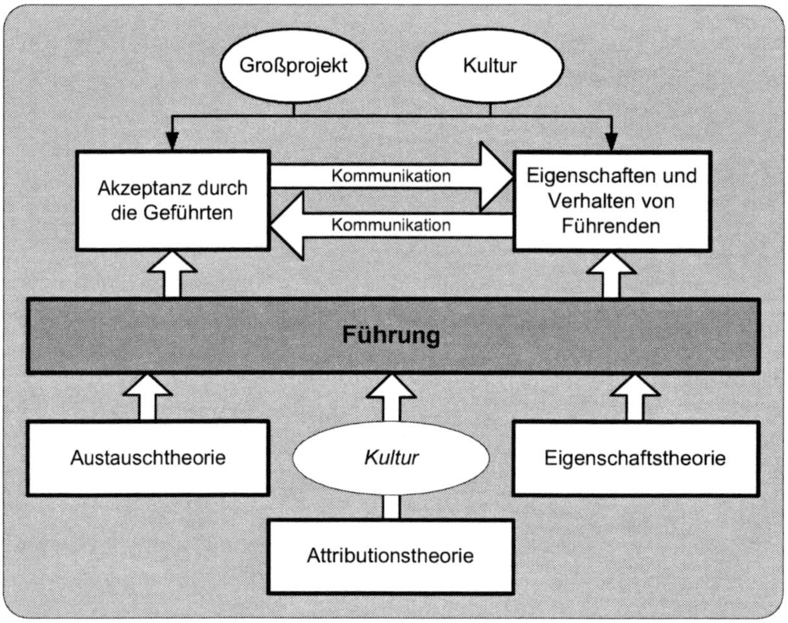

Bild 107: Managementfunktion Führung
Fig. 107: Management Function Leadership

20 Projektspezifische Basisfunktionen

„Die Betrachtung der Bereiche Strategie, Struktur, Kultur und Personal reicht nicht aus, um die kritischen Prozesse des Joint-Venture-Managements wirklich zu verstehen. Über die konkreten Gestaltungsbereiche hinaus stellen für uns daher drei „Basisfaktoren" die Grundlage jedes Handelns im Kontext von Joint Ventures dar. Diese drei Faktoren, kollektive Sinnfindung, Vertrauen und Commitment, dienen in der Praxis als „Klebstoff" des Joint Venture-Managements."[1127] Dieser Gedanken wird hier teilweise aufgegriffen, wobei wiederum der Begriff „Strategie" als Planung von großer Tragweite übersetzt werden muss. Teilweise deshalb, weil das Gliederungsmodell andere Gestaltungsbereiche und zusätzlich die Meta-Managementfunktionen umfasst. Außerdem erweitern wir die Basisfaktoren um den Begriff des Projektwissens.

In dem Gliederungsmodell sind diese Faktoren darüber hinaus als projektspezifische Faktoren. Ein kollektiver Sinn kann nicht von außen in Projekt hereingetragen werden, er muss im Projekt gefunden werden. Die Sinnfindung wird ja gerade von dem jeweiligen Kollektiv, dem ICJV erbracht. Ebenso gilt das Vertrauen bestimmten Personen im ICJV, gilt das Commitment einem bestimmten ICJV und ganz sicher ist das Projektwissen nicht unabhängig von dem jeweiligen Projekt. Nichtsdestotrotz haben auch diese vier Basisfunktionen projektübergreifende Komponenten. Die Katalysatoren sind dabei im Zeitablauf stattfindende Lernprozesse und eine Sozialisation in Großprojekten.

Die Managementfunktionen wurden symbolisch in Bild 90 als punktuelle Einwirkungen eines Transformationsprozesses dargestellt. Sie werden also als diskrete Aktionen verstanden. Es ist denkbar die Funktion des Controlling ganz vorrangig für eine kurze Periode auszuüben, ohne gleichzeitig eine andere Managementfunktion wahrzunehmen. Das gleiche gilt nicht für die vier Basisfunktionen. Projektwissen, Vertrauen, Sinngebung und Commitment variieren im Zeitablauf, sie wirken kontinuierlich in einer bestimmten Stärke auf den Transformationsprozess ein. Dabei verbinden sie die Managementfunktionen als „Klebstoff". Entsprechend sind diese Funktionen in Bild 108 als prozessbegleitend dargestellt.

Die vier projektspezifischen Basisfunktionen werden im folgenden in beliebiger Reihenfolge herausgearbeitet. Dabei werden sie als von einander unabhängig behandelt, obwohl dies in der Realität nicht der Fall ist. Wenn man einen gemeinsamen Sinn in einem Handeln findet, wird dies das Vertrauen erleichtern. Ein geteiltes Projektwissen kann zu einem größeren Commitment nachgeordneter Stellen führen, weil diese dann den Gesamtzusammenhang erkennen. Geschenktes Vertrauen kann ebenfalls das Commitment erhöhen. Hierbei handelt es sich alles um Vermutungen,

---

[1127] S. BÜCHEL / PRANGE / PROBST (JV-Management 2002), S. 155

wissenschaftliche Untersuchungen zu diesen Themen im Rahmen von IJVs oder ICJVs liegen nicht vor.

Andererseits ist es gerade auf Basis der Systemtheorie wichtig, bedeutende Zusammenhänge und gegenseitige Beeinflussungen der einzelnen Objekte zu berücksichtigen. Systeme sind nicht einseitig oder summativ verbunden, sondern durch Schleifen und Rückkoppelungen. [1128] Um diesem Gedanken wenigstens annähernd nachzukommen werden die aus dem Datenmaterial auftauchenden Verbindungen an der jeweiligen Basisfunktion ausgewiesen.

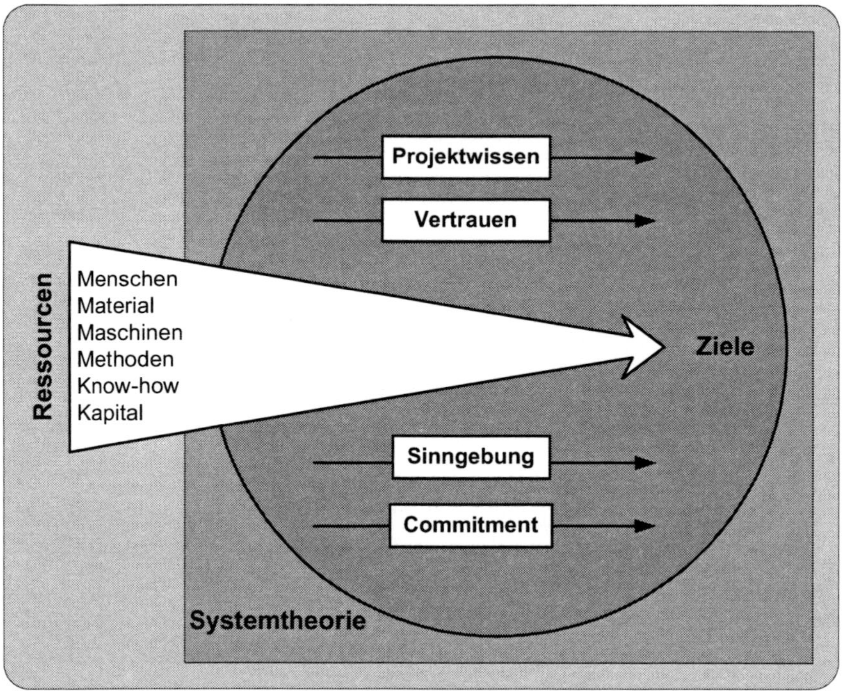

Bild 108: Erfolgswirkung von Basisfunktionen
Fig. 108: Effect on Success of Basic Functions

In den nachfolgenden Kapiteln werden zunächst die Entwicklung des Projektwissens (Kapitel 20.1), danach die Vertrauensentwicklung (Kapitel 20.2), die kollektive Sinngebung (Kapitel 20.3) und schließlich das Commitment (Kapitel 20.4) beschrieben.

20.1 Projektwissen

Die grundlegende Überlegung zum Projektwissen ist, dass es am Anfang gleich Null ist und zu Projektende seinen Höchstwert erreicht. Allerdings sind die beiden Zeit-

[1128] Vgl. WATZLAWICK / BEAVIN / JACKSON (Kommunikation 1996), S. 121 f.

punkte etwas genauer zu betrachten. Da es bei dieser Arbeit um das Ausführungsmanagement geht, kann auf das während des Angebotsmanagements erarbeitete Wissen zurückgegriffen werden. Das Angebotsmanagement selbst greift wieder auf die Vorarbeiten des Bauherrn zurück. Zu Vertragsbeginn des ICJVs ist der Wissensstand also bereits erheblich. Als Projektende soll die Übergabe gelten. Danach laufen zwar noch die Gewährleistungsphase und mögliche Nachtragsverhandlungen, so dass das ICJV noch nicht aufgelöst wird, dennoch ist der Wissenserwerb zu diesem Zeitpunkt weitgehend abgeschlossen. Da zu dieser Basisfunktion keine theoretischen Untersuchungen vorliegen, beruhen alle Erkenntnisse auf der Datenauswertung.

20.1.1 Auswertung der Daten

Auch wenn zur Abgabe eines Angebots ein vollständiger Überblick über das Projekt vorhanden sein sollte, ergeben sich dennoch im Laufe des Ausführungsmanagements viele und entscheidende Änderungen: *„Of course, you have a knowledge at the beginning, but this is the knowledge which you will get by the estimators, by your first impression on site, but things are changing also during the course of the job is changing. And you will always at the end of a job look with other, have another view on the job than which you have in the beginning. You will not have the same view at the beginning which you have at the end. No way! No way!*[1129] Allerdings muss auch sicher gestellt werden, dass das Projektwissen von der Angebotsbearbeitung ins Projekt möglichst vollständig übertragen wird. Dies ist allerdings praktisch unmöglich, weitergegeben werden oft nur die Ergebnisse von Denk- oder Verhandlungsprozessen. Ein deutscher Manager sieht dabei den Wissensstand sogar wieder auf Null zurückfallen, wenn es keine personelle Kontinuität gibt: *„Well, if you have an estimating team who estimated the project and the project management gets on board after signature then, of course, you have no knowledge at all about the project. Which, in my opinion, is not bad I would rather say it's good. And then in the first period you try to get knowledge about all these things, and yes it ends, but very late in my opinion because there are always new things."*[1130]

Der Wissenserwerb hängt von der eigenen Einstellungen und der Komplexität des Projektes ab: *„You always have to maintain an attitude of pro-activeness, if you don't have your pro-activeness and then try to consider what is there to come, you don't achieve this knowledge. There isn't a product in the world where you have this knowledge from day one. Maybe a very simple building you would have this with no interferences."*[1131] Die persönliche Komponente und Verantwortung betont auch ein zweiter deutscher Manager: *„Yes, yes. In the beginning you think, well, huh, when will I be able to understand that and after one week you already talk like an old guy. Of course you don't know everything but it really depends on your attitude, if you love your job and if you love the environment*

[1129] S. Interview BG3, S. 8
[1130] S. Interview BG1, S. 8
[1131] S. Interview TG7, S. 7

then you will be in very, very quickly."[1132] Wenn der Wissenserwerb von der Einstellung abhängig ist und man diese im Rahmen von ICJVs sieht, dann kann man die aufgezeigten Zusammenhänge auch anders beschreiben: Ein hohes Commitment beschleunigt den Erwerb.

Der Einfluss der Komplexität eines Projektes auf die Entwicklung des Projektwissens wird durch dieses Zitat ausgeführt: „*That depends on many problems. If I would have a fifty kilometer tunnel, I would say x-amount of months. Here there are individual learning curves, you have so many different bridges, we just have ten one type of bridge. After the third we know how to do it, we know our costs and where are the woods, and we know exactly where it is running to and then you can say: we are fine. If there is a linear construction, it goes quite well after a while. But individual structures where you'll have to look at in isolation, the learning curve is short and sometimes you say: Alright, you have to make changes.*"[1133] Durch die Unterschiedlichkeit der Projekt ist es auch schwer eine Angabe zu machen, wann der Großteil des Wissens zur Verfügung steht (z.B. nach x Monaten).

Daneben beeinflusst auch die Qualifikation der Mitarbeiter Wissensstand und Wissenserwerb: „*I think we cannot get all the knowledge at the beginning stage of work, so if there is any much experienced person the case is very easy but if our staff or our involved persons have not good experience we stop the work and get knowledge and this is the same as going on forever.*"[1134]

Es gibt bei Großprojekten auch nicht nur ein Wissen, sondern in unterschiedlichen Phasen wird auch teilweise unterschiedliches Wissen benötigt: „*The knowledge, the knowledge actually we required in the beginning are different from the knowledge we need at the end. The knowledge we required to start the tunneling work was this kind of thing, then we actually did the work. Then, after that, we did not use this knowledge again, because after completing the excavation work then we have the lining there, we need another kind of knowledge. And the knowledge now completing the project, we need more contractual knowledge to handle the client. I think knowledge wise, the knowledge I had at that time was the best.*"[1135] Ein japanischer Manager sagt dazu kurz und knapp: „*Always something new.*"[1136] Das Wissen wächst also über die gesamte Dauer des Projektes an, fraglich ist allerdings ob es gleichmäßig wächst. Das Anwachsen des Wissens ist eine zwangsläufige Folge der Komplexität und des Umgangs damit durch ein langsames Vorantasten: „*It's impossible. So the knowledge you have at the end has been mainly determined by the events along the way, events of many kinds. So I think the controlling processes and it's not only financial controlling, but controlling the whole site what the management does in regard to targets, performances, schedules, schedules for both design and the construction and your whole financial picture, commercial targets and the monitoring.*

[1132] S. Interview TG4, S. 4
[1133] S. InterviewTG7, S. 7
[1134] S. Interview TK2, S. 4
[1135] S. Interview TK3, S. 23
[1136] S. Interview TJ5, S. 11

That's where the picture becomes clear. And there is a point also where you are out of your learning curve."[1137]

Dieser Ansicht ist konsequenterweise der japanische Manager, der behauptet, es gäbe immer Neues: „*For me just straight line.*"[1138] Mit dieser Meinung ist er allerdings allein wie sich in den weiteren Beiträgen zeigen wird.

So weist ein deutscher Manager der Ausführungsplanung den entscheidenden Wissenszuwachs zu: „*Well, yeah, but during the design phase, of course you know a lot about…, yes, you get a lot of information about the project, after the design is finished then it is just a matter of how to execute it basically. And you should know basically, maybe not everything, but you should think you know everything and be ready for the problems which come up.*"[1139] Deutlich wird der vorgestellte Verlauf in diesem Beitrag: „*There is a very rapid gain of knowledge at the start where you are taking in an enormous amount of information in a short time, as design becomes available, as all your information on the local conditions and so forth comes available. Experienced people can assimilate that very quickly and then you got this very rapid increase in knowledge and then it tapers out and it is just a gradual increase for the remains of the project.*"[1140]

Der Wissenserwerb geht schnell voran, aber auch die Vorstellung von schnell ist bei Großprojekten eine andere. Wenn man Bezug auf die erwähnte Ausführungsplanung nimmt, dann dauert diese in der Regel ein bis zwei Jahre nach Vertragsunterschrift an. Dabei ist der Lernzuwachs sicherlich auch in dieser Phase nicht linear. Eine angemessenere Vorstellung von der Dauer ist vielleicht: „*We have to take some time to learn about the project.*"[1141] In den Worten eines weiteren asiatischen Managers klingt es recht ähnlich: „*I think smoothly up… Not so quick.*"[1142] Genauer ist dann folgende Aussage: „*You learn every day, like now after even three years on this project, I still learn every day news about the project, but the peak like of the amount of new knowledge is probably at the beginning, let's say maybe during the first, I don't know, up to the first fifty percent, the daily or the weekly knowledge, new knowledge about the project is the highest.*"[1143] Noch genauer ist diese Verdeutlichung: „*Yes, yes. So there is, maybe there is even, there you can say, no, just like fifty percent time you should have and you have seventy, eighty percent knowledge of the project. So most of the things need to be clear, outstanding things you have to clarify it.*"[1144]

Der generelle Verlauf mit einem schnellen Zuwachs zu Beginn und einem weiteren sich abflachenden Wachstum zum Ende wird häufig bestätigt: „*Let me say it this way: my personal experience that when I started to work for this high-speed rail project in fact I*

[1137] S. Interview TG7, S. 7
[1138] S. Interview TJ5, S. 11
[1139] S. Interview BG1, S. 8
[1140] S. Interview TG2, S. 9
[1141] S. Interview BT5, S. 7
[1142] S. Interview TT4, S. 15
[1143] S. Interview TG6, S. 8

had no any knowledge of this kind of project management, construction management but at that time we have to contact a lot of subcontractors and discuss about how to do the job. So in the very beginning when I had zero it grows very rapidly because you receive this kind of information, and then you digest and then become part of your conclusion. So at that time the knowledge accumulated was quite fast. But when you, this kind of accumulation come till some point and it is not so easy to accumulate because everything to you is familiar now, maybe not experience but it is familiar to you. The accumulation becomes very slow or very smooth. When you come to the end, almost the end of this job you are facing a different situation, not the technical itself but the interfacing issues, the following up works, and then how to hand over to the government, to the client. So you are quite different things compared to the beginning stage. So in fact in different period we are collecting different kind of experience, different kind of information.[1145]

Das vorhandene Wissen ist nur bis zu einem gewissen Grad vollständig, um eine zweifelsfreie Entscheidung zu fällen. Dies erläutert ein deutscher Manager am Beispiel von Vergaben an Nachunternehmer: „*Yes, first you try to acquire a number of facts, some data information which should help you but again sometimes you never have a black and white situation. Because I don't think it's always good to make just a decision on the money side, on the amount they offer, because there is a lot might be behind and you already know, okay it's thirty-five percent below the next one but this one has never finished the job for example. So you would not take that particular company, or maybe that one would not pre-qualify in the beginning.*"[1146]

Es ist klar, dass die Frage nach der Entwicklung des Projektwissens eine besondere Bedeutung im Zusammenhang mit Entscheidungen hat. Es stellt sich die Frage, ob hinreichende Informationen zur Verfügung stehen, um Entscheidungen treffen zu können. Dieser Punkt wird später bei dieser Metafunktion (Entscheidungsfindung) genauer erörtert. Die Auswirkung unzureichenden Wissens sind allerdings im Bauablauf gravierend: „*Well, I don't want to scale the knowledge. With the experience you should bring, you know pretty well what the client wants. So the contractors change for example. The knowledge you gain through the experience you gain doing the work, with the people, with the technology, with the client and all these things and events which then bring you then to the final point. You should know quite well what you have in mind. For example, if we don't, you looked at our program, the location of your site installation is very crucial to success, can you meet your program, your financial targets, the standards and know the contract, yes or no. You can make mistakes. I have seen it with a lot of projects where they made some crucial mistakes in the beginning and to adjust that is very expensive and time consuming. So you know quite a lot. But I have to think about it, I could not scale this.*"[1147]

[1144] S. Interview TG6, S. 8
[1145] S. Interview TT5, S. 11
[1146] S. Interview TG8, S. 15
[1147] S. Interview TG7, S. 8

20.1.2 Zusammenfassung der Ergebnisse

Weil es schwer ist, das Wissensniveau bei der Gründung eines ICJVs zu bestimmen wird dieser Zustand auf Null normiert genauso wird mit dem Niveau bei Ende (Übergabe) des ICJVs verfahren. Hier wird es auf ein hundert Prozent gesetzt. Dazwischen wächst das Wissen über das Projekt zunächst schnell an, um bis zum Ende verlangsamt fortzuschreiten. Ein Wendepunkt ist mit Abschluss der Hauptarbeiten erreicht.

Einflüsse auf die Geschwindigkeit übt zunächst die Komplexität des Projektes aus. Je größer sie ist, um so langsamer verläuft der Prozess. Das persönliche Commitment zum ICJV beschleunigt den Wissenserwerb, eine ähnlich Auswirkung haben erfahrene und gut ausgebildet Mitarbeiter. Diese Zusammenhänge sind in Bild 109 dargestellt. Bei der Beschreibung der Komplexitätsverläufe wurde zwischen drei Phasen unterschieden: Anfangs-, Mittel- und Endphase. Diese werden auch jetzt wieder zur Gliederung benutzt.

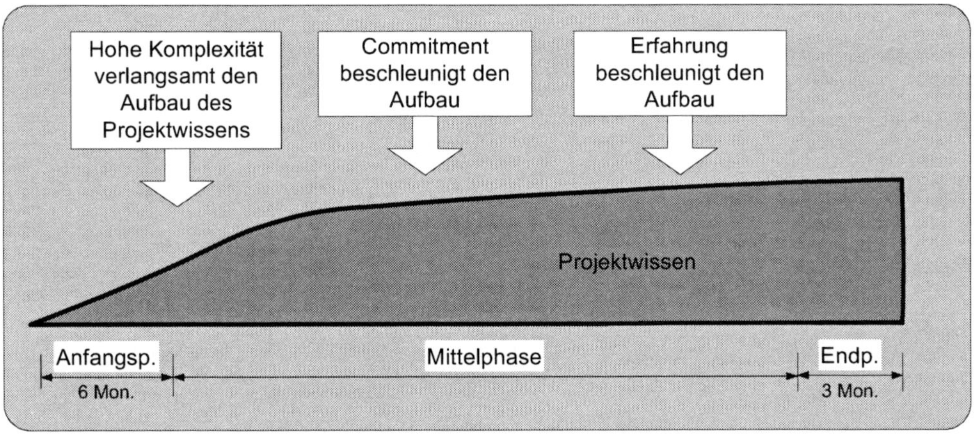

Bild 109: Verlauf des Wissenserwerbs in ICJVs
Fig. 109: Development of Knowledge in ICJVs

20.2 Vertrauen

Vertrauen ist ein Phänomen, dass eine ausgesprochen hohe Aufmerksamkeit von Forschern unterschiedlichster Disziplinen beanspruchen konnte. Auch in unseren Daten kommt die entsprechende Kodierung sehr häufig vor. Der Kode „Vertrauen“ liegt insgesamt an sechster Stelle bezüglich der Häufigkeit bei insgesamt 79 unterschiedlichen Kodes. Die Ausführungen in diesem Unterkapitel greifen in großen Teilen auf eine Veröffentlichung von GIRMSCHEID / BROCKMANN zurück.[1148]

[1148] Vgl. GIRMSCHEID / BROCKMANN (Trust 2005)

Entsprechend breit ist auch die theoretische Fundierung des Konstrukts. Vertrauen spielt eine zentrale Rolle in allen menschlichen Beziehungen, sei es in Dyaden oder Gruppen. Es gibt eine Vielzahl von Veröffentlichungen die Vertrauen in unterschiedlichen Zusammenhängen in Organisationen untersuchen. KRAMER / COOK [1149] haben sich mit interorganisationalem Vertrauen, LANE / BACHMANN [1150] mit intraorganisationalem Vertrauen und NOTEBOOM / SIX [1151] mit dem Vertrauensprozess beschäftigt.

20.2.1 Theoretische Begründung

Man kann drei unterschiedliche Hauptrichtungen der theoretische Ansätze unterscheiden: Rational Choice-Ansätze, soziologische und kulturelle Ansätze sowie psychologische Ansätze.

20.2.1.1 Rational Choice-Ansätze

Zu den Rational Choice-Ansätzen gehören insbesondere die Transaktionskostentheorie und die Spieltheorie. Kerngedanke ist, dass Akteure rational Handeln mit dem Ziel einer Nutzen- oder Gewinnoptimierung. Die beiden Grundannahmen der Transaktionskostentheorie betreffen das unterstellte Menschenbild. Danach verfügt der Mensch nur über eine begrenzte Rationalität und er ist opportunistisch. Daher müssen sich Organisationen (und ICJVs) unter Berücksichtigung der begrenzten Rationalität organisieren und sich gegen Opportunismus schützen.[1152] Vertrauen spielt hier keine Rolle, wohl aber Misstrauen. WILLIAMSON führt aus, Vertrauen „*...is warranted only for very special personal relations that would be seriously degraded if a calculative orientation were "permitted". Commercial relations do not qualify.*"[1153]

Das Gefangenen-Dilemma ist ein sehr bekanntes Beispiel für diese Sichtweise von Vertrauen im Rahmen der Spieltheorie.[1154] Zwei Männer werden des Einbruchs beschuldigt, die Beweislage ist allerdings dünn. Dementsprechend ist die Aussage der Beschuldigten entscheidend. Wenn beide gestehen, müssen sie für fünf Jahre ins Gefängnis. Wenn beide schweigen können sie wegen der Beweislage nur zu einem Jahr verurteilt werden. Wenn nur einer von beiden gesteht bleibt er straffrei, der andere muss aber für 20 Jahre ins Gefängnis. (Die Zahlen weichen von dem Beispiel bei GIBBONS ab). Diese Ausgangslage ist in Tabelle zusammengefasst.

[1149] Vgl. RODERICK / KRAMER / COOK (Trust in Organizations 2004)
[1150] Vgl. LANE / BACHMANN (Trust between Organizations 1998)
[1151] Vgl. NOTEBOOM / SIX (Trust Process 2003)
[1152] Vgl. WILLIAMSON (Institutions 1985), S. 30 ff.
[1153] Vgl. WILLIAMSON (Calculativeness 1993), S. 486
[1154] Vgl. GIBBONS (Game Theory 1992), S. 88 ff.

Tabelle 66: Ergebnistabelle des Gefangenen-Dilemmas[1155]
Table 66: Payoff table for the prisoner's dilemma

		Einbrecher B			
		Gestehen		Schweigen	
Einbrecher A	Gestehen	A: 5	B: 5	A: 0	B: 20
	Schweigen	A: 20	B: 0	A: 1	B: 1

Wenn die beiden Einbrecher nicht miteinander kommunizieren können, dann ist Gestehen für beide eine dominante Strategie und beide werden für fünf Jahre ins Gefängnis müssen. In diesem Fall weiß A nicht wie sich B verhalten wird und er überprüft seine Optionen: Wenn ich gestehe, muss ich fünf Jahre ins Gefängnis, wenn mein Komplize auch gesteht, sonst gar nicht. Wenn er schweigt sind die entsprechenden Alternativen jeweils schlechter: Statt fünf muss er 20 Jahre oder statt die Freiheit zu erlangen muss er ein Jahr ins Gefängnis. Bei einer Nutzenoptimierung und Opportunismus werden beide gestehen, eindeutig ein suboptimales Ergebnis. Ein optimales wäre durch beidseitiges Schweigen mit jeweils einem Jahr Gefängnis zu erreichen. Um dieses optimale Ergebnis zu erreichen, müssten sich die beiden Komplizen vertrauen. Der Ausgang eines solchen Spiels ist natürlich von der Ergebnistabelle und dem „Schatten der Zukunft“ abhängig. Bei Wiederholungen haben die Einbrecher die Möglichkeit auch ohne Kommunikation über mehrfaches Handeln Vertrauen aufzubauen. Kritik an diesem Ansatz bezieht sich darauf, dass Menschen nicht immer berechnend sind und selten über eine geordnete Menge an Präferenzen verfügen.

20.2.1.2 Soziologische und kulturelle Ansätze

Soziologen interessieren sich seit längerem für das Konstrukt „Vertrauen" im Rahmen von Gruppen, Organisationen oder Gesellschaften. Ein entscheidendes knappes Werk von LUHMANN im Rahmen seiner Systemtheorie hat dabei besondere Bedeutung.[1156] Er definiert Vertrauen: „ *Vertrauen im weitesten Sinne eines Zutrauens zu eigenen Erwartungen ist ein elementarer Tatbestand des sozialen Lebens. Der Mensch hat zwar in vielen Situationen die Wahl, ob er in bestimmten Hinsichten Vertrauen schenken will oder nicht. Ohne jegliches Vertrauen aber könnte er morgens sein Bett nicht verlassen.*“ [1157] LUHMANN sieht im Vertrauen einen Mechanismus zur Reduktion von Komplexität. Durch das Schenken von Vertrauen schränkt man die zukünftigen Möglichkeiten eines spezifischen Falls auf eine einzige ein. Man geht davon aus, dass die übertragene Aufgabe gelöst ist. Solange wir Vertrauen

[1155] Vgl. GIBBONS (Game Theory 1992), S. 89 ff.
[1156] Vgl. JALAVA (Luhmannian Connections 2003), S. 182 ff.

schließen wir ein Misslingen aus und handeln, als ob das positive Ergebnis bereits eingetreten ist.[1158]

PARSONS Sicht von Vertrauen setzt ein Vertrautsein innerhalb einer sozialen Gruppe voraus. Demnach kann man Außenseitern grundsätzlich nicht vertrauen, weil sie weder die gleichen Werte noch Ziele haben.[1159] Die Bedeutung dieses Gedankens für ICJVs ist die gleiche wie bei WILLIAMSON: Es kann kein Vertrauen zwischen den unterschiedlichen Gruppen des ICJVs geben.

FUKUYAMA verbindet Landeskultur und Vertrauen, indem er Gesellschaften mit geringem und großen Vertrauen identifiziert. Für ihn ist diese Verbindung zwischen Kultur und Vertrauen unauflöslich und Vertrauen erleichtert den Erfolg in einer globalen Welt. Gesellschaften mit großem Vertrauen wie die USA, Japan oder Deutschland haben danach bessere Chancen im internationalen Wettbewerb.[1160]

20.2.1.3 Psychologische Ansätze

In psychologischen Studien wird die Existenz von Vertrauen vorausgesetzt und der Blick richte sich auf die Bedingungen unter denen Vertrauen entsteht. Generelle Voraussetzungen sind kognitive Prozesse und Gefühle.[1161] Andere sind in dyadischen Beziehungen die Eigenschaften des Vertrauenden (Veranlagung, frühere Erfahrungen, Werte, Motivation) und desjenigen, dem das Vertrauen geschenkt wird (Fähigkeit, Wohltätigkeit, Integrität).[1162] Während die psychologische Sichtweise Einblicke in das menschliche Verhalten bezüglich Vertrauen vermittelt, so vernachlässigt sie jedoch vollständige den sozialen Kontext. Deshalb kann sie Erkenntnisse im Rahmen von ICJVs nur unterstützen.

20.2.2 Bezugspunkte des Vertrauens

KRAMER unterscheidet sechs unterschiedliche Bezugspunkte des Vertrauens.[1163]

- Veranlagungsbedingtes Vertrauen: Auf psychologischer Ebene unterscheiden sich Menschen bezüglich ihrer Veranlagung, Vertrauen schenken zu können.
- Vergangenheitsbedingtes Vertrauen: Wenn sich Menschen von früheren Begegnungen kennen, dann haben sie möglicherweise eine Vertrauensbasis.
- Vertrauen durch Dritte: Vertrauen kann man auch fassen, indem man sich auf die Informationen von Bekannten verlässt.

[1157] S. LUHMANN (Macht 1968), S. 1
[1158] Vgl. LUHMANN (Macht 1968), S. 23 f.
[1159] Vgl. PARSONS (Action Theory 1978), S. 47
[1160] Vgl. FUKUYAMA (Trust 1995), S. 29 f.
[1161] Vgl. MORROW / HANSEN / PEARSON (Antecedents 2004), S. 51 ff.
[1162] Vgl. MAYER / DAVIS / SCHOORMAN (Organizational Trust 1995), S. 714 ff.
[1163] Vgl. KRAMER (Trust 1999), S. 575 ff.

- Kategorienbedingtes Vertrauen: Wenn Menschen sich einer bestimmten gemeinsamen Kategorie zugehörig fühlen, können sie leichter Vertrauen aufbauen (z.B. Absolventen der gleichen Hochschule).
- Rollenbedingtes Vertrauen: Auch zwischen Menschen, die gleiche Rollen ausfüllen, kann Vertrauen entstehen (z.B. als ehemaligen Projektmanager wurde dem Autor viel Vertrauen von den Befragten geschenkt).
- Regelbedingtes Vertrauen: Menschen, die sich an die gleichen Regeln halten, können einander vertrauen (z.B. Mitglieder eines Unternehmens).

Alle Bezugspunkte können bei ICJVs wirksam werden. Eine große Bedeutung kann dem kategorienbedingten Vertrauen zukommen, wobei die gemeinsam definierte Kategorie „Großprojekt" herangezogen wird. Geringe Bedeutung ist für das vergangenheitsbedingte Vertrauen zu erwarten.

20.2.3 Komponenten des Vertrauens

Vertrauen ist ein wesentlicher Gesichtspunkt in ICJVs. Mit den Worten eines deutschen Managers klingt das so: *„I think it's very important when you have a joint venture with one or more than one partner – we have four partners. And I think this was our success, that we trusted each other after a while. We had conflicts, but there was, I want to say, almost absolute trust."*[1164] Es ist schon bemerkenswert, wenn ein Projektmanager, der gerade ein Großprojekt erfolgreich (innerhalb der Bauzeit, in vertraglicher Qualität, mit gutem Gewinn) abgewickelt hat, seinen Erfolg in dem Vertrauen sieht, das in der ICJV gewachsen ist.

Die Bedeutung des Vertrauens wird immer wiederholt: *„Trust should be always there, trust is very important. Trust is very, very important.*[1165] Ohne Vertrauen wird zuviel Energie in einem ICJV verschwendet: *„Trust is extremely important. If you don't have trust, the joint venture has difficulties to operate because the whole time too much energy and effort is spend on watching what each partner is doing and not devoting it to the outcome of the project."*[1166] Vertrauen wird benötigt, um Entscheidungen treffen zu können: *„Oh, that is very important, the trusting. If you cannot set up the trusting each other then we cannot make any decisions."*[1167] Ohne Vertrauen entsteht aus einer geplanten Kooperation ein gegenseitiger Kampf: *„Very important. Otherwise you have after a short, medium or long term you have two partners on a project which are more busy with checking each other, with fighting each other instead of working on the project."*[1168] Dieser Kampf führt zu finanziellen Einbußen: *„Well, if you don't trust you lose money. If you don't trust*

[1164] S. Interview BG1, S. 5
[1165] S. Interview BG3, S. 5
[1166] S. Interview TG2, S. 6
[1167] S. Interview TT3, S. 10
[1168] S. Interview TG6, S. 5

each other you take risks."[1169] Interessant ist bei dieser Aussage zusätzlich, dass man Risiken eingeht, wenn man nicht vertraut. Weiter unten werden die unterschiedlichen persönlichen Veranlagungen zum Vertrauen diskutiert und dort wird deutlich, dass die meisten Menschen gerade darin ein Risiko sehen, Vertrauen zu schenken. Zu dieser verbreiteten Sicht ist die obige Meinung eine radikale Kehrtwende in Bezug auf ICJVs. Ohne Vertrauen funktioniert auch eine dezentrale Organisation nicht: *„Trust is very important. If I give you authority and responsibility I should trust you to some extend otherwise I can't give you anything."*[1170]

20.2.3.1 Der Vertrauensprozess

Um den Vertrauensprozess in ICJVs zu verstehen, darf man nie die hohe Projektkomplexität aus den Augen verlieren. Es wurde schon von vielen Managern berichtet, dass man einfach nicht alles selbst erledigen kann. Zu viele Entscheidungen müssen gleichzeitig getroffen werden. Nur mit Hilfe von Teamarbeit und Vertrauen ist es möglich, Großprojekte abzuwickeln. Somit ist Vertrauen einer der Mechanismen, der hilft die überwältigende Komplexität abzubauen. Deshalb muss jedes ICJV darauf zurückgreifen. In den Worten eines amerikanischen Managers klingt das so: *„I think what you do, you take trust, you trust everybody at the outset and then you look for the exceptions... I think that's a very general approach. I think it's a general approach for everybody who worked overseas. People that have not worked overseas would tend to have the reverse, okay?... Those that can't trust, quickly get overloaded with work. They end up doing everything themselves."*[1171] Wenn das geschenkte Vertrauen nicht erwidert wird, sind die Konsequenzen schnell und hart, die Mitarbeiter werden entlassen. Jemand, der nicht vertrauenswürdig ist, ist ein Lügner und mit solchen Mitarbeitern kann man in ICJVs nicht arbeiten: *„Well, there is three types of elements, there is trust, liking and respecting. You don't have to like everybody but you do have to trust them. You don't necessarily have to respect them, although that's fairly important, I would say that's second. Yeah, I heard it put another way, you can deal with somebody that is ignorant, you can deal with somebody that is stupid, but you cannot deal with a liar, because you never know what you are doing. And that's simply trust."*[1172] Wegen der hohen Bedeutung des Vertrauens signalisieren Managern ihren Partnern von Beginn an die eigene Bereitschaft:: *„We are not expect them that they have to trust us. We have to prove ourselves that we are, what do you call it, to be...Yeah, trustworthy."*[1173] Oder : *„Well, you always have to show that the trust is still there."*[1174]

[1169] S. Interview TG7, S. 9
[1170] S. Interview TJ4, S. 8 f.
[1171] S. Interview TC3, S. 14 f.
[1172] S. Interview TC3, S. 12
[1173] S. Interview BT1, S. 2
[1174] S. Interview BG1, S. 11

Die Vertrauenswürdigkeit wird dann wieder und wieder den Anderen signalisiert. Dieses Verhalten wird wiederholt, bis Vertrauen endgültig etabliert ist, und auch darüber hinaus, um es aufrecht zu halten. Beispielsweise wird die Partei in einem ICJV, die für den Schriftverkehr mit dem Bauherrn zuständig ist, den Inhalt jeden Briefes kurz mit den anderen abstimmen bis diese davon eigenhändig Abstand nehmen.

Diese Ergebnisse (sofortiges Vertrauen und aktives Signalisieren) sind nicht in der Literatur über Vertrauen zu finden. Allerdings befasst diese sich auch nicht mit der Bauindustrie und deren Großprojekten. FRYXELL / DOOLEY / VRYZA haben herausgefunden, dass zu Beginn formale Kontrollmechanismen bessere Resultate liefern und dass ihre Bedeutung nur im Verlauf des IJVs (!) an Bedeutung verliert.[1175] Für SHAPIRO entwickelt sich Vertrauen langsam und bezieht sich zunächst auf geringfügige Interaktionen bevor er sich auf wichtigere ausdehnt.[1176] Im Vergleich zu den Ergebnissen der Literatur scheint das Verhalten der Mitglieder von ICJVs irrational. Dies gilt allerdings nur, wenn man die Unterschiede zwischen IJVs und ICJVs vernachlässigt. Durch das Vorhandensein eines Dritten in dem System (Bauherr), den Vertrag zwischen den Partnern und dem Bauherrn mit einer Fixierung der Leistung und der Vereinbarung von Bauzeit und Vertragspreis entsteht von Beginn an ein hoher Leistungsdruck. Außerdem besteht das Team am Anfang aus einigen wenigen hochqualifizierten Ingenieuren, die sich alle wenig in ihrer Erfahrung unterscheiden, es handelt sich um eine Adhocracy, die sofort Ergebnisse vorweisen muss. Hierarchische Macht ist zu diesem Zeitpunkt ein Mechanismus, der wegen der Arbeitsbelastung versagt. Regeln können auch nicht weiter helfen, weil sie erst noch etabliert werden müssen. Dadurch bleibt als Mechanismus zu Komplexitätsreduktion nur Vertrauen und hierauf greifen die Manager zurück. Benjamin FRANKLIN sagte einst: „*We must all hang together or assuredly we will all hang separately.*“ Es ist auf das Wortspiel zu achten, das nur im Englischen sinnvoll ist: Wir müssen alle zusammen halten (hang together) oder wir werden alle getrennt hängen (hang separately). Dieser Satz beschreibt die Stimmung zu Beginn eines ICJVs sehr genau.

Die beschriebene Form des Vertrauens kann man also erzwungenes Vertrauen bezeichnen. Dabei handelt es sich wider allen Anschein nicht um ein Oxymoron, weil man beachten muss, dass der Zwang nicht aus der Beziehung erwächst (hier sind Vertrauen und Zwang tatsächlich widersprüchlich), sondern aus den äußeren Bedingungen der Beziehung. Erzwungenes Vertrauen entwickelt sich nicht allmählich und nicht im Kontakt von Angesicht zu Angesicht. Natürlich wollen Manager gerne mit Kollegen zusammenarbeiten, die sie von früheren Projekten kennen und zu denen sie bereits persönliches Vertrauen aufgebaut haben (vergangenheitsbedingtes

[1175] Vgl. FRYXELL / DOOLEY / VRYZA (Control 2002), S. 869
[1176] Vgl. SHAPIRO (Impersonal Trust 1987), S. 623

Vertrauen). Persönliches Vertrauen wird sich unter den genannten Randbedingungen sehr schnell entwickeln. Erzwungenes und persönliches Vertrauen sind komplementär. Das Erste braucht man nur so lange, bis sich das Zweite entwickelt hat. Mit den Worten eines Projektmanagers: „*It* [persönliches Vertrauen] *doesn't develop instantaneously. You know, it's something that, I would say, feeds on itself. You develop a little bit of trust and people start believing in each other and then it really rapidly increases. But it doesn't take much of a hiccup to put you back to square one.*"[1177] Die Meinungen variieren, ob sich persönliches Vertrauen schnell oder langsam entwickelt. Die vorangehende Aussage spricht eher von einer langsamen Entwicklung, die folgende von einer schnellen: „*I think it develops pretty fast, I think. What happens, what I think happens with trust I have seen is, if you don't trust somebody, what you do is you begin to diminish his region of operation or limitation of duties, but I usually just keep limiting until they were in their comfort zone or where you were comfortable with them, okay? If somebody was a liar, you got rid off. No, you can't tolerate that in your organization.*"[1178]

Ein Beispiel für die Entwicklung von Vertrauen gibt dieser taiwanische Manager: „*The trust is in fact the most important things. In the beginning, I think I will explain to you what is my feeling, what on my boss for* [Japanese company] *on this project. In fact also we have the same situation now in head office, but also in our site office. For example in our V2 sections, the first construction site manager in fact, he doesn't like the assigned person, representative of* [Taiwanese company] *in that section. So during the beginning stage we receive a lot of complaint from the* [Japanese company] *staff and they request the head office to think to replace that guy. This kind of argument in fact will waste the energy of the organization itself. And in fact it will become an obstacle to the total group. But as the project is going through this kind of argument became really rare and then when the first project manager of our staff is leaving from this project and back to Japan the representative of* [Taiwanese company] *said to, to my boss, the deputy manager from* [Taiwanese company] *he is much senior than I do. I prefer to have this guy stay in this project instead by another one. So at that time about two and a half years later after starting of this project he feels maybe he is the best person for the project. So it become in fact almost a pattern, in the very beginning both parties had a very big conflict in the beginning but as the progress gets better than this became rare. And in fact they already set up whom they trust.*"[1179]

LUHMANN sieht Vertrauen auf einer psychologischen Ebene eingebettet in eine Toleranzzone. Nur wenn derjenige, dem Vertauen geschenkt wird, einen Schwellenwert mit seinem Verhalten überschreitet, ergreift der Vertrauende die Initiative. Die Daten zeigen, wie schmal diese Zone bei erzwungenen Vertrauen ist und wie drastisch die Konsequenzen (Kündigung). Beim persönlichen Vertrauen ist die Schwelle ein klein wenig höher (a hiccup) und die Konsequenzen sind weniger scharf. Es ist möglich, einen neuen Versuch zu starten und das Vertrauen wieder aufzubauen. Allerdings schränkt die relativ kurze Dauer von ICJVs den Aufbau eines tiefen Ver-

[1177] S. Interview TG2, S. 11
[1178] S. Interview TC3, S. 14
[1179] S. Interview TT5, S. 6

trauens ein. In Bild 110 sind sowohl für das erzwungene als auch für das persönliche Vertrauen Zeitverläufe nachgezeichnet.

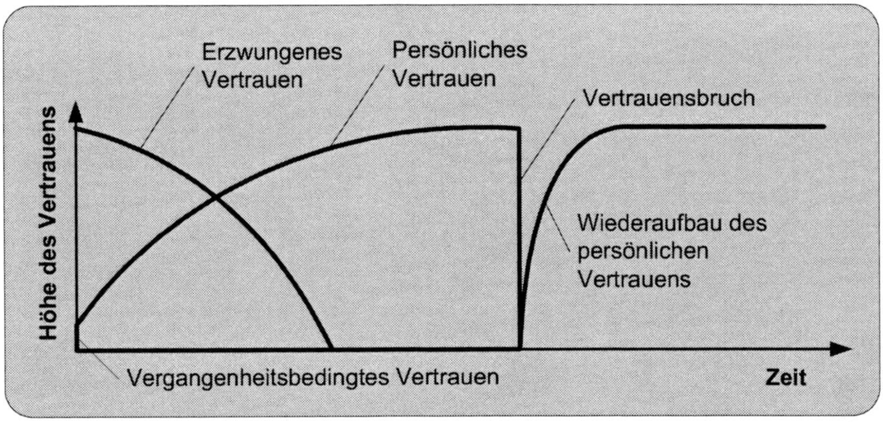

Bild 110: Zeitabhängiger Verlauf verschiedener Formen des Vertrauens
Fig. 110: Time-dependant Path of Different Forms of Trust

Vertrauen hängt auch von der Veranlagung von Menschen ab: „*It always comes down to individuals. How I do this, how I come across, how they receive you, how they do it, how they come across, how I receive them. Every time it's new. It comes down to cultures, to people, communication skills. But one prerogative is there: you need to talk. If you don't communicate well and show a certain openness and perform in accordance to what you say you were going to do, nobody will ever trust you at long term.*"[1180] Es gibt Menschen, denen es grundsätzlich schwer fällt, Vertrauen zu schenken: „*Yeah, of course it has for sure an influence, but as it is said in Germany: Trust is good but control is better.*"[1181] Nicht nur dieser deutsche, sondern auch folgender thailändische Manager betonen die Bedeutung der Kontrolle mehr als die des Vertrauens: „*Important, but okay less important than what I mentioned, the control and responsibility. Because the trust, because we cannot say that I trust you on the first day. The trust can be developed by the way of working, there we learn each other because one day, if the people work together for a certain period they will know each other, what they can trust or cannot trust.*"[1182]

Das Dilemma zwischen dem erzwungenen Vertrauen und persönlicher Veranlagung schildert folgender Beitrag und er gibt auch einen Hinweis auf eine vorsichtige Lösung. Diese besteht in einer fortlaufenden Einschätzung der Fähigkeiten der Mitarbeiter. Interessant ist an dieser Aussage von einem Manager, der grundsätzlich leicht Vertrauen schenken kann, dass er bei den Schwächen seiner Mitarbeiter gar nicht auf die Idee kommt, opportunistisches Verhalten zu unterstellen. So würden die

[1180] S. Interview TG7, S. 9
[1181] S. Interview BG2, S. 5
[1182] S. Interview BT5, S. 5

beiden oben zitierten eher misstrauischen Manager sicherlich nicht argumentieren: *„It is important, but as in a joint venture most people I am working with now here, I have not known before. So you have to get a feeling with them, can you trust them or not? Which is difficult at the beginning. If you come to such a project, organization is more or less fixed. They have problems to start with the work and so on. The beginning, okay, I personally tend first to trust people unless I am proven otherwise. Other people don't trust anybody, but then you cannot control everything. So, if I realize the weakness of somebody and the strength of somebody, okay, I will look to cover the weakness, and make him aware, yes, this one we have to do, this one we have to do. In my personal opinion if you don't trust from the beginning that the people can do the job then you get lost, because you cannot control everything."*[1183]

Zwei Anmerkungen sind noch notwendig: Erstens ist für das erzwungene Vertrauen die Landeskultur von geringer Bedeutung. Persönliches Vertrauen baut man jedoch anscheinend leichter zu den eigenen Landsleuten auf (kategoriebedingtes Vertrauen): *„Of course, it's always easier to build up trust in your own environment, that's very clear. So I think, within the German group it should be easier and the Japanese within the Japanese group it should be easier..."*[1184] Insgesamt hat die Landeskultur keinen sehr bedeutenden Einfluss: *„This depends not on nationalities. The worst site, which I had was in Libya, I think I had twenty five nations on site, I mean, it's not the problem."*[1185] Oder: *„I don't really believe it depends on nationalities. You know, I ran a big joint venture in Australia between two Australian companies, they didn't trust each other either at the start. And I don't think trust generated very quickly there. In Thailand, I think it was extremely difficult because I don't think the partners ever developed a position where they fully trusted each other. I think this project was difficult at the start, but I think the partners are currently in a position where the trust is good."*[1186] Manchmal entsteht sogar Enthusiasmus bei der Beschreibung des Zustandes eines ICJVs: *„He is in that time tender preparation, we are work together very, very close and a very, very good relationship. We nearly no big problem and in the tender time we are the dream team. Yeah, the really dream team."*[1187] Zweitens beschreibt das Bild nur den Vertrauensprozess unmittelbar in einem ICJV. Sowohl für das Verhältnis zwischen den Partnern als auch zum Bauherrn können sich andere Erkenntnisse ergeben. Aus eigener Erfahrung wird dem Bauherrn zu Beginn eher Misstrauen entgegen gebracht. Etwas übertrieben kann man von erzwungenem Misstrauen sprechen. Bauherr wie ICJV müssen sich das gegenseitige Vertauen erst erwerben.

[1183] S. Interview TG5, S. 7 f.
[1184] S. Interview BG1, S. 11
[1185] S. Interview BG3, S. 10
[1186] S. Interview TG2, S. 11
[1187] S. Interview TT1, S. 6

20.2.3.2 Objekte des Vertrauens

Wem vertrauen die Mitarbeiter in ICJVs? Hauptsächlich vertrauen sie einander. Dies kann nicht verwundern, weil in der Anfangsphase eines ICJVs wenig anderes in Frage kommt, es gibt keine Institutionen, keine Geschichte, nur Menschen. Weil das erzwungene Vertrauen als ein Mechanismus zur Komplexitätsreduktion eingesetzt wird, ist es nicht verwunderlich, dass Kompetenz und Erfahrung willkommene Merkmale sind. Während die Erfahrung von Mitarbeitern in den Personalunterlagen nachgelesen werden kann, muss man die Kompetenz intuitiv beurteilen. Dies sind die Faktoren, die zu schnellen Arbeitsergebnissen verhelfen: „*First trust, second is from previous experience these people know that they are competent... So if they worked together already it makes it much quicker to get a team together.*"[1188]

Die meisten Manager arbeiten gerne mit den "richtigen Leuten" zusammen, besonders mit Leuten, die sei bereits kennen. Sie beschreiben den Begriff der „Richtigen Leute" so: „*They must be experienced, they must have the knowledge to do such work...*"[1189] Oder so: „*What kind of people? Okay, I would like to have people who are competent in their area from the technical point of view, whether as construction managers they should have experience in the execution of the work, engineering manager should have experience in the design. Okay, that's very clear, I think.*"[1190] Erfahrung und Kompetenz werden immer wieder gefordert. Kein Wunder bei den Schwierigkeiten und der Arbeitsbelastung zu Beginn eines ICJVs.

Vertrauen wird also bestimmten Gruppen geschenkt. Ein Beispiel ist die Arbeitsverteilung zwischen Mitarbeitern mit unterschiedlicher kultureller Herkunft: „*I trust the Germany for the technical, but I trust Thai people for they solve the problems with the* [public] *authority.*"[1191] Aber das Vertrauen ist im Allgemeinen auf kleine Gruppen und spezifische Aufgaben beschränkt: „*Yes, trust is...I mean, it doesn't go from the top to the very, very last person, but I think the senior people in a joint venture, they have to trust each other to a certain extent otherwise it makes it difficult, I think. But there probably will be a couple issues where you cannot trust, but you can deal with that. But there should be a general trust that you work together.*"[1192]

Besondere Aufmerksamkeit genießt die Person des Projektmanagers: „*You have one problem, you see. If you have a project manager, yes, who is new into the company and new to all the people, which are working for him, it's very, very difficult for the project manager to have trust in the very beginning, because he has to work for that one. He has to convince the people that he is a trustworthy person. Normally this is very, very difficult, especially if you have a prestigious project like* [project name]."[1193]

[1188] S. Interview BG1, S. 7
[1189] S. Interview BG3, S. 2
[1190] S. Interview BG1, S. 5
[1191] S. Interview BT2, S. 7
[1192] S. Interview BG1, S. 5
[1193] S. Interview BG3, S. 10

Die Schlüsse in diesem Abschnitt sind in Übereinstimmung mit der Literatur.[1194] Allerdings scheinen Erfahrung und Kompetenz eine etwas stärkere Bedeutung für ICJVs zu haben.

20.2.3.3 Konsequenzen des Vertrauens

Vertrauen reduziert Komplexität und damit die Arbeitsbelastung aus zwei Gründen. Zunächst wird der Aufwand für Kontrollen erheblich reduziert, dann hilft es auch bei der Teambildung. Ein Team bearbeitet verschiedene Aufgaben gleichzeitig. Falls Kontrollen wegen des Vertrauens unnötig sind, ergibt sich ein erheblicher Zeitgewinn: „*Trust is extremely important. If you don't have trust, the joint venture has difficulties to operate because the whole time too much energy and effort is spend on watching what each partner is doing and not devoting it to the outcome of the project.*"[1195]

Aus diesen Gründen können Mitarbeiter sich in ICJVs kein opportunistisches Verhalten bei der Tagesarbeit leisten. (Deshalb kann das natürlich zwischen Partner trotzdem vorkommen). Die Reibungsverluste auf Grund eines ineffizient arbeitenden Teams werden als größer eingeschätzt als die möglichen Gewinne durch Opportunismus. Wenn das „Spiel" der ICJVs wiederholt gespielt wird (nachfolgende Projekte mit gleichen Partnern), dann wirkt der „Schatten der Zukunft" genau so stark wie negative Erfahrungen in der Vergangenheit („Schatten der Vergangenheit"). Die Ausgeschlossenen der Vergangenheit erinnern die Aktiven der Gegenwart daran, dass es ihnen bei opportunistischem Verhalten in der Zukunft nicht anders gehen würde. Es gab keine Klagen in dem Datenmaterial über opportunistisches Verhalten. Dies widerlegt die Annahmen von WILLIAMSON und unterstützt die Aussagen der Spieltheorie. Dennoch kann Vertrauen keine Konflikte verhindern. Interessenkonflikte werden aus einer anderen Quelle gespeist als aus der des Misstrauens und deshalb existieren sie auch in einer Umgebung des Vertrauens: „*Yes, yes it* [work] *gets more simple. You also have conflicts, of course, because you have different opinions, but it saves time, because if you do not trust each other, then you never know what they are doing, you have to find out where they want to go and so on, trust is just important.*"[1196]

20.2.4 Ein Modell des Vertrauens in ICJVs

Die Diskussion der einzelnen Punkte erlaubt es uns, ein Modell des Vertrauens in ICJVs zu bauen (vgl. Bild 111). Entlang einer vertikalen Achse wird es durch Vertrauen möglich die Arbeitsbelastung zu bewältigen. Persönliche Kompetenz und Erfahrung erleichtern den Prozess, Opportunismus erscheint in diesem Zusammenhang irrational. Vertrauen verbessert die Teambildung und ermöglicht somit die gleichzeitige Bearbeitung verschiedener Aufgaben und erleichtert die Konfliktlösung.

[1194] Vgl. RODERICK / KRAMER / COOK (Trust in Organizations 2004)

[1195] S. Interview TG2, S. 6

Außerdem schränkt Vertrauen die Notwendigkeit von Kontrollen stark ein. Insgesamt erlaubt Vertrauen es, in einer gegebenen Periode mehr Arbeit zu bewältigen. Dies ist entscheidend für ICJVs.

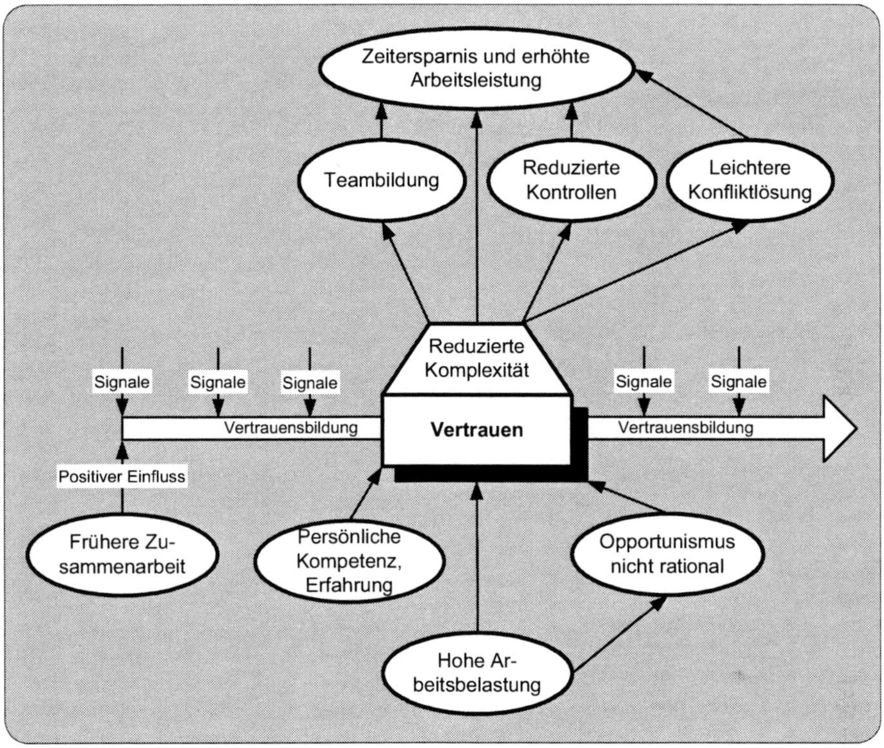

Bild 111: Vertrauensmodel in ICJVs
Fig. 111: Trust Model in ICJVs

Entlang der horizontalen Achse ist eine Zeitschiene dargestellt. Dabei werden der positive Einfluss einer früheren Zusammenarbeit und die ständige Notwendigkeit Vertrauensbereitschaft zu bekunden herausgestellt.

20.3 Sinngebung

„Die Abwesenheit von Sinn ist der Schrecken des existentiellen Nichts. Es ist jener subjektive Zustand, in dem die Wirklichkeit zurückzuweichen oder sich ganz aufzulösen scheint.“[1197] Sinnlosigkeit ist kein Zustand den Menschen anstreben, die meisten würden ihn wohl kaum aushalten. Das Streben nach Sinn gehört zum Menschen wie das Atmen. HEIDEGGER unterscheidet zwischen dem Seienden (Das Da-

[1196] S. Interview BG1, S. 10
[1197] S. WATZLAWICK et al. (Kommunikation 1996), S. 247

Sein), das unabhängig von aller Erkenntnis existiert (Dinge der Außenwelt) und dem Sein. Das Sein gibt es nur im sinnvollen Verstehen des Seienden.[1198] Kein Weg führt an der Sinngebung vorbei. Allerdings kann an dieser Stelle das Phänomen auch nicht mehr in seiner ganzen Bedeutung erhellt werden. Im Folgenden wird deshalb gemessen an der Bedeutung des Phänomens nur ein kurzer Überblick geboten.

Im folgenden Abschnitt 20.3.1 werden die theoretischen Grundlagen der Sínngebung diskutiert, anschließend die empirischen Belege (Abschnitt 20.3.2) und zum Abschluss wird ein Modell aufgezeigt (Abschnitt 20.3.3).

20.3.1 Theoretische Grundlagen der Sinngebung

Sinngebung ist sowohl ein psychologisches als auch ein soziales Problem. In einem Standardwerk zur Psychologie von SCHÖNPFLUG / SCHÖNPFLUG finden sich viele Kapitel, in denen die Grundlagen für die Sinngebung dargelegt werden (Bewusstsein, Kognition, Wahrnehmung, Vorstellung, schlussfolgerndes Denken, Gedächtnis).[1199] Da die Innenwelt in dieser Arbeit von Anfang an ausgeschlossen worden ist, werden diese Gedanken hier auch nicht aufgenommen. Es bleibt eine Untersuchung der Sinngebung als soziales Problem.

20.3.1.1 Die soziologische Bedeutung von Sinn

WEBER benutzt den Sinnbegriff, um die Besonderheit menschlichen Handelns zu charakterisieren. Danach muss das Verständnis sozialen Handelns immer von der Analyse des subjektiven Sinns der Handelnden ausgehen. Damit hilft der Sinnbegriff, die subjektiven Wahrnehmungen zu strukturieren, die das Verhalten anderer Menschen verständlich machen und er erlaubt es, die tragende Kultur als Ergebnis der Sinngebung sichtbar werden zu lassen, in die das Handeln eingebettet ist.[1200] Von diesem Verständnis ist die Forschungsmethodik dieser Arbeit stark beeinflusst.

Dabei werden bestimmte Annahmen zum Verstehen von Sinn vorausgesetzt:[1201]

- Jedes Individuum ist in der Lage Sinn zu verstehen
- Alle Individuen sind sozialisiert und verfügen über einen Satz an Werten und Normen, die sinnvoll sind.
- Kultur ist ein zusammenhängendes und verstehbares Werte- und Normensystem
- Menschen such nach Sinn und Kulturwerten

[1198] Vgl. HEIDEGGER (Sein 1927), S. 183
[1199] Vgl. SCHÖNPLUG / SCHÖNPFLUG (Psychologie 1997)
[1200] Vgl. SCHÄFERS (Soziales Handeln 2002), S. 38
[1201] Vgl. SCHÄFERS (Soziales Handeln 2002), S. 38 f.

Der Begriff „Sinn" hat eine doppelte Bedeutung . Zum einen hilft er bei der Interpretation von menschlichen Handlungen aus den vielen Möglichkeiten eine klare sinnverstehende Entschlüsselung vorzunehmen. Zum anderen schafft jede Handlung neuen Sinn.[1202] SCHÜTZ unterscheidet in seinem Werk „Der sinnhafte Aufbau der sozialen Welt" zwischen dem Sinn des Erzeugnisses und dem Sinn des Erzeugens.[1203]

Nach diesen Gedanken sind die Überlegungen von LUHMANN nur zu verständlich, der im Rahmen der Systemtheorie Sinngebung die Aufgabe der Reduktion von Komplexität zuweist. Wenn man dem Strom der Handlungen keinen Sinn zuweisen kann, dann steht man ihm ohnmächtig gegenüber. Sinn strukturiert diesen Fluss. Somit kommt Sinn die Bedeutung einer Ordnungsform zu.[1204]

20.3.1.2 Allgemeine Komponenten der Sinngebung

Im vorherigen Abschnitt ist der Begriff „Sinn" erläutert worden. Jetzt richtet sich das Augenmerk mehr auf den Prozess der Sinnentstehung, auf die Sinngebung. Sinngebung ist ein allgemeines Phänomen des Alltagslebens. Darüber hinaus ist es jedoch auch ein spezielles in Organisationen. Ob allgemein oder speziell, die im Folgenden genannten Komponenten bestimmen immer die Sinngebung.[1205]

Sinngebung ist rückblickend. Man kann nur den Dingen oder Ereignissen einen Sinn geben (zuweisen), die schon in der Welt sind. „ *Man has discovered that his perceived world is in reality a past world...* [A]*ny object outside the body, however close, is at least minutely past by the time we perceive it. Accordingly, if „memory" is defined as "experience of the past" then all perception ... is a from of memory, by this definition of the word.*"[1206] Deshalb muss Sinngebung zwangsläufig die Aufmerksamkeit auf bestimmte Episoden lenken, die aus dem Fluss der Geschehnisse ausgewählt werden. Dabei stützt es sich auf das Gedächtnis und dieses unterliegt vielerlei Wahrnehmungsverzerrungen. Deshalb kann Sinngebung nicht genau sein.

Sinngebung wird verfügt (*enacted). „I use the word* enactment *to preserve the fact that, in organizational life, people often produce part of the environment they face.*"[1207]

Sinngebung ist soziales Handeln. Auch wenn wir nur für uns selbst versuchen Zusammenhänge in dieser Welt zu verstehen, so betrachten wir dabei – rückblickend – Episoden, die uns einen Anstoß zum Denken geben und die wir als soziale Wesen-

[1202] Vgl. MEAD (Identität 2000), S. 115 ff.
[1203] Vgl. SCHÜTZ (Sinnhafter Aufbau 1993), S. 15
[1204] Vgl. LUHMANN (Sinn 1971), S. 15
[1205] Vgl. WEICK (Sensemaking 1995), S. 17 ff.
[1206] S. HARTSHORNE (Mind 1962), S. 442
[1207] S. WEICK (Sensemaking 1995), S. 30

erlebt haben. Der Autor dieser Arbeit sitzt allein an seinem Schreibtisch und versucht einem langjährigen Berufsleben sowie den Daten, welche den kognitiven Landkarten von 35 Befragten entsprechen, einen Sinn zu geben. Alle Gedanken werden mit den Betreuern der Arbeit ausführlich diskutiert: wahrlich ein soziales Handeln! Wir sind immer gezwungen, bei allem Denken Bezug auf soziale Gruppen zu nehmen.[1208]

Sinngebung ist fortlaufend. Es gibt keinen Anfang für die Sinngebung und kein Ende. Dieses wird klar, wenn man sich verdeutlicht, dass wir alle in unterschiedliche Kulturen hineingeboren werden, die nichts anderes sind als Bedeutungssysteme. Diese müssen wir fortlaufend interpretieren wie Texte. Interpretation beschäftigt sich mit dem Material, ohne es zu verändern. Es wird die Parallele zu der Hermeneutik als Lehre der richtigen Interpretation sichtbar (DILTHEY). Die hermeneutische Spirale hat keinen Anfang (GADAMER). Sinngebung ist aktiver als Interpretation und hier liegt eine Parallele zu einer hermeneutischen Philosophie (DILTHEY, HEIDEGGER, vgl. 7.1.2).

Sinngebung richtet sich auf Anhaltspunkte und wird von diesen fokussiert. Grundsätzlich kann man versuchen, allem einen Sinn zu geben, allerdings bedarf es dazu eines Anstoßes. Solche Anstöße – abgesehen von unmittelbaren Herausforderungen – ergeben sich in Situationen, die unangenehm, abweichend, extrem, intensiv, ungewöhnlich, plötzlich, aufmerksamkeitsheischend, farbenfroh, herausstechend oder herausragend sind.[1209] Was einen Anstoß für die Sinngebung sein kann, hängt darüber hinaus von dem Bezugsrahmen ab. In einem ICJV ist es etwas anderes als in der Familie. Das Konzept des Rahmens (Frame) stammt von GOFFMAN und hat deshalb eine große Bedeutung, weil er in gewisser Weise ausgewählt werden kann."[1210] Dies wird deutlich in einem Zitat von SMIRCICH / MORGAN bezüglich des Führungsphänomens. Dabei ist der Rahmen vorgegeben (Führung in Organisationen): „*...leadership lies in large part in generating a point of reference, against which a feeling of organization and direction can emerge.*"[1211] Es geht um nichts anderes, als mit dem Rahmen einen Anhaltspunkt für die Sinngebung durch Führung zu geben.

Sinngebung ist plausibel, nicht genau. Sinngebung muss sich meist auf Informationen stützen, die nicht vollständig sind und die Argumentation muss zu den Daten passen, sie muss nicht zwangsläufig richtig sein.[1212] Hierfür gibt es eine Reihen von Gründen: Ein Zuviel an Information zwingt zur Auswahl und damit zur Vereinfachung, Sinngebung hat auch etwas mit der Ausschmückung des Anhaltspunktes zu tun, in Organisation hat Schnelligkeit oft größere Bedeutung als Genauigkeit und Genauig-

---

[1208] Vgl. BLUMER (Symbolic Interactionism 1969), S. 8
[1209] Vgl. KIESLER / SPROULL (Managerial Response 1982), S. 556
[1210] Vgl. GOFFMAN (Frames 1974)
[1211] Vgl. SMIRCICH / MORGAN (Leadership 1982), S. 258
[1212] Vgl. ISENBERG (Understanding 1986), S. 242 f.

keit wird nur kurzfristig und in einigen Fällen benötigt.[1213] Es wurde in dieser Arbeit schon viel Gebrauch gemacht von der Idee kognitiver Landkarten. Landkarten dürfen eines nicht sein: Sie dürfen die Realität nicht originalgetreu abbilden. Dann wären sie nämlich die Realität und würden ihren Sinn verlieren. Landkarten werden brauchbar durch die Plausibilität der benutzten Symbole.

20.3.1.3 Sinngebungsprozesse in Organisationen

WILEY unterscheidet vier verschiedene Ebenen der Sinngebung: (1) individuell, (2) intersubjektiv, (3) generisch subjektiv (4) extrasubjektiv. Die intersubjektive Ebene entsteht durch Kommunikation zwischen zwei oder mehr Personen, wobei sich der gemeinsam gefundene Sinn aus unterschiedlichen Beiträgen aller Beteiligten zusammensetzt. Der etwas komplizierte Begriff der generischen Subjektivität beschreibt eine Sinngebung, die sich vollständig von einzelnen Personen löst. Auch wenn eine Person aus dem Gefüge austritt, so bleibt der gefundene Sinnzusammenhang dennoch erhalten. Auf dieser Ebene sieht WILEY die Organisationen. Die extrasubjektive Ebene bezeichnet symbolische Realitäten wie etwa die Mathematik.[1214] BARLEY sieht hier auch darin voll ausgebildete Institutionen.[1215] ICJVs sind sicherlich zwischen den Ebenen 2 und 3 angesiedelt und zwar mit einer größeren Nähe zur intersubjektiven Sinngebung.

Im Vergleich zu bestehenden Unternehmen sind ICJVs sehr offene Systeme, so dass es schon eine Frage ist, wer an der Sinngebung beteiligt ist. Dadurch verschiebt sich das Interesse bei der Sinngebung von Strukturen auf Prozesse.[1216] Gerade bei offenen Systemen gewinnt die Kommunikation zwischen den Mitgliedern eine hohe Bedeutung bei der Sinngebung: *„In other words, the communicating processes inherent in organizing create an organization culture, revealed through its communicating activities... and bound by role-goal- and context-bound communication constraints – the rules.“*[1217]

Ambiguität und Unsicherheit sind zwei besonders wichtige Anlässe, die eine Suche nach Sinn auslösen. Dabei ist Ambiguität ein Zeichen von doppeldeutigen Situationen. Es ist genügend Information vorhanden, aber sie widerspricht sich. Unsicherheit herrscht vor, wenn nicht genügend Informationen zur Hand sind. Beides sind Fälle, die besonders zu Beginn eines ICJVs im Übermaß auftreten: ICJVs sind hervorragende Gelegenheiten, um Sinngebung zu studieren.

Dieser Gedanke wird noch deutlicher, wenn man sich die Kriterien von BÜCHEL et al. vor Augen führt: *„Sinnfindung ist in Situationen erschwert,*

[1213] Vgl. WEICK (Sensemaking 1995), S. 57 f.
[1214] Vgl. WILEY (Social Theory 1988), S. 254 ff.
[1215] Vgl. BARLEY (Technology 1986), S. 82 f.
[1216] Vgl. SCOTT (Systems 1987), S. 91
[1217] S. SCHALL (Communication 1983), S. 560

- *die als unverständlich gelten und ein hohes Maß an Zweideutigkeit aufweisen,*
- *die vollkommen neuartig sind und keinerlei Ordnung und Struktur aufweisen, etwa nach dem Motto „Ich bin hier niemals zuvor gewesen, ich habe keine Idee, wo ich hier bin und ich habe erst recht keine Idee, wer mir noch helfen kann",*
- *in denen ein geringer Gruppenzusammenhalt vorhanden ist, und in denen keine akzeptierte Führungspersönlichkeit vorhanden ist,*
- *wenn mit der Sinnfindung gleichzeitig die eigene Identität in Frage gestellt wird.*"[1218]

Ergebnisse des Sinngebungsprozesses können auf organisationaler Ebene gemeinsame kognitive Landkarten, gemeinsame Ziele, geteilte Visionen, eine ICJV-Identität und eine ICJV-Kultur sein.

20.3.2 Empirische Belege der Sinngebung

Zu Beginn des Ausführungsmanagements eines ICJVs ist schon viel Arbeit auf dem Gebiet der Sinngebung geleistet worden. Der Bauherr hat sich entschieden, dass die Investition sinnvoll ist. Die Partner des ICJVs haben sich entschieden, dass der Vertrag sinnvoll ist. Beide haben mit dem Vertrag eine Realität geschaffen (verfügt – enacted). Die Realität wird danach weiter durch Sinngebung bearbeitet. In BangNa gab es dabei zwei Strömungen, die einen meinten, der sehr niedrige Vertragspreis könne in der Realität umgesetzt werden, die anderen nicht. Es bleibt nach Abschluss eines ICJVs wie BangNa die Arbeit der Interpretation: Warum ist soviel Geld verloren worden? Dort obsiegten die Vertreter der Meinung, dass der Vertragspreis zu niedrig war und die Ausführung vernünftig. Im Nachhinein war der Vertragspreis nicht sinnvoll. Auch der Bauherr (ETA) musste der Situation in der er sich befand einen neuen Sinn geben. Das Bauwerk kann sich nicht – wie geplant – selbst finanzieren. Alles dies sind interessante Aspekte der Sinngebung. Sie werden im Weiteren jedoch nicht verfolgt. Die Betrachtung bezieht sich ausschließlich auf das Ausführungsmanagement.

20.3.2.1 Sinngebungsprozess

Die Sinngebungsprozesse in ICJVs werden vom Management durch Kommunikation und das Einrichten von Gelegenheiten zu gemeinsamer Kommunikation unterstützt. Man redet mit den Mitarbeitern: „*One by one. Maybe not only in the office, maybe at the, during drinking, something like that, can do many ways way in Thai style.*"[1219]

Es gibt viele Gelegenheiten, um zusammen zu kommen: Parties, Weihnachtsfeiern, Sportveranstaltungen: „*Well, you work together, you drink together and party together. It is also part of, you have to have a Christmas party, whatever way you get everybody together.*

[1218] S. BÜCHEL et al. (JV-Management 2002), S. 159

Some people only can complain after they drink three beers. So you give them three beers to get their complaints, otherwise you never know. You have to play football against another team, we had baseball . No we had..."[1220] Eine andere Möglichkeit zur Abstimmung sind natürlich gemeinsame Besprechungen: „*Well, technically we have several meetings, like the project control meetings every month. I have meetings in between, so at various levels, but always together with the project management, this is important, and then we have other means like Christmas parties, birthday parties, whatsoever. It's a mix of the pure management and also the other side of life, yeah.*"[1221]

Trotz dieser Gelegenheiten vermisst ein thailändischer Manager häufigere Möglichkeiten zur gegenseitigen Abstimmung: „*I don't know. Exactly the tell you, but only my opinion. If I be, I would like to ask all together from beginning and discuss and open mind, discuss what is goal of all of us, everyone have any question, and then we tuning up all together in the same, in the same thing. And then we go together.*"[1222]

Daneben gibt es jedoch auch die alltäglichen Anlässe um über eine gemeinsame Singebung ein Team zu formen: „*Yeah, leadership, I think, you know, I think, I can mention this here, you know, when I came here to this project, there were a lot of experts, but there was missing a little bit the combination, the teamwork. Everybody was working and, you know, was trying his best, but there was missing the combined achievement of the target. This had to be sorted out very well and also, you know, there is very important, first of all that the joint venture partners are speaking one language, let's say, ...* "[1223] Hierbei wird sehr deutlich wie durch einen Prozess im Endergebnis eine gemeinsame Sprache erarbeitet wird, die mit einheitlichen Bildern arbeitet. Wie dieser Prozess abläuft, erläutert der folgende Projektmanager näher: „*Oh, that's the expertise of the senior management, in each of the, and I say in each of the departments. The upper management has to set the goals and procedures to put the organization in place, put procedures in place for the line managers to work to. And then there has to be an education process and in some ways a control process in place to make sure that what's happening in the joint venture is, what the joint venture has decided and that you don't have one section of the company following the procedures and policies of one partner and the other section of the joint venture following the procedures and policies of the other partner. So it's a management skill, but you have to do it very quickly and you have to develop your procedures and your policies, the blending with the beliefs of both partners and then put them into operation and insist that the joint venture operates to those.*"[1224]

Angestrebtes Endergebnis der Sinngebung ist immer das Schaffen eines koordiniert arbeitenden Teams: „*As I tried to explain before, you know, we tried to have a team, where*

[1219] S. Interview BT3, S. 11
[1220] S. Interview BG1, S. 12
[1221] S. Interview TG4, S. 6
[1222] S. Interview BT4, S. 4
[1223] S. Interview TG3, S. 4
[1224] S. Interview TG2, S. 7

the professionalism is there, and the teamwork and I think the keyword on this project was really the teamwork."[1225]

Es ist nicht so, dass die Sinngebung nicht benötigt wird, zu Beginn eines ICJVs fehlt sie in weiten Bereichen: *„The idea that came into my mind was then with the car: In the beginning there was a lot of uncertainty and this was quite ambitious here to get this progress and so on, so on. The German side of the joint venture was always saying: Well, we can achieve this and then the Taiwanese side was a bit skeptic. So I would say then if both are sitting in a car then the other one said, go right and the other one was not really sure if it's right or..."*[1226]

Natürlich fängt der Prozess nicht bei Null an. Besonders erfahrene Mitarbeiter wissen genau, worauf es im Einzelnen ankommt. Sie haben die Sinngebungsprozesse bereits bei mehreren Projekten durchlaufen und auf diesen Erfahrungen kann jedes neu gegründete ICJV aufbauen: *„Each career when someone is a higher for some work and someone is involved in the work, they know, each colleague they know where is the target of that work. So I mean even with we don't do anything to for gathering person and make one direction. It's very difficult to say."*[1227]

Man darf sich nicht der Illusion hingeben, zwischen allen Mitarbeitern ein Einverständnis zu erzielen, so dass ein ICJV störungsfrei wie eine gut geölte Maschine läuft. Entscheidende Gruppen im ICJV werden von dieser Diskussion überhaupt nicht berührt. Dies trifft insbesondere auf die vielen Arbeitskräfte zu. Ziel ist allein das Management-Team: *„Yeah, that's what I like doing, but I feel it's very difficult, we had it amongst the senior staff, knowing them for years or being more loyal to the company, coming from the home office. But if you have twenty-eight nationalities and two thirds, I don't know what the numbers are, are hired on the streets you cannot expect that identity. These peoples just have their jobs."*[1228]

Ein typischer Sinngebungsprozess betrifft die gewählte Technologie. Die Frage ist, ob die richtige, passende Technologie gewählt wurde. Dabei ist für eine rückwärtsgerichtete Sinngebung nichts besser als ein erfolgreicher Einsatz. Dies wird im folgenden Beitrag an Hand der Segmente des Überbaus beim BangNa Expressway beschrieben: *„I would say yes. I would say yes, but only after a certain time. You know, we had in BangNa besides several problems; we had also the problem with the D6 segments. I believe that the D6 segments was a good solution but the development of the D6 segment and also the development of the girders for the D6 took a very, very long time. And you know it took us about twenty-two months before we had the first span erected. Twenty-two month after signing of the contract. Was in May 1997 or something like this one. This took a long*

[1225] S. Interview TG3, S. 13
[1226] S. Interview TG11, S. 13 f.
[1227] S. Interview TK2, S. 12
[1228] S. Interview TG7, S. 11

time and I think after we had achieved this one, this was good, yeah."[1229] Nach dem erfolgreichen Einsatz wurde die getroffene Entscheidung als sinnvoll akzeptiert.

20.3.2.2 Geteilte Ziele

Der schlimmste Fall für eine Organisation ist natürlich gegeben, wenn Ambiguität bei der Zielsetzung oder Zielverfolgung besteht. Eine gewisse Differenz besteht immer zwischen den persönlichen Zielen und denen des ICJVs: *„The normal situation is always, wherever you work, that all your people, they may have one big goal, but this is affected by many small individual goals, every worker, every staff have, they have also individual goals. As long as they go in the same direction than the goal of the company is alright, but there is always a slight difference in the direction."*[1230] Dieses wird auch von einem taiwanischen Manager genau so gesehen, allerdings scheint es dabei auch kulturelle Unterschiede zu geben: *„I don't know how Europeans think about it but for Taiwanese from my feeling is very difficult for them to get together and say that we have a mutual goals and everybody has to think about it and everybody using your own best effort to reach these goals. In fact I'm not criticize Taiwanese but in fact is quite easy to me that we are people and in this world everybody has it's own sword, and we never just united together some mutual goals. So I cannot, or I will not discuss with somebody else to see what is my goal and what is their goal and do we have the same goal or not, no. It is very difficult."*[1231] Auch ein japanischer Manager äußert eine ähnlich Einstellung wie der taiwanische: *„I don't think so. Very few people have the same idea."*[1232] Der Unterschied zwischen den beiden Aussagentypen ist sehr deutlich, auch wenn es sich um das gleiche Phänomen handelt. Diese Herausforderung der Integration der verschiedenen Interessen der Mitarbeiter besteht jedoch grundsätzlich für jede Organisation.

Unterschiedlich bei ICJVs ist jedoch, dass mehrere Partner die Richtung vorgeben. Dies wird sich immer auf das ICJV auswirken, besonders wenn sich die jeweiligen Topmanager in ihrem Commitment dem Herkunftsunternehmen verpflichtet fühlen. Deshalb ist es wichtig, dass die Partner im Großen und Ganzen gleiche Ziele verfolgen: *„Very important. I think it's important that all partners of the joint venture have the same goals."*[1233] Auch zu diesem Beitrag eines deutschen Managers gibt es eine parallele normative Aussage von einem thailändischen Manager: *„The project have to, everyone in the project should have the same idea, should have the same understanding. Should have the same procedure. Yeah."*[1234]

Die Folgen betreffen unmittelbar das ICJV-Ergebnis: *„Yes, that can be possible, but it makes it difficult. And I don't see you can have the same positive outcome without having a*

[1229] S. Interview BG3, S. 11
[1230] S. Interview BG2, S. 6
[1231] S. Interview TT5, S. 15
[1232] S. Interview TJ5, S. 14
[1233] S. Interview BG3, S. 6
[1234] S. Interview BT2, S. 7

common goal. And I think that has to be discussed before you actually sign the contract and before you form a Joint Venture. You have to have the same goal. But of course, we also have to acknowledge that the local partner because he is local, sees it little bit different. That's very normal and I think there's nothing against that. The international partner or the international companies, they are working in a country and if there is no job they go home. But the local partner of course wants to stay here forever. So he has slightly different or additional goals, let me put it this way."[1235]

Besonders schwierig ist es, wenn zu mehreren ICJV-Partnern, die sich bereits in vorangehenden Projekten zusammengerauft haben, ein neuer Partner hinzukommt: „*Hmm. Not to say decrease the inside problem, the problem inside is not create problem, is not create. There is certain problem inside, but under control. Under control, because, as I say, we already have the good understanding from the beginning. If for the new one, then problem, like* [name of German company] *for sure. They always have the different idea, the different thinking. This one is not..., lucky that we don't have that one.*"[1236] Die im vorherigen Zitat angesprochenen Zieldivergenzen zwischen ausländischem und heimischen Partner werden hier als interne Probleme dargestellt, die – besonders durch die Partnerschaftsgeschichte – unter Kontrolle sind und zwar so lange bis ein weiterer Partner die getroffenen Übereinkünfte hinterfragt.

Auch wenn es unterschiedliche Ziele zwischen ausländischen und heimischen Partnern gibt, dann dürfen diese nicht überbewertet werden: „*I don't believe ever that the goals of a joint venture are dramatically different. I mean, in the sense that both partners, let's say in ninety-nine percent of the cases, both partners enter a the joint venture to make money, to have a successful project and to be profitable and in all the measurements of profitability, and that's not just money, but in all the measurements of profitability to walk away having maximized profit. And that is also that the customer is happy, that you maintained your reputation, the quality is there, you don't have future risk and so forth. The goals of joint ventures are similar in that. Local companies always have a different goal in terms of their local market, which the international partner coming into the company, into the joint venture may not have, where they are looking also for a development of expertise in a field, technology transfer, these elements that can help them in also domestic business and also to have benefits out of the joint venture for their domestic business. But overall the goals are the same.*"[1237]

Die den übergeordneten Zielen der Partner nachrangigen Ziele im ICJV müssen auch durchgesetzt werden. Dabei wird geschildert, dass das ICJV auch damit leben kann, wenn nicht alle an einem Strang ziehen. Man hat sich damit begnügt, eine Mehrheit zur Befolgung der Ziele zu bewegen: „ *Not right from the very beginning. At the beginning there were, of course, a lot of people that thought that certain the rules and regulations, which we implemented were not right or were not correct, or not the best. But we just ignored them. We just said, this is the way we have to do it. Like I said earlier, you have*

[1235] S. Interview BG1, S. 6
[1236] S. Interview BT1, S. 13 f.
[1237] S. Interview TG2, S. 6

make sure that everybody on the project understands what the goal is, what the rules and regulation are, and whether he likes it or not, but he has to follow. And pretty much everybody tried to follow. Some didn't like it up to the very end, but that's fine."[1238] Hierbei gehen die Manager pragmatisch vor und begnügen sich mit dem, was ihnen erreichbar scheint. Dabei handelt es sich allerdings nicht um ein „high performance team". Diese sind durch gegenseitige Ergänzung ihrer Fähigkeiten unter gemeinsamer Zielausrichtung gekennzeichnet.[1239] Dafür muss eine entsprechende Arbeit geleistet werden. Es reicht nicht die Aufgaben zu verteilen und darauf zu warten, dass alle eine hervorragende Arbeit leisten.[1240]

20.3.2.3 Geteilte Visionen

Eine Vision ist seiner Etymologie folgend eine Vorstellung, eine Idee.[1241] PETERS sieht darin eine besondere Sichtweise. Diese dient als Leitfaden, der eine Organisation zusammenhält.[1242] STEINMANN / SCHREYÖGG verstehen eine Vision als den Entwurf eines Entwicklungspfades, der noch einer Strategie im Sinne von Planung vorgelagert ist.[1243] Besonders in der amerikanischen Literatur wird als Träger einer Vision der Gesamtverantwortliche einer Organisation gesehen, der ein kognitives Bild der von ihm gewünschten Zukunft entwirft.[1244] Ganz große Bedeutung gewinnt die Vision in der praktischen (aber auch von Moden beeinflussten) Managementliteratur.[1245, 1246] Wir beschränken uns hier auf die undramatische Definition von einer Vision als einer besonderen Sichtweise, die nicht zwangsläufig von dem Projektmanagement propagiert wird. Eine Vision tritt unterstützend hinter die klar vorgegebenen Ziele von Seiten des Bauherrn und der Partner.

Obwohl in den Interviews manches Mal nach einer Vision gefragt wurde, ist das Datenmaterial nicht ergiebig. Hinweise kamen nur von asiatischer Seite. Alle Partnerunternehmen verfügen über eine Vision in Form von Unternehmensrichtlinien und alle Befragten hielten diese Vision für wichtig. Die Frage, ob es denn eine solche Vision auch für das ICJV gäbe, wurde verneint und führte anschließend zur Verwunderung bei den Interviewpartnern über das Fehlen einer so bedeutenden Sache. Sehr deutlich wird dieses Verständnis in dem folgenden Gesprächsauszug:

Frage: „*Do you have here a management vision for the joint venture? You know a guiding vision that you want to be followed in this joint venture? Do you have one*?"

[1238] S. Interview BG1, S. 12
[1239] Vgl. SCHERMERHORN et al. (Organizational Behavior 2000), S. 194.
[1240] Vgl. KATZENBACH / SMITH (Teams 1993), S. 118 f.
[1241] Vgl. KLUGE (Etymologisches Wörterbuch 1999), S. 865
[1242] Vgl. PETERS (Liberation Management o.J.), S. 387
[1243] Vgl. STEINMANN / SCHREYÖGG (Management 2005), S. 171
[1244] Vgl. BATEMAN / SNELL (Management 2002), S. 380 ff.
[1245] Vgl. COVEY (Habits 1989), S. 66 ff.
[1246] Vgl. COVEY / MERRILL / MERRILL (First Things 1994), S. 103 ff.

Antwort: *„You mean from?"*

Frage: *„Here the top management of this joint venture, project management, construction management, design management. Their vision, you know, that they say: Okay, this is what we want."*

Antwort: *„Yes."*

Frage: *„What would this vision be, how would you express it?"*

Antwort: *„This come from project manager."*

Frage: *„What would it be, what would the project management what vision would they have?"*

Antwort: *„The vision they have?"*

Frage: „Umm."

Antwort: *„I don't know. I think we have just I just cannot explain with my words but we have."*

Frage: *„But there is a feeling?"*

Antwort: *„It's a feeling, it's daily work, it's a feeling and we know something in mind but I cannot explain."*

Frage: *„But how does this vision now get into your mind? When you say this is like a feeling or an understanding, how does this understanding develop? By learning day to day from each other or by writing."*

Antwort: *„No it's not by writing, I think it's just communication. We know what he concerned and also he know what we concerned and he know about our capabilities and we know his style."*[1247]

Eine Vision, die so unklar ist, kann auch nicht als eine solche bezeichnet werden. Es scheint eher so, als ob der Befragte meint, man müsse eine Vision haben, er aber keine finden kann. Statt einer klaren Vision gibt es eher eine Gemengelage von gemeinsam geteilten Sinngebungen.

Ein einziger Beitrag formuliert den Versuch, eine Vision zu schaffen, allerdings nur in einem Teilbereich des ICJVs: *„I think that's the basic thing, because we are discussing, I have some chance, I don't have so many chances to talk to expatriates, especially the supervisor level, but I had some chance to talk to Chinese engineers, I have passing this, my personal vision to Chinese."*[1248] Selbst in diesem Fall handelt es sich nur um eine persönliche Vision.

Auf normativer Ebene werden in ICJVs wohl Visionen gefordert, aber auf deskriptiver Ebene sind keine zu finden.

20.3.2.4 ICJV- Identität

Nach den Schwierigkeiten, die bereits bei der Zielverfolgung und der Bildung von Visionen auftauchen, ist es kaum zu erwarten, dass sich bei einem ICJV eine eigene

[1247] S. Interview TT3, S. 20 f.

Identität herausbildet. Die klaren quantitativen Ziele eines ICJVs reichen zur Ausbildung einer Identität nicht aus, weil emotionale Komponenten fehlen. Genau wie bei den Zielen und Visionen gibt es eine klare normative Forderung nach dem Aufbau einer eigenen Identität: „*They should have their identity, they should say, yes, we are working for this joint venture.*"[1249]

Der Ausgangspunkt bei den Überlegungen ist eine eigene persönliche Identität, die auf dem Stolz auf die eigene Arbeit fußt: „*I have satisfaction of work. For example, I'm not a lawyer, I'm not a banker, I'm not a surgeon. I chose this profession in order to create something. And the satisfaction I have to have been able to create something with a project like this one or any other one. And have been able to, let's say, also my position, hopefully I feel at least, satisfaction that the team has fulfilled this and created this and something they can be proud of, they like doing, they are relaxed and particularly their private life can accommodate or actually their private life is more important than their business life. So their whole, let's say how do I call it, the quality of their life harmonizes with the satisfaction in their job. That is what I'm looking for, I want to go home and see my family and have fun, tell a few things, of course sometimes is stress but then not, but you should always have the self-motivation again to say: Yes, we did something.*"[1250] Entsprechend sieht auch ein anderer deutscher Manager eher eine Identifikation über das Ziel ein Bauwerk nach vorgegebenen Zielen zu entwickeln und zu erstellen als über das dahinterstehende ICJV: „*I think as an identity in the sense that there is a pride and a satisfaction of being associated with a successful joint venture, and therefore they are identified being part of* [name of ICJV] *because especially when they are talking to other people in the industry that this project is recognized as being successful and they like to feel to be part of it.*"[1251] Ganz deutlich sagt das auch ein dritter deutscher Manager: „*I don't think so much they need the identity of certain organization, I think it's more the identity, in our case it's the identity of having achieved a certain project, a certain, forty kilometers of Taiwan High Speed Rail, we build it. We have one poster which we did in Athens, where we said: we built the airport. You have the employees and actually in the background you didn't see the airport but the Acropolis. Okay, here…*"[1252]

In einem vierten Beitrag wird über eine hohe Identifikation in dem ICJV berichtet und auch dort wird der Stolz auf das Bauwerk als Bezugspunkt der Identifikation erwähnt. Bei dieser sehr positiven Aussage zur Identitätsbildung handelt es sich um das nach eigener Einschätzung erfolgreichste ICJV, so dass dies zumindest teilweise die hohe Identifikation erklärt: „*I think we have a high identification in the joint venture, for all our nationalities. We have more than twenty nationalities here, working here so and then you can feel, you can see that, if you meet families of them or friends who are not related to the project, you hear, oh, yes, they are quite proud. Of course, you define almost every day new*

[1248] S. Interview TT1, S. 23
[1249] S. Interview BG3, S. 11
[1250] S. Interview TG7, S. 9 f.
[1251] S. Interview TG2, S. 12
[1252] S. Interview TG8, S. 20

goals and they are also defined in the teams, working for the whole project. It's not like that I command every day, so, this is a new target, and everybody has to follow that. There is some culture developing and this depends on the people and if you have chosen the right people in the respective positions and you exchange ideas with them quite often, so you see that this is dripping down then through the other teams. It's an ongoing process."[1253] Die Erläuterungen sind ein gutes Beispiel für einen rückblickenden Sinngebungsprozess.

Ein weiterer Gesichtspunkt bei der Entwicklung einer eigenen Identität ist sicherlich die für das Projekt zur Verfügung stehende Zeit. Nach Ansicht des folgenden Managers muss darin kein unüberwindbares Hindernis bestehen: *„It could be a time matter, like if this is a discussed in universities it could be time matter but coming back maybe what I thought now, I continue thinking about it, like this bringing back decisions or even decisions or actions which are done in a joint venture, bringing it always back to make it a joint decision, so that both partners have the feeling they have done their part into it, can maybe develop, not in a high developed stage like as in a company you have this corporate identity, in a company which is like twenty years old or develops during twenty years. But I feel also in a project like this for two, three or four years you can develop this feeling, that you have a joint venture feeling or joint venture identity."*[1254]

Wenn die Identifikation hauptsächlich über den Prozess zur Erzielung des Projekterfolgs vollzogen wird, dann stellt natürlich sofort die Frage, wie dieser Prozess bei Projekten verläuft, bei denen nur mit großen Schwierigkeiten (durch Unsicherheit) der Projekterfolg angesteuert werden kann. Insgesamt zeigt sich zwar zum einen, dass die Identifikation eindeutig höher ist als anfangs vermutet, zum anderen tritt auch hier wieder nur ein sehr vorsichtiges Management des Prozesses der Identitätsbildung ans Licht.

20.3.2.5 ICJV- Kultur

Wenn sich über eine gemeinsame Identität hinaus auch geteilte Werte und Praktiken entwickeln, spricht man von einer Kultur. Wie die gemeinsamen Ziele, eine Vision und eine Identität wird auch eine ICJV-Kultur für wichtig erachtet: *„I think unifying is somewhat basic, like the sharing of a basic culture."*[1255]

Ein australischer Manager ist dabei sehr skeptisch: *„I don't even know what a joint venture culture is because they are never in place long enough. Your corporate culture of a company develops over a very long period joint ventures as a fully operational joint venture is rarely in place more than three years. So, you don't develop that and one of the problems that you have is, that nobody ever sees a future with the joint venture because the joint venture never offers a future. A joint venture offers employment for a fixed period and it's very unusual that there is a follow-on work in the same location for that joint venture , that can carry the staff over so that there is an extended duration. So I don't believe the joint*

[1253] S. Interview TG4, S. 6
[1254] S. Interview TG6, S. 12
[1255] S. Interview TJ2, S. 14

venture ever develops a culture because nobody ever sees their future with the joint venture."[1256] Die lange Zeit, die es dauert, bis eine eigene Kultur entsteht, betont auch der folgende japanische Manager, allerdings insbesondere im Zusammenhang mit der Anbindung an die bestehende Kultur eines japanischen Unternehmens: „*If we have a project continuously in one country, maybe we can produce some organization, kind of permanent employee, but we have no guarantees. It's a little bit difficult how to give them a motivation or loyalty to the joint venture or* [Japanese company]."[1257]

Die Schwierigkeit, eine gemeinsame Kultur in ICJVs aufzubauen, wird auch auf die sehr unterschiedlichen Ausgangsbedingungen zurückgeführt: „*I have no answer. I'm always asking to myself how to do that. Very difficult, different culture, different motivation, different thinking, different family they may have kids, they may not be married yet.*"[1258]

Auf Grund der Probleme besteht eine japanische Vorgehensweise einfach darin, Bestandteile der eigenen Kultur auf das ICJV zu übertragen: „*That I cannot answer, probably just following the practice, share the same practice. If on my former site, eight o'clock we exercise for ten or fifteen minutes we do the same thing,* [name of Japanese company] *and joint venture staff do the same thing than share the same culture or create the unifying culture, is important.*"[1259] Ob dieses Vorgehen Erfolg verspricht, kann aus dem Datenmaterial nicht abgeleitet werden.

Es bleibt die Erkenntnis, dass der Aufbau einer eigenen ICJV-Kultur nicht gelingt.

20.3.3 Ein Modell der Sinngebung in ICJVs

ICJVs sind insbesondere zu Beginn durch einen Mangel an Struktur, Unsicherheit und Ambiguität geprägt. Abgeschwächt bleiben diese drei Bedingungen über eine lange Zeit in ICJVs wirksam. Alles drei sind Gründe, die eine Sinnsuche auslösen. In bestehenden Strukturen ist dieser längst festgelegt, in ICJVs nicht.

Zweck der gemeinsamen Sinngebung ist es, ein gut funktionierendes Team zu schaffen, bei dem alle Mitglieder unabhängig voneinander an der Zielerreichung arbeiten. Durch die Parallelität der Arbeit und die fehlende Notwendigkeit einer dauernden Abstimmung kann dann in einer Periode mehr Komplexität abgebaut werden als es bei dauernder Anleitung und Überwachung möglich wäre. Dazu wird versucht, gemeinsame verpflichtende Ziele zu vermitteln und eine Identität über einen Bezug zum Projekt aufzubauen.

Der Prozess der Sinngebung wird begleitet durch Kommunikation, offizielle Besprechungen und inoffizielle Treffen, Feiern zu besonderen Anlässen oder auch Sportveranstaltungen sowie andere gemeinsame Unternehmungen.

[1256] S. Interview TG2, S. 12
[1257] S. Interview TJ5, S. 15
[1258] S. Interview TJ4, S. 14
[1259] S. Interview TJ2, S. 14

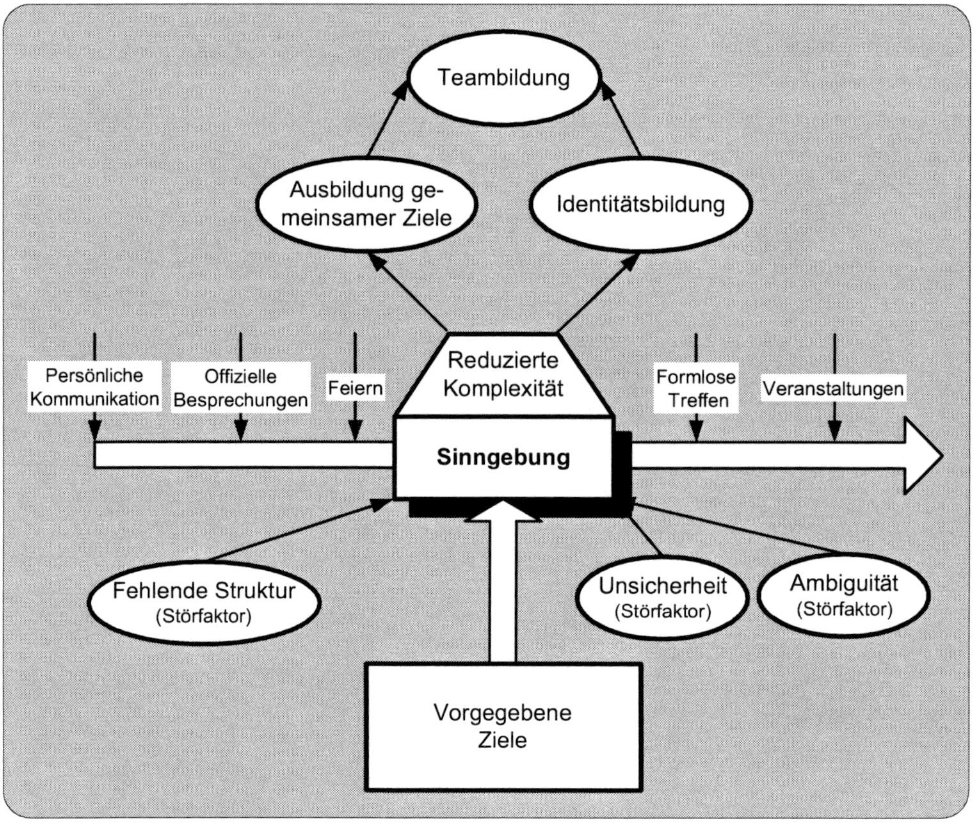

Bild 112: Modell der Sinngebung in ICJVs
Fig. 112: Model of Sensemaking in ICJVS

20.4 Commitment

Unter Commitment versteht man eine subjektiv empfundene Bindung, die sich auf Aktivitäten, menschliche Beziehungen, Produkte und Organisationen richten kann. Anders als Vertrauen, das für eine Erwartungshalten steht, besitzt Commitment eine Handlungskomponente. Durch Commitment wird kurzfristiges opportunistisches Handeln unterbunden, weil längerfristige vereinbarte Ziele angestrebt werden.[1260, 1261] Commitment hat immer diese teleologische Komponente, es muss neben dem Bezugspunkt auch ein Ziel haben. Das Commitment erleichtert dann das Erreichen dieser gesetzten Ziele.[1262]

[1260] Vgl. BÜCHEL et al (JV-Management 2002), S. 172.
[1261] Vgl. SÖLLNER (Commitment 1993), S. 92 ff.
[1262] Vgl. LIU (Goal Commitment 1999), S. 110

20.4.1 Theoretische Grundlagen des Commitments

Grundsätzlich kann Commitment entweder als sozialpsychologisches Konstrukt auf der Ebene von Personen oder auf der Ebene von Organisationen verstanden werden. In der IJV-Literatur wird das Phänomen hauptsächlich als interorganisationales Problem zwischen den Partnern untersucht. Von sieben vorliegenden Studien weisen fünf einen positiven und zwei einen neutralen Einfluss aus.[1263] BRESNEN / MARSHALL untersuchen Commitment zwischen Bauunternehmen und Bauherren im Rahmen von Partnering-Verträgen.[1264]

Da der Fokus dieser Arbeit die internen Erfolgsfaktoren des ICJV-Managements sind, liegt hier ein anderes Verständnis vor. Eine Studie von LIU belegt den entscheidenden Einfluss von zielorientiertem Commitment auf den Projekterfolg.[1265] Commitment wird durch ein vertauensvolles Verhältnis unterstützt.[1266]

Für den Begriff des Commitments wird folgende Definition gewählt:

- Commitment = (def.) Commitment ist eine Eigenschaft von Mitglieder des ICJVs, die sich sowohl auf die Beziehungen als auch die Aktivitäten im ICJV bezieht und es erleichtert, die angestrebten Ziele zu erreichen.

Manager in ICJVs haben oft zwei Herren zu dienen, dem ICJV und dem Herkunftsunternehmen. Dies führt zu Konflikten. Ideal wäre eine Konstellation bei der das Ergebnis einer Bewertung des persönlichen Commitments zum ICJV höher ist als zum Herkunftsunternehmen. Dieser Gedanke beruht auf der Austauschtheorie von THIBAUT / KELLY und er ist in Bild 37 dargestellt.[1267] Danach ermitteln Menschen einen Vergleichswert für das Arbeiten in ICJVs (VW_{ICJV}) aus vorangegangenen Erfahrungen und sie stellen diesem die aktuelle Einschätzung ihrer Situation, dem Wert (W) gegenüber. Wenn der aktuelle Wert (W), der eine Nutzen-Kosten-Differenz darstellt, höher ist als der Vergleichswert, macht ein weiteres Commitment Sinn, sonst nicht. Allerdings ergibt sich in dem Commitment zum Mutterunternehmen eine Alternative und es hängt von der Attraktivität dieser Alternative ab, ob sich ein Commitment zum ICJV, zum eigenen Unternehmen oder gar keines lohnt. In Bild 113 sind im ersten Beispiel zwei attraktive Möglichkeiten vorhanden (deshalb ist der Mitarbeiter in dieser Situation unabhängig), im zweiten ist nur ein Commitment zum ICJV interessant (der Mitarbeiter ist von diesem abhängig) und im dritten ergibt sich kein Grund zu einem Commitment. Dabei gibt die Skala ein Mehr (+) oder Weniger (-) der Attraktivität der Alternativen an.

[1263] Vgl. ROBSON /LEONIDOU / KATSIKEAS (IJV-Performance 2002), S. 404

[1264] Vgl. BRESNEN / MARSHALL (Partnerships 2000)

[1265] Vgl. LIU (Goal Commitment 1999), S. 105 ff.

[1266] Vgl. MORGAN / HUNT (Commitment-Trust Theory 1994), S. 22 ff.

[1267] Vgl. THIBAUT / KELLEY (Groups 1959),

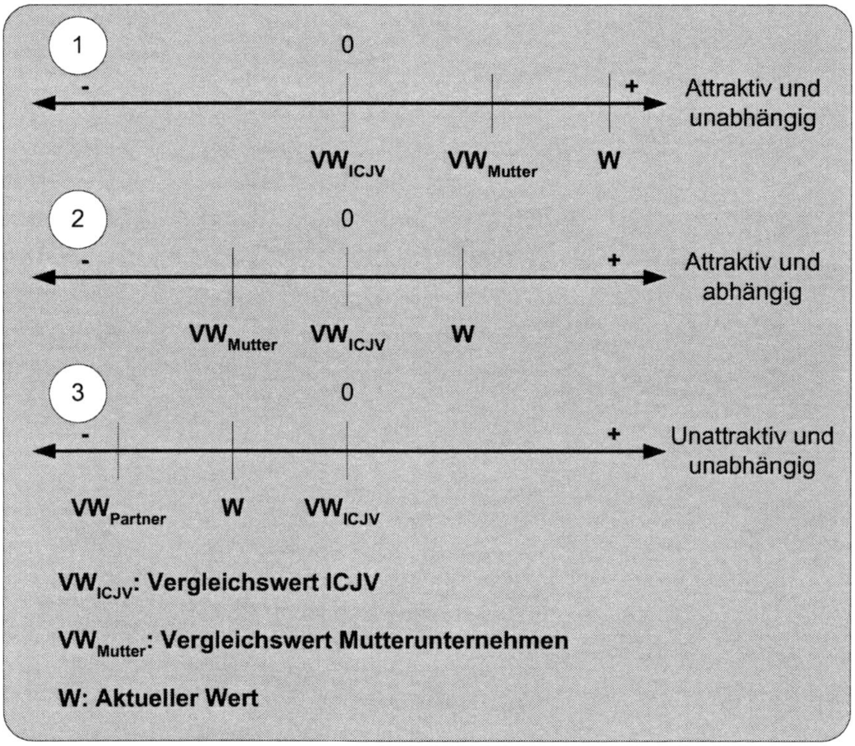

Bild 113: Attraktivität und Abhängigkeit von Beziehungen[1268]
Fig. 113: Attractiveness and Dependence of Relations

Aus Sicht von ICJVs muss man also versuchen, die mittlere Konstellation herbeizuführen (2). In diesem Fall verfügt das ICJV über eine höhere Attraktivität als die Mutterunternehmen. Dies kann allerdings nicht ohne das Mitwirken der Partner gelingen, denn diese bestimmen ja über ihre eigene Position mit und können sich durch entsprechende Anreize in jede beliebige Position bringen.

Denkbar ungünstig für einen Partner ist es, selbst als unattraktive Wahl von den eigenen Mitarbeitern wahrgenommen zu werden, während die Mitarbeiter eines zweiten Partners auf Grund von dessen Attraktivität ein unmittelbares Commitment zu ihrem Unternehmen pflegen. Dies entspricht einer Kombination aus (2), bei der die eigenen Mitarbeiter sich dem ICJV verpflichtet fühlen und aus (1), bei der sich die Mitarbeiter des anderen Partners an diesem – und nicht dem ICJV – ausrichten. In diesem Fall können dieser Mitarbeiter und seine Mutterunternehmen versteckte und opportunistische Absichten durchsetzen (hidden agenda). Dies ist in Bild 114 dargestellt.

[1268] Vgl. HERKNER (Sozialpsychologie 1991), S. 398

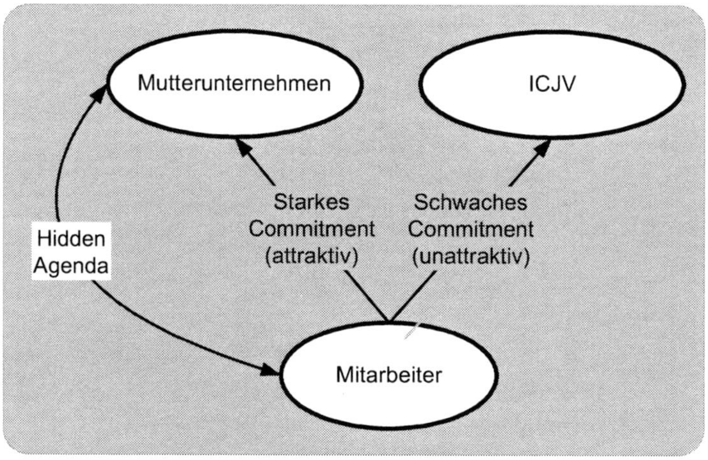

Bild 114: Commitment und Hidden Agenda
Fig. 114: Commitment and Hidden Agenda

Von einer solchen Situation wie in Bild 114, die ja ein rein opportunistisches Verhalten abbildet, geht WILLIAMSON aus und er empfiehlt aus Sicht der Mutterunternehmen eine „Geiselnahme" als ein Mittel zum Aufbau eines glaubhaften Commitments.[1269] Eine „Geiselnahme" ist nur auf der Ebene der Partner denkbar und sie muss im günstigen Fall in einem „Geiselaustausch" bestehen. Als eine Geisel wirkt der „Schatten der Zukunft", weitere sind die Einsatzhöhe, gemeinsame spezifische Investitionen und die Bedeutung der Beziehung. Die Höhe des Einsatzes bindet alle Partner, weil jeder einzelne diese Werte vernichten oder zumindest mindern kann. Spezifische Investitionen können nicht anderweitig verwendet werden, sie sind nur in der Partnerschaft einsetzbar. Die Bedeutung ist im Gegensatz zu den beiden anderen Begriff mit einem Output verbunden. Die Bedeutung eines ICJVs liegt natürlich in der Höhe des Gewinns und dem Risiko von Verlusten, aber auch in der geschaffenen Gemeinsamkeit.[1270] Bei ICJVs, die Großprojekte ausführen, ist die Einsatzhöhe erheblich, viele Investitionen sind spezifisch und die Bedeutung ist erheblich. Die Voraussetzung für ein Commitment zum ICJV sind günstig. Dennoch spielen auch Machtaspekte zwischen den Partnern eine Rolle.

Das ICJV kann nur bei der Nutzen-Kosten-Differenz der Mitarbeiter ansetzen und versuchen diese in hohem Maße positiv zu halten.

Ein persönliches Commitment wird durch Konflikte immer wieder gestört. Wenn die Konflikte unvermeidbar sind wie in ICJVs, dann wirkt zumindest eine Konfliktfähigkeit positiv auf das Aufrechterhalten des Commitments ein. Zufriedenheit mit dem ICJV wirkt sowohl für die Partner als auch die Mitarbeiter in Bezug auf das Commitment

[1269] Vgl. WILLIAMSON (Hostages 1983)
[1270] Vgl. SÖLLNER (Commitment 1993), S. 109 ff.

verstärkend. Das Gleiche gilt wie erwähnt auch für eine positive Kosten-Nutzen-Differenz bezüglich des ICJVs. Als letztes gilt auch, dass eine offene Kommunikation verstärkend wirkt.[1271]

In diesem Zusammenhang muss auch berücksichtigt werden, dass z.B. Chinesen und die meisten Nordeuropäer/Nordamerikaner ein grundsätzlich verschiedenes Bezugssystem verwenden, wobei das chinesische Muster insgesamt weit in Ost- und Südostasien verbreitet ist. Dies kann an einem persönlichen Beispiel erläutert werden. Der Autor kündigte als Projektmanager anderthalb Jahre vor Ende der Bauzeit bei einer sechswöchigen Kündigungsfrist. Das Herkunftsunternehmen und der Partner baten ihn, noch zehn Monate länger seine Tätigkeit auszuführen und er stimmte diesem Ansinnen zu. Er selbst hatte das Gefühl sehr loyal gehandelt zu haben, der gut befreundete thailändische Co-Projektmanager warf ihm Illoyalität vor. Die Lösung dieses Problems gelang erst durch Berücksichtigung der Frage, wem man Loyalität schulde. In westlichen, individualistischen Ländern ist die Reihenfolge: Ich, Familie, Gruppe, Staat. Die durch den Konfuzianismus geprägte chinesische Kultur stellt hingegen die Familie deutlich vor den Staat, gefolgt von der Gruppe, das Ich folgt ganz zuletzt.[1272] Diese kulturellen Unterschiede in den Bezugssystemen müssen als ethische Verpflichtungen auch beim Commitment berücksichtigt werden.

20.4.2 Bedeutung und Bezugspunkte von Commitment in ICJVs

Dem Commitment wird eine große Bedeutung zugewiesen: „*If no commitment the contract will not success.*"[1273] Allerdings muss das Commitment mit dem richtigen Ziel verbunden sein: „*I would think, it has. It has quite some impact on the outcome. But on the other hand it also depends, even a big commitment if it is in the wrong way it is maybe not very helpful... No, I think the commitment of the leadership of the joint venture there should be also, there should be some, there should be under some rules or guidelines given by the, or is, no it is always, actually, controlled or directed by the guidelines of the main, of the head office.*"[1274]

Auf unmittelbarer persönlicher Ebene ist das Commitment eine condition sine qua non: „*You mean the commitment? The joint venture manager should be always committed to the site... If he is not committed to the work on the site? He should be replaced.*"[1275] Oder: „*The project management? Yeah, there must be a commitment. Hundred percent commitment to the project.*"[1276]

[1271] Vgl. CULLEN / JOHNSON (Commitment to IJVs 1995)

[1272] Vgl. FUKUYAMA (Trust 1995), S. 83 ff.

[1273] S. Interview BT2, S. 7

[1274] S. Interview BG2, S. 6

[1275] S. Interview BG3, S. 6

[1276] S. Interview BG1, S. 6

Sowohl die Bedeutung des Commitments, der Zielvereinbarung und die langfristige Perspektive werden in folgendem Beitrag deutlich: „*To me, I think, the commitment is important. Whatever we commit, we have to respect it is our commitment and if we cannot agree, we should say at the beginning, and once we commit, we have to accept.*"[1277] Commitment kann in vielen anderen Worten Ausdruck finden, wobei auch eine Nähe zu Charaktereigenschaften wie Hartnäckigkeit und Stolz deutlich wird: „*Yeah, you will talk to our project manager, if you talk to him you feel quickly what kind of dedication and the character, the personality is driving him and the people and a lot of these people around who have such a high pride on what they have to deliver that they always push and fight, and never give up, you know.*"[1278] Diese Passage legt den Gedanken nahe, ob man nicht wie bei der Motivation auch zwischen intrinsischem und extrinsischem Commitment unterscheiden sollte. In der Literatur wird nur ein extrinsisches Commitment diskutiert. Während das Commitment die dauerhaften Anstrengungen und das Engagement einer Person beschreiben, so handelt es sich bei der Motivation um aktivierende und richtungsgebende Vorgänge, die für die Auswahl von Verhaltenstendenzen bestimmend sind. Motivation ist handlungsbestimmend, Commitment ist handlungsbegleitend.[1279]

Als Bezugspunkt wird nicht immer das ICJV gewählt: „*The last joint venture I had, okay, this happened actually not only in the last one, it happened unfortunately* [in] *some of the joint ventures,... Since the key positions were held mostly by manager from one of the partner companies it was not always, they did it many times, they did not follow the line of command, they followed actually the order of their own company. Or at least give them priority.*"[1280] Nicht unerwartet sieht ein thailändischer Manager den Bezug auf das Herkunftsunternehmen als natürlich an, wobei der entstehende Konflikt durch die Zielsetzung der übergeordneten Aufsichtsstelle gelöste werden soll: „*It quite difficult to say something like that because each partner, let's say, the project management have to commit themselves, the first thing they have to commit themselves to the partner and second to the project. But as long as the board is under, let's say, the same goal they can do, let's say, quite optimum. But as long as, let's say, if the commitment of the partner and the project is different, there will be some dispute.*"[1281] Diese Aussage wird auch von taiwanischen Managern wiederholt: „*Of course I'm loyal to the joint venture and also to* [Taiwanese company]. *The priority is of course to* [Taiwanese company], *but I cannot lose profit here and let* [Taiwanese company] *get a profit. How can I say, I need to be try to make a balance between joint venture and* [Taiwanese company]. *For example if we want to sell some equipment to* [Taiwanese company], *I cannot sell with a very low piece to* [Taiwanese company] *and* [Taiwanese company] *get a profit and the joint venture gets a loss. So the principle is: okay, this is the market price, I sell with the market price. It maybe a little bit*

1277 S. Interview BT1,S. 8

1278 S. Interview TG7, S. 12

1279 Vgl. DORSCH (Psychologisches Wörterbuch 1994), S. 135 und 491

1280 S. Interview BG2, S. 8

1281 S. Interview BT5, S. 6

lower if our partner can accept."[1282] In dieser Aussage wird beispielhaft die Grundbedingung zum Durchsetzen einer Hidden Agenda beschrieben.

Die Folgen eines Commitments zu Herkunftspartner sind einseitige Vorteile: „*The differences were that in my view* [Thai company] *in controlling the supply and the other contracts made their profit, regardless if the joint venture was profitable or not. They had also political goals which our company did not have to this extent. Here is it so that our partner has no interest in supplying or doing contracts, that is left to the sites. There is very little interference from the company itself into the site."*[1283] Ein sehr schönes Beispiel für ein Denken, das dem Herkunftsunternehmen verpflichtet ist, liefert folgender taiwanischer Manager. Solche Argumente kennt jeder aus dem ICJV-Alltag. Sie beziehen sich aber fast immer auf das eigene Unternehmen: „*I would like to say that if I had to choose, if they there are conflicts between the joint venture and* [Taiwanese company] *maybe I would think a lot, no, no, not a lot, much about* [Taiwanese company], *that's because that's our parent company. I give you an example: For example the* [Taiwanese company] *systems some other company as a group, okay, for example we have one company called* [affiliated Taiwanese company]. *These are mechanicals, electrical corporations, and he is now a subcontractors for the joint venture. But in the very beginnings when* [Taiwanese company] *procurement department proposed to have some part of the works to ask* [affiliated Taiwanese company] *to complete it. And then natural, very natural, that I don't know what you think about it,* [Taiwanese company] *get a very big profit from this subcontractor works. So they would like to cut what they think is abnormal; but* [Taiwanese company] *side, no this is in fact just a little bit better than the other but we can give you a guaranty because this is part of* [Taiwanese company] *works. We will give you the best quality, so we for sure we can get a better price because we provide a better service. But this kind of thinking in fact may not exist in* [Japanese company] *staff side, because they don't believe it."*[1284] Es bleibt offen, ob das japanische Unternehmen tatsächlich nicht ähnlich denkt, auf jeden Fall hatten sie in Taiwan keine Möglichkeit, Aufträge an Tochterunternehmen zu vergeben, weil keine im Lande präsent waren. Schließlich gibt auch ein japanischer Manager zu, dass seine Kollegen sich teilweise ihrem Herkunftsunternehmen verpflichtet fühlen: *Maybe fifty - fifty. Some Japanese, some Taiwanese they think we come from in* [Japanese company], *we come from in* [Taiwanese company] *I don't care, some stubborn like this, but some stubborn no. They concentrate on this job. We complete this standard and everybody happy, I think fifty - fifty."*[1285] Ein koreanischer Manager macht den Bezugspunkt des Commitments auch vom Charakter abhängig: „*I think everybody will be different, I mean what kind of people are involved from our side in a certain project, that makes things different. Say, very sincere people will try to achieve, to maximize the common profit to make our share bigger. But maybe different kind of people from our company will try some other things."*[1286]

[1282] S. Interview TT4, S. 13
[1283] S. Interview TG5, S. 1 f.
[1284] S. Interview TT5, S. 7
[1285] S. Interview TJ4, S. 10
[1286] S. Interview TK3, S. 27

Allerdings sind auch einige asiatische Manager ein bisschen ausgewogener in ihren Ansichten: „*I think that from my view is priority is joint venture first, but I have to take care of my company too. But the joint venture is first. So, if the joint venture and the company have the different objective I have to think about it, I have to think about it, because basically the objective is to make the joint venture success.*"[1287] An dieser Stelle überschneiden sich die Meinungen wie folgender Beitrag eines deutschen Managers verdeutlicht: „*Difficult to judge this now or to give you a personal answer without getting not influenced by the general thinking about different cultures are coming together and maybe Asian culture are more leadership orientated, so they are more related to the head office, I am also related to my head office, but I think that all people working here here understood that we are working in a joint venture first and of course we have to understand, we have to accept and we have to follow some guidelines from our partner head offices or from my head office, as well as the locals from their head office. But first of all we are a joint venture and I think most of us see it this way.*"[1288]

Eine westliche Sichtweise betont eher, dass alle Parteien insgesamt größeren Erfolg haben, wenn das Commitment sich auf das ICJV bezieht: „*It makes it far easier that if the management of a joint venture are committed and are seen to be committed to the joint venture and are not more committed more to their parent company. The benefits to the parent company will come from the success of the joint venture. It's very difficult to try and create success for the partner company by manipulating the joint venture. That breaks down trust, which in the end will damage the joint venture and the returns to both parties.*"[1289] Mit diesem Verständnis kann ein deutscher Manager ganz klar Stellung beziehen: „*No, I mean commitment to the joint venture, instead of that you now start working for the joint venture instead of working for your mother company.*"[1290] Insgesamt zeigt sich ein Kontinuum von einem eindeutigen Commitment zu dem Herkunftsunternehmen bis zu einem genau so eindeutigen zum ICJV. Asiatische Manager haben sich auf der Seite ihres Herkunftsunternehmens bis zur Mitte, westliche Manager von der Mitte bis zur Seite des ICJVs eingeordnet.

20.4.3 Verlauf und Anreize des Commitments

Das Commitment ist nicht konstant im Zeitablauf: „*Experience let's you understand that this is most intense at the start of the project, that it then levels of, there are peaks that occur throughout the project when events arise that threaten the project and need to be put under control. Your commitment doesn't reduce but the demands on your time normally taper off towards the end and then there's intense periods where your doing handovers or so forth or several issues, but for instance at this stage of the project the demands on you personally are less than what they are at the start.*"[1291] Diese Aussage eines australischen

[1287] S. Interview TT1, S. 16
[1288] S. Interview TG6, S. 6
[1289] S. Interview TG2, S. 6
[1290] S. Interview TG3, S. 7
[1291] S. Interview TG2, S. 13

Managers unterstützt ein thailändischer im Prinzip: „*The reason is if the outcome of the performance is drop, because the first day that everybody join that project, they have their own expectations, everybody want to see the big goal achieved and if they learn and they do something with a certain period and they feel what we put, maybe some obstruction, or some that cannot follow the direction what he need.*"[1292] Ein weiterer Grund für die Fluktuation des Commitments wird von einem Projektmanager angegeben: „*For the downs? Is, of course, if the corporate headquarter thinks they want to run the project from Germany. These are the downs, definitely.*"[1293]

Auch wenn das Commitment als bedeutsam angesehen wird, so gibt es nur eine Aussage, die sich mit seiner Pflege, seinem Management beschäftigt. Es scheint fast so, als ob Mitarbeiter in ICJVs schlicht und einfach Commitment zeigen müssen (sonst werden sie gefeuert, s.o.). Hier bietet sich ein erheblicher Gestaltungsspielraum. Bei der Aussage ist auch die nicht klare Trennung zwischen Commitment und Motivation deutlich. Diese Trennung wird allerdings auch in der Literatur nicht immer scharf vollzogen. So fehlt beispielsweise bei BÜCHEL et al. ein Querverweis auf die Motivation.[1294] Das geschildert Mittel zur Herbeiführung eines höheren Commitments ist der Rückgriff auf den persönlichen Stolz: „*Well, first I would motivate the people and make them understand that things like this will happen in the construction and it's not their fault, probably, but it's their problem. They have to solve the problem. And I would take their chance. I remember, once we had at least for me not in the tunnel drive not the standard, which I would like to have. And we tried to fine tune everything and it was just not possible and then I talked to the superintendent there in charge. And I grabbed him and I said, look, is this the standard? Where you put your name on? You can do better. And so grabbed him there and then suddenly it works.*"[1295]

20.4.4 Zusammenfassung Commitment

Wie die Beiträge zeigen, ist das Hauptproblem in ICJVs die Frage, wem man sich in seinem Commitment verpflichtet fühlt: dem Herkunftsunternehmen oder dem ICJV? Darüber hinaus gibt es keinen Anlass, die Ergebnisse der Literatur zu korrigieren. Deshalb sind in Bild 115 auch die Ergebnisse der eigenen Datenauswertung und von BÜCHEL et al.[1296] kombiniert. Allerdings weichen wir in einem Punkt von diesen Autoren ab: Commitment und Engagement sind als Konstrukte zu ähnlich, als das eines eine Voraussetzung des anderen sein könnte.

Im Zentrum steht das Kontinuum des Commitments mit seinen beiden Grenzausprägungen. Während Vertrauen insgesamt das Commitment erhöht, so gibt es eine negative Rückkoppelung vom Commitment zu dem Herkunftsunternehmen auf das

1292 S. Interview BT5, S. 11

1293 S. Interview BG1, S. 13

1294 Vgl. BÜCHEL et al (JV-Management 2002), S. 172 ff.

1295 S. Interview BG1, S. 13

1296 Vgl. BÜCHEL et al (JV-Management 2002), S. 179

Vertrauen und eine positive vom Commitment zum ICJV. Es ist aber auch eine aktive Kontrolle in Form einer gegenseitigen „Geiselnahme“ notwendig, um das Durchsetzen einer Hidden Agenda zu verhindern. Hohe Konfliktfähigkeit, Zufriedenheit mit dem ICJV, offene Kommunikation und eine hohe subjektiv wahrgenommene positive Kosten-Nutzen-Differenz erhöhen allesamt das Commitment. Nicht dargestellt ist der positive Einfluss eines Commitments zum ICJV auf den ICJV-Erfolg.

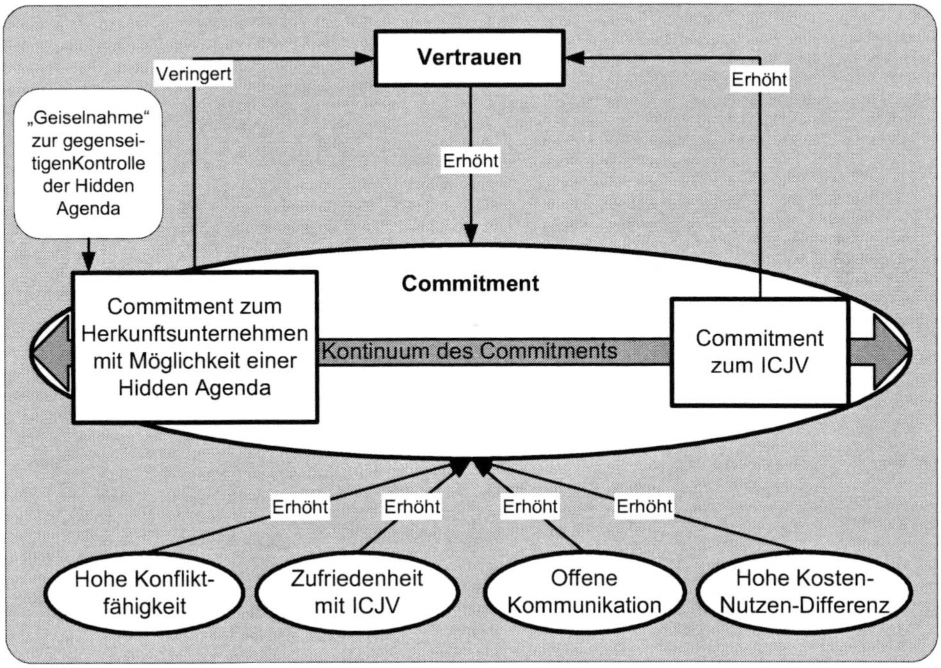

Bild 115: Modell des Commitments in ICJVs
Fig. 115: Commitment Model in ICJVs

Der zeitliche Verlauf des Commitments ist aus Bild 116 abzulesen. Zu Beginn ist es am höchsten, danach lässt es ein wenig nach. Es kann zu Einbrüchen kommen, als Beispiel wurde eine Einmischung von außen angegeben. Auch dieses ist dargestellt, es tritt aber nicht zwangsläufig auf.

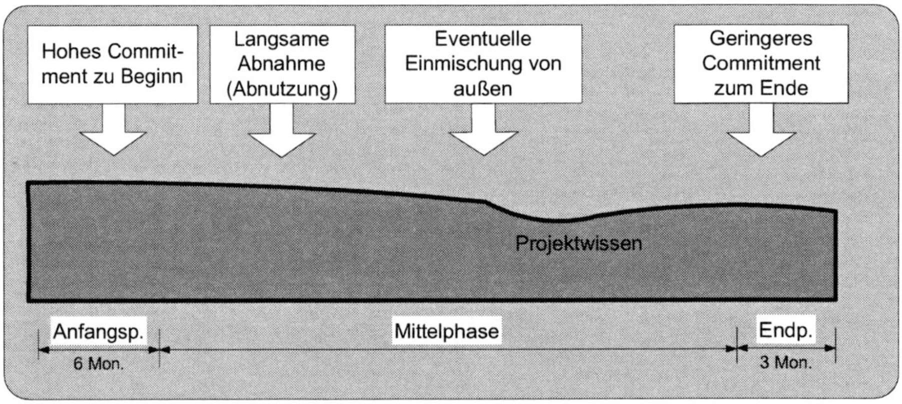

Bild 116: Verlauf des Commitments in ICJVs
Fig. 116: Development of Commitment in ICJVs

21 Meta-Managementfunktionen

Die Meta-Managementfunktionen umfassen Entscheidungsfindung, Kommunikation, Koordination und Lernen. Ein Trennung zwischen Managementfunktionen und Meta-Managementfunktionen hat GULICK (1937) in seiner Systematisierung der Managementlehre noch nicht vorgenommen, als er das POSDCORB-Konzept entwickelte. Danach gehören zum Management die Aufgaben: Planning, Organizing, Staffing, Directing, Coordinating, Reporting, Budgeting.[1297] Wenn man Reporting und Budgeting zu einem Bereich Controlling zusammenfasst, dann verbleibt die Koordination als Aspekt, der bei den Managementfunktionen i.e.S. nicht berücksichtigt wurde. Darin folgt das Gliederungsmodell der Argumentation von STEINMANN / SCHREYÖGG, die feststellen, dass Koordination eine Querschnittsfunktion ist, die bei allen Managementfunktionen anfällt. Man kann sie theoretisch nicht auf der gleichen Ebene belassen wie die fünf weitgehend abgegrenzten anderen Managementfunktionen. Es bleibt nur, sie auf einer höheren Ebene anzusiedeln, wenn man gedankliche Klarheit sucht. Deshalb wird Koordination als Metafunktion betrachtet.[1298]

Oft wird auch die Entscheidungsfindung als Managementfunktion angesehen.[1299] Hier gilt jedoch das gleiche Argument wie für die Kommunikation, wobei sich die beiden Tätigkeiten allerdings qualitativ unterscheiden. Entscheidungen müssen bei allen fünf gewählten Managementfunktionen gefällt werden, diese Funktion ist auch nicht unabhängig von den anderen, so dass sie ebenfalls logisch konsistent nur einer anderen Ebene zugewiesen werden kann. Genau so muss bei jeder Management-

1297 Vgl. GULICK (Theory of Organizations 1937), S. 3 ff.
1298 Vgl. STEINMANN / SCHREYÖGG (Management 2005), S. 10
1299 Vgl. THOMMEN / ACHLEITNER (Allgemeine BWL 2005), S. 856

funktion kommuniziert werden (es ist unmöglich, nicht zu kommunizieren[1300]) und bei jedem Handeln wird gelernt.

Entscheidungsfindung, Kommunikation, Koordination und Lernen sind also nicht unabhängig von den als Managementfunktionen i.e.S. bezeichneten Tätigkeiten Planung, Organisation, Personaleinsatz, Führung und Kontrolle, sie wirken auf unterschiedlichen Ebenen (vgl. Bilder 83 und 117).

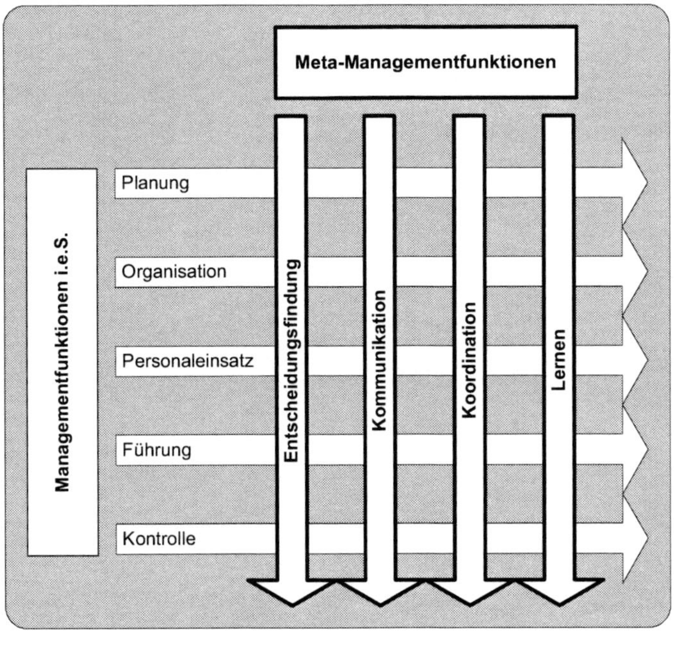

Bild 117: Zusammenhang zwischen Management- und Meta-Managementfunktionen
Fig. 117: Interrelation Between Management and Meta-functions

Die Managementfunktionen sind als diskrete Handlungen verstanden und dargestellt worden. Die Basisfunktion wurden dagegen als kontinuierlicher Prozess aufgefasst. Damit stellt sich die Frage nach der Art der Meta-Managementfunktionen. Sie liegen in einem Kontinuum zwischen den zuvor abgesteckten Endpunkten, wobei sie eine größere Nähe zu kontinuierlichen Prozessen aufweisen. Man kann alle vier als quasi-kontinuierlich Prozesse interpretieren. Die Entscheidungsfindung läuft meist, allerdings kann man sich auch kurze Perioden vorstellen, in denen sie nicht aktiv ist. Dies trifft auch auf die Koordination zu. Wenn der Projektmanager seine Tür schließt, um einen Plan in Ruhe allein auszuarbeiten, kommuniziert er: Ich will nicht gestört werden! Fasst man Kommunikation jedoch gebunden an ein Medium auf (Sprache, Schrift, Körpersprache...), dann hat auch Kommunikation einen quasi-kontinuierli-

[1300] Vgl. WATZLAWICK / BEAVIN / JACKSON (Kommunikation 1996), S. 50 ff.

chen Charakter. Beim Lernen kann man sich das Vergessen als Unterbrechung der Kontinuität vorstellen.[1301]

Insgesamt ist die Vorstellung wohl angemessen, dass die Metafunktion sehr häufig aber doch punktuell auf den Transformationsprozess einwirken. Die andauernde und dennoch punktuelle Einwirkung ist Bild 118 durch die sehr breiten Pfeile symbolisiert.

In den nachfolgenden Kapiteln wird zunächst der Entscheidungsfindungsprozess in ICJVs untersucht. Besonderes Gewicht wird dabei auf sehr wichtige Entscheidungen gelegt (Kapitel 21.1). Daran schleißt sich die Diskussion der Kommunikation an. Diese war im Untersuchungsdesign überhaupt nicht vorgesehen. Sie schälte sich allerdings während der Befragung als ausgesprochen wichtig heraus (Kapitel 21.2). Es folgen Ausführungen über die Koordination (Kapitel 21.3) und den Abschluss bildet das Lernen (Kapitel 21.4). Jeder dieser Punkte könnte Thema einer eigenen Dissertation sein, deshalb müssen sich die Diskussionen auf das Wichtigste beschränken.

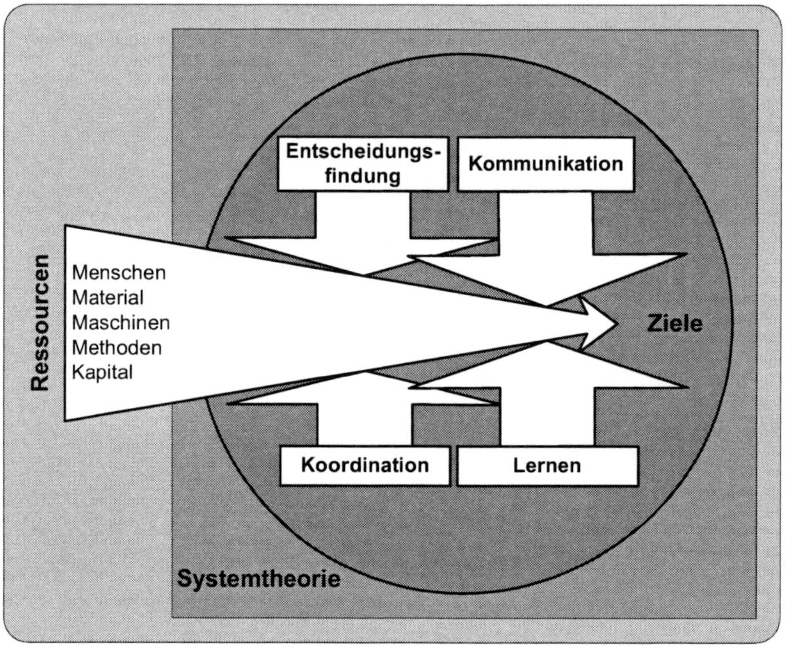

Bild 118: Erfolgswirkung von Meta-Managementfunktionen
Fig. 118: Impact on Success of Meta-functions

[1301] Vgl. PARKIN (Gedächtnis 1996), S. 69 ff.

21.1 Entscheidungsfindung

Unter einer Entscheidung versteht man die Wahl einer Alternative bei gegebener Zielvorstellung und unter Berücksichtigung der Nebenbedingungen.[1302] Dadurch wird klar, dass es nicht nur um den Entscheidungsakt oder auch eine Reihe von Entscheidungsakten geht, sondern um einen Prozess und deshalb sprechen wir von Entscheidungsfindung. Dieser gliedert sich in sieben Stufen:

- Festlegung des Entscheidungsproblems
- Bestimmung der Zielgrößen
- Definition der Alternativen
- Definition der Umweltzustände
- Ermittlung der Handlungskonsequenzen
- Auffinden einer Lösung
- Umsetzung und Kontrolle[1303]

Im Rahmen der Theorie zur Entscheidungsfindung wird zwischen der präskriptiven und der deskriptiven Entscheidungslehre unterschieden. Deshalb wird im folgenden Abschnitt (Abschnitt 21.1.1) zunächst die präskriptive und daran anschließend die deskriptive Entscheidungslehre erörtert (Abschnitt 21.1.2).

Für den Begriff der Entscheidungsfindung wird folgende Definition gewählt:

> Entscheidungsfindung = (def.) Entscheidungsfindung ist ein Prozess, der von einer Einzelperson oder einer Gruppe vollzogen wird und bei dem mit Hinblick auf eine Zielfunktion eine Alternative unter Berücksichtigung restriktiver Bedingungen ausgewählt wird.

21.1.1 Präskriptive Entscheidungslehre

Die Handlungsalternativen im Rahmen des Prozesses der Entscheidungsfindung spannen einen Aktionsraum auf. Die Umweltzustände stellen für die Problemlösung die Nebenbedingungen dar. Diesbezüglich ergeben sich die Schwierigkeiten der Erkennung aller möglichen Umweltzustände und die Bestimmung ihrer Eintrittswahrscheinlichkeit. Dabei wird zwischen sicheren und unsicheren Erwartungen sowie Erwartungen unter Risiko unterschieden. Das Ergebnis eines Entscheidungsprozesses ist das Resultat. Dieser Prozess wird geleitet von einer Zielfunktion, bei der unterschiedliche Ziele miteinander verknüpft sind, die sich mit der Zeit ändern und die von unterschiedlichen Entscheidungsträgern formuliert werden.[1304] Dabei werden

---

[1302] Vgl. SCHWEITZER (Planung 2005), S. 60

[1303] Vgl. ERICHSON / HAMMANN (Informationen 2005), S. 353

[1304] Vgl. THOMMEN / ACHLEITNER (Allgemeine BWL 2005), S. 858 ff.

ein Subjektsystem (Entscheidungsträger) und ein Objektsystem (Aktionsraum, Umweltzustände) durch Informationen und Handlungen verknüpft (vgl. Bild 119).[1305]

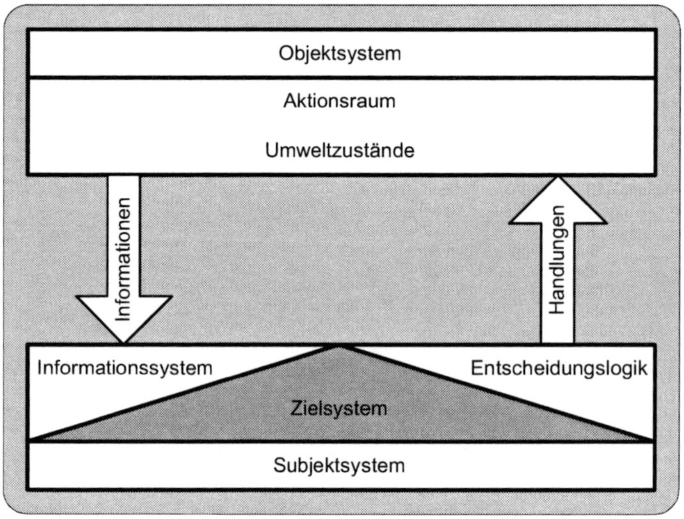

Bild 119: Entscheidungsfindung als Interaktionsprozess[1306]
Fig. 119: Decision Making as Interaction

Informationen werden in dem Prozess besonders zur Definition der Alternativen und der Umweltzustände sowie zur Ermittlung der Konsequenzen benötigt. Die Entscheidungslogik ist streng rational.

Die präskriptive Entscheidungslehre hat eine ganze Reihe von Regeln entwickelt, um zu optimalen Entscheidungen zu gelangen. Dabei wird den Handlungskonsequenzen immer ein Ergebniswert zugeordnet und im Falle von risikobehafteten Entscheidungen auch eine Eintrittswahrscheinlichkeit. Einige der wichtigen Regeln sind:

- Maximale Gesamterwartungswert: Multiplikation von Ergebniswert und Eintrittswahrscheinlichkeit
- Minimax-Regel: Wahl der Alternative mit dem maximalen Ergebniswert bei ausschließlicher Betrachtung der schlechtesten Ergebnisse aller Alternativen
- Maximax-Regel: Wahl der Alternative mit dem maximalen Ergebniswert bei ausschließlicher Betrachtung der besten Ergebnisse aller Alternativen
- Hurwicz-Regel: Kombination der beiden zuletzt genannten Regeln
- Savage-Niehans-Regel: Minimierung der maximal möglichen Enttäuschung, nicht die beste Alternative gewählt zu haben[1307]

1305 Vgl. BAMBERG / COENENBERG (Entscheidungslehre 1991), S. 2 ff.
1306 Vgl. BAMBERG / COENENBERG (Entscheidungslehre 1991), S. 1
1307 Vgl. THOMMEN / ACHLEITNER (Allgemeine BWL 2005), S. 861 ff.

Allerdings geht die präskriptive Entscheidungslehre noch weit über solche Regeln hinaus und sie verwendet dann die Spieltheorie (z.B. Gefangenendilemma) oder die dynamische Programmierung (Berücksichtigung der Interdependenz zwischen heutigen und zukünftigen Entscheidungen).[1308]

Dabei wird grundsätzlich zwischen der Vollständigkeit der Informationen und der Sicherheitsgrade der Umweltzustände unterschieden: Selbst Situationen unter Sicherheit bei vollständiger Information sind nicht trivial, wie das Gefangenendilemma zeigt. Bei Risikosituationen kann man eine Eintrittswahrscheinlichkeit angeben, bei Unsicherheit nicht. In beiden Fällen ist die Information unvollkommen. In Bild 120 ist noch ein vierter Fall aufgeführt. Es liegt vollständige Information vor, doch diese ist in sich widersprüchliche. Dabei handelt es sich um Ambiguität.

Zu den typischen Informationssystemen bei ICJVs zählen die Buchführung, die Arbeitskalkulation, das Controllingsystem und die Ablaufplanung. Neben einer Entscheidung über die Art von Informationssystemen steht auch eine grundsätzliche über die Informationen. Dabei wird zwischen Bedarfs-, Beschaffungs- und Budgetentscheidungen bezüglich der Informationen unterschieden. Zunächst ist also zu klären, wie viel Information benötigt wird. Besonders bei einmaligen Entscheidungen hängt dies meist vom subjektiven Ermessen der Entscheidungsträger ab. Danach stellt sich die Frage, ob tatsächlich Informationen beschafft werden und auf welche Weise. Zuletzt muss ein Informationsbudget festgelegt werden.[1309]

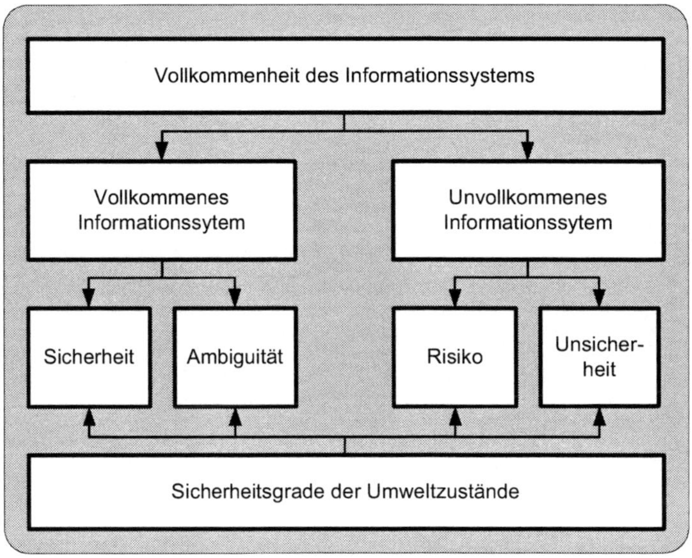

Bild 120: Vollkommenheit der Informationssysteme
Fig. 120: Completeness of Information Systems

[1308] Vgl. BAMBERG / COENENBERG (Entscheidungslehre 1991), S. 147 ff. und 213 ff.
[1309] Vgl. ERICHSON / HAMMANN (Informationen 2005), S. 372 ff.

21.1.2 Deskriptive Entscheidungslehre

Der Übergang von einer präskriptiven zu einer deskriptiven Entscheidungslehre setzt unterschiedliche Modelle der Entscheidungsfindung voraus. In dem klassischen Modell verfügen die Entscheidungsträger zwar nicht unbedingt über alle Informationen bezüglich der Umweltzustände, aber sie kennen alle Alternativen und sie können eine optimale Wahl treffen. Ein institutionenökonomisches Modell berücksichtigt dagegen die begrenzte Rationalität und die kognitiven Beschränkungen der Entscheidungsträger und es begnügt sich deshalb mit zufriedenstellenden Lösungen. Die Unterschiede sind in Bild 121 dargestellt.

Vertreter einer deskriptiven Entscheidungslehre untersuchen tatsächliches Entscheidungsverhalten und konzentrieren sich zusätzlich auf Entscheidungen unter Ambiguität.[1310]

Ein konkretes Modell zur Entscheidungsfindung in Organisationen stammt von CYERT/MARCH, die dabei von vier grundlegenden Konzepten ausgehen.[1311] Diese Konzepte befassen sich mit (1) Quasi-Lösungen von Konflikten, (2) Unsicherheitsvermeidung, (3) „problemistischer" Suche und (4) organisationalem Lernen.

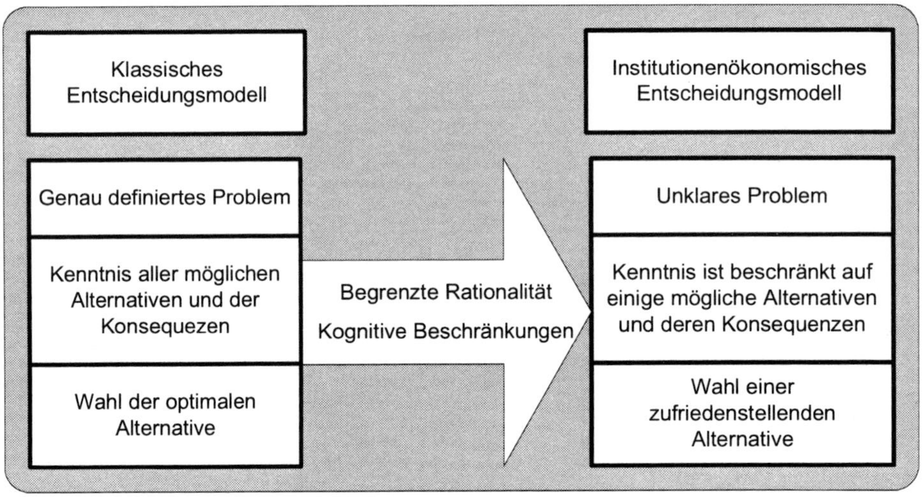

Bild 121: Grundlagenmodelle der Entscheidungsfindung
Fig. 121: Basic Models of Decision Making

Die präskriptive Entscheidungslehre basiert auf einem impliziten Grundmodell (linke Hälfte von Bild 121) und entwickelt danach deduktiv entscheidungslogische Regeln für unterschiedliche Dispositionen der Entscheidungsträger, z.B. für unterschiedliche

---

[1310] Vgl. MARCH (Decisions 1988)
[1311] Vgl. CYERT / MARCH (Behavioral Theory 1992), Insbesondere S. 161 ff.

Risikobereitschaft. Die deskriptive Entscheidungslehre stützt sich dagegen auf empirische Untersuchungen und induktive Argumentation. Im Rahmen ihrer eigenen Ergebnisse kommen CYERT / MARCH so zu einer ganzen Reihe von Abweichungen von der präskriptiven Entscheidungslehre. Dies beginnt bei den Zielen, Erwartungen und der Wahl und schreitet fort zu den vier genannten Konzepten. Danach ändern sich die Ziele von Organisationen und der angestrebte Zielerfüllungsgrad mit der Zeit. Erwartungen bezüglich einer Problemlösungen werden nicht nur durch Informationen gestützt, sondern auch durch Hoffnungen. Das ist aus Sicht einer präskriptiven Entscheidungslehre natürlich irrational. Bei der Wahl einer Handlungsalternative werden bestimmte einfache Regeln verwendet, die sich in der Vergangenheit bewährt haben. Es handelt sich in den meisten Fällen nicht um die Regeln der präskriptiven Entscheidungslehre.

Ausgangspunkt bei der Entscheidungsfindung ist ein Problem, dass gleichzeitig von Mitgliedern der Organisation gelöst werden muss, die alle über unterschiedliche Zielvorstellungen bezüglich der operationalen Ziele verfügen. Organisationen verlagern diese Probleme auf verschiedene hierarchische Stufen (Dezentralisierung) und unterwerfen sie damit einer lokalen Rationalität. Auf diese Weise können Probleme mit Bezug auf ein einziges Ziel gelöst werden. Dabei wird im Gesamtsystem nicht unbedingt eine Konsistenz der Lösungen erreicht. Für unstimmige Lösungen werden zusätzliche Ressourcen bereitgestellt, die sich dann mit der Unstimmigkeit beschäftigen. Es werden letzten Endes nur Quasi-Lösungen gefunden.

Organisationen vermeiden die Unsicherheit der Zukunft, indem sie nur dringende Probleme lösen und sich mit den anderen erst befassen, wenn diese dringend werden. Dann stehen aber bereits mehr Informationen zu deren Lösung zur Verfügung. CYERT/MARCH sehen somit Organisationen als Feuerwehr-Abteilungen und sehen darin das herausragende Merkmal ihres Modells. Zusätzlich versuchen Organisationen die Umwelt durch das Ausbilden eines brachenüblichen Verhaltens zu regulieren.

Mit dem Begriff der „problemistischen Lösungssuche“ verbinden die Autoren eine Suche, die mit einem Problem beginnt, akzeptable Ziele (statt maximaler) zu erfüllen sucht und welche die erstbeste Lösung wählt, die diese Ziele zu verwirklichen verspricht. Ohne Problem gibt es somit keine Entscheidungsfindung. Die Lösung wird in der Nähe des Problems gesucht und unter Nutzung bereits bekannter Lösungswege. Die Lösungssuche wird beeinflusst durch die Erfahrung der Entscheidungsträger, durch deren Hoffnungen und Erwartungen und durch kommunikative Prozesse. DÖRNER hat ausführlich dargelegt, weshalb das menschliche Gehirn nicht in der Lage ist, in komplexen Situationen systemisch zu denken und er hat dies mit einer Reihe empirischer Daten belegt.[1312] Von daher ist ein Lösungsverhalten, das sich auf einfache Heuristiken stützt auch psychologisch begründet.

Durch Lernprozesse passt sich das Entscheidungsverhalten mit der Zeit den gesammelten Erfahrungen einer Organisation an. Dadurch wird die Aufmerksamkeit auf bestimmte Probleme gelenkt und auf bestimmte Bereiche der Umwelt. Auch die Lösungssuche wird durch die Erfolge der Vergangenheit bestimmt.

Mit diesen vier Konzepten als Bausteinen haben CYERT/MARCH ein Flussdiagramm der Entscheidungsfindung entwickelt (vgl. Bild 122). Bei der Betrachtung des Flussdiagramms zeigt sich zum einen, dass das Diagramm Bestandteile aufweist, die in der präskriptiven Entscheidungslehre überhaupt nicht berücksichtigt werden (vgl. Bild 119). Zum anderen ist ein zentraler Baustein radikal geändert worden: die Entscheidungslogik. An die Stelle rationaler Regeln treten einfache Lösungswege.

Später hat MARCH beobachtet, dass in Organisationen manchmal nicht einmal mehr annähernd rational entschieden wird, sondern schlichtweg dumm. Er fordert daher ein Entscheidungsmodell, dass diese Dummheit berücksichtigt (technology of foolishness).[1313]

Ausgehend von CYERTS Gedanken der begrenzten Rationalität[1314] führt MARCH eine Reihe anderer denkbarer Formen der Rationalität ein. Dies sind eine kontextuale Rationalität, bei der die Opportunitätskosten einer Entscheidung berücksichtigt werden, eine spieltheoretische Rationalität, die das Handeln anderer Akteure bedenkt, eine Prozessrationalität, die sich mehr an dem Prozess der Entscheidungsfindung als an dem Ergebnis orientiert, eine adaptive Rationalität, die insbesondere von Lernprozessen abhängt, eine selektive Rationalität die an evolutionäre Prozesse gekoppelt ist und letztendlich eine posteriore Rationalität, die Handeln als Bestimmungsgrund der Zielbildung sieht und nicht umgekehrt.[1315]

MARCH/OLSEN weisen dann noch auf den Prozess der Sinngebung als Bestimmungsgröße der Entscheidungsfindung hin. Die Resultate vergangener Entscheidungen unterliegen sehr unterschiedlichen Bewertungen. Dies führt zu einer Mehrdeutigkeit auf einer Ebene, die oberhalb des eigentlichen Entscheidungsprozesses liegt. Insgesamt ist die Entscheidungsfindung von Ambiguität durchflochten.[1316]

[1312] Vgl. DÖRNER (Logik des Misslingens 2006)
[1313] Vgl. MARCH (Foolishness 1988), S. 253
[1314] Vgl. SIMON (Rational Choice 1955), S. 99 ff.
[1315] Vgl. MARCH (Bounded Rationality 1988), S. 271 ff.
[1316] Vgl. MARCH/OLSEN (Past 1988), S. 335 ff.

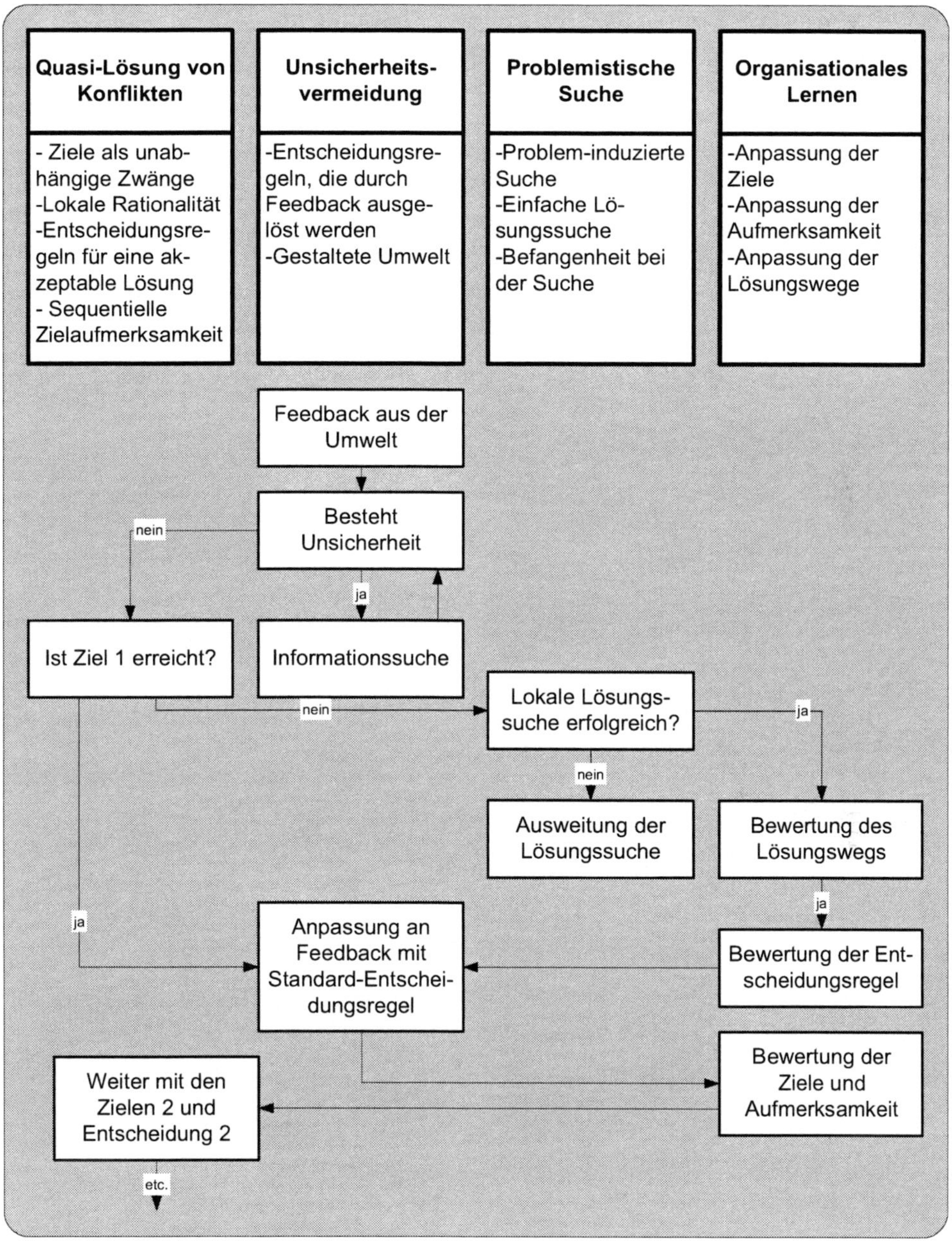

Bild 122: Organisationaler Entscheidungsprozess[1317]
Fig. 122: Process of Organizational Decision Making

[1317] Vgl. CYERT/MARCH (Behavioral Theory 1992), Insbesondere S. 175

21.1.3 Empirische Belege zur Entscheidungsfindung

Es gibt weder in den Daten noch in der persönliche Erfahrung des Autors irgendwelche Hinweise auf die Nutzung der Erkenntnisse der präskriptiven Entscheidungslehre. Während diese bei den Ingenieuren möglicherweise unbekannt ist oder auf jeden Fall nicht zum Ausbildungskanon gehört, so gilt dies nicht für Betriebswirte. Sie ist ein Kernfach der betriebswirtschaftlichen Ausbildung. Doch auch von der kaufmännischen Seite liegen keine Hinweise auf die Nutzung der präskriptiven Entscheidungslehre vor: Sie ist für ICJVs irrelevant. Deshalb folgt die Gliederung der empirischen Belege dem Ablaufschema von CYERT/MARCH. Allerdings werden zusätzlich kulturelle Aspekte getrennt behandelt.

21.1.3.1 Grundlagen der Entscheidungsfindung in ICJVs

Entscheidungsträger für wichtige Entscheidungen vertreten immer alle Partner, die im ICJV vertreten sind. Ausgehend von einem identifizierten Problem wird die Entscheidungsfindung in Gang gesetzt: *„Yes, because, I think even in the management, these managers had a different task to fulfill, so somebody, he has to bring the idea and then that the decision could have been taken according, I think, to the guidelines of the joint venture. There was always in key issues the approval of both parts, one of each partner necessary, anyway. Otherwise no decision could have been taken, the important decisions."*[1318]

Es wird von allen Seiten betont, dass einvernehmliche Entscheidungen getroffen werden, solange diesen eine hohe Bedeutung beigemessen wird. In einigen Fällen muss sogar die Aufsichtsstelle des ICJVs befragt werden: *„I mean, the important decisions were made, you the project manager, discuss the decision, which has to be made with the construction manager and then with his co-project manager and then they made, how you call it, then they seek the approval of the joint venture board and this was it."*[1319]

Das Auffinden einer gemeinsamen Entscheidung zwischen den Partnern eines ICJVs ist zeitaufwändig. Dabei ist auch zu klären, welche Informationen für die unterschiedlichen Partner von Bedeutung sind: *„Typical decision process. It needs time, it needs time because it is a joint venture and two partners, two different cultures and so it takes a little bit more time. You needs at least two or three circles where you have to discuss and you find out more details because you understand more, you can think more. Then you go into the next meeting and discuss between the partners, try to find out more background information which were not given, not on purpose just because maybe they were not important from the other point of view. It just needs more time but then discussions, I think, like on any other project also in branches or other companies, on a table during the meeting and in a joint venture like here the senior staff, it depends on which decision is to be done. The partner is maybe going, the senior staff is going in a different room or on another day or*

[1318] S. Interview BG2, S. 15
[1319] S. Interview BG3, S. 13

another location. They meet separately and then they come back to the joint venture and to discuss again. It needs maybe a little bit more time. And there are stages where there are jointly discussions and then maybe senior staff depends on the decision, which need to be done."[1320] Bei diesem Prozess werden auch unterschiedliche Lösungen ausgearbeitet und im Anschluss werden die Vor- und Nachteile abgewogen. Daraus wird die endgültige Lösung entwickelt: „*Give examples. For example in the beginning, about the curing of the concrete. To win the concrete and the Taiwanese people they think we use the steam curing and the BB people say: No, we don't need the steam curing and both parties would prepare method statement and we, how do I say, would prepare compare the cost for both and what is our lose and what is our risk. Then we sit together talking about these issues.*"[1321]

Dieser zeitaufwändige Entscheidungsprozess dient auch der Koordination zwischen den Partnern. Dafür müssen die Probleme angesprochen und einer Lösung zugeführt werden: „*To have the good teamwork. The main, the key to have the good teamwork. Good understanding and try to create all to have the same direction and move forward and not to keep the problem long. Decision have to be made from any level up to the top, should not, within the organization, problem should not be prolong.*"[1322]

Natürlich wird in ICJVs nicht alles mit allen diskutiert. Die Diskussionen laufen auf bestimmten hierarchischen Ebenen (lokale Rationalität) und die anderen Ebenen werden danach nur informiert: „*In my position we discuss with my colleague… Sometime we just inform them that we will do like this, just inform.*"[1323] Die Diskussion auf einer Ebene wird allerdings immer geführt und auch dies dient wieder der Koordination, in diesem konkreten Fall der interkulturellen Diskussion: „*No, discuss all. Both, both always do like that. And, for the later stage do like that and* [name] *always talk together and when we have a meeting, go together, go together because sometime they have the Thai people, experienced people, in the meeting, sometime when I talk to, when they say something, the expatriate maybe not follow and when the…* [name] *say something, maybe Thai not follow, they have to show the face both every time, sign both every time.*"[1324]

Es scheint, dass bei Großprojekten die technischen Probleme größer sind als die kaufmännischen: „*Yes, but I think for the technical side they will have more important decisions than commercial. They need to decide how to choose what kind of method statement to do a span or they have many important decisions to make. But for us, we need to make many decisions every day, but it's not so important.*"[1325]

[1320] S. Interview TG6, S. 17
[1321] S. Interview TT3, S. 24
[1322] S. Interview BT1, S. 15
[1323] S. Interview BT3, S. 9
[1324] S. Interview BT3, S. 14
[1325] S. Interview TT4, S. 16

21.1.3.2 Quasi-Lösung von Konflikten

Die Ziele müssen nicht in optimaler Weise gelöst werden, es reicht, wenn eine einigermaßen zufrieden stellende Lösung erreicht ist. Die folgende Aussage ist ein Musterbeispiel für eine Quasi-Lösung: „*..., we always have the same, I mean, the same right to agree to each other. But to be..., if we have the different thinking, we always clear, discuss, and then if in the sense of if sixty-forty maybe we can agree. We don't want to make create any conflict, so the leadership can be maintained in that way. If you always put everything to be black and white, then you come to the grey area, you have conflict and then have problem.*"[1326]

Die lokale Rationalität wird in folgender Aussage beschrieben, dafür ist natürlich eine dezentrale Organisation mit einer Delegation von Pflichten und Rechten ausschlaggebend. Nur wenn auf einer Ebene kein Konsens erreicht wird, ändert sich die Lokalität der Entscheidung: „*How to describe that, is difficult. It is fair to say that the Western staff, because of the experience they brought to the joint venture in having done several, many of us having done several of these big projects before, have led the debate on technical issues. But the local staff have never been excluded from that debate and the final decisions made are a joined decision of the people involved from both cultures. Some contributing more. If a consensus position can't be achieved then it's the project managers role to make the decision of which way to go. If there is a position where, or a decision where there is a lot of conflict and dissent then, and it's a major decision then normally what would normally happen is, that would be referred to the project directors where a decision is made at the project director position. That process works from bottom up, so the level of decisions are relative to the position that they are being made. All major decisions on policy, on methods, on scheduling, on cost, are all overseen by the project manager.*"[1327]

Es wird auch noch einmal begründet, dass ohne lokale Entscheidungsfindung und lokale Rationalität das ICJV nicht geführt werden kann. Es besteht geradezu ein Zwang zu einer Gliederung: „*This was also a general problem in the beginning with our partner. That decisions which have an effect of one hundred thousand NT had to go to the top level and they had difficulties in the beginning to give authority to their people down, they were for instance, they needed, when I came, three or four month to say that at least the area managers could decide about one hundred-fifty thousand NT, before it was zero.*"[1328]

Quasi-Lösungen entstehen in ICJVs auch wegen der Multiorganisationalität des ICJV-Systems. Entscheidungen des ICJVs bleiben offen bis zur Genehmigung durch den Bauherrn: „*At this time we made our internal decision that we will go for that and then there was still the, we had still to get the approval from THSRC for that, but this was then a quite long ongoing process but we get this in the end.*"[1329]

[1326] S. Interview BT1, S. 6
[1327] S. Interview TG2, S. 15
[1328] S. Interview TG5, S. 18
[1329] S. Interview TG11, S. 18

ICJVs verwenden Entscheidungsregeln, die zu annehmbaren, nicht optimalen Ergebnissen führen. Der Hauptgrund ist der Entscheidungsdruck: „ *I'm rushed again to make a decision, I have not enough time.*"[1330] Oder: „*Yeah. And also decisions should make it quick.*"[1331]

21.1.3.3 Unsicherheitsvermeidung

ICJVs warten und versuchen soviel Informationen wie möglich zur Lösung eines Problems zu sammeln, damit sie gerade nicht in einer Situation großer Unsicherheit entscheiden müssen. Dies wird in folgendem Beitrag recht deutlich, in dem ein deutscher Manager auf den Zwang hinweist, zu bestimmten Zeiten Entscheidungen unter beschränkter Rationalität treffen zu müssen. D.h. Entscheidungen werden zu dem genannten Zeitpunkt nicht freiwillig getroffen: „*So, what I tried to answer was that the decisions, the most important decisions are done during the first half of the project, even if you don't have the hundred percent knowledge, but the decisions need to be done sometimes or you will even find out that they were wrong, but without the decisions, without any decision a project will maybe stop or will get into bigger problems.*"[1332] Ein weiteres Beispiel dafür, in welchem Umfang Entscheidungen von der Notwendigkeit zu einer Lösung zu gelangen abhängen, stammt von einem thailändischen Projektmanager. Bei wichtigen Entscheidungen versucht er sie weiter hinauszuzögern, um zusätzliche Informationen einzuholen: „*Very quick decision sometimes, we don't have time, but to have that decision we have to assess this decision how is the consequence. But if the consequence come to that is not big compared to the delay of the work. Than we balance and we take that decision. And we smart enough to tell the client that we do in this way. With your support. And then we do.*"[1333]

Eine andere Möglichkeit mit der Unsicherheit umzugehen besteht darin, sich gegen die Geschehnisse in der Zukunft abzusichern. Im kaufmännischen Bereich ist es auf diese Weise möglich, durch ein Sicherungsgeschäft (hedging) die Währungsrisiken auszuschließen: „*Decisions in respect to all these commercial activities. One example is, in the beginning we decide to go for, we are only paid here in Taiwan Dollar, in the local currency, we decided to have a hedging for the expenses we have in foreign currency, non local, non Taiwanese currency. If looking at the Taiwan Dollar at the beginning, start of the project, it was roughly about thirty Taiwan Dollar to one Euro, now it's roughly forty Taiwan Dollar to one Euro. We would have made a huge loss just on the currency fluctuation, if we hadn't done this one. So you can, there even, if you look at the numbers, let's say, my engineers, my engineering colleagues they would never have been able to do such a good job in order to recover these potential losses. This is certainly one decision we made in the*

[1330] S. Interview TT4, S. 17
[1331] S. Interview TK3, S. 25
[1332] S. Interview TG6, S. 9
[1333] S. Interview BT1, S. 12

beginning which was very important."[1334] Wenn sich die Devisenkurse wie in diesem Fall ungünstig entwickeln, ist die Absicherung eine kluge Entscheidung. Andernfalls handelt es sich um eine unnötige Ausgabe. Es gibt keine Möglichkeit dieser Unsicherheit auszuweichen, aber hinterher ist man auf jeden Fall schlauer!

Wenn es an der notwendigen Erfahrung fehlt, bleibt bis zum Projektende eine Unsicherheit und alle Entscheidungen werden unter Unsicherheit und im Rahmen beschränkter Rationalität gefällt. Es bleiben immer nagende Zweifel: „*We should have things solved, but this is, for most of the people this design/build project is the first experience, so nobody can really foresee what we need in the future, most people couldn't decide anything, everybody wondering what will happen in the future. But still at the time we had to decide something, we choose this designer, we choose this subcontractor. Maybe it's wrong, but nobody know at that time.*"[1335]

21.1.3.4 Problemistische Suche

Die Entscheidungsfindung geht von Problemen aus. Natürlich gibt es in einzelnen ICJVs auch übergreifende Lösungsansätze, allerdings scheitert eine deduktive Vorgehensweise an der Komplexität des ICJVs und an der Dynamik der Umwelt. Dies lässt sich am besten an einem ganz konkreten Beispiel verdeutlichen, das aus der Entwurfsplanung stammt: „*Yeah. And there was perhaps, but that was not only a design decision, there was one decision that saved us quite a lot of money, was a decision for assuming what we call a technical term pull-out resistance for the piles. The contract requires forty percent of your downward skin friction and you are only allowed to use forty percent of your downward skin friction for the uplift case, for the tension parts, which is quite rigid this regulation. And from our test piles we could see already that we came to different values and we always made some comparison and we said: Well, we can go for that, we can justify this, document this, approve it and, but up to a certain point in time the project management didn't make this decision. At that point in time when* [name] *came into this position he made this decision.*"[1336]

Die auslösende Probleme können unmittelbar entstehen und daraufhin beginnt die einfache Lösungssuche: „*If we have some problem, we call a small meeting. I would prefer it that way, small meeting, three, four, five persons, we make a decision like we can change the subcontractor. We have changed the shear key, this kind of things we have made very good decisions. And this always had a discussion, always a discussion.*"[1337] Es können aber auch Probleme sein, die schon als gelöst galten: „*No, if you see there is a problem then you have to change and then you have to make a decision, but it is very difficult and very painful. So you better set up everything right at the very beginning. But, of course, if there is a mistake, if there is something wrong, you have to change. But here it's very*

[1334] S. Interview TG8, S. 13
[1335] S. Interview TJ5, S. 12
[1336] S. Interview TG11, S. 18
[1337] S. Interview TT1, S. 27

difficult, it's very painful."[1338] Dies ist auch ein Beispiel dafür, dass es sich bei vielen Entscheidungen um Quasi-Lösungen handelt.

Das folgende Beispiel eines thailändischen Projektmanagers fasst eine ganze Menge der diskutierten Punkte zusammen. Er beschreibt das Problem der Abstimmung beim BangNa Expressway mit dem Bauherrn einerseits (ETA) und dem Besitzer des Baugrundstücks andererseits (DoH). Das Problem wird nie gelöst, es folgt eine Quasi-Lösung der nächsten. Das ICJV versucht seine Umwelt (hier in Gestalt von ETA und DoH) zu gestalten. Dabei wird das Problem in Einzelschritte zerlegt, die nacheinander Quasi-Lösungen zugeführt werden. So beginnt die Arbeit bei der DoH z. B. mit den unteren Hierarchiestufen. Am Ende müssen natürlich auch die Vorgesetzten zustimmen, aber es wird auf die lokale Rationalität der Bauherrenseite Rücksicht genommen: „*I think from the beginning until nearly end of the project. Every time always to have the critical to take decision like the design stage. We know that the design is not in our hand to get for approve and all depend on the DoH and ETA which very weak on that one. So we know the working team of the DoH so we try to accept with the good relation and then ask to keep more cooperation with us and then to expedite the process to give some relaxation the regulation so we can get cooperation. So we think we approach in the correct or even in general the policy of DoH is contradict to our policy. They try to slow down to make problem to the project, but we have to get the lower level to support us. We achieved that one. That's our goal even we running like hell to get the thing that we want. The execution time that we have to take decision again also again the DoH district engineer that they don't allow us to work so the project going to stop. So I commit in the meeting that this problem, I will take care. You do first I always tell our partner that in the Thai culture, if you cannot get the thing that you want to do and you want to do right you want to marry a girl they don't give you just take her and run away. Then come back with the children. They may kill you or they may accept you. So, this is the way that I convinced our partner then. You do, if come back to the end, then they kill you, they reject and then you die, but I don't think they will kill you, they will accept you. So, I am doing that way. That one is a big decision that our partner going to stop, but no way to do. So I do and then I fight in the meeting and get blame that guy not to follow what they want us to do, but I stubborn. Look at the goal, we have to finish, then we do. That time, I think, I take that decision. And I take, because otherwise contractually we have to stop. And then the raise of the pile cap problem. They don't allow us to do the bypass, then take care of the water from the expressway in a pipe, in a conduit, this is impossible, so we just say we do the bypass, raise the footing up because they do make the new road, just finished, and then you excavate, then the road collapse. So I don't want to excavate this I just foresee that the future ultimate design can raise up the footing by up to one and a half meter, so I raise up. So they don't accept, I just do it, but eventually they have to accept.*"[1339]

Im Falle von Unsicherheit aufgrund unzureichender Informationen ist die einfache Lösungssuche sehr deutlich gekennzeichnet durch einen Rückgriff auf Erfahrung, d. h.

[1338] S. Interview BG1, S. 9
[1339] S. Interview BT1, S. 11 f.

die Entscheidungsfindung stützt sich auf beschränkte Rationalität: „*That very much depends on the contract and the people that are involved. You don't like making decisions without a lot of information. If you have to, then you have to call on your expertise and your experience. If you are making decisions without information and without expertise or without experience you're going to have a problem.*"[1340]

Einige andere sehen auch in der Intuition eine Lösungsmöglichkeit, wie das folgende Gespräch zeigt:

Frage: „*So how do you make the right decision? Experience, intuition? What do you take?*"

Antwort: „*Yes.*"

Frage: „*All of that?*"

Antwort: „*Yes.*"[1341]

Allerdings wird die Intuition nicht von allen als Lösungsmöglichkeit anerkannt: „*No, it's a lot of experience. I think especially in design I don't think that you can live so much on intuition. It's sometimes, you, well it's more experience. Even if you think it's some kind of intuition, if you think about it why you came to a certain decision, I think that's still the experience that you had in the past.*"[1342]

Wenn die eigene Erfahrung als nicht ausreichend angesehen wird, erfolgt der Rückgriff auf erfahrene Kollegen: „*Okay, you have a problem coming up, so if now looking at myself, I try to get some information first to understand the situation, being able to explain also to others then I know that I have understood further the matter, having, let's say, looked at all sides and then basically discussing, certainly discussing with others, there might be proposals coming up. If you have already a decision in mind maybe, your own proposal, you push that through or you accept another proposal and finally you decide. Myself, I am more the type of person who would rather discuss one more time with somebody else: Would you would decide the same as well? In this way I am not the quick one decision, I would rather look into it, have all the information required, talk to people and then make a decision.*"[1343]

Der Rückgriff auf die Erfahrung anderer ist auch unter Zeitdruck meist möglich: „*What I usually do, is that I talk to the people who I know have knowledge about it, and so I involve them, of course. I would never do a decision just on my own in my locked room somewhere…But this is not in contrary to what I said. I mean, even the quick decisions, you would consult someone. Who you think, well, has a broader knowledge and discuss it and then you come to a solution. So this is happening in the each and every phase. Some people tend not to do that, but most of the time when they do that without consulting somebody else, we can't live with the decision later on. We have to reverse it, quite often.*"[1344]

[1340] S. Interview TG2, S. 9
[1341] S. Interview BT5, S. 8
[1342] S. Interview TG11, S. 21
[1343] S. Interview TG8, S. 24
[1344] S. Interview TG4, S. 5

21.1.3.5 Organisationales Lernen

Es liegen keine unmittelbaren Daten zu einer Anpassungen von Zielen vor. Implizit kann man aber in folgendem Beispiel eines koreanischen Managers verfolgen, wie zu Beginn des Projektes ein Gewinn angestrebt wurde und erst als dieser nicht mehr möglich war, andere Ziele im Nachhinein definiert wurden, die das Projekt noch sinnvoll erscheinen lassen. Es handelt natürlich um ein Beispiel retrospektiver Sinngebung: „*We already put the president, so we lost some money to this project but we learned so many work and then our staff can speak Chinese very fluently. Because our main work is the P/C-girder, weight eight-hundred-fifty tons, so now the civil engineer did not the launching of the P/C-girder. It is what first time to this project. So the* [name] *group, the* [name] *heavy industrial company, ship building company. One of that company come to my site, they worried about how the handling of the heavy weight, so don't worry, then I explained to you fully. They did not understand after finishing of the all launching the P/C-girder I report to one of the* [name] *heavy industrial company we finished the launching. They sent an e-mail with congratulation.*"[1345]

Es gibt aber positive auch Zielanpassungen. So waren etwa beim BangNa Expressway für das Verlegen eines Überbaufeldes zwei Tage vorgesehen. Sobald das erste Mal ein Feld an einem Tag verlegt war, galt dies allgemein als neues Ziel. Ähnliches geschah bei einem der ICJVs des Taiwan High Speed Railways.

21.1.3.6 Entscheidungsverlauf

Die Entscheidungsfindung ist das bedeutendste Mittel zur Reduktion von Komplexität. Durch sie werden bestimmte Elemente und Verknüpfungen aus der Menge der Möglichkeiten ausgewählt und zu einer vorläufigen Lösung geführt (Quasi-Lösung). Die Frage ist, zu welchen Zeitpunkten Entscheidungen fällig werden. Wenn Entscheidungen mit der Komplexitätsreduktion verknüpft sind, müsste der Verlauf parallel zu dieser sein und zeitlich etwas vorgelagert.

In ICJVs sind sehr viele Entscheidungen zu Treffen: „*To make the project successful we have to make so many decisions.*"[1346]

Die richtungsweisenden Entscheidungen für das ICJV werden am Anfang getroffen: „*In the beginning... the first six month.*"[1347] Dabei gibt es kein klares Verständnis darüber, wie lang der Anfang eines ICJVs dauert: „*First three months.*"[1348] Diese Sicht von deutschen Managern teilen auch koreanische: „*Important ones I think of course in the beginning, if we make important decisions properly that will affect very much.*"[1349]

[1345] S. Interview TK1, S. 16
[1346] S. Interview TK3, S. 24
[1347] S. Interview BG3, S. 8
[1348] S. Interview BG1, S. 8
[1349] S. Interview TK3, S. 25

Aber immer wieder wird der Zeitraum für die wichtigen Entscheidungen zu Beginn des ICJVs gesehen: „*What time? Beginning of the project.*"[1350] Allerdings fallen zu Beginn nicht nur die wichtigen, sondern auch eine Mehrheit aller Entscheidungen an, wie dieser Auszug zeigt:

Frage: „*So, how many decisions must you take at the beginning of a project that you can hardly change later on? A majority ...?*"

Antwort: „*A majority of the decisions, yeah.*"[1351]

Auch wenn die wichtigsten und meisten Entscheidungen zu Beginn des Projektes gefällt werden, so müssen bis zum Ende des Projektes weitere Entscheidungen getroffen werden: „*Well, a lot in the beginning, but still during, basically until the end of the project. You always face these decisions. Like, okay, at this point of time, just recently we decided on two subcontracts which are related to reinstatement works. So procurement, goals, okay in the beginning of course you do, if you look at the values and the number of contracts, depending on the length of the project but in the beginning phase maybe the first third of the project you definitely make most decisions, with the high values.*"[1352]

Die wichtigen Entscheidungen müssen getroffen werden, wenn die Entscheidungsträger noch nicht über hinreichendes Projektwissen verfügen und immer im Rahmen begrenzter Rationalität: „*Yeah, decisions I think, let's say the viaduct what kind of system we apply to complete the work, that kind of decision we had to make in the beginning. But actually nobody is sure what method would be the best. So we tried to find the best thing, the possible best solution. We made some decisions, what kind of method, which way in the beginning. Of course it was not that bad but if somebody asked me: What is the best, I wouldn't say yes.*"[1353] In diesem Interview wird auch angesprochen, dass nicht die besten, sondern akzeptable Lösungen gesucht werden.

Die Gedanken zum Entscheidungsverlauf sind in Bild 123 zusammengefasst. Zum Vergleich ist die Reduktion der Komplexität gleichzeitig abgebildet. Die Komplexität und die Entscheidungsfindung werden nicht mit einem gleichen Maßstab gemessen. Es ist überhaupt fraglich, was in beiden Fällen eine passende Maßeinheit wäre. So ist die Ordinate in Bild 123 einmal als 100% Komplexität und zum anderen als Maximum an Entscheidungen zu interpretieren. Große und wichtige Entscheidungen werden zu Beginn getroffen, Entscheidungen fallen während der ganzen Zeit an und es ist anzunehmen, dass es zum Ende eines Projektes wiederum einen höheren Entscheidungsbedarf gibt. Die Entscheidung werden zuerst getroffen, durch sie wird die Komplexität verringert. Der Entscheidungsverlauf ist deshalb dem Komplexitätsverlauf zeitlich vorgelagert.

[1350] S. Interview BT5, S. 7
[1351] S. Interview TG5, S. 8
[1352] S. Interview TG8, S. 14
[1353] S. Interview TK3, S. 25

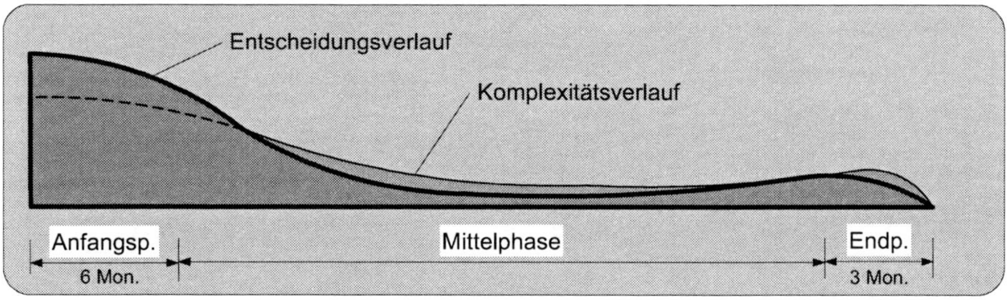

Bild 123: Verlauf der Entscheidungsfindung
Fig. 123: Decision Making Curve

Ein weiteres Bild verbindet die Aussagen zum Projektwissen und zur Entscheidungsfindung. Die beiden Kurven sind gegenläufig. Die meisten und wichtigsten Entscheidungen müssen bei geringem Projektwissen getroffen werden: *„Frankly speaking it contrast, right? Because the knowledge, we just develop quite slow and the decisions have to be made at the beginning of the project. We have to decide based on what we know at that time."*[1354] Noch deutlicher als bei der vorhergehenden Aussage eines thailändischen Managers wird dieser Punkt durch einen australischen herausgearbeitet: *„Rarely, rarely do you have the information available because most times, for instance, you are making construction decisions without a design, if it's a design and construct project, you are making decisions that effect construction without a design. So you are dealing very much with draft information, with very loose information to make important decisions. And you have to rely on experience. You also then have to have people in place that can quickly identify if those decisions you have made, based on a little bit of information, are not the correct ones when more information becomes available, to change it before it becomes a big problem. But at the start you are relying more on experience and expertise than you are on information."*[1355] In diesem Zitat wird auch die einfache Lösungssuche angesprochen, die nach Lösungen in der Nähe der bereits erworbenen Erfahrungen gefunden werden.

Typischerweise wird von Entscheidungen in einem Bereich der Grauzone gesprochen, es liegen keine klaren Verhältnisse vor: *„Yes, first you try to acquire a number of facts, some data information which should help you but again sometimes you never have a black and white situation. Because I don't think it's always good to make just a decision on the money side, on the amount they offer, because there is a lot might be behind and you already know, okay it's thirty-five percent below the next one but this one has never finished the job for example. So you would not take that particular company, or maybe that one would not pre-qualify in the beginning."*[1356]

[1354] S. Interview BT5, S. 8
[1355] S. Interview TG2, S. 10
[1356] S. Interview TG8, S. 15

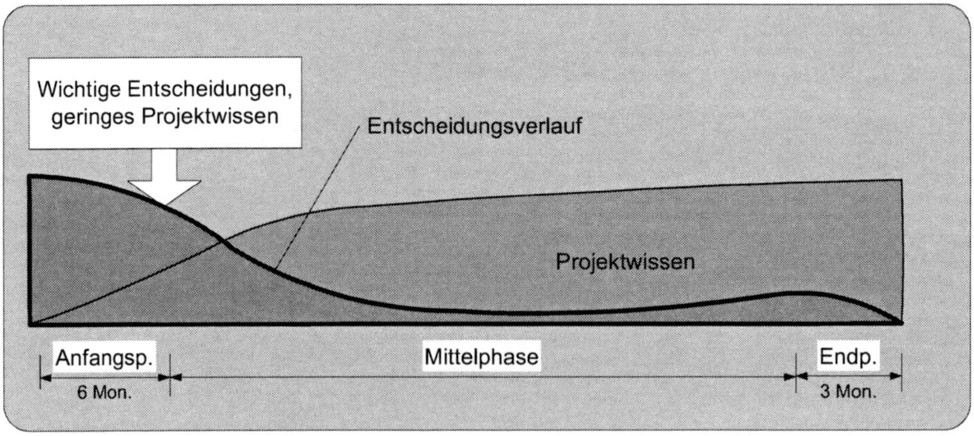

Bild 124: Überlagerung von Entscheidungs- und Wissensverlauf
Fig. 124: Superposition of Decision Making and Knowledge Curves

21.1.3.7 Kulturelle Aspekte

SCHROLL-MACHL untersucht in einem Beitrag Unterschiede in gemeinsamen Problemlösungsprozessen einer Gruppe von Amerikanern und Deutschen. Sie beschreibt sehr deutlich, wie unterschiedliche Vorgehensweisen zu Irritationen über das Verhalten der Mitglieder der anderen Kultur führen. Die jeweils andere Gruppe verhält sich nicht „richtig".[1357] Am Beispiel Japans erläutert MÜLLER den soziokulturellen Hintergrund der Entscheidungsfindung und den tatsächlichen Prozess: Konsensprinzip (Kashi-Kari), informelle Diskussionen im Vorfeld (Nema-Washi), formalisierte Entscheidungsprozeduren (Ringi-System), Berücksichtigung langfristiger Perspektiven, Übertragung von Kompetenzen.[1358]

Der Prozess der Entscheidungsfindung ist in asiatischen Ländern eher ein bottom-up-Prozess als top-down. Allerdings wird die Entscheidung selbst an der Spitze gefällt: „*The thing is that normally the decision making process is, I would say in Asian cultures generally a little bit different than from our, from maybe European or American decision making. It is, there are more people involved and it basically is a process where a lot of work, a lot of talks, a lot of things is done on a quite lower level, then it gradually grows up like a pyramid, and in the end it is brought forward to one guy or whatever, a very, very small group. They make the decision and then everything goes very quickly. The power of decision making is more distributed to lower levels in our organizations. So you give somebody the power to make a decision, whatever, up to that level or up to that amount of money or up to whatever, you know what I mean. So, and then he fulfills this and he makes this decision sometimes by himself.*"[1359]

1357 Vgl. SCHROLL-MACHL (Problemlöseprozess 2000), S. 76 ff.
1358 Vgl. MÜLLER (Entscheidungsfindung 1992), S. 119 ff.
1359 S. Interview TG1, S. 1

Ein anderer Gesichtspunkt ist die Frage, wie entscheidungsfreudig die unterschiedlichen Nationalitäten sind. Es ist klar, dass dabei mit Stereotypen gearbeitet wird. So werden beispielsweise die Taiwaner im Gegensatz zu den Thais als sehr entscheidungsfreudig gesehen: „*I think it's special to the Taiwanese side. Okay, it's maybe not in the nature of the Thais, they don't want to make decisions at all. We have seen it that it was easier to work in Thailand because they didn't interfere in the actual work. It was better you do it. Here it would be different. They really want to make decisions.*"[1360] Diese Beobachtung über das thailändische Verhalten wird auch von thailändischer Seite geteilt: „*German style. If are there any question should have to answer. Should have to answer first, before doing. But, in Thai style, if you found a problem, if we have the question, sometime we still not have the answer. He do first and to found that his way, his procedure is not correct. Have a lot of mistake, yeah.*"[1361] Neben der Bestätigung der Beobachtung für die Thais zeigt folgender Beitrag außerdem, dass Manager sich in Asien sehr unterschiedlich verhalten, wie es auch beim Vergleich zwischen Thais und Taiwanern deutlich wurde. Bezüglich einer bestimmten Entscheidung wird das unterschiedliche Verhalten von Deutschen, Japanern und Thais geschildert „*On that project here from the Japanese and from our side it was basically a decision by a person. The Thais rather want to have a group decision. Also there is also somebody, but he would not overrule somebody else. We, of course would do that, or I would do that but the Thais they really don't want to do it.*"[1362]

Erstaunlich ist der lockere Umgang mit den Schwierigkeiten, die sich aus den unterschiedlichen Vorgehensweisen ergeben. Es wird von allen Seiten beobachtet, wie die anderen verfahren und darauf stellen sich dann alle Manager ein. Schön, wenn die Thais sich nicht einmischen und es ist auch nicht schlimm, wenn Taiwaner anders vorgehen. Zwischen den Zeilen wird die Bereitschaft deutlich, sich auf die Umstände einzustellen. Unterschiedliche Kulturen führen zu unterschiedlichem Verhalten. Dies ist eine selbstverständliche Erkenntnis in ICJVs.

21.1.4 Zusammenfassung zur Entscheidungsfindung

Die präskriptive Entscheidungslehre mag vereinzelt Verwendung finden, in den geführten Gesprächen hat sie allerdings keine Rolle gespielt. Sehr gut konnten allerdings die Erkenntnisse von CYERT/MARCH im Rahmen ihrer deskriptiven Entscheidungslehre bestätigt werden.

Die Entscheidungsfindung wird von Problemen ausgelöst und zunächst wird versucht, diese auf einfache Art und Weise zu lösen. Besonders wichtig ist dabei der Rückgriff auf Erfahrung. Unsicherheit wird soweit wie möglich vermieden, allerdings ist das nicht durchgehend möglich, da Erfahrungen nur im Rahmen begrenzter

[1360] S. Interview TG5, S. 18
[1361] S. Interview BT2, S. 13
[1362] S. Interview BG1, S. 17

Rationalität möglich sind. Oft wird mit Entscheidungen bis zum spätesten Zeitpunkt gewartet, um noch möglichst viel Informationen sammeln zu können. Der eigentlich Entscheidungsprozess wird von unterschiedlichen kulturellen Praktiken beeinflusst. Dabei stellen sich alle auf die Praktiken der Anderen grundsätzlich ein. Das Ergebnis sind Quasi-Lösung, die so lange gelten bis sie wieder problematisch werden. Dies kann durch Eingriffe des Bauherrn oder Dritter ausgelöst werden oder durch Widerstände der weiteren Umwelt. Die Quasi-Lösungen führen zu einer Reduktion der Komplexität (vgl. Bild 125).

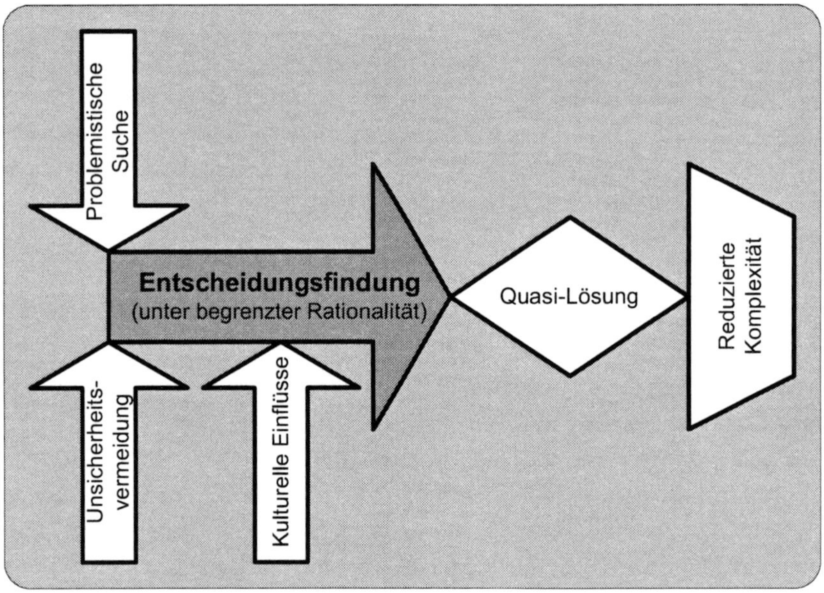

Bild 125: Entscheidungsfindung in ICJVs
Fig. 125: Decision Making in ICJVs

21.2 Kommunikation

Das Thema der Kommunikation war bei der Anlage des halbstrukturierten Fragebogens von dem Autor nicht als wesentlicher Bestandteil erkannt. Die folgende Antwort ist ein schönes Beispiel wie sich bei der gegenstandsbezogenen Forschung solche wichtigen Themen aus den Gesprächen ergeben. Anders als bei strukturierten Fragebögen besteht die Möglichkeit, auf zusätzliche Punkte einzugehen und diese herauszuarbeiten: *„A lot of what we have discussed there is being one element that I have left out and that is that none of these projects as a joint venture, or the most impotent element of the joint venture to make them successful is communication. And communication has the ability to break down the cultural problems. If both parties are talking to each other, the cultural problems don't form as big a problem. If the parties don't talk to each other and work as independent organizations, as independent cultures, you generate problems. And it's the same in talking about responsibilities down through the organization, if* *the different levels of the organization aren't talking to each other and not communicating then the joint venture doesn't function. If designers aren't talking to the construction people you don't get a successful design or you don't get a design that the contractors want. And so if you put anything in place, if you have the power to put one single element into any joint venture it would be the need for everybody to communicate. And once they communicate then the trust builds, the efficiencies build, the general coordination is so much better.*"[1363]

In dem folgenden Abschnitt (21.2.1) werden die theoretischen Grundlagen erarbeitet und zwar zunächst für die dyadische Kommunikation. Diese bildet dann die Grundlage für das organisationale Kommunikationsverhaltens. Daran schließt sich die Auswertung der empirischen Belege (21.2.2). Den Abschluss bildet eine Zusammenfassung zur Kommunikation in ICJVs (21.2.3)

21.2.1 Theoretische Grundlagen der Kommunikation

Es gibt viele Arten der Kommunikation, wenn man sie bezüglich der Beteiligten unterscheidet: innermenschlich (monadisch), zwischenmenschlich (dyadisch), in Kleingruppen, in Organisationen, öffentlich, interkulturell oder als Massenkommunikation. Bei einer systemtheoretischen Betrachtung fällt die monadische Kommunikation fort, so dass der Anfangspunkt durch eine dyadische Kommunikation gebildet wird. Hieran können die Grundlagen der Kommunikation aufgezeigt werden (Abschnitt 21.2.1.1).

Für Organisationen sind weiterhin das Kommunikationsverhalten in Kleingruppen und der gesamten Organisation von Interesse. Bei dieser Arbeit wird das gesamte ICJV betrachtet und nicht einzelne Gruppen, dadurch verbleibt auch nur ein Interesse an dem organisationalen Verhalten (Abschnitt 21.2.1.2).

Bei internationalen Organisationen wie den ICJVs ist natürlich auch die interkulturelle Kommunikation von hoher Bedeutung, so dass sie in einem Unterabschnitt betrachtet wird (Abschnitt 21.2.1.3).

Zumindest das Projektmanagement wird sich auch in öffentlichen Ansprachen äußern und in Fachzeitschriften über das Projekt berichten. Auch die Massenmedien berichten in regelmäßigen Abständen über die Großprojekte. Für das Management von ICJVs spielt dies jedoch eine sehr geringe Rolle, wenn auch Beziehungen zur Entscheidungsfindung bestehen. Deshalb werden diese Aspekte der Kommunikation nicht weiter berücksichtigt.

21.2.1.1 Dyadische Kommunikation

Eine bekannte Darstellung des Kommunikationsprozesses bedient sich der Symbolik der technischen Nachrichtenübermittlung. Dieses Modell besteht aus einem Sender

[1363] S. Interview TG2, S. 16

und einem Empfänger, einem Enkodierungs- und einen Dekodierungsvorgang sowie der Nachricht, die mittels eines Mediums übertragen wird. Bei der Übertragung kann es zu Störungen kommen, die entweder in persönlicher Abneigung, der Bedeutung (Semantik) der Nachricht, der Kultur, unterschiedlichem Status oder mangelnder Rückkoppelung liegen können. Diese Bestandteile nennt DEVITO die Universalien der menschlichen Kommunikation.[1364] Dieses Modell des dyadischen Kommunikationsprozesses ist in Bild 126 zu finden.

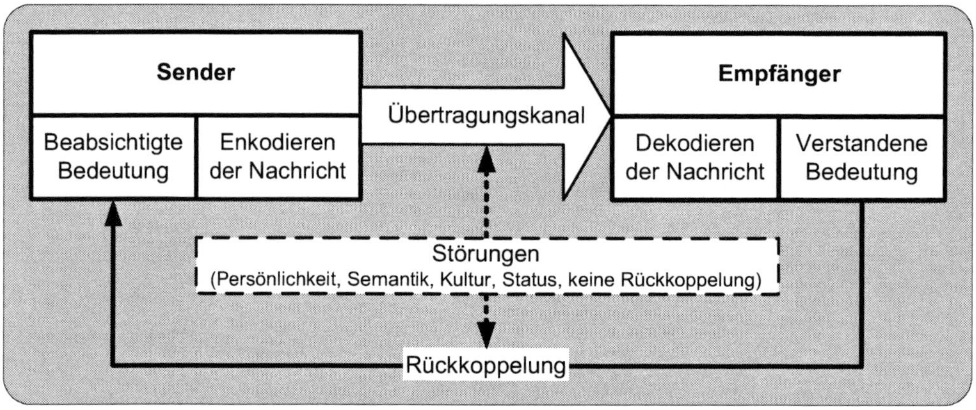

Bild 126: Kommunikationsprozess mit möglichen Störungen[1365]
Fig. 126: Communication Process and Possible Sources of „Noise“

Für den Begriff der Kommunikation wird folgende Definition gewählt:

- Kommunikation = (def.) Kommunikation bezeichnet die Handlung einer oder mehrerer Personen Nachrichten zu senden und zu empfangen. Die Nachricht steht in einem Kontext, kann Störungen unterliegen, zeigt eine Wirkung und gibt die Möglichkeit zu einer Reaktion[1366]

Nachrichten haben darüber hinaus aber auch vier unterschiedliche Ebenen. Dies ist zunächst der Sachinhalt, dann eine Beziehungsaussage zwischen Sender und Empfänger, eine Selbstaussage des Senders und ein Appell an den Empfänger. Die Störungen können bei jedem der Aspekte auftreten, und zwar auf beiden Seiten. [1367] Letzten Endes bestimmt der Empfänger die Bedeutung, er hat freie Wahl zwischen den vier Aspekten.[1368] Dabei spielen sowohl bei der Enkodierung als auch bei der Dekodierung die Persönlichkeitsmerkmale von Sender und Empfänger eine wichtige Rolle. SCHULZ VON THUN unterscheidet zwischen acht unterschiedlichen Kommunikationstypen, die allerdings nie in Reinform auftreten. Bei den meisten Menschen setzt

---

1364 Vgl. DEVITO (Communication 1991), S. 8 ff.
1365 Vgl. SCHERMERHORN et al. (Organizational Behavior 2000), S.335
1366 Vgl. DEVITO (Communication 1991), S. 1
1367 Vgl. SCHULZ VON THUN (Störungen 1998), S. 25 ff.
1368 Vgl. SCHULZ VON THUN (Störungen 1998), S. 44 ff.

sich der persönliche Kommunikationsstil aus einigen besonders ausgeprägten Typen zusammen.[1369]

Bei den Übertragungskanälen kann es sich um mündliche, schriftliche oder nonverbale Kommunikation handeln. Aus diesen Bausteinen (Universalien, Nachrichtenebenen, Kommunikationsstilen), den möglichen Störungen und den verschiedenen Übertragungskanälen ergibt sich eine Vielzahl Möglichkeiten, die eine effiziente Kommunikation sehr erschweren können. Eine effiziente Kommunikation liegt nur dann vor, wenn die beabsichtigte Bedeutung des Senders und die verstandene Bedeutung des Empfängers übereinstimmen.

WATZLAWICK et al. definieren einige pragmatische Axiome der Kommunikation.[1370] Dabei handelt es sich im einzelnen und folgende Axiome:

- Es ist unmöglich, nicht zu kommunizieren (Die Verweigerung einer Kommunikation beinhaltet immer eine Aussage. Beispiel „beredtes Schweigen").
- Kommunikation hat immer einen Inhalts- und einen Beziehungsaspekt (Rein sachliches Argumentieren ist nicht möglich).
- Kommunikationsfolgen werden interpunktiert[1371] Obwohl Kommunikation eine Folge von Ereignissen ist, setzen Sender oder Empfänger einen Anfangspunkt und weisen somit der Kommunikation Ursache und Wirkung zu. Dies ist ein Vorgang der Interpretation.
- Man kann zwischen analoger (symbolischer) und digitaler (mit Worten) Kommunikation unterscheiden.
- Ebenso ist zwischen symmetrischen und komplementären Interaktionen zu trennen. Im ersten Fall ist das Kommunikationsverhalten spiegelbildlich, im zweiten ergänzen sich die Partner.

21.2.1.2 Organisationale Kommunikation

In Organisationen wird zwischen formalen und informalen Kommunikationswegen unterschieden, die sich jeweils den formalen oder informalen Organisationsstrukturen anpassen. Mit den Erkenntnissen von Unterabschnitt 4.6.10.2 zur kulturbedingten Organisation ist dann auch noch die Kommunikation entlang der Nationalsprachen zu sehen. Nach Aussage von KERZNER bevorzugen Projektmanager informale mündliche Kommunikation.[1372]

Die formalen Informationsflüsse können entweder vertikal von oben nach unten oder von unten nach oben sowie lateral verlaufen. Dazu kommen noch eine diagonale Kommunikation innerhalb der informalen Organisation sowie Klatsch und Tratsch.

1369 Vgl. SCHULZ VON THUN (Stile 1998), S. 57 ff.
1370 Vgl. WATZLAWICK et al. (Kommunikation 1996), S. 50 ff.
1371 Vgl. BATESON / JACKSON (Pathogenic Organization 1964), S. 273 f.
1372 Vgl. KERZNER (Project Management 1998), S. 268

Die Hauptrichtungen der Kommunikation sind in Bild 127 dargestellt. Neben den Pfeilen, welche die Richtung der Kommunikation angeben, sind die hauptsächlichen Objektive der jeweiligen Kommunikation angegeben.

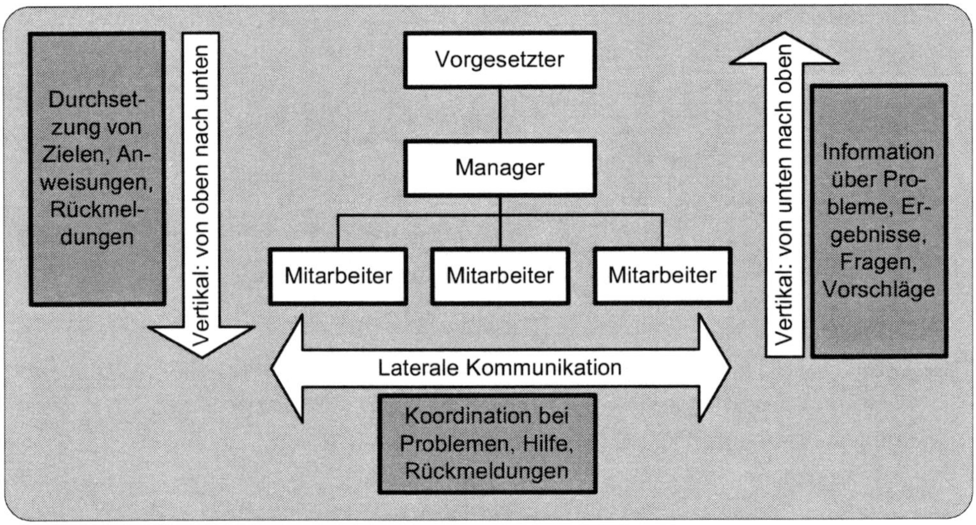

Bild 127: Richtungen des Kommunikationsflusses
Fig. 127: Directions of Communication Flows

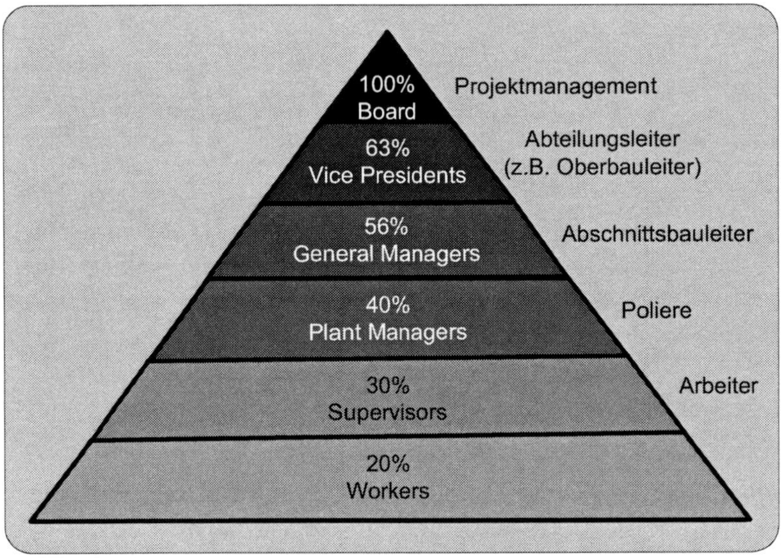

Bild 128: Informationsverlust bei vertikaler Information
Fig. 128: Information Loss in Downward Communication

Besonders bei der vertikalen Kommunikation von oben nach unten kommt es durch Filter zu deutlichen Informationsverlusten. Dies ist dem Autor bei den Interviews mit früheren Mitarbeitern beim BangNa Expressway sehr deutlich aufgefallen. BATEMAN /

SNELL bieten hierzu quantitative Daten, die in Bild 128 zu finden sind. Die ursprünglichen Bezeichnungen und Werte von diesen Autoren wurden beibehalten. Dazu werden neben der Pyramide die Hierarchiestufen eines typischen ICJVs angegeben.

Es zeigt sich also, dass in Organisationen neben die möglichen Probleme der dyadischen Kommunikation noch strukturelle Probleme und Filterprobleme treten. Die letzteren sind natürlich im deutschen Sprachraum in Form des Spiels „Stille Post" bekannt.

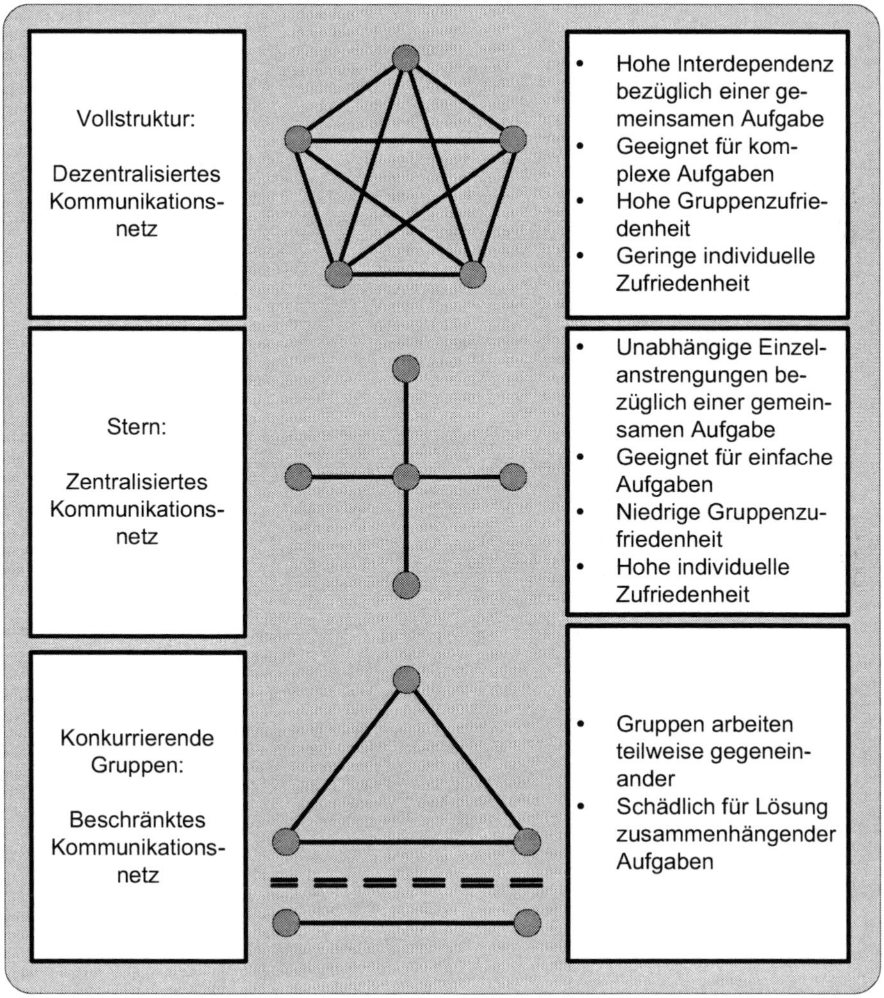

Bild 129: Strukturen und Charakteristika von Kommunikationsnetzen[1373, 1374]
Fig. 129: Structures and Characteristics of Communication Networks

---

[1373] Vgl. SCHERMERHORN et al. (Organizational Behavior 2000), S. 344 ff.
[1374] Vgl. HELLRIEGEL / SLOCUM (Organizational Behavior 1976), S. 169

Die Arbeit in ICJVs wird in Gruppen geleistet. Dies wird durch die Forderung nach effektivem Teamwork deutlich. Dabei kann man zwischen drei grundsätzlichen Formen von Kommunikationsnetzen unterscheiden. Bei diesen handelt es sich um eine Vollstruktur, einen Stern und konkurrierende Gruppen (vgl. Bild 129). Von den aufgezeigten Strukturen kommt in ICJVs in aller Regel der Vollstruktur die größte theoretische Bedeutung zu. Die meisten Aufgaben sind komplex und sie können nur in einer Gruppe gemeinsam gelöst werden. Daraus erwächst einerseits eine hohe Gruppenzufriedenheit, andererseits aber eine geringe individuelle Zufriedenheit.

Sterne können auch in ICJVs sinnvoll sein, da nicht alle Teilaufgaben komplex sind. Mit Hinblick auf die Gesamtzufriedenheit wäre eine Mischung der beiden Strukturen ausgerichtet auf die jeweilige Aufgabenstruktur am besten.

Letzten Endes gibt es auch eine Nische für konkurrierende Gruppen, insbesondere wenn unterschiedliche Lösungen für ein Problem erarbeitet werden müssen, die anschließend (unter Änderung der Gruppenzusammensetzung uns -struktur) gemeinsam erörtert werden.

21.2.1.3 Interkulturelle Kommunikation

„Culture is communication" betitelt HALL ein Kapitel in seinem Buch, das die stille Sprache der Kultur untersucht.[1375] Es ist einleuchtend, dass Werte und Praktiken sowohl den Enkodier- als auch den Dekodiervorgang entscheidend beeinflussen.

Es reicht, wenn man sich den Wahrnehmungsprozess des Empfängers verdeutlicht. Wahrnehmung ist selektiv, sie benutzt erlernte Muster, sie ist von der Landeskultur beeinflusst, sie ist weitgehend konsistent und sie ist nicht genau.[1376] Die geschulte Wahrnehmung (Landeskultur, Muster) lenkt die Aufmerksamkeit auf selektive Informationen, die nur ungefähr zur Realität passen müssen und dieses Verhalten ist dann auch noch schwer zu entlernen!

Die benutzten Muster sind Kategorien und Stereotype, die alle Menschen benutzen um das Übermaß an Augenblicksinformation schnell zu sortieren. Dabei steht auf der einen Seite eine schnelle und auf der anderen Seite ein ungenaue Informationsverarbeitung. Wenn unterschiedliche Kategorien und Stereotypen benutzt werden, kann die Kommunikation zu schwerwiegenden Missverständnissen führen.

Ein Beispiel für die Verschiedenartigkeit von Stereotypen ist in Tabelle 68 zu finden. Sechs unterschiedliche Nationalitäten haben dafür aus einer Liste von 14 Charakteristika die für US-Amerikaner zutreffendsten herausgesucht. Auf dem ersten Platz stehen fünf unterschiedliche Charakteristika (bei sechs Möglichkeiten)!

[1375] Vgl. HALL (Silent Language 1994), S. 94 ff.

[1376] Vgl. ADLER (Organizational Behavior 2002), S. 77 f.

Tabelle 67: Positive Stereotypen über US-Amerikanern aus Sicht anderer Nationalitäten
Table 67: Positive Stereotypes of US-Americans in the perspective of other Nationalities

Rank	Japan	Deutsch-land (W)	Groß-britannien	Frankreich	Brasilien	Mexiko
1	Nationalis-tisch	Energisch	Freundlich	Fleißig	Intelligent	Fleißig
2	Freundlich	Erfinde-risch	Selbst-gefällig	Energisch	Erfinde-risch	Intelligent
3	Entschei-dungs-freudig	Freundlich	Energisch	Erfinderisch	Energisch	Erfinderisch
4	Grob	Hoch-entwickelt	Fleißig	Entschei-dungsfreudig	Fleißig	Entschei-dungsfreudig
5	Selbst-gefällig	Intelligent	Nationalis-tisch.	Freundlich	Nationalis-tisch	Habgierig

Es ist einleuchtend, wie entscheidend für die Wahrnehmung der Selbstoffenbarung, der Beziehung, des Appells und damit letztendlich der Nachricht diese Stereotypen sind. Die Bewertung wird sehr unterschiedlich sein, je nachdem ob man zuerst nationalistisch, energisch, freundlich, fleißig oder intelligent zur Entschlüsselung heranzieht!

21.2.2 Empirische Belege zur Kommunikation

Bereits in dem Interviewausschnitt in Kapitel 21.2, der die Ausführungen über Kommunikation eingeleitet hat, sind vier Zwecke genannt worden, die mit der Kommunikation verfolgt werden. Durch sie können die kulturellen Barrieren überwunden werden, Vertrauen zwischen den Beteiligten kann wachsen, die Koordination wird verbessert und die Effizienz des ICJVs steigt.

Dieses wir in folgendem Beitrag noch einmal von einer anderen Seite beleuchtet, wobei die Koordination (the big picture) und die Motivationswirkung von Kommunikation betont werden: „*Okay, you can manage by numbers, which is simple. You have a performance, you have a target, you have monitoring tools, let it be physical performance, financial performances, payments, cash flows, all the classic managerial tools, but that is the theory and it's used as well. More important in order to use these tools is that the communication functions as best as you can make it possible, you have top-down, bottom-up sort of communication, involve the people in the picture, what is the big picture about, what is the strategy of the company, how are the relationships, so that people within their individual scopes are aware of what the big picture is about and you have to communicate this. So this requires a lot of communication dialog, on all levels, throughout the hierarchy, not necessarily bypassing each other. And I think this is one element where you can motivate the staff.*"[1377] Hierbei wurde auch auf die Bedeutung der beidseitigen vertikalen Kommunikation hingewiesen.

Bei der Kommunikation wird die persönliche Wirkung als entscheidend für den Erfolg angesehen. Daraus können in ungünstigen Fällen auch Störungen erwachsen: „*It always comes down to individuals. How I do this, how I come across, how they receive you, how they do it, how they come across, how I receive them. Every time it's new. It comes down to cultures, to people, communication skills. But one prerogative is there: you need to talk. If you don't communicate well and show a certain openness and perform in accordance to what you say you were going to do, nobody will ever trust you at long term.*"[1378]

Trotz einer deutlichen Erleichterung von Kommunikation durch neue Technologien (zunächst Fax, jetzt E-Mail, Voice-Mail, Video-Conferencing) kommt der Kommunikation von Angesicht zu Angesicht eher noch eine höhere Bedeutung zu! So gab es von einem der Technologieführer (Xerox) eine Reklame in Asien mit der Aussage, man könne kein Händeschütteln faxen. Neue Medien haben ihren Platz, aber sie bauen kein Vertrauen und sie motivieren niemanden. Dies sieht ein taiwanischer Manager so: „*I, no, I felt comfortable. What I'm thinking right, probably my thinking I'm a little bit different from other Taiwanese, I don't know. But what I'm thinking right, if some problems arise then we have to face-to-face talk. This is what we want is to get the certification and make the progress. I mean meet the schedule, that's my purpose. So I don't care, I really like to talk face-to-face and try to solve this kind of problem.*"[1379] Er setzt dies auch kritisch von dem Verhalten japanischer Manager in seinem ICJV ab: „*Yes, yes, yes. But Japanese style seems to me that they will go to the computer and they try to a screen, all these e-mail... and that's their responsibility and they work by themselves. And they were finished and within the target, or something like that.*"[1380]

Mündliche Kommunikation kann in kürzerer Zeit mehr Information vermitteln, weil eine schnelle Interaktion möglich ist: „*As we discussed before I think the most important thing is to communicate, communication between the different parties who are involved in the design... Communication and communication means explanation of... or clarification of questions further to what has been given in the design, which was written on paper.*"[1381]

Ein großer Teil der Kommunikation ist mündlich und damit von Angesicht zu Angesicht. Dies wird an dem Beispiel eines japanischen Managers bezüglich seiner Kompetenzen deutlich: „*That's right. It's not written. It's always through communication, we measure, judge to what extent we have authority, or we have power or from the boss.*"[1382] Dabei ist natürlich zwischen Information und Klatsch und Tratsch oder auch persönlichen Interessen zu unterscheiden. So beklagt sich ein deutscher Manager,

[1377] S. Interview TG7, S. 2
[1378] S. Interview TG7, S. 9
[1379] S. Interview TJ4, S. 5
[1380] S. Interview TJ4, S. 14
[1381] S. Interview TG11, S. 15
[1382] S. Interview TJ2, S. 11

dass in Taiwan, viele Einstellungen über mündliche Empfehlungen abgewickelt werden: „*There are also different informations coming which are very often not true, but then based on this somebody told me, you cannot make decisions, if somebody told me and this are friends, mostly they have been, Taiwan is a small country, in the construction industry they know each other, so they have worked, most people which are here have worked with our project manager for another company. That qualifies them for the job. If this one is always the right way, I have my doubts.*"[1383]

Kommunikation ist bei Delegation von Aufgaben unabdingbar und hat den zusätzlichen Effekt motivierend zu wirken: „*No, I think, the motivation, you know, okay, that you share decisions. You know, you don't decide everything for your own. You motivate the people to give them responsibility. We are talking, look, achieve this target, tell me how, what tools do you need, more equipment, more manpower, and we make a joined decision. You see them regularly, on a regular basis. You keep the relationship. You don't talk only business, you can talk also private and I think this worked very well on this project here. Because we didn't talk only business, we had different our opinions but at least we found a joint...*"[1384] Ganz deutlich spricht auch dieser thailändische Manager die Motivationswirkung an, wobei er finanzielle Anreize mit der persönlichen Kommunikation vergleicht: „*What money? I think, talk one by one. Daytime, nighttime.*"[1385]

Neben die persönliche dyadische Kommunikation treten sehr häufig Konferenzen, um durch Kommunikation eine Abstimmung herbeizuführen: „*We have meetings, and when I go out I meet all the different department managers and naturally talk with them about what we have to achieve this month and to give them, now we changed to bi-weekly meetings because it's not so much anymore, but before we had a weekly construction meeting. I did it by purpose to involve everybody in the overall project, not only that he knows what is in his department, everybody should know how the whole joint venture stands in scheduling wise. And problems they should also know, the problems the joint venture has in other fields, to make them aware that we are a team together and have then, it's everybody's problem if we have in a certain other department a problem.*"[1386] Das gleiche Verhalten ist auch bei asiatischen ICJVs üblich: „*I think it's the coordination, the discussions will be the only tools that we can have to solve this kind of argument. We had in the very beginning a weekly meetings for all the managers, get together in this office and discuss all the technical issues and if we do have some dispute I think* [name of Taiwanese company] *staff will go directly to my boss and* [name of Japanese company] *staff will go directly to* [name] *and then for both of them whether they can discuss each other or not.*"[1387]

Die Konferenzen müssen nicht immer geplant sein, sie können auch ad hoc organisiert werden: „*Yes, I sometimes call to all the foremen and the labor, to explain the situation*

[1383] S. Interview TG5, S. 6
[1384] S. Interview TG3, S. 14
[1385] S. Interview BT3, S. 11
[1386] S. Interview TG5, S. 13
[1387] S. Interview TT5, S. 11

make them. But on the other hand for the expatriates I am using only the meeting. The meeting we only discuss, solve the problem if we have something."[1388]

Eine besondere kulturelle Form der Kommunikation sind die „morning exercises" in Korea und Japan:

Frage: „*You have every day a meeting*?"

Antwort: „*Every day in early morning, the morning exercise. Do you understand the morning exercise?"*

Frage: „*No. Who is doing now the exercise when you have this morning meeting?"*

Antwort: „*Before the meeting we do the morning exercise*."

Frage: „*How? The workers? They do a morning exercise*?"

Antwort: „*Yes. All workers and all staff*."

Frage: „*Together*?"

Antwort: „*Yes. Together in the same place*."

Frage: „*What do the Thai say*?"

Antwort: „*Thai say at first time they didn't know how about the morning exercise. But after one week they follow us*."

Frage: „*So they see no problem, they just go along and…*"

Antwort: „*Yes. They see no problem*."

Frage: „*Because, you know, I just saw a movie, an American movie, called Gung Ho. And it's about an American going to Japan. And there is something like the morning exercise. The Americans look at it and make fun of it. On the other hand everybody in America tries to do some exercise. So, why not do it together, what's so funny about it, I don't know. But it's very different, the approach because what you do is, you get everybody together in the morning, workers, staff, everybody sees each other and on the European site everybody just goes*."

Antwort: „*Yes. What my opinion that it is quite culture see the morning exercise I give to my workers the release of the body and after the morning exercise the site engineer said to the workers the keep about their safety, and then checking their safety helmets, safety jackets and shoes. If they keep not the safety helmet and shoes back to the home*."

Frage: „*Now when you think of this morning exercise when you do something together, there is some bonding*."

Antwort: „*Yes, some bonding*."

Frage: „*Do you do these exercises also for team building, team spirit*?"

Antwort: „*Yes. What the, okay, all together we have the two site offices. Here is main office and then the other office is our PC shop. In main office about one hundred staff and workers making the morning exercise and the other, the camp, about four hundred workers sleep*."[1389]

[1388] S. Interview TT1, S. 23

[1389] S. Interview TK1, S. 4 f.

Etwas ähnliches machen die Taiwaner. Allerdings keine „morning exercise“: *„No, we don't have. I think every day our foremen, our supervisor, they have a short instruction about work, they will do today, these days. I think the major thing is we mentioned some setting issues. We call it the tour bus talking.“*[1390]

Die Durchführung von Konferenzen ist ebenfalls von kulturell geprägten Verhalten bestimmt: *„I just mentioned to you right? At the very beginning even in the meeting they were fight, quarrel in the meeting, so they think they are not reasonable. Personally I am thinking right during the discussion we cannot have big emotion. We should face the technical knowledge, technique itself but they are thinking right the Taiwanese people that is emotion.“*[1391]

Die Störungen, die aufgrund kultureller Prägungen entstehen, sind wohl bekannt: *„Let's say, definitely it makes life or thinks more difficult because you have to take this into consideration, it's a lot about communication. On the project communication, within the organization, communication with the client, communication with subcontractors and cultural differences, I would say, affect the communication. People think differently, they value certain goals or their value is differently, therefore they react differently and that is not always understood. I have seen the one or the other, let's say engineer on field or not really engineer, foreman and they often lack a lot of understanding for, let's say, the Chinese, the Taiwanese and their culture.“*[1392]

Auch wenn es Möglichkeiten innerhalb des ICJVs gibt damit umzugehen, können trotzdem insgesamt erhebliche Probleme entstehen: *„You need to overcome that and it takes time. With the partner it is easy because you create a relationship, particularly in my case one of my partners is very educated and has a lot of knowledge of the other cultures and he has an interest. But I'm also facing subcontractors and other people here locally, who are very set and rigid, within their own business culture and won't even take the time to think of your culture or be not even respected, can be a certain pride or arrogance from their end. But you still need to convince them of something you need. So you really have to dig deep and find the tools to reach them. And that is when it comes down to local customs, to local language, rituals, but also – oh, I would talk about body language – but also the words you use, how you bring this across, how you follow through, how you contest it, if you can create a trust. We had some situations here, it was extremely difficult, what do they want. You cannot even ask them because they won't answer. So you try all kinds of ways to get the answers and then still to lead them into something. And that takes a lot of energy, a lot of time.“*[1393]

Ein Beispiel für kulturell bedingte Schwierigkeiten bildet das Hörverhalten, das ein Verständnis unmöglich macht: *„Depend on the people. German people, some German he listen very well, but other he never listens, just talks. He cannot see any conclusion because other counterparty they have different character, different philosophy even he explain so*

[1390] S. Interview TT3, S. 4
[1391] S. Interview TJ4, S. 6
[1392] S. Interview TG8, S. 4
[1393] S. Interview TG7, S. 14 f.

eagerly, he doesn't understand. That's a problem, but he doesn't understand that he doesn't understand."[1394]

Die Kommunikation innerhalb einer Landeskultur ist einfacher, weil bestimmte Praktiken als akzeptabel gelten, die es in einer anderen Kultur nicht sind: *„That's difficult. I don't think that the solutions would be better, I think that the solutions perhaps in Germany you would have achieved perhaps a bit quicker, so the process is, from time to time it's really time consuming. I think it's important that you really talk to the people. They want these discussions, they are not satisfied with just a piece of paper or a telephone call, it's important for them to really discuss things. In Germany sometimes you can just send a letter out and then you agree. It's a bit different, I think."*[1395] Dies gilt für Deutsche wie für Koreaner: *„Between, among the Koreans is very easy, even some opinion is different we can communicate and we can persuade other parties, but and almost all the decisions is made by Korean. But between the client and us there is some barrier because of the communication problem."*[1396]

Bei der interkulturellen Kommunikation kann man eine gemeinsame Arbeitsebene finden, vollständiges Verständnis ist allerdings schwer zu erreichen: *„I think that we have to, you know, that of course the principles both sides is of difference but we still have to experience a lot of the, you know, communication. For a lot of the cases we communicate together and then, I will not say a hundred percent agree, but at least we understand and then we can find some solution sometimes on this way or sometimes of that way."*[1397]

In allen Zitaten wird deutlich, dass die Beherrschung der Sprache sehr unterschiedlich ist. Die größten Schwierigkeiten haben die Asiaten, weil Englisch keine Gemeinsamkeiten mit den jeweiligen Muttersprachen hat. Auf einer mittleren Stufe stehen die nicht englischsprachigen Europäer, sie haben es deutlich leichter English zu lernen und verfügen über eine größere Sprachkompetenz, ohne jedoch an die Muttersprachler heranzureichen. Entsprechend sind auch die Möglichkeiten unterschiedlich, komplexe Aussagen zu formulieren oder Nebenabsichten zu suggerieren.

21.2.3 Zusammenfassung zur Kommunikation

Bei der Betrachtung der theoretischen und empirischen Befunde sind keine Widersprüche aufgetreten. Allerdings ergeben die empirische Daten einige Hinweise auf die Besonderheiten der Kommunikation in ICJVs. Die kulturellen Prägungen erschweren das Verständnis erheblich. Obwohl dies so ist, wird nur in einer verstärkten Kommunikation eine Lösung des Problems gesehen. Diese Wechselwirkung wird durch die Aussage „culture is communication" verdeutlicht. Unterschiedliche Kulturen

[1394] S. Interview TJ5, S. 5
[1395] S. Interview TG11, S. 5
[1396] S. Interview TK2, S. 8
[1397] S. Interview TT1, S. 15

trennen und beeinflussen das Kommunikationsverhalten. Also muss eine gemeinsame Kultur (wenigstens in den Ansätzen) geschaffen werden und dies geht nur über Kommunikation.

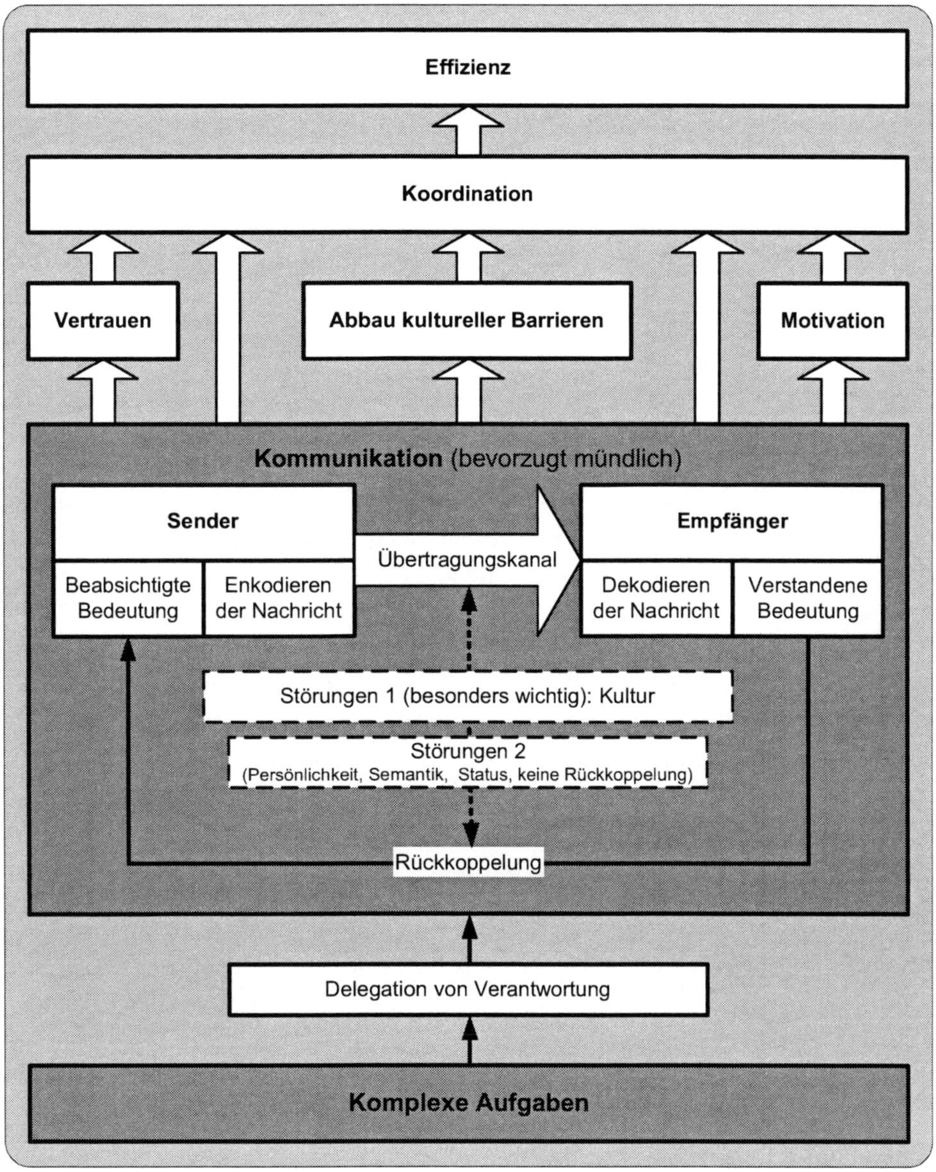

Bild 130: Kommunikation in ICJVs
Fig. 130: Communication in ICJVs

Kommunikation hat in ICJVs viele Wirkungen (wie z.B. das erwähnte Überwinden von kulturellen Barrieren) und sie wird zu vielen Zwecken eingesetzt: Koordination, Effizienzsteigerung, Motivationssteigerung, Vertrauensaufbau. Für die Lösung komplexer Probleme, für Vertrauen und Motivation ist die mündliche Kommunikation von Angesicht zu Angesicht unerlässlich. Ausgangspunkt sind – wie meist – die vielfältigen Aufgaben eines ICJVs. Das wichtigste organisatorische Mittel zu ihrer Lösung ist die Delegation von Verantwortung. Diese erfordert zwingend eine Koordination durch Kommunikation. Durch eine gute Kommunikation werden dann die angestrebten Ziele erreicht. Vertrauen, Motivation und geringere kulturelle Barrieren verbessern die Koordination und diese erhöht die Effizienz der Aufgabenlösung. Diese Überlegungen sind in Bild 130 zusammengefasst.

Als das letztendliche Ziel der Kommunikation hat HAYAKAWA das Herstellen von Gemeinsamkeiten bezeichnet.[1398] In Bild 130 gehören zu diesen Gemeinsamkeiten alle die Punkte, die oberhalb des Kasten für die Kommunikation dargestellt sind, vom Vertrauen bis zur Effizienz. Dies wird besonders deutlich, wenn man für Effizienz einen bildlichen Ausdruck verwendet: alle ziehen an einem Strick.

21.3 Koordination

Koordination wurde immer als eine der wichtigen Meta-Managementfunktionen definiert. Schon FAYOL ordnete die Koordination den fünf Aufgaben des Managements zu.[1399] BARNARD geht sogar noch einen Schritt weiter und beschreibt Organisationen als Systeme, in denen die Handlungen aller Mitglieder zielgerichtet koordiniert werden.[1400] Durch die Zuordnung zu den Meta-Managementfunktionen wird diese Bedeutung der Koordination noch stärker herausgestrichen, als wenn man sie als eine der Managementfunktionen i.e.S. ansieht.

Hauptgründe für den Koordinierungsbedarf sind die Differenzierung innerhalb der Hierarchie und die Dezentralisation von Kompetenzen. Da letzten Endes bei einem ICJV ein Bauwerk zu errichten ist, bestehen zwischen allen Entscheidungen Sach- und Verhaltensinterdependenzen (Auswirkungen des Verhaltens von Entscheidungsträgern auf allen hierarchischen Stufen auf das Erreichen der Unternehmensziele[1401]). Somit handelt es sich um eine Koordination dezentraler Entscheidungen und den daraus resultierenden Handlungen.[1402]

Die Koordination in einem ICJV-System ist besonders umfangreich, weil es zum einen den komplexen Anforderungen eines Großprojektes gerecht zu werden gilt (Sachinterdependenz) und weil zum anderen durch Multipersonalität, Multinationalität und Multiorganisationalität ein Höchstmaß an Verhaltensinterdependenz zu bewältigen ist.

[1398] Vgl. HAYAKAWA (Semantik 1968), S. 87
[1399] Vgl. FAYOL (Verwaltung 1929)
[1400] Vgl. BARNARD (Functions 1938), S. 72
[1401] Vgl. KÜPPER (Koordination 1988), S. 173
[1402] Vgl. FRIEDL (Controlling 2005), S. 241 ff.

Für den Begriff der Koordination wird folgende Definition gewählt:

- Koordination = (def.) Koordination ist die Abstimmung von Einzelaktivitäten mit Bezug auf eine übergeordnete Zielfunktion.[1403]

Nach der Erörterung der theoretischen Grundlagen in Abschnitt 21.3.1 werden die empirischen Belege präsentiert und ausgewertet (Abschnitt 21.3.2). Zuletzt werden die Ergebnisse in Abschnitt 21.3.3. zusammengefasst.

21.3.1 Theoretische Grundlagen der Koordination

Unter Koordination versteht man – wie definiert – die Ausrichtung oder Abstimmung von Entscheidungen und Handlungen bezüglich eines Zieles.[1404] Diese Ausrichtung kann entweder über persönliche oder unpersönliche Maßnahmen erfolgen.[1405] Bei den unpersönliche Maßnahmen ist wiederum zwischen technischen (z.B. Fließband) und bürokratischen Maßnahmen zu trennen.[1406] Zu den persönlichen Koordinationsmechanismen sind persönliche Weisungen, Gruppen- und Selbstabstimmung zu rechnen, zu den bürokratischen als grundlegendste Form die Hierarchie[1407] und danach Programme sowie Pläne. Selbstabstimmung ist unmittelbar, informal und kann zwischen beliebeigen Personen stattfinden. Gruppenabstimmung ist durch die Gruppenregeln bestimmt und auf die Gruppe beschränkt. Programme sind generelle Handlungsvorschriften, Pläne sind zeitlich begrenzte Verhaltensnormen, die sich auf Ziele, Aktivitäten und Ressourcen beziehen (s. Bild 131).[1408]

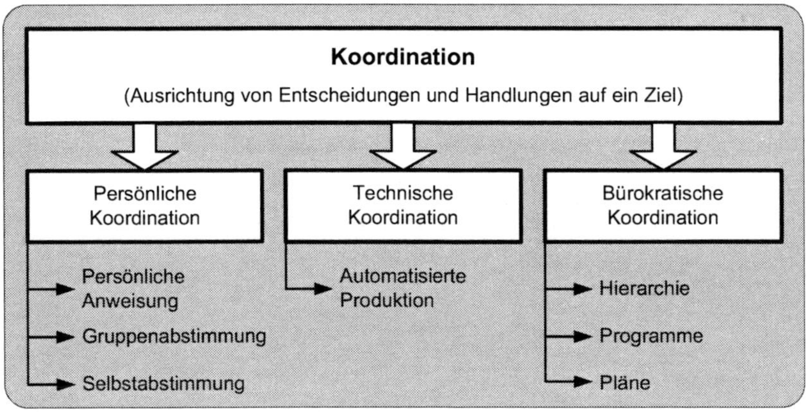

Bild 131: Möglichkeiten der Koordination
Fig. 131: Coordination Possibilities

[1403] Vgl. LÜCK (Lexikon BWL 1983), S. 625 f.
[1404] Vgl. FRIEDL (Controlling 2005), S. 238
[1405] Vgl. SCHERMERHORN / HUNT / OSBORN (Organizational Behavior 2000), S. 230 ff.
[1406] Vgl. STAEHLE (Management 1991), S. 523
[1407] Vgl. LAWRENCE / LORSCH (Organizations 1969), S. 13
[1408] Vgl. KIESER /WALGENBACH (Organisation 1992), S. 100 ff.

In ICJVs sind alle Formen der persönlichen Koordination grundsätzlich möglich. Bei der bürokratischen Koordination stehen zunächst nur die Hierarchie und Pläne (z.B. Arbeitskalkulation und Ablaufplanung) zur Verfügung, Programme werden erst später in Form eines Management-Handbuches aufgestellt. In Fertigteilwerken, die bei Großprojekten oft eine wichtige Rolle spielen, und bei Großgeräten wie Tunnelbohrmaschinen oder Brückenverlegegeräten wirkt auch die Taktfolge der Arbeiten als Koordinationsmechanismus.

Weitere Mechanismen der Koordination sind Sozialisation, Identifikation, psychologische Verträge und Kommunikation. Mit zunehmender Sozialisation vergrößert sich die Schnittmenge von Individual- und Gruppenzielen (Organisationszielen).[1409] Es ist schon mehrfach betont worden, dass es bei der unmittelbaren Sozialisation zwei Bezugspunkte gibt: das Großprojekt und das ICJV. Die Umwelt in Form von Großprojekten liefert die übergreifende Sozialisationsmöglichkeit, das ICJV eine zeitliche begrenzte.

Die Identifikation mit einer Organisation wird durch die Anreiz-/Beitragstheorie von MARCH /SIMON verdeutlicht. Für eine Identifikation mit einer Organisation müssen die subjektiv wahrgenommenen Anreize größer sein als die individuellen Beiträge zur Organisation.[1410] Die Identifikation leitet dann über zu einem Commitment mit dem ICJV. Ähnlich kann man auch den ungeschriebenen psychologischen Vertrag, den ein Mitarbeiter neben dem arbeitsrechtlichen mit der Organisation abschließt, über die Anreiz-/Beitragstheorie erklären. Es ist wichtig, dass sich der Mitarbeiter in einer Toleranzzone fühlt.[1411]

Die Bedeutung der Kommunikation für die Koordination ist bereits im vorangehenden Unterkapitel ausführlich beschrieben worden.

Alle vier Mechanismen haben für ICJVs große Bedeutung. Die zeitlich begrenzte Lebensdauer erhöht allerdings die Wichtigkeit einer übergeordneten (Großprojekts-) Sozialisation, der Identifikation bis zu einem tiefgehenden Commitment und die Kommunikation. Von diesen drei Faktoren unterliegt allein die Kommunikation einem unmittelbaren Zugriff seitens des Managements von ICJVs.

In Bild 132 sind die Zwänge, welche die Qualität der Koordination bestimmen zusammengefasst. Sowohl die Sach- als auch die Verhaltensinterdependenzen sind in ICJVs ausgesprochen hoch. Die Differenzierung ist im Verhältnis zur Lebensdauer eines ICJVs stark ausgeprägt, die Zahl der Organisationsmitglieder ist hoch und die räumliche Distanz ist insbesondere bei Linienbaustellen wie den Brücken in Bangkok und dem Taiwan High Speed Railway groß. Dies trifft alles um so mehr zu, wenn man bedenkt, dass es sich jeweils um Projekte handelt und nicht um globale

[1409] Vgl. WEINERT (Mensch 1983), S. 230
[1410] Vgl. MARCH / SIMON (Organizations 1958)
[1411] Vgl. STAEHLE (Management 1991), S. 536

Unternehmen. Bei ICJVs nehmen alle Werte einen Maximalbetrag im Bereich des Projektmanagements an. Bei diesen vier Punkten handelt es sich um Strukturvariablen, auf die das ICJV keinen Einfluss nehmen kann. Anders ist das bei Vertrauen und Kooperationsbereitschaft, diese können entwickelt werden. Dennoch besteht theoretisch ein hoher Koordinationsbedarf.

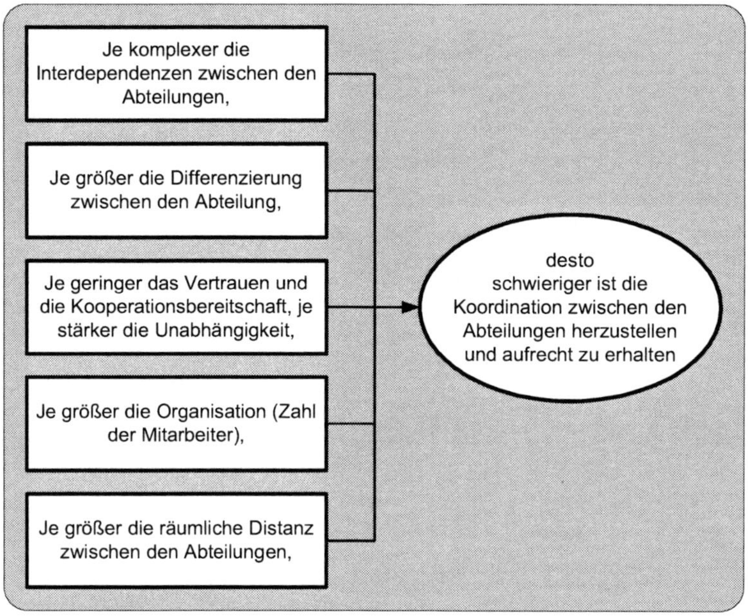

Bild 132: Einflussfaktoren auf das Ausmaß der Koordination[1412]
Fig. 132: Determinants of the Degree of Coordination

Eine Einordnung der Eignung von einigen Koordinationsformen hat STAEHLE nach einer Literaturrecherche festgelegt, wobei er Hierarchie, Programme, Pläne und Selbstabstimmung berücksichtigt (s. Tabelle 69).

Tabelle 68: Anwendungsmöglichkeiten von Koordinationsformen
Table 68: Applications of Forms of Coordination

Koordinationsform	**Komplexitätserfassung**	**Informationsverarbeitung**	**Anwendungsaufwand**	**Erstellungsaufwand**
Programm	gering	gering	gering	hoch
Hierarchie	⇩	⇩	⇩	⇩
Pläne				
Selbstabstimmung	hoch	hoch	hoch	gering

[1412] Vgl. KOTTER /SCHLESINGER /SATHE (Organization 1979), S. 123

Da ICJVs durch hohe Komplexität mit der Verarbeitung von viel Informationen und zumindest zu Beginn wenig Möglichkeiten für einen hohen Erstellungsaufwand gekennzeichnet sind, ist eine Tendenz zur Selbstabstimmung und zu Plänen zu erwarten. Das wird dann mit einem hohen Anwendungsaufwand erkauft. Mit zunehmender Zeit können Programme Entlastung bei dem Anwendungsaufwand bringen.

Je größer die geleistete Koordination, um so größer wird auch die Gefahr der Entdifferenzierung. Dadurch werden dann die Bemühungen um Dezentralisierung der Entscheidungsfindung konterkariert. Dieses wird von WILKE als größte Gefahr der Koordination gesehen. [1413] Allerdings ist diese Gefahr bei ICJVs nicht sehr hoch, da mit der Zeit die sachliche Komplexität abgebaut (letzten Endes auf Null!) und dadurch die Vorteile dezentraler Entscheidungsfindung ebenfalls geringer werden.

21.3.2 Empirische Belege zur Koordination

Die Koordination ist so wichtig, dass sich persönliche Interessen und Eitelkeiten dem einmal beschlossenen Zielen unterzuordnen haben: *„And then to coordinate with the people, to organize the work, the personnel, in the project to work in the direction that what we want. Not too easily give up that we always maintain this one. Once we say go ahead that we have to support each other, not care that it is your role or my role but if come to one day you are not able to handle this one I have to do for you to go along in that way. That is our principle, otherwise you cannot just keep the borderline that is this your scope, this is my scope and then in the grey area and no one take care. This one is not correct. So we always discuss."*[1414] Neben der geschilderten Koordination von Personen (Verhaltensinterdependenzen) sind auch die Sachinterdependenzen zu berücksichtigen: *„Big construction to me is about making small connections between big blocks of work, I mean. To go out and just say, go out and pour concrete is not a problem, but the problem is go out and pour concrete after the reinforcing steel, after the mechanical is in, after the electrical is in, that is what you are doing making the connection from rebar to the mechanical to the electrical to the concrete pouring and that's what heavy construction is all about. Those connections are where it's missing with all this Taiwanese staff."*[1415] Offensichtlich gelingt die Koordination aus der Sicht dieses Befragten einigen Nationalitäten besser als anderen. Sie ist somit durch die Kultur beeinflusst.

Die Koordination ist im gesamten ICJV-System notwendig, nicht nur in dem ICJV selbst. Dazu gehören auch die Partner, die Nachunternehmer und der Bauherr. Während innerhalb eines ICJVs die Hierarchie eine Abstimmung grundsätzlich vereinfacht, bleiben für die Beziehung zu dem Bauherrn und en Nachunternehmern nur die vertraglichen Regelungen. Dies macht die Koordination schwierig: *„The most highest pressure is the relationship within our organization and our subcontractor, our client,*

[1413] Vgl. WILKE (Systemtheorie III 2001), S. 112
[1414] S. Interview BT1, S. 5

interfacing is very [difficult].“[1416] Am Beispiel BangNa erläutert ein thailändischer Manager, dass eine mangelnde Koordination auf der Bauherrenseite ein ganzes Großprojekt gefährden kann. Wie bereit erwähnt, waren in das Projekt auf der Bauherrenseite zwei Behörden (ETA und DoH) eingebunden, die jeweils unterschiedlichen Ministerien unterstanden und die auch unterschiedliche Ziele anstrebten. Dieser Zielkonflikt erschwerte eine Koordination außerordentlich: „*To coordinate with the third party. Like DoH, is the most important, because in fact without the reasonable cooperation this project, will not finished. But, to me that one is the important, because we cut out all the joint venture problem, cut out all the technical problem, our part is to, we are ready, anyhow. So only the outside problem, the decision of the client, the political people, not take right responsibility to solve the problem at the top management of the government. So let the problem arising in the low level, which is not correct, not correct. If we can have the same entity DoH and ETA under one ministry than will be less problem. With the top of the common officer we arrive this one then should be arranged in a better way, which we learn at the end. This is not correct.*“[1417]

Eine räumliche Entfernung zwischen den Projektbeteiligten erhöht ebenfalls den Koordinationsaufwand, insbesondere auch, weil dabei kein Vertrauen entstehen kann: „*Well, the ones I complained about most recently, is within our own organization, is that the people in the headquarters and staff who are farther away from the site don't bother to read material and study the issues on a detailed manner and then begin to raise all kinds of questions that take lots of my time, and that friction between me and the head office takes me away from dealing with the project manager, assisting him, putting emphasis where it needs to be. I'm working on this base-line program, I can't spend time there, I have to be handling visitors, I'm having questions on e-mail that could be easily answered if they would just either accept my analysis or they would read the information without their own... conclusion. So, that's one cause of friction, is the conflict with my bosses or my superiors who occupy my time and who I, in many cases, cannot deny.*“[1418] Dezentrale Entscheidungsträger empfinden den Koordinationsaufwand als unnötig und störend. Er wird als Reibungsverlust empfunden, obwohl das Ziel der Koordination ja gerade eine reibungslose Zusammenarbeit ist.

Ein italienischer Projektmanager sieht in der räumlichen Nähe aller Projektbeteiligten den Schlüssel zum Erfolg bei der Koordination, weil Interdependenzen ständig auftauchen: „*I made an experience when I first start to work in this business. I was send to Nigeria and our company was building a highway, one hundred and fifty kilometers and we were because the Nigerian government didn't want to know about design everything, at that time there was no turn key project yet, we are talking about mid-seventies. They said the job is that you, construction company, you have to join, you have to choose a design partner, international both because it was a big project, so we merged with the* [name], *it was an*

[1415] S. Interview TC3, S. 8
[1416] S. Interview TK2, S. 3
[1417] S. Interview BT1, S. 10
[1418] S. Interview TC3, S. 1

American company from Seattle, and our joint venture won the job, got the job. And we on the construction site with our site office here and opposite, let's say fifty meters away, but always linked with a corridor, we had the design office. The Americans they brought the designer, we added the construction. Whenever there was a request there was a different engineer, so I was going at that time there was a box girder let's say, so I was going to see the engineer from the box girder. If there was a design change, because you know, in the project we have to change continuously. The client maybe is asking like now in this project there was a continuous request, and a difference of opinion on the design even though it was design and build. You must have the possibility to have the designer here, not in Germany, not in India, not in England, here. And this is what we have to do, it's the only way. Tony must be able, Tony and his engineers must be able to every time there is a problem to talk with the engineer. Instead what happened here and what happened in the other project? I had to call Germany to support the weak design manager because the design manager should have done what I was doing, was using let's say my position to make pressure in Germany, call video conference about the least of the drawings, when I get these drawings, almost every day. Almost every day."[1419]

Als Koordinationsformen werden persönliche Anweisungen, Gruppenabstimmungen und Pläne erwähnt. Bei den persönlichen Anweisungen ist insbesondere die Vorgabe eines Zieles oder einer Richtung wichtig: „*I think to a certain extent leadership is important, so you have to guide the people in a certain direction. It's not in that sense that you have to tell them to do this but you have to sell your ideas and make them aware of what we are in principle after and then let them do their work. So not to interfere too much with their work. It's such a project so many things come up every day you cannot do this, so you have to have these people that understand the basics of the work and then do it then by themselves.*"[1420]

An dem Beispiel der Planlenkung und -koordination erläutert ein Entwurfsmanager die Bedeutung von Plänen: „*Yeah. First thing we have a master design schedule and this design schedule is followed and monitored on a monthly bases. Beside this we have this so called A+ system, where we have all our drawings located in a different design stage and it can be seen by the design coordinator any day, any daytime and he can allocate exactly where these drawings are at that moment. If they are in India with the draftsman or with the consultant, the independent checker or wherever, so we could always trace this.*"[1421]

Gruppenbesprechungen sind in allen ICJVs eine verbreitete Koordinationsform: „*Weekly management meetings.*"[1422] Es gibt nicht nur allgemeine Management-Besprechungen, sondern auch in den Abteilungen, z.B. im Entwurf: „*Well, we had our regular meetings, and you delegate certain tasks to them. We had this coordination issue with our subcontractors, with the designers. So we have to formulate our goals or our proposals how to solve certain issues to the designer, so he can support us with some*

1419 S. Interview TG10, S. 7 f.
1420 S. Interview TG11, S. 8
1421 S. Interview TG9, S. 6
1422 S. Interview TJ2, S. 18

technical background information which we could not provide by ourselves and then communicate this further on to our checkers and try to solve these issues."[1423] Besprechungen können auch mit Hilfe der neuen Medien als virtuelle Konferenzen durchgeführt werden: „*We had weekly video-conferences, which were here in this room and we were talking with these parties in Germany or in Denmark or in India or wherever.*"[1424] Allerdings fehlt dabei die Möglichkeit, eine persönliche Atmosphäre aufzubauen.

Es gibt auch speziellere Formen von Besprechungen, sogenannte Arbeitsgruppen, die Verwendung zur Koordination finden: „*The workshops is more specific for the particular area or task. Because there are sections that are running, I don't have to invite the guy who is doing the method statement because they are running automatically, I don't have to invite people they have a daily task, about a checking task, I don't have to invite them because they know what they have to do and they're running and I have to invite maybe there is certain tasks, specific tasks coming up for productivities, for design changes and these things and there is, in these cases you have to go into the subject and find the right mixture. First thing is the team capable to do it or do we need further support, external support and so on and this brings more effect in the whole process.*"[1425] Diese Arbeitsgruppen treten in späteren Phasen häufiger auf, weil dann schon andere Bereiche über standardisierte Abläufe verfügen. In einem reifen Stadium des ICJVs werden Besprechungen zumindest teilweise unnötig, da die Koordination längst von Programmen geleistet wird: „*We don't have, I think this is waste time. If anything we want to discuss with our area manager, we just walk to his office, we sit and discuss. We just talk immediately.*"[1426]

Auch wenn dies nicht mit soziologischen Begriffen formuliert wird, so wird auch die Sozialisation als ein Mittel der Koordination gesehen: „*Unfortunately he doesn't drink beer, so no. We sometimes have something like a socialization.*"[1427]

Besprechungen können auch geeignet sein, um eine Koordination über kulturelle Barrieren hinweg zu gewährleisten, indem dieses Problem unmittelbar angesprochen wird: „*Okay, in the beginning I think always that the topic for the meeting is always, we raise maybe more than five or six meeting, how to cooperate with each other. The cooperation between the Westerners and the expatriates is always the topic in the meeting.*"[1428]

Die Koordinationsanstrengungen hängen von kulturellen Praktiken ab: „*There is an element of that but this is the problem I have with the Thais, and the Chinese as such is. They make changes to the plans without looking to the overall affect of the change. So if they have a particular problem in a particular area they may make a decision which is just*

[1423] S. Interview TG11, S. 4
[1424] S. Interview TG9, S. 6
[1425] S. Interview TG9, S. 13
[1426] S. Interview TT3, S. 4
[1427] S. Interview TJ2, S. 19
[1428] S. Interview TT3, S. 5

concerned with that particular problem and they don't look at the roll-on affect to the joint venture. Now, they say the Germans, they don't want to change the plan and that is because it changes the whole process. If you, in one of these large projects, if you start making individual changes all over the project, you end up with a mess. It has to be coordinated. You just can't decide because the subcontractor doesn't want to do this piling today that he moves down and starts piling ten kilometers away because the ground is better and he can get better productivity and better cash-flow. But you need the pile caps and the columns and everything done in a sequence. In a local organization that's what happens. They do things, a lot of times they change the plans because it is easier to do it this way."[1429]

21.3.3 Zusammenfassung zur Koordination

Es haben sich keine Widersprüche zwischen den theoretischen und empirischen Erkenntnissen ergeben, so dass die Resultate miteinander kombiniert werden können. Sowohl die Struktur eines ICJVs als auch die Komplexität eines Großprojektes zwingen zum einen zur Dezentralisation und Aufgabenteilung und bedingen zum anderen sehr hohe Sach- und Verhaltensinterdependenzen. Diese erstrecken sich nicht nur auf das ICJV, sondern auch auf dessen Nachunternehmer, die Partnerunternehmen und den oder die Bauherren. Bevorzugte Koordinationsformen sind persönliche Anweisungen, die Hierarchie, Pläne, Gruppenbesprechungen und Selbstabstimmung. Als Mittel kommt in aller erster Linie die Kommunikation in Frage, dann wird aber auch an der Identifikation der Mitarbeiter mit dem ICJV und einem folgenden Commitment sowie mittelbarer an der Sozialisation gearbeitet (vgl. Bild 133).

[1429] S. Interview TG2, S. 15 f.

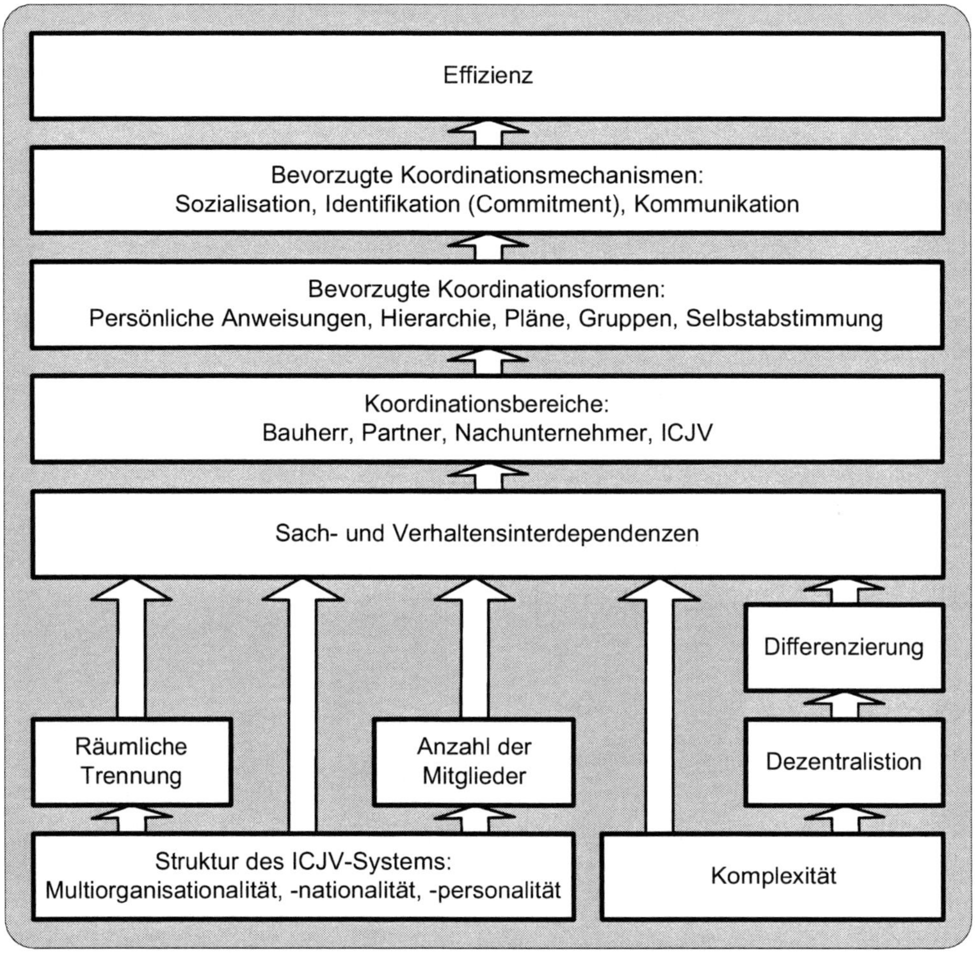

Bild 133: Koordination in ICJVs
Fig. 133: Coordination in ICJVs

21.4 Lernen

Zu der Metafunktion „Lernen“ liegen keine empirischen Daten vor und es war auch nie geplant diesen Punkt bei der Erhebung zu berücksichtigen. Zum einen liegen für das Wissensmanagement in Bauunternehmen neue Erkenntnisse vor[1430, 1431] zum anderen hätte dieser Punkt die vorliegende Arbeit noch erheblich ausgeweitet.

Ausgangspunkt sind jedoch Aussagen in den Interviews, dass das Lernen bei ICJVs ein ständiger Vorgang ist. Dies wurde von jungen Kollegen beschrieben, die von

[1430] Vgl. BORNER (Wissensmanagement 2005)

erfahrenen Mitarbeitern angeleitet werden. Dies gilt für erfahrene Mitarbeiter, die sich durch Versuch und Irrtum an neue Lösungen herantasten. Grundlegend ist das Lernen durch die neuartige Aufgabenstellung bei den meisten Großprojekten ein konstitutives Merkmal von ICJVs. Konsequenterweise habe auch BÜCHEL et al. ihr Werk zum Joint-Venture-Management unter dem Aspekt des Lernens geschrieben.[1432] Die etwas knappe Behandlung an dieser Stelle spiegelt also nicht die Bedeutung dieser Funktion wider.

In ICJVs sind drei Lernebenen zu unterscheiden: individuelles Lernen, Lernen im ICJV und Lernen der Partner. Während dem individuellen Lernen im ICJV fast keine Grenzen gesetzt sind, so ist für das Lernen im ICJV eine bestimmte Form besonders wichtig. In der Regel handelt es sich um ein latentes Lernen, das in zwei Formen auftreten kann. Einmal wenn die Mitarbeiter unmotiviert sind, aber für ihre Anstrengungen belohnt werden und dann wenn sie motiviert sind und nicht belohnt werden.[1433] Die allerwenigsten Mitarbeiter haben bei der Befragung persönliches Lernen als Ziel angegeben, sie sind also bezüglich des Lernens unmotiviert (und nur in diesem unmittelbaren Sinn liegt die Bedeutung der Motivation in diesem Fall). Allerdings gelingt es ihnen durch Lernen (meist in der Form von Versuch und Irrtum) Lösungen für Probleme zu finden, wobei in jedem Fall die Lösung selbst eine Belohnung ist. Die Latenz des Lernens ist also auf die nicht vorhanden unmittelbare Motivation für diese Tätigkeit zurückzuführen.

Latentes Lernen gehört zur kognitiven Lerntheorie, die im Gegensatz zum konditionierenden Lernen (Reiz-/Reaktionsmechanismus) auch kognitive Prozesse berücksichtigt. Damit wird eine Erklärung zusätzlicher Lernformen möglich, die über ein Üben hinausgehen. Versuch und Irrtum sowie Nachahmung sind zwei typische Lernformen der kognitiven Lerntheorie. Diese geht auch davon aus, dass sich durch Lernen in den Köpfen kognitive Landkarten ausbilden, die einen Eckpfeiler bei der Ausbildung der Forschungsmethodik dieser Arbeit bilden.[1434] Nur über die kognitive Lerntheorie sind die Vorgänge des Wissenserwerbs in ICJVs zu verstehen.

Latentes Lernen von Individuen führt zu impliziten Wissen, weil der ganze Lernprozess nicht thematisiert wird. Dieses implizite Wissen und der dahinterstehende Vorgang des latenten Lernens ist schwer formulierbar, weil es in den Köpfen verborgen ist.[1435] Den Gegensatz dazu bildet das explizite Wissen, über das Menschen leicht Auskunft geben können.

[1431] Vgl. SCHMIDLE (Wissensmanagement 2004)
[1432] Vgl. BÜCHEL et al. (JV-Management 2002)
[1433] Vgl. FOPPA (Lernen 1975), S. 116
[1434] Vgl. MIETZEL (Psychologie 1996), S. 191 ff.
[1435] Vgl. PETKOFF (Wissensmanagement 1998), S. 59

Latentes Lernen und implizites Wissen führen zu besonderen Problemen bei der Datenerhebung, beides ist nicht ohne Schwierigkeiten in Befragungen zu erfassen. Deshalb tauchen in den geführten Interviews relativ wenige Hinweise zum Lernen auf.

NONAKA/TAKEUCHI haben ein Modell der Wissensgenerierung vorgestellt. Dieses leistet gute Dienste für ICJVs, wenn man Lernprozesse erklären will, die in Gruppen ablaufen. Dabei erfolgt Lernen in vier Stufen. Durch Sozialisation (und latentes Lernen) besteht ein Wissensbestand. Sozialisation ist nichts anderes als ein lebenslanger Lernprozess, beim dem meist ungeplant und unbeabsichtigt soziale Fähigkeiten vermittelt werden. Erziehung ist eine besondere Form der Sozialisation, die auf eine bestimmte Ausrichtung des Verhaltens zielt.[1436] In ICJVs finden nebeneinander beide Prozesse statt, eine beabsichtigte und eine unbeabsichtigte Sozialisation und damit eine Angleichung von Wissen. Danach wird in einem zweiten Schritt das Wissen expliziert indem in einer Gruppe nach einer Lösung gesucht wird, es werden „die Karten auf den Tisch gelegt". Mit einer Lösung wird drittens das neu erlernte Wissen bewusst (explizit) in den Bestand eingearbeitet. Dies führt im letzten Schritt zu einer Internalisierung des Gelernten, so dass es als Einzel- und Gemeinschaftswissen wieder implizit und unsichtbar wird. Als implizites Wissen wird es in dem ICJV wiederum ungeplant und unbeabsichtigt in einem weitern Sozialisationsprozess verbreitet (vgl. Bild 134).

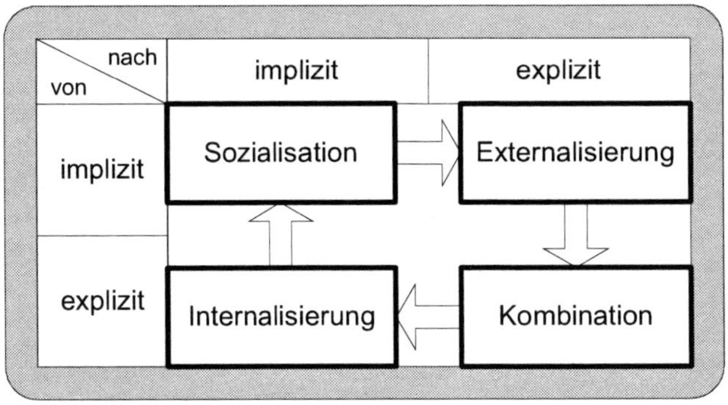

Bild 134: Wissenserwerb in ICJVs[1437]
Fig. 134: Knowledge Creation in ICJVs

Ausgehend von dem Modell von NONAKA/TAKEUCHI entwickeln BÜCHEL et al. Vorschläge zum Lernen in ICJVs. Dabei unterscheiden sie zwischen Maßnahmen zur Verbesserung der Wissensentstehung (Sozialisationsprozesse fördern, tägliche Zusammenarbeit) und des Wissenstransfers (offene Kommunikation, lernförderliche Anreizstruktur, lernförderliche Teamstruktur).

[1436] Vgl. SCHERR (Sozialisation 2002), S. 47 ff.
[1437] Vgl. NONAKA / TAKEUCHI (Knowledge 1995),

Ein koreanischer Manager beschreibt den Unterschied, den er zwischen verschiedenen Vorgehensweisen des Wissensmanagements sieht: „*I think that also a very, very unique site, it has, the Japanese company they have a big library in their head office, they have manuals for all different problems. When you start the project you need to do this, do this, do this, do this, how tackle at the problem at the time. When you have very bad concrete surface problem, then you need to do this and you need to do this. They have a very good library. So they are depending on their head office very much. In our case we haven't written information in the library in the head office, so we have to find a way always newly from the bottom, we have to start building. It has a good side and bad side. We should be, how can I say, working so hard and we should, we can apply the actual site conditions to our own method very well. While they have a very standardized method without considering the real site conditions. So we have hard time, we spend more time to establish the work method.*"[1438] Es wird also unterschieden zwischen generellen und speziellen Lösungen. Die japanischen Manager haben allerdings im Gegensatz zu der obigen Aussage ebenfalls die Notwendigkeit von speziellen Lösungen bei Großprojekten betont. Daraus folgt ICJVs Prozesswissen wichtiger ist als Faktenwissen. Das Faktenwissen hilft nicht weiter, weil es im Spezialfall nicht anzuwenden ist. Das Prozesswissen erleichtert das Auffinden neuer Lösungen. In den Worten eines koreanischen Managers lautet dies so: „*Yeah. And I learnt this and finished, another headache, another headache, always like that because I had to handle all the engineering matters. But if somebody asked me what is the most valuable knowledge you learn, then I would say: The method of making things a success, that is the most important knowledge.*"[1439]

[1438] S. Interview TK3, S. 22

[1439] S. Interview TK3, S. 23 f.

22 Kulturelle Dimensionen

Wenn man wie HOFSTEDE Kultur als die „software of the mind“ ansieht und dieses Bild aus der Informationstechnologie noch ein Stück weitertreibt, dann kann man auch von Kultur als unserem menschlichen Betriebssystem sprechen. Ein Betriebssystem läuft immer im Hintergrund und greift ständig ein. Somit wirken auch die Dimensionen von Kultur kontinuierlich auf die Transformationsprozesse eines ICJVs ein. Hier zeigt sich eine Parallelität zu den Basisfunktionen.

Somit begleiten die fünf Dimensionen Machtdistanz, Unsicherheitsvermeidung, Maskulinität, Individualität und langfristige Orientierung alle Entscheidungen und Handlungen in einem ICJV (vgl. Bild 135).

Diese Untersuchung über ICJVs ist nicht als Kulturforschung angelegt. Obwohl die Daten eine Vielzahl von Hinweisen auf die Einflüsse von Kultur auf ICJVs liefern, sind es nicht genügend um die Arbeiten von HOFSTEDE[1440], TROMPENAARS/HAMPDEN-TURNER[1441] oder anderen zu überprüfen oder zu erweitern. Stattdessen verbleiben wir in dem von HOFSTEDE vorgeschlagenen theoretischen Rahmen.

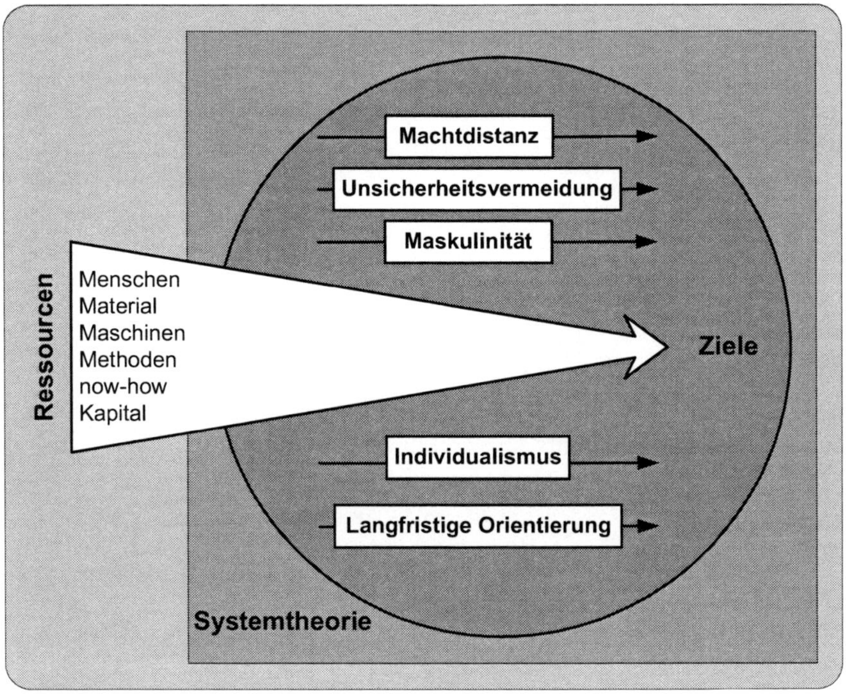

Bild 135: Erfolgswirkung von Kulturdimensionen
Fig. 135: Effect on Success of Cultural Dimensions

[1440] Vgl. HOFSTEDE (Globales Denken 1997)
[1441] Vgl. TROMPENAARS/ HAMPDEN-TURNER (Culture 1998)

In dem Rahmen wird zunächst ein theoretisches Hilfsmittel vorgestellt, wie man für ein konkretes ICJV ex ante eine Kulturplanung durchführen kann (Kapitel 22.1). Daran schließt sich ein Kapitel, das unter Rückgriff auf die empirischen Daten die speziellen übergreifende kulturellen Probleme von ICJVs aufgreift (Kapitel 22.2). Die unmittelbaren Einflüsse der Kultur sind bereits bei den jeweiligen Tätigkeiten der Manager ausführlich berücksichtigt worden. Den Abschluss dieses Kapitels bilden dann eine Reihe von Beispielen aus den Daten zu den fünf Dimensionen. Sinn dieser Beispiele ist, die Anwendbarkeit der Dimensionen für ICJVs nachzuweisen (Kapitel 22.3)

22.1 Kulturplanung in ICJVs

Der Begriff der Kulturplanung kann in zweierlei Weise verwendet werden. Zunächst kann es sich um die Planung einer gemeinsamen Kultur handeln. Bei einem solchen monokulturellen Ansatz treten unüberwindbare Schwierigkeiten auf, Kultur lässt sich nicht einfach und schnell in gewünschte Bahnen leiten. Die meisten Gesellschaften sind nur bis zu einem gewissen Grade integriert und sie haben für diesen Prozess lange Zeit benötigt. In allen bestehen kulturelle Unterschiede.[1442] LINTON weist jedoch darauf hin, dass sowohl Kulturen als auch Personen sehr gut in der Lage sind, miteinander in Konflikt stehende Elemente und logische Unvereinbarkeiten aufnehmen und verarbeiten zu können.[1443] Zeit steht in ICJVs nicht zur Verfügung, der Aufbau einer gemeinsamen Kultur ist so gut wie ausgeschlossen. Die Planung kann sich aber auch auf ein multikulturelles Miteinander in einem ICJV beziehen und sie dient dann der Bewusstmachung potenzieller Schwierigkeiten. In diesem Sinne ist Kulturplanung hier zu verstehen. Die folgenden Ausführung basieren auf einer früheren Veröffentlichung des Autors.[1444]

Ausgangspunkt der Überlegungen ist eine Gliederungsmatrix, bei der entlang der vertikalen Achse die Kulturdimensionen und entlang der horizontalen Achse beliebige Problempunkte des ICJVs aufgetragen werden. Für das Beispiel in Bild 60 sind die fünf Managementfunktionen i.e.S. ausgewählt. Somit entsteht eine 5x5-Matrix. Jeder Knotenpunkt ist ein möglicher Konfliktpunkt. Theoretische Überlegungen können allerdings einige Punkte ausschließen.

- Planung: Einfluss haben die Unsicherheitsvermeidung und die langfristige Orientierung. Es ist geradezu ein Kennzeichen einer hohen Unsicherheitsvermeidung, die Zukunft mit Hilfe von Planung festschreiben zu wollen. Der Umgang mit den Plänen ändert sich allerdings mit dem Zeithorizont. Bei

---

[1442] Vgl. JOAS (Soziologie 2001), S. 81 f
[1443] Vgl. LINTON (Study of Man 1947), S. 358
[1444] Vgl. BROCKMANN (Kultur 1999)

langfristiger Orientierung sind die kurzfristigen Pläne nicht so wichtig wie das Erreichen der übergeordneten Ziele.

- Organisation: Hier wirken sich besonders der Machtdistanzindex, der Individualismus und die langfristige Orientierung aus. Die Hierarchie ist maßgeblich von dem Machtverständnis geprägt. Dies gilt für die Anzahl der Stufen und die Konzentration der Macht. Der Individualismus betrifft die Gestaltung der Arbeit und sie wird mehr oder weniger als Einzelarbeit im Gegensatz zur Gruppenarbeit ausgestaltet. Die langfristige Orientierung spielt eine deutlich geringere Bedeutung bei der Arbeitsplatzgestaltung. Zu denken ist etwa an die feng-shui-Prinzipien im chinesischen Kulturraum.
- Personaleinsatz: Kultur ist ein Mittelwert, der eine bestimmte Gruppe kennzeichnet, beim Personaleinsatz geht es dagegen immer um Einzelpersonen. Diese sind nicht mit Mittelwerten zu fassen. Allerdings wird von jedem Mitglied eines ICJVs eine hohe Ambiguitätstoleranz (d.h. eine niedrige Unsicherheitsvermeidung) erwartet und hohe Flexibilität, die mit einer niedrigen Maskulinität einhergeht. In bestimmten Landeskulturen sind diese Merkmale eher zu finden als bei anderen.
- Führung: Den größten Einfluss hat die Machtdistanz, sie gestaltet die Führungsbeziehung grundlegend. Die Maskulinität bestimmt in hohem Maße den Umgang miteinander und der Individualismus beeinflusst ebenfalls das Führungsverständnis.
- Kontrolle: Hier kommt ebenfalls die Machtdistanz zum Tragen, sie ist die Basis, die Kontrolle ermöglicht. Auch der Individualismus erlaubt je nach Ausprägung mehr oder weniger Kontrolle. Positiv wirkt Kontrolle bei Leuten, die gerne Unsicherheit vermeiden.

Diese Bestimmung der kulturellen Einflüsse auf die Managementfunktionen i.e.S. basieren auf den Ausführungen von HOFSTEDE.[1445] Wenn man zusätzlich die Einflüsse wichtet, entsteht der Orientierungsrahmen von Bild 136. Die Wichtung ist subjektiv und muss für den Einzelfall von den jeweils Beteiligten als ausgewogen angesehen werden. Sie hängt selbst von kulturellen Werten ab. Gewählt ist eine Wichtung in drei Stufen, die durch Pluszeichen symbolisiert werden. Je größer die Anzahl der Pluszeichen, um so wichtiger ist die Kombination. Zuletzt sind noch die Ausprägungen der kulturellen Dimensionen für das ICJV zu berücksichtigen. In dem Beispiel handelt es sich um ein deutsch-thailändisches ICJV, die Werte sind wiederum bei HOFSTEDE zu finden.[1446] Konfliktpunkte entstehen in den Knoten, bei denen Unterschiede in der Kultur vorliegen.

[1445] Vgl. HOFSTEDE (Globales Denken 1997)
[1446] Vgl. HOFSTEDE (Globales Denken 1997)

Dimension	Wert	Planung	Organi-sation	Personal-einsatz	Führung	Kontrolle
Machtdistanz	T: 64 D: 35		+++		+++	+++
Unsicherheitsv.	T: 64 D: 65	+++		++		+
Maskulinität	T: 34 D: 66			++	++	
Individualismus	T: 20 D: 67		++		++	++
Langfristige Or.	T: 56 D: 31	++	+			

Index: T = Thais; D = Deutsche

Erläuterung: Jede Zelle mit Kreuzen zeigt einen möglichen Konfliktpunkt an. Die Folgelastigkeit der Konflikte ist durch die Anzahl der Kreuze angezeigt (3 Kreuze: hoch; 1 Kreuz: niedrig).

Bild 136: Kulturmatrix mit Konfliktpunkten

Fig. 136: Cultural Matrix and Points of Conflicts

Besonders dunkel unterlegt sind drei Felder für die Dimension Machtdistanz. Hier bestehen deutliche Unterschiede zwischen Thais (T: 64 Punkte) und Deutschen (D: 35 Punkte). Thais bevorzugen eine deutlich höhere Machtdistanz und eine entsprechende Organisation, Führung und Kontrolle. Keine Probleme treten bei der Unsicherheitsvermeidung auf, die Ausprägungen sind gleich. Mittelgroße Probleme sind für die Maskulinität in den Bereichen Personaleinsatz und Führung zu erwarten. Auch der Individualismus macht sich bei der Organisation, Führung und Kontrolle bemerkbar. Die langfristige Orientierung bringt Zündstoff bei dem Umgang mit der Planung.

Die Matrix bietet keine Lösungsmöglichkeiten, wohl aber Gesprächsstoff und die Möglichkeit, zu einer Einigung zu kommen. Wenn über Kultur einmal geredet worden ist, dann ist das Verhalten der jeweils anderen zumindest verständlich. Darüber hinaus sind die Mitglieder von ICJVs gefordert, die Ungereimtheiten auszuhalten.

22.2 Übergreifender Einfluss von Kultur in ICJVs

Wenn der übergreifende Einfluss von Kultur beschrieben wird, muss nicht nur der übergeordnete Rahmen sichtbar sein, sondern auch die Eingriffstiefe die Kultur in diesem Rahmen ausübt. Deshalb wird zunächst der Rahmen beschrieben (Abschnitt 22.2.1). Daran schließt sich als ein größeres Beispiel die Aussage eines amerikanischen Managers an. Dadurch wird die differenzierte Sicht von Mitgliedern in ICJV-Systemen verdeutlicht und eine kognitive Landkarte in einem größeren Maßstab aufgezeigt (Abschnitt 22.2.2).

22.2.1 Der kulturelle Rahmen

Die Bedeutung der Kultur für ein internationales Projekt beschreibt ein Manager, indem er es auf eine Stufe mit den großen drei Kategorien des Projektmanagements stellt (Qualität, Kosten, Zeit): „*Well, what I said, like normally the quality, the time and the result are a triangle for me, so they are staying on the same level. Doing a project like this in this size with a joint venture partner together in a fifty-fifty relation, of course, there is this cultural aspect. So we have to come through all this starting, you have to find out with who you have to work with, how to handle each other, the different culture, so this is, of course a fourth thing which I would maybe add. All of this it's the same level because I am a commercial, of course I focus on the result, so, but actually all are on the same level for me.*[1447] Insgesamt wird von den Befragten der Einfluss von Kultur sowohl positiv als auch negativ eingeschätzt. Bei der positiven Sicht spielt es eine Rolle, in wie weit sich die unterschiedlichen Kulturen ergänzen und damit ein größeres Arsenal zur Verfügung steht, um die Probleme zu bewältigen. Wenn das gelingt, kann das ICJV auch bessere Ergebnisse erreichen: „*It has a positive impact if they work together. I mean, if you look here, especially if you look the project which we did here for the MRTA there we had different cultures, we have Japanese, we have Germans, we have Thais, yes, and I think they work all good together. In my opinion, otherwise the result would be not as it is now.*"[1448] Eine neutrale Aussage, die zum Ende eines Projektes getroffen wurde lautet dann: „*I think now presently we don't have so much problems because of the cultural differences, I don't think so.*"[1449] Dies leitet über zu einer negativen Einschätzung der Auswirkungen von Kultur: „*Cultural difference. Sometimes we have to spend unnecessary time to just understand each other. That's not a one-way problem, concept problem of the cultural difference.*"[1450] Das allgemeine oder konzeptuelle Problem kann ganz unmittelbare Auswirkungen bei den Kosten haben: „*Increase some of our cost, I think escalate the percentage of cost.*"[1451] Damit ist das ganze Kontinuum von positiven zu negativen Einflüssen aufgezeigt. Wie sich die Kultur in einem ICJV auswirkt, hängt offensichtlich ganz von der Handhabung in dem konkreten Einzelfall aus.

Manager in ICJVs wissen um die Relativität von Kultur. Es herrscht das Verständnis vor, dass keine Kultur besser als eine andere ist: „*Yes, what I am saying normally the business ethics are different, the understanding. But I would not judge this as good or bad. Since, as I said, the culture is different and it may look in the eyes of a Thai stupid not to do so, in the eyes of a German this is something, there are certain things you just don't do. It is just not correct. But this is a matter of culture. I don't want to judge that. I cannot judge it.*"[1452] Dennoch sind Beispiele ethnozentrischer Denkweisen zu finden, wie etwa in dem folgenden Beispiel. Die bekannte eigene Kultur wird als einfach, die fremde als

[1447] S. Interview TG6, S. 1
[1448] S. Interview BG3, S. 2
[1449] S. Interview TK3, S. 13
[1450] S. Interview TJ5, S. 4
[1451] S. Interview TT4, S. 4
[1452] S. Interview BG2, S. 16

kompliziert verstanden: „*I think, it's very difficult to describe. It's very difficult to describe, but basically the Western culture is pretty much straight forward and the Asian culture is not straight forward. It's very difficult sometimes to find out, what they want, what the client wants. The problem to work together is not to solve the problem, which you have internally; the problem is to find out what is really the problem. The problem is not always what is on the table, what you think the problem is. The problem is something and I think, if you find out what the problem is you are able to solve the problem.*"[1453] Natürlich stellt sich die Frage, ob die Partner aus der anderen Kultur in einem ICJV dies nicht genau anders herum sehen.

Es bleibt trotz allem immer wieder die Feststellung, dass die Anderen anders sind. Es bleibt die Kommunikation als Mittel die kulturellen Barrieren zu überwinden: „*They have a different way to do business. Let's say we have the two Chinese, and this we experienced with our subcontractor, a small subcontractor. What they do, they start to do the work. That the contract is not signed doesn't matter. If there is at the end I lose money, I will stop, I will go to see you and then okay we have to arrange: we go to karaoke, we go for a dinner, we drink like hell and then we find a solution. Maybe the next time is vice versa. He is losing money, he is coming to me and we find a way out. They approach us, I cannot go with the local subcontractor and say okay I give you twenty millions, but you finish. I cannot do that, if I give you twenty million must be something against, a proof, you know. We have the experience in this case, so there we notice the difference of culture. But we also explain our culture, I said you have the rules, I have the rules. If I give you ninety million, or ten million or one million I'll get fired. Because I have a precise task, is not* [name], *is* [name of German company]. *It's not my own money, is not my company, I have to give account and then they will understand. Of course you have to communicate, you have to be available. You have to, when is possible to have the same language, at least you can explain, but people, the Taiwanese who work abroad or have foreign relationship. But if that local and you don't talk and they don't even talk your language, then is a problem. Then you need a local partner.*"[1454] Dabei ergeben sich aber auch durch die Sprache und die Denkweisen Schwierigkeiten in der Kommunikation: „*Even the language, the logical language is different. You know, you asked me, are you really want, we answer that yes or no I really want or not. But if you are talking Chinese, you have negative ways to ask they will say no, but no it means yes. Is totally…*"[1455] Bei der Kommunikation sind nicht nur das gesprochene Wort, sondern auch die Körpersprache zu berücksichtigen: „*Yeah, more subtle. I learned about this, the first few days I was wrong and then after a year I felt it. There are different body language but also different reactions. Also the language is different, very symbolic. The answers you get when you negotiate, nothing is straightforward. They will never tell you, you are wrong, you are bad, I disagree, yes, no. These words don't exist. But they are basically telling you.*"[1456] Bei der Kommunikation ist es unmöglich, als Fremder in der anderen Kultur heimisch zu werden. Stattdessen sind ein Bewusstsein der

[1453] S. Interview BG1, S. 3
[1454] S. Interview TG10, S. 15 f.
[1455] S. Interview TT1, S. 12
[1456] S. Interview TG7, S. 14

Wirkung von Kultur und Flexibilität erforderlich: „*You should not enter inter their games or their styles because you cannot. You cannot copy or catch up with hundreds of years of culture and indigenous grown business cultures. You have to have a straight line, your own line. And they have to eventually see what you want and they will find out. Meanwhile you have to communicate, you need to approach people, you need to swallow your pride and your arrogance and your own pride in nationalism, patriotism. No, you are a guest here and you have to show to them respect, but maintaining a target, a line, and showing that you are not deviating from it. It's your target. Let's say I want this build. I want this paid, I want whatever. That is your target but you need to be very eloquent in communicating this, people have to be able to observe you in their own way but they have to see: Ah, this is what he wants. It may take them time but if you start playing hide and seek and enter into their own rules and murky waters, you drown.*"[1457]

Bei dem Umgang mit fremden Kulturen sind ständige Lernprozesse notwendig. Dies gilt für alle Hierarchiestufen oder vielleicht besonders für Poliere, weil sie mit Einheimischen zu arbeiten haben, die größtenteils selbst noch nie im Ausland waren. Die Poliere übernehmen viel Verantwortung und sie müssen sich auf die Kultur des jeweiligen Landes einstellen, in dem sie arbeiten: „*Different yes. Because there the supervisor takes a lot of responsibility and this supervisor, but he understood and learned. But they had to rethink. This is very important.*"[1458] Das Lernen gilt auf jeden Fall für die Arbeit, für die Freizeit haben die Expats die Möglichkeit, sich entweder in die fremde Kultur einzuleben oder auch nicht: „*For my case I try to adjust myself for the new circumstances otherwise I cannot survive in a different country. But some people really stubborn.*"[1459]

22.2.2 Beispiel einer kulturellen Sichtweise

Die Befragten haben sich in der großen in der Mehrzahl sehr differenziert zu dem Thema „Kultur" geäußert. Die kulturellen Auseinandersetzungen sind das tägliche Brot in ICJVs und daher verwundert die Gedankentiefe nicht. Um ein wenig hiervon zu vermitteln, folgen drei längere Paragraphen, in denen ein Amerikaner zu Wort kommt, der seit vielen Jahren bei internationalen Großprojekten sowohl auf Seiten von ICJVs als auch beim Bauherrn mitgearbeitet hat.

Zunächst beschreibt er Charakteristika unterschiedlicher Nationen, um dann daran Reibungsverluste bei der Arbeit zu erläutern. Darüber hinaus entwickelt er ein Konzept von zwei unterschiedlichen Typen von Branchenkulturen, in dem er Großprojekte der Produktion von Massengütern gegenüberstellt: „*Well, I see the British as being very legalistic and very prone to arguing about everything, okay? Not that we Americans don't have similar tendencies, but we tend to try and set them aside quicker, in a particular situation I finally solved now a one-hundred-fifty million Dollar fast track main*

[1457] S. Interview TG7, S. 15
[1458] S. Interview TG3, S. 12
[1459] S. Interview TJ5, S. 5

depot, what I'm finding is that the joint venture did not have enough time to develop their different cultural differences, in case we have the Japanese management team, and then we have a basically manufacturing type joint venture partner who is Taiwanese, who has mostly just hired people off the street, has a manufacturing mentality as opposed to a construction mentality and then we have a sort of Taiwanese engineering company that's doing the engineering but is more of a turnkey type contractor, for petrol-chemical plants. None of these, except for the Japanese are related in some extend to heavy construction and, of course, the advantage of the other contractors with whom they have to interface which is their major issues, are also Japanese contractors, so the Japanese are in the lead, that was important. But the joint venture did not resolve a lot of their cultural differences. One of the differences between, I would say, the Japanese and the Taiwanese is that the Taiwanese tend to run in and start a whole bunch of things all at once in every different place. If they took you out to the site you would see that big area has no particular plan of attack, a group here, a group there, a group there, so many things coming together. But the Japanese are or tend to be very planned, very structured, move things one at a time and are more international experienced. So, I mean that's an example of cultural friction."[1460]

Dazu stellt der Manager auch detaillierte Beobachtungen zu den Unterschieden bei der Bauausführung an: „*Well, yeah, a little bit the thing about the Taiwanese is, they're brokered and they are not big guys, they are all little like craftsmen, they are all hired one at a time on a piecemeal rate. You get sub-sub-sub-subcontractors. Well,* [name of German company] *in Taipei they had, they self-performed their work, they had Thai or foreign laborers or Filipinos in this tunneling work, and they had German supervisors or foreign expat supervisor, some Americans and they, these guys had control of their crew. Then they had an English speaking Thai foreman or English speaking Filipino foreman and they had a direct line of communication and the workers did what they were told. The Taiwanese would tend to be so individualistic, you can never get them to do what they were told to do. Everybody has his own idea. That's why you see them all working there out in groups of twos or threes, you know, and then that fragmentation in doing what they want to do when they want to do it is a real problem in construction. It's interesting that, you know, Germans in their country and Americans in their country are very free, in reality they are bound together and do in an orderly progressive manner what they've been asked to do, a task to do.*"[1461]

Grundsätzliche Unterschiede werden im Entscheidungsverhalten und der Durchsetzung gesehen. So gilt z.B. für Koreaner: „*A very hierarchical structure that goes straight on down, okay? It doesn't mean that they are yes men, it just means that if the project manager do not agree with me it wouldn't happen I guarantee you that. Or he also would, he would also hedge his bets by saying I will talk to the people and see what they say and then he'd come back here. But once we had an agreement that something wasn't right here, things get done. And once, a couple of times there he said to me, we have trouble with this section of tunnel, he said,* [name], *if you tell me what you want to do about this situation, I will do it, okay?*"[1462] Das Verhalten von Japanern wird anders beurteilt: „*Well, you asked for*

[1460] S. Interview TC3, S. 2 f.
[1461] S. Interview TC3, S. 6
[1462] S. Interview TC3, S. 11

differences in response. The Japanese tend to sit there and say 'yes, yes, yes' and you don't know if you are getting through or not until you see what happens outside, so it's not on automatic like the Koreans. Once they [Koreans] *agree, they would do it. They never said yes, yes, yes and didn't do it, or rarely. Some guy, depending on character. But that's a human trait too.*"[1463] Taiwaner wiederum zeigen eine dritte Form von Verhalten: „*They tend to, the trouble that they get into moving from one thing to another thing to the next thing is they tend to respond to the last person that they perceive had any authority... Last in time. Last in time. If somebody has seen them more recently then I have seen them, or somebody else, an authority has seen them, or their boss has seen them, they will respond to that rather then have a structure that allows me to go to the boss and get it done, okay? I should be able to... I should only talk to one man and then it should get done or... if he agrees, only if he agrees...*"[1464] Deutsche verfahren noch anders: „*Well, the Germans establish a plan and everybody marches to the plan. The best way to describe the Germans is, I found this quite interesting when I worked for Bilfinger Berger, they have this concept that everybody works in a box and that each box is machined on the side and the next box fits right up against it. And if you do everything inside your box and everybody does everything inside their box it fits together like a machine, you know, machinery is just beautiful from Germany, right? But, if you overlap a box, this box goes crazy, okay? And I've had that experience, something I knew how to do and take care of which was somewhat contractual somewhat construction methods, somewhat engineering, anything that overlaps. I just took it and did it and solved it because I was sick of hearing about the problem and I had the construction manager get all exited about it because I was doing his work. And I said, and I was actually called into the project manager's office and I said: Okay, I don't give a shit, he wanted... I shall tell you what, if he is concerned about it he can take it. But he takes the whole thing, not part of it, he takes every bit of it and finishes because I am sick of hearing about it. What happened was, they took it went from there, to there, to there, to there, came back to my office, for action, right? It was already done, so there was nothing to do.*"[1465]

In schlimmen Fällen bleibt es nicht bei Reibungsverlusten und unterschiedlichen Abwicklungsformen. Bei fast jedem ICJV kommt es auch zu einzelnen Gewaltausbrüchen: „*Well, the enforcement of safety standards which they were under pressure to get done by a certain time, they had been working long hours and by that time... And the other one was in a settlement of a subcontractor being treated poorly by the general contractor, the subcontractor had very poor document of financial records and it was very difficult to sort things out but as I stepped in, we stepped in to sort things out and mediate this dispute.* [Name of Korean project manager] *is the one, I said to him, do you want me to step in the middle? Yes, please do he said. Then what happened is, the subcontractor got impatient and they got drunk one night, three of their guys came up and wrecked a section of their office and chased some of their guys,* [name of Korean company] *guys and there were supposedly*

[1463] S. Interview TC3, S. 11
[1464] S. Interview TC3, S. 11
[1465] S. Interview TC3, S. 12

threats about coming at us. That's when I bought baseball, I bought seven baseball bats and gave them to anybody that wanted them.[1466]

Die Zitate eines einzelnen Managers in den letzten vier Paragraphen zeigen nicht nur einen größeren Ausschnitt seiner Sichtweise, sondern es sind auch etwas längere Beispiele für die kognitiven Landkarten des Befragten bezüglich Kultur. Viele der genannten Beispiele sind nicht nur Einzelfälle, sie korrelieren sehr gut mit der theoretischen Kulturforschung und lassen sich in einen übergeordneten Rahmen eingliedern.

22.3 Beispiel zu den Kulturdimensionen

Es lassen sich in den Daten viele Aussagen finden, die den fünf Dimensionen von HOFSTEDE zugeordnet werden können. Im Folgenden wird beispielhaft für jede Dimension ein Fall angeführt. Dadurch wird die Anwendbarkeit der Dimensionen auf ICJVs belegt.

22.3.1 Machtdistanz

Machtdistanz zeigt sich unter anderem in dem Ausmaß der Bereitschaft, das Fällen von Entscheidungen von hierarchischen Ebenen zu trennen. Westliche Länder haben meist eine niedrigere Machtdistanz als östliche und so erläutert dies auch ein australischer Projektmanager bezüglich Entscheidungen: *„Not really apart from that under the traditional Taiwanese system they are not very proactive down the line, so it would be unusual for the field to initiate a change. The change would need to be identified by the upper management and then instructed down. Where, quite often, in a Western management the people in the field identify a change and promote it forward which is then, it's considered and if it is agreed with, then it's implemented. So, the Asian style doesn't give a lot of responsibility to anybody down the line, you know. They are not seen to have the responsibility to make these decisions or even to suggest them.*"[1467] Bei hoher Machtdistanz wird von den unteren Ebenen Gehorsam und nicht Mitdenken erwartet.

22.3.2 Unsicherheitsvermeidung

Unsicherheitsvermeidung zeigt sich insbesondere in der Bereitschaft zum Planen und Kontrollieren Ein deutscher Manager beschreibt sein Interesse an einer ausführlichen Planung. Dabei stand er nicht allein, sondern er hat für die Durchsetzung dieser Interessen Unterstützung seines deutschen Unternehmens erhalten: *„I think it's, or let me put it this way, we or me personally and therefore our people were very interesting or I was very interesting in project control because I think it was very important*

[1466] S. Interview TC3, S. 6
[1467] S. Interview TG2, S. 15

and consequently I was very interested in scheduling. You can say basically that the local partner and one of the Japanese group they really ... either they said, well, they trusted us or they said, we have somebody who is taking care of it, fine. Or they had no experience to deal with that or they were not... I don't know."[1468]

22.3.3 Maskulinität

In maskulinen Gesellschaften gilt Durchsetzungsvermögen mehr als Rücksichtsnahme, in femininen ist es umgekehrt: „*Yes it has, if you work here for example in Thailand, you must respect the Thais with all their culture and how they are, and they are different from, let's say, our culture. For example, we are used to, say, especially we Germans, maybe also the Americans, we are used to shout, if something doesn't work, it will not work in Thailand. To shout, because raising your voice is always not the right thing to do in Thailand, or maybe in the whole Far East.*"[1469]

Gleichzeitig ist die Vereinbarung von Familie und Arbeit ein Kennzeichen femininer Gesellschaften: „*Yeah, okay, a very simple, a very simple one. But it happened, but I saw everywhere and all the time, for instance, because of the school holidays the female staff they bring their kids to work and this is a big problem for, let's say, for the Western people, who are absolutely not used to this.*"[1470]

22.3.4 Individualismus

In kollektivistischen Gesellschaften unterstützen sich Gruppen untereinander, in individualistischen nicht: „*Yes, yes. Because, Thai normally they work together as a friend or as a family, something like that. Sometime they have to give him a chance or teach them or take care them, or something like that. And then we works even, not only money to them, something like that.*"[1471] Wenn jemand nicht für seine Aufgabe geeignet erscheint, wird in einer individualistischen Kultur versucht, ihn zu ersetzen und nicht ihm zu helfen: „*Yes, I have an example. We had a site manager on a project, he was a site manager for one station, he was an Asian site manager and it was very obvious that he was not the right person, he was not competent, and we made it very clear and we pointed out very clear we have to move that person, we have to get somebody else. And I believe that also our partners realized that, but they just said no, it was a face problem. They were not willing to remove him, we build an organization around him to just somehow cover that.*"[1472]

[1468] S. Interview BG1, S. 16
[1469] S. Interview BG3, S. 3
[1470] S. Interview BG2, S. 9
[1471] S. Interview BT3, S. 12
[1472] S. Interview BG1, S. 3

22.3.5 Langfristige Orientierung

Bei langfristiger Orientierung werden langfristige Ziele verfolgt und nicht kurzfristige. Deshalb ist es möglich, kurzfristige Ziele ohne große Problem aufzugeben und einen anderen Weg zum langfristigen Ziel zu suchen. Langfristige Orientierung erlaubt kurzfristige Flexibilität. Deshalb ist das Verhalten von kurzfristig orientierten Deutschen anders beim Auftauchen plötzlicher Hindernisse als bei langfristig orientierten Thais: „*I think the Thai more flexible and the German more rigid. More rigid. That, but eventually there will be a solution. If not very necessary, the German will not change the schedule easily. Like the bulldozer should go you go straight they will not change but we have to prove. If for instance, to re-convince very hard to do this one first, do this one later. If there is other solution, they still believe that they can do it this way, they will not change.*"[1473]

[1473] S. Interview BT1, S. 16

23 Erfolgsfaktorenmodell

Komplexität und Internationalität von ICJVs und Großprojekten kurz und bündig zu beschreiben, ist nicht möglich. Das war der Ausgangspunkt dieser Arbeit. Seitdem wurde viel Stoff bearbeitet und präsentiert. Das ganze in einem Modell zu präsentieren ist ebenfalls fast unmöglich. Auch hier hilft jedoch wieder die Analogie der Landkarte. In den vergangenen Kapiteln wurde jeweils für ein Konstrukt ein Modell erarbeitet (Regionalkarte). Wenn man diese zusammenfassen will, entsteht daraus eine Übersichtskarte, welche die wichtigsten Verbindungen zwischen den wichtigsten Elementen aufweist (Autobahnkarte). Die Übersichtskarte (Bild 137) ist das Erfolgfaktorenmodell von ICJVs. In ihm tauchen alle behandelten Konstrukte wieder auf und die Zahl in Klammern bei jedem Konstrukt verweist auf das Bild, welches das jeweilige Konstruktmodell beschreibt. Von dort erschließt dann der Text die weiteren Erkenntnisse. So ist das Bild 137 dann auch nur für eine Groborientierung heranzuziehen.

Das Ausführungsmanagement wird als Prozess verstanden der mit dem Vertragsabschluss beginnt und mit der Übergabe endet. Durch ihn werden Menschen, Materialien, Maschinen, Methoden und Kapital miteinander auf eine festgelegte Zielfunktion hin kombiniert. Der Prozess ist in fünf Aufgabengebiete gegliedert: Baustelleneinrichtung, Organisationsplanung, Arbeitsvorbereitung, Entwurfsplanung und Bauausführung. Auf ihn wirken bestimmte Konstrukte ein (Managementfunktionen i.e.S., Meta-Managementfunktionen und kulturelle Dimensionen) und andere begleiten ihn (Basisfunktionen).

Die grundsätzliche Aufgabe des Ausführungsmanagements besteht darin, die sachliche Komplexität des Großprojektes auf Null zu reduzieren, indem die vertraglich vereinbarte Leistung erbracht wird. Neben der sachlichen sind dabei auch die soziale, zeitliche, operative und kognitive Komplexität eines Großprojektes zu berücksichtigen. Dies ist in Bild 137 durch einen schwarzen Keil symbolisiert, der zum Zeitpunkt der Übergabe ausläuft. Vor diesem Hintergrund sind alle Bemühungen in einem ICJV zu verstehen.

Diese Bemühungen werden durch die unterschiedlichen landeskulturellen Prägungen der Mitarbeiter eines ICJVs beeinflusst. Diese können zu Erschwernissen oder Erleichterungen bei der Arbeit führen. Im ersten Fall handelt es sich um gegensätzliche Werte oder Praktiken, die auf einander prallen, im zweiten um komplementäre Werte und Praktiken. Die landeskulturellen Prägungen werden in fünf Dimensionen gegliedert, um sie für eine Analyse nutzbar zu machen. Hierbei handelt es sich um die Machtdistanz, die Unsicherheitsvermeidung, die Maskulinität, den Individualismus und die langfristige Orientierung. Sie beeinflussen alle Tätigkeiten im ICJV und dieses ist durch einen Pfeil zum Prozessstrahl gekennzeichnet. Damit soll ausgedrückt werden, dass die Meta-Managementfunktionen, die Basisfunktion und die Managementfunktionen i.e.S. von der Landeskultur geprägt werden.

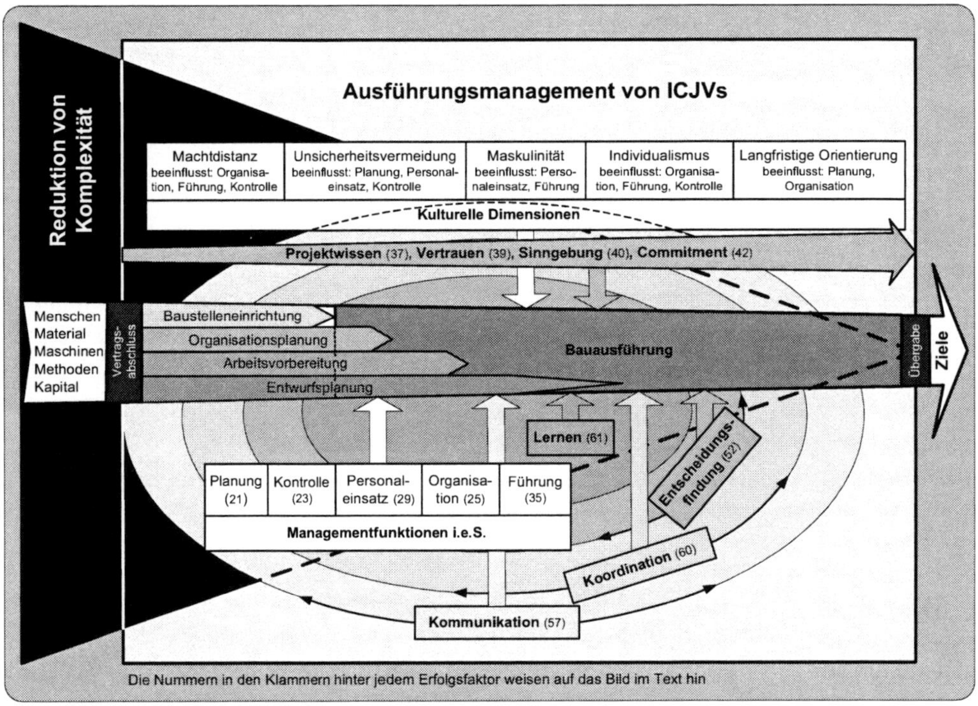

Bild 137: Gesamtmodell der Aufgabenerfüllung von ICJVs
Fig. 137: Total Model of Task Completion in ICJVs

Die Managementfunktionen i.e.S. umfassen Planung, Kontrolle, Organisation, Personaleinsatz und Führung. Die Planung erarbeitet Sollvorgaben, die durch Kontrolle der Istdaten überprüft wird. Es handelt sich bei den beiden um Zwillingsfunktionen, sie gehören eng zusammen. Die Organisation schafft durch die Aufbauorganisation eine Struktur, die wiederum durch die Funktion des Personaleinsatzes ergänzt wird. Ohne die „richtigen Leute“ ist eine gewählte Struktur hinfällig und andersherum muss die Struktur auch hinreichend Gestaltungsspielraum bieten. Dies geschieht bei ICJVs durch Delegation. Neben der Struktur schafft die Organisation auch dauerhafte Regelungen. Diese müssen immer dann durch Führung ergänzt werden, wenn fallweise Regelungen getroffen werden müssen. Die Struktur mit ihren Kompetenzzuweisungen, die dauerhaften Regelungen und die fallweisen Führungsanweisungen decken den Regelungsbedarf vollständig. Organisation und Führung ergänzen sich bei dieser Aufgabe. Die Managementfunktionen i.e.S. werden eingesetzt, um den Transformationsprozess des Ausführungsmanagements ganz konkret in die gewünschte Richtung zu steuern. Die Einflüsse der jeweiligen Landeskultur auf die Managementfunktionen sind insbesondere: Machtdistanz wirkt sich aus auf Organisation, Führung und Kontrolle; Unsicherheitsvermeidung beeinflusst Planung, Personaleinsatz und Kontrolle; Maskulinität hat Bedeutung für Personaleinsatz und Führung; Individualismus für Organisation, Führung und Kontrolle sowie die langfristige Orientierung für Planung und Organisation.

Die Basisfunktionen begleiten den Prozess. Projektwissen, Vertrauen, Sinngebung und Commitment sind der „Klebstoff“ des ICJVs, ohne sie kann die Arbeit nicht erfolgreich sein.

Die Meta-Managementfunktionen dienen ebenfalls der effizienten Komplexitätsreduktion. Kommunikation umfasst alle Tätigkeiten. Sie ermöglicht es sogar, landeskulturelle Barrieren zu durchbrechen. Die Koordination dient der Steigerung der Effizienz und ermöglicht erst die Komplexitätsreduktion. Dieses ist bei Großprojekten nur erfolgreich, wenn die Anstrengungen aller Mitarbeiter aufeinander abgestimmt werden. Für die Erfüllung der gestellten Aufgabe ist eine Vielzahl von Entscheidungen zu fällen und bei jedem einzelnen Schritt lernen die Mitarbeiter, mit ihnen das ICJV und durch das ICJV die Partner.

TEIL E: ZUSAMMENFASSUNG DER ARBEIT, EINGRENZUNG UND WEITERER FORSCHUNGSBEDARF

Ziel dieser Arbeit ist es, den Mitarbeitern in ICJVs konkrete Hilfestellung für ihr Alltagsgeschäft zu leisten. Dies ist in den vorangehenden Kapiteln mit Hilfe von kognitiven Landkarten geschehen. Die Landkarten sind in einem dialektischen Prozess durch den Vergleich theoretischer Veröffentlichungen und empirisch gewonnenen dem expliziten und impliziten Wissen des Topmanagements von ICJVs entstanden. Das Gesamtmodell ist in Bild 137 dargestellt.

Ausgehend von dem Gesamtmodell stellt sich die Frage, ob das ursprünglich in den Forschungsfragen formulierte Ziel erreicht worden ist. Dies wird in Kapitel 1 untersucht. Daran schließt sich die Beantwortung der Frage nach den wichtigsten Ergebnissen der Arbeit (Kapitel 2). Jede Arbeit weist Grenzen auf, auf diese wird ausdrücklich in Kapitel 3 hingewiesen. Schließlich kann keine Arbeit ein Thema erschöpfend bearbeiten. Oft werden mehr neue Fragen aufgeworfen als beantwortet. Diese werden in Kapitel 4 hervorgehoben und daraus erwächst ein zusätzlicher Forschungsbedarf.

24 Antworten auf die Forschungsfragen

Mit Hilfe einer eingehenden Literaturrecherche konnte festgestellt werden, dass wenig Erkenntnisse über ICJVs veröffentlicht sind. Deshalb wurden in Kapitel 2.2 Fragen der Praxis formuliert worden ausgehend von einem Modell, das EISELE für IJVs entworfen hat und das sich in die Phasen Implementierung, Betrieb und Anpassung sowie Auflösung gliedert.

Als Forschungsmethodik wurde die Grounded Theory (gegenstandsbezogene Forschung) angewendet, gerade weil die Ausgangsbasis sehr schmal war. Kennzeichen der Grounded Theory ist jedoch, dass sie emergente Forschungsergebnisse aufnehmen kann, die außerhalb des ursprünglichen Forschungsrahmens liegen. Dadurch hat sich ergeben, dass die von EISELE gewählten Phasen für ICJVs nur eine geringe Bedeutung haben, weil sie zu abstrakt sind. An ihre Stelle sind in dem Forschungsprozess die sehr konkreten Phasen der Organisationsplanung, der Entwurfsplanung, der Arbeitsvorbereitung, der Baustelleneinrichtung und der Bauausführung getreten.

Des Weiteren wurde eine Trennung zwischen den unmittelbaren Mitteln des Ausführungsmanagements und den Erfolgsfaktoren notwendig. Die Mittel zur Bewältigung von Großprojekten stehen allen Beteiligten zur Verfügung, dabei ist etwa an die Kosten- oder Terminplanung zu denken. Ein Erfolg entsteht allerdings nicht allein aus deren Einsatz, dazu bedarf es der Hilfe weiterer Aktivitäten. Diese wurden gegliedert in Managementfunktionen i.e.S., Basisfunktionen, Meta-Managementfunktionen und kulturelle Dimensionen. Während in den Fragen der Praxis diese Trennung noch nicht vorgesehen war, hat die Forschungsarbeit zu einer Spaltung in den Teil C (Ausführungsmanagement) und D (Erfolgsfaktoren) geführt. Im Rahmen dieser beiden Teile wurden die Einzelfragen der Praxis erörtert.

Unmittelbare Fragen der Forschung wurden nicht gestellt, allerdings wurde eine Forschungslücke aufgezeigt. Die Forschungslücke bestand darin, dass keine Gesamtdarstellung des Managements von ICJVs vorliegt (Kapitel 4.2). Es war das Ziel dieser Arbeit die Lücke zu schließen. Dieses Ziel wurde erreicht über eine umfassende Diskussion des Untersuchungsgebiets (multinationale Bauindustrie (Kapitel 1.3), des Untersuchungsrahmens (Großprojekte, Kapitel 1.4), des Untersuchungsobjektes (ICJVs Kapitel 1.5 und Teil C) und der Untersuchungselemente (Erfolgsfaktoren Teil D). Das umfassendste Material wurde zu dem ICJVs und seinen Erfolgsfaktoren zusammengetragen. Damit ist die Lücke zum guten Teil geschlossen. Die verbleibende Lücke wird in Kapitel 26 verdeutlicht. Ein Punkt ist allerdings im Vorhinein zu erwähnen: GIRMSCHEID trennt zwischen Angebots- und Ausführungsmanagement und in dieser Arbeit wurde nur das Ausführungsmanagement erfasst, wobei allerdings wichtige Schnittstellen zum Angebotsmanagement berücksichtigt wurden.

Die Arbeit ist also als eine Gesamtdarstellung des Ausführungsmanagements von ICJVs zu verstehen. Sie beachtet dabei die Gesamt- und Einzelperspektive aller wesentlichen Gesichtspunkte. Dabei ist die Betrachtungsweise systemtheoretisch, d.h. der Umgang mit Komplexität spielt eine herausragende Rolle. Die Betrachtungsweise ist wegen des Untersuchungsobjektes natürlich auch international. Komplexität und Internationalität sind die hervorstechenden Eigenschaften von ICJVs.

25 Wichtige Ergebnisse

Die wichtigen Ergebnisse werden nach den vier Untersuchungsebenen gegliedert. Dabei gilt als erstes Unterscheidungskriterium die Neuigkeit der Erkenntnis und als zweites ihre Bedeutung. Wichtige Ergebnisse sind also neu und bedeutsam.

Ein wichtiges Ergebnis fällt aus diesem Rahmen heraus und betrifft die Forschungsmethodik. Die Grounded Theory wird selten im Bereich bauwirtschaftlicher Forschung eingesetzt. Dies liegt zum einen daran, dass sie zu einer qualitativen Forschungsrichtung gezählt werden muss und zum anderen daran, dass sie relativ jung ist. Die in dieser Arbeit präsentierten Ergebnisse sind reichhaltig und dennoch nur ein Teil dessen, was eine intensive Datenanalyse ermöglichen kann. Die geführten 35 Interviews bieten mehr Material in der Tiefe als hier verarbeitet werden konnte. Gleichzeitig bieten sie auch eine genügende Breite, um eine weitgehende Saturierung in der Breite konstatieren zu können. Das Forschungsgebiet konnte somit erschöpfend ausgeleuchtet werden, allerdings musste auf viele Detailpunkte verzichtet werden, um nicht den Überblich zu erschweren. Das Resultat ist das umfassendste Modell für ICJVs, das veröffentlicht wurde. Im Rahmen der durchgeführten Recherchen handelt es sich auch um das umfassendste Model im Bereich der IJV-Forschung in deutschsprachigen Bereich. Zusammenfassend kann festgestellt werden: Die Grounded Theory hat gute Ergebnisse geliefert.

25.1 Untersuchungsgebiet: Multinationale Bauindustrie

Es gibt sechs Marktwahlstrategien, die Unternehmen verfolgen können. Diese wurde als regionale, nationale, übernationale, multinationale, globale und transnationale Strategien beschrieben. Sie sind streng hierarchisch, d.h. ein Unternehmen kann nur von einer unteren Stufe aus die nächsthöhere erreichen. Wegen der Leistungs- und Produktcharakteristika der Bauindustrie ist eine globale Strategie nicht möglich. Die höchste Stufe, die Bauunternehmen erreichen können, verwirklichen sie durch eine multinationale Strategie. Ein korrekter Sprachgebrauch muss also auf die Begriffe einer globalen oder transnationalen Bauindustrie verzichten.

Multinationale Unternehmen richten sich auf vielen Märkten an den jeweils national stärksten Wettbewerbern aus, bieten differenzierte Leistungen und Produkte an und organisieren sich vornehmlich über Tochter- und Beteiligungsgesellschaften. Ein multinationales Unternehmen verfügt über die Fähigkeit in vielen Ländern das notwendige Netzwerk um ein Bauprojekt aufzubauen.

Die multinationale Bauindustrie ist sehr konzentriert. Nur zehn Unternehmen teilen sich fast die Hälfte des internationalen Umsatzes. In Deutschland kann man höchstens sechs Unternehmen als multinationale Bauunternehmen bezeichnen, von denen allerdings nur zwei in den Top Ten anzutreffen sind.

25.2 Untersuchungsrahmen: Großprojekte

Großprojekte zeichnen sich durch Einzigartigkeit, Komplexität, ein Mix des Zielsystems und Multiorganisationalität aus. Groß ist das Auftragsvolumen, das sich in der Nähe von einer Milliarde Dollar befindet, und lang ist die Projektdauer mit über sechs Jahren bei einer Bauzeit von vier Jahren. Groß ist auch das Risiko für alle Beteiligten. In einem Beispiel (vgl. Bild 18) sind 26 unmittelbar Beteiligte bei einem Projekt aufgeführt, dies beschreibt die Multiorganisationalität.

Für ICJVs kommen als Projekte nur Großprojekte in Frage, mittlere und kleiner Projekte werden von lokalen Bauunternehmen abgewickelt.

25.3 Untersuchungsobjekt: ICJVs

ICJVs wickeln Großprojekte ab. Großprojekte werden von ICJVs verwirklicht. Diese komplementären Aussagen treffen weitgehend zu. Die Schnittmenge zwischen den beiden Begriffen ist zwar nicht ausschließlich, aber sie ist sehr groß.

ICJVs haben eine bestimmte konstitutive Form, es handelt sich bei ihnen um Contractual Joint Ventures. Diese sind durch zwei Verträge gekennzeichnet. Der eine strukturiert das JV in seinen rechtlichen Form, dies ist in Deutschland als BGB-Gesellschaft, im anglo-amerikanischen Raum als partnership. Hinzu kommt ein projektspezifischer Vertrag, der die äußeren Rechte und Pflichten regelt, dieser wird mit einem Dritten, dem Bauherrn, abgeschlossen. In der JV-Literatur wird fast ausschließlich über Equity Joint Ventures berichtet, die meist die Rechtsform einer Kapitalgesellschaft haben und die keinen projektspezifischen Vertrag mit einem Dritten abschließen.

Die Rechtsform als Contractual Joint Venture und das Leistungsvereinbarung eines Austauschgutes, das durch einen projektspezifischen Vertrag beschrieben wird, grenzen ICJVs scharf von anderen JVs ab.

Da Komplexität ein Bestimmungsmerkmal von Großprojekten und damit in aller Regel von ICJVs ist, leistet sie im Rahmen der Systemtheorie ein sehr gute Hilfe bei der Beschreibung der Aufgaben des Ausführungsmanagements. Hierbei ist neben der sachlichen Komplexität (Dichte der Anzahl von Tätigkeiten und ihrer Wirkungen untereinander in einem Raum-/Zeitabschnitt) auch an die soziale Komplexität (Interaktionszusammenhang der Beteiligten an einem ICJV), die zeitliche Komplexität (die gemeinsame Sinngebung in einem ICJV durch alle Beteiligte, die im Laufe der Zeit erwächst), die operative Komplexität (eigener Gestaltungsspielraum) und die kognitive Komplexität (Fähigkeit sich als ICJV selbst zu reflektieren). Es liegt keine Arbeit vor, die sich in ähnlich stringenter Weise der Systemtheorie als Gliederungs- und Ordnungsrahmen in der JV-Forschung bedient. Dabei bietet diese Vorgehensweise die Möglichkeit, Probleme sowie die Methoden und Mittel zu ihrer Bewältigung in einen Gesamtzusammenhang einzufügen.

25.4 Untersuchungselement: Erfolgsfaktoren

Als Erfolgsfaktoren werden alle Aktivitäten angesehen, die es ermöglichen den Transformationsprozess in ICJVs auf die gewählten Ziele auszurichten. Dabei werden Menschen, Materialien, Methoden, Maschinen und Kapital eingesetzt, um den projektspezifischen Vertrag zu erfüllen und gleichzeitig die eigenen Ziele des ICJVs zu erfüllen (also die Motive, die zur Gründung des ICJVs beigetragen haben). Diese Ziele lassen sich in einem Gedanken zusammenführen: Erwirtschaften von Gewinn.

Erfolgsfaktoren wirken in diesem Sinn nicht als Gesetzmäßigkeiten, die Ursache und Wirkung beschreiben, sondern sie schaffen ein gemeinsames Verständnis der Gesamtsituation und der Art und Weise, wie die resultierenden Probleme zu lösen sind. Dadurch tragen sie bereits maßgeblich zum Erfolg bei. Der verwendet Begriff für eine verständnisorientierte Erfolgsfaktorenforschung (EFF) ist derjenige der hermeneutischen EFF. Dadurch gelingt es die viel diskutierte Ergebnislosigkeit der EFF zu überwinden. Die Resultate der hermeneutischen EFF sind kognitive Landkarten, wie sie implizit von den Beteiligten der ICJVs verwendet werden. Natürlich ist noch etwas weiteres notwendig, um Erfolg zu haben. Die kognitiven Landkarten müssen auch ihrer Bedeutung entsprechend verwendet werden. Beides zusammen erst sichert das gewünschte Ergebnis.

Es sind die gefundenen Erfolgsfaktoren und ihre gegenseitigen Abhängigkeiten, die das ICJV-Gesamtmodell zu dem umfangreichsten bisher veröffentlichten Modell machen. Dies gilt sowohl für die Anzahl der Modellbausteine als auch für die Tiefe der Beschreibung der einzelnen Konstrukte.

Zwei Gesichtspunkte im Rahmen der Organisation sind ebenfalls bisher nicht beschrieben worden. Dies ist zum einen die Erweiterung der Strukturformen um eine weitere und dann die Nutzung der dezentralen Ausgestaltung der Entscheidungskompetenzen über alle kulturellen Grenzen hinweg. Bei den Strukturformen wird in der Literatur neben der formalen Hierarchie immer die informale Organisation erläutert. Bei ICJVs gibt es darüber hinaus noch Kommunikations- und Entscheidungswege, die entlang landeskultureller und damit auch sprachlicher Trennlinie laufen. Eine dezentrale Entscheidungsfindung widerspricht vollständig den kulturellen Gepflogenheiten vieler asiatischer Länder. Wenn sie trotzdem umfassend eingesetzt wird, so wurde dies auf die Zwänge von Großprojekten zurückgeführt.

Dies leitet zu einem anderen wichtigen Punkt über. Besonders auffallend war die Bedeutungslosigkeit der Kultur bei der Wahl einer der wichtigsten organisatorischen Entscheidungen, aber es fällt außerdem auf, wie sehr sich die kognitiven Landkarten über die kulturellen Grenzen hinweg ähneln. Auch in diesen Fällen wurden die Zwänge von Großprojekten als Ursache angesehen. Dadurch bietet sich ein Erklärungsmuster an: Großprojekte sind weltweite Institutionen oder zumindest auf dem Weg dorthin. Wie alle Institutionen ruhen sie nach SCOTT auf den drei Pfeilern von Regeln, Normen und Kultur. Mit andern Worten bei Großprojekten in allen Teilen der Welt, ausgeführt von Unternehmen aus den verschiedensten Ländern in ICJVs mit den unterschiedlichsten Zusammensetzungen gelt für alle Projektbeteiligten mit ziemlicher Trennschärfe die gleichen Regeln, die gleichen Normen und damit bildet sich eine eigene Großprojektkultur heraus. Dies ist sicher die aufregendste Erkenntnis der vorliegenden Arbeit und sie kann solange nicht als gesichert gelten, bis diese Fragestellung zum zentralen Punkt einer weiteren Monographie erhoben wird und sich die vorgelegten Resultate erhärten lassen.

Als letztes Ergebnis soll der Einfluss der Kultur in ICJVs hervorgehoben werden. Kultur wird nicht vorrangig als Hindernis gesehen, sondern sehr oft als eine Chance gegenseitige Fähigkeiten zu komplementieren. Es besteht eine große Toleranzbreite in der kulturelle unterschiedliches Verhalten akzeptiert wird. Das heißt nicht, dass landeskulturelle Prägungen keinen Einfluss ausüben, wohl aber, dass dies von Einzelfällen abgesehen nicht zu einem großen Problem wird. Das wichtigste Hilfsmittel im Umgang mit der Kultur ist eine Kommunikation miteinander.

26 Eingrenzung der Ergebnisse

Diese Arbeit ist ein Baustein in der Erforschung von Kooperationen. Als solcher fügt sie sich in das bisher errichtete Gebäude ein, ohne es fertig zu stellen. Es ist in alle Richtungen hin entweder bereits hinreichende Erkenntnis vorhanden oder sie fehlt noch. Dieses sind die Begrenzungen der Arbeit.

Es ist am einfachsten diese Eingrenzungen als vertikale, horizontale und diagonale Barrieren zu betrachten. In vertikaler Richtung beschränkt sich die Arbeit auf das Ausführungsmanagement. Damit bleiben die zeitlich vorgelagerten Phase der Partnerschaftsbildung und des Angebotsmanagements unberücksichtigt und ebenso nachgelagerte Phasen wie etwa der Betrieb in einem Build-Operate-Transfer-Vertrag.

Mit der Betrachtung von ICJVs entstehen in horizontaler Richtung Abgrenzungen gegenüber Ergebnissen der IJV- oder JV-Forschung. Gleichzeitig entsteht dadurch auf einer anderen Gliederungsebene die Trennung zwischen den berücksichtigte Contractual Joint Ventures (CJVs) und den nicht berücksichtigten Equity Joint Ventures (EJVs). Die Unterschiede zwischen Joint Ventures im Bereich der Austauschgüterproduktion und der Kontraktgüterproduktion war von Anfang an ein konstitutives Merkmal für diese Arbeit.

In diagonaler Richtung ist ein Joint Venture nur eine von vielen möglichen Kooperationsformen (s. Bild 138).

Aber auch in dem dunklen Kästchen von Bild 138 weist die Arbeit zusätzliche Beschränkungen auf. Es wurde nur Wert gelegt auf die kognitiven Landkarten des Topmanagements. Jeder Befragte hatte mindestens die Stellung eines Abteilungsleiters. Die Probleme und damit auch die Sichtweisen des mittleren Managements von ICJVs wird sich teilweise von den Darstellungen unterscheiden. Die Sichtweise der lokalen Arbeiter wird deutlich anders sein.

Schließlich ist noch die geografische Beschränkung auf den Kulturraum Südostasien zu berücksichtigen.

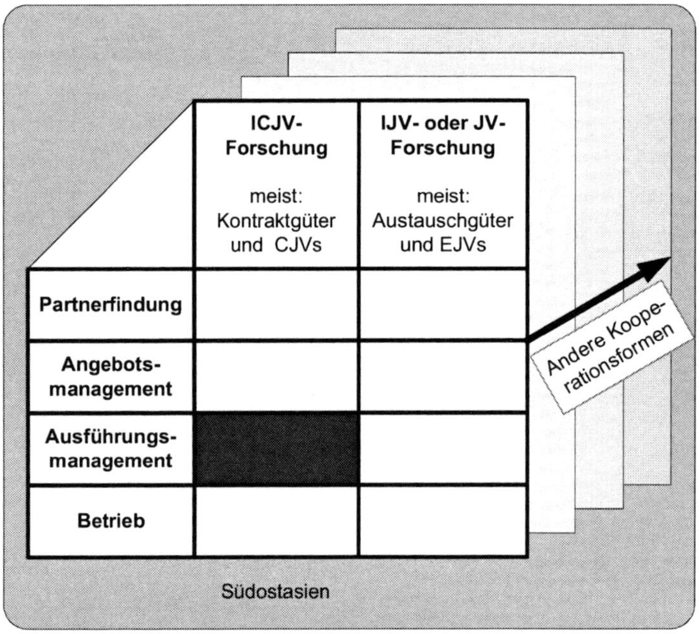

Bild 138: Eingrenzung des Forschungsgebiets
Fig. 138: Limitations of the Research Area

Darüber hinaus gibt es auch inhaltliche Ausschlüsse. Das Bild 139 wurde bereits in Kapitel 7.2 (vgl. Bild 26) präsentiert. Von den fünf wesentlichen Aspekten einer sozialen Welt wurde der Machtaspekt vollständig vernachlässigt.

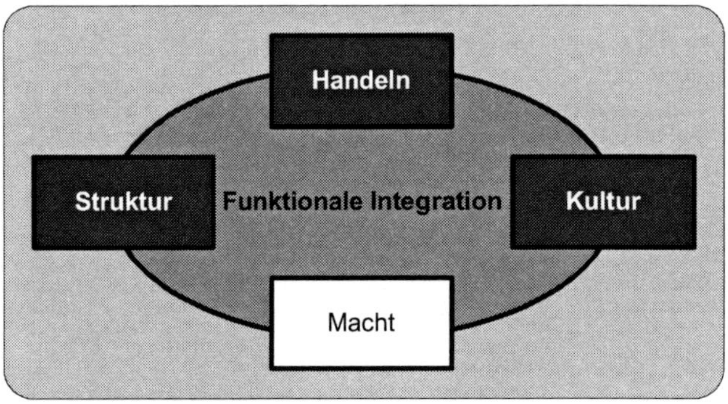

Bild 139: Behandelte Aspekte der sozialen Welt
Fig. 139: Treated Aspects of Social Worlds

Sowohl das Handeln der Akteure als auch der Einfluss von Kultur und Institutionen (Struktur) wurde in der Arbeit in einem Gesamtzusammenhang (funktionale Integration) betrachtet. Dabei lag aber der Hauptaugenmerk auf dem Handeln in ICJVs und kulturelle sowie institutionelle Aspekte spielten eine untergeordnete Rolle.

Macht in Form von unumstößlichen Vorgaben oder von Intrigen kann jede der getroffenen Feststellungen außer Kraft setzen. Neben dieser grundsätzlichen Möglichkeit wird macht in ICJVs auch tatsächlich an bestimmten Stellen eingesetzt. Dieser Machtgebrauch dient der Durchsetzung eigener Interessen und diese entziehen sich einer systematischen Betrachtung.

27 Weiterer Forschungsbedarf

Die Grounded Theory wurde geschaffen als Gegenstück zu den soziologischen „Grand Theories". Dementsprechend bescheiden ist ihr Anspruch und dementsprechend groß ist der weitere Forschungsbedarf. Dieser kann sich wieder in die drei genannten Richtungen (vertikal, horizontal und diagonal bewegen oder auch auf der untersuchten Ebene ansetzen, z.B. durch eine Einbindung des Machtaspekts.

Das Gesamtmodell in Bild 137 und die dazugehörigen Konstruktmodelle stellen insgesamt eine Theorie von ICJVs dar. Dabei handelt es sich um eine Mikrotheorie. Bestimmte Konstrukte haben nur die ausgewiesene Bedeutung innerhalb dieser Mikrotheorie, so etwa der Aspekt des „erzwungenen Vertrauens". Andere werden ganz sicher in anderen Umgebungen eine vergleichbare Bedeutung entwickeln. Sie bieten sich als Versatzstücke in vielen Zusammenhängen an.

Für die Organisationsforschung ist es sicherlich am interessantesten, weitere Bestätigungen für die Institution „Großprojekt" zu suchen. Institutionen sind Konstrukte und dafür bietet sich wiederum die Grounded Theory als Forschungsmethodik an mit der Fragestellung: Wie beeinflussen die Charakteristika von Großprojekten die Form von Organisationen und das Handeln innerhalb dieser Organisationen?

Als zweite Forschungsrichtung im Hinblick auf alle internationale Kooperationen ist die Frage nach der Bedeutung landeskultureller Organisationsstrukturen innerhalb von Organisationen sicherlich in hohem Maße bedeutungsvoll. Als Forschungsmethodik bietet sich dafür eine Netzwerkanalyse an.

Die Forschungsbemühungen an dieser Arbeit haben mir persönlich viel Spaß bereitet. Ich bin mir sicher, dass die erwähnten Aufgaben für andere Forscher ergiebig sein werden und ich Wünsche ihnen dabei genau so viel Vergnügen.

Literaturverzeichnis

Abendeh, R.; Brockmann, C.; Fischer, O.; Rombach G.: (Brückensegmente 2005):
Temperaturinduzierte, bleibende Verformungen von Brückensegmenten bei der Herstellung im Kontaktverfahren: In: Beton- und Stahlbetonbau, Band 100, Heft 4, 2005, S. 207 – 215.

Abercrombie, N.; Hill, S.; Turner, B. (Sociology 2000):
The Penguin Dictionary of Sociology. 4. Aufl., Penguin, London u.a., 2000.

Adler, N. (Organizational Behavior 2002):
International Dimensions of Organizational Behavior. South-Western, Cincinnati, 2002.

Alda, W.; Hirschner, J. (Projektentwicklung 2005):
Projektentwicklung in der Immobilienwirtschaft: Grundlagen für die Praxis. Teubner, Stuttgart u.a., 2005.

Altshuler, A.; Luberoff, D. (Urban Public Investment 2003):
Mega-Projects: The Changing Politics of Urban Public Investment. Lincoln Institute of Land Policy, Cambridge, 2003.

Anderson, E. (Joint Venture 1990):
Two Firms, One Frontier: On Assessing Joint Venture Performance. In: Sloan Management Review, Band 31, Heft 4, 1990, S. 19 – 29.

Architekten- und Ingenieurkammer Schleswig-Holstein (Hrsg.) (HOAI 1996):
Verordnung über die Honorare für Leistungen der Architekten und der Ingenieure (Honorarordnung für Architekten und Ingenieure). Inkrafttreten 01. Januar 1996, Kohlhammer, Stuttgart, 1996.

Backhaus, K. (Industriegütermarketing 1999):
Industriegütermarketing. 6. Aufl., Vahlen, München, 1999.

Backhaus, K.; Meyer, M. (Allianzen 1993):
Strategische Allianzen und strategische Netzwerke. In: Wirtschaftswissenschaftliches Studium, Band 22, Heft 7, Juli 1993, S. 330 – 334.

Backhaus, K.; Erichson, B.; Plinke, W.; Weiber, R. (Multivariate Analysemethoden 2000):
Multivariate Analysemethoden: Eine anwendungsorientierte Einführung. 9. Aufl., Springer, Berlin u.a., 2000.

Badger, W.; Mulligan, D. (Rationale 1995):
Rationale and Benefits Associated with International Alliances. In: Journal of

Construction Engineering and Management, Band 121, Heft 1, 1995, S. 100 – 111.

Bahr, M. (Kundenzufriedenheit Bau 1999):
Kundenzufriedenheit als Strategieelement in der Bauindustrie. Diss., Berlin, 1999.

Bähr, P. (Grundzüge 1991):
Grundzüge des bürgerlichen Rechts. 8. Aufl., Vahlen, München, 1991.

Bailom, F.; Hinterhuber, H.; Matzler, K.; Sauerwein, E. (Kano 1996):
Das Kano-Modell der Kundenzufriedenheit. In: Marketing – Zeitschrift für Forschung und Praxis, Band 18, Heft 2, 1996, S. 117 – 126.

Bamberg, G.; Coeneberg, A. (Entscheidungslehre 1991):
Betriebswirtschaftliche Entscheidungslehre. 6. Aufl., Vahlen, München, 1991.

Bardmann, T. (Realitäten 1994):
Wenn aus Arbeit Abfall wird. Aufbau und Abbau organisatorischer Realitäten. Suhrkamp, Frankfurt a.M., 1994.

Barley, S. (Technology 1986):
Technology as an Occasion for Structuring: Evidence from Observations of CAT Scanners and the Social Order of Radiology Departments. In: Administrative Science Quarterly, Band 31, Heft 1, S. 78 –108.

Barnard, C. (Functions 1938):
The Functions of the Executive. Harvard University Press, Cambridge, 1938.

Barrie, D.; Paulson, B. (Construction Management 1992):
Professional Construction Management. McGraw-Hill, New York u.a., 1992.

Bateman, T.; Snell, S. (Management 2002):
Management : Competing in the New Era. 5. Aufl., McGraw-Hill Irwin, Boston u.a., 2002.

Bateson, G.; Jackson, D. (Pathogenic Organization 1964):
Some Varieties of Pathogenic Organization. In: Disorders of Communication, hrsg. von D. Rioch, Research Publications, Band 42, Association for Research in Nervous and Mental Disease, 1964, S. 270 – 283.

Bauer, H. (Baubetrieb 1995):
Baubetrieb. 2. Aufl., Springer, Berlin u.a., 1995.

Bauer, H. ; Sauer, N. (Schwarzes Loch 2004):
Die Erfolgsfaktorenforschung als schwarzes Loch? In : Die Betriebswirtschaft, Band 64, Heft 4, 2004, S. 621 – 623.

Baumgarten, R. (Führungsstile 1977):
Führungsstile und Führungstechniken. De Gruyter, Berlin, 1977.

Bea, F. (Führung 2005):
Einleitung: Führung. In :Allgemeine Betriebswirtschaftslehre, Band 2: Führung. 9. Aufl., Lucius & Lucius, Stuttgart, 2000, S. 1 – 33.

Bea, F.; Friedl, B.; Schweitzer, M. (Betriebswirtschaftslehre 2005):
Allgemeine Betriebswirtschaftslehre, Band 2: Führung. 9. Aufl., Lucius & Lucius, Stuttgart, 2005.

Bea, F.; Göbel, E. (Organisation 2002):
Organisation : Theorie und Gestaltung. 2. Aufl., Lucius & Lucius, Stuttgart, 2002.

Berner, F.; Hahr, H. (Hochschullehrer-Memorandum 2006):
Hochschullehrer- Memorandum: Baubetrieb und Bauwirtschaft: Universitäre Lehre und Forschung. In: Bauingenieur, Band 81, Heft 3, 2006, S. 110 –116.

Biermann, M. (Bauleiter 1997):
Der Bauleiter im Bauunternehmen. Bauverlag, Wiesbaden u.a. 1997.

Berger, P.; Luckmann, T. (Social Construction 1996):
The Social Construction of Reality: A Treatise in the Sociology of Knowledge. Anchor Books, Garden City, 1996.

Blake, R.; Mouton, J. (Managerial Grid 1964):
The Managerial Grid. Gulf, Houston, 1964.

Bleicher, K.; Meyer, E. (Führung 1976):
Führung in der Unternehmung: Formen und Modelle. Rowohlt, Reinbek, 1976.

Blumer, H. (Symbolic Interactionism 1969):
Symbolic Interactionism: Perspective and Method. Prentice Hall, Englewood Cliffs, 1969.

Bollinger, R. (Auslandsbau 1996):
Auslandsbau. In: Handbuch der strategischen und taktischen Bauunternehmensführung, hrsg. von C. Diederichs, Bauverlag, Wiesbaden u.a., 1996, S. 567 – 586.

Borner, R. (Wissensmanagement 2005):
Prozessmodell für projekt- und erfolgsorientiertes Wissensmanagement zur kontinuierlichen Verbesserung in Bauunternehmen. vdf, Zürich, 2005.

Böttcher, P.; Neuenhagen, H. (Baustelleneinrichtung 1997):
Baustelleneinrichtung: Betriebliche Einrichtung, Geräte, Kosten, Checklisten. Bauverlag, Wiesbaden u.a., 1997.

Brecheler, W.; Friedrich, J.; Hilmer, A.; Weiß, R. (Kosten 1998):
Baubetriebslehre – Kosten- und Leistungsrechnung – Bauverfahren. Vieweg, Braunschweig u.a., 1998.

Bresnen, M.; Marshall, N. (Partnerships 2000):
Motivation, Commitment and the Use of Incentives in Partnerships and Alliances. In: Construction Management and Economics, Band 18, Heft 5, S. 587-598.

Breyer, W. (Hrsg.) (Unternehmerhandbuch Bau 2005):
Unternehmerhandbuch Bau: Mittelständische Bauunternehmen sicher durch Krisen führen. Vieweg, Wiesbaden, 2005.

Brockhaus, F. (Enzyklopädie 1998):
Die Enzyklopädie. 20. Aufl., Brockhaus, Leipzig u.a., 1998.

Brockmann, C. (Bang Na 1997): Der Bang Na Expressway, Bangkok, Teil 1: Aufgabe, Bauausführung, Fertigteilwerk. In: Beton- und Stahlbetonbau, Band 92, Heft 12, 1997, S. 332 – 337.

Brockmann, C. (Kultur 1999):
Kultur als Erfolgsfaktor im Auslandsbau, Bauwirtschaft, Band 53, Heft 12, 1999, S. 25 – 30.

Brockmann, C. (Construction Methods 2002):
Development of Construction Methods for International Mega-projects. In: Proceedings fib 2002, Session 12, 2002, S. 71 – 78.

Brockmann, C.; / Rogenhofer, H.: (BangNa 2000):
Bang Na Expressway, Bangkok, Thailand – World's Longest Bridge and Largest Precasting Operation. In: PCI-Journal, Band 45, Heft 1, 2000, S. 26 – 38.

Brockmann, C. / Springer, S. (Vorspannung 2000):
Externe Vorspannung im Brückenbau. In: Beton- und Stahlbetonbau, Band 95, Heft 11, 2000, S. 638 – 645.

Bruhn, M. (Kundenorientierung 1999):
Kundenorientierung: Bausteine eines exzellenten Unternehmens. dtv, München, 1999.

Brüssel, W. (A bis Z 2002):
Baubetrieb von A bis Z. Werner, Düsseldorf, 2002.

Büchel, B.; Prange C.; Probst, G., Rüling, C. (JV-Management 2002):
Joint Venture-Management: Aus Kooperationen lernen. 2. Aufl., Paul Haupt, Bern, 2002.

Büchel, B. (Kooperationsbeziehungen 2003):
Kooperationsbeziehungen während des Joint-Venture-Lebenszyklus: Auswirkungen auf den Erfolg von Joint Ventures. In: Kooperationen, Allianzen und Netzwerke: Grundlagen, Ansätze, Perspektiven, hrsg. von J. Zentes et al. Gabler, Wiesbaden, 2003, S. 163 – 184.

Burchard, M. (Globale Baumärkte 2002):
Grundlagen der Wettbewerbsvorteile globaler Baumärkte und Entwicklung eines Marketing Decision Support Systems (MDSS) zur Unternehmensplanung. Diss., Karlsruhe, 2002.

Buzzell, R.; Gale, B. (PIMS 1989):
The PIMS Principles: Linking Strategy to Performance, Free Press, New York, 1987.

Calder, B. (Attribution 1977):
An Attribution Theory of Leadership. In: New Directions in Organizational Behavior, hrsg. von B. Staw und G. Salancik, Chicago, 1977, S. 179 –204.

Callahan, M.; Quackenbusch, D. ; Rowings, J. (Scheduling 1992):
Construction Project Scheduling. McGraw-Hill, New York u.a., 1992.

Carlisle, H. (Management Essentials 1979):
Management Essentials: Concepts and Applications. Science Research Associates, Chicago u.a., 1979.

Chandler, A. (Strategy 1962):
Strategy and Structures: Chapters in the History of the Industrial Enterprise. MIT Press, Cambridge u.a., 1962.

Charmaz, K. (Constructivist Methods 1994):
Grounded Theory: Objectivist and Constructivist Methods. In: Handbook of Qualitative Research, hrsg. von N. Denzin und Y. Lincoln, Sage, Thousand Oaks u.a., 1994, 509 – 535.

Chladenius, J. (Richtige Auslegung 1742):
Einleitung zur richtigen Auslegung vernünftiger Reden und Schriften. Stern, Düsseldorf, 1969.

Chrubasik, B.; Zimmermann, H. (Evaluierung 1987):
Evaluierung der Modelle zur Bestimmung strategischer Schlüsselfaktoren. In: Die Betriebswirtschaft, Band 47, Heft 4, 1987, S. 426 – 450.

Cicourel, A. (Method 1974):
Theory and Method in a Study of Argentine Fertility. Wiley, New York u.a., 1974.

Civitello, A. (Construction Operations 1994):
Construction Operations Manual of Policies and Procedures. 2. Aufl., McGraw-Hill, New York u.a., 1994.

Contractor, F.; Lorange, P. (Strategy 2002):
Why Should Firms Cooperate? The Strategy and Economics Basis for Cooperative Ventures. In : Cooperative Strategies in International Business: Joint

Ventures and Technology Partnerships Between Firms, hrsg. von F. Contractor und P. Lorange, Pergamon, Amsterdam u.a., 2002, S. 3 – 30.

Cooper, D.; Schindler, P. (Research 2001):
Business Research Methods. 7. Aufl., McGraw-Hill, Boston u.a., 2001.

Coreth, E. (Hermeneutik 1969):
Grundfragen der Hermeneutik. Herder, Freiburg, 1969.

Covey, S. (Habits 1989):
The 7 Habits of Highly Effective People: Powerful Lessons in Personal Change. Fireside, New York u.a., 1989.

Covey, S.; Merrill, A.; Merrill, R. (First Things 1994):
First Things First: To Live, to Love, to Learn, to Leave a Legacy. Simon & Schuster, New York u.a., 1994

Crosthwaite, D. (Global Construction 2000):
The Global Construction Market: A Cross-Sectional Analysis. In: Construction Management and Economics, Band 18, S. 619 - 627.

Cullen, J.; Johnson J.; Sakano, T. (Commitment to IJVs 1995):
Japanese and Local Partner Commitment to IJVs: Psychological Consequences of Outcomes and Investments in the IJV Relationship. In: Journal of International Business Studies, Band 26, Heft 1, S. 91 – 115.

Cyert, R.; March, J. (Behavioral Theory 1992):
Behavioral Theory of the Firm. 2. Aufl., Blackwell, Oxford u.a., 1992.

Daniel, G. (Information Crisis 1961):
Management Information Crisis. In: Harvard Business Review, Band 38, Heft 5, 1961, S. 111 - 118.

Daniels, J ; Radebaugh, L. (Int'l Business 1995):
International Business: Environments and Operations. 7. Aufl., Addison Wesley, Reading u.a., 1995.

Deutsches Institut für Normung (VOB 2002):
Vergabe- und Vertragsordnung für Bauleistungen. Ausgabe 2002., Beuth, Berlin u.a., 2002.

DeVito, J. (Communication 1991):
Human Communication: The Basic Course. 5. Aufl., HarperCollins, New York, 1991.

Diederichs, C. (Hrsg.) (Handbuch 1996):
Handbuch der strategischen und taktischen Bauunternehmensführung. Bauverlag, Wiesbaden, 1996.

Diederichs, C.; Jaeger, M. (Unternehmensziele 1997):
Start mit den Unternehmenszielen. In: Bauwirtschaft, 1997, Heft 3, S. 35 – 38.

Diederichs, C. (Unternehmensziele 1996):
Ziele und Philosophien für Bauunternehmen. In: Handbuch der strategischen und taktischen Bauunternehmensführung, hrsg. von C. Diederichs, Bauverlag, Wiesbaden u.a., 1996, S. 1 – 24.

Diekmann, A. (Sozialforschung 2002):
Empirische Sozialforschung: Grundlagen, Methoden, Anwendungen. 8. Aufl., rororo, Reinbek, 2002.

Dietrich, R. (Immobilien 2005):
Entwicklung werthaltiger Immobilien. Teubner, Stuttgart, 2005.

DIN ISO 8402 (Qualität 1995):
Begriffe zu Qualitätsmanagement und Statistik; Grundbegriffe des Qualitätsmanagements. Ausgabe August 1995. Beuth, Berlin u.a., 1995.

Domsch, M. (Personal 1989):
Personal. In: Vahlens Kompendium der Betriebswirtschaftslehre, hrsg. von M. Bitz, K. Dellmann, M. Domsch und H. Egner, Band 1, 2. Aufl., Vahlen, München, 1989, S. 501 – 560.

Dörner, D. (Logik des Misslingens 2006):
Die Logik des Misslingens: Strategisches Denken in komplexen Situationen. 5. Aufl., rororo, Reinbek, 2006.

Dorsch, F. (Hrsg.) (Psychologisches Wörterbuch 1994):
Psychologisches Wörterbuch. 12. Aufl., hrsg. von F. Dorsch, H. Häcker und K. Stapf. Hans Huber, Bern u.a., 1994.

Drees, G.; Bahner, A. (Baupreise 1993):
Kalkulation von Baupreisen. 3. Aufl., Bauverlag, Wiesbaden u.a., 1993.

Drees, G.; Paul, W. (Baupreise 1998):
Kalkulation von Baupreisen. 5. Aufl., Bauverlag, Wiesbaden u.a., 1998.

Durkheim, É. (Règles 1937):
Les Règles de la Méthode Sociologique. 11. Aufl., Quadrige, Paris.

Dvir, D.; Lipovetsky, S.; Shenhar, A.; Tishler, A. (Non-universal Approach 1998):
In Search of Project Classification: A Non-universal Approach to Project Success Factors. In: Research Policy, Band 27, Heft 9, 1998, S. 915 – 935.

Eisele, J. (Erfolgsfaktoren 1995):
Erfolgsfaktoren des Joint-Venture-Management, Gabler, Wiesbaden, 1995.

Eisenhardt, K. (Building Theories 1989):
Building Theories from Case Study Research. In: Academy of Management Review, Band 14, Heft 4, 1989, S. 532 – 550.

Ekschmitt, W. (Weltwunder 1996):
Die Sieben Weltwunder: Ihre Erbauung, Zerstörung und Wiederentdeckung. 10. Aufl., Zabern, Mainz,1996.

Engelhardt, W.; Kleinaltenkamp, M.; Reckenfelderbäumer, M. (Leistungsbündel 1993):
Leistungsbündel als Absatzobjekte: Ein Ansatz zur Überwindung der Dichotomie von Sach- und Dienstleistungen. In: Zeitschrift für betriebswirtschaftliche Forschung, Band 45, Heft 5, 1993, S. 395 – 426.

Engelhardt, W.; Freiling, J. (Integrativität 1995):
Integrativität als Brücke zwischen Einzeltransaktion und Geschäftsbeziehung. In: Marketing – Zeitschrift für Forschung und Praxis, Band 17, Heft 1, 1995, S. 37 – 43.

Engineering News Record (Hrsg.) (Project List 2000):
World Market Overview Project List. In: Engineering News Record, 4. Dezember 2000, S. 45 – 52.

Engineering News Record (Hrsg.) (Global Spending 2003):
New Global Spending Forecast Highlights Risks and Rewards. In: Engineering News Record, 30. Juni 2003, S. 47 – 50.

Erichson, B. ; Hammann, P. (Informationen 2005) :
Beschaffung und Aufbereitung von Informationen. In: Allgemeine Betriebswirtschaftslehre, Band 2: Führung, hrsg. von F. Bea, B. Friedl und M. Schweitzer. 9. Aufl., Lucius & Lucius, Stuttgart, 2005, S. 337 – 393.

Erlei, M.; Leschke, M.; Sauerland, D. (Institutionenökonomik 1999):
Neue Institutionenökonomik. Schäffer-Poeschel, Stuttgart, 1999.

Fachausschuss Baubetrieb (Hrsg.)(Empfehlungen 2005):
Studienziele und Lehrinhalte in Bachelorstudiengängen des Bauingenieurwesens: Baumanagement und Baubetrieb. Hrsg. vom Fachausschuss Baubetrieb und Bauwirtschaft im Fachbereichstag Bauingenieurwesen, München, 2005.

Fandel, G. (Produktion 1996):
Produktion I: Produktions- und Kostentheorie. 5. Aufl,, Springer, Berlin u.a., 1996.

Fay, B.; Moon, J. (Social Sciences 1977):
What Would an Adequate Philosophy of Social Science Look Like? In:

Readings in the Philosophy of Social Science, hrsg. von M. Martin, und L. McIntyre, MIT Press, Cambridge u.a., 1994, S. 21 – 35.

Fayol, H. (Verwaltung 1929):
Allgemeine und industrielle Verwaltung. Oldenbourg, München, 1929.

Fazio, R; Powell, M.; Herr, P (Accessibility 1989):
The Role of Attitude Accessibility in the Attitude to Behavior Process. In: Journal of Consumer Research, Band 16, Heft 3, S. 280 – 288.

Fédération Internationale des Ingénieurs-conseils (FIDIC) (Hrsg.) (JV Agreement 1992):
Joint Venture (Consortium) Agreement. FIDIC, Genf, 1992.

Fédération Internationale des Ingénieurs-conseils (FIDIC) (Hrsg.) (Design-Build 1995):
Conditions of Contract for Design – Build and Turnkey. FIDIC, Genf, 1995.

Feess, E.; Tibitanzl, F. (Mikroökonomie 1997):
Mikroökonomie. 2. Aufl., Vahlen, München, 1997.

Fissenewert, H. (Merkmale 2001):
Merkmale des Baubetriebs. In: Handbuch der Bau-Betriebswirtschaft, hrsg. von H. Mayrzedt und H. Fissenewert, Werner Verlag, Düsseldorf, 2001, S. 51 – 74.

Flanagan, J. (Critical Incident 1954):
The Critical Incident Technique. In: Psychological Bulletin, Band 51, Heft 5, 1954, S. 327 – 358

Fleishman, E.; Quaintance, M. (Human Performance 1984):
Taxonomies of Human Performance. Academic Press, Orlando u.a., 1984.

Fleischmann, H. / Hemmerich, R. (Richtwerte 2004):
Angebotskalkulation mit Richtwerten. 4. Aufl., Werner, München 2004.

Fliess, S. (Prozeßevidenz 1996):
Prozeßevidenz als Erfolgsfaktor der Kundenintegration. In: Customer Integration: Von der Kundenorientierung zur Kundenintegration, hrsg. von M. Kleinaltenkamp, Gabler, Wiesbaden, 1996, S. 91 – 103.

Fliess, S. (Kundenintegration 2004):
Kundenintegration. In: Handbuch Industriegütermarketing: Strategien – Instrumente – Anwendungen, hrsg. von K. Backhaus und M. Voeth, Gabler, Wiesbaden, 2004, S. 521 – 551.

Foppa, K. (Lernen 1975):
Lernen, Gedächtnis, Verhalten: Ergebnisse und Probleme der Lernpsychologie. 9. Aufl., Kiepenheuer & Witsch, Köln, 1975.

Flyvbjerg, B.; Bruzelius, N.; Rothengatter, W. (Megaprojects 2003):
Megaprojects and Risks: an Anatomy of Ambition. Cambridge University Press, Cambridge u.a., 2003.

Flyvbjerg, B.; Holm, M.; Buhl, S. (Underestimating 2002):
Underestimating Costs in Public Works Projects: Error or Lie? In: Journal of the American Planning Association, Band 68, Heft 3, 2002, S. 279 – 295.

Flyvbjerg, B.; Cowi (Optimism Bias 2004):
Procedures for Dealing with Optimism Bias in Transport Planning: Guidance Document. UK Department for Transport, London, 2004.

Flyvbjerg, B. (Planning Fallacy 2005):
Beyond the Planning Fallacy: Reference Class Forecasting in Practice. Unveröffentlicht, Aalborg, 2005.

Foppa, K. (Lernen 1975):
Lernen, Gedächtnis, Verhalten: Ergebnisse und Probleme der Lernpsychologie. 9. Aufl., Kiepenheuer & Witsch, Köln, 1975.

Franko, L. (Joint Venture Survival 1971):
Joint Venture Survival in Multinational Corporations. Praeger, New York, 1971.

French, W.; Raven, B. (Social Power 1959):
The Bases of Social Power. In: Studies in Social Power, hrsg. von D. Cartwright, University of Michigan, Ann Arbor, 1959.

Frese, E. (Betriebswirtschaft 1989):
Stellenbeschreibung. In: Lexikon der Betriebswirtschaft, 3. Aufl., hrsg. von W. Lück, Moderne Industrie, Landsberg am Lech, 1989.

Frese, E. (Organisation 1993):
Grundlagen der Organisation. 5. Aufl., Gabler, Wiesbaden, 1993.

Friedl, B. (Controlling 2005):
Controlling. In: Allgemeine Betriebswirtschaftslehre, Band 2: Führung, hrsg. von F. Bea, B. Friedl und M. Schweitzer. 9. Aufl., Lucius & Lucius, Stuttgart, 2005, S. 235 – 335.

Friedman, W.; Kalmanoff, G. (Business Ventures 1961):
Joint International Business Ventures. Columbia University Press, New York, 1961.

Fritz, H. (Qualitätsmanagement 1997):
Handbuch Qualitätsmanagement: Erfahrungen aus und für die Baupraxis. Beton-Verlag, Erkrath, 1997.

Fritz, W. (Marketing 1990):
Marketing – ein Schlüsselfaktor des Unternehmenserfolges? Eine kritische Analyse vor dem Hintergrund der empirischen Erfolgsfaktorenforschung. In:

Marketing – Zeitschrift für Forschung und Praxis, Band 12, Heft 2, 1990, S. 91 – 110.

Fritz, W. (Unternehmenserfolg 1992):
Marktorientierte Unternehmensführung und Unternehmenserfolg. Grundlagen und Ergebnisse einer empirischen Untersuchung. Schäffer-Poeschel, Stuttgart, 1992.

Fritz, W. (Misserfolg? 2004):
Die Erfolgsfaktorenforschung – ein Misserfolg? In: Die Betriebswirtschaft, Band 64, Heft 5, 2004, S. 623 – 625.

Fritz, W. (Wissenschaftsverständnis 2004):
Über Tautologien, gesicherte Erkenntnisse und ein problematisches Wissenschaftsverhältnis. Arbeitspapier AP-Nr. 04/06, Technische Universität Braunschweig, Braunschweig, 2004.

Fryxell, G.; Dooley, R.; Vryza, M. (Control 2002):
After the Ink Dries: The Interaction of Trust and Control in US-based International Joint Ventures. In: Journal of Management Studies, Band 39, Heft 6, 2002, S. 865 – 886.

Fukuyama, F. (Trust 1995):
Trust: The Social Virtues and the Creation of Prosperity. Free Press, New York, 1995.

Gadamer, H. (Wahrheit 1960):
Wahrheit und Methode. 4. Aufl., Niemeyer, Tübingen, 1960.

Garfinkel, H. (Ethnomethodology 1984):
Studies in Ethnomethodology. Cambridge, Polity Press, 1984.

Geertz, C. (Interpretation 1973):
The Interpretation of Cultures. Basic Books, New York, 1973.

Gehlen, A. (Seele 1957):
Die Seele im technischen Zeitalter: Sozialpsychologische Probleme der industriellen Gesellschaft. 3. Aufl., rororo, Hamburg, 1960.

Gemoll, W. (Griechisch 1965):
Griechisch-deutsches Schul- und Handwörterbuch. 9. Aufl., G. Freytag, München u.a., 1965.

Gergen, K. (Constructionist 1985):
Social Constructionist Inquiry: Context and Implications. In: The Social Construction of the Person, hrsg. von K. Gergen, und K. Davis, Springer, New York u.a., 1985, S. 3 –18.

Geringer, J; Frayne, C. (Human 1990):
Human Resource Management and International Joint Venture Control: A

Parent Company Perspective. In: Management International Review, Band 30, Special Issue, 1990, S. 103 –118.

Gibbons, R.; Limoges, C.; Nowotny, H.; Schwartzman, S. (Knowledge 1994):
The New Production of Knowledge: The Dynamics of Science and Research in Contemporary Societies. Sage, Thousand Oaks, 1994.

Gibbons, M. (Game Theory 1992):
Game Theory for Applied Economists. Princeton University Press, Princeton, 1992.

Giddens, A. (Constitution 1986):
The Constitution of Society: Outline of the Theory of Structuration. University of California Press, Berkeley u.a., 1986.

Giddens, A.; Turner, J. (Hrsg.)(Social Theory 1996):
Social Theory Today. Stanford University Press, Stanford, 1996.

Girmscheid G.: (Bangkok 1993)
Spannbeton-Hochstrasse in Bangkok - Planung der Ausführung. In: Beton- und Stahlbetonbau, Band 88, Heft 6, 1993, S. 161 – 166.

Girmscheid, G. (Fast Track 1997):
Fast Track Projects im Brückenbau. In: Bautechnik, Band 73, Heft 8, 1997, S. 471 – 484.

Girmscheid, G. (SysBau 2000):
Wettbewerbsvorteile durch kundenorientierte Lösungen – Das Konzept des Systemanbieters Bau (SysBau). In: Bauingenieur, Band 75, Heft 1, 2000, S. 1 – 6.

Girmscheid, G. (Wettbewerbsvorteile 2003):
Konzepte zur Gestaltung von Wettbewerbsvorteilen für Bauunternehmen. hep-Verlag, Bern, 2003.

Girmscheid, G. (Forschungsmethodik 2004):
Forschungsmethodik in den Baubetriebswissenschaften. Eigenverlag des IBB an der ETH Zürich, Zürich, 2004.

Girmscheid, G. (Projektabwicklung 2004):
Projektabwicklung in der Bauwirtschaft. Wege zur Win-Win-Situation für Auftragnehmer und Auftraggeber. Springer, Berlin u.a., 2004.

Girmscheid, G. (Kostenkalkulation 2004):
Kostenkalkulation und Preisbildung in Bauunternehmen: Prozessorientiert, risikobasierte Ermittlung von Angebotspreisen. hep-Verlag, Bern, 2004.

Girmscheid, G. (Angebots- und Ausführungsmanagement 2005):
Angebots- und Ausführungsmanagement: Leitfaden für Bauunternehmen. Springer, Berlin u.a., 2005.

Girmscheid, G. (PPP 2005):
PPP-Projektabwicklungsmodell – Unterhalt von kommunalen Straßennetzen. In: Bauingenieur, Band 80, Heft 4, 2005, S. 220 – 227.

Girmscheid, G. (Bauproduktionsprozess 2006):
Bauproduktionsprozess des Hoch- und Tiefbaus. Vorlesungsunterlage, ETH Zürich, 2006.

Girmscheid, G. (Bauunternehmensmanagement 2006):
Strategisches Bauunternehmensmanagement: Prozessorientiertes integriertes Management für Unternehmen der Bauwirtschaft. Springer, Berlin, u.a., 2006.

Girmscheid, G.; Briner, H.; Glättli, M. (Nachtragsmanagement 2003):
Faires Nachtragsmanagement: Leitfaden für Bauunternehmen und Bauherren. hep-Verlag, Bern, 2003.

Girmscheid, G.; Brockmann, C. (Trust 2005):
Trust as a Success Factor in International Joint Ventures. In: Global Perspectives on Management and Economics in the AEC Sector hrsg. von K. Kähkönen und J. Porkka, VTT / RIL, Helsinki 2005, S 69 – 81.

Girmscheid, G.; Hartmann, A. (Fast Track 1999):
Fast Track Projects – Anforderungen an das moderne Projektmanagement. In: Bauingenieur, Band 74, Heft 7/8, 1999, S. 332 –344.

Girmscheid, G.; Motzko, C. (Kalkulation 2007):
Kalkulation und Preisbildung in Bauunternehmen. Springer, Berlin u.a., 2007.

Glaser, B. (Emergence 1992):
Basics of Grounded Theory Analysis: Emergence vs. Forcing. Sociology Press, Mill Valley, 1992.

Glaser, B.; Strauss, A. (Grounded Theory 1967):
The Discovery of Grounded Theory: Strategies for Qualitative Research. De Gruyter, Hawthorne, 1967.

Goffman, E. (Frames 1974):
Frame Analysis. Harvard University Press, Cambridge, 1974.

Goodman, N. (Sociology 1992):
Introduction to Sociology. HarperCollins, New York, 1992.

Gossow, V. (Baubetriebspraxis 1998):
Baubetriebspraxis: Leitfaden für die Bauausführung.. Springer, Berlin u.a., 1998.

Grabner-Kräuter, S. (Diskussionsansätze 1993):
Diskussionsansätze zur Erforschung von Erfolgsfaktoren. In: Journal für Betriebswirtschaft, Band 43, Heft 6, 1993, S. 278 – 300.

Gralla, M. (Maximalpreis 2001):
Garantierter Maximalpreis: GMP-Partnering-Modelle – ein neuer und innovativer Ansatz für die Baupraxis. Teubner, Stuttgart u.a., 2001.

Greiner, P.; Mayer P.; Stark, K. (Projektmanagement 2002):
Baubetriebslehre - Projektmanagement. 2. Aufl., Vieweg, Braunschweig, 2002.

Greif, A. (Economic Institutions 1993):
Contract Enforceability and Economic Institutions in Early Trade: The Maghribi Traders' Coalition. In: The American Economic Review, Band 83, Heft 3, S. 525 – 548.

Grün, O. (Giant Projects 2004):
Taming Giant Projects: Management of Multi-Organization Enterprises. Springer, Berlin u.a., 2004.

Grün, O. (Großprojekte 2004):
Das Management von Großprojekten: Der Widerspenstigen Zähmung. In: Zeitschrift Führung + Organisation, Band 73, Heft 6, Seite 319 - 325

Grünig, R.; Heckner, F.; Zeus, A.: (Methoden 1996):
Methoden zur Identifikation strategischer Erfolgsfaktoren. In: Die Unternehmung, Band 50, Heft 1, 1996, S. 3 – 12.

Gukenbiehl, H. (Institution 2002):
Institution und Organisation. In: Einführung in die Hauptbegriffe der Soziologie, hrsg. von H. Korte und B. Schäfers, Leske + Budrich, Opladen, 2002, S. 143 – 159.

Gulick, L. (Theory of Organizations 1937):
Notes on the Theory of Organizations. In: Papers on the Science of Administration, hrsg. von L. Gulick und L. Urwick, Institute of Public Administration, New York, 1937, S. 3 – 13.

Gutenberg, E. (Betriebswirtschaftslehre 1983):
Grundlagen der Betriebswirtschaftslehre, Band 1: Die Produktion. 24. Aufl., Springer, Berlin u.a., 1983.

Habermas, J. (Wissenschaft 1971):
Technik und Wissenschaft als „Ideologie". 5. Aufl., Suhrkamp, Frankfurt a.M., 1971.

Haeneke, H. (Erfolgsfaktorenforschung 2002):
Methodenorientierte Systematisierung der Kritik an der Erfolgsfaktorenforschung. In: Zeitschrift für Betriebswirtschaft, Band 72, Heft 2, 2002, S. 165 - 183.

Hall, E. (Silent Language 1990):
The Silent Language, Anchor Books, New York, 1990.

Haller, S. (Dienstleistungsqualität 1995):
Beurteilung von Dienstleistungsqualität: Dynamische Betrachtung des Qualitätsurteils im Weiterbildungsbereich. Deutscher Universitäts-Verlag, Wiesbaden, 1995.

Handelsgesetzbuch (HGB 1998):
Handelsgesetzbuch. 32. Aufl., dtv-Beck, München, 1998.

Harrell, S. ; Chün-chieh, H. (Cultural Scene 1994):
Introduction: Change and Contention in Taiwan's Cultural Scene. In: Cultural Change in Postwar Taiwan, hrsg. von S. Harrell, und H. Chün-chieh, SMC Publishing, Taipei, 1994, S. 1 – 18.

Harrigan, K. (Strategic Alliances 2002):
Strategic Alliances and Partner Asymmetries. In : Cooperative Strategies in International Business: Joint Ventures and Technology Partnerships Between Firms, hrsg. von F. Contractor und P. Lorange, Pergamon, Amsterdam u.a., 2002, S. 205 – 226.

Harrigan, K. (Alliances 2003):
Joint Ventures, Alliances, and Corporate Strategy. 2. Aufl., Beard Books, Frederick, 2003.

Hartmann, A. (Innovationsmanagement 2004):
Innovationsmanagement in Bauunternehmen. vdf, Zürich, 2004.

Hartshorne, C. (Mind 1962):
Mind as Memory and Creative Love. In: Theories of the Mind, hrsg. von J. Scher, Free Press, New York, 1962.

Hassan, S.; McCaffer, R.; Thorpe, T. (LSE Projects 1999):
Emerging Clients' Needs for Large Scale Engineering Projects. In: Engineering, Construction and Architectural Management. Band 6, Heft 1, S. 21 – 29.

Hauptverband der Deutschen Bauindustrie (Auslandsbau 2002):
Liste der im Ausschuss für Auslandsbau vertretenen bauindustriellen Firmen. O.V., Berlin, 2002.

Hauptverband der Deutschen Bauindustrie (Hrsg.) (Zahlenbild 2003):
Die Bauwirtschaft im Zahlenbild 2003. O.V., Berlin, 2003.

Hauptverband der Deutschen Bauindustrie; Zentralverband des Deutschen Baugewerbes (Hrsg.) (KLR Bau 1995):
KLR Bau: Kosten- und Leistungsrechnung der Bauunternehmen. 6. Aufl., Bauverlag, Wiesbaden u.a., 1995.

Hauptverband der Deutschen Bauindustrie; Zentralverband des Deutschen Baugewerbes (Hrsg.) (Arge 2000):
Arbeitsgemeinschaftsvertrag: Fassung 2000. Wiebau, Düsseldorf, 2000.

Hayakawa, S. (Semantik 1968):
Semantik – Sprache im Denken und Handeln. Wissenschaftliche Buchgesellschaft, Darmstadt, 1968.

Heidegger, M. (Sein 1927):
Sein und Zeit. 15. Aufl., Niemeyer, Tübingen, 1979.

Heidegger, M. (Weltbild 1938):
Die Zeit des Weltbildes. Gesamtausgabe, Band 5, Klostermann, Frankfurt a.M., 1977, S. 75 – 96.

Heidegger, M. (Technik 1953):
Die Frage nach der Technik. Gesamtausgabe, Band 7, Klostermann, Frankfurt a.M., 2000, S. 7 – 36.

Heinen, E. (Industriebetriebslehre 1985):
Industriebetriebslehre. 8. Aufl., Gabler, Wiesbaden,1985.

Heinrich, B. (Brücken 1989):
Brücken: Vom Balken zum Bogen. rororo, Reinbek, 1989.

Hellriegel, D.; Slocum, J. (Organizational Behavior 1976):
Organizational Behavior, West Publishing, St. Paul, 1976.

Henderson, B. (Erfahrungskurve 1984):
Die Erfahrungskurve in der Unternehmensstrategie. 2. Aufl., Campus, Frankfurt a.M., 1984.

Hentschel, B. (Dienstleistungsqualität 1992):
Dienstleistungsqualität aus Kundensicht: Vom merkmals- zum ereignisorientierten Ansatz. Deutscher Universitäts-Verlag, Wiesbaden, 1992.

Hergert, M.; Morris, D. (Trends 2002):
Trends in International Collaborative Agreements. In: Cooperative Strategies in International Business, hrsg. von F. Contractor und P. Lorange, Pergamon, Amsterdam u. a., 2002, S. 99 – 109.

Herkner, W. (Sozialpsychologie 1991):
Lehrbuch Sozialpsychologie. 5. Aufl, Huber, Bern u.a., 1991.

Hersey, P.; Blanchard, K. (Management 1982):
Management of Organizational Behavior: Utilizing Human Resources. 4. Aufl., Prentice-Hall, Englewood Cliffs, 1982.

Herig, N. (VOB 2001):
VOB Teile A, B, C: Baupraxis kompakt. Werner, Düsseldorf, 2001.

Hermann, R. (JV-Management 1988):
Joint Venture-Management : Strategien, Strukturen, Systeme und Kulturen. Diss., St. Gallen, 1988.

Herzberg, F. (Nature of Man 1966):
Work and the Nature of Man. World Publishing Co., New York, 1966.

Hillebrandt, P. (Construction Industry 1985):
Economic Theory and the Construction Industry. 2. Aufl., MacMillan, Houndmills u.a., 1985.

Hinze, J. (Construction Contracts 1993):
Construction Contracts. McGraw-Hill, New York u.a., 1993.

Hirschberger, H. (Baubetrieb 1996):
Bauwirtschaft und Baubetrieb II. Vorlesungsunterlagen des Instituts für Bauwirtschaft und Baubetrieb der TU Braunschweig, Braunschweig, 1996.

Hochtief AG, (Hrsg.). (Geschäftsbericht 2003):
Geschäftsbericht 2003. o.V., Essen, 2004.

Hoffmann, F. (Kritische Erfolgsfaktoren 1986):
Kritische Erfolgsfaktoren – Erfahrungen in großen und mittelständischen Unternehmen. In: Zeitschrift für betriebswissenschaftliche Forschung, Band 38, Heft 10, 1986, S. 831 – 843.

Hofmeister, H. (Denken 1997):
Philosophisch Denken. 2. Aufl., Vandenhoek & Ruprecht, Göttingen, 1997.

Hofstätter, P. (Sozialpsychologie 1973):
Einführung in die Sozialpsychologie. 5. Aufl., Kröner, Stuttgart, 1973.

Hofstede, G. (Consequences 1980):
Culture's Consequences: International Differences in Work-Related Values. Sage, Beverley Hills u.a., 1980.

Hofstede, G. (Globales Handeln 1997):
Lokales Denken, globales Handeln: Kulturen, Zusammenarbeit und Management. dtv, München, 1997.

Hofstede, G.; Hofstede, G. (Organizations 2005):
Cultures and Organizations: Software of the Mind. McGraw-Hill, New York u.a., 2005.

Hollander, E. (Status 1958):
Conformity, Status, and Idiosyncrasy Credit. In: Psychological Review, Band 65, Heft 2, S. 117 – 127.

Homburg, C.; Krohmer, H. (Fliegenpatsche 2004):
Die Fliegenpatsche als Instrument des wissenschaftlichen Dialogs. In: Die Betriebswirtschaft, Band 64, Heft 5, 2004, S. 626 - 631.

Homburg, C.; Giering, A. (Konstrukte 1996):
Konzeptualisierung und Operationalisierung komplexer Konstrukte. Ein Leitfaden für die Marketingforschung. In: Marketing –Zeitschrift für Forschung und Praxis, Band 18, Heft 1, 1996, S. 5 – 24.

Horváth, P. (Controlling 1996):
Controlling. 6. Aufl., Vahlen, München, 1996.

House, R.; Hanges, P. (Globe 1999):
Cultural Influences on Leadership and Organizations: Project Globe. In: Advances in Global Leadership, hrsg. von W. Mobley et al., JAI Press, Stamford, 1999, S. 171 – 233.

Howes, R. ; Tah, J. (Strategic Management 2003):
Strategic Management Applied to International Construction. Thomas Telford, London, 2003.

Hughes, T. (Prometheus 1998):
Rescuing Prometheus : Four Monumental Projects that Changed the World. Pantheon, New York, 1998.

Hünerberg, R. (Internationales Marketing 1994):
Internationales Marketing. moderne industrie, Landsberg a. Lech, 1994.

Huse, J. (Turnkey Contracts 1997):
Understanding and Negotiating Turnkey Contracts. Sweet & Maxwell, London, 1997.

Imbusch, P. (Macht 2002):):
Macht und Herrschaft. In: Einführung in die Hauptbegriffe der Soziologie, hrsg. von H. Korte und B. Schäfers, Leske + Budrich, Opladen, 2002, S. 161 – 181.

Isenberg, D. (Understanding 1986):
The Structure and Process of Understanding: Implications for Managerial Action. In: The Thinking Organization, hrsg. von H. Sims und D. Gioia, Jossey-Bass, San Francisco, 1986, S. 238 – 262.

Ive, G.; Gruneberg, S. (Modern Construction Sector 2000):
The Economics of the Modern Construction Sector. MacMillan, Houndmills u.a., 2000.

Jalava, J. (Luhmannian Connections2003).
From Norms to Trust: The Luhmannian Connections between Trust and Systems. In: European Journal of Social Theory. Band 6, Heft 2, S. 173-190.

Joas, H. (Soziologie 2001):
Lehrbuch der Soziologie. Campus, Frankfurt a.M., 2001.

Jung, M. (Hermeneutik 2001):
Hermeneutik zur Einführung. Junius, Hamburg, 2001.

Kant, I. (Metaphysik 1781):
Grundlegung zur Metaphysik der Sitten. Akademie-Ausgabe, Band IV, de Gruyter, Berlin u.a., 1968.

Katzenbach, J. ; Smith, D. (Teams 1993):
The Discipline of Teams. In: Harvard Business Review, Band 71, Heft 2, 1993, S. 111 – 120.

Keil, W.; Martinsen, U.; Vahland, R.; Fricke, J. (Kostenrechnung 2004):
Kostenrechnung für Bauingenieure. 10. Aufl., Werner, München 2004.

Kerzner, H. (Project Management 1998):
Project Management: A Systems Approach to Planning, Scheduling and Controlling. 6.Aufl., Wiley, New York u.a., 1998.

Kieser, A. (Hrsg.)(Organisationstheorien 2002):
Organisationstheorien. 5. Aufl., Kohlhammer, Stuttgart, 2002.

Kieser, A. (Konstruktivismus 2002):
Konstruktivistische Ansätze. In: Organisationstheorien, 5. Aufl., hrsg. von A. Kieser, Kohlhammer, Stuttgart, 2002, S. 287 – 318.

Kieser, A. (Situativer Ansatz 2002):
Der Situative Ansatz. In: Organisationstheorien, 5. Aufl., hrsg. von A. Kieser, Kohlhammer, Stuttgart, 2002, S. 169 – 198.

Kieser, A.; Walgenbach, P. (Organisation 1992):
Organisation. 3. Aufl., de Gruyter, Berlin u.a., 1992.

Kiesler, S.; Sproull, L. (Managerial Response 1982):
Managerial Response to Changing Environments: Perspectives on Problem Sensing from Social Cognition. In Administrative Science Quarterly, Band 27, Heft 3, S. 548 – 570.

Klaus, G. (Kybernetik 1969):):
Wörterbuch der Kybernetik 1. Dietz, Berlin, 1969.

Klein, G. (Kultur 2002):
Kultur. In: Einführung in die Hauptbegriffe der Soziologie, hrsg. von H. Korte, und B. Schäfers, Leske + Budrich, Opladen, 2002, S. 229 – 249.

Kleinaltenkamp, M. (Kundenintegration 1997):
Kundenintegration. In: Wirtschaftswissenschaftliches Studium, Band 26, Heft 7, 1997, S. 350 – 355.

Kloock, M. (Produktion 1989):
Produktion. In: Vahlens Kompendium der Betriebswirtschaftslehre, hrsg. von M. Bitz, K. Dellmann, M. Domsch und H. Egner, Band 1, 2. Aufl., Vahlen, München, 1989, S. 253 – 310.

Kluge, F. (Etymologisches Wörterbuch 1999):
Etymologisches Wörterbuch der deutschen Sprache. 23, Aufl., bearbeitet von E. Seebold, De Gruyter, Berlin u.a., 1999.

Kochendörfer, B.; Liebchen, J. (Bau-Projekt-Management 2001):
Bau-Projekt-Management: Grundlagen und Vorgehensweisen. Teubner, Stuttgart u.a., 2001.

Koontz, H.; O'Donnell, C. (Management 1955):
Principles of Management: An Analysis of Management Functions. McGraw-Hill, New York, 1955.

Korte, H. (Geschichte 2004):
Einführung in die Geschichte der Soziologie. 7. Aufl., Leske + Budrich, Opladen, 2004.

Kosiol, E. (Organisation 1962):
Organisation der Unternehmung. Gabler, Wiesbaden, 1962.

Kossbiel, H. (Personalführung 1990):
Personalbereitstellung und Personalführung. In: Allgemeine Betriebswirtschaftslehre: Handbuch für Studium und Prüfung hrsg. von H. Jacob. 5. Aufl., Gabler, Wiesbaden, 1990, S. 1045 – 1253.

Kotler, P.; Armstrong, G. (Marketing 1989):
Principles of Marketing. 4. Aufl., Prentice Hall, Englewood Cliffs, 1989.

Kotter, J.; Schlesinger, L.; Sathe, L. (Organizations 1979):
Organization: Text, Cases, and Readings on the Management of Organizational Design and Change. Irwin, Homewood, 1979.

Kramer, R. (Trust 1999):
Trust and Distrust in Organizations: Emerging Perspectives, Enduring Questions. In: American Review of Psychology. Band 50, Heft 1, S. 569-598.

Kramer, R.; Cook, K. (2004):
Trust and Distrust in Organizations: Dilemmas and Approaches. Russell Sage Foundation, New York, 2004.

Krämer, H. (Kaufmann 2001):
Die Aufgaben des Kaufmanns in einer Bauunternehmung. In: Handbuch der Bau-Betriebswirtschaft, hrsg. von H. Mayrzedt und H. Fissenewert, Werner Verlag, Düsseldorf, 2001, S. 81 – 91.

Krill, A.; Eibl, S. (Lager 1999):
Tragverhaltender geneigten Elastomerlager des BangNa Expressway. In: Bauingenieur, Band 74, Heft 4, 1999, S. 183 – 187.

Krüger, W. (Organisation 2005):
Organisation. In: Allgemeine Betriebswirtschaftslehre, Band 2: Führung, hrsg. von F. Bea, B. Friedl und M. Schweitzer. 9. Aufl., Lucius & Lucius, Stuttgart, 2005, S. 140 – 234.

Kuhn, T. (Wissenschaftliche Revolutionen 2003):
Die Struktur wissenschaftlicher Revolutionen. Suhrkamp, Frankfurt a.M., 2003.

Kulick, R. (Auslandsbau 2003):
Auslandsbau. Teubner, Stuttgart u.a., 2003.

Kumaraswamy, M. (Megaproject Risks 1997):
Appropriate Appraisal and Apportionment of Megaproject Risks. In: Journal of Professional Issues in Engineering Education and Practice, Band 123, Heft 2, S. 51 – 56.

Kunczik, M. (Führung 1972):
Stand der Forschung. In: Führung: Theorien und Ergebnisse, hrsg. von M. Kunczik, Econ, Düsseldorf u.a., 1972.

Küpper, H. (Koordination 1988):
Koordination und Interdependenz als Baustein einer konzeptionellen und theoretischen Fundierung des Controlling. In: Betriebswirtschaftliche Steuerungs- und Kontrollprobleme, hrsg. von W. Lücke, Gabler, Wiesbaden, 1988, S. 163 – 183.

Küpper, H. (Beschaffung 1989):
Beschaffung. In: Vahlens Kompendium der Betriebswirtschaftslehre, hrsg. von M. Bitz, K. Dellmann, M. Domsch und H. Egner, Band 1, 2. Aufl., Vahlen, München, 1989, S. 193 – 252.

Lane, C.; Bachmann, R. (Hrsg.) (Trust between Organizations 1998):
Trust within and between Organizations : Conceptual Issues and Empirical Applications. Oxford University Press, New York, 1998.

Langer, K. (Steuerliche Vergünstigungen 1997):
Steuerliche Vergünstigungen und Probleme bei Auslandsgeschäften. In: Handbuch Internationales Management: Grundlagen – Instrumente – Perspektiven, hrsg. von K. Macharzina und M. Oesterle, Gabler, Wiesbaden, 1997, S. 751 - 767.

Langford, D.; Male, J. (Construction 2001):
Strategic Management in Construction. 2. Auf., Blackwell, Oxford u.a., 2001.

Lawrence, P.; Lorsch, J. (Organizations 1969):
Developing Organizations: Diagnosis and Action. Addison-Wesley, Reading, 1969.

Lechler, T.; Gemünden, G. (Kausalanalyse 1998):
Kausalanalyse der Wirkungsstruktur der Erfolgsfaktoren des Projektmanagements. In: Die Betriebswirtschaft, Band 58, Heft 4, 1998, S. 435 – 450.

Leidecker, J.; Bruno, A. (Critical Success Factors 1984):
Identifying and Using Critical Success Factors. In: Long Range Planning. Band 17, Heft 1, 1984, S. 23 - 32.

Leimböck, E. (Bauwirtschaft 2000):
Bauwirtschaft. Teubner, Stuttgart u.a., 2000.

Lenssen, S. (Blindingly 1996):
For Blindingly Obvious Read Mostly Ignored. In: New Civil Engineer, 09.05.96, S. 15.

Levine, J.; Byrne, J. (Corporate 1986):
Corporate Odd Couples: Beware of the Wrong Partners. In: Business Week, 21. Juli 1986, S. 98 – 103.

Lewis, J. (Cultural Studies 2002):
Cultural Studies: The Basics. Sage, London u.a., 2002.

Likert, R. (Organizations 1967):
The Human Organizations, McGraw-Hill, New York, 1967.

Linton, R. (Study of Man 1947):
The Study of Man. Appleton Century Crofts, New York, 1947.

Liu, A. (Goal Commitment 1999):
A Research Model of Project Complexity and Goal Commitment Effects on Project Outcome. In: Engineering, Construction and Architectural Management, Band 6, Heft 2, S. 105 – 111.

Loosemore, M. (Construction Crisis 1999):
A Grounded Theory of Construction Crisis Management. In: Construction Management and Engineering, Band 17, 1999, S. 9 – 19.

Lück, W. (Lexikon BWL 1983):
Lexikon der Betriebswirtschaft. 3. Aufl., moderne industrie, Landsberg a.L. , 1983.

Luhmann, N. (Vertrauen 1968):
Vertrauen. Lucius & Lucius, Stuttgart, 1968.

Luhmann, N. (Sinn 1971):
Sinn als Grundbegriff der Soziologie. In: Theorie der Gesellschaft oder Sozialtechnologie, hrsg. von J. Habermas und N. Luhmann, Suhrkamp, Frankfurt a.M., 1971.

Luhmann, N. (Systemtheorie 2004):
Einführung in die Systemtheorie. Hrsg. von D. Baecker, 2. Aufl., Carl-Auer, Heidelberg, 2004.

Machlup, F. (Social Sciences 1961):
Are Social Sciences Really Inferior? In: Readings in the Philosophy of Social Science, hrsg. von M. Martin, und L. McIntyre, MIT Press, Cambridge u.a., 1994, S. 5 - 19.

Male, S.; Mitrovic, D. (LSE Industry 1999):
Trends in world markets and the LSE industry. In: Engineering, Construction and Architectural Management. Band 6, Heft 1, 1999, S. 7 – 20.

Malkwitz, A. (Ergebnissteuerung 1994):
Frühindikatoren für die Ergebnissteuerung in Bauunternehmen. Diss., Wuppertal, 1994.

Mann, L. (Sozialpsychologie 1994):
Sozialpsychologie. 10. Aufl., Beltz, Weinheim 1994.

Mann, R. (Leadership 1959):
A Review of the Relationship between Personality and Leadership and Popularity. In: Psychological Bulletin, Band 56, Heft 4, S. 241 - 270

Mantscheff, J. (Baubetriebslehre I 1998):
Baubetriebslehre I: Bauvertrags- und Verdingungswesen. 6. Aufl., Werner Verlag, Düsseldorf, 1998.

Manz, K.; Dahmen, A. (Investition 1999):
Investition. 2. Aufl., Vahlen, München, 1999.

Manz, K.; Tischbierek, A. (Bilanzierung 1995):
Bilanzierung. 2. Aufl., Vahlen, München, 1995.

March, J. (Decisions 1988):
Decisions and Organizations. Basil Blackwell, Oxford u.a., 1988.

March, J. (Foolishness 1988):
The Technology of Foolishness. In: Decisions and Organizations, hrsg. von J. March. Basil Blackwell, Oxford u.a., 1988, S. 253 – 265.

March, J. (Bounded Rationality 1988):
Bounded Rationality, Ambiguity, and the Engineering of Choice. In: Decisions and Organizations, hrsg. von J. March. Basil Blackwell, Oxford u.a., 1988, S. 266 – 293.

March, J. (Decision Making 1994):
A Primer on Decision Making: How Decisions Happen. Free Press, New York u.a., 1994.

March, J.; Olsen J. (Past 1988):
The Uncertainty of the Past: Organizational Learning under Ambiguity. In: Decisions and Organizations, hrsg. von J. March. Basil Blackwell, Oxford u.a., 1988, S. 335 – 358.

March, J.; Simon H. (Organizations 1958):
Organizations. Wiley, New York, 1958.

March, J.; Sutton, R. (Performance 1997):
Organizational Performance as a Dependent Variable. In: Organization Science, Band 8, Heft 6, 1997, S. 698 – 706.

Massie, J.; Douglas, J. (Managing 1985):
Managing: A Contemporary Introduction. 4. Aufl., Prentice-Hall, Englewood Cliffs, 1985.

Masterman, J. (Procurement 2002):
Introduction to Building Procurement Systems. 2. Aufl., Spon Press, London u.a., 2002

Mautner, T. (Philosophy 2000):
The Penguin Dictionary of Philosophy. Penguin Books, London u.a., 2000.

Mawhinney, M. (Int'l Construction 2001):
International Construction. Blackwell Science, Oxford, 2001.

Mayer, L. (Ziele 1996):
Unternehmensziele und -philosophie aus Sicht der Praxis. In: Handbuch der strategischen und taktischen Bauunternehmensführung, hrsg. von C. Diederichs, Bauverlag, Wiesbaden u.a., 1996, S. 25 – 46.

Mayer, R.; Davis, J.; Schoorman, F. (Organizational Trust 1995):
An Integrative Model of Organizational Trust. In: Academy of Management Review. Band 20, Heft 3, S. 709-734.

Mayring, P. (Inhaltsanalyse 2003):
Qualitative Inhaltsanalyse: Grundlagen und Techniken. 8. Aufl., Beltz, Weinheim u.a., 2003.

Mayring, P. (Sozialforschung 2002):
Qualitative Sozialforschung. 5. Aufl., Beltz, Weinheim u.a., 2002.

McSweeney, B. (Triumph of Faith 2002):
Hofstede's Model of National Cultural Differences and Their Consequences: A Triumph of Faith – a Failure of Analysis. In: Human Relations, Band 55, Heft 1, 2002, S. 89 – 118.

Mead, G. (Identität 2000):
Geist, Identität und Gesellschaft aus der Sicht des Sozialbehaviorismus. 12. Aufl., Suhrkamp, Frankfurt a.M., 2000.

Mead, R. (Int'l Management 1994):
International Management: Cross Cultural Dimensions. Blackwell Publishers, Oxford, 1994.

Meffert, H. (Weltweiter Wettbewerb 1986):
Marketing im Spannungsfeld von weltweitem Wettbewerb und nationalen Bedürfnissen. In: Zeitschrift für Betriebswirtschaft, Band 56, Heft 8, 1986, S. 689 - 711.

Meffert, H.; Bolz, J. (Int'l Marketing 1998):
Internationales Marketing-Management. 4. Aufl., Kohlhammer, Stuttgart, 1998.

Meffert, H.; Bruhn, M. (Dienstleistungsmarketing 2000):
Dienstleistungsmarketing: Grundlagen – Konzepte – Methoden. 3. Aufl., Gabler, Wiesbaden, 2000.

Meier, G. (Auslegungskunst 1757):
Versuch einer allgemeinen Auslegungskunst. Hrsg. von A. Bühler, und L. Cataldi Madonna, Meiner, Hamburg 1996.

Mietzel, G. (Psychologie 1996):
Wege in die Psychologie. 8. Aufl., Klett-Cotta, Stuttgart, 1996.

Miller, R.; Floricel, S. (Arrangements 2000):
Transformations in Arrangements for Shaping and Delivering Engineering Projects. In: Strategic Management of Large Engineering Projects: Shaping Institutions, Risks, and Governance, hrsg. von R. Miller und D. Lessard, MIT-Press, Harvard, 2000, S. 51 – 73.

Miller, R.; Lessard, D. (LSE Management 2000):
Introduction. In: Strategic Management of Large Engineering Projects: Shaping Institutions, Risks, and Governance, hrsg. von R. Miller und D. Lessard, MIT-Press, Harvard, 2000, S. 1 – 18.

Miller, R.; Oleros, X. (Project Shaping 2000):
Project Shaping as a Competitive Advantage. In: Strategic Management of Large Engineering Projects: Shaping Institutions, Risks, and Governance, hrsg. von R. Miller und D. Lessard, MIT-Press, Harvard, 2000, S. 93 - 112.

Mintzberg, H. (Structures 1983):
Structures in Fives: Designing Effective Organizations. Prentice-Hall, Englewood Cliffs, 1983.

Mintzberg, H. (Planning 1994):
The Rise and Fall of Strategic Planning. Free Press, New York u.a., 1994.

Mintzberg, H.; Ahlstrand, B.; Lampel, J. (Strategy 1998):
Strategy Safari; A Guided Tour Through the Wilds of Strategic Management. Free Press, New York u.a., 1998.

Mittelstraß, J. (Hrsg.) (Enzyklopädie 2004):
Enzyklopädie Philosophie und Wissenschaftstheorie. Band 1 bis 4, Metzler, Stuttgart. 2004.

Moecke, H. (Handelsrecht 1997):
Grundlagen des internationalen Handelsrechts. In: Handbuch Internationales Management: Grundlagen – Instrumente – Perspektiven, hrsg. von K. Macharzina und M. Oesterle, Gabler, Wiesbaden, 1997, S. 371 - 395.

Mohamed, S. (ICJV Performance 2003):
Performance in International Construction Joint Ventures: Modeling Perspective. In: Journal of Construction Engineering and Management, Band 129, Heft 6, 2003, S. 619 – 626.

Mönch, D. (Baustellen-Controlling 1998):
Grenzen und Möglichkeiten des EDV-gestützten Baustellen-Controlling bei zentraler und dezentraler Abwicklung. In: Baustellen-Controlling: EDV-gestützte Planung, Kontrolle und Informationsversorgung von Baustellen unter Berücksichtigung des Unternehmens-Controlling, hrsg. von V. Wirth, 3. Aufl., expert-Verlag, Renningen-Malmsheim, 1998.

Morgan, R.; Hunt, S. (Commitment-Trust Theory 1994):
The Commitment-Trust Theory of Relationship Marketing. In: Journal of Marketing, Band 58, Heft 3, S. 20 – 38.

Morrow, J.; Hansen, M.; Pearson, A. (Antecedents 2004):
The Cognitive and Affective Antecedents of General Trust Within Cooperative Organizations. In: Journal of Managerial Issues. Band 16, Heft 1, S. 48-64.

Muhr, T. (Atlas 2004):
ATLAS.ti: The Knowledge Workbench. V 5.0 User's Guide and Reference. Scientific Software Development, Berlin, 2004.

Müller, S. (Entscheidungsfindung 1992):
Entscheidungsfindung: Eine interkulturelle Betrachtung am Beispiel Japan. In: Interkulturelles Management, hrsg. von N. Bergemann und A. Sourisseaux, Physica, Heidelberg, 1992, S. 111 – 137.

Münch, R. (Parsonian Theory 1996):
Parsonian Theory Today: In Search of a New Synthesis. In: Social Theory Today, hrsg. von A. Giddens, und J. Turner, Stanford University Press, Stanford, 1996.

Nagel, U. (Baustellen-Management 1998):
Baustellen-Management: Praxishilfen für die erfolgreiche Bauleitung. Verlag für Bauwesen, Berlin, 1998

Nicolai, A.; Kieser, A. (Erfolglosigkeit 2002):
Trotz eklatanter Erfolglosigkeit: Die Erfolgsfaktorenforschung weiter auf Erfolgskurs. In: Die Betriebswirtschaft, Band 62, Heft 6, 2002, S. 579 – 596.

Niebergall, G. (Leitfaden o.J.):
Leitfaden für Kalkulation im Auslandsbau. Unveröffentlicht, o.O., o.J.

Nonaka, I.; Takeuchi H. (Knowledge 1995):
The Knowledge-creating Company. Oxford University Press, Oxford, 1995.

North, D. (Institutions 1990):
Institutions and Organizations. Cambridge University Press, Cambridge u.a., 1999.

Nooteboom, B.; Six, F. (Hrsg.) (Trust Process 2003):
The Trust Process in Organizations. Edward Elgar, Cheltenham, 2003.

Olbrich, R. (Marketing 2001):
Marketing: Eine Einführung in die marktorientierte Unternehmensführung. Springer, Berlin u.a., 2001.

O'Brien, J. (Change Orders 1998):
Construction Change Orders: Impact – Avoidance – Documentation. McGraw-Hill, New York u.a., 1998.

Oechsler, W. (Entsendung 1997):
Verfahren zur Auswahl, Vorbereitung und Entsendung von Stammhausdelegierten ins Ausland. In: Handbuch Internationales Management: Grundlagen – Instrumente – Perspektiven, hrsg. von K. Macharzina und M. Oesterle, Gabler, Wiesbaden, 1997, S. 769 - 784.

Onkvisit, S; Shaw, J. (International Marketing 1997):
International Marketing: Analysis and Strategy. 3. Aufl., Prentice Hall International. Upper Saddle River, 1997.

Ostwald, P. (Cost Analysis 2001):
Construction Cost Analysis and Estimating. Prentice Hall, Upper Saddle River, 2001.

O.V. (Bangkok 1999):
Bangkok macht B+B keinen Spaß. In: Süddeutsche Zeitung vom 08.06.1999.

O.V. (Economic Lifeline 2002):
Economic Lifeline. In: Bridge Engineering and Design. 2002, S. 14.

O.V. (JV-Mustervertrag o.J.):
JV-Mustervertrag der Bilfinger Berger AG, Wiesbaden, o.J.

O.V. (Projekthandbuch A 1992):
Flughafen in Afrika. Deutschland 1992.

O.V. (Projekthandbuch B 1994):
U-Bahn in Taiwan. Taiwan 1994.

O.V. (Projekthandbuch C 1995):
Hochstraße in Thailand. Thailand 1995.

O.V. (Projekthandbuch D 1996):
Hochstraße in Thailand. Thailand 1996.

O.V. (Projekthandbuch E 2003):
Schnellbahntrasse in Taiwan. Taiwan 2003.

O.V. (Projekt C260/270 o.J.):
Joint Venture BB and CEC: Taiwan High Speed Rail Project C260/ C270. Hrsg. von Bilfinger Berger und Continental Engineering Corp., Taipei u.a., o.J.

Parasuraman, A.; Berry, L.; Zeithaml, V. (Customer Expectations 1991):
Understanding Customer Expectation of Service. In: Sloan Management Review, Band 32, Heft 3, 1991, S. 39 – 48.

Parkhe, A. („Messy" Research 1993):
"Messy" Research, Methodological Prepositions, and Theory Development in International Joint Ventures. In: Academy of Management Review, Band 18, Heft 2, 1993, S. 227 – 268.

Parkin, A. (Gedächtnis 1996):
Gedächtnis: Ein einführendes Lehrbuch. Beltz, Weinheim, 1996.

Parsons, T. (Gesellschaften 1972):
Das System moderner Gesellschaften. In: Grundfragen der Soziologie, Band 15, hrsg. von D. Claessens, Juventa, München, 1972.

Parsons, T. (Action Theory 1978):
Action Theory and the Human Condition. Free Press, New York, 1978.

Partington, D. (Grounded Theories 2000):
Building Grounded Theories of Management Action. In: British Journal of Management, Heft 11, 2000, S. 91 – 102.

Pellens, P.; Sürken, S. (Konzerabschlüsse 1997):
Aufstellung internationaler Konzernabschlüsse. In: Handbuch Internationales Management: Grundlagen – Instrumente – Perspektiven, hrsg. von K. Macharzina und M. Oesterle, Gabler, Wiesbaden, 1997, S. 891 - 922.

Perlitz, M. (Internationalisierungsformen 1997):
Spektrum kooperativer Internationalisierungsformen. In: Handbuch Internationales Management, hrsg. von K. Macharzina und M. Oesterle, Gabler, Wiesbaden, 1997, S. 441 – 457.

Peters, T. (Liberation Management o.J.):
Jenseits der Hierarchien: Liberation Management. Econ, Düsseldorf u.a., o.J.

Peters, T.; Waterman, R. (Spitzenleistungen 1984):
Auf der Suche nach Spitzenleistungen. MVG, Landsberg am Lech, 1984.

Petkoff, B. (Wissensmanagement 1998):
Wissensmanagement: Von der computerzentrierten zur anwendungsorientierten Kommunikationstechnologie. Addison-Wesley Longman, Bonn, 1998.

Peurifoy, R.; Oberlender, G. (Estimating 1989):
Estimating Construction Costs. 4.Aufl., McGraw-Hill, New York u.a., 1989.

Pick, J. (Kalkulation 2002):
Kalkulation: Bauauftragsrechnung. In: Zahlentafeln für den Baubetrieb, hrsg. von M. Hoffmann, 6. Aufl., Teubner, Stuttgart u.a., 2002.

Picot, A. (Organisation 1984):
Organisation. In: Vahlens Kompendium der Betriebswirtschaftslehre, hrsg. von M. Bitz, K. Dellmann, M. Domsch und H. Egner, Band 2, Vahlen, München, 1984, S. 95 – 158.

Picot, G. (Mergers 2000):
Wirtschaftsrechtliche Aspekte der Durchführung von Mergers & Acquisitions, insbesondere der Gestaltung des Transaktionsvertrages. In: Handbuch Mergers & Acquisitions, hrsg. von G. Picot, Schäffer-Poeschel, Stuttgart, 2000, S. 89 – 220.

Plümecke, K. (Preisermittlung 2004):
Preisermittlung für Bauarbeiten. 25. Aufl., Rudolf Müller, Köln 2004.

Poggel, H. (Kosten- und Leistungsrechnung 1999):
Kosten- und Leistungsrechnung. Sonderdruck aus dem Beton-Kalender 1999. Ernst & Sohn, Berlin,1999.

Popper, K. (Sozialwissenschaften 1962):
Die Logik der Sozialwissenschaften. In: Kölner Zeitschrift für Soziologie und Sozialpsychologie, Bd. 14, Heft 2, S. 233 – 248.

Popper, K. (Logik 1994):
Logik der Forschung. 10. Aufl., Mohr, Tübingen, 1994.

Popper, K. (Wirklichkeit 1999):
Erkenntnis und Gestaltung der Wirklichkeit: Die Suche nach einer besseren Welt. In: Auf der Suche nach einer besseren Zeit, von Popper, K., 10. Aufl., Piper, München u.a., 1999, S. 11 – 40.

Popper, K. (Open Society 2003):
The Open Society and its Enemies: Volume Two: Hegel and Marx. Routledge, London u.a., 2003.

Porter, M. (Wettbewerbsvorteile 1996):
Wettbewerbsvorteile: Spitzenleistungen erreichen und behaupten. 4. Aufl., Campus Verlag, Frankfurt, 1996.

Prahalad, C.; Hamel, G. (Core Competence 1990):
The Core Competence of the Corporation. In Harvard Business Review, Band 68, Heft 3, 1990, S. 79 – 91.

Prade, W.; Surbeck, H. (Verlegegeräte 1998):
Segement-Verlegegeräte für die Hochstraßen in Bangkok. In: Bauingenieur, Band 73, Heft 9, 1998, S. 366 – 380.

Prange, H.; Leimböck, E.; Klaus, U. (Baukalkulation 1995):
Baukalkulation unter Berücksichtigung der KLR Bau und der VOB. 9. Aufl., Bauverlag, Wiesbaden u.a., 1995.

Probst, G.; Raub, S. ; Romhardt, K. (Wissen 1999):
Wissen managen: Wie Unternehmen ihre wertvollste Ressource optimal nutzen. 3. Aufl., Gabler, Wiesbaden, 1999.

Probst, G.; Rüling, C. (Joint Ventures 1999):
Joint Ventures und Joint Venture-Management. In : Internationale Joint Ventures : Management, Besteuerung, Vertragsgestaltung, hrsg. von H. Schaumburg, Schäffer-Poeschel, Stuttgart, 1999, S. 1 – 34.

Raffee, H.; Eisele, J. (Joint Ventures 1994):
Joint Ventures – nur die Hälfte floriert. In: Harvard Business Manager, Band 16, Heft 3, 1994, S. 17 – 22.

Reina, P.; Tulacz, G. (Top 225 2003):
The Top 225 International Contractors: Avoiding Volatile Markets. In: Engineering News Record vom 25.08.2003, S. 28 - 32.

Reus, T.; Ritchie, W. (IJV Research 2004):
Interpartner, Parent, and Environmental Factors Influencing the Operation of International Joint Ventures: 15 Years of Research. In: Management International Review, Band 44, Heft 4, 2004, S. 369 – 395.

Riley, M.; Clare-Brown, D. (Culture in Construction 2001):
Comparison of Cultures in Construction and Manufacturing Industries. In: Journal of Management in Engineering, Band 17, 2001, Heft 3, S. 149 - 158.

Ritz, G. (Project Management 1994):
Total Construction Project Management. McGraw-Hill, New York u.a., 1994.

Robson, M.; Leonidou, L.; Katsikeas, C. (IJV Performance 2002):
Factors Influencing International Joint Venture Performance: Theoretical Perspectives, Assessment, and Future Directions. In: Management International Review, Band 42, Heft 4, 2002, S. 385 – 418.

Rockart, J. (Data Needs 1979):
Chief Executives Define their Own Data Needs. In: Harvard Business Review, Band 57, Heft 2, 1979, S. 81 – 92.

Roderick, M.; Kramer, R.; Cook, K. (Hrsg.) (Trust in Organizations 2004).
Trust and Distrust in Organizations : Dilemmas and Approaches. Russell Sage Foundation, New York, 2004.

Rosenstiel, L. (Organisationspsychologie 1992):
Grundlagen der Organisationspsychologie: Basiswissen und Anwendungshinweise. 3. Aufl., Schäffer-Poeschel, Stuttgart, 1992.

Roth, M.; Kafsack, H. (Bau 2002):
Die Insolvenzzahlen müssen steigen. In: Süddeutsche Zeitung Nr. 203 vom 02.09.2002, S. 15.

Rudolph, B. (Kundenzufriedenheit 1998):
Kundenzufriedenheit in Industriegüterbereich. Gabler, Wiesbaden, 1998.

Runeson, G. (Building Economics 2000):
Building Economics. Deakin University Press, Victoria, 2000.

Russig, V.; Deutsch, S.; Spillner, A. (Branchenbild 1996):
Branchenbild Bauwirtschaft: Entwicklung und Lage des Baugewerbes sowie Einflussgrößen und Perspektiven der Bautätigkeit in Deutschland. Duncker & Humblot, Berlin, 1996.

Sader, M. (Gruppe 1996):
Psychologie der Gruppe. 5. Aufl., Juventa, Weinheim u.a., 1996.

Saussure, F. de (Linguistique Générale 1916):
Cours de Linguistique Générale. Payot, Paris, 1995.

Schäfers, B. (Soziales Handeln 2002):
Soziales Handeln und seine Grundlagen: Normen, Werte, Sinn. In: Einführung in die Hauptbegriffe der Soziologie, hrsg. von H. Korte, und B. Schäfers, Leske + Budrich, Opladen, 2002, S. 25 – 43.

Schall, M. (Communication 1983):
A Communication-Rules Approach to Organizational Culture. In: Administrative Science Quarterly, Band 28, Heft 3, S. 557 – 581.

Schanz, G. (Verhalten 1978):
Verhalten in Wirtschaftsorganisationen: Personalwirtschaftliche und organisationstheoretische Probleme. Vahlen, München, 1978.

Schaumburg, H. (Besteuerung 1999):
Grundsätze der Besteuerung internationaler Joint Ventures. In: Internationale Joint Ventures: Management, Besteuerung, Vertragsgestaltung, hrsg. von H. Schaumburg, Schäffer-Poeschel, Stuttgart, 1999, S. 49 – 96.

Schenk, E. (Culture 1994):
Culture Specific versus Culture General. In: Gablers Magazin, Heft 4, 1994, S. 36 –39.

Schendel, D.; Hofer, C. (Strategic Management 1979):
Strategic Management: A New View of Business Policy and Planning. Little Brown. Boston u.a., 1979.

Scherer, A. (Organisationstheorien 2002):
Kritik der Organisation oder Organisation der Kritik? – Wissenschaftstheoretische Bemerkungen zum kritischen Umgang mit Organisationstheorien. In: Organisationstheorien, hrsg. von A. Kieser, 5. Auflage, Kohlhammer, Stuttgart, 2002.

Schermerhorn, J. (Management 2005):
Management. 7. Aufl., Wiley, New York u.a., 2005.

Schermerhorn, J.; Hunt , J.; Osborn R. (Organizational Behavior 2000):
Organizational Behavior. 7. Aufl., Wiley, New York u.a., 2000.

Scherr, A. (Sozialisation 2002):
Sozialisation, Person, Individuum. In: Einführung in die Hauptbegriffe der Soziologie, hrsg. von Korte, H. und Schäfers, B., Leske + Budrich, Opladen, 2002, S. 45 – 66.

Schleiermacher, F. (Hermeneutik 1974):
Hermeneutik. Hrsg. von H. Kimmerle, 2. Aufl., Winter, Heidelberg, 1974.

Schliemann, M. (Gewährleistung 2002):
Gewährleistung. In: VOB/B Kommentar: Kommentierung der Verdingungsordnung für Bauleistungen Teil B (Fassung 2000) mit ausgewählten Vorschriften des BGB-Werkvertragsrechts und Erläuterungen zur VOB 2002, hrsg. von R. Leinemann, Carl Heymanns, Köln u.a., 2002, S. 379 – 481.

Schmidle, C. (Wissensmanagement 2004):
Projektbasiertes Prozessmodell für ereignisorientiertes Wissensmanagement in mittleren und größeren Bauunternehmen. Diss., ETH Zürich, 2004.

Schneeloch, D. (Besteuerung 1994):
Besteuerung und Steuerpolitik: Band 1, Besteuerung. 2. Aufl., Vahlen, München, 1994.

Schönplug, W.; Schönplug, U. (Psychologie 1997):
Psychologie: Allgemeine Psychologie und ihre Verzweigungen in die Entwicklungs-, Persönlichkeits- und Sozialpsychologie. 4. Aufl., Beltz, Weinheim, 1997.

Schreyögg, G.; Hartmann, U. (Planungsprozesse 1998):
Planungsprozesse und Strukturen. Vorlesungsunterlagen 0560-7-01-S1, FernUniversität Hagen, Hagen, April 1998.

Schröder, H. (Erfolgsfaktorenforschung 1994):
Erfolgsfaktorenforschung im Handel: Stand der Forschung und kritische Würdigung der Ergebnisse. In: Marketing – Zeitschrift für Forschung und Praxis, Band 16, Heft 2, 1994, S. 89 – 105.

Schroll-Machl, S. (Problemlöseprozess 2000):
Kulturbedingte Unterschiede im Problemlöseprozess. In: Organisationsentwicklung, Band 69, Heft 1, S. 74 – 91.

Schuldt, R. (Gruppenarbeit 1994):
Einführung von Gruppenarbeit. In: Personalführung, Band 27, S. 830 – 837.

Schulte, M. (B2B Marketing 2001):
Ein Beitrag zum Business-to-Business-Marketing für life-cycle-orientierte SysBau-Leistungen im Schweizer Hochbau. Diss., ETH Zürich, 2001.

Schultz, V. (Betriebswirtschaft 2006):
Basiswissen Betriebswirtschaft: Management, Finanzen, Produktion, Marketing. 2. Aufl., dtv, München 2006.

Schulz von Thun, F. (Störungen 1998):
Miteinander reden 1: Störungen und Klärungen, allgemeine Psychologie der Kommunikation. Rowohlt, Reinbek, 1998.

Schulz von Thun, F. (Stile 1998):
Miteinander reden 2: Stile, Werte und Persönlichkeitsentwicklung, differentielle Psychologie der Kommunikation. Rowohlt, Reinbek, 1998.

Schütz, A. (Sinnhafter Aufbau 1993):
Der sinnhafte Aufbau der sozialen Welt. Eine Einleitung in die verstehende Soziologie. 6. Aufl., Suhrkamp, Frankfurt a.M., 1993.

Schweitzer, M. (Planung 2005):
Planung und Steuerung. In: Allgemeine Betriebswirtschaftslehre, Band 2: Führung, hrsg. Von F. Bea, B. Friedl und M. Schweitzer. 9. Aufl., Lucius & Lucius, Stuttgart, 2005, S. 16 – 139.

Scott, J. (Network 2000):
Social Network Analysis: A Handbook. 2.Aufl., Sage, London, 2000.

Scott, R. (Systems 1987):
Organizations: Rational, Natural, and Open Systems. 2. Aufl., Prentice Hall, Englewood Cliffs, 1987.

Scott, R. (Organizations 2001):
Institutions and Organizations. 2. Aufl., Sage, Thousand Oaks u.a., 2001.

Seeling, R. (Projektsteuerung 1996):
Projektsteuerung im Bauwesen. Teubner, Stuttgart, 1996.

Seibert, S. (Technisches Management 1998):
Technisches Management: Innovationsmanagement, Projektmanagement, Qualitätsmanagement. Teubner, Stuttgart u.a., 1998.

Seiffert, H. (Wissenschaftstheorie I 1996):
Einführung in die Wissenschaftstheorie. Erster Band: Sprachanalyse – Deduktion – Induktion in Natur- und Sozialwissenschaften. 12. Aufl., Beck, München, 1996.

Seiffert, H. (Wissenschaftstheorie II 1996):
Einführung in die Wissenschaftstheorie. Zweiter Band: Geisteswissenschaftliche Methoden: Phänomenologie – Hermeneutik und historische Methode – Dialektik. 10. Aufl., Beck, München, 1996.

Seiffert, H. (Wissenschaftstheorie IV 1997):
Einführung in die Wissenschaftstheorie. Vierter Band: Wörterbuch der wissenschaftstheoretischen Terminologie. Beck, München, 1997.

Sellien, R.; Sellien, H. (Gablers 1992):
Gablers Wirtschaftslexikon. 13. Aufl., Gabler, Wiesbaden, 1992.

Seymour, H. (Multinational Construction 1987):
The Multinational Construction Industry. Croom Helm, London u.a., 1987.

Shapiro, S. (Impersonal Trust 1987):
The Social Control of Impersonal Trust. In: American Journal of Sociology. Band 93, Heft 3, S. 623-58.

Simon, H. (Rational Choice 1955):
A Behavioral Model of Rational Choice. In: Quarterly Journal of Economics, Band 70, Heft 1, 99-118.

Simon, H. (Bounded Rationality 1972):
Theories of Bounded Rationality. In: Decisions and Organizations, hrsg. von B. McGuire und R. Radner, American Elsevier, New York, S. 161 - 176.

Simon, H. (Behavior 1976):
Administrative Behavior: A Study of Decision-Making Processes. In: Administrative Organizations. 3. Aufl., New York.

Simon, H. (Organizations 1976):
Organizations and Markets. In: Journal of Economic Perspectives, Band 5, Heft 1, S. 25 – 44.

Simon, H. (Architektur 1978):
Die Architektur der Komplexität. In: Handlungssysteme, hrsg. von K. Türk, Westdeutscher Verlag, Opladen, 1978, S. 94 – 112.

Simons, K.; Kolbe, P. (Verfahrenstechnik 1987):
Verfahrenstechnik im Ortbetonbau: Schalen – Bewehren – Betonieren. Teubner, Stuttgart, 1987.

Skitmore, R.; Drew, D.; Ngai, S. (Bid-spread 1999):
Bid-spread. In: Journal of Construction Engineering and Management, Band 127, Heft 2, 1999, S. 49 – 53.

Skitmore, R.; Lo, H. (Outliers 2002):
A Method for Identifying High Outliers in Construction Contract Auctions. In: Engineering, Construction and Architectural Management, Band 9, Heft 2, 2002, S. 90 – 130.

Smircich, L.; Morgan, G. (Leadership 1982):
Leadership: The Management of Meaning. In: Journal of Applied Behavioral Science, Band 18, Heft 3, S. 257 - 273

Söllner , A. (Commitment 1993):
Commitment in Geschäftsbeziehungen: das Beispiel Lean Production. Wiesbaden, Gabler, 1993.

Spradley, J. (Interview 1979):
The Ethnographic Interview. Wadsworth, Belmont, 1979.

Spranz, D. (Controllingsystem 1998):
Organisatorische Voraussetzungen für den Aufbau eines Controllingsystems. In: Baustellen-Controlling: EDV-gestützte Planung, Kontrolle und Informationsversorgung von Baustellen unter Berücksichtigung des Unternehmens-Controlling, hrsg. von V. Wirth, 3. Aufl., expert-Verlag, Renningen-Malmsheim, S. 17 – 35.

Staehle, W. (Management 1991):
Management: Eine verhaltenswissenschaftliche Perspektive. Vahlen, 6. Aufl., München, 1991.

Statistisches Bundesamt (Hrsg.) (Fachserie 4 2005):
Produzierendes Gewerbe: Kostenstruktur der Unternehmen des Verarbeitenden Gewerbes sowie des Bergbaus und der Gewinnung von Steinen. Fachserie 4 / Reihe 4.3. Statistisches Bundesamt, Wiesbaden, 2005.

Statistisches Bundesamt (Hrsg.) (DSTATIS 2004):
Statisches Jahrbuch 2004. Metzler-Poeschel, Stuttgart, 2004.

Stauss, B. (Augenblicke 2000):
Management interkultureller Dienstleistungskontakte. In: Perspektiven der internationalen Wirtschaft, hrsg. von M. Kutschker, Gabler, Wiesbaden, 2000, S. 269 – 304.

Stauss, B. (Augenblicke 2000):
"Augenblicke der Wahrheit" in der Dienstleistungserstellung: Ihre Relevanz und ihre Messung mit Hilfe der Kontaktpunkt-Analyse. In: Dienstleistungsqualität: Konzepte – Methoden – Erfahrungen, hrsg. von M. Bruhn und B. Stauss, Gabler, Wiesbaden, 2000, S. 321 – 340.

Stauss, B.; Hentschel, B. (Verfahren 1990):
Verfahren der Problementdeckung und -analyse im Qualitätsmanagement von Dienstleistungsunternehmen. In: Jahrbuch der Absatz- und Verbrauchsforschung, Band 36, Heft 3, 1990, S. 232 – 259.

Steffen, R. (Produktions- und Kostentheorie 1993):
Produktions- und Kostentheorie. 2. Aufl., Kohlhammer, Stuttgart u.a., 1993.

Sterner, P. (Abnahme 2002):
Abnahme. VOB/B Kommentar: Kommentierung der Verdingungsordnung für Bauleistungen Teil B (Fassung 2000) mit ausgewählten Vorschriften des BGB-Werkvertragsrechts und Erläuterungen zur VOB 2002, hrsg. von R. Leinemann, Carl Heymanns, Köln u.a., 2002, S. 345 – 378.

Steinle, C. (Führung 1978):
Führung: Grundlagen, Prozesse und Modelle der Führung in Unternehmung. Poeschel, Stuttgart, 1978.

Steinmann, H.; Schreyögg, G. (Management 1997):
Management: Grundlagen der Unternehmungsführung. Gabler, 4. Aufl., Wiesbaden, 1997.

Steinmann, H.; Schreyögg, G. (Management 2005):
Management: Grundlagen der Unternehmungsführung. Gabler, 6. Aufl., Wiesbaden, 2005.

Stephan, K. (Vertragsgestaltung 1999):
Vertragsgestaltung bei internationalen Joint Ventures. In : Internationale Joint Ventures : Management, Besteuerung, Vertragsgestaltung, hrsg. von H. Schaumburg, Schäffer-Poeschel, Stuttgart, 1999, S. 97 - 130.

Steven, M. (BWL für Ingenieure 2006):
BWL für Ingenieure. 2. Aufl., Oldenbourg, München, 2006.

Stodgill, R. (Leadership 1974):
Handbook of Leadership: a Survey of Theory and Research. Free Press, New York, 1974.

Straub, H. (Bauingenieurkunst 1975):
Die Geschichte der Bauingenieurkunst: Ein Überblick von der Antike bis in die Neuzeit. 3. Aufl., Birkhäuser, Basel u.a., 1975.

Strauss, A.; Corbin, J. (Qualitative Research 1998):
Basics of Qualitative Research: Techniques and Procedures for Developing Grounded Theory. Sage, Thousand Oaks u.a., 1998.

Stroink, K. (Bauproduktion 1992):
Hierarchie und Kontrolle in der Bauproduktion. In: Marmor, Stein und Computer: Beiträge zur Industriesoziologie des Bausektors, hrsg. von G. Syben, Rainer Bohn Verlag, Berlin, 1992, S. 81 – 102.

Stüdlein, Y. (Kulturelle Perspektive 1997):
Kulturelle Perspektive internationaler strategischer Allianzen – Phasenkonzept zum Management von Kulturunterschieden. Diss., St. Gallen, 1997.

Sydow, J. (Netzwerke 1999):
Strategische Netzwerke: Evolution und Organisation. Gabler, Wiesbaden, 1999.

Szondi, P. (Literarische Hermeneutik 1975):
Einführung in die literarische Hermeneutik. Suhrkamp, Frankfurt a.M., 1975.

Tannenbaum, R.; Schmidt, W. (Leadership Patterns 1958):
How to Choose a Leadership Pattern. In: Harvard Business Review, Band 35, Heft 2, S. 95 – 101.

Thelen, E.; Koll, O.; Mühlbacher, H. (Messung 1999):
Prozessorientierte Messung von Kundenzufriedenheit in hochintegrativen Geschäftsbeziehungen. Paper des Instituts für Handel und Marketing, Universität Innsbruck, präsentiert auf dem Workshop für Dienstleistungsmarketing, Bayreuth, 1999.

Thibaut, J; Kelley, H. (Groups 1959):
The Social Psychology of Groups. Holt, Rinehart & Winston, New York, 1959.

Terry, G; Franklin, S. (Principles 1982):
Principles of Management. 8. Aufl., Homewood, 1982.

Thommen, J. (Betriebswirtschaftslehre 1999):
Betriebswirtschaftslehre. 4. Aufl., Versus, Zürich, 1999.

Thommen, J.; Achleitner, A. (Allgemeine BWL 2005):
Allgemeine Betriebswirtschaftslehre: Umfassende Einführung aus managementorientierter Sicht. 4. Aufl., Gabler, Wiesbaden, 2005.

Tollgerdt-Andersson, I. (Attitudes 1996):
Attitudes, Values and Demands on Leadership: A Cultural Comparison Among Some European Countries. In: Managing Across Cultures: Issues and Perspectives, hrsg. von P. Joynt und M. Warner, Thomson, London, 1996, S. 166 – 178.

Tomlinson, J. (Joint Venture Process 1970):
The Joint Venture Process in International Business : India and Pakistan. MIT-Press, Cambridge u.a., 1970.

Tosi, H.; Carroll, S. Management 1982):
Management. 2. Aufl., Wiley, New York, 1982.

Träm, M.; Müllers-Patel, K. (Unternehmensstrategie 1999):
Internationale Joint Ventures als Unternehmensstrategie der Zukunft. In : Internationale Joint Ventures : Management, Besteuerung, Vertragsgestaltung, hrsg. von H. Schaumburg, Schäffer-Poeschel, Stuttgart, 1999, S. 35 - 48.

Treibel, A. (Soziologische Theorien 2004):
Einführung in die soziologischen Theorien der Gegenwart. 6. Aufl., VS Verlag für Sozialwissenschaften, Wiesbaden, 2004.

Trompenaars, F.; Hampden-Turner, C. (Culture 1998):
Riding the Waves of Culture: Understanding Diversity in Global Business. 2. Aufl., McGraw-Hill, New York u.a., 1998.

Tuckman, B. (Development 1965):
Developmental sequence in small groups. In: Psychological Bulletin, Band 63, Heft 6, 1965, S. 384 – 399.

Turner, D. (Design and Build 1995):
Design and Build Contract Practice. 2.Aufl., Longman, Burnt Mill, 1995.

Ulich, E. (Arbeitspsychologie 1998):
Arbeitspsychologie. 4. Aufl., vdf und Schäffer-Poeschel, Zürich u.a., 1998.

Ulrich, P. (Kulturentwicklung 1984):
Systemsteuerung und Kulturentwicklung. In: Die Unternehmung, Band 38, Heft 4, S. 303 – 325.

Ulrich, P. (Management-Modell 2001):
Das St. Galler Management-Modell. In: Hans Ulrich-Werkausgabe, Band 2, Haupt, Bern, 2001.

Ulrich, P.; Hill, W. (Grundlagen BWL 1976):
Wirtschaftstheoretische Grundlagen der Betriebswirtschaftslehre. In: Wirtschaftswissenschaftliches Studium, Band 6, Heft 7, S. 304 – 309.

Varian, H. (Microeconomics 1999):
Intermediate Microeconomics: A Modern Approach. 5. Aufl., Norton, New York u.a., 1999.

Vroom, V.; Yetton, P. (Leadership 1973):
Leadership and Decision-making: Pittsburgh University Press, Pittsburgh, 1973.

Wancharoen, S. (Claim 2001):
Legal Fight over Firm's B6Bn Claim. In: Bangkok Post vom 06.11.2001.

Wandschneider, D. (Technikphilosophie 2004):
Technikphilosophie. Buchner, Bamberg, 2004.

Watzlawick, P.; Beavin, J.; Jackson, D. (Kommunikation 1996):
Menschliche Kommunikation. 9. Aufl., Hans Huber, Bern u.a., 1996.

Weber , M. (Wirtschaft 1980):
Wirtschaft und Gesellschaft: Grundriß der verstehenden Soziologie 5. Aufl., Mohr Siebeck, Tübingen, 1980.

Weber, M. (Hrsg.) (Bilfinger Tunnel 2002):
Tunneling Under the Traffic Chaos. In: Bilfinger Berger magazine, Heft 1, 2002, S. 14 – 15.

Weber, M. (Hrsg.) (Bilfinger THSR 2002):
Taiwan's High-Speed Train. In: Bilfinger Berger magazine, Heft 2, 2002, S. 6 – 12.

Weder, R. (Joint Venture 1989):
Joint-Venture. Theoretische und empirische Analyse unter besonderer Berücksichtigung der chemischen Industrie in der Schweiz. Rüegger, Gürsch, 1989.

Weggel, O. (Die Asiaten 1997):
Die Asiaten: Gesellschaftsordnungen, Wirtschaftssysteme, Denkformen, Glaubensweisen, Alltagsleben, Verhaltensstile. 2. Aufl., dtv, München, 1997.

Weibler, J. (Master Competence 2001):
Master Competence für weltweit agierende Führungskräfte. In: Personal, Band 53, Heft 1, 2001, S. 32 – 35.

Weibler, J. (Personalführung I 2002):
Personalführung I: Das Führungsphänomen und die Entstehung von Führungsbeziehungen. FernUni Hagen, Hagen, 2002.

Weibler, J. (Personalführung II 2002):
Personalführung II: Die Ausrichtung von Führungsbeziehungen. FernUni Hagen, Hagen, 2002.

Weibler, J. (Personalführung V 2002):
Personalführung V: Interkulturelle Führungsbeziehungen. FernUni Hagen, Hagen, 2002.

Weick, K. (Sensemaking 1995):
Sensemaking in Organizations. Sage, Thousand Oaks u.a., 1995.

Weinert, A. (Mensch 1983):
Der Mensch in der Unternehmung. In: Die Unternehmung, Band 37, Heft 3, S. 222 – 243.

Westerveld, E. (Excellence Model 2003):
The Project Excellence Model: Linking Success Criteria and Critical Success Factors. In: International Journal of Project Management, Band 21, Heft 6, 2003, S. 411 – 418.

Wiley, N. (Social Theory 1988):
The Micro-Macro Problem in Social Theory. In: Sociological Theory, Band 6, Heft 3, S. 254 – 261.

Wilke, H. (Systemtheorie I 2000):
Systemtheorie I: Grundlagen. 6. Aufl., Lucius & Lucius, Stuttgart, 2001.

Wilke, H. (Systemtheorie III 2001):
Systemtheorie III: Steuerungstheorie: Grundzüge einer Theorie der Steuerung komplexer Sozialsysteme. 3. Aufl., Lucius & Lucius, Stuttgart, 2000.

Williamson, O. (Hostages 1983):
Credible Commitments: Using Hostages to Support Exchange. In American Economic Review, Band 73, Heft 4, S. 519 – 540.

Williamson, O. (Institutions 1985):
Economic Institutions of Capitalism, The Free Press, New York, 1985.

Williamson, O. (Calculativeness 1993):
Calculativeness, Trust, and Economic Organization. In: Journal of Law & Economics. Band 36, Heft 1, S. 453- 486.

Witzel, A. (Problemzentriertes Interview 1982):
Das problemzentrierte Interview. In: Qualitative Forschung in der Psychologie, hrsg. von G. Jüttemann, Beltz, Weinheim u.a., 1982, S. 227 – 256.

Wöhe, G. (Betriebswirtschaftslehre 1985):
Einführung in die allgemeine Betriebswirtschaftslehre. 16. Aufl., Vahlen, München, 1986.

Wöhe, G.; Döring, U. (Betriebswirtschaftslehre 2002):
Einführung in die allgemeine Betriebswirtschaftslehre. 21. Aufl., Vahlen, München, 2002.

Wollnick, M. (Interpretative Ansätze 1993):
Interpretative Ansätze in der Organisationstheorie. In: Organisationstheorien, hrsg. von A. Kieser, 2. Aufl., Kohlhammer, Stuttgart u.a., 1993, S. 277 – 295.

Wunderer, R.; Grunwald, W. (Führungslehre 1980):
Führungslehre. Band I: Grundlagen der Führung. De Gruyter, Berlin u.a., 1980.

Yin, R. (Case Study 2003):
Case Study Research: Design and Methods. 3. Aufl., Sage, Thousand Oaks, 2003.

Yoshino, M.; Rangan, U. (Strategic Alliances 1995):
Strategic Alliances: An Entrepreneurial Approach to Globalization. Harvard Business School Press, Boston, 1995.

Zeira, Y.; Shenkar, O. (Human Resources 1990):
Interactive and Specific Parent Characteristics: Implications for Management and Human Resources in International Joint Ventures. In: Management International Review, Band 30, Management International Review Special Issue, 1990, S. 7 – 22.

Lebenslauf

Personalien:

Name:	Christian Brockmann
Geburtsdatum:	09. Juni 1954
Geburtsort:	Lübeck, Deutschland
Nationalität:	Deutsch
Familienstand:	Verheiratet, Vater einer Tochter

Ausbildung:

1961 – 1974	Schule, altsprachliches Abitur
1975 – 1981	Studium an der TU Braunschweig, Diplomingenieur
1981 – 1982	Studium an der ENSM Nantes, Diplôme d'Études Approfondies
1989 – 2002	Nebenberufliches Studium an der FernUniversität Hagen, Diplomkaufmann, Diplomvolkswirt
Seit 2002	Doktoratsstudium an der ETH Zürich

Beruflicher Werdegang:

1982 – 1985	Statiker in Hamburg und München
1985 – 1987	Statiker in New Jersey, USA
1987 – 1988	Technischer Leiter eines Fertigteilwerks
1988 – 1989	Leiter Arbeitsvorbereitung Tunnel Großer Belt, Dänemark
1989 – 1990	Bauleiter Elbdüker, Hamburg
1990 – 1992	Bauleiter Brückenstrang Oslebshausen, Hamburg
1992 – 1995	Bereichsleiter Ingenieurbau Berlin
1995 – 1998	Projektmanager BangNa Expressway, Thailand
1998 – heute	Professur Baubetrieb an der Hochschule Bremen
2002	Gastprofessuren am Asian Institute of Technology, Thailand
2003/04	Gastprofessor an der TU Hamburg-Harburg, Deutschland
2003/04/05	Gastprofessur an der Stanford University, USA